CB121034

Prefixos e Formas de Combinação Utilizados como Prefixos

Prefixo	Significado	Exemplo
a-, an-	não, sem	avirulento (perda de virulência
acet-, aceto-	pertinente ao ácido acético	acetobactérias
aer-, aero-	ar	aeróbio
amil-, amilo-	amido	amilase
ant-, anti-	contra	anti-séptico
aqua-, aque-	água	aquático
arque-, arqueo-	primitivo	arqueobactéria
artro-	articulação	artrópode
asco-	saco, bolsa	ascósporo
auto-	de si mesmo	autotrófico
axi-, axio-	eixo	filamento axial
azo-, azot-, azoto-	presença de nitrogênio	*Azotobacter*
bacil-, bacili-	pequeno bastão, haste	bacilo
bacteri-, bacterio-	representa bactéria	bacteremia, bactericida
basidi-, basidio-	pequena base	basidiomicetos
bio-	vida	biomassa (matéria viva)
blast-	célula em formação	blastomicetos
calc-, calci-, calco-	cálcio	calcificado
calori-	calor	calorias
carb-, carbo-	que possui carbono ou carboxila	carboidrato
carcin-, carcino-	pertinente a câncer	carcinoma
cardi-, cardio-	coração	cardite (inflamação do coração)
cauli-, caulo-	caule	*Caulobacter*
celul-, celuli-, celulo-	célula ou celular	celulolítico
centi-	centena ou centésimo	centímetro
cromato-, cromo-	cor	cromobactéria
co-, com-, con-	junto	co-enzímaco
coco-	grão	cocóide
corine-	clava	*Corynebacterium*
cri-, crio-	frio	criobiologia
cian-, ciano-	azul	cianobactéria
cit-, cito-	célula	citoplasma
de-	para baixo, de	desidratar (remover água)
dermato-	pele	dermatófito (fungos parasitas da pele)
dessulfo-, dessulfuro-	redução de compostos sulfurados	dessulfovíbrio
di-, diplo-	dois, duplo	(que ocorre em duas formas)
ecto-	fora	ectógeno (que cresce fora do hospedeiro)
endo-	dentro	endógeno (que cresce dentro do hospedeiro)
enter-, entero-	intestino	enterotoxina (toxina específica para o intestino)
epi-	sobre	epiderme
eritro-	vermelho	eritrócitos (células vermelhas do sangue)
eu-	normal, verdadeiro	eubactéria
exo-	fora	exotoxina
extra-	fora	extracelular
fibrin-, fibrino-	pertinente à fibrina	fibrinogênio
flav-, flavo-	amarelo	flavoproteína
fusi-, fuso-	fuso, eixo	fusiforme
gastro-	estômago	gastrotoxina
gengiv-, gengivo-	gengiva	gengivite (doença da gengiva)
glic-, glico-	doce, açúcar	glicogênio
halo-	sal, água salgada	halófilo
hem-, hema-, hemo-	sangue	hemoglobina
hepat-, hepato	fígado	hepatite
hetero-	diferente	heterotrófico
hist-, histo-	tecido	histologia
holo-	completo	holoenzima
hom-, homo-	parecido, semelhante	homólogo
hip-, hipo-	deficiência, abaixo	hipotônico
hiper-	acima do normal	hipersensível
imun-, imuno-	resistência	imunização
inter-	entre	intercelular
intra-, intro-	dentro	intradérmico
iso-	mesmo, igual	isotônico
cari-, cario-	núcleo, nuclear	cariogamia
cin-, cine-, cino-	ação ou movimento	cinético
lepto-	fino ou estreito	*Leptospira*
leuco-	branco	leucócito
lip-, lipo-	relacionado a gorduras (lipídeos)	lipase
lit-, lito-	pedra, mineral	litotrófico
linf-, linfo-	sistema linfático	linfócito
macro-	grande	macroscópico
meso-	médio	mesofílico
micro-	pequeno	microrganismo
mili-	um milésimo	milímetro
mono-	um	monotríquio
multi-	muitos	multinuclear
micet-, mico-	fungo	micótico
nano-	uma bilionésima parte de (10^{-9})	nanômetro

Prefixos e Formas de Combinação Utilizados como Prefixos

Prefixo	Significado	Exemplo
necro-	morto	necrópsia
neo-	novo	neoplasma
nitro-	nitroso, produção de nitrato	*Nitrobacter*
nitroso-	nitroso, produção de nitrito	*Nitrosomonas*
noso-	doença	nosocomial
nucle-, nucleo-	núcleo, nuclear	nucleóide
olig-, oligo-	pouco, deficiência	oligossacarídeo
onco-	pertinente a tumores	oncogênese (formação de tumores)
oro-	boca	orofaringe
ost-, oste-, osteo-	osso	osteomielite
oxi-	oxigênio	oxihemoglobina
pan-	todos, muitos	pandêmico
para-	como, junto a	paratifóide
pato-	doença	patogênico
peri-	em torno, ao redor	peritríquio
foto-	luz	fotossíntese
pico-	uma trilhonésima parte de (10^{-12})	picograma
pleo-	mais, múltiplo	pleomorfismo
pleur-, pleuro-	membrana que envolve o pulmão	pleurite
pneumo-	pulmonar	pneumococos
poli-	muitos	polissacarídeo
pós-	após, atrás	pós-natal
pre-	antes	precursor
pro-, proto-	antes	protozoário
pseudo-	falso	pseudópode
psicr-, psicro-	frio	psicrófilo
pio-	pus	piogênico
riz-, rizo-	raiz	rizóide
sacar-, sacaro-	açúcar	sacarolítico
sapro-	podridão, pútrido	saprófita
sub-	abaixo	subcutâneo
sim-, sin-	com, junto	simbiose
tax, taxi, taxo	arranjo	taxonomia
termo-	calor	termofílico
tio-, thio-	presença de enxofre	*Thiobacillus*
tox-, toxi-, toxo-	veneno, tóxico	toxemia
trico-	cabelo, filamento	tricoma
vas-, vasi, vaso-	pertinente a vasos sanguíneos	vascular (provido com vasos)
zoo-	vivo	zoologia
zigo-	unidos	zigoto
zim-, zimo-	fermento	zimogênio

Sufixos e Formas de Combinação Utilizadas como Sufixos

Sufixo	Significado	Exemplo
-ase	enzima	penicilinase
-bacter	denota bactéria	*Azotobacter*
-biota	organismos vivos	microbiota
-blasto	célula em formação	ameloblasto
-cida	morte	fungicida
-cito	célula	linfócito
-cromo	pigmento	citocromo
-dade	estado ou condição	imunidade
-emia	condição do sangue	leucemia
-fago	que come	bacteriófago
-fito	planta	saprófita
-fobia	medo de	hidrofobia
-foro	produtor de	conidióforo
-gene, -gênese	origem	abiogênese
-gonia	prole, reprodução	esporogonia
-ia	condição anormal	anemia
-iase	condição de doença	giardíase
-ismo	condição ou doença	parasitismo
-ite	inflamação	dermatite
-lise	desintegração	bacteriólise
-logia	campo de estudo	microbiologia
-metria	medida	simetria
-micete	fungo	ficomicete
-micina	substância originada do fungo	estreptomicina
-monas	unidade	*Pseudomonas*
-nema	espiralado	treponema
-oide	assemelha-se	linfóide
-olo	pequeno	vacúolo
-oma	tumor	carcinoma
-ose	açúcar	lactose
-ose	processo ou condição	leucocitose
-oso	que tem, pertinente a	filamentoso
-otico	qua causa uma condição	micótico
-patia	denota doença	citopatia
-penia	deficiência	leucopenia
-pode	pés, perna	pseudópode
-rragia	liberação excessiva	hemorragia
-rréia	secreção	gonorréia
-scopia, -scópio	instrumento para exame	microscópio
-séptico	putrefação, infecção	anti-séptico
-stase, -stático	inibição de crescimento	bacteriostático
-taxia	orientação	quimiotaxia
-thrix	cabelo	*Streptothrix*
-tomo	corte	micrótomo
-trofico	nutrição, crescimento	autotrófico
-trópico	tem uma afinidade por	dermatotrópico
-uria	pertinente à urina	albuminúria
-zima	fermento ou enzima	enzima

CONVERSÕES SISTEMA MÉTRICO-UNIDADE INGLESA E UNIDADE INGLESA-SISTEMA MÉTRICO

PREFIXOS UTILIZADOS COM UNIDADES DO SISTEMA MÉTRICO

Prefixo	Símbolo	Valor	Equivalência	Exemplos
quilo-	k	1.000 ou 10^3	1 quilômetro (km) = 1×10^3 m	(seis décimos de uma milha)
centi-	c	1/100 ou 10^{-2}	1 centímetro (cm) = 0,01 m	1/100 m (corresponde à largura de seu menor dedo)
mili-	m	1/1.000 ou 10^{-3}	1 milímetro (mm) = 0,001 m	1/1.000 m (menor do que a largura de uma letra desta página)
micro-	μ	1/1.000.000 ou 10^{-6}	1 micrômetro (mm) = 1×10^{-6} m	1/1.000.000 m (1/100 da espessura de uma página deste livro)
nano-	n	1/1.000.000.000 ou 10^{-9}	1 nanômetro (nm) = 1×10^{-9} m	1/1.000.000.000 m (1/3 do tamanho de uma pequena molécula de proteína; mioglobina tem cerca de 3 nm de diâmetro)

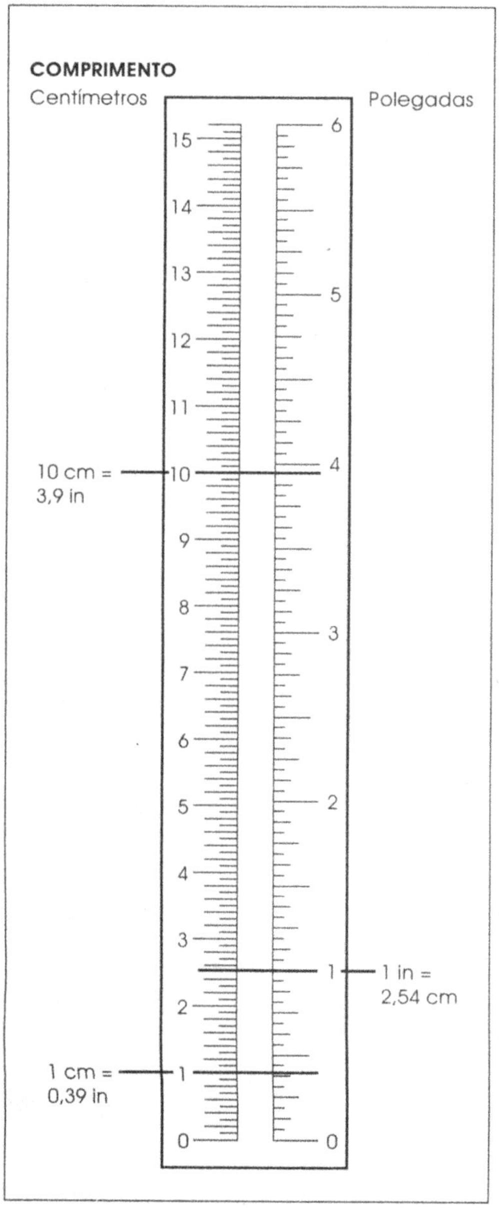

COMPRIMENTO

Sistema métrico	=	Unidade Inglesa (EUA)
milímetro (0,001 m)	=	0,039 in
centímetro (0,01 m)	=	0,39 in
metro	=	3,28 pés, 39,37 in
quilômetro (1×10^3 m)	=	0,62 mi, 1.091 yd, 3.273 pés

Unidade Inglesa (EUA)	=	Sistema métrico
polegada	=	2,54 cm
pés	=	0,30 m, 30,48 cm
jardas	=	0,91 m, 91,4 cm
milhas (estatuto, 5.280 pés)	=	1,61 km, 1.609 m

ÁREA

Sistema métrico	=	Unidade Inglesa (EUA)
centímetros quadrados x 0,155	=	polegadas quadradas
metros quadrados x 10,7641	=	pés quadrados
metros quadrados x 1,196	=	jardas quadradas
quilômetros quadrados x 0,3861	=	milhas quadradas
hectares x 2,471	=	acres
hectares x 0,00386	=	milhas quadradas

Unidade Inglesa (EUA)	=	Sistema métrico
polegadas quadradas x 6,4515	=	centímetros quadrados
pés quadrados x 0,0929	=	metros quadrados
jardas quadradas x 0,8861	=	metros quadrados
milhas quadradas x 2,59	=	quilômetros quadrados
acres x 0,405	=	hectares
milhas quadradas x 259,07	=	hectares

PESO		
Sistema métrico	**=**	**Unidade Inglesa (EUA)**
miligrama	=	0,02 Grão (0,000035 oz)
grama	=	0,04 oz
quilograma	=	35,27 oz, 2,20 lb
tonelada métrica (1.000 kg)	=	1,10 toneladas
Unidade Inglesa (EUA)	**=**	**Sistema métrico**
Grão	=	64,80 mg
onça (oz)	=	28,35 g
libra (lb)	=	453,60 g, 0,45 kg
tonelada (baixo, 2.000 lb)	=	0,91 tonelada métrica (907 kg)

VOLUME		
Sistema métrico	**=**	**Unidade Inglesa (EUA)**
centímetro cúbico	=	0,06 in^3
metro cúbico	=	35,3 $pés^3$, 1,3 yd^3
mililitro*	=	0,03 oz
litro	=	2,12 pt, 1,06 qt, 0,27 gal
Unidade Inglesa (EUA)	**=**	**Sistema métrico**
polegada cúbica	=	16,39 cm^3
pés cúbicos	=	0,03 m^3
jardas cúbicas	=	0,765 m^3
onça	=	0,03 litro, 3 ml*
quartilho (pt)	=	0,47 litro
quarto (qt)	=	0,95 litro
galão (gal)	=	3,79 litros

* 1 litro 1.000 = 1 mililitro ou centímetro cúbico (10^{-3} litro); i.e., 1 ml = 1 cm^3

PRESSÃO		
Sistema métrico	**=**	**Unidade inglesa (EUA)**
quilogramas por centímetro quadrado x 14,2231	=	libras por polegada quadrada
Unidade inglesa (EUA)	**=**	**Sistema métrico**
libras por polegada quadrada x 0,0703	=	quilogramas por centímetro quadrado

TEMPERATURA

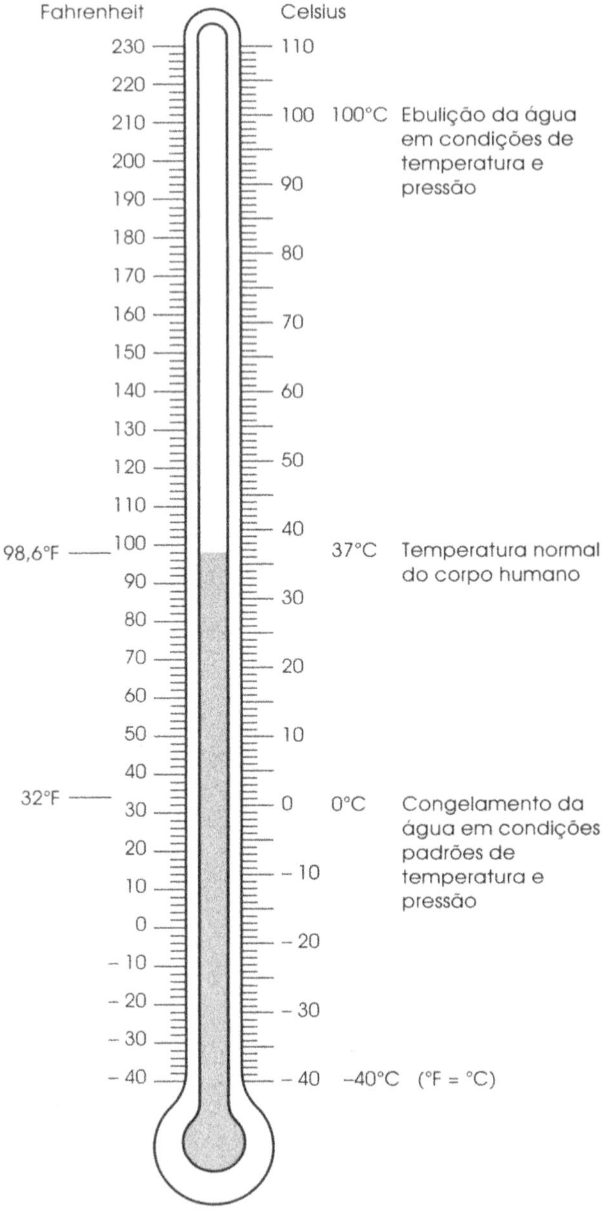

Para converter escalas de temperatura:

Fahrenheit para Celsius: °C = 5/9 (°F – 32)

Celsius para Fahrenheit: °F = 9/5°C + 32

MICROBIOLOGIA

CONCEITOS E APLICAÇÕES

2ª edição – Volume 2

MICROBIOLOGIA

CONCEITOS E APLICAÇÕES

2ª edição – Volume 2

Michael J. Pelczar Jr.
Vice-Presidente emérito de Estudos de Graduação e Pesquisa,
Professor de Microbiologia Universidade de Maryland

E. C. S. Chan
Professor de Microbiologia, Faculdade de Medicina, Faculdade de Odontologia Universidade McGill

Noel R. Krieg
Professor de Microbiologia e Imunologia do Instituto Politécnico e Universidade do Estado de Virgínia

Diane D. Edwards
Escritora Científica

Merna F. Pelczar
Colaboradora

Revisão técnica:
Celso Vataru Nakamura
Doutor em Ciências (Microbiologia)
Professor adjunto da Universidade Estadual de Maringá

Pearson

Tradução:
Sueli Fumie Yamada Mestre em Ciências Biológicas (Microbiologia)/Professora Assistente da Univ. Estadual de Maringá
Tania Ueda Nakamura Mestre em Ciências Biológicas (Microbiologia)/Professora Assistente da Univ. Estadual de Maringá
Benedito Prado Dias Filho Doutor em Ciências (Microbiologia)/Professor Adjunto da Univ. Estadual de Maringá
Tereza Cristina R. M. Oliveira Doutora em Ciências (Alimentos)/Professora Adjunta da Univ. Estadual de Maringá
Lourdes Botelho Garcia Mestre em Ciências Biológicas/Professora Adjunta da Univ. Estadual de Maringá

Dados Internacionais de Catalogação na Publicação (CIP)
(Câmara Brasileira do Livro, SP, Brasil)

Pelczar Jr., Michael Joseph
Microbiologia; conceitos e aplicações, volume 2, 2.ed. / Michael J. Pelczar Jr., E. C. S. Chan, Noel R. Krieg; tradução Sueli Fumie Yamada, Tania Ueda Nakamura, Tereza Cristina R. M. Oliveira, Benedito Prado Dias Filho, Lourdes Botelho Garcia; revisão técnica Celso Vataru Nakamura.
São Paulo : Pearson Education do Brasil, 1997.

Título original: Microbiology – Concepts and Applications

Bibliografia.

ISBN 978-85-346-0454-3

1. Microbiologia I. Chan, E. C. S. II. Krieg, Noel R. III. Título.

95-4781 CDD-576

Índice para catálogo sistemático

1. Microbiologia 576

Direitos exclusivos cedidos à
Pearson Education do Brasil Ltda.,
uma empresa do grupo Pearson Education
Avenida Santa Marina, 1193
CEP 05036-001 - São Paulo - SP - Brasil
Fone: 11 2178-8609 e 11 2178-8653
pearsonuniversidades@pearson.com

Este livro é dedicado a Walter A. Konetzka (in memorian),
*Professor Emérito de Microbiologia da Universidade de Indiana,
por suas numerosas contribuições para a microbiologia e especialmente
pelo seu empenho em aprimorar os ensinamentos da microbiologia.*

Agradecimentos

Nossos agradecimentos a muitos indivíduos e corporações que nos auxiliaram com materiais para este livro-texto. Estamos particularmente agradecidos às seguintes pessoas: Joseph O. Falkinham III, do Instituto Politécnico e Universidade do Estado de Virgínia, pela ajuda especial nos capítulos sobre genética microbiana e engenharia genética; e Malcolm G. Baines, da Universidade McGill, pela ajuda especial nos capítulos sobre imunologia.

Muitos de nossos colegas nos auxiliaram fornecendo revisões especializadas em capítulos específicos. Desejamos agradecer a estes revisores: John R. Chipley, microbiologista sênior, United States Tobacco Company; Frank B. Dazzo, Universidade do Estado de Michigan; Klaus D. Elgert, Instituto Politécnico e Universidade do Estado de Virgínia; Dennis D. Focht, professor de Microbiologia do Solo, da Universidade da Califórnia, Riverside; L. E. Hallas, Monsanto Agricultural Co.; Thomas R. Jewell, Universidade de Wisconsin; Ted R. Johnson, St. Olaf College; Daniel E. Morse, Universidade da Califórnia, Santa Bárbara; Michael E. Pelczar, Hospital St. Agnes; e H. Jean Shadomy, Universidade Commonwealth de Virgínia.

Também desejamos agradecer aos muitos revisores dos manuscritos: Robert K. Alico, Universidade Indiana da Pensilvânia; Glenn W. Allman, Universidade Brigham Young; Paul V. Benko, Universidade do Estado de Sonoma; Frank X. Biondo, Universidade de Long Island, C.W. Post Campus; Jonathan W. Brosin, Sacramento City College; Albert G. Canaris, Universidade do Texas, em El Paso; Sally S. DeGroot, St. Petersburg Junior College; Monica A. Devanas, Universidade de Rutgers; James G. Garner, Universidade de Long Island, C.W. Post Campus; Joseph J. Gauthier, Universidade de Alabama, em Birmingham; Robert Gessner, Universidade de Western Illinois; Caryl E. Heintz, Universidade Tech do Texas; Alice C. Helm, Universidade de Illinois, Urbana; Diane S. Herson, Universidade de Delaware; Gary R. Jacobson, Universidade de Boston; Thomas R. Jewell, Universidade de Wisconsin, Eau Claire; Pat Hilliard Johnson, Palm Beach Community College; H. Bruce Johnston, Fresno City College; Joseph S. Layne, Universidade do Estado de Memphis; Glendon R. Miller, Universidade do Estado de Wichita; Vladimir Munk, SUNY Plattsburgh; Richard L. Myers, Universidade do Estado do Southwest Missouri; William B. Nelson, SUNY College of Technology, Delhi; Robert Pacha, Universidade Central de Washington; Dorothy Read, Universidade de Massachusetts, Dartmouth; Virginia Schurman, Essex Community College; H. Jean Shadomy, Universidade Commonwealth de Virgínia; Michael P. Shiaris, Universidade de Massachusetts, Boston; Carl E. Sillman, Universidade do Estado da Pensilvânia; Deborah Simon-Eaton, Santa Fe Community College; Samuel Singer, Universidade de Western Illinois; Robert E. Sjogren, Universidade de Vermont; Jay F. Sperry, Universidade de Rhode Island; Richard St. John, Universidade Widener; Frank van Steenbergen, Universidade do Estado de San Diego; Rosalie H. Stillwell, Universidade de Hofstra; William L. Tidwell, professor emérito, Universidade do Estado de San Jose; Thomas Weber, Universidade de Nebrasca em Omaha; e Gary Wilson, Universidade McMurry. As sugestões e modificações valiosas destas pessoas contribuíram imensamente para a qualidade deste novo livro.

Somos gratos aos nossos colegas da McGraw-Hill por sua excelente cooperação, assistência profissional e construtiva na função de preparar e publicar este livro. Desejamos agradecer particularmente a nossa editora de biologia da McGraw-Hill, Kathi Prancan, por seu conhecimento editorial, habilidade organizacional, talento e encorajamento. Nossos agradecimentos a nossa editora Denise Schanck, pela orientação e apoio geral. Também somos gratos ao supervisor de edição, Holly Gordon, por seu trabalho devotado e criterioso; a Safra Nimrod, por sua supervisão na pesquisa das fotos; e a Gayle Jaeger, por sua visão no desenvolvimento e implementação do programa de ilustração padrão. Agradecimentos especiais a Arthur Ciccone, por seus excelentes conselhos e ajuda com as ilustrações.

Michael J. Pelczar, Jr.
E. C. S. Chan
Noel R. Krieg

Sumário

VOLUME I

Prefácio

Meu Deus, que maravilhas existem em uma criatura tão pequena!

Relato de Leeuwenhoek a um escrivão
em sua carta de 15 de outubro de 1693,
para a Royal Society de Londres.

Os organismos que devem ser ampliados centenas ou milhares de vezes para ser visualizados têm fascinado muitas pessoas desde a época de Leeuwenhoek. Como entidades tão minúsculas podem exibir todas as propriedades de um ser vivo tem sido motivo de intensas pesquisas por muitos biólogos. O conhecimento fundamental sobre os microrganismos ao longo da última década tem resultado no acúmulo de novos conhecimentos. O conhecimento de ultra-estrutura, do metabolismo e das propriedades hereditárias dos microrganismos tem contribuído para os conhecimentos atuais sobre a natureza fundamental de *todos* os organismos vivos.

Embora os microrganismos por si só sejam interessantes, o interesse é maior porque eles participam de quase todos os aspectos da existência humana, com efeitos benéficos ou nocivos. Por esta razão, mesmo as pessoas que não são cientistas deveriam estar de alguma forma familiarizadas com as propriedades e atividades dos microrganismos.

É importante que os alunos compreendam que toda a vida no planeta depende em última instância das atividades dos microrganismos. Além do mais, os micróbios estão contribuindo com soluções para muitos dos problemas humanos, tais como melhoramento na produção de alimentos, exploração de minérios, e com solução para os derramamentos de óleo. Por meio das técnicas de engenharia genética e biologia molecular, os micróbios estão sendo "feitos sob medida" para produzir compostos industriais e medicamentos valiosos, culturas resistentes a doenças, vacinas e outros produtos. Os desenvolvimentos que têm ocorrido em anos recentes nos têm incentivado a escrever um livro-texto atualizado em microbiologia: *Microbiologia: Conceitos e Aplicações*. Neste novo livro tentamos captar o entusiasmo da microbiologia – passado, presente e futuro, mas mais particularmente o presente e o futuro –, que tem sido ampliado pelos estudos e pelo uso dos micróbios em nível molecular.

A importância da microbiologia como uma combinação das ciências básica e aplicada não interessa somente aos estudantes de biologia, mas também aos estudantes de outras áreas: recursos humanos, administração florestal, agricultura, ciência animal e de alimentos, nutrição humana, ciências ligadas à saúde, enfermagem, artes liberais, direito, ciências políticas e administração. É especialmente importante que os estudantes destas outras áreas tenham alguma familiaridade com a microbiologia, porque muitos deles se tornarão os líderes políticos, administrativos e financeiros do futuro. Nestas posições de liderança, eles influenciarão profundamente o progresso da ciência. A maioria dos livros-textos introdutórios de microbiologia, entretanto, não é escrita visando a este importante grupo de pessoas. Em vez disso, os livros-textos introdutórios de microbiologia têm-se tornado verdadeiros compêndios abarrotados de informações difíceis até mesmo para os estudantes de biologia, que devem digeri-los em um curso introdutório. Muitos dos detalhes deveriam ser guardados para os cursos avançados de microbiologia.

Microbiologia: Conceitos e Aplicações foi escrito para estudantes de graduação em um curso introdutório em microbiologia. Antecipamos que o conteúdo deste livro ficará limitado a conhecimentos prévios de química e biologia. Conseqüentemente, atenção especial foi dada para a seleção de conceitos fundamentais, explicações diretas de vários fenômenos, esclarecimento das propriedades únicas da biologia dos microrganismos e explicações de termos técnicos à medida que eles são introduzidos em cada capítulo.

Para assegurar a facilidade de leitura aos estudantes, clareza e um estilo de linguagem consistente, tivemos a sorte de contar com os serviços de uma escritora de ciências, Diane D. Edwards, que monitorizou todos os manuscritos para garantir a clareza e a qualidade dos nossos escritos, fornecendo uma versão final que permitiu a todos falar uma mesma linguagem.

Conteúdos e Organização

Os temas principais deste livro – o que são microrganismos e o que eles fazem – refletem os fundamentos e as aplicações da ciência. Com base em nossas experiências no magistério, apresentamos o material em dois volumes, uma seqüência lógica de 11 partes, cada uma delas contendo dois ou mais capítulos.

No Volume I, a perspectiva histórica é apresentada no Prólogo. Na Parte I, o capítulo inicial fornece as informações básicas de química e bioquímica de que os estudantes necessitam a fim de compreender amplamente o que segue neste livro, pois os microrganismos são, de certa forma, máquinas químicas. A abrangência da microbiologia e as características dos microrganismos eucarióticos e procarióticos são tratadas na seqüência dos capítulos da Parte I.

A Parte II discute as necessidades nutricionais e os hábitos particulares de crescimento dos micróbios. A Parte III lida com o controle dos microrganismos pelos agentes físicos e químicos. Uma visão compreensível dos principais grupos dos micróbios procarióticos e eucarióticos é encontrada na Parte IV. O metabolismo microbiano é um assunto difícil para muitos estudantes de microbiologia. A compreensão deste assunto é facilitada por muitos diagramas unificados, como os encontrados na Parte V.

Os tópicos essenciais e gerais de genética microbiana e biologia molecular são encontrados nos Capítulos 13 e 14, na Parte VI. A Parte VII caracteriza a natureza das viroses.

No Volume II, a Parte VIII lida com a resistência do hospedeiro à infecção. A flora normal do corpo humano é revelada no Capítulo 17. Os Capítulos 18, 19 e 20 apresentam para o estudante a ciência da imunologia, junto com todo seu vocabulário distinto. Os agentes quimioterápicos são discutidos no Capítulo 21.

A Parte IX descreve a microbiologia médica, sendo o modo de transmissão o tema de unificação para cada capítulo. Informações atualizadas incluem as doenças de Lyme e a AIDS. A Parte X trata da função que os microrganismos têm no ecossistema, bem como em saúde pública. A Parte XI esclarece as numerosas aplicações dos microrganismos na indústria.

Reconhecemos que em algumas situações o professor pode optar por rearranjar o enfoque e a ordem das "Partes". Isto pode ser feito com sucesso; por exemplo, a Parte IX, "Microrganismos e Doença: Doenças Microbianas", pode ser trocada com as Partes X e XI, "Ecologia Microbiana" e "Microbiologia Industrial". O material pode apresentar a mesma eficiência quando é rearranjado a fim de atender a preferências individuais.

Tivemos uma preocupação especial de fornecer um balanço apropriado entre os vários aspectos da microbiologia, de tal forma que nenhum aspecto singular dominasse este livro. Por exemplo, os princípios de microbiologia médica são tratados sem negligenciar outros tópicos importantes, tais como microbiologia ambiental e genética microbiana. Omitimos muitos detalhes que podem estar presentes em outros textos e concentramo-nos em informações básicas, conceitos principais e princípios importantes. Por exemplo, não mostramos as vias metabólicas de forma ampla no capítulo sobre a produção de energia microbiana, preferindo no entanto esclarecer melhor a geração e o funcionamento das forças protomotivas. Grande ênfase foi dada para os desenvolvimentos recentes em microbiologia. Por exemplo, o Capítulo 14 é dedicado à engenharia genética, uma grande parte do Capítulo 23 lida com a epidemia atual de AIDS, o Capítulo 19 descreve os desenvolvimentos recentes em imunologia celular e o Capítulo 31 fornece muitos exemplos de biotecnologia moderna.

O Volume I e o Volume II deste livro, em uma visão geral, têm mais material do que pode ser tratado em um período. Entretanto, ele dá ao professor a flexibilidade e a opção para tratar de assuntos selecionados que levam em consideração quaisquer circunstâncias relacionadas aos estudantes em sala de aula. Esperamos que os estudantes, depois de completar com sucesso este curso, tenham adquirido uma compreensão da biologia dos microrganismos, sua grande diversidade bioquímica e sua função em nosso ambiente, nossa saúde e nossa economia.

Pedagogia

Nosso grupo de autores tem argumentado solidamente em favor de um comprometimento firme com a alta qualidade para o ensino de graduação. Este comprometimento é acompanhado por décadas de experiência no ensino.

Assim, ao escrever este livro, atentamos especialmente para todos os aspectos de sua produção que aumentariam o seu valor pedagógico.

Também incluímos mais recursos auxiliares às aulas do que é normalmente encontrado em livros introdutórios de microbiologia. Preparamos estes materiais auxiliares para reforçar a compreensão dos alunos e a retenção do assunto do texto. Cada capítulo começa com uma lista de objetivos e uma introdução que pretendem fornecer um esquema organizado do assunto que virá. Ao fim de cada seção principal em cada capítulo, colocamos algumas questões para que os estudantes possam avaliar sua compreensão do texto imediatamente. O resumo no fim do capítulo une os conceitos principais apresentados no material que o precede. As questões de revisão e discussão estão colocadas no final do capítulo. A mais importante de todas é a "Revisão" no final de cada capítulo – uma série de questões de revisão "em estilo de exame" (questões de múltipla escolha, e associação, preencher os espaços em branco) que segue a ordem de apresentação do material no texto. Se o aluno não sabe a resposta para a questão na "Revisão", pode reportar-se rapidamente ao assunto apropriado no capítulo. Além disso, cada capítulo contém um ou mais quadros de "Descoberta" que esclarecem tópicos de interesse especial, tais como bactérias que se movem para o norte, bactérias que crescem em temperaturas acima do ponto de ebulição da água e microrganismos que substituem os inseticidas químicos.

Descobrindo o Mundo Microbiano

Em todas as questões humanas há um único fator dominante – o tempo. Para compreender o estado atual da ciência, precisamos saber como ela chegou a ser assim: nós não podemos evitar os acontecimentos históricos... Para avançar rumo ao futuro devemos olhar para trás, no passado.

J. M. Ziman[1]

Microbiologia é o estudo de organismos microscópicos; tal denominação deriva de três palavras gregas: *mikros* ("pequeno"), *bios* ("vida") e *logos* ("ciência"). Assim, a microbiologia significa o estudo da vida microscópica.

Os cientistas deduziram que os microrganismos originaram-se aproximadamente há 4 bilhões de anos, a partir de um material orgânico complexo em águas oceânicas, ou possivelmente de nuvens que circundavam nossa primitiva Terra. Como os primeiros indícios de vida na Terra, os microrganismos são considerados ancestrais de todas as outras formas de vida.

Embora os microrganismos sejam antigos, a microbiologia é uma ciência jovem. Parece inacreditável que os pesquisadores tenham observado os microrganismos pela primeira vez somente há 300 anos e que estes tenham sido tão pouco compreendidos durante muitos anos após sua descoberta. Existe um período de quase 200 anos a partir das primeiras observações até o reconhecimento de sua importância.

Em meio a muitas tentativas científicas de se obter novos conhecimentos sobre microrganismos, algumas podem ser mencionadas por terem contribuído mais intensamente ao reconhecimento da microbiologia como ciência. A primeira delas surgiu na segunda metade do século XIX, quando os cientistas provaram que os microrganismos originaram-se de pais iguais a eles próprios e não de causas sobrenaturais ou de plantas e animais em putrefação. Mais tarde, os cientistas provaram que os micróbios não são o resultado, mas sim a causa dos processos fermentativos no suco de uva para produção de vinho. Eles também descobriram que um tipo específico de micróbio causa uma doença específica. Estas informações foram o início do reconhecimento e da compreensão da influência crítica destas "novas" formas de vida sobre a saúde e o bem-estar do homem. Durante o início do século XX, os microbiologistas aprenderam que os micróbios são capazes de realizar uma grande variedade de reações químicas, aquelas que envolvem a quebra de substâncias ou a síntese de novos compostos. O termo ***diversidade bioquímica*** foi criado para caracterizar os microrganismos. Igualmente importante foi a observação de que o mecanismo pelo qual estas reações químicas são produzidas pelos microrganismos é muito semelhante àquele que ocorre em formas de vida superiores.

Microbiologia, Ciência e Sociedade

Durante as últimas décadas, os microrganismos têm surgido como parte do eixo principal das ciências biológicas. Entre as razões para isto, está o conceito de "unidade em bioquímica", que significa que muitos dos processos bio-

1 J. M. Ziman, *The Force of Knowledge*, Cambridge, Inglaterra, Cambridge University Press, 1976.

químicos que ocorrem em microrganismos são essencialmente os mesmos em todas as formas de vida, inclusive o homem, e a mais recente descoberta de que toda informação genética de todos os organismos, dos microrganismos a seres humanos, é codificada pelo DNA. Em virtude da relativa simplicidade em realizar experimentos com microrganismos, associada à rápida velocidade de crescimento e de sua variedade de atividades bioquímicas, os microrganismos tornaram-se o modelo experimental de escolha para o estudo da genética. Atualmente eles são extensivamente utilizados na investigação de fenômenos biológicos fundamentais.

Os microrganismos têm também emergido como novas fontes de produtos e processos para o benefício da sociedade. Por exemplo, o álcool produzido por meio da fermentação de grãos pode tornar-se uma nova fonte de combustível. Novas variedades de microrganismos produzidos por engenharia genética podem produzir substâncias medicinais importantes, tais como a insulina humana. Durante anos, somente a insulina bovina, extraída do pâncreas de bezerro, era disponível para o tratamento do diabetes, e alguns pacientes não podiam utilizá-la. Hoje, a insulina humana pode ser produzida em quantidades ilimitadas por uma bactéria geneticamente construída. Os microrganismos têm um grande potencial para ajudar na limpeza do ambiente: da decomposição de componentes de petróleo em derramamento de óleos à decomposição de herbicidas e inseticidas usados na agricultura. De fato, variedades específicas de microrganismos estão em uso e outras estão sendo desenvolvidas para substituir substâncias químicas atualmente utilizadas para o controle de insetos. A habilidade para construir geneticamente microrganismos para finalidades específicas criou um novo campo da microbiologia industrial, a ***biotecnologia.***

O desenvolvimento e o uso de microrganismos construídos geneticamente em um ambiente aberto têm criado um grande problema, um problema de dimensões globais. A questão levantada é: pode o microrganismo recentemente introduzido ter um efeito adverso sobre o ambiente? Muitas conferências nacionais e internacionais têm debatido a questão. Calorosos debates, freqüentemente emocionados levantam os prós e os contras desta questão. Orientações e regulamentações nacionais e internacionais estão sendo estabelecidas para controlar esta prática.

À medida que ler sobre microrganismos, você aprenderá a apreciar o mundo freqüentemente invisível de bactérias, algas, fungos, protozoários e vírus. Alguns são nocivos e podem causar doenças no homem, em animais e

Figura P.1 Leeuwenhoek mostrando seus microscópios à rainha Catherine da Inglaterra.

Figura P.2 O microscópio de Leeuwenhoek. [**A**] Réplica de um microscópio feito em 1673 por Leeuwenhoek. [**B**] Construção do microscópio de Leeuwenhoek: (1) lentes; (2) pino para colocar os espécimes; (3, 4) botão para focalizar.

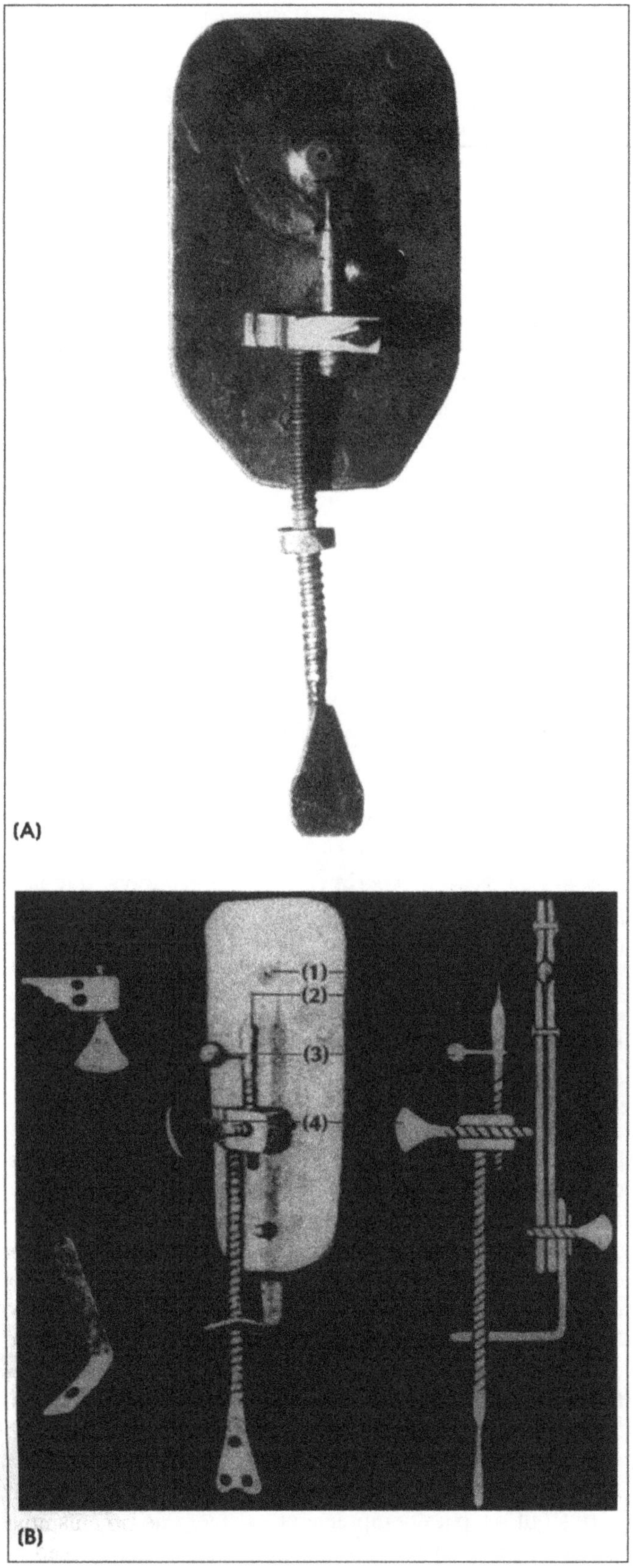

plantas. Alguns são responsáveis pela deterioração de tecidos, madeiras e metais. Entretanto, muitos deles (a maioria) são bastante importantes pois realizam alterações no ambiente que são essenciais para a manutenção da vida, como nós a conhecemos, no planeta Terra. E há ainda outros microrganismos que são explorados para produzir uma variedade de substâncias químicas utilizadas na indústria.

Para compreender o atual estágio da ciência da microbiologia, precisamos conhecer como ela chegou até onde estamos atualmente. A descoberta do mundo microbiano inclui histórias sobre orgulho, nacionalismo, clamor público para curas e questões sobre ética. Os primeiros cientistas que optaram por estudar microbiologia foram motivados, no decorrer de suas descobertas, por competição, inspiração e sorte. Houve conceitos errôneos que levaram a verdade e verdades que não foram inicialmente reconhecidas. Tudo começou com indivíduos fascinados pelo que os outros não podiam ver.

Leeuwenhoek e Seus Microscópios

Algumas descobertas importantes na ciência são feitas por amadores, em vez de por cientistas profissionais. Uma das maiores figuras na história da microbiologia possuía seu próprio armazém, era zelador da prefeitura e servia como provador oficial de vinhos para a cidade de Delft, na Holanda. Antony van Leeuwenhoek (1632-1723; Figura P.1) estava familiarizado com o uso de lentes de aumento para inspecionar fibras e tecelagens de roupas. Como um *hobby*, ele polia lentes de vidro e as montava entre finas placas de prata ou bronze para formar simples microscópios (Figura P.2). Ele não foi a primeira pessoa a usar o microscópio para estudar organismos doentes ou outros organismos vivos extremamente pequenos. Mas Leeuwenhoek tinha uma curiosidade insaciável sobre o mundo natural, e a descrição detalhada que fez sobre o que viu tornou-o um dos fundadores da microbiologia.

Leeuwenhoek usou seu microscópio rudimentar para observar águas de rios, infusões de pimenta, saliva, fezes etc. Ficou excitado ao ver um grande número de diminutos objetos móveis e invisíveis a olho nu. Chamou esses corpos microscópicos de "animálculos" porque acreditava que eram pequeninos animais vivos. Este achado incendiou seu entusiasmo para realizar mais observações e para polir e montar mais lentes. Eventualmente, ele fez mais de 250 microscópios, o mais poderoso dos quais aumentava um objeto 200 a 300 vezes.

Leeuwenhoek anotou cuidadosamente suas observações em uma das cartas dirigidas à Sociedade Real Inglesa. Em uma das primeiras cartas, datada de 7 de setembro de

1674, ele descreveu os "pequeninos animálculos" que nós reconhecemos como protozoários de vida livre. Em 9 de outubro de 1676, escreveu:

"No ano de 1675 descobri seres vivos na água da chuva que tinha ficado alguns dias num pote de barro, vitrificado por dentro. Isto me levou a olhar esta água com grande atenção, especialmente aqueles animaizinhos que me pareciam dez mil vezes menores do que os (...) que podem ser percebidos na água a olho nu".

O autor descreveu seus pequeninos animálculos com grandes detalhes, deixando poucas dúvidas para o observador moderno de que ele viu bactérias, fungos e muitas formas de protozoários. No dia 16 de junho de 1675, enquanto examinava uma amostra de água de poço, na qual havia mergulhado uma pimenta no dia anterior, ele relatou o seguinte:

"Descobri, numa minúscula gota d'água, um incrível número de pequeníssimos animálculos, de formas e tamanhos diversos. Eles se moviam por meio de ondulações, nadando sempre com a cabeça para frente, nunca ao contrário. No entanto, esses animálculos podiam mover-se tanto para frente como para trás, embora seus movimentos fossem muito lentos".

Em uma carta, esse microscopista amador forneceu a primeira descrição dos microrganismos agora conhecidos como bactérias (Figura P.3). Ele também observou esses animálculos em material retirado de seus dentes. Entre 1673 e 1723, Leeuwenhoek descreveu meticulosamente suas observações e desenhos em mais de 300 cartas. Essas cartas alertaram o mundo para a existência de formas microscópicas de vida e originaram a microbiologia.

Figura P.3 Esboços de bactérias da cavidade oral humana, observadas por Leeuwenhoek. Esses desenhos mostram que ele observou bacilos, cocos e bactérias espiraladas. Também demonstrou a motilidade de algumas bactérias, isto é, o traçado de C a D.

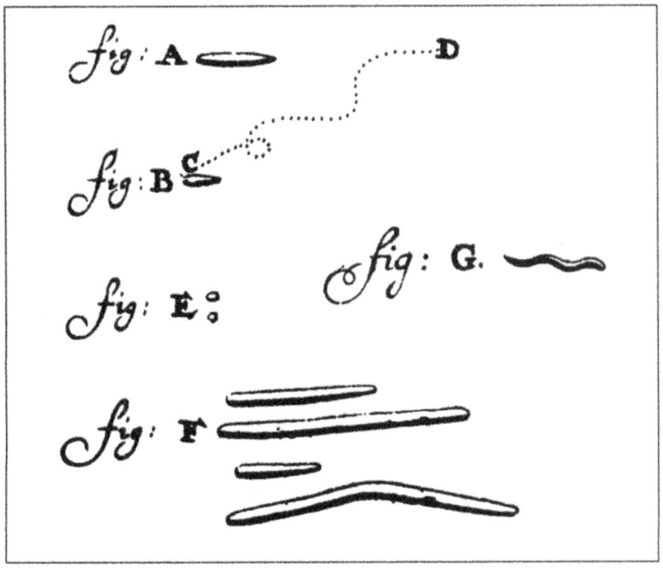

Origem dos Animálculos de Leeuwenhoek

A descoberta dos microrganismos de Leeuwenhoek, um conjunto de formas vivas invisíveis a olho nu, incitou calorosas discussões sobre a origem destes animálculos. Duas escolas de pensamento sobre a origem dos microrganismos surgiram. Uma delas estava inclinada a admitir a existência destas estruturas, mas considerava que elas eram resultado da decomposição de plantas e tecidos animais (isto é, por meio da fermentação ou putrefação). Em outras palavras, os microrganismos eram resultado, em vez de causa das mudanças ocorridas nesses tecidos. Os defensores dessa escola acreditavam que a vida surgia de objetos inanimados, um processo denominado ***abiogênese.*** Isto, basicamente, foi o conceito da ***geração espontânea.***

Por outro lado, outra escola defendia que os animálculos de Leeuwenhoek se originaram de pais, como as formas de vida superiores. A esta idéia, de que os animálculos já existentes deram origem a outros animálculos, foi dado o nome ***biogênese***.

A microbiologia como ciência não podia evoluir até que o falso conceito da geração espontânea fosse refutado. Foram necessários experimentos esclarecedores, que hoje parecem simples, e mais de uma centena de anos para resolver a controvérsia.

Biogênese *versus* Abiogênese

A idéia da geração espontânea tem sua origem na Grécia antiga, que acreditava que rãs e minhocas surgiam espontaneamente de um pequeno lago de lama. Outros foram convencidos de que larvas de insetos e moscas eram produzidas da mesma maneira, a partir de carne em decomposição. Havia receitas para produzir camundongos, tais como colocar trapos de estofo em um recipiente e colocá-lo em uma área separada, por várias semanas. Mas, no século XVII, pensadores críticos foram discordando dessas idéias. Um oponente da teoria, o médico italiano chamado Francesco Redi (1626-1697), demonstrou em 1668 que as larvas encontradas na carne em putrefação eram larvas de ovos de insetos, e não um produto da geração espontânea. Mas esse foi um dos estudos com larvas de insetos, entre vários outros, para compreender a origem dos organismos que podiam ser vistos somente por meio do microscópio.

Refutação da Abiogênese

Houve vencedores e desafiantes da teoria da geração espontânea, cada um com uma nova e às vezes fantástica explicação ou uma prova da evidência experimental. Em 1745, John Needham (1713-1781) cozinhou pedaços de carne para destruir microrganismos preexistentes e colocou-os em frascos abertos. Eventualmente, ele viu colônias de microrganismos na superfície e concluiu que elas surgiam espontaneamente a partir da carne. Em 1769, Lazzaro Spallanzani (1729-1799), ferveu caldo de carne em um frasco durante uma hora e então vedou-o. Nenhum microrganismo apareceu no caldo, assim, esse resultado contrariou a abiogênese. Mas Needham simplesmente insistia que o ar era essencial à vida e também para a geração espontânea dos microrganismos, e este tinha sido excluído no experimento de Spallanzani.

Quase 100 anos depois do primeiro experimento de Needham, dois outros investigadores tentaram resolver a controvérsia da "essencialidade do ar". Em 1836, Franz Schulze (1815-1873) passava o ar através de uma solução de ácido forte e depois aerava uma infusão de carne previamente fervida em frasco fechado (Figura P.4A). No ano seguinte, Theodor Schwann (1810-1882) forçava a passagem do ar através de tubos aquecidos e então aerava o caldo (Figura P.4B). Em nenhum dos casos surgiram os micróbios, porque aqueles que estavam presentes no ar foram mortos pelo calor ou pelo ácido. No entanto, os advogados que defendiam a teoria da geração espontânea não foram, ainda, convencidos. Eles diziam que o ácido e o calor alteravam o ar, assim, não permitiram o crescimento microbiano. Até 1854, os cientistas não haviam resolvido esse debate sobre a passagem de ar através de tubos vedados com algodão contendo caldo fervido (Figura P.4C). Os micróbios ficavam retidos no algodão e o ar passava livremente. Não houve crescimento microbiano nesses frascos, fornecendo evidências para os defensores da biogênese.

Demonstração da Biogênese

Durante o mesmo período de realização desses experimentos, surgiu um químico francês chamado Louis Pasteur (1822-1895; Figura P.5). Mais tarde, Pasteur dedicou seus consideráveis talentos ao estudo dos microrganismos. Como resultado, ele se interessou pela indústria de vinhos franceses e pela função dos micróbios na produção de álcool. Este interesse incentivou-o a continuar o debate sobre a origem dos microrganismos.

Um dos fiéis defensores da geração espontânea durante o período de Pasteur foi o naturalista francês Félix Archimède Pouchet (1800-1872). Ele publicou um extensivo relato em 1859 que sustentava a abiogênese. No en-

Figura P.4 Modelo experimental realizado em meados do século XIX para fornecer evidências a fim de refutar a teoria da geração espontânea (abiogênese). Cada um dos experimentos foi baseado na suposição de que os micróbios estavam suspensos sobre as partículas de ar. Se o ar fosse tratado para matar ou remover os micróbios (ou remover partículas de poeira) em materiais previamente esterilizados, não haveria crescimento após introdução do ar "tratado". [**A**] Schulze passou ar através de soluções de ácido forte antes de inseri-lo nos frascos contendo infusão de carne previamente fervida. [**B**] Schwann passou ar através de um tubo aquecido ao rubro antes de inseri-lo em um frasco contendo caldo estéril. [**C**] Schröder e von Dusch permitiram o contato de um caldo nutritivo estéril contido em um frasco com ar previamente filtrado com algodão existente no tubo de entrada do frasco.

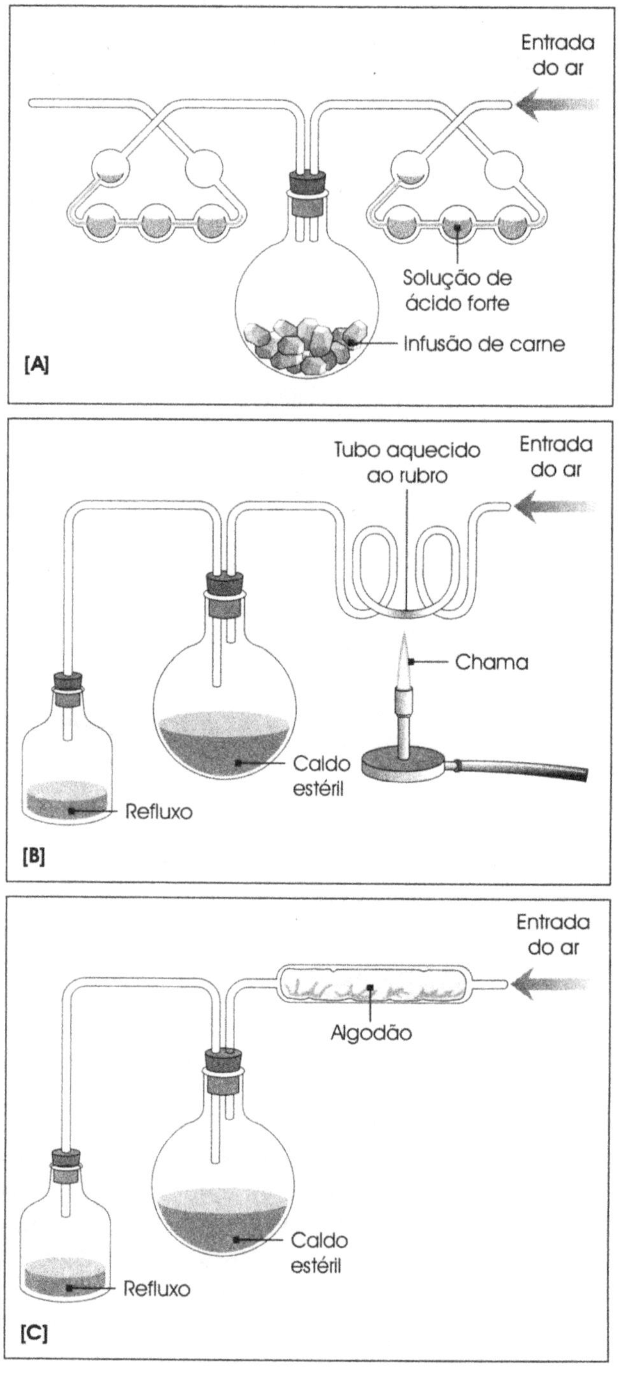

Figura P.5 Louis Pasteur em seu laboratório.

Figura P.6 Frasco em pescoço de cisne de Pasteur que foi utilizado nos experimentos para refutar a teoria da geração espontânea. As partículas de poeira sedimentavam-se na região encurvada inferior do pescoço do frasco, assim os microrganismos não contaminavam o caldo no frasco. Este frasco está preservado no Museu Pasteur.

tanto, ele foi detido ao deparar com o teimoso e genioso Pasteur. Irritado pela lógica e dados de Pouchet, Pasteur fez uma série de experimentos definitivos. Ele usou frascos com colo longo e curvados, semelhantes ao pescoço de cisnes (Figura P.6), que foram preenchidos com caldo nutritivo e aquecidos. O ar podia passar livremente através dos frascos abertos, mas nenhum micróbio surgiu na solução. As partículas de poeira e os microrganismos depositavam-se na região sinuosa em forma de U do tubo, mas não atingiam o caldo.

Pasteur também levou frascos com caldo nutritivo ao alto dos Pirineus e Alpes, onde os frascos foram abertos e, a seguir, fechados novamente. O químico-microbiologista sabia que as partículas de poeira carregavam os microrganismos através do ar, e seus experimentos nas montanhas demonstraram que quanto mais puro o ar que penetrava no frasco, menor a probabilidade de ocorrer contaminação.

Pasteur comunicou seus resultados com entusiasmo na Sorbonne, em Paris. Em 7 de abril de 1864 ele disse:

"Pois eu afastei deles, e ainda mantenho afastada, a única coisa que está acima do poder humano: eu afastei deles os germes que flutuam no ar, eu afastei deles a vida".

Ele lançou ainda alguns dardos nos defensores da abiogênese:

"Não há condição conhecida hoje em dia pela qual vocês possam afirmar que seres microscópicos vêm ao mundo sem germes, sem pais iguais a eles. Os que defendem isto exercitam o esporte das ilusões, das experiências malfeitas, viciadas por erros que não foram capazes de reconhecer e que não souberam como evitar".

Um dos argumentos tradicionais contra a biogênese era a alegação de que o calor usado para esterilizar o ar ou amostras durante os experimentos também destruía a "força vital" essencial. Os defensores da abiogênese diziam que, sem essa força, os microrganismos não poderiam aparecer espontaneamente. Em resposta a este argumento, o físico John Tyndall (1820-1883) demonstrou que o ar poderia ficar isento de microrganismos simplesmente por permitir que partículas de poeira se sedimentassem no fundo de uma caixa fechada (Figura P.7). Ele, então, inseriu tubos-testes contendo líquido estéril dentro da caixa. O líquido permaneceu estéril, provando que a "força vital" não era responsável pelo surgimento dos microrganismos.

Os experimentos de Pasteur e Tyndall promoveram a aceitação geral da teoria da biogênese. Pasteur, então, dedicou seus estudos à utilização dos microrganismos na produção do vinho e aos microrganismos como causa de doenças.

Figura P.7 Caixa de Tyndall livre de poeira. Uma vez que a caixa estava livre de poeira (o que podia ser constatado através da observação do feixe de luz que passava no centro da caixa), os tubos contendo caldo nutritivo estéril permaneceriam estéreis, mesmo que o ar na caixa estivesse em contato direto com o exterior por meio da abertura dos tubos contorcidos.

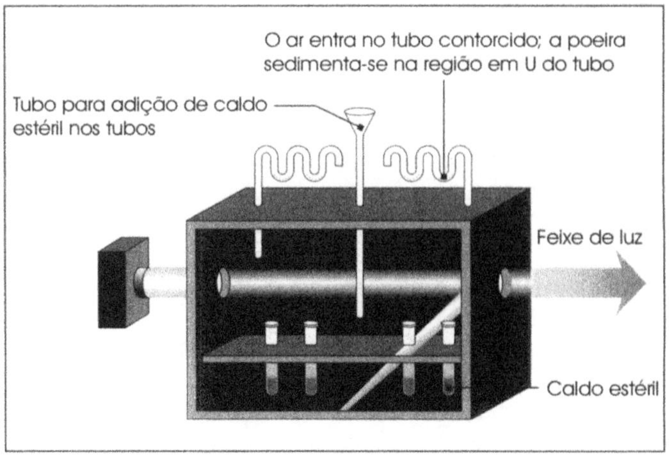

Teoria Microbiana da Fermentação

Quando o suco de fruta fica estagnado, ocorre a ***fermentação***, e, por meio de uma série de reações bioquímicas, álcool e outras substâncias químicas são produzidos a partir do açúcar da uva. Por esta razão, Pasteur estava ansioso para refutar a teoria da geração espontânea: existia a convicção de que os produtos da fermentação do suco de uva eram resultado da presença de microrganismos, e não que a fermentação produzia microrganismos, como alguns acreditavam.

Muitas civilizações antigas produziram bebidas e alimentos que, atualmente sabemos, são produtos da fermentação microbiana. A produção de vinho existe há muito tempo; já na Grécia antiga acreditava-se que o vinho fora inventado por Dionísio, o deus da fertilidade, do drama e do vinho na mitologia grega. Uma cerveja derivada do arroz na China, chamada *kiu*, tem sua origem por volta de 2300 a.C. O *saquê* é uma bebida japonesa produzida pela fermentação microbiana de arroz moído (Figura P.8). O molho de soja da China e do Japão tem sido produzido durante séculos a partir de grãos fermentados. Durante centenas de anos, o povo dos países balcânicos tem consumido produtos de leite fermentado. Tribos da Ásia Central apreciam *koumiss*, uma bebida alcoólica feita de leite de égua ou de camelo. Os antropologistas e os historiadores não conhecem nenhuma sociedade que não utilize a fermentação para produzir alimentos ou bebidas.

Por volta de 1850, Pasteur respondeu a uma solicitação de ajuda da indústria de vinho francês. Examinando lotes de vinho bom e ruim, ele encontrou microrganismos de tipos diferentes. Certos tipos de microrganismos predominavam nos lotes bons de vinho, enquanto outros eram mais numerosos nos vinhos de qualidade inferior. Pasteur concluiu que a seleção de micróbios podia assegurar um bom produto. Para certificar-se disso, ele destruiu os microrganismos já existentes no suco de fruta, primeiro aquecendo e depois resfriando. Em seguida, inoculou o suco com vinho de alta qualidade que continha o tipo desejado de microrganismo. Ele também observou que o produto final (vinho) podia ser preservado sem qualquer alteração do sabor se fosse aquecido a 50–60°C, por vários minutos.

Figura P.8 A fermentação de saquê no Japão como ilustrado em uma escultura histórica, em madeira.

Hoje, este processo, denominado ***pasteurização***, é intensamente utilizado na indústria de alimentos. Mas, para o público geral, o tratamento do leite e seus derivados é o processo de pasteurização mais familiar.

Nos tempos remotos, os povos aperfeiçoaram seus produtos fermentados por tentativa e erro, sem compreenderem, no entanto, que a qualidade do produto dependia do fornecimento de um tipo especial de microrganismo.

Teoria Microbiana da Doença

Pasteur e seus assistentes estavam revolucionando a indústria do vinho, e ao mesmo tempo eles afirmavam uma nova teoria sobre a origem das doenças. Eles descobriram o *agente etiológico* de algumas das mais sérias doenças que afetam o homem e os animais. No entanto, mesmo antes de Pasteur provar que os micróbios eram a causa de algumas doenças, vários observadores cuidadosos revelaram fortes argumentos em favor da ***teoria microbiana da doença***. Antes de suas observações, por muito tempo acreditava-se na história da humanidade que a doença era causada por fatores vagos, tais como ar ou sangue ruins.

Em 1546, Girolamo Fracastoro (1483-1553), de Verona, sugeriu que as doenças surgiam devido a organismos, pequenos demais para serem vistos, que podiam ser transmitidos de uma pessoa para outra. Muitas de suas informações vinham de conversas com marinheiros que retornavam de expedições ao exterior, onde testemunharam a propagação de muitas doenças. Mais de 200 anos após, Anton von Plenciz (1705-1786), de Viena, não apenas estabeleceu que seres vivos eram causas de doenças, mas diferentes agentes eram responsáveis por diferentes doenças. Ao mesmo tempo, o conceito de um organismo vivo vivendo em ou sobre o outro, a partir do qual retirava seus nutrientes, foi tornando-se aceitável. Este fenômeno de ***parasitismo*** está refletido num verso escrito no século XVIII por um poeta satírico inglês, Jonathan Swift (1667-1745):

"Assim, os naturalistas observam, uma pulga
Tem pulgas menores que a fazem de presa
E estas têm pulgas menores ainda para picá-las:
E assim acontece ad infinitum".

Após seu sucesso com a fermentação, Pasteur foi requisitado para investigar a doença do bicho-da-seda, que ameaçava arruinar a indústria de seda francesa. Ele gastou seis anos tentando provar que um tipo de microrganismo, denominado ***protozoário***, causava a doença. Ele também demonstrou aos criadores de bicho-da-seda como eliminar a doença, selecionando somente bichos-da-seda saudáveis, livres da doença, para reproduzir novas linhagens de insetos.

Na Alemanha, Robert Koch (1843-1910) começou sua carreira profissional como médico. Após ganhar de sua esposa um microscópio pelos seus 28 anos, ele começou a explorar o mundo microbiano, já conhecido por Pasteur. Koch e Pasteur, profissionais rivais de longa data, estavam ansiosos por descobrir a causa do carbúnculo, uma doença responsável pela dizimação de condutores de gado e ovelhas na Europa. Koch eventualmente encontrou uma bactéria, em forma de bastão, no sangue de carneiro que havia morrido de carbúnculo.

Freqüentemente negligenciando sua prática médica, Koch provou que estas bactérias eram a causa do carbúnculo, separando-as de qualquer outra bactéria presente, e então inoculando-as em camundongo saudável. O camundongo desenvolvia o carbúnculo: as bactérias isoladas do camundongo doente eram idênticas àquelas observadas no carneiro doente. Em 1876, cerca de seis anos depois de ter fixado os olhos pela primeira vez em seu microscópio, ele anunciou ao mundo que havia descoberto a bactéria do carbúnculo. Koch sugeriu, também, que animais doentes deviam ser mortos e queimados ou enterrados bem fundo, após demonstrar que os esporos bacterianos podiam sobreviver, por meses, em produtos contaminados.

Com a sua descoberta sobre o carbúnculo, Koch foi o primeiro a provar que um tipo específico de micróbio causa um tipo definido de doença. Mais tarde, ele e seus colegas descobriram as bactérias causadoras da cólera e da tuberculose.

Figura P.9 Robert Koch (1843-1910) observando um espécime em um microscópio. Koch e seus assistentes contribuíram com vários procedimentos laboratoriais de significado fundamental que são usados até os dias atuais.

Koch e seus assistentes forneceram muitas dessas técnicas. Entre elas, o procedimento de coloração de bactérias para observação ao microscópio ótico (Figura P.9). Um dos discípulos de Koch, Paul Ehrlich (1854-1915), que fazia pesquisas sobre corantes, usava-os para corar bactérias, incluindo a bactéria que causava a tuberculose.

Desenvolvimento de Técnicas Laboratoriais para o Estudo dos Microrganismos

Neste momento, na história da microbiologia, as informações vieram a partir de observações de amostras de gotas de fluidos, que freqüentemente continham misturas de microrganismos. O estudo dessas amostras era dificultado devido ao tamanho diminuto, à transparência e motilidade dos que Pasteur, uma vez, denominou de "corpúsculos organizados". Obviamente, havia a necessidade de técnicas laboratoriais para isolar e estudar tipos individuais de micróbios.

Técnica da Cultura Pura

Acidentalmente, os cientistas alemães viram colônias crescendo sobre batatas fervidas e subseqüentemente encontraram maneiras para separar micróbios individuais. Para fazer isso, eles desenvolveram ***meios*** específicos para cultivar os microrganismos. Meios são constituídos por substâncias que satisfazem as necessidades nutricionais dos microrganismos. Koch e seus colegas também demonstraram como uma substância extraída de algas, denominada ***ágar***, podia solidificar o referido meio. Eles aprenderam a cultivar os micróbios específicos em *cultu-*

Figura P.10 O laboratório de Robert Koch. Observe o equipamento fotográfico construído em casa, no lado esquerdo, que ele usou para fotografar as bactérias do carbúnculo e da tuberculose.

ras puras, usando métodos descritos mais adiante neste livro. Richard J. Petri (1852-1921) inventou uma placa de vidro especial para depositar o meio contendo ágar. Esta placa, chamada de placa de Petri, está ainda em uso e atualmente a maioria delas são feitas de plástico, em vez de vidro. Por volta de 1892, Koch e seus alunos descobriram os agentes de febre tifóide, difteria, tétano, pneumonia lobar aguda, doença do mormo e outros.

Koch defendia o uso de animais como modelos de doença humana, inoculando bactérias em camundongos, coelhos, porcos da Guiné ou carneiros saudáveis. Ele adaptou uma câmera em seu microscópio e tirou fotografias que usava para convencer os duvidosos (Figura P.10).

Postulados de Koch

Por volta de 1880, Koch utilizou-se dos métodos laboratoriais recentemente desenvolvidos e organizou os quatro critérios necessários para provar que um micróbio específico causa uma doença particular. Esses critérios são conhecidos como ***postulados de Koch*:**

1. Um microrganismo específico pode sempre estar associado a uma doença.
2. O microrganismo pode ser isolado e cultivado em cultura pura, em condições laboratoriais.
3. A cultura pura do microrganismo produzirá a doença quando inoculada em animal susceptível.
4. É possível recuperar o microrganismo inoculado do animal infectado experimentalmente.

Subseqüentemente à descoberta dos vírus, agentes que não crescem no laboratório em meios artificiais, como fazem as bactérias, foram requeridas algumas modificações dos postulados de Koch. Agora, também sabemos que há algumas doenças causadas por mais de um microrganismo, enquanto outros micróbios podem causar várias doenças distintas. Indiferente a essas modificações, dentro de um curto período de tempo após o estabelecimento da teoria microbiana (menos do que 30 anos), o postulado conduziu à descoberta da maioria das bactérias que causam doença humana (Tabela P.1).

Figura P.11 T. J. Burrill (1839-1916) figurava entre os primeiros microbiologistas americanos. Em 1878, ele descobriu que a ferrugem das pereiras era causada por uma bactéria.

Figura P.12 E. F. Smith (1854-1929) foi um dos pesquisadores pioneiros que estabeleceram a função dos microrganismos como agentes etiológicos de muitas doenças de plantas e animais.

Foi por meio do estudo das causas de doenças em plantas que outros cientistas descobriram o ***vírus*** (do latim *virus,* que significa líquido viscoso ou veneno). Em 1892, Dmitri Ivanovski (1864-1920) descobriu que o agente da doença do mosaico do tabaco podia ser transmitido por suco filtrado da planta doente. O filtro, inventado por um colaborador de Pasteur, prevenia a passagem de bactérias. Outros experimentos demonstraram que o material que passava através do filtro continha uma nova classe de agentes causadores de doença, os quais eram muito menores que as bactérias.

Um botânico americano, Thomas J. Burrill (1839-1916; Figura P.11), descobriu na Universidade de Illinois uma doença nas pereiras conhecida como *ferrugem* e que era causada por uma bactéria. Esse pesquisador ajudou a estabelecer que as plantas, assim como os animais, são susceptíveis às doenças bacterianas. Trabalhando para o Departamento de Agricultura dos Estados Unidos, Erwin F. Smith (1854-1929; Figura P.12) transmitiu a doença, denominada de *pêssegos amarelos,* de plantas doentes para plantas sadias, mas não conseguiu isolar o agente etiológico da mesma. Várias décadas mais tarde, outros pesquisadores demonstraram que tais doenças eram de etiologia viral.

Theobald Smith (1859-1934), médico americano, autodidata e estudioso da microbiologia, empregado do

Figura P.13 Major Walter Reed e membros da Comissão da Febre Amarela observam um paciente. Suas pesquisas realizadas em Havana, Cuba, demonstraram que a doença era causada por um vírus transmitido por insetos. Programas de controle de insetos virtualmente eliminaram a febre amarela epidêmica de Cuba e áreas da América Central e do Sul, o que tornou possível terminar a construção do canal do Panamá.

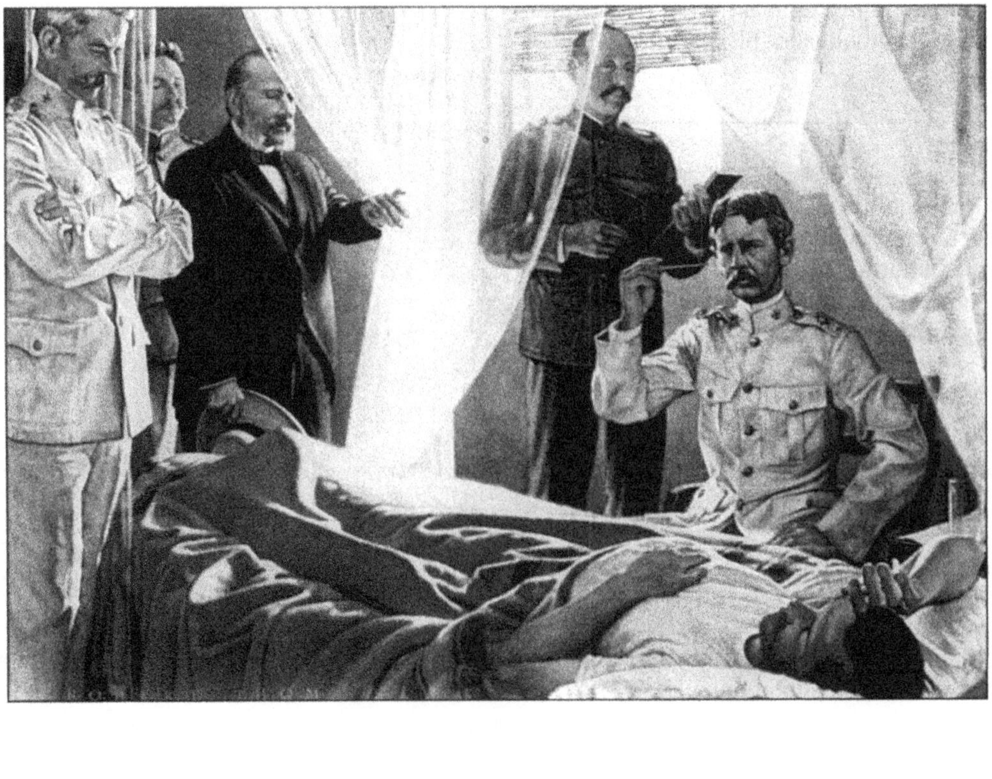

Tabela P.1 Recentes descobertas de bactérias causadoras de doenças humanas e de animais.

Ano	Doença ou infecção	Agente etiológico*	Descobridor+
1876	Carbúnculo	*Bacillus anthracis*	Koch
1879	Gonorréia	*Neisseria gonorrhoeae*	Neisser
1880	Febre tifóide	*Salmonella typhi*	Eberth
1880	Malária	*Plasmodium* ssp.	Laveran
1881	Infecções de feridas	*Staphylococcus aureus*	Ogston
1882	Tuberculose	*Mycobacterium tuberculosis*	Koch
1882	Mormo	*Pseudomonas mallei*	Loeffler e Schütz
1883	Cólera	*Vibrio cholerae*	Koch
1883-1884	Difteria	*Corynebacterium diphtheriae*	Klebs e Loeffler
1885	Erisipela suína	*Erysipelothrix rhusiopathiae*	Loeffler
1885	Tétano	*Clostridium tetani*	Nicolaier
1886	Pneumonia bacteriana	*Streptococcus pneumoniae*	Fraenkel
1887	Meningite	*Neisseria meningitidis*	Weichselbaum
1887	Febre de Malta	*Brucella* ssp.	Bruce
1888	Estrangulamento eqüino (*Equine strangles*)	*Streptococcus* ssp.	Schütz
1889	Cancro mole	*Haemophilus ducreyi*	Ducrey
1892	Gangrena gasosa	*Clostridium perfringens*	Welch e Nuttall
1894	Peste	*Yersinia pestis*	Kitasato e Yersin
1895	Tifo de aves	*Salmonella gallinarum*	Moore
1896	Botulismo (intoxicação alimentar)	*Clostridium botulinum*	Van Ermengem
1897	Doença de Bang (aborto bovino)	*Brucella abortus*	Bang
1898	Disenteria	*Shigella dysenteriae*	Shiga
1898	Pleuropneumonia de gado	*Mycoplasma mycoides*	Nocard e Roux
1905	Sífilis	*Treponema pallidum*	Schaudinn e Hoffman
1906	Coqueluche	*Bordetella pertussis*	Bordet e Gengou
1909	Febre das Montanhas Rochosas	*Rickettsia rickettsii*	Ricketts
1912	Tularemia	*Francisella tularensis*	McCoy e Chapin

* Nome atual do agente etiológico; o nome original, em muitos casos era diferente.
\+ Em alguns casos, o indivíduo simplesmente observou o agente etiológico; em outros, o investigador isolou o agente em cultura pura.

Escritório da Indústria Animal dos Estados Unidos, dispôs-se a vencer a febre do gado do Texas. Ele provou que um protozoário era responsável pela doença e este era um parasita intracelular de insetos que se alimentavam no gado. Foi a primeira descrição de um microrganismo veiculado por um artrópode. A importância desta observação é difícil de avaliar, pois conduziu às pesquisas de doenças microbianas transmitidas por artrópodes. Entre as doenças observadas como resultado da descoberta de Smith estão a malária, a febre amarela e a doença do sono.

A febre amarela foi a primeira doença humana atribuída ao vírus. Em 1900, um cirurgião do exército chamado Walter Reed (1851-1902; Figura P.13), usando voluntários humanos, provou que os vírus eram transmitidos por certos insetos. No ano anterior, dois cientistas na Índia e Itália demonstraram que há outros insetos transmissores da malária. Uma das medidas mais importantes para a prevenção destas doenças foi a remoção de águas estagnadas usadas pelos insetos como locais de reprodução.

Desenvolvimento nos Processos de Prevenção das Doenças

É difícil compreender a magnitude da miséria humana e da devastação causada por doenças microbianas e virais antes da última metade do século XX. Peste, tifo, difteria, varíola, cólera e influenza devastaram grandes regiões do mundo. Uma epidemia (doença restrita a uma localidade particular) de peste bubônica, conhecida como "morte negra" e causada por uma bactéria, ocorreu na Europa durante o período de 1347 a 1350. De um terço à metade da população francesa morreu da doença, e estima-se que 25 milhões de pessoas na Europa morreram de peste no período em que a disseminação da doença cessou. Roedores, especialmente ratos, são reservatórios para o bacilo da peste e este pode ser transmitido dos ratos para o homem, por meio das pulgas.

Uma outra doença causada por um vírus, a influenza, foi endêmica e pandêmica (que ocorre no mundo todo) em 1173, e houve pelo menos outros 37 episódios entre 1510 e 1973. A influenza e suas complicações durante a epidemia de 1917 a 1919 mataram cerca de 500.000 americanos e 21 milhões de pessoas no mundo inteiro – quase três vezes o número de mortos na Primeira Guerra Mundial. Os microrganismos provaram ser mais fortes que as armas.

A partir do conhecimento de que os microrganismos causam doenças, os cientistas passaram a dar maior atenção a sua prevenção e tratamento. Os funcionários hospitalares adotaram a ***anti-sepsia***, que previne a propagação das doenças infecciosas por inibir ou destruir os agentes etiológicos. Foi descoberta a ***imunização,*** que é um processo que estimula as defesas do corpo contra a infecção. A ***quimioterapia***, tratamento de uma doença com uma substância química, evoluiu à medida que os pesquisadores encontraram drogas melhores. Menos dramáticas, mas mais efetivas, medidas de melhoramento da saúde pública, como o sanitarismo, particularmente aquelas relacionadas com a água e alimentos, reduziram a propagação dos microrganismos e a incidência das doenças.

Anti-sepsia

Em geral, a palavra ***sêpsis*** refere-se ao efeito tóxico da presença do microrganismo no corpo durante a infecção, enquanto a ***anti-sepsia*** refere-se às medidas que eliminam aqueles efeitos por prevenir a infecção. A anti-sepsia foi praticada mesmo antes da teoria microbiana da doença ser comprovada.

Oliver Wendell Holmes (1809-1894), um bem-sucedido médico americano, assim como um homem de letras, insistiu em 1843 que a febre de parturiente era contagiosa e, portanto, era transmitida de uma mulher para outra pelas mãos dos médicos e parteiras. Agora conhecida como *febre puerperal*, naquela época era uma infecção séria, freqüentemente fatal à mãe após o nascimento do bebê. Em 1846, o médico húngaro Ignaz Philipp Semmelweis (1818-1865) trabalhou para convencer seus colegas de que o uso de soluções cloradas fazia a anti-sepsia das mãos dos obstetras.

Por volta de 1860, um cirurgião inglês de nome Joseph Lister (1827-1912) pesquisava uma maneira de manter as incisões cirúrgicas livres de contaminação pelos microrganismos. Naquele período, mortes por infecção pós-cirúrgi-

Figura P.14 J. Lister produzindo uma névoa de ácido carbólico (fenol) durante cirurgia, para reduzir a incidência de infecção.

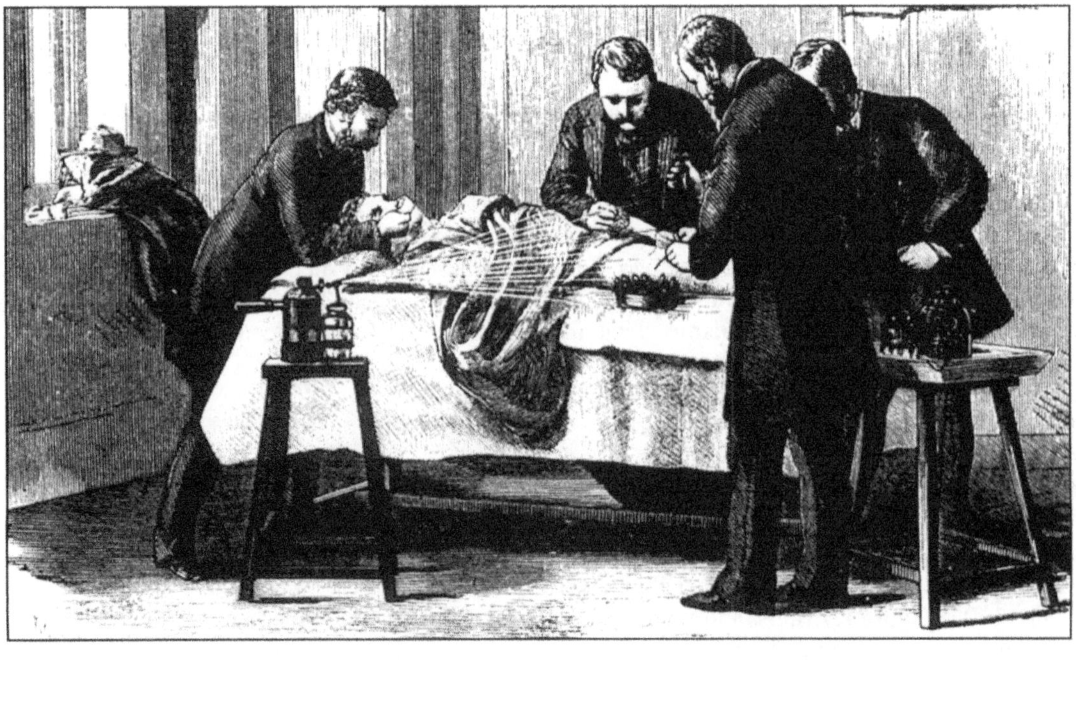

Figura P.15 O princípio da imunização como demonstrado por Pasteur. Inicialmente Pasteur inoculou as galinhas com uma cultura velha de bactérias que causam a cólera aviária; essas galinhas permaneceram sadias. Várias semanas mais tarde, ele inoculou as mesmas galinhas com uma cultura jovem das bactérias. Esta cultura virulenta foi inócua às galinhas previamente inoculadas, mas foi fatal para as galinhas não inoculadas. Esse experimento mostrou que as culturas "velhas" de bactérias da cólera aviária, embora incapazes de produzir doença, eram capazes de produzir substâncias protetoras no sangue, denominadas "anticorpos"

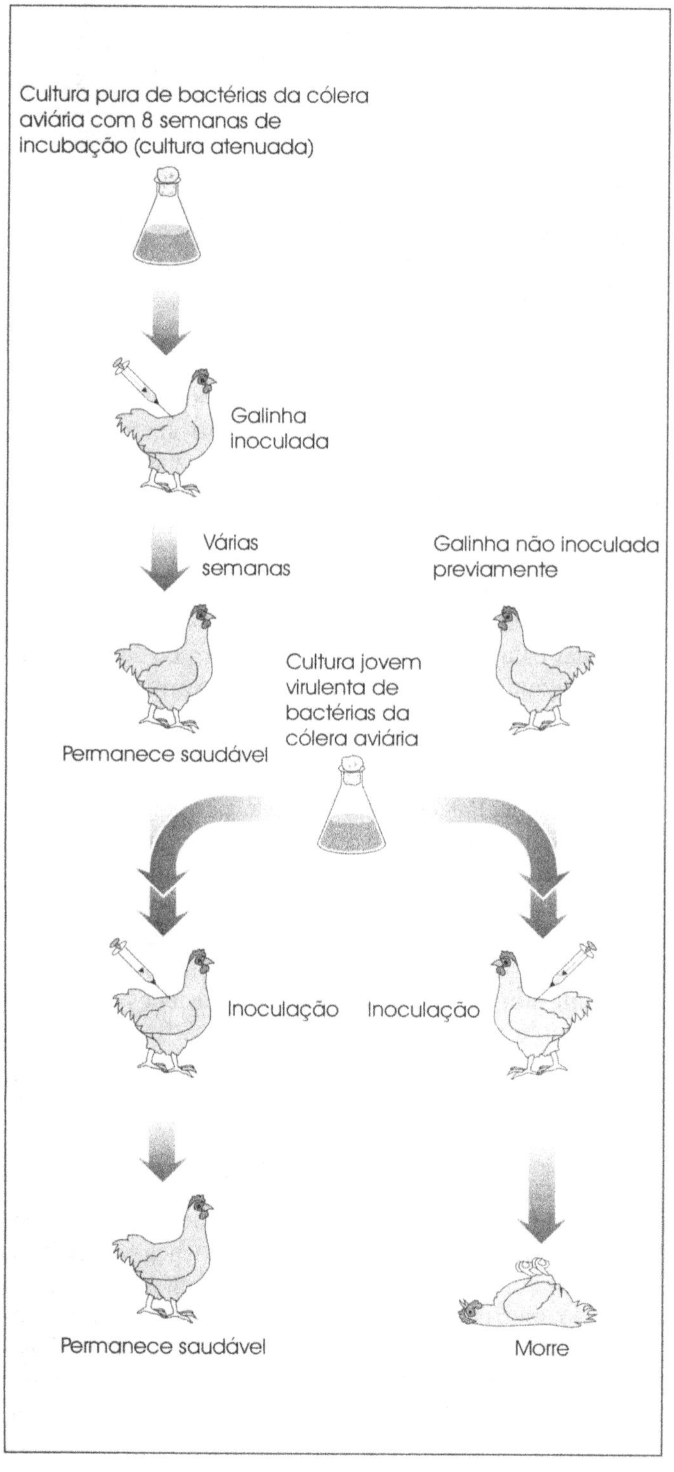

ca eram freqüentes. Em 1864, por exemplo, os relatos de Lister demonstraram que 45% de seus próprios pacientes morreram desta maneira.

O ácido carbólico, também chamado de *fenol*, destruía as bactérias, propriedade já conhecida naquela época. Assim, Lister embebeu as compressas cirúrgicas com uma solução diluída dessa substância química e ainda borrifou-a na sala de cirurgia (Figura P.14). Tão notável foi seu sucesso que a técnica foi rapidamente aceita por outros cirurgiões astutos o suficiente para reconhecer o significado dos achados de Lister. Seus experimentos deram origem às ***técnicas assépticas*** atuais que previnem infecções. Hoje, uma variedade de substâncias químicas e processos físicos pode reduzir o número de microrganismos em salas cirúrgicas, enfermarias para recém-nascidos prematuros e salas onde as drogas são distribuídas em frascos estéreis.

Imunização

Em 1880, Pasteur usou as técnicas de Koch para isolar e cultivar a bactéria que causa a cólera aviária. Para confirmar a sua descoberta, ele organizou uma demonstração pública na qual repetiu um experimento que havia sido bem-sucedido em várias tentativas preliminares, em seu laboratório. Ele inoculou uma cultura pura da bactéria em galinhas sadias e esperou que elas manifestassem os sintomas e morressem, logo após. Mas, para sua surpresa, as galinhas não adoeceram e não morreram (Figura P.15)!

Figura P.16 Edward Jenner vacinando (inoculando) James Phipps com material proveniente de animal com varíola bovina, que resultou no desenvolvimento de resistência à infecção pelo vírus da varíola humana.

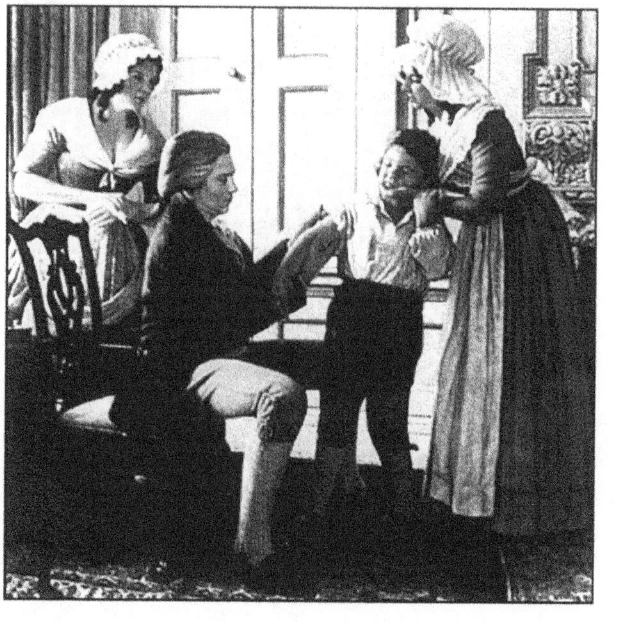

Pasteur, revisando cada etapa de seu experimento, verificou que acidentalmente tinha usado culturas com várias semanas de incubação, em vez das culturas jovens, recentemente preparadas para a demonstração. Algumas semanas mais tarde, ele repetiu o experimento usando dois grupos de galinhas: o primeiro grupo foi inoculado no experimento inicial com culturas velhas e o outro grupo não foi exposto à bactéria da cólera. Depois, os dois grupos receberam bactérias provenientes de culturas jovens. As galinhas do segundo grupo morreram, mas as do primeiro permaneceram sadias.

Intrigado, Pasteur logo encontrou a explicação. Ele descobriu que as bactérias podiam tornar-se ***avirulentas*** (isto é, perder sua ***virulência,*** ou habilidade de produzir uma doença), quando cultivadas por muito tempo. Mas essas bactérias avirulentas ainda podiam estimular no hospedeiro, no caso as galinhas, a produção de substâncias que protegem de infecções subseqüentes e, assim, torná-lo ***imune*** às doenças.

Pasteur, em seguida, aplicou este princípio de imunização na prevenção do carbúnculo, e outra vez, ele funcionou. Ele denominou as culturas avirulentas de ***vacinas*** (do

Figura P.17 Este monumento, nos jardins do Instituto Pasteur, Paris, homenageia as contribuições de Pasteur no controle da raiva.

Figura P.18 Elie Metchnikoff, um microbiologista russo trabalhando no laboratório de Pasteur, foi a primeira pessoa a reconhecer a função de certas células brancas do sangue em combater uma infecção bacteriana.

latim *vacca*, vaca) e o processo de imunização com tais culturas, de ***vacinação***. Usando estes termos, Pasteur reconheceu os trabalhos prévios de Edward Jenner (1749-1823), que tinha vacinado com sucesso um garoto contra a varíola humana em 1798 (Figura P.16). Jenner ouviu relatos de leiteiros que adquiriram a varíola bovina de suas vacas, e estes nunca desenvolveram quadros sérios de varíola humana. Ele supôs que a exposição à varíola bovina de alguma maneira os protegia contra a varíola humana. Para testar esta hipótese, ele inoculou soro de animal com varíola bovina em James Phipps e posteriormente injetou amostras que continham o agente da varíola humana. O garoto não adquiriu varíola humana.

A fama de Pasteur espalhava-se por toda a França, tornando-se prevalecente a crença de que ele poderia operar milagres com os microrganismos. Não foi surpresa quando ele foi consultado para fazer uma vacina contra a hidrofobia ou raiva, uma doença transmitida às pessoas pela mordida de cães, gatos e outros animais infectados. Sendo um químico e não um médico, Pasteur não estava acostumado a tratar humanos. No entanto, finalmente ele concordou em devotar sua usual determinação e habilidade no combate à raiva, que era quase invariavelmente uma doença fatal.

Apesar do fato de que o agente causal da raiva era desconhecido, Pasteur acreditou firmemente que se tratava de um microrganismo. Ele reproduziu a doença em coelhos inoculados com saliva de cães raivosos. Quando o coelho inoculado morria, Pasteur e seus assistentes retiravam o cérebro e a medula espinal, secavam-nos por vários dias, pulverizavam-nos e, por fim, faziam uma suspensão do pó obtido. A inoculação de cães com esta mistura protegia-os contra a raiva.

Contudo, a vacinação de cães era bastante diferente do tratamento da doença humana. Então, em julho de 1885, um jovem chamado Joseph Meister foi mordido por um lobo raivoso e sua família persuadiu Pasteur a vacinar a criança. O preocupado Pasteur ficou tão aliviado como qualquer outra pessoa quando, após várias semanas de inoculação, o garoto não morreu (Figura P.17).

Quando Pasteur salvou a maioria de um grupo de lavradores russos que foram mordidos por lobos raivosos, o czar enviou-lhe 100.000 francos. Esse dinheiro, em conjunto com outros donativos provenientes de todos os lugares do mundo, foi o início do mundialmente famoso Instituto Pasteur, em Paris.

Um outro conceito fundamental da imunologia foi descoberto pelo russo Elie Metchnikoff (1845-1916; Figura P.18). Enquanto estudava larvas de estrelas-do-mar, ele observou que certas células englobavam lascas de madeira que tinham sido introduzidas na larva. Tais células foram denominadas ***fagócitos***, palavra originada do grego que significa "devorador de células". Metchnikoff, enquanto trabalhava no Instituto Pasteur em Paris, verificou que certos leucócitos (células sanguíneas da série branca) "comiam" bactérias causadoras de doenças, na maioria dos animais, incluindo o homem. Ele formulou a teoria de que os fagócitos eram a primeira e mais importante linha de defesa contra a infecção. Por esta descoberta, ele (junto com Paul Ehrlich) recebeu o Prêmio Nobel, em 1908.

Quimioterapia

A *quimioterapia* tem sido praticada por centenas de anos. O mercúrio era usado para tratar a sífilis já no ano de 1495, e a casca da cinchona (que contém quinina) foi usada na América do Sul durante o século XVII para tratar a malária. Antes da viagem de Colombo à América, nativos do Brasil usavam a raiz de ipecacuanha para tratar disenteria. Assim, as plantas funcionavam como fonte original de agentes quimioterapêuticos. Somente com a brilhante descoberta de Paul Ehrlich é que a quimioterapia moderna teve seu início.

O desejo de Ehrlich era encontrar uma "arma mágica" – uma substância química tão eficaz que fosse capaz de destruir um micróbio causador de uma doença específica sem contudo afetar as células do paciente. Particularmente, ele desejava encontrar uma arma mágica que pudesse ser usada no tratamento de pacientes sifilíticos. Para este fim, sintetizou sistematicamente centenas de compostos químicos, com sucesso limitado. Em 1909, um ano depois, ele ganhou o Prêmio Nobel pelos trabalhos pioneiros sobre como os anticorpos são formados e também sintetizou seu 606º composto. Era um composto arsenical sintético denominado *salvarsan* que se mostrou ativo contra a bactéria da sífilis.

Um outro avanço na quimioterapia ocorreu em 1932, durante a Segunda Guerra Mundial. Gerhard Domagk (1895-1964), um médico alemão, descobriu que o grupo de substâncias químicas denominado *sulfonamidas* ou sulfas era muito efetivo contra várias infecções bacterianas. Como exemplo dessa efetividade, a taxa de fatalidades por infecções meningocócicas entre os soldados americanos na Segunda Guerra Mundial foi apenas 3,9%, comparada com 39% na Primeira Guerra Mundial. Domagk ganhou o Prêmio Nobel por seus esforços e auxílios prestados nas pesquisas de agentes quimioterápicos. Esses agentes uniram-se às substâncias químicas extraídas de plantas no combate às doenças.

A descoberta da *penicilina* iniciou um outro período importante da quimioterapia, aquele que contava com substâncias produzidas pelos microrganismos. Em 1928, anos antes do advento do tratamento com sulfonamidas, o microbiologista escocês Alexander Fleming (1881-1955) relatou que uma substância sintetizada por um fungo comum, o *Penicillium notatum*, inibia o crescimento de certas bactérias. Foi uma descoberta quase ao acaso.

A descoberta da substância, que foi denominada penicilina, levou a um círculo vicioso. Um dia Fleming notou que um fungo tinha contaminado algumas placas de cultura de bactérias que estava estudando e rejeitou-as, imaginando que as culturas estivessem inutilizadas. Mas quando ele observou mais atentamente, notou que as bactérias não cresciam próximas do fungo, mais tarde reconhecido como *Penicillium notatum*. Fleming imaginou que o fungo produzia alguma substância que inibia o crescimento da bactéria. Seu relato original não foi notificado até dez anos após a sua observação, mas o foi somente quando um grupo da Universidade de Oxford verificou que a substância química antibacteriana tinha origem microbiana. O impulso maior para essa pesquisa foi a Segunda Guerra Mundial e as doenças dos campos de batalha. O grupo, conduzido por Howard W. Florey (1898-1968) e Ernst Chain (1906-1979), conduziu experimentos clínicos com a penicilina, com resultados fantásticos, o que fez com que a penicilina fosse rapidamente referida como a "droga milagrosa". Florey, Chain e Fleming, posteriormente, ganharam o Prêmio Nobel em 1945 por seus trabalhos.

Desenvolvimento em Outras Áreas da Microbiologia

É natural que a microbiologia médica tenha-se desenvolvido primeiro. Entretanto, as descobertas de Pasteur e Koch sobre o papel dos microrganismos nas doenças foram logo comparadas com os resultados das atividades

Figura P.19 Dois dos principais colaboradores para o conhecimento sobre a importante função dos microrganismos no solo, [**A**] Sergei Winogradsky (1856-1953) e [**B**] Martinus Beijerinck (1851-1931), descobriram muitas das reações químicas realizadas pelos microrganismos no solo.

(A)

(B)

dos microrganismos na agricultura e na indústria. A microbiologia do solo iniciou-se no final do século XIX com o microbiologista russo Sergei Winogradsky (1856-1953; Figura P.19A). Ele descobriu que certas bactérias do solo podiam absorver o nitrogênio atmosférico e convertê-lo em nutrientes para as plantas. Também descobriu que outras espécies de bactérias podiam transformar a amônia, que era liberada de plantas e animais em decomposição, em nitratos – uma fonte primária de nitrogênio para as plantas. Winogradsky fez uma observação fundamental sobre a função dos microrganismos na transformação química envolvendo enxofre, ferro e seus derivados. Durante os estudos, ele descobriu que certos micróbios cresciam somente em presença de compostos inorgânicos – um exemplo desta categoria nutricional de microrganismo será descrito neste texto. Eles não cresciam em ágar nutriente, utilizado por Koch e seus colaboradores, para o cultivo dos micróbios que causavam doenças.

Winogradsky e seu contemporâneo, o microbiologista alemão Martinus W. Beijerinck (1851-1931; Figura P.19B) introduziram as técnicas de enriquecimento de culturas – um procedimento que melhorou a possibilidade de isolar tipos especiais de microrganismos, tais como os do solo e da água. Por exemplo, suponha que você queira isolar um microrganismo do solo que tenha habilidade de decompor celulose, que é a substância mais rica em carbonos, em plantas. Inicialmente, prepararíamos um meio líquido com celulose como única fonte de carbono em frascos ou tubos de ensaio. A seguir, inocularíamos o meio com amostras do solo, incubaríamos por vários dias e faríamos a transferência para um meio de cultura novo. O processo é repetido várias vezes. Os microrganismos capazes de usar celulose aumentarão em número (o meio é *enriquecido* com essa população). De certa forma, este procedimento é análogo ao processo de seleção natural – a composição do meio favorece o crescimento de um tipo particular de microrganismo. Usando esta técnica, Beijerinck descobriu que o odor desagradável do canal Delft no verão era devido às bactérias que podiam transformar sulfatos em sulfeto de hidrogênio, que tem odor de ovo estragado.

Beijerinck também descobriu as bactérias que crescem nas raízes de leguminosas, tais como alfafa, alho e soja. Elas causam um espessamento do tecido da raiz, formando um nódulo. As bactérias absorvem nitrogênio atmosférico fornecendo-o como alimento para as plantas. Atualmente os agricultores, antes de plantarem, inoculam nas sementes de leguminosas culturas especiais dessas bactérias para aumentar a produção.

A introdução da microbiologia na indústria foi sugerida pelas pesquisas de Pasteur em processos de fermentação da uva para produção de vinho. Entretanto, uma abordagem mais precisa foi lançada por Emil Christian Hansen

Figura P. 20 A. J. Kluyver (1888-1956) e C. B. van Niel (1897-1985). Kluyver sucedeu Beijerinck como diretor do Laboratório de Microbiologia da Universidade Técnica de Delft, Holanda, em 1922. Ele – inicialmente sozinho e mais tarde com seu estudante C. B. van Niel – deu contribuições significativas para o conhecimento sobre a atividade química dos microrganismos.

(1842-1909) em Copenhague, Dinamarca. Hansen abriu o caminho para o uso de *culturas iniciadoras*, culturas de tipos desejados de microrganismos para a produção de substâncias específicas. Assim, "adivinhar" qual produto será elaborado pelos microrganismos usados na indústria estava fora de questão. Hoje, vinícolas, cervejarias, fábricas de queijo, manteiga e produtos fermentados tais como iogurte utilizam culturas "iniciadoras" para manter a qualidade de seus produtos.

Microbiologia e Bioquímica

Durante o início do século XX, houve um crescente conhecimento da enorme capacidade dos microrganismos em realizar transformações químicas. As pesquisas de Winogradsky, Beijerinck e outros revelaram a atividade química dos microrganismos no solo. Foi-se compreendendo que o uso de microrganismos para a produção industrial era dependente da habilidade para produzir transformações químicas. Além disso, a necessidade de informação mais descritiva para caracterizar e diferenciar os microrganismos foi reconhecida. Logo, pesquisas sobre as atividades químicas dos microrganismos – a bioquímica – começaram a fornecer várias informações. Parece não haver limites para os tipos de substâncias que podem ser decompostas ou o tipo de novos compostos químicos produzidos pelos microrganismos. Os estudos foram direcionados no sentido de determinar as etapas das transformações químicas.

Esta aparentemente complicada diversidade bioquímica entre os microrganismos foi brilhantemente interpretada pelo microbiologista holandês A. J. Kluyver (1888-1956). Kluyver sucedeu Beijerinck como líder da escola de microbiologistas de Delft. Ele observou que muitas reações químicas microbianas também ocorriam em outros organismos, inclusive o homem. Concluiu que, apesar desta aparente diversidade, há um grau de semelhança significativo entre os sistemas vivos, ou *unidade bioquímica*. Um dos alunos de Kluyver, C. B. van Niel (1897-1985), tornou-se diretor do Laboratório Marinho Pacific Grove, onde prosseguiu com o tema de unidade bioquímica entre os microrganismos. Muitos microbiologistas contemporâneos foram educados e treinados sob sua supervisão.

Outras evidências para o conceito de unidade na bioquímica de sistemas vivos vieram de experimentos nutricionais com bactérias. Já é conhecido que o crescimento de bactérias é dependente de ou acentuado por pequenas quantidades de extratos de fígado, leveduras e outros materiais. Esses extratos, referidos como *fatores de crescimento*, foram mais tarde identificados como sendo

(A)

(B)

vitaminas, incluindo tiamina (vitamina B_1), piridoxamina (vitamina B_6), cobalamina (vitamina B_{12}) e outras. Algumas bactérias requerem as mesmas vitaminas requeridas pelos animais e pelo homem; a função das vitaminas é a mesma em todos os sistemas biológicos.

As realizações, durante este período da microbiologia, foram ressaltadas por Kluyver e van Niel em 1954, na Universidade de Harvard, em uma série de conferências intituladas *A Contribuição dos Microrganismos para a Biologia* (Figura P.20).

Microbiologia e Genética (Biologia Molecular)

Antes de 1940 havia especulações com poucos fatos sobre a genética de microrganismos. O conhecimento sobre genética vinha de pesquisas com plantas e animais. Ficava aberta a questão sobre quantos dos resultados obtidos por meio dessas pesquisas eram aplicáveis aos microrganismos. Entretanto, uma reviravolta radical ocorreu no período de 1940 – uma série de descobertas colocou os microrganismos na linha de frente da pesquisa genética. George Beadle e Edward Tatum, em 1941, trabalhando com o fungo *Neurospora*, isolaram mutantes com diferentes deficiências em sua habilidade para sintetizar um composto particular. A cepa parental de *Neurospora* não tinha nenhuma deficiência nutricional. Por meio de estudos com esses mutantes nutricionais, foi possível estabelecer a via pela qual o dado composto é sintetizado. Beadle (Figura P.21A) e Tatum (Figura P.21B) foram agraciados com o Prêmio Nobel em 1958 por suas descobertas genéticas em *Neurospora*. Juntamente com eles, Joshua Lederberg recebeu o Prêmio Nobel (Figura P.21C), pela descoberta de que o material genético podia ser transferido de uma bactéria para outra.

A função do DNA na genética bacteriana foi observada por Oswald Avery, Colin MacLeod e Maclyn McCarty, em suas pesquisas no Instituto Rockefeller com uma bactéria que causa pneumonia, denominada pneumococos. Eles descobriram que o DNA de um tipo de pneumococos podia "transferir" uma característica hereditária (informação genética) a um outro tipo de pneumococo. Mais tarde veio a marcante descoberta da estrutura molecular do ácido desoxirribonucléico (DNA) por James Watson, Francis Crick e Maurice Wilkins (vencedores do Prêmio Nobel, em 1962). Essas descobertas, junto com outras, estabeleceram que a informação genética de todos os microrganismos era codificada pelo DNA. Isto fez com que os microrganismos se tornassem modelos extremamente atrativos para a pesquisa genética. Recentemente, muitas descobertas fundamentais de processos genéticos em nível molecular têm sido realizadas mediante pesquisas com microrganismos. Os cientistas também têm analisado e diferenciado DNAs isolados de muitos organismos. Além disso, habilidades técnicas e o uso de novas enzimas têm sido desenvolvidos, por meio dos quais a molécula de DNA pode ser "cortada e emendada" para incorporar um novo fragmento de DNA; este novo fragmento de DNA confere ao micróbio receptor uma nova capacidade bioquímica. Estas técnicas de transferência de um fragmento de DNA de um organismo para outro são chamadas de *tecnologia do DNA recombinante* ou *engenharia genética*. O resultado das pesquisas genéticas com microrganismos tem sido tão significativo que muitos pesquisadores, além daqueles já mencionados, têm sido agraciados com o Prêmio Nobel por suas descobertas.

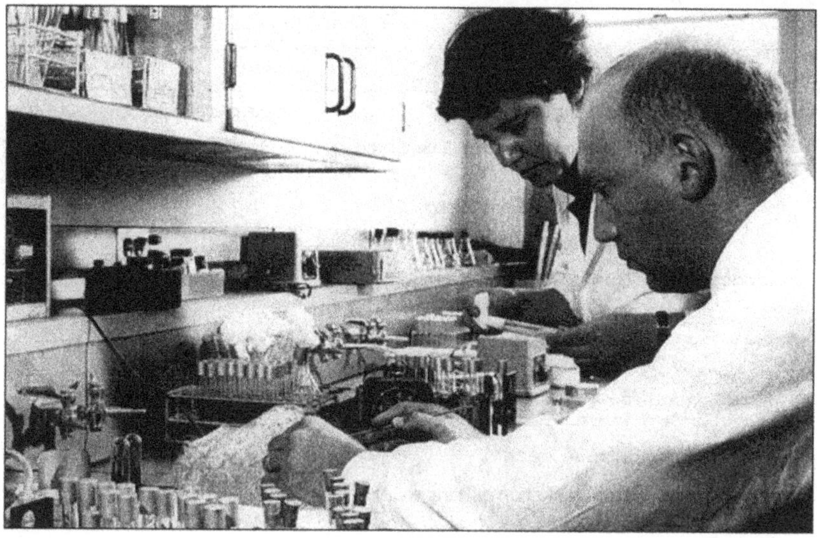

(C)

Figura P.21

Em 1958 o Prêmio Nobel em Fisiologia ou Medicina foi conferido a (**A**) George W. Beadle; (**B**) Edward L. Tatum; e (**C**) Joshua Lederberg, por suas descobertas de fenômenos genéticos em microrganismos.

Tabela P.2 Alguns eventos importantes para o desenvolvimento da microbiologia.

Evento	Autor	Período
Descoberta do mundo microbiano	Antony van Leeuwenhoek	Século XVII
Primeiro sistema de classificação dos microrganismos	Carl Linnaeus	Século XVIII
Descoberta de que a vacinação com vírus da varíola bovina prevenia a varíola humana	Edward Jenner	
Refutação da teoria da geração espontânea	Louis Pasteur	Século XIX
Estabelecimento de que a febre do recém-nascido era transmitida pelas mãos contaminadas dos médicos	Ignaz Semmelweis	
Desenvolvimento dos conceitos de técnica asséptica	Joseph Lister	
Comprovação da teoria microbiana da fermentação	Pasteur	
Estabelecimento da teoria microbiana das doenças	Pasteur e Robert Koch	
Desenvolvimento de técnicas laboratoriais microbiológicas	Koch	
Postulados de Koch: critério para estabelecer o agente causal da doença	Koch	
Descoberta de que culturas avirulentas produziam imunidade	Pasteur	
Descrição da função das células sanguíneas da série branca e a teoria da imunidade celular (fagocitose)	Elie Metchnikoff	
Descoberta das atividades químicas dos microrganismos no solo	Sergei Winogradsky e Martinus Beijerinck	
Desenvolvimento da coloração diferencial para bactérias (coloração de Gram)	Hans Christian Gram	
Descoberta das doenças de plantas causadas por bactérias	Thomas J. Burrill e Erwin S. Smith	
Descoberta do vírus	Dmitri Ivanovski	Século XX
Descoberta da relação dos vírus com o câncer	Beijerinck e Peyton Rous	Primeira década do século XX
Descoberta de um agente quimioterápico específico para curar uma doença bacteriana – conceito de quimioterapia	Paul Ehrlich	
Descoberta dos vírus bacterianos (bacteriófagos)	Felix d'Herelle e Frederick Twort	
Reconhecimento da diversidade bioquímica dos microrganismos e desenvolvimento do conceito de unidade na bioquímica de sistemas vivos	A. J. Kluyver e C. B. van Niel	Segunda década do século XX
Cultivo dos vírus em células animais (cultura de tecidos)	F. Parker e R. N. Nye	
Primeira edição do *Bergey's Manual*	D. Bergey e R. Buchanan	

Tabela P.2 Alguns eventos importantes para o desenvolvimento da microbiologia. (*Continuação.*)

Evento	Autor	Período
Descoberta dos efeitos antibacterianos da sulfonamida – Prontosil	Gerhard Domagk	Terceira década do século XX
Descoberta da penicilina	Alexander Fleming, E. B. Chain e H. W. Florey	
Introdução da microscopia eletrônica	Max Knoll e Ernst Ruska	
Cristalização de um vírus	Wendell Stanley	
Isolamento de mutantes bioquímicos e descoberta de que a exposição ao raio X aumentava a freqüência de mutação	George W. Beadle e Edward L. Tatum	Quarta década do século XX
Definição do DNA como substância química responsável pela hereditariedade	Oswald Avery, Colin MacLeod e Maclyn McCarty	
Descoberta dos processos genéticos em microrganismos que regulam processos químicos específicos	Beadle, Joshua Lederberg e Tatum	Quinta década do século XX
Descoberta do ciclo do ácido cítrico	Hans A. Krebs	
Descoberta da estrutura em dupla hélice do DNA e início da genética molecular	James Watson e Francis Crick	
Desenvolvimento da vacina antipoliomielite	Jonas Salk e Albert Sabin	Sexta década do século XX
Controle da replicação viral pelo DNA	Alfred D. Hershey e Martha C. Chase	
Descoberta do interferon, um inibidor da replicação viral	Alick Isaacs	
Descoberta da natureza das regiões de controle da molécula de DNA para produção de enzimas reguladoras (teoria do operon)	Francis Jacob, Jacques Monod e André Lwoff	
Decifrando o código genético	Robert W. Holley, H. Gobind Khorama e Marshall Nirenberg	Sétima década do século XX
Desenvolvimento de técnicas para o estudo da organização genética (mapeamento genético)	Werner Arber, Daniel Nathans e Hamilton O. Smith	
Descoberta da interação entre o vírus tumoral e o material genético celular	David Baltimore, Howard M. Temin e Renato Dulbecco	
Desenvolvimento da engenharia genética utilizando tecnologia do DNA recombinante	Paul Berg, Walter Gilbert e Frederick Sanger	
Unificação da teoria do desenvolvimento do câncer – demonstração de oncogenes nas células	J. Michael Bishop e Harold E. Varnus	Oitava década do século XX

Assim, em um período de aproximadamente 150 anos (como resumido na Tabela P.2) temos observado a microbiologia emergir de debates sobre a existência e a origem dos microrganismos para uma disciplina científica maior dentro das ciências biológicas. Além disso, os microrganismos estão-se tornando um "instrumento experimental" poderoso para explorar os fenômenos biológicos em todas as formas de vida.

Parte VIII

Microrganismos e Doença: Resistência à Infecção

Capítulo 17

Flora Normal do Corpo Humano

OBJETIVOS

Após a leitura deste capítulo, você deve ser capaz de:

1. Diferenciar flora residente de flora transitória.
2. Identificar quais áreas do corpo humano são normalmente habitadas pelos microrganismos.
3. Explicar quando e como os micróbios da flora normal são adquiridos pelo homem.
4. Descrever como obter animais *germfree* e como podem ser utilizados para identificar os efeitos benéficos da flora normal.
5. Listar os fatores que influenciam a população microbiana da conjuntiva, da pele, da nasofaringe, da boca, do trato intestinal e do trato geniturinário.
6. Identificar as áreas do corpo onde estão localizados os números mais elevados de microrganismos da flora normal.

INTRODUÇÃO

Existem incontáveis microrganismos no ambiente. Dentro desse ambiente o homem encontra continuamente esses microrganismos. Contudo, nosso contato mais íntimo é com o grande número de microrganismos que vivem, na verdade, dentro de e sobre os nossos corpos. Estima-se que o corpo humano adulto é o hospedeiro de pelo menos 100 trilhões de células microbianas, em qualquer época. Estes microrganismos, a maioria dos quais é bactéria, são denominados *flora normal* do corpo humano. (Vírus intracelulares não são considerados como parte da flora normal humana.) Os microrganismos habitam a pele e algumas superfícies internas do corpo. As espécies e o número da flora normal variam de acordo com o sítio particular (pele, boca, nasofaringe, ouvido, trato intestinal e trato urogenital inferior), e algumas vezes de acordo com a idade do hospedeiro. O sexo do hospedeiro também pode influenciar a composição da flora microbiana normal. A maioria dos membros da flora normal está altamente adaptada à sobrevivência e ao crescimento nessas áreas que podem apresentar condições físicas e químicas desfavoráveis a outros tipos de microrganismos.

Entretanto, muitos órgãos e sítios em um hospedeiro humano saudável estão livres de microrganismos. Estes locais incluem fluido cerebrospinal, sangue, bexiga, útero, trompas de Falópio, ouvido médio, seios paranasais e rins.

Os membros da flora normal também podem ser considerados como *flora residente*, cujos microrganismos são encontrados regularmente em um dado sítio, em determinada idade do hospedeiro. Existem outros micróbios que simplesmente estão presentes por um curto período de tempo no corpo humano; esses microrganismos são provenientes do ambiente e instalam-se temporariamente no hospedeiro. Podem também estar presentes somente por várias horas, dias ou semanas e, então, desaparecem. Este grupo constitui a *flora transitória* ou *transiente*. A flora transitória tem pouco significado, desde que a flora residente permaneça intacta. Entretanto, se os membros do último grupo diminuem em quantidade, os micróbios transitórios podem então colonizar, reproduzir e causar doença.

Flora Normal de um Hospedeiro Humano Saudável

O corpo humano é habitado por um grande número de microrganismos, que, juntos, são chamados ***flora normal*** do corpo. A maioria dos membros da flora normal são bactérias, mas fungos e protozoários também são encontrados. Alguns micróbios ocorrem na pele, mas a maioria vive nas superfícies internas do corpo. Estas superfícies incluem mucosas do nariz, da boca, do trato respiratório superior, do trato intestinal e do trato geniturinário. É importante reconhecer que os órgãos e os tecidos internos do corpo humano saudável estão usualmente livres de microrganismos. Realmente, encontrar microrganismos nas regiões internas do corpo – por exemplo, na corrente sanguínea – geralmente significa que a pessoa está infectada e doente.

O termo *flora normal* implica que tais habitantes microbianos são inofensivos; para a maioria dos indivíduos, os microrganismos da flora normal não causam doenças. Eles são *residentes* de um corpo humano saudável e são ocupantes permanentes. Em contraste, aqueles que são *transitórios* do corpo humano saudável podem estabelecer-se brevemente, mas tendem a ser excluídos por competição com os residentes ou pelos mecanismos de defesa imunológicos do hospedeiro. Os microrganismos transitórios não são considerados como parte da flora normal.

A maioria dos micróbios da flora normal são *comensais*: beneficiam-se da associação com o hospedeiro, mas este não é afetado adversamente. Outros apresentam uma associação *mutualística* com o hospedeiro – beneficiam o hospedeiro de alguma maneira, enquanto se desenvolvem no seu corpo (isto é, ambos beneficiam-se da associação).

Alguns organismos da flora normal podem ser ***patógenos oportunistas***, causam infecções se ocorrem danos teciduais em sítios corpóreos específicos ou se a resistência do corpo à infecção é diminuída. Nos últimos anos, os microrganismos têm-se tornado especialmente importantes por causa do aumento de incidências de infecções microbianas, devido ao uso prolongado de antibióticos e ao uso de substâncias químicas imunossupressoras para o tratamento.

Os microbiologistas estudam a flora normal porque é importante conhecer os tipos de microrganismos que habitam o corpo saudável. Este conhecimento fornece discernimento dos tipos de infecções que podem ocorrer, após um trauma tecidual, em vários sítios. Por exemplo, a causa da infecção da válvula cardíaca pode ser induzida por uma extração dentária. Este procedimento permite ao médico avaliar a natureza da infecção e realizar o tratamento mais efetivo. O conhecimento da flora normal também conduz a uma compreensão do crescimento acentuado de microrganismos normalmente ausentes, que podem ocupar um determinado sítio. Um exemplo é o crescimento abundante de leveduras, tais como a *Candida albicans* (Figura 17.1) na cavidade oral, como conseqüência de uma terapia intensiva com drogas antibacterianas de largo espectro ou profunda supressão do sistema imune. Além disso, esse conhecimento permite-nos apreciar a função desempenhada pela flora normal de prevenir a colonização bem-sucedida do nosso corpo pelos micróbios.

Figura 17.1 *Candida albicans*, uma levedura oportunista, membro da flora normal humana. Cultura em lâmina do microrganismo após 48 h de incubação; este produz clamidósporos em um meio contendo 1% de taurocolato de sódio.

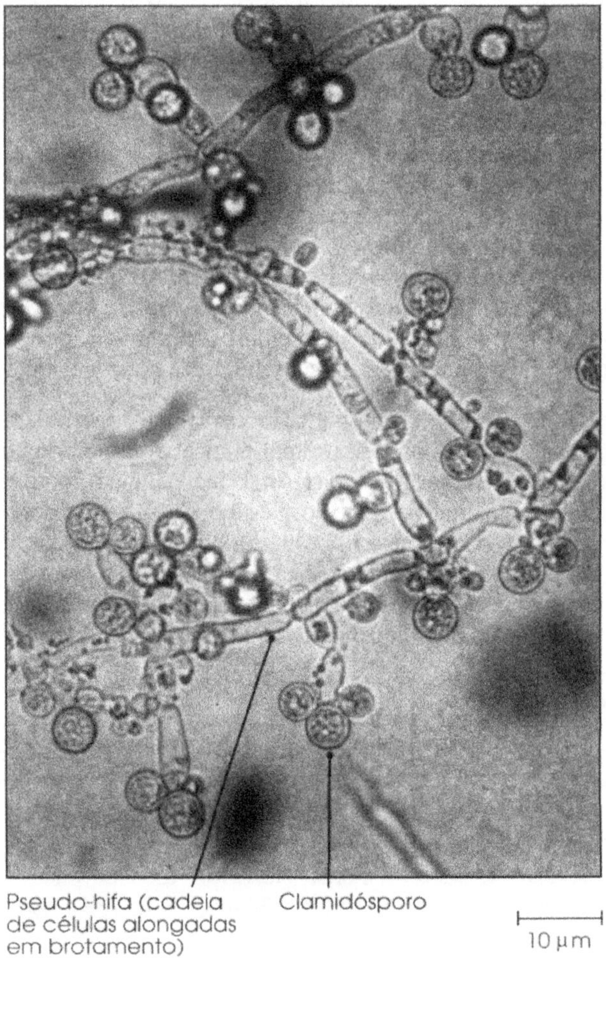

Responda

1 Em que locais do corpo humano encontramos membros da flora normal?

2 Quais áreas do hospedeiro humano estão livres de microrganismos?

3 Qual a diferença entre a flora *transitória* e a flora *residente*?

4 Como os microrganismos da flora normal podem tornar-se patógenos oportunistas?

5 Quais são as vantagens do conhecimento da flora normal do corpo humano?

6 Diferenciar mutualismo de comensalismo.

Origem da Flora Normal

Antes do nascimento, um feto humano saudável está livre de microrganismos. Sob condições naturais, inicialmente o recém-nascido entra em contato com os microrganismos enquanto está passando pelo canal do parto na mãe, especialmente a vagina. Os microrganismos são adquiridos por meio do contato com as superfícies, pela ingestão ou inalação dos mesmos. Logo são acompanhados por outros microrganismos da circunvizinhança imediata do recém-nascido, incluindo a pele (das mãos e do tórax) e o trato respiratório daqueles que o carregam. Durante os primeiros dias de vida, freqüentemente a flora inclui microrganismos que podem crescer em determinados sítios na *ausência* de competidores. Quando o recém-nascido é exposto a uma completa variedade de microrganismos do ambiente ao seu redor, os micróbios que melhor competem com os outros em sítios particulares tornam-se predominantes. Tais micróbios formam uma flora normal estável.

Cada parte do corpo humano, em condições ambientais especiais, tem sua própria mistura particular de microrganismos. Por exemplo, a cavidade oral adquire uma população microbiana natural diferente do intestino. Em um curto período de tempo, a criança terá o mesmo tipo geral de flora normal como uma pessoa adulta, no mesmo ambiente; a natureza da flora depende de fatores como freqüência de lavagem de superfícies, dieta, práticas higiênicas e condições de vida.

Responda

1 O feto humano está livre de microrganismos?

2 Como o homem adquire uma flora normal estável?

3 Cada parte do corpo humano tem os mesmos tipos de microrganismos? Que exemplo pode ilustrar a sua resposta?

Efeito da Flora Normal sobre o Hospedeiro Humano

Quais os efeitos do estabelecimento da flora normal sobre o corpo? Três abordagens têm sido utilizadas para responder a esta questão:

1. Uso de animais *germfree* (livres de microrganismos). Se a colonização de animais experimentais por microrganismos pode ser prevenida, é possível comparar as propriedades destes animais *germfree* com os animais normais. Os resultados podem auxiliar na compreensão do papel da flora normal do homem.

2. Uso de agentes antimicrobianos. Se o equilíbrio que ocorre entre a flora normal e o hospedeiro humano é alterado pela utilização de agentes antimicrobianos, os efeitos são úteis para compreender a função da flora normal.

3. Conhecimento de certas características da flora normal que inibem o crescimento de outros microrganismos. Estas características sugerem que os organismos da flora normal podem desfavorecer o crescimento de microrganismos que não fazem parte da flora normal.

Vida *Germfree*

Louis Pasteur não acreditava que os animais podiam viver na ausência de microrganismos. Em 1897, seguindo sua sugestão, os cientistas fizeram uma tentativa fracassada para criar galinhas *germfree*. Na Alemanha, entre 1899 e 1908, as galinhas livres de bactérias foram criadas pela primeira vez, contudo não conseguiram desenvolver-se normalmente e morreram após aproximadamente um mês. Este fato sustentou a noção de que as bactérias intestinais eram essenciais à nutrição dos vertebrados. Porém, em 1912, 17 galinhas *germfree* foram criadas no Instituto Pasteur, na França, mostrando de fato que a vida dos vertebrados era possível na ausência de microrganismos.

Em 1928, na Universidade de Notre Dame nos Estados Unidos, James A. Reyniers começou seu trabalho sobre animais *germfree*. Ele e seus colaboradores desenvolveram equipamentos e técnicas para criar galinhas, ratos, camundongos e outros animais em ausência de microrganismos, durante várias gerações. Eles compilaram descrições anatômicas e fisiológicas desses animais, incluindo comparações com animais convencionais (não-*germfree*) da mesma espécie. Como resultado desses estudos, os animais *germfree* não pertencem mais ao campo das curiosidades biológicas. Em vez disso, são instrumentos práticos para resolver problemas de importância na biologia e na medicina. Unidades laboratoriais *germfree* têm sido projetadas

Figura 17.2 Equipamento *germfree*. [**A**] Diagrama esquemático de uma unidade de isolamento *germfree*. O interior pode ser esterilizado previamente ao experimento e mantido sob esta condição. [**B**] Trabalho *germfree* em uma companhia de biotecnologia.

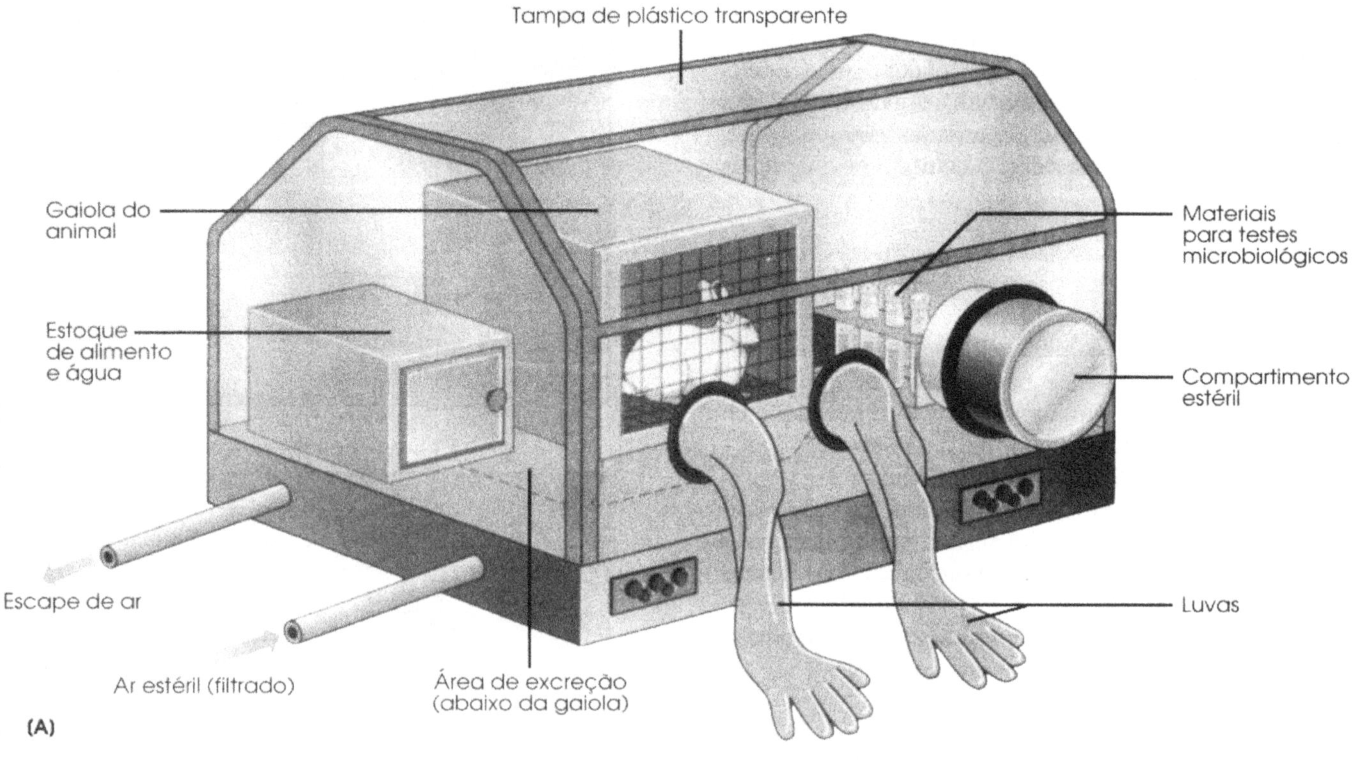

(A)

(B)

para criar tais animais (Figura 17.2). Tais unidades tornam possível estudar os efeitos dos microrganismos inoculados nos animais *germfree*. Os animais que são criados em um ambiente com um ou mais microrganismos conhecidos são denominados ***gnotobióticos***.

Os primeiros animais *germfree* criados por Reyniers foram galinhas obtidas por esterilização da casca de ovos embrionados de 20 dias com germicida, que depois foram colocados em recipientes estéreis, tais como jarras de vidro ou gaiolas de metal. O ar estéril era colocado dentro desses recipientes e os gases excretados eram removidos. A comida e a água estéreis também foram colocadas nos recipientes antes da introdução das galinhas, prontas para ser criadas. O monitoramento microbiológico periódico do ar exaurido, das penas, das excretas e dos orifícios corpóreos confirmou a ausência de microrganismos nos recipientes ou nos animais.

Unidades laboratoriais *germfree* estão agora comercialmente disponíveis. Mamíferos *germfree*, tais como ratos, camundongos e cobaias podem ser obtidos por ***cesárea***, uma incisão cirúrgica feita na parede do abdômen para o nascimento da prole. A cirurgia é realizada sob condições estéreis em uma câmara especial que permite a introdução do animal jovem diretamente na gaiola de criação estéril. Esses recém-nascidos devem ser alimentados manualmente a cada hora, durante duas a três semanas, utilizando uma fórmula contendo quase todos os componentes do leite materno natural que podem ser determinados (o qual é evitado por conter microrganismos). Uma vez estabelecida, uma colônia de animais *germfree* pode ser mantida por meio de reprodução natural, sob condições *germfree*.

Animais *Germfree versus* Animais Normais. Comparados com animais normais, os animais *germfree* apresentam um sistema imune subdesenvolvido, tornando-os extraordinariamente susceptíveis à infecção, se expostos aos microrganismos. Estes animais não produzem *anticorpos* contra os *antígenos* da flora normal, que freqüentemente compartilham similaridades com os antígenos de microrganismos causadores de doença e conferem proteção parcial contra esses patógenos. Os animais *germfree* são vulneráveis não somente às bactérias patogênicas mas também a muitas bactérias não-patogênicas. Isto ocorre porque o primórdio imunológico (desenvolvimento de resistência aos antígenos) não tem ocorrido sob a proteção de anticorpos maternos, logo após o nascimento.

Os animais *germfree* requerem níveis maiores de vitamina B em suas dietas que os animais normais; também requerem vitamina K, que não é necessária na dieta de animais normais. Estes achados indicam que a flora normal tem uma contribuição significativa para satisfazer as necessidades vitamínicas do hospedeiro.

Outras Aplicações dos Animais *Germfree*. Os animais *germfree* têm sido utilizados gnotobioticamente para avaliar o efeito de espécies particulares de microrganismos em um hospedeiro. O animal é criado na presença de uma ou mais espécies microbianas *conhecidas*, a fim de determinar os efeitos das espécies no crescimento e no desenvolvimento do animal ou nos vários processos fisiológicos. Similarmente, um animal *germfree* pode ser inoculado com uma ou várias espécies conhecidas de microrganismos para determinar as suas habilidades em produzir doença ou causar alterações patológicas ou imunológicas no animal. Por exemplo, as técnicas gnotobióticas têm-nos ajudado a compreender a função das bactérias na cárie dental (Figura 17.3).

Figura 17.3 As bactérias têm desempenhado uma função importante na cárie dental. [**A**] Dentes saudáveis de um rato. [**B**] Dentes cariados de ratos devido ao crescimento bacteriano na placa dental.

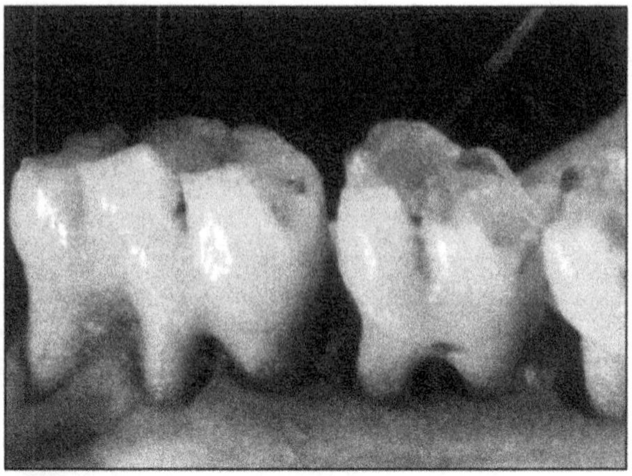

(A)

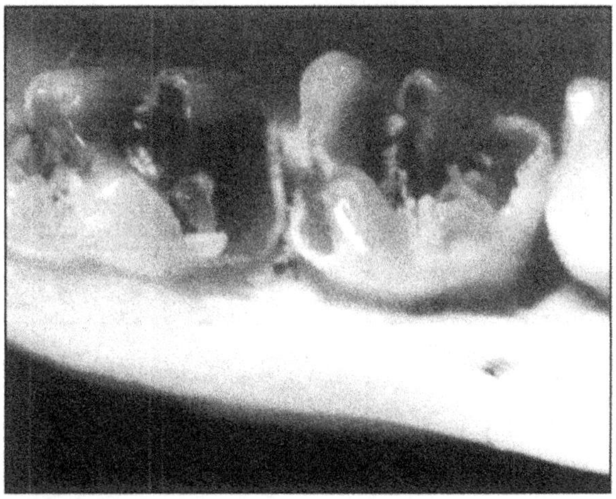

(B)

Efeitos de Agentes Antimicrobianos sobre a Flora Normal

Os experimentos destinados a suprimir a flora normal com antibióticos ou outros agentes antimicrobianos indicam que estes microrganismos defendem o hospedeiro contra patógenos em potencial. Por exemplo, o tratamento da pele de humanos com agentes antibacterianos, tais como o hexaclorofeno, suprime a colonização por micróbios Gram-positivos normais e promove o crescimento e a infecção clínica por bacilos Gram-negativos e outros microrganismos que normalmente não são capazes de causar infecção. Tais microrganismos oportunistas geralmente são relativamente resistentes ao agente antimicrobiano utilizado. Em outro exemplo, pacientes hospitalizados que estão recebendo antibióticos podem perder grande parte da flora normal do intestino, conduzindo à colite pseudomembranosa – uma doença grave causada por crescimento excessivo de cepas toxigênicas de uma bactéria anaeróbia esporulada, *Clostridium difficile*, que normalmente está ausente ou é somente um componente em menor número da flora normal. Em humanos que não recebem antibioticoterapia, tais microrganismos são restringidos pela flora normal (DESCOBERTA 17.1). A levedura *Candida albi-*

DESCOBERTA!

17.1 COLITE ASSOCIADA À ANTIBIOTICOTERAPIA.

Alguns pacientes hospitalizados recebendo antibióticos podem desenvolver uma inflamação grave do cólon denominada *colite pseudomembranosa* (*CPM*), caracterizada por febre alta, dores abdominais severas e diarréia.

A CPM é causada pelo *Clostridium difficile*, uma bactéria que normalmente está presente em número muito baixo no cólon porque compete fracamente com as bactérias da flora normal. Contudo, antibióticos que inibem a flora normal podem permitir ao *C. difficile* multiplicar-se, aumentar em número e produzir duas toxinas (venenos), A e B. A toxina A causa a diarréia, que elimina muitas bactérias da flora normal residual do intestino. As toxinas matam as células epiteliais que se alinham na parede do cólon, causando extravasamento de plasma sanguíneo no cólon e formação de coágulos. Os coágulos consistem em fibrina, células epiteliais mortas e células sanguíneas da série branca; aparecem como placas de pseudomembrana (membrana falsa) amarelo-esbranquiçadas e viscosas na parede do cólon.

A taxa de morte é elevada, para casos não tratados é de 10 a 20%. Felizmente, a CPM pode ser efetivamente tratada com vancomicina ou metronidazol para inibir o crescimento de *C. difficile*.

cans (ver Figura 17.1), em menor número na flora normal, pode multiplicar-se excessivamente após uma antibioticoterapia (por ser um eucarioto, a levedura é resistente aos antibióticos antibacterianos). A *Candida albicans* pode causar diarréia e infecção fúngica superficial da boca, vagina ou região anal.

Assim, a flora normal pode prevenir o estabelecimento de patógenos por vários meios, incluindo a competição bem-sucedida pelos nutrientes disponíveis ou a formação de produtos metabólicos inibitórios. Esta função protetora da flora normal é bem ilustrada pelos efeitos benéficos da amamentação de crianças com o leite materno. As bactérias adquiridas do leite materno pelo cólon das crianças amamentadas no seio criam um ambiente antagonista a patógenos entéricos. Este efeito protetor é aumentado pela ingestão de anticorpos maternos contra esses patógenos.

Características dos Organismos da Flora Normal

Certas propriedades dos organismos da flora normal têm-lhes fornecido uma vantagem seletiva sobre outras bactérias, permitindo-lhes tornar-se residentes do corpo. Estas propriedades podem incluir características físicas, como a habilidade em aderir às superfícies corpóreas, ou características metabólicas, como a produção de substâncias antimicrobianas.

Aderência às Células do Hospedeiro. Muitas espécies da flora normal podem aderir à superfície das células epiteliais do hospedeiro, o tecido celular que cobre as superfícies do corpo. Assim, estas espécies têm uma vantagem seletiva sobre os microrganismos não-aderidos, na colonização do hospedeiro. A aderência é o resultado da interação da superfície celular microbiana e de um receptor químico na célula do corpo. As proteínas ou os polissacarídeos nas superfícies das células microbianas, bem como os *pêlos* que se estendem para fora da célula microbiana, têm sido implicados na aderência. O modo particular de aderência varia com as espécies. A aderência permite a multiplicação das bactérias, enquanto estas evitam a remoção pelos efeitos de descarga de fluidos superficiais e o ***peristaltismo***, uma onda progressiva de contração que força o conteúdo em direção a uma abertura. Os microrganismos freqüentemente podem aderir especificamente a um sítio. Por exemplo, o *Streptococcus salivarius* adere principalmente à superfície da língua, enquanto o *Streptococcus mutans* liga-se seletivamente à superfície esmaltada lisa dos dentes.

Um fenômeno que afeta a aderência microbiana é a ***descamação***, remoção das células epiteliais das superfícies corpóreas e substituição das células perdidas por células novas. Em alguns sítios corpóreos, como o trato intestinal, a taxa de descamação pode ser muito alta. Um resultado da descamação é a eliminação de microrganismos que não são parte da flora normal (são transitórios) e estão só fracamente ligados às células epiteliais. Porém, os microrganismos da flora normal têm a habilidade de se ligar firmemente à camada epitelial nova e, assim, persistem nestes sítios anatômicos.

Produção de Substâncias Antimicrobianas. Alguns microrganismos residentes elaboram produtos metabólicos que podem inibir outros micróbios. Por exemplo, no cólon, certas bactérias anaeróbias produzem ácidos orgânicos tais como o ácido acético, láctico ou butírico como produtos de excreção do metabolismo; estes ácidos podem inibir o crescimento de outras bactérias. Algumas cepas de estafilococos da pele produzem antibióticos que inibem uma grande variedade de outras bactérias.

Responda

1 Quais as três abordagens que têm sido utilizadas para estudar os efeitos da flora normal no corpo humano?
2 Explicar por que um animal *gnotobiótico* não é um animal *germfree*.
3 Como os animais *germfree* são obtidos?
4 Que características estabelecem a diferença entre os animais *germfree* e os animais normais?
5 Como os animais *germfree* estão sendo utilizados em microbiologia?
6 Citar alguns exemplos de como o uso de agentes antimicrobianos revela os efeitos protetores da flora normal contra os patógenos.
7 Quais são as características da flora normal que possibilitam a seus componentes tornar-se residentes do corpo humano?

Distribuição e Ocorrência da Flora Normal

Considerando que as bactérias representam a maioria da população da flora normal do corpo humano, este capítulo preocupa-se principalmente com a distribuição e a ocorrência de vários gêneros e espécies bacterianas. Alguns fungos (principalmente leveduras) e protozoários também podem habitar o corpo humano, porém a quantidade é usualmente baixa quando comparada com a flora bacteriana. Parasitas intracelulares como os vírus não pertencem à flora normal do corpo. Entretanto, alguns vírus podem reproduzir-se nos tecidos por um longo período de tempo sem causar qualquer sintoma de doença aparente. Por exemplo, certos vírus intestinais humanos foram descobertos somente pela observação de seus efeitos destrutivos em células animais não-humanas, cultivadas em laboratório; assim, foram denominados *echovírus* (*e*nteric *c*ytopathogenic *h*uman *o*rphans). Similarmente, *coxsackievírus*, que também ocorrem no trato gastrintestinal de hospedeiros humanos, foram inicialmente descobertos por causa de sua patogenicidade para filhotes de camundongos em laboratório; aparentemente não estão associados a doenças humanas. Muitos echovírus e coxsachievírus têm sido associados a inúmeras doenças humanas – tais como doenças do trato respiratório, do trato intestinal e do sistema nervoso central. Entretanto, deve ser reconhecido que nem todos esses vírus têm demonstrado habilidade em causar doença, muito embora sejam parasitas intracelulares obrigatórios.

Em outro exemplo, infecções crônicas por adenovírus são caracterizadas por ocorrer sem manifestação de sintomas de doença. A presença de certos adenovírus no tecido linfóide de indivíduos normais pode tornar-se evidente somente após o cultivo *in vitro* de células de tecido, no laboratório. Estes estudos sugerem que alguns vírus aparentemente causam infecções crônicas assintomáticas.

A Figura 17.4 (ver caderno em cores) ilustra alguns microrganismos predominantes da flora normal. A Tabela 17.1 resume a flora normal predominante encontrada nos sítios corpóreos. A flora normal do corpo compreende espécies distintas de muitos microrganismos que são inócuos – e podem ser benéficos em seus locais usuais, no corpo humano. Porém, se são introduzidos em outros locais do corpo, podem produzir doença, especialmente na presença de fatores predisponentes. (A bacteremia transitória é um bom exemplo.) Por esta razão, os membros da flora normal podem ser descritos como microrganismos oportunistas quando causam doenças.

Sangue, Fluidos Corporais e Tecidos

Em um indivíduo saudável, o sangue, o fluido cerebrospinal e outros fluidos corporais e os tecidos estão normalmente livres de microrganismos. Micróbios ocasionais podem atravessar barreiras epiteliais protetoras como resultado de um trauma, tais como a extração de um dente ou o parto. Por um período curto de tempo, tais micróbios podem ser encontrados na corrente sanguínea antes de ser filtrados nos capilares pulmonares ou removidos pelas células do sistema imune. Tal *bacteremia transitória* pode causar infecção de válvulas cardíacas danificadas ou anormais, resultando em uma ***endocardite*** (inflamação da membrana que reveste o coração e suas válvulas) bacteriana subaguda.

Pele

A ***epiderme*** ou camada superficial externa da pele cobre a camada de tecido conectivo denominada ***derme*** (Figura 17.5, caderno em cores). Juntas, elas formam uma barreira efetiva contra a maioria dos microrganismos e, devido a isso, a pele é freqüentemente denominada "primeira linha de defesa". Por exemplo, a camada mais externa da epiderme é a camada de células córneas anucleadas e mortas que está constantemente em contato com os microrganismos do ambiente circundante. Embora cortes, abrasões ou queimaduras permitam a penetração dos micróbios nesta camada, normalmente ela é impermeável aos microrganismos. A pele varia amplamente em estrutura (por exemplo, espessura da epiderme) e função, dependendo da localização no corpo. Estas diferenças determinam os tipos e os números

Tabela 17.1 Resumo da flora normal predominante encontrada de acordo com o sítio anatômico.

Sítio anatômico	**Microrganismos**	**Sítio anatômico**	**Microrganismos**
Pele	*Staphylococcus epidermidis, S. aureus* *Propionibacterium acnes* *Difteróides* *Candida* sp. *Pityrosporum* sp.	Trato gastrintestinal Estômago	*Lactobacillus* sp. *Leveduras (Candida* sp.*)*
Olho	*Staphylococcus epidermidis, S. aureus* *Corynebacterium* sp. *Streptococcus pneumoniae* *Neisseria* sp. *Moraxella* sp. *Haemophilus parainfluenzae*	Intestino delgado	Enterococos Lactobacilos Corinebactérias *Candida albicans* *Bacteroides* sp. *Escherichia coli*
Trato respiratório superior	*Staphylococcus epidermidis, S. aureus* *Streptococcus pneumoniae* *Corynebacterium* sp. *Neisseria* sp. *Branhamella* sp. *Haemophilus* sp. *Micrococcus* sp.	Intestino grosso	>300 espécies bacterianas encontradas, incluindo: *Escherichia coli* *Proteus* sp. *Klebsiella* sp. *Enterobacter* sp. *Bacteroides fragilis,* *Bacteroides melaninogenicus* *Bacteroides oralis* *Fusobacterium* sp. *Bifidobacterium* sp. *Eubacterium* sp. *Lactobacillus* sp. *Clostridium perfringens* *Trichomonas hominis* *Entamoeba, Endolimax* e *Iodamoeba* sp.
Língua e mucosa bucal	*Streptococcus salivarius* *Streptococcus* sp. *Neisseria* sp. *Veillonella* sp. *Actinomyces* sp. *Lactobacillus* sp. Leveduras *(Candida* sp.*)*	Trato geniturinário	*Staphylococcus epidermidis* *Streptococcus faecalis* Corinebactérias *Neisseria* sp. *E. coli* Lactobacilos Enterococos *Candida albicans* *Clostridium* sp. Peptoestreptococos *Trichomonas vaginalis*
Dentes e sulcos gengivais	*Bacteroides* sp. *Fusobacterium* sp. *Streptococcus mutans* *Streptococcus* sp. *Actinomyces* sp. *Lactobacillus* sp. *Porphyromonas gingivalis* *Prevotella* sp. Espiroquetas *(Treponema denticola)* *Wolinella* sp. *Selenomonas* sp. *Trichomonas tenax*		

de microrganismos que ocorrem em cada sítio da pele. A Figura 17.5 (ver caderno em cores) mostra a localização de microrganismos comuns que crescem sobre a pele ou a contaminam.

A constante exposição ao ambiente implica que a pele abriga muitos micróbios transitórios. Porém, a superfície da pele é hostil à sobrevivência e ao crescimento de muitas bactérias não-residentes. Por exemplo, o *Streptococcus pyogenes* não sobrevive mais do que poucas horas sobre a pele, enquanto pode sobreviver durante semanas em partículas de pó. Vários fatores são responsáveis pela inviabilidade do crescimento microbiano na pele:

1. *Baixa umidade*. A superfície relativamente seca da pele inibe o crescimento microbiano. Em ambientes secos, muitas bactérias entram em condições de dormência; algumas espécies morrem em questão de horas. Alguns sítios da pele são mais úmidos do que outros, incluindo a região das axilas, a região entre os dedos do pé e a pele da região inferior do tronco entre as coxas. Estas regiões têm maior quantidade de organismos da flora normal (cerca de 10^6 bactérias por centímetro quadrado) que as áreas mais secas da pele (cerca de 10^2 a 10^4 bactérias por centímetro quadrado). Quando a pele nas regiões mais úmidas torna-se mais umedecida e macia, certos fungos produzem infecções de pele facilmente. Um exemplo é o fungo que causa o pé-de-atleta.

2. *Baixo pH*. A pele tem um pH normal entre 3 e 5 (maior nas regiões úmidas), devido em parte aos ácidos orgânicos, como o ácido láctico produzido por microrganismos da flora normal da pele. Este pH baixo pode inibir o crescimento de muitos tipos de microrganismos.

3. *Substâncias inibitórias*. Vários compostos bactericidas ou bacteriostáticos ocorrem na pele. Por exemplo, as glândulas sudoríparas (Figura 17.5, caderno em cores) secretam a lisozima, uma enzima que destrói o peptideoglicano de paredes celulares bacterianas. As glândulas sebáceas (Figura 17.5) secretam lipídeos complexos, que podem ser parcialmente degradados por bactérias como *Propionibacterium acnes* para produzir ácidos graxos de cadeias longas, tais como o ácido oléico, que são altamente inibitórios para outras bactérias.

Apesar destes formidáveis fatores antimicrobianos, algumas bactérias não só sobrevivem na pele como também crescem, formando a flora normal. As secreções das glândulas sudoríparas e sebáceas fornecem água, aminoácidos, uréia, sais e ácidos graxos que podem servir de nutrientes para esses microrganismos. A maioria destas bactérias são espécies de *Staphylococcus* – principalmente *S. epidermidis* –, mas *Micrococcus, Corynebacterium* e *Propionibacterium* podem também estar presentes. Os fungos (por exemplo, *Candida* sp. e *Pityrosporum* sp.) estão freqüentemente presentes nas dobras da pele. Micobactérias álcool-ácido resistentes não-patogênicas ocorrem em áreas ricas em secreção sebácea, tal como genitálias e ouvido externo. No fundo das glândulas sebáceas, bactérias anaeróbias, tal como *Propionibacterium acnes*, desenvolvem-se sobre os lipídeos presentes na glândula de secreção. Como integrante da flora normal, o *P. acnes* é usualmente inócuo; entretanto, tem sido associado à *acne vulgaris*, uma doença das glândulas sebáceas da pele. Por causa de sua localização profunda, o número destas propionibactérias é pouco afetado por lavagem ou por soluções anti-sépticas.

Olhos

Revestindo a pálpebra e cobrindo o globo ocular, está uma delicada membrana denominada ***conjuntiva***. Essa membrana é uma continuação da pele na margem da pálpebra e é uma mucosa que está sendo continuamente lavada por um fluxo de lágrimas, que tende a remover os microrganismos. Além disso, a lisozima, uma substância antimicrobiana, é secretada nas lágrimas. Conseqüentemente, a flora da conjuntiva é escassa. Os principais organismos encontrados são *Staphylococcus epidermidis, Staphylococcus aureus, Corynebacterium* sp. *Streptococcus pneumoniae, Neisseria* sp. *Moraxella* sp. e *Haemophilus parainfluenzae*; outros microrganismos podem ser isolados ocasionalmente.

Trato Respiratório

O trato respiratório inclui boca, nasofaringe, garganta, traquéia (órgão da respiração), brônquios e pulmões (Figura 17.6). Embora estas áreas úmidas possam parecer sítios primários para os microrganismos, na verdade são mais difíceis de ser colonizadas.

Trato Respiratório Superior. O trato respiratório superior é a região acima da laringe, o órgão da voz, situado entre a traquéia e a base da língua. As mucosas do trato respiratório superior são mais úmidas que a pele; todavia, podem criar problemas para os microrganismos. Quando respiramos, o ar contendo microrganismos passa ao longo de canais nasais tortuosos e na nasofaringe (parte da faringe que fica acima do nível do palato mole) e muitos microrganismos aderem à camada fina e úmida de muco altamente viscoso que recobre as superfícies epiteliais. Devido ao movimento ritmado dos cílios na superfície das células epiteliais que revestem a nasofaringe, a camada de muco move-se continuamente para trás e para frente em direção à *orofaringe*. As bactérias capturadas são eventualmente deglutidas e podem ser destruídas pelo ácido clorídrico do estômago. Além desta remoção mecânica das bactérias, a lisozima mata as bactérias na mucosa nasal.

Figura 17.6 Distribuição de alguns membros da flora normal do corpo humano.

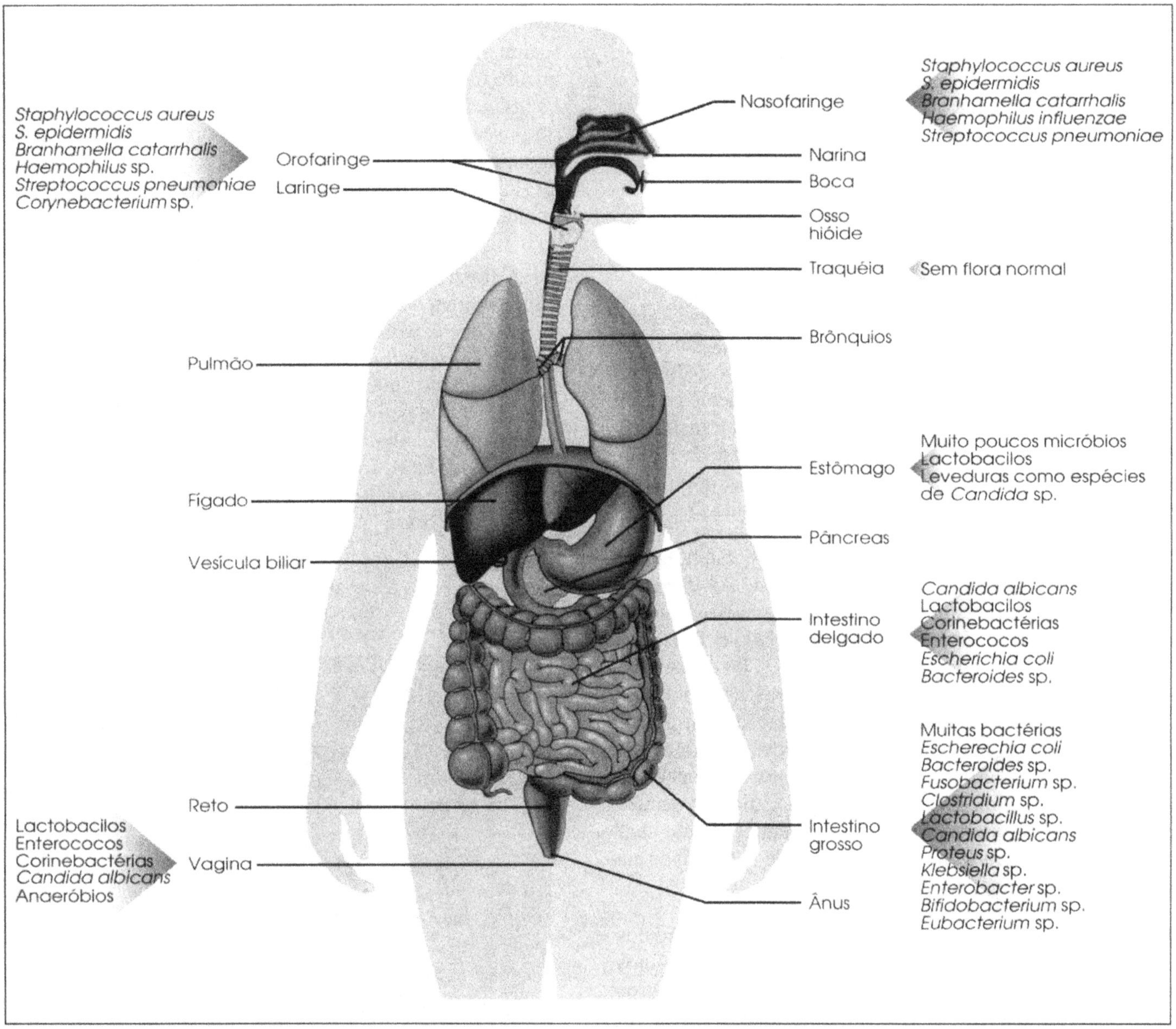

Apesar desses fatores, o nariz e a nasofaringe são habitados por numerosos microrganismos que constituem a flora normal. Isto é possível por causa da habilidade dos microrganismos de aderir à camada de células epiteliais da mucosa, evitando desta forma ser arrastados pelo fluxo de muco. As bactérias encontradas mais freqüentemente e com mais consistência no nariz são *Staphylococcus epidermidis e Staphylococcus aureus;* na nasofaringe predominam cepas avirulentas de *Streptococcus pneumoniae* e outros estreptococos α-hemolíticos. Contudo, espécies do gênero *Corynebacterium, Neisseria, Branhamella, Haemophilus* e *Micrococcus* também são comuns (ver Figura 17.4, caderno em cores).

Trato Respiratório Inferior. A mucosa superficial da traquéia e dos brônquios não tem flora normal, devido à eficiente remoção mecânica dos microrganismos pelo fluxo de muco, dirigido pelos cílios em direção à extremidade superior. As poucas bactérias que se movem, por meio de todos os canais de passagem de ar, para os sacos aéreos pulmonares, são geralmente capturadas e destruídas por células fagocíticas do corpo denominadas *macrófagos*.

Boca

A mistura abundante e a presença constante de alimentos dissolvidos ou pequenas partículas alimentares tornariam a boca um ambiente ideal para o crescimento bacteriano. Porém, o fluxo contínuo da saliva por meio da boca causa uma ação mecânica de lavagem que remove muitos microrganismos, os quais são deglutidos e destruídos pelo ácido clorídrico do estômago. A descamação das células epiteliais é o segundo fator mecânico que remove os microrganismos da cavidade oral. Assim, não é surpresa que muitos dos microrganismos que constituem a flora normal da boca resistam a tais remoções mecânicas, por ser capazes de aderir firmemente a várias superfícies da cavidade oral.

Aquisição da Flora da Boca. Antes do nascimento, a cavidade oral é essencialmente uma cavidade estéril, morna e úmida, contendo uma variedade de substâncias nutritivas. A saliva é composta de água, aminoácidos, proteínas, lipídeos, carboidratos e compostos inorgânicos. Juntos, eles fornecem um ambiente rico para o crescimento microbiano. (A saliva geralmente contém micróbios transitórios de outros sítios da cavidade oral, particularmente da região superior da língua, que tem usualmente uma população microbiana de cerca de 10^8 bactérias por mililitro.)

A flora normal de um recém-nascido é estabelecida dentro de poucos dias após o nascimento. As espécies bacterianas predominantes pertencem ao gênero *Streptococcus, Neisseria, Veilonella, Actinomyces* e *Lactobacillus;* as leveduras também estão presentes. Os números e os tipos de espécies microbianas encontrados estão relacionados com a dieta da criança e a associação com outras pessoas e objetos, tais como toalha e frascos de alimentos. Somente a espécie *Streptococcus salivarius* é consistentemente recuperada da cavidade oral, começando do segundo dia após o nascimento. Esta espécie tem afinidade com os tecidos epiteliais e aparece em grande quantidade na face superior da língua.

Flora Microbiana Normal dos Dentes. Até a erupção dos dentes, a maioria dos microrganismos na boca são aeróbios e anaeróbios facultativos. Quando surgem os primeiros dentes, os tecidos que os circundam fornecem agora um ambiente anaeróbio e as espécies de bactérias Gram-positivas anaeróbias tornam-se mais evidentes.

Os dentes podem tornar-se áreas para a aderência microbiana. O *Streptococcus mutans* está associado com a superfície do dente e constitui-se no principal agente causador da cárie ou da queda do dente. O *Streptococcus mutans* produz glicano, um polímero viscoso de glicose que age como um cimento e mantém ligadas as células bacterianas, e estas à superfície do dente. Este glicano é formado somente na presença do dissacarídeo *sacarose* (o tipo de açúcar encontrado em doces) por meio de um processo catalisado por uma enzima localizada na superfície da bactéria. A enzima quebra as moléculas de sacarose em seus monossacarídeos constitutivos, a *glicose e* a *frutose*. A enzima, então, liga-se às moléculas de glicose para formar o glicano, enquanto as moléculas de frutose são fermentadas a ácido láctico pelos estreptococos. O ácido láctico pode permanecer na superfície dos dentes, acentuando a aderência microbiana. Embora o *S. mutans* inicie a cárie dental, outras bactérias, tais como espécies de *Lactobacillus* e *Actinomyces*, podem contribuir como invasores secundários. A agregação das bactérias e a matéria orgânica na superfície dos dentes é denominada ***placa dental*** (Figura 17.7). A placa dental contém um número muito grande de bactérias, cerca de 10^8 células por miligrama.

A flora normal da *gengiva* humana saudável consiste principalmente em bactérias Gram-positivas, como o *Streptococcus sanguis*, um organismo facultativo, e espécies de *Actinomyces*, um gênero anaeróbio. Em gengivas doentes, há uma alteração no tipo de flora. Doenças gengivais variam de *gengivites*, uma inflamação que resulta em vermelhidão e, algumas vezes, em sangramento da gengiva, à *periodontite*, uma inflamação em que o cimento entre a gengiva e o esmalte dos dentes se divide, resultando em formação de bolsas preenchidas com bactérias anaeróbias.

Figura 17.7 Micrografia eletrônica de varredura de bactérias aderidas às superfícies dos dentes na placa dental. Os cocos podem ser observados sobre algumas bactérias filamentosas resultando em arranjos em "espiga de milho".

Figura 17.8 Micrografia eletrônica de *Treponema denticola*, espiroqueta anaeróbio encontrado nos sulcos gengivais.

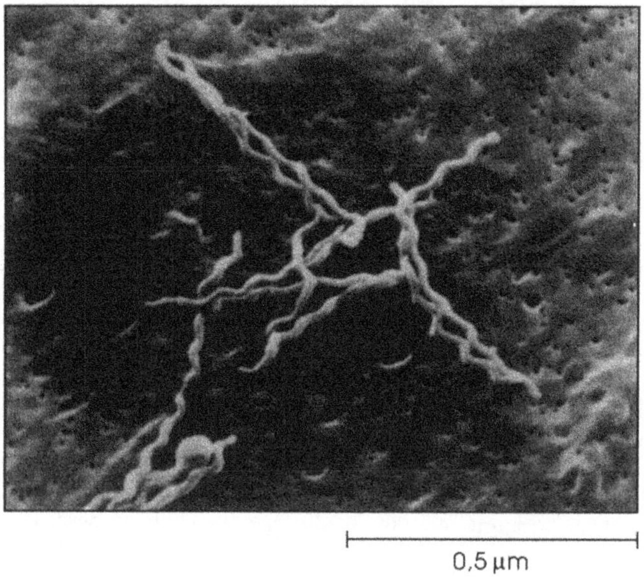

Nestas doenças, a flora bacteriana é predominantemente Gram-negativa e consiste principalmente em espécies imóveis de *Porphyromonas, Prevotella, Bacteroides* e *Fusobacterium,* em bactérias móveis como *Treponema denticola* (Figura 17.8) e em espécies de *Wolinella* e *Selenomonas*. Alguns anaeróbios Gram-positivos tal como o *Eubacterium* também estão presentes. Suspeita-se que a espécie *Porphyromonas gingivalis* seja a causa da periodontite; entretanto, a periodontite provavelmente não é causada por um único organismo, mas por uma ação combinada de um grupo de organismos.

Além das bactérias, alguns protozoários comensais podem habitar a cavidade oral. Por exemplo, o flagelado *Trichomonas tenax* pode estar presente na margem da gengiva e na placa e nas cavidades dos dentes. Esta presença geralmente está associada com higiene oral precária.

Trato Gastrintestinal

Algumas das maiores concentrações de microrganismos da flora normal são encontradas no trato gastrintestinal humano (ver Figura 17.6), que inclui o esôfago, o estômago, o intestino delgado e o intestino grosso (cólon).

Estômago. Embora o estômago receba constantemente numerosas bactérias transitórias da cavidade oral, o conteúdo fluido do estômago saudável geralmente contém pouco mais que 10 bactérias por mililitro. Esta escassez é devido ao efeito bactericida do ácido clorídrico estomacal e das enzimas digestivas. Os poucos organismos encontrados são principalmente os lactobacilos e as leveduras, como as espécies de *Candida*. Após a ingestão de alimentos, o número de bactérias no estômago aumenta (10^3 a 10^6 organismos por grama do conteúdo), mas logo diminui, assim que o suco gástrico é secretado e o pH do estômago abaixa.

Intestino Delgado. A região superior do intestino delgado é denominada *duodeno*. Poucas bactérias (usualmente $<10^3$ por mililitro de fluido) sobrevivem no duodeno por causa da influência combinada de um ambiente fortemente ácido no estômago e a ação inibitória da bile da vesícula biliar. Entre as bactérias presentes, a maioria são cocos e bacilos Gram-positivos. A segunda parte do intestino delgado é o *jejuno*; nesta região ocasionalmente são encontradas espécies de enterococos, lactobacilos e corinebactérias. A *Candida albicans* também pode ser encontrada nesta parte do intestino delgado (DESCOBERTA 17.2). A terceira e última parte do intestino delgado é o *íleo*, onde a flora começa a se assemelhar ao intestino grosso, que é intensamente habitado. No íleo, as bactérias anaeróbias, como as espécies de *Bacteroides*, e as anaeróbias facultativas, como a *Escherichia coli*, crescem em grande quantidade.

Intestino Grosso. No corpo humano, o intestino grosso ou cólon tem a maior população microbiana. Tem sido estimado que o número de microrganismos em amostras de fezes é cerca de 10^{11} organismos por grama de peso úmido, o que significa que cerca de 25% das fezes são constituídos por microrganismos. Mais de 300 espécies bacterianas diferentes têm sido isoladas das fezes humanas. Um adulto excreta aproximadamente 3×10^{13} (30 trilhões) de células bacterianas diariamente durante a defecação.

Vários fatores tendem a remover os microrganismos do intestino grosso. Um fator é o movimento contínuo do conteúdo por meio do canal intestinal, devido ao peristaltismo intestinal. A descamação das células epiteliais da superfície na qual as bactérias estão ligadas é outro fator. O muco é um terceiro fator – assim como esta substância é importante na remoção mecânica dos microrganismos no trato respiratório, também desempenha uma função similar no intestino. Porém, o muco intestinal forma uma camada descontínua, como uma rede, em vez de uma camada contínua. O movimento do conteúdo intestinal causa a aderência dos microrganismos ao muco, os quais subseqüentemente são envolvidos em pequenas massas que são eliminadas nas fezes.

Existem cerca de 300 vezes mais bactérias anaeróbias que bactérias anaeróbias facultativas (as últimas incluem a *Escherichia coli*) no intestino grosso. Os bacilos Gram-negativos anaeróbios incluem principalmente espécies de *Bacteroides* (*B. fragilis, B. melaninogenicus, B. oralis*) e *Fusobacterium*. Os bacilos Gram-positivos são principalmente espécies de *Bifidobacterium, Eubacterium* e *Lactobacillus; Clostridium perfringens*, o principal agente da gangrena gasosa, também está invariavelmente presente.

DESCOBERTA!

17.2 CANDIDA ALBICANS, UM HÓSPEDE TRAIÇOEIRO!

Na Figura 17.1 você vê uma fotomicrografia de um microrganismo interessante – a levedura *Candida albicans*. Este micróbio é um membro da flora microbiana normal do corpo humano. É abrigado como um hóspede em muitos lugares íntimos do corpo – é alimentado e abrigado no trato gastrintestinal, no trato respiratório superior, na cavidade bucal e no trato vaginal. Quando estamos saudáveis, a *C. albicans* não causa qualquer sintoma de doença; vive em perfeita harmonia conosco. Entretanto, a *C. albicans* é um amigo das boas horas. No momento em que nossa resistência contra as doenças diminui, este hóspede traiçoeiro nos ataca e multiplica-se descontroladamente em grande quantidade.

No corpo saudável, a *C. albicans* é suprimida pelo crescimento de outros membros da flora normal. Porém, se algum fator interfere no crescimento dos outros membros da flora normal, a *C. albicans* multiplica-se rapidamente e produz doença. Assim, podemos esperar crescimento excessivo desta levedura quando recebemos antibioticoterapia, que suprime o crescimento de células procarióticas, ou tratamento com drogas imunossupressoras, que diminui nossa resistência normal contra infecções. Não é surpreendente que pessoas com AIDS (síndrome da imunodeficiência adquirida), nas quais há supressão da imunidade celular, freqüentemente desenvolvam infecções por *C. albicans*. De fato, a levedura freqüentemente é um dos primeiros patógenos oportunistas a surgir (causa o *sapinho*, ou candidíase oral).

A *Candida albicans* é geralmente vista na forma de levedura (unicelular) quando causa infecção nos tecidos, mas algumas vezes as estruturas miceliais podem aparecer. Em meios de culturas laboratoriais, produz estruturas miceliais regularmente, e a formação de clamidósporos é utilizada para auxiliar na identificação da levedura.

É difícil acreditar que qualquer outro microrganismo possa produzir um espectro tão diverso de doenças humanas como a *C. albicans*! Por causa de sua ubiqüidade como residente normal do corpo humano, todos os tecidos e órgãos são susceptíveis à invasão por este parasita traiçoeiro. Este microrganismo causa não somente doenças infecciosas por todo o corpo, mas também desordens alérgicas tais como asma e eczema. Na verdade, a *C. albicans* não é um hospedeiro mutualista, mas um inimigo oportunista que espera a nossa guarda diminuir antes de atacar.

Figura 17.9 Micrografia eletrônica do protozoário flagelado, *Trichomonas* sp.

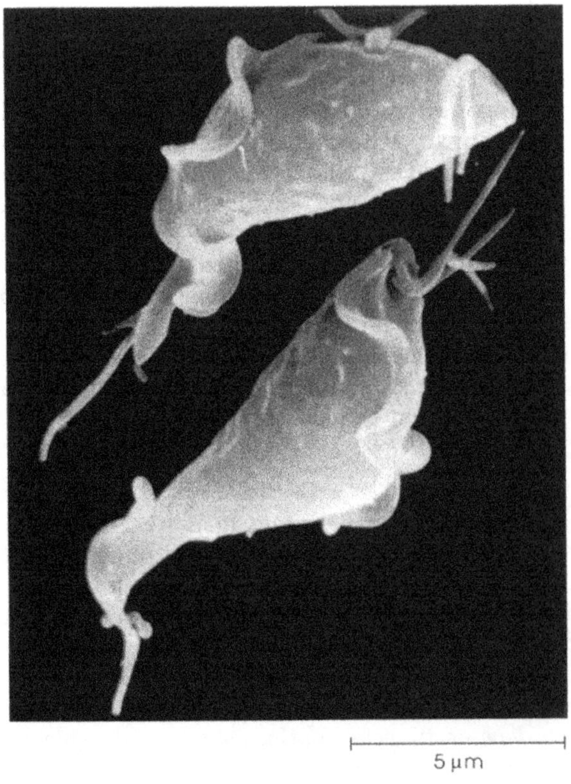

As espécies anaeróbias facultativas encontradas no intestino grosso, que são responsáveis por menos de 1% do total da flora, pertencem aos gêneros *Escherichia, Proteus, Klebsiella* e *Enterobacter*. Estreptococos anaeróbios são comuns, e a *Candida albicans* também está presente.

Alguns protozoários podem também ocorrer como comensais no cólon, onde crescem anaerobiamente por meio de ingestão das bactérias presentes. Por exemplo, o protozoário flagelado, *Trichomonas hominis* (Figura 17.9), habita o ceco (a bolsa dilatada no início do cólon). Em um outro exemplo, amebas pertencentes aos gêneros *Entamoeba, Endolimax* e *Iodamoeba* são comensais do cólon. Uma espécie, a *Entamoeba histolytica* (Figura 17.10) pode viver como um comensal, mas também pode ser patogênica, causando a amebíase.

Recém-nascidos não apresentam flora normal intestinal, mas logo após o nascimento o intestino da criança torna-se colonizado por microrganismos. É interessante que a flora normal intestinal de uma criança amamentada no seio materno consiste principalmente em bifidobactérias, que são bacilos Gram-positivos anaeróbios, enquanto crianças amamentadas em mamadeira têm lactobacilos, que são bacilos Gram-positivos microaerófilos ou anaeróbios. Com a eventual substituição por alimentos sólidos e uma dieta semelhante à de adultos, predominará uma flora normal Gram-negativa, consistindo principalmente em espé-

Figura 17.10 *Entamoeba histolytica*, uma ameba comensal no cólon humano, pode ser a causa da amebíase (disenteria amebiana).

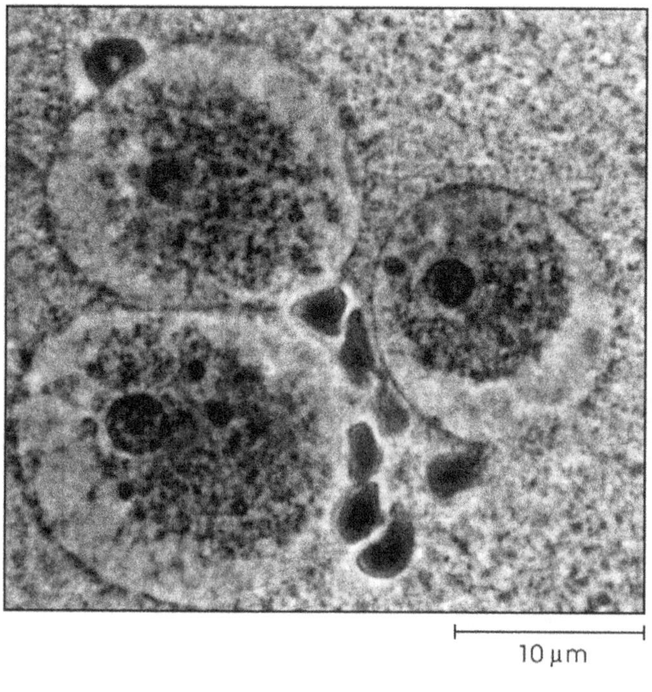

cies de *Bacteroides*. Isto provavelmente ocorre porque sem a alta concentração de lactose do leite para a fermentação pelas bifidobactérias e lactobacilos, para formar ácidos orgânicos, as fezes tornam-se menos ácidas e favorecem o crescimento de microrganismos Gram-negativos.

Fatores Que Influenciam a Flora Normal do Intestino. A composição da flora normal do intestino pode ser influenciada por vários fatores, tais como forte estresse emocional e exaustão. Deve ser notado que, no progresso das infecções intestinais causadas por microrganismos patogênicos, a flora intestinal sofre considerável mudança. Alteração de flora também ocorre em pessoas que recebem tratamento com antibióticos; neste caso, os microrganismos sensíveis ao antibiótico que está sendo administrado podem ser superados pelo crescimento acentuado de cepas antibiótico-resistentes. Outros fatores que podem afetar ou regular a flora normal são a dieta, os ácidos biliares secretados no duodeno pelas vesículas biliares e a presença de anticorpos secretados no intestino.

Implantação de Lactobacilos. Como indicado no parágrafo anterior, a terapia prolongada com certos antibióticos pode eliminar muitos microrganismos intestinais normais, permitindo o desenvolvimento de espécies resistentes aos antibióticos. Isto, por sua vez, pode causar distúrbios gastrintestinais, como constipação ou diarréia. A administração oral da bactéria Gram-positiva inócua, *Lactobacillus acidophilus*, aliviará a desordem intestinal, em alguns casos. O princípio é que a ingestão de grande quantidade de lactobacilos pode resultar na substituição dos organismos intestinais indesejáveis por organismos inofensivos ou benéficos, um conceito inicialmente proposto pelo bacteriologista russo Elie Metchnikoff nos primórdios da bacteriologia. A implantação dos lactobacilos parece depender da ingestão de um grande número de organismos e do fornecimento de carboidratos adequados, como a lactose, que não é prontamente absorvida pelo corpo, mas pode ser utilizada facilmente pelos microrganismos. Vários produtos comerciais contendo lactobacilos estão disponíveis para o uso terapêutico.

Trato Geniturinário

Em uma pessoa saudável, os rins, os ureteres e a bexiga estão livres de microrganismos. A região superior da uretra, o canal que transporta a urina para fora do corpo, também está livre de bactérias; assim, em pessoas saudáveis, a urina dentro da bexiga é estéril. Entretanto, as bactérias são comumente encontradas na região *inferior* da uretra, tanto nos homens quanto nas mulheres. As bactérias Gram-positivas (*Staphylococcus epidermidis, Streptococcus faecalis* e corinebactérias) são encontradas freqüentemente; cocos Gram-negativos (*Neisseria* sp.) e bacilos Gram-negativos anaeróbios facultativos como a *Escherichia coli* estão ocasionalmente presentes. A região superior da uretra, próxima à bexiga, não apresenta microrganismos, aparentemente por causa de alguns efeitos antibacterianos provocados pela mucosa uretral e devido à remoção mecânica dos microrganismos pela lavagem freqüente do epitélio uretral pela urina. A urina adquire os microrganismos quando passa da bexiga para o exterior do corpo através da região inferior da uretra.

O trato genital adulto feminino tem uma flora normal muito complexa. A característica desta população varia com o ciclo menstrual. Os principais residentes da vagina adulta durante os anos de atividade ovariana são os lactobacilos ácido-tolerantes; eles quebram o glicogênio produzido pelo epitélio vaginal, formando ácido láctico no processo. Como resultado, o pH na vagina é mantido em cerca de 4,4 a 4,6. Os microrganismos capazes de se multiplicar neste pH baixo são encontrados na vagina e incluem os enterococos, as corinebactérias, a *Candida albicans* e um grande número de bactérias anaeróbias. O acúmulo de glicogênio na parede vaginal é devido à atividade dos ovários, os órgãos reprodutores femininos que produzem o óvulo e os hormônios sexuais. Assim, o glicogênio não está presente antes da puberdade ou após a menopausa. Na sua ausência, as secreções vaginais são fracamente alcalinas e contêm microrganismos normais da pele e do cólon.

Responda

1 Quais sítios do corpo estão livres de microrganismos?

2 Que fatores tornam a pele hostil à sobrevivência e ao crescimento de bactérias não-residentes?

3 Como o trato respiratório superior remove mecanicamente as bactérias?

4 Por que não há uma flora normal no trato respiratório inferior?

5 Por que a aderência é uma característica importante dos microrganismos que constituem a flora normal da cavidade oral?

6 O que é a placa dental?

7 Por que há poucas bactérias no estômago?

Resumo

1. O corpo humano é habitado por cerca de 10^{14} microrganismos, principalmente bactérias, os quais compreendem a flora normal *residente* encontrada nas mucosas das superfícies internas do corpo e na pele. Os microrganismos *transitórios* são encontrados sobre ou no corpo, mas somente por um curto período de tempo.

2. O feto humano saudável é microbiologicamente estéril, mas adquire os microrganismos durante e após o nascimento. Eventualmente a criança terá o mesmo tipo de flora normal de um adulto, no mesmo ambiente.

3. Estudos comparando animais *germfree* com animais normais têm mostrado que a flora normal estimula o desenvolvimento do sistema imune e da resistência à infecção no hospedeiro e que isso também contribui com vitaminas para a nutrição animal.

4. Agentes antimicrobianos podem suprimir a flora normal e produzem efeitos indesejáveis no hospedeiro, porque, por exemplo, a flora natural serve como uma defesa contra a infecção por patógenos em potencial.

5. Os microrganismos residentes aderem às células epiteliais do hospedeiro por meio de proteínas ou polissacarídeos de superfície ou por meio dos pêlos. A flora normal pode também produzir substâncias antimicrobianas que inibem outros micróbios.

6. Em um indivíduo saudável, diferentes sítios do corpo apresentam flora normal característica ou talvez nenhuma flora normal. Por exemplo, o sangue, os fluidos corporais e os tecidos estão livres de microrganismos.

7. A pele é um ambiente hostil para muitos micróbios por causa da baixa unidade, baixo pH e pela presença de substâncias inibidoras tais como os ácidos graxos. Entretanto, os micróbios residentes normais podem sobreviver e desenvolver-se nesse local.

8. A flora normal da conjuntiva é escassa devido à ação de "lavagem" das lágrimas e à ação lítica da lisozima.

9. A camada de muco que recobre as células epiteliais do trato respiratório superior captura muitos micróbios. Os cílios direcionam o fluxo do muco para baixo e este é deglutido, assim as bactérias capturadas são destruídas pelo ácido clorídrico estomacal. Entretanto, os micróbios residentes aderem às células epiteliais e não são removidos. O trato respiratório inferior não tem uma flora normal.

10. A boca é um ambiente hostil para muitos micróbios, por causa da ação de "lavagem" da saliva; entretanto, micróbios da flora normal aderem firmemente às superfícies da boca. A placa dental contém um elevado número de bactérias. O *Streptococcus mutans* inicia as cáries dentais. O *Treponema denticola*, a *Porphyromonas gingivalis* e outras bactérias anaeróbias provavelmente são a causa das doenças gengivais.

11. No estômago, a flora normal é escassa porque o ácido clorídrico destrói muitas bactérias. Relativamente poucas bactérias ocorrem no duodeno e jejuno, mas os números aumentam marcadamente no íleo.

12. O intestino grosso tem o maior número de micróbios, apesar do movimento contínuo de material por este canal, da descamação das células epiteliais e da ação seqüestrante do muco.

13. No trato geniturinário, os rins, os ureteres, a bexiga e a região superior da uretra estão normalmente livres de bactérias. Entretanto, estes normalmente ocorrem na porção inferior da uretra. O trato genital adulto feminino tem uma flora normal complexa. Sua composição altera-se com a variação do ciclo menstrual.

Palavras-Chave

Conjuntiva
Cesárea
Derme
Descamação
Endocardite
Epiderme
Flora normal
Flora residente
Flora transitória
Gnotobiótico
Patógenos oportunistas
Peristaltismo
Placa dental

Revisão

FLORA NORMAL DE UM HOSPEDEIRO HUMANO SAUDÁVEL

1. A flora normal do corpo humano é composta principalmente por: (**a**) fungos; (**b**) protozoários; (**c**) bactérias; (d) vírus; (**e**) algas.

2. Os microrganismos que compõem a flora normal do corpo residem principalmente: (**a**) no sangue; (**b**) em órgãos internos; (**c**) na pele e mucosas; (**d**) nos tecidos; (**e**) por todo o corpo.

3. Geralmente, um microrganismo comensal pode causar doença se os mecanismos de defesa contra a infecção do organismo estão enfraquecidos, e, portanto, é denominado_________________.

4. A flora normal pode ser considerada a flora ________________________. Os microrganismos que desaparecem após um breve período constituem a flora ____________________________.

ORIGEM DA FLORA NORMAL

5. Quais as duas afirmativas corretas? (**a**) Antes do nascimento um feto humano saudável já adquiriu a flora normal. (**b**) Sob circunstâncias naturais, o feto adquire inicialmente os microrganismos durante a passagem pelo canal do parto. (**c**) Um feto humano saudável é microbiologicamente estéril antes do nascimento. (**d**) Uma criança eventualmente terá um tipo muito diferente de flora normal do de um adulto, no mesmo ambiente. (**e**) A flora normal da pele de uma criança tem a mesma população microbiana que a flora normal do intestino grosso.

EFEITO DA FLORA NORMAL SOBRE O HOSPEDEIRO HUMANO

6. Associar os termos da esquerda com a descrição apropriada da direita:

___ Ácido láctico	(**a**) Desligamento das células epiteliais das superfícies corpóreas
___ Cesárea	(**b**) Responsável pela fixação de algumas bactérias às células do hospedeiro
___ Pêlos	(**c**) Produto da fermentação que inibe o crescimento de certas bactérias
___ *S. salivarius*	(**d**) Procedimento inicial para a obtenção de animais *germfree*
___ Descamação	(**e**) Adere preferencialmente à superfície da língua
___ *C. difficile*	(**f**) Causa a colite pseudomembranosa

7. A aderência microbiana ocorre como resultado da interação molecular da superfície da célula microbiana e ___________________________________ químicos da célula hospedeira.

8. Diferentemente dos animais normais, os animais *germfree* requerem vitamina ______ a partir de uma fonte exógena.

9. O tratamento da pele de humanos com agentes antibacterianos resulta na supressão da flora normal Gram-___________________ e promove o crescimento de bacilos Gram-_______________.

DISTRIBUIÇÃO E OCORRÊNCIA DA FLORA NORMAL

10. A maioria dos vírus não é considerada parte integrante da flora normal, porque, se eles estão presentes, geralmente causam _________________________________.

11. O vírus "enteric cytopathogenic human orphan", comumente referido como vírus _____________, foi denominado órfão porque não está associado com nenhuma _____________.

12. A superfície da pele é um ambiente hostil para muitas bactérias por causa de três fatores: (**a**) aspecto seco; (**b**) pH alto; (**c**) acidez elevada; (**d**) lisozima presente em secreções das glândulas sudoríparas; (**e**) alta umidade.

13. Algumas regiões da pele, tal como aquela entre os dedos do pé, têm uma maior população de bactérias que outras áreas devido a uma maior ___________________________________.

14. Uma bactéria anaeróbia comum que reside no fluido das glândulas sebáceas é: (**a**) *Streptococcus salivarius*; (**b**) *Staphylococcus epidermidis*; (**c**) *Clostridium difficile*; (**d**) *Propionibacterium acnes*; (**e**) *Escherichia coli*.

15. Associar o item da esquerda com a afirmação apropriada da direita:

___ Conjuntiva	(**a**) Por meio do movimento, faz a camada de muco fluir
___ Ácido clorídrico	(**b**) Agente antimicrobiano encontrado na lágrima
___ Lisozima	(**c**) Membrana delicada que recobre o globo ocular e reveste a pálpebra
___ Macrófagos	(**d**) Agente antimicrobiano secretado pelo estômago
___ Cílios	(**e**) Células do organismo que podem fagocitar e destruir as bactérias

16. Quando o ar inspirado passa por meio dos canais de ar do nariz e da nasofaringe, os microrganismos podem ser capturados pelo ____________________ que recobre as superfícies epiteliais.

17. Dois fatores que participam da remoção dos microrganismos da boca são (1) descamação e (2) ____.

18. *Streptococcus mutans* produz glicano, o que permite a firme aderência das células à superfície do ____________________________. O glicano é formado pela ação de uma enzima no dissacarídeo _________________________________.

19. Em adultos, os sulcos gengivais da boca tornam-se colonizados por: (**a**) leveduras; (**b**) bactérias anaeróbias; (**c**) *Streptococcus mutans*; (**d**) *Trichomonas hominis*; (**e**) bactérias aeróbias.

20. O conteúdo fluido do estômago geralmente contém menos do que ____________________ bactérias por mililitro.

21. O número de bactérias normalmente é baixo no intestino delgado, entretanto aumenta na terceira ou última porção, denominada ____________________________.

22. A porcentagem de peso líquido das fezes representada pelas bactérias e por outros microrganismos é de: (**a**) 1; (**b**) 25; (**c**) 40 a 50; (**d**) 75; (**e**) 95.

23. Os dois principais gêneros de bacilos Gram-negativos presentes no cólon são: (**a**) *Streptococcus* e *Lactobacillus*; (**b**) *Escherichia* e *Proteus*; (**c**) *Bacteroides* e *Fusobacterium*; (**d**) *Bifidobacterium* e *Eubacterium*; (**e**) *Klebsiella* e *Candida*.

24. Espécie de protozoário que pode viver como comensal no intestino, mas também pode ser patogênico, causando amebíase, é a ___________________________________.

25. Os principais habitantes bacterianos da vagina de adulto durante o período de fertilidade são os lactobacilos, que formam ácido láctico a partir da quebra de: (**a**) proteínas; (**b**) sacarose; (**c**) ácidos graxos; (**d**) glicogênio; (**e**) aminoácidos.

26. A flora ácido-tolerante da vagina durante o período de fertilidade inclui enterococos, corinebactérias, bactérias anaeróbias e a levedura ______________________.

Questões de Revisão

1. Como os animais *germfree* são obtidos e mantidos sob esta condição?
2. Diferenciar os microrganismos *residentes* dos *transitórios* encontrados no corpo humano.
3. Citar uma importância prática para o conhecimento sobre a flora normal humana.
4. Explicar como o feto humano saudável adquire a flora normal.
5. Quais os benefícios da flora normal para o hospedeiro humano?
6. Discutir os fatores que dificultam a colonização dos seguintes ambientes: (**a**) pele; (**b**) parte superior da uretra; (**c**) traquéia; (**d**) estômago; (**e**) conjuntiva.
7. Qual a função da aderência microbiana no estabelecimento da flora normal? Citar um exemplo.
8. Que função o muco desempenha em prevenir que o microrganismo inalado atinja o saco aéreo do pulmão?
9. Descrever os microrganismos que são encontrados em ambientes ácidos do corpo humano.
10. Discutir as implicações da vida *germfree* em animais.

Questões para Discussão

1. Por que deve haver uma flora característica para cada sítio anatômico do hospedeiro humano que abriga microrganismos?
2. Por que os vírus geralmente não são considerados parte da flora normal? As necessidades para a replicação viral sustentam este conceito?
3. Por que é desaconselhável mudar a ecologia da flora normal do hospedeiro humano?
4. O que podemos aprender sobre a flora normal a partir da utilização de animais *germfree* em pesquisas?
5. Discutir as características dos membros da flora normal que lhes permitem ter vantagens seletivas sobre outros microrganismos.
6. Quando os membros da flora normal de um sítio particular são deslocados para outro local do corpo humano, estes ainda permanecem como comensais?
7. Quais fatores do hospedeiro previnem a colonização de microrganismos transitórios no trato respiratório?
8. Por que podemos afirmar que a manutenção adequada da flora normal é importante para preservar a saúde da boca?

Capítulo 18

Interações Parasita-Hospedeiro: Resistência Inespecífica do Hospedeiro

OBJETIVOS

Após a leitura deste capítulo, você deve ser capaz de:

1. Saber que a boa saúde é a melhor proteção contra infecções microbianas.
2. Diferenciar um patógeno primário de um patógeno oportunista.
3. Definir os termos utilizados para descrever a patogenicidade dos microrganismos.
4. Descrever vários fatores de virulência microbiana.
5. Descrever alguns fatores predisponentes de resistência do hospedeiro em nível das espécies, raça e fatores individuais.
6. Explicar o significado da inflamação e da febre na relação parasita-hospedeiro.
7. Identificar os componentes de defesa do organismo contra os microrganismos invasores.
8. Discutir as funções de diferentes mediadores solúveis nos mecanismos de defesa interna do hospedeiro.
9. Descrever os dois tipos de mediadores celulares inespecíficos da defesa do hospedeiro contra tumores ou microrganismos invasores.

INTRODUÇÃO

Passamos a vida toda em contato com os microrganismos. No Capítulo 17 você aprendeu que muitos tipos de microrganismos normalmente habitam o corpo humano como comensais inofensivos. Porém, se os mecanismos de defesa do corpo enfraquecem, alguns desses comensais podem tornar-se patógenos oportunistas e causar doença. Outros microrganismos patogênicos (considerados como parasitas) podem também invadir o corpo humano e causar doença. A ocorrência de uma doença depende do desequilíbrio na interação do micróbio parasita e de seu hospedeiro.

As interações que compõem a relação parasita-hospedeiro são complexas. Quando um parasita tenta estabelecer uma infecção, o hospedeiro responde por meio da mobilização de um conjunto de mecanismos de defesa. A habilidade para repelir a doença por meio de seus mecanismos de defesa é denominada ***resistência***. A falta de resistência é denominada ***susceptibilidade***.

A resistência do hospedeiro à invasão do parasita pode ser dividida em dois tipos: resistência ***inespecífica*** e resistência ***específica***. A resistência inespecífica ou natural inclui os mecanismos naturais de defesa que protegem o hospedeiro de qualquer tipo de parasita, independentemente de o organismo já ter ou não encontrado previamente aquele tipo de parasita; este tipo de resistência será discutido neste capítulo. A resistência específica ou ***imunidade*** refere-se aos mecanismos de defesa que se desenvolvem em resposta a um parasita específico. Tais mecanismos de defesa imune específicos – a matéria do próximo capítulo – são adquiridos pelo hospedeiro como resultado da exposição ao parasita.

No mundo dos organismos, a resistência inespecífica é a forma básica e mais comum de combate às doenças. As plantas e a maioria dos animais sobrevivem em um mundo hostil de patógenos em potencial, tendo somente a resistência inespecífica como sua defesa. Somente animais vertebrados são capazes de adquirir uma resistência específica ou uma resposta imune específica. Assim, eles são mais eficientes em combater a infecção. Primeiro, eles utilizam os mecanismos de resistência inespecífica que estão prontamente disponíveis contra a invasão de parasitas; mais tarde, contam com os mecanismos de imunidade específica como reforço ou, no caso de uma infecção persistente, como o último meio de resistência. Se o efeito combinado da resistência natural ou imunidade adquirida é incapaz de controlar a disseminação da infecção, invariavelmente o resultado final é a morte do hospedeiro.

Para ajudar o hospedeiro, a terapia antimicrobiana, tal como o uso de antibióticos, é administrada. Este tratamento nem sempre destrói completamente os parasitas. Em muitos casos, é somente um "tempo de comercial" para dar ao hospedeiro oportunidade de eliminar o parasita por qualquer mecanismo de defesa relacionado ao parasita.

Figura 18.1 Cápsulas constituídas de polissacarídeos são produzidas por *Streptococcus pneumoniae*. A presença de cápsulas em pneumococos confere virulência aos mesmos, bem como para outras bactérias. A figura mostra o *S. pneumoniae* capsulado em um exsudato.

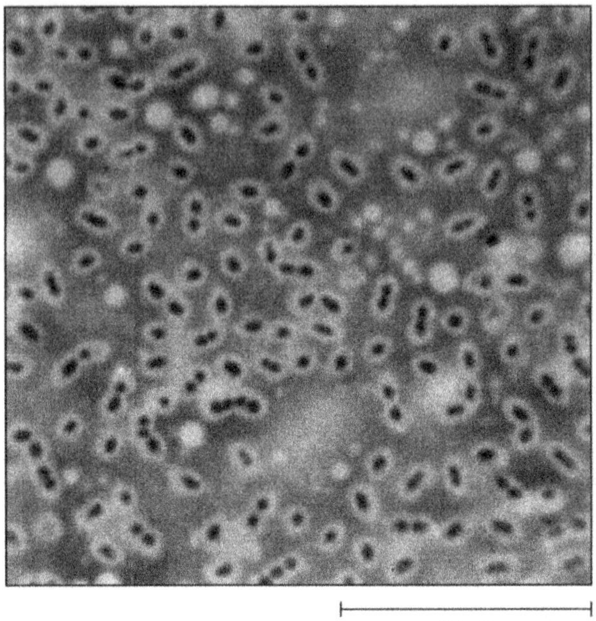

20 µm

O Microrganismo como um Patógeno

A capacidade de um microrganismo de causar doença é denominada ***patogenicidade***. Quando um micróbio invade o hospedeiro (isto é, quando ele entra e multiplica-se nos tecidos do organismo), estabelece-se uma *infecção*. Se o hospedeiro é susceptível à infecção e suas funções são prejudicadas, estabelece-se a *doença*. Assim, um *patógeno* é qualquer microrganismo ou organismo superior capaz de causar doença. Um exemplo de um patógeno superior é o verme *Trichinella,* que causa a triquinose, uma doença parasitária que afeta o tecido muscular.

A habilidade de um microrganismo patogênico em causar doença (*patogenicidade*) é influenciada não somente pelas propriedades inerentes ao micróbio mas também pela habilidade do hospedeiro em resistir à infecção. Atualmente, um número crescente de infecções tem sido causado por microrganismos considerados previamente como não-patogênicos; a maioria faz parte da flora normal descrita no Capítulo 17. Estas infecções desenvolvem-se em pessoas cujos fatores de resistência estão comprometidos por outra doença ou terapia prolongada com antibióticos e drogas imunossupressoras. Tais microrganismos são chamados *patógenos oportunistas* e distinguem-se dos *patógenos primários*, que podem iniciar a doença em indivíduos *saudáveis*.

O *grau* da capacidade de um patógeno, oportunista ou primário, em causar doença é denominado ***virulência.*** Assim, as propriedades microbianas que acentuam a patogenicidade dos microrganismos são chamados *fatores de virulência*. Se um micróbio tem maior capacidade de produzir uma doença, ele é considerado mais virulento do que o outro. Os fatores de virulência de alguns patógenos são facilmente identificados. Por exemplo, células capsuladas de *Streptococcus pneumoniae* são virulentas e podem causar pneumonia, enquanto as células não-capsuladas são avirulentas (Figura 18.1); amostras virulentas de *Corynebacterium diphtheriae* produzem uma toxina que causa a difteria. Entretanto, para a maioria dos patógenos, os fatores de virulência não são tão óbvios.

Para causar uma doença infecciosa, um patógeno *deve* realizar as seguintes etapas complexas:

1. Infectar o hospedeiro (um patógeno primário deve entrar no hospedeiro).

2. Metabolizar e multiplicar-se nos tecidos do hospedeiro.

3. Resistir às defesas do hospedeiro, por um período de tempo.

4. Prejudicar o hospedeiro.

Fatores de Virulência Microbiana

Algumas bactérias secretam substâncias que contribuem para a sua virulência, enquanto outras apresentam estruturas especiais. Infelizmente, em muitos microrganismos, as propriedades que conferem virulência não são claras ou são desconhecidas. Vários fatores de virulência bem conhecidos serão considerados aqui.

Toxinas. Alguns microrganismos produzem substâncias venenosas conhecidas como ***toxinas***. A capacidade de um microrganismo de produzir uma toxina – uma substância que tem efeito prejudicial sobre as células e os tecidos do hospedeiro – e a potência desta toxina são fatores importantes na habilidade do microrganismo em causar doença. As toxinas produzidas pelos microrganismos podem ser *exotoxinas*, toxinas excretadas no meio extracelular, ou *endotoxinas*, toxinas retidas dentro da célula como parte de sua estrutura.

As exotoxinas são excretadas pela célula microbiana no meio de cultura ou no sistema circulatório e nos tecidos de um hospedeiro. Por exemplo, o meio pode ser um enlatado de vegetais processados inadequadamente e contaminados com *Clostridium botulinum*; a ingestão de vegetais contendo a toxina botulínica resulta em uma intoxicação alimentar chamada *botulismo*. No botulismo, a exotoxina ingerida por um indivíduo causa paralisia por afetar o seu sistema nervoso; assim, a toxina é denominada *neurotoxina*. Não é necessário que haja infecção do hospedeiro pela bactéria para que ocorra a doença. Portanto, o botulismo não é uma doença infecciosa, mas uma *toxemia* causada por uma toxina bacteriana produzida fora do hospedeiro. Quando o bacilo *Corynebacterium diphtheriae* cresce na garganta do homem e secreta sua exotoxina, a toxina é absorvida na corrente sanguínea e causa a difteria. Quando o bacilo tetânico, *Clostridium tetani*, é introduzido em uma ferida, pode crescer e formar a exotoxina tetânica (que também é uma neurotoxina). Assim, ao contrário do botulismo, o tétano e a difteria são causados por microrganismos que produzem suas toxinas *enquanto crescem dentro do hospedeiro*.

As exotoxinas são proteínas; podem ser produzidas por bactérias Gram-negativas ou Gram-positivas. Seus efeitos sobre o tecido humano são em geral altamente específicos. Por exemplo, as toxinas do botulismo e do tétano são neurotoxinas. O *Vibrio cholerae* secreta uma exotoxina chamada *enterotoxina,* que diminui a retenção de fluido pelo intestino e, portanto, causa diarréia. Assim, as exotoxinas geralmente têm afinidade por um determinado tecido, no qual podem causar danos. As exotoxinas perdem a toxicidade quando aquecidas ou quando sofrem tratamento químico. Fenol, formaldeído, β-propiolactona e vários ácidos podem modificar quimicamente as exotoxinas e, assim, estas perdem a toxicidade. Passam, então, a ser denominadas ***toxóides***.

As toxinas e os toxóides têm a capacidade de estimular a produção de ***antitoxinas***, anticorpos que neutralizam a toxicidade das toxinas no corpo do hospedeiro. Esta capacidade é importante na proteção de hospedeiros susceptíveis às doenças causadas por toxinas bacterianas. As antitoxinas estão disponíveis comercialmente. A Tabela 18.1 mostra algumas das doenças causadas por bactérias produtoras de toxinas.

Muitos microrganismos, particularmente as bactérias Gram-negativas, não secretam uma toxina solúvel, mas sintetizam uma endotoxina que é liberada somente quando as células se rompem. As endotoxinas de bactérias Gram-negativas são componentes estruturais da membrana externa da parede celular bacteriana. Estes componentes são lipopolissacarídeos (especificamente o lipídeo A). As endotoxinas são venenos efetivos quando ainda estão presentes na parede celular intacta ou quando são liberadas como produtos da desintegração celular. Comparadas com as exotoxinas, as endotoxinas são altamente termestáveis, não formam toxóides e são menos tóxicas. As endotoxinas são responsáveis por muitos sintomas das doenças, tais como febre e choque. As características gerais das exotoxinas e das endotoxinas estão resumidas na Tabela 18.2.

A detecção de endotoxina em vários fluidos corporais é útil no diagnóstico laboratorial de infecções causadas por bactérias Gram-negativas. Um método laboratorial

Tabela 18.1 Algumas doenças causadas por bactérias que produzem exotoxinas.

Doença	Espécie bacteriana	Atividade da toxina *in vivo*
Botulismo	*Clostridium botulinum*	Neurotoxina, paralisia muscular
Cólera	*Vibrio cholerae*	Perda de fluido do intestino delgado; vômito
Intoxicação alimentar estafilocócica	*Staphylococcus aureus*	Náusea; vômito; diarréia
Difteria	*Corynebacterium diphtheriae*	Paralisia dos nervos; problemas cardíacos
Disenteria bacilar	*Shigella dysenteriae*	Distúrbios neurológicos; diarréia
Tétano	*Clostridium tetani*	Neurotoxina; contração muscular espasmódica
Escarlatina	*Streptococcus pyogenes*	Exantema
Coqueluche	*Bordetella pertussis*	Tosse paroxísmica; vômito

Tabela 18.2 Algumas características diferenciais de exotoxinas e endotoxinas.

Propriedade	Exotoxina	Endotoxina
Fonte bacteriana	Excretada por certas bactérias Gram-positivas e Gram-negativas	Liberada da parede celular após lise de bactérias Gram-negativas
Natureza química	Proteínas	Lipopolissacarídeos
Tolerância ao calor	Lábil	Estável
Imunologia	Forma toxóide	Não forma toxóide
Efeito biológico	Específico para um tipo particular de função celular	Efeito generalizado, tais como febre e choque
Dose letal	Quantidade diminuta (alta toxicidade)	Maior quantidade (baixa toxicidade)

Tabela 18.3 Algumas enzimas extracelulares que contribuem para a virulência microbiana.

Enzima	Ação	Exemplo de bactérias produtoras de enzimas
Hialuronidase	Hidrolisa ácido hialurônico dos tecidos; fator de invasividade	Estafilococos, estreptococos, clostrídios
Coagulase	Coagula o plasma; útil para identificação das espécies	*Staphylococcus aureus*
Lecitinase	Hidrolisa lipídeos de membrana	*Clostridium perfringens*
Colagenase	Hidrolisa colágeno dos tecidos; fator de invasividade	*Clostridium perfringens*
Leucocidina	Destrói leucócitos	*Staphylococcus aureus*
Hemolisina	Lisa eritrócitos; fator de invasividade	Estafilococos, estreptococos, clostrídios

chamado *lisado de amebócitos de* Limulus (*LAL*) pode detectar quantidades diminutas de endotoxinas. *Limulus polyphemus* é um caranguejo da costa atlântica e a sua hemolinfa (sangue) contém um tipo simples de célula branca chamada *amebócito*. Cada amebócito contém proteínas responsáveis pelo coágulo. Quando o sangue do caranguejo entra em contato com uma endotoxina na forma purificada ou com um componente de bactérias Gram-negativas, as proteínas de coagulação dos amebócitos são liberadas e o sangue forma um gel ou coágulo. Esta reação de coagulação supostamente é vantajosa para o caranguejo, pois este localiza uma infecção em uma área desprovida de parede e previne a perda de sangue.

Enzimas Extracelulares. A virulência de alguns microrganismos deve-se em parte à produção de enzimas extracelulares. Embora qualquer enzima extracelular simples não seja o único fator responsável pela virulência, não há dúvida de que tais enzimas desempenham alguma função no processo patogênico. A habilidade da bactéria patogênica de penetrar nos tecidos, ou seja, a sua *invasividade*, deve-se à presença de algumas destas enzimas. A Tabela 18.3 lista algumas enzimas bacterianas extracelulares que contribuem para o processo da doença. Os processos mais comuns são discutidos nos parágrafos seguintes; algumas destas enzimas podem ser utilizadas para auxiliar na identificação do patógeno responsável pela doença.

A *hialuronidase* pode ajudar o patógeno a penetrar nos tecidos do hospedeiro por meio da hidrólise do ácido hialurônico, um tecido "cimentante" essencial, que ajuda a manter as células vivas unidas. Por causa disto, a enzima é referida como um "fator de disseminação". *Staphylococcus aureus, Streptococcus pyogenes* e *Clostridium perfringens* produzem hialuronidase. A *lecitinase* é uma enzima que lisa várias células teciduais, especialmente as células sanguíneas vermelhas, por meio da hidrólise dos lipídeos de membranas. Por exemplo, a virulência do *Clostridium perfringens* (agente da gangrena gasosa) deve-se, pelo menos em parte, à produção de lecitinase. A *colagenase*, também produzida pelo *Clostridium perfringens*, destrói o colágeno, uma fibra tecidual encontrada nos músculos, nos ossos e nas cartilagens. O colágeno forma uma rede dentro da qual as células do tecido são mantidas. Sem ele, o tecido é mais susceptível à invasão pelo patógeno.

Alguns estafilococos virulentos produzem a enzima *coagulase*. Esta reage com uma substância no plasma para transformar fibrinogênio em fibrina. Este processo causa a deposição de fibrina ao redor das células bacterianas, protegendo-as da ação dos fagócitos do hospedeiro (células que fagocitam objetos estranhos). Há evidências de que a coagulase também está envolvida no processo de formação de proteínas periféricas insolúveis em furúnculos causados por estafilococos.

As *hemolisinas* são substâncias que lisam as células sanguíneas vermelhas (hemácias), liberando a hemoglobina. Em geral, cepas hemolíticas de bactérias patogênicas são mais virulentas que cepas não-hemolíticas da mesma espécie. As hemolisinas bacterianas de várias espécies diferem em natureza química e mecanismo de ação. Algumas hemolisinas produzem alterações visíveis em placas de ágar sangue (Figura 18.2, caderno em cores). Nestas placas, as colônias de certas bactérias hemolíticas são circundadas por uma zona clara e incolor, onde hemácias foram completamente lisadas. Este fenômeno é denominado ***β-hemólise***. Outros tipos de bactérias podem reduzir a hemoglobina das hemácias em meta-hemoglobina, que resulta em uma zona esverdeada ao redor das colônias. Esta é denominada ***α-hemólise***. Reações hemolíticas são freqüentemente utilizadas em laboratórios clínicos para auxiliar na identificação de um patógeno; por exemplo, estreptococo do grupo A, agente de infecção de garganta, produz β-hemólise em placas de ágar sangue.

Fatores Celulares. A virulência das bactérias é influenciada, em muitos casos, pela presença ou ausência de *cápsulas*. Quando os patógenos perdem suas cápsulas, tal como por mutação, perdem também a habilidade de causar doença. Os pneumococos são virulentos quando capsulados (ver Figura 18.1), mas avirulentos quando não-capsulados. A elevada virulência de cepas capsuladas deve-se à habilidade do polissacarídeo capsular de prevenir a ***fagocitose*** ou o englobamento por fagócitos do hospedeiro. Provavelmente, esta habilidade deve-se às propriedades de superfície da cápsula, que previne um contato íntimo do fagócito com a bactéria a ser fagocitada.

Um outro fator celular que pode acentuar a virulência de alguns patógenos são os *pêlos*. Os pêlos auxiliam na aderência de um organismo às superfícies das células, dos tecidos e das membranas do hospedeiro. Por exemplo, cepas virulentas de *Neisseria gonorrhoeae* (agente da gonorréia) e de *Escherichia coli* (que causa infecção no trato urinário) possuem pêlos.

Responda

1 Qual é a diferença entre um patógeno *primário* e um patógeno *oportunista*?

2 Distinguir *patogenicidade* de um micróbio de *virulência* de um microrganismo patogênico.

3 Quais etapas um patógeno deve realizar antes de poder causar uma doença?

4 Diferenciar exotoxinas de endotoxinas.

5 Além das toxinas, que fatores de virulência os microrganismos utilizam para causar doença?

Fatores Predisponentes de Resistência do Hospedeiro

Há fatores predisponentes de ***resistência*** à doença (habilidade para repelir uma doença) que são inerentes a cada hospedeiro e ao ambiente do hospedeiro. Esses mecanismos de proteção não são direcionados a um patógeno específico e, assim, são fatores ***inespecíficos*** de resistência. Alguns desses fatores são difíceis de ser avaliados no sentido quantitativo. Se um hospedeiro desenvolve mecanismos de defesa em resposta a patógenos ***específicos***, ou resistência específica, ele tem ***imunidade*** contra aquele patógeno.

Fatores de Resistência Ambientais

Hospedeiros naturalmente resistentes não fornecem alguns fatores nutricionais essenciais de que os microrganismos necessitam para o crescimento ou apresentam outros mecanismos de defesa para resistir à infecção por um microrganismo. Certos fatores ambientais do hospedeiro humano também contribuem para a resistência ou ***susceptibilidade*** (ausência de resistência) do hospedeiro à infecção. Tais fatores incluem estresses físico e emocional, idade, estado nutricional e de saúde, condições socioeconômicas, risco ocupacional e higiene pessoal do hospedeiro. Estes fatores estão intimamente ligados, o que torna difícil avaliar suas contribuições individuais ao processo da doença. Em geral a doença se desenvolve sempre que os fatores de susceptibilidade excedem os fatores de resistência no balanço delicado entre doença e saúde (Figura 18.3).

Vários estresses físicos e emocionais, tais como privação do sono, fadiga, ansiedade e depressão, tornam uma pessoa mais vulnerável à doença. Na condição de estresse, há produção acentuada de epinefrina (adrenalina) acompanhada por níveis alterados de hormônios corticóides adrenais; isto suprime a função de muitos grupos de células defensivas e deprime uma grande variedade de mecanismos de defesa utilizados pelo organismo. Por exemplo, pessoas que sofrem de longa privação de sono são predispostas à infecção.

A idade do hospedeiro também é um fator importante na susceptibilidade à doença; as crianças e os idosos apresentam maior risco de infecção. Em uma criança, o sistema imune é menos desenvolvido, enquanto em uma pessoa mais velha não é mais tão eficiente. Assim, pessoas jovens são susceptíveis a "doenças de crianças" tais como sarampo e varicela. Os idosos são susceptíveis a doenças como pneumonia pneumocócica.

Muitos outros fatores ambientais do hospedeiro humano são bastante óbvios. Alimentação e habitação precárias contribuem para maior incidência de doenças. Por exem-

Figura 18.3 Relação parasita-hospedeiro na saúde e na doença: o balanço entre resistência e susceptibilidade. Excesso de fatores de resistência sobre os fatores de susceptibilidade significa boa saúde; excesso de fatores de susceptibilidade sobre os fatores de resistência significa doença.

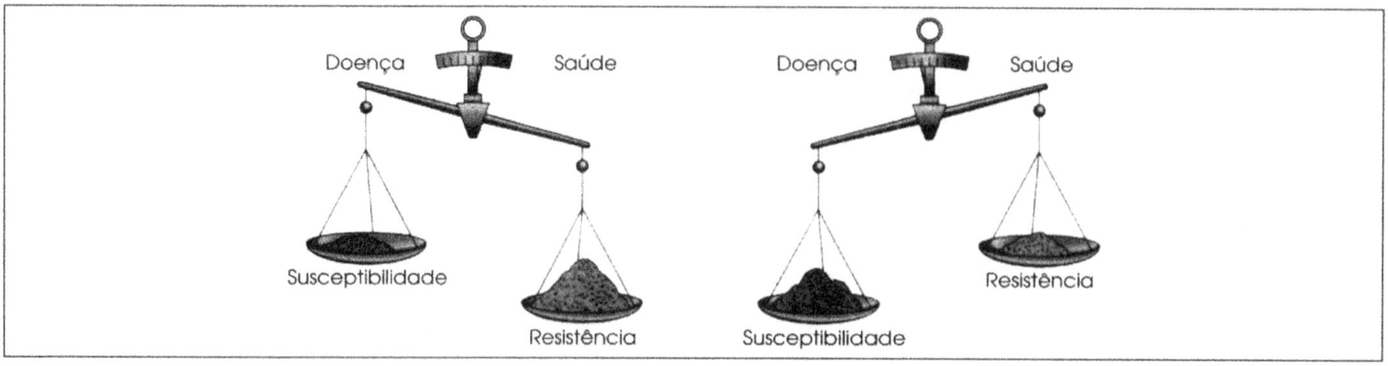

plo, uma dieta contendo as quantidades necessárias de proteínas e vitaminas está diretamente relacionada à proteção do hospedeiro contra doenças microbianas. As proteínas da dieta são utilizadas para construir tecidos saudáveis e proteínas séricas, enquanto as vitaminas promovem um metabolismo eficiente e mantêm a integridade da pele e superfícies de membranas. Pessoas que realizam certos trabalhos apresentam maior risco de adquirir certas infecções. Por exemplo, pessoas que cuidam da saúde dos dentes têm risco maior de ser infectadas com o vírus da hepatite B, carregado pelos aerossóis da saliva e do sangue de seus pacientes. Felizmente, profissionais da saúde têm sido educados no sentido de proteger-se, bem como de prevenir a propagação da doença.

Espécies, Raça e Resistência Individual

Resistência à infecção varia com a espécie do animal ou da planta. Por exemplo, *Yersinia pestis* pode ser carregada por roedores, nos quais não causa nenhuma doença detectável. Contudo, quando a bactéria é transmitida do roedor ao homem por meio das moscas, causa uma doença fatal denominada *peste*. Os cães não se infectam com o vírus do sarampo e o homem não contrai cinomose canina. As razões para a variação de resistência de uma espécie a outra são usualmente desconhecidas. Entretanto, características fisiológicas e anatômicas básicas de uma espécie podem determinar se um microrganismo pode ser patogênico para aquela espécie. Por exemplo, por causa das diferenças de temperatura corpórea normal, muitas doenças de mamíferos não afetam peixes ou répteis, e vice-versa. Animais herbívoros são geralmente resistentes a doenças entéricas de carnívoros – provavelmente porque os herbívoros têm estômagos múltiplos, flora microbiana e sucos digestivos diferentes. Os humanos são bastante susceptíveis às doenças de pele, enquanto outros animais são mais resistentes, devido à presença de uma pele mais espessa, com muito mais pêlos. A resistência das espécies é um obstáculo na pesquisa médica, porque é mais difícil estudar doenças que não podem ser reproduzidas em animais de laboratório utilizados como modelo de doença. A sífilis e a cólera não têm modelos animais para ser utilizados em experimentos de laboratório.

Em alguns casos, podem existir fatores genéticos que tornam certas raças de indivíduos mais susceptíveis (ou mais resistentes) do que outras raças a determinada infecção. Por exemplo, resistência à malária é encontrada em quase todos os negros africanos. Isto é atribuído à ausência de um componente específico na membrana de células sanguíneas vermelhas, no qual o parasita *Plasmodium vivax*, agente da malária, deve ligar-se para invadir e multiplicar-se. Os índios das planícies da América do Norte perderam dois terços da população, que foi acometida por varíola e tuberculose porque a resistência a estas doenças era muito baixa. Os índios não haviam sido previamente expostos a estas doenças, enquanto os colonizadores europeus sobreviveram porque seus ancestrais eram geneticamente mais resistentes, como resultado da seleção devido a uma exposição prévia.

Algumas pessoas desenvolvem infecções menos graves do que outras, mesmo sendo da mesma raça e tendo oportunidade similar à exposição. Esta resistência individual provavelmente deve-se a uma combinação de fatores de resistência específicos e inespecíficos herdados de seus pais. Assim, algumas pessoas têm muito mais gripe durante o inverno do que outras.

Responda

1. O que significa fatores predisponentes de resistência do hospedeiro?
2. Por que tais fatores de resistência do hospedeiro são inespecíficos?
3. Quais são alguns dos fatores de resistência ambientais do hospedeiro humano?
4. Como pode ser explicada a resistência das espécies às doenças?

Mecanismos de Defesa Externos

Mecanismos de defesa externos são outros fatores da resistência inespecífica do hospedeiro. Estes fatores são basicamente mecânicos, entretanto barreiras químicas também estão envolvidas. As barreiras mecânicas criadas pela pele e pelas mucosas, juntamente com as secreções do hospedeiro, são geralmente consideradas como a vanguarda de defesa do corpo contra a invasão de microrganismos (DESCOBERTA 18.1).

Pele e Mucosas

Como mencionado no Capítulo 17, a pele e as mucosas intactas são barreiras mecânicas efetivas a agentes infecciosos (Figura 18.4). A superfície da pele também é inibitória para o crescimento da maioria dos microrganismos por causa da baixa umidade, do pH baixo e da presença de substâncias inibitórias secretadas. Contudo, é possível para alguns microrganismos penetrar na pele por meio dos folículos pilosos, das glândulas sebáceas, das glândulas sudoríparas ou de abrasões.

Similarmente à pele, as membranas consistem em uma camada epitelial e em um tecido conectivo subjacente a esta camada. Recobrem totalmente os tratos digestivo, respiratório, urinário e reprodutivo (Figura 18.4). A camada epitelial da mucosa secreta *muco*, um fluido viscoso que previne o ressecamento dos tratos e auxilia na remoção de qualquer microrganismo presente. As secreções mucosas captam e retêm muitos microrganismos até estes poderem ser eliminados ou terem perdido a infectividade.

Secreções Químicas

Além das barreiras mecânicas, como a pele e as mucosas, as substâncias químicas com ação antimicrobiana secretadas são componentes importantes de defesa externa. (Algumas destas secreções foram também mencionadas no Capítulo 17.) Por exemplo, a mucosa secreta muitas substâncias, inclusive enzimas, que podem prejudicar a infectividade microbiana. Mais especificamente, a *lisozima* é uma enzima encontrada em muitos fluidos e secreções corporais, tais como a lágrima; ela afeta a parede celular de bactérias Gram-positivas e algumas Gram-negativas, hidrolisando o peptideoglicano. Uma substância oleosa, denominada *sebo*, é produzida pelas glândulas sebáceas da pele; ela previne o ressecamento do cabelo, que o torna quebradiço e forma uma camada sobre a superfície da pele. O sebo contém ácidos graxos insaturados que inibem o crescimento de certos microrganismos. O suco gástrico é produzido pelas glândulas do estômago. É uma mistura de ácido clorídrico, enzimas e muco. A elevada acidez do suco gástrico (pH 1,2 a 3,0) é suficiente para matar a maioria dos microrganismos. A acidez ou a alcalinidade extrema de

DESCOBERTA!

18.1 POR QUE NÃO IMUNIZAR AS PLANTAS VERDES?

Doenças animais devastadoras, tais como a varíola e a cinomose, têm sido eliminadas ou em parte controladas por imunização. Contudo, as doenças de plantas também podem ser devastadoras, destruindo a economia de uma região e causando escassez de alimentos. Apesar da importância das doenças de plantas, as defesas primárias das plantas verdes contra essas doenças é o desenvolvimento de plantas resistentes por meio da reprodução. Na verdade, a reprodução fornece o único mecanismo para resistência a doenças virais e o único mecanismo economicamente seguro para a resistência às doenças bacterianas. Isto difere dos animais, nos quais a imunização é a base para a medicina preventiva. Contudo, as plantas também são atacadas pelos microrganismos que passam de hospedeiro a hospedeiro. Então, por que não imunizar as plantas verdes?

Embora existam relatos esporádicos de imunização de plantas desde 1933, somente as pesquisas recentes estabelecem claramente a validade da imunização de plantas.

Um dos trabalhos mais recentes tem sido desenvolvido por Joseph Kuc, do Departamento de Fitopatologia da Universidade de Kentucky, em Lexington. Ele e outros pesquisadores têm mostrado que as plantas podem ser sistematicamente imunizadas contra doenças microbianas por meio do uso de uma infecção restrita com fungos, bactérias ou vírus. Por exemplo, Kuc mostrou que a infecção controlada com o fungo *Collectatrichum lagenarium* ou com o vírus da necrose do tabaco protegeu o pepino, a melancia e o melão contra uma variedade de patógenos. Esta "infecção controlada" pode ser obtida mediante a inoculação de uma única folha.

Os patógenos prevenidos por este método incluíram fungos, vírus que causam infecções locais ou sistêmicas, fungos e bactérias que causam lesões ou promovem o murchamento da folhagem e do fruto. A imunização foi sistêmica e exigiu um período *lag* entre indução (infecção primária) e desafio (introdução de outro patógeno). Além disso, a imunização poderia ser acentuada por uma inoculação de reforço. Evidência perceptível do sucesso da imunização foi um aumento aproximado de três vezes na atividade da peroxidase efetuado por um sinal químico, o qual foi proveniente do sítio de indução.

Talvez em breve possamos livrarnos de pesticidas nocivos e aumentar os nossos produtos naturais verdes por meio desta nova perspectiva de controle de doenças em plantas!

Figura 18.4 A pele e a mucosa são barreiras mecânicas efetivas entre o ambiente e as partes internas do corpo humano. As áreas do corpo humano delimitadas pela pele e por mucosas estão indicadas abaixo.

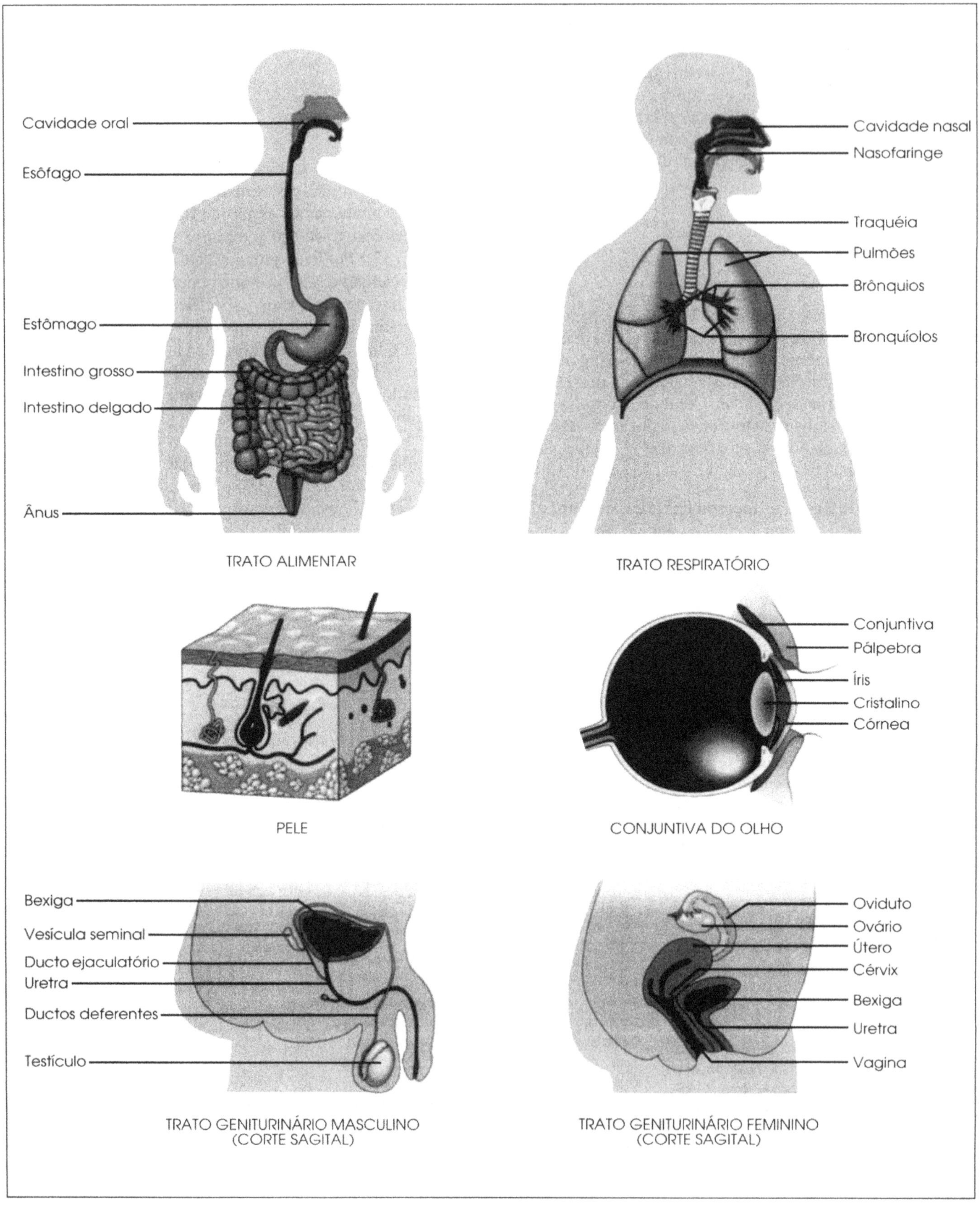

fluidos corporais têm um efeito deletério sobre muitos microrganismos e ajudam a prevenir a penetração de patógenos em potencial nos órgãos mais profundos do corpo. Por exemplo, a elevada acidez da vagina de mulheres adultas durante o período de fertilidade protege a superfície da mucosa contra a colonização por muitos tipos de microrganismos patogênicos.

Um outro tipo de proteína com atividade antimicrobiana conhecida é a *lactoferrina*. Trata-se de uma proteína alaranjada contendo ferro, encontrada no leite, bem como na maioria das secreções que banham as superfícies das mucosas humanas (incluindo secreção brônquica, saliva, secreção nasal, lágrima, bile hepática, suco pancreático, fluido seminal e urina). Também é um componente importante de grânulos de células fagocíticas. Sua proteína correspondente no soro é a *transferrina*, que também é alaranjada quando saturada com ferro. Estas proteínas prendem ou quelam o ferro disponível no ambiente, limitando assim a disponibilidade deste nutriente mineral, essencial aos microrganismos invasores.

Flora Microbiana de Ocorrência Natural

A importante função desempenhada pela flora microbiana normal de proteger o hospedeiro humano de infecção foi considerada no capítulo anterior. Portanto, é suficiente enfatizar a grande importância da flora normal em competir com os invasores patogênicos pelos nichos ecológicos particulares no corpo humano.

Responda

1 Que fatores geralmente são considerados a vanguarda de defesa do organismo contra a invasão de microrgansimos?

2 Como a pele e a mucosa formam uma barreira efetiva contra os agentes infecciosos?

3 Quais são as substâncias químicas específicas secretadas pelo organismo humano que são desfavoráveis para o crescimento microbiano ou matam os microrganismos invasores?

Mecanismos de Defesa Internos

Quando os microrganismos rompem os mecanismos de defesa externos do hospedeiro, ainda têm de brigar com os mecanismos de defesa internos. Os componentes dos mecanismos de defesa internos constituem excelentes barreiras contra a infecção. Eles incluem os mediadores celulares do sistema imune (células *natural killer* ou assassinas e células fagocíticas) e uma grande variedade de fatores solúveis que mediam a forma como estas células respondem. Também incluem respostas fisiológicas complexas que conduzem à inflamação e à febre.

Inflamação

A *resposta inflamatória* é a reação vascular e celular frente à presença de microrganismos invasores, irritantes inanimados, tais como o estilhaço ou a injúria. A ***inflamação*** é um dos mecanismos de defesa mais efetivos dos animais. Evidência da resposta inflamatória pode ser observada durante a reação do organismo a um simples espinho. Após poucas horas, a área torna-se avermelhada e a seguir intumescida e dolorosa. A área afetada é perceptivelmente mais quente que o tecido circundante. A vermelhidão e o calor são causados por um aumento no fluxo sanguíneo; os vasos sanguíneos que transportam o sangue para a área dilatam-se (a dilatação é denominada *vasodilatação*), enquanto aqueles que levam embora o sangue contraem-se. A permeabilidade capilar aumenta, permitindo o influxo de fluidos e células sanguíneas no sítio; isto causa o intumescimento e a dor (resultado do aumento da pressão). A vasodilatação e o aumento da permeabilidade são induzidos por substâncias químicas tóxicas (tal como a histamina) liberadas das células danificadas no sítio lesado.

Se a causa da inflamação são os microrganismos invasores, então o processo mais importante que ocorre na resposta inflamatória é a migração de células fagocíticas dos capilares para o sítio da infecção. As células fagocíticas englobam e destroem os micróbios. Assim, a resposta inflamatória conduz células de "limpeza" para o sítio da infecção. (O processo de fagocitose será descrito em maiores detalhes ainda neste capítulo.)

Além de destruir e remover um agente prejudicial (tal como um micróbio) ou o seu produto, a resposta inflamatória também limita os efeitos do agente (ou seu produto) por confiná-lo ou isolá-lo dos tecidos circundantes. Isto é possível porque os coágulos sanguíneos ao redor do sítio previnem a disseminação do micróbio ou de seus produtos nocivos para outras partes do corpo. Como conseqüência, há uma coleção de *pus* localizada na cavidade formada pela degradação de tecidos do corpo, resultando em um *abscesso*. O pus consiste em células inflamatórias e células teciduais mortas, bem como em microrganismos vivos e mortos.

O estágio final da inflamação é o *reparo tecidual*, quando todos os agentes ou substâncias prejudiciais foram removidos ou neutralizados no sítio lesado. A habilidade do tecido em reparar-se depende, em parte, do tecido envolvido. A pele, sendo um tecido relativamente simples, tem alta capacidade de regeneração. Contudo, o tecido nervoso do cérebro, que é altamente especializado e complexo, parece não sofrer regeneração.

O processo de inflamação é resumido na Figura 18.5.

Febre

Uma das respostas *sistêmicas* mais importantes (respostas do corpo como um todo) à invasão microbiana é a *febre*, um aumento anormal de temperatura do corpo. A causa mais freqüente da febre é a infecção por bactérias ou vírus. De fato, ela pode ser o resultado de produtos elaborados pelos micróbios ou pelas células do hospedeiro no curso da infecção. Durante a febre, ocorre perda de apetite e dor de cabeça resultante da dilatação dos vasos sanguíneos no cérebro. A elevação de temperatura deve-se a um aumento na produção de metabólitos pirogênicos. Há também elevação na taxa metabólica, a qual, juntamente com a absorção reduzida de alimentos, resulta em excreção acentuada de nitrogênio na urina. Se a febre é prolongada, há um rápido enfraquecimento muscular e desgaste do tecido adiposo.

Figura 18.5 O processo de inflamação pode ser dividido nos seguintes estágios: início, resposta tecidual, resposta leucocitária, resolução e cura. As características da inflamação incluem vermelhidão, intumescimento, sensibilidade e aumento de temperatura da área afetada. Estes sintomas refletem os eventos celulares que ocorrem. A vermelhidão deve-se ao acúmulo de eritrócitos na área. O intumescimento deve-se ao acúmulo de fluido (plasma) e fagócitos.

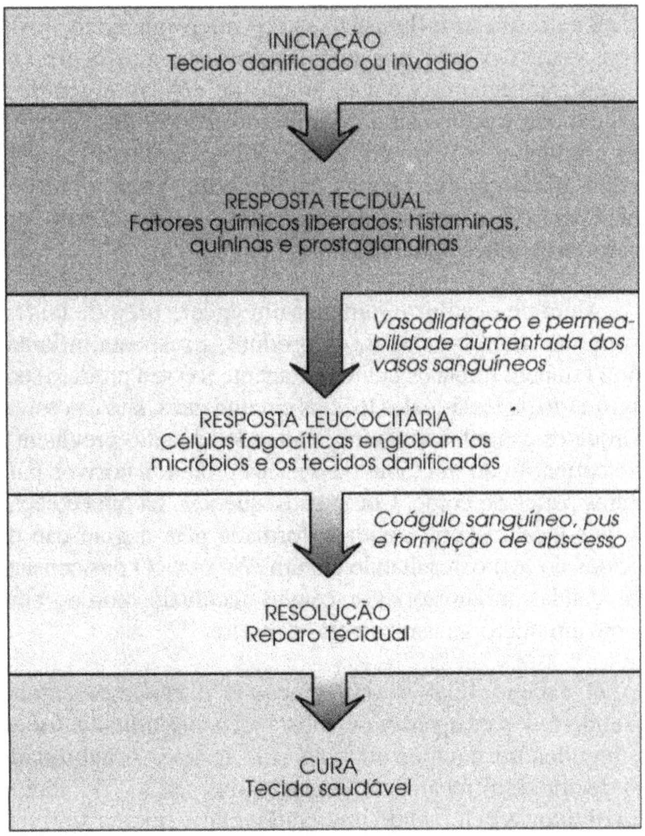

No homem, a temperatura média diária do corpo é 37°C. Esta temperatura constante é controlada por um "termostato corporal" em uma região do cérebro denominada *hipotálamo*; este termostato normalmente é ajustado na temperatura de 37°C. Durante a infecção, certas substâncias afetam o hipotálamo, "desajustando" o termostato para uma temperatura maior. Entre estas substâncias estão as endotoxinas de bactérias Gram-negativas; por exemplo, cerca de 2 ng de endotoxina de *Salmonella typhi* (agente etiológico da febre tifóide) por quilograma de peso corporal, pode resultar em uma febre de 43°C. Uma outra substância indutora de febre é o *pirogênio endógeno*, produzido pelas células fagocíticas do corpo e presente nos exsudatos inflamatórios e no plasma, durante a doença. (Um pirogênio é qualquer substância indutora de febre.) A febre é mantida até a endotoxina ou o pirogênio endógeno serem eliminados; neste ponto, o termostato é "reajustado" a 37°C. A resposta imune do corpo a uma infecção pode também causar febre. Quando a infecção é controlada, os mecanismos de redução do calor, tais como a vasodilatação e a transpiração, começam a operar.

Popularmente, acredita-se que a febre é benéfica ao hospedeiro, uma vez que ela aumenta a atividade de células fagocíticas e a velocidade de indução das respostas inflamatória e imune que apresentam efeitos antimicrobianos. As temperaturas elevadas atingidas durante a febre inibem ou destroem os microrganismos infectantes. Porém, somente as bactérias que causam a gonorréia e a sífilis são de fato mortas pela temperatura febril. Na maioria dos casos clínicos, as altas temperaturas necessárias para matar os micróbios são raramente atingidas. Realmente, as pessoas tornam-se desorientadas ou irracionais a 43,3°C, e acima desta temperatura usualmente entram em coma. A morte freqüentemente ocorre se a temperatura do corpo eleva-se a 45°C ou a temperatura cerebral atinge 40,5°C. Isto significa que há poucas evidências de que a febre mate os microrganismos.

Células *Natural Killer*

As ***células natural killer*** (***células NK***) são linfócitos grandes (medem de 12 a 15 μm de diâmetro) cuja função é matar células indesejáveis, tais como células tumorais e células infectadas por vírus. O linfócito é um tipo de célula sanguínea da série branca, como indicado na Tabela 18.4. Os linfócitos não são células fagocíticas e não apresentam marcadores de superfície convencionais de outras células linfóides do sistema imune específico. Há também algumas evidências relacionando as células NK à defesa inespecífica contra protozoários intracelulares e fungos

Tabela 18.4 Células da série branca (leucócitos) na circulação sanguínea.

Tipo de leucócito	Porcentagem na contagem diferencial normal de leucócitos	Função
Granulócitos		
Neutrófilos (PMNs)	60–70	Fagocitose
Basófilos	0,5–1	Produção de heparina e histamina
Eosinófilos	2–4	Fagocitose
Agranulócitos		
Monócitos	3–8	Fagocitose
Linfócitos	20–25	Imunidade específica

Nota: Outros elementos formados no sangue são células sanguíneas da série vermelha ou eritrócitos (transportam oxigênio e dióxido de carbono); e as plaquetas ou trombócitos (formam coágulos sanguíneos).

Figura 18.6 [**A**] Células *natural killer* atacando uma célula-alvo do melanoma, um tipo de célula tumoral maligna. Duas células *natural killer* estão conjugadas com o melanoma-alvo. [**B**] Em resolução maior, a célula *natural killer* da parte inferior [**A**] apresenta projeções (setas) que se ajustam profundamente nas invaginações da célula-alvo do melanoma.

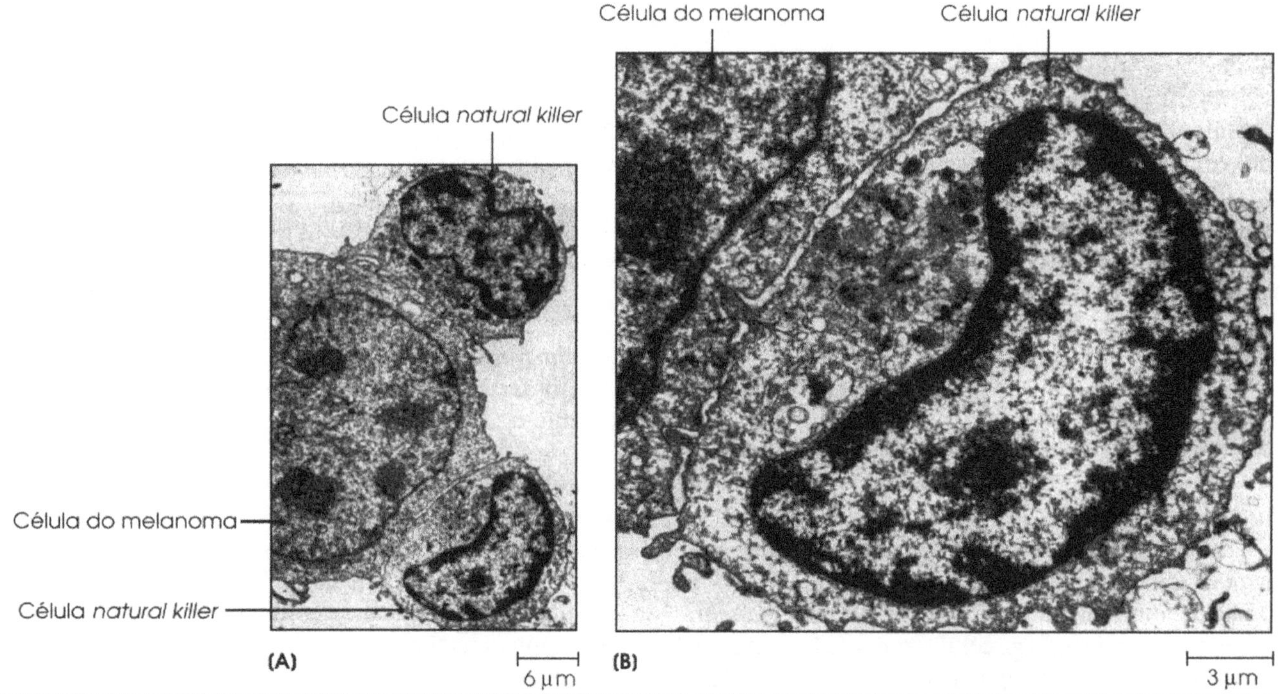

parasitas. A atividade das células NK é inespecífica e funciona sem qualquer estímulo antigênico específico (exposição prévia ou imunização aos antígenos das células-alvo).

As células NK matam por meio da ligação às células-alvo e liberação das enzimas protease e fosfolipase que destroem membranas. Entretanto, não está claro como elas reconhecem seus alvos. O contato celular é necessário; micrografias eletrônicas têm mostrado que as projeções das células NK ajustam-se profundamente nas células-alvo (Figura 18.6). As células NK lisam as células-alvo por liberar proteínas letais que promovem a formação de pequenos orifícios na membrana citoplasmática-alvo, muito semelhantes àqueles causados pelo sistema ***complemento***. Este sistema, que é discutido mais adiante neste capítulo, consiste em um grupo de proteínas séricas que participam das reações imunes. Geralmente, cada célula NK é capaz de lisar somente poucas células-alvo. A lise de uma célula tumoral é mostrada esquematicamente na Figura 18.7. Contudo, a maturação de células NK é acelerada e a sua atividade é acentuada pelo ***interferon***, um grupo de proteínas que ajudam o corpo a se proteger contra uma infecção viral. (O interferon será discutido mais adiante, neste capítulo.) As células NK expostas ao interferon são capazes de lisar muitas células-alvo. Alguns dos efeitos benéficos atribuídos ao interferon na terapia de tumores devem-se à capacidade de aumentar a atividade das células NK.

Figura 18.7 Uma célula *natural killer* (NK) é capaz de destruir outras células, tal como uma célula tumoral. O contato celular é necessário para isto ocorrer. Uma característica importante das células NK é a presença de grânulos citoplasmáticos proeminentes na interface com a célula-alvo. Os grânulos são liberados no espaço intercelular no ponto de contato. Uma molécula lítica, a perforina, cria poros na membrana da célula-alvo.

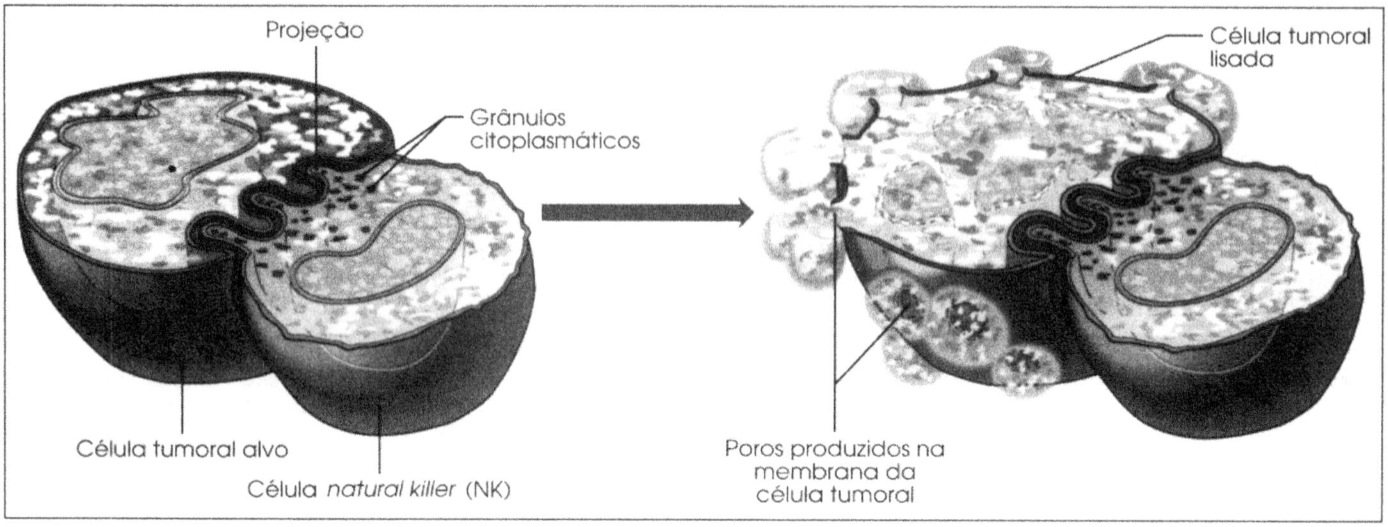

As células NK são consideradas muito importantes por causa do papel de monitoramento no controle de tumores. As células NK procuram, reconhecem e destroem as células tumorais tão logo elas surjam – mesmo antes de haver número suficiente de células tumorais para estimular uma resposta imune específica. Desta maneira, as células NK servem como a primeira linha de defesa contra o câncer.

Células Fagocíticas

A importância da *fagocitose* como um mecanismo geral de defesa para proteger o corpo da infecção foi inicialmente reconhecida pelo zoologista russo Elie Metchnikoff (1845-1916). Ele denominou de *fagócitos* (do grego *phagein*, "comer" e *kytos*, "células") as células amebóides humanas que "comem" partículas. A fagocitose foi descrita no Capítulo 4 (Volume I) como um mecanismo de captura de alimentos apresentado por certos protozoários. Entretanto, a fagocitose é também o meio pelo qual as células do corpo humano resistem à infecção por microrganismos patogênicos. As células humanas que participam desta atividade também são chamadas de *fagócitos*. São células da série branca do sangue (chamadas *leucócitos*) ou derivadas das mesmas (Tabela 18.4). Os leucócitos são agrupados em dois tipos: *granulócitos* e *agranulócitos* (Figura 18.8). Os granulócitos são assim denominados pela presença de grânulos em seus citoplasmas. São diferenciados em três tipos baseados na reação de coloração dos grânulos (Figura 18.8):

1. *Neutrófilos*: Os grânulos dos neutrófilos coram-se em azul com uma mistura de corantes ácidos e básicos.

2. *Eosinófilos*: Os grânulos dos eosinófilos coram-se em vermelho com a eosina (corante ácido).

3. *Basófilos*: Os grânulos dos basófilos coram-se em azul-escuro com o azul de metileno (corante básico).

Os neutrófilos também são denominados ***leucócitos polimorfonucleares*** (***PMNs***) e são altamente fagocíticos. Podem deixar a corrente sanguínea e entrar no tecido infectado, onde fagocitam a matéria estranha. Os basófilos não são células fagocíticas. Eles liberam substâncias, como a heparina, a serotonina e a histamina no sangue e são transformados em *mastócitos* quando saem da corrente sanguínea e entram nos tecidos. A heparina é um anticoagulante sanguíneo, enquanto a histamina é responsável por manifestações alérgicas e algumas reações inflamatórias. A serotonina atua como um modulador do sistema nervoso. Os eosinófilos são fracamente fagocíticos e podem deixar o sangue e entrar nos tecidos.

Nos agranulócitos, os grânulos estão ausentes no citoplasma. Os dois tipos de agranulócitos são os *linfócitos* e os *monócitos* (Figura 18.8). Os linfócitos desempenham uma importante função na resposta imune *específica* do corpo. Os linfócitos circulam no sangue e também estão presentes nos tecidos linfóides (amígdalas, linfonodos, baço, timo, medula óssea, apêndice e placas de Peyer do intestino delgado). Os monócitos não são muito fagocíticos até serem estimulados por *linfocinas*, um outro tipo de proteína, discutida posteriormente neste capítulo, que influencia a resposta do sistema imune. Os monócitos desenvolvem-se em ***macrófagos*** (literalmente "comedores gigantes") fagocíticos ativos.

Figura 18.8 Principais tipos de leucócitos. Os neutrófilos e os macrófagos são os principais tipos de fagócitos. As setas significam que os macrófagos desenvolvem-se a partir dos monócitos quando migram para a área infectada.

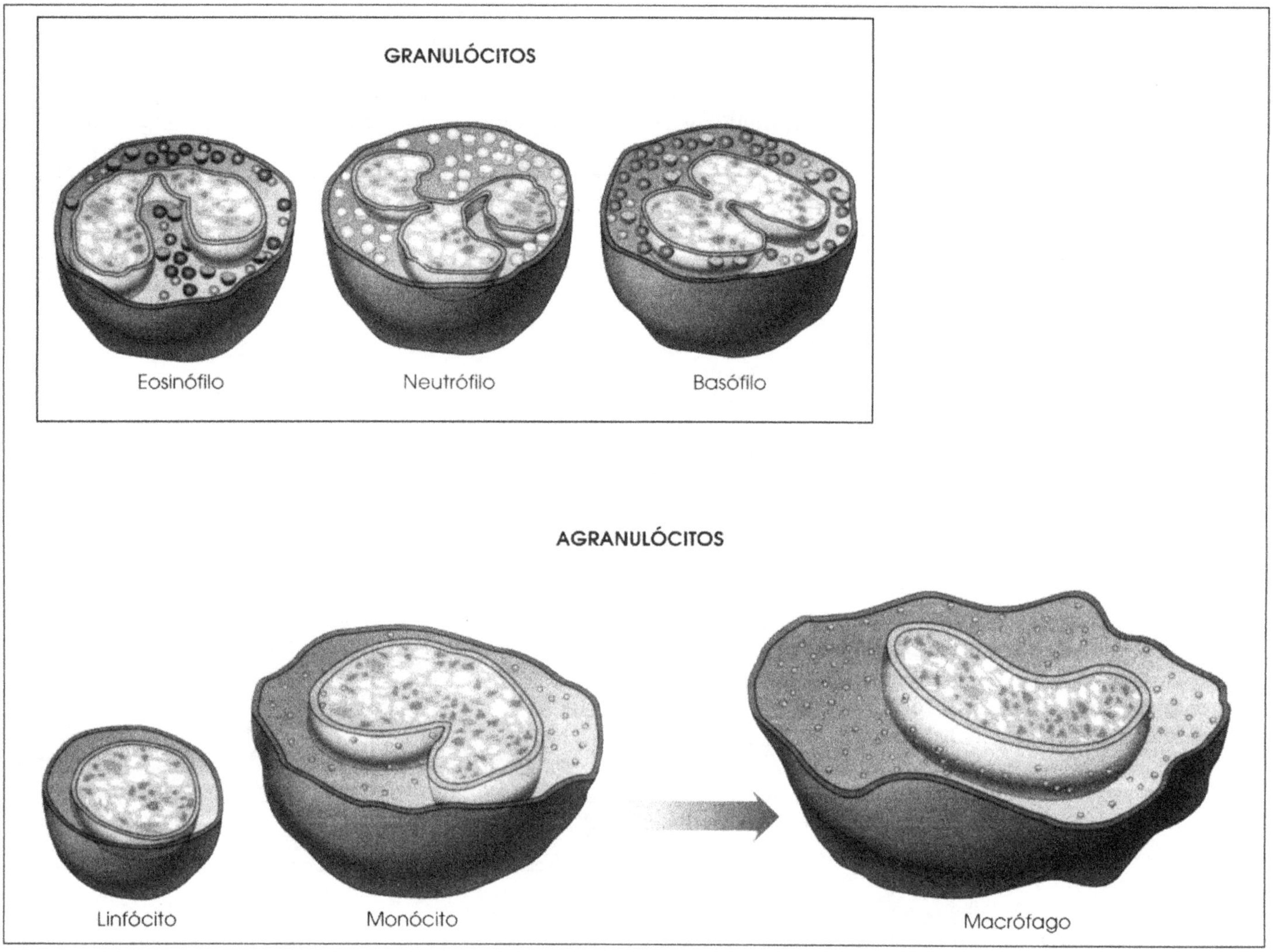

Tabela 18.5 Localização de várias células fagocíticas.

Tipo de célula fagocítica	Localização primária	Localização final
Monócitos circulantes e PMNs	Sangue	Tecido em maturação (monócitos) e durante a inflamação (monócitos e PMNs)
Macrófagos errantes	Tecidos e cavidades corporais	Pele Cavidade peritoneal Útero Bexiga Cavidade torácica
Macrófagos fixos (histiócitos)	Ligados a tecidos do fígado, linfonodos, medula óssea e glândulas, e ao longo da linfa e dos vasos sanguíneos	Timo Baço Linfonodos (macrófagos dendríticos) Medula óssea Cérebro (micróglia) Fígado (células de Kupffer) Glândula adrenal Glândula pituitária Pulmão (macrófagos alveolares)

Tipos de Células Fagocíticas. A partir da discussão anterior, é evitente que existem dois tipos *principais* de fagócitos: *neutrófilos* (PMNs ou polimorfos) e *macrófagos*. Ambos originam-se na medula óssea; quando a infecção ocorre, eles migram para a área infectada. Após os PMNs entrarem nos tecidos do corpo, eles realizam o seu trabalho por poucas horas e depois morrem, e são substituídos por um grande número de PMNs novos no sangue, produzidos a partir da medula óssea. Em um dado momento, cerca da metade dos PMNs estão aderidos ou movimentando-se lentamente ao longo da parede dos capilares e das vênulas.

Os monócitos circulantes aumentam de tamanho e desenvolvem-se em macrófagos altamente fagocíticos logo que deixam o sangue no sítio da infecção e entram nos tecidos. A fagocitose por um macrófago é mostrada na Figura 18.9. Quando os macrófagos deixam o sangue e migram por meio dos tecidos para as áreas infectadas, são chamados de *macrófagos teciduais*. Os macrófagos teciduais também migram para o pulmão, baço e outros sítios onde os micróbios são provavelmente encontrados. Alguns *macrófagos fixos* (denominados *histiócitos*) entram e permanecem em certos tecidos e órgãos. Os macrófagos fixos são encontrados no fígado (são chamados de *células de Kupffer*), pulmão (*macrófagos alveolares*), sistema nervoso (*células microgliais*), tecido brônquico, nos linfonodos (*macrófagos dendríticos*), no baço, na cavidade peritoneal e na medula óssea. A localização de várias células fagocíticas é mostrada na Tabela 18.5.

Os macrófagos podem sobreviver por muitas semanas após deixar a circulação sanguínea. Os monócitos e os macrófagos constituem a rede de células funcionais geralmente denominada *sistema fagocítico mononuclear*. Os neutrófilos e os macrófagos não somente realizam a fagocitose como também são equipados com um arsenal potente de substâncias antimicrobianas (discutidas nos parágrafos seguintes).

Figura 18.9 Micrografia eletrônica de varredura de um macrófago alveolar pulmonar (tirada sobre uma lâmina de vidro) que está fagocitando esferas de vidro.

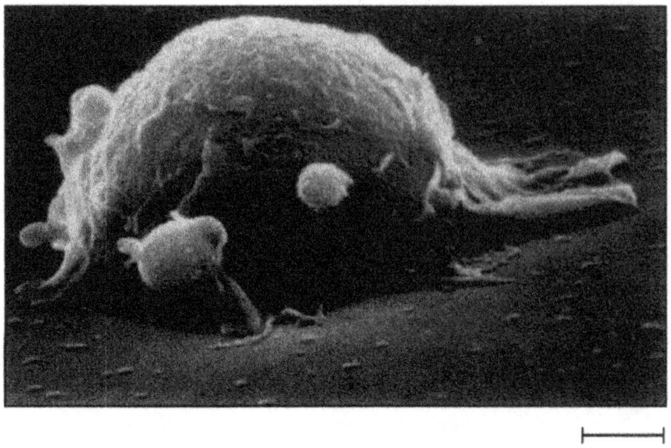

Mecanismo da Fagocitose em PMNs. Inicialmente, o processo de fagocitose requer aderência do micróbio à célula fagocítica. Forças eletrostáticas estão envolvidas na fixação inicial, uma vez que cátions divalentes tais como o Ca^{2+} e Mg^{2+} são necessários. A fixação e a ingestão são facilitadas por substâncias séricas denominadas ***opsoninas***. As opsoninas incluem anticorpos adquiridos ou de ocorrência natural e um componente do sistema complemento (discutido posteriormente neste capítulo). Os PMNs têm receptores específicos em suas superfícies para tais anticorpos, bem como para fragmentos C3b do complemento. As opsoninas inicialmente fixam-se na superfície dos micróbios, tornando-os mais "atrativos" para os fagócitos (Figura 18.10).

Figura 18.10 Mecanismos de opsonização microbiana. A aderência de micróbios aos fagócitos é aumentada por receptores presentes na superfície dos fagócitos. Os receptores são específicos para anticorpos e fragmentos do complemento sobre os micróbios.

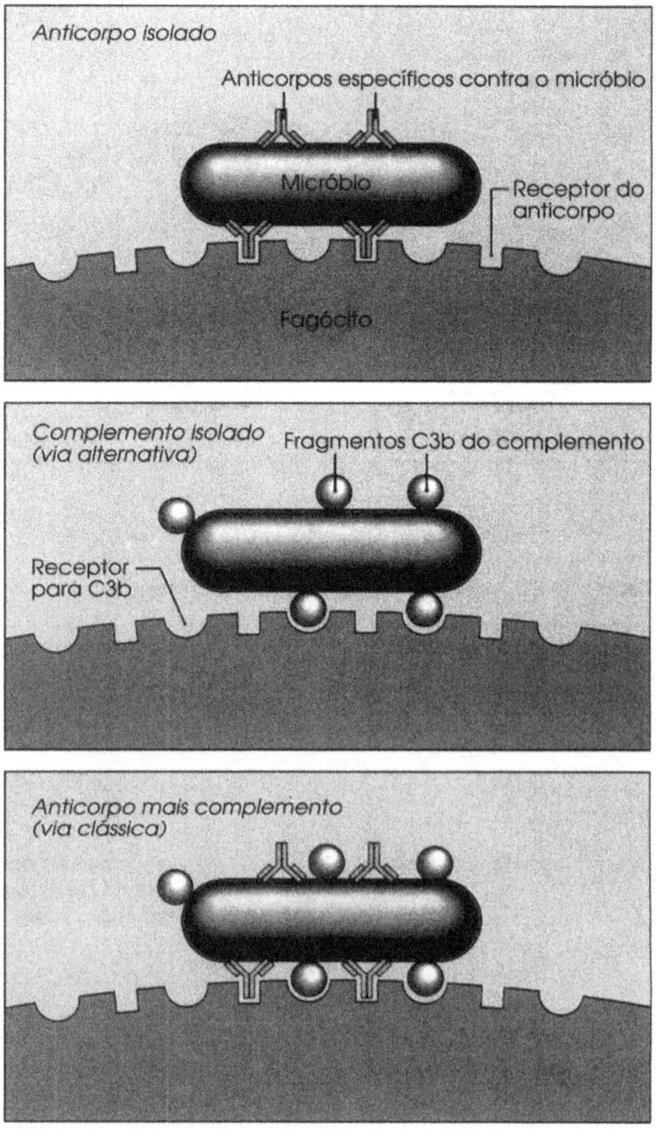

Figura 18.11 [**A**) Fagocitose de uma célula microbiana por um fagócito. O esquema mostra, a partir da esquerda para a direita: aderência; ingestão; formação de fagossomo; fusão do fagossomo com um lisossomo para formar o fagolisossomo; destruição do micróbio ingerido; liberação dos restos celulares. [**B**) Micrografia eletrônica de leucócitos ingerindo bactérias (as setas indicam algumas células bacterianas).

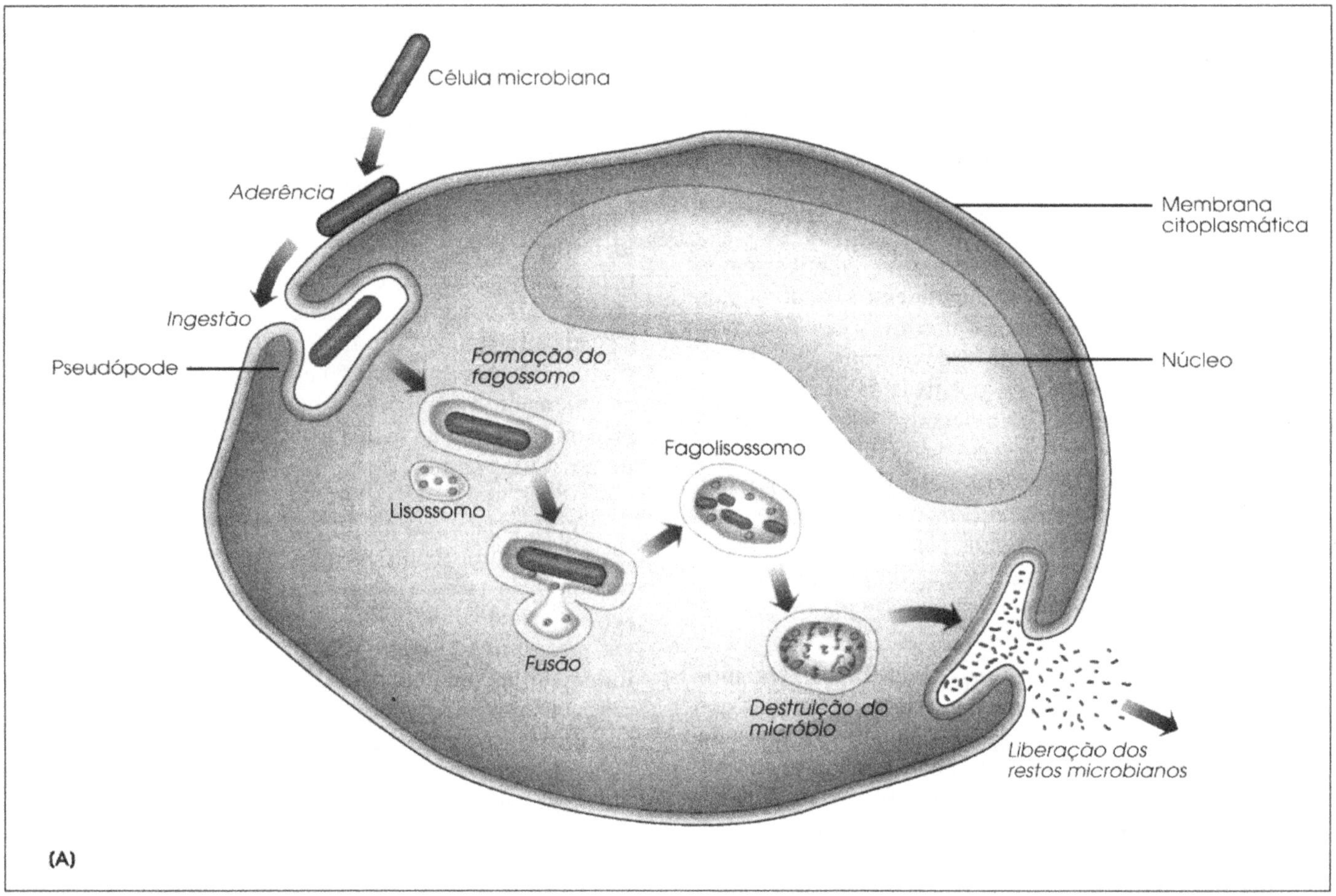

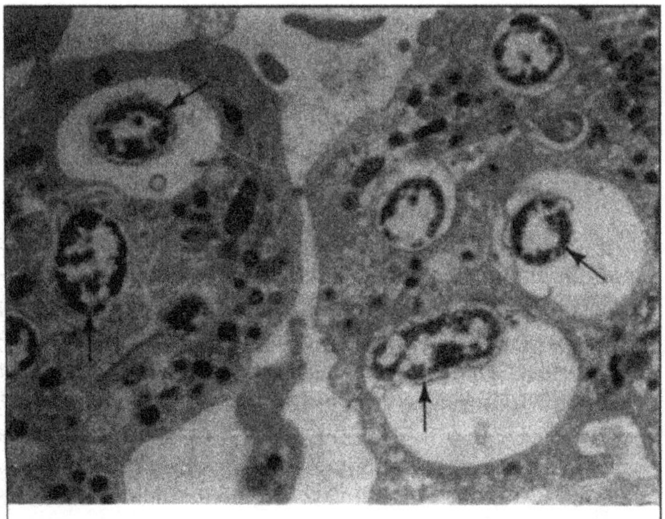

Após a ligação na superfície do micróbio, o fagócito emite projeções denominadas *pseudópodes*, que circundam o micróbio durante a ingestão (Figura 18.11). Estes pseudópodes fundem-se e formam um vacúolo fagocítico chamado ***fagossomo***, que contém o micróbio. O fagossomo então se desprende da membrana e entra no citoplasma. Eventos subseqüentes dependem da atividade dos grânulos citoplasmáticos chamados ***lisossomos***, que contêm enzimas digestivas e substâncias microbicidas. Os lisossomos deslocam-se em direção aos fagossomos, fundem-se neles e formam um vacúolo digestivo chamado ***fagolisossomo***. Os lisossomos descarregam o conteúdo tóxico nos fagolisossomos e, assim, iniciam a destruição e a digestão intracelular do microrganismo.

Dentro do fagolisossomo, o pH torna-se ácido (pH 3,5 a 4,0), matando muitas bactérias. As enzimas lisossômicas drenadas no vacúolo digestivo incluem a lisozima (que hidrolisa o peptideoglicano da parede celular bacteriana) e uma variedade de outras enzimas hidrolíticas que degradam componentes macromoleculares dos microrganismos.

Mais de sessenta enzimas diferentes têm sido encontradas no lisossomo! Os principais mecanismos microbicidas são produzidos pelo *burst* (explosão) respiratório: as células fagocíticas ativadas aumentam o consumo de oxigênio para sustentar a elevada atividade metabólica da fagocitose. Metabólitos do oxigênio altamente tóxicos são gerados, incluindo oxigênio *singlet*, superóxido, peróxido de hidrogênio, radicais hidroxila e hipoclorito. Dentro do fagolisossomo, a maioria dos micróbios são mortos por enzimas, baixo pH ou metabólitos do oxigênio em 10 a 30 min, embora a destruição completa possa levar algumas horas.

As ações combinadas das enzimas lisossômicas e dos metabólitos tóxicos do oxigênio geralmente são suficientes para destruir todos os microrganismos invasores. Entretanto, os micróbios respondem de várias formas à atividade fagocítica. As bactérias Gram-positivas são rapidamente destruídas. As bactérias Gram-negativas são um pouco mais persistentes, porque suas paredes celulares são relativamente resistentes à digestão. Mas algumas bactérias, tais como o *Mycobacterium tuberculosis* e a *Listeria monocytogenes*, bem como alguns fungos parasitas, são tão resistentes à ação fagocítica que podem literalmente multiplicar-se dentro dos fagócitos.

Mecanismo de Fagocitose nos Macrófagos. Os processos de aderência, ingestão e digestão de micróbios nos macrófagos são geralmente similares àqueles que ocorrem nos PMNs, embora existam algumas diferenças importantes. Os macrófagos têm a habilidade de variar sua forma superficial (formando ondulações) e de diferenciar-se. Também secretam pelo menos 32 produtos metabólicos diferentes, desde a lisozima até a colagenase, que contribuem para a defesa antimicrobiana. Não se movem em resposta às mesmas substâncias químicas que os PMNs. As enzimas lisossômicas dos macrófagos também diferem das enzimas dos PMNs. Os macrófagos não têm as mesmas proteínas catiônicas encontradas nos grânulos dos polimorfos nem produzem tão eficientemente metabólitos do oxigênio altamente tóxicos. Estas diferenças estão refletidas na habilidade em lidar com os microrganismos ingeridos. Por exemplo, os macrófagos são muito menos efetivos que os PMNs em matar a *Candida albicans* ou o *Mycobacterium tuberculosis*. Entretanto, os macrófagos que foram ativados pelo interferon (tornando-se macrófagos "enfurecidos") podem matar estes microrganismos.

Mediadores Solúveis: Complemento, Linfocinas, Interferon

Além dos mediadores celulares de defesa interna do corpo, existem mediadores solúveis que contribuem para a resistência do hospedeiro.

Complemento. O soro de animais superiores contém um grupo de aproximadamente 20 proteínas que interagem e são referidas coletivamente como complemento, assim denominado por causa da ação complementar de certas reações mediadas por *anticorpos*. (Um *anticorpo* é uma proteína globular sérica produzida pelo sistema imune que pode combinar especificamente com uma substância denominada *antígeno*; ver Capítulo 19.) O complemento exerce uma função importante na resistência contra a infecção; é o principal mediador solúvel da resposta inflamatória. Os componentes protéicos individuais do complemento são identificados por um sistema de números. Uma vez ativado pelo microrganismo invasor ou pela ligação de um anticorpo, os componentes do sistema complemento reagem seqüencialmente em um modelo de cascata ou como uma fileira de peças de dominó caindo. Algumas proteínas do complemento agem como proteases, clivando e ativando a próxima proteína da seqüência. Outras atuam sobre células inflamatórias circundantes.

A principal etapa na ativação do sistema complemento é a clivagem do componente chamado C3 em dois fragmentos, C3a e C3b. A etapa crítica de clivagem do C3 pode ser iniciada de duas maneiras distintas: a ***via clássica*** ou a ***via alternativa*** (Figura 18.12). O C3a promove reações inflamatórias, enquanto o C3b acumula-se sobre os microrganismos, induzindo a ligação destes aos macrófagos e aos neutrófilos fagocíticos por meio dos receptores para C3b presentes nas superfícies destas células; este processo é denominado ***opsonização***. (Anticorpos também opsonizam os microrganismos, acentuando a fagocitose, porque os macrófagos e os neutrófilos também expressam receptores de superfície para os anticorpos.) A deposição de C3b sobre a superfície celular ou microbiana pode conduzir à fixação de complemento e resultar em lise celular. A fixação do complemento pela *via clássica* deve ser induzida por um anticorpo *específico* ligado ao antígeno, uma substância tal como um microrganismo, que, quando introduzido no corpo de um animal, estimula a produção de anticorpos. Quando cada componente do complemento na cascata é ativado, este ativa o componente seguinte da via (Figura 18.13, caderno em cores).

A *via alternativa* é a ativação *inespecífica* da cascata do complemento, quando não estão disponíveis quantidades suficientes de anticorpos específicos para a ativação da via clássica. Ela é induzida por polissacarídeos ou endotoxinas microbianas presentes nas membranas celulares de bactérias Gram-negativas, protozoários ou leveduras. A ativação pode ocorrer nos fluidos corporais em vez de na superfície das células e não requer a presença do complexo antígeno-anticorpo ou do reconhecimento da unidade C1.

Eventualmente, as vias clássica e alternativa seguem uma via comum para formar a ***unidade de ataque mem-***

Figura 18.12 Uma visão geral dos eventos do sistema complemento que conduzem a lise celular por meio das vias clássica e alternativa. Cada componente protéico do complemento tem sido designado por um número na ordem de sua descoberta e o número é precedido da letra maiúscula "C", de complemento. Infelizmente, os quatro primeiros componentes não reagem na ordem de sua descoberta, mas na seguinte seqüência: C1, C4, C2 e C3. Contudo, os componentes remanescentes reagem em uma seqüência numérica ordenada: C5, C6, C7, C8 e C9. Existem também os fatores B e D e várias proteínas regulatórias envolvidas na via alternativa.

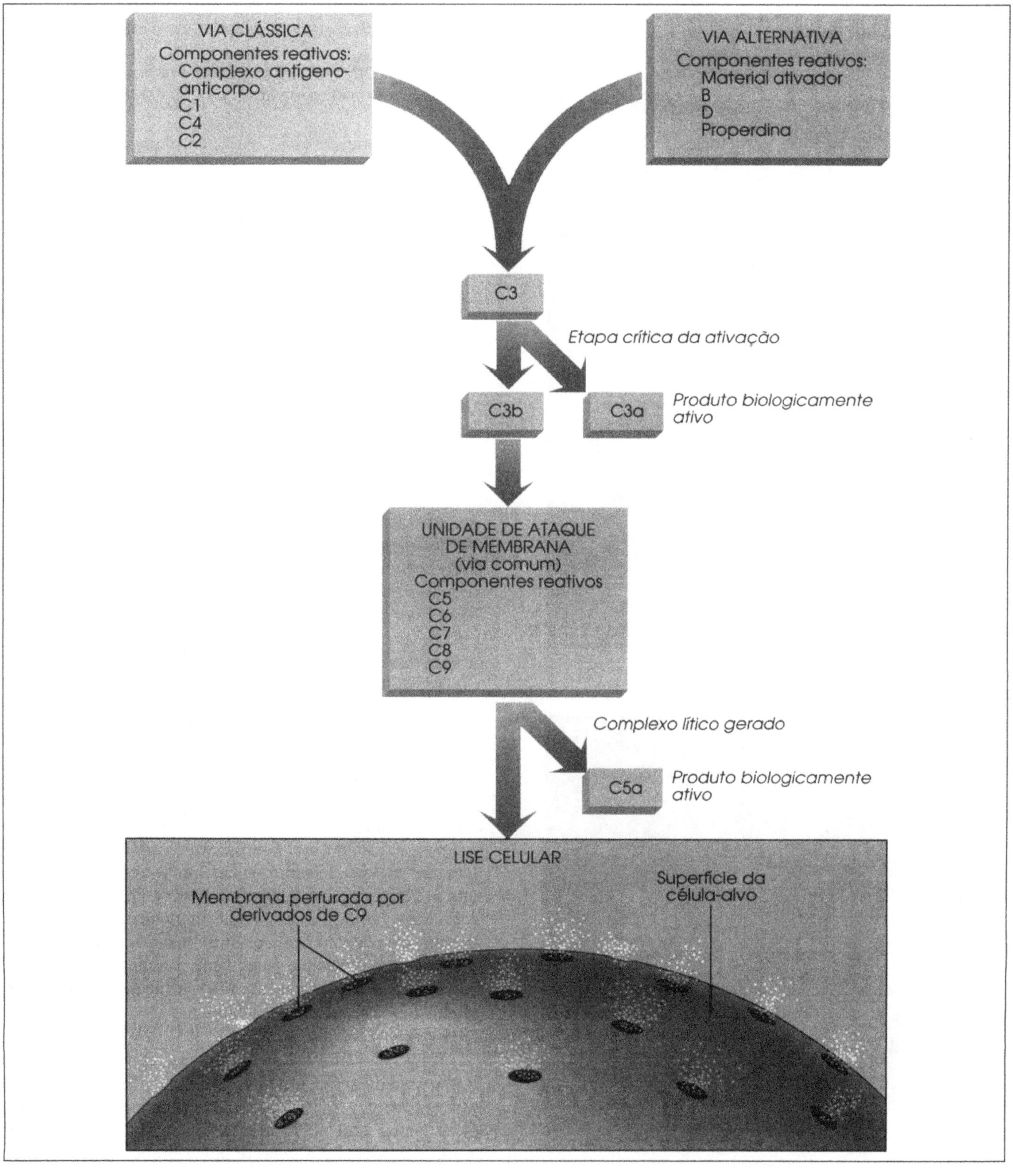

Figura 18.14 Peixe-gato (família *Siluridae*) não-imune (não apresenta um anticorpo específico) possui uma via alternativa do complemento que pode atuar como um mecanismo de defesa imediato contra a invasão microbiana. (**A**) Micrografia eletrônica de varredura de *Pseudomonas fluorescens* exposta a tampão fosfato-salina, pH 7,4. As células não exibem alterações morfológicas. (**B**) Micrografia eletrônica de varredura de *P. fluorescens* exposta ao plasma do canal normal do peixe-gato, *Ictalurus punctatus*. Danos celulares incluem alterações morfológicas, buracos e danos da membrana acompanhados de trocas iônicas, intumescimento e lise celular.

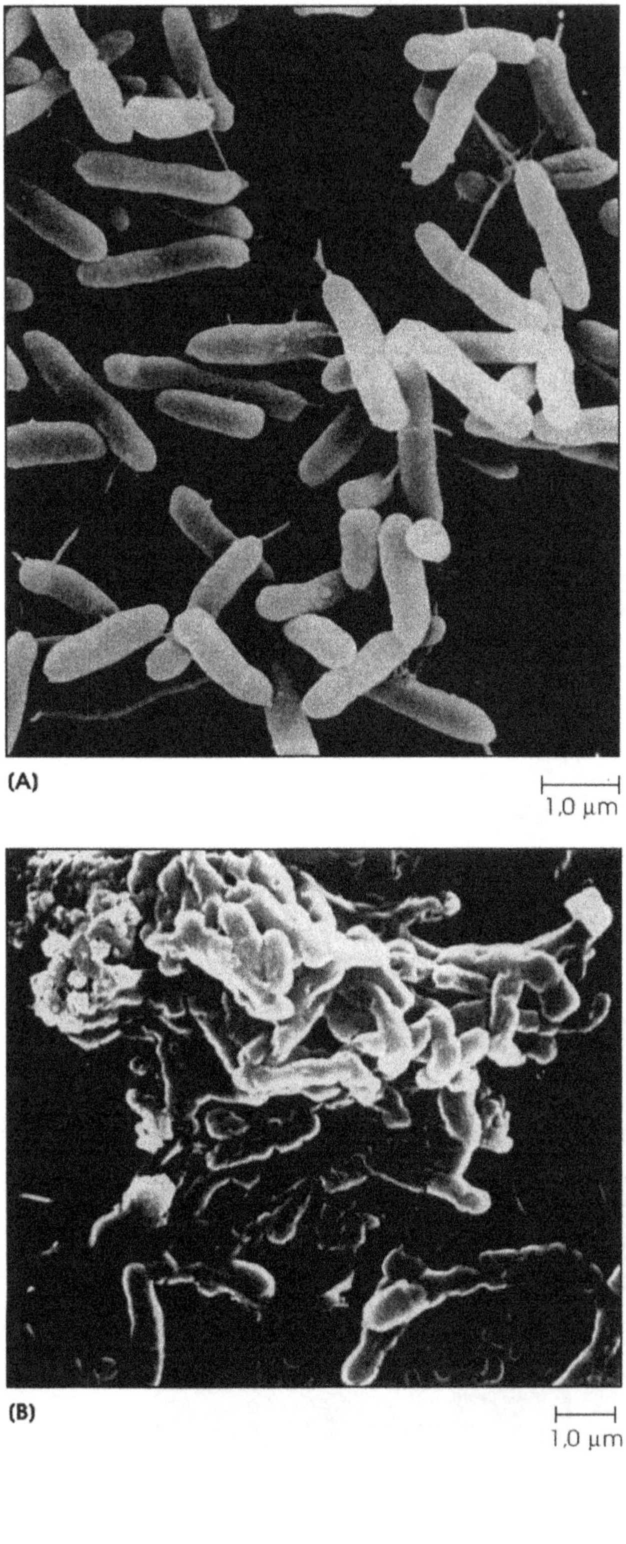

brana, que gera o *complexo lítico* (Figura 18.12). O complexo lítico forma um canal através da membrana citoplasmática da célula. Este canal permite a saída de íons potássio da célula e a entrada de água e íons sódio; as células incham-se e lisam. Este dano celular é mostrado na Figura 18.14. Assim, as proteínas do complemento participam da resistência imune *inespecífica* e *específica*.

Existem três maneiras gerais pelas quais o sistema complemento pode proteger:

1. As etapas iniciais do sistema complemento estimulam a resposta inflamatória.

2. As etapas intermediárias liberam substâncias que atraem células fagocíticas, tornando-as altamente ativas.

3. Uma vez ativado, o sistema complemento resulta na reunião de complexos líticos que causam a lise de microrganismos invasores.

Linfocinas. As ***linfocinas*** são proteínas solúveis produzidas e secretadas por *linfócitos T* sensibilizados (ou *células T*, descritas no Capítulo 19), um tipo de leucócito (ver Tabela 18.4). Estas células são descritas como "sensibilizadas" porque desenvolveram uma resposta prévia a um antígeno específico. Os linfócitos T sensibilizados que produzem linfocinas também são conhecidos como ***linfócitos de hipersensibilidade tardia*** (**DHL** - ***delayed hypersensitivity lymphocytes***) por causa das reações que podem produzir na pele. Também são chamados de linfócitos T *helper* porque ajudam outras células a amplificar suas respostas ao antígeno. As linfocinas desempenham uma grande variedade de atividades biológicas em direção a várias células-alvo. Realmente, cerca de uma centena de atividades biológicas tem sido atribuída às linfocinas. Por exemplo, as linfocinas podem atrair os macrófagos. Também podem inibir a migração dos macrófagos, ativar os macrófagos, envenenar células estranhas ou células infectadas por vírus e podem ser responsáveis por muitos dos danos e destruições celulares observados em algumas reações inflamatórias. Assim, uma variedade de células pode ser afetada pelas linfocinas, incluindo os neutrófilos, outros linfócitos, as células endoteliais que revestem as cavidades cardíacas e os vasos sanguíneos, e pelos fibroblastos. De maneira geral, as linfocinas podem ser consideradas substâncias que sinalizam a outras células para aumentar ou diminuir a atividade específica; funcionam como sinalizadores intercelulares.

Embora os linfócitos possam ser estimulados por *antígenos específicos* a produzir linfocinas, essa produção é essencialmente inespecífica. Por exemplo, ***mitógenos*** (substâncias que induzem a célula a sofrer mitose) tais como a fito-hemaglutinina (uma glicoproteína extraída do feijão roxo) ou a concanavalina A (uma glicoproteína extraída de *Canavalia ensiformis*) podem estimular os linfócitos a produzir linfocinas.

A variedade de efeitos das linfocinas produzidas pelos linfócitos de hipersensibilidade tardia (DHLs) sugere a presença de um complexo de linfocinas. Um dos principais componentes é denominado ***interleucina-2*** (***IL-2***), porque atua como um sinal entre os leucócitos. Uma outra linfocina é o interferon, que ajuda a combater a infecção viral não somente por estimular a produção de proteínas antivirais pelas células adjacentes, mas também por aumentar a citotoxicidade de células T. Os macrófagos podem também produzir linfocinas que afetam os linfócitos e outras células do corpo. Por exemplo, as linfocinas dos macrófagos ajudam a estimular os linfócitos de hipersensibilidade tardia a produzir interleucina-2 e algumas células do corpo a sintetizar várias enzimas proteolíticas. Tais linfocinas são denominadas ***interleucina-1*** (***IL-1***). A interleucina-1 também é conhecida como *pirogênio endógeno*, uma vez que é responsável pelas alterações do centro hipotalâmico que resultam em febre durante as infecções. Assim, a IL-1 é produzida pelos macrófagos e a IL-2, pelas células T.

Portanto, aparentemente o efeito global das linfocinas é a atividade acentuada de mecanismos protetores inespecíficos contra a infecção.

Interferon. Em 1957, Alick Isaacs e Jean Lindenmann, do National Institute for Medical Research, em Londres, encontraram uma substância interessante no fluido sobrenadante de culturas de células que tinham sido infectadas com vírus. Esta substância, que foi denominada *interferon*, protegia outras células da infecção com o mesmo vírus ou vírus não relacionados. O interferon é virtualmente a única substância natural com a habilidade distinta de inibir a replicação viral intracelular.

Existem vários tipos de interferon, cada um sintetizado por um tipo celular diferente. Interferon-α (IFN-α) é produzido pelos leucócitos; interferon-β (IFN-β) é produzido pelos fibroblastos (um tipo de célula de tecido); e interferon-γ (IFN-γ), que também é denominado de *interferon imune*, é produzido pelas células T sensibilizadas.

Interferons são proteínas pequenas produzidas por células eucarióticas em resposta à infecção viral ou a RNAs estranhos (viral ou sintético) de fita dupla. A célula infectada produz interferon por um período que varia de poucas horas a um dia. O interferon é excretado e utilizado por outras células. Quando estas células tornam-se infectadas com os vírus, o interferon induz as células a produzir moléculas que previnem a replicação do vírus infectante (Figura 18.15). A atual compreensão dos eventos que ocorrem nas células que reagem com o interferon é como veremos a seguir.

O interferon age sobre uma célula não-infectada por meio da ligação a um receptor em sua superfície, induzindo a célula a sintetizar uma outra proteína que permanece na célula e protege-a da infecção por todos os outros vírus. O efeito global é a inibição da transcrição do gene viral por meio da degradação do *m*RNA. Desta maneira, ocorre interferência no ciclo de replicação viral e a infecção é interrompida ou o processo é retardado o suficiente para capacitar a resposta imune específica a eliminar o vírus infectante. Primeiro, o interferon induz a produção específica de uma molécula chamada *2,5-oligoadenilato sintetase*. Se uma célula que reagiu com o interferon e está sintetizando 2,5-oligoadenilato sintetase torna-se infectada por um vírus, este ativa a enzima para produzir 2,5-oligorriboadenilato ligada. A presença deste composto, por sua vez, ativa uma molécula inativa preexistente denominada *ribonuclease L*, que degrada o *m*RNA.

Figura 18.15 Mecanismo de indução e de ação do interferon. O interferon liga-se a moléculas receptoras na membrana citoplasmática da célula da direita e inibe a transcrição do gene viral por meio da degradação do *m*RNA.

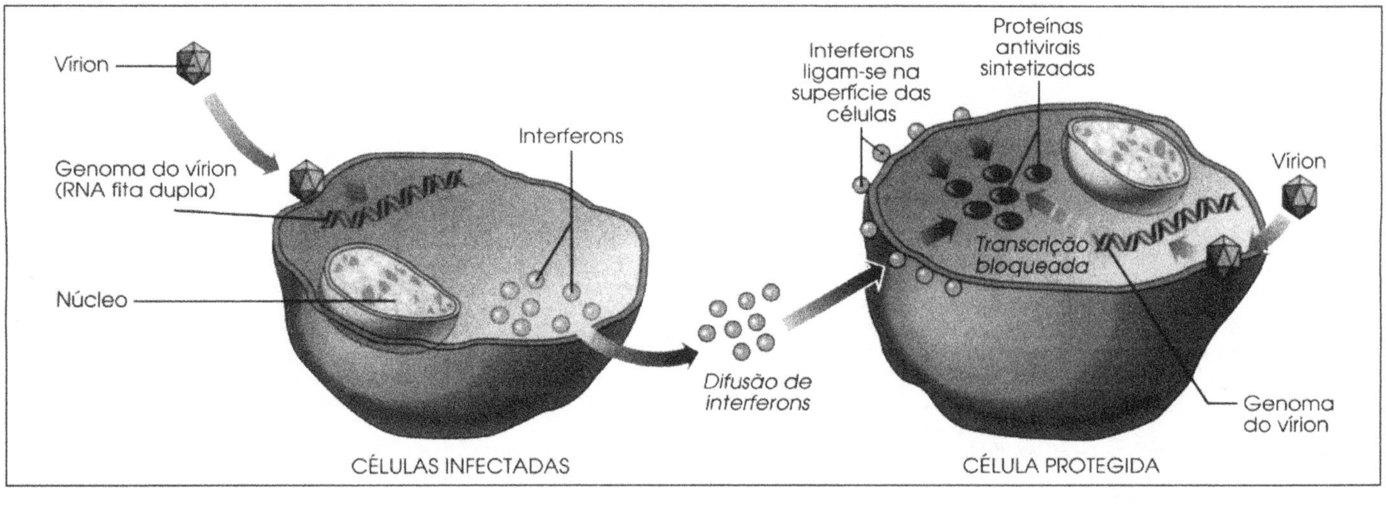

Os interferons não apresentam especificidade viral porque não reagem diretamente com o vírion, mas induzem um estado antiviral geral nas células hospedeiras. Inversamente, os interferons são espécie-específicos com relação às espécies de células que os produzem; em outras palavras, induzem pouca ou nenhuma resistência em células de outras espécies. Assim, o interferon humano é mais efetivo em proteger as células humanas e fracamente protetor para células de camundongo ou de galinha. Similarmente, o interferon de camundongo não tem atividade sobre as células de galinhas e do homem.

O interferon seria o agente antiviral ideal para aplicação em humanos, uma vez que é produzido naturalmente por células humanas, tem somente efeitos colaterais leves e é ativo contra um amplo espectro de vírus. Entretanto, embora os interferons purificados sejam estáveis em pH baixo e razoavelmente termorresistentes, são relativamente instáveis em pH fisiológico dos fluidos teciduais. O interferon também é secretado somente durante alguns minutos pelas células, e a sua purificação é extremamente difícil. Além disso, resultados clínicos em pacientes humanos não têm sido extraordinários, exceto em lesões superficiais, como aquelas causadas pelo herpesvírus. Atualmente, mais de 30 anos após a sua descoberta, o interferon ainda não é de grande importância prática na medicina. Mas esta situação pode mudar logo, porque recentes avanços na engenharia genética têm permitido a produção e a síntese de interferons em grande quantidade para uso clínico e experimental.

O interferon também é capaz de promover a atividade citotóxica natural de *células natural killer* (discutidas anteriormente neste capítulo) e, assim, pode desempenhar uma função de vigilância imunológica contra tumores malignos. Entretanto, a função protetora primária do interferon é contra as infecções virais naturalmente adquiridas, porque os interferons são produzidos *in situ* e mais rapidamente do que os anticorpos específicos.

Responda

1 Por que a inflamação é considerada um dos mecanismos de defesa mais efetivos em animais?

2 Qual é a função das células *natural killer*? Por que elas são importantes?

3 Qual é o mecanismo de fagocitose nos leucócitos polimorfonucleares? E nos macrófagos?

4 Quais são os componentes protéicos do complemento?

5 Descrever a etapa-chave da ativação do sistema complemento.

6 Quais são as duas vias de ativação do sistema complemento?

7 Quais são as três formas gerais nas quais o sistema complemento é protetor?

Resumo

1. A patogenicidade de um micróbio é determinada por sua virulência bem como pelos fatores de resistência do hospedeiro. Existem patógenos oportunistas e patógenos primários. Somente alguns fatores de virulência microbianos são bem conhecidos.

2. Fatores predisponentes de resistência do hospedeiro são os do ambiente, bem como os inerentes ao indivíduo, à raça ou à espécie. Fatores ambientais que influenciam a resistência e a susceptibilidade do hospedeiro incluem estresses físico e emocional, bem como a idade do hospedeiro.

3. A pele e as mucosas intactas são barreiras mecânicas importantes contra a invasão de microrganismos externos. O corpo humano também produz muitas secreções com atividade antimicrobiana.

4. A inflamação e a febre são respostas complexas do hospedeiro contra uma infecção microbiana (ambos também podem resultar de outras causas).

5. Os dois mediadores celulares das defesas internas inespecíficas são as células *natural killer* e as células fagocíticas. As células NK têm uma função importante no controle de tumores. Os neutrófilos e os macrófagos são os dois principais tipos de células fagocíticas que destroem os microrganismos invasores. O processo de fagocitose envolve aderência, ingestão e destruição do micróbio indesejado.

6. Mediadores solúveis que desempenham funções importantes nos mecanismos de defesa internos do hospedeiro humano incluem complemento, interferon e linfocinas.

7. O complemento desempenha uma função importante na resistência contra a infecção e é o principal mediador solúvel da resposta inflamatória. Estes componentes protéicos individuais são enumerados por um sistema complexo. As duas vias de ativação do complemento são a via clássica e a via alternativa.

8. Linfocinas são proteínas solúveis produzidas e secretadas por células sensibilizadas. Por exemplo, linfócitos e macrófagos secretam linfocinas denominadas interleucina-2 e interleucina-1, respectivamente. As linfocinas desempenham uma grande variedade de atividades biológicas em direção às células-alvo.

9. Interferons são proteínas pequenas que inibem a replicação viral intracelular. A função primária do interferon é proteger o hospedeiro contra infecções virais adquiridas naturalmente.

Palavras-Chave

Antitoxinas
Células *natural killer* (células NK)
Complemento
Fagocitose
Fagolisossomo
Fagossomo
Hemólise α e β
Imunidade
Inflamação
Interferon
Interleucina-1 (IL-1)
Interleucina-2 (IL-2)
Linfocinas
Linfócitos de hipersensibilidade tardia (DHLs)
Lisossomos
Macrófagos
Mitógenos
Opsoninas
Opsonização
Patogenicidade
Resistência (específica e inespecífica)
Susceptibilidade
Toxinas
Toxóides
Unidade de ataque de membrana
Via alternativa
Via clássica
Virulência

Revisão

O MICRORGANISMO COMO UM PATÓGENO

1. Associar a descrição da direita com o item apropriado da esquerda:

______ Virulência (**a**) Capacidade do micróbio de causar doença

______ Doença (**b**) Micróbio que pode iniciar a doença em um hospedeiro saudável

______ Patogenicidade (**c**) Grau da capacidade de um patógeno de causar doença

______ Patógeno primário (**d**) Prejuízo das funções orgânicas devido a uma infecção

2. Uma toxina retida pela célula como parte da estrutura é uma ______________________________.

3. A toxina que causa o botulismo é uma ______________________________.

4. Toxinas e toxóides têm a habilidade de estimular a produção de ______________________________.

5. Comparada com as exotoxinas, as endotoxinas são relativamente ____________________ e não formam __________ quando tratadas com formaldeído e são ____________________ tóxicas.

6. *Limulus polyphemus* contém um tipo simples de célula sanguínea da série branca denominada ______________________________.

7. Colônias de bactérias hemolíticas sobre uma placa de ágar sangue, circundadas por uma zona clara e incolor, exibem ______________ hemólise.

FATORES PREDISPONENTES DE RESISTÊNCIA DO HOSPEDEIRO

8. Quais das seguintes doenças são consideradas como doenças de crianças: (**a**) sarampo; (**b**) varicela; (**c**) pneumonia; (**d**) peste; (**e**) hepatite.

9. Muitas doenças de mamíferos não afetam peixes ou répteis, ou vice-versa, por causa da seguinte razão mais provável: ______________________________.

10. Resistência à malária em negros africanos deve-se a: (**a**) morfologia dos eritrócitos; (**b**) predisposição genética; (**c**) desnutrição; (**d**) maior exposição ao vetor; (**e**) ausência de receptor específico para o protozoário na membrana do eritrócito.

MECANISMOS DE DEFESA EXTERNOS

11. Associar o item da esquerda com a descrição apropriada da direita:

______ Lisozima (**a**) Previne o cabelo do ressecamento e de tornar-se quebradiço

______ Suco gástrico (**b**) Quela ferro disponível no ambiente

______ Sebo (**c**) Mistura de ácido clorídrico, enzimas e muco

______ Lactoferrina (**d**) Hidrolisa o peptideoglicano

12. Algumas vezes, os microrganismos podem penetrar na pele intacta por meio do ______________________________ piloso, glândulas ______________________________ e glândulas ______________________________.

MECANISMOS DE DEFESA INTERNOS

13. A resposta inflamatória serve para ______________________________ ou ____________________ um agente prejudicial (micróbio) ou seu produto e para ____________________ os efeitos do agente por isolá-lo.

14. Células *natural killer* não podem realizar quais dos dois seguintes processos? (**a**) fagocitar células bacterianas; (**b**) matar células tumorais; (**c**) destruir células infectadas por vírus; (**d**) reagir com anticorpos específicos; (**e**) controlar tumores por meio do monitoramento das células do corpo.

15. Os leucócitos são agrupados em dois tipos: __________________ e __________________.

16. Os dois principais tipos de fagócitos são ________________________ e ________________________.

17. Neutrófilos também são denominados (assinalar as duas afirmativas corretas): (**a**) agranulócitos; (**b**) linfócitos; (**c**) monócitos; (**d**) polimorfos; (**e**) PMNs.

18. Indicar se estas afirmativas são verdadeiras (**V**) ou falsas (**f**):

(**a**) O sistema fagocítico mononuclear é uma rede funcional de células consistindo em macrófagos e monócitos. ________

(**b**) Os macrófagos apresentam curto período de vida após deixar o sangue circulante. ________

(**c**) As opsoninas incluem anticorpos adquiridos ou de ocorrência natural, bem como um componente do sistema complemento. ________

19. Macrófagos são muito ________________________ efetivos do que os PMNs em matar a *Candida albicans*.

20. Quais são os três mediadores solúveis das defesas internas do hospedeiro humano? (**a**) células *natural killer*; (**b**) interferons; (**c**) complemento; (**d**) linfocinas; (**e**) PMNs.

21. Indicar se cada uma das seguintes afirmativas é verdadeira (**V**) ou falsa (**f**). Corrigir as afirmações falsas.

(**a**) Os quatro primeiros componentes da cascata do complemento são na seqüência: C1, C4, C2 e C3.________

____

____.

(**b**) As etapas iniciais da cascata do complemento diminuem a resposta inflamatória. ________

____

____.

22. A etapa-chave do sistema complemento é a clivagem do componente C3 em dois fragmentos ________________________ e ________________________.

23. A via ________________________ do complemento é ativada pela ligação do anticorpo específico a um antígeno.

24. O interferon imune é o (**a**) IFN-α; (**b**) IFN-β; (**c**) IFN-γ.

25. Indicar se as seguintes afirmativas são verdadeiras (**V**) ou falsas (**f**):

(**a**) O interferon não apresenta especificidade viral. ________

(**b**) Os interferons são espécie-específicos com relação à espécie de célula que os produziu. ______

(**c**) O interferon é exportado de uma célula infectada por vírus e é utilizado por outras células. ________

(**d**) O interferon pode promover a citotoxicidade de células *natural killer*. ________

26. Quais das seguintes substâncias são linfocinas? (Assinalar três alternativas): (**a**) mitógeno; (**b**) concanavalina A; (**c**) interleucina-1; (**d**) interleucina-2; (**e**) interferon imune.

Questões de Revisão

1. Quais são as diferenças entre um patógeno primário e um patógeno oportunista?
2. Comparar endotoxinas com exotoxinas.
3. Discutir algumas das enzimas extracelulares bem conhecidas que são fatores de virulência.
4. Por que algumas bactérias exibem hemólise em placas de ágar sangue?
5. Listar e comentar sobre alguns fatores ambientais que afetam a resistência do hospedeiro à doença.
6. Citar alguns exemplos específicos de como a espécie e a raça podem afetar a resistência do hospedeiro à doença.
7. Citar as razões para os sintomas manifestados pela resposta inflamatória.
8. A febre é benéfica para o hospedeiro? Explicar.
9. Explicar como algumas secreções importantes do hospedeiro exercem sua atividade antimicrobiana.
10. Qual é a principal função das células *natural killer*? De que maneira esta função está relacionada à terapia de tumores com interferon?
11. Explicar como os granulócitos são diferenciados em três tipos.
12. Explicar por que as *opsoninas* são importantes no processo da fagocitose.
13. Descrever o mecanismo de fagocitose dos PMNs.
14. Descrever as três formas gerais nas quais o sistema complemento protege o hospedeiro.
15. Listar os três tipos de interferon e indicar os tipos de células que os produzem.
16. Descrever os eventos moleculares que ocorrem nas células que reagem com o interferon para protegê-las da infecção por vírus.
17. Embora 90 atividades biológicas diferentes tenham sido atribuídas às linfocinas, você pode construir uma frase geral que reflita a atividade das linfocinas?

Questões para Discussão

1. Baseados em que podemos afirmar que os animais vertebrados são mais eficientes em combater infecções do que as plantas e outros animais?
2. Por que a presença de colônias β-hemolíticas de estreptococos isolados a partir da orofaringe de um indivíduo com a garganta irritada é muito alarmante?
3. Que função a inflamação desempenha na defesa do hospedeiro animal?
4. O que é a vigilância imunológica e como ela contribui para a nossa saúde?
5. Comparar os neutrófilos com os macrófagos em relação à localização, a propriedades e a mecanismos de ação.
6. Comparar as vias clássica e alternativa de ativação do sistema complemento.
7. Como você pode explicar por que o interferon tem sido utilizado clinicamente para tratar o câncer?

Capítulo 19

A Resposta Imune: Resistência Específica do Hospedeiro

Objetivos

Após a leitura deste capítulo você deve ser capaz de:

1. Descrever os efetores da imunidade humoral e celular.
2. Especificar as quatro características principais da resposta imune.
3. Fazer a distinção entre células T e células B e explicar como cada tipo se desenvolve.
4. Fazer um esquema mostrando a cooperação das células B e das células T na resposta imune.
5. Explicar a teoria da seleção clonal.
6. Desenhar um modelo da estrutura da cadeia do monômero IgG humano.
7. Citar as diferentes classes de imunoglobulinas e descrever suas diferentes funções.
8. Diferenciar antígeno natural de artificial.
9. Fazer a distinção entre os antígenos timo-dependentes e timo-independentes e a resposta imune que induzem.
10. Comparar os quatro tipos diferentes de hipersensibilidade.
11. Explicar o papel dos antígenos de transplantes nos enxertos.
12. Descrever a importância relativa dos elementos do sistema imune na resistência às doenças bacterianas e virais.
13. Descrever algumas deficiências genéticas ou adquiridas do sistema imune e indicar a maneira específica pela qual o sistema imune é comprometido em cada tipo de deficiência.

Introdução

No Capítulo 18 você aprendeu que a resistência natural produzida pelos macrófagos, células *natural killer* e substâncias naturais, que inibem o crescimento microbiano, é inespecífica e transitória. Estes efetores constituem a resposta imune inespecífica, devido à proteção não-seletiva contra células ou substâncias estranhas. Por outro lado, a resposta do *sistema imune* aos patógenos é específica e duradoura; o sistema imune representa a resposta imune específica do organismo. As células e os órgãos presentes no animal vivo, que protegem contra doenças específicas, também constituem o sistema imune.

A *imunologia* compreende principalmente o estudo da resistência natural aos patógenos e do sistema imune. O sistema imune pode virtualmente reconhecer qualquer material estranho que entra no organismo; ele produzirá uma resposta apropriada contra a substância estranha. O material estranho que induz a resposta imune específica é denominado *antígeno.* Um antígeno expressa duas propriedades básicas: *antigenicidade* e *imunogenicidade.* A especificidade da resposta imune é a capacidade dos fatores produzidos pelo sistema imune em reagir somente com o antígeno que induziu a sua formação. A propriedade que permite a um antígeno reagir com tal fator é denominada antigenicidade. A imunogenicidade de um antígeno é um termo quantitativo que indica a quantidade de fatores que um antígeno pode induzir o sistema imune a produzir. Estes fatores incluem os *anticorpos* e as *células imunes* específicas.

A resposta imune tem sido descrita como uma faca de dois gumes, porque também pode causar sintomas alérgicos e rejeição de tecidos e órgãos transplantados. Como todo sistema complexo, o sistema imune está sujeito também a uma variedade de disfunções. A ativação anormal do sistema imune pode causar doenças auto-imunes – como a artrite reumatóide – nas quais o sistema imune reage equivocadamente contra componentes normais do organismo. Uma resposta imune deficiente, causada por um fator genético ou uma imunodeficiência adquirida, pode resultar em falha da resposta contra o crescimento de bactérias ou vírus, ou mesmo no desenvolvimento de células cancerosas, levando à doença grave ou até mesmo à morte. Um sistema imune funcionando apropriadamente protege o indivíduo contra as doenças infecciosas e o câncer desde o seu nascimento. A ausência total ou parcial de um sistema imune no nascimento é incompatível com a sobrevivência: o recém-nascido é dominado completamente por microrganismos infecciosos. Nos casos em que o sistema imune adulto é incapacitado devido a doenças (como a síndrome da imunodeficiência adquirida ou AIDS), o hospedeiro tem uma expectativa de vida muito curta. Portanto, o sistema imune age como um sistema de segurança que protege constantemente o hospedeiro contra substâncias estranhas. O sistema responde repelindo, neutralizando ou matando os microrganismos invasores, as células cancerosas ou outras substâncias estranhas.

Imunidade Específica e a Resposta Imune

As diversas células do sistema imune são encontradas no sangue e em órgãos e tecidos do corpo. Um grande número de mensageiros químicos denominados *mediadores* são também constituintes importantes do sistema imune. A resposta imune inespecífica foi discutida no Capítulo 18. Este capítulo enfocará a resposta específica do sistema imune.

A Natureza Dupla da Imunidade Específica

A imunização ocorre quando um indivíduo é naturalmente ou artificialmente exposto a um antígeno e o sistema imune é ativado para produzir ***imunidade humoral*** e ***celular***. Isto significa que os efetores da imunidade específica são encontrados tanto na fase humoral dos fluidos corporais (por exemplo, soro sanguíneo) como entre as células sanguíneas da série branca e nos órgãos linfóides. (O soro é a porção fluida do sangue, obtida após a coagulação do mesmo.) Estes dois efetores da imunidade são física e funcionalmente diferentes; por exemplo, conferem resistência a tipos diferentes de patógenos. Os ***anticorpos*** (mediadores solúveis no fluido corporal) são mais efetivos contra patógenos encontrados fora das células e as ***células imunes*** (elementos celulares, especificamente linfócitos T) são mais efetivas contra patógenos encontrados dentro das células. Assim, a imunidade humoral defende o organismo principalmente contra bactérias, toxinas bacterianas e vírus presentes nos fluidos orgânicos. A imunidade celular defende o hospedeiro contra bactérias e vírus localizados no interior das células infectadas ou células fagocíticas, assim como contra fungos, protozoários e outros parasitas, tais como os helmintos. A imunidade celular é também responsável pela rejeição de tecidos transplantados e é importante na defesa do organismo contra o câncer em um processo conhecido como *vigilância imunológica*.

Características da Resposta Imune Específica

A resposta imune específica possui várias características que podem ser descritas como:

1. O sistema imune específico *discrimina* entre o que é próprio (*self*) e o que é estranho (*nonself*) e responde somente contra materiais estranhos ao hospedeiro. As células de cada indivíduo possuem um arranjo único de moléculas de membrana que funcionam como marcadores próprios denominados *proteínas de histocompatibilidade*. Servem como impressões digitais celulares que distinguem o que é próprio do que é estranho.

2. A resposta imune específica é altamente *específica* para o antígeno ao qual os anticorpos ou células imunes irão reagir com grande intensidade. Esta especificidade depende da capacidade do sistema de discriminar o que é próprio do que é estranho.

3. A resposta imune específica é capaz de produzir uma resposta mais intensa e com maior rapidez, quando há uma segunda exposição ao mesmo antígeno estranho. Isto é conhecido como *memória imunológica* ou ***resposta anamnéstica***.

4. O estado imune ativo ou imunidade é transferível somente de um animal *congênito* a outro e somente por meio de linfócitos imunes, e não por anti-soros (soros contendo anticorpos). A transferência de anticorpos séricos fornece apenas uma imunidade transitória, pois os anticorpos são logo perdidos pela reciclagem natural das proteínas. Os linfócitos imunes (linfócitos que podem interagir com um antígeno) podem proliferar e, assim, regenerar-se durante a vida do receptor.

Assim, as quatro principais características da resposta imune específica podem ser resumidas nestas palavras: *discriminação, especificidade, anamnese* e *transferência por meio de células vivas*.

Os Linfócitos

As células capazes de responder aos antígenos são os linfócitos, que são uma das classes das células brancas do sangue. Os linfócitos são divididos em (1) ***linfócitos derivados do timo*** ou ***células T***; (2) ***linfócitos derivados da***

medula óssea ou ***células B;*** e (3) ***células* null** (células nulas). Embora os linfócitos B e T não possam ser distinguidos baseados na morfologia, possuem glicoproteínas de membrana diferentes, realizam funções diferentes e respondem a diversos estímulos, como, por exemplo, a diferentes *mitógenos* (substâncias que induzem a divisão celular ou a mitose).

As células *null* são linfócitos que perderam os marcadores de superfície; incluem as células *natural killer* (NK) e os linfócitos *killer* (K) dependentes de anticorpos. Por outro lado, as células *null* são morfologicamente semelhantes aos linfócitos T e B. Os macrófagos, monócitos e leucócitos polimorfonucleares são também distinguíveis por seus marcadores de superfície e funções celulares.

O Sistema Imune

O sistema linfático consiste em uma rede interligada de órgãos e tecidos (Figura 19.1A, caderno em cores). O movimento contínuo de células na corrente sangüínea e na linfa abastece esta rede. Na Figura 19.1B (caderno em cores), os sistemas circulatório e linfático estão esquematizados juntos para mostrar como um *pool* (mistura) de linfócitos passa dos capilares sanguíneos para os linfonodos, o baço e outros tecidos. Os linfócitos circulam de volta para o sangue por meio dos canais linfáticos principais, como o ducto torácico. Os linfócitos são os tipos de células dominantes na maioria dos órgãos e tecidos do sistema imunológico. Tais tecidos e órgãos são descritos como *linfóide*. Incluem todos os linfonodos do corpo, o baço, as adenóides e as amígdalas, pequenos agregados de tecido linfóide na parede intestinal denominados placas de Peyer e o timo.

Com exceção do timo, os tecidos e órgãos mencionados fazem parte do ***sistema linfóide periférico***. Embora as estruturas do sistema linfóide periférico sejam o centro da reatividade imune, são descritas como periféricas porque o seu desenvolvimento e as suas funções são absolutamente dependentes das células geradas no timo e na medula óssea. Por esta razão o timo e a medula óssea são considerados os ***órgãos linfóides centrais.***

As células do tronco ***hemopoiético*** ou hematopoiético (produção de sangue) na medula óssea dão origem aos eritrócitos (células vermelhas) e a todos os leucócitos, incluindo os linfócitos. Muitos linfócitos passam por meio do timo e são processados pelos hormônios do timo para ser liberados. O timo é um órgão cuja única função parece ser a diferenciação dos linfócitos em células T. A maioria dos linfócitos derivados na medula óssea não passam pelo timo e são denominados *células B*. Estudos com galinhas revelaram um órgão linfóide central chamado *bolsa de Fabricius*, que é responsável pela ativação dos linfócitos B maduros, da mesma forma que o timo induz o funcionamento das células T. Acredita-se que o local de maturação das células B humanas (equivalente à bolsa) seja o fígado fetal, durante o desenvolvimento embrionário, e posteriormente a medula óssea. As células B têm a função de sintetizar anticorpos humorais específicos e as células T são responsáveis pela imunidade celular. As vias de desenvolvimento das células B e T são mostradas na Figura 19.2A.

Como as células de defesa e os antígenos se encontram? Os linfócitos possuem receptores superficiais específicos para diferentes antígenos. A função dos macrófagos e do sistema linfático é capturar e concentrar os antígenos e "apresentá-los" aos linfócitos. Nos linfonodos e no baço, os macrófagos apresentam os antígenos aos linfócitos que circulam constantemente dentro do órgão, do órgão para a corrente circulatória, e vice-versa. Aqueles linfócitos que possuem receptores complementares para um antígeno específico, que está sendo apresentado, serão seletivamente ativados e responderão ao antígeno. Portanto, o antígeno pode selecionar e ativar clones de linfócitos com o receptor apropriado. Tais linfócitos são denominados células que se ligam aos antígenos. Este é o conceito essencial da ***teoria da seleção clonal de imunidade***. Os linfócitos selecionados (cujos receptores interagem com um antígeno específico) respondem sofrendo mitose e desenvolvem-se em um clone de células que expressam o mesmo receptor específico. Entre a progênie deste clone estarão as células do plasma que secretam e sintetizam os anticorpos específicos para o antígeno que as estimularam. A seleção clonal também leva à produção de um grande *pool* de linfócitos (denominados "células de memória") que são sensíveis ao antígeno específico.

Responda

1 O que constitui o sistema imune?

2 Qual a diferença entre resposta imune *específica e inespecífica*?

3 Quais são os dois componentes da imunidade específica?

4 Quais são as diferenças funcionais entre os anticorpos e os linfócitos T com relação aos agentes infecciosos?

5 Identificar quatro características da resposta imune específica.

6 Quais são os três tipos de linfócitos que respondem aos antígenos?

7 Quais são os órgãos linfóides centrais?

8 Descrever as vias de desenvolvimento das células T e B.

Figura 19.2 [**A**) Vias de desenvolvimento das células ativas no sistema imune: os linfócitos T e B. [**B**) Imunidade específica resulta da cooperação de linfócitos T e B e um tipo particular de macrófago denominado APC (célula apresentadora do antígeno). Supressão da resposta imune pode também ocorrer, mediada por certos linfócitos T denominados *células T supressoras.*

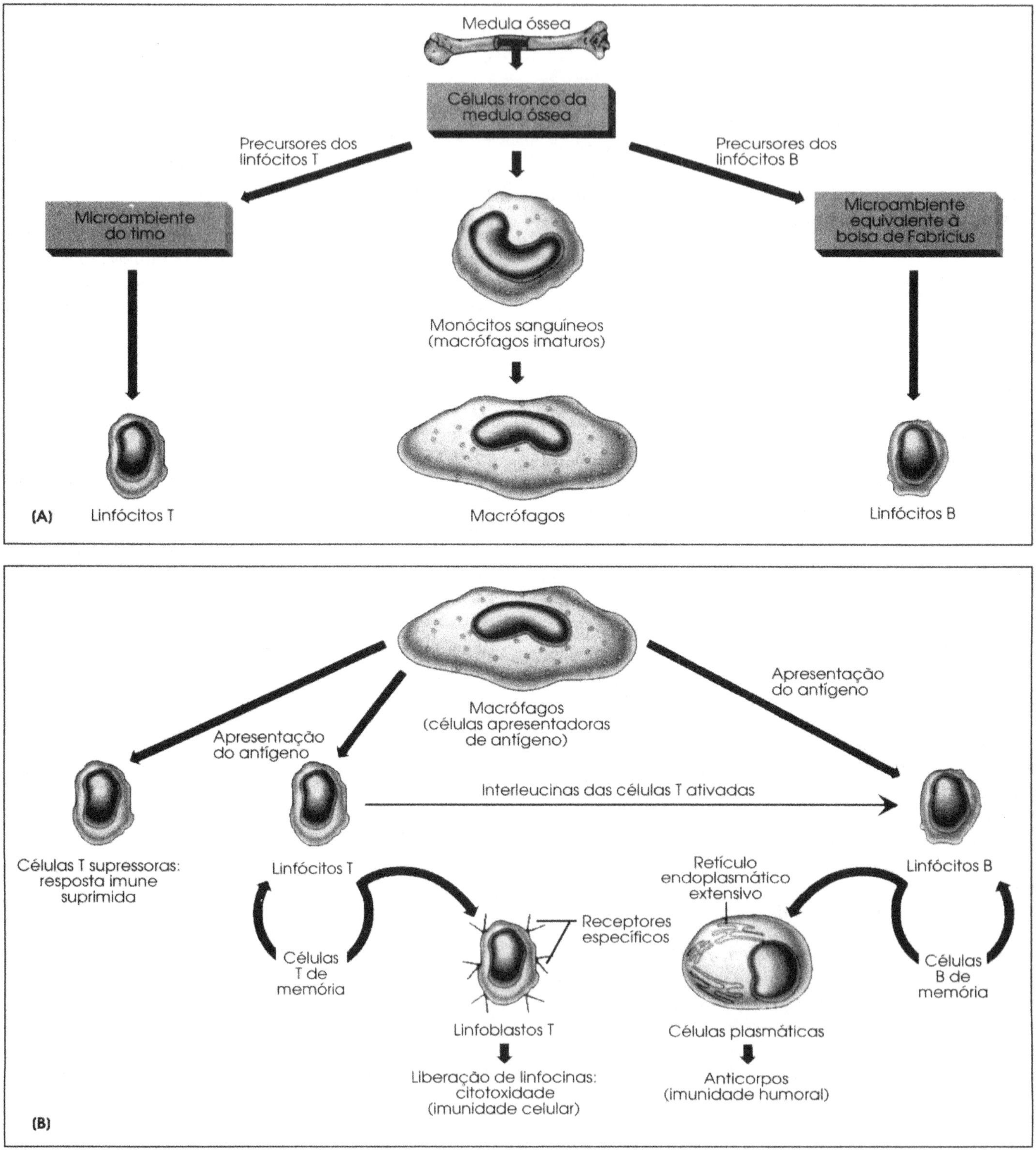

Imunidade Humoral

Como mencionado anteriormente, há duas categorias importantes de resposta imune específica, denominadas respostas *humoral* e mediada por células ou *celular.* As células B são os efetores da imunidade humoral e são responsáveis pela síntese de anticorpos.

A Resposta de Anticorpos

Durante a resposta imune ativa (definida no próximo parágrafo), que produz imunidade específica, os linfócitos T e os linfócitos B, juntamente com um tipo de macrófago, cooperam para gerar a resposta imune (Figura 19.2B). Os macrófagos processam e apresentam o antígeno em uma forma antigênica ótima para os linfócitos T e B. O macrófago, nesta situação, é denominado *célula apresentadora de antígeno* (APC – *antigen-presenting cell*). O linfócito T é ativado para produzir fatores semelhantes a hormônios (linfocinas) denominados *interleucinas*, que promovem o crescimento e a diferenciação dos linfócitos B. Os linfócitos B são especialmente ativados por antígenos e interleucinas, resultando na produção de anticorpos. Como as interleucinas derivadas das células T são requeridas para a ativação das células B, as células são freqüentemente denominadas células T *helper* (células Th) ou auxiliares. Por outro lado, em alguns casos as respostas imunes são suprimidas por certas células denominadas células T *supressoras* (células Ts) – que atuam seja restringindo o suprimento de fatores de crescimento essenciais seja produzindo moléculas que inibem a ativação dos linfócitos. Esta supressão dá origem ao estado de *tolerância imunológica* em que o animal não responde ao antígeno ativador.

Mediadores da Imunidade Humoral

O mediador primário da imunidade humoral é o *anticorpo sérico.* A primeira demonstração deste fator sérico foi feita por Emil von Behring, em 1890, quando transferiu o soro de um animal imune para um animal receptor susceptível, que foi desafiado com o patógeno virulento que havia imunizado o animal doador. O animal que recebeu o soro imune resistiu ao patógeno porque a transferência dos anticorpos pré-formados do doador havia conferido uma *imunidade temporária* ao receptor. Como o receptor não produziu ativamente os anticorpos, mas simplesmente os recebeu como um presente do doador, este tipo de imunidade é denominado ***imunidade passiva.*** Por outro lado, a indução da ***imunidade ativa*** pela exposição do receptor, seja por doença natural seja por meio de vacina, leva o sistema imune do receptor a produzir anticorpos. Assim, a imunidade específica pode ser adquirida passiva ou ativamente, por meios *naturais* ou *artificiais*, como mostrado na Figura 19.3.

O soro contém cerca de 8% de proteínas, além de sais e outros componentes. Os anticorpos são encontrados entre as proteínas globulares e são freqüentemente designados como ***imunoglobulinas (Ig).*** Um método comum de pesquisa empregado para o estudo de imunoglobulinas utiliza um campo elétrico para separar as proteínas do soro. Este método é denominado *eletroforese.* Todas as proteínas

Figura 19.3 Relação dos vários tipos de imunidade específica adquirida.

possuem muitos grupos amino livres carregados positivamente ($-NH_3^+$) e grupos carboxilas livres carregados negativamente ($-CO_2^-$). Mas cada proteína tem carga líquida e peso molecular únicos, que determinam a sua mobilidade relativa em um campo elétrico. Proteínas carregadas positivamente migrarão em direção ao cátodo (pólo negativo) e proteínas carregadas negativamente seguirão em direção ao ânodo (pólo positivo). Isto pode ser visto na Figura 19.4 (caderno em cores) em que o soro é separado em albumina e em vários grupos de globulinas denominados *alfa* (α), *beta* (β) e *gama* (γ). A região gama contém a maioria das globulinas.

A Estrutura Básica de um Anticorpo

Quando as proteínas da região gama são examinadas quanto ao seu tamanho e estrutura, são geralmente de um tipo. Este anticorpo foi denominado *imunoglobulina gama*, ou *IgG*, pelos primeiros pesquisadores. Uma combinação de técnicas de separação, que resultou na cristalografia de raio X, revelou a estrutura da unidade básica do anticorpo. As primeiras pesquisas conduziram à compreensão da estrutura da cadeia do monômero básico de IgG, que rendeu o Prêmio Nobel a dois pioneiros neste campo, R. R. Porter e G. M. Edelman. As unidades de anticorpos são constituídas por quatro cadeias de polipeptídeos e lembram a letra Y, com três regiões que correspondem aos braços do Y (Figura 19.5A, caderno em cores). Há duas cadeias pesadas com um peso molecular de cerca de 50.000 cada, mais duas cadeias leves de cerca de 20.000 cada – todas ligadas umas às outras por meio de ligações dissulfeto. As cadeias leves são idênticas e contêm 214 resíduos de aminoácidos cada, enquanto as duas cadeias pesadas são idênticas e contêm cerca de 446 resíduos de aminoácidos cada. Assim como muitas proteínas, a molécula de IgG é glicosilada (isto é, ligada a vários polissacarídeos complexos), desta forma resultando em uma glicoproteína globular. A porção de açúcar não está envolvida na natureza da imunidade específica do anticorpo, mas sim em algumas de suas propriedades físicas.

Por meio de técnicas de microscopia eletrônica, foi observado que há dois sítios de ligação para o antígeno em cada molécula (Figura 19.5A, caderno em cores). Esta natureza bivalente é essencial para que um anticorpo seja capaz de efetuar uma ligação cruzada com mais de uma molécula de antígeno. Esta ligação cruzada causa a agregação dos antígenos, resultando na precipitação, aglutinação e ativação celular (descritas no Capítulo 20). Um anticorpo monovalente, com um único sítio de ligação, seria capaz de neutralizar antígenos mascarando seus sítios ativos, mas não seria capaz de iniciar muitas das reações complexas possíveis com anticorpos bivalentes.

Cada anticorpo possui propriedades específicas e propriedades físicas comuns, cada uma determinada por partes diferentes da molécula. Isto pode ser mostrado pela combinação de técnicas bioquímicas e moleculares. Se a molécula de IgG é parcialmente digerida pela enzima papaína (uma protease derivada do mamão), a molécula de IgG é quebrada na região da dobradiça, produzindo três fragmentos de cerca de 50.000 daltons cada (Figura 19.5B, caderno em cores). Os dois fragmentos que se ligam ao antígeno são denominados ***Fab***; o terceiro fragmento é chamado de ***Fc***, porque é cristalizável. O Fc é idêntico a todos os anticorpos da mesma classe; determina muitas das propriedades físicas de uma molécula de anticorpo. As regiões Fab definem a especificidade dos anticorpos; somente 107 aminoácidos amino-terminais, tanto das cadeias pesadas como das cadeias leves, estão envolvidos na ligação do antígeno (áreas sombreadas na Figura 19.5). Como a seqüência de aminoácidos do Fab define a especificidade do sítio de ligação e os anticorpos variam na sua habilidade para reconhecer muitos antígenos, a seqüência de aminoácidos variável, pertencente ao domínio amino-terminal Fab, é denominada *região variável.* Ao contrário, o restante da cadeia pesada, incluindo a região Fc, é invariável ou conservada, sendo portanto chamada de *região constante da cadeia pesada* (C_H). A porção invariável da cadeia leve é denominada *região constante da cadeia leve* (C_L).

Os sítios antigênicos reconhecidos pelos anticorpos são componentes muito pequenos de proteína estranha ou moléculas de polissacarídeos e, portanto, partes extremamente pequenas de um microrganismo. Os anticorpos propriamente ditos, geralmente possuem relativamente pouco efeito sobre o crescimento e a função dos microrganismos – a menos que reajam com um sítio ativo em um componente essencial do microrganismo ou uma de suas proteínas. A principal importância dos anticorpos na resistência imune é que estes atuam como um mecanismo-alvo para outras substâncias ativas, como o complemento.

Classes e Funções dos Anticorpos

Existem cinco classes diferentes de imunoglobulinas e cada uma tem um papel distinto na imunidade humoral do hospedeiro (Tabela 19.1). Estas classes incluem: a imunoglobulina mais comum (IgG); uma macroglobulina (IgM); uma imunoglobulina secretora (IgA); uma imunoglobulina envolvida nas alergias (IgE); e a imunoglobulina D (IgD), cuja função não é conhecida. A Figura 19.6 mostra as estruturas das diferentes classes de imunoglobulinas. Cada classe de anticorpos é definida pela classe da cadeia pesada, a qual é referida por meio de letras gregas (IgA = α; IgD = δ; IgE = ε; IgG = γ; IgM = μ), como mostrado na Tabela 19.1. Há somente dois tipos de cadeias leves, kappa (*k*) e lambda (λ), e cada molécula de anticorpo possui um

Figura 19.6 Estruturas de diferentes classes de imunoglobulinas. IgG, IgD e IgE consistem cada uma de um monômero de duas cadeias de polipeptídeos leves e duas pesadas. A cadeia leve é comum a todas as classes, enquanto as cadeias pesadas são estruturalmente distintas para cada classe. A IgM é uma molécula grande que possui cinco monômeros unidos por uma cadeia de polipeptídeos J, que dá origem a uma estrutura em forma de estrela. IgA possui três formas. Quando aparece no soro, é constituída de um monômero ou um dímero com uma cadeia J. Quando é encontrada em fluidos orgânicos como a saliva, as lágrimas e a secreção nasal, é constituída de um dímero unido por um componente especial conhecido como *componente secretor* (este dímero possui uma cadeia J). A localização exata da cadeia J nas moléculas de IgM e IgA (monômero) é incerta.

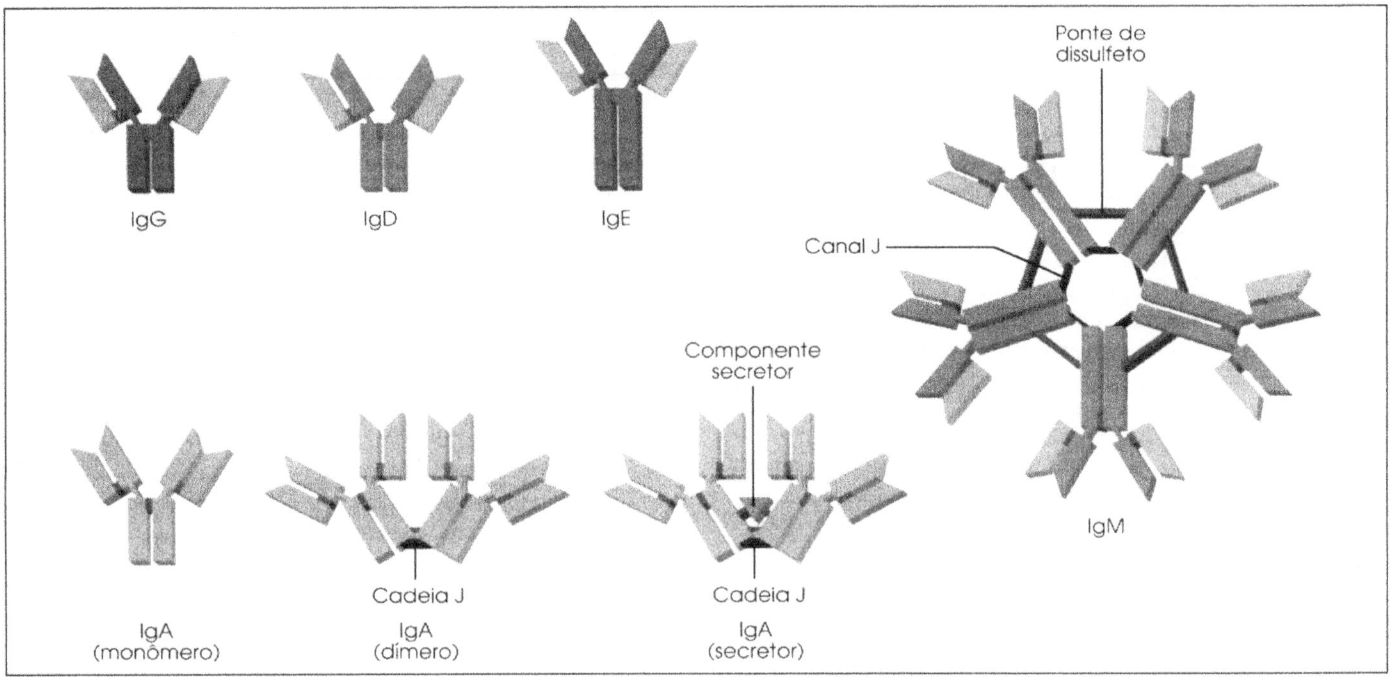

ou outro tipo de cadeia, nunca a mistura das duas. Elas estão associadas indiscriminadamente com todas as cinco classes de cadeias pesadas. Uma única célula produtora de anticorpos produz somente anticorpos com uma única especificidade. Quando os anticorpos formam polímeros, é requerida uma cadeia polipeptídica (cadeia J), que tem a função de unir os polímeros. As células produtoras de anticorpos também produzem estas proteínas além das cadeias pesadas (H) e leves (L). Em geral, os anticorpos representam cerca de 15 mg/ml das proteínas séricas totais (76 mg/ml); mas durante a resposta imune ativa, a quantidade total das imunoglobulinas séricas pode aumentar mais do que o dobro.

Tabela 19.1 Algumas propriedades das diferentes classes de imunoglobulinas humanas.

Imunoglobulinas	Cadeia pesada	Número de subclasses	Peso molecular (daltons)	Estrutura	Outras características
IgM	μ (mu)	2	900.000	$(H_2L_2)_5$ + J	Primeiro anticorpo a aparecer após a imunização
IgD	δ (delta)	1	180.000	H_2L_2	Função desconhecida
IgG	γ (gama)	4	150.000	H_2L_2	Transferido por meio da placenta; principal classe de anticorpos
IgA	α (alfa)	2	160.000 390.000 (160.000)*n*	H_2L_2 $(H_2L_2)_2$ + J $(H_2L_2)_n$ + J	Maiores concentrações nas secreções mucosas
IgE	ε (epsilon)	1	185.000	H_2L_2	Liga-se aos basófilos e mastócitos, sensibilizando-os para certas reações alérgicas

J = Cadeia de ligação; H = cadeia pesada; L = cadeia leve.

Imunoglobulina M (IgM). A primeira classe de anticorpos a ser produzida em resposta a um antígeno é o anticorpo IgM. A IgM é produzida cerca de quatro dias após a imunização com o antígeno. Atinge a concentração máxima no sexto dia e então rapidamente diminui por causa de seu curto período de vida. A IgM é o maior anticorpo, com um peso molecular de 900.000 e constitui 1 mg/ml das imunoglobulinas séricas totais. É pentamérica, o que significa que é formada por cinco monômeros de anticorpos básicos. O anticorpo IgM fixa o complemento muito bem (30 vezes melhor do que a IgG) e, portanto, pode efetivamente causar a lise de bactérias, vírus envelopados e células infectadas ou velhas. A IgM é muito grande para ser transferida da mãe para o feto através da barreira placentária, mas a IgM monomérica (uma unidade de 180.000 daltons), conjugada a um componente secretor, tem sido encontrada em secreções mucosas. A IgM monomérica é também encontrada nas membranas de células produtoras de anticorpos inativadas, onde atua como um receptor primário específico para o antígeno.

Imunoglobulina G (IgG). O anticorpo mais comum é a IgG, que representa cerca de 80% das imunoglobulinas séricas. Em geral, as IgGs são os anticorpos mais importantes na linha de defesa humoral e têm como função neutralizar toxinas e vírus e opsonizar bactérias e vírus para a fagocitose. De um modo geral, os anticorpos IgG fixam bem o complemento e, portanto, podem efetivamente causar a lise de bactérias, vírus envelopados e células infectadas e velhas. Diferentemente dos anticorpos IgM, os anticorpos IgG são transferidos através da placenta da mãe para o filho, conferindo-lhe uma imunização passiva. Em uma resposta imune, a produção de IgG ocorre posteriormente à produção de IgM, atingindo o máximo em 10 a 14 dias, e então decresce gradativamente, pois a IgG possui uma meia-vida biológica de 25 dias.

Imunoglobulina A (IgA). A IgA confere imunidade humoral em secreções de mucosa, como lágrimas, saliva, muco intestinal, fluido seminal e *colostro* (o primeiro leite materno). No soro, a IgA está presente como um monômero na concentração de 2 mg/ml; mas na secreção é encontrada como um dímero, que pode atingir concentrações de 0,2 a 1 mg/ml. O dímero secretor, incluindo a proteína secretora e uma cadeia J, é resistente a proteases e parece ser responsável pela neutralização de toxinas, alérgenos, bactérias e vírus antes que possam entrar no organismo por meio das mucosas. A proteína secretora é adicionada pelas células epiteliais à medida que os monômeros de IgA são transportados por meio da mucosa. A IgA secretora é o principal componente da proteína do leite materno e confere imunidade passiva contra patógenos entéricos do intestino do neonato.

Imunoglobulina D (IgD). IgD é uma imunoglobulina cuja função não é bem conhecida. Pode ser encontrada em membranas das células B inativadas com IgM e em pequena quantidade no soro (IgD = 0,03 mg/ml). Além de atuar como um receptor primário para o antígeno na célula produtora de anticorpos, a IgD não tem papel específico conhecido na resistência do hospedeiro.

Imunoglobulina E (IgE). A IgE é um anticorpo alérgico responsável pela resposta de hipersensibilidade a muitos antígenos – desde picada de mosquitos a polens. Estes antígenos podem causar asma e mesmo ataques alérgicos fatais. A IgE é encontrada somente em pequenas quantidades no soro (IgE = 0,00005 mg/ml), mas é encontrada fixada passivamente nas superfícies de membranas de basófilos teciduais denominados *mastócitos*. Apesar da meia-vida da IgE sérica ser muito curta (dois dias), a meia-vida da IgE ligada a mastócitos pode ser muito maior. O peso molecular é de 190.000. A região Fc da IgE liga-se espontaneamente a um receptor Fc específico nos mastócitos e não requer a presença dos antígenos. Posteriormente, quando o antígeno atinge os mastócitos e reage com o anticorpo ligado às células, o mastócito é ativado e libera o conteúdo de seus grânulos basófilos citoplasmáticos. O conteúdo destes grânulos produz sintomas alérgicos, que serão descritos posteriormente neste capítulo. A função da IgE não é causar alergias, mas possivelmente produzir uma resposta aguda contra parasitas que entram no hospedeiro. As pessoas que vivem nos trópicos, onde parasitas são comuns, possuem elevados níveis de IgE.

Maturação da Resposta Imune

Uma resposta imune ativa para muitos antígenos envolve várias alterações seqüenciais. Uma é a produção seqüencial de imunoglobulinas da classe IgM até IgE, embora células individuais não possam produzir todas as classes de imunoglobulinas. Este processo de produção de diferentes classes pode ser denominado "mudança de classes" (DESCOBERTA 19.1). As imunoglobulinas são produzidas no período de pelo menos 4 a 14 dias após a exposição ao antígeno. Uma segunda variação é o aumento geral da *afinidade* dos anticorpos. A afinidade é uma medida da qualidade de um anticorpo em termos de sua habilidade em ligar-se fortemente ao antígeno específico. Finalmente, o aspecto mais importante da maturação da resposta imune é a produção da memória imunológica. Estas alterações na resposta imune dependem da cooperação das células T e são, portanto, vistas como respostas somente aos antígenos que estimulam as células T – antígenos dependentes das células T (discutidos posteriormente neste capítulo).

Memória Imunológica

Como resultado da seleção e divisão celular associadas com a resposta imune específica, as populações de células B e T que podem responder a um antígeno específico tornam-se muito aumentadas. As células B estarão pronta-

Figura 19.7 Produção de anticorpos resultante da administração de antígeno (Ag). Observe que a resposta imune secundária é mais rápida e mais forte do que a resposta imune primária, em função da memória imunológica.

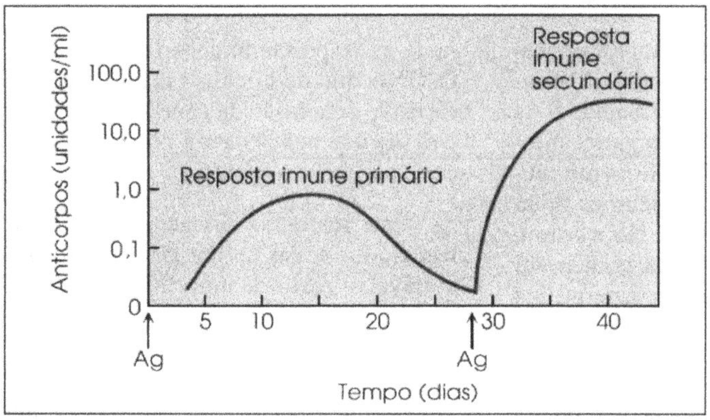

mente disponíveis para ser novamente estimuladas pelos antígenos e o hospedeiro pode então responder mais rapidamente que antes (Figura 19.7). Somente os antígenos dependentes das células T induzirão esta memória imunológica. Embora o soro possa conter anticorpos como resultado da resposta imunológica primária, sua meia-vida limitada assegura que este tipo de imunidade seja gradualmente perdido. Geralmente as células B sofrem reativação crônica de baixo nível como resultado da resposta imune a outros antígenos relacionados. Estes outros antígenos provocam estimulação de reação cruzada, de forma que freqüentemente há baixos níveis de anticorpos para muitos antígenos no soro em qualquer tempo. Tais anticorpos são freqüentemente denominados anticorpos "naturais", mas provavelmente são o resultado desta reativação inespecífica das células B e meramente refletem a memória imunológica cumulativa do hospedeiro. O principal resultado da memória imunológica é a resposta anamnéstica, que confere imunidade duradoura no hospedeiro (Figura 19.7).

Responda

1 Como os linfócitos B são afetados por outras células para a produção de anticorpos?

2 Qual é a diferença entre imunidade *passiva* e imunidade *ativa*?

3 Qual é a natureza química dos anticorpos?

4 Descrever a unidade estrutural de um anticorpo e suas partes.

5 Quais são as cinco classes de anticorpos e suas respectivas funções?

6 O que significa *mudança de classes*?

7 Por que a resposta anamnéstica é benéfica ao hospedeiro?

Os Antígenos

Os antígenos são intrínsecos à resposta imune *específica* de hospedeiros vertebrados. Constituem a substância estranha que ativa a resposta imune específica.

Especificidade e Imunogenicidade

Um *antígeno* é qualquer substância que pode induzir uma resposta imune em um hospedeiro e reage especificamente com as células mediadoras ou moléculas resultantes. Quanto maior for a imunogenicidade de um antígeno, mais rapidamente poderá induzir a resposta imune. Os anticorpos produzidos pela estimulação dos linfócitos B reagirão especificamente com somente pequenas porções do antígeno denominadas ***epítopos.*** Para um antígeno ser imunogênico geralmente deve ser maior que 10.000 daltons e ter vários epítopos altamente carregados que facilmente induzam a produção de anticorpos. Os epítopos propriamente ditos podem possuir menos de 1.000 daltons. Assim, o restante da molécula pode ser referido como *carreador* de epítopos. Os carreadores determinam a imunogenicidade, enquanto o epítopo define a especificidade do antígeno (Tabela 19.2). Durante uma resposta imune as células T reconhecem o carreador, enquanto as células B produzem anticorpos para os epítopos.

Tabela 19.2 Propriedades gerais de um antígeno completo, parcial e incompleto.

Antígeno	Propriedades
Completo	Possui epítopos estranhos específicos (*nonself*) Antigênico (estimulatório) Grande peso molecular (>10.000) Estimula as células T e B Induz a imunidade celular e humoral
Parcial	Molécula carreadora Grande peso molecular (>10.000) Estimula as células T quando processada por macrófagos Determina a antigenicidade Pode induzir somente imunidade mediada por células
Incompleto	Consiste em epítopos específicos (haptenos) Pequeno peso molecular (<1.000) Não é capaz de estimular as células B ou T Reage especificamente com anticorpos Não induz a imunidade

O antígeno completo consiste em epítopos fixados a uma estrutura antigênica ou a um carreador (Figura 19.8). Se os epítopos são removidos intactos da molécula do carreador, podem combinar com os anticorpos, mas não são capazes de induzir a resposta imune. Quando apresentam especificidade, mas não antigenicidade, os epítopos são denominados ***haptenos.*** Comumente, os haptenos refe-

DESCOBERTA!

19.1 UM IMUNOLOGISTA RECEBE O PRÊMIO NOBEL DE FISIOLOGIA OU MEDICINA EM 1987.

Por muitos anos, várias gerações de imunologistas e microbiologistas tentaram em vão compreender precisamente como o organismo resiste a tantas infecções. Mais especificamente, como as células B produzem tamanha variedade de anticorpos? Os genes produtores de anticorpos de cada célula B podem direcionar a síntese de somente um tipo específico de anticorpo. O número de diferentes tipos de anticorpos que o organismo é capaz de sintetizar durante toda a vida ultrapassa 1 bilhão! Esta cifra astronômica excede o número de genes do genoma humano, que contém somente cerca de 100.000 genes – certamente não suficientes para codificar a diversidade de anticorpos.

Susumu Tonegawa, do Massachusetts Institute of Technology, em Cambridge, encontrou uma solução brilhante para este enigma – e ganhou o Prêmio Nobel de Fisiologia ou Medicina. Ele apresentou a primeira evidência de que os genes que codificam as regiões constantes e variáveis das moléculas de imunoglobulinas podem ser rearranjados. As regiões eram codificadas em partes diferentes do genoma e posteriormente reunidas à medida que os anticorpos eram formados. Essencialmente, ele mostrou como as partes do genoma podem ser rearranjadas nas células B para permitir a síntese de um número infinito de anticorpos a fim de combater as doenças.

A convincente e elegante descoberta de Tonegawa contribuiu muito para o conhecimento atual sobre a diversidade dos anticorpos. Estes conhecimentos podem ser resumidos como se segue. Cada célula formadora de anticorpos torna-se comprometida durante a diferenciação na medula óssea para produzir anticorpos com uma especificidade por toda a sua vida. Entretanto, uma célula pode produzir outras classes de imunoglobulinas com a mesma especificidade durante a resposta imune posteriormente ou durante as respostas imunes subseqüentes. O DNA que codifica a cadeia pesada é formado pela fusão de genes para a *especificidade* e genes para a *classe* de anticorpos (região constante).

Este rearranjo dos genes permite a ligação ao acaso de um gene da região variável, a partir de uma "biblioteca" de várias centenas de genes variáveis, com o gene da região constante. Há somente uma cópia de cada classe de gene da região constante, mas há muitos genes de regiões variáveis. No DNA da célula B, os genes da região constante são arranjados na seqüência M, D, G, E, A. Quando uma célula formadora de anticorpos que produzia IgM passa a produzir IgG, os genes IgM e IgD circularizam-se, cindem-se e perdem-se para sempre. Portanto, a mudança da classe de anticorpos é irreversível; geralmente ocorre em seqüência no sentido IgM → IgA durante uma resposta imune.

rem-se a qualquer pequeno composto altamente carregado, que se torna antigênico depois de reagir com proteínas. Por exemplo, os compostos químicos inorgânicos como o níquel e os reagentes orgânicos como a penicilina ou inseticidas podem reagir espontaneamente com proteínas carreadoras, criando desta forma um antígeno completo. Os anticorpos ou células T imunes então reagem com o epítopo do novo antígeno, freqüentemente causando reações alérgicas.

Antígenos Naturais *versus* Artificiais

Os antígenos naturais estão em todos os lugares. Estão presentes na água que você toma, no ar que você respira e no alimento que você come. Muitos são inofensivos e são meramente parte do material orgânico do qual todas as formas de vida são feitas. Mas quando você é exposto a uma quantidade significativa destes antígenos, de forma que o seu sistema imune é estimulado, ocorre uma resposta imune. A fonte mais comum de antígenos naturais é o mundo microbiano. Isto porque os microrganismos podem invadir ativamente nosso organismo, crescer rapidamente para produzir grande quantidade de antígenos e expressar epítopos que são muito estranhos para o sistema imune. Portanto, muitas respostas imunes são geradas contra antígenos microbianos como um resultado da exposição natural durante a evolução da doença (por exemplo, resfriado comum, sarampo ou tuberculose).

Nos casos em que os microrganismos são virulentos e podem ser uma ameaça à vida, o ideal é ajudar o hospedeiro a desenvolver uma imunidade específica antes que contraia a doença. Portanto, os microbiologistas têm desenvolvido culturas de microrganismos que atuam como vacinas para imunizar a população, com o objetivo de expor as pessoas a um "antígeno artificial". Para evitar que as vacinas causem doenças, os microrganismos são mortos ou atenuados (virulência diminuída) antes de seu emprego. Como exemplo temos a vacina tifóide e as vacinas Salk e Sabin contra o vírus da pólio. Em alguns casos – por exemplo, na imunização contra a difteria e o tétano – é suficiente imunizar o hospedeiro somente com um produto do patógeno, como a *toxina*. A toxina é inativada antes da injeção (é convertida a *toxóide*), mas a imunidade produzida também protege o hospedeiro contra a toxina natural.

Antígenos Solúveis *versus* Antígenos Celulares

Os antígenos podem ser macromoléculas solúveis ou parte de uma partícula ou célula. A maioria é maior que 10

Figura 19.8 Anatomia de um antígeno completo. É constituído de um epítopo específico fixado a um carreador que confere especificidade e imunogenicidade.

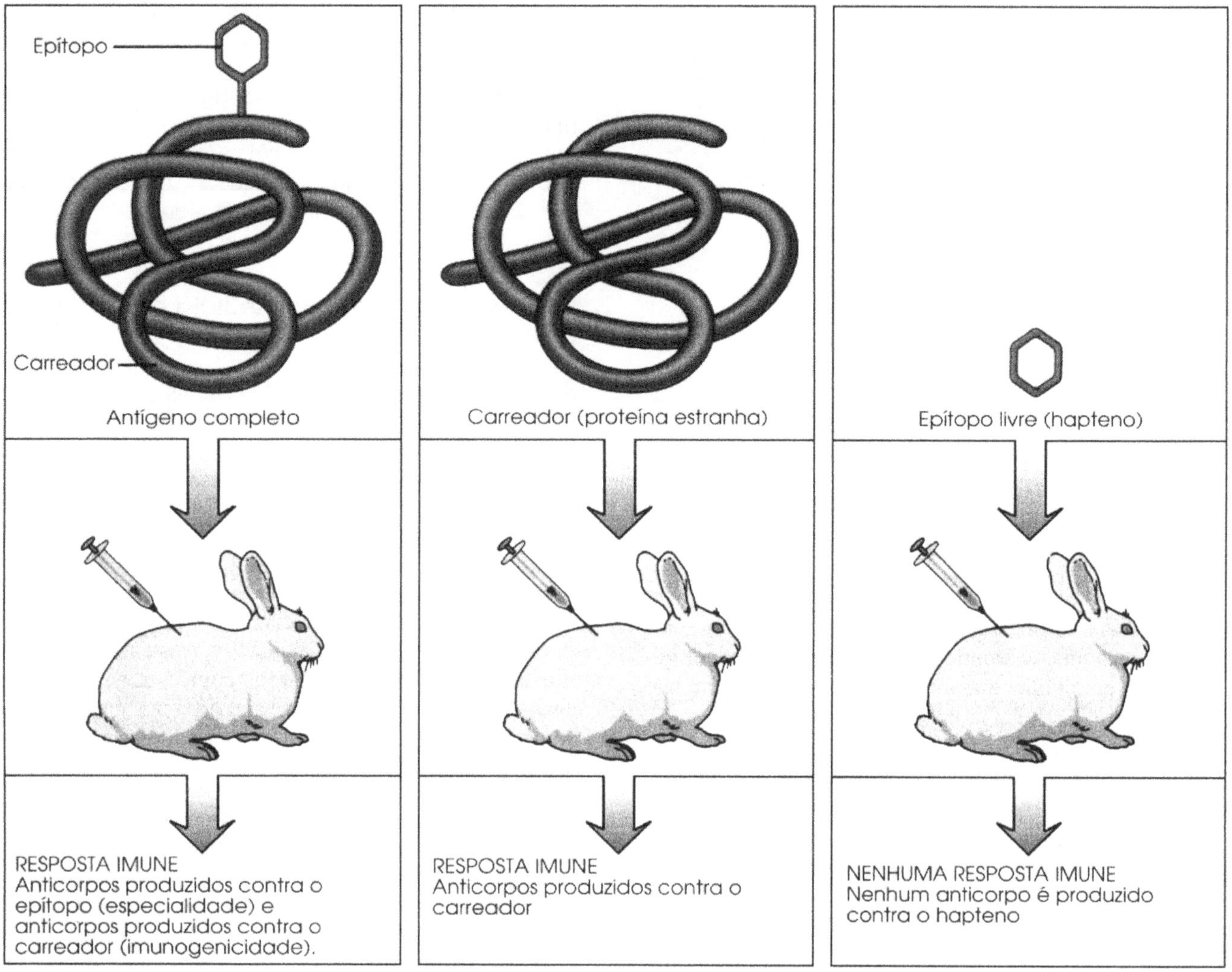

quilodaltons. Na maioria dos casos, é necessário que os antígenos sejam capturados por um macrófago e parcialmente degradados em peptídeos imunogênicos antes de ser apresentados aos linfócitos imunes (o que é conhecido pelo termo *processando* o antígeno). Em geral, quanto mais antigênico for o antígeno, mais facilmente pode ser capturado pelos macrófagos. As proteínas e os carboidratos geralmente são muito mais antigênicos do que os ácidos nucléicos e os lipídeos. No caso de resposta imune a antígenos celulares, existirão anticorpos formados para os epítopos da superfície externa e para epítopos das estruturas citoplasmáticas, como as enzimas e os ribossomos. Mas somente o primeiro será protetor, pois os anticorpos não penetram nas células vivas. É importante lembrar que nem todos os antígenos capazes de estimular uma resposta imune são encontrados em patógenos. Epítopos imunogênicos são também encontrados em órgãos para transplantes, substâncias alérgenas ou células do corpo e macromoléculas.

Antígenos Timo-Dependentes e Timo-Independentes

Muitos antígenos dependem da ajuda das células T para induzir uma resposta imune, enquanto outros podem induzir uma resposta de anticorpos sem a ajuda das células T (Tabela 19.3). Muitos antígenos são *timo-dependentes (TD),* porque as células B não podem responder a menos que recebam uma "ajuda" das células T. Assim, a resposta aos antígenos TD envolve a interação de células Th e B. Alguns antígenos poliméricos, como proteínas bacterianas, polissacarídeos ou lipopolissacarídeos, podem estimular diretamente as células B a produzir anticorpos sem a assistência das células Th. Isto é possível porque possuem epítopos múltiplos capazes de direcionar a interação com os receptores das células B, ativando assim o crescimento e a diferenciação de células B. Tais antígenos são denominados *timo-independentes (TI)*. Eles não causam a maturação da resposta imune. Não ocorre mudança de classes dos anticorpos e não há produção de memória imunológica (Tabela 19.3)

Tabela 19.3 Comparação dos antígenos timo-dependentes e timo-independentes.

Parâmetro	Timo-dependente	Timo-independente
Ajuda das células T	Requer	Não requer
Células B	Requer	Requer
Anticorpos produzidos	Todas as classes	Somente IgM
Mudança de classes de anticorpos	Sim	Não
Alta afinidade	Sim	Não
Aumento da afinidade	Sim	Não
Memória imunológica	Sim	Não

Adjuvantes

Várias tentativas foram feitas para aumentar a imunogenicidade das proteínas estranhas. A incorporação de antígenos em um precipitado com alúmen ou como uma emulsão em óleo mineral prolonga a liberação de antígenos e intensifica o estímulo antigênico (Figura 19.9, caderno em cores). Qualquer material usado para aumentar a imunogenicidade é denominado ***adjuvante***. Vacinas bem-sucedidas, tais como aquelas contra a difteria e o tétano, freqüentemente requerem a adição de adjuvantes.

Responda

1 Quais as propriedades de um antígeno imunogênico?

2 Diferenciar *epítopos* de *haptenos*.

3 Onde são encontrados os antígenos naturais?

4 Por que os antígenos artificiais são utilizados?

5 Quais são as características que distinguem os antígenos timo-dependentes dos timo-independentes?

6 Por que os adjuvantes são utilizados nas vacinas?

Hipersensibilidade

Os anticorpos por si sós não fazem qualquer coisa a menos que reajam com o antígeno e ainda assim ligam-se somente aos epítopos. No animal vivo, as reações antígeno-anticorpo ativam outra resposta do hospedeiro com o objetivo de protegê-lo contra as doenças. A resposta fisiológica do hospedeiro imune pode produzir sintomas de hipersensibilidade ao antígeno, um fenômeno comumente denominado ***alergia***. Os antígenos que podem causar sintomas alérgicos são denominados *alérgenos*. As alergias são resultado de uma resposta imune contra um alérgeno; diferentes tipos de resposta imune causam diferentes tipos de alergias. Uma alergia é o efeito colateral de um sistema imune que funciona corretamente. Evitar a fonte de alérgenos é a solução mais efetiva para prevenir alergias.

Hipersensibilidade Tipo Imediata ou Anafilática (Tipo I)

A forma de alergia mais comum e mais bem compreendida é o tipo que causa a febre do feno e as reações agudas a picadas de insetos. As alergias do tipo I ocorrem dentro de poucos minutos após a exposição a um antígeno solúvel. A fase aguda geralmente cessa no intervalo de 20 min a poucas horas, dependendo da dose do alérgeno absorvido. Os sintomas variam dependendo do sítio tecidual exposto, mas os mais comuns são a vermelhidão (eritema) e um leve inchaço devido ao acúmulo de fluido nos tecidos (edema). Se o alérgeno é inalado e reage nos pulmões, os músculos lisos dos bronquíolos contraem-se, restringindo assim o fluxo de ar, causando a asfixia nos casos graves de asma. Este tipo agudo de alergia sistêmica é denominado ***anafilaxia*** e pode ser fatal.

O mecanismo das alergias do tipo imediato envolve anticorpos IgE específicos e os mastócitos (Figura 19.10, caderno em cores). Como mencionado anteriormente, os mastócitos possuem receptores para Fc de IgE na superfície de suas membranas e a IgE adere espontaneamente a estes receptores. Quando o alérgeno reage com o sítio de ligação do antígeno da IgE, os mastócitos são ativados liberando o conteúdo das granulações basófilas. Este conteúdo inclui a histamina, que causa dilatação dos capilares, aumento da perda de soro dos vasos sanguíneos para os tecidos e contração dos músculos lisos. A dilatação dos capilares causa o avermelhamento da área afetada; a perda de soro está relacionada com a formação de edema. Outros fatores liberados incluem serotonina e leucotrienos, que causam outros sintomas. A área é tipicamente infiltrada por leucócitos polimorfonucleares (PMNs) e eosinófilos. Esta forma aguda de reação imune aparentemente ajuda a prevenir a invasão por parasitas que tentam atravessar a pele ou que são injetados na saliva de insetos (por exemplo, de mosquitos).

Hipersensibilidade Mediada pelo Complemento ou Citolítica (Tipo II)

Como vimos anteriormente, os anticorpos IgM ou IgG podem ativar o complemento e causar a lise de algumas bactérias e vírus. Esta atividade obviamente pode beneficiar o hospedeiro. Entretanto, se o antígeno faz parte da célula sanguínea ou é uma droga que se fixa às mesmas, o resultado será a lise das células vermelhas, levando à anemia hemolítica. A alergia do tipo II é primariamente direcionada contra alvos celulares, requer complemento e ocorre por várias horas ou dias. O anticorpo IgG, fixado ou não com o complemento, pode também marcar os antígenos celulares e, portanto, as células, para serem fagocitadas e degradadas pelos macrófagos. A fase aguda está associada com a infiltração de células polimorfonucleares, enquanto os macrófagos são encontrados durante a fase crônica. Portanto, as respostas imunes normal ou anormal a antígenos celulares externos ou a proteínas celulares modificadas podem resultar na ativação do complemento e na lise das células hospedeiras.

A ativação do complemento também resulta na liberação dos produtos de clivagem de C3 e C5. C3a e C5a, denominados *anafilatoxinas*, neste caso, ativam os mastócitos para liberar seus grânulos, causando sintomas semelhantes àqueles descritos para a hipersensibilidade do tipo I. A função de tal resposta imune é expor e neutralizar patógenos ou toxinas escondidas dentro das células. Mas isto só funcionará quando algum antígeno estiver presente na superfície das células. Este mecanismo pode também ser responsável pelo reconhecimento e pela remoção de células sanguíneas envelhecidas ou eliminação de células cancerígenas.

Hipersensibilidade Mediada por Complexos Imunes ou de Arthus (Tipo III)

A resposta imune a antígenos solúveis freqüentemente causa o que parece ser uma resposta combinada. Há uma fase aguda semelhante a reações do tipo imediato que começam em poucos minutos após a exposição ao antígeno, mas que dura muito mais (de várias horas a dias). O anticorpo envolvido geralmente é a IgG, embora a IgM possa também ser encontrada nos sítios afetados. O complemento é também requerido. O mecanismo é quase idêntico ao da hipersensibilidade tipo II, em que o complemento é ativado e os componentes anafilotóxicos (C3a e C5a) causam a liberação dos grânulos contidos nos mastócitos – resultando muitos dos sintomas agudos e uma infiltração de células polimorfonucleares. Os sintomas da fase crônica incluem uma infiltração de macrófagos, que é uma resposta ao acúmulo de complexos imunes no tecido do hospedeiro. Quando isso ocorre na pele, forma-se um exantema típico. Mas o depósito de complexos imunes nos rins pode resultar insuficiência renal. Assim, o objetivo principal da reação do anticorpo com os antígenos solúveis é a neutralização e a eliminação do antígeno.

Hipersensibilidade Mediada por Células ou Retardada (Tipo IV)

Em alguns casos a reação cutânea provocada por um antígeno pode ser retardada por muitas horas; assim que a reação aparece, há um aumento gradual em 24 a 48 h, e então diminui. A reação cutânea é dura e pálida no centro, com um leve avermelhamento ao redor. Um exame histológico da lesão mostra principalmente linfócitos e macrófagos. Este é um exemplo de uma verdadeira resposta mediada por linfócitos T, que pode ser demonstrada por meio de testes cutâneos (por exemplo, o teste de Mantoux para a tuberculose).

Após a injeção do antígeno, leva muitas horas para as células T se infiltrarem gradualmente no local, onde são ativadas pelo antígeno (Figura 19.11, caderno em cores). A liberação de linfocinas – incluindo o fator quimiotático dos macrófagos, o fator de inibição da migração dos macrófagos e o fator de ativação dos macrófagos – resulta em uma infiltração maciça de células mononucleares (ao contrário de uma infiltração por polimorfonucleares). Uma resposta imune mediada por células ocorre no local da lesão, ativando as células T citotóxicas e as células *null*. A função desta resposta é matar as células infectadas por vírus ou células tumorais, mas no processo muitas células hospedeiras normais são mortas como espectadores inocentes.

Responda

1 Qual é a base imunológica das alergias?
2 Citar os quatro diferentes tipos de hipersensibilidade.
3 Por que alguns indivíduos sofrem da febre do feno?
4 Por que alguns indivíduos morrem por picada de insetos?
5 Que tipo de hipersensibilidade elimina as células cancerosas? Qual é o mecanismo?
6 Que tipo de hipersensibilidade está envolvido no teste cutâneo para a tuberculose?

Imunidade Celular

A imunidade celular implica a imunidade mediada por células T. Obviamente todas as respostas imunes envolvem a atividade celular em alguma fase de geração e/ou reações. Mas somente as células T podem produzir a verdadeira imunidade mediada por células, porque são os reguladores primários da resposta imune e são capazes de reagir com os antígenos. Assim, toda a resposta que envolve principalmente os mediadores das células T, mas não envolve as células B ou anticorpos, constitui a imunidade celular.

Imunologia dos Transplantes

Quando um órgão ou tecido é enxertado de um doador não-compatível em um paciente, é principalmente a resposta mediada pelas células T que rejeita o enxerto. As primeiras células que reconhecem o enxerto como estranho são as células T *helper*. Estas, por sua vez, fornecem os fatores de crescimento das células T para ativar os linfócitos T citolíticos, que matam as células enxertadas. Quando o enxerto é examinado microscopicamente, a proeminente infiltração de células mononucleares é muito semelhante à hipersensibilidade do tipo IV descrita anteriormente. Uma resposta similar mediada por células é vista quando o câncer está regredindo, como um resultado de imunoterapia bem-sucedida.

Em geral, qualquer enxerto que não é geneticamente idêntico às células receptoras será rejeitado. Tais enxertos expressam uma diversidade enorme de antígenos de transplante (proteínas de histocompatibilidade) na membrana celular. Enxertos que são antigenicamente muito diferentes em geral são rejeitados em 10 a 12 dias; expressam uma ***diferença de histocompatibilidade.*** Os enxertos que são mais semelhantes (mas não totalmente idênticos geneticamente), como os enxertos de parentes ou de doadores antigenicamente semelhantes aos receptores em potencial, serão aceitos por períodos mais longos.

Estes períodos de aceitação podem durar por várias semanas sem a ajuda de terapia com drogas imunossupressoras, mas eventualmente poderão ser rejeitados, a menos que o sistema imune do receptor seja suprimido um pouco por drogas. Como mostrado na Figura 19.12 (caderno em cores) os únicos enxertos indefinidamente aceitos são os enxertos "próprios" (***auto-enxertos***), que são geneticamente idênticos, ou enxertos de doadores gêmeos (***isoenxerto***, isto é, enxertos entre indivíduos geneticamente idênticos). Enxertos de irmãos, irmãs ou pais serão semelhantes, mas não idênticos, e, geralmente, serão rejeitados tão rapidamente quanto enxertos de tecido totalmente não-relacionado. Um enxerto entre membros geneticamente diferentes da mesma espécie é denominado ***aloenxerto***. Enxertos de espécies diferentes (***heteroenxerto***) obviamente são geneticamente distintos e raramente são usados, pois são também rapidamente rejeitados (Figura 19.12, caderno em cores).

Clinicamente, a resposta de rejeição pode ser temporariamente suprimida, tratando-se o receptor com drogas citotóxicas imunossupressoras que controlam a resposta imune por meio do enfraquecimento do sistema imune. Uma vez que estes tratamentos também diminuem muito a habilidade do receptor em combater infecções e câncer, o seu uso é bastante arriscado.

Em casos especiais, em que o tecido do doador pode perder os principais antígenos de rejeição, os tecidos enxertados podem ser aceitos sem maiores problemas de rejeição, com um simples procedimento de adaptação. Estes incluem as transfusões do sangue total. Como as células vermelhas (hemácias) não possuem núcleo nem os principais antígenos de transplante, uma combinação (determinada pelo exame do doador e do receptor) dos mais importantes grupos de antígenos (grupos A, B, O e Rh) é suficiente para prevenir a rejeição (Tabela 19.4). Como o soro humano do receptor pode conter anticorpos contra os antígenos de grupo do sangue expressos nas células sanguíneas do doador, a combinação deve ser feita cuidadosamente. O antígeno Rh não é tão forte quanto os antígenos ABO, mas a relação de Rh é feita porque o receptor freqüentemente torna-se imunizado ao fator Rh quando se faz uma transfusão entre indivíduos com tipos sanguíneos diferentes. Isto pode resultar problemas para as gestantes com fator Rh- cujos filhos são Rh+, pois o anticorpo anti-Rh (IgG) pode atravessar a placenta e causar anemia hemolítica grave nos bebês antes do nascimento.

Imunidade Celular aos Vírus

Em uma doença viral, o vírus encontra-se oculto dentro das células hospedeiras durante a maior parte do ciclo de replicação. Além disso, os vírus podem ser transmitidos de uma célula para outra por meio de pontes intercelulares, evitando assim o contato do vírus com os anticorpos séricos que poderiam neutralizar o vírus. A resposta imune mediada pelas células T citolíticas é efetiva contra as células hospedeiras somente se estiver direcionada contra os antígenos virais expressos na superfície das células infectadas. A atividade das células citolíticas está rigorosamente regulada ou restrita, de forma que as células hospedeiras não-infectadas não são prejudicadas. Entretanto, se o vírus tiver infectado seletivamente células essenciais ao hospedeiro, a resposta imune mediada por células T citolíticas matará estas células ao atacar os vírus, deixando o hospedeiro sem a função normal destas células. Por exemplo, se o vírus infectar a células produtoras de insulina e a resposta imune matar estas células, o hospedeiro pode desenvolver um ataque agudo de diabete dependente de insulina. Na prática, os clínicos devem contar com vacinas virais e algumas drogas antivirais efetivas disponíveis para o tratamento de pacientes, para minimizar os efeitos citopáticos de uma doença viral em um hospedeiro.

Tabela 19.4 Transfusão de sangue humano entre indivíduos.

Tipo Sanguíneo			Transfusões Bem-sucedidas	
Fenótipo	Genótipo	Isoanticorpos presentes	Doado para	Recebido de
A	*AA, AO*	Anti-B	A, AB	A, O
B	*BB, BO*	Anti-A	B, AB	B, O
AB	*AB*	Nenhum	AB	A, B, AB, O
O	*OO*	Anti-A e B	A, B, AB, O	O
Rh+	*D*	Nenhum	+	+, –
Rh-	*d*	Nenhum	–, +	–

Implicações da Resposta das Células T

É possível melhorar a nossa capacidade de manipular e explorar a resposta imune se os mecanismos de controle da resposta das células T forem mais bem compreendidos. A célula T não ajuda só beneficiando a resposta imune; ela pode também suprimir respostas imunes indesejáveis. As interações das subclasses da células T e, por sua vez, a interação com as células mediadoras, tanto da resposta imune humoral como dos mecanismos de resistência natural, são extremamente complexas. No momento, estas interações parecem estar fora de nosso alcance para alterar qualquer processo sofisticado. Se os cientistas puderem aprender a regular com sucesso a resposta imune mediada por células, os médicos poderão suprimir especificamente a rejeição de muitos transplantes de órgãos ou aumentar a imunidade aos cânceres.

Responda

1 Que atividades as células T executam?

2 Qual é o mecanismo de rejeição de um órgão transplantado?

3 Descrever a base genética para a aceitação ou a rejeição de enxertos entre indivíduos.

4 As células vermelhas sanguíneas possuem antígenos de transplante? Se não, quais os antígenos mais importantes nas células vermelhas sanguíneas?

5 Como as células T citolíticas reconhecem as células infectadas por vírus?

Aquisição de Imunidade Específica

A imunidade específica inclui aquelas respostas imunes que dependem do *reconhecimento* da célula ou de substâncias a serem atacadas pelo sistema imune. A forma como o organismo adquire a habilidade de responder especificamente a tais antígenos é discutida nesta seção.

Aquisição de Imunidade Passiva *versus* Natural

A imunidade específica pode ser adquirida de muitas maneiras, tanto natural como artificialmente. A imunidade ativa adquirida é o resultado da produção de anticorpos pelas próprias células do receptor, *após* a exposição ao antígeno (por exemplo, após a vacinação). A imunidade passiva envolve a transferência de anticorpos *pré-formados* ao receptor sem induzi-lo a uma resposta imune (rever Figura 19.3). O único exemplo *natural* de aquisição passiva de imunidade ocorre durante o desenvolvimento fetal e neonatal em alguns mamíferos, particularmente em humanos. Durante o desenvolvimento fetal, os anticorpos atravessam a placenta da mãe para a circulação do filho. Durante o período neonatal (logo após o nascimento), o bebê adquire passivamente anticorpos imunes no primeiro leite, denominado *colostro*. A aquisição passiva da imunidade materna fornece proteção ao recém-nascido, cujo sistema imune imaturo é incapaz de resistir a todos os patógenos encontrados durante os primeiros dias de vida.

Terapia com Anticorpos e Imunoterapia

Com o advento dos *anticorpos monoclonais* produzidos em laboratório, o uso de anticorpos passivos para fornecer imunidade temporária ao hospedeiro pode representar um passo importante além da transfusão de anticorpos no sangue total. A tecnologia de clonagem celular, discutida no Capítulo 20, torna possível a produção em laboratório de gramas de um único anticorpo. Espera-se que pacientes que necessitam de anticorpos para fins terapêutico ou diagnóstico possam obtê-los em quantidades virtualmente ilimitadas, sem os riscos associados com a transfusão de produtos derivados do sangue total. Mediante o acoplamento de drogas citotóxicas a anticorpos monoclonais que reagem com antígenos tumorais, em teoria é possível atingir especificamente células tumorais com as drogas. Isto representaria a "arma mágica" imaginada por Paul Ehrlich em 1900!

O objetivo da imunoterapia ou do tratamento de pacientes por métodos imunológicos atualmente tem tido um significado maior à medida que alguns dos fatores de crescimento do sistema imune são isolados, clonados e produzidos em quantidade. Pela administração destes fatores de crescimento a hospedeiros imunodeficientes, alguns aspectos da defesa imune podem ser restaurados. Alternativamente, as células hospedeiras podem ser removidas e ativadas *in vitro* antes de ser reintroduzidas no hospedeiro. Ambas as abordagens têm sido utilizadas experimentalmente no tratamento de alguns pacientes com câncer.

Responda

1 Descrever um método *natural* de imunidade passiva.

2 Por que o uso de anticorpos monoclonais é promissor na terapia com anticorpos?

3 Que benefícios terapêuticos podem ser obtidos por meio do conhecimento sobre os fatores de crescimento do sistema imune?

Infecção, Imunidade e Imunodeficiência

Agora que você examinou os componentes de um sistema imune, a questão mais importante é: como ele funciona realmente no hospedeiro humano durante o progresso da doença e quais componentes são mais importantes? Estas questões são difíceis de responder, pois as pesquisas são limitadas por razões éticas, já que não é permitido realizar experimentos em seres humanos. Os animais de laboratório nem sempre respondem da mesma maneira que os seres humanos. É possível observar o curso natural da doença humana, mas intervenções devem ser efetuadas com tratamentos que irão beneficiar o paciente, alterando a verdadeira resposta imune. O experimento "ideal" seria destruir os componentes de um sistema imune e observar os efeitos na resistência do paciente a doenças! Obviamente isto não pode ser feito em seres humanos sadios, mas há pacientes que possuem deficiências genéticas ou adquiridas do sistema imune. Os cientistas podem observar esses defeitos e seus resultados na incidência e no curso de doenças.

Defeitos Imunes das Células T, B ou NK ou de Macrófagos

Os defeitos genéticos do sistema imune podem aparecer como defeitos em qualquer célula tronco da medula óssea, de onde se originam todas as células sanguíneas da série branca; no microambiente necessário para a diferenciação de alguns subgrupos especializados de células; ou nas vias genéticas de diferenciação celular. Em qualquer evento, a produção de células necessárias para o funcionamento ótimo do sistema imune pode falhar em qualquer um dos passos nas vias complexas de diferenciação (Figura 19.13, caderno em cores). Na maioria dos casos, isso resulta em um comprometimento sério na habilidade do hospedeiro em resistir a doenças.

Os defeitos mais importantes afetam a geração de elementos linfóides do sistema imune. A *síndrome de DiGeorge* está associada ao defeito no desenvolvimento normal do timo e resulta ausência completa de células T maduras e de imunidade mediada por células. Várias *agamaglobulinemias* (como a agamaglobulinemia de Bruton) resultam de defeitos no desenvolvimento das células B. A *imunodeficiência combinada grave* é causada por um defeito nas células tronco linfóides e resulta completa ausência tanto das células T como das células B. A Tabela 19.5 mostra as características primárias das principais deficiências imunes e seus efeitos em doenças induzidas por patógenos extracelulares (por exemplo, bactérias) e intracelulares (por exemplo, vírus). As deficiências de macrófagos e complemento são também observadas, mas estes são de importância secundária, pois são elementos inespecíficos de defesa contra as doenças. Entretanto, a perda destas células exacerba a incidência e/ou a gravidade das doenças.

Efeitos da Imunodeficiência na Defesa Antibacteriana

Como as bactérias são atacadas primariamente pelos fagócitos, espera-se que ocorra um aumento da incidência e gravidade das infecções bacterianas nos seres humanos com deficiência de macrófagos. Como a eficiência das células fagocíticas é muito aumentada pelo efeito opsonizante do anticorpo IgG e/ou complemento, as deficiências destes componentes estão também associadas com um aumento moderado na freqüência de infecções bacterianas graves. Uma deficiência de células T não tem um efeito direto da defesa antibacteriana, mas indiretamente enfraquecerá a resposta da IgG dependente das células T e a memória imunológica.

Uma vez que muitos antígenos bacterianos são timo-independentes, podem estimular diretamente as células B para produzir anticorpos IgM. Desta forma, eles ativam o complemento que lisam e opsonizam os patógenos bacterianos. A ausência completa de células B diminuirá muito a efetividade dos macrófagos no combate às doenças bacterianas. Como foi visto no Capítulo 18, o complemento, com ou sem anticorpos IgM ou IgG, destruirá bactérias Gram-negativas, sendo assim um mecanismo de defesa importante.

Tabela 19.5 Efeitos da imunodeficiência na defesa do hospedeiro contra doenças.

	Resposta Imune		Gravidade da Doença	
Imunodeficiência	**Mediada por células (células T)**	**Humoral (anticorpos)**	**Intracelular***	**Extracelular**
Células T (síndrome de DiGeorge)	Ausente	IgM normal IgG ausente	Aumentada	Normal
Células B (agamaglobulinemia de Bruton)	Normal	Ausente	Normal	Aumentada
Células T e B (imunodeficiência combinada grave)	Ausente	Ausente	Aumentada	Aumentada
Células NK (síndrome de Chédiak-Higashi)	Normal	Normal	Um pouco aumentada	Normal
Macrófagos (deficiência de mieloperoxidade)	Um pouco diminuída	Um pouco diminuída	Um pouco aumentada	Aumentada
Complemento (particularmente C3)	Normal	Normal	Normal	Um pouco aumentada

* Patógenos intracelulares que incluem os vírus, algumas bactérias (por exemplo, micobactérias), fungos patogênicos (por exemplo, *Microsporum*) e parasitas (por exemplo, malária). A incidência de câncer não é relativamente afetada pelas deficiências de células T ou células NK, mas muitas células neoplásicas sobrevivem para produzir câncer que se desenvolve mais rapidamente em pacientes com estas deficiências. Patógenos extracelulares são quase exclusivamente bactérias, mas podem incluir algumas leveduras e parasitas. O câncer não é relativamente afetado por deficiências da imunidade humoral.

Efeitos da Imunodeficiência na Defesa Antiviral

Durante o curso de uma doença viral ativa, o principal mediador da imunidade antiviral é a célula T, que pode atacar células hospedeiras infectadas e eliminar o reservatório intracelular de vírus. Portanto, as deficiências de células T resultam em um aumento significativo na gravidade de doenças virais. A imunidade antiviral duradoura depende da presença de anticorpos IgG que neutralizam os vírus no soro do hospedeiro e da presença de células B dependentes de células T, com memória imunológica para a produção de anticorpos IgG. Portanto, tanto a célula efetora antiviral primária como a habilidade em produzir imunidade duradoura estão ausentes em pacientes com deficiência em células T, nos quais a doença viral tende a ser mais grave, crônica e recorrente.

Os outros mediadores celulares de resistência a doenças virais incluem as células *natural killer* e os macrófagos. Os macrófagos podem fagocitar e degradar os vírus, e as células NK podem matar as células infectadas por vírus. A falta destes componentes aumenta a gravidade das doenças, mas não impede uma cura eventual. A ausência de células B tem efeito relativamente pequeno nas doenças virais, permitindo a recorrência da doença. O complemento pode lisar os vírus envelopados, mas a deficiência de complemento tem pouco ou nenhum efeito sobre a doença viral.

Efeitos da Imunodeficiência na Defesa contra o Câncer

A transformação de uma célula normal em uma célula cancerígena resulta uma situação que é imunologicamente semelhante à célula que foi infectada com um vírus. A célula não mais obedece às restrições normais no crescimento celular. As células perdem a inibição por contato e continuam a crescer mesmo quando estão rigorosamente em contato com as células vizinhas (Figura 19.14). Isto significa que as células cancerígenas empilham-se e substituem as células normais, comprometendo as funções de órgãos complexos. As células cancerígenas também invadem os tecidos circundantes e crescem por meio das membranas basais, comprometendo a função dos órgãos e disseminando-se aos órgãos adjacentes, provocando aderências e obstruções. Quando as células cancerígenas invadem os vasos sanguíneos, podem sofrer metástase e subseqüentemente causar deficiência orgânica em muitos locais como resultado do desenvolvimento do câncer. Muitos tipos de câncer podem também suprimir as funções imunes e evitar a rejeição imunológica.

Os sistemas imunes e de resistência natural do organismo estão constantemente em estado de alerta para detectar o desenvolvimento de novas células cancerígenas. As primeiras células que têm um papel importante na vigilância imunológica para a destruição das células cancerígenas são as células *natural killer* (NK). As células NK podem reconhecer diretamente as células cancerígenas por serem diferentes das células normais e podem matá-las em poucas horas antes que se desenvolva um tumor primário. Deficiências de células NK ou suas funções estão associadas com um aumento na incidência de câncer, pois muitas células transformadas sobreviverão para produzir tumores primários.

Todos os tumores são clones, pois originam-se de uma única célula transformada. Uma premissa básica da imunologia dos tumores é que as células tumorais são de alguma

Figura 19.14 (**A**) Cultura de células pancreáticas de rato mostrando um crescimento em uma camada ordenada cuja proliferação de células é limitada pela inibição por contato. (**B**) Células do mesmo tipo, quando transformadas para um estado canceroso, perdem a inibição de contato e crescem umas sobre as outras em massas desordenadas.

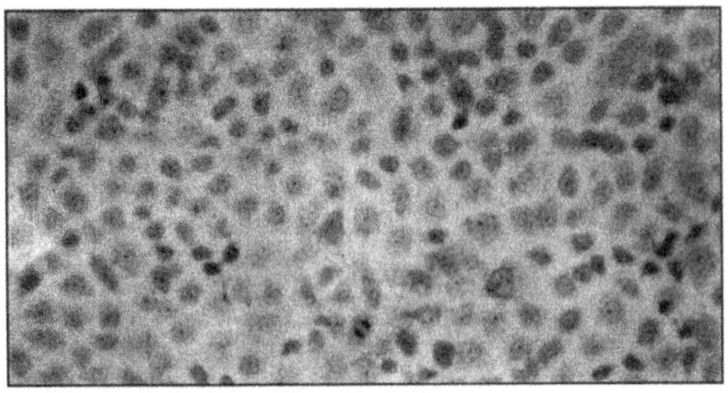

(A)

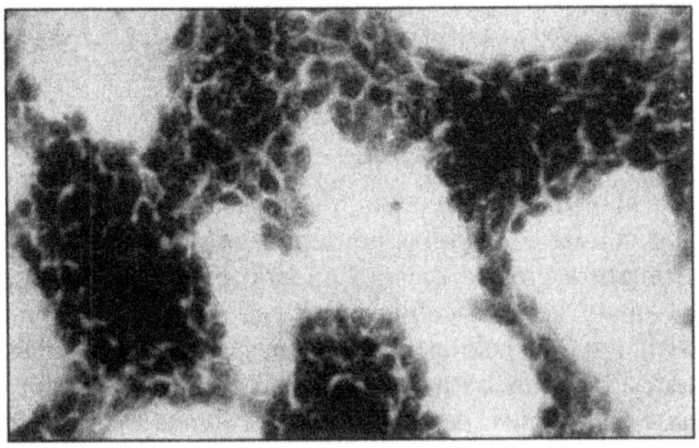

(B)

forma antigenicamente diferentes das células normais. O tumor pode expressar novos antígenos tumor-específicos. Mas a imunidade específica requer uma quantidade suficiente de antígenos e considerável tempo para que a resposta seja induzida. Os cânceres podem levar muitos meses ou mesmo anos para se desenvolverem. Durante este tempo muitos cânceres podem escapar da resposta imune e estabelecer-se como tumores progressivos. Por definição, qualquer câncer capaz de se desenvolver progressivamente pode evitar com sucesso a defesa imune do hospedeiro.

Deficiências de células T e B estão associadas com um aumento do desenvolvimento de câncer. Assim, as células T são efetores primários da rejeição imune de câncer estabelecido; a perda destas células resulta em uma aceleração marcante no crescimento de tumores. A taxa de crescimento celular não aumenta efetivamente, mas as defesas no combate ao câncer estão drasticamente diminuídas – resultando numa redução de perda das células cancerígenas devido à imunidade e, portanto, em um acúmulo rápido das células cancerígenas no hospedeiro. Deficiências de macrófagos, complemento e outros fatores também têm seus efeitos, que são difíceis de quantificar em uma doença longa e insidiosa como o câncer. Há ainda muitas questões a ser respondidas antes que os pesquisadores possam utilizar o sistema imune para erradicar efetivamente o câncer.

Responda

1 Qual é o defeito do sistema imune associado à síndrome de DiGeorge? E à agamaglobulinemia de Bruton? E à imunodeficiência combinada grave?

2 O que acontece a um hospedeiro humano com deficiência de macrófagos? E com a ausência completa das células B?

3 Como a deficiência das células T afeta o hospedeiro humano no combate a infecções virais? Quais são os outros mediadores celulares de resistência às infecções virais?

4 Quais são as propriedades das células cancerígenas?

5 Quais são as conseqüências de uma deficiência nas células NK?

6 Por que todos os tumores são considerados clones? Os tumores são antigenicamente diferentes das células normais?

Resumo

1. A resposta imune específica consiste na imunidade humoral e celular.
2. As principais características da resposta imune ativa são discriminação, especificidade e transferência pelas células vivas.
3. As células que respondem especificamente a antígenos são as células T e B, as quais são diferenciadas com base nos marcadores de superfície. O timo e a medula óssea são os órgãos linfóides centrais e são responsáveis pelo processamento dos linfócitos humanos para formar células T e B, respectivamente.
4. As células B são responsáveis pela imunidade humoral, enquanto as células T são responsáveis pela imunidade celular. A imunidade mediada por células refere-se a reações celulares diretamente mediadas por células T ou seus fatores (linfocinas). A imunidade humoral é mediada por anticorpos, também denominados *imunoglobulinas*.
5. A estrutura da unidade básica do anticorpo lembra a letra Y e é dividida em diferentes regiões, que se ligam aos antígenos e aos receptores. Existem cinco classes de anticorpos, cada uma com funções específicas.
6. Imunogenicidade e especificidade são duas características de um antígeno. Os antígenos podem ser solúveis ou particulados, naturais ou artificiais e podem ou não ser timo-dependentes.
7. Existem quatro tipos de hipersensibilidade, que são basicamente diferentes tipos de alergias.
8. Enxertos de órgãos e tecidos são aceitos ou rejeitados com base nos antígenos de histocompatibilidade celulares.
9. A resposta imune mediada por células T citolíticas é efetiva contra células do hospedeiro infectadas por vírus e células cancerígenas.
10. Imunidade pode ser adquirida passivamente durante o desenvolvimento fetal e neonatal.
11. Há vários defeitos que ocorrem naturalmente em seres humanos que afetam a geração de elementos linfóides do sistema imune. As imunodeficiências têm um grande impacto na defesa contra doenças bacterianas, virais e parasitárias. Imunodeficiências também afetam o desenvolvimento do câncer.

Palavras-Chave

Adjuvante
Alergia
Aloenxerto
Anafilaxia
Anticorpos
Anticorpos imunes
Antigenicidade
Antígenos
Auto-enxerto
Células *null*
Células imunes
Diferença de histocompatibilidade
Epítopos
Fab
Fc
Haptenos
Hemopoiético
Heteroenxerto
Imunidade ativa
Imunidade celular
Imunidade humoral
Imunidade passiva
Imunogenicidade
Imunoglobulinas
Imunologia
Isoenxerto
Linfócitos B derivados da medula óssea (células B)
Linfócitos derivados do timo (células T)
Órgãos linfóides centrais
Resposta anamnéstica
Sistema imune
Sistema linfóide periférico
Teoria de seleção clonal de imunidade

Revisão

IMUNIDADE ESPECÍFICA E A RESPOSTA IMUNE

1. Os mediadores solúveis de imunidade humoral são denominados ________________________.

2. As células imunes são os mediadores de ____.

3. As quatro características primárias da resposta imune específica são resumidas por estes termos: ________________,________________, anamnese, transferência por células vivas.

4. As células T são ____________________________ derivados do timo.

Indicar se a afirmação a seguir é verdadeira (V) ou falsa (F). Se falsa, reescreva-a de forma correta.

5. Os linfócitos T e B podem ser diferenciados a partir das suas características morfológicas. ___

____

____

6. O sistema linfático consiste em uma rede entrelaçada de ______________ e ____________.

7. Os órgãos linfóides centrais são o ________________________________ e a medula óssea.

8. As células B são destinadas à síntese de ________________________________ específicos.

IMUNIDADE HUMORAL

9. Associar a descrição à direita com o item apropriado à esquerda:

_____ Células *null*	(**a**) Células que processam e apresentam o antígeno em uma forma imunogênica ótima para as células T e B
_____ Células B	(**b**) Células que produzem os anticorpos
_____ Macrófagos	(**c**) Células que produzem linfocinas
_____ Células T	(**d**) Células que carecem de marcadores das células T e B e não são fagocíticas

10. Indicar se os procedimentos a seguir constituem imunização *ativa* ou *passiva*:

(**a**) Vacinação com patógenos mortos. ____

(**b**) Vacinação com patógenos atenuados. ______________________________________

(**c**) Administração de soro imune. ____

(**d**) Anticorpos do leite materno. ____

11. Indicar se os procedimentos a seguir constituem imunização *natural* ou *artificial*:

(**a**) Administração de patógenos atenuados. ____________________________________

(**b**) Exposição a alérgenos. ____

(**c**) Transfusão de linfócitos imunes. ____

(**d**) Cura de doença.

____

12. A molécula básica do anticorpo possui ________________ cadeias de polipeptídeos.

13. Uma molécula de anticorpo possui *dois* sítios de ligação para o antígeno, portanto é

____.

14. Quando uma molécula de IgG é clivada pela papaína, os três fragmentos resultantes são dois Fab e um ________________.

15. O primeiro anticorpo a ser produzido em resposta a qualquer antígeno é o anticorpo ________________.

16. O anticorpo mais comum é a ________________.

17. A ________________ secretora é um componente principal da proteína do leite materno.

18. O anticorpo das alergias é a ________________.

OS ANTÍGENOS

19. Um antígeno possui especificidade e ________________.

20. Uma porção de um antígeno que reage com anticorpos é denominado um ________________.

21. Haptenos apresentam especificidade mas não ________________.

22. Uma toxina inativada é denominada ________________.

23. Os anticorpos podem penetrar em células vivas? ________________.

Indicar se a afirmação seguinte é verdadeira (V) ou (F). Se falsa, reescreva-a de forma correta.

24. Os antígenos timo-independentes não causam a maturação da resposta imune. ________________
____

HIPERSENSIBILIDADE

25. De que forma se manifesta a alergia do tipo imediato? (**a**) reações agudas a picadas de insetos; (**b**) teste cutâneo para tuberculose; (**c**) anafilaxia; (**d**) asma.

26. A hipersensibilidade do tipo II é também conhecida como hipersensibilidade mediada por complemento ou________________.

27. A deposição de complexos imunes nos rins que resulta em deficiência renal é devido à hipersensibilidade do tipo________________.

IMUNIDADE CELULAR

28. As primeiras células a reconhecer que um enxerto é estranho são as células________________.

29. As células que matam as células de enxertos estranhos são os linfócitos T________________.

30. Os enxertos que são rejeitados em 8 a 12 h expressam uma diferença de ________________ ________________ maior.

31. Qual dos seguintes enxertos é indefinidamente aceito pelos receptores? (**a**) heteroenxertos; (**b**) homoenxertos; (**c**) auto-enxertos; (**d**) isoenxertos.

32. Na transfusão do sangue total, os antígenos ________________ e ________________ do receptor e doador são compatíveis.

33. A resposta imune mediada por células T citolíticas é efetivamente contra células hospedeiras infectadas por vírus somente se expressarem ________________ em sua superfície.

AQUISIÇÃO DE IMUNIDADE ESPECÍFICA

34. O exemplo *natural* de aquisição passiva de imunidade em seres humanos ocorre durante o desenvolvimento ________________ e ________________.

35. Isolamento, clonagem e produção em quantidade de fatores de crescimento do sistema imune e administração em pacientes imunodeficientes têm dado origem à ________________.

36. Pelo acoplamento das drogas citotóxicas com anticorpos ________________ para antígenos tumorais, é possível atingir especificamente a célula tumoral com a droga.

INFECÇÃO, IMUNIDADE E IMUNODEFICIÊNCIA

37. A síndrome de DiGeorge está associada com a ausência completa de ____________________ maduras e imunidade ____________________

38. Várias agamaglobulinemias resultam de defeitos no desenvolvimento das ________________ ____________________.

39. A síndrome de Chédiak-Higashi está associada com deficiências das células ______________ ____________________ ou suas funções.

40. A ____________________ é o efetor primário da rejeição imune do câncer estabelecido.

Questões de Revisão

1. Discutir as quatro principais características da resposta imune.
2. Qual é a função do timo?
3. Explicar a teoria da seleção clonal de imunidade.
4. Descrever a interação entre os linfócitos T, B e macrófagos na resposta humoral estimulada pelo antígeno.
5. Comparar imunidade passiva e ativa.
6. Fazer a distinção entre imunidade natural e artificial.
7. Discutir a classe de anticorpos que: (**a**) é produzida primeiro em resposta a qualquer antígeno; (**b**) é a mais comum; (**c**) está presente no colostro; (**d**) é responsável pelas reações alérgicas.
8. O que é memória imunológica?
9. Quais as duas propriedades que definem um antígeno?
10. Fazer a distinção entre os antígenos timo-dependentes e timo-independentes.
11. Explicar a base para a aceitação ou a rejeição de órgãos e tecidos enxertados.
12. Discutir o papel da imunidade mediada por células na resistência contra infecções virais.
13. Em que situação realmente temos uma "arma mágica" como imaginada por Paul Ehrlich em 1900?
14. Descrever os efeitos da imunodeficiência em infecções bacterianas e virais.

Questões para Discussão

1. Por que a resposta imune tem sido descrita como uma faca de dois gumes?
2. Explicar como as células B produzem uma variedade de anticorpos durante toda a vida do hospedeiro.
3. As pessoas que vivem nos trópicos possuem altos níveis de IgE. Isto significa que essas pessoas têm menos infecções parasitárias que as pessoas que vivem em regiões de clima temperado?
4. Por que a AIDS é considerada uma doença de imunodeficiência?
5. Os seres humanos possuem a bolsa de Fabricius? Se não, qual é o equivalente à bolsa em seres humanos?
6. Devido a um defeito genético, um indivíduo deixa de desenvolver o timo. O que ocorre com a imunidade humoral e celular desse indivíduo?
7. Qual é a base imunológica da anafilaxia e por que esta condição é uma ameaça à vida?
8. Explicar por que a transfusão sanguínea tem êxito apenas com a associação dos antígenos ABO e Rh.
9. Os vírus são parasitas intracelulares; desta forma, são protegidos do ambiente. Contudo, as células citolíticas podem destruir células hospedeiras infectadas. Como as células T reconhecem as células infectadas por vírus?
10. Discutir as três formas pelas quais os defeitos genéticos afetam o sistema imune.
11. Por que uma deficiência da resposta imune resulta em aumento do desenvolvimento do câncer?
12. Você acha que a perspectiva do uso de anticorpos monoclonais no tratamento de pacientes tem sido completamente satisfatória?

Capítulo 20

Aspectos Práticos da Imunidade

Objetivos

Após a leitura deste capítulo, você deve ser capaz de:

1. Explicar o mecanismo de precipitação para as reações antígeno-anticorpo.
2. Descrever os vários tipos de testes de imunodifusão qualitativos.
3. Descrever a técnica de imunodifusão radial utilizada como teste quantitativo.
4. Explicar o objetivo da imunoeletroforese.
5. Citar os procedimentos básicos do eletroimunoensaio e da contra-imunoeletroforese.
6. Diferenciar os testes de aglutinação direta e indireta.
7. Descrever os testes de aglutinação bacteriana bem conhecidos e explicar o significado de um título crescente de anticorpos aglutinantes.
8. Descrever o fenômeno da hemaglutinação viral e explicar a aplicação do teste de inibição da hemaglutinação viral.
9. Explicar o princípio dos testes de fixação de complemento, radioimunoensaio e ELISA (*Enzyme-linked immunosorbent assay*).
10. Diferenciar as técnicas de anticorpo fluorescente direta e indireta.
11. Explicar como os anticorpos monoclonais são produzidos e por que são importantes.
12. Listar os principais testes cutâneos para imunidade mediada por células em humanos e os agentes etiológicos responsáveis pelas doenças que causam reação positiva.
13. Descrever vários testes *in vitro* de resposta imune mediada por células.

Introdução

Neste capítulo você aprenderá os princípios básicos dos testes *in vitro* utilizados para investigar o sistema imunológico, especialmente a resposta imune do hospedeiro à infecção microbiana. As técnicas imunológicas detectam, caracterizam e quantificam os antígenos, os anticorpos, os complexos imunes e as células envolvidas na resposta imune. Tais testes, realizados sob condições laboratoriais controladas, podem também fornecer informação valiosa para o diagnóstico e a prevenção da doença.

Além de suas aplicações práticas no laboratório clínico, as técnicas imunológicas são utilizadas nas disciplinas mais distantes dos limites da medicina. Por exemplo, podem ser utilizadas para investigações criminais, como naqueles casos de produtos ou pacotes falsificados (por exemplo, quando a carne de cavalo substitui a carne de boi). Também são utilizadas nos estudos fundamentais da biologia celular, tal como identificar diferentes substâncias protéicas no citoplasma da célula. Entretanto, este capítulo destina-se somente às técnicas imunológicas utilizadas pelo microbiologista clínico, bem como para a produção de anticorpos monoclonais.

Avaliação da Imunidade Humoral (Anticorpos)

Muitas técnicas imunológicas dependem das propriedades fundamentais das reações antígeno-anticorpo. Você aprendeu no Capítulo 19 que os anticorpos reagem especificamente com os epítopos do antígeno que estimularam a sua formação. Os anticorpos são encontrados no soro sanguíneo, fluido que é obtido após a coagulação do sangue. Assim, o estudo *in vitro* de interações de antígenos e anticorpos, que utilizam amostras de soro, é chamado ***sorologia***.

Uma vez que os anticorpos não podem ser visualizados a olho nu, são detectados somente quando combinam com seus antígenos específicos. Reações antígeno-anticorpo podem ser detectadas por precipitação, aglutinação, fixação de complemento (CF – *complement fixation*), fluorescência, atividade enzimática e ligação de radioisótopos. Vários testes são utilizados para detectar os diferentes tipos de interações antígeno-anticorpo, os quais serão descritos nesta seção.

Testes de Precipitação

Nos testes de precipitação, a reação ocorre entre um antígeno solúvel e uma solução de anticorpos homólogos. A reação é indicada pela formação de um precipitado visível quando os dois componentes reagem. Entretanto, a formação deste precipitado pode ser inibida por um excesso de antígeno ou de anticorpo. Isto ocorre porque os testes de precipitação mais utilizados são aqueles que permitem *difusão* lenta do anticorpo e do antígeno até que suas concentrações ótimas para a reação sejam atingidas. A zona de concentração ótima é denominada ***zona de equivalência*** e representa a média de concentrações do antígeno e do anticorpo na qual ocorre precipitação completa (Figura 20.1, caderno em cores). Uma vez que a precipitação é uma reação identificável, os anticorpos envolvidos na formação dos precipitados são chamados de ***precipitinas***. A eficácia relativa de IgG, IgM e IgA em reações de precipitação diminui nesta ordem; IgD e IgE não participam de reações de precipitação.

A precipitação ocorre porque todos os anticorpos são pelo menos bivalentes, o que significa que cada monômero tem pelo menos dois sítios idênticos de ligação para os antígenos (ver Capítulo 19). Conseqüentemente, qualquer molécula de anticorpo pode ligar-se pelo menos a duas moléculas idênticas de antígeno. Em outras palavras, os antígenos podem *formar pontes* com os anticorpos. Além disso, a maioria dos antígenos tem vários epítopos, assim uma molécula de antígeno pode ligar-se a mais de uma molécula de anticorpo. Nos primeiros segundos da reação de precipitação, há uma reação rápida entre o antígeno e o anticorpo para formar pequenos complexos antígeno-anticorpo. Esta interação é seguida, em poucos minutos a horas, da formação de complexos antígeno-anticorpo constituídos de agregados grandes e entrelaçados denominados *lattices* (*treliças*), que precipitam na solução.

Como indicado na (Figura 20.1, caderno em cores), a formação de *lattices* é controlada pelas concentrações relativas de antígeno e de anticorpo específico. Se o antígeno ou o anticorpo está presente em concentrações muito maiores, um em relação ao outro, pode haver pouca ou nenhuma reação detectável, porque um grande *lattice* não será formado. Se há um excesso de anticorpo, cada antígeno é capaz de ligar-se a vários anticorpos, e a ligação cruzada não ocorre. Se pouco anticorpo está presente, não há número suficiente para formar pontes entre as moléculas de antígenos. Portanto, a formação máxima de *lattices* ocorre somente quando nem antígeno nem anticorpo estão em excesso. Em todos os testes sorológicos, a proporção de antígeno para anticorpo é crítica para o resultado do teste.

Testes de Imunodifusão Qualitativos. O teste de precipitação mais simples é realizado na fase fluida, com as soluções aquosas de antígeno e anticorpo, em um tubo de ensaio. Este processo é denominado *teste do anel de precipitina*, porque o precipitado forma um anel ou disco turvo na interface entre as soluções claras de antígeno e de anticorpo (Figura 20.2A). Este precipitado turvo ocorre onde a taxa das concentrações de anticorpo e de antígeno é ótima – a zona de equivalência.

O teste do anel de precipitina tem sido utilizado historicamente para identificar estreptococos patogênicos em laboratórios clínicos. Grupos sorológicos A, B, C, D, ..., R de estreptococos são identificados com base nos antígenos polissacarídicos (conhecidos como substância C) presentes em suas paredes celulares. O polissacarídeo pode ser extraído a partir de uma suspensão de estreptococos; este antígeno é misturado com anticorpos contra o grupo A, grupo B e assim por diante. O anticorpo que promover a precipitação do polissacarídeo identifica o grupo ao qual o estreptococo pertence. Anticorpos que precipitam estreptococos são obtidos por meio da imunização de coelhos com suspensões ou extratos de espécies conhecidas de *Streptococcus* mortos pelo calor. Este procedimento para tipificação de estreptococos é mostrado na Figura 20.3.

Como o ágar solidificado é em sua maior parte constituído por água, anticorpos e antígenos solúveis em água podem difundir-se por meio do ágar. Por exemplo, o anticorpo pode estar contido em um gel de ágar no qual se permite a difusão do antígeno. Isto é descrito como um método de difusão simples; um exemplo é o *método de Oudin*, no qual se coloca o antígeno solúvel diretamente

Figura 20.2 Alguns testes de precipitação qualitativos. (**A**) Teste do anel de precipitina. (**B**) Teste de Oudin, um método de difusão simples. (**C**) Teste de Oakley-Fulthorpe, um método de difusão dupla. Em todos os testes, um anel turvo visível (disco) de precipitado forma-se onde a zona de equivalência do antígeno e do anticorpo específico é atingida.

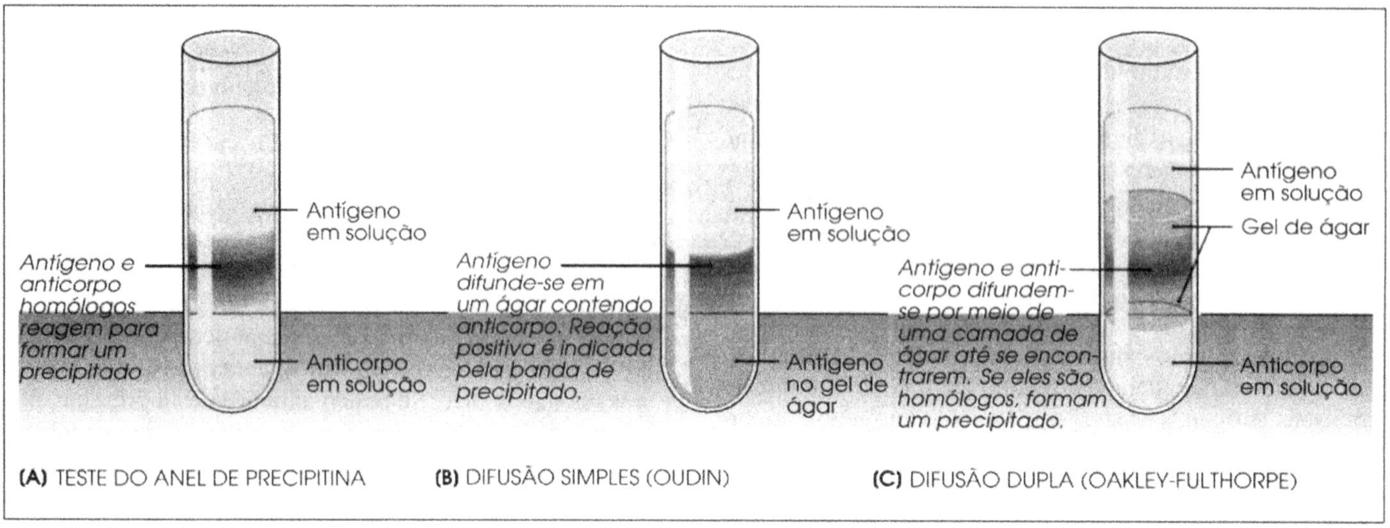

Figura 20.3 Procedimento para tipificação de estreptococos utilizando um teste de precipitina baseado no polissacarídeo de parede celular.

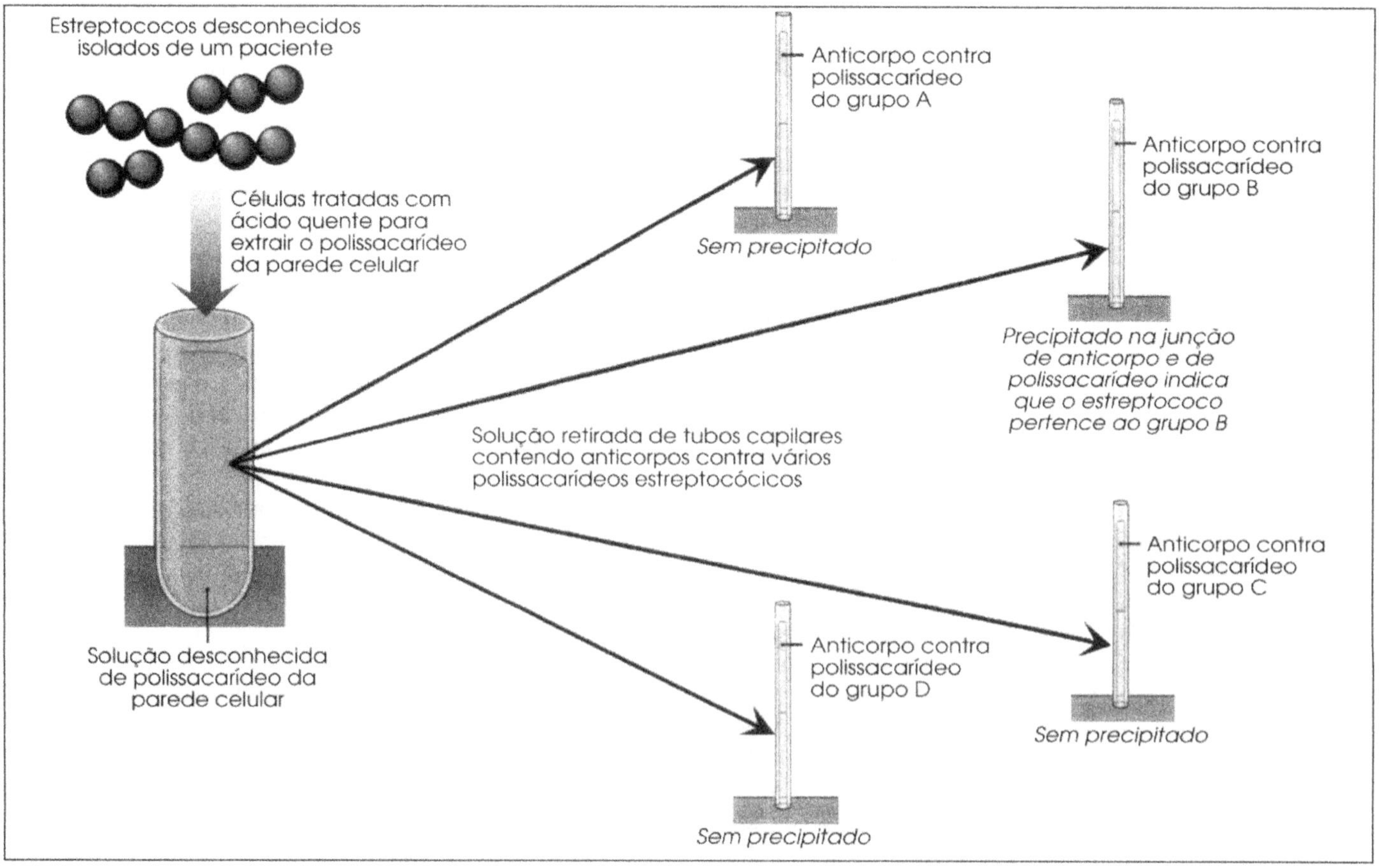

Figura 20.4 O teste de Ouchterlony, um método de precipitação com difusão dupla. Antígeno (Ag) e anticorpo (Ac) são colocados em cavidades separadas feitas no ágar depositado em uma placa de Petri; cada reagente se difundirá em todas as direções a partir da cavidade. Uma linha de precipitado forma-se onde as substâncias encontram-se e atingem a equivalência. Os subscritos mostrados referem-se à identidade do antígeno ou do anticorpo. (**A**) A fusão completa de duas linhas de precipitação adjacentes é denominada *reação de identidade*. As moléculas de antígeno e de anticorpo não podem difundir-se adiante da linha de precipitado; uma vez que se encontram, permanecem fundidas. (**B**) Uma projeção de precipitado (esporão) que se forma na interseção onde duas linhas de precipitado fundem-se caracteriza uma reação de identidade parcial dos antígenos. O esporão está direcionado para a cavidade que carece do antígeno específico. (**C**) A linha de precipitado forma-se onde um complexo antígeno-anticorpo cruza com outro, formando esporões duplos, indicando uma reação de não-identidade entre os antígenos.

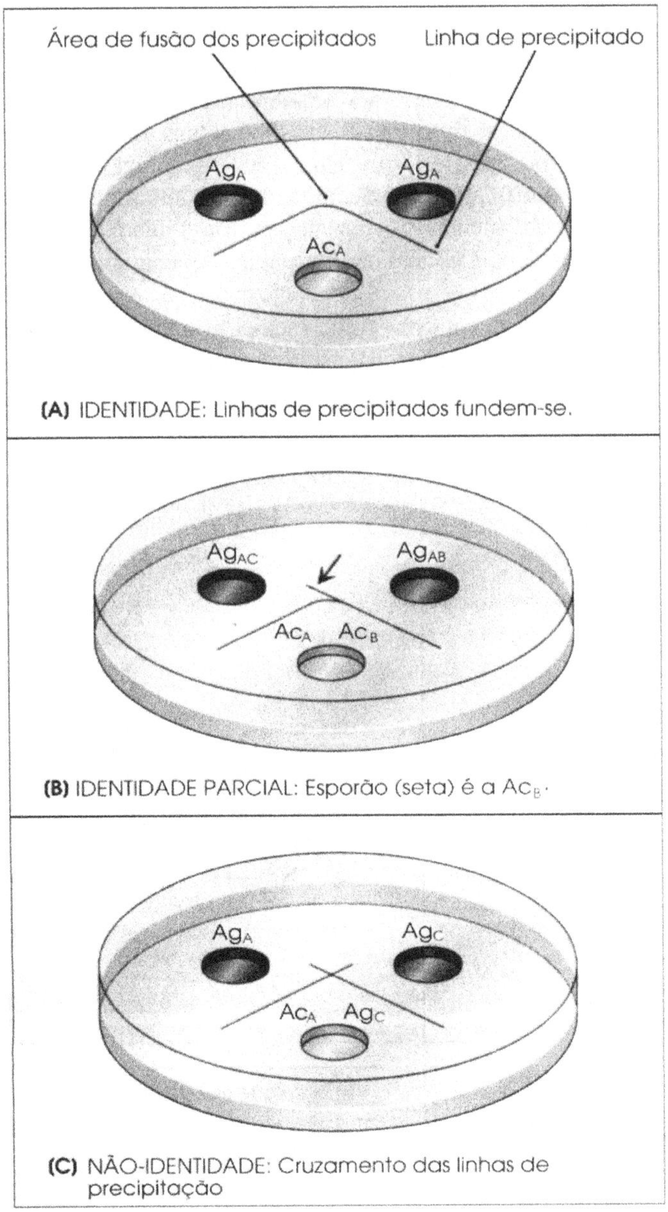

(A) IDENTIDADE: Linhas de precipitados fundem-se.

(B) IDENTIDADE PARCIAL: Esporão (seta) é a Ac_B.

(C) NÃO-IDENTIDADE: Cruzamento das linhas de precipitação

sobre um ágar contendo anticorpo (Figura 20.2B). Métodos de difusão dupla (quando antígeno e anticorpo são adicionados) incluem o *método de Oakley-Fulthorpe* e o *método de Ouchterlony*. O método de Oakley-Fulthorpe separa as soluções de anticorpo e de antígeno com uma camada de ágar claro (Figura 20.2C). Este procedimento resulta na difusão do antígeno solúvel e do anticorpo no ágar e na formação de um anel de precipitação.

A técnica de Ouchterlony é amplamente utilizada para detectar antígeno ou anticorpo. É utilizada para a comparação de vários antígenos e anti-soros (soros contendo anticorpos) sobre uma placa de ágar (Figura 20.4). Vários antígenos podem ser comparados por meio da adição destes em cavidades no ágar. O antígeno e o anticorpo difundem-se a partir da cavidade para formar um precipitado na zona de equivalência. Se as linhas de precipitados imunes formadas entre uma preparação de anticorpo e antígenos provenientes de duas cavidades diferentes fundem-se, há similaridade (identidade) entre os dois antígenos (Figura 20.4). Por outro lado, o cruzamento das linhas de precipitados, sem fusão, mostra ausência de identidade. A vantagem do método de Ouchterlony sobre a precipitação em líquido é que se torna mais fácil distinguir um sistema antígeno-anticorpo de multicomponentes, como explicado na Figura 20.5. Exemplos de aplicações desta técnica incluem detecção de enterotoxinas nos casos de suspeita de intoxicação alimentar ou de anticorpos contra micróbios específicos onde a infecção está presente.

Figura 20.5 Diferenciação de um sistema antígeno-anticorpo de composição múltipla pelo método de Ouchterlony. Quando um coelho é imunizado com soro humano, cada componente do soro (tal como albumina ou IgG) induzirá a formação de anticorpos contra ele. Quando o anti-soro contendo os anticorpos é colocado em uma cavidade (**1**) e o soro humano (antígenos), em uma segunda cavidade (**2**), algumas linhas de precipitado distintas formam-se entre as duas cavidades. O número de linhas formadas entre as duas cavidades indica o número mínimo de diferentes antígenos que estão sendo detectados pelo anti-soro. Se um antígeno simples (neste caso, a albumina) é colocado em uma terceira cavidade (**3**), a fusão da linha formada com uma das linhas múltiplas (uma reação de identidade) identifica-a como um dos componentes do soro humano.

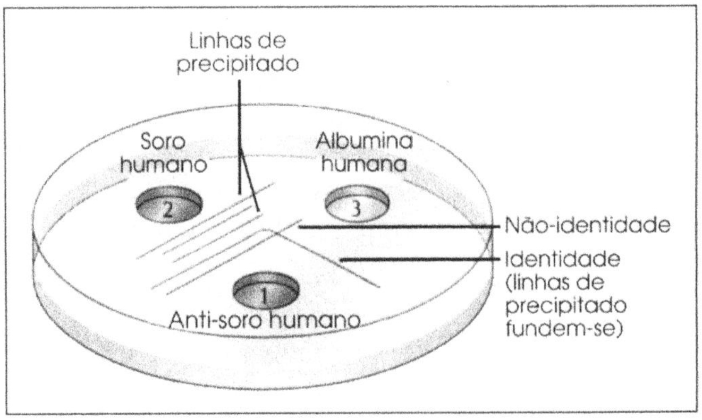

Testes de precipitação não são limitados a diagnóstico laboratorial de infecções microbianas do homem e de outros animais. Também são úteis em outras situações, tais como identificação de sangue ou fluido seminal em vestimentas, armas de fogo ou outras provas de investigações criminais.

Teste de Imunodifusão Quantitativo. A *técnica de imunodifusão radial* é utilizada para quantificar proteínas séricas, fatores do complemento, anticorpos e muitas outras substâncias. No *método de Mancini,* permite-se a difusão do antígeno a partir de uma cavidade em uma camada de ágar contendo o anticorpo específico. Outras cavidades são preenchidas com várias diluições (concentrações) de uma solução padrão de antígeno de referência. Um anel de precipitado forma-se ao redor de cada cavidade e o diâmetro do anel é proporcional à concentração do antígeno na cavidade (Figura 20.6). Este é um método simples, porém sensível, para quantificar antígenos desconhecidos em concentrações aproximadas de 1 μg/ml. Os diâmetros dos anéis formados pelas concentrações padrões de antígeno são medidos e plotados como uma função da concentração do antígeno. Os valores da concentração para os antígenos-testes são então obtidos por meio dos gráficos plotados.

Imunoeletroforese. A ***imunoeletroforese*** combina as técnicas de imunodifusão e eletroforese. A eletroforese é um processo eletroquímico no qual as substâncias com uma carga elétrica líquida migram sob a influência de uma corrente elétrica (Figura 20.7). Esta migração ocorre em um ágar ou em um líquido preenchido com matriz tamponada, tal como acetato de celulose. Substâncias carregadas positivamente deslocam-se em direção ao cátodo (eletrodo negativo), enquanto substâncias carregadas negativamente migram para o ânodo (eletrodo positivo). Substâncias diferentes movem-se por velocidades diferentes, dependendo de sua carga. Este movimento é denominado *mobilidade eletroforética*.

A imunoeletroforese é realizada em dois estágios. Primeiro, um fluido contendo antígenos protéicos é colocado em uma cavidade na matriz e uma corrente elétrica é aplicada. Os antígenos formarão bandas diferentes ao longo de uma linha que passa por meio da cavidade paralela ao fluxo de corrente. Cada banda representa um componente individual de uma mistura de antígenos. Quando a corrente é desligada, a difusão começará a partir de cada banda. Uma canalícula de corrida, paralela à direção da separação eletroforética, é preenchida com o anti-soro apropriado. As moléculas de anticorpo no anti-soro difundem-se em um fronte retilíneo e progressivo, em direção aos antígenos. Um arco de precipitação ou banda de precipitina forma-se somente onde cada componente antígeno-anticorpo atinge a zona de equivalência. Isto resulta em um modelo complexo de bandas de precipitado, em forma de arco (Figura 20.8).

A grande vantagem desta técnica é a habilidade para separar os componentes das misturas complexas.

Figura 20.6 Teste de imunodifusão radial simples (método de Mancini). O gel de ágar contém anti-soro específico para concentrações padrões (fila inferior) e concentrações desconhecidas (fila superior) de antígenos. A curva semilogarítmica é construída a partir dos diâmetros dos halos ou anéis formados pela concentração de antígeno padrão. A partir desta curva, concentrações desconhecidas do antígeno-teste podem ser determinadas.

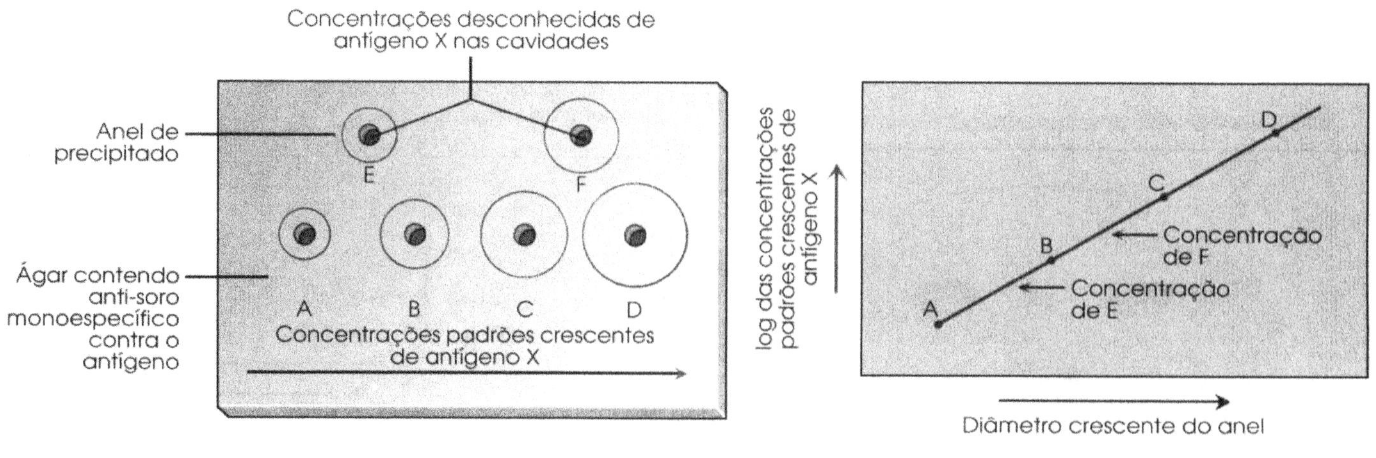

Figura 20.7 Separação de substâncias com cargas elétricas por meio de eletroforese. Este exemplo mostra a separação dos principais componentes protéicos do soro total por este processo eletroquímico. O soro é aplicado a uma matriz mergulhada em um tampão, pH 8,6. Neste pH, todas as proteínas séricas carregam uma carga líquida negativa. Uma corrente elétrica direta é aplicada na matriz, induzindo o deslocamento das moléculas de proteínas em um campo elétrico, e estas se separam com base em suas cargas. A albumina, sendo a molécula mais negativamente carregada, migra mais rapidamente em direção ao ânodo no campo elétrico. Depois seguem-se as alfa-globulinas e então a transferrina (uma beta-globulina). No final vêm as gama-globulinas, as proteínas fracamente negativas. (Observar que as bandas ou manchas de proteína são visualizadas somente após coloração.)

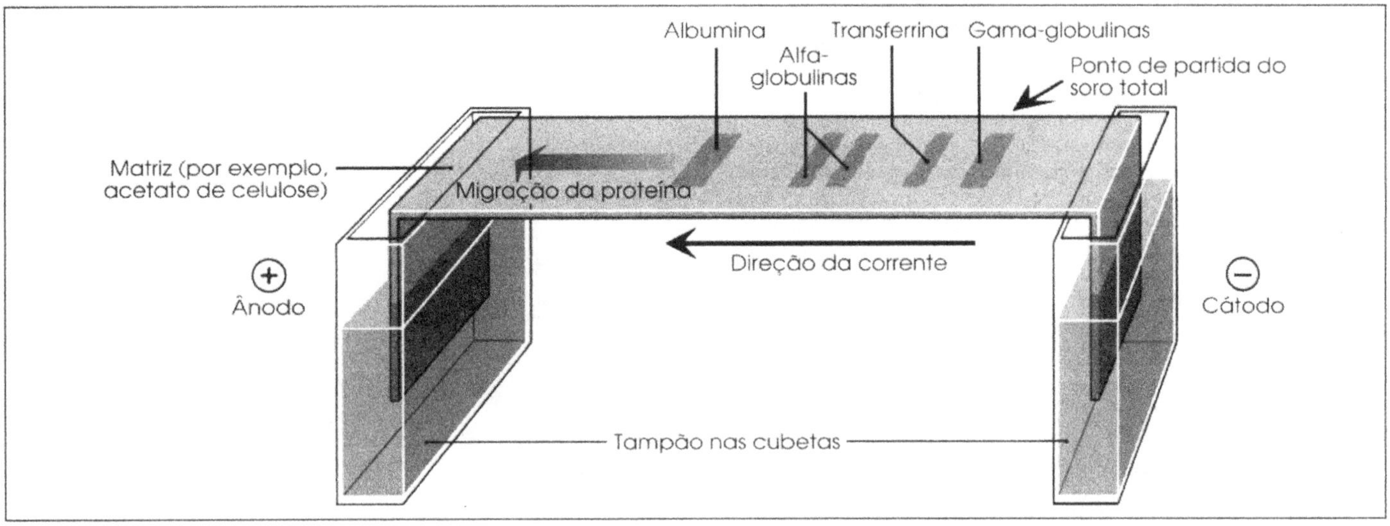

Isoladamente, a eletroforese não pode separar proteínas com mobilidade eletroforética similar, e outros métodos de difusão, até agora descritos, não podem resolver ou distinguir mais do que poucas linhas de precipitação. Entretanto, a imunoeletroforese pode distinguir até 39 antígenos individuais em uma mistura. A técnica é utilizada extensivamente para analisar os componentes protéicos em amostras de soro. As anormalidades das imunoglobulinas podem ser detectadas desta maneira.

Eletroimunoensaio. O ***eletroimunoensaio*** é uma combinação de um ensaio imunoeletroforético e o método de Mancini (técnica de imunodifusão radial). Esta técnica combina a velocidade da eletroforese com a quantificação de antígenos pelo método de Mancini. Envolve uma rápida migração eletroforética do antígeno (concentrações padrões e desconhecidas) a partir das cavidades presentes no gel de ágar contendo o anticorpo, permitindo pouco tempo para difusão. Quando as moléculas de antígeno migram no gel, inicialmente são complexos solúveis porque estão na zona de excesso de antígeno. Quando as moléculas de antígeno migram em um campo elétrico, suas concentrações diminuem até o ponto de equivalência, então formam um precipitado com os anticorpos no gel. Quando mais antígenos chegam, o precipitado no fronte em progressão dissolve-se enquanto os precipitados laterais permanecem; isto fornece uma configuração semelhante a um foguete. Assim, o procedimento é comumente denominado ***imunoeletroforese em foguete***.

A área de cada foguete, ou sua altura, é diretamente proporcional à concentração inicial do antígeno colocado na cavidade (Figura 20.9). Por causa da elevada precisão sustentada pela medida da maior altura do "foguete" (oposta à medida do diâmetro do anel no método de Mancini), a sensibilidade deste ensaio permite a determinação de antígenos em concentrações tão baixas quanto 0,5 μg/ml. Esta medida é utilizada para quantificar vários antígenos plasmáticos humanos e antígenos virais.

Contra-imunoeletroforese. A técnica de ***contra-imunoeletroforese*** é utilizada para detectar antígenos e anticorpos por meio de um deslocamento forçado, um em direção ao outro, em um campo elétrico (Figura 20.10). Os antígenos e os anticorpos têm cargas opostas quando colocados em pólos opostos de um campo elétrico, em tampões com força iônica e pH apropriados. Quando uma corrente elétrica é ligada, os antígenos e os anticorpos movem-se em direção aos respectivos pólos opostos, ou um em direção ao outro. Uma linha de precipitado forma-se onde os antígenos e os anticorpos específicos encontram-se em quantidade equivalente. A técnica é útil em laboratórios de pesquisa para estudar a resposta imune nas doenças. Ela pode detectar quantidades diminutas de antígenos teciduais ou microbianos, bem como anticorpos nos fluidos teciduais, em uma hora. A técnica pode também ser utilizada para identificar microrganismos específicos no meio de cultura após um breve período de incubação.

Testes de Aglutinação

Como mencionado anteriormente, as reações de precipitação envolvem antígenos *solúveis*. Por outro lado, as

Figura 20.8 Princípio da imunoeletroforese. (**A**) Um antígeno (como o soro) é colocado em uma pequena cavidade presente em uma camada de ágar depositada sobre uma lâmina de microscopia. (**B**) Uma corrente direta é aplicada por uma hora ou mais e ocorre uma migração diferencial dos componentes do antígeno (neste caso, componentes do soro). As distâncias que os componentes do antígeno presentes na cavidade migram no campo elétrico são proporcionais às suas cargas elétricas. (**C**) A corrente é desligada e uma canalícula é construída por meio de um corte longitudinal no ágar; um anti-soro (anticorpos para os componentes do soro) contra os antígenos separados na eletroforese é colocado na canalícula. (**D**) Os componentes do antígeno e os anticorpos específicos difundem-se, um em direção ao outro, e (**E**) linhas de precipitação são formadas. Estas linhas podem ser visualizadas mais claramente quando são coradas por técnicas de coloração de proteínas. A imunoeletroforese é uma técnica analítica bastante poderosa e pode mostrar cerca de 39 componentes diferentes no soro humano, enquanto a eletroforese mostra somente quatro ou cinco componentes diferentes.

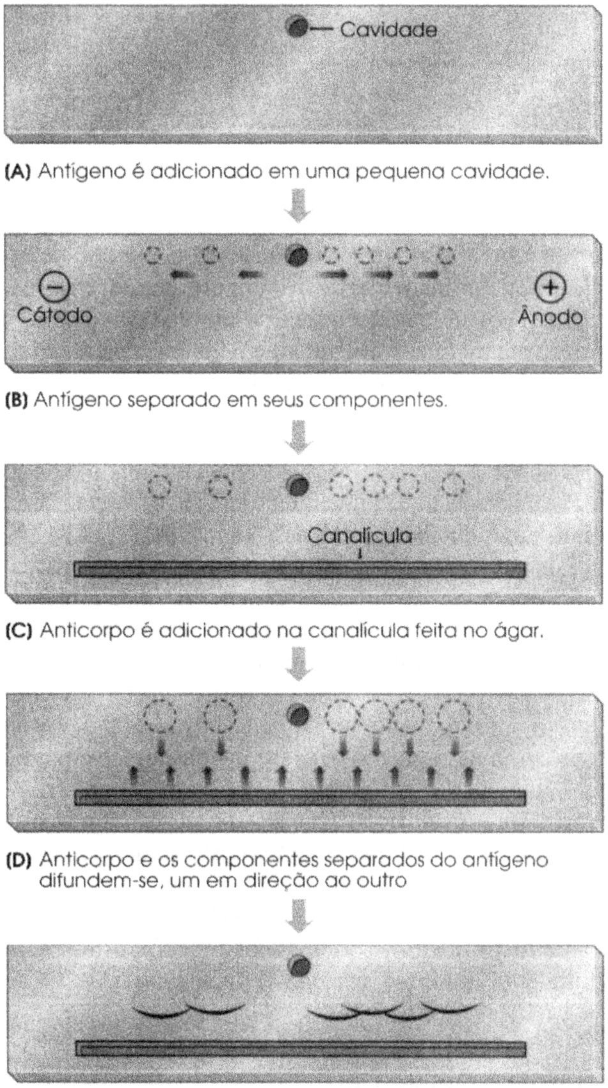

(**A**) Antígeno é adicionado em uma pequena cavidade.

(**B**) Antígeno separado em seus componentes.

(**C**) Anticorpo é adicionado na canalícula feita no ágar.

(**D**) Anticorpo e os componentes separados do antígeno difundem-se, um em direção ao outro

(**E**) Linhas de precipitado formando-se onde o anticorpo e os componentes do antígeno encontram-se em proporções ótimas

Figura 20.9 Eletroimunoensaio. A área compreendida pelas linhas de precipitina na forma de um foguete é diretamente proporcional à concentração inicial do antígeno na cavidade. Cada ensaio inclui um grupo de concentrações padrões, bem como concentração(ões) desconhecida(s) de antígeno (o que não é mostrado no esquema).

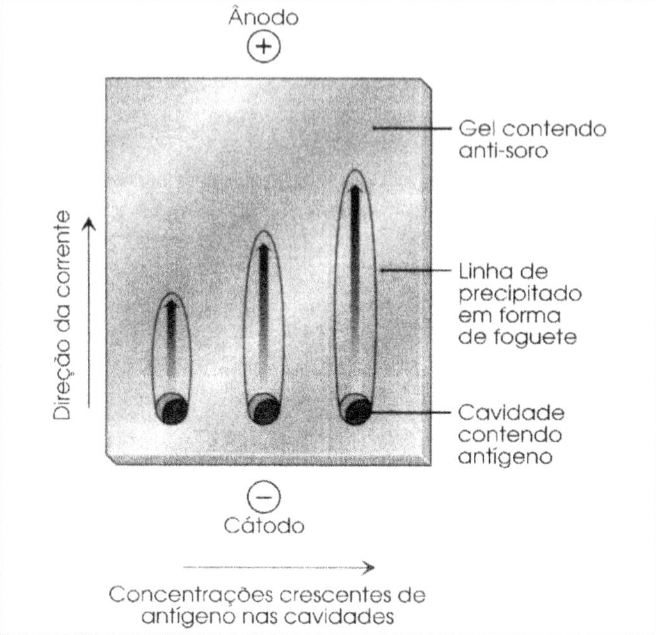

Figura 20.10 Técnica de contra-imunoeletroforese. Antígenos e anticorpos são colocados em canalículas opostas. O pH do meio circundante (gel de ágar) é ajustado de maneira que anticorpo e antígeno apresentem cargas elétricas opostas. Sob aplicação de uma corrente elétrica, anticorpos e antígenos movem-se, um em direção ao outro, e uma linha de precipitado forma-se onde eles se encontram na zona de equivalência.

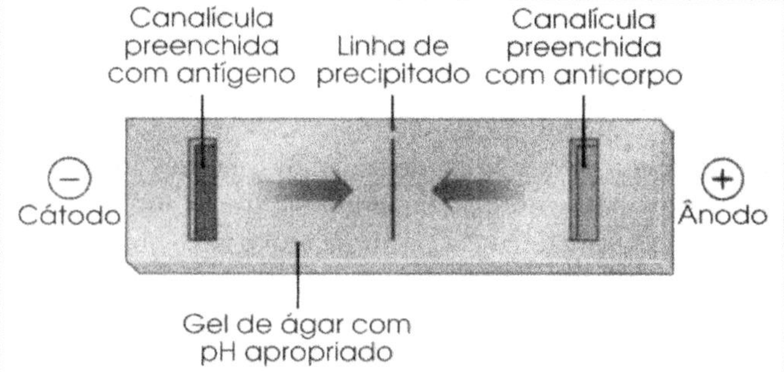

reações de aglutinação envolvem antígenos *particulados* (por exemplo, eritrócitos ou células bacterianas) em uma suspensão. Antígenos particulados com epítopos em suas superfícies podem formar ligações cruzadas com os anticorpos específicos, resultando em grandes grumos ou agregados. Este processo é denominado *aglutinação* (Figura 20.11) e os anticorpos que participam deste processo são denominados ***aglutininas***. Mais sensível do que os testes de precipitação, o teste de aglutinação pode ser utilizado qualitativamente para indicar a presença ou a ausência de

Figura 20.11 Mecanismos da aglutinação. Quando anticorpos reagem com epítopos de antígenos vizinhos, os antígenos particulados agrupam-se em agregados visíveis. Na aglutinação direta (mostrada nesta figura), os anticorpos reagem com antígenos particulados livres na suspensão.

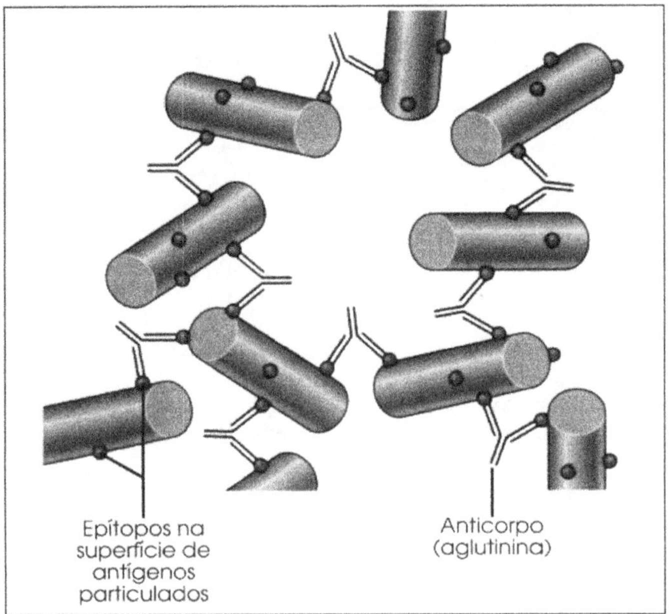

anticorpos. Pode também ser utilizado como um ensaio semiquantitativo da concentração de anticorpos aglutinantes na amostra de soro.

Um ensaio de aglutinação é realizado por meio da adição de uma quantidade fixa de antígenos particulados a uma série de tubos contendo diluições crescentes (geralmente diluições *seriadas*) do anti-soro; por exemplo, tubo 1 = 1/20, tubo 2 = 1/40, tubo 3 = 1/80, tubo 4 = 1/160, e assim por diante. A recíproca da diluição mais alta na qual ocorre a aglutinação corresponde ao *título* do anti-soro. Assim, se o tubo 3 contém a diluição mais alta em que ocorreu a aglutinação no ensaio, o título do anti-soro será 80 (fileira inferior, Figura 20.12, caderno em cores). Este ensaio de aglutinação direta é capaz de detectar 0,1 μg de anticorpo por mililitro de soro.

Uma modificação do teste de aglutinação direta é o teste de *aglutinação indireta* ou *passiva*. Esta modificação permite que vários antígenos *solúveis* sejam detectados por aglutinação. Na aglutinação passiva, os antígenos solúveis são detectados da seguinte forma: primeiro os antígenos aderem às superfícies de substâncias particuladas inertes tais como eritrócitos, partículas de bentonita (um tipo de argila) ou pérolas de látex. Estas partículas, uma vez recobertas, reagem como se tivessem a especificidade antigênica do antígeno aderido. A Figura 20.13 mostra a aglutinação passiva envolvendo os eritrócitos, que são carreadores extremamente convenientes de antígenos. Quando um anticorpo específico é adicionado aos eritrócitos recobertos com antígenos, pontes de anticorpos são

Figura 20.13 Na aglutinação passiva, antígenos solúveis são inicialmente aderidos a carreadores particulados antes da reação com os anticorpos. Quando o carreador é um eritrócito, o método é denominado *hemaglutinação passiva*.

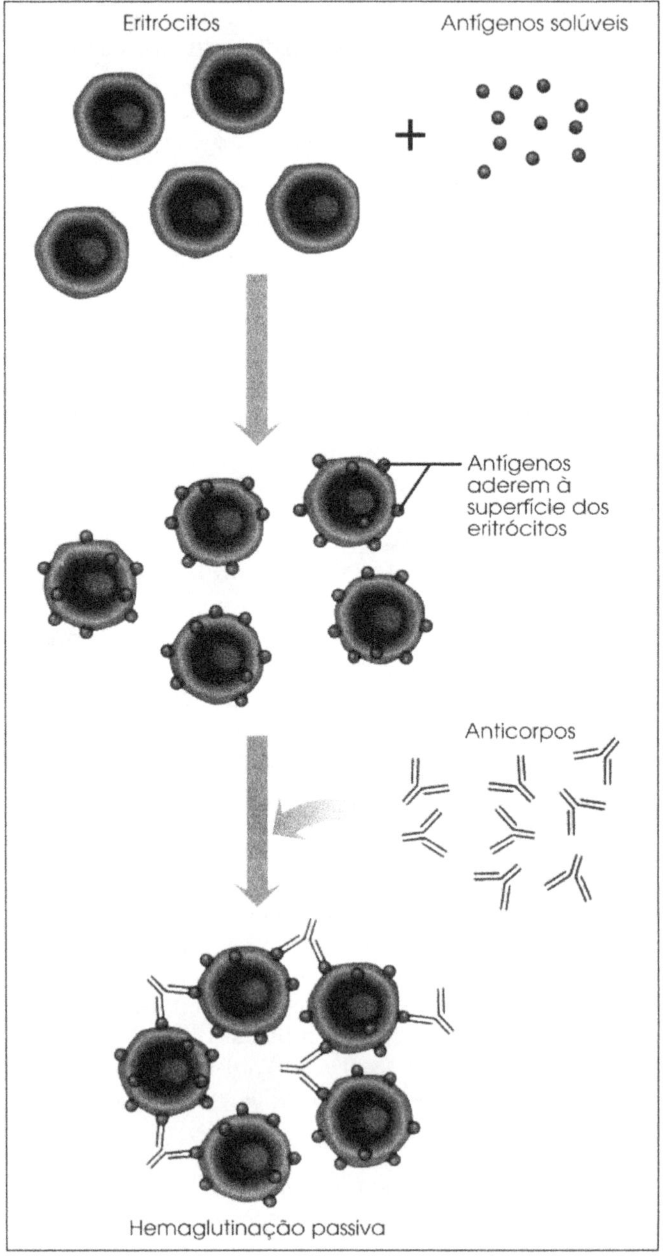

formadas entre as células, produzindo, desta forma, grandes agregados de células. Estes são facilmente visíveis a olho nu.

Os ensaios de aglutinação passiva detectam quantidades tão pequenas quanto 10 ng/ml de anticorpos específicos e são utilizados em diagnósticos laboratoriais para detectar antitoxinas encontradas em doenças como o tétano e a difteria e para determinar condições como a gravidez. Por exemplo, no teste laboratorial para gravidez, a primeira etapa é misturar o soro ou a urina da paciente com um anticorpo específico preparado contra o hormônio gonadotrofina coriônica (que está presente durante a gravidez). Após incubação, é adicionada a preparação de eritrócitos nos quais o hormônio foi aderido. Se a amostra da paciente contém o hormônio, este se ligará ao anticorpo na primeira etapa, e a aglutinação dos eritrócitos não ocorrerá – produzindo um teste com resultado positivo. Se o hormônio está ausente na amostra da paciente, o anticorpo estará livre para aglutinar os eritrócitos – produzindo um teste com resultado negativo.

Aglutinação Bacteriana. A resposta imune humoral às bactérias é geralmente governada por anticorpos específicos para epítopos sobre a superfície dos microrganismos. Todos os componentes superficiais da célula bacteriana – polissacarídeos capsulares, substâncias da parede celular, flagelos, bainhas externas – induzem a formação de anticorpos. A presença e o título destes anticorpos no anti-soro podem freqüentemente ser medidos por aglutinação de células bacterianas adicionadas ao anti-soro.

Entre as doenças bacterianas humanas para as quais o teste de aglutinação é de valor diagnóstico, estão a febre tifóide, a salmonelose, a brucelose, a tularemia, o tifo e a febre das Montanhas Rochosas. Por exemplo, o ***teste de Widal*** foi especialmente planejado para auxiliar no diagnóstico da febre tifóide. O soro de um paciente com suspeita de febre tifóide é misturado com uma suspensão de *Salmonella typhi*, a bactéria causadora da doença. Se as bactérias aglutinam-se, isto indica que o soro do paciente contém anticorpos contra *S. typhi*, e o paciente provavelmente foi infectado pela bactéria. Um outro teste de aglutinação utilizado no diagnóstico laboratorial é a ***reação de Weil-Felix***. Este teste é baseado no fato de que várias riquétsias têm um antígeno em comum com certas espécies de *Proteus*. Portanto, soros de pacientes com riquetsioses aglutinam suspensões da bactéria *Proteus*. As cepas de *Proteus* comumente utilizadas são *Proteus OX-19, OX-20* e *OX-K*. A reação de Weil-Felix é diferencial para certas riquetsioses, por causa da aglutinação seletiva destas cepas.

Para fins de diagnóstico, um *título crescente* de anticorpo é significativo; um aumento substancial no título de anticorpos aglutinantes específicos entre o período em que o paciente está na fase aguda da doença até a fase de convalescença é uma boa evidência de que a doença estava presente. Se for possível constatar que o soro do paciente não apresentava um título de anticorpo antes da doença, mas apresenta um título significativo enquanto a doença está progredindo, esta alteração também é de valor diagnóstico.

O teste de aglutinação mais amplamente utilizado é o teste de aglutinação macroscópica em tubo. Este método revela a presença de aglutininas específicas no soro-teste, bem como suas concentrações aproximadas. O procedimento geral para este ensaio foi explicado na Figura 20.12

Figura 20.14 Resultados do teste de aglutinação em lâmina de bactérias, como observado ao microscópio com um aumento aproximado de 400x.

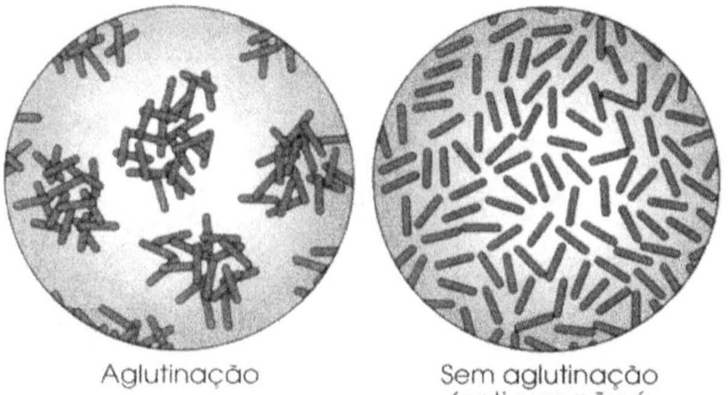

(caderno em cores). Um método rápido e conveniente para determinar a presença de aglutininas é o teste de aglutinação macroscópica em lâmina. Uma gota de uma suspensão densa de bactérias (o antígeno) em salina é colocada em uma lâmina de vidro limpa. Uma a três gotas do soro do paciente são misturadas com o antígeno por suave rotação. A aglutinação ocorre em poucos minutos, se os anticorpos estão presentes no soro; o fenômeno pode ser observado macroscopicamente. No microscópio, utilizando-se uma objetiva a seco (ampliação aproximada de 400×), a aglutinação ou a não-aglutinação aparece como mostrado na Figura 20.14.

Uma modificação da aglutinação bacteriana direta é a co-aglutinação bacteriana. Neste método, células de *Staphylococcus aureus* são utilizadas como carreadores de anticorpos, porque uma proteína na parede celular reage com a região Fc de moléculas de imunoglobulina (anticorpos); o método é ilustrado na Figura 20.15.

Hemaglutinação Viral. Quando as reações de aglutinação envolvem o agrupamento de eritrócitos, a reação é denominada ***hemaglutinação***. As reações de hemaglutinação são amplamente utilizadas na tipagem sanguínea para transfusões de sangue. Certos vírus, tais como aqueles que causam caxumba, sarampo e influenza, têm a habilidade para aglutinar eritrócitos de certas espécies de animais, especialmente de galinhas, de cobaias ou de eritrócitos tipo O do homem. Isto se deve a uma interação na qual o vírus adere aos eritrócitos e então promove a formação de ligações cruzadas com estas células, quase como fazem os anticorpos. Este processo é denominado ***hemaglutinação viral*** (Figura 20.16A, caderno em cores). O teste deve ser lido dentro de uma hora, porque esta agregação dissocia-se espontaneamente. A quantidade de aglutinação depende da concentração do vírus.

Se o soro de um paciente contém anticorpos contra os vírus que são capazes de aglutinar os eritrócitos, estes anticorpos podem ligar-se aos vírus e prevenir a aglutina-

Figura 20.15 Teste de co-aglutinação bacteriana para determinar os grupos sorológicos dos estreptococos. Os anticorpos são ligados por meio de suas regiões Fc à proteína A da parede celular de *Staphylococcus aureus*. As células de *S. aureus* tornam-se carreadoras de anticorpos (neste caso, para estreptococos do grupo B). Nenhuma aglutinação ocorre com os estreptococos do grupo A (parte inferior esquerda). Co-aglutinação ocorre na presença de estreptococos do grupo B (parte inferior direita).

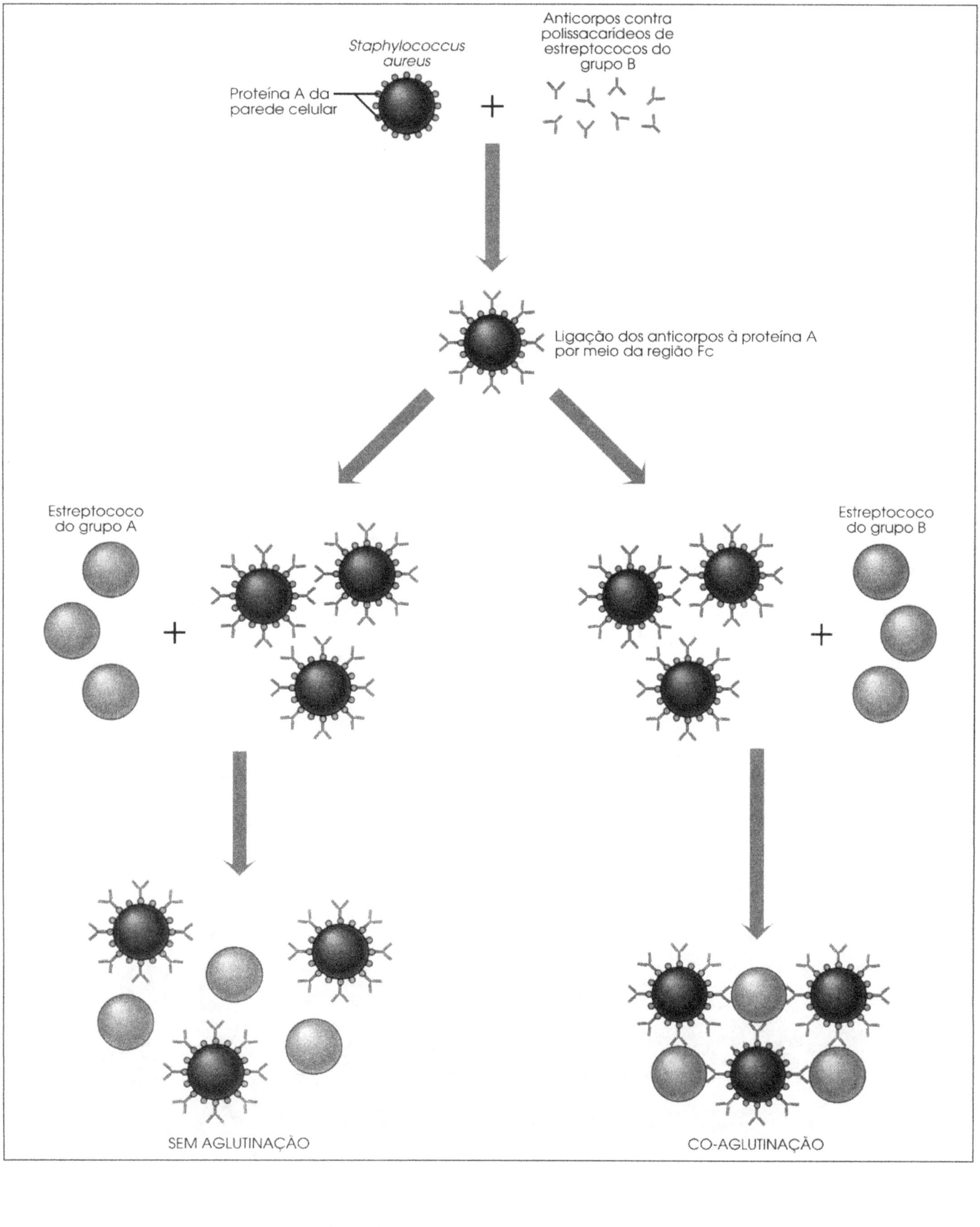

ção dos eritrócitos. Este fenômeno de inibição é denominado ***neutralização viral***, e o teste baseado nele é o ***teste de inibição da hemaglutinação***. Por exemplo, se a hemaglutinação rotineira ocorre em uma mistura de eritrócitos e vírus do sarampo, e se a hemaglutinação não ocorrer após a adição do anti-soro do paciente à mistura, esta inibição de aglutinação indica a presença de anticorpos neutralizantes de vírus do sarampo no soro (Figura 20.16B, caderno em cores). O teste de inibição da hemaglutinação é utilizado no diagnóstico de infecções virais, como a influenza e o sarampo.

O procedimento para o teste de hemaglutinação viral consiste em realizar diluições seriadas do vírus (ou do soro de um paciente infectado pelo vírus), adicionar uma suspensão de eritrócitos em cada tubo e incubá-los por uma hora. A aglutinação é indicada por uma camada uniforme de eritrócitos no fundo do tubo. Em uma reação negativa (sem aglutinação) os eritrócitos simplesmente sedimentam-se e formam um botão compacto no fundo do tubo. Tais reações de aglutinação podem também ser realizadas em placas de plástico com numerosas cavidades (Figura 20.17); este material é mais conveniente e utiliza menos vidrarias. O uso destas placas também requer menor quantidade da amostra a ser analisada. Um equipamento especial pode ser utilizado para diluir as amostras com rapidez e precisão.

Testes de Fixação de Complemento

No Capítulo 18, você aprendeu um grupo de proteínas séricas coletivamente chamadas de *complemento*. O teste de fixação de complemento detecta a presença de anticorpos fixadores de complemento (IgM e IgG) presentes no soro do paciente. Estes anticorpos são formados contra um antígeno solúvel, que pode ser de qualquer origem – tecidual, hormonal, enzimática ou microbiana. Durante a maioria das reações antígeno-anticorpo, o complemento liga-se ou é *fixado* ao complexo antígeno-anticorpo. O teste de fixação de complemento pode ser utilizado para detectar quantidades tão pequenas de anticorpos (cerca de 1 μg/ml) que não são suficientes para produzir uma reação visível nos testes de aglutinação ou precipitação. Os testes de fixação de complemento são utilizados no diagnóstico de certas doenças virais, fúngicas e bacterianas; um teste deste tipo, o teste de Wassermann, foi amplamente utilizado no diagnóstico da sífilis.

O teste de fixação de complemento pode ser realizado em tubos pequenos, em placas de microtitulação de plástico ou mesmo em sistemas automatizados. É realizado em dois estágios, como descrito a seguir e na Figura 20.18 (caderno em cores).

Estágio 1: Antígeno conhecido + soro-teste + complemento; esta mistura é incubada a 37°C por 30 min ou mais. O soro-teste do paciente deve ser previamente aquecido a 56°C por 30 min para inativar o seu complemento. Uma reação antígeno-anticorpo não pode ser observada no final deste estágio, uma vez que todos os componentes são solúveis.

Estágio 2: Hemácias de carneiro sensibilizadas (previamente revestidas com anticorpos anti-hemácias de carneiro) são adicionadas. As hemácias de carneiro sensibilizadas são extremamente sensíveis à lise mediada pelo complemento.

Se o complemento foi fixado no estágio 1 por causa da reação antígeno-anticorpo, ele não está disponível para lisar as hemácias sensibilizadas no estágio 2. Portanto, os resultados são lidos como o seguinte:

Sem hemólise = resultado positivo, porque os anticorpos fixadores de complemento no soro-teste reagiram com o antígeno no estágio 1 e ligaram-se ao complemento.

Hemólise = resultado negativo, porque o complemento está disponível para lisar as hemácias de carneiro sensibilizadas no estágio 2; portanto, nenhum anticorpo específico para o antígeno conhecido estava presente no soro do paciente.

Figura 20.17 Reações de hemaglutinação observadas nas cavidades de uma placa de microtitulação. Fileira superior (**A**): hemaglutinação completa ocorre em todas as cavidades. Fileira mediana (**B**): somente as cavidades de 3 a 6 mostram aglutinação completa. Fileira inferior (**C**): nenhuma hemaglutinação nas cavidades.

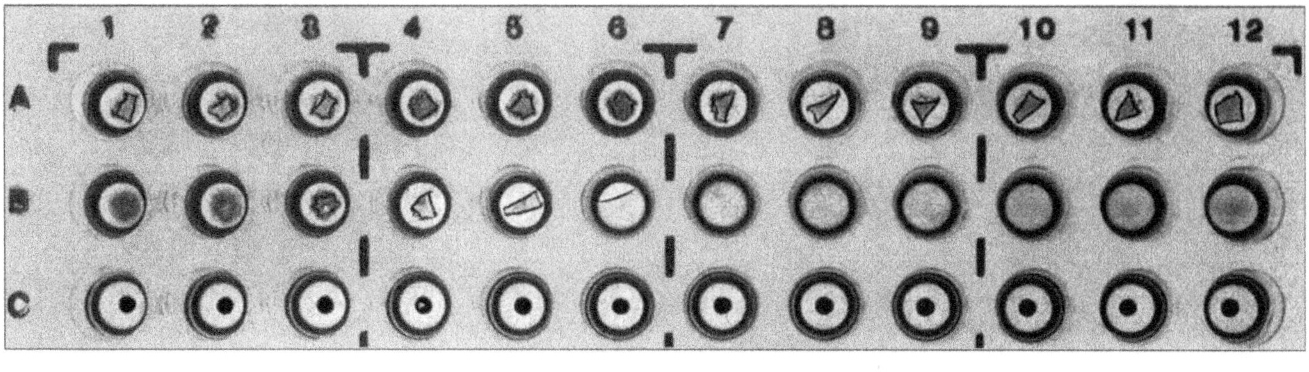

Radioimunoensaio

A sensibilidade de detectar antígenos tem sido aumentada pelo uso de reagentes marcados com material radioativo. Ensaios imunológicos utilizando componentes radioativos são denominados ***radioimunoensaio*** ou ***RIEs***. A técnica foi introduzida em 1960 por Rosalyn Yalow, para determinar a concentração de insulina no plasma – uma descoberta que lhe rendeu o Prêmio Nobel em 1977. Atualmente, os métodos de RIEs estão disponíveis virtualmente para dosagem de todos os hormônios, de drogas nos fluidos corporais, de imunoglobulinas, de antígenos virais, como o vírus da hepatite B em sangue de doador, e de outras substâncias.

O ensaio é baseado na competição entre os antígenos marcados com material radioativo (por exemplo, ^{125}I) e antígenos não-marcados, pela ligação a anticorpos específicos (Figura 20.19A e B). Este procedimento utiliza antígenos marcados e purificados do mesmo tipo a ser testado, bem como anticorpos antígeno-específicos. Medidas quantitativas destas duas substâncias são misturadas e incubadas, sendo que uma mistura contém a amostra-teste e a outra não. Se o antígeno não-marcado estiver presente na amostra-teste, este compete com o antígeno marcado pelo sítio de ligação nas moléculas de anticorpo. Em concentrações crescentes de antígeno não-marcado, mais antígeno marcado é substituído ou a sua ligação às moléculas de anticorpo é prevenida. Então, o antígeno marcado e não-ligado é removido da mistura por meio da lavagem do precipitado antígeno-anticorpo. A proporção do antígeno que foi substituído, quando determinado por medida da radioatividade dos complexos antígeno-anticorpo remanescentes, é a medida da quantidade de antígeno não-marcado na amostra teste. Uma curva de ligação padrão pode ser feita (Figura 20.19C). A concentração de antígeno no soro-teste pode ser determinada a partir desta curva.

RIEs são populares por causa de sua alta sensibilidade (poucos picogramas – 1 picograma = 10^{-12} g – podem ser detectados), da facilidade de manuseio de múltiplas amostras e da capacidade para testar amostras sem purificá-las antes do ensaio. As limitações são o custo e o risco em potencial associado com a radioatividade.

Ensaio Imunoenzimático

O ensaio imunoenzimático é uma técnica com as vantagens do radioimunoensaio, mas sem as suas desvantagens. É muito sensível, sendo capaz de detectar antígenos em concentrações abaixo de 1 picograma por mililitro, e muito simples de trabalhar. Além disso, é menos oneroso porque não requer instrumentos de alto custo; é mais seguro,

Figura 20.19 Radioimunoensaio. (**A**) Antígenos marcados com material radioativo ligam-se a anticorpos específicos. (**B**) Antígenos não-marcados (quantidade variável das amostras-teste) competem com o antígeno marcado (quantidade fixa) pelos sítios do anticorpo (quantidade fixa de anticorpos). (**C**) Quando a quantidade de antígenos não-marcados aumenta, a razão de antígeno marcado diminui, como mostrado na curva de calibração do radioimunoensaio.

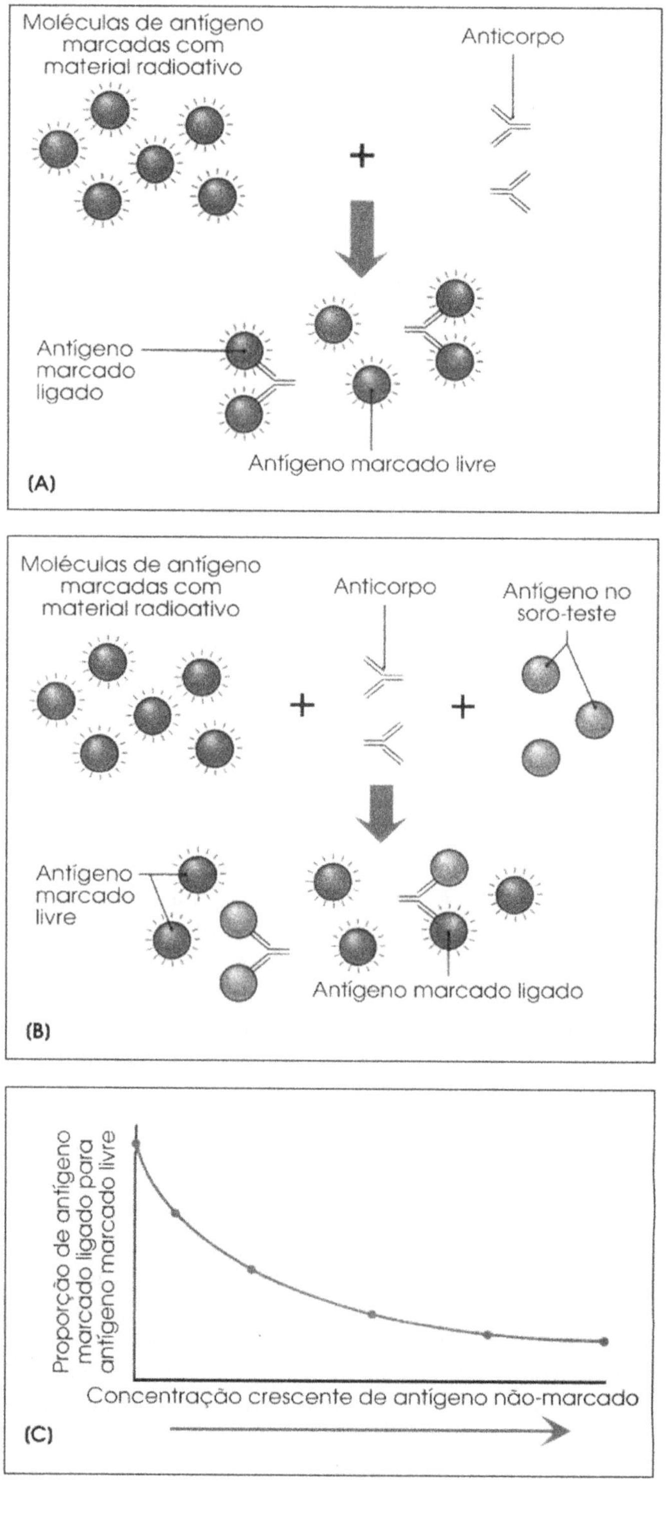

porque não envolve materiais radioativos; é preciso e confiável. Os ensaios imunoenzimáticos são baseados nos dois fenômenos seguintes:

1. Os anticorpos e alguns antígenos podem *adsorver-se* às cavidades de placas de poliestireno moldadas (ou outros suportes sólidos) e ainda mantêm suas capacidades imunológicas completas.

2. Os antígenos e os anticorpos podem ser *ligados* a enzimas, e os complexos resultantes ainda são funcionais, tanto imunologicamente quanto enzimaticamente.

Assim, este ensaio é mais comumente denominado "***e***nzime-***l***inked ***i***mmusorbent ***a***ssay" ou ***ELISA***.

A atividade da enzima é utilizada para avaliar a quantidade de antígeno ou anticorpo presente na amostra-teste. As enzimas utilizadas em ELISA incluem β-galactosidase, glicose oxidase, peroxidase e fosfatase alcalina. Existem duas técnicas básicas de ELISA de valor clínico: a *técnica de "sanduíche" duplo de anticorpo*, para detectar e quantificar antígenos; e a *técnica de imunoadsorção indireta*, para detectar e quantificar anticorpos.

Técnica de "Sanduíche" Duplo de Anticorpo. Nesta técnica, amostras de anti-soro são adicionadas às cavidades de uma placa de poliestireno e os anticorpos aderem à superfície interna de cada cavidade (Figura 20.20, caderno em cores). O antígeno-teste é adicionado, e se este é homólogo ou específico para o anticorpo, liga-se ao anticorpo imobilizado na superfície da cavidade. Um conjugado anticorpo-enzima é então adicionado; este conjugado liga-se ao antígeno já fixado pelo primeiro anticorpo, criando um "sanduíche" anticorpo (com enzima)–antígeno–anticorpo. Finalmente, o substrato da enzima é adicionado para reagir com a mesma. A taxa de atividade enzimática é proporcional à quantidade de anticorpo ligado à enzima presente que, por sua vez, é proporcional à quantidade de antígeno-teste. A hidrólise enzimática do substrato causa uma alteração na cor da solução, que pode ser observada visualmente ou avaliada com um espectrofotômetro (um instrumento utilizado para analisar alterações de cor em soluções).

Técnica de Imunoadsorção Indireta. Como já foi observado, ELISA é utilizado para detectar antígenos. Mas o método também pode ser utilizado como um ensaio qualitativo ou quantitativo de anticorpos – por exemplo, pela técnica de imunoadsorção indireta, que é utilizada para detectar, entre outras coisas, anticorpos contra o vírus da imunodeficiência humana, o agente etiológico da AIDS (Figura 20.21, caderno em cores). A etapa inicial envolve a adsorção do antígeno à parede da cavidade de uma microplaca. O anti-soro-teste é adicionado e, então, a mistura é incubada. Se qualquer anticorpo no anti-soro-teste ligou-se ao antígeno imobilizado, sua presença é detectada pela adição de uma antiimunoglobulina ligada a uma enzima (antianticorpo ou anticorpo contra um anticorpo específico). O substrato da enzima é então adicionado; a quantidade de hidrólise do substrato está associada com a alteração de cor, que é proporcional à concentração de anticorpo presente na amostra-teste. Esta alteração de cor pode ser monitorada visualmente ou por meio de um espectrofotômetro.

ELISA tem sido utilizado para detectar vários vírus, bactérias, fungos infecciosos e parasitas como os protozoários. Por exemplo, uma amostra de anti-soro de uma gestante pode ser analisada simultaneamente para infecções causadas pelo vírus da rubéola (agente da rubéola, que pode causar má-formação congênita ou morte do feto) e pelo herpesvírus tipo 2 (que pode causar má-formação congênita grave do sistema nervoso e microcefalia).

Imunofluorescência

A técnica de imunofluorescência utiliza moléculas de anticorpo marcadas com um corante fluorescente para detectar antígenos. Por exemplo, esta técnica é utilizada como método rápido para a identificação de um agente infeccioso desconhecido em uma amostra clínica que provavelmente contém uma mistura de microrganismos. A técnica é baseada no comportamento de certos corantes que fluorescem (brilham) quando expostos a determinados comprimentos de onda da luz (freqüentemente luz ultravioleta) no microscópio de fluorescência. Exemplos de tais corantes são a fluoresceína e a rodamina. Cada corante absorve luz em um comprimento de onda e emite-a em um outro comprimento de onda; a fluoresceína emite uma luz fluorescente amarelo-esverdeada, enquanto a rodamina emite uma luz fluorescente laranja-avermelhada. Os anticorpos podem ligar-se a estes corantes; são então denominados anticorpos *marcados* ou *fluorescentes*.

Técnica de Anticorpo Fluorescente Direta. No método direto, o corante fluorescente é diretamente conjugado com o anticorpo específico para o antígeno. Uma cultura de microrganismos é fixa em uma lâmina (por meio da fixação a quente ou química) e sobre esta amostra é adicionado o anticorpo fluorescente específico, para permitir a ligação entre as moléculas de anticorpo e qualquer antígeno ligado à célula (Figura 20.22A, caderno em cores). Após a eliminação dos anticorpos não ligados, pelo processo de lavagem, o esfregaço é examinado no microscópio de fluorescência. Somente aqueles microrganismos que reagiram especificamente com os anticorpos marcados serão visíveis. Assim, somente poucos organismos precisam estar presentes para ser observados.

Técnica de Anticorpo Fluorescente Indireta. No método indireto, um anticorpo não-marcado é inicialmente aplicado a um esfregaço de microrganismos (antígenos) fixos. Na etapa seguinte, um segundo anticorpo fluorescente contra a imunoglobulina da espécie animal utilizada para preparação do anticorpo inicial é adicionado, e então esta mistura é incubada (Figura 20.22B, caderno em cores). Este procedimento liga o anticorpo fluorescente ao anticorpo específico que reagiu com o antígeno no esfregaço. Após a lavagem da lâmina para retirar os anticorpos não-ligados, o esfregaço é observado no microscópio de fluorescência. Se a amostra fluoresce (Figura 20.23, caderno em cores), o anticorpo que se associa ao segundo anticorpo marcado está presente. Esta técnica é mais sensível e mais amplamente utilizada que a técnica de anticorpo fluorescente direta.

Responda

1 O que é a sorologia?

2 Por que a zona de equivalência é importante para ocorrer a precipitação?

3 Quais são os diferentes testes de imunodifusão qualitativos?

4 Descrever um teste de imunodifusão quantitativo.

5 Comparar o eletroimunoensaio com a contra-imunoeletroforese.

6 Qual a diferença entre aglutinação e precipitação? Qual a diferença entre os testes de aglutinação passiva e aglutinação direta?

7 Qual é o significado de um *título crescente de anticorpo* no diagnóstico de uma doença?

8 Explicar o significado da *neutralização viral* com relação aos testes de hemaglutinação viral.

9 Descrever os procedimentos para os dois tipos de técnicas de imunofluorescência.

Produção de Anticorpos Monoclonais

Quando a produção de anticorpo é induzida em uma resposta imune, cada célula B produzirá somente um tipo de anticorpo. Entretanto, há muitos clones diferentes de células B nos animais, cada um capaz de produzir um tipo diferente de anticorpo ou com especificidade diferente. Assim, um animal durante sua vida pode produzir 1 milhão ou mais de tipos de moléculas de anticorpos diferentes a partir de 1 milhão de clones de células B diferentes.

Antes da metade da década de 1970, o único meio de produzir grande quantidade de anticorpos específicos era por meio da imunização de animais com um antígeno tão purificado quanto possível. Contudo, tal antígeno ainda continha muitos epítopos. Conseqüentemente, os anticorpos nos soros produzidos pelos animais eram ***anticorpos policlonais***, ou seja, um anticorpo diferente produzido para cada epítopo. Anticorpos *altamente* específicos podiam ser produzidos a partir de anticorpos policlonais por remoção meticulosa dos anticorpos indesejados. Isto era feito da seguinte forma: o anti-soro total era misturado repetidamente com antígenos contendo os epítopos indesejados. Entretanto, este processo muito tedioso não podia garantir que todos os anticorpos indesejados fossem removidos.

Atualmente, ***anticorpos monoclonais*** são produzidos por um único clone de células geneticamente idênticas derivado de uma única célula estimulada a produzir o anticorpo. Os anticorpos monoclonais podem ser preparados em grande quantidade por meio da utilização de células especiais denominadas ***hibridomas*** (que serão descritas nesta seção). Georges Köhler e Cesar Milstein desenvolveram esta técnica em 1975, nos laboratórios Medical Research Council, em Cambridge, Inglaterra. Eles foram agraciados com o Prêmio Nobel, em 1984, por esta descoberta.

Os linfócitos B, que produzem anticorpos, como qualquer outra célula, podem tornar-se cancerosos. Um ***mieloma*** é um câncer ou uma proliferação descontrolada de uma célula produtora de anticorpo. Como um mieloma começa como uma única célula, toda a sua progênie constitui um clone de linfócitos idênticos. O anticorpo produzido por estes linfócitos é homogêneo porque deriva totalmente de um único clone homogêneo de células. Tal anticorpo é um anticorpo monoclonal. Infelizmente, o anticorpo monoclonal produzido por um mieloma é geralmente específico para um antígeno desconhecido, porque a indução do mieloma é um evento totalmente ao acaso.

Não era possível induzir mielomas específicos para um determinado antígeno, até Köhler e Milstein descobrirem uma solução para este problema. Eles desenvolveram uma técnica que combina as características de crescimento das células do mieloma e a especificidade predeterminada do anticorpo de células esplênicas imunes normais. Ao realizar isso, eles desenvolveram uma célula "híbrida", que expressa as propriedades especiais dos dois tipos de células. Isso foi realizado por meio da fusão de uma célula do mieloma com uma célula secretora de anticorpo do baço de um camundongo imunizado. O resultado é uma célula criada artificialmente, chamada *hibridoma*, que é essencialmente uma fábrica de produção de anticorpos específicos. Em tais células, a porção do mieloma fornece "imortalidade" (proliferação rápida e irrestrita) e, assim, ocorre a produção de grande quantidade de anticorpo monoclonal; a porção do linfócito imune fornece a informação para a especificidade do anticorpo.

Figura 20.24 Produção de anticorpos monoclonais. O antígeno selecionado é inoculado em um camundongo. Alguns dias mais tarde, o baço do camundongo é removido. As células que sintetizam anticorpos provenientes do baço são misturadas com as células de mieloma de camundongo de crescimento rápido e uma "cola" química, denominada polietileno glicol. Os hibridomas resultantes são separados, clonados e testados para selecionar aqueles que sintetizam anticorpos monoclonais desejados. Os hibridomas escolhidos são inoculados na cavidade peritoneal do camundongo, onde induzem o acúmulo de 2 a 20 ml de fluido ascítico contendo grande quantidade de anticorpos, ou os hibridomas podem ser cultivados em laboratório. (Podem ser congelados e estocados até serem necessários para gerar suprimento adicional de anticorpo monoclonal.) A etapa final é separar os anticorpos monoclonais puros dos hibridomas por meio de centrifugação diferencial.

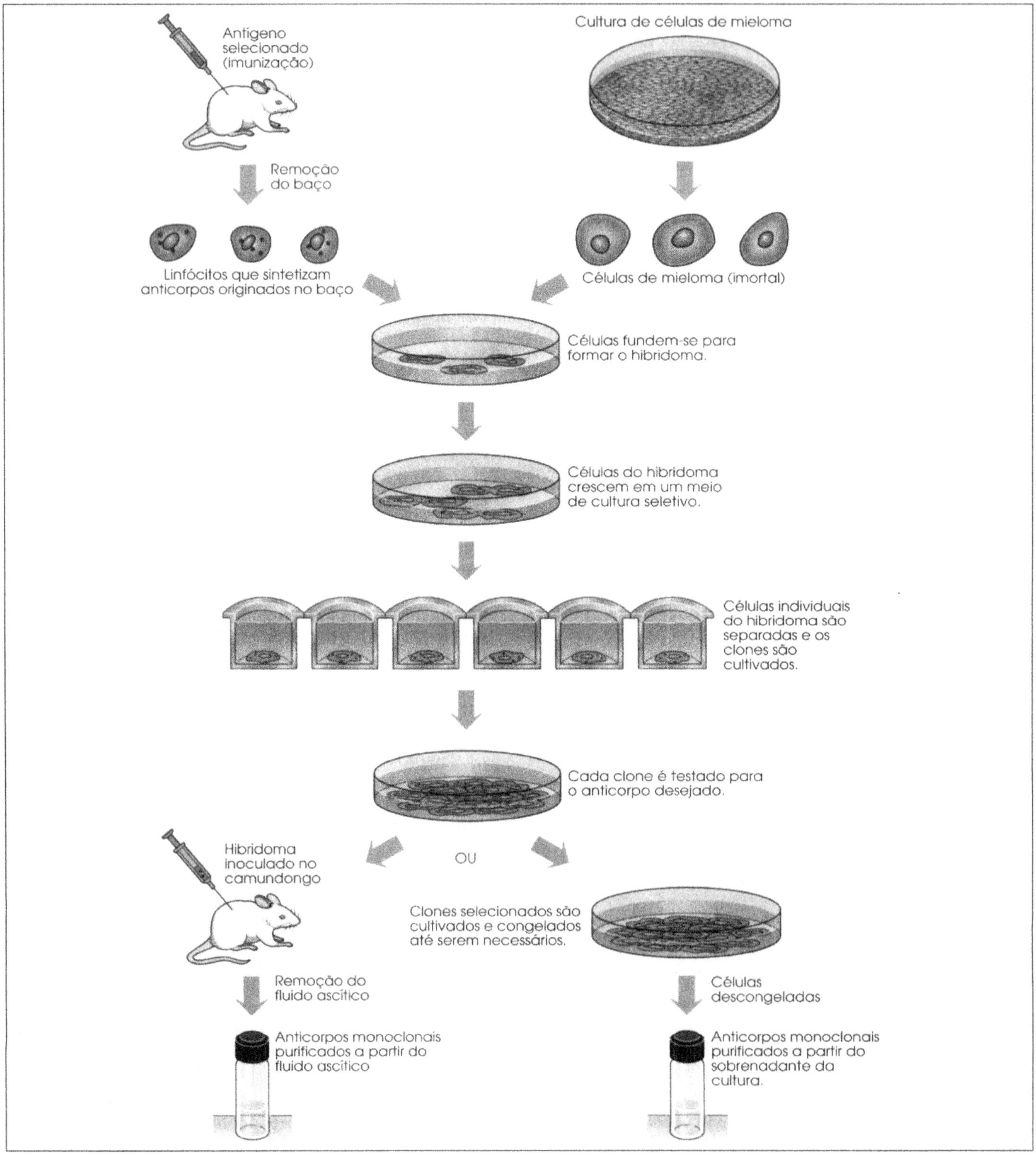

A técnica para produção de células de hibridomas e anticorpo monoclonal está mostrada na Figura 20.24. Neste procedimento, camundongos são imunizados de maneira usual com uma vacina que contém o antígeno particular contra o qual anticorpos específicos são exigidos. Este antígeno *não* necessita ser especialmente purificado para conter somente os epítopos desejados. Cada epítopo no antígeno estimula um clone específico de linfócitos B. Assim, um único antígeno pode estimular vários clones de células B. O baço do camundongo é removido e a suspensão de células esplênicas é misturada com uma suspensão de células de mieloma do camundongo. Polietileno glicol é adicionado à mistura, que promove a fusão de alguns linfócitos com as células cancerosas, tornando-os hibridomas. Cada hibridoma prolifera para gerar um grande clone de células, e cada célula produz um anticorpo específico.

Os hibridomas são então separados em cavidades individuais das placas de plástico e permitem-se o crescimento e a formação de clones. Cada clone de hibridoma pode produzir anticorpo monoclonal; os anticorpos em cada cavidade são controlados para observar qual hibridoma está produzindo o anticorpo desejado. (Como o ensaio identifica o anticorpo específico, o antígeno original não necessita ser altamente purificado.) Uma vez identificado o hibridoma particular, este pode ser reclonado por meio de uma cultura de células ou pode ser mantido *in vivo* mediante a inoculação na cavidade peritoneal (abdominal) de animais vivos. A cultura de células produz cerca de 100 μg de anticorpo monoclonal por mililitro; a cultura *in vivo* produz cerca de 1.000 μg ou mais de anticorpo monoclonal por mililitro de fluido da cavidade peritoneal.

Anticorpos monoclonais são importantes porque são homogêneos, altamente específicos e produzidos rapidamente em grande quantidade. Ligam-se somente a um antígeno, sendo, portanto, monoespecíficos. Os anticorpos monoclonais têm-se tornado ferramentas muito importantes na pesquisa biomédica; em 1981, por exemplo, possibilitaram que os investigadores determinassem o tipo de célula do sistema imune que estava sendo destruído pelo vírus da AIDS. Anticorpos monoclonais também têm-se tornado incrivelmente importantes no diagnóstico e na terapia médica. Em uma terapia proposta para o câncer humano, anticorpos monoclonais estão sendo utilizados experimentalmente para atacar e destruir as células tumorais. Eles também podem ser marcados com isótopos radioativos para localizar tumores e para distribuir doses letais de radiação em tumores inacessíveis, enquanto células vivas normais não são afetadas. Da mesma forma, os anticorpos monoclonais também podem ser utilizados para distribuir drogas anticâncer às células tumorais. Kits para diagnóstico de muitas alergias e doenças, utilizando a especificidade de anticorpos monoclonais para antígenos específicos, têm sido produzidos comercialmente. Além disso, os anticorpos monoclonais têm-se tornado extremamente úteis na diferenciação de cepas de microrganismo (DESCOBERTA 20.1).

Köhler e Milstein nunca patentearam esta descoberta! O valor de mercado de anticorpos monoclonais produzidos comercialmente está agora em torno de milhões de dólares por ano.

Responda

1 Definir anticorpos *monoclonais;* hibridomas; mielomas.

2 Por que Köhler e Milstein foram agraciados com o Prêmio Nobel em 1984?

3 Descrever o procedimento para produzir células de hibridoma e anticorpos monoclonais.

4 Quais são algumas das aplicações práticas dos anticorpos monoclonais?

Avaliação da Imunidade Mediada por Células

Antes da década de 1960, somente testes *in vivo* estavam disponíveis para avaliar a imunidade mediada por células. Estes eram testes cutâneos (ou dérmicos) para hipersensibilidade tardia (DTH – *delayed-type hypersensitivity*) e rejeição de transplante (ver Capítulo 19). A tuberculina, o brucelérgeno e outros testes cutâneos discutidos nesta seção são baseados na detecção de hipersensibilidade tardia (tipo IV), uma resposta típica da imunidade mediada por células T. Em contato com um antígeno específico, as células T liberam várias linfocinas que causam a reação tecidual e também podem causar necrose tecidual. Reações de hipersensibilidade tardia são constatadas somente após 24 h e podem persistir por dias. O flanco sem pêlo da cobaia geralmente é utilizado para testes *in vivo* da imunidade mediada por célula. As reações de hipersensibilidade tardia também podem ser estudadas em camundongos por meio da inoculação do antígeno em sua pata e da medida do tamanho do intumescimento produzido.

Somente na década de 1960 foram introduzidos testes *in vitro* adequados para a resposta imune mediada por células. Isto acelerou as pesquisas sobre a imunidade mediada por células, permitindo a nossa compreensão sobre a imunidade humoral. Tais testes são altamente complexos; são difíceis de ser padronizados e podem fornecer resultados variáveis. Entretanto, proporcionam discernimento das atividades fundamentais do sistema imune.

DESCOBERTA!

20.1 TÉCNICAS IMUNOLÓGICAS FORNECEM NOVAS ARMAS NA GUERRA CONTRA O CÂNCER.

Atualmente, somente três armas são utilizadas rotineiramente contra o câncer: cirurgia, quimioterapia e irradiação. A cirurgia é efetiva somente quando o tumor é totalmente acessível e não se disseminou para regiões desconhecidas e inacessíveis do corpo. A quimioterapia e a irradiação, infelizmente, não são seletivas em relação ao mecanismo de ação. Quando são utilizadas, estas ferramentas terapêuticas destroem células sadias bem como células malignas, com efeitos colaterais desagradáveis.

Contudo, a ciência da imunologia tem aberto uma nova fronteira na batalha contra o câncer com a *imunoterapia* – a mobilização intencional e controlada do sistema imune para destruir células cancerosas.

Um dos candidatos mais promissores para tal terapia é o *interferon*. Trata-se de uma substância protéica produzida por células eucarióticas em resposta à infecção viral que protege células saudáveis contra a infecção viral (Capítulo 18). Por meio da tecnologia do DNA recombinante, quantidade suficiente de interferon está sendo agora produzida pelas bactérias para aplicação na luta contra o câncer. O interferon pode ser utilizado contra os vírus indutores de câncer, bem como para aumentar a resposta imune e promover a atividade citotóxica das células *natural killer* (cuja função é matar células tumorais, bem como células infectadas por vírus).

Uma outra tentativa promissora é a utilização de *interleucina-2* (*IL-2*), uma linfocina produzida por linfócitos T sensibilizados (Capítulo 18). IL-2 acelera a maturação de células NK e acentua sua atividade natural. IL-2 está sendo administrada a pacientes com câncer avançado. (Atualmente, o tratamento é limitado a tais pacientes porque é caro e apresenta efeitos colaterais como febre, náusea e vômito, entre outros.) Em 1988, um paciente deste grupo estava com melanoma, um câncer fatal de pele. O câncer havia-se disseminado para o fígado, o baço, o pulmão e o estômago. Após cerca de cinco semanas de tratamento com IL-2, os tumores tinham-se reduzido em 80%! O tratamento ainda é experimental. Todavia, tem mostrado resultados promissores no tratamento do câncer de pele e do rim. Alguns médicos têm observado uma cooperação sinérgica entre o interferon e IL-2 no ataque a células cancerosas. Enquanto IL-2 trabalha para tornar as células NK mais potentes, o interferon as faz matar células específicas. Como estas substâncias terapêuticas são imunologicamente ativas, os cientistas biomédicos estão prosseguindo com cuidado; todas as conseqüências da manipulação do equilíbrio do sistema imune ainda não são conhecidas pelos cientistas.

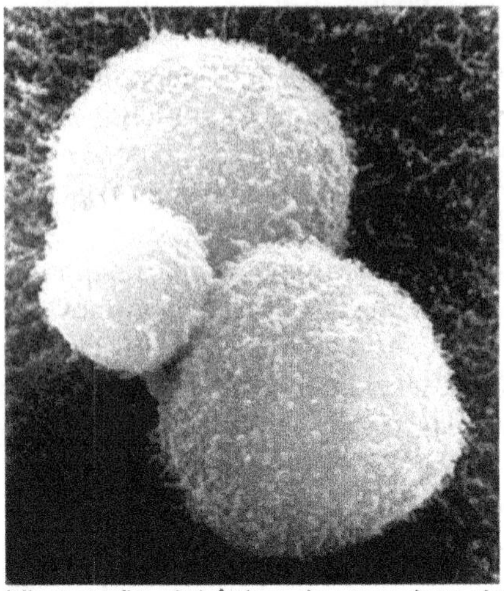

Micrografia eletrônica de varredura de uma célula *natural killer* aderida a duas células tumorais.

Uma outra tentativa contra o câncer é a utilização de anticorpos monoclonais. Como mencionado neste capítulo, os anticorpos monoclonais podem ser utilizados diretamente para atacar e destruir células tumorais. Eles podem ser marcados com isótopos radioativos para localizar tumores e liberar doses letais de radiação. Por meio do uso de equipamentos de varredura com anticorpos monoclonais marcados com radioisótopos específicos para certos tipos de câncer, é possível determinar a exata localização do tumor no corpo, bem como seu tamanho.

Anticorpos monoclonais também podem ser utilizados para eliminar os efeitos colaterais de drogas quimioterápicas, que destroem células sadias e malignas indiscriminadamente. Anticorpos monoclonais distribuiriam as drogas anticâncer especificamente a células cancerosas. Milstein e Köhler, que foram os primeiros a desenvolver os anticorpos monoclonais, "esperam que tais anticorpos se estabeleçam sobre as células cancerosas – somente neste período elas seriam arrastadas juntamente com os anticorpos a uma carga profunda de proporções monumentais".

Testes Intradérmicos para Imunidade Mediada por Célula em Humanos

Em todos os testes intradérmicos, o antígeno é inoculado em doses crescentes na pele. Uma reação positiva é observada como uma resposta de hipersensibilidade tipo IV – um intumescimento limitado, rígido e com avermelhamento periférico (maior do que 5 mm de diâmetro), que surge 24 a 48 h após a inoculação do antígeno-teste. Uma resposta positiva indica que o paciente tem células T ativas que estão reagindo especificamente com o antígeno. Alguns destes testes são mostrados na Tabela 20.1

Teste para Fator de Inibição da Migração (MIF)

Como descrito no Capítulo 18, o ***fator de inibição da migração*** (**MIF** – ***migration inhibitory factor***) é somente um entre várias linfocinas liberadas por linfócitos T sensibilizados, após estes encontrarem o antígeno sensibilizante. Este fator é uma molécula solúvel de glicoproteína que induz os macrófagos a permanecer no sítio onde se encontram com o antígeno, imobilizando os macrófagos móveis. A produção *in vitro* de MIF tem sido consistentemente relacionada com a imunidade mediada por célula. É, portanto, utilizada para medir a resposta de hipersensibilidade tardia e avaliar o estado da imunidade celular mediada por célula do paciente a vários vírus comuns, tais como o vírus da influenza e o vírus do sarampo. O princípio, ou a base, dos testes para verificar a imunidade do paciente é ilustrado pelo seguinte exemplo:

1. Tubos capilares são acondicionados com células linfóides. Uma fonte conveniente de células é o exsudato peritoneal da cobaia sensibilizada com antígeno específico por meio da inoculação prévia. (O exsudato contém principalmente linfócitos e macrófagos.)

2. Os tubos são colocados em pequenas câmaras de cultura de tecido contendo meio com e sem o antígeno sensibilizante. O fator de inibição da migração é liberado por linfócitos antígeno-específicos em contato com o antígeno específico.

3. No meio de cultura com o antígeno específico, os macrófagos móveis são inibidos pelo MIF, portanto não migram para fora dos tubos capilares. Na ausência do antígeno sensibilizante, os macrófagos migram para fora a partir da extremidade do tubo capilar, de forma semelhante a um leque.

Uma modificação do experimento anterior resultou em um teste de imunidade mediada por célula em pacientes. Os linfócitos dos pacientes ou de animais são inicialmente cultivados isoladamente com o antígeno sensibilizante suspeito, por um a dois dias. Durante este período, os linfócitos produzem MIF. Os linfócitos são centrifugados e o sobrenadante contendo MIF é utilizado para testar a migração de macrófagos em tubos capilares (Figura 20.25). Portanto, a inibição da migração indica a produção de MIF, o que significa que o paciente tem imunidade mediada por célula para o antígeno sensibilizante.

Figura 20.25 Teste do fator de inibição da migração (MIF) para imunidade mediada por célula. A migração de células móveis é inibida pela linfocina MIF. Os macrófagos migram por meio da extremidade aberta do tubo capilar de forma similar ao movimento de um leque, a menos que sejam inibidos pela presença do MIF.

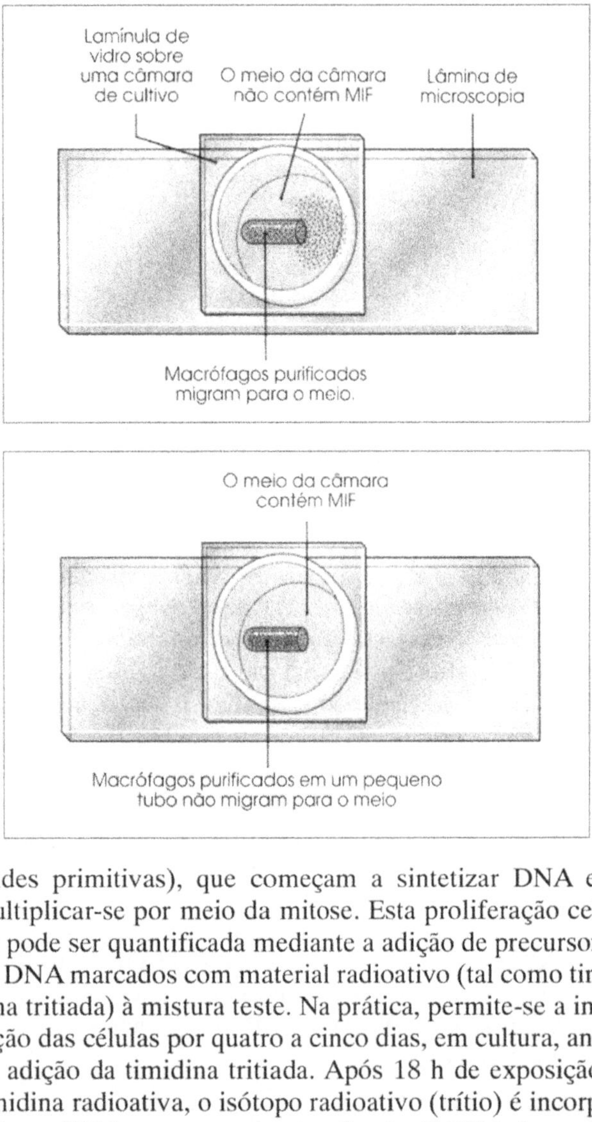

Cultura Mista de Linfócitos (CML)

Uma outra resposta mediada por célula é a ***cultura mista de linfócitos (CML)***, um teste *in vitro* equivalente à reação de rejeição de enxerto. Este teste avalia a quantidade de proliferação celular estimulada pela presença de um antígeno. Nesta reação, linfócitos de dois indivíduos diferentes (ou cepas de animais) que apresentam antígenos de superfície diferentes são misturados em um tubo-teste. Cada grupo de células reage contra antígenos de histocompatibilidade estranhos pertencentes a outro grupo. Estas células respondem transformando-se em linfoblastos (células linfóides primitivas), que começam a sintetizar DNA e a multiplicar-se por meio da mitose. Esta proliferação celular pode ser quantificada mediante a adição de precursores de DNA marcados com material radioativo (tal como timidina tritiada) à mistura teste. Na prática, permite-se a interação das células por quatro a cinco dias, em cultura, antes da adição da timidina tritiada. Após 18 h de exposição à timidina radioativa, o isótopo radioativo (trítio) é incorporado ao DNA recentemente sintetizado. O DNA é extraído e a quantidade de radioatividade é determinada; a quantidade de radioatividade incorporada é uma medida do grau da proliferação celular.

O ensaio é mais útil quando somente um grupo de células responde. O outro grupo, as células estimuladoras, é irradiado ou tratado com mitomicina C (um antibiótico) para prevenir a proliferação; as células ainda estão viáveis, mas não sofrem mitose. Deste modo, a reação é denominada cultura mista de linfócito "unilateral", porque a quantidade de isótopo capturado é uma medida da reação das células que respondem contra antígenos estranhos presentes sobre as células estimuladoras (Figura 20.26, caderno em cores).

Tabela 20.1 Alguns testes intradérmicos baseados na imunidade mediada por célula.

Teste	Agente etiológico	Doença
Tuberculina	*Mycobacterium tuberculosis* (bactéria)	Tuberculose – doença pulmonar com tubérculos necróticos no pulmão; pode disseminar para outras partes do corpo.
Lepromina	*Mycobacterium leprae* (bactéria)	Lepra – doença crônica que afeta os nervos periféricos, bem como a face, as mãos e os pés, causando desfiguração.
Brucelérgeno	*Brucella* sp. (bactéria)	Brucelose – febre ondulante (flutuante) em humanos.
Blastomicina	*Blastomyces dermatitidis* (fungo)	Blastomicose – as lesões desenvolvem-se nos pulmões, na pele e nos ossos.
Histoplasmina	*Histoplasma capsulatum* (fungo)	Histoplasmose – as lesões desenvolvem-se no pulmão e nos linfonodos, mas podem disseminar-se para outros órgãos, incluindo o fígado e o baço.
Leishmanina	*Leishmania* sp. (protozoário)	Leishmaniose – qualquer doença causada por estes parasitas flagelados, por exemplo, calazar, uma doença visceral com aumento do fígado e do baço.

Citotoxicidade Mediada por Célula (CMC)

Se os linfócitos de um indivíduo são cultivados com células que carregam epítopos estranhos de um outro indivíduo em uma cultura mista de linfócitos, um subgrupo dos linfócitos T (que respondem) do primeiro indivíduo é ativado. Estas células ativadas têm a capacidade de lisar as células estimuladoras do segundo indivíduo e são denominadas linfócitos T citotóxicos. A reação citolítica (denominada ***citotoxicidade mediada por célula*** ou ***CMC***) é específica, os linfócitos citotóxicos sensibilizados reagem somente com as células-alvo que apresentam os mesmos epítopos que as células estimuladoras. O fenômeno observado é uma ilustração *in vitro* da imunidade mediada por célula que pode ser produzida durante uma infecção viral. Você recordará no Capítulo 19 que a resposta imune mediada por células T citotóxicas é efetiva contra as células infectadas do hospedeiro que expressam os antígenos virais em suas superfícies.

Geralmente, quando realizado em laboratório, o ensaio começa como uma cultura mista de linfócitos unilateral. Uma população de linfócitos viáveis é incubada com linfócitos irradiados (ou tratados com mitomicina C). Após quatro a cinco dias, as células são removidas do frasco de cultura, lavadas e ressuspendidas em vários graus de densidade. As suspensões de células são então misturadas com um número constante de células-alvo, cujos citoplasmas foram marcados com cromo radioativo. Após incubação de 4 h, a quantidade de lise das células alvo é determinada pela quantidade de cromo radioativo liberado no meio sobrenadante.

Responda

1 Quais são as limitações dos testes de resposta imune mediada por célula *in vitro*?

2 Descrever os testes MIF, CML e CMC.

Resumo

1. Avaliações da imunidade humoral são baseadas nas reações antígeno-anticorpo. O estudo de tais reações é denominado *sorologia*, uma vez que os anticorpos são encontrados no soro. Em todos os testes sorológicos, a proporção entre antígeno e anticorpo é crítica para o teste e é ótima na zona de equivalência.

2. Métodos utilizados rotineiramente para detectar a presença de anticorpos tiram proveito das reações de precipitação. Estes testes incluem os testes de imunodifusão qualitativos (o teste do anel de precipitina e os métodos de Oudin, Oakley-Fulthorpe e Ouchterlony) e o teste de imunodifusão quantitativo, denominado técnica de imunodifusão radial.

3. A imunoeletroforese combina as técnicas de imunodifusão e eletroforese. Eletroimunoensaio combina imunoeletroforese com imunodifusão radial.

4. Os testes de aglutinação podem ser diretos ou indiretos. Um título crescente de anticorpos aglutinantes é boa evidência de que um paciente está infectado por um antígeno particular. Os testes de aglutinação bacteriana bastante conhecidos incluem o teste de Widal e a reação de Weil-Felix. O teste de inibição da hemaglutinação é amplamente utilizado no diagnóstico de infecção por vírus.

5 Testes de fixação de complemento são utilizados no diagnóstico de certas doenças causadas por vírus, fungos e bactérias.

6. Radioimunoensaios são ensaios imunológicos baseados na competição entre antígenos marcados com material radioativo e antígenos não-marcados. ELISAs (*enzyme-linked immunosorbent assays*) são tão sensíveis quanto os radioimunoensaios e mais simples de ser realizados.

7. A imunofluorescência pode ser uma técnica de anticorpo fluorescente direta ou indireta.

8. Anticorpos monoclonais são produzidos em grande quantidade por meio do uso de hibridomas.

9. Avaliações da imunidade mediada por célula são exemplificadas pelos testes para fator de inibição da migração (MIF), cultura mista de linfócitos (CML) e citotoxicidade mediada por célula (CMC).

Palavras-Chave

Aglutininas
Anticorpos monoclonais
Anticorpos policlonais
Citotoxicidade mediada por célula (CMC)
Contra-imunoeletroforese
Cultura mista de linfócitos (CML)
Eletroimunoensaio
ELISA
Fator de inibição da migração (MIF)
Hemaglutinação
Hemaglutinação viral
Hibridomas
Imunoeletroforese
Imunoeletroforese em foguete
Mieloma
Neutralização viral
Precipitinas
Radioimunoensaio (RIEs)
Reação de Weil-Felix
Sorologia
Teste de inibição da hemaglutinação
Teste de Widal
Zona de equivalência

Revisão

AVALIAÇÃO DA IMUNIDADE HUMORAL (ANTICORPOS)

1. O estudo da interação *in vitro* entre antígenos e anticorpos é denominado ______________.

2. O fluido que permanece após a coagulação do sangue é denominado __________________.

3. Na zona de __________________ há uma concentração ótima de antígeno e anticorpo para ocorrer uma reação completa de precipitação.

4. Complexos antígeno-anticorpo que formam grandes agregados entrelaçados são denominados __________________________.

5. O teste de precipitação mais simples, teste do anel de precipitina, é realizado na fase ________________________.

6. O teste de precipitação de difusão dupla mais utilizado é o: (**a**) método de Oudin; (**b**) método de Oakley-Fulthorpe; (**c**) método de Ouchterlony; (**d**) método de Mancini.

7. Imunoeletroforese combina as técnicas de imunodifusão e de _______________________.

8. Eletroimunoensaio é uma combinação do método de Mancini e do teste de ______________.

9. Precipitinas reagem com antígenos _______________________; aglutininas reagem com antígenos _______________________.

10. A reação de Weil-Felix é diferencial para certas riquetsioses e utiliza antígenos de bactérias pertencentes ao gênero ___________________________________.

11. O teste de inibição da hemaglutinação indica a presença de anticorpos ______________ dos vírus.

12. No teste de fixação de complemento, um teste negativo (sem anticorpo para um antígeno conhecido) é indicado por ______________.

13. O princípio do radioimunoensaio é baseado na ______________ pela ligação molecular a um anticorpo específico entre antígenos marcados com material radioativo e antígenos não-marcados.

14. ELISA é a sigla de ____.

15. Uma das seguintes enzimas não é utilizada em ELISA: (**a**) b-galactosidase; (**b**) glicose oxidase; (**c**) coagulase; (**d**) fosfatase alcalina; (**e**) peroxidase.

16. Os dois corantes utilizados em imunofluorescência são: (**a**) vermelho congo; (**b**) fluoresceína; (**c**) cristal violeta; (**d**) rodamina; (**e**) nigrosina.

PRODUÇÃO DE ANTICORPOS MONOCLONAIS

17. Anticorpos monoclonais podem ser preparados em grande quantidade por meio do uso de células especiais denominadas ________________________.

18. Um câncer de uma célula produtora de anticorpo é denominado __________________.

19. A técnica de anticorpo monoclonal foi desenvolvida por: (**a**) Tonegawa; (**b**) Ouchterlony; (**c**) Milstein; (**d**) Köhler; (**e**) Fulthorpe.

*Na questão **20**, indicar se a afirmação é verdadeira (**V**) ou falsa (**f**). Corrigir a frase, caso ela seja falsa.*

20. Cada célula B produzirá somente um tipo de molécula de anticorpo. __________

____

____

AVALIAÇÕES DA IMUNIDADE MEDIADA POR CÉLULA

21. Associar os testes intradérmicos da direita com o agente etiológico correspondente da esquerda.:

_______ *Mycobacterium tuberculosis*	(**a**) Lepromina
_______ *Blastomyces dermatitidis*	(**b**) Blastomicina
_______ *Brucella* sp.	(**c**) Leishmanina
_______ *Mycobacterium leprae*	(**d**) Histoplasmina
_______ *Histoplasma capsulatum*	(**e**) Tuberculina
_______ *Leishmania* sp.	(**f**) Brucelérgeno

22. A produção *in vitro* de MIF tem mostrado correlação com a imunidade _______________.

23. No teste para MIF, a sua presença inibe a migração dos _______________ para fora a partir da extremidade dos tubos capilares, de forma semelhante a um leque.

24. Na cultura mista de linfócitos, os linfócitos respondem ao antígeno estranho transformando-se em _______________ e sintetizando _______________.

25. A proliferação celular pode ser quantificada por meio da determinação da quantidade de _______________ tritiada incorporada ao DNA.

26. No teste de citotoxicidade mediada por célula, um subgrupo de linfócitos T respondedores são ativados na presença de células estranhas que podem _______________ as células estimuladoras.

27. No teste de CMC, a quantidade de lise celular pode ser determinada pela quantidade de _______________ radioativo liberado.

Questões de Revisão

1. Discutir o significado da zona de equivalência nas reações de precipitação.
2. Descrever o método de Ouchterlony para detectar anticorpo ou antígeno.
3. Explicar por que a técnica de imunodifusão radial é um teste *quantitativo*.
4. Quais são os objetivos e as vantagens da utilização da imunoeletroforese?
5. O que é imunoeletroforese em "foguete" e por que recebe esta denominação?
6. Diferenciar o teste de aglutinação direta do teste indireto (passivo).
7. Qual é o significado do título crescente de anticorpos aglutinantes?
8. Explicar o princípio do teste de fixação de complemento.
9. Descrever as duas técnicas básicas de ELISA.
10. Por que a técnica de imunofluorescência indireta é mais sensível que a direta?
11. Como os anticorpos monoclonais diferem dos anticorpos policlonais?
12. Descrever o método para produção de anticorpos monoclonais.
13. O que é cultura mista de linfócitos? O que acontece com as células estimuladoras quando são irradiadas ou tratadas com mitomicina C?
14. Como a lise celular é determinada no teste de citotoxicidade mediada por célula?

Questões para Discussão

1. Explicar por que a difusão do antígeno e do anticorpo contribui para o sucesso dos testes de precipitação.
2. Como o teste de precipitação tem contribuído para o nosso conhecimento sobre a taxonomia de estreptococos?
3. O que torna o método de Ouchterlony superior ao teste de precipitação em líquido?
4. Explicar por que a imunoeletroforese é uma técnica mais sensível do que outros métodos de separação, tal como as reações de precipitação.
5. Qual é o aspecto marcante sobre a reação de Weil-Felix?
6. Explicar por que as células de *Staphylococcus aureus* podem ser utilizadas como carreadoras de anticorpos.
7. Citar algumas razões para a popularidade dos radioimunoensaios.
8. Por que alguns pesquisadores preferem ELISA a RIE?
9. Atualmente existe alguma esperança de o uso de anticorpos monoclonais na terapia contra o câncer tornar-se uma realidade?
10. Quais são as implicações do teste de tuberculina *positivo*?
11. Discutir algumas aplicações clínicas das avaliações *in vitro* de reações mediadas por células.

Capítulo 21

Antibióticos e Outros Agentes Quimioterápicos

Objetivos

Após a leitura deste capítulo, você deve ser capaz de:

1. Resumir os eventos que levaram à era moderna da quimioterapia.
2. Diferenciar antibióticos de outros tipos de agentes quimioterápicos.
3. Citar as propriedades de um composto ideal utilizado como agente quimioterápico.
4. Compreender como os antibióticos são classificados com base na estrutura química e no mecanismo de ação.
5. Explicar como se desenvolve a resistência microbiana aos antibióticos e qual a sua importância para o tratamento das doenças.
6. Citar exemplos específicos de agentes quimioterápicos sintéticos que são utilizados para o tratamento de infecções causadas por bactérias, fungos, vírus e protozoários.
7. Descrever como um laboratório de microbiologia clínica poderia determinar a concentração de um antibiótico em uma amostra de sangue de um paciente submetido a um tratamento.
8. Explicar como pode ser determinada a atividade de vários antibióticos sobre uma bactéria qualquer.
9. Descrever duas aplicações dos antibióticos que não sejam clínicas.

Introdução

Quimioterapia é o tratamento de doenças com substâncias químicas. Estas substâncias são denominadas *agentes quimioterápicos*. Alguns destes agentes químicos são produzidos por microrganismos e são denominados antibióticos. Outros são sintetizados em laboratórios. Neste capítulo você verá que o desenvolvimento dos agentes quimioterápicos modernos revolucionou a prática médica. Algumas dessas descobertas foram acidentais, enquanto outras resultaram da pesquisa sistemática de um composto específico. Você aprenderá também como os agentes quimioterápicos se diferenciam uns dos outros em suas estruturas químicas e em seus mecanismos de ação. Algumas vezes o número de agentes disponíveis (utilizáveis) são numerosos, sendo que alguns atuam somente contra microrganismos específicos. Mas os laboratórios clínicos podem determinar, entre os muitos agentes quimioterápicos, qual é o melhor para o tratamento de uma infecção específica. Também aprenderá que existem várias razões por que os agentes quimioterápicos devem ser selecionados e administrados cuidadosamente e por que o uso incorreto de compostos químicos pode resultar em microrganismos resistentes a drogas ou em uma alteração da flora normal do paciente.

O Início da Quimioterapia

A quimioterapia, tratamento de doenças por meio de compostos químicos, não é uma prática recente; tem sido utilizada já há vários séculos. Desde 1630 os europeus utilizavam a *quinina* extraída da casca da cinchona para o tratamento da malária, uma doença causada por um protozoário. Ainda antes, a quinina foi utilizada por indígenas da América do Sul, que aliviavam a febre da malária mascando a casca da cinchona. Um outro exemplo, o *mercúrio* foi utilizado em 1495 para o tratamento da sífilis, uma doença bacteriana sexualmente transmitida. Apesar de as substâncias químicas serem utilizadas há muito tempo no tratamento das doenças, somente no início deste século é que novos desenvolvimentos na quimioterapia revolucionaram a prática médica. O problema de muitos agentes quimioterápicos históricos, como o mercúrio, deve-se a sua toxicidade ao tecido humano e animal. Um agente quimioterápico, para ser efetivo no tratamento de uma doença infecciosa, deve não somente matar ou inibir os microrganismos que estão causando a infecção, mas também ser relativamente inofensivo para o homem, exibindo assim *toxicidade seletiva*. O início da era moderna da quimioterapia pode ser traçado pelas descobertas de agentes químicos realizadas por Paul Ehrlich, Gerhard Domagk e Alexander Fleming.

Ehrlich e a Descoberta do Salvarsan

A primeira grande descoberta foi realizada no início deste século por Paul Ehrlich, um médico alemão com um talento especial para a química (Figura 21.1). Ehrlich acreditava que era possível produzir um composto químico capaz de curar especificamente a sífilis, sem no entanto prejudicar o paciente. Ele observou que o arsênico poderia inibir o agente causal da sífilis, mas também era muito tóxico ao tecido humano. Entretanto, Ehrlich acreditava que o arsênico poderia ser incorporado a compostos orgânicos de tal maneira que não fosse tóxico e mantivesse sua propriedade antimicrobiana. Foi a primeira pessoa a realizar deliberadamente uma pesquisa sistemática para um composto e, finalmente, encontrou um que fosse efetivo. Esta substância – composto de Ehrlich nº 606, que foi eventualmente denominada ***salvarsan*** – foi o primeiro composto químico sintetizado em laboratório, que podia curar uma doença sem intoxicar o paciente. Esta descoberta concedeu a Ehrlich o Prêmio Nobel em 1908. Entretanto, atualmente o salvarsan não é utilizado no combate à sífilis, tendo sido substituído por um composto químico mais efetivo, a penicilina.

Figura 21.1 Paul Ehrlich em seu laboratório. Ehrlich geralmente é respeitado como aquele que estabeleceu a quimioterapia como uma ciência. Suas pesquisas no início deste século resultaram na síntese de um composto arsenical (salvarsan) para o tratamento da sífilis. Sua metodologia científica representou a principal contribuição na pesquisa sistemática para novos agentes quimioterápicos.

Domagk, Tréfouël e a Descoberta das Sulfonamidas

Surpreendentemente, nenhum desenvolvimento significativo na quimioterapia ocorreu nos 30 anos seguintes após a descoberta do salvarsan por Ehrlich. Só em 1935, Gerhard Domagk, trabalhando na Companhia Química da Bayer, na Alemanha, realizou uma importante descoberta. Enquanto realizava experimentos com mais de 1.000 corantes sintéticos para verificar se algum deles poderia curar uma infecção estreptocócica em camundongo, sem intoxicar o animal, descobriu que um determinado corante vermelho chamado ***Prontosil*** havia sido efetivo, uma descoberta que lhe proporcionou o Prêmio Nobel em 1939. Entretanto, estranhamente o corante não inibiu o crescimento da bactéria cultivada em meios de cultura; foi efetivo somente em bactérias que se desenvolviam no corpo do animal.

Esta contradição aparente foi resolvida no mesmo ano pelo químico francês Jacques Tréfouël e seus colegas. Eles descobriram que um composto incolor chamado *sulfanilamida* é liberado no animal quando o Prontosil é degradado nos tecidos. Subseqüentemente, foi mostrado que a sulfanilamida é ativa não somente nas bactérias do corpo animal, mas também contra os microrganismos cultivados em meios de cultura laboratoriais. A descoberta da sulfanilamida provocou uma corrente de pesquisa com compostos relacionados apresentando valor terapêutico e, em 1945, os cientistas haviam produzido milhares de derivados da sulfanilamida, coletivamente denominados ***sulfonamidas*** ou "drogas da sulfa". Alguns destes são mais efetivos que a própria sulfanilamida, inibindo o crescimento bacteriano e sendo ainda amplamente utilizados até hoje no tratamento de algumas infecções bacterianas.

Fleming e a Descoberta da Penicilina

Salvarsan e as sulfonamidas são exemplos de *agentes quimioterápicos sintéticos* produzidos por químicos em laboratório. Entretanto, também existe uma segunda categoria de agentes quimioterápicos. Há os *agentes quimioterápicos naturais*, mais comumente denominados ***antibióticos***. Um *antibiótico* é uma substância produzida por um microrganismo, que em quantidade muito pequena inibe o desenvolvimento de outros microrganismos.

Estas substâncias naturais foram conhecidas por seus efeitos curativos muito antes de ser chamadas de antibióticos. Por exemplo, séculos atrás os chineses utilizavam coágulos de soja mofado no tratamento de furúnculos e controlavam as infecções do pé calçando sandálias forradas com bolores. Agora sabemos que estas propriedades curativas eram provavelmente devido aos antibióticos produzidos pelos fungos. As propriedades antibacterianas dos fungos foram também descritas em 1881 pelo microbiologista inglês John Tyndall. Ele observou que meios de culturas turvos pelo crescimento bacteriano tornavam-se límpidos quando os fungos cresciam em sua superfície.

Outras evidências iniciais da existência de antibióticos vieram de Pasteur e Joubert; eles observaram que culturas puras do bacilo do carbúnculo cresciam bem em urina, entretanto o bacilo desaparecia quando determinados microrganismos estavam presentes. Em 1901, Emmerich e Low descobriram que coelhos poderiam ser protegidos contra a infecção por bacilos do carbúnculo se culturas líquidas da bactéria "*Bacillus pyocyaneus*" (agora denominada *Pseudomonas aeruginosa*) fossem inoculadas nos animais. Eles acreditavam que a substância protetora fosse uma enzima produzida pelo *B. pyocyaneus* e, conseqüentemente, denominaram a substância de *piocianase*.

No início da década de 1920, Gratia e Dath realizaram uma das primeiras pesquisas sistemáticas para os antibióticos. Isto resultou na descoberta da *actinomicetina*, assim denominada porque foi produzida por certos actinomicetos. Embora a actinomicetina nunca tenha sido utilizada para o tratamento de pacientes, foi utilizada para destruir células bacterianas durante a produção de vacinas.

Apesar destas descobertas, somente após 1929 teve início a era moderna dos antibióticos. O microbiologista Alexander Fleming (Figura 21.2A) notou um fenômeno estranho em uma placa de ágar inoculada com *Staphylococcus aureus*. A placa tinha sido contaminada com um fungo e Fleming observou que havia uma grande zona clara ao redor da colônia do fungo, indicando que o fungo tinha produzido uma substância que inibiu o *S. aureus* (Figura 21.2B). O pesquisador dedicou-se ao isolamento e à identificação do fungo e ao estudo de sua ação. O fungo era uma espécie de *Penicillium* e, desta forma, ele denominou a substância antimicrobiana produzida pelo fungo de ***penicilina***.

Figura 21.2 (**A**) *Sir* Alexander Fleming descobriu as propriedades inibitórias bacterianas de um produto metabólico do *Penicillium notatum*. Ele chamou a substância de penicilina. Esta descoberta, em 1929, introduziu a era moderna da quimioterapia. Por suas contribuições, Fleming recebeu o título de *Sir* e dividiu o Prêmio Nobel em 1945 com Ernest B. Chain, um químico, e *Sir* Howard W. Florey, um médico. (**B**) Cultura original de Fleming em placa de Petri na qual observou a inibição do crescimento dos estafilococos próximos à colônia maior de fungo.

(A)

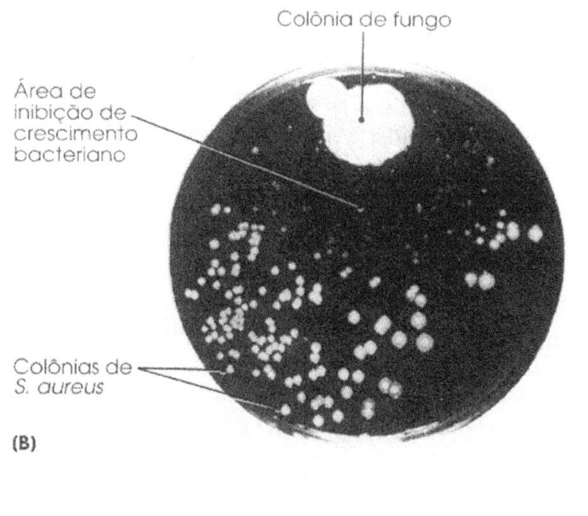

(B)

DESCOBERTA!

21.1 PENICILINA – DESCOBERTA E DESENVOLVIMENTO.

A penicilina foi descoberta em 1927 por Alexander Fleming, um microbiologista que trabalhava no Hospital St. Mary, em Londres.

Fleming realizava experimentos na pesquisa de novos agentes antibacterianos, particularmente daqueles que poderiam ser efetivos contra infecções de feridas. Durante a realização desses experimentos, ele observou que uma cultura de *Staphylococcus aureus* em placa estava contaminada com um fungo. A área ao redor da colônia do fungo estava clara (sem colônia bacteriana). Aparentemente, o fungo inibiu ou matou as células dos estafilococos próximas à sua colônia. Além disso, estudos deste fenômeno revelaram que o fungo era do gênero *Penicillium,* que produzia uma substância muito poderosa contra os estafilococos, sendo, por isso, atraente como um agente quimioterápico. Fleming denominou a substância de *penicilina.*

A penicilina efetiva contra bactérias em meios de cultura de laboratório também seria efetiva contra aquelas presentes no corpo humano? Esta questão necessitava ser respondida. Infelizmente, a quantidade de penicilina produzida nas culturas do fungo foi extremamente pequena. Além disso, sérios problemas foram encontrados na tentativa de isolar e purificar a penicilina.

O primeiro experimento clínico com uma preparação de penicilina bruta foi conduzido em 12 de fevereiro de 1941. O paciente, um policial de Oxford, estava morrendo devido a uma infecção estafilocócica. A administração da penicilina inicialmente resultou em uma marcante melhora, mas, cinco dias mais tarde, quando acabou o fornecimento da penicilina, os estafilococos voltaram a se desenvolver, a infecção disseminou-se e o paciente morreu. Este foi um final trágico de um experimento que não teve sucesso somente porque não havia quantidade suficiente de penicilina disponível para tratar do paciente. O principal problema ainda era a produção em larga escala e a recuperação da penicilina.

A Grã-Bretanha, nessa época (1940-1941), estava envolvida em uma luta cruel. Havia pouca probabilidade de que uma parte significativa dos recursos do país pudesse ser destinada a um programa intensivo para o desenvolvimento da penicilina.

Felizmente, as publicações britânicas sobre a penicilina atraíram a atenção dos americanos. Como resultado, a Fundação Rockefeller convidou Harold W. Florey, um professor de patologia da Universidade de Oxford, que havia investigado o desenvolvimento da penicilina como um agente quimioterápico, e seu colega N. G. Heatley, para ir aos Estados Unidos e desenvolver um método para produção de penicilina em larga escala. Eles chegaram aos Estados Unidos em 2 de julho de 1941. Fizeram reuniões com membros do Conselho Nacional de Pesquisa, Charles Thom, um micologista de fama mundial do Departamento Americano de Agricultura dos Estados Unidos, e outros. Os trabalhos com a produção da penicilina foram iniciados imediatamente no Laboratório de Pesquisa da Região Norte do Departamento Americano de Agricultura em Peoria, Illinois, o qual apresentava um grande número de trabalhos em fermentação microbiana.

O U. S. Office of Scientific Research and Development, informado do enorme potencial da penicilina para o tratamento das vítimas da guerra, deu a este projeto prioridade máxima. As principais companhias farmacêuticas e universidades foram chamadas para cooperar na pesquisa e no desenvolvimento da produção de penicilina. Os resultados foram surpreendentes. A cultura de fungo original de Fleming produzia 2 unidades/ml; em questão de meses o aperfeiçoamento da tecnologia aumentou a produção para 900 unidades/ml; hoje a produção é de aproximadamente 50.000 unidades/ml!

No outono de 1941 havia pouca penicilina disponível nos Estados Unidos para o tratamento dos pacientes. Um ano mais tarde, como resultado do esforço cooperativo do governo, de universidades e indústrias, quantidades apreciáveis encontravam-se disponíveis.

Poucas descobertas contribuíram tanto quanto a penicilina (e os antibióticos que se seguiram) para a saúde e o bem-estar do mundo todo. A história da penicilina fornece um belo exemplo dos benefícios conseguidos graças à colaboração dos cientistas, das agências, do governo, das indústrias e das universidades.

Somente durante a Segunda Guerra Mundial, quando houve uma necessidade urgente de curar soldados aliados de infecções de ferimentos, que a penicilina de Fleming foi valorizada. Por meio do esforço conjunto de muitos microbiologistas da Inglaterra e dos Estados Unidos, a substância inibidora produzida pelo fungo contaminante de Fleming começou a ser obtida em grande quantidade e tornou-se uma "droga milagrosa", que salvou inúmeras vidas. Em 1945, Fleming, Ernest Chain e Howard W. Florey ganharam o Prêmio Nobel por seus trabalhos com a penicilina (DESCOBERTA 21.1).

Outros antibióticos também foram descobertos durante este período. Em 1939, René Dubos (Figura 21.3) cultivou a bactéria *Bacillus brevis* de uma amostra de solo de Nova Jersey e isolou uma substância que matava muitas bactérias Gram-positivas. Esta substância, produzida pelo *B. brevis*, consiste em dois antibióticos diferentes, agora denominados *gramicidina* e *tirocidina*. Não muito tempo depois disso, o futuro ganhador do Prêmio Nobel Selman Waksman e seus colaboradores, da Universidade de Rutgers, descobriram a *estreptomicina*, produzida pelo *Streptomyces griseus*.

Figura 21.3 Em 1939, René Dubos isolou dois antibióticos, gramicidina e tirocidina, de uma bactéria do solo, o *Bacillus brevis*.

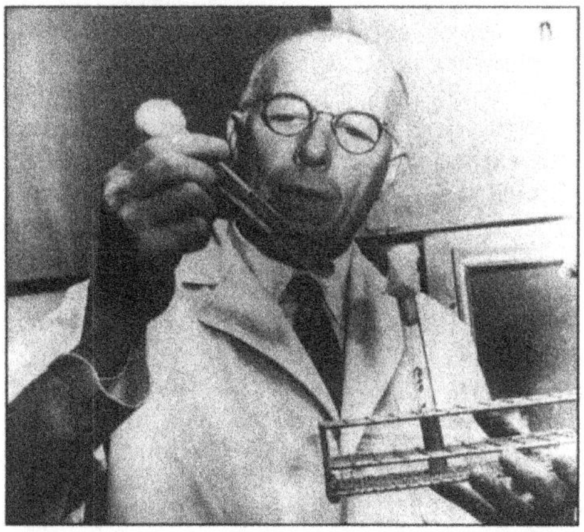

Desde 1940, muitos outros antibióticos têm sido isolados e identificados, e novos antibióticos estão sendo descobertos até hoje. Infelizmente, muitos deles não somente inibem os microrganismos patogênicos mas também são tóxicos para o tecido humano; desta forma, muitos não têm importância prática no tratamento das doenças. Entretanto, vários antibióticos relativamente atóxicos comprovaram ser agentes eficazes para a cura de infecções microbianas. Realmente, poucas descobertas na ciência têm tido um efeito tão impressionante no campo da medicina como a descoberta dos antibióticos.

Responda

1 Qual foi a contribuição de Paul Ehrlich para a quimioterapia?

2 Qual a relação do Prontosil com as sulfonamidas?

3 Como Alexander Fleming descobriu a penicilina?

Qualidades Ideais de um Agente Quimioterápico

Para um composto químico ser um agente quimioterápico ideal para utilização no tratamento de infecções microbianas, ele deve apresentar as seguintes qualidades:

1. Ser capaz de destruir ou inibir muitas espécies de microrganismos patogênicos. Quanto maior o número de diferentes espécies microbianas afetadas, melhor será o agente. Por exemplo, os antibióticos mais amplamente utilizados são os ***antibióticos de largo espectro***, que são efetivos contra muitas espécies diferentes.

2. Inibir os microrganismos de tal maneira que se evite o desenvolvimento de formas resistentes de microrganismos produtores de doenças.

3. Não produzir efeitos colaterais indesejáveis no paciente, como reações alérgicas, lesões nervosas ou irritação dos rins ou do trato gastrintestinal.

4. Não eliminar os microrganismos que normalmente habitam o trato intestinal ou outras áreas do organismo. Estes microrganismos, denominados *flora normal*, desempenham um importante papel, impedindo o crescimento de microrganismos patogênicos e, conseqüentemente, não permitindo o estabelecimento da infecção. Por exemplo, o crescimento de leveduras patogênicas, como a *Candida albicans*, no intestino é normalmente restringido pela flora normal do trato intestinal. A eliminação da flora normal por um antibiótico de largo espectro poderia levar um paciente a tornar-se susceptível à infecção por leveduras, se o crescimento acentuado das mesmas for permitido.

5. Se o agente é administrado oralmente, não poderá ser inativado pela acidez estomacal e deverá ser absorvido no organismo pelo trato intestinal. Se é administrado por via parenteral, não poderá ser inativado pelas proteínas presentes na corrente sanguínea.

6. Ser altamente solúvel nos fluidos corporais, caso necessite estar em uma solução para ser ativo.

7. Ser capaz de alcançar concentrações suficientes nos tecidos ou no sangue de pacientes para matar ou inibir os microrganismos que estão causando a doença.

É improvável que um único agente quimioterápico possa apresentar todas estas qualidades. Portanto, os clínicos podem fazer comparações entre os agentes disponíveis para selecionar o mais apropriado no tratamento de uma infecção específica.

Responda

1 Quais são as características de um agente quimioterápico "ideal"?

2 Qual é a probabilidade de um único composto químico apresentar todas estas características?

Isolamento de Microrganismos Produtores de Antibióticos da Natureza

Foi por puro acidente que Fleming descobriu que o *Penicillium* produz a penicilina. Hoje os microrganismos produtores de antibióticos são descobertos intencionalmente por uma metodologia sistemática de seleção, como mostrado na Figura 21.4 (caderno em cores). As etapas essenciais para a pesquisa de novos antibióticos são as seguintes:

1. Obter as amostras de solo, ar, plantas, vegetais ou água de vários ambientes. Isolar os microrganismos destas amostras em uma cultura pura.

2. Testar cada cultura pura contra uma variedade de microrganismos para ver se há alguma inibição ou morte do organismo-teste.

3. Selecionar toda cultura pura que mostrar atividade antimicrobiana para estudos posteriores. Cultivar o microrganismo para produzir uma grande quantidade do antibiótico; concentrar o material antibiótico. Executar testes para determinar se a atividade antimicrobiana deve-se a uma nova substância ou a um antibiótico previamente descrito.

4. Testar o material para a toxicidade e determinar o espectro antimicrobiano.

5. Se o antibiótico parece ser um novo composto, cultivar o microrganismo em grandes quantidades, coletar e purificar o antibiótico.

6. Realizar testes posteriores para determinar as propriedades químicas do antibiótico e se este apresenta qualidades de um agente quimioterápico, verificando a maioria dos critérios listados anteriormente para um agente quimioterápico ideal. O antibiótico não deve ser tóxico aos animais e ao homem.

Alguns antibióticos são produzidos por bactérias, como os membros do gênero *Streptomyces,* que produzem um grande número de antibióticos úteis. Espécies de *Bacillus, Micromonospora, Nocardia* e *Micropolyspora* também produzem antibióticos úteis. Ainda outros antibióticos são produzidos por fungos, particularmente espécies de *Penicillium, Aspergillus* e *Cephalosporium.* Os cientistas estão pesquisando novos antibióticos produzidos por microrganismos aquáticos como, por exemplo, um algicida chamado *cyanobacterin,* produzido por uma cianobactéria aquática, e um fungicida, produzido pela *Alteromonas* sp. (Figura 21.5).

Figura 21.5 Atividade antimicrobiana da *cianobacterina,* um antibiótico produzido pela bactéria aquática *Scytonema hoffmani.* (**A**) Neste experimento, o meio de ágar foi primeiro inoculado com a bactéria aquática *Lyngbya kuetzingii* e então a *Scytonema hoffmani* foi semeada realizando-se uma estria no meio da placa de Petri. Observe a ausência de crescimento da *L. kuetzingii* próxima à região onde foi semeada a *S. hoffmani.* (**B**) A inibição do fungo marinho patogênico, *Lagenidium callinectes* (as colônias gigantes no ápice e abaixo), pela bactéria *Alteromonas* sp.; o disco no centro está impregnado com um extrato da fermentação em caldo de uma cultura de *Alteromonas* sp. Observe que o fungo não cresce na região do disco. Na natureza, esta bactéria cresce no embrião do camarão e protege-o da destruição pelo fungo. A substância antifúngica produzida pela bactéria foi identificada como 2,3-indolinediona (isatin).

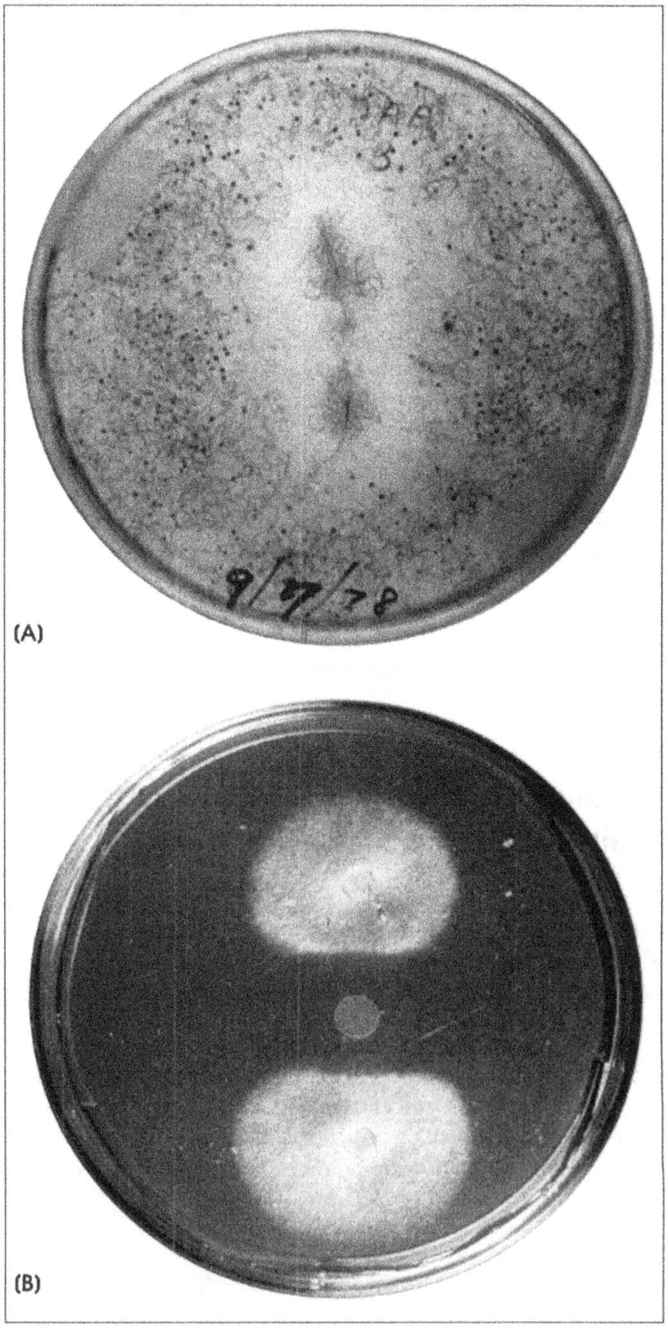

Responda
1 Como você realizaria o isolamento de uma bactéria produtora de antibiótico a partir do solo?
2 Citar alguns gêneros comuns de microrganismos que produzem antibióticos.

Tipos de Antibióticos Baseados em Sua Estrutura Química

Os antibióticos diferem largamente em sua estrutura química. Uma idéia da grande variedade destas estruturas pode ser observada nos exemplos apresentados na Figura 21.6.

Figura 21.6 As fórmulas estruturais de vários antibióticos representando diferentes classes químicas. Observe a complexidade e diversidade dessas moléculas químicas que são sintetizadas por microrganismos.

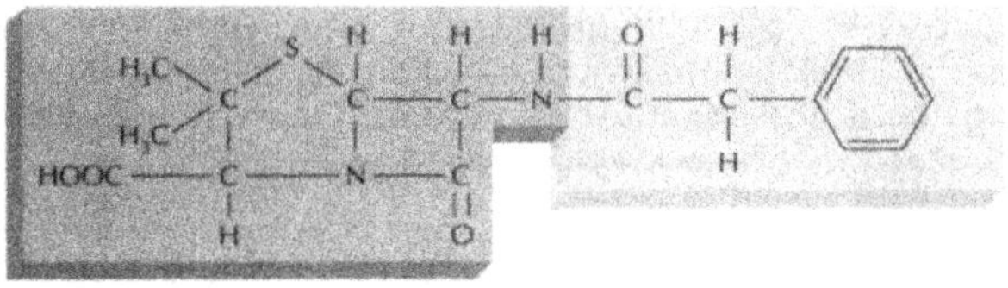

Penicilina G

PENICILINAS

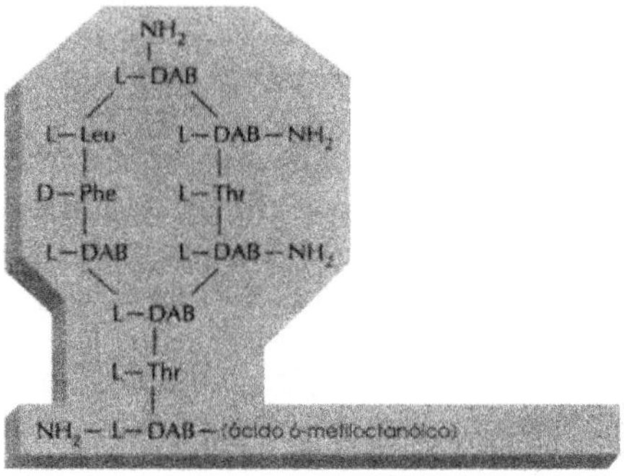

Polimixina B
(DAB, ácido α, γ-diaminobutírico; Leu; leucina; Thr, treonina; Phe, fenilalanina)

POLIPEPTÍDEOS

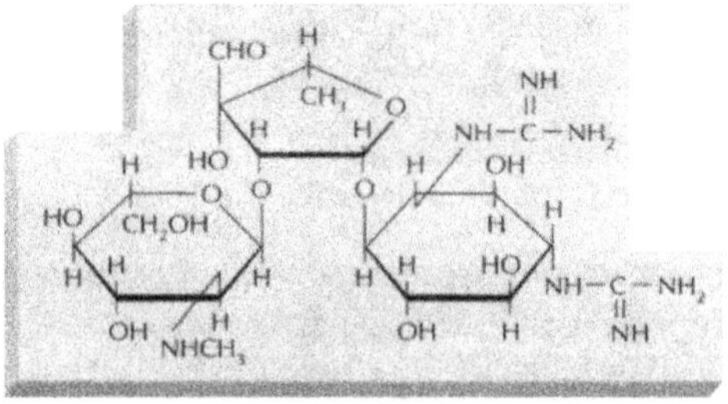

Estreptomicina

AMINOGLICOSÍDEOS

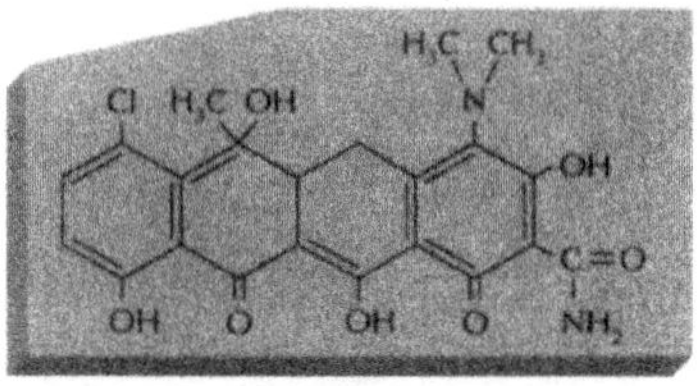

Clortetraciclina

TETRACICLINAS

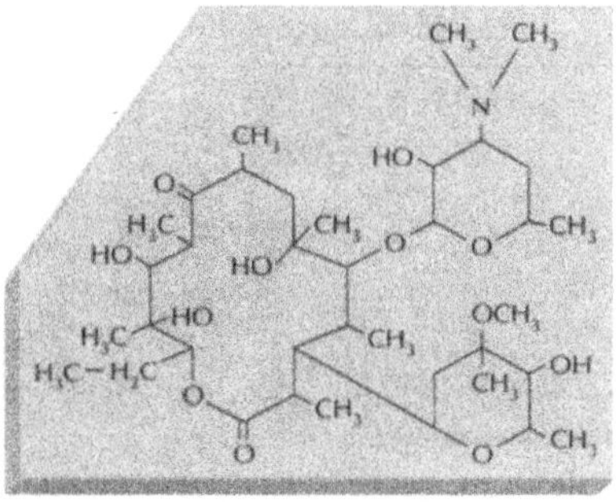

Eritromicina A

ERITROMICINA

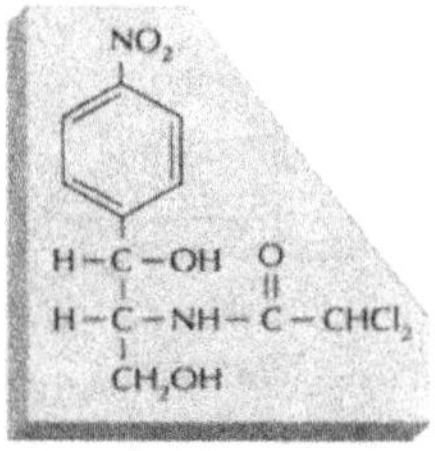

Cloranfenicol

CLORANFENICOL

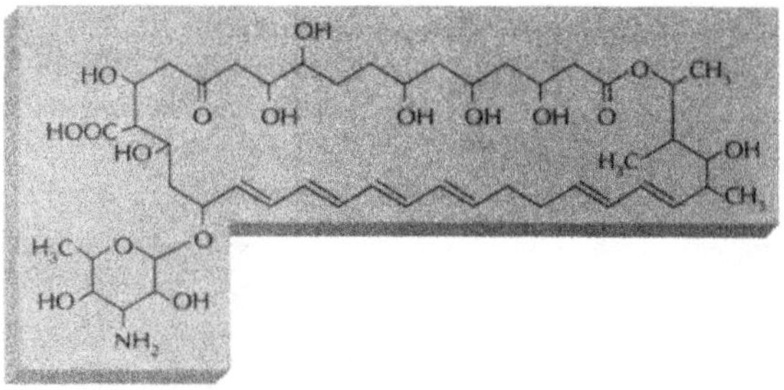

Nistatina

POLIENOS

Os antibióticos podem ser classificados relativamente em poucos grupos principais baseados em suas estruturas químicas.

Os Antibióticos β-Lactâmicos

Os β-lactâmicos incluem penicilinas, monobactâmicos, cefalosporinas e carbapenens. Todos contêm um núcleo básico comum, o ***anel* β*-lactâmico***, que é composto de três átomos de carbono e um átomo de nitrogênio (Figura 21.7).

As Penicilinas. Existem muitas penicilinas diferentes, mas todas têm uma estrutura central denominada *ácido 6-aminopenicilânico* (Figura 21.8A). As diferenças entre as várias penicilinas devem-se às diferenças nas cadeias laterais (parte da molécula além daquela da estrutura central).

Figura 21.7 Os antibióticos β-lactâmicos: penicilinas, cefalosporinas, monobactâmicos e carbapenens. Todos são caracterizados pelo anel β-lactâmico em sua estrutura.

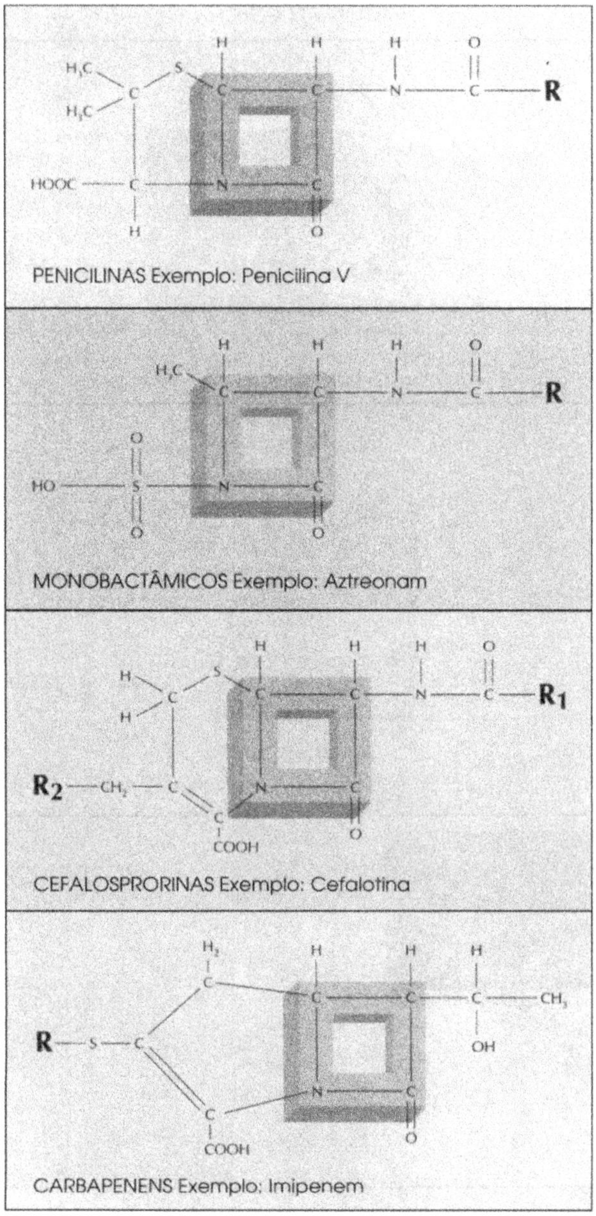

Figura 21.8 (**A**) A estrutura principal da penicilina (ácido 6-aminopenicilânico) comum a todas as penicilinas. (**B**) Algumas penicilinas naturais e semi-sintéticas. Observe como as estruturas químicas da cadeia lateral são diferentes.

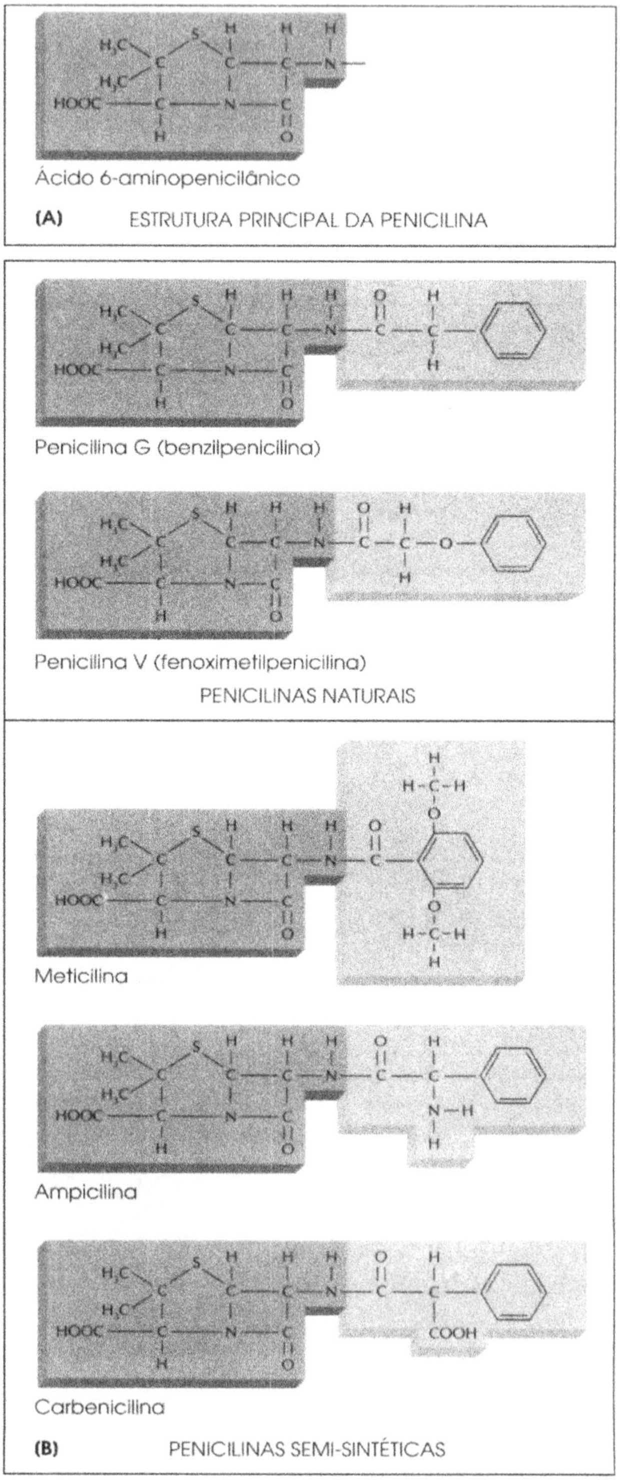

Penicilinas naturais. As penicilinas que são produzidas por microrganismos são denominadas ***penicilinas naturais***. Estes antibióticos são produzidos por certas espécies de fungos do gênero *Penicillium*. As duas mais importantes deste grupo são a *penicilina G* e a *penicilina V* (Figura 21.8B).

Penicilinas semi-sintéticas. O anel central ácido 6-aminopenicilânico pode ser produzido em grande quantidade pelos fungos por meio da fermentação. Os químicos são capazes de adicionar várias cadeias laterais neste núcleo básico, criando desta forma novos tipos de penicilinas que não são encontradas na natureza. Estas penicilinas são denominadas ***penicilinas semi-sintéticas*** (Figura 21.8B), e algumas apresentam vantagens sobre as penicilinas naturais. Por exemplo, uma das primeiras penicilinas semi-sintéticas a ser produzida para uso clínico foi a *feneticilina*, que é mais facilmente absorvida que a penicilina V. A *Pseudomonas aeruginosa*, causa freqüente de infecções de feridas e queimaduras, é resistente às penicilinas naturais, mas pode ser inibida por várias penicilinas semi-sintéticas.

Inativação das penicilinas. As penicilinas naturais podem ser destruídas por enzimas denominadas ***penicilinases*** (Figura 21.9). Estas enzimas destroem o anel β-lactâmico do núcleo básico da molécula e por esta razão, são também denominadas ***β-lactamases***. As penicilinases são produzidas por muitas bactérias, incluindo os estafilococos; e as infecções causadas por esta bactéria são resistentes ao tratamento com penicilinas naturais. Entretanto, algumas penicilinas semi-sintéticas têm a vantagem de ser resistentes à ação das penicilinases. Um exemplo é a ***meticilina***, que é freqüentemente utilizada no tratamento das infecções estafilocócicas "penicilina-resistentes".

Inibidores das penicilinases. O *ácido clavulânico* é um composto β-lactâmico de ocorrência natural produzido pelo *Streptomyces clavuligerus*. Tem atividade antibacteriana relativamente baixa, mas é um potente inibidor das penicilinases, assim como o *sulbactâmico*, um composto semi-sintético que tem características similares. Atualmente, existem produtos comercialmente disponíveis que contêm ácido clavulânico ou sulbactâmico combinados com os antibióticos ampicilina, amoxicilina ou ticarcilina. Estes produtos permitem que os antibióticos sejam efetivos contra microrganismos que geralmente seriam resistentes em virtude da capacidade de produzir penicilinases.

Os Monobactâmicos. Uma outra classe de antibióticos β-lactâmicos denominados *monobactâmicos* é produzida por uma bactéria Gram-negativa, a *Chromobacterium violaceum*. Um dos monobactâmicos, o *aztreonam*, é agora produzido sinteticamente e é ativo contra uma grande variedade de bactérias aeróbias Gram-negativas. O aztreonam tem a vantagem de não ser inativado pelas penicilinases ou por outras enzimas, como as cefalosporinases.

As Cefalosporinas. As cefalosporinas diferem das penicilinas na estrutura do seu núcleo básico composto pelo ácido 7-aminocefalosporânico (Figura 21.7). São produzidas por certas espécies de fungos marinhos pertencentes ao gênero *Cephalosporium* (agora reclassificado como *Acremonium*). Desde meados de 1960, quando este grupo de antibióticos tornou-se utilizável, companhias farmacêuticas têm desenvolvido muitas cefalosporinas novas, cada uma com uma característica nova e mais desejável para a quimioterapia. As cefalosporinas são agrupadas como produtos de "primeira geração", "segunda geração" e "terceira geração". As cefalosporinas de segunda geração (por exemplo, cefamandole, cefoxitina e cefuroxime) e de terceira geração (por exemplo, cefotaxima, cefoperazone e ceftriaxone) têm maior atividade antimicrobiana, incluindo a atividade de largo espectro, e são muito mais resistentes à inativação enzimática do que os produtos de primeira geração.

Figura 21.9 A inativação das penicilinas pela enzima penicilinase é resultante da quebra da estrutura do anel β-lactâmico.

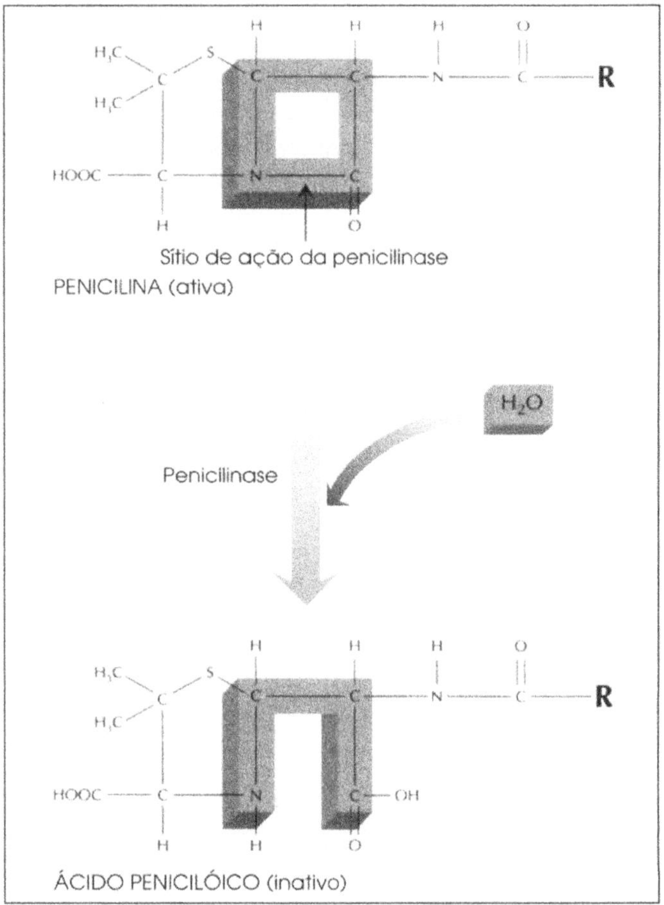

Carbapenens. Os carbapenens ou tienamicinas são produzidos pelo *Streptomyces cattleya*. O *imipenem*, um carbapenem semi-sintético, é produzido pela modificação química da tienamicina. O imipenem tem um maior espectro de atividade antibacteriana e inibe muitas bactérias aeróbias e anaeróbias Gram-positivas e Gram-negativas, incluindo aquelas que produzem β-lactamases.

Os Macrolídeos

Esta categoria inclui o já bem conhecido antibiótico *eritromicina*, que consiste em um grande anel lactona ligado com aminoaçúcares, como mostrado na Figura 21.6. A eritromicina é produzida por uma amostra de *Streptomyces erythreus* que foi originalmente isolada do solo coletado nas Filipinas. Este antibiótico é ativo contra muitas bactérias Gram-positivas e também algumas Gram-negativas, incluindo os espiroquetas patogênicos. A variedade de microrganismos afetados pela eritromicina – *o espectro antimicrobiano* – assemelha-se ao das penicilinas. Entretanto, uma vez que a eritromicina não é destruída pelas penicilinases, freqüentemente utiliza-se como alternativa da penicilina na terapia.

Os Aminoglicosídeos

Um exemplo bem conhecido dos antibióticos aminoglicosídeos é a *estreptomicina* (Figura 21.6). A *neomicina* também é um membro deste grupo. Quimicamente, os aminoglicosídeos consistem em um aminoaçúcar e em uma estrutura em forma de anel denominada *aminociclitol*.

A estreptomicina é produzida por uma bactéria do solo, o *Streptomyces griseus*. A atividade antibiótica foi primeiro observada em 1944 por Selman Waksman e seus colaboradores da Universidade de Rutgers (Figura 21.10). A estreptomicina é um antibiótico muito utilizado porque inibe diversos microrganismos resistentes a sulfonamidas e penicilinas. É efetiva contra muitas bactérias Gram-negativas e é especialmente utilizada no tratamento de tularemia, peste e tuberculose. A estreptomicina altamente purificada não é tóxica ao homem e a animais quando administrada durante um curto período de tempo no tratamento de infecções, mas tem um efeito prejudicial acumulativo em regiões específicas do sistema nervoso, quando administrada por um longo período de tempo.

A neomicina é o antibiótico mais tóxico do grupo dos aminoglicosídeos. Entretanto, como é pouco absorvida no intestino grosso, algumas vezes é administrada oralmente antes de certos tipos de cirurgias intestinais para auxiliar no controle do crescimento da flora presente no intestino. A neomicina é também um componente de algumas preparações tópicas.

As Tetraciclinas

As tetraciclinas incluem *clortetraciclina, oxitetraciclina, tetraciclina, doxiciclina* e *minociclina*. Todas elas têm em comum uma estrutura química denominada *anel naftaleno;* as diferenças entre os vários tipos de tetraciclinas devem-se a diferenças nos grupos químicos que se ligam ao anel naftaleno (Figura 21.11).

Figura 21.10 Selman A. Waksman, co-descobridor do antibiótico estreptomicina. Ele foi agraciado com o Prêmio Nobel em 1952 pela descoberta e pelo desenvolvimento deste antibiótico.

Figura 21.11 Tetraciclinas, antibióticos de largo espectro produzidos por espécies de *Streptomyces*, diferem ligeiramente na estrutura química, como mostrado nas posições marcadas de **W**, **X**, **Y** e **Z** nesta ilustração.

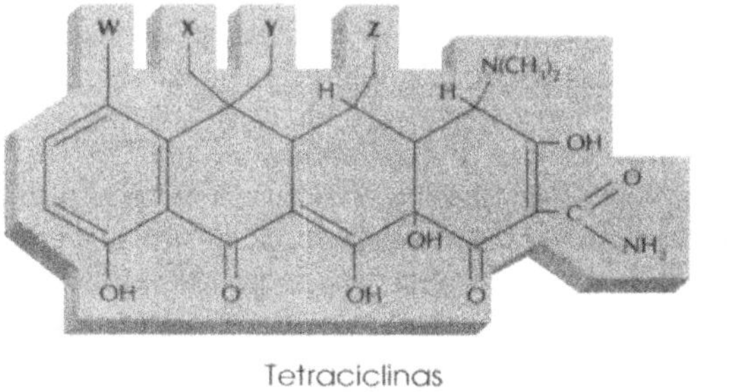

Tetraciclinas

Antibiótico	Posição na molécula			
	W	X	Y	Z
Tetraciclina	H	CH_3	OH	H
Oxitetraciclina	H	CH_3	OH	OH
Clortetraciclina	Cl	CH_3	OH	H
Minociclina	$N(CH_3)_2$	H	H	H
Doxiciclina	H	CH_3	H	OH

As tetraciclinas são produzidas por espécies do gênero *Streptomyces*. Elas são ativas contra um grande número de bactérias Gram-positivas e Gram-negativas e são especialmente utilizadas no tratamento da brucelose, infecções do trato urinário causadas por bactérias Gram-negativas e infecções causadas por micoplasmas, riquétsias e clamídias. Algumas bactérias podem ser mais susceptíveis a doxiciclina e minociclina do que a outras tetraciclinas, porque estes dois compostos têm um espectro antimicrobiano levemente maior do que as outras tetraciclinas. Além disso, esses dois compostos são mais bem absorvidos pelo organismo, resultando em manutenção de um nível maior e mais prolongado na corrente sanguínea.

Os Antibióticos Polipeptídeos

A *bacitracina* e as *polimixinas* estão incluídas entre os antibióticos polipeptídeos. Todos os membros deste grupo são caracterizados quimicamente por apresentar uma cadeia de aminoácidos. A bacitracina e as polimixinas são produzidas por bactérias do gênero *Bacillus*. Algumas vezes a cadeia é circular, como na polimixina B (Figura 21.6).

A bacitracina é produzida pelas bactérias *B. subtilis* e *B. licheniformis*. É efetiva contra uma grande variedade de bactérias Gram-positivas. Entretanto, devido a sua toxicidade ao tecido humano, o uso é limitado a aplicações tópicas.

As polimixinas são produzidas pela bactéria *Bacillus polymyxa*. Este organismo produz diferentes polimixinas, que têm sido denominadas de A, B, C, D e E. As polimixinas são ativas contra muitas bactérias Gram-negativas, incluindo *Pseudomonas aeruginosa*. Porém, por elas poderem causar reações tóxicas severas, como nefrotoxicidade e neurotoxicidade no hospedeiro, quando administradas por via sistêmica, são utilizadas principalmente em aplicações tópicas.

Os Polienos

Um composto poliênico é aquele que contém três ou mais duplas ligações covalentes que ligam átomos de carbono. O grupo inclui os antibióticos *nistatina* (Figura 21.6) e *anfotericina B*.

A nistatina, produzida pela bactéria *Streptomyces noursei*, foi descoberta por Hazen e Brown (Figura 21.12) na década de 1950. Este antibiótico foi o primeiro a trazer uma esperança no tratamento de infecções por fungos. Entretanto, apesar de apresentar propriedades antifúngicas, a nistatina é tóxica para o tecido humano e, conseqüentemente, é utilizada somente no tratamento de infecções de pele e boca. É particularmente utilizada no tratamento de infecções causadas pela *Candida albicans*.

A anfotericina B, produzida pelo *Streptomyces nodosus*, é um antibiótico largamente utilizado para o tratamento de muitas infecções internas graves causadas por certos fungos patogênicos. Infelizmente, a anfotericina B também exibe propriedades tóxicas e pode causar lesão nos rins, devendo o tratamento dos pacientes ser rigidamente monitorado.

Outros Antibióticos

Cloranfenicol. A estrutura do cloranfenicol é simples quando comparada com a de outros antibióticos (Figura 21.6).

Figura 21.12 Elizabeth L. Hazen (esquerda) e Rachel Brown, co-descobridoras da nistatina, o primeiro antibiótico quimioterápico antifúngico. O microrganismo que produz a nistatina foi isolado de uma amostra do solo, em 1949, pela Dra. Hazen, e ela e a Dra. Brown isolaram e caracterizaram este novo antibiótico, que se tornou disponível para uso quimioterápico no início dos anos de 1950.

É produzido pela bactéria *Streptomyces venezuelae*, mas, em função da simplicidade de sua estrutura, é mais eficiente e econômico produzi-lo por síntese química.

O cloranfenicol é um antibiótico de largo espectro. Entretanto, o seu uso na quimioterapia é limitado, pois apresenta uma tendência de causar *anemia aplástica*, uma condição em que a medula óssea deixa de produzir novas células sanguíneas. Apesar desse grave efeito colateral, o cloranfenicol é utilizado no tratamento da febre tifóide e de algumas outras infecções sérias, particularmente quando o microrganismo envolvido adquiriu uma resistência aos outros antibióticos.

Responda

Citar os principais grupos de antibióticos com base em suas estruturas químicas e dar um exemplo de um antibiótico específico de cada grupo.

Mecanismo de Ação dos Antibióticos

Os antibióticos atuam sobre os microrganismos de diversas maneiras. Os principais pontos de ação incluem:

1. Inibição da síntese do peptideoglicano da parede celular bacteriana.
2. Lesão da membrana citoplasmática.
3. Interferência na síntese de ácido nucléico e proteínas.

Nas seções seguintes você aprenderá os mecanismos pelos quais vários antibióticos importantes destroem os microrganismos infecciosos. A toxicidade seletiva dos agentes quimioterápicos baseia-se nas diferenças entre a estrutura e a composição química das células procarióticas e eucarióticas.

Inibidores da Síntese da Parede Celular

Os antibióticos β-lactâmicos (penicilinas e cefalosporinas) afetam a síntese dos componentes do peptideoglicano da parede celular bacteriana. Sem um "cinturão" de peptideoglicano rígido em volta da bactéria, a célula geralmente morrerá por absorção de água, aumento do volume e conseqüente rompimento.

Como você aprendeu anteriormente, a biossíntese de peptideoglicano envolve uma seqüência de etapas catalisadas por enzimas. A interferência de qualquer uma dessas etapas pode inibir a síntese do peptideoglicano. As penicilinas e as cefalosporinas atuam inibindo uma etapa particular, em que ligações cruzadas são formadas entre as cadeias de peptideoglicano (rever Figura 12.7, no Volume I). Sem estas ligações cruzadas, o peptideoglicano não é rígido e, desta forma, não pode fornecer um "revestimento" firme para a célula.

Outro mecanismo de ação das penicilinas baseia-se no fato de que as paredes celulares das bactérias contêm enzimas que podem destruir o peptideoglicano. Isto é em função da necessidade de algumas vezes ocorrer a quebra do peptideoglicano para permitir a adição de novos peptideoglicanos à parede de uma célula em crescimento. Normalmente, estas enzimas degradadoras são controladas por inibidores naturais que também estão presentes na parede celular. Entretanto, em algumas bactérias, a adição da penicilina no meio de cultura promove a perda destes inibidores, permitindo desta forma que as enzimas quebrem o peptideoglicano.

No laboratório, as células bacterianas susceptíveis a penicilina podem ser protegidas da destruição, se seus meios de culturas tiverem uma alta pressão osmótica. Por exemplo, uma alta concentração de sacarose no meio impede que as células absorvam água e estourem na presença das penicilinas. Sob estas condições (isto é, um ambiente com alta concentração de sacarose), as bactérias que normalmente possuem forma de bastonete, como a *Enterobacter aerogenes*, tornam-se esféricas, porque não apresentam um peptideoglicano rígido, que é responsável pela forma de bastão. As células esféricas que resultam da perda do peptideoglicano são denominadas *esferoplastos* (Figura 21.13).

Algumas espécies de bactérias, como os micoplasmas, normalmente não apresentam parede celular e, desta forma, não podem ser inibidas pelas penicilinas ou cefalosporinas. Por exemplo, a pneumonia atípica primária, causada pelo *Mycoplasma pneumoniae,* não pode ser tratada com penicilinas.

Antibióticos Que Inibem as Funções da Membrana Citoplasmática

Vários antibióticos polipeptídeos, como as *polimixinas*, têm a capacidade de lesar a membrana citoplasmática das bactérias. As polimixinas são bactericidas porque elas rompem os fosfolipídeos que participam da estrutura das membranas. Isto destrói a característica normal de permeabilidade da membrana, já que substâncias essenciais escapam das células, resultando na morte celular.

Os polienos, como a *nistatina* e a *anfotericina B*, atuam em componentes esteróis de membrana em vez de nos fosfolipídeos. Uma vez que muitas bactérias não contêm esteróis em suas membranas, elas não são afetadas pelos polienos, enquanto a membrana de fungos (incluindo leveduras) e as células animais contêm esteróis e são, portanto, susceptíveis.

Figura 21.13 O efeito dos antibióticos β-lactâmicos na síntese da parede celular. (**A**) A morfologia normal da bactéria *Enterobacter aerogenes* cultivada em meio líquido durante 8 h. (**B**) A mesma bactéria cultivada no mesmo meio, mas contendo 2 μg/ml do antibiótico andinocilina. A inibição da síntese da parede celular resulta na perda da rigidez da parede celular que envolve a bactéria e, portanto, no aparecimento de corpos esféricos (esferoplastos), alguns dos quais rompem-se. (**C**) O aspecto normal da *Escherichia coli*. (**D**) Aspecto da *E. coli* após 30 min de exposição à ceftazidima – uma cefalosporina – por um período de 30 min. As células tornam-se alongadas, formam esferoplastos e algumas células lisam.

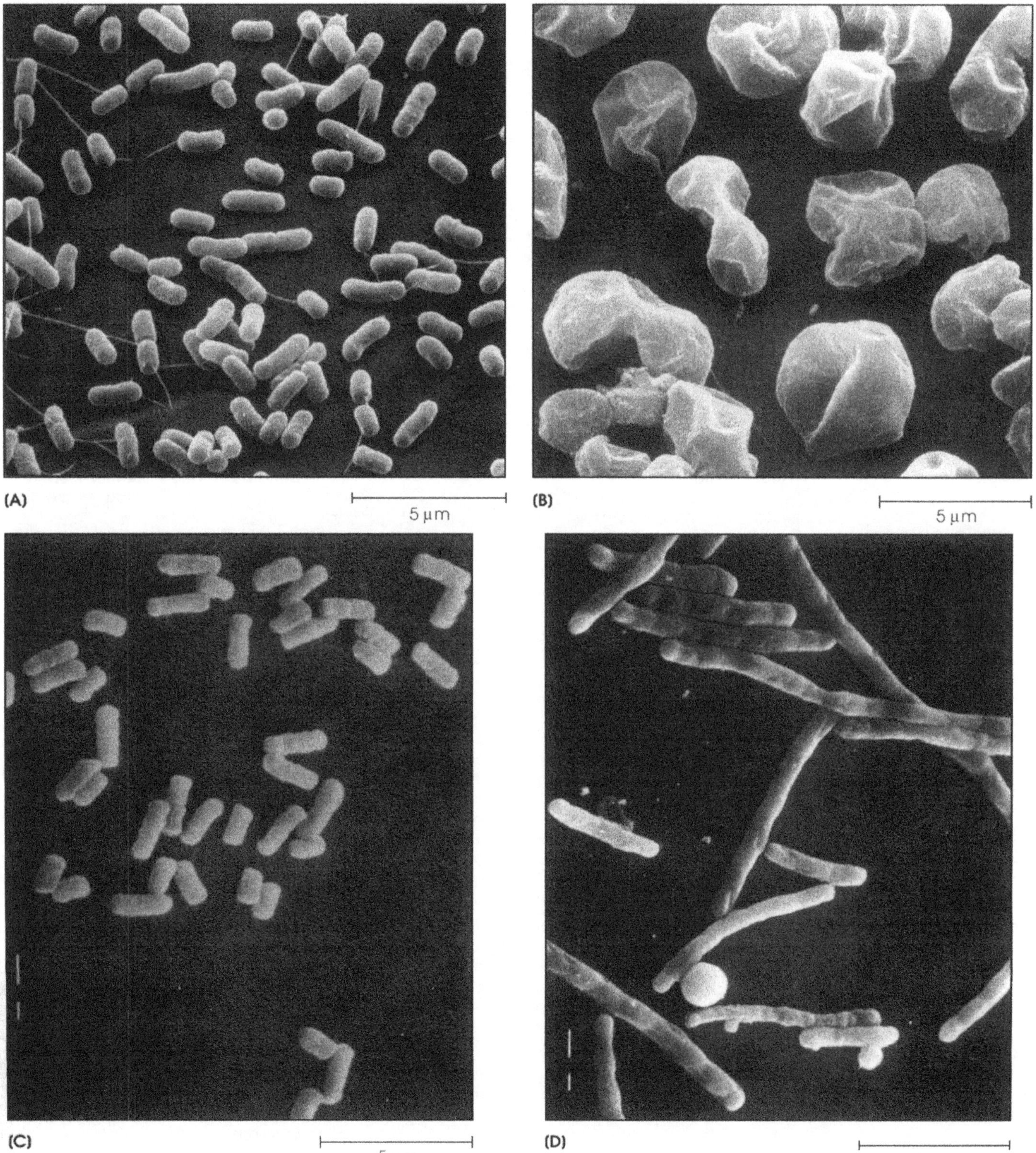

(A) 5 μm

(B) 5 μm

(C) 5 μm

(D) 5 μm

Antibióticos Que Inibem a Síntese de Ácidos Nucléicos e Proteínas

A biossíntese de DNA, RNA e proteínas envolve um número de reações bioquímicas complexas, como é descrito no Capítulo 13 (Volume I). Vários antibióticos importantes realizam suas ações inibitórias interferindo com estas reações. A ação de alguns desses antibióticos é a seguinte:

1. A *estreptomicina* combina com a subunidade 30 S do ribossomo bacteriano e bloqueia a etapa inicial do processo de tradução (ver Figuras 13.8 e 13.9, no Volume I).

2. As *tetraciclinas* combinam com a subunidade ribossômica 30 S, impedindo que as moléculas de aminoácidos-*t*RNA se liguem ao complexo *m*RNA-ribossomo (ver Figuras 13.8 e 13.9, no Volume I).

3. O *cloranfenicol* e a *eritromicina* combinam com a subunidade 50 S do ribossomo bacteriano, impedindo a reunião dos aminoácidos na cadeia protéica (ver Figuras 13.8 e 13.9, no Volume I).

4. A *rifamicina* bloqueia a síntese protéica bacteriana pela inibição da RNA polimerase DNA dependente, que transcreve o DNA em *m*RNA (Figura 13.6, Volume I).

A Tabela 21.1 apresenta de forma resumida uma lista de antibióticos, seus mecanismos de ação, seus espectros antimicrobianos e os microrganismos que produzem esses antibióticos.

Responda

1 Quais são os mecanismos pelos quais os antibióticos inibem ou matam os microrganismos?

2 Quais são os mecanismos de ação das cefalosporinas, da nistatina e da estreptomicina?

Tabela 21.1 Alguns antibióticos utilizados na quimioterapia de infecções bacterianas e fúngicas

Antibiótico	Produzido por	Ativo contra	Mecanismo de ação	Efeito: Bactericida	Efeito: Bacteriostático
β-lactâmicos			Inibe a síntese da parede celular	+	
Penicilinas	*Penicillium* sp.	Bactérias Gram-positivas; bactérias Gram-negativas que causam infecções respiratória, intestinal e urinária; bactérias produtoras de penicilinase			
Cefalosporinas	*Cephalosporium* sp.				
Monobactâmicos	*Chromobacterium violaceum*				
Carbapenens	*Streptomyces cattleya*				
Aminoglicosídeos			Induz a síntese anormal de proteínas	+	
Estreptomicina	*Streptomyces griseus*	Tuberculose			
Espectinomicina	*Streptomyces* sp.	*Neisseria gonorrhoeae* resistente à penicilina			
Neomicina	*S. fradiae*	Inibe bactérias intestinais			
Canamicina	*S. kanomyceticus*	Maioria das bactérias Gram-negativas, exceto *Pseudomonas*			
Gentamicina	*Micromonospora purpurea*	*Ativo contra uma variedade de bactérias Gram-positivas e Gram-negativas, incluindo Pseudomonas*			
Tetraciclinas	*Streptomyces* sp.	Largo espectro – muitas bactérias Gram-positivas e Gram-negativas; também organismos como Mycoplasma, Rickettsia e *Chlamydia*	Interfere com a síntese de proteínas		+
Macrolídeos					
Eritromicina	*Streptomyces erythreus*	Bactérias Gram-positivas comumente encontradas	Interfere com a síntese de proteínas	+	+
Lincomicina	*S. lincolnensis*	Bactérias Gram-positivas	Interfere com a síntese de proteínas		

Tabela 21.1 Alguns antibióticos utilizados na quimioterapia de infecções bacterianas e fúngicas. (*Continuação.*)

Antibiótico	Produzido por	Ativo contra	Mecanismo de ação	Efeito	
				Bactericida	**Bacteriostático**
Cloranfenicol (Cloromicetina)	*Streptomyces venezuelae*	Largo espectro; infecções graves por Gram-negativos	Interfere com a síntese de proteínas		+
Polipeptídeos					
Colistina (Polimixina E)	*Bacillus colistinus*	Maioria das bactérias Gram-negativas, incluindo *Pseudomonas aeruginosa.*	Lesão da membrana celular		
Polimixina B	*B. polymyxa*	Bactérias Gram-negativas; menos efetivo do que colistina	Lesão da membrana celular	+	
Bacitracina	*B. subtilis*	Bactérias Gram-positivas, mas não Gram-negativas	Inibe a formação da parede celular		
Vancomicina	*Streptomyces orientalis*	Bactérias Gram-positivas, incluindo estafilococos produtores de penicilinase e enterococos	Interfere com a síntese de proteínas	+	
Viomicina	*Streptomyces griseus* var. *purpureus*	Tuberculose	Interfere com a síntese de proteínas	+	
Rifamicina	*Streptomyces mediterranei*	Tuberculose	Interfere com a síntese de proteínas	+	
Antibióticos antifúngicos					
Polienos					
Nistatina	*Streptomyces noursei*	Infecções fúngicas, particularmente lesões da boca, pele, do intestino e da vagina por *Candida*	Lesão da membrana celular	+	+
Anfotericina B	*Streptomyces nodosus*	*Infecções micóticas profundas*	Interfere com a função da membrana	+	
Griseofulvina	*Penicillium griseofulvin*	Infecções fúngicas	Lesão da membrana celular		

Desenvolvimento de Bactérias Resistentes aos Antibióticos

Algumas bactérias normalmente são resistentes a determinado antibiótico, enquanto outras são sensíveis. Entretanto, mesmo naquelas bactérias que são sensíveis, podem surgir células mutantes que não são mais inibidas pelo antibiótico. Existem vários mecanismos diferentes que podem explicar a resistência das bactérias aos antibióticos. Estes podem ser resumidos como a seguir:

1. A bactéria pode ser capaz de produzir quantidades suficientes de uma enzima que destrói ou modifica a estrutura do antibiótico. Como mencionado anteriormente neste capítulo, algumas bactérias produzem a enzima penicilinase, que destrói o anel β-lactâmico das penicilinas (Figura 21.9). Por outro lado, o cloranfenicol pode ser inativado por uma enzima que modifica a estrutura pela adição de um grupo acetil à molécula. Outros antibióticos podem ser inativados por enzimas que adicionam grupos fosfato ou grupos adenil às moléculas.

2. Os antibióticos podem ser incapazes de penetrar na superfície das células bacterianas. Desta forma, o antibiótico não pode atuar no sítio susceptível dentro da célula, como os ribossomos.

3. A bactéria pode possuir uma via bioquímica alternativa que desvia a reação particular que é inibida pelo antibiótico.

4. A bactéria pode possuir tipos de enzimas, ribossomos ou outros componentes celulares que não são afetados pelo antibiótico.

Transferência de Resistência aos Antibióticos

Quando os antibióticos foram utilizados pela primeira vez na quimioterapia, o desenvolvimento de microrganismos resistentes aos antibióticos era raro. Entretanto, como os antibióticos tornaram-se amplamente utilizados, a resistência tornou-se um grande problema, já que os micróbios susceptíveis foram eliminados e o número de microrganismos resistentes aumentou.

O aparecimento inicial de uma bactéria resistente em uma população sensível é muitas vezes causado pela mutação em um único gene bacteriano. A freqüência de mutação inicial é baixa e geralmente ocorre em uma proporção de somente uma mutação em uma população de vários milhões de células. Entretanto, outra bactéria pode tornar-se resistente ao antibiótico em uma freqüência muito maior, simplesmente adquirindo um gene de uma bactéria que já é resistente. O gene para resistência pode ser transmitido de uma célula resistente para uma sensível por meio da *conjugação*, como foi descrito no Capítulo 13, Volume I. Este processo é denominado *resistência transmissível ao antibiótico*.

A transferência da resistência aos antibióticos pela conjugação foi relatada, pela primeira vez, independentemente, em 1958, por dois microbiologistas japoneses, Akiba e Ochiai. Eles isolaram a bactéria patogênica *Shigella dysenteriae* de pacientes com disenteria bacilar e verificaram que algumas destas células eram resistentes a sulfonamidas, tetraciclinas, estreptomicina e cloranfenicol. Outras células da mesma cepa de *S. dysenteriae* não apresentavam resistência. Onde as células resistentes tinham adquirido os genes de resistência? Akiba e Ochiai mostraram que os genes tinham sido adquiridos pela conjugação com células de *E. coli* resistentes aos antibióticos, presentes no trato intestinal dos pacientes. Desde então a transferência de resistência a antibiótico pela conjugação bacteriana tem sido observada em outras espécies de bactérias e em outras partes do mundo. Muitas vezes essa transferência de resistência a antibiótico dificulta o tratamento das infecções.

Agora sabemos que os genes de resistência a antibiótico transmissíveis estão localizados em *plasmídios R conjugativos* ("R" para resistência), em bactérias como *E. coli*; os plasmídios podem ser facilmente transferidos para outras células (Capítulo 13, Volume I). Alguns organismos que são bons receptores de plasmídios R de uma *E. coli* doadora incluem espécies de *Enterobacter, Klebsiella, Salmonella* e *Shigella*. Outras espécies são fracos receptores destes plasmídios. Estes incluem as espécies de *Pasteurella, Proteus* e *Serratia*.

A resistência a antibiótico, originada pela mutação ou pela transferência do plasmídio R por meio da conjugação, é um sério problema para o tratamento das doenças infecciosas. Grandes esforços têm sido feitos para compreender os mecanismos envolvidos na resistência e para prevenir esta ocorrência. Atualmente o desenvolvimento de resistência pode ser minimizado da seguinte maneira:

1. Evitar o uso indiscriminado de antibióticos que têm provavelmente pouco ou nenhum valor terapêutico.

2. Utilizar dosagens suficientemente altas de um antibiótico apropriado para dominar uma infecção rapidamente. Quanto menor for a capacidade de um patógeno multiplicar-se, menor a chance de surgir um mutante resistente.

3. Utilizar uma combinação de antibióticos de eficiência comprovada para dominar uma infecção rapidamente. É muito mais difícil um microrganismo tornar-se resistente contra dois antibióticos simultaneamente do que apenas contra um.

4. Mudar para um antibiótico diferente tão logo um organismo mostre sinais de resistência àquele inicialmente utilizado.

Responda

1 Como as bactérias desenvolvem resistência a antibióticos?

2 Como a resistência a um antibiótico é transferida para outra bactéria?

3 Qual é a conseqüência indesejável do uso indiscriminado dos antibióticos?

Agentes Quimioterápicos Sintéticos

No início deste capítulo você aprendeu sobre Paul Ehrlich e sua descoberta do agente anti-sifilítico salvarsan. O salvarsan é um ***agente quimioterápico sintético***, não um antibiótico, porque foi produzido por síntese química em laboratório, em vez de ser produzido por um microrganismo. Desde os tempos de Ehrlich, muitos outros agentes quimioterápicos sintéticos foram sintetizados por químicos ou engenheiros químicos. Alguns desses agentes são largamente utilizados para o tratamento de infecções causadas por bactérias, vírus ou protozoários.

Agentes Antibacterianos Sintéticos

Entre os muitos agentes antibacterianos sintéticos utilizados, estão: *sulfonamidas, trimetoprim, nitrofuranos, isoniazida* e *ácido nalidíxico*.

As Sulfonamidas. Você já aprendeu sobre a descoberta da atividade antimicrobiana da sulfanilamida feita por Domagk. A sulfanilamida e outras sulfonamidas são capazes de inibir uma variedade de bactérias interferindo em uma reação bioquímica particular, que é essencial para a sobrevivência dessas bactérias. Para compreender como elas fazem isso, devemos primeiro examinar a estrutura química das sulfonamidas.

Figura 21.14 Alguns exemplos de sulfonamidas. (**A**) A estrutura básica de todas as sulfonamidas; as diferenças entre elas estão no grupamento químico que se liga na posição designada "R". (**B**) A molécula de sulfanilamida tem um átomo de hidrogênio (H) no lugar do R. (**C**) A natureza do grupamento R de várias outras sulfonamidas.

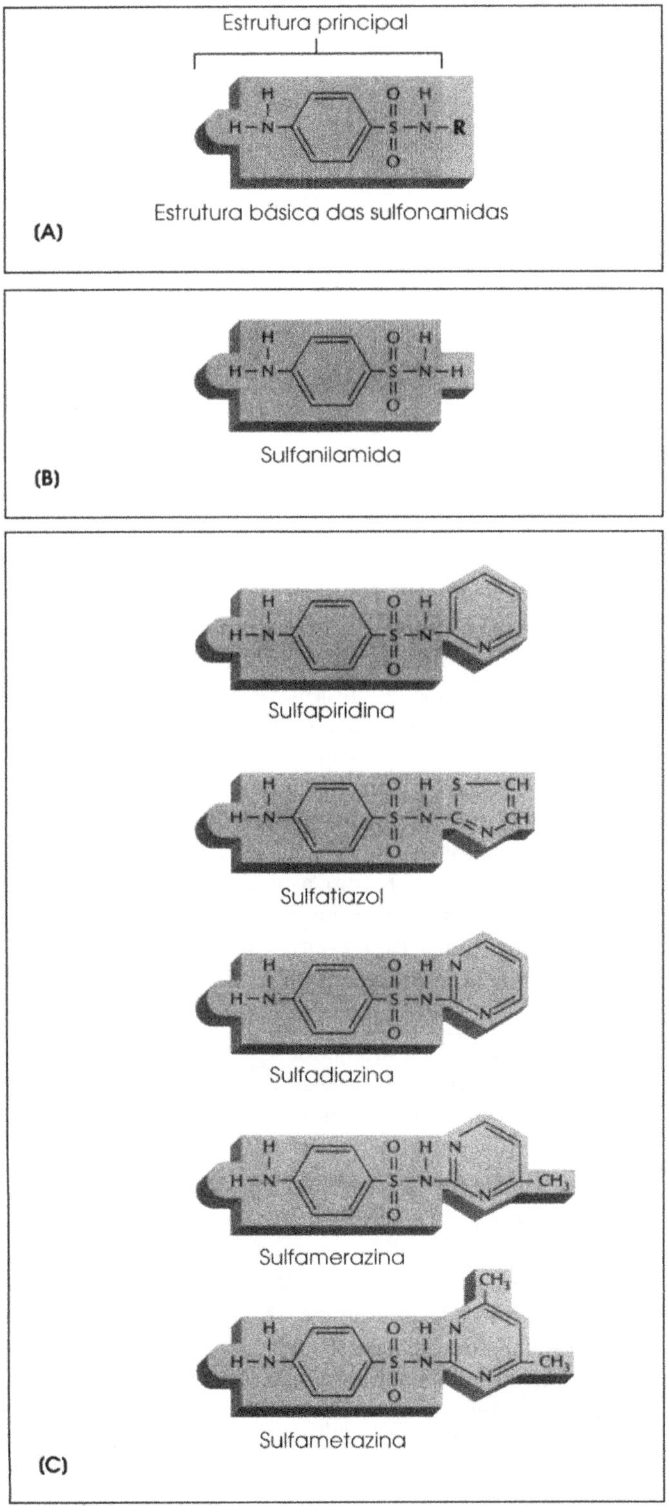

Todas as sulfonamidas têm a mesma estrutura central (Figura 21.14A). Os vários tipos de sulfonamidas diferem uns dos outros somente em outras partes da molécula (Figura 21.14B e C). A estrutura principal é importante porque se assemelha à estrutura de um composto bioquímico natural denominado ***ácido para-aminobenzóico (PABA)*** (Figura 21.15A). Muitas bactérias requerem o PABA como um precursor de uma co-enzima essencial denominada ***ácido tetraidrofólico (THFA)*** (Figura 21.15A). As bactérias necessitam do THFA para sintetizar aminoácidos e timidina, um componente essencial do DNA.

Por se assemelharem ao PABA, as sulfonamidas são denominadas ***análogos estruturais*** ou formas "falsas" de PABA. As enzimas bacterianas podem muitas vezes ser enganadas, utilizando-se um análogo estrutural de um substrato em vez do próprio substrato. Isto geralmente resulta em uma *inibição competitiva da atividade da enzima*. No caso da sulfonamida, uma enzima bacteriana denominada *diidropteroato sintetase* utiliza a sulfonamida em vez do PABA (Figura 21.15B). O resultado final é que o THFA não será produzido pela célula.

Embora as sulfonamidas possam inibir o crescimento de muitas bactérias patogênicas, elas não inibem as células do tecido humano. A razão para esta ação seletiva é que as células humanas produzem o THFA por uma via bioquímica diferente, que absolutamente não envolve o PABA. Em vez disso, nós utilizamos uma vitamina denominada *ácido fólico*, encontrada em vários alimentos, tal como o espinafre. Nossas células podem reduzir este ácido fólico diretamente em THFA (Figura 21.16). Algumas bactérias também podem fazer a mesma coisa e, portanto, não podem ser inibidas pelas sulfonamidas.

Figura 21.15 (**A**) Estrutura do ácido para-aminobenzóico (PABA) e ácido tetraidrofólico (THFA). (**B**) Na via para a síntese bacteriana do THFA, a enzima diidropteroato sintetase pode confundir-se e utilizar a sulfonamida em vez do PABA. Se isto ocorrer, a síntese do THFA é inibida.

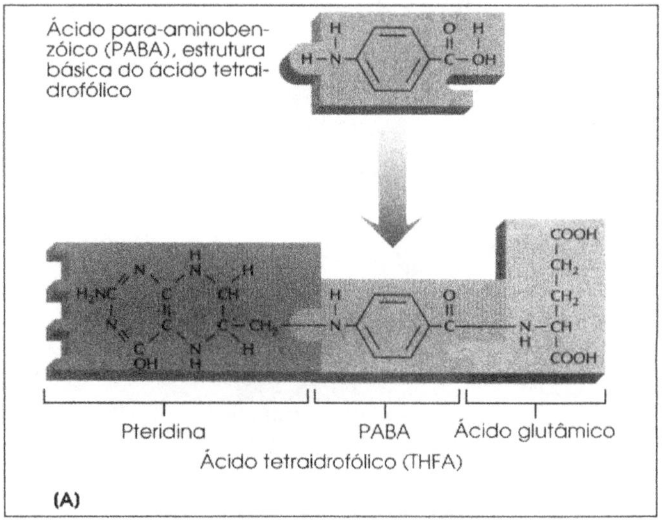

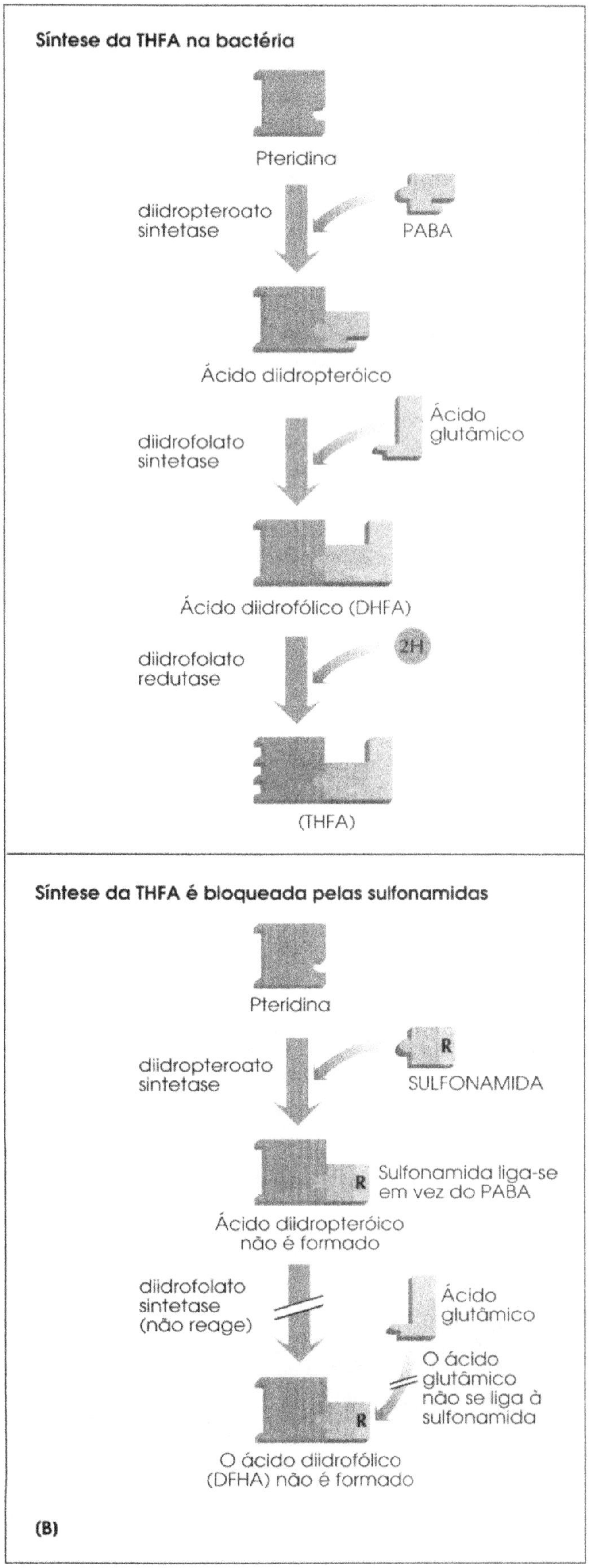

Figura 21.16 As sulfonamidas não inibem as células humanas, porque estas não utilizam o PABA para produzir THFA. Em vez disso, elas produzem THFA pela adição de átomos de hidrogênio na vitamina ácido fólico.

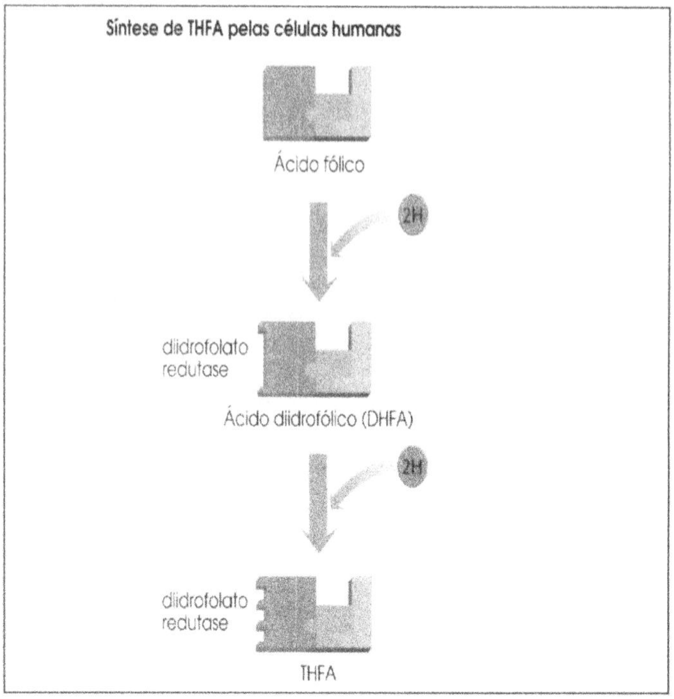

O *trimetoprim* é um agente antibacteriano sintético que não é uma sulfonamida, mas é muitas vezes utilizado em associação às sulfonamidas. É um análogo estrutural da porção pteridina do ácido diidrofólico (DHFA) e uma enzima bacteriana denominada diidrofolato redutase pode ser facilmente enganada, utilizando-se o trimetoprim em vez do DHFA. As células humanas também têm uma diidrofolato redutase, mas a enzima humana tem uma estrutura diferente e o trimetoprim não se encaixa prontamente no sítio ativo da enzima. De fato, a enzima humana é milhares de vezes mais resistente à inibição pelo trimetoprim do que a enzima bacteriana. Entretanto, o uso prolongado do trimetoprim pode algumas vezes afetar as células humanas.

Os Nitrofuranos. O composto original do qual os nitrofuranos são derivados é o *furfural* (Figura 21.17A). O furfural pode ser preparado a partir de espigas e caules de milho, da casca da aveia e de outros subprodutos vegetais. A estrutura cíclica, que constitui a maior parte de uma molécula furfural, é o *anel furânico.*

O furfural e outros compostos de anel furânico têm pouca atividade antimicrobiana. Mas, em 1944, dois microbiologistas americanos, Dodd e Stillman, descobriram que uma propriedade antibacteriana acentuada poderia ser conferida a estes compostos pela adição de um grupo nitro ($-NO_2$) ao anel furânico, criando assim um nitrofurano. Muitos tipos de nitrofuranos têm sido desde então sintetizados; três exemplos são mostrados na Figura 21.17B.

Figura 21.17 Furfural (**A**) é o precursor do composto nitrofurano. (**B**) Exemplos de agentes quimioterápicos derivados do furfural.

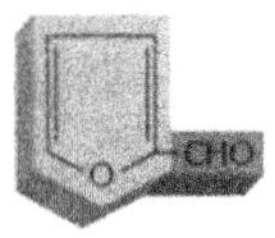

(A) Furfural

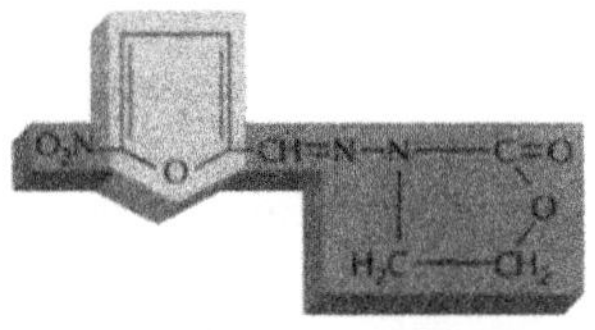

Furazolidona ou Furoxona

Nitrofurozona ou Furacin

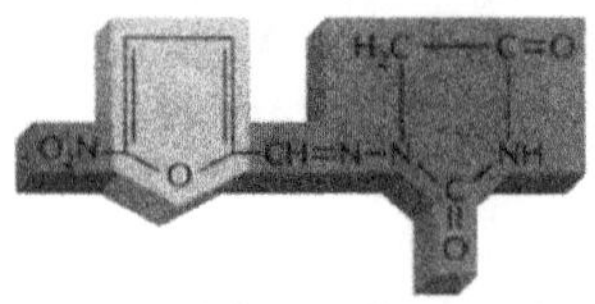

(B) Nitrofurantoína ou Furadantina

Os nitrofuranos inibem a síntese de proteínas e são efetivos contra bacilos entéricos Gram-negativos, enterococos, vários protozoários patogênicos e alguns fungos. Eles são muitas vezes utilizados no tratamento de infecções do trato urinário.

Isoniazida. Isoniazida, o principal agente quimioterápico utilizado no tratamento da tuberculose, inibe especificamente o *Mycobacterium tuberculosis* e algumas outras micobactérias. O mecanismo exato pelo qual a isoniazida atua nas micobactérias ainda não está claro. Entretanto, a isoniazida é um análogo estrutural da *piridoxina* ou vitamina B_6 (Figura 21.18) e também da nicotinamida, um componente da co-enzima NAD. Desta forma, a isoniazida pode bloquear competitivamente reações bioquímicas que envolvem estes compostos.

Os Quinolônicos. O *ácido nalidíxico* (Figura 21.19) é um quinolônico que tem a capacidade de inibir a síntese de DNA em várias bactérias Gram-negativas (ver Capítulo 13, Volume I). Especificamente, inibe a DNA girase, uma enzima que causa alteração conformacional (enrolamento e desenrolamento) das formas altamente compactadas e enroladas de DNA nas células bacterianas. Estas alterações são necessárias antes de o DNA replicar-se. O ácido nalidíxico é largamente utilizado no tratamento das infecções urinárias.

Figura 21.18 Isoniazida, um análogo estrutural da piridoxina (vitamina B_6), pode prevenir o crescimento de microrganismos, bloqueando as reações catalisadas pela piridoxina na célula microbiana.

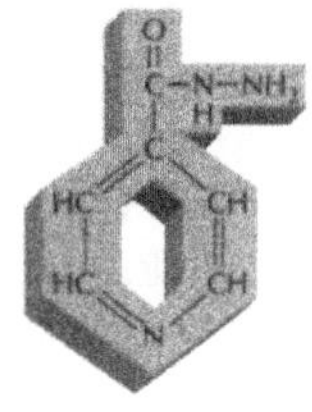

Isoniazida

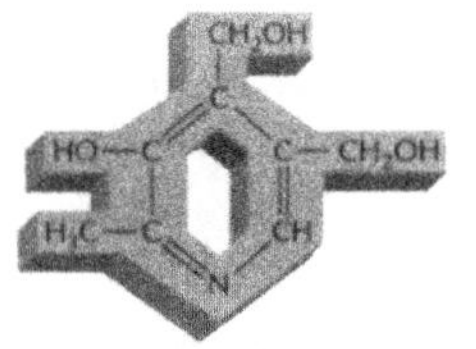

Piridoxina (vitamina B_6)

Outros quinolônicos são *cinoxacina, ciprofloxacina* e *norfloxacina*. Os dois últimos são compostos fluorados, ativos contra bactérias resistentes ao ácido nalidíxico e cinoxacina.

Figura 21.19 O ácido nalidíxico é uma droga antibacteriana sintética com uma ação seletiva sobre a síntese de DNA bacteriano.

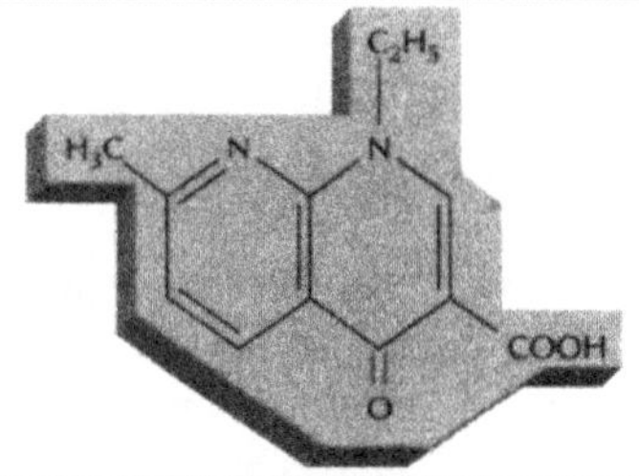

Agentes Antivirais Sintéticos

Relativamente poucos compostos químicos estão disponíveis para o tratamento de infecções virais. Isto se deve ao fato de que os vírus se multiplicam somente dentro das células hospedeiras e são dependentes do seu metabolismo. Para atuar sobre os vírus, um agente quimioterápico deve ser capaz de penetrar na célula hospedeira infectada e bloquear seletivamente a multiplicação dos vírus sem inibir o metabolismo da célula hospedeira. Muitos compostos químicos podem inibir a replicação viral, mas, infelizmente, muitos deles também inibem o metabolismo da célula hospedeira.

A pesquisa de agentes quimioterápicos antivirais tem sido focalizada principalmente sobre compostos químicos que bloqueiam a síntese de DNA ou RNA viral. Muitos desses compostos químicos são análogos estruturais de bases purínica ou pirimidínica, que são partes da estrutura de nucleotídeos do DNA ou RNA (Capítulo 1, Volume I). Os análogos disfarçados de unidades básicas legítimas são inseridos na molécula de DNA ou RNA viral em crescimento, resultando em um ácido nucléico viral não-funcional. O jeito é encontrar compostos que inibam a síntese de ácidos nucléicos dos vírus em um grau maior do que inibem a síntese de ácidos nucléicos das células hospedeiras. Isto tem-se mostrado muito difícil.

Um dos primeiros agentes quimioterápicos antivirais efetivos descoberto foi a *idoxuridina,* um análogo estrutural da timidina (timina ligada à desoxirribose). A idoxuridina foi utilizada no tratamento de infecções oculares causadas por herpesvírus. Desde então, tem sido substituída por um composto mais efetivo, a *vidarabina* (ara-A), que é um análogo estrutural da desoxiadenosina (adenina ligada a desoxirribose). Outro composto, o *aciclovir*, é também utilizado na inibição da síntese de ácido nucléico de herpesvírus. O aciclovir é um análogo da desoxiguanosina (guanina ligada à desoxirribose) e, quando administrado por via intravenosa, é altamente efetivo no tratamento do herpes genital.

Um composto químico denominado *amantadina* inibe especificamente a replicação do vírus da influenza A, porém como isto ocorre ainda não é compreendido. A amantadina diminui a gravidade e a duração da influenza tipo A e, quando administrada em pessoas saudáveis, pode prevenir a ocorrência dessa doença.

Recentemente, um composto denominado *azidotimidina (AZT)*, também chamado *zidovudina*, tem sido aprovado para o tratamento da síndrome da imunodeficiência adquirida (AIDS). O AZT é um análogo estrutural da timidina. O vírus da AIDS utiliza a enzima transcriptase reversa para produzir DNA viral e esta enzima pode enganar-se e adicionar AZT na fita em crescimento do DNA viral. Quando isto ocorre, o AZT bloqueia a adição de mais nucleotídeos na fita de DNA, interrompendo desse modo a síntese de DNA (ver Figura 23.18). O AZT atua seletivamente contra o vírus porque as células humanas não utilizam a transcriptase reversa para síntese de DNA. Entretanto, o AZT pode causar efeitos colaterais no homem, como a supressão da medula óssea, que leva à diminuição do número de hemácias e leucócitos na corrente sanguínea. Estudos estão sendo realizados para modificar a estrutura do AZT e reduzir esses efeitos tóxicos.

Agentes Antiprotozoários Sintéticos

Muitas substâncias químicas estão disponíveis para o tratamento de doenças causadas por protozoários. Entretanto, um problema é que o protozoário pode existir em diferentes formas (tal como cistos) durante os estágios do seu ciclo de vida (Capítulo 10, Volume I), e estas formas podem variar na sua susceptibilidade a um agente quimioterápico. Esta variabilidade deve ser considerada na prescrição do medicamento.

Algumas substâncias podem ser efetivas contra um número de bactérias bem como contra protozoários. Por exemplo, o *metronidazol* é um agente antiprotozoário ativo contra *Trichomonas vaginalis* e *Entamoeba histolytica.* É também ativo contra bactérias anaeróbias, incluindo espécies de *Bacteroides, Clostridium, Peptococcus* e *Peptostreptococcus.*

Alguns exemplos de agentes quimioterápicos utilizados no tratamento de doenças causadas por protozoários são mostrados na Tabela 21.2

Tabela 21.2 Alguns exemplos de agentes quimioterápicos antiprotozoários sintéticos.

Agentes quimioterápicos	Doença	Agente etiológico
Quinacrina ou metronidazol	Giardíase (disenteria)	*Giardia lamblia*
Metronidazol	Tricomoníase	*Trichomonas vaginalis*
Pentamidina; suramina	Doença do sono africano (tripanossomíase africana)	*Trypanosoma gambiense* e *T. brucei*
Derivados da nitrofurfurilidina	Doença de Chagas (tripanossomíase americana)	*Trypanosoma cruzi*
Gluconato antimônio de sódio	Leishmaniose	*Leishmania donovani* e *L. brasiliensis*
Metronidazol e diiodohidroxiquina	Amebíase (disenteria)	*Entamoeba histolytica*
Cloroquina	Malária	*Plasmodium* sp.
Pirimetamina + trissulfapirimidinas	Toxoplasmose	*Toxoplasma gondii*
Trimetoprim e sulfametoxazol	Pneumocistose (pneumonias)	*Pneumocystis carinii*

Responda

1 Do ponto de vista de sua produção, como um agente quimioterápico sintético difere de um antibiótico?

2 Citar um agente quimioterápico sintético que é utilizado no tratamento de uma doença causada por uma bactéria, por um vírus e por um protozoário.

Ensaios com Antibióticos

A determinação da quantidade de antibiótico contido em uma cultura microbiana, de amostras de sangue de um paciente, de um comprimido de antibiótico ou de amostras similares pode ser realizada por métodos químicos ou biológicos. O método de escolha depende de vários fatores, incluindo a pureza do antibiótico na amostra.

Ensaio Químico

Se um antibiótico faz parte de um material sólido como um pó ou comprimido, sua concentração pode ser determinada por um método químico e expresso em microgramas do antibiótico por miligrama do material. Entretanto, para ter o seu valor, o ensaio químico deve fornecer resultados que tenham correlação com aqueles obtidos em ensaios biológicos (ensaios que indicam quanto da atividade antimicrobiana está presente no material). Os ensaios químicos requerem menos tempo para ser realizados, mas também são menos sensíveis do que os métodos biológicos. Além do mais, estes resultados não podem ser sempre fidedignos, uma vez que os antibióticos podem degradar-se em formas biologicamente inativas, que não podem ser distinguidas das formas ativas por meio dos ensaios químicos.

Ensaio Biológico

Em um ensaio biológico, microrganismos vivos podem ser utilizados para medir a quantidade de atividade antimicrobiana presente em um material contendo antibiótico. Este método é baseado na comparação da atividade antimicrobiana do material com a de uma preparação padrão do antibiótico e é realizado sob condições precisamente padronizadas. Deve ser observado que o ensaio de um antibiótico em soro sanguíneo, urina ou amostras de tecidos obtidas de um paciente apresenta alguns problemas porque (1) a quantidade de antibiótico presente é geralmente muito baixa e (2) alguns dos antibióticos podem ter sido inativados ao ligar-se a material protéico na amostra.

A unidade de medida de alguns antibióticos é arbitrária. Para alguns, é estabelecida por concordância internacional e, para outros, ainda é estabelecida pela U.S. Food and Drug Administration (FDA). Por exemplo, a unidade internacional da penicilina é definida como a quantidade de penicilina que tem atividade antimicrobiana igual àquela presente em 0,5988 microgramas de uma preparação Padrão Internacional de penicilina. Este padrão consiste em uma amostra pura de penicilina G que contém 1667 unidades de atividade por miligrama.

O ensaio biológico dos antibióticos é realizado utilizando-se a técnica da diluição em tubo ou a técnica do disco em placa. Em ambos os métodos a quantidade do antibiótico em uma amostra "desconhecida" é determinada comparando-se a sua atividade antimicrobiana com aquela de um antibiótico padrão de concentração conhecida. O procedimento para realizar um ensaio biológico está ilustrado na Figura 21.20.

Figura 21.20 O ensaio microbiológico de um antibiótico utilizando-se a técnica da diluição em tubo. Duas séries de tubos são preparadas: uma série "padrão", utilizando-se tubos com meios de cultura contendo quantidades conhecidas de antibióticos, e outra utilizando-se tubos com meios contendo quantidades desconhecidas do mesmo antibiótico. Os tubos são inoculados com uma bactéria-teste, incubados e então observados quanto ao crescimento. Comparando-se a última diluição (*endpoints*) que apresentou crescimento nas duas séries de quantidades conhecidas (tubo 6) e desconhecidas (tubo 5) de antibióticos, pode ser determinada a quantidade de antibiótico contida na amostra.

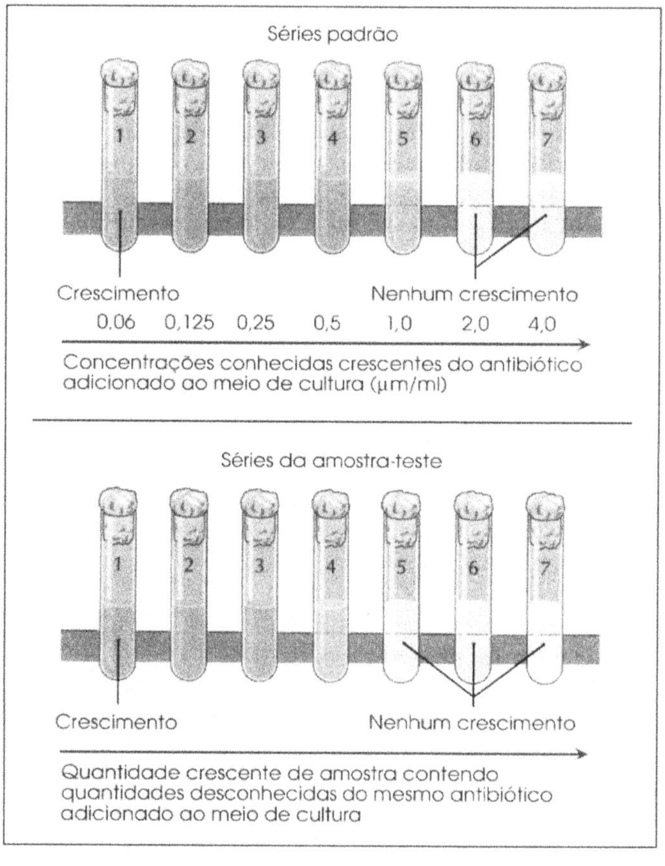

Responda

Qual é o princípio em que se baseia o ensaio biológico dos antibióticos?

Susceptibilidade Microbiana aos Agentes Quimioterápicos

Os microrganismos diferem quanto ao grau de susceptibilidade aos agentes quimioterápicos. Além do mais, a susceptibilidade de um organismo particular para um dado agente pode alterar-se com o tempo. Por esta razão, é importante que os médicos conheçam a identidade do micróbio causador da infecção, bem como a sua susceptibilidade aos antibióticos, para, assim, poderem prescrever o agente quimioterápico específico que daria um resultado mais satisfatório no tratamento da infecção. Para obter esta informação, o laboratório de microbiologia clínica é chamado para identificar o microrganismo causal e determinar a susceptibilidade a vários agentes quimioterápicos. De tempo em tempo, durante o tratamento, o laboratório de microbiologia pode ser requerido para determinar se ocorreu alguma mudança na susceptibilidade do patógeno ao agente quimioterápico. O laboratório pode utilizar duas técnicas para fornecer esta informação – ***a técnica da diluição em tubo*** ou a ***técnica do disco em placa***.

Técnica da Diluição em Tubo

O método da diluição em tubo utiliza uma série de tubos contendo um meio de cultura estéril e várias concentrações de cada um dos antibióticos, como mostrado na Figura 21.20. Todos os tubos são inoculados com o microrganismo a ser testado e então incubados. O microbiologista examina os tubos para ver quais antibióticos inibiram o crescimento do microrganismo. Para cada antibiótico, é determinada *a concentração mais baixa que é capaz de prevenir completamente o crescimento do microrganismo,* que é denominada ***concentração mínima inibitória (MIC)*** do antibiótico. Os antibióticos que têm os valores de MIC mais *baixo* terão a *mais alta* atividade antimicrobiana contra o patógeno. Esta técnica tem sido altamente automatizada para proporcionar resultados mais rápidos e adequados quando um grande número de amostras está sendo testado.

Técnica do Disco em Placa

No método do disco em placa, o microbiologista semeia um ágar em placa com o organismo-teste e, então, coloca pequenos discos de papel impregnados com quantidades conhecidas de vários antibióticos na superfície do ágar. Após incubação, as placas são observadas para verificar a presença de zonas claras ao redor dos discos (Figura 21.21, caderno em cores). Uma zona clara indica que o antibiótico, que difundiu no ágar a partir do disco, preveniu o crescimento do organismo. A ausência de uma zona clara significa que o organismo é resistente ao antibiótico.

O método do disco para o teste de susceptibilidade atualmente recomendado pela Food and Drug Administration é uma técnica altamente padronizada. O procedimento especifica a quantidade de agente antimicrobiano contido em cada disco, bem como o meio de cultura, as condições de incubação e outros detalhes. Quando o teste é executado em conformidade com o procedimento da FDA, o laboratório clínico pode determinar se o microrganismo é resistente ou susceptível para vários antibióticos. O laboratório pode também correlacionar o diâmetro da zona de inibição com a MIC do antibiótico para um microrganismo particular.

No teste de rotina para determinar a susceptibilidade ou a resistência de um microrganismo aos antibióticos, vários grupos de antibióticos são recomendados, dependendo da identidade do patógeno suspeito (Tabela 21.3).

Responda

1 Descrever a técnica da diluição em tubo e do disco em placa para determinar a susceptibilidade microbiana aos agentes quimioterápicos.

2 Qual é o significado dos resultados de um teste de susceptibilidade microbiana do ponto de vista do tratamento dos pacientes?

Outras Aplicações dos Antibióticos

Os antibióticos são utilizados principalmente no tratamento de infecções no homem e nos animais. Entretanto, existem alguns antibióticos que são efetivos contra patógenos de plantas e são algumas vezes utilizados para o tratamento de doenças de plantas, embora a extensão desta prática seja limitada pelo custo desses antibióticos. Os antibióticos têm sido utilizados também para um número de propósitos *não médicos*, como suplementação de ração animal, inibição de bactérias em cultura de tecidos e preparação de meios de cultura seletivos.

Antibióticos como Suplemento de Ração Animal

Os antibióticos são utilizados como estimulantes de crescimento em rações de aves e gados. Comercialmente, a adição de tetraciclinas ou penicilinas para rações de suínos ou aves, na proporção de 5 a 20 g por tonelada de ração, aumenta a taxa de crescimento de animais jovens pelo menos em 10%, e algumas vezes muito mais.

Tabela 21.3 Padrão de susceptibilidade usual de bactérias comuns frente a antimicrobianos, bacteriostáticos e bactericidas comumente utilizados.

Antimicrobiano	*Bactericida*	*Bacteriostático*	*Staphylococcus aureus*	*Enterococos*	*Outros estreptococos*	*Neisseria*	*Haemophilus*	*Legionella*	*Mycoplasma*	*Escherichia coli*	*Proteus mirabilis*	*Outros Proteus sp*	*Klebsiella*	*Enterobacter*	*Serratia*	*Pseudomonas aeruginosa*	*Bacteroides fragilis*	*Outros anaeróbios Gram-nagativos*	*Clostridium*	*Rickettsia*	*Chlamydia*	
Benzilpenicilina	+		1 ◕	C ▨	1 ⊖	1 ⊖	▨	●	●	●	▨	●	●	●	●	●	●	1 ⊖	1 ○	●	●	Agentes de baixo espectro
Penicilinas resistente a penicilase	+		1 ⊖	●	2 ⊖	●	●	●	●	●	●	●	●	●	●	●	●	●	●	●	●	
Eritromicina	±	+	2 ◔	2 ◔	2 ⊖	⊖	–	1 ○	1 ○	●	●	●	●	●	●	●	–	–	–	–	2 ○	
Clindamicina	±	+	2 ⊖	–	⊖	●	●	–	–	●	●	●	●	●	●	●	1 ⊖	1 ⊖	⊖	–	–	
Vancomicina	+		2 ○	1 ○	2 ○	●	●	●	●	●	●	●	●	●	●	●	–	–	1 ○	–	–	
Ampicilina	+		2 ◕	1 ⊖	2 ⊖	1 ⊖	1 ◔	●	●	1 ◔	1 ⊖	●	●	●	●	●	●	–	1 ○	●	●	Agentes de largo espectro
Piperacilina	+		–	○	○	–	⊖	●	●	–	1 ○	1 ⊖	1 ⊖	1 ⊖	1 ⊖	1 ⊖	2 ⊖	1 ○	–	●	●	
Cefalotina	+		2 ⊖	●	2 ⊖	–	●	●	●	⊖	○	●	◔	●	●	●	●	◔	⊖	●	●	
Cefotetan	+		–	●	1 ○	1 ○	–	●	●	1 ○	1 ○	1 ○	1 ○	●	◔	●	2 ⊖	○	–	●	●	
Cefoperazona	+		–	–	–	–	○	●	●	1 ○	1 ○	1 ○	1 ○	2 ⊖	2 ⊖	⊖	◔	–	–	●	●	
Imipenem	+		2 ○	2 ○	2 ○	1 ○	1 ○	–	●	1 ○	1 ○	1 ○	1 ○	1 ○	1 ○	1 ⊖	1 ○	1 ○	1 ○	–	–	
Aztreonam	+		●	●	●	1 ○	1 ○	–	●	1 ⊖	1 ⊖	1 ○	1 ○	◑	1 ⊖	1 ◔	●	●	●	–	–	
Gentamicina	+		⊖	C ●	●	–	–	●	–	1 ⊖	1 ○	1 ○	1 ⊖	1 ⊖	1 ⊖	1 ⊖	●	●	●	–	–	
Amicacina	+		⊖	C ●	●	–	–	●	–	1 ⊖	1 ○	1 ○	1 ⊖	1 ⊖	1 ⊖	1 ⊖	●	●	●	–	–	
Tetraciclina		+	◔	●	◕	⊖	○	2 ○	1 ○	◔	●	●	◔	◔	◕	●	◕	◔	⊖	1 ○	1 ○	
Cloranfenicol		+	⊖	⊖	⊖	⊖	2 ⊖	●	–	⊖	⊖	◔	⊖	⊖	◕	●	1 ⊖	2 ○	–	1 ○	–	
Ciprofloxacina	+		○	▨	▨	2 ○	–	–	●	1 ⊖	1 ○	1 ○	1 ○	1 ○	1 ○	2 ⊖	●	●	–	–	▨	
Sulfametoxazol + trimetoprim	±	+	–	–	–	–	1 ⊖	–	–	1 ⊖	⊖	⊖	⊖	⊖	⊖	●	–	–	–	–	3	

Proporção de amostras susceptíveis e resistentes: ○ = 100% susceptível; ◔ = 25% resistentes; ● = 100% resistentes; ▨ = susceptibilidade intermediária.
Abriações: –, não apresenta indicação para terapia ou dados insuficientes; 1, antimicrobianos de escolha para amostras susceptíveis; 2, agentes de segunda linha; 3, *C. trachomatis* sensível, *C. psittaci* resistente; C, aproveitável em combinação de um β-lactâmico e um aminoglicosídeo.
Estes dados refletem os resultados de uma única instituição. A proporção de amostras resistentes pode variar em diferentes locais.

Fonte: Permitida a reprodução para publicação de J. C. Sherris (ed.), *Medical Microbiology: An introduction to Infectious Diseases,* 2ª ed., Cap. 13, p. 231.

A razão pela qual baixos níveis de antibióticos têm um efeito estimulatório no crescimento de animais domésticos não é bem compreendida. Uma possível explicação é que os antibióticos podem destruir bactérias patogênicas e outros parasitas intestinais que poderiam causar formas leves de doenças e retardar o desenvolvimento e o crescimento dos animais. Por exemplo, tem sido sugerido que porcos respondem rapidamente à adição de oxitetraciclina em suas dietas porque o antibiótico inibe o crescimento de *Clostridium perfringens* no intestino e, desta forma, previne ou reduz uma condição crônica, mas de baixo grau de toxicidade.

A prática da suplementação de ração animal com antibióticos tem proporcionado o desenvolvimento de bactérias resistentes aos antibióticos (DESCOBERTA 21.2).

Antibióticos Utilizados como Aditivos em Meios de Culturas Microbiológicos

Os antibióticos são largamente empregados para prevenir o crescimento de bactérias em culturas de tecidos e em ovos embrionados de galinha que estão sendo utilizados para o cultivo de vírus. Eles são também utilizados para produzir meios de cultura seletivos para certas bactérias patogênicas. Por exemplo, o laboratório de microbiologia clínica muitas vezes utiliza um meio chamado *meio de Thayer-Martin* como um meio seletivo para o isolamento do microrganismo que causa a gonorréia, *Neisseria gonorrhoeae*, de material clínico. O meio contém os antibióticos vancomicina, colistina e nistatina que não inibem o crescimento de *N. gonorrhoeae*, mas previnem o crescimento de muitas outras bactérias e fungos que podem estar presentes no material.

Responda

Descrever as outras aplicações dos antibióticos além do uso médico.

DESCOBERTA!

21.2 ANTIBIÓTICOS NA RAÇÃO ANIMAL.

Logo após os antibióticos se tornarem largamente empregados como agentes quimioterápicos, descobriu-se que baixos níveis de penicilinas ou tetraciclinas têm um efeito positivo no crescimento animal. Níveis subterapêuticos destes antibióticos adicionados na ração animal – 200 g ou menos por tonelada de ração – promovem o crescimento animal e melhoram a eficiência da conversão da ração. Estes achados, juntamente com a expansão rápida da produção de animais para alimentação humana, resultaram um uso muito comum dos antibióticos na ração animal. Estima-se que quase metade da produção anual total dos antibióticos é utilizada em fazendas de criação de animais.

A exposição de microrganismos a doses subletais de antibióticos resulta o desenvolvimento de amostras que têm a resistência aumentada para estes antibióticos. De fato, existe uma alta prevalência de amostras resistentes aos antimicrobianos entre os isolados de salmonelas em animais de fazendas. A questão de preocupação imediata vem a ser: qual é o impacto disso na saúde humana? Esta questão tem sido debatida por várias décadas sem uma resposta definitiva.

Em 1978, o Congresso dos Estados Unidos fez uma consignação junto à Food and Drug Administration, designada pela Academia Nacional de Ciências, "para avaliar uma abordagem epidemiológica dos efeitos na saúde humana do uso subterapêutico de antimicrobianos na ração animal".

Foi designado um Comitê do Conselho Nacional de Pesquisa para o Estudo dos Efeitos na Saúde Humana do Uso Subterapêutico de Antibióticos na Ração Animal. Após uma extensa investigação de evidências disponíveis, o comitê concluiu "que o risco que o uso subterapêutico de antimicrobianos na ração animal pode trazer à saúde humana ainda não foi comprovado nem eliminado"*.

Mais recentemente (1987) a Food and Drug Administration solicitou ao Instituto de Medicina da Academia Nacional de Ciências que fosse nomeado um comitê de especialistas para "investigar se agora há dados suficientes para resolver uma controvérsia pública sobre o uso da penicilina e tetraciclina na ração animal". Após um estudo minucioso dos dados disponíveis, o comitê foi "incapaz de achar uma evidência substancial direta que estabeleça a existência de um risco definitivo à saúde humana determinado pelo uso de concentrações subterapêuticas determinado pelo penicilina e tetraciclina na ração animal"**.

Assim, uma questão que tem sido amplamente debatida por várias décadas ainda permanece sem solução, uma questão que o público em geral poderia ter respondido facilmente com um simples sim ou não. Isto é um exemplo das dificuldades e complexidades associadas com a determinação do impacto de algumas aplicações da ciência e tecnologia.

* *The Effects on Human Health of Subtherapeutic Use of Antimicrobials in Animal Feeds*, Comitê para o Estudo dos Efeitos na Saúde Humana do Uso Subterapêutico de Antibióticos na Ração Animal, Washington, D.C., Academia Nacional de Ciências, 1980.

** *Human Health Risks with the Subtherapeutic Use of Penicillin or Tetracyclines in Animal Feed*, Comitê dos Riscos à Saúde Humana Determinados pelo Uso Subterapêutico de Antibióticos na Ração Animal, Washington, D.C., Instituto de Medicina, impresso na Academia Nacional, 1989.

Resumo

1. A quimioterapia foi praticada por vários séculos antes mesmo que os cientistas compreendessem como os agentes químicos agiam contra os microrganismos.

2. Ehrlich foi a primeira pessoa a conduzir deliberadamente uma pesquisa sistemática para um agente quimioterápico sintetizado em laboratório. Suas pesquisas resultaram na descoberta do salvarsan. Aproximadamente 30 anos mais tarde, pesquisas realizadas por Domagk e também por Tréfouël e seus colaboradores resultaram na descoberta das sulfonamidas.

3. A descoberta da penicilina por Fleming e a subseqüente utilização para o tratamento de feridos da guerra introduziram a era moderna dos antibióticos. Foi iniciada uma pesquisa em nível mundial para descobrir novos antibióticos.

4. Nem todos os antibióticos são adequados para uso terapêutico. Os agentes quimioterápicos são capazes de matar ou inibir os microrganismos infecciosos sem prejudicar o paciente.

5. Os antibióticos quimioterápicos são produzidos por muitas espécies de bactérias do gênero *Streptomyces, Micromonospora, Nocardia, Micropolyspora* e *Bacillus*. Eles também são produzidos por espécies de fungos do gênero *Penicillium, Aspergillus* e *Cephalosporium*. Novos antibióticos continuam a ser descobertos.

6. Os antibióticos podem ser classificados com base em suas estruturas químicas – por exemplo, β-lactâmicos, macrolídeos, aminoglicosídeos, tetraciclinas, polienos ou polipeptídeos.

7. Os antibióticos atuam em uma das três principais vias: inibição da síntese da parede celular, lesão da membrana citoplasmática e interferência na síntese de ácidos nucléicos e proteínas.

8. Os microrganismos podem sofrer mutações para desenvolver resistência aos agentes quimioterápicos. Isto cria um grande problema para promover o tratamento efetivo dos pacientes. Em alguns casos, a resistência deve-se a enzimas microbianas que destroem ou inativam os antibióticos, alterando sua estrutura química. A transferência de resistência ao antibiótico é especialmente importante porque os genes para resistência estão localizados em um plasmídio, que pode ser facilmente transferido de uma bactéria para outra relacionada, por meio da conjugação.

9. Vários compostos sintéticos são largamente utilizados para o tratamento de infecções bacterianas. Exemplos são sulfonamidas, nitrofuranos, isoniazida e ácido nalidíxico.

10. A quimioterapia das infecções virais é difícil porque os vírus reproduzem-se no interior das células hospedeiras. Os compostos quimioterápicos devem interferir na multiplicação dos vírus e ao mesmo tempo não devem lesar as células do hospedeiro. Muitos compostos antivirais inibem a síntese de DNA ou RNA viral; exemplos incluem vidarabina, aciclovir e AZT.

11. Os protozoários que causam infecções caracteristicamente têm um ciclo de vida em que os parasitas aparecem em formas diferentes. Algumas destas formas podem ser mais resistentes aos agentes quimioterápicos do que as outras e, desta forma, o agente quimioterápico deve ser administrado em um tempo apropriado.

12. A potência ou a concentração dos antibióticos e outros agentes quimioterápicos pode ser avaliada por técnicas químicas ou biológicas. A susceptibilidade da bactéria a vários antibióticos pode ser determinada pela técnica da diluição em tubo ou a técnica do disco em placa.

13. Outras aplicações dos antibióticos incluem seu uso como suplemento de ração animal e como um componente de meio de cultura de tecido e meio de cultura seletivo.

Palavras-Chave

Ácido para-aminobenzóico (PABA)
Ácido tetraidrofólico (THFA)
Agentes quimioterápicos
Agentes quimioterápicos sintéticos
Análogos estruturais
Anel β-lactâmico
Antibióticos
Antibióticos de largo espectro
β-lactamases
Concentração mínima inibitória (MIC)
Penicilinas
Penicilinas naturais
Penicilinas semi-sintéticas
Penicilinases
Prontosil
Quimioterapia
Salvarsan
Sulfonamidas
Técnica da diluição em tubo
Técnica do disco em placa

Revisão

O INÍCIO DA QUIMIOTERAPIA

1. Qual das seguintes personalidades sintetizou um composto contendo arsênico que foi utilizado no tratamento da sífilis? (**a**) Waksman; (**b**) Tréfouël; (**c**) Fleming; (**d**) Domagk; (**e**) Ehrlich.

2. Qual das seguintes personalidades descobriu que era a porção sulfanilamida do corante Prontosil que continha atividade antimicrobiana? (**a**) Waksman; (**b**) Tréfouël; (**c**) Fleming; (**d**) Domagk; (**e**) Ehrlich.

3. A era moderna da quimioterapia antibiótica emergiu após a descoberta da ______________.

4. Fleming observou uma zona de inibição de *Staphylococcus aureus* ao redor de uma colônia contaminante de um ___________________________.

5. Os antibióticos diferem de substâncias como salvarsan e sulfonamidas porque eles são produzidos por ___________________________.

QUALIDADES IDEAIS DE UM AGENTE QUIMIOTERÁPICO

6. Um antibiótico que inibe muitos tipos diferentes de bactérias é denominado antibiótico ____.

7. Qual das seguintes características é *indesejável* para um antibiótico ser considerado como um agente quimioterápico? (**a**) produzir pouca alteração na flora intestinal; (**b**) penetrar nos tecidos; (**c**) ser altamente microbicida; (**d**) produzir pouco ou nenhum efeito colateral; (**e**) ser inativado pelo ácido estomacal.

8. Quais as duas características que são *desejáveis* para um antibiótico ser considerado como um agente quimioterápico? (**a**) inibir a flora microbiana normal do hospedeiro; (**b**) ser prontamente solúvel em fluidos corporais; (**c**) ter um pequeno espectro de atividade antimicrobiana; (**d**) promover o desenvolvimento de formas resistentes; (**e**) poder ser absorvido pelo organismo a partir do trato intestinal.

ISOLAMENTO DE MICRORGANISMOS PRODUTORES DE ANTIBIÓTICOS DA NATUREZA

9. Os microrganismos produtores de antibióticos têm sido isolados de qual dos seguintes locais? (**a**) solo; (**b**) ar; (**c**) vegetais frescos e estragados; (**d**) água; (**e**) todos eles.

10. Em uma técnica de triagem para novos antibióticos, o primeiro teste é destinado a detectar atividade ___________________________ contra uma variedade de microrganismos.

11. Antes de um novo antibiótico poder ser utilizado como um agente quimioterápico, é importante determinar se ele não é ___________________________ para o homem e animais.

12. Entre os gêneros de bactérias que produzem antibióticos, o gênero ______________________ tem produzido um grande número de antibióticos úteis.

13. Quais os três gêneros produtores de antibióticos que não são bactérias? (**a**) *Cephalosporium*; (**b**) *Aspergillus*; (**c**) *Micromonospora*; (**d**) *Nocardia*; (**e**) *Penicillium*.

14. A cianobacterina é produzida por: (**a**) *Bacillus polymyxa*; (**b**) um fungo; (**c**) uma bactéria prototrófica aquática; (**d**) *Bacillus pyocyaneus*; (**e**) uma alga.

TIPOS DE ANTIBIÓTICOS BASEADOS EM SUA ESTRUTURA QUÍMICA

15. O anel β-lactâmico é composto de quantos átomos? (**a**) 3; (**b**) 4; (**c**) 5; (**d**) 6; (**e**) 8.

16. Todas as penicilinas contêm uma estrutura principal denominada ácido______________.

17. Os químicos são capazes de adicionar várias cadeias químicas laterais no composto principal das penicilinas. Isto resulta na criação de compostos denominados penicilinas ______________.

18. Penicilinases, também denominadas ______________, são enzimas que degradam as penicilinas naturais. A penicilina semi-sintética, denominada ______________, tem a vantagem de resistir à ação dessas enzimas.

19. As cefalosporinas pertencem a quais das seguintes classes de antibióticos?

(**a**) macrolídeos; (**b**) polienos; (**c**) aminoglicosídeos; (**d**) β-lactâmicos; (**e**) polipeptídeos.

20. A estreptomicina e a neomicina pertencem à classe de antibióticos denominada ______________________________.

21. Associar cada antibiótico da coluna à esquerda com a classe correta da coluna à direita:

_____ Eritromicina	(**a**) Polipetídeos
_____ Doxiciclina	(**b**) Polienos
_____ Bacitracina	(**c**) Macrolídeos
_____ Nistatina	(**d**) Aminoglicosídeos
_____ Anfotericina B	(**e**) Tetraciclinas
_____ Neomicina	

Quais os dois antibióticos citados na coluna da esquerda que são ativos contra fungos?

______________________________ e ______________________________.

22. Qual dos seguintes antibióticos pode causar anemia aplástica? (**a**) penicilina G; (**b**) cloranfenicol; (**c**) eritromicina; (**d**) oxitetraciclina; (**e**) cefalotina.

MECANISMO DE AÇÃO DOS ANTIBIÓTICOS

23. As penicilinas e as cefalosporinas são semelhantes quanto à sua ação inibitória nas células bacterianas; ambas inibem a síntese da ______________________________.

24. Os micoplasmas não são inibidos pela penicilina porque (**a**) produzem penicilinase; (**b**) são Gram-positivos; (**c**) são Gram-negativos; (**d**) não têm parede celular; (**e**) são eucariotos, não procariotos.

25. Qual dos seguintes antibióticos atua nas membranas contendo esterol?

(**a**) cefalotina; (**b**) anfotericina B; (**c**) estreptomicina; (**d**) cloranfenicol; (**e**) oxitetraciclina.

26. Associar os antibióticos da coluna à esquerda com os mecanismos de ação descritos na coluna à direita:

_____ Estreptomicina	(**a**) Combina com a subunidade 50 S do ribossomo bacteriano
_____ Eritromicina	(**b**) Lesa as membranas contendo esterol
_____ Nistatina	(**c**) Lesa a membrana citoplasmática das células
_____ Cefalotina	(**d**) Inibe a síntese do peptideoglicano
_____ Polimixina B	(**e**) Combina com a subunidade 30 S do ribossomo bacteriano
_____ Rifamicina	(**f**) Inibe a RNA polimerase DNA dependente bacteriana

DESENVOLVIMENTO DE BACTÉRIAS RESISTENTES AOS ANTIBIÓTICOS

27. Qual dos seguintes antibióticos expressa sua ação antimicrobiana interferindo na síntese de DNA/RNA? (**a**) penicilina; (**b**) tetraciclina; (**c**) nistatina; (**d**) anfotericina B; (**e**) cefalosporinas.

28. A transferência de resistência aos antibióticos se deve a (**a**) endósporos especiais; (**b**) mesossomos transmissíveis; (**c**) plasmídios R conjugativos; (**d**) genes de resistência localizados no cromossomo bacteriano; (**e**) mutação.

29. A transferência de genes de resistência a antibióticos entre bactérias foi originalmente descoberta em células de *Shigella dysenteriae* que tinha adquirido os genes de resistência a antibióticos de células de ____.

30. O desenvolvimento de resistência a antibióticos pode ser minimizado: (**a**) evitando-se o uso indiscriminado de antibióticos; (**b**) utilizando-se uma combinação de antibióticos; (**c**) utilizando-se doses suficientemente altas de antibióticos, dominando-se rapidamente uma infecção; (**d**) utilizando-se outro antibiótico assim que um organismo mostrar sinais de resistência; (**e**) todas as respostas anteriores.

AGENTES QUIMIOTERÁPICOS SINTÉTICOS

31. As sulfonamidas atuam inibindo a síntese da co-enzima ácido ______________________.

32. As sulfonamidas devem a sua atividade antimicrobiana ao fato de apresentarem semelhanças na estrutura química com o composto ______________________________.

33. As células do tecido humano ou animal não são inibidas pelas sulfonamidas porque elas não utilizam o PABA para produzir ácido tetraidrofólico; em vez disso, elas produzem diretamente o ácido ____.

34. Em 1944, Dodd e Stillman descobriram que as propriedades antimicrobianas poderiam ser conferidas a compostos semelhantes ao furfural pela adição de um grupo ______________________ no anel furano.

35. A isoniazida é um análogo estrutural de _____________ ou _____________.

36. A isoniazida é utilizada principalmente no tratamento de pacientes que têm _____________.

37. O ácido nalidíxico previne a síntese do DNA bacteriano inibindo uma enzima chamada ________________________________.

38. Agentes quimioterápicos antivirais são geralmente destinados a bloquear a síntese de ________________________________ ou de ________________________________.

39. O AZT é um análogo estrutural da ______________________ e é utilizado para bloquear a síntese de DNA viral em pacientes que tenham ______________________.

40. A amantadina é utilizada no tratamento de pacientes com ______________________, enquanto o aciclovir é utilizado no tratamento de pacientes com ______________________.

41. Quais dos seguintes compostos são agentes quimioterápicos antiprotozoários? (**a**) cloroquina; (**b**) metronidazol; (**c**) gentamicina; (**d**) vancomicina; (**e**) ampicilina.

ENSAIO COM ANTIBIÓTICOS

42. Os ensaios químicos dos antibióticos têm a desvantagem de ser ______________________ sensíveis do que os ensaios biológicos; além disso, eles não são capazes de distinguir entre formas ______________________ e ______________________ de um antibiótico.

43. Nos ensaios biológicos para determinar a potência de uma preparação de antibiótico, a atividade antimicrobiana da preparação é comparada com aquela de uma preparação_________ ________________________________ do antibiótico.

SUSCEPTIBILIDADE MICROBIANA AOS AGENTES QUIMIOTERÁPICOS

44. Na técnica da diluição em tubo, a menor concentração de um antibiótico que inibe completamente o crescimento de um microrganismo-teste é denominada ______________________.

45. Se um antibiótico A tem uma MIC de 2 μg/ml contra uma amostra de *Salmonella typhi* e o antibiótico B tem uma MIC de 50 μg/ml, qual dos dois antibióticos tem um maior grau de atividade contra a bactéria?

46. Quando o método do disco em placa é utilizado de acordo com o procedimento da FDA, o diâmetro da zona de inibição ao redor do disco impregnado com o antibiótico pode ser correlacionado com o ________________________________ do antibiótico.

47. Na técnica da diluição em tubo e no método do disco em placa, qual dos seguintes itens *não pode* ser determinado? (**a**) os antibióticos que têm alta atividade antimicrobiana contra a bactéria; (**b**) os antibióticos que têm baixa atividade antimicrobiana contra a bactéria; (**c**) os antibióticos que não têm atividade antimicrobiana contra a bactéria; (**d**) os antibióticos que causarão reações alérgicas ou outros efeitos colaterais nos pacientes; (**e**) a susceptibilidade ou resistência da bactéria a vários antibióticos.

OUTRAS APLICAÇÕES DOS ANTIBIÓTICOS

48. Para que propósito pequenas quantidades de antibióticos são adicionadas na ração de aves e de gado?

____

49. A principal preocupação em relação ao suplemento de ração de aves e outros animais com antibióticos é a possibilidade do desenvolvimento de amostras ______________ de microrganismos.

50. Uma bactéria X é susceptível à vancomicina, ampicilina e ao ácido nalidíxico, mas é resistente à estreptomicina, eritromicina e nistatina. Qual dos antibióticos poderia ser incorporado em um meio para auxiliar na produção de um meio seletivo para o isolamento da bactéria X de um material clínico?

Questões de Revisão

1. Definir os seguintes termos: antibióticos, quimioterapia e agentes quimioterápicos.
2. Qual a contribuição que cada uma das seguintes pessoas fizeram para a quimioterapia: Ehrlich, Domagk e Fleming?
3. Quais são as características de um agente quimioterápico ideal?
4. Todo antibiótico recentemente descoberto é utilizado como um agente quimioterápico? Explicar.
5. Descrever o mecanismo de ação de um agente quimioterápico específico de cada classe química destes compostos.
6. Explicar como a bactéria pode desenvolver resistência a um agente antimicrobiano.
7. Esquematizar um procedimento que permita o isolamento de um novo antibiótico de algum ambiente natural, como o solo. Que evidências laboratoriais poderiam ser necessárias para determinar que este novo antibiótico é melhor do que um conhecido?
8. Descrever uma técnica microbiológica pela qual se poderia determinar a quantidade de um antibiótico em alguma amostra.
9. Suponha que você esteja trabalhando em um laboratório de microbiologia clínica. O laboratório recebe uma amostra de urina de um paciente com uma infecção do trato urinário. A urina contém grande quantidade de *Escherichia coli*, o microrganismo freqüentemente responsável por infecções do trato urinário. Como você poderia determinar quais agentes quimioterápicos são mais efetivos contra esta amostra de *E. coli*?
10. Quais são as preocupações em relação à utilização de baixos níveis de antibióticos como preservadores de alimentos?

Questões para Discussão

1. Antes da sexta edição do *Bergey's Manual of Determinative Bacteriology* (1947), relativamente poucas espécies de *Streptomyces* eram reconhecidas. Desde então, centenas de espécies têm sido incluídas em edições subseqüentes do manual. Como isto pode ser explicado?
2. Em termos de diferenças básicas entre células procarióticas e eucarióticas, explicar como um agente quimioterápico pode ser seletivamente tóxico para uma célula bacteriana.
3. Há relativamente poucos agentes quimioterápicos antivirais, se comparados com agentes quimioterápicos antibacterianos. A que isto pode ser atribuído?
4. Qual é a finalidade ou o objetivo do desenvolvimento de antibióticos sintéticos ou semi-sintéticos?
5. Por que é importante conhecer o ciclo de vida de um protozoário patogênico antes de prescrever a quimioterapia?
6. Como pode ser minimizado o desenvolvimento de resistência aos antibióticos entre as bactérias?
7. Por que um agente quimioterápico utilizado no tratamento de uma doença causada por um protozoário tem um potencial maior de apresentar efeito colateral no paciente do que um agente quimioterápico utilizado no tratamento de uma infecção bacteriana?
8. Quais são os aspectos desejáveis e as conseqüências indesejáveis quando se utilizam baixas doses de antibióticos como um suplemento na ração animal?

Parte IX

Microrganismos e Doença: Doenças Microbianas

Capítulo 22

Infecções Nosocomiais

Objetivos

Após a leitura deste capítulo, você deve ser capaz de:

1. Definir o termo *infecção nosocomial* e explicar a importância de tais infecções.
2. Relacionar as contribuições de Holmes, Semmelweis, Nightingale, Pasteur e Lister para a prática hospitalar moderna.
3. Descrever as condições sob as quais podem desenvolver-se as infecções exógenas e endógenas.
4. Explicar a importância da vigilância e epidemiologia relacionadas a infecções nosocomiais.
5. Discutir as possíveis fontes dos microrganismos que causam infecções nosocomiais.
6. Identificar os fatores que contribuem para a susceptibilidade de um paciente hospitalizado a infecções.
7. Listar os microrganismos mais freqüentemente encontrados em infecções nosocomiais.
8. Enumerar as práticas e os procedimentos utilizados para interromper o ciclo de infecção.
9. Demonstrar por meio de um esquema os componentes e as atividades de um programa de controle efetivo.
10. Descrever as responsabilidades do laboratório de microbiologia na vigilância e no programa de controle efetivos.

Introdução

Infecções nosocomiais ou *hospitalares* são infecções adquiridas no hospital. O termo *nosocomial* vem da palavra grega *nósos*, que significa "doença", e *komeion*, que significa "hospital". Infelizmente, as infecções adquiridas no hospital ocorrem em altas taxas no mundo todo. Muitos microrganismos que são causas relativamente raras de infecções em indivíduos sadios podem tornar-se causas freqüentes de doenças em pacientes hospitalizados, cujos mecanismos normais de defesa imune estão enfraquecidos pela quimioterapia ou por doenças graves. Estes patógenos podem originar-se de várias fontes no ambiente hospitalar, incluindo o ar no quarto do paciente ou um profissional da saúde infectado. Entretanto, muitos são patógenos oportunistas da própria flora normal do paciente.

A ocorrência de infecção nosocomial depende da existência de uma fonte de infecção, da transmissão do agente etiológico e da susceptibilidade do paciente à infecção. Este ciclo de infecção deve ser interrompido para prevenir as infecções adquiridas no hospital. Devido à freqüência de infecções nosocomiais, todos os hospitais credenciados devem possuir um programa de controle de infecções. O controle de infecções abrange muitos aspectos, incluindo a vigilância de doenças entre pacientes e a equipe médica, e a determinação do número e dos tipos de microrganismos viáveis no ambiente hospitalar. Desta forma, os oficiais de controle de infecção hospitalar, os comitês de controles de infecção e a equipe do laboratório devem solucionar, em conjunto, casos de infecção nosocomial e prevenir novos casos. Os programas de controle de infecção bem-sucedidos requerem educação e cooperação de toda a equipe hospitalar.

Destaques Históricos

As infecções nosocomiais têm sido um problema desde que foram criados os primeiros hospitais. Para prevenir a disseminação de doenças durante o século XVIII, pacientes foram isolados em hospitais de febre, hospitais de varíola, sanatórios de tuberculose e "casas da peste". Estes hospitais grandes e sujos eram lugares desagradáveis e superlotados, com vários pacientes ocupando a mesma esteira de palha. Parasitas e sujeiras eram encontrados por toda parte, e infecções espalhavam-se rapidamente de paciente para paciente. Como descrito por F. H. Garrison em *History of medicine*, de 1917, as condições no hospital Hôtel-Dieu em 1788, em Paris, eram tais que "a febre séptica e outras doenças contagiosas eram comuns, a taxa de mortalidade era de 20% e a recuperação de operações cirúrgicas era uma raridade". De modo notável, a febre puerperal (febre da parturiente), o flagelo dos hospitais de "parto" (maternidade), era freqüente, e as complicações, geralmente fatais.

Entretanto, em meados do século XIX, vários profissionais da saúde começaram a empregar medidas de controle de infecções que levaram à diminuição significativa da ocorrência de febre puerperal e outras infecções adquiridas no hospital. Oliver Wendell Holmes, Ignaz Philipp Semmelweis, Florence Nightingale, Louis Pasteur e Joseph Lister foram os líderes na luta contra estas infecções durante a segunda metade do século XIX.

Um poeta, advogado e figura pública, Oliver Wendell Holmes também estudou medicina em Harvard e eventualmente tornou-se reitor da Escola de Medicina de Harvard. Em 1843 escreveu um trabalho marcante, "O Contágio da Febre Puerperal", em que afirmou que a febre puerperal não era somente contagiosa, mas era "freqüentemente transferida de paciente para paciente por médicos e enfermeiras". Holmes sugeriu os seguintes métodos práticos para auxiliar no controle da febre puerperal: (1) um médico envolvido em trabalhos de parto não deveria tomar parte em qualquer exame *post-mortem* em casos de febre puerperal; (2) se o médico estivesse presente em tais autópsias, deveria tomar um banho completo, trocar todas as peças de roupa e esperar 24 h ou mais antes de atender qualquer nascimento ou examinar um paciente; e (3) se um médico constatasse dois casos de febre em seu consultório num curto período de tempo, ele deveria interromper suas atividades por pelo menos um mês. Holmes concluiu este artigo afirmando que "casos de febre puerperal não eram um infortúnio, mas sim um crime".

Enquanto Holmes tentava persuadir seus colegas a utilizar práticas assépticas, Ignaz Philipp Semmelweis, em Viena, também estudava a febre puerperal (Figura 22.1A, caderno em cores). Como Holmes, Semmelweis estudou direito antes de medicina. Em 1846, tornou-se assistente em uma clínica obstétrica, onde observou que a enfermaria em que os estudantes de medicina eram treinados tinha uma taxa de mortalidade mais alta do que a enfermaria em que trabalhavam as enfermeiras e parteiras. Notou também que a taxa de mortalidade diminuía quando os estudantes de medicina estavam ausentes durante o verão. Semmelweis freqüentemente detectava o odor da sala de autópsia nas enfermarias dos estudantes de medicina e concluiu que os estudantes estavam transferindo, inadvertidamente, material proveniente da sala de autópsia para a enfermaria. Contra a forte resistência de outros médicos, Semmelweis insistiu que os estudantes de medicina deveriam realizar a anti-sepsia das mãos e dos braços com uma solução de cloro, antes de entrar em uma enfermaria da maternidade – um procedimento que reduziu a taxa de mortalidade (Figura 22.1B, caderno em cores). Infelizmente, quando faleceu, em 1865, seu método ainda não havia sido aceito por outros médicos.

Em vez de enfocar apenas as técnicas assépticas, Florence Nightingale equipou os hospitais completamente e reestruturou a profissão de enfermagem com o objetivo de melhorar os cuidados com os pacientes e reduzir as doenças hospitalares. Nascida em uma família inglesa rica e socialmente proeminente, Nightingale recebeu uma educação melhor que muitos homens de sua época. Aprendeu várias línguas e possuía conhecimentos de literatura e matemática. Seu sonho era tornar-se uma enfermeira, mas seus pais faziam objeção devido às condições estarrecedoras dos hospitais. Durante os 16 anos que Nightingale levou para superar a oposição da família, ela estudou e analisou as práticas de enfermagem em vários países.

Quando se iniciou a Guerra da Criméia, nos anos de 1850, ela estava para assumir o cargo de superintendente no Kings College Hospital. Entretanto, os relatos em jornais de altas taxas de mortalidade nos hospitais militares e o cuidado inadequado de soldados feridos contribuíram para mudar o curso de sua vida. Uma população ultrajada exigiu uma providência, e a secretaria de guerra decidiu enviar as mulheres como enfermeiras para hospitais militares, pela primeira vez na história da Inglaterra. Nightingale foi designada para liderar um contingente, como superintendente do Female Nursing Establishment of the English General Hospitals, na Turquia, e colocar ordem ao caos médico.

Ao retornar, no final do ano de 1854, as enfermeiras encontraram condições ultrajantes nos hospitais da Criméia, onde os pacientes eram amontoados em quartos iluminados por velas (Figura 22.2A). Não havia sabão, água, roupa de cama ou alimento decente. Um esgoto aberto sob um prédio hospitalar continha animais mortos e estava infestado por ratos. Havia poucos suprimentos médicos e a taxa de mortalidade era de mais de 50%! Muitos morreram de cólera e de outras doenças infecciosas, e não de feri-

Figura 22.2 (**A**) Condições no hospital militar quando da chegada de Florence Nightingale na Criméia. (**B**) Florence Nightingale instituiu a prática sanitária nos hospitais militares em 1854.

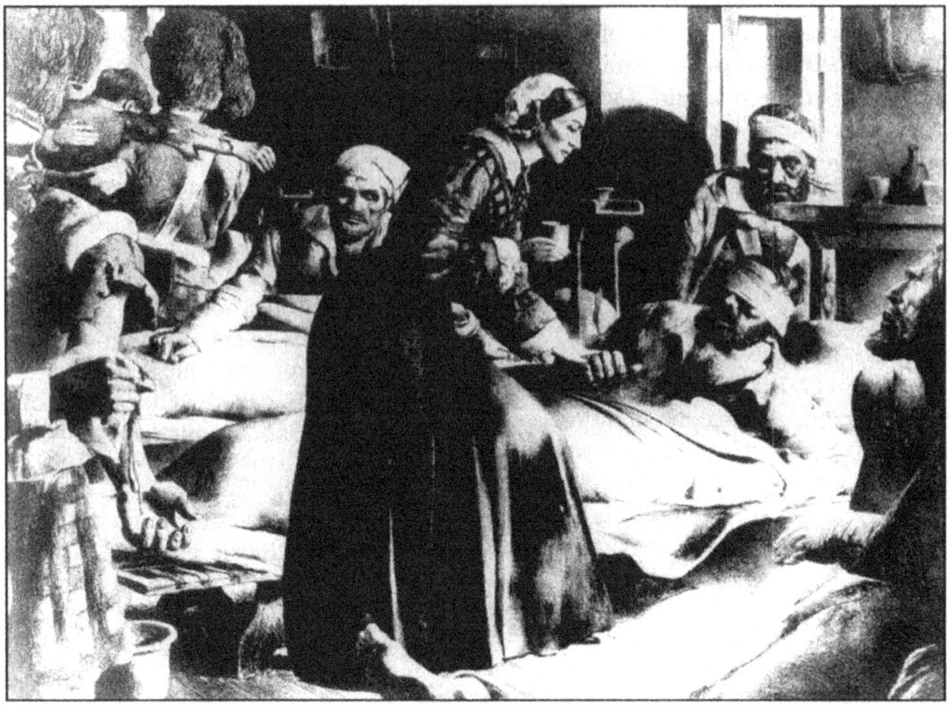

(A)

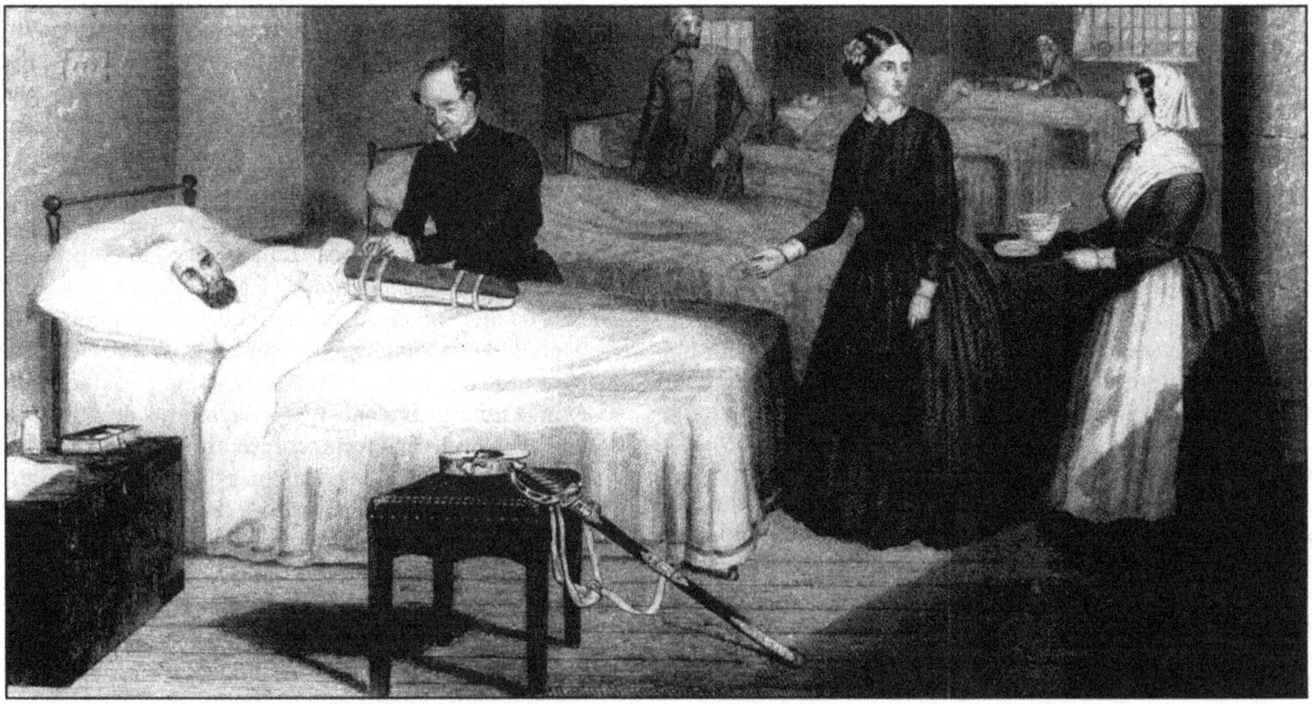

(B)

mentos em campos de batalha. De acordo com um relato, durante um período de seis meses, 73% dos soldados em oito regimentos britânicos morreram de doenças.

Lutando contra a forte resistência das autoridades militares, ressentidos por tratar-se de uma mulher e por sua autoridade e autonomia, Nightingale todavia perseverou. Ela instalou cozinhas, uma lavanderia, salas de leitura, cafeterias, salas de recreação – todas sob condições sanitárias (Figura 22.2B). Além de suas obrigações administrativas, ela também auxiliava os cirurgiões e fazia rondas para ajudar os pacientes mais doentes. (Henry Wadsworth

Longfellow imortalizou as suas visitas noturnas em seu poema, de 1857, "Lady with a Lamp".) Apesar das decepções e frustrações, o seu sucesso foi documentado por uma queda de 2,2% na mortalidade seis meses após sua chegada!

Depois da guerra, Nightingale lutou pela melhoria dos cuidados médicos em hospitais militares e civis. Seus métodos foram adotados lentamente mas acabaram por revolucionar os cuidados hospitalares. Além das mudanças introduzidas com os cuidados aos pacientes, ela fez amplas análises estatísticas de mortalidade e doença entre o pessoal militar, provando que o saneamento era essencial para a saúde. Ela também fundou uma escola de enfermagem em Londres, e o velho sistema de enfermagem, em que atuavam mulheres não-qualificadas, foi substituído por cuidados de profissionais qualificadas.

Revendo o passado, Nightingale, Semmelweis e Holmes obtiveram evidente sucesso na redução da transmissão de microrganismos patogênicos dentro dos hospitais. Entretanto, naquela época, os motivos de seus êxitos não foram completamente compreendidos. Alguns anos mais tarde, entretanto, Louis Pasteur e Joseph Lister descreveram a teoria microbiana das doenças e a técnica asséptica, como descrito anteriormente neste livro. As demonstrações de Pasteur entre 1857 e 1876 não deixaram dúvidas de que o "infinitamente pequeno" desempenha um "papel infinitamente grande" na doença. Em sua teoria microbiana da fermentação e da doença, Pasteur enfatizou que os microrganismos poderiam ser transmitidos por meio do ar. Foi Lister, naquela época um jovem cirurgião em Glasgow, quem compreendeu o significado dos estudos de Pasteur e ficou convencido de que os microrganismos do ar contaminavam as feridas cirúrgicas. A introdução da desinfecção das salas cirúrgicas reduziu a mortalidade entre os pacientes cirúrgicos.

A redução das mortes por infecção, baseada no saneamento e nas práticas assépticas, foi acelerada em 1935 com a introdução das sulfonamidas, que eram usadas para curar infecções estafilocócicas e estreptocócicas sérias. Mais significativa foi a introdução da penicilina durante a Segunda Guerra Mundial, seguida pela descoberta e pelo uso de outros antibióticos. Infelizmente, isto levou ao controle das infecções nosocomiais pelo uso de antibióticos. Embora o uso de antibióticos tenha resultado em um declínio rápido do número de mortes, devido a infecções adquiridas em hospitais, não se verificou um declínio correspondente no número de *casos* de infecções adquiridas em hospitais.

A confiança em antibióticos no combate a infecções freqüentemente resultava em técnicas assépticas e precauções de isolamento negligentes. A situação torna-se mais séria com o aumento no número de cepas bacterianas resistentes aos antibióticos. Por exemplo, o *S. aureus* resistente à meticilina (*MRSA – methicilin-resistant* S. Aureus) foi detectado pela primeira vez em 1975 no Royal Brisbane Hospital, na Austrália. O número de novos pacientes infectados aumentou de 1, em 1975, para 720, em 1987. Embora as cepas de *Enterobacter cloacae, Acinetobacter calcoaceticus* e *Serratia marcescens* não tenham aumentado em número, elas têm causado grandes surtos em alguns hospitais. O uso amplo, disseminado e incorreto de antibióticos em hospitais ajuda a selecionar tais cepas. Nos anos 50, surtos grandes e freqüentes de infecções estafilocócicas em unidades pediátricas e cirúrgicas de hospitais chamou a atenção nacional sobre este problema.

Revendo a história do controle de infecções hospitalares, devemos relembrar os comentários de dois grandes "reformadores" de hospitais do século XIX. Florence Nightingale disse que "a primeira condição em um hospital é não prejudicar o doente". *Sir* James Y. Simpson afirmou que "no tratamento do doente, há sempre perigo quando são agregados, e há segurança somente quando são segregados". Graças a estes inovadores e seus sucessores, o controle de infecções tornou-se a chave dos cuidados hospitalares. Infelizmente, as infecções adquiridas em hospitais ainda causam problemas, mais de 100 anos depois de Pasteur ter provado que os microrganismos são responsáveis pela disseminação das doenças. Estima-se que 1 em cada 20 pacientes ainda desenvolve infecção nosocomial, e a incidência pode ser maior. Entre 1979 e 1989, por exemplo, o número de pacientes com bacteremia por *S. aureus* (infecção sanguínea) aumentou de 40 para 138 por ano; de 1980 a meados de 1990, a infecção por *C. albicans* aumentou de 1,0 para 2,9 por 1.000 pacientes que receberam alta.

Nos últimos anos, as infecções nosocomiais causadas por fungos e vírus têm aumentado em número, enquanto pacientes com infecção com HIV e com AIDS tornaram-se o maior desafio do controle de infecções. Estas e outras novas doenças infecciosas descritas reforçam a necessidade de práticas de controle de infecções flexíveis e sempre vigilantes.

A Tabela 22.1 relaciona as classes mais comuns de infecções nosocomiais e descreve as características predominantes.

Responda

1 O que é uma infecção nosocomial?

2 Qual era o conceito de Semmelweis em relação à maneira pela qual os pacientes hospitalizados tornavam-se infectados e quais os procedimentos que ele instituiu para prevenir a disseminação das infecções?

3 Quem foi Florence Nightingale e qual foi a sua contribuição no controle de infecções?

4 Qual foi o efeito sobre o saneamento geral e as práticas anti-sépticas após a introdução e o uso muito difundido de agentes quimioterápicos tais como as sulfas e os antibióticos?

Tabela 22.1 Alguns fatores que favorecem a ocorrência das infecções nosocomiais (1980-1990).

Infecção	Fatores de risco	Agente(s) etiológico(s)	Ocorrência
Pneumonia	Idade; gravidade da doença primária; cirurgia; ventiladores; infecção gástrica	Podem ser vírus, fungos ou bactérias Bactérias mais comuns: bacilos Gram-negativos resistentes aos antibióticos e *S. aureus*	0,5-1,0% das admissões
Corrente sanguínea	Terapia por meio de infusão: cateter venoso central	Estafilococos coagulase negativo, enterococos e *Candida* ICS* por *E. coli* e *S. aureus*	Aumentou duas a três vezes durante a década de 1980 Diminuiu
Contaminação de ferida cirúrgica	Doença; prótese vascular; tipo de cirurgia – do cólon, gástrica, coronariana, da medula espinal e outras	Estafilococos, aeróbios e anaeróbios endógenos, *Enterobacter* sp.	Cerca de 40% de todos os casos relatados
Trato urinário	Uso prolongado de cateter; sexo feminino; ausência de antibiótico sistêmico	*Proteus* e *Morganella* sp.	Muito comum (40% em pacientes cirúrgicos); aumentou três vezes a mortalidade
Fúngica	Outras doenças, por exemplo, ICS, IFC*, ITU*	*C. albicans* (79%) *Torulopsis* sp. (8%) *Aspergillus* sp. (1,3%)	Aumentou de 1,0 para 2,9 a cada 1.000 altas hospitalares
Viral	Transfusões; imunodeficiência; gravidez; AIDS		Continua aumentando

*ICS, infecção da corrente sanguínea; IFC, infecção de feridas cirúrgicas; ITU, infecção do trato urinário.
Fonte: Terceira Conferência Internacional de Infecções Nosocomiais, Atlanta, Ga., 31 de julho de 1990.

Importância das Infecções Nosocomiais

Como uma das principais causas de morte em alguns países, as infecções nosocomiais representam um problema de saúde significativo e dispendioso em hospitais de todo o mundo. O índice de infecções adquiridas em hospitais nos Estados Unidos é aproximadamente de 50 infecções por 1.000 pacientes em instituições de cuidados intensivos. Estimativas federais indicam que 2 milhões de pacientes desenvolverão infecções nosocomiais anualmente. Estes pacientes permanecem em média uma semana a mais no hospital e, além de perderem tempo de serviço, sofrem com o custo e as dores da doença. Aproximadamente 1% de todas as infecções nosocomiais nos Estados Unidos causa morte direta e 3% contribuem para a morte.

Devido à gravidade das infecções nosocomiais, a American Hospital Association (AHA) e o Centers for Disease Control (CDC) recomendam que cada hospital desenvolva um plano de controle de infecções. A Junta da Comissão de Credenciamento de Hospitais também requer que todos os hospitais autorizados tenham um programa de controle de infecções. Muitos programas de controle de infecções incluem um comitê de controle de infecções, um laboratório clínico, um oficial de controle de infecção, um plano de ação de isolamento claramente estabelecido e um programa de educação da equipe envolvida.

Uma das atividades importantes de um programa de controle é a ***vigilância***, a observação sistemática de registro de casos de doenças transmissíveis. Para acompanhar isto, o Sistema Nacional de Vigilância de Infecções Hospitalares (NNIS – *National Nosocomial Infection Surveillance System*) foi estabelecido em 1970 pelo CDC para fornecer dados básicos das infecções nosocomiais e para melhorar os métodos de vigilância em hospitais de cuidados intensivos. Os hospitais participantes enviam relatos mensais dos dados coletados ao CDC. A partir de 1985, muitos hospitais começaram a utilizar o software Interactive Data Entry and Analysis System (IDEAS) para coletar os dados. O CDC está mudando a ênfase das estatísticas generalizadas de cada país sobre os índices de infecção para dados estatísticos mais específicos, tais como o tipo de operação, o local da infecção e os patógenos mais freqüentes em infecções de feridas cirúrgicas (Tabela 22.2).

Responda

1 Quais são as características essenciais de um plano de controle de infecções?

2 O que é vigilância e como é acompanhada?

Tabela 22.2 Microrganismos responsáveis por infecções nosocomiais de feridas cirúrgicas (NSWI – Nosocomial Surgical Wound Infections) nos Estados Unidos (1986-1990)*.

Tipo de operação	Local de infecção	Patógenos mais freqüentes
Vascular, cesárea, histerectomia abdominal, amputação, prótese de articulações e cirurgia do tórax e da medula (exceto cardíaca)	Incisão	*S. aureus*, estafilococos coagulase-negativos ou *Enterococcus* sp.
Cólon, vesícula, gástrica, intestino delgado e abdominal	Incisão	Vários patógenos Gram-negativos, sendo *Enterobacter* sp. o mais comum
Cesárea, histerectomia abdominal (remoção do útero)	Revestimento do útero; vagina Intrabdominal profundo	*Enterococcus* sp., estreptococos do grupo B, *E. coli* *Enterococcus* sp., *E. coli*
Enxerto que estabelece uma passagem secundária da artéria coronária e operação cardíaca	Ferida cirúrgica profunda	*S. aureus*, estafilococos coagulase-negativos
Amputação, redução de fratura, próteses de articulações (implantes), cirurgia da medula espinal, outras operações das costas, cirurgia cardíaca vascular	Ferida cirúrgica profunda	*S. aureus*, *E. coli*
Infecção de feridas cirúrgicas profundas, operação do tórax, todos os outros locais profundos	Corrente sanguínea	*S. aureus* e outros

* Estes dados relacionando os microrganismos ao local da infecção podem ajudar o reconhecimento de patógenos emergentes e orientar o desenvolvimento de medidas preventivas. As infecções nosocomiais em pacientes cirúrgicos são responsáveis por cerca de 40% de todas as infecções relatadas ao NNIS, em que 35% são infecções de feridas cirúrgicas (IFC). Para rever os patógenos em IFC, 21.877 IFCs de 113 hospitais no NNIS foram analisadas. Infecções em incisões representaram mais de 60% de todas as infecções de feridas cirúrgicas.
Fonte: Terceira Conferência Internacional de Infecções Nosocomiais, Atlanta, Ga., 31 de julho de 1990.

Epidemiologia das Infecções Nosocomiais

Epidemiologia é o estudo dos fatores que influenciam a ocorrência e distribuição de doenças. Os três fatores necessários para que ocorra uma infecção são:

1. Uma fonte de microrganismos que possa causar doença.
2. Uma via de transmissão dos microrganismos.
3. Um hospedeiro susceptível a infecção pelos microrganismos.

Fontes de Microrganismos Que Causam Infecções Nosocomiais

Reservatórios de infecção podem ser organismos vivos (geralmente seres humanos, outros animais ou insetos) que albergam o patógeno ou objetos inanimados e substâncias contaminadas com microrganismos infecciosos (denominados ***fômites***). As infecções podem ser classificadas em duas categorias gerais, dependendo da origem da infecção:

1. ***Infecções exógenas.*** São causadas por micróbios de origem externa, como o ambiente, outras pessoas ou fômites.

Figura 22.3 Fonte exógena em potencial de contaminação microbiana em terapia de infusão: (**1**) fluido (por exemplo, o sangue pode estar contaminado com HIV); (**2**) troca do recipiente que contém o fluido (por exemplo, o dispositivo pode estar contaminado com *S. aureus* pelas mãos do pessoal); (**3**) na inserção, o cateter pode ser contaminado (por exemplo, *Staphylococcus epidermidis* pode ser introduzido na corrente sanguínea a partir da flora normal do paciente, uma fonte endógena).

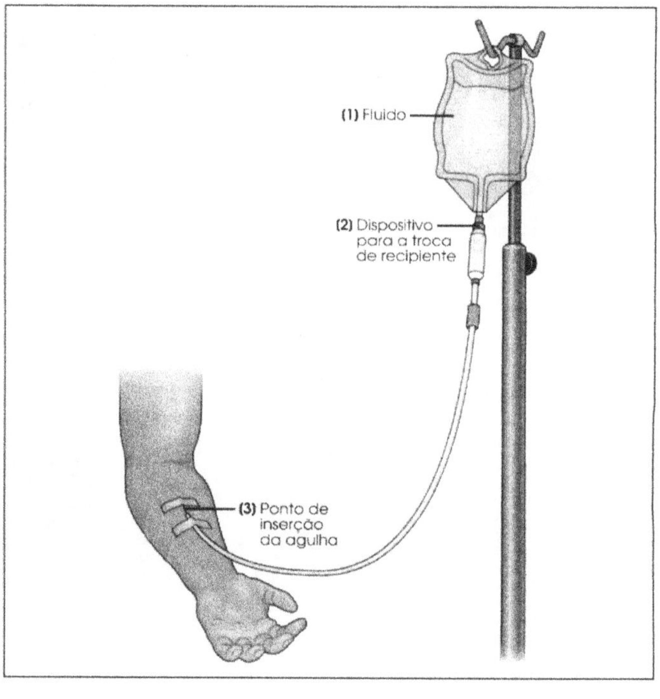

2. ***Infecções endógenas.*** São causadas por microrganismos que fazem parte da flora normal do indivíduo.

Infecções Nosocomiais Exógenas. Devido às circunstâncias, um hospital reúne pacientes, profissionais da saúde e visitantes. Alguns destes indivíduos podem carregar microrganismos infecciosos; podem apresentar infecção clínica ativa; ou podem ser portadores sãos, que simplesmente albergam os microrganismos infecciosos. Pacientes hospitalizados podem adquirir infecções exógenas de tais indivíduos.

Os microrganismos que causam infecções nosocomiais exógenas podem vir do ambiente hospitalar. Algumas fontes em potencial que têm sido implicadas nas infecções nosocomiais são ar-condicionado, piso, garrafas de água ao lado da cama, cremes para as mãos, loções para o corpo, flores no quarto do paciente, escovas de barbear, utensílios, esfregão de pratos, esponjas, pias e torneiras. As infecções nosocomiais têm sido associadas a equipamentos médicos e fluidos (Figura 22.3), incluindo cateteres urinários, termômetros orais, soluções intravenosas, equipamentos para respiração, sorvedouros, umidificadores, aparelhos de sucção, transdutores (parte de um dispositivo eletrônico utilizado para monitorar a pressão sanguínea arterial) (DESCOBERTA 22.1).

Figura 22.4 Resumo das fontes de infecções nosocomiais.

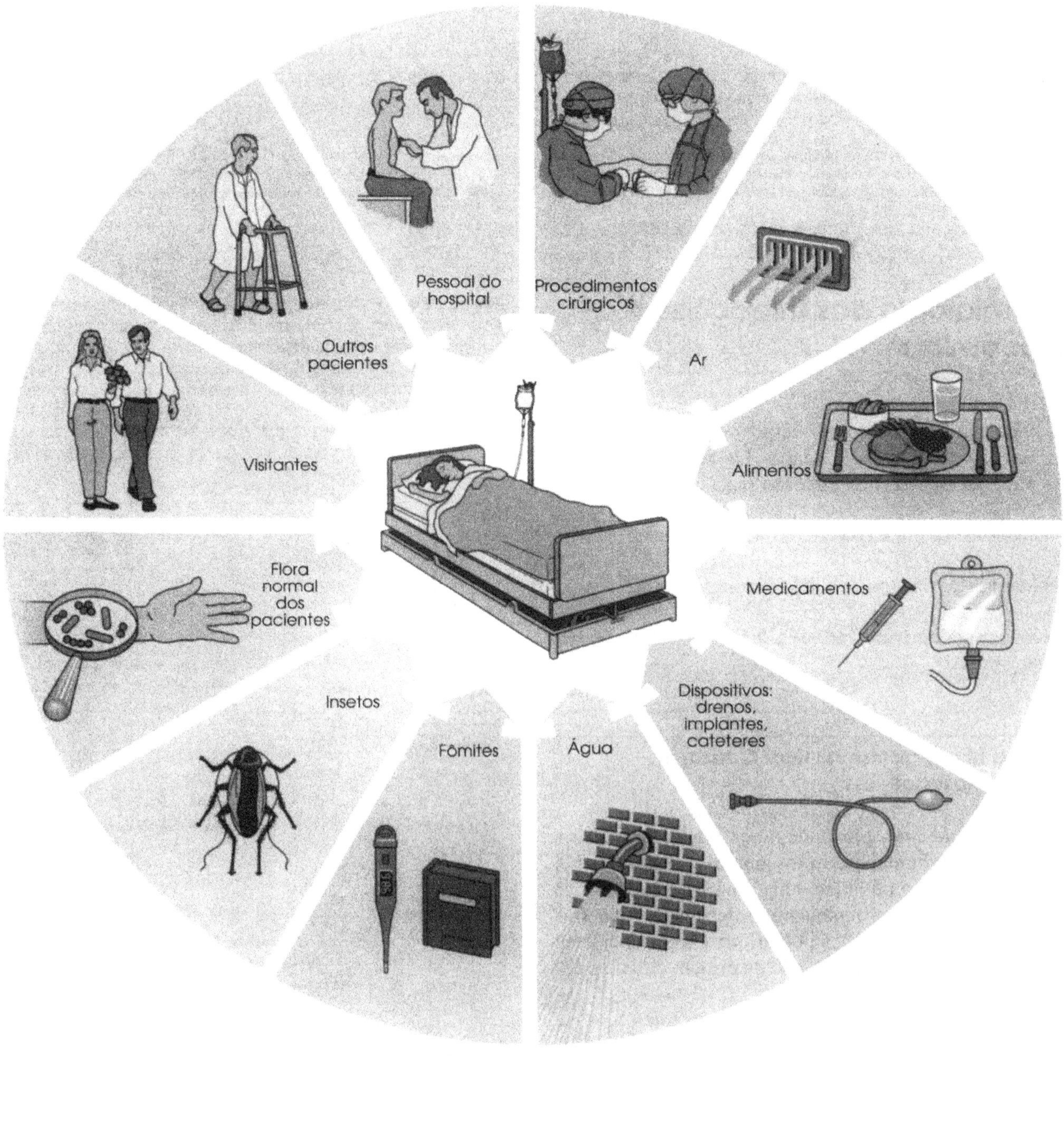

Infecções Nosocomiais Endógenas. Embora algumas infecções nosocomiais sejam exógenas, muitas são endógenas. Atualmente as infecções nosocomiais são mais comumente causadas por bactérias encontradas na pele e nas mucosas (como o *Staphylococcus aureus*), no trato intestinal (como a *Escherichia coli* ou *Streptococcus faecalis*) e em outras áreas do hospedeiro humano sadio (DESCOBERTA 22.2). Muitos destes organismos são ***patógenos oportunistas*** – micróbios que infectam primariamente hospedeiros com mecanismos de defesa debilitados. Se as defesas normais de um paciente estiverem comprometidas, os patógenos oportunistas podem ser capazes de multiplicar-se e causar uma infecção. As duas maiores fontes de patógenos oportunistas em hospitais são (1) as mãos do profissional da saúde (médicos, enfermeiros) e (2) pele, mucosas, saliva, fezes e urina de pacientes.

A Figura 22.4 resume as várias fontes de infecções nosocomiais.

Transmissão de Microrganismos Infecciosos

A transmissão de microrganismos infecciosos de um hospedeiro para outro e a infecção subseqüente do novo hospedeiro podem ocorrer de várias maneiras e são conhecidas como o *ciclo de infecção* (Figura 22.5). Durante o curso deste ciclo, os patógenos podem sair de seus reservatórios de várias maneiras.

Microrganismos patogênicos podem escapar para o ar em gotículas expelidas do nariz e da boca durante o espirro, a tosse e mesmo no ato de falar. Estas gotículas não só contaminam o ar inalado por outras pessoas, mas também podem estabelecer-se em objetos inanimados, que servem como fômites. Os patógenos podem também sair de um hospedeiro por meio dos tratos gastrintestinal e geniturinário ou por fluidos exsudados de infecções da pele e de feridas.

Como o ciclo continua, os microrganismos patogênicos podem ser transmitidos a pessoas susceptíveis de várias maneiras. Podem ser transmitidos por contato direto (como no aperto de mãos, beijo ou contato sexual), por contato com fômites ou por ingestão de água, alimentos ou leite contaminados. Em alguns casos os patógenos podem ser veiculados por insetos ou outros artrópodes que posteriormente picam outro hospedeiro. Observe que as portas de entrada de um patógeno em um novo hospedeiro geralmente correspondem às rotas de saída já mencionadas (Figura 22.5). Doenças específicas são descritas em capítulos posteriores, cujos títulos indicam o modo de transmissão dos agentes infecciosos: "Doenças Sexualmente

Figura 22.5 O ciclo de infecção. Observe que todas as etapas esquematizadas devem ser completadas para que uma infecção ocorra.

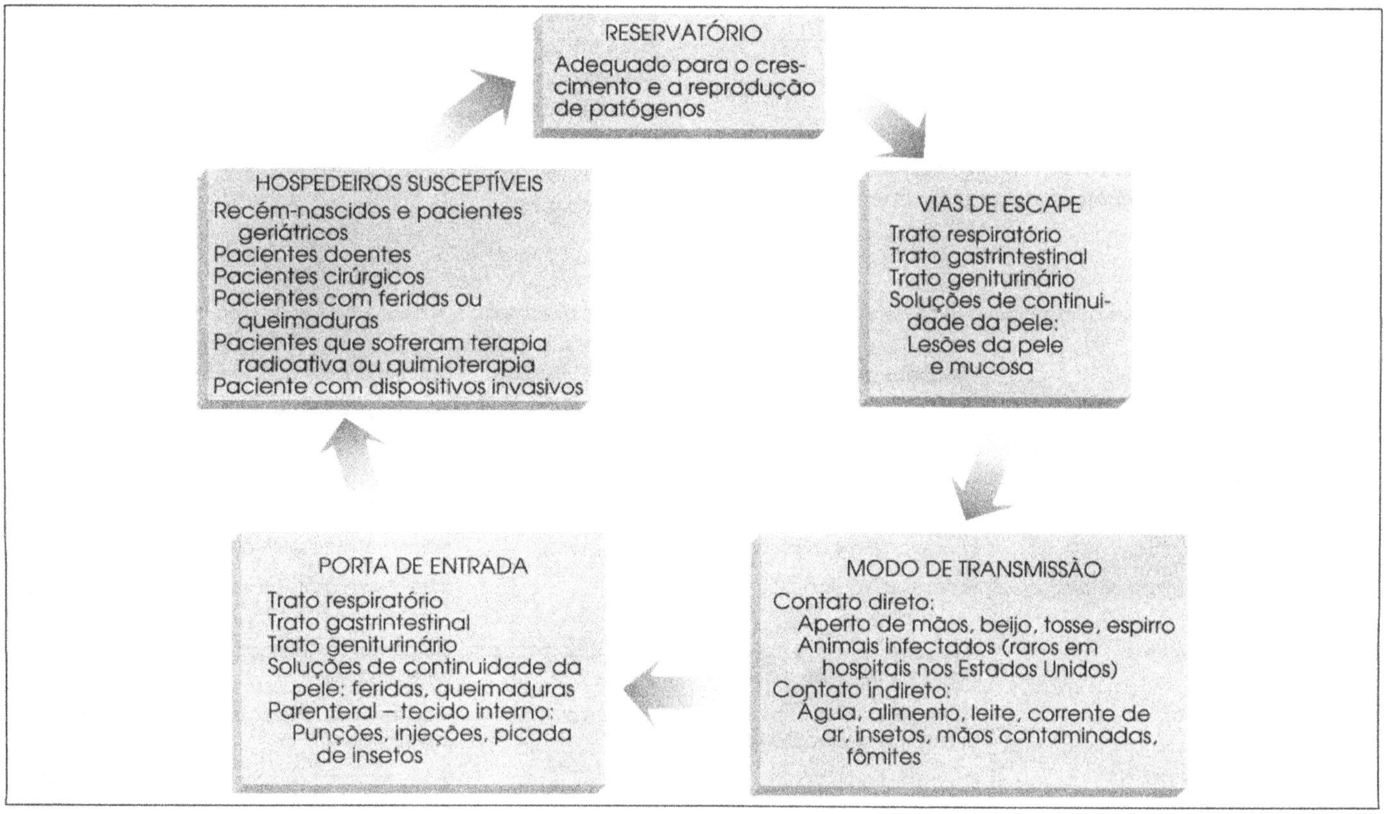

DESCOBERTA!

22.1 *CANDIDA PARAPSILOSIS* COMO CAUSA DE INFECÇÕES NOSOCOMIAIS EM UM HOSPITAL PEDIÁTRICO: ESTUDO DE UM CASO.

Entre 17 de abril e 8 de maio de 1985, a vigilância hospitalar em um hospital pediátrico identificou quatro pacientes com amostras de sangue, obtidas a partir de cateter intravascular (cateteres inseridos em vasos sanguíneos), positivas para a levedura *Candida parapsilosis.*

Como nenhum caso de fungemia (fungos no sangue) por *C. parapsilosis* tinha sido observado no hospital, iniciou-se um estudo epidemiológico da doença. Primeiramente, foram revistos os relatos do laboratório de microbiologia dos últimos 18 meses, antes do relato dos casos de fungemia por *C. parapsilosis.* Os dados confirmaram que a fungemia havia ocorrido em um padrão crônico durante esses meses.

Estudos posteriores revelaram que os pacientes com fungemia tinham sido expostos a um cateter vascular central, para alimentação intravenosa, e a um dispositivo de monitoramento do sangue e transdutor. Uma revisão dos procedimentos realizados nos pacientes mostrou que uma veia era utilizada para múltiplas finalidades, tais como retirar sangue, administrar medicamentos e nutrição intravenosa, conduta esta contrária ao protocolo hospitalar. Quando questionados, os enfermeiros lembraram-se de que a solução havia vazado das bolsas de terapia de nutrição venosa na superfície da cabeça do transdutor e também no piso. Este fluido pode ter fornecido um meio de crescimento favorável para a *C. parapsilosis.*

Outro procedimento anormal foi que, durante os períodos de trabalho intenso nas unidades de terapia intensiva, não havia sido realizada a limpeza das cabeças dos transdutores com um germicida fenólico antes de seu armazenamento. Um exame microbiológico dos pacientes, das soluções e dos dispositivos médicos confirmou a existência de contaminação extensiva dos transdutores com *C. parapsilosis.* Baseado nestes resultados, o hospital instituiu um procedimento de esterilização com óxido de etileno das cabeças dos transdutores de pressão sanguínea entre uma utilização e outra. (Cabeças de transdutores estéreis e descartáveis estão também disponíveis). Este procedimento foi efetivo no controle das infecções com *C. parapsilosis.*

Adaptado do *J. Clin. Microbiol.*, vol. 25, nº 6, junho de 1987, pp. 1.029-1.032.

Transmitidas", "Doenças Transmitidas pelo Ar", "Doenças Transmitidas por Água e Alimentos", "Doenças Transmitidas por Artrópodes" e "Infecções de Pele e de Ferimentos Adquiridas por Contato Direto".

Susceptibilidade de Pacientes a Infecções

Vários fatores são responsáveis por infecções em pacientes hospitalizados. Por exemplo, crianças pequenas e pacientes idosos freqüentemente possuem um menor nível de imunidade que outros pacientes, o que os deixa mais vulneráveis a infecções. Entretanto, as defesas antimicrobianas normais de *qualquer* paciente podem ser reduzidas por fatores tais como uma infecção simultânea, feridas, cirurgias, radiação, agentes imunossupressores ou procedimentos e instrumentos usados no organismo (Figura 22.6A e B). Outras condições que podem predispor um paciente a desenvolver uma infecção adquirida em hospital estão relacionadas na Tabela 22.3. Atualmente a AIDS é uma das principais preocupações no controle de infecções, visto que tais pacientes são susceptíveis a um número assustador de infecções.

Tabela 22.3 Fatores que aumentam o risco de infecções nosocomiais em pacientes com o sistema de defesa comprometido.

Fatores predisponentes	Princípios para o aumento da susceptibilidade	Tipos mais comuns de infecção
Dispositivos invasivos, cateteres arteriais e urinários, implantes	Organismo estranho	Infecção do trato urinário, bacteremia e abcesso
Transplante de tecidos (rins, coração, medula óssea)	Imunidade mediada por células diminuída	Pneumonia, infecção do trato urinário, bacteremia
Queimadura extensa da pele	Imunidade mediada por células diminuída	Bacteremia por *Pseudomonas*
Disfunção ou ausência de baço, anemia falciforme	Síntese de anticorpos prejudicada	Bacteremia pneumocócica e meningite
Falha da medula óssea	Redução drástica na contagem de leucócitos, baixo número de leucócitos grandes	Bacteremia, infecção do trato urinário, pneumonia
Desordens malignas	Imunodeficiência, poucos leucócitos grandes, síntese de anticorpos prejudicada	Bacteremia, infecção do trato urinário, pneumonia
Infecção com HIV (AIDS)	Imunodeficiência	Pneumonia, muitas infecções por fungos e bactérias

Figura 22.6 Muitos fatores podem contribuir para aumentar a chance de um paciente desenvolver uma infecção em um ambiente hospitalar. Entre estes, estão: procedimentos cirúrgicos tais como os realizados em uma sala de emergência de choque traumático e os equipamentos e instrumentos utilizados nesses procedimentos.

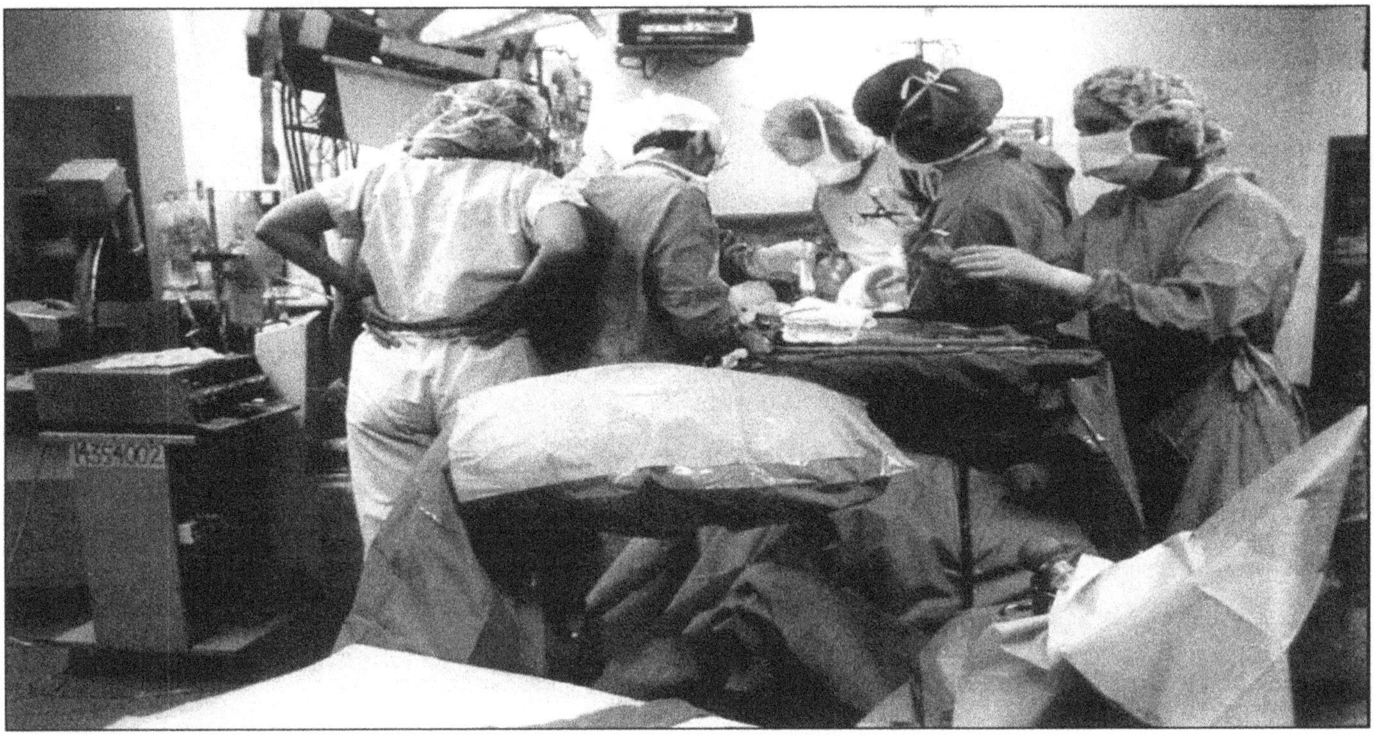

A susceptibilidade de pacientes a infecções pode ser aumentada por condições clínicas e procedimentos médicos, que permitem que os microrganismos da flora normal sejam transferidos de seu hábitat usual para alguma outra área do corpo do paciente e, desse modo tornem-se patógenos oportunistas (Tabela 22.4). Por exemplo, a *E. coli*, um habitante do trato intestinal, pode causar infecção séria se introduzida no trato urinário. A cateterização urinária (processo de inserção de um tubo de plástico ou borracha chamado *cateter* no trato urinário para drenar a urina da bexiga) pode, algumas vezes, introduzir a *E. coli* ou outro patógeno oportunista na bexiga (Figura 22.7). Infecções do trato urinário são os tipos mais comuns de infecção nosocomial, e a *E. coli* continua sendo a causa mais comum de infecções hospitalares. O rompimento da integridade da pele por meio de cirurgia, biópsia, injeção ou a retirada de uma amostra de sangue permitem que as bactérias da pele normal como *Staphylococcus aureus* e *S. epidermidis* tenham acesso ao tecido subcutâneo e estabeleçam uma infecção. Outros procedimentos invasivos que podem levar à infecção incluem a implantação de próteses – partes artificiais do corpo como válvulas cardíacas, marcapassos ou articulações do quadril.

Outros fatores que afetam a susceptibilidade de um paciente a infecções estão resumidos na Tabela 22.5.

Como mostrado na Figura 22.5, o ciclo de infecção deve ser completo para que a infecção ocorra. O patógeno deve sair de seu reservatório, ter uma via de transmissão e uma porta de entrada no hospedeiro susceptível. Se o agente infeccioso é interceptado em qualquer fase de seu ciclo, a infecção pode ser prevenida. A interrupção do ciclo é a chave do controle da infecção.

Responda

1. Que fatores influenciam a ocorrência de uma doença?
2. Quais são as fontes de microrganismos que podem infectar um paciente hospitalizado?
3. Em que condições um paciente torna-se mais susceptível a infecções no hospital?

Interrupção do Ciclo de Infecção

A interrupção do ciclo de infecção é efetuada principalmente na etapa de transmissão, porque os fatores do hospedeiro e dos agentes são mais difíceis de ser controlados.

Tabela 22.4 Condições e procedimentos clínicos associados com os mecanismos de defesa do hospedeiro comprometido.

Condições ou procedimentos	Microrganismos oportunistas
Receptores de transplantes de rins imunossuprimidos (pacientes recebendo agentes químicos para reduzir ou inibir a produção de anticorpos)	*Aspergillus* sp.
Anestesia geral; cirurgia abdominal	*Bacteroides fragilis*
Implante de válvula cardíaca prostética (artificial); receptores imunossuprimidos de enxertos	*Candida albicans*
Cateterização urinária (procedimento para escoar a urina por meio de cateter)	*Escherichia coli*
Malignidade no tecido linfático, como a doença de Hodgkin	*Criptococcus neoformans*
Receptores imunossuprimidos de aloenxertos (enxerto de doador não-idêntico, da mesma espécie)	Vírus herpes simples
Receptores que sofreram transplante de coração e estão recebendo tratamento com antibióticos ou imunossupressores	*Klebsiella* sp.
Pacientes imunossuprimidos; uso prolongado de esteróides (agentes terapêuticos)	*Mycobacterium* sp.
Cateterização urinária; cirurgia abdominal	*Proteus* sp.
Diminuição de leucócitos em pacientes com câncer; desordens na produção de células sanguíneas	*Pseudomonas aeruginosa*
Cateter urinário permanente; gotejamento intravenoso contínuo	*Serratia marcescens*
Cateter intravenoso; próteses implantadas tais como válvulas cardíacas, dispositivos para mãos e olhos	*Staphylococcus aureus*
Ausência de baço; tumores múltiplos	*Streptococcus pneumoniae*

DESCOBERTA!

22.2 OS AGENTES DE INFECÇÕES NOSOCOMIAIS: ALTERAÇÕES NA ETIOLOGIA MICROBIANA.

Em 1986, o Centers for Disease Control relatou os resultados de um estudo de 29.562 isolamentos microbianos de infecção nosocomial nos Estados Unidos durante 1984. Verificou-se que aproximadamente metade das infecções (57,3%) foi causada pelas seguintes bactérias (com o local mais freqüente de infecção): *Escherichia coli* (trato urinário), *Pseudomonas aeruginosa* (trato respiratório inferior), enterococos (feridas cirúrgicas e trato respiratório) e *Klebsiella* sp. (trato respiratório inferior). Outros microrganismos identificados como agentes etiológicos foram espécies de *Proteus, Serratia, Bacteroides, Citrobacter, Enterobacter* e *Candida.*

Um estudo semelhante, realizado no período de 1986 a 1989, revelou mudanças a respeito da etiologia de infecções nosocomiais. Por exemplo, a incidência de infecções por *E. coli* diminuiu de 23% (no início dos anos 80) para 16% no estudo realizado em 1986-1989. *Klebsiella pneumoniae* diminuiu de 7% para 5%, e *Candida albicans* aumentou de 2 para 5% do total das infecções. *Staphylococcus aureus, Pseudomonas aeruginosa, Enterobacter* sp. e enterococos tiveram somente um pequeno aumento. O achado mais importante foi que as cepas de bactérias isoladas recentemente eram mais resistentes aos agentes antimicrobianos. "De um modo geral, as mudanças sempre ocorrem a partir de patógenos mais sensíveis que se tornam mais resistentes, com poucas opções de terapia."*

* D. R. Schaberg. D.H. Culver e R. P. Gaines, "Major Trends in the Microbial Etiology of Nosocomial Infection", *Am. J. Med.*, vol. 91, 3B-72S, 16 de setembro de 1991.

Adaptado de *Morbidity and Mortality Surveillance Summary* 35 (nº 155):17-29, 1986.

Figura 22.7 Sítios de infecção em potencial durante o uso de um sistema de cateterização urinário, mostrado esquematicamente: (**1**) inserção de cateter – a principal porta de entrada para bactérias na bexiga; (**2**) cateter – junção do tubo de drenagem; (**3**) saco de coleta.

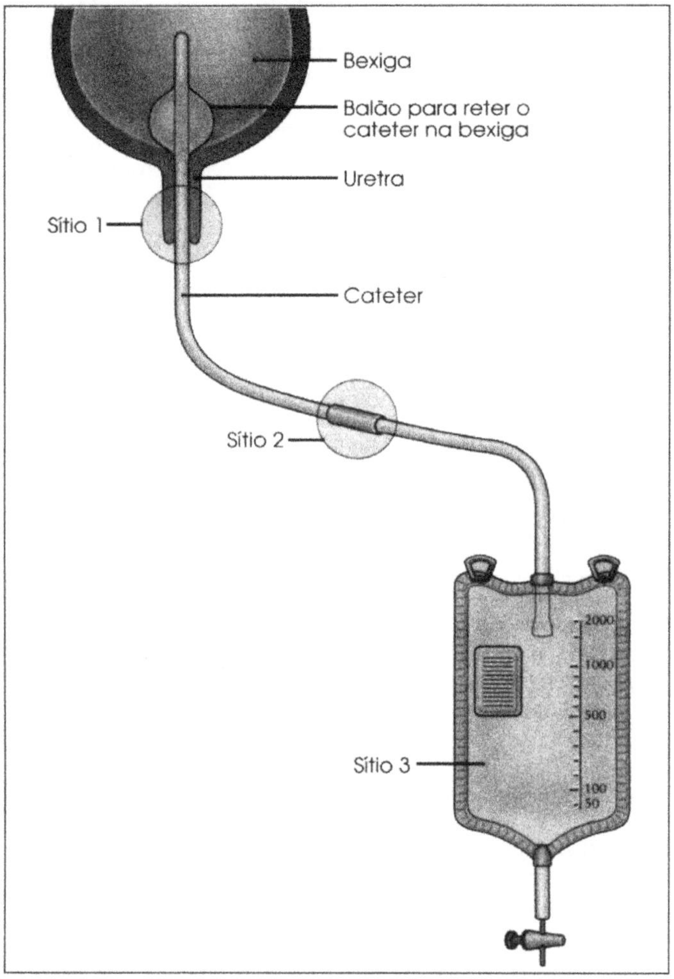

Tabela 22.5 Fatores que afetam a susceptibilidade dos pacientes a infecções.

Fatores	Exemplos
Defesas celulares inadequadas	Pacientes muito jovens Pacientes muito idosos
Estado de saúde	Desnutrição Diabete Doenças debilitantes crônicas Desordens hematológicas Doenças renais Infecção por HIV (AIDS) Deficiência imunológica
Acidentes	Debilitação grave Queimaduras graves Choque
Cirurgia	Tamanho e quantidade de drenagem da ferida Duração da cirurgia Trauma tecidual Tempo de hospitalização Corpos estranhos – suturas, cateteres, próteses
Terapia	Antibióticos Radiação Esteróides Imunossupressores

Regras para a Prevenção e o Controle de Infecções Hospitalares

Em 1980, o CDC introduziu uma série de recomendações para o pessoal responsável pelo controle de infecções. Estas regras são revisadas periodicamente sempre que surgem novos dados epidemiológicos sobre doenças infecciosas. Tópicos abordados nas regras incluem: lavagem das mãos e controle do ambiente hospitalar; prevenção de infecções intravasculares (infecções sanguíneas), infecções do trato urinário associado a cateter, infecções de feridas cirúrgicas e pneumonia adquirida no hospital; precauções de isolamento adequadas; e controle de infecções entre os indivíduos do hospital. Condutas novas e atualizadas são desenvolvidas sempre que necessário. Por exemplo, em 1988, as regras foram atualizadas no sentido de prevenir a infecção dos profissionais da saúde pelo vírus da AIDS e por outras doenças transmitidas pelo sangue e, em julho de 1991, as recomendações visavam minimizar a possibilidade de estes profissionais transmitirem o HIV ou o vírus da hepatite B aos pacientes (DESCOBERTA 22.3). Estes cuidados podem prevenir muitos casos de infecção. Infelizmente, de acordo com o levantamento feito pelo CDC, tais condutas não são adotadas pela maioria do pessoal que cuida dos pacientes.

Práticas e Procedimentos Utilizados para Interromper o Ciclo de Infecção

Métodos utilizados para interferir na transmissão de infecções variam desde procedimentos relativamente simples, como a lavagem das mãos, até isolamento de um paciente infectado, técnicas assépticas, saneamento adequado, desinfecção e esterilização no ambiente hospitalar. Estas medidas podem ser muito efetivas e devem ser obrigatoriamente adotadas.

Lavagem das Mãos. Estudos de microrganismos cultivados a partir das mãos de profissionais da saúde provam que

DESCOBERTA!

22.3 CUIDADOS GERAIS PARA PREVENIR A TRANSMISSÃO, ATRAVÉS DO SANGUE, DE PATÓGENOS EM AMBIENTES DE SAÚDE.

Os profissionais da saúde precisam considerar *todos os pacientes* como potencialmente infectados com o vírus da imunodeficiência adquirida (HIV) e/ou outros patógenos transmitidos pelo sangue, como o vírus da hepatite B (HBV). O aumento da prevalência de infecções pelo HIV aumenta o risco dos profissionais da saúde que se expõem ao sangue e a outras secreções de pacientes infectados com o vírus da AIDS.

Todo ano, desde a edição em 1983 de "Precauções de Isolamento", novas orientações têm sido desenvolvidas e mudanças foram feitas em versões recentes pelo Centers for Disease Control (CDC). Em 1987, "Recomendações para a Prevenção da Transmissão de HIV em Ambientes da Saúde" foram acrescentadas, sendo revistas em 1988, para enfatizar a necessidade de tratar o sangue e outros fluidos orgânicos de todos os pacientes como potencialmente infecciosos. Em 1989, foram publicadas orientações para proteger os bombeiros, técnicos médicos de emergência, paramédicos, pessoal encarregado do cumprimento da lei – enfim, todas as pessoas envolvidas na segurança pública.

Apesar da adesão aos princípios das precauções universais, certos procedimentos cirúrgicos e dentários invasivos têm sido implicados na transmissão de HBV dos profissionais da saúde infectados aos pacientes. Exemplos relatados de procedimentos que favorecem a exposição incluem certos procedimentos orais, cardiotorácicos, do cólon e obstetro-ginecológicos.

Para minimizar o pequeno risco dos profissionais da saúde de transmitir HIV ou HBV ao paciente, as seguintes medidas foram recomendadas pelo CDC, em julho de 1991:

1. Todos os profissionais devem seguir as precauções conforme as atuais orientações para a desinfecção e esterilização de dispositivos reutilizados em procedimentos invasivos.

2. Procedimentos médicos e dentários invasivos devem ser identificados.

3. Os profissionais da saúde que realizam estes procedimentos devem saber se são ou não portadores de HIV.

4. Profissionais da saúde infectados não devem realizar procedimentos invasivos, a menos que, após exame realizado por um especialista, tais procedimentos sejam permitidos.

5. Os pacientes devem ser informados da condição de portador de vírus HIV dos profissionais da saúde antes de qualquer procedimento propenso à exposição.

Desde que a AIDS foi reconhecida e relatada pela primeira vez em 1981, mais de 179.000 casos de pessoas com AIDS foram relatados ao CDC, nos Estados Unidos.

Evidências epidemiológicas têm implicado somente o sangue, o sêmen, as secreções vaginais e possivelmente o leite materno na transmissão do HIV. Entretanto, o vírus tem sido isolado em saliva, lágrimas, urina e outros fluidos orgânicos e secreções.

Uma vez que a história e o exame médico não podem realmente identificar todos os pacientes infectados com este vírus ou outros patógenos transmitidos pelo sangue, *precauções universais com sangue e fluidos orgânicos*, recomendadas pelo CDC, devem ser sempre utilizadas no cuidado de *todos os pacientes*. Profissionais da saúde devem utilizar estas mesmas precauções rígidas em unidades de cuidados de emergência, onde o risco de exposição ao sangue aumenta e a infecção do paciente é desconhecida.

As precauções universais incluem:

1. Uso de uma barreira de proteção – sempre utilizar luvas no tratamento de pacientes com hemorragias, na coleta de sangue e em procedimentos que envolvem o contato com mucosas ou material potencialmente infeccioso; usar máscaras, óculos protetores e vestuário adequado em atividade em que possa haver exposição ao sangue.

2. Lavagem das mãos e pele imediatamente após a contaminação, após a remoção das luvas e sempre antes de lidar com outro paciente.

3. Prevenir lesões causadas por agulhas e bisturis. A picada de agulha é a principal rota de transmissão do HIV aos profissionais da saúde. As agulhas nunca devem ser recobertas, removidas das seringas ou quebradas com as mãos. Todos os instrumentos pontiagudos devem ser colocados em um recipiente resistente, sendo mantidos o mais isolados possível do usuário, para ser descartados.

4. Minimizar a ressuscitação boca a boca; usar sempre um dispositivo de proteção.

5. Profissionais com lesões exsudativas devem evitar o contato direto com pacientes e o manuseio de equipamentos utilizados no cuidado dos pacientes.

6. Profissionais de saúde grávidas devem estar familiarizadas e seguir estritamente as precauções. A criança também corre o risco de adquirir a infecção se a mãe estiver com a infecção.

7. Todos os profissionais da saúde que se expõem ao sangue devem receber a vacina HBV.

De *Morbidity and Mortality Weekly Report*, 24 de junho de 1988 e 12 de julho de 1991.

a lavagem das mãos é o procedimento mais importante na prevenção das infecções nosocomiais. Este procedimento simples pode reduzir muito a disseminação de patógenos de um paciente a outro. A remoção mecânica de microrganismos esfregando-se toda a superfície das mãos ensaboadas, por pelo menos 10 s, e enxaguando-as sob água corrente antes e após o contato com cada paciente geralmente é o suficiente. Muitos microrganismos transitórios são suspensos na espuma e são enxaguados. As mãos devem ser lavadas antes de lidar com pacientes susceptíveis ou crianças recém-nascidas, antes e após efetuar curativos em feridas e antes de realizar procedimentos invasivos. Se as mãos entrarem em contato com sangue ou fluidos contendo sangue, secreções de feridas, materiais que contêm pus ou qualquer outro material suspeito, devem ser lavadas por 2 a 3 min com um anti-séptico.

Em hospitais, a "escovação cirúrgica" é um procedimento de rotina, mas as etapas específicas podem variar. Entretanto, todas requerem a escovação vigorosa do antebraço e das mãos com sabão e uma escova durante 10 min, sendo então enxaguadas sob água corrente e com solução anti-séptica. A eficiência relativa dos anti-sépticos e desinfetantes é descrita no Capítulo 8 (Volume I); a Figura 8.3 mostra os efeitos comparativos de vários anti-sépticos na pele.

Isolamento. O ***isolamento*** praticado em um hospital é a separação de um paciente de outras pessoas e os cuidados deste paciente em um ambiente isolado. A manutenção do isolamento hospitalar busca prevenir a disseminação de organismos patogênicos entre pacientes, equipe médica e visitantes.

O grau de isolamento e os procedimentos específicos a ser seguidos são determinados pela infecção ou por condições que tornem o isolamento necessário. Algumas práticas incluem manter um paciente em um quarto privado; uso de máscaras, avental e luvas; lavagem das mãos; procedimentos especiais para equipamentos; uso de precauções universais quando há necessidade de lidar com sangue ou outros materiais infectados. A Tabela 22.6 resume as categorias de procedimentos de isolamento hospitalar. Observe que em uma categoria os procedimentos de isolamento diferem dos outros, pois é o *paciente* que requer proteção pelo isolamento. Esta categoria aplica-se a pacientes cujos mecanismos de defesa contra infecções estão comprometidos (Figura 22.8). O isolamento é um método de controle efetivo se aplicado a todos os pacientes comprometidos, infectados e que albergam agentes infecciosos, mas não apresentam sintomas.

Assepsia. Assepsia é a exclusão de microrganismos patogênicos e potencialmente patogênicos para evitar a infecção. Dois conceitos de assepsia, médica e cirúrgica, são praticados em hospitais.

Assepsia médica consiste em todas as práticas utilizadas para manter a equipe do hospital, os pacientes e o ambiente hospitalar livres, o quanto possível, de microrganismos infecciosos. Lavagem das mãos, práticas sanitárias e procedimentos de isolamento são alguns exemplos de métodos utilizados para realizar a assepsia. A ***assepsia cirúrgica*** inclui procedimentos que previnem o acesso de microrganismos a feridas cirúrgicas e a tecidos expostos durante uma operação. Para realizar uma assepsia cirúrgi-

Tabela 22.6 Categorias de precauções de isolamento hospitalar.

Categoria de isolamento	Exemplos de doenças que requerem isolamento	Vias de transmissão
Isolamento estrito (para prevenir a transmissão de infecção altamente contagiosa ou infecção altamente fatal)	Difteria; varíola; febre Lassa; peste pneumônica; varicela	Aerossóis
Isolamento de contato (para prevenir a disseminação de infecção altamente transmissível)	Conjuntivite gonocócica; herpes simples; gripe; resfriados; pneumonia; infecções de pele, feridas e queimaduras	Contato íntimo ou direto
Isolamento respiratório (para prevenir a transmissão a curtas distâncias ou por gotículas em suspensão)	Sarampo; meningite; caxumba; coqueluche; pneumonia	Aerossóis e contato direto e indireto
Isolamento da tuberculose (para prevenir a transmissão e proteção do isolamento do paciente)	Tuberculose pulmonar	Aerossóis
Precauções entéricas	Disenteria amebiana; cólera; gastroenterite por *Salmonella;* shigelose; hepatite tipo A; febre tifóide	Contato direto ou indireto com fezes
Drenagem e precauções de secreção	Abcessos; infecções de queimaduras; conjuntivite; infecção de pele e feridas	Contato direto ou indireto com drenagens ou secreções
Precauções universais com sangue e fluido corporal	Síndrome da imunodeficiência adquirida (AIDS); hepatite tipo B; malária; sífilis	Contato direto ou indireto com sangue e fluidos corporais contendo sangue
Precauções de isolamento reverso (para evitar que o paciente adquira infecções)	AIDS; doença de Hodgkin; pacientes imunossuprimidos	Possivelmente todas as rotas de transmissão

Figura 22.8 Um paciente imunossuprimido protegido pelo isolamento em uma cabine hospitalar constituída de um sistema de fluxo laminar para remover microrganismos veiculados pelo ar. A atendente utiliza luvas, máscaras e avental para proteger o paciente de possível infecção.

ca, todos os instrumentos, luvas, panos cirúrgicos, suturas, vestimentas e outros itens que possam entrar em contato com um paciente devem ser esterilizados. O ambiente da sala cirúrgica é sanificada e os microrganismos do ar são removidos pela passagem do ar por meio de filtros especiais combinados com um sistema de fluxo laminar. Além disso, a equipe médica deve lavar suas mãos e seus braços mediante escovação e utilizar gorros, aventais, máscaras e luvas estéreis. O uso de anti-sépticos ajuda a reduzir o número de microrganismos na superfície da pele do paciente.

As técnicas de assepsia incluem práticas destinadas a prevenir a contaminação por microrganismos externos e a reduzir o número daqueles já presentes. A assepsia cirúrgica é praticada na sala cirúrgica e em procedimentos de tratamento tais como curativos de feridas, cateterização e terapia intravenosa. A manutenção da assepsia é possível somente quando cada indivíduo na área "estéril" for responsável e possuir consciência da importância das técnicas assépticas.

Desinfecção e Esterilização Hospitalar. Os materiais e equipamentos utilizados para o cuidado de pacientes podem ser divididos em três categorias – crítico, semicrítico e não-crítico – de acordo com o risco de infecção durante o seu uso:

1. Itens críticos incluem instrumentos cirúrgicos, cateteres cardíacos, implantes e quaisquer itens invasivos que são introduzidos na corrente sanguínea ou em outra área normalmente estéril do corpo. Itens críticos devem ser esterilizados.

2. Itens semicríticos incluem instrumentos não-invasivos que entram em contato, mas que não penetram na superfície do corpo ou na mucosa, como os termômetros orais. Estes itens devem ser meticulosamente limpos e desinfetados para a reutilização, a menos que sejam descartáveis. O uso de descartáveis é recomendado.

3. Itens não-críticos são aqueles que tocam somente a pele intacta, como a estrutura das camas, muletas e outros acessórios médicos. Devem ser lavados com detergentes.

Muitos hospitais possuem unidades de fornecimento central, onde muitos equipamentos e suprimentos são limpos e esterilizados. A eficiência dos processos de limpeza e esterilização é monitorada pelo laboratório de microbiologia em um esquema regular. Os agentes físicos e químicos usados para a desinfecção e esterilização estão descritos nos Capítulos 7 e 8 (Volume I).

Muitos hospitais utilizam instrumentos e materiais descartáveis, pré-esterilizados, como termômetros, seringas, agulhas hipodérmicas, luvas e máscaras. O uso de itens descartáveis e estéreis não só diminui o tempo envolvido em limpeza, reparo e esterilização dos equipamentos como também reduz as chances de transmissão de patógenos. Por exemplo, antes da ampla disponibilidade de agulhas hipodérmicas descartáveis estéreis, o vírus da hepatite B e outros microrganismos transmissíveis pelo sangue eram algumas vezes transmitidos de indivíduos infectados a pessoas saudáveis por meio de agulhas e seringas não-descartáveis, que não eram esterilizadas adequadamente após o seu uso. (Atualmente, a disseminação do vírus da AIDS entre os usuários de drogas intravenosas é devido principalmente ao uso de agulhas hipodérmicas contaminadas. Por esta razão, alguns órgãos de saúde pública têm defendido programas polêmicos para a distribuição gratuita de agulhas estéreis e descartáveis aos usuários de drogas intravenosas, com o objetivo de evitar a disseminação da AIDS.) Apesar das vantagens óbvias do uso de equipamentos descartáveis em hospitais e clínicas, novos problemas têm surgido com relação ao descarte de quantidades crescentes de lixo hospitalar. O lixo infeccioso deve ser incinerado ou autoclavado antes do descarte em uma fossa sanitária. Nos últimos anos os lixos hospitalares despejados no oceano foram arrastados para as praias, causando muita preocupação. O lixo hospitalar que requer precauções especiais inclui seringas, agulhas e objetos cortantes, lixo dos laboratórios de microbiologia e patologia, e amostras de sangue ou produtos derivados do sangue.

Saneamento do Ambiente Hospitalar. O objetivo do saneamento hospitalar é matar e remover microrganismos encontrados nas superfícies. Os microbiologistas examinam periodicamente várias superfícies para medir e identificar a população microbiana. Os resultados obtidos antes

Figura 22.9 O piso empoeirado apresentou estes microrganismos. Esfregões de algodão foram utilizados para obter amostras da superfície do piso e as placas foram inoculadas com esses. (A) Amostras coletadas 4 h após a limpeza da manhã (com esfregão umedecido com agente saneador). (B) Amostras coletadas imediatamente após a limpeza ao meio-dia. (C) Amostras coletadas 3 h após a limpeza ao meio-dia.

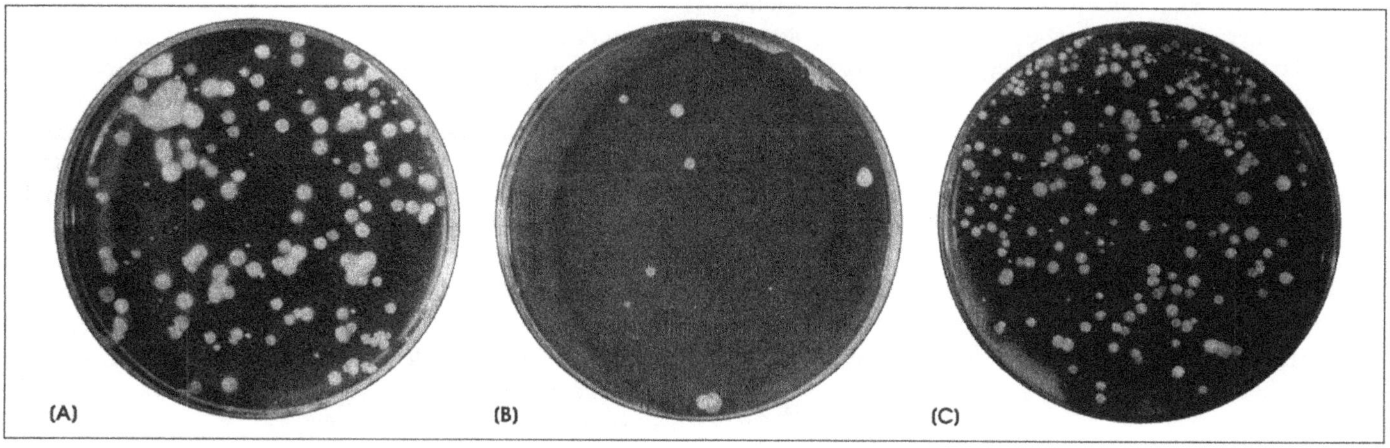

e após a limpeza da superfície podem servir como um instrumento para o ensino e o treinamento de pessoal novo no hospital (Figura 22.9).

A redução da contaminação microbiana é conseguida por meio da escovação com água e detergente. Isto é suficiente, a menos que haja uma contaminação pesada, quando é necessário o uso de saneadores e desinfetantes. Para ser efetivos, os desinfetantes e saneadores devem ser utilizados em concentrações adequadas por determinado tempo. Na limpeza do piso dos hospitais, o uso de saneadores ajuda a reduzir a contaminação microbiana dos esfregões. Os esfregões devem ser lavados e secos todos os dias para reduzir a contaminação. Um balde de solução de desinfetante e um trapo molhado são freqüentemente utilizados para limpar e desinfetar outras superfícies além do piso. A solução precisa ser substituída periodicamente, pois de outra forma a própria solução de limpeza poderá contaminar a superfície! A melhor forma de limpar outras superfícies fora o piso é aplicar uma solução de detergente desinfetante diluída na superfície e depois esfregar a superfície com um pano limpo ou descartável.

Responda

1 O que determina as novas orientações estabelecidas pelo CDC?

2 Como o ciclo de infecção pode ser interrompido?

3 Quais as diferenças entre assepsia médica e cirúrgica?

4 Em que categorias podem ser divididos os equipamentos hospitalares? Por quê?

Vigilância

Vigilância é a observação sistemática e registros de casos de doenças transmissíveis. Esta compilação cuidadosa de casos é a base para um programa de controle efetivo. Tanto o estudo das infecções hospitalares como o desenvolvimento e a determinação de medidas de controle efetivas podem ser obtidos somente por meio da vigilância organizada. Os dados devem ser coletados continuamente e também tabulados, analisados e revistos. Deve haver uma pessoa em período integral para cada 300 a 500 leitos a fim de assegurar vigilância adequada, investigação dos focos de infecção e atividades de controle de infecção. Esta pessoa é normalmente um patologista, um epidemiologista ou um enfermeiro, geralmente chamado de ***oficial de controle de infecção*** **(ICO –** ***infection-control officer*****).**

Vigilância de Pacientes

A vigilância das infecções dos pacientes inicia-se pela inclusão de um cartão de dados de infecção em cada registro médico do paciente. As seguintes informações são registradas no cartão pelo ICO:

1. Tipo de infecção, se for o caso, antes da admissão no hospital.

2. Infecção adquirida no hospital, se for o caso, incluindo local, data de início dos sintomas, seção hospitalar, sexo e idade do paciente.

3. O patógeno isolado da infecção nosocomial.

4. Procedimentos cirúrgicos ou tratamento quimioterápico que precedeu a infecção.

5. O antibiótico administrado para controlar a infecção.

6. O tempo requerido para controlar a infecção.

Dados dos relatos diários de culturas isoladas e identificadas pelo laboratório de microbiologia, assim como os dados das "rondas" clínicas, são registrados em cada cartão de dados do paciente. (As rondas são as revisões das condições de cada paciente pelo médico, enfermeiro, oficial de controle de infecção ou pessoal do laboratório.) A avaliação destas informações pode revelar novas infecções ou focos de infecções. Se for o caso, deverá haver uma investigação imediata da origem e do modo de transmissão do organismo infeccioso. Estes dados promovem o desenvolvimento de melhores práticas de cuidados com pacientes, o fator mais importante no controle das infecções nosocomiais.

Vigilância da Equipe Médica

Como parte da vigilância da equipe médica, um exame físico admissional deve ser requerido e registros atualizados de imunização devem ser revistos para todos os funcionários do hospital. Mulheres em idade de procriação, pessoas pertencentes a categorias de alto risco e pessoal no setor pediátrico devem ser informados da possibilidade de infecção e das imunizações disponíveis. Um serviço de saúde dos servidores e um programa de educação devem estar disponíveis para alertar a equipe para planos de ação que protejam tanto a equipe quanto os pacientes de infecções que podem ser prevenidas. O cultivo microbiano seletivo de amostras provenientes do pessoal pode ser necessário quando da investigação de um surto de doença hospitalar.

Vigilância do Ambiente Hospitalar

Quando o oficial de controle de infecção detecta um ou mais casos novos de infecção, culturas obtidas de pacientes, do pessoal e do ambiente hospitalar podem ser requeridas para identificar o reservatório da infecção e eliminar a fonte do patógeno. O estudo da questão na DESCOBERTA 22.1 é um exemplo de tal investigação, após a descoberta de um foco de infecção em um hospital pediátrico.

Responda

1 Por que uma vigilância organizada é necessária?

2 Que informação é coletada em um programa de vigilância para o controle de infecções nosocomiais?

Componentes de um Programa de Controle

O cuidado efetivo com pacientes é o ponto mais importante na prevenção e no controle das infecções nosocomiais; é também o motivo para o estabelecimento de um programa de controle de infecção. Em muitos hospitais, um programa de controle de infecção é organizado de modo similar ao exemplo na Tabela 22.7. Quando organizados e implementados juntos, estes componentes – o comitê de vigilância hospitalar, o comitê de controle de infecções, o laboratório de microbiologia e o oficial de controle de infecção – elaboram um programa de controle efetivo. A Comissão da Junta de Credenciamento Hospitalar insiste em que todos os planos de ação do controle de infecção devem ser revistos anualmente.

Tabela 22.7 Organização do programa de controle de infecções.

COMITÊ DE VIGILÂNCIA HOSPITALAR
Função: Desenvolver um plano de ação para o controle das infecções nosocomiais
↓ ↑
COMITÊ DE CONTROLE DE INFECÇÃO
Função: Desenvolvimento de condutas para o cuidado com pacientes; monitorar a eficácia do programa de controle
↓ ↑
LABORATÓRIO DE MICROBIOLOGIA
Função: Isolar e identificar os organismos; identificar a fonte dos organismos; monitorar os procedimentos de desinfecção e esterilização
↓ ↑
OFICIAL DE CONTROLE DE INFECÇÃO
Função: Implementar as práticas de controle de infecções; vigilância e investigação de infecções em pacientes e na equipe médica; manutenção de um programa de educação contínua

Comitê de Controle de Infecções

Um comitê de controle de infecções eficiente e efetivo é o elemento mais importante de um programa de controle de infecções. O comitê geralmente é constituído de aproximadamente 15 membros, incluindo o diretor do estabelecimento (epidemiologista hospitalar, microbiologista ou patologista), o oficial de controle de infecção e representantes do serviço de enfermagem, da administração hospitalar, do laboratório de microbiologia e dos serviços médicos e cirúrgicos essenciais.

As principais responsabilidades do comitê são:

1. Desenvolver condutas para o cuidado com os pacientes.

2. Monitorar a eficácia do programa de controle.

Para que a atuação seja bem-sucedida, o comitê de controle de infecções necessita de dados adequados para conhecer a freqüência e as causas das infecções hospitalares. O laboratório de microbiologia desempenha um papel importante no fornecimento destes dados.

Laboratório de Microbiologia

Os registros mantidos pelo laboratório de microbiologia são uma ferramenta de vigilância e uma fonte de dados, utilizados para calcular as taxas de infecção e compilar os registros de infecção. A competência de isolar e identificar os microrganismos, determinar a resistência a drogas dos microrganismos isolados e relatar os resultados é essencial para a detecção precoce e o tratamento de patógenos nosocomiais. A DESCOBERTA 22.4 descreve surtos de tuberculose causados por *Mycobacterium tuberculosis* que apresentavam resistência múltipla a drogas.

Embora as amostragens microbiológicas (amostras coletadas do ambiente hospitalar) do ambiente sejam obtidas quando é necessário resolver um problema, a vigilância ambiental deve ser efetuada nos programas de rotina (Tabela 22.8). Tais amostragens devem estar de acordo com os objetivos do programa de controle de infecções. A amostragem fornece informação que pode ser utilizada para melhorar os planos de ação e os métodos para controlar a contaminação do ambiente.

Responda

1 Quais são as responsabilidades de um programa de controle de infecções?

2 Qual é a importância do laboratório de microbiologia no controle das infecções nosocomiais?

Programa de Educação

Um programa de controle pode ser efetivo somente se todas as pessoas envolvidas souberem o que se espera delas. Aulas de educação geral para o pessoal devem ser agendadas duas vezes por mês. A apresentação deve ser estruturada para determinados grupos, tais como serviço de alimentação, pessoal de serviços gerais, equipe da lavanderia, enfermeiros ou auxiliares. Durante estas aulas, membros novos da equipe podem ser educados e orientados, e procedimentos podem ser revistos e explicados.

A transmissão de informações pelo oficial de controle de infecção durante as rondas de vigilância pode ser muito efetiva. As idéias mais importantes a ser transmitidas são:

1. Necessidade de compreender as orientações e a implementação das precauções universais e a epidemiologia, o modo de transmissão, a prevenção de infecções, incluindo HIV e outras doenças transmitidas pelo sangue.

2. Controle de infecção e técnicas de segurança de acordo com o programa de controle de infecção.

3. Lavagem das mãos e outras técnicas básicas de assepsia.

4. Controle de agentes infecciosos e prevenção de contaminação.

5. Responsabilidade do pessoal e cumprimento dos regulamentos hospitalares e todas as medidas de proteção.

Tabela 22.8 Elementos de um programa de vigilância ambiental mínima nos hospitais.

Suprimentos ou equipamentos	Freqüência de monitoramento	Método de monitoramento
Esterilizadores:		Fitas de esporos bacterianos (papel de filtro impregnado com esporos)
Vapor	Semanalmente	
Ar quente	Semanalmente	
Gás (por exemplo, óxido de etileno)	Toda operação	
Fluidos	Mensalmente ou quinzenalmente (amostras ao acaso)	Teste biológico para substâncias tóxicas de origem microbiana
Instrumentos	Semanalmente	Fitas de esporos bacterianos
Sangue e fluidos intravenosos	Amostras ao acaso de lotes ou unidades	Amostragem e cultivo, tanto em aerobiose quanto em anaerobiose
Equipamento de inalação para terapia	Intermitentemente	Amostragem e cultivo
Água e gelo	Se há suspeita de contaminação	Procedimento da membrana filtrante (amostragem e cultivo)

DESCOBERTA!

22.4 AUMENTO DO SURTO DE TUBERCULOSE COM RESISTÊNCIA MÚLTIPLA A DROGAS.

Durante os anos de 1990 e 1991, surtos de tuberculose com resistência múltipla a drogas (MDR-TB – *multidrug resistant tuberculosis* em quatro hospitais (um em Miami e três na cidade de Nova Iorque) foram investigados pelo CDC em colaboração com os relatos dos hospitais e departamentos de saúde local e do Estado. Os achados nestes relatos ilustram o aumento da susceptibilidade das pessoas infectadas pelo vírus HIV (vírus da imunodeficiência humana), particularmente aquelas com a síndrome de imunodeficiência adquirida (AIDS), à tuberculose transmitida nosocomialmente. Por exemplo, de 29 pessoas diagnosticadas com MDR-TB no hospital A, 27 (93%) estavam infectadas com o HIV; 23 tinham AIDS; e 21 dos 29 pacientes morreram, em média, sete semanas após o diagnóstico de MDR-TB. Muitos dos pacientes com MDR-TB em todos os quatro hospitais estudados eram soropositivos para o HIV ou tinham a AIDS.

Os testes de laboratório realizados para o isolamento de *Mycobacterium tuberculosis* dos pacientes, para determinar a susceptibilidade a agentes quimioterápicos, revelaram que a maioria das cepas era resistente a várias drogas, incluindo isoniazida, estreptomicina, rifamicina e etambutol.

Uma das condições que deve ter contribuído para o atraso do diagnóstico e do início do tratamento é o longo tempo requerido para o isolamento e a identificação laboratorial do agente etiológico, e a determinação e o relato subseqüente dos padrões de susceptibilidade às drogas dos microrganismos isolados.

Em todos os quatro hospitais, como conseqüência do tempo requerido para obter os resultados dos testes laboratoriais, houve uma demora para tomar precauções de isolamento na admissão dos pacientes sintomáticos para tuberculose (TB). Antes do estabelecimento da TB, os pacientes em questão foram hospitalizados com outros pacientes com infecção pulmonar por MDR-TB.

No curso desta investigação, oito casos de TB foram relatados entre os atendentes de saúde que estavam envolvidos no tratamento dos pacientes em questão. Cinco eram soropositivos para HIV e um soronegativo; e as condições dos outros dois eram desconhecidas.

Estes surtos reforçam a necessidade da implementação precoce dos seguintes procedimentos para a prevenção da transmissão de TB:

1. Identificação precoce, isolamento e tratamento de pessoas com tuberculose ativa. Isto inclui o uso de métodos laboratoriais mais rápidos para o isolamento dos microrganismos da TB e a determinação da susceptibilidade dos isolados a agentes quimioterápicos. Os resultados devem ser relatados sem demora.

2. Prevenção da disseminação de gotículas infecciosas para reduzir a contaminação microbiana do ar interno. Iniciar as precauções de isolamento imediatamente com todos os pacientes suspeitos de ter a TB e manter os procedimentos de isolamento até que as evidências clínicas e os esfregaços corados (para álcool-ácido resistência) indiquem que a infecciosidade está sob controle.

3. Realizar vigilância para a transmissão de TB entre os pacientes, assim como entre os atendentes de saúde.

De *Morbidity and Mortality Weekly Report*, Departamento de Saúde e Serviços Humanos, Serviço de Saúde Pública, 30 de agosto de 1991.

O programa de educação contínua é uma das principais atribuições do oficial de controle de infecção. Um programa educacional ativo para todos os departamentos e todos os níveis da equipe hospitalar é necessário para assegurar a implementação de orientação e práticas para o controle da infecção.

Responda

Quais são os objetivos de um programa de educação efetivo para o controle de infecções nosocomiais?

Resumo

1. Procedimentos para reduzir as infecções nosocomiais (infecções adquiridas no hospital) têm sido praticados desde que surgiram os primeiros hospitais. Oliver Wendell Holmes e Ignaz Philipp Semmelweis introduziram a lavagem das mãos entre os exames de pacientes diferentes, Louis Pasteur provou a teoria microbiana das doenças, Joseph Lister estabeleceu o sistema anti-séptico de cirurgia e Florence Nightingale revolucionou os hospitais estabelecendo condições sanitárias e a profissão do enfermeiro.

2. Infecções originadas de fonte externa, como utensílios e equipamentos médicos, são classificadas como *exógenas* e infecções causadas pela flora normal do paciente, como os microrganismos da pele ou urina, são denominadas *endógenas*.

3. Microrganismos que infectam hospedeiros, cujo mecanismo de defesa está enfraquecido devido a doenças, cirurgias, radiações e outros tratamentos médicos, são patógenos oportunistas. Espécies de *Klebsiella, E. coli, P. aeruginosa, S. aureus e* enterococos representam mais de 57% de patógenos oportunistas isolados de pacientes. A maior fonte destes microrganismos são as mãos da equipe médica e a flora normal do paciente.

4. Para que ocorra a infecção, os patógenos devem sair da fonte (reservatório), ter um modo de transmissão e encontrar uma porta de entrada no hospedeiro susceptível. A interrupção deste ciclo de infecção é o objetivo do controle de infecção.

5. O interesse crescente sobre infecções hospitalares nos últimos 20 anos, devido a sua morbidade, mortalidade e conseqüências econômicas, tem estimulado os hospitais a empreender atividades organizadas direcionadas à vigilância e ao controle. A vigilância de infecções e programas de controle foram estabelecidos em muitos hospitais. Os componentes de um programa de controle de infecções incluem:
   um comitê de controle de infecções;
   um laboratório de microbiologia clínica;
   um oficial de controle de infecção;
   cuidados efetivos com pacientes;
   programa de isolamento, claramente compreendido;
   programas de educação da equipe.

6. Por meio da reavaliação das medidas de controle, com base na vigilância e análise dos dados, novas medidas podem ser desenvolvidas para prevenir futuras ocorrências de infecção hospitalar. Estudos são conduzidos pelo CDC para avaliar as atividades da vigilância de infecções e do programa de controle, relacionados aos cuidados do paciente e a práticas que visam alterar a taxa de infecção, e para avaliar a eficiência e o custo-eficiência destas atividades. O CDC estabelece condutas e programas para ajudar os hospitais a controlar as infecções nosocomiais.

7. O sucesso de um programa de controle de infecção requer que todos os membros da equipe conheçam e pratiquem as orientações e procedimentos recomendados.

8. Como o conhecimento médico sobre as características epidemiológicas das doenças aumenta a cada dia, e novos agentes infecciosos são identificados, métodos e práticas para o controle de infecções nosocomiais necessitam ser revisados periodicamente.

Palavras-Chave

Assepsia cirúrgica
Assepsia médica
Epidemiologia
Fômites
Infecções endógenas
Infecções exógenas
Infecções nosocomiais
Isolamento (em hospitais)
Oficial de controle de infecção (ICO)
Patógenos oportunistas
Reservatórios de infecção
Vigilância (de infecção)

Revisão

DESTAQUES HISTÓRICOS

1. Quem introduziu as práticas sanitárias nos hospitais durante a Guerra da Criméia foi: (**a**) Semmelweis; (**b**) Holmes; (**c**) Fleming; (**d**) Nightingale; (**e**) Lister.

2. Os nomes Holmes e Semmelweis estão associados com: (**a**) uso de sulfonamidas para o tratamento de infecções; (**b**) uso de antibióticos para prevenir infecções hospitalares; (**c**) estabelecimento da teoria microbiana das doenças; (**d**) limpeza e saneamento em hospitais; (**e**) estabelecimento de programas de imunização para prevenir infecções nosocomiais.

3. O uso de antibióticos em hospitais nos anos de 1950 resultou em três fatos. Quais são eles? (**a**) diminuição da taxa de infecção nosocomial; (**b**) seleção de cepas de bactérias resistentes a antibióticos; (**c**) prevenção efetiva de infecções nosocomiais; (**d**) declínio no número de mortes devido a infecções nosocomiais; (**e**) relaxamento de técnicas assépticas e precauções de isolamento.

IMPORTÂNCIA DAS INFECÇÕES NOSOCOMIAIS

4. O índice de infecções adquiridas em hospitais nos Estados Unidos é de aproximadamente: (**a**) 0,33 por 1.000 pacientes; (**b**) 1 por 1.000 pacientes; (**c**) 50 por 1.000 pacientes; (**d**) 33 por 1.000 pacientes; (**e**) 330 por 1.000 pacientes.

5. Qual a percentagem de morte nas infecções hospitalares? (**a**) 0,1; (**b**) 1; (**c**) 3; (**d**) 10; (**e**) 30.

EPIDEMIOLOGIA DAS INFECÇÕES NOSOCOMIAIS

6. Epidemiologia é o estudo dos fatores que influenciam a ________________________ e a ________________________________ das doenças.

7. As três condições necessárias para que uma infecção ocorra são:

(**a**)____

(**b**)____

(**c**)____

8. Fômites são: (**a**) seres humanos que carregam um microrganismo infeccioso; (**b**) insetos que carregam um microrganismo infeccioso; (**c**) objetos inanimados contaminados por um microrganismo infeccioso; (**d**) visitantes que trazem microrganismos infecciosos para um hospital; (**e**) detergentes saneadores que possuem uma ação de espuma.

9. Muitas infecções nosocomiais são causadas por: (**a**) microrganismos de uma fonte externa; (**b**) microrganismos adquiridos de pessoas com infecções clínicas ativas; (**c**) microrganismos que fazem parte da flora normal do corpo humano; (**d**) microrganismos que habitam o solo e a água; (**e**) microrganismos em soluções intravenosas contaminadas.

10. Um patógeno oportunista é aquele que: (**a**) invariavelmente causa doenças em pessoas que estão expostas ao patógeno; (**b**) pode escapar do corpo na primeira oportunidade; (**c**) é transmitido por contato direto; (**d**) é transmitido por gotículas presentes no ar; (**e**) causa doença principalmente em pessoas cujo mecanismo de defesa normal está debilitado.

11. Qual dos seguintes fatores pode comprometer a defesa normal do indivíduo contra infecções? (**a**) cirurgia; (**b**) tratamento com um agente imunossupressor; (**c**) outras infecções; (**d**) desnutrição; (**e**) todas as alternativas anteriores.

12. Qual das seguintes afirmativas está incorreta? (**a**) A porta de entrada de um patógeno em um novo hospedeiro geralmente corresponde a rota de saída do hospedeiro anterior. (**b**) Organismos da flora normal podem tornar-se patogênicos quando transferidos do seu hábitat normal para outras áreas do hospedeiro. (**c**) *E. coli* é o patógeno oportunista mais freqüentemente associado com infecções respiratórias. (**d**) Danos da barreira da pele podem permitir que *S. aureus* infecte o tecido subjacente. (**e**) Cateterização urinária pode introduzir patógenos oportunistas na bexiga, onde podem causar infecção.

13. As duas maiores fontes de patógenos oportunistas que podem infectar um paciente hospitalar são: (**1**) as ________________ dos profissionais da saúde e (2) pele, mucosa, saliva e urina do ________________.

INTERRUPÇÃO DO CICLO DE INFECÇÃO

14. O procedimento mais importante para prevenir as infecções nosocomiais é: (**a**) isolamento dos pacientes; (**b**) uso de máscara, avental e luvas; (**c**) lavagem das mãos; (**d**) filtração do ar por meio do filtro HEPA; (**e**) evitar contato com sangue e materiais contendo sangue.

15. As precauções de isolamento seriam mais apropriadas para qual dos seguintes itens? (**a**) um paciente com uma doença altamente contagiosa; (**b**) um paciente com cólera e alguma outra infecção intestinal; (**c**) um paciente com tuberculose ou alguma infecção respiratória grave; (**d**) um paciente cardíaco transplantado que está sendo tratado com agentes imunossupressores; (**e**) um paciente com sífilis ou alguma das outras doenças sexualmente transmitidas.

16. Qual dos seguintes itens seria aplicável à *assepsia cirúrgica*? (**a**) uso de instrumentos estéreis, luvas, suturas e vestimentas; (**b**) escovação cirúrgica; (**c**) filtração de ar de uma sala cirúrgica por meio de um filtro HEPA; (**d**) uso de anti-sépticos na pele de pacientes antes de fazer uma incisão; (**e**) todos as alternativas anteriores.

VIGILÂNCIA

17. ________________ é a observação sistemática e o registro da ocorrência de doenças transmissíveis e é a base de um programa de controle ativo de infecção hospitalar.

18. A pessoa responsável pelo programa de vigilância hospitalar geralmente é chamada de ________________ ou ICO.

19. Qual das seguintes afirmativas é falsa? (**a**) Um ICO é requerido para cada 300 a 500 leitos para vigilância adequada. (**b**) O pessoal médico que atua na categoria de alto risco deve ser informado da possibilidade de infecção e das imunizações que estão disponíveis. (**c**) Um cartão de dados de infecção é incluído em cada registro médico do paciente. (**d**) Dados de vigilância não precisam ser coletados continuamente; uma vez por mês é o suficiente. (**e**) Pode ser necessário cultivar amostras não somente de pacientes, mas também do pessoal do hospital quando se está investigando um surto de doença nosocomial.

COMPONENTES DE UM PROGRAMA DE CONTROLE

20. Um comitê de ________________ é o elemento mais importante de um programa de controle de doenças nosocomiais.

21. A detecção precoce dos patógenos nosocomiais depende, em grande parte, da competência do laboratório de ________________ em isolar e identificar os microrganismos.

22. Em um hospital, os programas estabelecidos pelo comitê de controle de infecção devem ser revisados pelo menos uma vez: (**a**) por dia; (**b**) por semana; (**c**) por mês; (**d**) por ano; (**e**) a cada 10 anos.

PROGRAMA DE EDUCAÇÃO

23. Em um programa de controle de infecção, a educação de pessoal do hospital é uma obrigação atribuída ao ________________.

24. Qual das seguintes afirmativas aplica-se ao programa de educação contínua em um hospital? (**a**) O programa é essencial, porque o pessoal envolvido na implementação do programa de controle de infecção tem de saber o que se espera dele. (**b**) O programa permite a orientação de novos membros da equipe. (**c**) O programa permite explicar condutas e procedimentos. (**d**) No preparo de cada aula, deve ser considerado o grupo particular a ser atingido. (**e**) Todas as alternativas anteriores estão corretas.

Questões de Revisão

1. Citar e descrever as contribuições de quatro personalidades que iniciaram o desenvolvimento de procedimentos para prevenir a transmissão de doenças em hospitais.

2. Como você pode explicar a existência de reservatórios de patógenos resistentes a antibióticos em hospitais?

3. Descrever as etapas do ciclo de infecção e indicar como este ciclo pode ser interrompido.

4. Descrever as condições sob as quais (**1**) uma infecção endógena pode desenvolver-se e (**2**) uma infecção exógena pode desenvolver-se.

5. Citar pelo menos quatro fatores que podem diminuir a resistência de pacientes hospitalizados a infecções.

6. Qual é o valor do uso de itens médicos estéreis e descartáveis como as agulhas hipodérmicas, em um hospital?

7. Qual seria o grau de isolamento apropriado para um paciente com (**1**) leucemia; (**2**) uma infecção de ferida; (**3**) tuberculose; (**4**) pneumonia; (**5**) disenteria amebiana?

8. Citar várias práticas ou procedimentos em uma sala cirúrgica que poderiam ajudar a prevenir infecção do paciente.

9. Descrever as características especiais de um programa educacional para o controle de infecções nosocomiais.

10. Citar os componentes de um programa de controle de infecção ativo e indicar a função de cada componente.

Questões para Discussão

1. Suponha que você seja um membro do comitê de controle de infecções de um hospital e ocorra um surto de infecção causada por estafilococos. Esquematizar um plano de investigação que possa revelar a origem do organismo causador das infecções.

2. Certos procedimentos e práticas em uma enfermaria hospitalar podem ser efetuados pela desinfecção, outros requerem a esterilização. Dar um exemplo de cada e justificar.

3. Enumerar as práticas e os procedimentos que você adotaria para interromper o "ciclo de infecção" em uma enfermaria de hospital.

4. Quais são algumas das características comuns de espécies bacterianas que causam com freqüência infecções nosocomiais?

5. Que papel o laboratório de microbiologia desempenha em um programa de controle de infecções nosocomiais?

Capítulo 23

Doenças Sexualmente Transmitidas

Objetivos

Após a leitura deste capítulo, você deve ser capaz de:

1. Avaliar a alta incidência das doenças sexualmente transmitidas nos Estados Unidos e em outros países.
2. Avaliar a extensão e o significado da AIDS pandêmica atual nos Estados Unidos, na Europa e na África Central.
3. Citar os vários meios, além do contato sexual, pelos quais doenças como AIDS, gonorréia e sífilis podem ser adquiridas.
4. Explicar como o vírus da AIDS se multiplica e causa danos no sistema imune e como esta multiplicação pode ser retardada pelo composto químico AZT (azidotimidina), também chamado de *zidovudina*.
5. Explicar por que a ocorrência do sarcoma de Kaposi, de pneumonia por *Pneumocystis carinii* e de outras doenças é geralmente indicativa de um caso de AIDS.
6. Comparar os agentes microbianos que causam gonorréia, sífilis, herpes genital, infecções por clamídias e outras doenças sexualmente transmitidas.
7. Descrever os testes usados no laboratório para o diagnóstico das doenças sexualmente transmitidas.
8. Descrever algumas das sérias complicações que podem ocorrer em pacientes com gonorréia ou sífilis se não forem tratados efetivamente.
9. Distinguir herpes genital primário de herpes genital recorrente.
10. Listar as medidas de controle que podem limitar a propagação das doenças sexualmente transmitidas.

Introdução

A propagação de muitas doenças sexualmente transmitidas está, atualmente, fora de controle. Embora muitas destas doenças possam ser evitadas com procedimentos simples e cuidadosos, elas ainda afetam milhões de pessoas a cada ano. Várias bactérias, vírus, leveduras e protozoários patogênicos que causam estas doenças podem ser transmitidos diretamente de um indivíduo infectado para um indivíduo normal pelo contato sexual. Alguns destes agentes podem também ser transmitidos por outros meios, como agulhas hipodérmicas contaminadas ou transfusões de sangue, e alguns podem ser adquiridos por crianças nascidas de mães infectadas. Algumas doenças sexualmente transmitidas causam leves sintomas, enquanto outras podem levar à esterilidade ou à morte.

As doenças sexualmente transmitidas predominantes em nossa sociedade são AIDS, gonorréia, sífilis, herpes genital e infecções por clamídias. A AIDS é atualmente reconhecida como sendo *pandêmica*, ou seja, uma doença epidêmica de proporção global. Devido aos altos níveis de fatalidade e ao potencial para uma rápida propagação, esta doença representa uma ameaça às populações do mundo todo. Algumas doenças sexualmente transmitidas podem ser curadas facilmente, mas outras, como aquelas causadas por vírus, são difíceis ou impossíveis de curar.

A prevenção é essencial, pois os tratamentos freqüentemente são inadequados. Medidas preventivas são baseadas na educação da população em geral e, quando possível, no controle das fontes de infecção e no tratamento dos indivíduos infectados com agentes quimioterápicos.

Os Tipos de Doenças Sexualmente Transmitidas

As doenças sexualmente transmitidas (DSTs) representam um problema mundial de saúde pública. Somente nos Estados Unidos, 8 a 10 milhões de pessoas contraem alguma forma de DST a cada ano. As DSTs mais prevalecentes em nosso meio incluem gonorréia, sífilis, herpes genital, infecções por clamídias, tricomoníase, hepatite B e, a mais séria de todas pelo alto índice de mortalidade, a AIDS (síndrome da imunodeficiência adquirida).

As DSTs foram chamadas anteriormente de doenças *venéreas* (de Vênus, a deusa romana do amor). Elas ocorrem mais freqüentemente no grupo etário de 15 a 30 anos, cuja atividade sexual é maior, porém qualquer indivíduo que tenha contato sexual com alguém que tenha uma DST é uma vítima em potencial. Em geral, quanto maior for o número de parceiros, mais facilmente uma DST poderá ser adquirida.

Alguns microrganismos que causam DSTs também podem ser transmitidos por contato não-sexual, tais como por meio de seringas e agulhas contaminadas compartilhadas entre usuários de drogas intravenosas e por transfusões com sangue contaminado. Alguns podem ser adquiridos por crianças nascidas de mães infectadas.

Muitas DSTs são causadas por bactérias e vírus, mas algumas são causadas por leveduras e protozoários. A Tabela 23.1 apresenta os vários microrganismos que podem ser transmitidos sexualmente e as doenças que causam.

Responda

1 Quais são as DSTs mais prevalecentes em nosso meio?

2 Em qual grupo de indivíduos as DSTs ocorrem mais freqüentemente?

3 Alguns microrganismos que causam DSTs podem ser transmitidos por outros meios além do contato sexual?

Doenças Sexualmente Transmitidas Causadas por Bactérias

Muitas DSTs são causadas por bactérias. As mais freqüentemente encontradas são gonorréia, sífilis e infecções por clamídias.

Gonorréia

Durante a Segunda Guerra Mundial, a incidência de gonorréia aumentou nos Estados Unidos e em 1947 haviam sido relatados 265 casos de gonorréia por 100.000 habitantes. Entretanto, com a descoberta de que a penicilina era efetiva no tratamento da gonorréia, algumas autoridades de saúde pública afirmaram que esta doença seria eliminada. A incidência de gonorréia diminuiu por um tempo porém, após esse declínio, ocorreu um aumento que permaneceu numa freqüência de 468 casos por 100.000, em 1978. Os principais fatores envolvidos neste aumento foram os seguintes:

1. O uso de contraceptivos orais e contraceptivos intra-uterinos.

2. O aumento do número de pessoas cuja atividade sexual é caracterizada pelo contato com uma série de parceiros sexuais.

3. Uma diminuição do uso de preparações espermicidas e preservativos (ambos dispõem de alguma proteção contra a gonorréia).

4. A incapacidade da saúde pública e de clínicos de detectar todos os contatos de vários indivíduos, portadores ou clinicamente doentes, para prevenir futuras transmissões da bactéria.

5. O aparecimento de amostras resistentes à penicilina de *Neisseria gonorrhoeae*, a espécie bacteriana que causa a doença. (Entretanto, estas amostras resistentes à penicilina ainda são relativamente raras, em torno de 0,5% das amostras isoladas.)

A incidência de gonorréia nos Estados Unidos tem diminuído desde 1978, mas ainda é muito alta, com aproximadamente 690.000 casos relatados a cada ano, ou 276 casos por 100.000 habitantes. A incidência real é provavelmente muito mais alta, porque muitos casos não são relatados. O número de casos masculinos relatados excede o número de casos femininos, porque as mulheres, quando contraem a gonorréia, freqüentemente não apresentam os sintomas que obrigam os pacientes masculinos a procurar um médico. A gonorréia é prevalecente em todo o mundo e na maioria das vezes ocorre em grandes áreas metropolitanas e em grupos de faixa etária entre 15 e 24 anos.

O Agente Etiológico da Gonorréia. A gonorréia é causada pela *Neisseria gonorrhoeae*, comumente denominada de **gonococos**. As células são cocos aeróbios Gram-negativos, imóveis, aos pares, com seus lados adjacentes achatados como um par de grãos de café. Em preparações microscópicas feitas a partir de espécimes clínicos, os gonococos muitas vezes são observados dentro dos neutrófilos, que ingerem as bactérias por fagocitose (Figura 23.1, caderno em cores). Os gonococos crescem melhor em ágar "chocolate", um meio contendo sangue, preparado com aquecimento para romper as hemácias (este aquecimento faz o meio ficar com a cor de chocolate). As culturas são incubadas em ar atmosférico enriquecido com 5 a 10% de dióxido de carbono.

Tabela 23.1 Alguns microrganismos sexualmente transmitidos e as doenças que causam.

Organismo	Características	Doenças
BACTÉRIA		
Neisseria gonorrhoeae	Cocos; Gram-negativos; células em forma de rim ocorrendo aos pares; aeróbios	Gonorréia, doença inflamatória pélvica (PID); artrite; conjuntivite em recém-nascidos
Treponema pallidum subespécie *pallidum*	Espiroquetas; Gram-negativos; microaerófilos; não-cultiváveis em meios de laboratório	Sífilis; sífilis congênita
Chlamydia trachomatis	Organismos cocóides; Gram-negativos; parasitas intracelulares obrigatórios apresentando um ciclo de desenvolvimento característico	Uretrite não-gonocócica (NGU); cervicite; doença inflamatória pélvica (PID); linfogranuloma venéreo; tracoma; conjuntivite e pneumonia em recém-nascidos
Ureaplasma urealyticum *Mycoplasma genitalium*	Bactérias pleomórficas sem parede celular	Implicado em alguns casos de NGU
Mycoplasma hominis	Bactérias pleomórficas sem parede celular	Implicado em alguns casos de PID
Haemophilus ducreyi	Bacilos; Gram-negativos; facultativos	Cancróide (cancro mole)
Gardnerella vaginalis	Bacilos pleomórficos; Gram-variáveis; facultativos	Vaginoses bacterianas
Calymmatobacterium granulomatis	Bacilos pleomórficos; Gram-negativos; facultativos	Granuloma inguinal
Campylobacter cinaedi, C. fennelliae	Bacilos encurvados; Gram-negativos; microaerófilos	Diarréia e inflamação retal em homens homossexuais
VÍRUS		
Vírus da imunodeficiência humana (HIV)	Contém RNA de fita única; pertence ao grupo retrovírus	Síndrome da imunodeficiência adquirida (AIDS)
Vírus herpes simplex (HSV-2 e HSV-1)	Contém DNA de fita dupla; pertence ao grupo herpesvírus	Herpes genital
Papilomavírus humano tipo 6 (HPV-6)	Contém DNA de fita dupla; pertence ao grupo papovavírus	Condiloma acuminado (verruga genital)
Vírus hepatite tipo B (HBV)	Contém DNA de fita dupla	Hepatite tipo B (hepatite sérica)
Citomegalovírus (CMV)	Contém DNA de fita dupla; pertence ao grupo herpesvírus	Doença da inclusão citomegálica congênita; mononucleose por CMV
Vírus do molusco contagioso	Contém DNA de fita dupla; pertence ao grupo poxvírus	Molusco genital contagioso
LEVEDURA		
Candida albicans	Leveduras com pseudo-hifas; grandes; clamidósporos compactos	Candidíase (monilíase)
PROTOZOÁRIO		
Trichomonas vaginalis	Protozoário flagelado	Tricomoníase

Transmissão dos Gonococos. A *N. gonorrhoeae* é transmitida pelo contato sexual. Esta bactéria também pode ser adquirida por uma criança recém-nascida a partir da mãe infectada durante a passagem pelo canal cervical. Este tipo de infecção resulta em *conjuntivite gonocócica*, uma inflamação da *conjuntiva* – uma fina membrana que cobre a superfície do olho e reveste a supefície interna das pálpebras. Se não for prevenida ou tratada, a conjuntivite gonocócica pode levar a danos da córnea e à cegueira. É prática padrão em hospitais instilar uma solução de nitrato de prata ou antibiótico nos olhos de recém-nascidos para prevenir a infecção por gonococos e outros patógenos. Os outros patógenos incluem *Chlamydia trachomatis, Haemophilus influenzae* e *Streptococcus pneumoniae*.

Patogenicidade dos Gonococos. Os gonococos inicialmente se aderem à superfície das células dos tecidos do

Figura 23.2 Organização anatômica do aparelho reprodutor masculino e as inter-relações com o sistema urinário (vista lateral). A função da uretra é liberar a urina da bexiga e, alternativamente, o sêmen do canal deferente para fora do corpo.

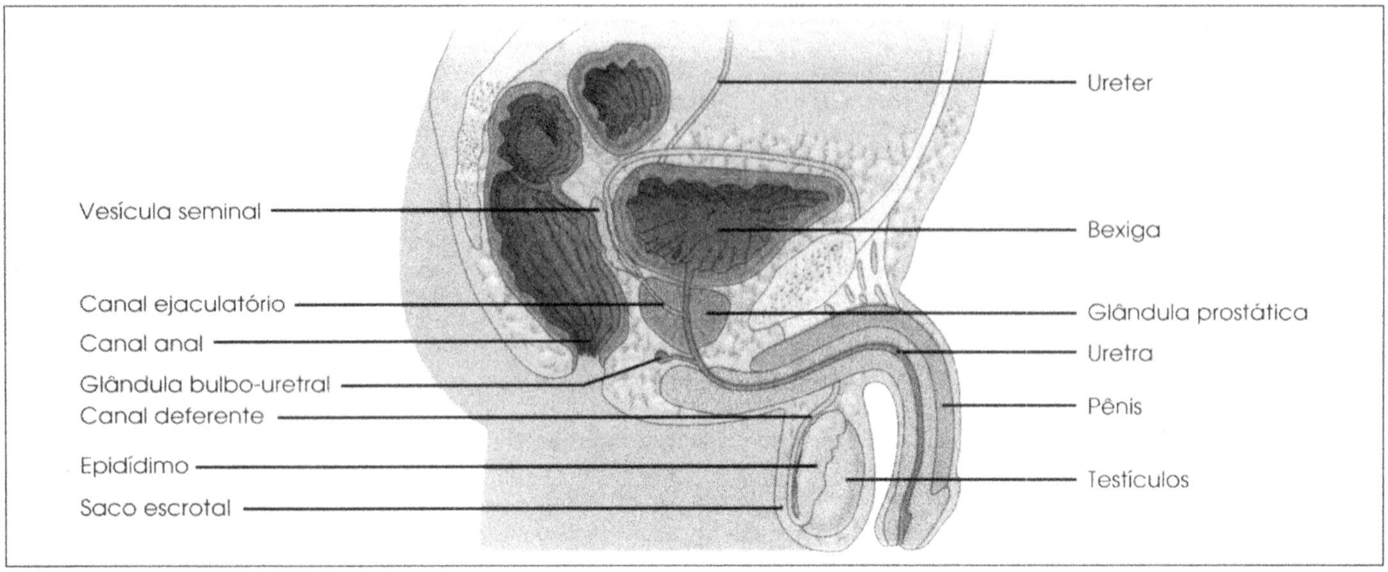

hospedeiro por meio dos *pêlos*, apêndices filiformes presentes na superfície da célula bacteriana, e por meio de uma proteína chamada PII, localizada na membrana externa da bactéria. Assim, os gonococos penetram nas camadas internas dos tecidos, onde se multiplicam e causam danos nos tecidos por meio de uma potente *endotoxina*. Nem todos os indivíduos expostos à gonorréia contraem a doença. A razão para este fato não é conhecida, mas há algumas evidências de que a flora microbiana normal dos órgãos genitais pode auxiliar na prevenção da infecção.

Em homens, o sítio primário da infecção é a *uretra*, canal que leva a urina da bexiga para fora do corpo (Figura 23.2). A doença usualmente é mais definida no homem do que na mulher devido à dor forte ao urinar e a uma secreção amarelada e purulenta da uretra. Se a infecção estender-se até o sistema reprodutor masculino, pode resultar em esterilidade (Figura 23.2) – os *testículos* (glândulas em forma de ovo que produzem espermatozóides), a *próstata* (glândula que secreta um fluido viscoso e opalescente na uretra) e o *epidídimo* (um tubo espiralado no qual ocorre a maturação dos espermatozóides).

Em mulheres, o sítio primário da infecção é o *cérvice*, uma porção estreita do *útero* (Figura 23.3A). Algumas mulheres infectadas não exibem os sintomas e são ***portadoras assintomáticas***. Aquelas que têm sintomas podem apresentar dor ao urinar, secreção vaginal, febre e dor abdominal.

A *doença inflamatória pélvica* (PID – *pelvic inflammatory disease)* ocorre em aproximadamente 10 a 20% das mulheres com gonorréia cervical. A PID resulta da propagação da infecção do cérvice para o *endométrio* (a mucosa do útero); para as *trompas* (Figura 23.3B), as quais carreiam os ovos do ovário para o útero; e para as estruturas associadas. A PID é a principal causa de infertilidade feminina e de *gravidez ectópica*, uma condição anormal na qual o feto se desenvolve na trompa de Falópio bloqueada, e não no útero. A PID pode ser causada não somente por gonococos, mas por outros microrganismos como a *Chlamydia trachomatis* (descrita posteriormente neste capítulo).

A gonorréia não está ligada apenas ao trato genital e urinário. Em alguns pacientes, as bactérias atingem a corrente sanguínea e causam febre, calafrios e perda de apetite. Assim, as bactérias podem localizar-se em várias partes do corpo; por exemplo, elas podem causar pequenas pústulas vermelhas que se desenvolvem na pele, ou podem causar *artrite*, uma inflamação das articulações. Outras complicações incluem a *endocardite*, uma inflamação das válvulas cardíacas, e *meningite*, uma inflamação das *meninges* – as membranas que revestem o cérebro e a medula espinal.

Diagnóstico Laboratorial da Gonorréia. Um diagnóstico presuntivo da gonorréia pode ser feito pela presença de diplococos Gram-negativos dentro dos neutrófilos quando os espécimes clínicos são examinados microscopicamente. Um diagnóstico definitivo requer o isolamento e a identificação dos gonococos por meio de testes laboratoriais. Os gonococos são isolados em ágar chocolate contendo antibióticos para suprimir o crescimento de bactérias da flora normal. Os testes bioquímicos utilizados para identificar os gonococos incluem um teste de oxidase positivo (as colônias tornam-se negras quando são expostas ao reagente tetrametilparafenilenodiamino) e a produção de ácido em meio com glicose, mas não em meio com maltose.

Figura 23.3 (**A**) Organização anatômica do aparelho reprodutor feminino e sistema urinário (vista lateral). Nas mulheres, os ductos do trato urinário e reprodutor são inteiramente separados. Os ovários produzem as células sexuais femininas, ou ovos, que passam pelas trompas até o útero. Durante a copulação, os espermatozóides do homem são depositados na vagina. Alguns espermatozóides passam para o útero e, após a união do espermatozóide com o ovo, o ovo fertilizado passa por um processo de divisão e diferenciação, que, finalmente, resulta na formação do feto. (**B**) Fotografia de um raio X (vista frontal) do trato genital de uma mulher com infecção gonocócica que causou obstrução da trompa direita (também denominada *trompa de Falópio* ou *oviduto*). A outra trompa, visível à esquerda, não foi obstruída.

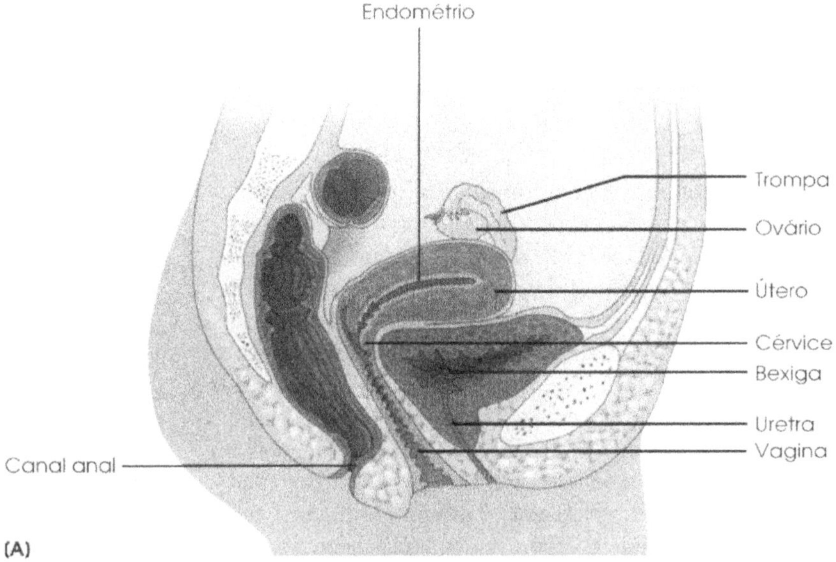

(A)

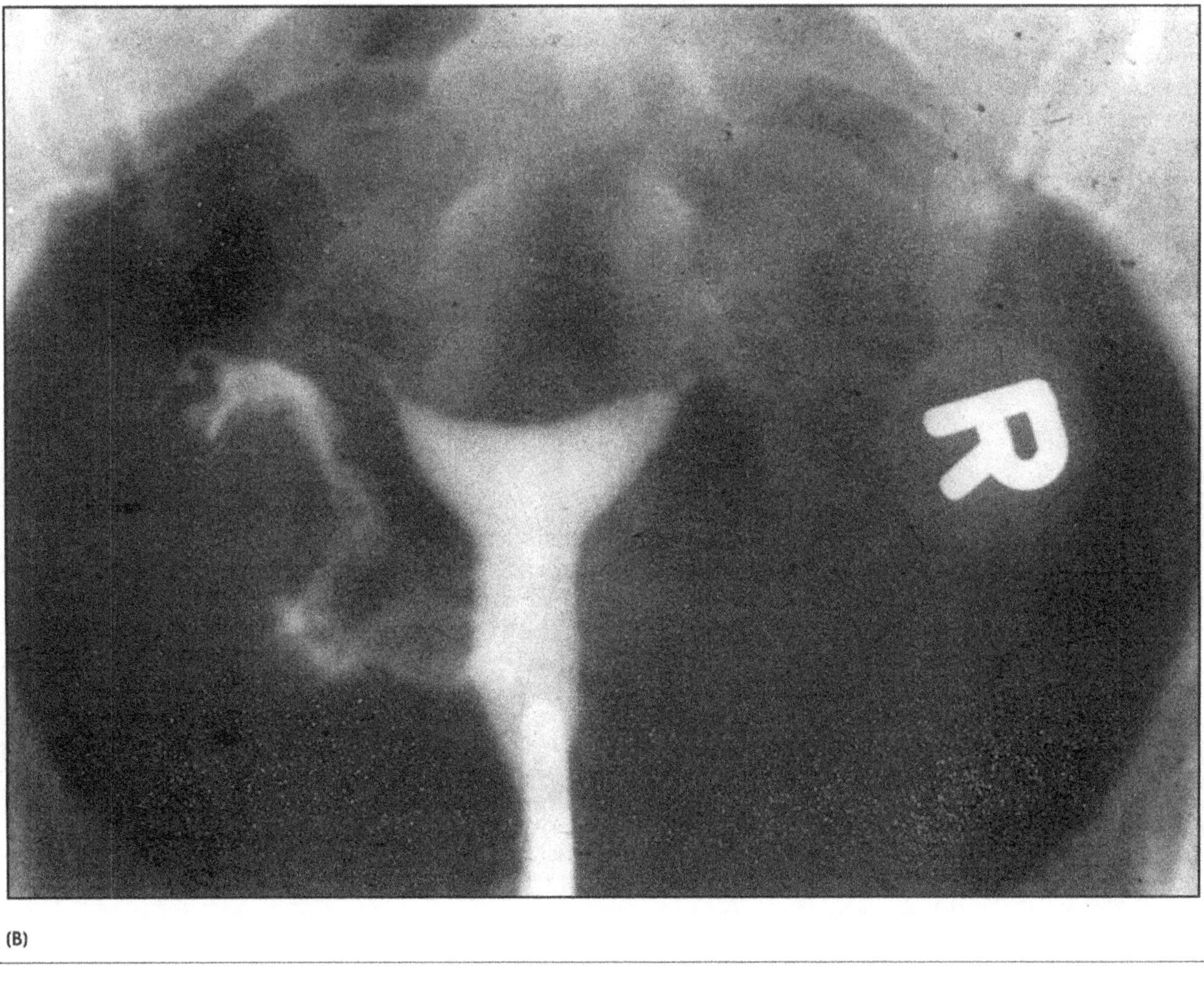

(B)

Tratamento e Prevenção da Gonorréia. A penicilina é geralmente eficaz no tratamento da gonorréia. Espectinomicina, cefotaxima ou outros antibióticos são usados para o tratamento de casos provocados por gonococos resistentes à penicilina. Trabalhos estão sendo realizados com o objetivo de produzir uma vacina para prevenir a gonorréia.

Sífilis

A sífilis não é tão difundida como a gonorréia, porém é mais temida porque é potencialmente mais devastadora para o organismo. A incidência da sífilis primária e secundária nos Estados Unidos atingiu um pico de 73 casos por 100.000 durante a Segunda Guerra Mundial. Este número caiu para 4 por 100.000 em 1957, mas aumentou novamente no final da década de 1950 e início da década de 1960, e permaneceu relativamente estabilizado em 10 a 14 casos por 100.000. No início da década de 1980, ocorreu um rápido aumento em heterossexuais. Alguns fatores que podem ter contribuído para este aumento incluem: (1) maior atenção da saúde pública para outras doenças, incluindo a AIDS; (2) a ineficácia da espectinomicina – freqüentemente usada no tratamento de gonorréia resistente à penicilina – contra sífilis (doença que alguns pacientes com gonorréia também podem apresentar); (3) dificuldade de tratamento da sífilis naqueles pacientes que também têm AIDS; e (4) o aumento das trocas de favores sexuais pelos usuários de drogas para a obtenção do *crack* e de outras drogas.

Figura 23.4 *Treponema pallidum* subespécie *pallidum* em exsudato, visto por meio da microscopia de campo escuro. Os espiroquetas são células espiraladas refringentes.

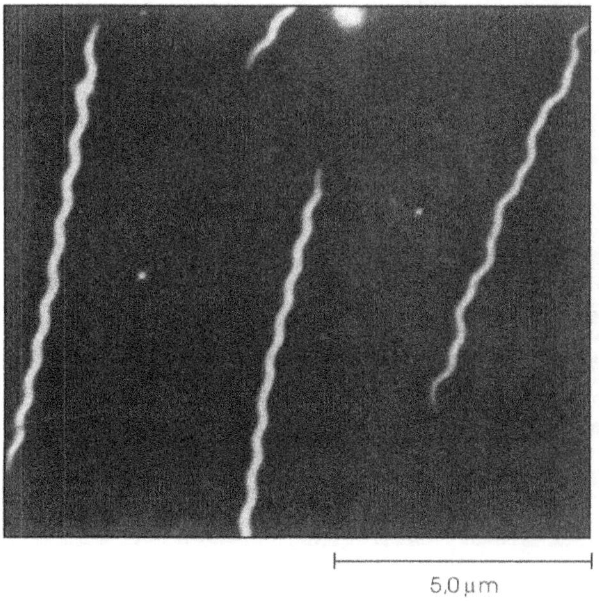

Figura 23.5 Características clínicas dos três estágios da sífilis. (**A**, **B**) Sífilis primária. Após um período de incubação de 10 a 90 dias, durante o qual os treponemas são distribuídos para todo o corpo, uma ferida dolorida, denominada *cancro*, aparece nos órgãos genitais (**A**) ou em outras áreas (**B**). O cancro desaparece em 25 a 40 dias. (**C**, **D**) Sífilis secundária, que se desenvolve após dois a seis meses. Neste período ocorre o aparecimento de erupções generalizadas sobre a pele (**C**) e mucosas (**D**). As erupções desaparecem após três semanas a seis meses. (**E**, **F**) Sífilis terciária. Lesões semelhantes a tumores chamadas *gomas* podem aparecer em várias partes do corpo. Outros aspectos da sífilis terciária incluem danos no cérebro, na medula espinal e nos vasos sanguíneos.

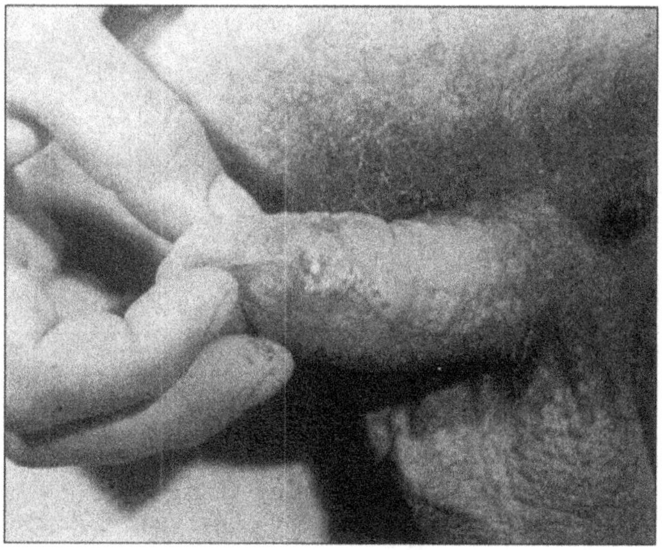

(A)

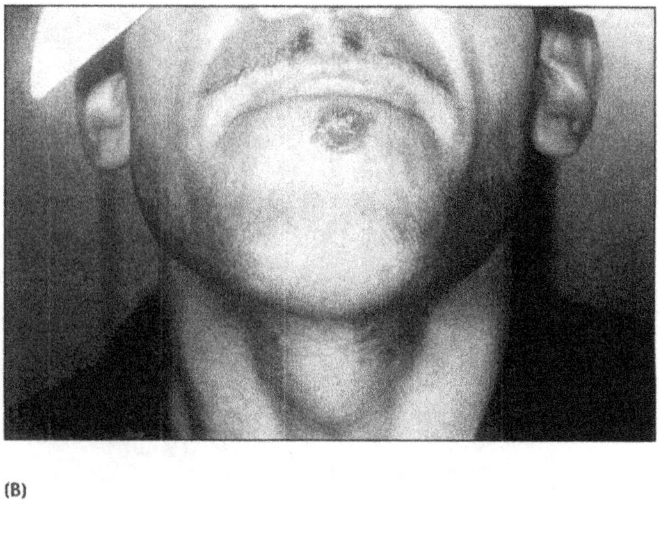

(B)

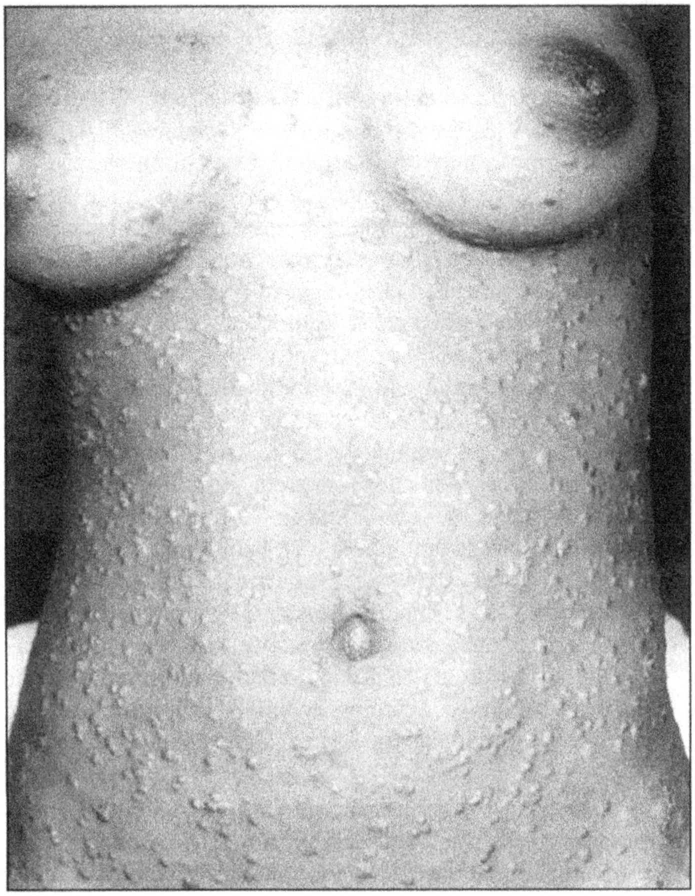

(C)

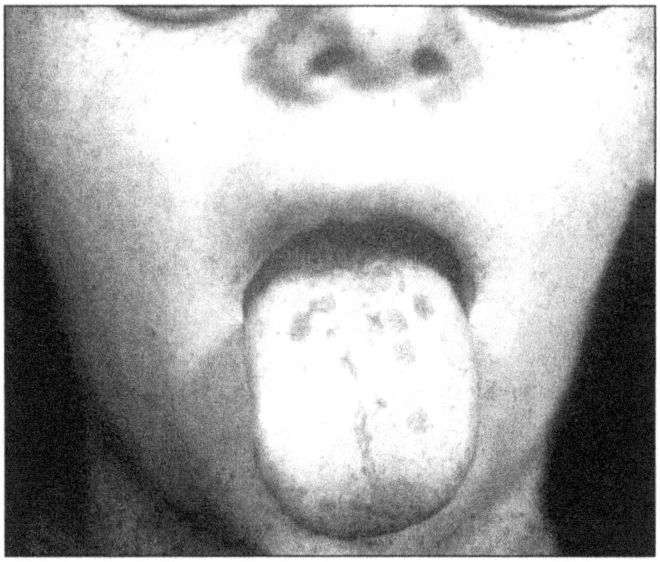

(D)

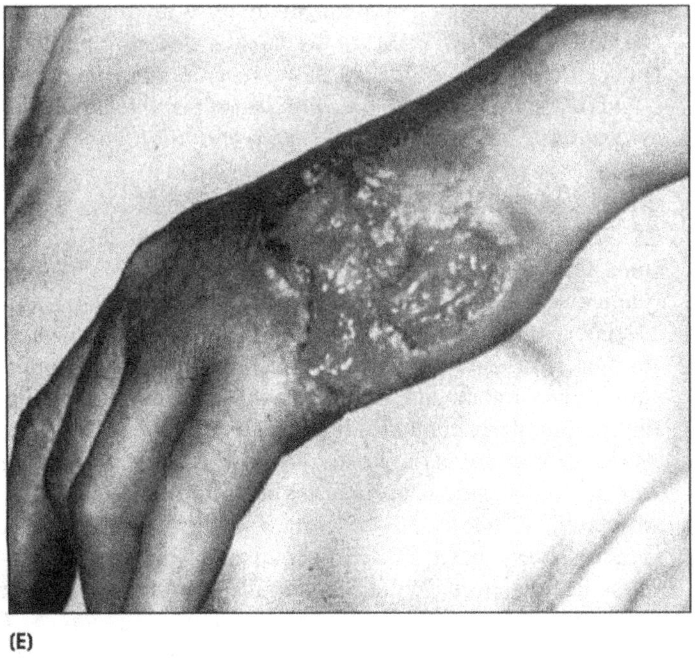

(E)

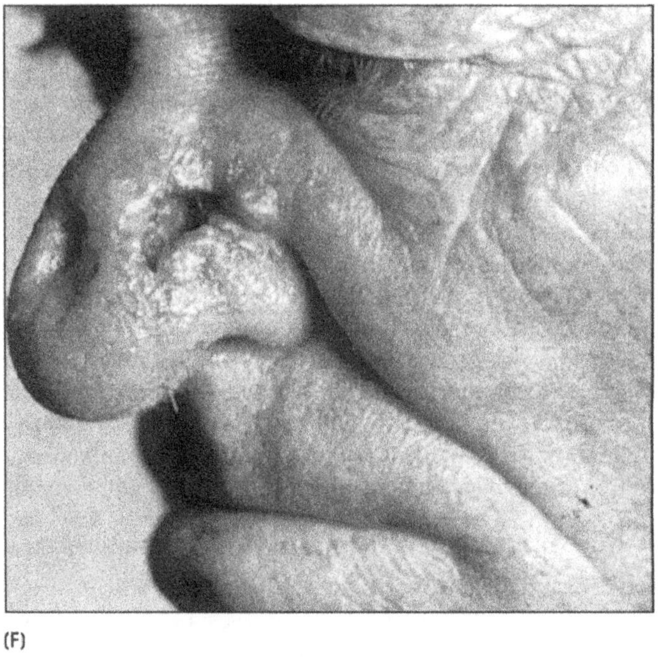

(F)

O Agente Etiológico da Sífilis. A sífilis é causada pelo espiroqueta microaerófilo chamado *Treponema pallidum*, subespécie *pallidum*. As células deste espiroqueta são finas e helicoidais e são mais bem observadas pela microscopia de campo escuro (Figura 23.4). Este organismo não é cultivado em meios de cultura de laboratório e pode crescer – com dificuldade – somente em testículos de coelhos ou em culturas de células da epiderme de coelhos. Os espiroquetas aderem à superfície das células hospedeiras e apresentam capacidade para invadir a membrana mucosa intacta ou a pele lesada. A aderência inicial às células do hospedeiro é facilitada quando os espiroquetas são cobertos pela *fibronectina*, uma glicoproteína (proteína com açúcares ligados) encontrada no soro e na superfície de várias células de mamíferos.

Transmissão do Espiroqueta. A sífilis é adquirida por meio do contato sexual. Ela também pode ser uma ***infecção congênita*** – adquirida pelo feto enquanto ele se encontra no útero da mãe. Os espiroquetas passam da corrente sanguínea da mãe para o feto por meio da *placenta*, o órgão que liga o feto ao útero e permite a troca de nutrientes e produtos de degradação entre a mãe e o feto. Em muitos casos de sífilis congênita, a criança nasce normal, mas desenvolve os sintomas da sífilis muitas semanas ou meses depois (DESCOBERTA 23.1).

Patogenicidade do Espiroqueta. A sífilis ocorre em vários estágios. O primeiro estágio é a *sífilis primária*, que aparece após um período de incubação inicial de 10 a 90 dias e é caracterizada por uma ferida indolor nos órgãos genitais ou em outras áreas do corpo, denominada *cancro* (Figura 23.5A e B). O cancro regride espontaneamente em 25 a 40 dias. A *sífilis secundária* desenvolve-se dois a seis meses mais tarde e é caracterizada por erupções generalizadas na pele e nas mucosas (Figura 23.5C e D). As erupções desaparecem após três semanas a seis meses. Neste período pode ocorrer o desenvolvimento de uma *fase latente*, que não apresenta sintomas, e pode permanecer por 3 a 30 anos. O final da fase latente é marcado pelo desenvolvimento da *sífilis terciária*, que provoca danos no cérebro, na medula espinal e nos vasos sanguíneos. Pacientes com sífilis terciária podem apresentar perda de memória, mudanças de personalidade, dores de cabeça, delírios, dificuldade de coordenação, cegueira, perda da sensação e percepção, impotência, perda dos reflexos e incontinência urinária. A sífilis terciária também pode ser acompanhada pelo desenvolvimento das ***gomas***, lesões semelhantes a tumores que causam desfiguração em várias partes do corpo (Figura 23.5E e F).

Dos pacientes sifilíticos não tratados, aproximadamente 25% apresentam cura espontânea, aproximadamente 40% eventualmente desenvolvem sinais e sintomas de sífilis terciária, mas não morrem da doença, e aproximadamente 35% morrem de sífilis terciária. Pessoas que se recuperam da sífilis podem ser reinfectadas mediante contato sexual subseqüente com um indivíduo infectado.

Diagnóstico Laboratorial da Sífilis. O método mais rápido e mais direto de diagnóstico laboratorial da sífilis utiliza a microscopia de campo escuro para mostrar a presença de numerosos treponemas móveis no fluido do cancro ou das lesões de pele. Na ausência de cancro ou de lesões de pele, a sífilis é diagnosticada pela demonstração da presença de anticorpos, no soro do paciente, que foram formados em resposta à infecção. Testes sorológicos simples são usados para este propósito, como o ***teste rápido da reagina plasmática*** (**RPR** – ***rapid plasma reagin test***). O teste RPR é barato e de fácil execução, mas não é um teste para treponemas, pois não detecta anticorpos contra *T. pallidum*. Este teste detecta anticorpos contra um antígeno chamado ***cardiolipina*** – um componente da membrana citoplasmática de células humanas e de outros mamíferos. Por razões desconhecidas, anticorpos contra cardiolipina são formados no sangue de pacientes sifilíticos; esses anticorpos são chamados ***reaginas***. Quando o soro de um paciente sifilítico é adicionado a uma suspensão de partículas de lipídeos contendo cardiolipina, a reagina causa a aglutinação dessas partículas (Figura 23.6)

Entretanto, as reaginas também podem ocorrer em pacientes com outras doenças, como malária, lupus eritematoso, artrite reumatóide e mononucleose infecciosa. Por esta razão, um teste RPR positivo precisa ser confirmado por um teste *treponêmico* que possa detectar anticorpos contra *T. pallidum*. Esses testes são mais complexos e mais caros do que os testes inespecíficos pois requerem procedimentos especiais para a obtenção do crescimento das células de *T. pallidum* como antígeno. Os testes específicos mais amplamente utilizados são o *teste de microhemaglutinação* (*MHA*) e o *teste dos anticorpos treponêmicos fluorescentes* (FTA – *fluorescent treponemal antibody*).

O teste FTA é um método indireto (referido na Figura 20.24) no qual o antígeno consiste em células de *T. pallidum* fixadas em uma lâmina de microscópio. Se o soro do paciente contém anticorpos contra *T. pallidum*, estes anticorpos (imunoglobulinas) se ligarão aos treponemas da lâmina. Em seguida, anticorpos fluorescentes antiimunoglobulina humana são adicionados, e estes se ligarão aos anticorpos do paciente (já ligados aos treponemas). A presença de anticorpos fará com que os treponemas apareçam refringentes quando observados ao microscópio de fluorescência. O teste MHA é um teste de hemaglutinação passiva (ver Figura 20.13) no qual uma pequena quantidade de soro do paciente é misturada com uma suspensão de hemácias previamente revestidas com antígenos de *T. pallidum*. Se o soro contém anticorpos contra *T. pallidum*, estes causarão a aglutinação das hemácias.

Figura 23.6 Teste rápido da reagina plasmática (RPR) para o diagnóstico sorológico da sífilis. A reagina, produzida no sangue de pacientes com sífilis, causa aglutinação de partículas de cardiolipina. Co-aglutinação de partículas de carbono também presentes na suspensão do antígeno resulta em pequenos grumos negros que são prontamente visíveis a olho nu.

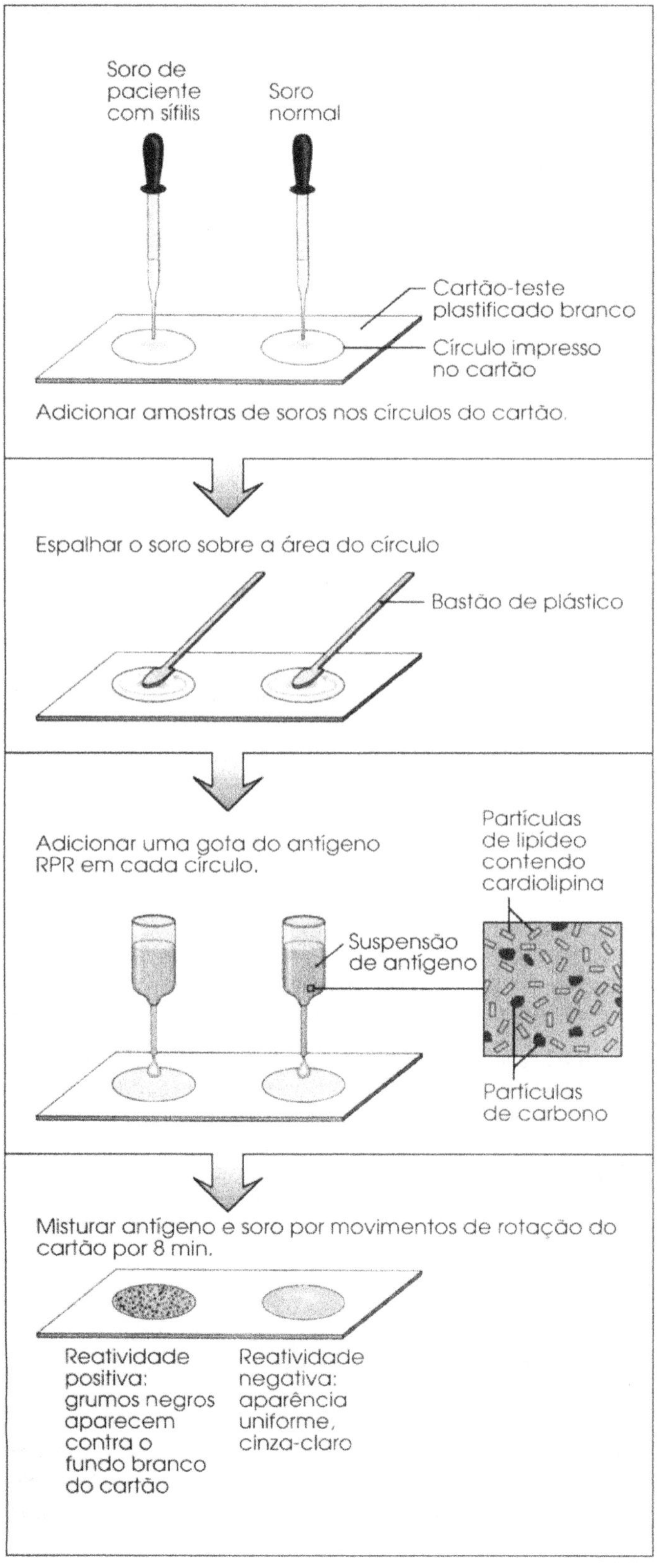

Tratamento e Prevenção da Sífilis. A penicilina é o antibiótico de escolha para o tratamento da sífilis. Quanto mais a doença progredir, mais difícil será a cura. Não existe nenhuma vacina para a prevenção da sífilis, porém existem pesquisas em andamento.

Infecções por *Chlamydia trachomatis*

As infecções causadas por *Chlamydia trachomatis* são, dentre todas as DSTs nos Estados Unidos, as de maior incidência. Um número estimado de 3 a 4 milhões de americanos sofrem de uma infecção por clamídia a cada ano, e mais de 1 bilhão de dólares, em custos diretos e indiretos, são gastos com essas infecções anualmente.

O Agente Etiológico *C. trachomatis*. A bactéria Gram-negativa *Chlamydia trachomatis* cresce somente em células hospedeiras e não é cultivada em meios de cultura preparados em laboratório. O organismo tem um ciclo de desenvolvimento característico, como descrito no Capítulo 9, Volume I (ver Figura 9.16).

Transmissão da *C. trachomatis*. As cepas de *C. trachomatis* que causam infecções genitais são transmitidas pelo contato sexual. Além disso, crianças nascidas de mães infectadas podem adquirir graves infecções por clamídias durante o nascimento. Estes recém-nascidos apresentam um alto risco de desenvolver conjuntivite e pneumonia.

Algumas cepas de *C. trachomatis* causam o *tracoma*, um tipo de conjuntivite que representa a maior causa de cegueira no mundo. O tracoma é predominante em alguns países em desenvolvimento, particularmente no Oriente Médio, norte da África e norte da Índia. É adquirido pelo contato direto ou a partir de objetos inanimados contaminados e não é uma doença sexualmente transmitida.

Patogenicidade da *C. trachomatis*. Em mulheres, muitas infecções por *C. trachomatis* ocorrem sem sintomas, mas algumas infecções provocam uma inflamação do cérvice. Os organismos localizados neste sítio podem alcançar as trompas e estruturas associadas para causar doença inflamatória pélvica (PID). De 1 milhão de casos reconhecidos de PID nos Estados Unidos a cada ano, cerca de 25 a 50% são provocados pela *C. trachomatis*.

Em homens, a *C. trachomatis* é uma causa comum de *uretrite não-gonocócica* (NGU – *non-gonococcal urethritis*), um termo usado para descrever uma inflamação uretral causada por um microrganismo diferente da *N. gonorrhoeae*. (Muitos casos de NGU são causados por *C. trachomatis*, mas alguns casos são provocados por outras bactérias.) Os sintomas da NGU são semelhantes àqueles da gonorréia: dor ao urinar e secreção uretral.

DESCOBERTA!

23.1 AUMENTO DA INCIDÊNCIA DA SÍFILIS CONGÊNITA NOS ESTADOS UNIDOS.

Em 1988, os departamentos de saúde relataram ao Centers for Disease Control (CDC) 691 casos de sífilis congênita em crianças com menos de um ano de idade – o maior número desde que a penicilina começou a ser utilizada amplamente no tratamento da sífilis em mulheres grávidas, no início de 1950. Somente na cidade de Nova Iorque, o número de casos de sífilis congênita aumentou mais de 500% de 1986 a 1988 – de 57 para 357 casos. Como a sífilis congênita pode ser prevenida pela detecção e pelo tratamento da sífilis recente na gravidez, estes aumentos indicam falhas no controle da sífilis e no cuidado pré-natal. Em toda a nação, como em Nova Iorque, a epidemiologia da sífilis congênita assemelha-se à sífilis recente em mulheres. Além disso, quase metade das crianças com sífilis congênita relatadas ao CDC nasceu de mães que não receberam cuidados no período pré-natal.

O aumento de sífilis congênita em Nova Iorque é paralelo ao aumento de 240% no número de casos relatados de sífilis primária e secundária em mulheres – de 541 casos em 1986 para 1.841 casos em 1988. Este aumento tem sido associado ao uso de cocaína e *crack*. Em Nova Iorque, a proporção de mães usuárias de cocaína aumentou de 1 por 1.000 nascimentos em 1981 para 21 por 1.000 em 1988; nenhuma outra droga apresentou aumentos similares.

A prática sexual com vários parceiros em troca de drogas, especialmente cocaína e *crack*, atualmente parece representar um papel importante na transmissão da sífilis. Nestas circunstâncias, a identidade do parceiro sexual muitas vezes é desconhecida e, assim, a estratégia tradicional do controle da sífilis por meio da notificação dos parceiros não pode ser efetiva – uma falha que tem sido associada à sífilis congênita. Estudos realizados em Nova Iorque demonstraram que o uso de cocaína ou *crack* também estava relacionado com a falta de assistência pré-natal. Mães de bebês com sífilis congênita podem não ter as vantagens do sistema de saúde.

A prevenção primária da sífilis congênita exigirá esforços inovadores para diminuir sua incidência. Como os usuários de drogas muitas vezes não utilizam os serviços de saúde, programas de triagem podem ser necessários. Por exemplo, em função de a sífilis não tratada estar presente em 2% dos prisioneiros, alguns dos quais são presos pelo envolvimento com drogas, programas de triagem podem ser direcionados a essa população. Programas inovadores de triagem são especialmente importantes para detectar e tratar a sífilis em homens.

A prevenção da sífilis congênita também exigirá um aumento da assistência pré-natal. Em todos os Estados, é exigida a triagem sorológica para sífilis durante a gravidez; uma segunda triagem é recomendada durante o terceiro trimestre para populações de alto risco, com o acompanhamento e tratamento assegurados. Por exemplo, no município de Orange, Califórnia, foram instituídos em 1986 métodos de triagem e tratamento para sífilis em clínicas de assistência pré-natal, para que as mulheres pudessem ser examinadas e tratadas na mesma visita. Como resultado, a sífilis congênita diminuiu de 12 casos em 1985 para 1 caso em 1987 e em 1988.

A triagem para sífilis no parto é também recomendada pelo CDC para mães que moram em áreas de alta prevalência da doença. Recentemente esta medida foi indicada para todas as mães no Estado de Nova Iorque. Considerando as graves conseqüências em casos não tratados e a dificuldade de acompanhamento, as crianças não deveriam deixar o hospital até que os resultados de triagem para sífilis fossem conhecidos. Idealmente, o sangue materno deveria ser triado, porque o sangue do cordão umbilical, quando usado para triagem, pode apresentar um resultado falso positivo ou falso negativo.

Adaptado de *Morbidity and Mortality Weekly Report*, 8 de dezembro de 1989.

Algumas amostras de *C. trachomatis* podem causar o *linfogranuloma venéreo*, uma grave infecção sexualmente transmitida. É considerada uma importante doença dos trópicos e subtrópicos, e alguns casos foram trazidos aos Estados Unidos do Vietnã. Os pacientes desenvolvem aumento dos linfonodos na região anal e genital, inflamação do reto, calafrios, febre, dor de cabeça, dor abdominal e das articulações.

Diagnóstico Laboratorial das Infecções Causadas por *C. trachomatis*. Para o diagnóstico da *C. trachomatis*, espécimes clínicos são inoculados em culturas de tecidos e, após incubação, as células das culturas são coradas com anticorpos fluorescentes específicos contra *C. trachomatis*. Esta técnica permite a observação ao microscópio fluorescente de inclusões que ocorrem nas células infectadas com clamídia. Em alguns casos, a técnica de coloração com anticorpos fluorescentes pode ser feita diretamente sobre espécimes clínicos previamente preparados sobre lâminas, produzindo um diagnóstico mais rápido.

Tetraciclina, doxiciclina e eritromicina são os antibióticos usados no tratamento de infecções por clamídias. Atualmente, nenhuma vacina contra essas infecções está disponível.

Outras Doenças Sexualmente Transmitidas Causadas por Bactérias

Além de gonorréia, sífilis e infecções por clamídias, existem várias outras infecções bacterianas transmitidas pelo contato sexual. Entre elas estão o cancróide, o granuloma inguinal e as vaginoses bacterianas.

Cancróide. Até recentemente, o cancróide era considerado uma infecção comum apenas nos trópicos, mas, com a utilização de melhores métodos para o isolamento da bactéria causadora deste quadro clínico, foi revelado que esta doença pode ocorrer em todo o mundo. Muitos surtos foram relatados na América do Norte durante a década de 1980. A doença é causada pelo *Haemophilus ducreyi*, um pequeno bacilo Gram-negativo. Feridas abertas e doloridas aparecem nos órgãos genitais, usualmente cino a sete dias após a exposição. Estas lesões podem ser parecidas com as lesões sifilíticas, e o diagnóstico laboratorial é necessário para diferenciar as duas doenças. Isto é feito pelo isolamento do *H. ducreyi* das feridas dos órgãos genitais ou dos linfonodos inchados. A doença pode ser tratada efetivamente com eritromicina ou outros antibióticos.

Granuloma Inguinal. O granuloma inguinal é causado pelo *Calymmatobacterium granulomatis*, um bacilo Gram-negativo. A doença acarreta o desenvolvimento de pequenas úlceras purulentas, espalhadas nos órgãos genitais. Os sintomas levam pelo menos três meses para aparecer e, assim, um grande número de pessoas pode ser infectado por um indivíduo que apresenta o agente, porém desconhece que tem a doença. O granuloma inguinal pode causar sérias complicações se não for tratado, mas antibióticos como as tetraciclinas podem eliminar a infecção.

Vaginose Bacteriana. A vaginose bacteriana, também chamada de *vaginite inespecífica*, é comum em mulheres jovens após a puberdade e é caracterizada por uma secreção vaginal sem dor ou prurido. Acredita-se que seja causada por uma bactéria chamada *Gardnerella vaginalis*, embora várias bactérias anaeróbias possam estar associadas a ela. *Gardnerella vaginalis* é um pequeno bacilo que pode ser Gram-negativo ou variável (Figura 23.7, caderno em cores). Homens infectados não apresentam sintomas clínicos, mas são capazes de transmitir a bactéria. As vaginoses bacterianas podem ser tratadas com uma droga chamada metronidazol.

Doenças Sexualmente Transmitidas Causadas por Vírus

As doenças sexualmente transmitidas causadas por vírus incluem AIDS, herpes genital, hepatite tipo B e condiloma acuminado. Destas, a AIDS inquestionavelmente figura como a mais séria para a sociedade moderna e para a profissão médica nos dias de hoje.

Responda

1. Quais são as espécies bacterianas que causam as seguintes doenças: gonorréia, sífilis, doença inflamatória pélvica, uretrite não-gonocócica, linfogranuloma venéreo, cancróide, granuloma inguinal, vaginoses bacterianas? Qual dessas doenças pode ser causada por mais de um tipo de bactéria?
2. Qual é o sítio primário da infecção gonocócica em mulheres? E em homens? Quais são as características das seguintes doenças: artrite gonocócica, uretrite gonocócica, doença inflamatória pélvica, gravidez ectópica, conjuntivite gonocócica?
3. Como a gonorréia é diagnosticada no laboratório? Como é tratada?
4. Quais são as diferenças nos sintomas que ocorrem durante os estágios da sífilis primária, secundária e terciária? O que é sífilis congênita, e como é adquirida?
5. Qual é o princípio de cada um dos seguintes testes sorológicos para a sífilis: (a) teste RPR; (b) teste FTA; (c) teste MHA? Como a sífilis é tratada?
6. Quais são as doenças que podem ser causadas pela *Chlamydia trachomatis*? Como estas doenças são diagnosticadas no laboratório? Como são tratadas?

AIDS

A Organização Mundial da Saúde (OMS) estima que em todo o mundo 8 a 10 milhões de adultos e 1 milhão de crianças estejam infectadas pelo vírus da AIDS. Por volta do ano 2000, 40 milhões de pessoas poderão estar infectadas pelo vírus. Mais de 90% destas pessoas estarão residindo em países em desenvolvimento na África, no sul e sudeste da Ásia, na América Latina e no Caribe. Além disso, durante os anos de 1990, as mães ou ambos os pais de mais de 10 milhões de crianças terão morrido de AIDS. Se estas previsões se tornarem realidade, a AIDS será a doença causadora do maior flagelo da raça humana.

O primeiro caso de AIDS nos Estados Unidos provavelmente ocorreu entre os anos de 1960 e 1970, porém até 1981 não foi reconhecida como uma nova doença. Em 1982, casos de AIDS foram relatados em 15 Estados. No início o número de casos foi pequeno – 158 homens e 1 mulher – mas, em 1983, 3.000 casos de AIDS em adultos foram relatados em 42 Estados. A incidência tem aumentado em níveis alarmantes (Figura 23.8, caderno em cores). Dos 206.392 indivíduos que contraíram AIDS nos Estados

DESCOBERTA!

23.2 O ALTO CUSTO DA AIDS.

A AIDS é de alto custo e apresenta perspectivas de aumentar ainda mais. Os custos médicos para um típico paciente com AIDS variam de 50.000 a 150.000 dólares. Foi estimado que, durante o ano de 1991, havia aproximadamente 174.000 pacientes aidéticos nos Estados Unidos requerendo cuidados médicos (casos novos e pacientes com casos antigos ainda vivos). Assim, o recurso total requerido para tratamento médico destes pacientes em 1991 seria de 174.000 × 50.000 = 8.700.000.000 dólares.

Cerca de um quinto das pessoas infectadas com o vírus HIV não tem seguro de saúde. Muitos destes indivíduos buscam tratamento em hospitais públicos. Além disso, recursos, espaço e facilidades para o tratamento de pessoas com AIDS estão quase esgotados em alguns dos grandes hospitais de cidades do interior. Alguns destes hospitais podem eventualmente falir e outros podem fechar seus quartos de emergência.

Aos custos médicos diretos precisam ser adicionados os custos indiretos para a sociedade, que resultam da perda da produtividade, de salários e futuros salários devido a mortes prematuras – custos que podem ser tão altos quanto 16.000.000.000 dólares por ano.

O significado destes valores gigantes é que, além de constituir uma causa de grande sofrimento humano e de perda de vidas, esta única doença produzirá um enorme peso sobre os serviços médicos e os recursos financeiros de uma nação inteira, se a epidemia continuar aumentando.

Unidos antes de dezembro de 1991, 133.232 (64%) morreram da doença – aproximadamente duas vezes o número de soldados que morreram na Guerra do Vietnã. Algumas estimativas sugerem que a AIDS, nos Estados Unidos, será a segunda principal causa de morte de homens com idade entre 25 e 44 anos e uma das cinco principais causas de morte de mulheres com idade entre 15 e 44 anos (DESCOBERTA 23.2).

Nos Estados Unidos, a AIDS inicialmente ocorreu em homens homossexuais e bissexuais, e este grupo ainda representa a maior proporção no total dos casos (Figura 23.9, caderno em cores). Entretanto, nos últimos anos tem havido uma diminuição no número de casos novos de AIDS em indivíduos deste grupo (Figura 23.10, caderno em cores), provavelmente devido a mudanças no padrão de comportamento após a descoberta dos modos de transmissão do vírus.

Usuários de drogas intravenosas, que tradicionalmente compartilham agulhas, fazem parte de um grupo que apresenta a segunda maior incidência. De fato, em algumas áreas dos Estados Unidos os usuários de drogas intravenosas têm sido o grupo com maior incidência. Outros grupos – hemofílicos recebendo derivados do sangue, indivíduos submetidos a transfusão sanguínea, heterossexuais e crianças nascidas de mães infectadas – apresentam baixas incidências (Figura 23.9 e 23.10, caderno em cores).

Nos Estados Unidos e na Europa, o número de casos adquiridos por meio de relações heterossexuais tem sido relativamente baixo (em torno de 2 a 5% do total de casos) e, em 1991, a relação entre homens e mulheres com AIDS nos Estados Unidos foi de aproximadamente 7:1. Entretanto, a situação em países em desenvolvimento, como os da África, é muito diferente. Nesses países a doença é transmitida principalmente por contato heterossexual, e a relação entre homens e mulheres é de aproximadamente 1:1.

O Agente Etiológico da AIDS. A AIDS pode ser causada por dois tipos de vírus relacionados chamados HIV-1 e HIV-2, ou vírus da imunodeficiência humana (HIV – *human immunodeficiency virus*). Segundo os cientistas, existe a possibilidade de outros vírus HIV, ainda desconhecidos, também causarem a AIDS. Virtualmente todos os casos de AIDS nos Estados Unidos são produzidos pelo HIV-1. No oeste da África predomina o HIV-2, enquanto na África Central o HIV-1 é predominante. Os dois tipos de HIV infectam células humanas de maneira similar e causam o mesmo tipo de dano ao sistema imune do paciente.

A estrutura do HIV-1 é mostrada na Figura 23.11 (caderno em cores) . A porção interna do HIV consiste em uma fita única de RNA e numa enzima *transcriptase reversa* (assim o HIV é classificado como um *retrovírus*). Estas estruturas estão contidas dentro de um capsídeo protéico, que é envolvido por um envelope interno de proteína 17 e uma membrana de fosfolipídeos ligada a glicoproteínas. As glicoproteínas permitem a ligação dos vírus aos receptores químicos chamados CD4 localizados na superfície dos linfócitos T4 ("células T *helper*"; ver Capítulo 19). Após ligar-se ao CD4 e entrar num linfócito T4, o vírus perde seu capsídeo e expõe o seu RNA. A transcriptase reversa sintetiza uma fita única de DNA que é complementar ao RNA viral. [Recordar, conforme Capítulo 16, Volume I (ver DESCOBERTA 16.2), que esta enzima difere da DNA polimerase porque ela utiliza uma fita de RNA em vez de DNA, como modelo para construir uma fita complementar de DNA.] A fita única de DNA é convertida enzimaticamente para um DNA de fita dupla, que é então integrado ao DNA da célula hospedeira (Figura 23.12, caderno em cores).

Nesta forma integrada, o vírus é dormente e não causa dano para a célula infectada. Entretanto, em algum momento o vírus é ativado de sua forma inerte. Quando esta ativação ocorre, o DNA viral controla a síntese de novas moléculas de RNA e proteínas virais. Assim, o RNA e as proteínas são reunidas a fim de dar origem a numerosas partículas virais, que são liberadas para a superfície da célula hospedeira para infectar outros linfócitos T4. A célula T4 hospedeira é morta durante a multiplicação viral.

O vírus HIV também infecta outras células, como os macrófagos, os monócitos e, em alguns casos, as células microgliais no cérebro. Aparentemente, estas células não são mortas quando liberam novos vírus HIV, tornando-se assim um reservatório para o vírus. Os cientistas ainda estão desvendando o mistério pelo qual as células são afetadas pelo HIV.

Em 1990, alguns pesquisadores sugeriram que a bactéria micoplasma poderia contribuir para a AIDS pela ativação do HIV, causando a replicação viral e afetando o sistema imune do hospedeiro. Assim, os pacientes infectados com micoplasma juntamente com o vírus desenvolveriam AIDS rapidamente. Esta idéia provocadora foi recebida com ceticismo por muitos pesquisadores de AIDS e permanece em aberto, necessitando de uma confirmação.

Transmissão do HIV. O vírus HIV é transmitido pelo contato homossexual e heterossexual. Em homens infectados, o vírus ocorre no *sêmen*, o fluido que transporta as células sexuais masculinas. O vírus também pode ocorrer no sangue de homens e mulheres infectados e em secreções vaginais de mulheres infectadas. Durante o contato sexual, o vírus pode alcançar a corrente sanguínea de um indivíduo não infectado, homem ou mulher, por meio de rupturas microscópicas da mucosa que reveste os órgãos genitais ou o reto.

O vírus HIV também pode ser transmitido por meio do sangue contaminado residual de agulhas e seringas hipodérmicas que são compartilhadas entre os usuários de drogas intravenosas (DESCOBERTA 23.3). É importante notar que não são somente os usuários de drogas convencionais, mas também aqueles que usam substâncias injetáveis, como os esteróides, podem ser infectados se compartilharem agulhas e seringas. O HIV pode ser transmitido por transfusões sanguíneas com sangue contaminado; entretanto, a triagem do sangue, utilizada em hospitais e bancos de sangue, reduziu a transmissão para níveis muito baixos. Estudos realizados em 1989 sugeriram que o risco de contrair infecção por HIV por transfusão com uma unidade de sangue triado variou de 1 em 40.000 para 1 em 150.000.

Outra rota pela qual o HIV pode ser adquirido é da mãe para o filho. O vírus pode ser transmitido antes do nascimento ou durante a exposição da criança ao sangue ou outros fluidos infectados durante a passagem pelo canal cervical. Nem todas as crianças nascidas de mães infectadas apresentam-se infectadas pelo vírus. Também há poucos casos indicando que o vírus pode ser transmitido por meio do leite materno.

O HIV ocorre não somente no sêmen, nas secreções vaginais e no sangue de indivíduos infectados, mas também na saliva, na lágrimas, na urina e nas fezes. Em vista disso, pode-se imaginar que o vírus poderia ser adquirido de pessoas com AIDS por meio de um tipo de contato "casual", não sexual, relacionado ao dia-a-dia, como o aperto de mãos ou a tosse. Entretanto, nenhum caso conhecido de AIDS tem sido relacionado ao contato casual com alguém que tenha AIDS ou infecção pelo HIV. Em famílias de pacientes com AIDS não foi encontrada nenhuma evidência de transmissão do vírus por compartilhar alimentos, toalhas, xícaras, giletes e escovas de dentes.

Entre médicos, enfermeiras e outros profissionais da saúde expostos ao vírus, a infecção tem sido extremamente rara – associada somente com uma picada acidental com uma agulha contaminada ou por gotas de sangue expelidas acidentalmente pela borracha de um tubo coletor de sangue. Entretanto, os profissionais da saúde apresentam um maior potencial de risco do que a população em geral, e o CDC recomenda que essas pessoas utilizem "precauções universais" no trabalho com todos os pacientes (ver DESCOBERTA 22.3).

Patogenicidade do HIV. Indivíduos que são infectados com o vírus da AIDS usualmente não desenvolvem os sintomas da doença imediatamente. Portanto, não são diagnosticados por um longo período de tempo após terem sido infectados. Isto ocorre porque, logo após a infecção, o vírus multiplica-se e o sistema imune do hospedeiro produz anticorpos. Estes anticorpos podem controlar outras multiplicações virais por algum período de tempo, às vezes por vários anos. Entretanto, eles não eliminam completamente o vírus, pois muitos deles existem como parte do genoma de linfócitos T4 do hospedeiro. O mais intrigante aspecto da infecção por HIV é que, quando uma célula T4 é estimulada durante uma resposta imune, o HIV é ativado, replica e mata a célula T4 hospedeira. Assim, *a ativação do sistema imune contribui para a destruição de um componente essencial deste sistema, as células T4* helper. É desta maneira que o vírus gradualmente ganha espaço e eventualmente danifica o sistema imune a ponto de o organismo não conseguir manter o vírus sob controle (Figura 23.13, caderno em cores). Após a ocorrência destes fatos, segue-se o desenvolvimento de doenças indicativas de AIDS.

Das pessoas infectadas pelo vírus HIV, 20 a 30% desenvolvem AIDS em cinco anos, mas alguns indivíduos permanecem sadios por até 10 anos ou mais. É importante ressaltar que, embora os indivíduos infectados por HIV possam não apresentar sintomas de AIDS, eles podem transmitir o vírus para outras pessoas e, assim, são considerados portadores assintomáticos.

Nos indivíduos que desenvolvem os sintomas da AIDS, a doença deve-se à destruição dos linfócitos T4

Figura 23.14 Doenças secundárias como a PCP (pneumonia por *Pneumocystis carinii*) e KS (sarcoma de Kaposi) associadas a pacientes aidéticos nos Estados Unidos, de 1981 a 2 de fevereiro de 1987. As doenças secundárias são denominadas *doenças oportunistas*, porque elas levam vantagem sobre a imunodeficiência do paciente causada pelo vírus. Elas ocorrem com menos freqüência na população em geral. (**A**) Homossexual/bissexual (N = 21.951). (**B**) Todos os outros (N = 8.008). (*Centers for Disease Control, Atlanta.*)

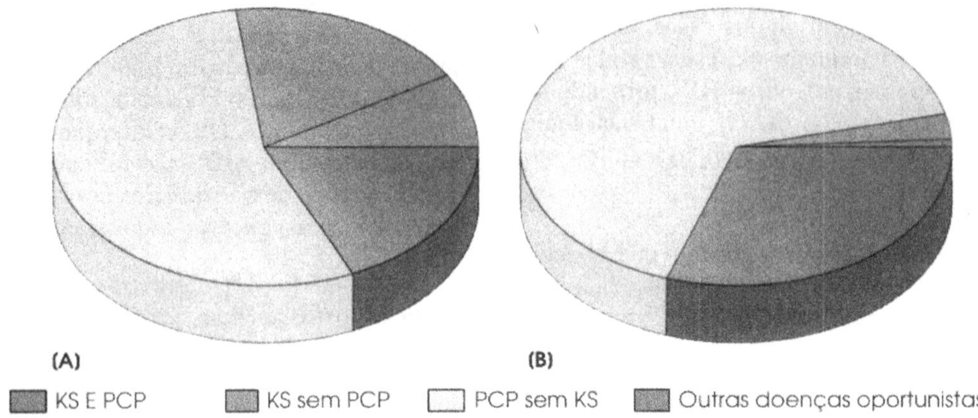

durante a multiplicação do HIV. Esta destruição causa severos danos no sistema imune do organismo, porque os linfócitos T4 são necessários para o funcionamento normal de outros linfócitos T e de linfócitos B e macrófagos. Como resultado, os indivíduos com AIDS são altamente vulneráveis a *infecções secundárias* causadas por várias bactérias, protozoários, fungos ou vírus. Os microrganismos que causam estas infecções secundárias normalmente apresentam baixa patogenicidade e raramente causam doenças na população normal. Entretanto, eles freqüentemente infectam pacientes com AIDS porque estes indivíduos têm um sistema imune deficiente. Além disso, alguns podem sofrer danos gerados pelo próprio HIV, pois o vírus pode eventualmente atacar o sistema nervoso e causar danos no cérebro. Estes danos podem levar anos para desenvolver-se, e os sintomas podem aparecer como perda de memória, indiferença, perda da coordenação motora, paralisia parcial ou confusão mental.

Figura 23.15 Lesões púrpuras do sarcoma de Kaposi no calcanhar e na parte lateral do pé.

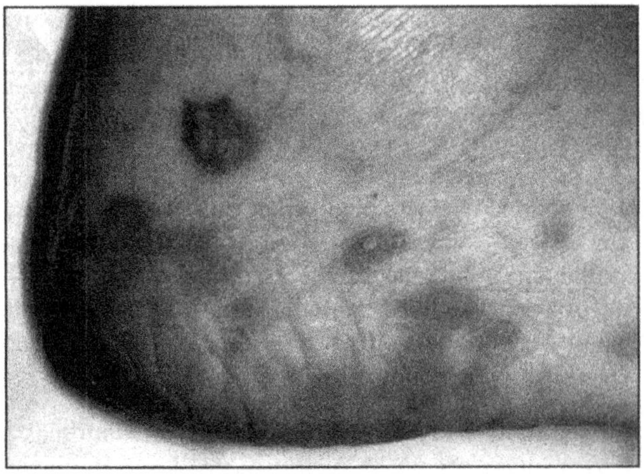

Doenças Secundárias Indicativas de AIDS. Um caso de AIDS freqüentemente é indicado pelo desenvolvimento de alguma doença secundária que demonstra um defeito do sistema imune do paciente e que ocorre na ausência de uma outra causa conhecida de diminuição da resistência. Estas doenças secundárias às vezes são extremamente sérias e de cura muito difícil. As duas doenças secundárias mais comuns em pacientes com AIDS são o sarcoma de Kaposi e pneumonia por *Pneumocystis carinii* (Figura 23.14). Estas e outras doenças secundárias associadas com AIDS são caracterizadas da seguinte maneira:

1. *Sarcoma de Kaposi (*KS – *Kaposi's sarcoma*), um tipo de câncer benigno, com manchas de cor azul-violeta ou pardas ou inchaços na pele (Figura 23.15). Em pacientes que não têm AIDS, estas lesões aparecem nas pernas, com desenvolvimento lento, e normalmente não invadem outras regiões do organismo. Entretanto, nos pacientes com AIDS, o câncer espalha-se rapidamente para os pulmões, linfonodos, trato intestinal e algumas vezes para o cérebro. A causa do sarcoma é desconhecida, porém estudos recentes sugerem que o próprio vírus HIV pode ser o responsável. Quando um gene HIV foi introduzido em camundongos mediante técnicas de engenharia genética, eles desenvolveram lesões de pele que se assemelharam às leões encontradas em pacientes com AIDS.

2. Pneumonia por *Pneumocystis carinii (*PCP – Pneumocystis carinii *pneumonia)*, uma infecção causada por um microrganismo eucarioto, o *Pneumocystis carinii* (Figura 23.16, caderno em cores). Embora este microrganismo seja reconhecido como protozoário, estudos recentes indicam que ele pode ser uma levedura. Em indivíduos que não têm AIDS, a pneumonia é facilmente tratada, mas em pacientes com AIDS esta infecção é muito mais difícil de ser tratada. Além disso, aproximadamente 20% dos doentes tratados apresentam reincidência, e esta é a causa de morte mais comum entre os pacientes aidéticos.

DESCOBERTA!

23.3 OS MOSQUITOS PODEM TRANSMITIR O VÍRUS DA AIDS?

Sabe-se que pequenas quantidades de sangue contaminado presentes em seringas hipodérmicas e agulhas podem transmitir o vírus da AIDS (HIV) entre usuários de drogas. Por esta razão, tem sido questionado o envolvimento de mosquitos ou outros artrópodes na transmissão do vírus. Alguns pesquisadores comparam os mosquitos a "seringas voadoras" que podem carrear o vírus de um indivíduo infectado para uma pessoa normal.

Embora exista teoricamente a possibilidade de os insetos poderem transmitir o vírus da AIDS, evidências atuais sugerem que a transmissão é altamente improvável.

Estudos de freqüência e ocorrência de AIDS têm mostrado a inexistência de evidências ligando mosquitos à doença. Por exemplo, se mosquitos podem transmitir o vírus, torna-se difícil explicar por que a incidência da infecção pelo vírus HIV ou AIDS em crianças é tão baixa.

Em estudos de laboratório, pesquisadores do CDC mostraram que, em mosquitos injetados com sangue contaminado com HIV, os vírus sobrevivem por somente uma hora nos insetos e não ocorre multiplicação nos mosquitos nem em culturas de células de mosquitos. Além disso, esforços para transmitir o vírus de insetos para células humanas em laboratório têm sido feitos, porém sem sucesso.

3. Infecção por *Cytomegalovirus (CMV)*, que causa lesões na retina e pode levar à cegueira.

4. *Candidíase*, causada pela *Candida albicans* (Figura 23.17, caderno em cores), que produz tipicamente lesões esbranquiçadas no palato mole, amígdala e mucosa da boca.

5. *Toxoplasmose*, causada pelo protozoário *Toxoplasma gondii*. Este microrganismo infecta 20 a 40% da população adulta dos Estados Unidos, mas a infecção é normalmente controlada pela resposta imune. Quando uma pessoa desenvolve AIDS, entretanto, os cistos dormentes podem ser ativados, permitindo ao parasita infectar o cérebro e outros órgãos.

6. *Criptosporidiose*, causada por um protozoário do gênero *Cryptosporidium*. Em pessoas com um sistema imune normal, este microrganismo causa apenas uma diarréia branda que desaparece em uma a duas semanas. Em pacientes com AIDS a diarréia é severa, de longa duração e recorrente, podendo resultar na perda de muitos fluidos e morte do paciente por desidratação e desnutrição.

7. Infecção por *Mycobacterium avium* e *Mycobacterium intracellulare*. Estes bacilos álcool-ácido resistentes assemelham-se ao agente etiológico da tuberculose, *Mycobacterium tuberculosis*, mas normalmente apresentam um grau muito menor de patogenicidade. Porém, em pacientes com AIDS, podem causar infecções graves no cérebro e em outros órgãos. Estas infecções são difíceis de tratar porque os bacilos são resistentes a muitos dos agentes antimicrobianos usados no tratamento da tuberculose.

Diagnóstico Laboratorial da Infecção por HIV. Os testes laboratoriais mais comumente utilizados para detectar infecção por vírus HIV são destinados à identificação de *anticorpos* que os indivíduos infectados desenvolvem contra o HIV; eles não detectam o vírus. Os anticorpos usualmente aparecem no sangue um a dois meses após o indivíduo ter sido infectado. Um teste de ELISA indireto (Capítulo 20) tem sido bastante utilizado, mas requer equipamentos sofisticados e são gastas 3 a 4 h na realização. Em 1988 um teste mais simples para detectar os anticorpos foi introduzido, e apenas cinco minutos são gastos para a sua realização. O teste baseia-se na colocação de uma gota de sangue sobre um cartão de plástico, que é em seguida misturada com partículas de látex cobertas com uma proteína antigênica do HIV. (O antígeno é obtido por meio de técnicas de engenharia genética em vez de ser extraído do vírus propriamente dito.) Se existirem anticorpos contra HIV no sangue, eles se ligarão ao antígeno protéico e causarão a aglomeração das partículas de látex.

O teste de ELISA e o teste do látex são altamente sensíveis e específicos, mas ocasionalmente podem apresentar resultados falsos positivos. Por esta razão, todos os testes positivos necessitam de confirmação por um teste mais específico e mais caro, que usa um procedimento chamado *Western blot*. Este teste detecta e identifica anticorpos contra componentes protéicos específicos do HIV. O antígeno usado no teste é uma mistura de proteínas do HIV preparada pelo rompimento das partículas virais purificadas. As várias proteínas são separadas por eletroforese em uma série de bandas protéicas, as quais são transferidas para uma fita de papel de nitrocelulose. Quando a fita de papel é tratada com um soro de paciente contendo anticorpos contra HIV, estes anticorpos são ligados às proteínas virais no papel. Em seguida, anticorpos antiimunoglobulinas humanas, ligados a uma enzima, são colocados sobre o papel, onde se ligam aos anticorpos do paciente. Quando um substrato para a enzima é adicionado, esta converterá o substrato em um produto visível colorido. Assim, um padrão de bandas com cores distintas aparecerá na fita de papel. Cada banda mostra onde os anticorpos do paciente reagiram com um componente protéico do HIV.

Nos Estados Unidos, todo sangue doado para uso em transfusões sanguíneas é triado quanto à presença de anticorpos contra HIV. Devido a esta triagem, a transmissão do vírus por transfusão com sangue contaminado é muito rara.

Uma dificuldade com os testes que detectam anticorpos contra HIV é que esses anticorpos levam muitas semanas ou até muitos meses para se desenvolver, após um indivíduo ter sido infectado. Por esta razão, outros testes estão em desenvolvimento com o objetivo de detectar a presença do próprio vírus no paciente. Estes testes poderiam ser utilizados em combinação com os testes para anticorpos anti-HIV. Isto porque a quantidade de vírus no sangue é muito pequena quando o indivíduo está produzindo anticorpos. O nível de vírus no sangue permanece baixo, algumas vezes por muitos anos, até que o sistema imune seja tão seriamente danificado que não tenha mais o controle da infecção (ver Figura 23.13, caderno em cores). Durante este período de latência, a única evidência da infecção por HIV pode ser o DNA viral que foi integrado ao DNA das células T4 infectadas. Um teste de diagnóstico desenvolvido recentemente pode detectar quantidades muito pequenas de DNA viral integrado – quantidades que não são demonstradas em outros testes. O novo teste utiliza a ***reação de polimerização em cadeia (PCR – polymerase chain reaction)***, uma técnica de amplificação na qual bilhões de cópias de DNA podem ser sintetizadas num tubo de ensaio a partir de poucas cópias iniciais (ver DESCOBERTA 13.1). Se uma pessoa é infectada pelo HIV, uma pequena quantidade de DNA viral extraída de uma amostra de células T4 de um indivíduo pode ser amplificada a ponto de ser detectada por métodos ordinários.

Alguns testes de laboratório para o diagnóstico da AIDS destinam-se a demonstrar os danos que o HIV causa no sistema imune. Esses testes são baseados na demonstração do decréscimo da relação de linfócitos T4 (células auxiliares) e linfócitos T8 (células supressoras). Em pessoas com AIDS, a relação T4:T8 é anormalmente baixa porque as células T4 são destruídas pelo HIV, mas os linfócitos T8 não são atacados.

Tratamento e Prevenção da Infecção pelo HIV e AIDS. ***Azidotimidina* (AZT)** – também chamado de *zidovudina* – é um componente químico aprovado para o tratamento de pacientes com AIDS e daqueles com infecção pelo HIV. Apesar de o tratamento não apresentar a cura da doença, ele cria um retardamento na multiplicação do vírus, podendo, desta forma, prolongar a vida dos pacientes. O AZT interfere na síntese do DNA viral por apresentar semelhança com a timidina, um legítimo nucleotídeo que compõe o DNA (Figura 23.18A). A transcriptase reversa viral é facilmente enganada e incorpora falsos nucleotídeos na cadeia de DNA em crescimento. Após a incorporação do AZT, nenhum nucleotídeo pode ser adicionado, e a síntese de DNA viral é interrompida (Figura 23.18B). O AZT tem pequeno efeito sobre células humanas, porque elas utilizam a enzima DNA polimerase, e não a transcriptase reversa, para produzir DNA. A DNA polimerase não é facilmente enganada pelo uso do AZT. Entretanto, 30 a

Figura 23.18 (**A**) A azidotimidina (AZT) é parecida com a timidina, uma unidade estrutural do DNA. (**B**) A transcriptase reversa do HIV é facilmente enganada e utiliza o AZT em vez da timidina; isto causa um bloqueio na síntese do DNA viral.

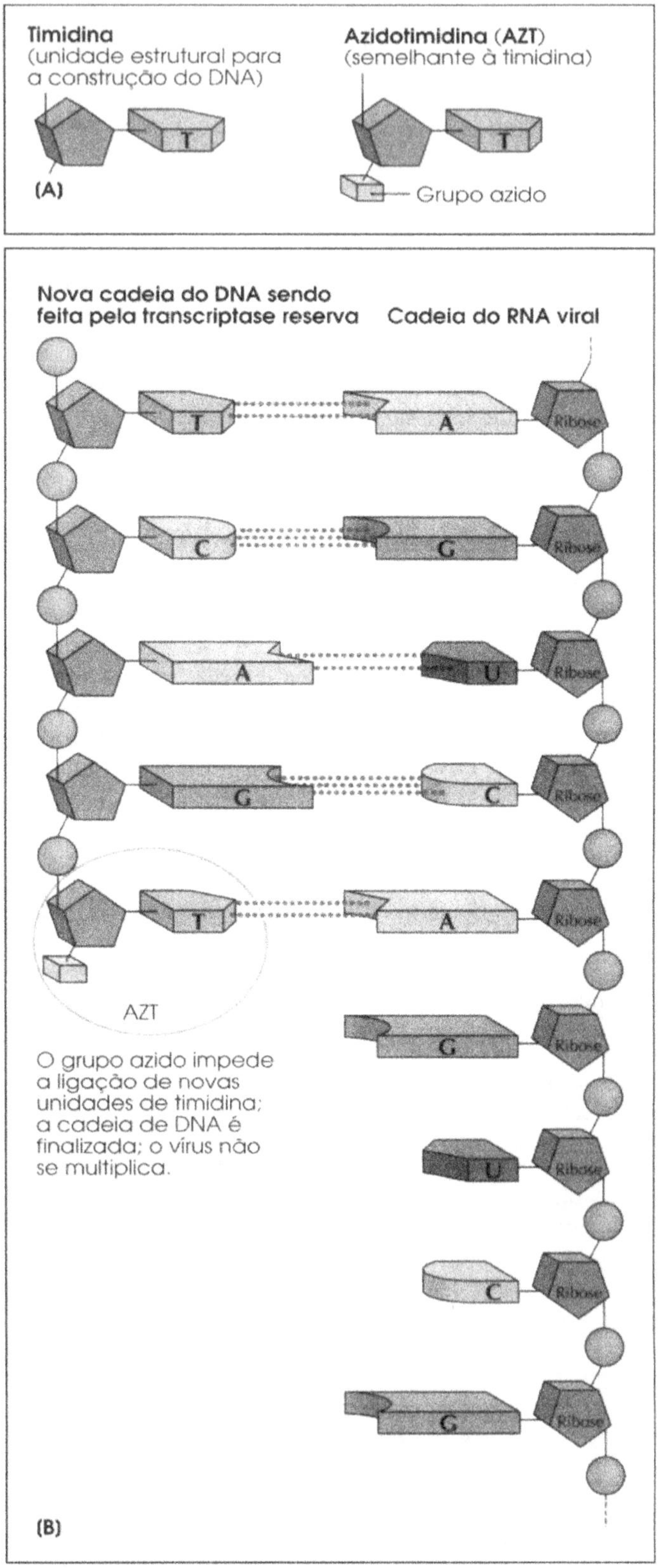

40% dos pacientes tratados com AZT podem desenvolver sérios efeitos colaterais, como anemia, devido à toxicidade da droga para a medula óssea.

O AZT não é usado somente no tratamento de casos graves de AIDS; ele pode também retardar a progressão da doença em pessoas infectadas que estão nos estágios iniciais da AIDS e apresentam sintomas brandos. Além disso, quando a substância é administrada nessas pessoas, a ocorrência de efeitos colaterais severos é menos provável. Estudos estão sendo realizados para testar a habilidade da droga em atrasar o início da doença em indivíduos que estão infectados, mas não desenvolveram os sintomas. Infelizmente, o alto custo do AZT dificultará o uso da droga no tratamento de um grande número de pessoas infectadas.

O maior esforço das pesquisas está na descoberta de outros agentes quimioterápicos contra a AIDS e a infecção pelo HIV. Em 1991, uma droga chamada ***dideoxinosina (DDI)*** foi aprovada nos Estados Unidos, pela Food and Drug Administration (FDA), para ser usada principalmente em pacientes com AIDS que não toleram ou que não respondem ao AZT. A aprovação foi concedida, embora a DDI não tenha sido submetida a todos os testes clínicos rigorosos exigidos pela FDA. Isto ocorreu devido à extrema urgência da necessidade de agentes terapêuticos para o tratamento de AIDS. A droga DDI atua pela inibição da transcriptase reversa de maneira similar ao AZT. Embora possa ser menos ativa que o AZT, é também muito menos tóxica para as células e causa poucos efeitos colaterais no paciente. Outro agente que mostra resultados promissores é uma abreviada versão da ***glicoproteína CD4***, solúvel, produzida por técnicas de engenharia genética. Esta atividade é baseada no fato de que o vírus HIV inicia a infecção pela aderência aos receptores CD4 na superfície dos linfócitos T4. Teoricamente, se moléculas de CD4 solúveis forem injetadas em alguém infectado com o vírus, o HIV se ligará a essas moléculas em vez de ligar-se aos linfócitos T4, neutralizando sua infectividade (Figura 23.19). Embora o CD4 sintético funcione bem nos testes experimentais realizados in vitro, ainda é necessário determinar a sua segurança e eficácia no tratamento de seres humanos.

Muitas vacinas para a prevenção da AIDS estão em amplo desenvolvimento. Essas vacinas são baseadas no princípio de que as glicoproteínas do envelope do vírus HIV, quando injetadas em um indivíduo não infectado, podem estimular a produção de anticorpos que podem prevenir a fixação do vírus às células T4. Entretanto, o desenvolvimento de vacinas é complicado pelo fato de que o HIV apresenta freqüentes mutações e exibe variabilidade nas proteínas do envelope. Isto significa que anticorpos contra uma determinada proteína do envelope podem proteger uma pessoa contra uma variedade do HIV, porém podem não proteger contra outras variedades que possuem

Figura 23.19 (**A**) Para infectar linfócitos T4 humanos, o vírus HIV primeiro precisa ligar-se a um receptor CD4 na superfície da célula. (**B**) Uma versão sintética solúvel do receptor pode prevenir o ataque do vírus e pode auxiliar no tratamento de pacientes com AIDS.

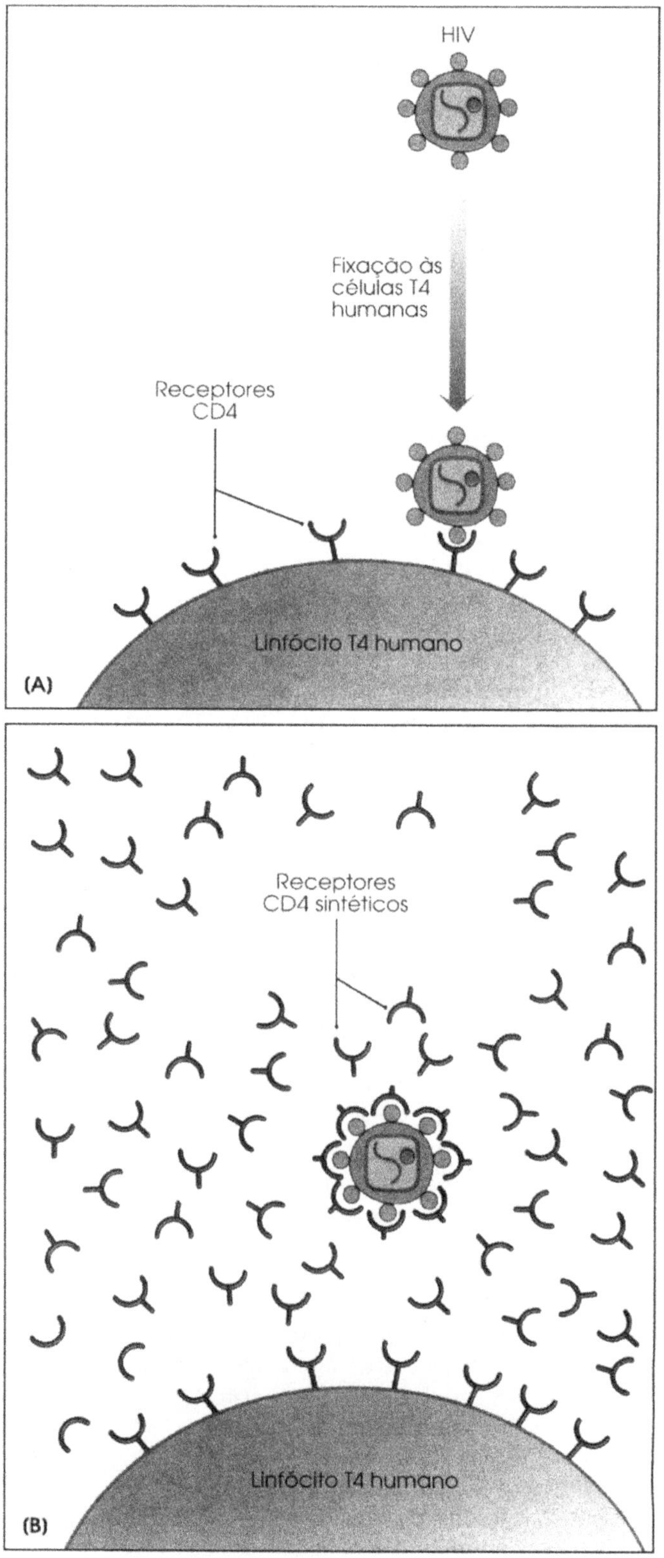

envelopes com proteínas diferentes. Alguns grupos de pesquisadores estão estudando vacinas produzidas a partir de outras partes do vírus, menos variáveis. Algumas vacinas em estudo não são vacinas verdadeiras, pois não poderiam *prevenir* uma infecção pelo HIV; ao contrário, espera-se que estas vacinas possam evitar que pessoas já infectadas desenvolvam a AIDS.

Herpes Genital

O herpes genital é uma das mais predominantes e bem conhecidas DSTs. Estima-se que cerca de 500.000 novos casos de herpes genital ocorrem a cada ano nos Estados Unidos, com a maior incidência em adultos jovens. O herpes genital é caracterizado por períodos alternados de atividade e de latência em pessoas infectadas. (A infecção pelo herpes pode ser mortal para pessoas com AIDS devido à deficiência do sistema imune.)

O Agente Etiológico do Herpes Genital. Cerca de 80% dos casos são produzidos pelo *vírus herpes simplex tipo 2 (HSV-2)*. Um outro vírus relacionado, o *herpes simples tipo 1 (HSV-1)*, causa cerca de 20% dos casos de herpes genital, mas é mais bem conhecido como o agente de herpes labial, aftas e lesões de pele em áreas não-genitais (Figura 23.20A).

Os vírus herpes simplex contêm DNA de fita dupla envolvido em um capsídeo icosaédrico. Durante a replicação viral, os nucleocapsídeos são reunidos no núcleo da célula hospedeira infectada. Após a montagem, cada nucleocapsídeo passa do núcleo para o citoplasma e, neste processo, leva um pedaço da membrana nuclear que dá origem ao envoltório lipídico do vírus.

Transmissão do Vírus Herpes Simplex. O vírus HSV-2 é transmitido por meio de relações sexuais, enquanto o vírus HSV-1 é transmitido principalmente por secreções orais. Quando o vírus HSV-1 causa herpes genital, ele é usualmente adquirido pelo contato oral-genital.

A infecção pelo vírus HSV-2 em mulheres grávidas pode levar a uma doença séria e fatal nos recém-nascidos. Durante o processo do nascimento, o vírus pode ser adquirido da mãe e invadir pele, olhos, sistema nervoso central e vísceras do neonato (Figura 23.20B).

Patogenicidade do HSV-2. O herpes genital primário desenvolve-se após um período de incubação de 10 a 20 dias. Em mulheres, ocorre o aparecimento de lesões bolhosas, pequenas e doloridas no cérvice, na vagina (Figura 23.20C), na uretra e ao redor do ânus. No homem, as lesões são no pênis, na uretra ou ao redor do ânus. As lesões formam crostas e curam sem deixar cicatriz. O vírus está presente nas lesões, e a doença é muito contagiosa quando a lesão está presente. Entretanto, algumas vezes pode ser

Figura 23.20 (**A**) Lesão de herpes simplex no lábio de um paciente, dois dias após o início. (**B**) Lesões de pele por herpes simples em um recém-nascido (12 h de idade). (**C**) Herpes genital primário na vagina, após as vesículas iniciais terem-se rompido para originar úlceras (feridas abertas). Algumas das lesões estão cicatrizadas, porém algumas ulcerações permanecem.

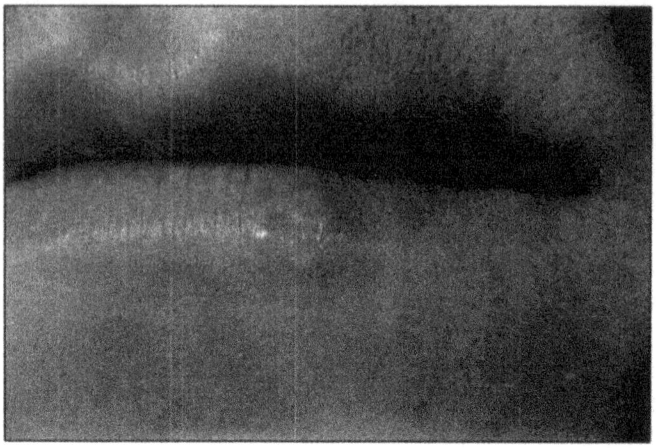

(A)

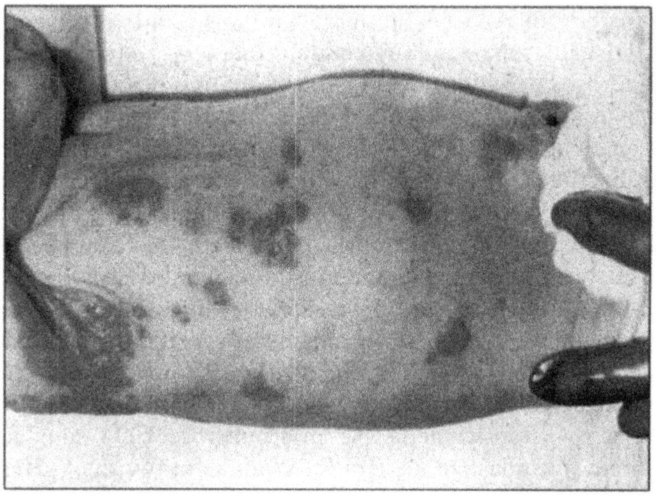

(B)

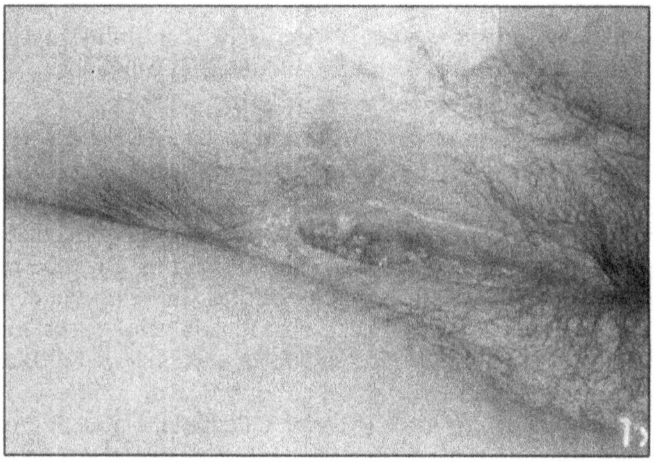

(C)

contagiosa mesmo quando as lesões estão ausentes. Outras manifestações da doença incluem febre, dor ao urinar, inflamação dos linfonodos adjacentes e úlcera genital.

Após o desaparecimento das lesões primárias, o vírus permanece na forma latente – que persiste sem causar sintomas da doença. O período de latência pode variar de poucas semanas para um ano ou mais; durante este tempo, o DNA viral persiste em certas células nervosas. O vírus pode ser periodicamente reativado e, a partir dos nervos, infecta células da pele, resultando em *herpes genital recorrente*. Um paciente pode sofrer várias recorrências durante um ano. Em mulheres, as recorrências usualmente envolvem o cérvice; em homens, as recorrências usualmente ocorrem no pênis. Vários estudos têm mostrado uma ligação entre herpes e câncer do cérvice ou próstata, entretanto ainda não foi provado se o HSV-2 causa verdadeiramente o câncer.

Patogenicidade do HSV-1. Diferentemente do HSV-2, o HSV-1 é freqüentemente contraído por crianças e, na idade adulta, mais de 50% da população pode ter o vírus. No contato inicial com o HSV-1, mais de 90% das pessoas desenvolvem somente infecção assintomática. O restante pode apresentar erupções bolhosas na boca, garganta inflamada, aftas, conjuntivite ou lesão de pele. Ocasionalmente podem ocorrer infecções graves e até mesmo fatais, como a encefalite, uma inflamação do cérebro.

Após a infecção primária, o HSV-1 pode persistir no organismo na forma latente. O vírus latente pode ser reativado por fatores do ambiente como calor ou frio, por distúrbios hormonais ou emocionais, ou por outros estímulos. Os pacientes podem desenvolver lesões bolhosas superficiais como aftas e herpes labial. As infecções por HSV-1 também têm sido relacionadas com câncer da cabeça e do pescoço, porém não está provado que este vírus cause câncer.

Diagnóstico Laboratorial do Herpes Genital. A melhor evidência laboratorial para o diagnóstico da infecção pelo HSV-2 é o isolamento do vírus em cultura de células. Quando a cultura é exposta a anticorpos fluorescentes contra o vírus, algumas células que estão infectadas tornam-se fluorescentes ao microscópio de fluorescência. Em um teste mais rápido, porém menos específico, raspados de lesões da pele ou mucosa são corados por corantes especiais para indicar a presença de células características denominadas *células gigantes multinucleadas*, que ocorrem em infecções causadas pelo HSV e outros vírus.

Tratamento e Prevenção do Herpes Genital. Como todas as doenças causadas por vírus, o herpes genital não pode ser tratado com antibióticos. Entretanto, um composto químico chamado ***aciclovir*** retarda a multiplicação dos vírus, diminuindo o curso da doença e prevenindo o desenvolvimento de novas lesões. Dependendo da gravidade da doença, o aciclovir é administrado topicamente, oralmente ou intravenosamente. O aciclovir inibe a síntese do DNA viral por apresentar semelhança com a purina guanina. Esta droga atua seletivamente contra o vírus porque as células do hospedeiro incorporam muito menos purina falsa em seu DNA. Nenhuma vacina contra o vírus HSV está disponível no momento.

Outras Doenças Sexualmente Transmitidas Causadas por Vírus

Além da AIDS e do herpes genital, há outras doenças sexualmente transmitidas causadas por vírus. Entre eles, os mais significativos são o vírus da hepatite tipo B e o condiloma acuminado (verruga genital).

Hepatite Viral, Tipo B. A hepatite tipo B, também conhecida como *hepatite sérica*, é uma infecção do fígado e do sangue causada pelo *vírus hepatite B (HBV)*. Aproximadamente 21.000 casos de hepatite tipo B são relatados a cada ano nos Estados Unidos, porém existem outros casos não relatados, fazendo com que o número total de casos seja indubitavelmente muito maior.

O vírus HBV contém DNA de fita dupla e é envolvido por um envelope lipídico. É transmitido da mesma maneira que o vírus da AIDS: pelo contato sexual com pessoas infectadas, por transfusão com sangue contaminado ou produtos derivados do sangue, por seringas e agulhas contaminadas e da mãe para o filho. No momento, os usuários de drogas intravenosas fazem parte do grupo com maior risco de contrair hepatite tipo B.

A hepatite tipo B é caracterizada por fraqueza, náusea, vômito, desconforto abdominal, febre e icterícia. A doença raramente é fatal e, em muitos indivíduos, a cura é espontânea entre duas a seis semanas; entretanto, em 5 a 10% dos pacientes o vírus persiste no organismo por alguns anos. Estas pessoas podem apresentar uma hepatite crônica (persistente) ou podem meramente ser portadores assintomáticos. Cerca de 200 milhões de pessoas em todo o mundo apresentam infecção crônica pelo HBV e, devido à presença do vírus no sangue desses indivíduos, o mesmo não deve ser utilizado em transfusões sanguíneas. Rotineiramente é feita em bancos de sangue e em hospitais a triagem do sangue quanto à presença de antígenos do vírus HBV.

O HBV é também o provável causador do *carcinoma hepático primário*, um tipo de câncer que é raro nos Estados Unidos, mas comum em certas áreas da África, sudeste da Ásia e outras regiões.

Uma vacina muito efetiva contra a hepatite do tipo B foi desenvolvida por engenharia genética a partir de um inofensivo antígeno de superfície (ver DESCOBERTA 14.1). Programas de vacinação abrangem principalmente profissionais da saúde que estão expostos ao sangue. Infelizmente, o grupo de risco que conta com muitos casos de hepatite, os usuários de drogas intravenosas, não estão incluídos neste programa de vacinação.

Condiloma Acuminado (Verruga Genital). Verrugas genitais são causadas por certos vírus transmitidos sexualmente que fazem parte do grupo dos papilomavírus humanos (HPV). As verrugas são grandes, úmidas, de cor vermelha a castanha, usualmente em grupos e ocasionalmente com aspecto de uma couve-flor, nos órgãos genitais de homens e mulheres ou ao redor do ânus. O tratamento efetivo pode ser feito pelo uso de agentes químicos, como soluções de podofilina, ou por agentes físicos, como congelamento, cauterização ou remoção cirúrgica. Há evidências de que as verrugas genitais podem algumas vezes provocar câncer no cérvice.

Responda

1 Qual é a extensão e o significado da AIDS pandêmica nos Estados Unidos e na África Central? Quais são as diferenças existentes na distribuição dos casos na população dessas áreas?

2 Quais os outros meios, além do contato sexual, pelos quais o HIV pode ser transmitido?

3 Como o HIV se multiplica e causa danos no sistema imune? Por que pode passar anos entre a infecção pelo HIV e o desenvolvimento de AIDS?

4 Quais doenças secundárias são usualmente indicativas de AIDS? Por quê?

5 Quais testes de laboratório são usados para detectar a presença de anticorpos contra HIV em sangue de pacientes? Por que o método da PCR auxilia na detecção do HIV nas células T4 humanas?

6 Como a multiplicação do HIV é retardada pelo AZT?

7 Quais vírus causam herpes genital? Como o herpes genital primário difere da forma recorrente? Como a doença é diagnosticada no laboratório? Qual agente químico é usado para tratar a doença e como ele atua?

8 Como a transmissão do HBV pode ser comparada com a do HIV? Quais são as características da hepatite tipo B? Existe uma vacina para esta doença?

9 O que causa o condiloma acuminado? Quais são as características distintas dessa doença?

Doenças Sexualmente Transmitidas Causadas por Leveduras e Protozoários

Relativamente poucas DSTs são causadas por fungos e protozoários, mas elas podem ser problemáticas. As vaginites e uretrites são causadas por leveduras, e a tricomoníase é causada por um protozoário flagelado.

Candidíase Vaginal

A levedura *Candida albicans* (ver Figura 23.17, caderno em cores) faz parte da flora normal da boca, trato gastrintestinal e vagina. Sua multiplicação normalmente é inibida por outros organismos da flora normal e pelos mecanismos de defesa do organismo. Uma diminuição destes mecanismos que ocorre em algumas doenças debilitantes como a diabete, ou uma alteração da flora normal pela antibioticoterapia, podem gerar condições para um crescimento descontrolado da levedura (ver Capítulo 17 e a seção "Doenças Secundárias Indicativas de AIDS", neste capítulo). Entre as várias infecções que podem ocorrer nestas condições está a vaginite (inflamação da vagina), caracterizada por uma secreção densa e leitosa (Figura 23.21, caderno em cores). Outra condição causada pela *C. albicans* é a uretrite em homens e mulheres. Os homens podem desenvolver uretrite após contato sexual com mulheres que apresentam vaginite; em mulheres, a uretrite resulta de uma extensão da vaginite. Vaginite recorrente não é rara. O tratamento das vaginites pode ser feito com nistatina, clotrimazol ou miconazol. A uretrite é tratada com anfotericina B.

Tricomoníase

Um número estimado de 2,5 a 3 milhões de americanos contraem tricomoníase a cada ano. A doença é causada por um protozoário, *Trichomonas vaginalis* (Figura 23.22A).

Os sintomas da tricomoníase podem aparecer entre 4 a 20 dias após exposição. Em mulheres, a infecção pode ser assintomática ou pode ser uma vaginite caracterizada por prurido e um corrimento vaginal com cheiro desagradável. A doença pode incomodar, mas não provoca complicações sérias. No homem, a tricomoníase é usualmente assintomática, exceto nos casos que envolvem a vesícula seminal e a próstata.

O diagnóstico laboratorial da tricomoníase é feito pelo exame microscópico da secreção (Figura 23.22B) ou pela cultura do protozoário. Os pacientes são tratados com metronidazol.

Figura 23.22 (**A**) *Trichomonas vaginalis*, o protozoário que causa tricomoníase. (**B**) Fotomicrografia por contraste de fase de uma secreção vaginal a fresco de uma paciente com tricomoníase. Algumas células vivas de *Trichomonas vaginalis* podem ser vistas circundando uma célula epitelial. O protozoário realmente é reconhecido pela sua mobilidade característica, em preparações a fresco.

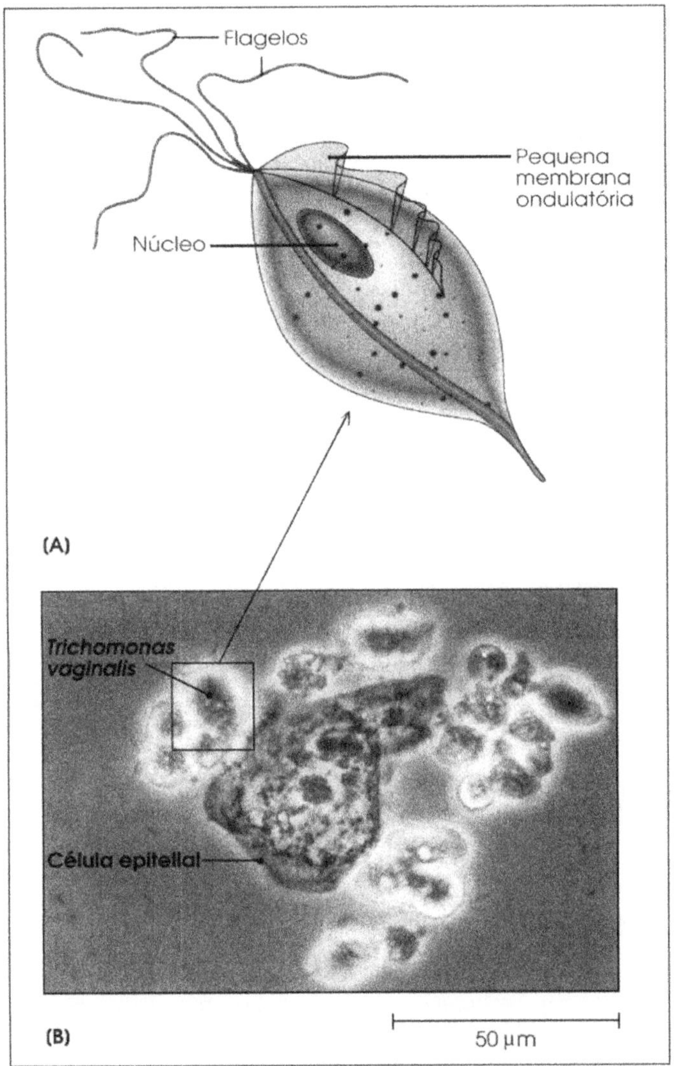

Responda

1 Qual é o microrganismo que causa a candidíase vaginal? Quais são os fatores que provocam o desenvolvimento desta doença?

2 Como a candidíase vaginal é diagnosticada no laboratório? Quais são os agentes químicos que podem ser usados no tratamento dessa doença?

3 Qual é o agente etiológico da tricomoníase? Como essa doença é diagnosticada no laboratório? Qual agente químico pode ser utilizado no tratamento dessa doença?

Controle das DSTs

A propagação de muitas DSTs está fora de controle. Devido à ausência de vacinas contra as DSTs, existe uma perspectiva muito pequena quanto ao controle por meio da imunização. No momento, outros métodos precisam ser utilizados no controle das DSTs.

Controle das Fontes de Infecção

Um método é baseado na identificação dos indivíduos infectados pelas agências de saúde pública e pelos médicos, a fim de que medidas possam ser instituídas para prevenir futuras transmissões do agente.

Tratamentos Efetivos

Nas DSTs causadas por bactérias, leveduras e protozoários, agentes químioterápicos podem ser usados no tratamento de indivíduos infectados, eliminando assim as fontes de transmissão. Entretanto, não há cura para DSTs transmitidas por vírus. Uma complicação desta medida deve-se ao fato de que muitas pessoas portadoras de DSTs não apresentam sintomas e, portanto, não são tratadas.

Educação Pública

A propagação das DSTs pode ser diminuída por meio de um programa efetivo de educação. Isso envolve métodos que enfatizem as sérias conseqüências clínicas das DSTs e descrevam como os riscos de contrair essas doenças podem ser minimizados.

Deter a propagação da AIDS é sem dúvida o problema mais importante no controle das DSTs nos dias de hoje. Como foi relatado anteriormente, a menos que a pandemia possa ser detida, a AIDS poderá ser uma das mais devastadoras doenças já experimentadas pela raça humana. Uma ampla imunização contra a AIDS é uma das esperanças para a prevenção, mas até o momento nenhuma vacina está disponível e, mesmo que alguma seja desenvolvida, levará anos até que esteja pronta para o uso. Na ausência de uma vacina, várias medidas de saúde pública têm sido propostas para controlar as fontes de infecção. Entretanto, algumas destas propostas têm levantado importantes questões legais e éticas que envolvem o equilíbrio entre as necessidades normais e os direitos individuais. Por exemplo, atualmente são promovidos debates a respeito da realização de testes para verificar se as pessoas estão infectadas, se tais testes devem ser obrigatórios ou voluntários, se devem ser restritos a alguns segmentos da população e se os resultados dos testes podem levar a práticas discriminatórias.

No presente, a principal forma de controle da AIDS é a educação pública sobre a doença. A importância desta medida é amplamente reconhecida pelo governo dos Estados Unidos, como declarado pelo seguinte pronunciamento do presidente Ronald Reagan em 1987:

O que nossos cidadãos precisam saber é isto: a América enfrenta uma doença que é fatal e contagiosa, e a situação clama por urgência e não por pânico. Clama por compaixão, e não por censura. E clama por entendimento, não por ignorância. É importante também que os americanos não rejeitem aqueles que têm a doença, mas cuidem deles com dignidade e bondade. Trata-se de uma batalha contra a doença, não contra nossos companheiros americanos.

Pelo fato de o HIV poder ser adquirido de várias maneiras – pelo contato homossexual e heterossexual, pelo uso compartilhado de agulhas e seringas, por transfusões sanguíneas e pela transmissão a crianças durante ou antes do nascimento, a partir de mães infectadas – é importante que a educação pública seja dirigida a *todos os segmentos da população*, e não somente àqueles tradicionalmente considerados grupos de alto risco. É um *procedimento* que coloca todos em risco, não simplesmente membros de um "grupo" particular. Por exemplo, como parte de um programa público de educação, o Departamento de Saúde e de Serviços Humanos dos Estados Unidos enviou pelo correio, em 1988, para todas as pessoas da nação com endereçamento postal, um folheto altamente informativo chamado *Compreendendo a AIDS*. Agências públicas de saúde estadual e local também estão engajadas em programas de educação pública. Esses programas descrevem os tipos de procedimentos pessoais conhecidos, de risco ou de segurança, em relação à infecção pelo HIV. Em seguida, é mostrado um exemplo de um boletim informativo.

É preciso lembrar, no entanto, que a infecção pelo HIV e AIDS é uma pandemia, e é essencial que um esforço mundial seja realizado para controlá-la. Com essa finalidade, a Organização Mundial da Saúde (OMS) está atualmente coordenando um programa global contra a AIDS. Mais de 150 países já estabeleceram programas e comitês nacionais com o propósito de controlar essa pandemia. Tais programas estão relacionados não somente com educação pública mas também com recursos para pesquisas sobre AIDS, aperfeiçoando procedimentos de diagnóstico, fazendo triagens de doadores de sangue e providenciando cuidados e tratamento para pacientes. Apesar de esses esforços iniciais serem animadores, sua eficácia dependerá de compromissos e recursos a longo prazo, e os resultados não serão evidentes por vários anos.

COMPORTAMENTOS DE RISCO
Compartilhar agulhas e seringas.
Sexo anal, com ou sem preservativo.
Sexo vaginal ou oral com alguém que utiliza drogas ou pratica sexo anal.
Sexo com alguém que você não conhece bem (de um encontro casual ou prostituta) ou com alguém que você sabe que tem muitos parceiros sexuais.
Sexo sem proteção (sem preservativo) com uma pessoa infectada.
COMPORTAMENTOS SEGUROS
Não fazer sexo.
Sexo com parceiro único, não infectado.
Não consumir drogas.

Fonte: Do Departamento de Saúde e de Serviços Humanos dos Estados Unidos, *Compreendendo a AIDS*, 1988.

Responda

1 Quais são as três formas de controle das DSTs, além do desenvolvimento de vacinas?

2 Com relação à AIDS, quais os tipos de questões que têm sido levantadas, nos Estados Unidos, a respeito das propostas das medidas tomadas pela saúde pública para o controle das fontes de infecção?

3 Em quais segmentos da população dos Estados Unidos deveriam ser direcionados os esforços para a educação pública sobre a AIDS?

4 Quais esforços globais estão sendo feitos para controlar a AIDS pandêmica?

Resumo

1. A incidência das DSTs é muito alta, especialmente entre pessoas de 15 a 30 anos. A DST que recebe maior atenção em todo o mundo é a AIDS e a infecção por HIV. Alguns microrganismos que causam DSTs podem também ser transmitidos por seringas e agulhas contaminadas compartilhadas entre usuários de drogas e por transfusão de sangue, e alguns podem ser adquiridos por crianças nascidas de mães infectadas.

2. A gonorréia é causada por diplococos Gram-negativos, *Neisseria gonorrhoeae*. O sítio primário da infecção em mulheres é o cérvice; em homens é a uretra. A propagação da infecção para as trompas e outras regiões do trato genital feminino pode levar a uma infecção pélvica disseminada, a maior causa de esterilidade. Outras complicações incluem artrites, endocardites, meningites e, em recém-nascidos, a conjuntivite gonocócica.

3. A sífilis é causada pelo espiroqueta *Treponema pallidum* e ocorre em três estágios: primário, no qual ocorre a formação de um cancro; secundário, caracterizado por lesões da pele e membrana mucosa; e terciário, no qual ocorrem danos no cérebro, medula espinal e vasos sanguíneos, assim como lesões degenerativas chamadas gomas. Um estágio latente pode aparecer entre os estágios secundário e terciário.

4. Infecções por *Chlamydia trachomatis* são muito comuns, mas são usualmente assintomáticas em mulheres; entretanto, elas podem levar à infecção pélvica disseminada. Crianças que adquirem o microrganismo de suas mães podem desenvolver conjuntivite e pneumonia. Em homens, *C. trachomatis* é a maior causa de uretrite não-gonocócica (NGU).

5. Outras DSTs causadas por bactérias incluem o cancróide, causado pelo *Haemophilus ducreyi;* o granuloma inguinal, causado pelo *Calymmatobacterium granulomatis;* e as vaginoses bacterianas, causadas pela *Gardnerella vaginalis.*

6. Entre as DSTs causadas por vírus, a mais ameaçadora é a AIDS, que é causada pelos vírus HIV-1 e HIV-2. O vírus HIV pode ser transmitido pelo contato sexual, pelas seringas e agulhas contaminadas compartilhadas pelos usuários de drogas, pelos produtos derivados de sangue contaminado e por mães infectadas para seus filhos em gestação. O HIV não é transmitido por contatos casuais do dia-a-dia. O vírus danifica gravemente o sistema imune pela destruição dos linfócitos T4, tornando o indivíduo infectado altamente susceptível a doenças secundárias como o sarcoma de Kaposi e a pneumonia por *Pneumocystis carinii*, que são relativamente raras na população em geral. O HIV por si só pode causar dano tardio no cérebro. Apesar de não haver cura para a AIDS ou para a infecção por HIV, o composto químico AZT pode retardar a multiplicação do vírus.

7. O herpes genital é causado pelo vírus HSV-2 e, em menor extensão, pelo HSV-1. Após o aparecimento do herpes genital primário, o vírus permanece em estado latente e, então, pode ser reativado periodicamente para causar o herpes genital recorrente. A infecção em gestantes pode ocasionar doenças sérias e fatais em recém-nacidos.

8. Outras doenças sexualmente transmitidas causadas por vírus incluem a hepatite tipo B e o condiloma acuminado (verruga genital).

9. A tricomoníase é causada por um protozoário flagelado, o *Trichomonas vaginalis*. A levedura *Candida albicans* causa vaginites e uretrites.

10. A propagação de muitas DSTs está atualmente fora de controle. Na ausência de vacinas, as formas de controle estão baseadas no controle das fontes de infecção, no tratamento efetivo e na conscientização pública. Atualmente, o controle da AIDS está baseado principalmente em programas de educação pública que abrangem todos os segmentos da população.

Palavras-Chave

Aciclovir
Teste do anticorpo treponêmico fluorescente (FTA)
Azidotimidina (AZT)
Cardiolipina
Dideoxinosina (DDI)
Glicoproteína CD4
Gomas
Gonococos
Infecção congênita
Teste de microhemaglutinação (MHA)
Pandemia
Portadores assintomáticos
Reação da polimerização em cadeia (PCR)
Teste rápido da reagina plasmática (RPR)
Reagina

Revisão

OS TIPOS DE DOENÇAS SEXUALMENTE TRANSMITIDAS

1. Anteriormente, as DSTs eram chamadas de doenças ______________________.

2. Algumas DSTs podem ser propagadas por outras formas além do contato sexual. Apontar três alternativas descritas a seguir que incluam essas formas. (**a**) gotículas produzidas pela tosse e espirro; (**b**) agulhas e seringas contaminadas compartilhadas entre os usuários de drogas; (**c**) transfusões com sangue contaminado; (**d**) ingestão de alimentos e água contaminados; (**e**) aquisição por crianças nascidas de mães infectadas.

DOENÇAS SEXUALMENTE TRANSMITIDAS CAUSADAS POR BACTÉRIAS

3. Qual das seguintes alternativas não contribui para o aumento na incidência da gonorréia? (**a**) aumento no uso de contraceptivos orais e intra-uterinos; (**b**) dificuldade para detectar os contatos de portadores e pacientes com casos clínicos; (**c**) diminuição no uso de preparações espermicidas; (**d**) aumento do número de amostras de gonococos resistentes à penicilina; (**e**) aumento no uso de preservativos.

4. Qual das seguintes alternativas melhor descreve a *Neisseria gonorrhoeae?* (**a**) cocos Gram-positivos aos pares; (**b**) bacilos Gram-negativos aos pares; (**c**) cocos Gram-negativos em cadeias; (**d**) cocos Gram-negativos aos pares; (**e**) cocos Gram-positivos em cadeias.

5. "Ágar chocolate" é um meio que contém: (**a**) chocolate; (**b**) vitaminas; (**c**) sangue aquecido; (**d**) derivados da semente de cacau; (**e**) sais de ferro.

6. Gotas de uma solução de nitrato de prata ou antibiótico são colocadas nos olhos de crianças recém-nascidas para prevenir uma doença chamada ______________________________.

7. Os gonococos ligam-se às células hospedeiras por meio de: (**a**) cápsula; (**b**) parede celular; (**c**) pêlo; (**d**) flagelo; (**e**) endotoxina.

8. Em homens, o sítio primário da infecção pelo gonococo é a ____________________; e nas mulheres é o __________________.

9. Qual das alternativas seguintes pode resultar em infertilidade quando a infecção microbiana se propaga da vagina e cérvice para o endométrio, trompa e estruturas associadas? (**a**) conjuntivite; (**b**) doença inflamatória pélvica (PID); (**c**) pneumonia; (**d**) endocardite; (**e**) meningite.

10. A condição anormal na qual o feto não se desenvolve no útero da mãe é chamada de ____.

11. O meio utilizado para o isolamento de gonococos é o ágar "chocolate", que contém ________________________________ que suprimem o crescimento de outras bactérias.

12. O antibiótico que é usualmente efetivo no tratamento da gonorréia é ___________________.

13. A sífilis é muito __________________________ (mais, menos) incidente que a gonorréia.

14. A sífilis é causada por um microrganismo que pode ser classificado como um (**a**) bacilo Gram-positivo; (**b**) coco Gram-negativo; (**c**) espiroqueta; (**d**) coco Gram-positivo; (**e**) vírus.

15. Correlacionar o tipo de sífilis à esquerda com a descrição apropriada à direita:

____Sífilis terciária	(**a**) Sífilis adquirida pelo feto no útero da mãe
____Sífilis secundária	(**b**) Estágio da sífilis no qual o cancro se desenvolve
____Sífilis congênita	(**c**) Estágio da sífilis no qual ocorre danos no cérebro, na medula espinal e nos vasos sanguíneos
____Sífilis primária	(**d**) Estágio da sífilis no qual manchas avermelhadas generalizadas aparecem na pele

16. A observação do *T. pallidum* em fluidos do cancro é mais bem realizada pela técnica de microscopia de ________________.

17. O antígeno usado no teste RPR é: (**a**) *Treponema pallidum*; (**b**) cardiolipina; (**c**) proteína; (**d**) soro de pacientes; (**e**) uma suspensão de células bacterianas.

18. Os testes treponêmicos mais amplamente utilizados para o diagnóstico sorológico da sífilis são (selecionar duas respostas): (**a**) teste MHA; (**b**) teste RPR; (**c**) teste FTA; (**d**) teste de inoculação em coelho; (**e**) teste MPN.

19. Há 3 a 4 ________________ (centenas, milhares, milhões) de casos de infecções por clamídias a cada ano nos Estados Unidos.

20. Quais as duas alternativas seguintes que se referem ao tracoma? (**a**) É a maior causa de cegueira evitável no mundo. (**b**) É uma infecção da uretra. (**c**) É uma infecção grave caracterizada pelo enfartamento dos linfonodos na região do ânus e dos órgãos genitais. (**d**) É uma conjuntivite. (**e**) É uma doença sexualmente transmitida.

21. Crianças nascidas de mães infectadas com clamídia apresentam um grande risco de desenvolver duas doenças chamadas ________________ e ________________.

22. Em que percentagem, em 1 milhão de casos reconhecidos, a infecção pélvica disseminada, causada pela *C. trachomatis*, ocorre nos Estados Unidos a cada ano? (**a**) 1–10; (**b**) 25–50; (**c**) 70–90; (**d**) 95–99; (**e**) 100.

23. Correlacionar cada doença listada à direita com o agente etiológico à esquerda.

____*Haemophilus ducreyi*	(**a**) Vaginose bacteriana
____*Calymmatobacterium granulomatis*	(**b**) Cancróide
____*Gardnerella vaginalis*	(**c**) Granuloma inguinal

DOENÇAS SEXUALMENTE TRANSMITIDAS CAUSADAS POR VÍRUS

24. Qual das seguintes alternativas está correta? (**a**) O grupo de usuários de drogas intravenosas é o grupo com a segunda maior percentagem de casos de AIDS nos Estados Unidos. (**b**) Atualmente, a AIDS ocorre somente nos Estados Unidos. (**c**) Na África Central, a AIDS é propagada principalmente pelo contato homossexual. (**d**) Nos Estados Unidos, a AIDS é propagada apenas pelo contato heterossexual. (**e**) Nos Estados Unidos, a AIDS ocorre somente em homens homossexuais ou bissexuais e em usuários de drogas.

25. "HIV"é uma abreviação para ________________.

26. Quais as duas alternativas que não estão associadas ao vírus HIV? (**a**) RNA de fita única; (**b**) glicoproteínas de superfície; (**c**) DNA de fita dupla; (**d**) transcriptase reversa; (**e**) membrana de fosfolipídeo; (**f**) proteínas do cerne; (**g**) DNA de fita única.

27. O vírus HIV ataca certos linfócitos chamados ________________.

28. A transcriptase reversa sintetiza uma fita de DNA que é complementar à fita do________________viral.

29. O DNA de fita única produzido pela transcriptase reversa é convertido em DNA de fita dupla, o qual é então integrado ao ________________.

30. Quais as duas alternativas falsas dentre as seguintes? (**a**) Nenhum caso de AIDS tem sido relatado pelo contato casual com pacientes aidéticos no dia-a-dia. (**b**) Como resultado dos danos provocados pelo HIV no sistema imune, um paciente com AIDS é incapaz de resistir a infecções por microrganismos de patogenicidade relativamente baixa. (**c**) Se uma pessoa infectada pelo HIV não apresenta os sintomas da doença, ela não poderá transmitir o vírus para outro indivíduo. (**d**) O vírus HIV pode ser encontrado no sangue, sêmen ou fluido vaginal de pessoas infectadas, mas não em outros fluidos ou secreções. (**e**) O vírus da AIDS pode ser adquirido por crianças nascidas de mães infectadas.

31. As alternativas seguintes referem-se às doenças secundárias que usualmente são indicativas de AIDS. Correlacionar cada descrição à direita com o item apropriado à esquerda:

____*Cryptosporidium*	(**a**) Leveduras que causam infecção pulmonar
____CMV	(**b**) Câncer benigno que provoca manchas violáceas ou pardas na pele
____*Pneumocystis carinii*	(**c**) Uma levedura que provoca o aparecimento de pontos esbranquiçados na boca
____Grupo *Mycobacterium avium-intracellulare*	(**d**) Protozoário que causa uma diarréia grave e recorrente
____*Candida albicans*	(**e**) Vírus que causa lesão na retina
____*Toxoplasma gondii*	(**f**) Protozoário que invade o cérebro
____Sarcoma de Kaposi	(**g**) Bacilo álcool-ácido resistente que infecta o cérebro e outros órgãos

32. O teste de ELISA indireto, que é utilizado na detecção das infecções produzidas pelo HIV, detecta a presença de: (**a**) *Pneumocystis carinii;* (**b**) HIV; (**c**) anticorpos que se desenvolvem contra o vírus da AIDS; (**d**) lesões do sarcoma de Kaposi; (**e**) danos no cérebro provocados pelo vírus da AIDS.

33. Qual das alternativas seguintes é verdadeira com relação ao teste do látex para detectar anticorpos contra HIV? (**a**) As partículas são previamente cobertas com anticorpos anti-HIV. (**b**) O teste detecta a presença do HIV no sangue de pessoas. (**c**) Anticorpos contra HIV no sangue de indivíduos contaminados causam a aglutinação das partículas de látex. (**d**) O teste leva várias horas para ser feito. (**e**) Um teste positivo é indicado pelo aparecimento de bandas coloridas distintas na fita de papel de nitrocelulose.

34. Uma técnica que permite a síntese de bilhões de cópias de DNA do vírus HIV a partir de poucas cópias iniciais de DNA é chamada de: (**a**) *Western blot*; (**b**) ELISA; (**c**) CD4; (**d**) relação T4:T8; (**e**) PCR.

35. O AZT inibe a síntese de uma fita única de ________________________________viral pela enzima ________________________________.

36. Oitenta por cento dos casos de herpes genital é causado pelo ___________ (HSV-1, HSV-2) e o restante é causado pelo ___________ (HSV-1, HSV-2).

37. Quais as duas alternativas que ocorrem em HSV-1 e HSV-2? (**a**) DNA de fita única; (**b**) transcriptase reversa; (**c**) envelope lipídico; (**d**) nucleocapsídeo icosaédrico; (**e**) RNA de fita única.

38. O vírus HSV-2 latente pode ser reativado periodicamente e pode, por meio dos ___________, alcançar a pele e causar infecção, resultando em herpes genital ________________.

39. Quais as duas alternativas sobre o aciclovir que são verdadeiras? (**a**) Estimula a produção de anticorpos contra HIV. (**b**) Cura o herpes genital. (**c**) Retarda a multiplicação do HSV-2. (**d**) É confundido com um aminoácido durante a síntese de DNA viral.(**e**) Não afeta muito a síntese de DNA da célula hospedeira.

40. Os modos de transmissão do vírus da hepatite B são parecidos com a transmissão de qual outro vírus? (**a**) *Treponema pallidum*; (**b**) HIV; (**c**) HSV-2; (**d**) poliovírus; (**e**) papilomavírus humano.

41. A vacina contra a hepatite tipo B consiste em um ____________ inofensivo do vírus.

42. As verrugas genitais são causadas por um vírus de qual grupo? (**a**) herpesvírus; (**b**) papilomavírus humano; (**c**) adenovírus; (**d**) retrovírus; (**e**) picornavírus.

DOENÇAS SEXUALMENTE TRANSMITIDAS CAUSADAS POR LEVEDURAS E PROTOZOÁRIOS

43. Qual das doenças seguintes é causada por levedura? (**a**) cancróide; (**b**) candidíase vaginal; (**c**) tricomoníase; (**d**) condiloma acuminado; (**e**) granuloma inguinal.

44. Na questão 43, qual das doenças citadas é causada por um protozoário?

____

45. A propagação de muitas DSTs está _________________(sob, fora de) controle.

CONTROLE DAS DSTs

46. Na ausência de vacinas contra muitas DSTs, os métodos atuais de controle envolvem (**1**) controle das fontes de infecção, (**2**) tratamento efetivo e (**3**) ________________.

47. Com relação ao controle da AIDS, programas de educação pública são direcionados a: (**a**) todos os segmentos da população; (**b**) somente pessoas dos bancos de sangue; (**c**) somente pessoas sadias; (**d**) somente membros de grupos de alto risco; (**e**) somente pessoas com sarcoma de Kaposi ou pneumonia por *Pneumocystis carinii.*

Questões de Revisão

1. Explicar por que houve um grande aumento na incidência da gonorréia apesar da descoberta de que a penicilina era efetiva no tratamento da doença.
2. Quais DSTs podem ser adquiridas por outras formas além do contato sexual?
3. Quais DSTs apresentam risco não somente para os adultos mas também para o feto e as crianças recém-nascidas?
4. Quais tipos de danos ao organismo podem ocorrer na gonorréia?
5. Quais são os estágios da sífilis e o que acontece em cada estágio?
6. Quais doenças podem ser causadas pela *Chlamydia trachomatis*?
7. Quais são as formas pelas quais o HIV é transmitido? Quais são as formas pelas quais ele não é transmitido?
8. Quais são os problemas encontrados para o desenvolvimento de uma vacina efetiva contra a AIDS?
9. Por que os pacientes aidéticos usualmente são propensos a desenvolver doenças como sarcoma de Kaposi, pneumonia por *Pneumocystis carinii* e infecções pelo *Mycobacterium avium-intracellulare?*
10. Qual é a importância da transcriptase reversa (**1**) na multiplicação do HIV e (**2**) no tratamento de pacientes aidéticos com AZT?

Questões para Discussão

1. Agentes de DSTs podem algumas vezes causar infecções assintomáticas. Por que existe a preocupação com estas infecções se elas não apresentam sintomas?
2. DSTs causadas por bactérias podem ser tratadas. O que ocorre nas DSTs virais que as torna mais difíceis de ser tratadas?
3. O que parece ser uma estratégia de pesquisa fundamental para o desenvolvimento de agentes químicos sintéticos para o tratamento de doenças como o herpes genital e a AIDS?
4. Na triagem de indivíduos para a sífilis, por que não são utilizados somente os testes específicos, como o FTA e o MHA, uma vez que a triagem positiva precisa ser confirmada por meio de um teste com treponemas?
5. Uma vez que os antibióticos são utilizados no tratamento da sífilis e gonorréia, por que é importante que essas doenças sejam efetivamente diagnosticadas e tratadas tão cedo quanto possível?
6. De que forma as pesquisas básicas da estrutura e composição do HIV podem levar a benefícios aplicados?
7. Se você fosse o diretor de um programa global de controle da AIDS, quais atitudes tomaria, considerando que a pandemia está aumentando e que nenhuma vacina estará disponível num futuro próximo?

Capítulo 24

Doenças Transmitidas pelo Ar

Objetivos

Após a leitura deste capítulo, você deve ser capaz de:

1. Dar exemplos específicos de infecções transmitidas pelo ar causadas por bactérias e indicar como estas infecções diferem, no que diz respeito a agente etiológico, sintomas, tratamento e prevenção.

2. Explicar por que as pandemias de influenza ocorrem em ciclos.

3. Indicar as diferenças entre as vacinas utilizadas contra meningite por *Haemophilus*, difteria, tuberculose e influenza.

4. Explicar por que é possível uma pessoa ter vários resfriados durante um único ano.

5. Explicar o valor da sorotipificação de microrganismos patogênicos, tais como *Streptococcus pyogenes* e vírus influenza.

6. Listar as várias doenças causadas por *Streptococcus pyogenes* e indicar como essas doenças diferem uma das outras com respeito aos sintomas produzidos e aos locais afetados do corpo.

7. Citar as características diferenciais entre *Streptococcus pyogenes, Mycobacterium tuberculosis, Legionella pneumophila* e *Histoplasma capsulatum*.

8. Citar várias doenças transmitidas pelo ar causadas por fungos e relacionar as características morfológicas diferenciais dos agentes etiológicos.

Introdução

Alguns microrganismos patogênicos podem ser transmitidos pelo ar através de minúsculas gotículas ou partículas de poeira que são invisíveis a olho nu. Os micróbios carreados pelas gotículas ou pelas partículas de poeira podem ser inalados por indivíduos saudáveis e causar infecções. Estas infecções transmitidas pelo ar podem ser causadas por bactérias, vírus ou fungos. Os microrganismos podem ser transmitidos a partir de humanos infectados ou a partir de fontes ambientais, como a poeira proveniente da roupa de cama ou solo contaminados. Exemplos de infecções transmitidas pelo ar incluem inflamação da garganta por estreptococos, tuberculose, resfriado comum, influenza, histoplasmose e muitas outras. As infecções transmitidas pelo ar podem ser restritas ao trato respiratório ou podem disseminar-se para outras áreas do corpo. Os programas de imunização ativa têm reduzido drasticamente a incidência de certas infecções transmitidas pelo ar, tais como difteria, sarampo e rubéola ("sarampo alemão").

Embora toda doença apresente certos aspectos únicos e interessantes, não é possível em um livro-texto introdutório descrever todas as doenças em detalhes. Portanto, este capítulo concentrar-se-á em algumas doenças, escolhidas para exemplificar as principais doenças transmitidas pelo ar e os aspectos importantes da interação patógeno-hospedeiro.

Modo de Propagação dos Patógenos Transmitidos pelo Ar

As pessoas podem ser infectadas por meio da inalação dos microrganismos patogênicos que estão presentes no ar. Alguns patógenos transmitidos pelo ar podem vir de outras pessoas que estão doentes ou convalescendo da doença ou são portadores assintomáticos. Outros podem vir de fontes ambientais como a água e o solo. Um grande número de pesquisas tem sido realizado para compreender como os microrganismos chegam ao ar e quais os fatores relacionados à sua sobrevivência e à sua transmissão.

Aerossóis

O termo *aerossol* utilizado em relação às infecções transmitidas pelo ar refere-se a um *spray* de pequenas e numerosas gotículas que podem conter microrganismos. Os aerossóis podem ser produzidos por fontes humanas ou ambientais.

Aerossóis Produzidos por Fontes Humanas. Os microrganismos que causam infecções respiratórias estão presentes em secreções nasais ou de garganta de indivíduos infectados. Quando uma pessoa tosse ou espirra, o aerossol é expelido (Figura 24.1). As gotículas maiores (10 µm ou mais de diâmetro) podem ser inaladas por pessoas próximas ou podem depositar-se sobre roupas ou outros objetos inanimados. Quando estes objetos são manuseados, podem ressuspender os microrganismos, infectando assim as pessoas. As gotículas menores (1 a 4 µm de diâmetro) também podem ser inaladas diretamente, mas a água destas gotículas tende a evaporar-se rapidamente, deixando o ***núcleo da gotícula*** (um resíduo de material sólido, incluindo os microrganismos). O núcleo da gotícula que contém os microrganismos vivos pode permanecer suspenso no ar por horas ou dias, percorrendo longas distâncias, e serve como fonte contínua de infecção.

As gotículas maiores, quando inaladas, geralmente são aprisionadas na camada de muco úmida que cobre a superfície da cavidade nasal a da nasofaringe (Figura 24.2A, caderno em cores). Os microrganimos carreados por estas gotículas podem penetrar na camada de muco, aderir às células teciduais mais internas e multiplicar-se. Entretanto, alguns microrganimos podem ser arrastados pelo fluxo descendente do muco e aderir às células do tecido que reveste a orofaringe, ou podem ser engolidos e destruídos pela alta acidez do estômago.

As gotículas menores e os núcleos de gotículas têm menor probabilidade de ser aprisionados na nasofaringe; em vez disso, podem alcançar os alvéolos e os pulmões, onde são retidos (Figura 24.2B, caderno em cores). Os macrófagos pulmonares podem freqüentemente destruir os microrganismos que alcançam os pulmões.

A probabilidade de os patógenos serem transmitidos por gotículas ou núcleo de gotículas é muito maior quando as pessoas estão aglomeradas, porque isso aumenta o número de microrganismos expelidos no ar, em um espaço confinado. Não é surpreendente que a freqüência de infecções transmitidas pelo ar seja usualmente muito maior durante os meses frios do ano, quando as pessoas tendem a permanecer aglomeradas em ambientes fechados (Figura 24.3).

Figura 24.1 (**A**) Fotografia de alta velocidade de um *spray* de gotículas expelidas por espirro. (**B**) O simples uso de um lenço pode reter gotículas de aerossóis potencialmente perigosas.

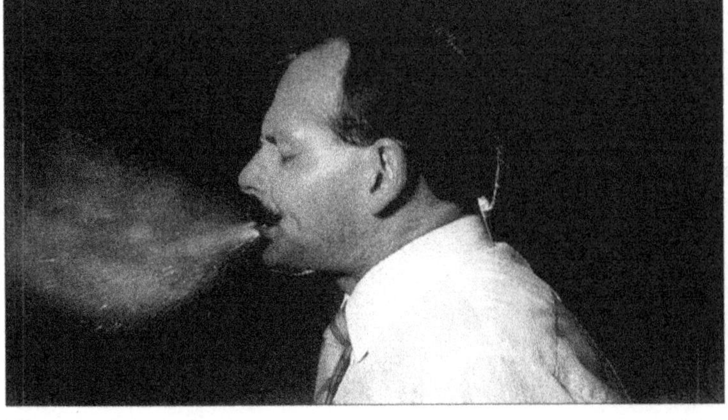

(A)

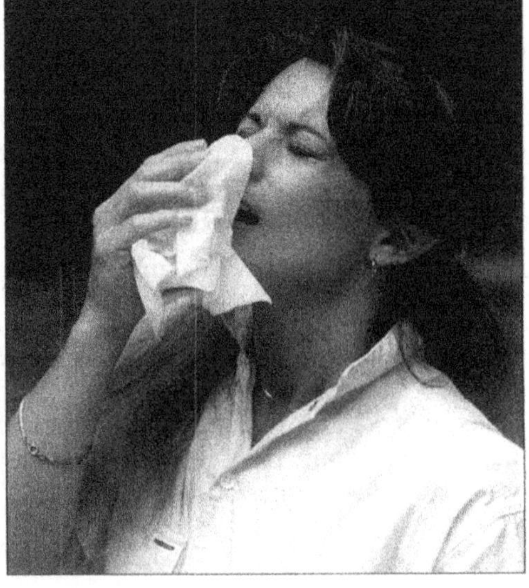

(B)

Figura 24.3 Casos relatados de varicela por 100.000 habitantes nos Estados Unidos, de 1982 a 1991. A maior incidência ocorre nos meses mais frios, o que é característico das infecções transmitidas pelo ar. Por exemplo, o pico de incidência em 1986 foi alcançado entre março e maio. (*Morbidity and Mortality Weekly Report, Summary of Notifiable Diseases*, Estados Unidos, 1990, publicado em 4 de outubro de 1991.)

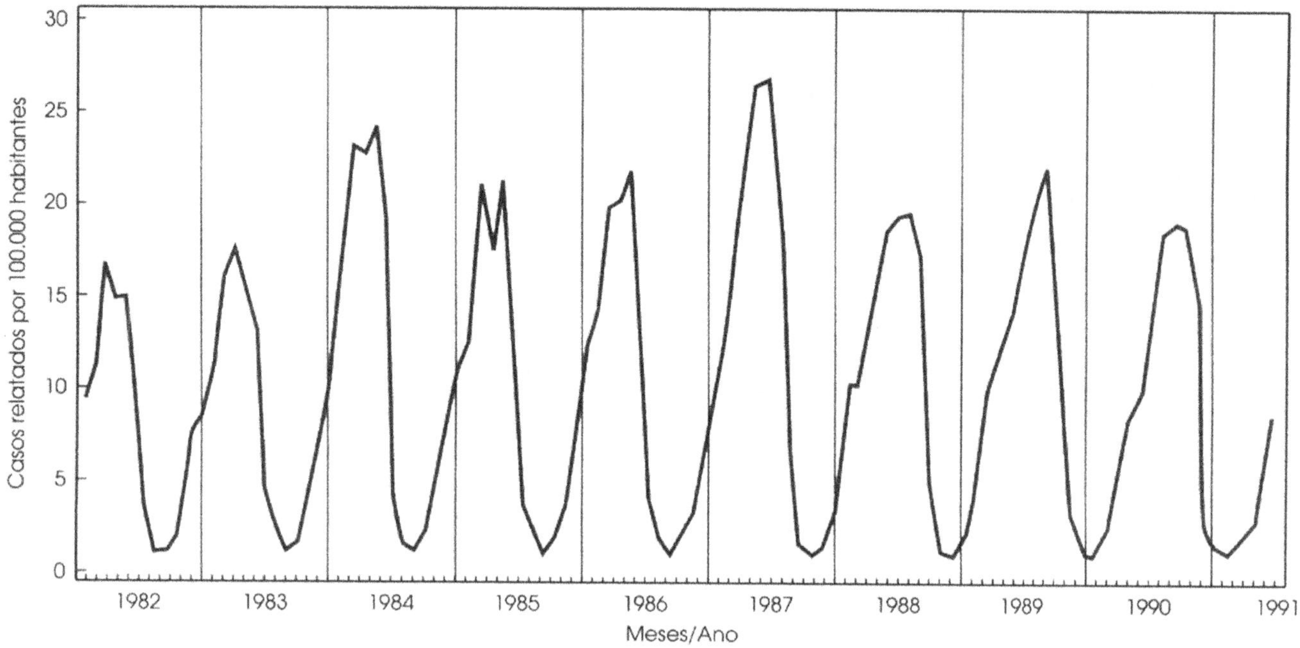

Além disso, as doenças transmitidas pelo ar geralmente ocorrem em formas epidêmicas, atacando um grande número de pessoas em curto espaço de tempo.

Alguns microrganismos que causam infecções respiratórias são incapazes de sobreviver fora do corpo por muito tempo. Por exemplo, o vírus do sarampo é rapidamente inativado fora do corpo. A transmissão desses microrganismos depende da rápida transferência pelo ar das gotículas maiores, de uma pessoa para a outra ou mesmo por transferência mais direta, como pelo beijo. Outros microrganismos patogênicos, como a bactéria causadora da tuberculose, pode sobreviver, por longos períodos, fora do corpo.

Aerossóis Produzidos a Partir de Fontes Ambientais. Algumas infecções humanas resultam da transmissão de microrganismos pelo ar, provenientes de fontes ambientais em vez de pessoas infectadas. Por exemplo, algumas epidemias da doença dos Legionários têm sido atribuídas a aerossóis produzidos por águas contaminadas de equipamentos de ar-condicionado e do *spray* utilizado em mercearias para manter os vegetais frescos. Aerossóis ambientais também podem explicar como o ser humano adquire *Mycobacterium intracellulare*, que causa uma doença respiratória semelhante à tuberculose, mas que não é transmitida de pessoa a pessoa. Este microrganismo é um habitante freqüente de águas doces e salobres do sudeste dos Estados Unidos e tem sido mostrado que ele pode ser lançado na atmosfera por meio de bolhas de ar originadas destas águas, que explodem na superfície, em um número significativo. Uma outra fonte potencial de microrganismos carreados pelo ar é a aerossolização produzida por brocas de alta velocidade em clínicas dentárias.

Poeira Infecciosa

O homem pode ser infectado pela inalação de ***poeira infecciosa***, que é a poeira contendo microrganismos patogênicos. A poeira infecciosa pode ter origem em fontes humanas ou ambientais.

Poeira Infecciosa Produzida por Fontes Humanas. A secreção nasal ou de orofaringe sobre um lenço eventualmente seca, deixando um resíduo de material. Similarmente, quando a pessoa espirra ou tosse, as grandes gotículas de aerossóis que são expelidas depositam-se sobre superfícies, tais como roupas de cama ou assoalho, onde evaporam e deixam um resíduo. A movimentação destes resíduos – ao manusear o lenço seco, ao arrumar a cama ou ao varrer o assoalho – pode produzir partículas de poeira que podem adicionar microrganismos patogênicos ao ar circulante. A disseminação de infecções transmitidas pela poeira é acentuada quando as pessoas se movimentam em áreas pouco ventiladas. Alguns microrganismos patogênicos são capazes de sobreviver por períodos relativamente longos na poeira. Isto pode criar um perigo significativo, particularmente em hospitais, onde podem contribuir com as doenças nosocomiais (Capítulo 22). A Tabela 24.1 indica o conteúdo bacteriano em amostras de ar de vários ambientes.

Poeira Infecciosa Produzida por Fontes Ambientais. Alguns patógenos transmitidos pelo ar habitam o solo e não são transmitidos de pessoa a pessoa; no entanto, são transmitidos por inalação de poeira originada desse solo. Por exemplo, o fungo que causa a histoplasmose geralmente é adquirido dessa maneira.

Responda

1 Como os aerossóis são produzidos a partir de fontes humanas? Como os aerossóis transmitem microrganismos patogênicos de uma pessoa para outra? Como os aerossóis são produzidos a partir de fontes ambientais? Qual é a relação entre gotículas de aerossol e núcleo de gotícula?

2 O que ocorre quando gotículas maiores de aerossóis são inaladas? O que acontece quando gotículas menores de aerossóis e núcleo de gotículas são inalados?

3 Como a poeira infecciosa pode ser produzida a partir de fontes humanas? E como pode ser produzida a partir de fontes ambientais?

4 Quais são os dois exemplos de doenças cujos agentes etiológicos são transmitidos pela poeira ou por aerossóis de fontes ambientais?

Infecções Transmitidas pelo Ar Causadas por Bactérias

Muitas infecções transmitidas pelo ar são causadas por bactérias patogênicas. As infecções causadas por *Streptococcus pyogenes* são interessantes, não somente porque afetam milhões de pessoas em todo o mundo a cada ano, mas também por causa da variedade de doenças provocadas por este organismo e por causa das condições intrigantes que podem seguir a infecção primária, tais como febre reumática e glomerulonefrite aguda. A tuberculose é uma doença que exemplifica a importância da resposta imunológica mediada por células. A doença dos Legionários é particularmente interessante porque o agente etiológico origina-se do ambiente.

Faringite Estreptocócica e Doenças Estreptocócicas Relacionadas

A faringite estreptocócica, comumente denominada *inflamação estreptocócica da garganta*, é caracterizada por uma inflamação aguda da faringe. Se um "exantema" avermelhado da pele acompanha a faringite, a doença é conhecida como *escarlatina*. Pelo menos 250.000 casos de faringite estreptocócica ou escarlatina ocorrem a cada ano nos Estados Unidos.

Biologia e Diferenciação dos Estreptococos. Como mencionado no Capítulo 9 (Volume I), os estreptococos são cocos Gram-positivos que ocorrem em cadeias longas ou curtas ou aos pares (Figura 24.4A, caderno em cores). Eles obtêm energia pela fermentação de açúcares e não realizam a respiração. Requerem açúcar, vários aminoácidos e vitaminas no meio de cultura, para o seu crescimento. Muitas espécies podem crescer na presença do ar, mas algumas são anaeróbias.

As espécies de *Streptococcus* que estão associadas com os seres humanos estão listadas na Tabela 24.2. Quando crescem em ágar sangue, algumas espécies de estreptococos são β-*hemolíticas* (Figura 24.4B, caderno em cores), outras são α-*hemolíticas* e outras são *não-hemolíticas* (ver Figura 18.2, caderno em cores). Os estreptococos podem também ser divididos em grupos antigênicos com base em um carboidrato antigênico que está localizado na parede celular (Figura 24.5, caderno em cores).

Tabela 24.1. Contagem de bactérias no ar de diferentes ambientes.

Ambientes	PARTÍCULAS CARREANDO BACTÉRIAS POR METRO CÚBICO DE AR	
	Pico máximo	Valor mínimo
Hospital civil durante a arrumação das camas	60	2,43
Cantina militar lotada	6,9	1,5
Escritório lotado	1,95	0,60
Oficina de fábrica pouco ventilada	0,90	0,45
Grande oficina mecânica	0,75	0,15
Ar fresco nas vizinhanças de uma cidade	0,18	0,00075

Fonte: Dados de F. P. Ellis e E. F. Raymond, "Studies in Air Higiene", *Med. Res. Council (GB), Spec. Rep. Ser. 262*, 1948.

Estes grupos antigênicos são chamados de *grupos de Lancefield* e são identificados pelas letras do alfabeto. Os estreptococos que pertencem ao grupo A possuem a mesma substância antigênica ou carboidrato da parede celular; os organismos do grupo B possuem um carboidrato diferente, e assim por diante. Observe, na Tabela 24.2, que alguns grupos de Lancefield contêm mais de uma espécie. Testes bioquímicos são requeridos para diferenciar as espécies dentro de um grupo.

O *Streptococcus pyogenes*, que pertence ao grupo A de Lancefield, causa mais de 90% das infecções estreptocócicas humanas. Essas infecções incluem faringite, escarlatina, febre reumática, erisipela, impetigo contagioso e glomerulonefrite pós-estreptocócica.

Transmissão de *S. pyogenes*. O ser humano é o reservatório natural do *S. pyogenes*. Os organismos estão presentes na nasofaringe e são disseminados primariamente por meio do espirro e da tosse. Infelizmente, o *S. pyogenes* pode sobreviver por várias semanas no material mucóide expelido da garganta; esse material seco pode ser manuseado, espalhando os organismos para outros locais.

Para determinar a origem e o modo de propagação de um surto de uma doença, como a faringite estreptocócica ou a escarlatina, freqüentemente é útil determinar se a *mesma cepa* de *S. pyogenes* é responsável por todos os casos. Por exemplo, suponha que uma epidemia de faringite estreptocócica ocorra em uma parte da cidade e poucos dias depois um segundo surto ocorra em outro lugar da cidade. Os dois surtos são causados por uma única cepa de *S. pyogenes* que foi transportada pela cidade, ou cada surto é causado por uma cepa diferente, de origem diferente? Tais questões podem ser facilmente respondidas se as cepas de estreptococos forem submetidas a algum tipo de identificação, à semelhança dos números estampados nos uniformes de futebol. As células de estreptococos não podem, obviamente, carregar tais números, mas possuem uma ***proteína M*** em suas paredes celulares que pode ter a mesma função (Figura 24.5, caderno em cores). Como uma espécie, o *S. pyogenes* tem 70 diferentes tipos de proteína M, mas cada cepa de *S. pyogenes* tem somente um desses 70 tipos. Isso permite classificar as cepas de *S. pyogenes* em ***sorotipos*** – tipos antigenicamente diferentes baseados na proteína M presente. Por exemplo, se dois surtos de faringite estreptocócica são causados pelo tipo M 45, isso poderia indicar fortemente que a mesma cepa está envolvida. Entretanto, se um surto é causado pelo tipo M 45 e a outra pelo tipo M 57, então os dois surtos devem ser causados por diferentes cepas de *S. pyogenes*.

Patogenicidade de *S. pyogenes*. *S. pyogenes* produz várias substâncias que contribuem para sua capacidade infectiva. Entre estas substâncias estão as seguintes:

1. A proteína M da parede celular é importante porque (a) é responsável pela aderência dos estreptococos às células da garganta e (b) é *antifagocitária*, o que significa que permite que os estreptococos resistam à ação dos neutrófilos fagocíticos.

2. A ***estreptolisina O (SLO)*** é uma toxina estreptocócica que é inativada pelo oxigênio (daí o "O" do seu nome). A estreptolisina, um polímero na forma de meia-lua ou ferradura, tem a capacidade de matar as células inserindo-se na membrana celular, formando desse modo pequenos furos que permitem o extravasamento do conteúdo celular. Por exemplo, pode criar danos às hemácias, sendo assim uma *hemolisina*, causando β-hemólise em placas de ágar sangue que são incubadas em anaerobiose. No corpo de um paciente, entretanto, a SLO atua principalmente como ***leucocidina***, destruindo as células fagocíticas do hospedeiro. A ***estreptolisina S (SLS)*** é outra hemolisina produzida por *S. pyogenes;* destrói leucócitos da mesma maneira que a SLO. Entretanto, a SLS é estável em presença de oxigênio (daí o "S" do nome, do inglês *stable*) e, ao contrário da SLO, pode produzir β-hemólise em placas de ágar sangue incubadas *em aerobiose.*

3. Algumas cepas de *S. pyogenes* produzem uma ***toxina eritrogênica***, que causa o exantema avermelhado na pele, característico da escarlatina. Somente cepas de *S. pyogenes*, que abrigam um tipo particular de bacteriófago, podem produzir a toxina eritrogênica.

Figura 24.6 Garganta de um paciente com faringite estreptocócica (inflamação da garganta por estreptococos), mostrando um avermelhamento localizado no fundo da garganta e um edema (intumescimento) das amígdalas, em ambos os lados.

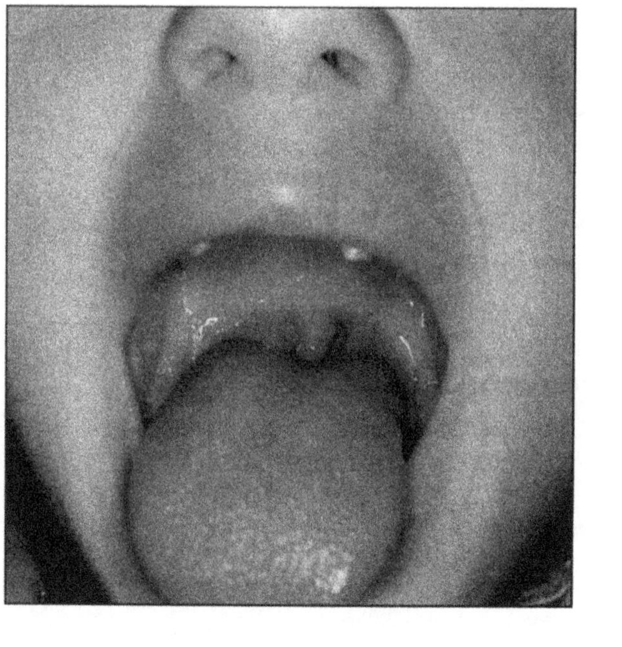

Tabela 24.2 Alguns membros do gênero *Streptococcus*.

Grupo e espécies	Grupos de Lancefield	Hemólise em ágar sangue	Patogenicidade e outras características
GRUPO PIOGÊNICO			
S. pyogenes	A	β	Faringite, escarlatina, erisipela, impetigo, celulite, miosite gangrenosa, pneumonia, sinusite, otite média, mastoidite, febre reumática, glomerulonefrite pós-estreptocócica.
S. agalactiae	B	α, β ou não	Encontrado nos tratos genital ou intestinal de adultos e crianças saudáveis. Em recém-nascidos, causa meningite, septicemia e pneumonia. Em adulto, causa infecções do trato urinário, feridas e otite média.
"C Humano"	C	β	Infecções do trato respiratório e da pele, feridas, endocardite, meningite e infecções do trato urinário.
ESTREPTOCOCOS INTESTINAIS			
S. faecalis	D	não ou ß	Encontrado em fezes humanas e de animais; insetos; plantas. Causa infecção do trato urinário e endocardite.
S. faecium	D	α ou não	Encontrado em fezes humanas e de animais, insetos e plantas.
S. bovis	D	Fracamente α ou não	Trato alimentar de bovinos, caprinos e de outros ruminantes.
S. avium	Q e também D	α ou não	Fezes de galinha, de cães, de porcos e de seres humanos. Pode causar apendicite, otite média e abcesso cerebral.
GRUPO VIRIDANS (ESTREPTOCOCOS DA CAVIDADE ORAL HUMANA)			
S. salivarius	K ou nenhum	α ou não	Encontrado na garganta (na língua ou na saliva) e nas fezes. Pode causar endocardite.
S. sanguis	H	α	Encontrado na placa dental e, em menor número, em outras partes da boca. Pode causar endocardite.
S. mitior	H, O, K ou nenhum	α	Encontrado na saliva, na placa dental, no escarro, nas fezes. A causa mais freqüente de endocardite.
S. milleri	F, G, C, A ou nenhum	Não ou β	Abcessos na boca, fígado, cérebro, trato genital feminino, apêndice. Pode causar bacteremia. Em pessoas saudáveis é encontrado na boca (especialmente na superfície dos dentes e fendas gengivais), nasofaringe, garganta, vagina e fezes.
S. mutans	Nenhum	Não	Causa primária da cárie dentária.
S. oralis	Nenhum	α	Encontrado na boca.
S. mitis	Nenhum ou H	α	Encontrado na saliva, no escarro e nas fezes. Pode causar endocardite.
PNEUMOCOCOS			
S. pneumoniae	Nenhum	α (aeróbio) β (anaeróbio)	Pneumonia lombar, meningite, otite média e, menos freqüentemente, abscessos, conjuntivite, pericardite e artrite.
ESTREPTOCOCOS ANAERÓBIOS			
S. morbillorum		α ou não	Amostras humanas clínicas e conteúdo intestinal; tem sido isolado de abscesso pulmonar.
S. hansenii		Não	Encontrado em fezes humanas.
S. pleomorphus		Não	Intestino de galinha e, ocasionalmente, em fezes humanas.
S. parvulus		Não	Encontrado no trato respiratório humano.

A faringite estreptocócica é uma doença caracterizada por febre, aumento dos linfonodos do pescoço e uma chaga avermelhada, freqüentemente hemorrágica, na superfície da garganta (Figura 24.6). A escarlatina é similar, mas é acompanhada por um exantema que pode estender-se por todas as partes do corpo, aparecendo no primeiro ou no segundo dia após a instalação da infecção. A faringite estreptocócica ou a escarlatina podem dar origem a várias complicações, após a infecção primária, tais como infecções do ouvido médio, das articulações, dos seios paranasais ou dos pulmões. A febre reumática ou a glomerulonefrite pós-estreptocócica também podem ocorrer.

A febre reumática é uma doença que ocorre em aproximadamente 3% dos casos não-tratados de faringite estreptocócica ou de escarlatina. Os sinais e os sintomas da febre reumática geralmente aparecem cerca de duas ou três semanas após a infecção respiratória e incluem a inflamação das articulações e dos músculos involuntários, desenvolvimento de nódulos do tamanho de uma ervilha abaixo da pele e áreas avermelhadas com bordas salientes na pele. Entretanto, a característica mais importante da doença é a degeneração das válvulas cardíacas. Após cada infecção estreptocócica subseqüente, o grau de danos do coração aumenta marcadamente. A febre reumática ocorre mais freqüentemente no grupo de pré-adolecescentes (3 a 10 anos de idade) e é uma causa de morte na faixa etária entre 5 e 20 anos. A incidência de febre reumática aguda nos Estados Unidos tem declinado significativamente durante os últimos 20 anos, provavelmente por causa do diagnóstico correto, do tratamento dos casos de faringite estreptocócica e de escarlatina e do uso de penicilina como um agente preventivo (DESCOBERTA 24.1). Atualmente existem cerca de 160 casos notificados por ano, mas em 1970 ocorreram mais de 3.000 casos. A doença é muito mais prevalecente nos países do Terceiro Mundo, onde se estima que seja responsável por 25 a 49% de todas as doenças cardiovasculares.

Duas características intrigantes da febre reumática são que os antibióticos são ineficientes na cura da doença e, embora as válvulas cardíacas estejam inflamadas, os estreptococos usualmente não estão presentes no tecido cardíaco ou no sangue. Por estas razões, a febre reumática é considerada *uma inflamação, mas não uma infecção* das válvulas cardíacas. A explicação para este aparente paradoxo não é ainda completamente conhecida, mas provavelmente tem bases imunológicas. Por exemplo, por causa de uma similaridade existente entre certos antígenos de *S. pyogenes* e antígenos do tecido cardíaco, os anticorpos contra o micróbio podem reagir cruzadamente com o tecido cardíaco, causando a inflamação do mesmo.

A glomerulonefrite aguda pós-estreptocócica (GNA), também denominada *doença de Bright*, é uma doença renal que pode ocorrer em uma a três semanas após uma infecção de garganta ou de pele por *S. pyogenes*. Um sinal do dano renal é a presença de sangue na urina do paciente. Apenas certos sorotipos da proteína M de *S. pyogenes* estão associados com GNA. A doença pode ocorrer em mais de 15% das pessoas que tiveram uma infecção anterior por *S. pyogenes*, e sua incidência é muito maior em crianças. O *S. pyogenes* não está presente nos sítios danificados dos rins e, como a febre reumática, a GNA *é mais propriamente uma inflamação que uma infecção*. Exatamente como a doença ocorre não é completamente compreendido, mas é provável que ela tenha bases imunológicas.

A endocardite infecciosa difere da febre reumática pelas seguintes razões: (1) por ser causada principalmente por estreptococos α-hemolíticos (Tabela 24.2) e não por *S. pyogenes*; (2) os estreptococos aderem e crescem diretamente sobre as válvulas cardíacas; e (3) pode ser tratada, com sucesso, com antibióticos. Pessoas cujas válvulas cardíacas sofreram danos causados previamente pela febre reumática ou por doenças cardíacas congênitas são especialmente propensas ao desenvolvimento de endocardite.

A erisipela é uma infecção de pele causada pelo *S. pyogenes*. A entrada do *S. pyogenes* na pele é favorecida pela ocorrência de feridas, cortes, abrasões, inflamação, infecções fúngicas ou outros tipos de danos da pele. A pele torna-se avermelhada e intumescida, especialmente na face (Figura 24.7) ou nas pernas. Os estreptococos podem ser provenientes do trato respiratório do paciente, de portadores assintomáticos ou de roupas, curativos ou outros objetos inanimados. O melhor controle é a boa higiene pessoal e o tratamento preventivo com antibióticos após exposição conhecida.

O impetigo contagioso é outra infecção de pele causada pelo *S. pyogenes*, freqüentemente acompanhada de uma infecção adicional por *Staphylococcus aureus*. As cepas de

Figura 24.7 Lesões avermelhadas e intumescidas de erisipela, na face de uma paciente.

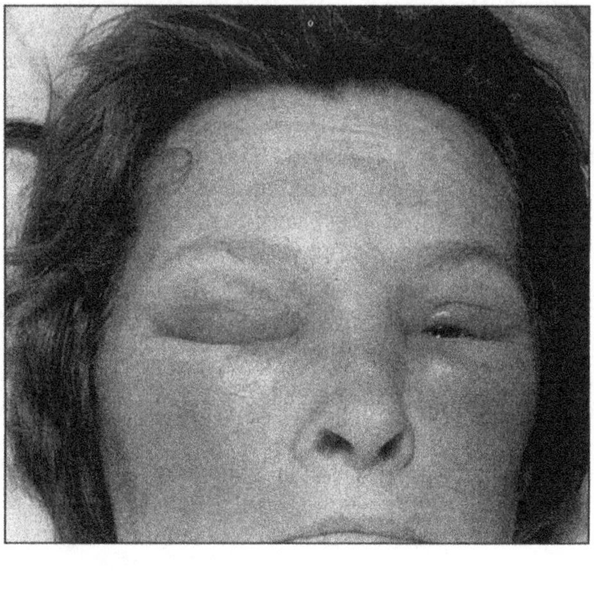

S. pyogenes envolvidas geralmente não são aquelas que causam a faringite. As vesículas purulentas aparecem mais comumente sobre a face e as mãos, mas podem cobrir todo o corpo. Eventualmente, desenvolvem-se crostas espessas. Os estreptococos são transmitidos por contato direto com pacientes ou objetos contaminados. Geralmente, pelo fato de as crianças serem mais susceptíveis, epidemias podem ocorrer nas escolas e nos acampamentos, a menos que sejam controladas mediante boas práticas de higiene e cuidados sanitários.

A febre puerperal é uma infecção estreptocócica associada com o parto. É uma infecção do útero da mãe e é uma doença grave e, freqüentemente, fatal. Antes da teoria microbiana das doenças ter sido estabelecida, as salas de maternidade de alguns hospitais eram vistas como "vestíbulo da morte" por causa da predominância da febre puerperal. Posteriormente, foi observado que a doença podia ser controlada por práticas obstétricas assépticas. Os estreptococos podem ser provenientes dos tratos respiratório, genital, intestinal ou da pele, da mão do paciente ou de seu atendente. Os antibióticos podem ser utilizados para reduzir a possibilidade de infecção.

Diagnóstico Laboratorial das Infecções por *S. pyogenes*. É importante que as infecções por *S. pyogenes* sejam diagnosticadas com rapidez e tratadas efetivamente a fim de prevenir complicações tais como a febre reumática. Um diagnóstico acurado não pode ser feito somente com a informação clínica; são necessários dados de laboratório. As técnicas de laboratório geralmente consistem no isolamento e na identificação de organismos pertencentes ao grupo A de Lancefield. Entretanto, outras técnicas foram desenvolvidas recentemente para extrair o antígeno do grupo A diretamente do material coletado com *swab* da área inflamada e identificado por um teste sensível de ELISA (ver Capítulo 20).

Quando *S. pyogenes* não pode ser isolado do paciente (por exemplo, nos casos de febre reumática e de glomerulonefrite pós-estreptocócica), o desenvolvimento de uma resposta imunológica no paciente fornece forte evidência circunstancial de que o paciente tem ou teve recentemente uma infecção por *S. pyogenes*. Essa resposta imunológica pode ser demonstrada pelo aumento significativo que ocorre nos níveis de anticorpos contra a estreptolisina O nos pacientes, no período de dias ou semanas.

Tratamento e Prevenção das Infecções por *S. pyogenes*. O antibiótico geralmente utilizado para o tratamento de infecções por *S. pyogenes* é a penicilina, uma vez que cepas penicilina-resistentes de *S. pyogenes* não têm sido encontradas. A eritromicina pode ser utilizada para tratar pacientes alérgicos à penicilina. O tratamento com antibiótico deve ser prolongado por alguns dias após o desaparecimento dos sintomas, para garantir a completa eliminação dos estreptococos. Isto reduz o risco de complicações, como a febre reumática. Não existem métodos disponíveis de imunização ativa para a prevenção das infecções por *S. pyogenes*. A ***quimioprofilaxia*** (o uso de substâncias químicas, tais como os antibióticos, para prevenir doenças) é aconselhável por pelo menos cinco anos após o paciente ter tido febre reumática, para prevenir recorrências.

Tuberculose

A tuberculose é uma doença humana lenta e progressiva que freqüentemente se estabelece bem antes do aparecimento dos sintomas. Estima-se que 10 a 15 milhões de pessoas, nos Estados Unidos, podem estar infectadas, embora muitas nunca desenvolvam a doença. Existiam 137.000 casos relatados em 1948, mas a incidência de tuberculose clínica nos Estados Unidos tem diminuído substancialmente nos últimos anos. Entretanto, existem ainda cerca de 26.000 novos casos a cada ano e dados recentes sugerem que a doença está novamente em ascensão. Em 1989 ocorreu um aumento de 5% no número de casos em relação ao ano anterior, e nas primeiras 41 semanas de 1990 foram observados outros 9% de aumento. Alguns desses novos casos ocorreram em pacientes com AIDS, cujos sistemas imunológicos enfraquecidos não podem controlar o crescimento do bacilo. Apesar desses aumentos, a incidência de tuberculose nos Estados Unidos e em outros países industrializados é relativamente baixa se comparada com aqueles países menos desenvolvidos, onde a tuberculose é a principal causa de morte.

Biologia das Micobactérias O *Mycobacterium tuberculosis* e o *Mycobacterium bovis* são os agentes etiológicos da tuberculose. Outras espécies de *Mycobacterium* são também patogênicas para o homem e causam doenças graves (Tabela 24.3). As células de *M. tuberculosis* e *M. bovis* são bastonetes finos, retos ou curvos e, como outras micobactérias, exibem álcool-ácido resistência (ver Figuras 9.30, no Volume I e 24.8, no caderno em cores). O cultivo requer meios de culturas especiais, tais como o meio com ovos coagulados de Löwenstein-Jensen e o ágar Middlebrook 7H12. Os organismos crescem muito lentamente, levando duas a três semanas ou mais para formar colônias visíveis.

Transmissão de *M. tuberculosis* e *M. bovis*. O *M. tuberculosis* é quase exclusivamente um parasita humano e é transmitido pelo ar. Usualmente causa *tuberculose pulmonar*, uma infecção dos pulmões, embora seja capaz de infectar outros tecidos ou órgãos do corpo. O *M. bovis* é primariamente um patógeno de gado, transmitido ao homem pelo consumo de leite *in natura* de animal infectado. Por ser ingerido em vez de inalado, o *M. bovis* causa tuberculose em outros sítios do corpo, tais como trato

DESCOBERTA!

24.1 FEBRE REUMÁTICA AGUDA EM UM CENTRO DE TREINAMENTO NAVAL.

Entre 15 de dezembro de 1986 e 15 de julho 1987, 10 casos de febre reumática foram identificados entre os recrutas do Centro de Treinamento Naval em San Diego, Califórnia. Este surto foi o primeiro do centro, em mais de duas décadas.

Todos os pacientes eram do sexo masculino e tinham entre 19 e 31 anos de idade. Todos apresentaram inflamação nas articulações e febre, e três pacientes apresentaram inflamação do coração. Um paciente tinha sido tratado de inflamação na garganta que foi diagnosticada como faringite estreptocócica do grupo A, mas ele não completou o regime de tratamento oral com penicilina. Quando os quatro pacientes foram hospitalizados com febre reumática, as culturas de materiais provenientes de suas gargantas foram positivas para estreptococos do grupo A.

Por aproximadamente 15 anos, a penicilina G intramuscular foi administrada a todos os recrutas novos do Centro Naval, como uma medida preventiva contra infecções por estreptococos. Entretanto, a prática foi interrompida em 1980 por causa de um sensível decréscimo no risco da febre reumática. O Posto de Treinamento de Recrutas da Marinha, próximo ao Centro Naval, utilizava continuamente a penicilina G como uma medida preventiva desde meados dos anos de 1960. Nenhum caso de febre reumática foi relatado no Posto de Treinamento da Marinha durante o surto no Centro Naval, embora a faringite estreptocócica tenha sido epidêmica.

A profilaxia em massa (medida preventiva) com penicilina foi restabelecida no Centro Naval. Todos os novos recrutas, exceto aqueles alérgicos a penicilina, agora recebem 1,2 milhões de unidades intramuscularmente.

Adaptado de *Morbidity and Mortality Weekly Report,* 26 de fevereiro de 1988.

intestinal, linfonodos, ossos e articulações. Raramente é encontrado em casos de tuberculose nos Estados Unidos, por causa da ampla pasteurização do leite, que destrói o microrganismo. Entretanto, é um importante patógeno nos países onde o leite *in natura* é consumido.

Patogenicidade do *M. tuberculosis*. A tuberculose pulmonar começa quando o *M. tuberculosis* se aloja dentro de um alvéolo nos pulmões. As bactérias são rapidamente fagocitadas pelos macrófagos, mas não são destruídas, ao contrário, elas se multiplicam lentamente dentro desses fagócitos. A primeira evidência da infecção é o desenvolvimento de uma hipersensibilidade às bactérias, após aproximadamente um mês. A hipersensibilidade pode ser detectada pelo ***teste da tuberculina***, no qual um extrato de proteínas do *M. tuberculosis* é injetado sob a pele. O teste positivo é indicado por uma zona intumescida e avermelhada no local da injeção, dentro de 48 horas.

Se uma pessoa que era tuberculina-negativa torna-se tuberculina-positiva, isto indica que a pessoa foi infectada durante esse intervalo. Embora tais infecções freqüentemente permaneçam subclínicas (sem nenhum sintoma da doença), o indivíduo deverá ser tratado com agentes antimicrobianos adequados para assegurar que a tuberculose clínica não se desenvolva.

Em infecções não-tratadas, a formação de anticorpos em resposta ao agente infeccioso (imunidade humoral) não é eficaz. O único tipo efetivo de imunidade é a *imunidade mediada por células*. Na resposta imunológica mediada por células desenvolvida por um indivíduo infectado, os linfócitos T específicos migram em direção aos bacilos presentes nos pulmões. Em contato com os bacilos, esses linfócitos liberam substâncias solúveis que atraem os macrófagos para a área e os convertem em *macrófagos ativados*, os quais possuem grande quantidade de enzimas hidrolíticas e outras substâncias antibacterianas. Após fagocitar as micobactérias, os macrófagos ativados são capazes de controlar o crescimento intracelular das bactérias (mas não podem matá-las). Conseqüentemente, pequenos nódulos cinza-perolados, chamados ***tubérculos***, são formados. Os tubérculos consistem em micobactérias circundadas por várias camadas concêntricas de macrófagos e uma camada externa de linfócitos. O bacilo normalmente torna-se dormente dentro do tubérculo, e a infecção permanece subclínica. Os testes de tuberculina serão positivos enquanto os bacilos dormentes estiverem no corpo – geralmente por toda a vida, a não ser que a infecção seja eliminada por agentes antimicrobianos.

Em cerca de 10% das infecções não-tratadas, a imunidade mediada por células não se desenvolve o suficiente para interromper a multiplicação dos bacilos no tubérculo. O tubérculo inicial cresce em tamanho, e mais tubérculos são formados. Os macrófagos e as células do tecido pulmonar nos tubérculos aumentados começam a morrer por causa dos lipídeos tóxicos das micobactérias ou por ausência de circulação de oxigênio. Então, eles se fundem para formar uma massa de tecido morto. Finalmente, vários tubérculos fundem-se para formar uma área de tecido morto suficientemente grande para ser mostrada em uma chapa de raios X de tórax. Quando a área de tecido morto aumenta, pode desgastar a parede de um brônquio, de modo que bacilos álcool-ácido resistentes começam a aparecer no ***escarro***, o muco de expectoração do paciente. Com a evolução da doença, o paciente exibe perda de apetite, fadiga, perda de peso, suor noturno e uma tosse persistente e

Tabela 24.3 Algumas espécies de *Mycobacterium* patogênicas para o homem.

Grupos e espécies	Importância clínica
GRUPO DA TUBERCULOSE	
M. tuberculosis	Agente etiológico da tuberculose.
M. bovis	Agente etiológico da tuberculose.
GRUPO DA LEPRA	
M. leprae	Agente etiológico da lepra, nunca foi cultivado em meios laboratoriais, mas pode crescer em tatus e em patas de camundongos.
GRUPOS DE RUNYON*	
I	
M. kansasii	Causa doença semelhante à tuberculose.
M. marinum	Causa pápulas e feridas na pele; é contraído em banhos de piscina ou em águas do mar.
II	
M. scrofulaceum	Causa linfoadenite (doença dos linfonodos) em crianças.
M. xenopi	Causa infecção pulmonar crônica.
III	
Grupo *M. avium*/*M. intracellulare*	Causa doença semelhante à tuberculose, em adultos, e linfoadenite em crianças; causa infecções secundárias graves em pacientes com AIDS; é resistente aos agentes antimicrobianos utilizados no tratamento da tuberculose.
M. malmoense	Causa infecção pulmonar.
IV	
M. fortuitum	Causa doença semelhante à tuberculose.
M. chelonei	Possível causa de uma doença respiratória crônica.

*Muitas das espécies destes quatro grupos de Runyon vivem em ambientes aquáticos e no solo e são provavelmente adquiridas pelo homem por inalação de poeira ou aerossóis formados nestes ambientes; parece que não são transmitidas de pessoa a pessoa.

agravante. Se um vaso sanguíneo no pulmão for danificado, o bacilo pode invadir a corrente sanguínea e ser transportado para várias partes do corpo, causando a formação de numerosos tubérculos nesses locais. A morte finalmente pode ocorrer quando houver danos suficientes nos pulmões ou em outros órgãos vitais.

A reativação da tuberculose é o tipo de ocorrência prevalecente hoje em dia nos Estados Unidos. Nessa doença, os bacilos dormentes de uma infecção primária subclínica antiga não são mantidos sob controle pela imunidade mediada por células e, então, começam a proliferar. Essa forma da doença ocorre mais freqüentemente em pessoas idosas cuja resistência foi diminuída por fatores como má nutrição, alcoolismo ou outros estresses. Também ocorre com freqüência em pessoas com AIDS.

Diagnóstico Laboratorial da Tuberculose. Em laboratórios de microbiologia, um diagnóstico presuntivo da tuberculose pulmonar pode ser feito pela observação de bacilos álcool-ácido resistentes em esfregaços de escarro (Figura 24.8, caderno em cores). Entretanto, um diagnóstico definitivo depende do isolamento dos bacilos provenientes do paciente e da identificação destes como sendo uma cepa virulenta de *M. tuberculosis*. Isto envolve a demonstração de que os bacilos isolados sintetizam a vitamina niacina, reduzem nitrato a nitrito e formam *cordas* em forma de serpentinas (arranjo dos bacilos em corda) quando crescem em meios de cultura (Figura 24.9, caderno em cores).

Tratamento e Prevenção da Tuberculose. Geralmente, pacientes com tuberculose podem ser tratados eficientemente com uma combinação de agentes antimicrobianos. O agente mais comum é a ***isoniazida***, que normalmente é utilizada em combinação com a rifampina. Outras drogas antituberculose incluem pirazinamida, ácido *para*-aminosalicílico, etambutol e estreptomicina. O tratamento pode ser estendido por um ano ou mais por causa da natureza crônica da doença e da lenta penetração dos agentes químicos nos tubérculos.

A ***vacina BCG*** é usada amplamente em todo o mundo – mas não nos Estados Unidos – para prevenir a tuberculose. A vacina BCG consiste em células vivas de uma *cepa* *atenuada* de *M. bovis,* que foi isolada em 1908 pelos microbiologistas franceses, Calmette e Guérin (uma cepa "atenuada" perde a sua habilidade de causar a doença). A injeção da cepa atenuada de BCG em indivíduos tuberculina-negativos (geralmente na infância) induz à imunidade mediada por células contra a tuberculose, tendo 60 a 80% de efetividade. A imunização normalmente não produz efeitos adversos, embora o intumescimento de linfonodos possa ocorrer em 10% dos vacinados. O organismo BCG pode crescer e causar infecção em aproximadamente uma pessoa em 1 milhão de vacinados, normalmente naqueles que têm um sistema imunológico enfraquecido por doenças ou por tratamento com drogas imunossupressoras. A vacina BCG não é usada nos Estados Unidos por causa do risco da infecção por *M. tuberculosis* ser muito baixo e porque o indivíduo torna-se tuberculina-positivo. Isto dificulta o uso do teste da tuberculina para detecção rápida de indivíduos infectados com *M. tuberculosis.*

Figura 24.10 Fotomicrografia eletrônica do organismo da doença dos Legionários, *Legionella pneumophila.* Observar que o bacilo tem um flagelo polar.

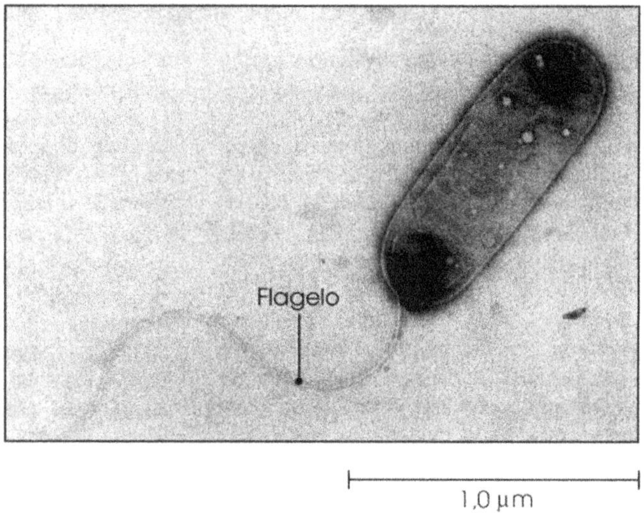

Doença dos Legionários

A doença dos Legionários foi descrita pela primeira vez em 1976, após a ocorrência da doença em uma convenção da Legião Americana na Filadélfia. Foram afetadas 182 pessoas e, dessas, 29 morreram. A causa da ocorrência permaneceu um mistério, por meses. Apesar de muitos esforços, o micróbio causador não foi visualizado ou isolado de amostras de tecido pulmonar dos doentes. Entretanto, pôde ser propagado pela inoculação do tecido doente em cobaia. Mais tarde o micróbio foi cultivado, com sucesso, em fígado de embriões de galinha e foi observado como uma bactéria na forma de um bastonete pequeno. Finalmente, os microbiologistas do CDC (Centers for Disease Control) em Atlanta obtiveram colônias da bactéria em um meio de cultura especial. Com o isolamento do organismo, tornou-se claro que a doença dos Legionários não era uma doença nova. Por exemplo, em 1957, uma misteriosa ocorrência de pneumonia em Austin, Minnesota, afetou 78 pessoas e causou duas mortes. Estudos sorológicos retrospectivos indicaram que foi uma ocorrência da doença dos Legionários.

A doença dos Legionários ocorre tanto em forma epidêmica como esporádica. Embora as epidemias tenham atraído mais atenção, os casos esporádicos superam o número de casos epidêmicos. Estima-se que 25.000 a 50.000 casos esporádicos podem ocorrer nos Estados Unidos a cada ano. Surtos da doença dos Legionários têm sido relatados em pelo menos 15 outros países.

Biologia da *Legionella pneumophila*. Mais de 20 espécies do gênero *Legionella* têm sido descritas e provavelmente todas são patogênicas. A espécie mais conhecida é a *L. pneumophila* (Figura 24.10). As legionelas são bactérias Gram-negativas em forma de bastonetes que requerem, entre outros nutrientes, o aminoácido cisteína para o crescimento. Este requerimento não é usual entre bactérias aeróbias Gram-negativas.

Transmissão da *L. pneumophila*. Ao contrário de muitos outros patógenos transmitidos pelo ar, as legionelas não parecem ser transmitidas de pessoa a pessoa. O organismo tem sido isolado de águas de lagos e reservatórios, onde pode crescer no interior das células de certos protozoários. Também tem sido isolado das águas de torres de refrigeração e condensadores de aparelhos de ar-condicionados, de chuveiros e canos de sistemas de encanamento de água quente, especialmente em sistemas com "terminais mortos", nos quais a água aquecida pode estagnar. O homem provavelmente adquire o organismo por inalação dos aerossóis gerados a partir dessas fontes ambientais (DESCOBERTA 24.2). Os hospitais devem dedicar especial atenção para eliminar a *Legionella* dos sistemas de encanamento e de ar-condicionado, porque as pessoas que estão doentes ou que estão em tratamento com agentes supressores da resposta imunológica podem ter um aumento de susceptibilidade à infecção.

Patogenicidade da *L. pneumophila*. A *L. pneumophila* pode causar dois tipos de doenças. A primeira, a doença dos Legionários, é uma pneumonia grave caracterizada por febre, calafrios e uma tosse seca. Algumas vezes podem ocorrer dores no tórax, dores abdominais, vômitos, diarréia e confusão mental. A doença ocorre mais freqüentemente em homens com idade superior a 50 anos. A taxa de mortalidade em casos não-tratados é de 15% ou mais. O segundo tipo de doença é denominado *febre Pontiac* (devido ao surto ocorrido em Pontiac, Michigan). A febre Pontiac é uma doença branda, não-fatal, caracterizada por febre,

DESCOBERTA!

24.2 DOENÇA DOS LEGIONÁRIOS NO MUNICÍPIO DE WAYNE, MICHIGAN.

Quatorze casos de pneumonia com febre alta foram identificados entre aproximadamente 380 pessoas que participaram de um banquete de uma igreja realizado em um hotel, em 27 de abril de 1985, no município de Wayne, Michigan. Três destes casos foram fatais. Havia evidências laboratoriais de infecção por *Legionella* em sete casos, incluindo todos os casos fatais. Nenhuma outra ocorrência, exceto o banquete, foi identificada. As amostras para a análise de laboratório foram obtidas da água potável do hotel, da piscina, do sorvedouro e de 12 unidades de ar-condicionados. A *L. pneumophila* foi isolada das amostras obtidas das superfícies externas das serpentinas de refrigeração de duas unidades de ar-condicionado que refrigeravam o salão onde se realizou o banquete.

O simples isolamento de *Legionella* de determinado ambiente não prova que a bactéria tenha causado o surto de infecção. As legionelas são freqüentemente isoladas de fontes de água não relacionadas com a doença humana. As unidades de ar-condicionado no hotel de Michigan podiam estar envolvidas mas, em caso positivo, é difícil explicar por que somente um outro caso suspeito de pneumonia foi identificado entre mais de 800 pessoas que freqüentaram 12 outros banquetes oferecidos no mesmo hotel entre 25 de abril e 10 de maio. Esta anormalidade ilustra o tipo de problema que freqüentemente é encontrado na tentativa de correlacionar um surto de doença dos Legionários a uma fonte específica.

Adaptado de *Morbidity and Mortality Weekly Report*, 14 de junho de 1985.

calafrios, dor de cabeça, tosse seca e dores musculares. A doença é autolimitante, e a recuperação completa ocorre em uma semana, sem tratamento.

Diagnóstico Laboratorial das Infecções por *Legionella*. O método definitivo para diagnosticar *Legionella* é o isolamento da bactéria a partir de secreções respiratórias, utilizando-se um meio solidificado contendo (entre outros ingredientes) o aminoácido cisteína e carvão vegetal moído. A função do carvão vegetal é destruir o peróxido de hidrogênio tóxico que é formado quando parte da cisteína se oxida espontaneamente na presença do oxigênio. A identificação de um isolado como legionela é baseada principalmente no requerimento de cisteína. Uma vez que o isolamento pode demorar vários dias, os anticorpos fluorescentes podem ser utilizados para detectar rapidamente a bactéria em amostras clínicas do paciente. Entretanto, esse método é menos sensível que o método de cultura. Também o desenvolvimento de resposta imunológica no paciente, como indicado por um acentuado incremento nos níveis de anticorpos específicos após um período de tempo, fornece fortes evidências circunstanciais de infecção por *Legionella*. Entretanto, o paciente pode levar várias semanas para desenvolver esses anticorpos.

Tratamento e Prevenção da Doença dos Legionários. A eritromicina é o antibiótico de escolha no tratamento da doença dos Legionários.

Não existe vacina disponível contra a doença dos Legionários. Para eliminar as legionelas dos sistemas de água institucionais, o nível de cloração da água de abastecimento deverá ser aumentado, terminais mortos em encanamentos devem ser eliminados e tanques de água quente devem ser aquecidos pelo menos a 70°C por 72 h.

Outras Doenças Transmitidas pelo Ar Causadas por Bactérias

Muitas outras doenças infecciosas sérias transmitidas pelo ar são causadas por bactérias. Algumas dessas infecções, agentes etiológicos, tratamento e prevenção são descritos na Tabela 24.4. Fotomicrografias de alguns agentes etiológicos são mostradas na Figura 24.11 (caderno em cores).

Responda

1 Quais são as funções dos fatores de virulência do *Streptococcus pyogenes*? Que aplicação prática pode ser realizada com a proteína M? Por que a febre reumática e a glomerulonefrite pós-estreptocócica não são consideradas infecções?

2 Que seqüência de eventos ocorrem nas infecções causadas por *Mycobacterium tuberculosis*? Como a resposta imunológica do paciente determina o resultado da doença? Como a vacina BCG funciona?

3 Quais são as fontes de *Legionella*? Como a infecção por *Legionella* pode ser prevenida?

4 Como a faringite estreptocócica, a febre reumática, a tuberculose e a doença dos Legionários podem ser diagnosticadas em laboratório de microbiologia clínica?

5 Quais são os agentes etiológicos da pneumonia pneumocócica, da difteria, da coqueluche, da pneumonia atípica primária, da psitacose, da meningite por *Haemophilus* e da meningite meningocócica?

Tabela 24.4 Algumas infecções transmitidas pelo ar causadas por bactérias.

Doença	Agente etiológico	Patogenicidade	Tratamento e prevenção
Pneumonia pneumocócica	*Streptococcus pneumoniae.* Cocos Gram-positivos aos pares, circundados por uma cápsula polissacarídica que resiste à fagocitose. Existem 84 sorotipos capsulares. Colônias são α-hemolíticas em placas de ágar sangue incubadas em aerobiose.	A principal causa de pneumonia bacteriana. A taxa de mortalidade é alta em pessoas acima de 65 anos. Os sintomas incluem febre, calafrios e dor torácica. Os sacos de ar dos pulmões preenchem-se com fluido no qual os pneumococos multiplicam-se. Os neutrófilos tentam fagocitar os cocos, mas são freqüentemente impedidos pela cápsula bacteriana antifagocitária. As células produzem pneumolisina O, uma hemolisina oxigênio-sensível que provoca danos nas membranas das células do hospedeiro. Dos pulmões, os cocos podem invadir a corrente circulatória.	A penicilina geralmente é eficaz, mas algumas cepas de pneumococos são resistentes. A vacina disponível consiste em material capsular purificado de 23 sorotipos mais freqüentes. Administradas principalmente em idosos.
Difteria	*Corynebacterium diphtheriae.* Bacilos Gram-positivos freqüentemente formam arranjos paralelos, em paliçadas. As células contêm grânulos metacromáticos quando coradas com azul de metileno.	As bactérias causam infecção localizada na garganta; produzem uma poderosa exotoxina que mata as células do tecido da garganta e provoca a formação de exsudato, que pode bloquear a traquéia e sufocar o paciente. A toxina também circula no sangue e pode matar o paciente por danos nos rins, nos nervos e especialmente no coração.	Antitoxina é administrada para neutralizar a toxina. A vacinação na infância tem reduzido drasticamente a incidência de difteria. A vacina consiste em toxóide produzido a partir da exotoxina diftérica.
Coqueluche	*Bordetella pertussis.* Bacilos Gram-negativos curtos.	As bactérias ligam-se à superfície do tecido dos brônquios e causam uma infecção localizada. O paciente desenvolve uma tosse severa que termina com um som de "guincho" ou inspiração ruidosa. A tosse pode vir acompanhada por vômitos, falta de oxigênio no sangue e hemorragias no nariz e nos olhos e mesmo no cérebro. Surdez e outros danos permanentes podem ocorrer.	Eritromicina é o antibiótico de escolha. Vacinação de recém-nascidos e crianças tem reduzido amplamente a incidência da doença. A vacina consiste de células mortas de *B. pertussis.*
Pneumonia atípica primária	*Mycoplasma pneumoniae.* Células Gram-negativas pleomórficas, desprovidas de parede celular, que, e assim, não são susceptíveis à penicilina.	A infecção pulmonar é caracterizada por um ataque gradual, com dor de cabeça, inflamação na garganta, febre e tosse. A taxa de mortalidade é menor que 1%. *M. pneumoniae* pode causar 25% de todas as pneumonias, em jovens, e 9% das pneumonias, em crianças.	Tetraciclina é o antibiótico de escolha. Não existe vacina disponível.
Meningite por *Haemophilus*	*Haemophilus influenzae.* Bacilos Gram-negativos que requerem hemina e nicotinamida adenina dinucleotídeo (NAD) para o crescimento. As células possuem uma cápsula polissacarídica que resiste à fagocitose. Existem seis sorotipos capsulares; o sorotipo b causa quase todos os casos de meningite por *Haemophilus* em crianças.	Meningite por *Haemophilus* é o tipo mais freqüente de meningite em crianças entre 6 semanas e 2 anos de idade. A taxa de mortalidade nos casos não-tratados é de 90 a 100%. O organismo inicialmente cresce na nasofaringe. Uma endotoxina, provavelmente, ajuda a danificar a superfície do tecido e as bactérias são transportadas pelo sangue até as meninges, onde causam uma inflamação grave.	Uma combinação de ampicilina e cloranfenicol é usada no tratamento. Existe vacina disponível que consiste em polissacarídeo capsular purificado do sorotipo B, que tem sido quimicamente ligado ao toxóide diftérico. A vacina é administrada em crianças, em doses seriadas aos dois, quatro e seis meses de idade.
Meningite meningocócica	*Neisseria meningitidis.* Cocos Gram-negativos aos pares. Presença de uma cápsula polissacarídica que inibe a fagocitose durante a infecção. Os sorotipos são baseados no tipo de cápsula; A, B, C e Y são os mais comuns.	As bactérias podem estar alojadas na nasofaringe sem causar doença; entretanto, podem ter acesso à corrente circulatória e ser carreadas para as meninges, onde causam uma inflamação grave. Pacientes apresentam dor de cabeça, febre, dor na nuca e nas costas, perda de vigilância mental e algumas vezes erupção na pele. A morte pode ocorrer em 24 h.	A penicilina é o antibiótico de escolha. A vacina disponível consiste em polissacarídeos capsulares dos sorotipos A, C, Y e W135. Não existe vacina disponível contra o sorotipo B.
Psitacose	*Chlamydia psittaci.* Parasita intracelular obrigatório. Primariamente, um patógeno de vários pássaros e aves domésticas.	Adquirida por inalação de poeira infecciosa contaminada com fezes de pássaros infectados. Indivíduos que trabalham com aves domésticas podem contrair a infecção. Em seres humanos, a doença pode variar de infecções respiratórias brandas a pneumonias graves que envolvem o sistema nervoso central.	Tetraciclinas, sulfonamidas e eritromicina são eficazes. Não existe vacina disponível.

Infecções Transmitidas pelo Ar Causadas por Vírus

Várias infecções transmitidas pelo ar são causadas por vírus. Destas, o resfriado comum e a gripe são particularmente interessantes, porque são amplamente difundidas, e muitos tipos antigênicos dos vírus causadores estão envolvidos.

O Resfriado Comum

O resfriado comum é uma infecção moderada do trato respiratório superior. Dentre as doenças infecciosas do homem, é a que predomina, e é mundial. Durante os meses de inverno, a média, em adultos, é de seis a oito resfriados por 1.000 pessoas por dia; a taxa no verão é de cerca de um terço da observada no inverno.

Biologia dos Vírus do Resfriado. Muitos vírus podem causar o resfriado comum. Destes, os rinovírus (da palavra grega *rhis,* "nariz") são os mais freqüentes (Figura 24.12). Os rinovírus são constituídos por capsídeos protéicos icosaédricos que envolvem um RNA de fita única. Os rinovírus crescem melhor a uma temperatura de 33°C do que à temperatura do corpo (37°C). Isto ajuda a explicar porque os rinovírus são restritos ao trato respiratório e não invadem órgãos internos do corpo. Existem atualmente pelo menos 115 sorotipos de rinovírus, e a imunidade contra um tipo não previne a infecção por outro sorotipo. Esta é a principal razão por que uma pessoa pode ter vários resfriados no mesmo ano.

Os coronavírus causam cerca de 15% dos resfriados comuns. Os coronavírus são assim chamados por causa de grandes partículas de glicoproteínas projetadas na super-

Figura 24.12 Microscopia eletrônica de rinovírus purificado.

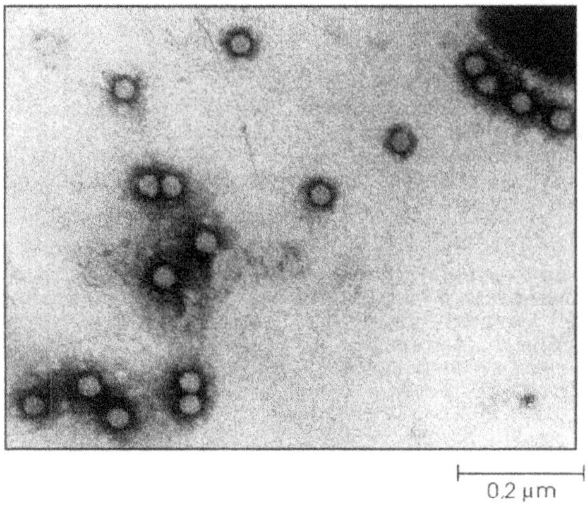

Figura 24.13 Microscopia eletrônica de coronavírus OC 43.

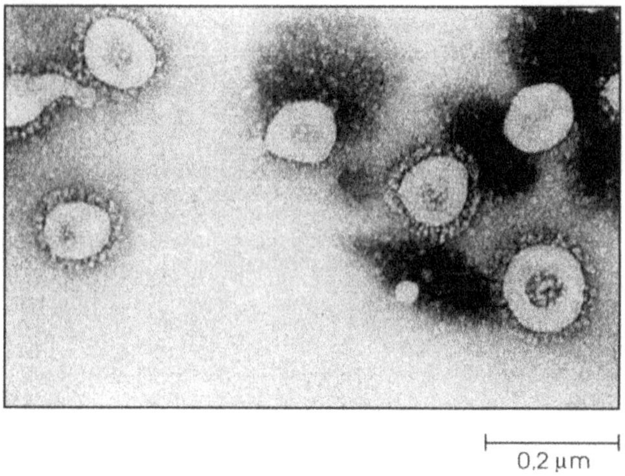

fície do vírion, conferindo o aspecto de uma coroa ou corona (Figura 24.13). Os coronavírus têm nucleocapsídeo helicoidal composto de proteína e RNA de fita única; o nucleocapsídeo é circundado por um envelope lipídico. Ao contrário dos rinovírus, os coronavírus têm somente dois tipos antigênicos. Entretanto, a imunidade que se desenvolve em resposta às infecções por coronavírus é de curta duração (aproximadamente um ano) e um indivíduo pode ser reinfectado, posteriormente, pelo mesmo tipo antigênico.

Transmissão dos Vírus do Resfriado. Não existe base para a crença popular de que mudanças rápidas de temperatura ou umidade predispõem uma pessoa a contrair o resfriado. Os resfriados são contraídos por exposição a um vírus causador do resfriado. O principal vírus causador do resfriado, o rinovírus, é emitido em alta concentração nas secreções nasais e pode ser disseminado pelos aerossóis. Entretanto, o principal modo de transmissão parece ser a *transmissão mão a mão.* Uma elevada proporção de pessoas infectadas com rinovírus apresenta, nas mãos, secreções nasais contaminadas com vírus, e estes podem ser transferidos, por contato, para as mãos de indivíduos não-infectados. Estes indivíduos podem então colocar seus dedos contaminados em contato com a mucosa nasal ou a conjuntiva dos olhos. Uma pessoa acometida por um resfriado deve lavar as mãos freqüentemente com água e sabão, especialmente após utilizar lenços contaminados com secreções nasais.

Patogenicidade do Vírus do Resfriado. A multiplicação dos vírus ocorre nas células que revestem a superfície do canal nasal e da faringe. Após um período de incubação de 12 a 72 h, o resfriado desenvolve como uma infecção aguda do nariz, da garganta, dos seios paranasais, da traquéia e dos brônquios, persistindo por aproximadamente dois a sete dias. Os sintomas incluem aumento de secreções nasais, congestão nasal, espirro, tosse, inflamação ou dor na garganta, rouquidão e algumas vezes um ligeiro aumento de temperatura. Durante a fase aguda do resfriado, grande quantidade de vírus aparece nas secreções nasais. Anticorpos soroespecíficos do tipo IgA secretória também aparecem na secreção nasal.

Embora seja uma doença relativamente moderada, o resfriado comum pode afetar a resistência normal do paciente e permitir a invasão bacteriana dos seios paranasais e do ouvido médio. Isto pode explicar por que a sinusite bacteriana e a otite média (inflamação dos seios paranasais e do ouvido médio, respectivamente) se desenvolvem em alguns casos de resfriado.

Diagnóstico Laboratorial, Tratamento e Prevenção do Resfriado Comum. O resfriado comum geralmente é diagnosticado por meio dos sintomas, e não através de métodos laboratoriais. Não existe tratamento específico para o resfriado comum. Medidas auxiliares, tais como repouso adequado, roupas quentes e aspirina, são recomendadas e servem para aumentar o conforto do paciente. A ingestão de líquidos, tais como sucos de frutas, é de grande ajuda. Uma vez que os resfriados são causados por vírus, os antibióticos não são utilizados no tratamento dos resfriados simples. Os anti-histamínicos têm somente um efeito mínimo na redução da secreção nasal. É discutível se grandes doses de vitamina C são benéficas ou não.

Por causa da existência de muitos sorotipos de rinovírus, uma vacina contra o resfriado comum não é ainda possível. Anticorpos, entretanto, aparecem em resposta a um rinovírus e oferecem uma proteção contra o sorotipo específico de rinovírus por mais de dois anos. Como mencionado previamente, um dos meios mais efetivos para prevenir o resfriado é mediante a lavagem das mãos e evitar o contato com pessoas que estão infectadas.

Influenza

A influenza ocorre comumente de forma *epidêmica*, que é um aumento repentino do número de casos dentro de uma região particular ou um país. A influenza epidêmica ou "gripe", como é mais conhecida, é um dos exemplos mais comum de infecções transmitidas pelo ar. Existem três tipos antigênicos do vírus influenza – A, B e C. As epidemias de gripe ocorrem em ciclos: aquelas causadas por cepas de vírus influenza tipo A comumente seguem um ciclo de dois a três anos, enquanto aquelas causadas por cepas do tipo B têm ciclos de quatro a seis anos. As cepas C raramente dão origem a epidemias; elas causam infecções subclínicas ou pequenos surtos de gripes em crianças.

Além das epidemias, a influenza pode ocorrer em pandemias, que são epidemias de proporções mundiais. As pandemias ilustram a enorme faixa geográfica e a rápida

Figura 24.14 (**A**) Diagrama mostrando a estrutura do vírus da influenza e a localização das proteínas H e N. O nucleocapsídeo helicoidal é composto por oito segmentos, sendo cada um constituído de proteína e de um segmento interno de RNA de fita única. A localização da fita de RNA é mostrada em um nucleocapsídeo. (**B**) Micrografia eletrônica (em preparação de coloração negativa) de partículas de vírus da influenza.

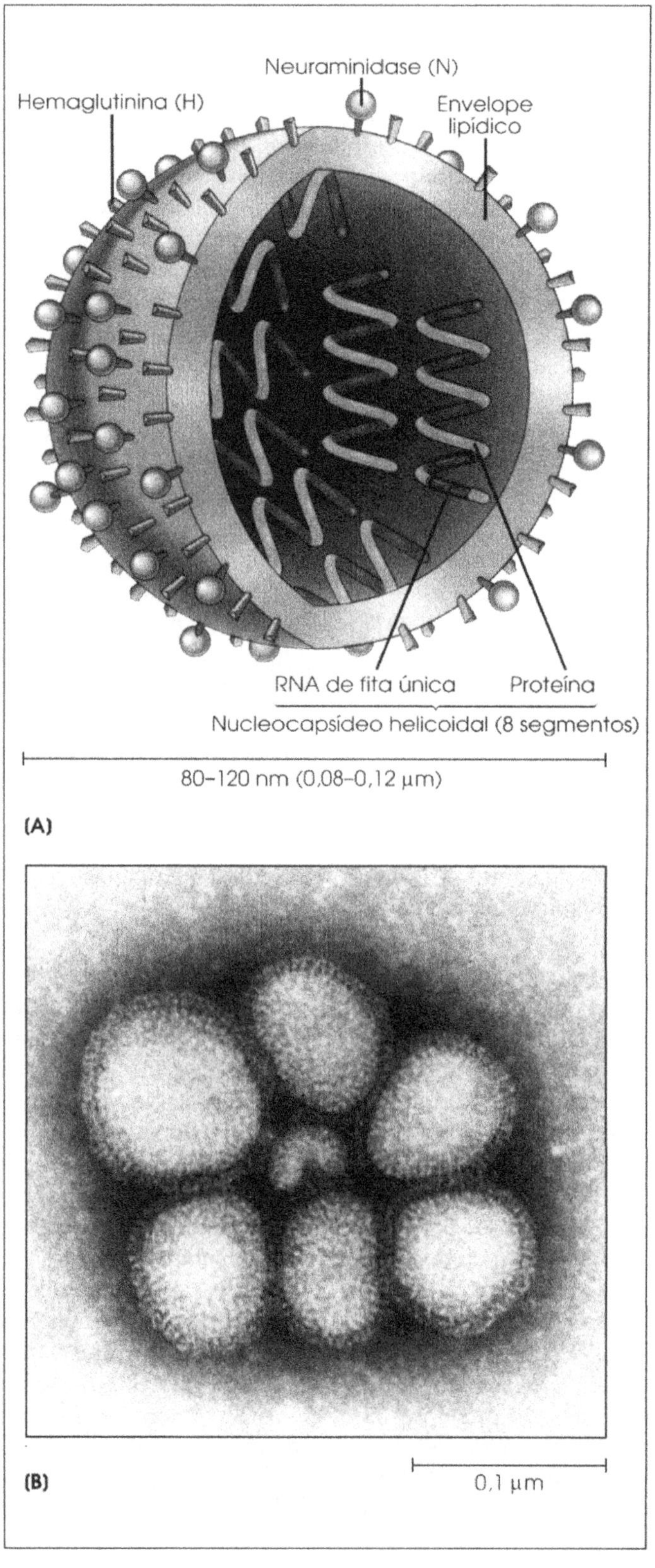

disseminação que as doenças transmitidas pelo ar podem alcançar. Grandes pandemias de influenza têm ocorrido em intervalos de 10 a 30 anos ou mesmo em intervalos maiores; são causadas por cepas do vírus influenza do tipo A.

Biologia dos Vírus da Influenza. Os vírus da influenza têm um cerne de RNA de fita única contido em um capsídeo helicoidal. O capsídeo é enovelado para formar uma massa arredondada e é coberto por um envelope lipídico a partir do qual espículas de proteínas são projetadas (Figura 24.14). Estas espículas são ***hemaglutininas*** (proteínas H), assim chamadas por permitir a aderência dos vírus às células vermelhas do sangue e a outras células hospedeiras. Ainda no envelope lipídico estão as protrusões, em forma de cogumelo, compostas de ***neuraminidases*** (proteínas N). Estas enzimas podem degradar as camadas de muco da mucosa, permitindo a aderência do vírus às células dos tecidos adjacentes.

Os vírus da influenza A podem ser classificados em subtipos, conforme a presença das proteínas H e N. Deste modo, 13 principais tipos de proteína H (H1 a H13) e 9 tipos de proteínas N (N1 a N9) foram identificados em vírus da influenza A humano, de animais e de pássaros. Em vírus influenza A isolado de humanos, somente três dessas proteínas H (H1, H2 e H3) e dois tipos de proteína N (N1 e N2) foram identificadas. Proteínas H e N podem ocorrer em diferentes combinações para produzir vários subtipos de vírus influenza A. Por exemplo, a cepa que causou a epidemia de "gripe asiática" humana, que atingiu o mundo inteiro em 1957, foi o subtipo A(H2N2), enquanto a cepa causadora da epidemia da "gripe Hong Kong", em 1968, foi o subtipo A(H3N2). Durante o período de 1989-1990, cepas do subtipo A(H3N2) causaram a maioria das epidemias pelo mundo inteiro.

Os antígenos H e N de um vírus influenza têm importância prática porque os anticorpos contra esses antígenos podem prevenir a aderência do vírus às células do hospedeiro e, após recuperação da influenza, conferirão um grau de imunidade natural à população. Entretanto, anticorpos formados por uma população hospedeira contra um subtipo antigênico do vírus da influenza A, por exemplo A(H2N2), não protegem contra outros subtipos que podem desenvolver-se pelo processo de mutação, tal como A(H3N2). Além disso, dentro de um subtipo particular de vírus influenza, tal como A(H3N2), variedades contendo diferentes propriedades antigênicas podem desenvolver-se. Por exemplo, durante os anos de 1990-1991, três variedades antigenicamente distintas do vírus A(H3N2) foram isoladas do mundo inteiro. Se as diferenças antigênicas entre as variedades são suficientemente grandes, então os anticorpos formados contra uma variedade reagirão fracamente contra a outra variedade. É por causa da ocorrência de novos subtipos e novas variedades de vírus influenza que ocorrem pandemias em populações previamente imunes contra um subtipo ou variedade mais antiga (DESCOBERTA 24.3).

Transmissão do Vírus da Influenza. Grande quantidade de vírus da influenza está presente em secreções respiratórias de pacientes e pode ser transmitida para indivíduos não-infectados por aerossóis e *fômites* (objetos inanimados que abrigam microrganismos patogênicos, tal como o lenço que foi contaminado por um paciente). Uma única pessoa infectada pode transmitir os vírus a um grande número de pessoas susceptíveis, contribuindo para a natureza "explosiva" da epidemia.

Diagnóstico Laboratorial da Influenza. Para o diagnóstico da influenza, amostras de escarro e amostras obtidas de *swab* de nariz e garganta são inoculadas em culturas de células hospedeiras apropriadas, tais como células de rim de cão. Após a incubação, o vírus da influenza pode ser detectado por sua capacidade de aglutinar hemácias adicionadas à cultura, ou por sua capacidade de alterar a superfície da célula infectada, de modo que as hemácias se ligarão a essa superfície. Alternativamente, a presença de antígeno viral na célula hospedeira pode ser detectada pelo uso de anticorpos fluorescentes específicos.

Patogenicidade do Vírus da Influenza. A multiplicação do vírus é normalmente restrita a tecidos do trato respiratório superior. A morte e a necrose das células de revestimento das mucosas podem ser responsáveis por muitos dos sintomas, tais como a congestão e a secreção aumentada. A influenza é caracterizada por uma secreção nasal clara, febre, calafrios, dor de cabeça, dores musculares, inflamação da garganta, tosse e uma fraqueza e fadiga acentuada. Em pacientes com influenza, a temperatura do corpo em geral atinge rapidamente 37,8°C a 40°C e algumas vezes 41,1°C, durante as 12 h após o início dos sintomas (comparada com a febre branda que acompanha o resfriado comum). A febre normalmente dura três dias, mas pode persistir por mais de oito dias. A convalescença completa pode requerer uma ou mais semanas.

A influenza causa uma diminuição da resistência à infecção por outros patógenos microbianos e existe uma tendência para o desenvolvimento de pneumonia secundária causada por bactérias tais como *Streptococcus pneumoniae, S. pyogenes, Staphylococcus aureus* e *Haemophilus influenzae.* Muitas mortes atribuídas à influenza devem-se a essas infecções secundárias.

Tratamento e Prevenção da Influenza. O tratamento para casos de influenza sem complicações envolve medidas auxiliares, tal como repouso. Como em qualquer infecção viral, os agentes quimioterápicos não podem curar a influenza. O quimioterápico ***amantadina*** pode abreviar a

DESCOBERTA!

24.3 POR QUE A PANDEMIA DE INFLUENZA CONTINUA OCORRENDO?

Em 1918-1919 uma cepa de influenza do tipo A causou uma pandemia com mortalidade recorde, matando mais de 20 milhões de pessoas. Naquele tempo, os microbiologistas não sabiam como isolar e caracterizar o vírus. Na década de 1950, evidências mostraram que a cepa responsável pela mortalidade provavelmente pertencia a uma variedade antigênica particular do subtipo A(H1N1). Esta evidência foi baseada no fato de que, se uma pessoa se recupera da influenza, o seu soro sanguíneo continuará a conter anticorpos contra o subtipo viral particular que causou a infecção. Um exame do soro sanguíneo de pessoas que nasceram entre 1918 e 1929 revelou que anticorpos contra uma determinada variedade de A(H1N1) estavam presentes. Os anticorpos não estavam presentes no soro de pessoas que nasceram após aquele período. Estes levantamentos permitem um *registro imunológico* das cepas do vírus da influenza que predominaram em várias épocas no passado.

Os vírus da influenza do tipo A são notórios pela habilidade de sofrer mudanças antigênicas, com o tempo, dando origem a novos subtipos virais. Infelizmente, anticorpos produzidos contra subtipos antigos determinam pouca proteção contra novos subtipos.

Alterações marcantes nos antígenos H e N dos vírus influenza A ocorreram em 1947, 1957, 1968 e 1977, dando origem aos subtipos A(H1N1), A(H2N2), A(H3N2) e A(H1N1), respectivamente. Estas alterações resultaram em epidemias e algumas vezes em pandemias de influenza. Por exempo, após o surgimento do subtipo A(H2N2) em 1957, a influenza espalhou-se amplamente por toda a China e, daí, para Hong Kong e outras partes do mundo. Quando alcançou os Estados Unidos, aproximadamente metade da população adoeceu e mais de 8.000 pessoas morreram. Entretanto, mesmo antes desta pandemia ocorrer, os microbiologistas tinham constatado que o soro de muitas pessoas com 70 a 90 anos de idade *já continha anticorpos contra a nova cepa A(H2N2).* Isso despertou um considerável interesse, porque uma pandemia moderadamente grave de influenza havia ocorrido em 1889, e o registro imunológico indicou que uma cepa A(H2N2) provavelmente havia sido a responsável.

Em 1968, o subtipo A(H3N2) apareceu em Hong Kong e ocorreu uma pandemia moderadamente grave. Em 1977, ainda outro subtipo apareceu, o A(H1N1) (similar ao subtipo que foi predominante em 1947), e causou uma pandemia que, felizmente, foi relativamente branda.

A seqüência na qual estes subtipos virais tem emergido sugere que a variação antigênica do vírus influenza do tipo A pode ocorrer de forma *repetitiva* ou *cíclica,* em vez de em uma progressão infindável de novos subtipos. Por exemplo, em 1976, em Fort Dix, Nova Jersey, uma cepa do subtipo antigênico A(H1N1) foi isolada. Essa cepa era antigenicamente similar àquela que se imaginava ser responsável pelos casos de morte na pandemia de 1918. As autoridades de saúde pública temiam que essa cepa pudesse causar uma pandemia grave, mas, felizmente, ela não foi capaz de predominar em relação às cepas A(H3N2) que ainda eram prevalecentes.

Como se originam novos subtipos de influenza? É sabido que os vírus influenza do tipo A ocorrem naturalmente em vários pássaros (particulamente as aves aquáticas) e mamíferos, tais como suínos e cavalos, bem como no homem. Quando diferentes subtipos infectam o mesmo animal, podem ocorrer recombinações genéticas: alguns genes de uma cepa viral podem substituir outros, dentro de uma outra cepa, dando origem a um novo subtipo viral. Esses processos podem, em parte, ser responsáveis pela grande quantidade de subtipos que complicam a produção de vacinas efetivas contra a influenza, ano após ano.

duração da doença em cerca de 50%. Entretanto, pode causar efeitos colaterais como insônia, vertigem ou dificuldade de concentração. A imunização ativa com uma vacina contendo cepas inativadas por formaldeído é, atualmente, o meio mais efetivo de prevenção. Uma vacina com vírus vivo, atenuado, da influenza, que tem maior propriedade imunogênica, está sendo desenvolvida. Uma mistura de vários subtipos antigênicos, mais semelhantes àqueles que causam infecção, é utilizada para preparar a vacina inativada, pois a imunidade é subtipo-específica. A composição da vacina é reavaliada anualmente, de modo que um subtipo particular e variedades predominantes no momento serão incluídos. A proteção máxima requer imunização anual, pois a imunidade protetora dura somente três a seis meses. É particularmente importante que pessoas de alto risco, tais como indivíduos idosos, recebam imunização antes de iniciar o "período de gripe", a cada ano.

Outras Infecções Transmitidas pelo Ar Causadas por Vírus

O resfriado comum e a influenza são infecções do trato respiratório. Entretanto, existem outras doenças virais transmitidas pelo ar que afetam outras áreas do corpo além do sistema respiratório. A Tabela 24.5 resume algumas das

Tabela 24.5 Algumas infecções transmitidas pelo ar causadas por vírus.

Doenças	**Agente etiológico**	**Patogenicidade**	**Ocorrência e prevenção**
Varicela *(Chicken pox)*	Vírus da varicela-zoster, um herpesvírus	O vírus multiplica-se no trato respiratório e nos linfonodos regionais, alcança o sangue e se espalha por todo o corpo. Febre e dor de cabeça precedem o desenvolvimento de exantemas na pele, que finalmente se transformam em vesículas.	Infecção moderada, principalmente em crianças. Cerca de 170.000 casos ocorrem anualmente nos Estados Unidos. As epidemias são mais freqüentes no inverno e na primavera. Ainda não existe vacina disponível, mas uma vacina de amostras vivas e atenuadas está sendo testada.
Herpes zoster	Vírus da varicela-zoster	O herpes zoster ocorre como resultado da ativação de um vírus latente de uma infecção de varicela prévia, e é caracterizado por erupções da pele semelhante a vesículas e uma inflamação muito dolorida dos nervos sensoriais.	O herpes zoster ocorre principalmente em adultos.
Sarampo	Vírus do sarampo, um paramixovírus	O sarampo é uma doença grave e altamente contagiosa. O vírus multiplica-se no trato respiratório superior e na conjuntiva dos olhos, no início do curso da doença. O vírus dissemina-se por meio do sangue para os tratos intestinal e urinário, a pele e o sistema nervoso central. Os sintomas incluem febre, sintomas semelhantes ao resfriado, tosse, conjuntivite e um exantema avermelhado e com pústulas na pele. Pequenas manchas brancas (manchas de Koplik) ocorrem na mucosa bucal e dos lábios.	O sarampo ocorre principalmente em crianças, mas também pode acometer adultos que não adquiriram a infecção durante a infância. A imunização diminuiu drasticamente a incidência de sarampo (por exemplo, 3.396 casos em 1988 nos Estados Unidos comparados com uma média anual de 526.000 casos no período de 1950 a 1962); entretanto, ocorreu um aumento marcante (28.000 casos em 1990), devido ao baixo número de crianças vacinadas. A vacina consiste em vírus do sarampo vivo e atenuado.
Rubéola	Vírus da rubéola, um togavírus	A rubéola é uma doença infecciosa branda altamente contagiosa, não relacionada ao sarampo. Após a multiplicação inicial no trato respiratório superior, os vírus são distribuídos por meio do sangue para pele, linfonodos e articulações. Os sintomas incluem febre, intumescimento de linfonodos e, às vezes, exantemas na face e outras partes do corpo. Quando a rubéola ocorre no início da gestação, pode causar sérias anomalias congênitas ou a morte do feto. Durante a epidemia de 1964-1965 nos Estados Unidos, a rubéola causou a morte de 30.000 fetos, e mais de 20.000 nasceram com doenças cardíacas, retardamento mental e problemas visuais e auditivos.	Maior incidência em crianças e adolescentes. Desde a imunização em massa iniciada em 1968, a incidência diminuiu consideravelmente. Existem agora cerca de 1.100 casos por ano nos Estados Unidos. A vacina consiste em vírus da rubéola vivo e atenuado.
Caxumba	Vírus da caxumba, um paramixovírus	O vírus multiplica-se inicialmente no trato respiratório superior e então é distribuído por meio do sangue por todo o corpo. A doença é caracterizada por um intumescimento doloroso, particularmente das glândulas parótidas; glândulas salivares, testículos, ovários, pâncreas e outras glândulas também podem ser envolvidos. A complicação mais temida nos indivíduos do sexo masculino é a *orquite*, uma infecção dos testículos.	A maioria dos casos ocorre em crianças de 5 a 15 anos, mas pode ocorrer em adultos, cujas infecções podem ser mais sérias. Desde a imunização em massa, contra a caxumba, iniciada em 1967, a incidência da doença nos Estados Unidos diminuiu consideravelmente. Existem agora cerca de 5.300 casos por ano. A vacina consiste de vírus da caxumba vivo e atenuado.
Varíola	Vírus da varíola, um poxvírus. Há duas variedades: a *varíola major*, que causa uma doença grave, com taxa de mortalidade de 25 a 50%, e a *varíola minor*, que causa uma doença mais branda, com menos de 1% de mortalidade.	O vírus é transmitido por aerossóis contaminados. Do trato respiratório, o vírus invade os linfonodos e posteriormente o sangue, que o distribui por todo o corpo. Os sintomas incluem febre e uma erupção de pele caracterizada por pápulas ou pústulas que aumentam de tamanho e são preenchidas com um fluido. Quando as pústulas regridem, escaras são formadas, deixando cicatrizes semelhantes a crateras.	No passado, a varíola foi um dos grandes flagelos do homem; entretanto, nenhum caso tem ocorrido no mundo desde 1977. A vacina consiste em um vírus vivo da vaccínia, um vírus antigenicamente semelhante ao vírus da varíola; entretanto, a vacinação não é mais realizada, porque a doença está erradicada.

principais características dessas doenças e a Figura 24.15 (caderno em cores) ilustra suas manifestações clínicas. Um dos triunfos da ciência médica é que uma dessas doenças de maior mortalidade, *a varíola,* agora está completamente erradicada da Terra (DESCOBERTA 24.4).

Responda

1 Quais vírus podem causar o resfriado comum? Por que uma pessoa tem vários resfriados no mesmo ano?

2 Qual é a melhor maneira de prevenir um resfriado?

3 Como os vírus influenza A são classificados em subtipos?

4 Por que as pandemias de influenza ocorrem em ciclos?

5 Qual a composição de uma vacina contra a influenza? Por que a maioria dos componentes deve ser alterada periodicamente?

6 Quais as diferenças entre as vacinas utilizadas contra a influenza e aquelas utilizadas contra a tuberculose, a pneumonia pneumocócica, a meningite meningocócica, a meningite por *Haemophilus* e a difteria?

7 Quais são os agentes etiológicos da varicela, do herpes zoster, do sarampo, da rubéola, da caxumba e da varíola?

Infecções Transmitidas pelo Ar Causadas por Fungos

Várias infecções transmitidas pelo ar são causadas por fungos encontrados no solo ou em vegetação morta. Os esporos ou fragmentos de hifas podem ser inalados, ou podem entrar no corpo por meio de uma ferida ou uma lesão na pele. Os organismos inalados normalmente causam infecções pulmonares, mas ocasionalmente podem *disseminar-se*, espalhar-se pelo corpo e produzir uma infecção generalizada ou sistêmica, que freqüentemente é fatal.

A imunidade mediada por célula é o mecanismo de defesa primário do corpo contra as infecções por fungos, e as infecções disseminadas tendem a ocorrer em pacientes que têm um nível diminuído deste tipo de imunidade. Por exemplo, pacientes com AIDS são propensos ao desenvolvimento de formas disseminadas de histoplasmose e coccidioidomicose. Outras doenças crônicas e debilitantes, tais como tuberculose, câncer, diabete e leucemia também podem resultar na diminuição da resistência às doenças por fungos. Neste capítulo, a histoplasmose foi selecionada para exemplificar muitos dos aspectos característicos das infecções transmitidas pelo ar causadas por fungos. A doença mostra a importância da imunidade mediada por célula na prevenção de infecções que progridem para uma forma disseminada e fatal.

DESCOBERTA!

24.4 A VARÍOLA RETORNARÁ?

A varíola causou mortes, cegueira e deformações por milhares de anos. Durante os séculos XVII e XVIII, a varíola foi a doença mais devastadora do Ocidente. Nem mesmo as Américas foram poupadas: durante o século XVIII, a epidemia de varíola na cidade de Boston afetou mais de 52% da população.

A varíola começou a ser erradicada de muitos países no século XX. O último caso de varíola nos Estados Unidos ocorreu em 1949. Entretanto, a doença ainda permaneceu latente em muitas partes do mundo, especialmente em áreas da África, Ásia e América do Sul.

Em 1966, a Organização Mundial da Saúde (OMS) estabeleceu uma "grande estratégia" no sentido da total erradicação da doença. Ao contrário de muitas outras infecções, a varíola tinha certas características que tornaram possível a sua erradicação: (1) o vírus era restrito ao homem e não ocorria em outros animais selvagens ou domésticos; (2) não era alojado por indivíduos sadios e não causava infecções latentes ou "ocultas"; (3) não sofria variações antigênicas; e (4) existia uma vacina eficaz.

A grande estratégia foi implementada em nível mundial e envolveu vários aspectos táticos:

1. Vacinação sistemática em massa.

2. Notificação rápida e regular de todos os casos, mesmo aqueles meramente suspeitos de serem varíola, por todos os recursos sanitários existentes.

3. Investigação de todos os casos para determinar a fonte de infecção.

4. Estabelecimento de técnicas laboratoriais para testar amostras clínicas, de modo que diagnósticos preliminares de varíola pudessem ser confirmados.

5. Controle da doença por programas intensivos de vacinação nos locais em que ocorriam casos ou surtos, isolamento do paciente com varíola e desinfecção de roupas de camas e outros objetos capazes de transmitir a infecção.

Desse modo, a estratégia parece ter obtido um grande sucesso. Nenhum caso de varíola foi relatado em qualquer parte do mundo desde 1977. O último caso ocorreu em Marka, Somália, em 13 de outubro daquele ano.

DESCOBERTA!

24.5 SURTO DE HISTOPLASMOSE EM UMA ESCOLA.

Durante as primeiras duas semanas de maio de 1970, um surto de histoplasmose ocorreu entre estudantes, auxiliares e corpo docente de uma escola de segundo grau em Delaware, Ohio. Nesse período, o número de faltas escolares, que era de aproximadamente 60 por dia, aumentou para 245 (de um total de 872 registros). Quarenta por cento (354) dos estudantes estavam clinicamente doentes e 85% apresentaram teste sorológico positivo para *Histoplasma capsulatum*. Nenhuma das 45 pessoas que viviam nas vizinhaças da escola teve doença similar.

A doença foi, em geral, moderada e caracterizada por febre, mal-estar corporal, dor de cabeça e dores no peito. Outros sintomas incluíram dores musculares, inflamação na garganta, sintomas semelhantes ao resfriado, náusea, vômito e perda de apetite. Em cerca de dois terços dos casos, a cura da doença ocorreu em uma semana ou menos, embora, em alguns casos, a doença tenha-se prolongado.

As investigações conduziram somente a um evento que poderia estar implicado como fonte de exposição das pessoas da escola ao *H. capsulatum*. Nos dias 22, 24 e 25, grupos de estudantes da escola foram conduzidos a uma série de atividades de limpeza associadas com o Dia da Terra. Estas atividades consistiam em limpar e varrer o pátio, que era conhecido como uma pousada de pássaros. Grande quantidade de poeira foi formada durante essas atividades. O sistema de ventilação da escola tinha ponto de captação de ar no pátio e, mediante técnicas de estudo do fluxo de ar, foi demonstrado que os aerossóis formados nesses locais podiam ser veiculados para dentro do prédio. O *H. capsulatum* foi isolado em quatro das oito amostras de solo do pátio e de uma ventarola do sistema de ventilação. Nenhuma das 80 amostras do solo, de qualquer local ao redor do prédio, foi positiva.

O pátio foi tratado no final da semana do Dia do Trabalho, com três aplicações separadas de formalina a 3%, um procedimento que se mostrou eficaz na erradicação do fungo do solo.

Adaptado de *Morbidity and Mortality Weekly Report*, 17 de outubro de 1970

Histoplasmose

A histoplasmose é causada por um fungo chamado *Histoplasma capsulatum*. Muitas pessoas são infectadas por este organismo, mas raramente a infecção progride para a forma disseminada e potencialmente fatal. Estima-se que nos Estados Unidos pelo menos 40 milhões de pessoas estão infectadas e que cerca de meio milhão de novas pessoas são infectadas a cada ano. Destas, somente cerca de 55.000 a 200.000 apresentam os sintomas e somente 25 a 100 morrem da doença.

A estimativa da ampla ocorrência da infecção é baseada no fato de que o indivíduo infectado desenvolve uma hipersensibilidade contra o organismo, muito semelhante à que é observada na tuberculose, discutida anteriormente. Esta hipersensibilidade pode ser detectada pelo ***teste da histoplasmina***, um teste cutâneo que é muito similar ao teste da tuberculina – exceto que o antígeno para o teste é um extrato de *H. capsulatum*. O teste intradérmico, utilizando a histoplasmina, revelou que, nos Estados Unidos, a infecção por *H. capsulatum* ocorre mais freqüentemente em pessoas que vivem ao longo de St. Lawrence, Ohio, Mississipi e vales do Rio Grande. Em algumas destas regiões, mais de 90% dos habitantes podem apresentar reações intradérmicas positivas quando atingem a idade de 20 anos. Alta reatividade também pode ocorrer em outras partes do mundo.

Biologia do *Histoplasma capsulatum*. Normalmente encontrado no solo como um fungo filamentoso, o *H. capsulatum* é um fungo dimórfico: no corpo ou a 37°C em estufa incubadora de laboratório cresce como uma levedura, com células ovais com brotamentos; mas, entre 25 e 30°C, cresce como um fungo filamentoso, com hifas que produzem conídios. Alguns conídios de *H. capsulatum* apresentam uma superfície lisa; outros, denominados ***conídios tuberculados***, apresentam projeções curtas (Figura 24.16A e B, caderno em cores). Como muitos outros fungos patogênicos, o *H. capsulatum* cresce muito lentamente, podendo levar mais de quatro semanas para desenvolver colônias em meio solidificado.

Transmissão do *H. capsulatum*. O hábitat do *H. capsulatum* é o solo, particularmente aquele contendo fezes de pássaros ou morcegos que foram acumulados por vários anos. Estes excrementos acentuam o crescimento do fungo, provavelmente porque contêm compostos nitrogenados. O homem torna-se infectado após inalar os conídios ou os fragmentos de hifa presentes na poeira do solo. Esta poeira é proveniente de locais como poleiros de pássaros-pretos e de pombos, galinheiros e cavernas ou sótãos freqüentados por morcegos (DESCOBERTA 24.5).

Patogenicidade do *H. capsulatum*. Após ser inalado, o *H. capsulatum* é ingerido pelos macrófagos pulmonares, nos quais sobrevive e multiplica-se. A *histoplasmose pulmonar* pode ocorrer como uma infecção assintomática ou com sintomas variando de moderados a graves. Os sintomas incluem febre, dor de cabeça, calafrios, tosse e dores no peito, algumas vezes fraqueza, perda de peso e dores musculares. As lesões no pulmão lembram os tubérculos for-

Tabela 24.6 Algumas infecções fúngicas transmitidas pelo ar.

Doenças	Agente etiológico	Características do agente	Características da infecção
Blastomicose	*Blastomyces dermatitidis (Ajellomyces dermatitidis)*	Dimórfico: cresce como fungo filamentoso a 25°C e como levedura a 37°C. Hábitat: desconhecido.	A infecção é semelhante à tuberculose pulmonar. É caracterizada por lesões nos pulmões semelhantes a tubérculos, mas a infecção pode disseminar-se para qualquer órgão. A doença ocorre principalmente nos Estados Unidos e no Canadá, mais comumente entre os homens de áreas rurais com 30 a 50 anos. Infecções disseminadas são freqüentemente fatais, mesmo com tratamento. O organismo não é transmitido do homem ou de outros animais para outros seres humanos.
Paracoccidioidomicose	*Paracoccidioides brasiliensis*	Dimórfico: cresce como fungo filamentoso a 25°C e como levedura a 37°C. Hábitat: provavelmente o solo.	A infecção ocorre com mais freqüência na América do Sul. Clinicamente é muito similar à blastomicose. As lesões são comumente encontradas não somente nos pulmões, mas também na boca, no trato intestinal e em linfonodos do pescoço.
Coccidioidomicose	*Coccidioides immitis*	No corpo, o organismo ocorre como esferas grandes contendo muitos endósporos. Em cultura de laboratório a 25°C e 37°C o organismo cresce como fungo filamentoso e produz numerosos artrósporos. Hábitat: solo.	Os artrósporos são altamente infecciosos e ocorrem no solo de certas regiões do sudoeste dos Estados Unidos e na América Central e do Sul. A doença geralmente é uma infecção moderada e transitória dos pulmões. A forma disseminada rara (mas freqüentemente fatal) geralmente envolve as meninges, os ossos e a pele.
Criptococose	*Cryptococcus neoformans (Filobasidiella neoformans*	Células semelhantes a levedura com brotamento; são circundadas por uma cápsula. Hábitat: solo, fezes de aves, tal como pombos.	O organismo pode infectar qualquer parte do corpo, mas geralmente inicia pelo pulmão e espalha-se por meio da corrente sanguínea. Infecções do cérebro e meninges geralmente causam a morte, a menos que sejam tratadas. Pessoas imunossuprimidas, tais como aquelas com leucemia, doença de Hodgkins ou AIDS são particularmente susceptíveis à infecção. A ocorrência da doença é mundial.

mados nos pacientes com tuberculose e, como nessa doença, uma resposta imunológica mediada por célula ocorre e geralmente é capaz de controlar a multiplicação dos organismos.

A histoplasmose disseminada é o tipo mais sério de histoplasmose e ocorre em pessoas cujos sistemas imunológicos estão fracos ou comprometidos. A doença ocorre em uma das três formas clínicas – aguda, intermediária e crônica. A *forma aguda* é a mais grave e ocorre principalmente em crianças, em pacientes com AIDS, em pacientes que utilizam drogas imunossupressoras ou em pacientes com câncer do sistema linfático. Os microrganismos passam (provavelmente dentro de macrófagos) dos pulmões para baço, fígado, linfonodos ou medula óssea. Finalmente, todos os órgãos do corpo podem tornar-se infectados. O paciente apresenta febre alta contínua, aumento do baço, do fígado e de linfonodos viscerais e, freqüentemente, náusea, vômitos e diarréia. Sem tratamento, a doença é fatal em poucas semanas após o seu início.

A *forma intermediária* da histoplasmose disseminada também ocorre em adultos e em crianças, mas os sintomas são mais moderados. Entretanto, eventualmente órgãos vitais, como as glândulas adrenais e o cérebro, sofrem danos sérios. Sem tratamento, geralmente a morte ocorre em um ano. A *forma crônica* é a forma mais branda e ocorre principalmente em adultos. A infecção pode persistir por muitos anos e é caracterizada por perda gradual de peso, fraqueza, fadiga e, algumas vezes, uma febre intermitente.

Diagnóstico Laboratorial da Histoplasmose. A histoplasmose pode ser facilmente confundida com muitas outras doenças, especialmente com a tuberculose. Assim, os procedimentos laboratoriais são essenciais para o diagnóstico correto. Amostras coradas de tecidos provenientes de biópsias ou de amostras cirúrgicas, de fluido espinal e do sangue podem revelar a presença de células leveduriformes ovais (Figura 24.16C, caderno em cores). As amostras são inoculadas em ágar dextrose Sabouraud contendo antibióticos para suprimir o crescimento de bactérias e de fungos contaminantes. O meio inoculado é incubado a 25°C por mais de 12 semanas e é examinado periodicamente para caracterizar os conídios tuberculados. A conversão da forma leveduriforme pode ser acompanhada pelo crescimento do organismo a 37°C.

Figura 24.17 Algumas espécies de fungos patogênicos causadores de infecções transmitidas pelo ar.

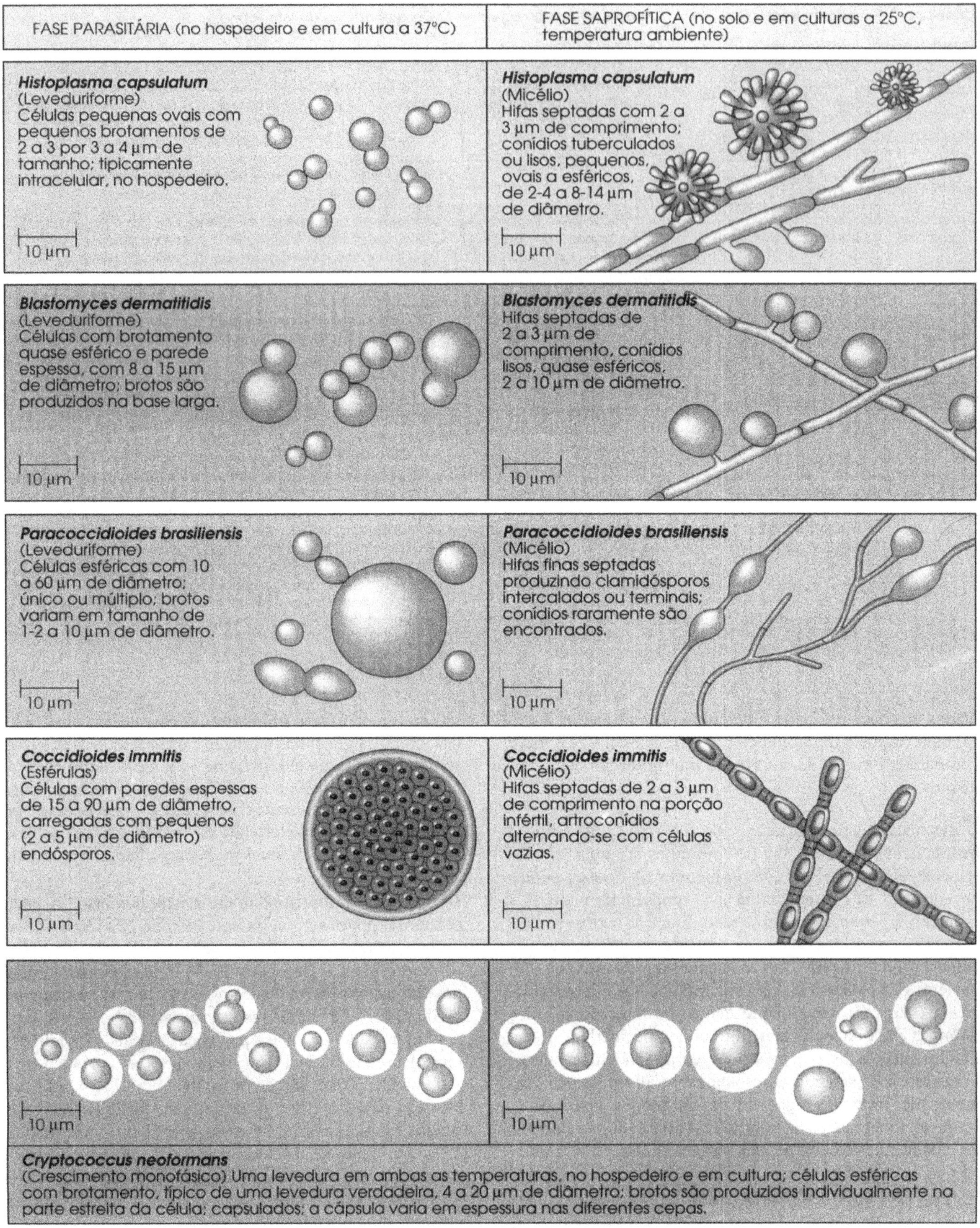

Os pacientes com histoplasmose desenvolvem anticorpos séricos contra o organismo. Embora esses anticorpos tenham pouca contribuição no controle da infecção, a demonstração de um aumento nos níveis de anticorpos em pacientes, após dias ou semanas, fornece ao médico fortes evidências circunstanciais de uma infecção ativa por *Histoplasma*. Vários testes sorológicos estão disponíveis para avaliar os níveis de anticorpos.

Tratamento e Prevenção da Histoplasmose. Na maioria dos casos de histoplasmose, o paciente recupera-se espontaneamente e não requer tratamento. Casos graves podem ser tratados com anfotericina B e cetoconazol. Não existe vacina disponível contra a histoplasmose.

Outras Infecções Transmitidas pelo Ar Causadas por Fungos

Outras infecções transmitidas pelo ar causadas por fungos são descritas na Tabela 24.6, e algumas características morfológicas dos organismos estão ilustradas na Figura 24.17

Responda

1 Qual é a relação entre o nível de imunidade mediada por célula e a ocorrência de infecções fúngicas disseminadas?

2 Quais são as semelhanças entre o teste da histoplasmina e o teste da tuberculina?

3 Qual é a fonte de *Histoplasma capsulatum* na natureza? Quais são as características morfológicas apresentadas por esse microrganismo?

4 Por que são necessários métodos de laboratório para diagnosticar casos de histoplasmose? Como o diagnóstico laboratorial da histoplasmose é realizado?

5 Quais são os agentes etiológicos da blastomicose, da paracoccidioidomicose, da coccidioidomicose e da criptococose?

Resumo

1. Os aerossóis podem ser produzidos durante a tosse ou o espirro. Gotículas grandes de aerossóis transmitem os micróbios infecciosos para distâncias curtas. Pequenas gotículas ou núcleo de gotículas podem transmiti-los para longas distâncias. Os aerossóis ou as secreções do trato respiratório podem secar sobre superfícies, tais como os tecidos. Poeiras infecciosas podem ser produzidas quando essas superfícies são manuseadas.

2. Faringite estreptocócica e escarlatina são causadas por *S. pyogenes*, que é β-hemolítico e pertence ao grupo A de Lancefield. A sorotipificação é baseada na proteína M. Fatores de virulência de *S. pyogenes* incluem proteínas M, estreptolisina O (SLO), estreptolisina S (SLS) e toxina eritrogênica. Complicações da faringite estreptocócica incluem a febre reumática e a glomerulonefrite pós-estreptocócica, que parecem ter bases imunológicas. Outras infecções por *S. pyogenes* incluem erisipela, impetigo contagioso e febre puerperal. O grande número de sorotipos de *S. pyogenes* torna inviável uma vacina.

3. A tuberculose é causada pelo *Mycobacterium tuberculosis,* que é transmitido pelo ar, e pelo *Mycobacterium bovis*, que é transmitido por ingestão de leite *in natura* contaminado. A primeira evidência da infecção é o desenvolvimento de hipersensibilidade ao organismo, como indicado por uma alteração do resultado negativo do teste intradérmico da tuberculina, para um resultado positivo. Os bacilos podem permanecer dormentes dentro dos tubérculos ou, em pessoas com baixa imunidade mediada por célula, podem continuar crescendo, causando a tuberculose clínica. Reativação da tuberculose pode ocorrer se os bacilos de uma infecção subclínica antiga não forem mantidos sob controle. A imunização ativa com a vacina BCG é praticada em muitos países, mas não nos Estados Unidos.

4. Existem muitas espécies de *Legionella*; destas, a *L. pneumophila* tem sido a mais estudada. As legionelas são adquiridas a partir de fontes ambientais. *L. pneumophila* pode causar duas doenças: a doença dos Legionários, que é uma pneumonia grave, e a febre Pontiac, que é uma infecção respiratória moderada. Não existe vacina disponível.

5. Outras doenças transmitidas pelo ar causadas por bactérias incluem pneumonia pneumocócica, difteria, coqueluche, meningite meningocócica, meningite por *Haemophilus*, pneumonia atípica primária e psitacose.

6. O resfriado comum é causado principalmente por rinovírus e coronavírus. Existem pelo menos 115 sorotipos de rinovírus. Os rinovírus podem ser propagados por aerossóis, mas são transmitidos principalmente pelo contato com as mãos. Não existe tratamento específico para o resfriado comum. Uma vacina ainda não é possível, por causa do grande número de sorotipos virais.

7. A epidemia de influenza ocorre em ciclos. Pandemias são causadas por cepas do tipo A e ocorrem a cada 10 a 30 anos. Os vírus da influenza pertencem a diferentes sorotipos baseados nos antígenos hemaglutinina e neuraminidase. Pacientes com influenza têm uma resistência diminuída a outros patógenos e tendem a desenvolver pneumonias bacterianas secundárias. A amantadina pode ser utilizada no tratamento da influenza. Existe uma vacina disponível contendo vírus da influenza morto.

8. Outras infecções transmitidas pelo ar causadas por vírus incluem varicela, sarampo, rubéola e caxumba. A varíola atualmente está erradicada.

9. A histoplasmose é causada por um fungo dimórfico, o *Histoplasma capsulatum,* o qual é adquirido pela inalação de conídios ou fragmentos de hifas da poeira do solo. Muitas pessoas são infectadas, mas poucas desenvolvem a doença respiratória e raramente há desenvolvimento de infecções disseminadas. Pessoas infectadas apresentam teste intradérmico de histoplasmina positivo.

10. Outras infecções fúngicas sistêmicas incluem criptococose, blastomicose, paracoccidioidomicose e coccidioidomicose.

Palavras-Chave

Aerossol
Amantadina
Cepa Atenuada
Conídio tuberculado
Escarro
Estreptolisina O (SLO)
Estreptolisina S (SLS)
Grupos de Lancefield
Hemaglutininas
Isoniazida
Leucocidina
Neuraminidase
Núcleo da gotícula
Poeira infecciosa
Proteína M
Quimioprofilaxia
Sorotipos
Teste da histoplasmina
Teste da tuberculina
Toxina eritrogênica
Tubérculo
Vacina BCG

Revisão

MODO DE PROPAGAÇÃO DE PATÓGENOS TRANSMITIDOS PELO AR

1. O *spray* de pequenas e grandes gotículas que é expelido durante o espirro ou a tosse é chamado de: (**a**) um fômite; (**b**) poeira infecciosa; (**c**) núcleo da gotícula; (**d**) um aerossol; (**e**) bactérias.

2. Quais são as afirmativas corretas? (**a**) Os aerossóis podem ser produzidos não somente pelo homem mas também a partir de fontes ambientais. (**b**) As gotículas maiores de um aerossol tendem a permanecer suspensas no ar, por um longo período, e podem transmitir os microrganimos patogênicos para longas distâncias. (**c**) A freqüência da maioria das doenças transmitidas pelo ar tende a ser maior durante os meses quentes do ano. (**d**) As gotículas menores, em um aerossol, evaporam rapidamente, formando núcleo de gotículas que podem transmitir microrganismos patogênicos por longas distâncias. (**e**) Todas as infecções transmitidas pelo ar envolvem a transmissão pessoa a pessoa do agente etiológico.

3. A manipulação de material seco contendo microrganismos patogênicos pode produzir ______________________________.

INFECÇÕES TRANSMITIDAS PELO AR CAUSADAS POR BACTÉRIAS

4. Associar os termos da esquerda com a descrição apropriada da direita:

____ SLO	(**a**) Causada por estreptococos α-hemolíticos que se desenvolvem na válvula cardíaca
____ SLS	(**b**) Hemolisina e leucocidina oxigênio-estável
____ Toxina eritrogênica	(**c**) Responsável pela aderência de *S. pyogenes* às celulas da garganta
____ Proteína M	(**d**) Inflamação das válvulas cardíacas causada por *S. pyogenes*
____ Erisipela	(**e**) Carboidrato localizado na parede celular de estreptococos
____ Febre reumática	(**f**) Responsável pelo exantema da escarlatina
____ Endocardide infecciosa	(**g**) Hemolisina e leucocidina oxigênio-sensível
____ Antígeno de Lancefield	(**h**) Infecção de pele causada por *S. pyogenes*
____ Glomerulonefrite pós-estreptocócica	(**i**) Inflamação renal causada por *S. pyogenes*

5. Os *S. pyogenes* são cocos Gram-____________________________-hemolíticos que formam longas cadeias; eles pertencem ao grupo ______________ de Lancefield.

6. Quais são as duas espécies de *Streptococcus* que habitam o intestino humano? (**a**) *S. pyogenes*; (**b**) *S. mutans*; (**c**) *S. sanguis*; (**d**) *S. faecalis*; (**e**) *S. faecium.*

7. O agente etiológico primário da cárie dental é: (**a**) *S. pyogenes*; (**b**) *S. mutans*; (**c**) *S. agalactiae*; (**d**) *S. faecalis*; (**e**) *S. salivarius*

8. Quais são as duas afirmações que se aplicam à proteína M? (**a**) Ocorre no citoplasma de *S. pyogenes.* (**b**) É utilizada para a sorotipificação de cepas de *S. pyogenes.* (**c**) Inibe a fagocitose. (**d**) Existem 15 tipos. (**e**) É inativada pelo oxigênio.

9. A febre reumática é uma inflamação e não uma _______________________ das válvulas cardíacas, e os antibióticos ____________________ (são ou não são) eficazes na cura da doença.

10. Quais são as duas doenças causadas por *S. pyogenes* que têm bases imunológicas? (**a**) impetigo contagioso; (**b**) glomerulonefrite pós-estreptocócica; (**c**) faringite estreptocócica; (**d**) febre puerperal; (**e**) febre reumática.

11. A febre puerperal é uma infecção de que parte do corpo? (**a**) trato intestinal; (**b**) pele; (**c**) útero; (**d**) fígado; (**e**) rins

12. No diagnóstico laboratorial da febre reumática, normalmente não é possível isolar *S. pyogenes*. Entretanto, um aumento do nível de ______________________________ contra SLO indica que o paciente tem ou teve recentemente uma infecção por *S. pyogenes*.

13. Uma característica morfológica especial das micobactérias que as diferenciam de outras bactérias é que: (**a**) são Gram-positivas; (**b**) apresentam-se em forma de bacilo; (**c**) não têm parede celular; (**d**) são álcool-ácido resistentes; (**e**) são imóveis.

14. O *Mycobacterium tuberculosis* é transmitido pelo ar mediante o contato pessoa a pessoa, mas o *Mycobacterium bovis* é transmitido por ______________________________.

15. O agente etiológico da lepra é ______________________________ (gênero e espécie).

16. Associar o item da esquerda com a descrição apropriada da direita:

____Tubérculo	(**a**) Utilizada no tratamento da tuberculose
____Tuberculina	(**b**) Nome do teste para detectar hipersensibilidade ao *M. tuberculosis*
____Escarro	(**c**) Nódulo cinza-perolado formado nos tecidos de pessoas infectadas por *M. tuberculosis*
____Vacina BCG	(**d**) Muco que é expectorado
____Isoniazida	(**e**) Uma cepa atenuada de *M. bovis*
____Bacilos álcool-ácido Resistentes na amostra de escarro do paciente	(**f**) Base para o diagnóstico laboratorial presuntivo de tuberculose pulmonar

17. O único tipo efetivo de imunidade contra a tuberculose é a imunidade____________________.

18. O tipo de tuberculose predominante atualmente nos Estados Unidos é a tuberculose ______________________________.

19. A *Legionella pneumophila* é um bastonete Gram-______________________________ aeróbio que requer o aminoácido ______________________________ para crescer.

20. Qual das seguintes afirmativas está correta? (**a**) A *L. pneumophila* é transmitida de pessoa a pessoa. (**b**) A febre Pontiac é mais grave que a doença dos Legionários. (**c**) Acredita-se que a doença dos Legionários não existia antes de 1976. (**d**) A eritromicina é o antibiótico de escolha para o tratamento da doença dos Legionários. (**e**) O homem adquire a *L. pneumophila* principalmente pela ingestão de água contaminada.

21. Associar o item da esquerda com a descrição apropriada da direita:

_____*Corynebacterium diphtheriae*	(**a**) Bacilos Gram-negativos que causam a meningite em crianças
_____*Bordetella pertussis*	(**b**) O paciente desenvolve uma tosse persistente que termina com uma inspiração ruidosa ou "guincho"
_____*Neisseria meningitidis*	(**c**) Cocos Gram-negativos com cápsula polissacarídica
_____*Mycoplasma pneumoniae*	(**d**) Bacilos Gram-positivos que produzem uma potente exotoxina

_____*Chlamydia psittaci*	(**e**) Adquirida pela inalação de poeira infecciosa derivada de fezes de pássaros
_____*Streptococcus pneumoniae*	(**f**) Cocos Gram-positivos com 84 sorotipos capsulares
_____*Haemophilus influenzae*	(**g**) Bactéria que não possui parede celular

INFECCÕES TRANSMITIDAS PELO AR CAUSADAS POR VÍRUS

22. Os dois tipos principais de vírus que causam o resfriado comum são o_____________ _______________________ e o _____________________________________.

23. O principal modo de transmissão dos rinovírus é por: (**a**) aerossóis; (**b**) poeira infecciosa; (**c**) transmissão por meio das mãos; (**d**) ingestão de leite contaminado; (**e**) núcleo de gotículas.

24. Qual dos seguintes procedimentos é *menos* eficiente no tratamento do resfriado comum? (**a**) ingestão de líquidos; (**b**) repouso adequado; (**c**) aspirina; (**d**) antibiótico; (**e**) roupas que aquecem.

25. Não há vacina disponível para prevenir o resfriado comum porque: (**a**) os rinovírus não estimulam a produção de anticorpos; (**b**) existem muitos sorotipos de rinovírus; (**c**) os rinovírus crescem melhor a 33°C do que a 37°C; (**d**) o resfriado comum raramente é responsável pela ausência ao trabalho e à escola.

26. As pandemias de influenza são causadas pelo vírus da influenza tipo _____________.

27. O vírus da influenza: (**a**) tem um nucleocapsídeo icosaédrico com o cerne de DNA de fita dupla; (**b**) não tem envelope lipídico; (**c**) tem um nucleocapsídeo helicoidal com um cerne de RNA de fita única; (**d**) tem um nucleocapsídeo icosaédrico com um cerne de RNA de fita dupla; (**e**) tem um nucleocapsídeo helicoidal com um cerne de DNA de fita única.

28. O componente de um vírus da influenza que permite a aderência do vírus às células do hospedeiro é chamado de _______________________________, enquanto o componente que degrada a camada de muco das mucosas é chamado de ______________________________.

29. A ocorrência periódica de pandemias de influenza é atribuída: (**a**) à ineficácia dos anticorpos contra um subtipo viral para proteger contra novos subtipos; (**b**) ao longo tempo que o vírus leva para se espalhar pelo mundo e retornar ao ponto de origem; (**c**) a uma mudança periódica do hospedeiro para o vírus; (**d**) à tendência do vírus atacar somente pessoas mais idosas; (**e**) ao desaparecimento periódico do vírus por muitos anos.

30. O agente químico chamado ______________________ foi aprovado nos Estados Unidos para o tratamento da influenza.

31. Associar o item da esquerda com a descrição apropriada da direita:

____*Chicken pox*	(**a**) Nenhum caso no mundo desde 1977
____Herpes zoster	(**b**) Resulta da ativação do vírus latente proveniente de uma infecção prévia de varicela
____Sarampo	(**c**) Quando ocorre no início da gravidez pode causar anomalias congênitas ou a morte do feto
____Rubéola	(**d**) Caracterizada por intumescimento doloroso, particularmente das glândulas parótidas; no homem podem ocorrer orquites
____Caxumba	(**e**) Manchas de Koplik podem ocorrer na mucosa da boca e dos lábios
____Varíola	(**f**) Varicela

INFECÇÕES TRANSMITIDAS PELO AR CAUSADAS POR FUNGOS

32. Infecções transmitidas pelo ar causadas por fungos são adquiridas principalmente por: (**a**) aerossóis de pessoa a pessoa; (**b**) inalação de esporos ou de fragmentos de hifas provenientes do solo ou de vegetação morta; (**c**) ingestão de água contaminada; (**d**) objetos, tais como lenços, que são contaminados com secreção respiratória; (**e**) pacientes com AIDS.

33. O mecanismo primário de defesa do corpo contra as infecções por fungos é a imunidade do tipo ______________________________.

34. *H. capsulatum* cresce como um(**a**) ____________________ (levedura ou fungo filamentoso) a 37° C e como um(**a**) ____________________ (levedura ou fungo filamentoso) a 25°C.

35. A histoplasmose pulmonar é uma doença que se assemelha à ____________________ pulmonar, e as lesões pulmonares lembram um ____________________.

36. O tipo de histoplasmose no qual os organismos invadem, virtualmente, todos os órgãos do corpo é chamado histoplasmose ____________________ e é o que mais facilmente ocorre em pessoas com o sistema ____________________ debilitado ou comprometido.

37. A principal característica do *H. capsul*atum crescendo a 25°C é a ocorrência de: (**a**) hifas septadas; (**b**) conídios tuberculados; (**c**) pseudo-hifas; (**d**) esférulas; (**e**) brotamento.

38. O antibiótico ____________________ pode ser usado no tratamento de casos graves de histoplasmose.

39. Associar o item à esquerda com a descrição apropriada da direita:

_____Criptococose	(**a**) Causada por células semelhantes a leveduras com brotos, que são circundadas por cápsula; a doença tem distribuição mundial
_____Blastomicose	(**b**) No corpo, o agente etiológico ocorre como grandes esférulas contendo muitos esporos internos
_____Paracoccidioidomicose	(**c**) A forma leveduriforme do fungo dimórfico consiste em células com um único brotamento; a doença ocorre somente nos Estados Unidos e no Canadá
_____Coccidioidomicose	(**d**) A forma leveduriforme do fungo dimórfico consiste em células com múltiplos brotos; a doença ocorre mais freqüentemente na América do Sul

Questões de Revisão

1. A maioria das infecções transmitidas pelo ar são propagadas de pessoa a pessoa, mas algumas não o são. Citar dois exemplos de infecções que não são transmitidas por esta via e explicar como os agentes etiológicos são transmitidos.

2. Qual é a importância em determinar a que grupo de Lancefield pertencem os estreptococos isolados?

3. Por que é feita a sorotipificação da proteína M dos estreptococos do grupo A de Lancefield?

4. Como a febre reumática difere da endocardite infecciosa? Por que os antibióticos são ineficazes na cura da febre reumática, mas são eficazes na cura da endocardite infecciosa?

5. Citar exemplos de quatro vacinas utilizadas para imunizar pessoas contra várias infecções transmitidas pelo ar. Explicar como elas podem prevenir essas infecções.

6. Por que os rinovírus não invadem órgãos internos do corpo, como o fígado, o cérebro ou os rins?

7. Quais variações ocorrem entre as cepas de vírus influenza e qual a importância dessas variações?

8. Que medidas poderiam prevenir um surto da doença dos Legionários em um hospital? Por que os hospitais estão, particularmente, interessados em eliminar a *L. pneumophila* de seus sistemas de encanamento e de ar-condicionado?

9. Na tuberculose, o que é um tubérculo e que tipo de resposta imunológica do paciente causa sua produção?

10. Que semelhanças existem entre o teste da tuberculina e o teste da histoplasmina? Qual é o significado de um teste positivo?

11. Que agentes antimicrobianos são utilizados para o tratamento da faringite estreptocócica? Tuberculose? Doença dos Legionários? Influenza? Histoplasmose?

Questões para Discussão

1. Quando você é incapaz de isolar um patógeno "X" de um paciente com suspeita de estar infectado por esse patógeno, que outra evidência laboratorial você pode obter para confirmar o diagnóstico?

2. Considerando os fatores que levaram à erradicação da varíola do planeta, você acha que seria possível erradicar a doença dos Legionários? Tuberculose? Histoplasmose? Resfriado comum? Explicar a sua resposta.

3. Suponha que você tenha descoberto uma nova bactéria patogênica ou um vírus. Que abordagens você poderia utilizar para "identificar" diferentes agentes da doença isolados, de modo que pudesse traçar a origem do surto dessa doença?

4. Por que os pacientes com AIDS são especialmente propensos a desenvolver a reativação da tuberculose ou uma infecção disseminada por fungos?

Capítulo 25

Doenças Transmitidas por Água e Alimentos

Objetivos

Após a leitura deste capítulo, você deve ser capaz de:

1. Diferenciar *intoxicação alimentar* de *infecção transmitida por alimentos*.
2. Explicar a seqüência de eventos que diferencia a intoxicação estafilocócica da intoxicação botulínica.
3. Descrever o mecanismo de ação da exotoxina produzida pelo *Clostridium botulinum*.
4. Diferenciar febre tifóide de gastroenterite por *Salmonella*.
5. Citar o provável agente etiológico da gastrite antral e da úlcera e explicar o seu desenvolvimento no estômago apesar da acidez estomacal.
6. Listar os diversos agentes bacterianos que podem causar diarréia e citar as doenças específicas causadas por eles.
7. Explicar como os poliovírus são capazes de causar a poliomielite paralítica e como a imunização com a vacina Sabin ou Salk pode prevenir essa doença.
8. Citar dois agentes virais que causam diarréia em humanos. Fazer a diferenciação entre eles.
9. Descrever três protozoários que causam infecções humanas e explicar como podem ser transmitidos para pessoas não-infectadas.
10. Resumir a seqüência de eventos que leva ao dano cerebral em pacientes infectados por *Taenia solium*.
11. Apresentar o modo de transmissão da *Trichinella spiralis* e explicar como a triquinose pode ser prevenida.

Introdução

O cozimento inadequado ou o armazenamento impróprio, assim como condições sanitárias deficientes durante o preparo dos alimentos, podem causar de um simples desconforto intestinal a doenças graves, devido à presença de microrganismos patogênicos. A contaminação da água com materiais contendo microrganismos patogênicos, tais como as fezes, pode também causar doença. As duas grandes categorias de doenças microbianas transmitidas por alimentos são: intoxicação alimentar e infecções transmitidas por alimentos. A *intoxicação alimentar* ocorre após a ingestão de alimentos contaminados com toxinas produzidas por microrganismos, sendo a toxina responsável pelos sintomas clínicos. As *infecções transmitidas por alimentos* ocorrem quando o patógeno é ingerido e se mutiplica dentro do organismo. Tais infecções causam usualmente doenças do trato intestinal, embora outras áreas do corpo possam também ser afetadas.

Infecções transmitidas por água ocorrem quando um microrganismo infeccioso é adquirido por meio da água contaminada por matéria fecal, contendo patógenos humanos ou de animais. Quando esses patógenos contaminam a rede de abastecimento público ou outras fontes de água potável utilizadas por muitas pessoas, podem aparecer surtos epidêmicos de doenças intestinais, afetando um grande número de pessoas em um curto período de tempo. A detecção da fonte de contaminação, associada a vários casos, auxilia na determinação da origem de tais epidemias.

Bactérias, vírus, protozoários e helmintos têm sido implicados como responsáveis por doenças transmitidas por água e alimentos. Enquanto muitas dessas doenças são de natureza gastrintestinal, algumas podem afetar outras partes do organismo, tais como os músculos, o sistema nervoso ou órgãos como o coração. A diferenciação entre infecções transmitidas por alimentos e as transmitidas por água não está claramente definida, já que alguns patógenos (por exemplo, o bacilo da febre tifóide) podem ser transmitidos tanto por alimentos quanto por água. Métodos relativamente simples de saneamento podem evitar a disseminação dessas doenças, prevenindo a contaminação de fontes de alimentos e água.

Diferentes tipos de doenças transmitidas por meio de alimentos e de água já foram descritos, cada um apresentando aspectos próprios e interessantes. Como não é possível em um livro-texto de introdução à microbiologia descrever cada um desses tipos em detalhes, algumas poucas doenças foram escolhidas para exemplificar os princípios de transmissão de doença por meio de alimentos ou água, assim como as características importantes das interações entre o patógeno e o hospedeiro.

O Trato Gastrintestinal Humano

Como a maioria das infecções transmitidas por água e alimentos afetam o trato gastrintestinal, você precisa entender a estrutura e a função dessa parte do corpo humano.

Estrutura e Função do Trato Gastrintestinal

O trato gastrintestinal é basicamente um tubo de aproximadamente 4,5 m de comprimento que se estende desde a boca até o ânus (Figura 25.1). Ao ingerir um alimento, primeiro você o mastiga para quebrá-lo em pequenos pedaços que são misturados com a saliva e engolidos, passando pela faringe e esôfago, chegando ao estômago. O estômago secreta ácido clorídrico para ajudar a "quebrar" o alimento em partículas muito pequenas ou mesmo em moléculas individuais, tais como proteínas e polissacarídeos. O estômago também secreta enzimas que degradam as proteínas em pequenos fragmentos peptídicos. As gorduras, sendo insolúveis em água, não são degradadas no estômago.

O alimento então passa do estômago para o intestino delgado onde ocorrem os estágios finais da digestão. As gorduras tornam-se solúveis em água pela ação da bile secretada no duodeno pela *vesícula biliar*. A bile é um detergente que age como os detergentes empregados durante a lavagem de roupas, para solubilizar manchas de gorduras. Os polissararídeos, as proteínas e as moléculas de gordura são degradados pelas enzimas em monossacarídeos, aminoácidos, ácidos graxos e glicerol. Essas moléculas atravessam as células que recobrem a superfície interna da parede intestinal e são absorvidas pela corrente sanguínea, que distribui os nutrientes por todo o corpo. Vitaminas, sais minerais e água são também absorvidos do intestino delgado para a corrente sanguínea.

Movimentos musculares do intestino delgado deslocam, vagarosamente, o material não-digerido para o intestino grosso, onde um enorme número de bactérias, que fazem parte da flora normal intestinal, promove degradação adicional das substâncias alimentares. O intestino grosso armazena temporariamente o alimento não-digerido, ocorrendo concentração devido à absorção de água. Pela atividade muscular do reto, o material é eliminado por meio do ânus como fezes ou excremento.

Gastroenterite e Diarréia

Muitas bactérias patogênicas, transmitidas por água e alimentos contaminados com fezes, podem causar ***gastroenterite***, infecção aguda do trato gastrintestinal (particularmente o intestino delgado e ou intestino grosso). Um dos sintomas mais comuns da gastroenterite é a *diarréia*, que se caracteriza por conteúdo aumentado de água nas fezes (fezes aquosas). A diarréia é, basicamente, o resultado (1) da diminuição da absorção de fluidos no trato gastrintestinal ou (2) do aumento da secreção de fluidos derivados do sangue do paciente no trato gastrintestinal, que é o inverso do processo normal de absorção de água. Se a diarréia é grave, como acontece em algumas infecções intestinais, pode ocorrer a desidratação do organismo, o aumento da acidez sanguínea e a *hemoconcentração,* um espessamento do sangue do paciente. A desidratação pode ser prevenida mediante o tratamento do paciente por administração endovenosa de fluidos e sais.

Nas infecções intestinais, a diarréia pode ser causada pela ação de uma ***enterotoxina*** (do grego *énteron*, "intestino"). A enterotoxina é uma exotoxina (toxina protéica secretada por células microbianas) que estimula a secreção de água e sais (essencialmente derivados do sangue do paciente) no intestino. Um dos mecanismos de ação conhecido indica que a toxina ativa a *adenilato ciclase*, enzima que catalisa a formação de uma forma especial de adenosina monofosfato (AMP), a partir da adenosina trifosfato (ATP). Esta forma especial de AMP é denominada de AMP *cíclico*:

$$\text{ATP} \xrightarrow{\text{adenilato ciclase}} \text{AMP cíclico} + \text{pirofosfato}$$

O AMP cíclico tem um papel importante no metabolismo regulatório da célula. Quando a adenilato ciclase é ativada nas células superficiais do intestino, o nível de AMP cíclico nessas células torna-se muito alto. Isso leva as células a secretar grande quantidade de fluido e sais no tubo digestivo, resultando em diarréia. As enterotoxinas de *Vibrio cholerae*, *Campylobacter jejuni* e de algumas cepas de *Escherichia coli* agem, estimulando a adenilato ciclase. Outras enterotoxinas podem agir de maneira diferente, sendo o mecanismo de ação de algumas delas ainda desconhecido.

Figura 25.1 Anatomia do trato gastrintestinal.

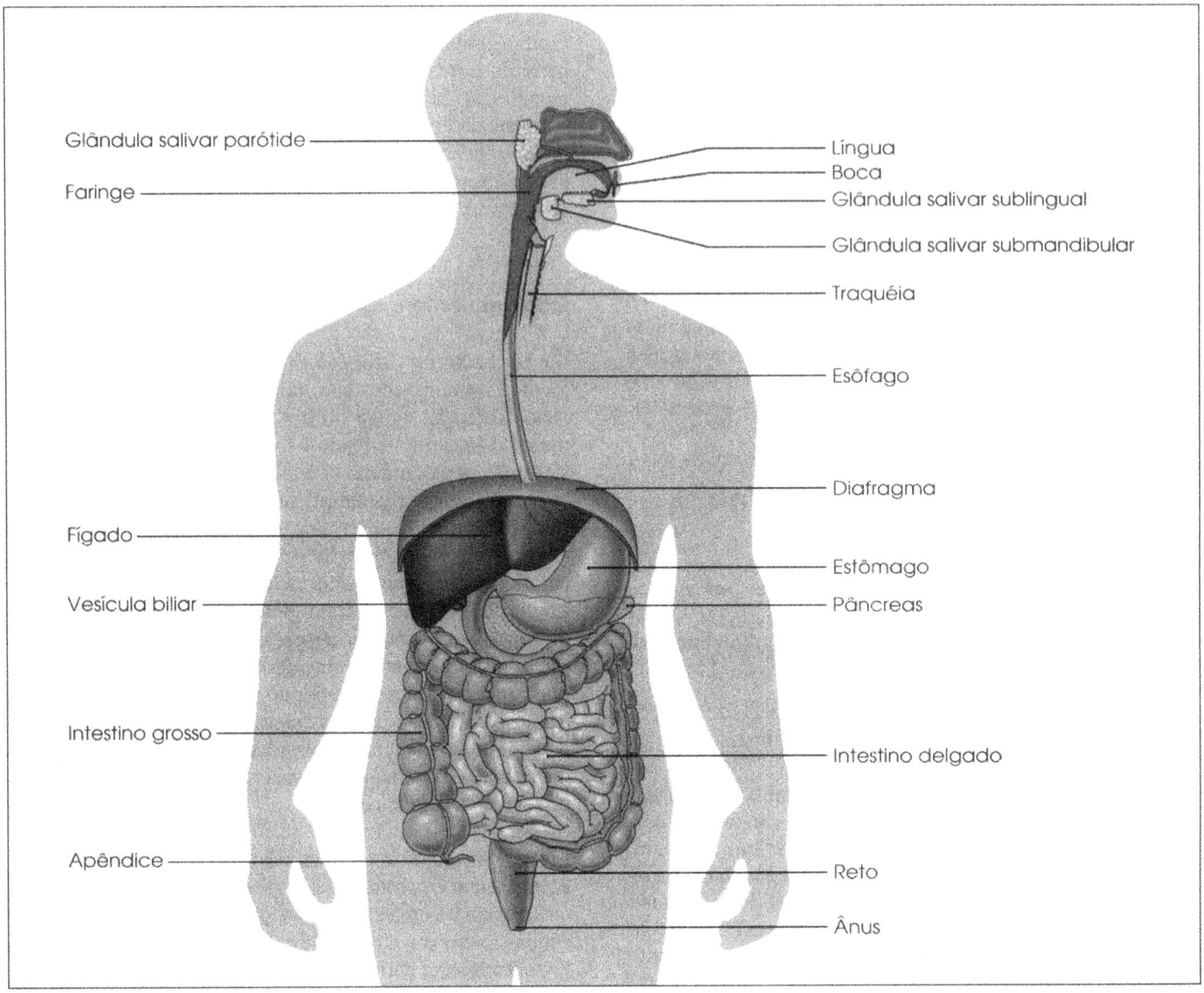

Responda

1 Quais são as funções da boca, do estômago, do intestino delgado, do intestino grosso e do reto na digestão alimentar?

2 Qual é a função da bile na digestão alimentar? Qual é a procedência da bile?

3 O que é gastroenterite? O que é diarréia? O que pode acontecer como conseqüência da diarréia? Por que a administração endovenosa de fluidos e sais algumas vezes é necessária no tratamento de casos graves de diarréia?

4 O que são enterotoxinas e como estas agem? Qual é a relação entre algumas enterotoxinas e a adenilato ciclase?

Intoxicações Alimentares

A intoxicação alimentar ocorre após a ingestão de alimentos contaminados com toxinas produzidas por microrganismos.

Entre os diferentes tipos de intoxicação alimentar causadas por microrganismos, a intoxicação estafilocócica e o botulismo são os mais freqüentes. A intoxicação estafilocócica é uma das mais comuns, e o botulismo é a mais grave, devido à produção de uma potente toxina. Portanto, a falta de cuidados no armazenamento e na manipulação de alimentos pode levar ao aparecimento de sintomas desagradáveis e algumas vezes perigosos.

Intoxicação Alimentar Estafilocócica

A intoxicação alimentar estafilocócica, causada pelo *Staphylococcus aureus*, é um dos tipos de intoxicação alimentar mais comum. Milhares de casos a cada ano ocorrem nos Estados Unidos, muitos dos quais poderiam ser evitados empregando-se medidas simples de prevenção, durante o preparo e a conservação do alimento.

Biologia do *Staphylococcus aureus*. As células de *S. aureus* são cocos Gram-positivos dispostos em agrupamento característico (Figura 25.2, caderno em cores). Os estafilococos crescem bem em condições de aerobiose e anaerobiose, porém geralmente não competem bem com outros microrganismos presentes nos alimentos. Entretanto, se os microrganismos contaminantes forem destruídos durante o cozimento, os estafilococos que contaminam subseqüentemente o alimento cozido podem crescer. Assim, alimentos cozidos e posteriormente contaminados com estafilococos são os mais freqüentemente associados à intoxicação alimentar estafilocócica.

Como nem todas as cepas de *S. aureus* produzem enterotoxinas, somente algumas podem causar intoxicação. Quantidade menor que 1μg (0,000001 g) de enterotoxina estafilocócica pode causar intoxicação em seres humanos. *S. aureus* enterotoxigênico pode produzir um ou mais dos sete tipos sorológicos conhecidos de enterotoxinas.

Como a Intoxicação Alimentar Estafilocócica Ocorre. Portadores humanos de *S. aureus* enterotoxigênicos são os responsáveis pela contaminação dos alimentos. A maioria dos portadores não está doente, apresentando o estafilococo como flora normal, principalmente do nariz. Algumas vezes, entretanto, o portador pode apresentar lesões evidentes nas mãos causadas por estafilococos, tais como o furúnculo. (Infecções de pele e feridas causadas por S. *aureus* são descritas no Capítulo 27.) As situações que levam à intoxicação alimentar estafilocócica normalmente são:

1. As mãos do portador ficam contaminadas com secreções nasais.

2. As mãos do portador inoculam o microrganismo no alimento durante a sua preparação.

3. O alimento é conservado durante muitas horas sem refrigeração adequada. Durante esse período, o estafilococo multiplica-se e produz a enterotoxina.

4. O alimento pode ser consumido cru ou cozido. O cozimento não destrói a enterotoxina, já que esta é termestável, mantendo-se ativa após fervura por 30 min ou mais.

Os alimentos mais envolvidos neste tipo de intoxicação são derivados de leite, creme de baunilha, carnes processadas, recheios cremosos doces, sanduíches, recheio de carne de aves e maionese de batata. Os sintomas aparecem 1 a 6 h após o consumo do alimento contaminado e incluem náusea intensa, vômito e diarréia moderada, normalmente sem febre. Os sintomas desaparecem em menos de 12 h e, embora sejam muito desagradáveis, a doença raramente é fatal.

Diagnóstico Laboratorial da Intoxicação Alimentar Estafilocócica. Quando pacientes apresentam os sintomas característicos da intoxicação e são encontradas 10.000 células de S. *aureus* por grama do alimento suspeito, há forte evidência de intoxicação estafilocócica. O diagnóstico conclusivo, no entanto, é obtido por meio da demonstração da presença da enterotoxina no alimento. Testes imunológicos muito sensíveis têm sido desenvolvidos para essa finalidade.

Prevenção da Intoxicação Alimentar Estafilocócica. As melhores medidas preventivas são as precauções sanitárias durante o preparo de alimentos perecíveis e a refrigeração do alimento a temperaturas inferiores a 6 a 7°C. Os alimentos não devem permanecer por várias horas à temperatura ambiente antes de ser servidos.

Botulismo

Embora o botulismo seja relativamente raro (apenas cerca de 120 casos ocorrem anualmente nos Estados Unidos), a doença apresenta alta taxa de mortalidade. O botulismo é causado pelo *Clostridium botulinum,* que produz uma das mais potentes toxinas conhecidas. Quantidades de 0,000033 μg (0,000000000033 g) de toxina podem matar um camundongo, e 1 g é suficiente para matar aproximadamente 30 bilhões de camundongos. O botulismo ocorre de três formas: *intoxicação alimentar, botulismo infantil* e *botulismo de ferida*. Destas, o botulismo infantil é a mais freqüente.

Biologia do *Clostridium botulinum*. As células do *C. botulinum* são bacilos Gram-positivos anaeróbios que apresentam endósporos termorresistentes (Figura 25.3A). As cepas são classificadas em sete sorotipos, de A a G, baseadas no tipo antigênico de toxina que elas produzem. O botulismo humano é causado pelos sorotipos A, B, E e (raramente) F. Os sorotipos C e D causam botulismo em galinha, pato, cavalo e boi, enquanto o sorotipo G ainda não tem sido associado a casos de intoxicação.

Nos tipos C e D de *C. botulinum*, o gene responsável pela produção da exotoxina não está localizado no cromossomo bacteriano, e sim no DNA de um bacteriófago temperado presente na bactéria. Ainda não se sabe se a produção de toxina por outros tipos de *C. botulinum* é codificada por genes presentes em bacteriófagos.

Figura 25.3 (**A**) Endósporos e células de *Clostridium botulinum* (coloração de Gram). Observe que os endósporos não se coram pelo método de Gram. (**B**) O teste de neutralização da toxina é utilizado para detectar a presença da exotoxina botulínica em amostras de sangue, fezes ou vômito dos pacientes ou em amostras do alimento suspeito de conter a toxina. Alguns camundongos são injetados intraperitonealmente com a amostra; outros são injetados com uma mistura da amostra e da antitoxina botulínica. Se a toxina estiver presente, os camundongos que receberam a amostra mais a antitoxina sobreviverão, enquanto aqueles que receberam somente a amostra morrerão.

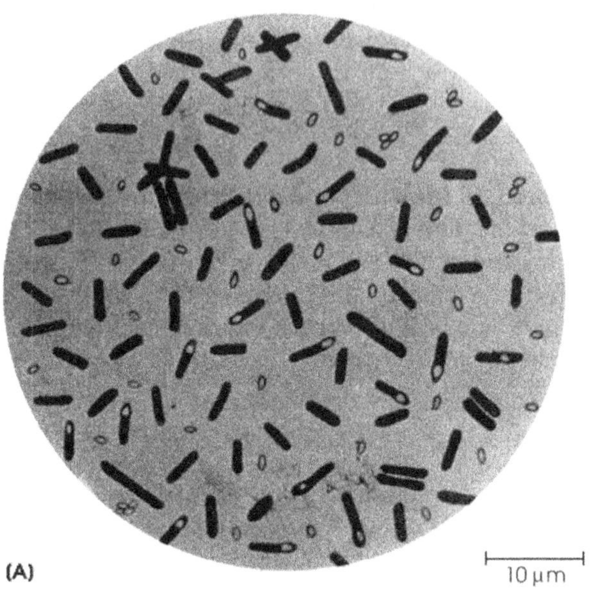

(A)

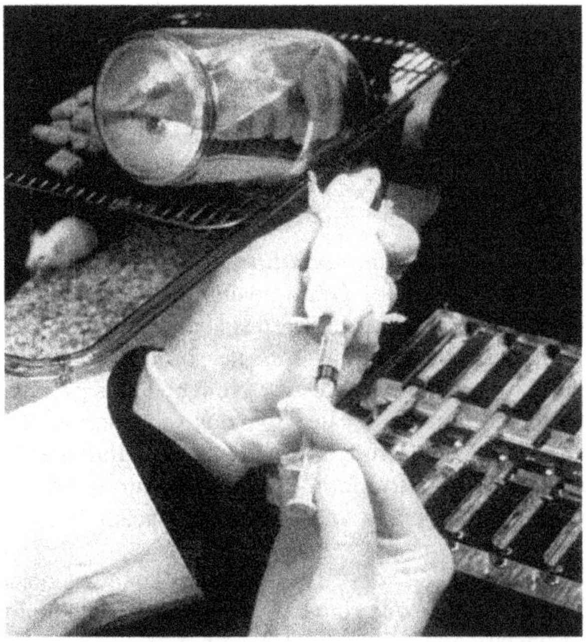

(B)

Intoxicação Alimentar Botulínica. O nome *botulismo* vem do latim *botulus* (lingüiça). No século XVII, a doença foi primeiramente associada com o consumo de lingüiças. Desde então, muitos outros alimentos têm sido responsáveis por este tipo de intoxicação alimentar. Isso ocorre porque alimentos podem ser facilmente contaminados por esporos de *C. botulinum,* encontrados no solo e em alguns sedimentos de lagos e do mar. Se o alimento *não for cozido* ou sofrer algum *tipo de processamento,* como no caso do presunto curado ou peixe defumado, a estocagem inadequada pode permitir a germinação dos esporos, com o crescimento das bactérias e a produção de toxina. Condições anaeróbias devem existir para que todo este processo ocorra. Se o alimento contaminado com esporos for *enlatado,* o tratamento térmico insuficiente durante o enlatamento pode permitir a sobrevivência de alguns esporos. (A resistência térmica de esporos do *C. botulinum* pode ser observada na Tabela 7.1, Volume I.) Durante a estocagem, estes esporos podem germinar e a toxina pode ser formada devido ao ambiente de anaerobiose presente no interior da lata. Muitos casos de botulismo estão associados com conservas caseiras; raramente enlatados industrializados estão envolvidos em surtos de intoxicação (DESCOBERTA 25.1).

Quando um alimento contendo toxina é ingerido, as enzimas digestivas não têm capacidade de destruí-la, e ela é absorvida pela corrente sanguínea e transportada por todo o organismo. A toxina causa problemas em vários músculos (paralisia flácida). Inicialmente o paciente pode apresentar visão embaçada ou dupla, devido à paralisia dos músculos da visão, ou dificuldade de falar e engolir devido à paralisia dos músculos da faringe. Conforme a doença progride, os músculos do peito e diafragma são afetados, causando grande dificuldade na respiração ou mesmo morte por falência respiratória.

A toxina botulínica causa paralisia por agir como um veneno para o nervo, ou seja, é uma ***neurotoxina*** que afeta a habilidade dos nervos de estimular os músculos. Normalmente, para que ocorra a contração muscular, o impulso nervoso passa ao longo da fibra nervosa, chegando à *junção neuromuscular*, área de contato entre a parte final da fibra nervosa e o músculo, que é então estimulado. A parte final da fibra nervosa secreta uma substância química chamada *acetilcolina,* responsável pelo início da contração do músculo. Em pacientes com botulismo, a neurotoxina liga-se à fibra nervosa, próximo à junção neuromuscular, impedindo que a fibra secrete acetilcolina; assim, o músculo não pode contrair-se e ocorre a paralisia.

Botulismo Infantil. O botulismo infantil é uma *infecção,* não é uma intoxicação alimentar, porque o clostrídio produz a toxina *enquanto está-se multiplicando dentro do organismo.* A doença ocorre da seguinte maneira:

DESCOBERTA!

25.1 BOTULISMO EM RESTAURANTE ASSOCIADO A COGUMELOS EM CONSERVA.

Onze casos suspeitos de botulismo foram relatados em Vancouver, Columbia Britânica, entre 18 e 22 de fevereiro de 1987. Cinco dos pacientes foram hospitalizados; três foram colocados em respiradores artificiais. Todos os pacientes tinham comido no mesmo restaurante à beira-mar nos dias 13, 14 ou 16 de fevereiro. O estudo epidemiológico mostrou uma forte correlação entre os casos de botulismo e a ingestão de cogumelos em conserva ou lagosta e caranho vermelho preparados com cogumelos. A toxina botulínica não foi detectada no sangue dos pacientes, entretanto uma amostra do líquido das conservas de cogumelos continha toxina botulínica do tipo A. Os trabalhadores do restaurante informaram que três dos vidros de cogumelo em conserva haviam sido utilizados entre 13 a 16 de fevereiro; pelos dados do restaurante, 31 pessoas tinham comido cogumelos entre 12 e 17 de fevereiro. O restaurante foi fechado em 18 de fevereiro.

Embora restaurantes não sejam fontes freqüentes de surtos de botulismo, eles representam um risco de exposição pública a alimentos contaminados. Por exemplo, enquanto alimentos servidos em restaurantes foram associados com somente 4% dos surtos relatados nos Estados Unidos entre 1976 e 1984, eles foram responsáveis por 42% dos casos individuais durante aquele mesmo período. Além disso, surtos associados a restaurantes em importantes centros podem resultar em casos amplamente distribuídos, cuja origem pode não ser reconhecida por um longo tempo.

Adaptado de *Morbidity and Mortality Weekly Report*, 27 de fevereiro de 1987.

1. A criança ingere esporos do *C. botulinum* presentes no alimento ou de alguma fonte ambiental. Mel contaminado com esporos tem sido implicado, porém, sem dúvida, existem outras fontes.

2. Os esporos germinam no intestino da criança. Normalmente, o *Clostridium botulinum* não cresce no intestino humano, devido à competição com a flora normal intestinal. Entretanto, em algumas crianças com idade entre 2 semanas e 6 meses, a flora intestinal não está ainda bem desenvolvida, e o *C. botulinum* pode crescer e produzir a toxina.

Os sintomas do botulismo infantil incluem sono excessivo, pouco controle da cabeça, reflexos lentos e fraqueza generalizada. (Em casos graves pode ocorrer a falência respiratória e a morte.)

Botulismo de Ferida. Um tipo raro de botulismo, conhecido como *botulismo de ferida,* é também uma infecção. Se esporos de *C. botulinum* penetrarem em uma ferida, e condições anaeróbias apropriadas ocorrerem, eles podem germinar e haver produção suficiente de toxina para causar os sintomas do botulismo.

Diagnóstico Laboratorial do Botulismo. O botulismo transmitido por meio de alimentos contaminados é diagnosticado no laboratório pela detecção da presença de toxina em soro, conteúdo gástrico ou fezes do paciente, ou no alimento suspeito. O diagnóstico é feito empregando-se o teste de neutralização da toxina. O teste é baseado na habilidade da antitoxina botulínica de neutralizar o efeito letal da toxina quando a amostra-teste é injetada em camundongos (Figura 25.3B).

Em casos de botulismo infantil, a presença de toxina é normalmente demonstrada nas fezes da criança. Entretanto, o *C. botulinum* pode freqüentemente ser isolado das fezes.

Tratamento e Prevenção do Botulismo. Pacientes com botulismo são tratados com ***antitoxina botulínica polivalente***, que é uma combinação das antitoxinas preparadas contra as toxinas dos tipos A, B e E. A antitoxina neutraliza a toxina livre circulante no sangue. Portanto, o tratamento deve iniciar-se o mais rápido possível, porque uma vez ligada às células nervosas, a toxina não pode ser neutralizada. Alguns pacientes necessitam ser colocados em respiradores mecânicos com a finalidade de prevenir a morte por falência respiratória.

O criterioso controle de qualidade dos processos de industrialização de alimentos tem diminuído consideravelmente os casos de botulismo causados pela ingestão de alimentos industrializados. O maior perigo vem do preparo de conservas caseiras, no qual pouca atenção é dada ao processo apropriado de enlatamento. Infelizmente, alimentos contendo toxina botulínica podem apresentar aspecto e odor normais. Entretanto, alimentos podem apresentar total segurança em relação ao botulismo se forem aquecidos a 100°C durante 10 min, pois neste caso ocorre a destruição da toxina.

Outros Tipos de Intoxicação Alimentar

Intoxicação Alimentar por *Bacillus cereus*. Algumas cepas de *Bacillus cereus* podem causar uma intoxicação com "curto período de incubação", que é muito semelhante à intoxicação alimentar estafilocócica. Os pacientes apresentam náusea e vômito 1 a 6 h após a ingestão do alimento contaminado e geralmente não têm diarréia. Como no caso da intoxicação estafilocócica, os sintomas são causados por uma enterotoxina termestável. A intoxicação alimentar por *Bacillus cereus* ocorre mais fre-

Figura 25.4 *Amanita virosa*, agente etiológico do envenenamento por cogumelos, é nativa do hemisfério norte. De 8 a 12 h após a ingestão do fungo, as pessoas apresentam dolorosas cólicas abdominais, diarréia e vômito. O fungo contém dois peptídeos altamente venenosos, a faloidina e a amanitina, que atacam as células do fígado e da superfície do intestino delgado. Cerca de 10 a 15% dos pacientes morrem devido à insuficiência hepática.

qüentemente devido ao consumo de arroz, cozido ou frito, contaminado, mas tem sido associada com outros alimentos, tais como espaguete e purê de batatas.

Intoxicação Alimentar por Micotoxina. Vários fungos podem produzir substâncias venenosas denominadas *micotoxinas*, que podem produzir sintomas graves de doença. O envenenamento causado pelo consumo de certos cogumelos, tais como *Amanita virosa* (Figura 25.4), é um dos exemplos típicos. Substâncias tóxicas podem ser também produzidas por fungos microscópicos, crescendo em produtos alimentícios, tais como cereais, amendoim, grãos de café, tabaco e presuntos curados.

O ergotismo é uma intoxicação por micotoxina que ocorria freqüentemente nos tempos medievais. Por exemplo, no ano 943, mais de 40.000 mortes ocorreram na França, aparentemente, devido a um surto de ergotismo. Diversos surtos na Rússia, Inglaterra, França e Índia já foram relatados no século XX. A *ergotina* é uma micotoxina produzida por *Claviceps purpurea*, um fungo ascomiceto que cresce em arroz umidecido e outros grãos. Quando consumida pelo homem, a ergotina pode causar acessos, desordem mental, gangrena dos dedos dos pés e das mãos e, algumas vezes, morte. A ergotina consiste em diversos compostos orgânicos nitrogenados, muitos dos quais têm propriedades medicinais. Como exemplo, podemos citar a *ergotamina*, uma droga utilizada para prevenir dores de cabeça.

Várias espécies de *Penicillium*, *Alternaria*, *Aspergillus* e outros fungos filamentosos também podem produzir micotoxinas. Muitas delas são substâncias mutagênicas e carcinogênicas potentes; duas das mais potentes pertencem ao grupo de compostos conhecido como *aflatoxinas*. (Este nome vem do isolamento inicial em amendoim contaminado por *Aspergillus flavus*). Com base em estudos com animais, parece que as aflatoxinas são um perigo em potencial para a saúde humana. Elas podem ser um dos fatores responsáveis pelo alto índice de câncer de fígado na África tropical e na Ásia.

Responda

1 Por que uma intoxicação alimentar bacteriana não é considerada uma infecção bacteriana?

2 Quais são as características biológicas do *Staphylococcus aureus*? Qual é o local do organismo onde são encontradas as cepas enterotoxigênicas?

3 Quais são os sintomas da intoxicação alimentar estafilocócica? Como pode ser prevenido este tipo de intoxicação?

4 Quais são as características biológicas do *Clostridium botulinum*? Onde os esporos de *C. botulinum* podem ser encontrados na natureza? Qual é a toxina produzida pelo *C. botulinum* e qual é o seu mecanismo de ação?

5 Quais são as diferenças entre os três tipos de botulismo? Qual é o tipo mais comum? Quais os tipos que não são considerados intoxicação alimentar?

6 Qual é o método de diagnóstico laboratorial do botulismo? Qual é o tratamento para a doença? Como o botulismo pode ser prevenido?

7 O que são micotoxinas e quais são os microrganismos que as produzem? O que são aflatoxinas? O que é ergotina?

Infecções Transmitidas por Água e Alimentos Causadas por Bactérias

Nas infecções bacterianas transmitidas por água e alimentos, os microrganismos são veiculados ao organismo humano por meio do consumo de água e alimentos contaminados com fezes humanas ou de animais. As doenças transmitidas por água e alimentos afetam geralmente o trato intestinal, embora algumas vezes outras áreas do corpo também possam ser afetadas. Somente alguns exemplos dos muitos tipos de infecções veiculadas por alimentos e água foram incluídos nesta discussão. A gastroenterite causada por *Salmonella* tem um interesse particular devido a sua ocorrência freqüente, à variedade de fontes de contaminação e à complexidade antigênica desse organismo. Outra infecção bacteriana, conhecida como *febre tifóide*, é uma doença grave, com características especiais não encontradas na gastroenterite por *Salmonella*. A gastroenterite por *Campylobacter* é atualmente reconhecida como a mais freqüente das gastroenterites bacterianas em todo mundo, e as características fisiológicas apresentadas pela bactéria podem complicar o seu isolamento dos pacientes infectados. *Helicobacter*, descoberto em 1983, tem sido associado à gastrite e à úlcera péptica em humanos; atualmente é objeto de intensas pesquisas.

Gastroenterite por *Salmonella* e Febre Tifóide

A gastroenterite por *Salmonella* é causada pela bactéria do gênero *Salmonella*. (O gênero recebeu este nome devido ao bacteriologista americano Daniel E. Salmon, em 1900, e não tem relação com salmão.) Nos Estados Unidos são relatados anualmente entre 40.000 a 70.000 casos de gastroenterite por *Salmonella*, porém o número real deve ser maior devido ao grande número de casos não relatados. A incidência da doença nos Estados Unidos varia com a estação do ano: o maior número de casos ocorre entre julho e outubro, e poucos são relatados de dezembro a maio. Isto se deve provavelmente à maior multiplicação da bactéria em alimentos a temperaturas mais elevadas, que prevalecem durante o verão e o início do outono.

A febre tifóide é causada por um sorotipo específico, a *Salmonella typhi*. Atualmente, cerca de 400 a 600 casos de febre tifóide ocorrem anualmente nos Estados Unidos, porém grandes surtos epidêmicos ocorreram no passado, antes da pasteurização do leite, do tratamento da água de abastecimento com cloro e do tratamento do esgoto. Entretanto, ainda recentemente, o descuido no saneamento tem levado ao aparecimento de grandes epidemias de febre tifóide. Por exemplo, em 1973, em um acampamento de trabalhadores rurais migrantes, no município de Dade, Flórida, 230 pessoas contraíram febre tifóide devido ao consumo de água contaminada com fezes. Embora a água que abastecia o acampamento tivesse sido supostamente clorada, o aparelho que media a concentração de cloro estava com defeito no período da epidemia.

Biologia da *Salmonella*. Como mencionado no Capítulo 9, Volume I, salmonelas são bacilos Gram-negativos facultativos, com flagelo peritríquio (Figura 25.5, caderno em cores). São membros da família *Enterobacteriaceae* e estão intimamente relacionados com o gênero *Escherichia* e *Shigella*. Há uma única espécie no gênero – *Salmonella enterica* –, mas existem mais de 2.000 sorotipos, todos eles patogênicos para o homem e freqüentemente para os animais. Embora os sorotipos pertençam a uma única espécie, os seus nomes são tradicionalmente escritos como se fossem de diferentes espécies (por exemplo, *Salmonella typhimurium*). Cada sorotipo é caracterizado por uma combinação particular de ***antígenos O*** e ***H***. Os antígenos O são polissacarídeos termestáveis localizados na superfície da parede celular bacteriana (ver Figura 4.19 no Volume I). Eles são designados por números de 1 a 67. Os antígenos H são proteínas flagelares e, ao contrário dos antígenos O, são facilmente destruídos por tratamento térmico. Existem duas categorias principais de antígenos H, denominados fase 1 e fase 2. Cada antígeno da fase 1 ocorre somente em poucos sorotipos e é designado por uma letra, de *a* a *z* (z_i a z_{59}). Poucos tipos de antígenos da fase 2 ocorrem, mas eles são largamente distribuídos entre os sorotipos de *Salmonella* e são geralmente designados por números. A Tabela 25.1 mostra exemplos dos sorotipos de *Salmonella* freqüentemente encontrados e a combinação particular de antígenos H e O que define cada sorotipo.

Transmissão de Salmonelas. Seres humanos são infectados por salmonelas quase exclusivamente devido ao consumo de água e alimentos contaminados. Os alimentos mais comumente envolvidos são cremes doces utilizados em tortas, carne moída, lingüiças, carne de aves, bife assado preparado comercialmente e ovos.

Seres humanos podem disseminar salmonelas para outros seres humanos. Portadores assintomáticos e pessoas

Tabela 25.1 Alguns sorotipos de *Salmonella* comumente encontrados em infecções humanas.

Nome do sorotipo*	Antígenos T	ANTÍGENOS H Fase 1	Fase 2	Doença humana
S. paratyphi A	1,2,12	a	–	Febre paratifóide e gastroenterite
S. typhimurium	1,4,5,12	i	1,2	Gastroenterite ou septicemia
S. choleraesuis	6,7	c	1,5	Gastroenterite
S. typhi	9,12	d	–	Febre tifóide
S. enteritidis	1,9,12	g,m	–	Gastroenterite

* Os nomes dos sorotipos de *Salmonella* são tradicionalmente escritos como se fossem espécies diferentes; entretanto, todos eles pertencem a uma única espécie.

Figura 25.6 Ciclo da infecção por *Salmonella typhimurium* em galinhas. (**1**) Ovo intensamente infectado que não produz pinto; (**2**) ovo infectado moderadamente que dá origem a pinto infectado (**4**) e morre; (**3**) ovo pouco infectado que dá origem a pinto infectado (**5**) é chocado, sobrevive e cresce, podendo continuar a eliminar salmonelas.

doentes, que excretam salmonelas nas fezes, podem contaminar suas mãos. Se pessoas com as mãos contaminadas estão envolvidas na preparação de alimentos, elas podem inocular a salmonela. Se o alimento for estocado em local não refrigerado por muitas horas, a bactéria pode multiplicar-se, alcançando número suficiente para causar doença naqueles que o ingerirem. Fezes humanas podem contaminar a água de abastecimento público e causar infecções por *Salmonella*. Por exemplo, no início do século XX, muitos dos surtos de febre tifóide foram relacionados com o consumo de ostras cultivadas em águas contaminadas com fezes humanas.

As principais fontes de muitas salmonelas são os animais, e não o homem. Muitos sorotipos de *Salmonella* infectam galinhas, perus, patos, roedores, gatos, cachorros, tartarugas e outros animais (DESCOBERTA 25.2). Aves e seus produtos, especialmente ovos crus ou inadequadamente cozidos, são implicados em aproximadamente metade de todos os surtos de gastroenterites por *Salmonella* (Figura 25.6). Carnes, particularmente a bovina e a suína, são responsáveis por cerca de 13% dos surtos. Ovos infectados, aves e carnes são as maiores causas de surtos, quando são armazenados sem refrigeração. Utensílios de cozinha e tábuas de carne inadequadamente limpos podem apresentar partículas de carne contaminadas e, assim, constituir uma contínua fonte de infecção.

Gastroenterite por *Salmonella*. Um grande número de salmonelas precisa ser ingerido para que ocorra a gastroenterite, porque muitas das células ingeridas são rapidamente eliminadas do trato gastrintestinal. Mas, se as bactérias que sobreviveram se multiplicarem em número suficiente, os sintomas da gastroenterite aparecem. Oito a quarenta e oito horas após a ingestão de alimento contaminado com salmonelas, pacientes apresentam uma súbita dor abdominal, acompanhada por diarréia aquosa. As fezes podem, ocasionalmente, conter muco ou sangue. Náusea e vômito, como também febre de 38 a 40°C, são comuns. Estes sintomas provavelmente são causados por endotoxinas das salmonelas ou pela produção de uma enterotoxina. Os sintomas geralmente desaparecem em dois a cinco dias. Entretanto, algumas vezes a doença pode ser fatal em crianças ou idosos, devido à menor resistência à infecção.

Febre Tifóide. A febre tifóide é causada somente por um sorotipo de *Salmonella*, a *S. typhi* (Tabela 25.1). *S. typhi* ocorre apenas em seres humanos e é transmitida somente por alimento ou água contaminados por fezes humanas. A febre tifóide difere da gastroenterite por *Salmonella* por ser principalmente uma infecção sistêmica. Após a ingestão, os bacilos alcançam o intestino, aderem e penetram na parede intestinal, multiplicam-se próximo aos linfonodos e eventualmente invadem a circulação sanguínea. No sangue, muitos dos bacilos são lisados pela ação de anticorpos e complemento. A endotoxina que é liberada dessas células lisadas induz o desenvolvimento de febre elevada.

Algumas bactérias escapam da lise e são removidas do sangue pela ação fagocítica de macrófagos presentes no fígado, baço, nos linfonodos e na medula óssea. A *S. typhi* não é destruída pelos macrófagos; ao contrário, sobrevive e multiplica-se dentro dessas células. Além disso, quando salmonelas estão *dentro* de macrófagos, são *protegidas do ataque por anticorpos*. Somente a imunidade mediada por células pode eventualmente destruir esses bacilos. Isso pode acontecer se alguns macrófagos normais são convertidos, por meio da ação de linfocinas, para *macrófagos ativados*, que têm atividade microbicida aumentada.

Após a multiplicação nos macrófagos do fígado, alguns bacilos passam para a vesícula biliar, que está imediatamente adjacente ao fígado (Figura 25.1). Eles são transportados para o intestino pela bile secretada pela vesícula biliar, multiplicando-se nesse local e algumas vezes causando diarréia.

O paciente que se recupera da febre tifóide geralmente continuará a excretar os bacilos nas fezes por muitas

DESCOBERTA!

25.2 TARTARUGA ASSOCIADA À GASTROENTERITE POR *SALMONELLA*.

Em 6 de junho de 1986, dois casos de gastroenterite por *Salmonella*, associados à tartaruga, foram relatados em Ohio. Um garoto de dois anos apresentou febre, dor abdominal e diarréia sanguinolenta, quatro dias após sua mãe ter comprado uma tartaruga em uma loja de animais de estimação. Seu irmão de quatro anos de idade apresentou os mesmos sintomas clínicos no dia seguinte.

Na cultura de fezes de ambos os garotos foi isolada a *Salmonella typhimurium*. Em investigação posterior do Departamento de Saúde de Ohio, a *S. typhimurium* foi isolada da tartaruga, que era mantida em uma tina na casa das crianças.

Quando os investigadores do Food and Drug Administration (FDA) e do Departamento de Saúde de Ohio visitaram a loja de animais de estimação, não encontraram nenhuma outra tartaruga. O dono da loja havia comprado a tartaruga de um distribuidor local que vendia répteis para as universidades locais e outras instituições científicas. Na nota de venda das tartarugas, enviada à loja, estava expresso que as tartarugas deviam ser usadas apenas com propósitos científicos.

Os Departamentos de Saúde de Ohio foram notificados de que possivelmente tartarugas eram vendidas ilegalmente em suas jurisdições. Nenhum outro caso de gastroenterite por *Salmonella* foi relatado em Ohio.

Tartarugas criadas como animais de estimação foram associadas em 14% dos casos relatados de gastroenterite por *Salmonella* em humanos no início dos anos de 1970. Conseqüentemente, a comercialização, dentro e fora dos estados, de tartarugas com casco menor que 10 cm foi proibida em 1975, exceto para fins científicos, educacionais ou de exibição. Após esta proibição, a gastroenterite por *Salmonella* veiculada por tartaruga tornou-se rara nos Estados Unidos.

Tartarugas são facilmente infectadas com *Salmonella* do ambiente e podem adquirir o microrganismo no estágio de ovo ou após estes terem chocado. O tratamento de ovos de tartaruga com gentamicina tem sido proposto com a finalidade de produzir ovos de tartaruga livres de *Salmonella*, porém a eficiência da técnica na prática ainda não está bem determinada. A técnica pode promover a resistência da *Salmonella* à gentamicina, como observado em técnica similar testada no tratamento de ovos de perus. Além disso, filhotes de tartaruga não-infectados podem facilmente adquirir *Salmonella* de outras tartarugas ou do ambiente após saírem da casca. Tartarugas também albergam *Campylobacter*, *Aeromonas* e outros patógenos em potencial. Não são animais de estimação apropriados para crianças.

Adaptado de *Morbidity and Mortality Weekly Report*, 28 de novembro de 1986.

semanas. Entretanto, algumas pessoas eliminam os organismos por meses ou anos, ou mesmo durante toda a vida, tornando-se ***portadores crônicos***. Portadores crônicos de *S. typhi* geralmente possuem "ninhos" de bacilos tifóides que persistem indefinidamente na vesícula biliar, embora alguns portadores crônicos alberguem a *S. typhi* na bexiga e eliminem os bacilos na urina, e não nas fezes.

A *febre paratifóide* é similar à febre tifóide, porém é uma doença mais branda. Pode ser causada por diversos sorotipos de *Salmonella*, tais como *S. paratyphi A* (Tabela 25.1), *S. schottmuelleri* e *S. hirschfeldii*.

Diagnóstico Laboratorial de Infecções por *Salmonella*. O diagnóstico definitivo de gastroenterite por *Salmonella* depende do isolamento da bactéria das fezes do paciente. Meios seletivos ou diferenciais, tais como o ágar desoxicolato (Figura 25.7, caderno em cores), estão disponíveis para este propósito. Os microrganismos isolados são então identificados por métodos bioquímicos e sorológicos. A identificação de um sorotipo específico depende da determinação de quais antígenos O e H estão presentes.

O diagnóstico da febre tifóide difere um pouco daquele da gastroenterite por *Salmonella*, porque, durante a primeira semana da doença, é mais provável isolar a *S. typhi* a partir do sangue do que das fezes do paciente. Na terceira semana, entretanto, os microrganismos desaparecem do sangue e são isolados das fezes.

Tratamento das Infecções por *Salmonella*. Muitos dos pacientes com gastroenterite por *Salmonella* não requerem tratamento. Entretanto, se a diarréia for grave, a administração intravenosa de fluidos e sais minerais pode ser necessária para prevenir a desidratação.

Pacientes com febre tifóide são tratados com ampicilina, cloranfenicol ou amoxicilina. Tratamento prolongado é necessário porque os antibióticos têm dificuldade de alcançar o bacilo dentro dos macrófagos. A *S. typhi* pode ser eliminada de portadores crônicos pelo tratamento com ampicilina, mas em alguns casos a remoção cirúrgica da vesícula biliar é a única medida efetiva.

Prevenção de Infecções por *Salmonella* Uma vez que muitos casos de gastroenterite por *Salmonella* resultam da ingestão de alimentos contaminados, as seguintes medidas podem prevenir a infecção:

1. Cozimento adequado dos alimentos de origem animal, com a finalidade de destruir as salmonelas que possam estar presentes.

2. Conservação dos alimentos a temperaturas adequadas de refrigeração, evitando a multiplicação das salmonelas.

3. Proteção do alimento do contato com roedores, moscas e outros animais que possam veicular salmonelas a partir de outros alimentos contaminados.

4. Análise periódica de amostras de fezes de manipuladores de alimentos pela saúde pública, com a finalidade de detectar portadores.

5. Inspeção periódica de locais de processamento de alimentos pela saúde pública visando à detecção de produtos alimentícios contaminados por salmonelas.

6. Boas práticas pessoais sanitárias e higiênicas.

Quando uma infecção alimentar por *Salmonella* for diagnosticada, ela deve ser notificada às autoridades sanitárias a fim de que medidas adequadas sejam tomadas para a prevenção de uma epidemia.

Não há imunização efetiva contra infecções por salmonela, exceto contra a febre tifóide. Isso ocorre devido ao grande número de sorotipos de *Salmonella* que precisaria ser incluído na vacina. A febre tifóide, entretanto, é causada por um único sorotipo, e duas vacinas estão disponíveis. Uma delas consiste em células mortas de *S. typhi* e é injetável. A outra vacina foi recentemente liberada para uso e consiste em cepa viva e atenuada de *S. typhi* (ou seja, uma cepa que perdeu a sua virulência); a vacina é administrada por via oral, na forma de cápsulas. Entretanto, a imunização rotineira contra a febre tifóide não é indicada há muitos anos nos Estados Unidos, porque a febre tifóide tornou-se relativamente rara. Atualmente, a imunização é realizada somente quando uma pessoa precisa conviver com um paciente com febre tifóide, ou se planeja viajar para uma área onde a febre tifóide é endêmica.

Infecções por *Campylobacter* e *Helicobacter*

O *Campylobacter* está entre os microrganismos que podem causar grande desconforto no trato digestivo humano. Há muito tempo o *Campylobacter jejuni* tem sido associado à diarréia humana, mas somente em 1972, com o desenvolvimento de métodos de isolamento do *C. jejuni* de fezes diarréicas, é que se confirmou a suspeita. Relatos recentes sugerem que infecções por *C. jejuni* podem ser duas vezes mais freqüentes que as infecções por *Salmonella*.

A *gastrite antral* é uma inflamação do *antro*, ou da porção do estômago que não secreta ácidos. Esta doença ocorre em todo o mundo, e sua incidência aumenta com a idade, sendo que nos Estados Unidos a média de idade dos pacientes é de 40 a 60 anos. *Úlceras pépticas* são áreas "corroídas" da parede do estômago ou duodeno, acompanhadas de destruição gradual e morte do tecido. Até recentemente, pensava-se que fatores como o álcool, o fumo, a preocupação e o estresse, drogas como a aspirina ou o refluxo da bile do duodeno para estômago fossem as causas em potencial de gastrite antral ou úlceras pépticas. Entretanto, atualmente existe forte evidência de que uma bactéria seja realmente a causadora dessa doença. Isolada pela primeira vez na Austrália, essa bactéria foi inicialmente denominada *Campylobacter pylori* devido à sua semelhança com as campilobactérias. Entretanto, os estudos sobre a seqüência do RNA ribossômico mostraram que o microrganismo não é uma campilobactéria e recentemente foi classificado dentro do gênero *Helicobacter*. O *Helicobacter pylori* tem sido objeto de intensas pesquisas em todo o mundo. Entre os fatores que levaram à associação dessa bactéria com a gastrite antral e as úlceras estão: (1) a presença freqüente do *H. pylori* em pacientes doentes em relação aos saudáveis; (2) a eficiência de agentes antimicrobianos, tais como sais de bismuto e antibióticos, na cura dos pacientes; (3) a descoberta de que a bactéria produz uma citotoxina (toxina que mata as células); e (4) o desenvolvimento de gastrite antral em dois voluntários humanos que ingeriram culturas de *H. pylori*.

Biologia do *Campylobacter jejuni* e *Helicobacter pylori*. O gênero *Campylobacter* contém diversas espécies patogênicas para o homem (Tabela 25.2), mas o *C. jejuni* e o *H. pylori* têm recebido maior atenção. Campilobactérias e helicobactérias são células Gram-negativas na forma de víbrios (células encurvadas com uma torção; Figura 25.8A e B) com flagelo polar. A maioria, incluindo o *C. jejuni*, tem um flagelo único em uma ou em ambas as extremidades da célula. Entretanto, o *H. pylori* tem um "tufo" de quatro a seis flagelos. Além disso, esses flagelos são *embainhados*, sendo cada um recoberto com uma fina membrana, que é uma extensão da membrana externa da parede celular. Este tipo de flagelo não é comum e tem sido descrito em apenas outras poucas espécies bacterianas. A função da bainha é desconhecida.

A característica fisiológica mais importante das campilobactérias e helicobactérias é que elas são *microaerófilas;* embora utilizem o oxigênio, elas não podem crescer na tensão normal de oxigênio presente no ar (21% de oxigênio). Para cultivá-la é necessário diminuir a tensão de oxigênio para menos de 21%, dentro da jarra. Muitos laboratórios clínicos cultivam campilobactériass e helicobactérias em misturas gasosas contendo 6% de oxigênio, 10% de dióxido de carbono e 84% de nitrogênio.

O *C. jejuni* produz uma enterotoxina e uma citotoxina. Ambas as toxinas estão provavelmente envolvidas na gas-

Tabela 25.2 Algumas espécies de *Campylobacter* e *Helicobacter* associadas com doença humana.

Espécies	Patogenicidade
C. jejuni	Flora normal intestinal de bois, carneiros, cachorros, gatos, aves e outros animais; causa gastroenterite em seres humanos
C. coli	Flora normal intestinal de porcos e aves; causa gastroenterite em seres humanos
C. fetus subespécie *fetus*	Causa aborto esporádico em vacas e ovelhas e infecções sanguíneas em seres humanos
C. lari	Ocorre em intestinos do homem, de gaivotas, cachorros, cavalos; ocasionalmente causa infecções sanguíneas em seres humanos
C. hyointestinalis	Causa ileíte proliferativa em porcos e diarréia em bezerros; ocasionalmente causa infecções sanguíneas em seres humanos
C. cinaedi	Flora normal de *hamsters*; causa inflamação no reto de homossexuais masculinos; também tem sido isolado do sangue e das fezes de crianças e adultos do sexo feminino
C. fennelliae	Causa inflamação no reto de homossexuais masculinos
C. cryaerophila	Causa abortos em suínos, bovinos, eqüinos e caprinos; ocasionalmente causa infecção sanguínea em seres humanos
C. concisus	Isolado de humanos com doença periodontal, mas sua patogenicidade é desconhecida
C. upsaliensis	Isolado de cachorros com e sem diarréia; também associado com gastroenterite e infecções sanguíneas em seres humanos
H. pylori	Provável agente etiológico da gastrite antral e úlcera péptica em seres humanos

troenterite. O *H. pylori* produz uma citotoxina que possivelmente causa dano tecidual em paciente com gastrite e úlcera, embora isso ainda não esteja totalmente comprovado.

Transmissão e Patogenicidade do *Capylobacter jejuni* e *Helicobacter pylori*. O *C. jejuni* é transmitido por alimentos e água contaminados, sendo as fezes de animais a maior fonte de contaminação. O *C. jejuni* é parte da flora normal intestinal do boi, carneiro, cachorro, de aves e outros animais e provavelmente surtos de infecção ocorram quando fezes destes animais contaminam alimentos e fontes de abastecimento de água. Diversas epidemias têm ocorrido após a contaminação de água. O *C. jejuni* está presente com freqüência em carcaças de aves, e carnes de aves malcozidas têm sido fontes importantes de infecção.

O *H. pylori* ocorre somente em seres humanos, porém o modo de transmissão de um homem para outro ainda é desconhecido.

A maioria das gastroenterites por *C. jejuni* ocorre dois a quatro dias após a ingestão de alimentos e água contaminados. Os pacientes apresentam febre, diarréia e dor abdominal. Em muitos casos, as fezes diarréicas contêm sangue. Os pacientes podem eliminar o microrganismo nas fezes por duas a três semanas. Além de infectar o trato intestinal, o *C. jejuni* pode também atravessar a parede intestinal e invadir a corrente sanguínea.

O *H. pylori* não é um organismo ácido-tolerante e prefere pH 8,0. Assim sendo, os microbiologistas não entendiam, a princípio, como o microrganismo podia crescer dentro do estômago humano, que é extremamente ácido. Entretanto, eles descobriram que o organismo reside na camada de muco que recobre e protege as células epiteliais do estômago. O microrganismo "nada" por meio da camada mucosa e adere à superfície das células epiteliais, onde se multiplica (Figura 25.8B). Ao contrário do *C. jejuni*, o *H. pylori* não invade os tecidos nem a corrente sanguínea.

Além de ser protegido do pH ácido do estômago pela camada de muco, o *H. pylori* pode proteger a si próprio por degradar a *uréia*, um produto da degradação de substâncias nitrogenadas, produzido pelas células teciduais. As células do corpo excretam esse produto de degradação na corrente circulatória para ser transportado até os rins, onde é removido e adicionado à urina. Entretanto, uma parte da uréia pode passar da corrente circulatória para o suco gástrico por meio da camada de células epiteliais do estômago. De fato, o fluido gástrico contém cerca da metade da concentração de uréia encontrada no sangue. A uréia é o substrato para uma potente enzima conhecida como *urease*, produzida pelo *H. pylori*:

$$\underset{\text{Uréia}}{H_2N\text{–}C0\text{–}NH_2} + H_20 \xrightarrow{\text{urease}} \underset{\text{(Amônia)}}{2NH_3} + C0_2$$

A amônia produzida nessa reação é alcalina e ajuda a proteger o *H. pylori* do ácido estomacal. Além disso, em 1990, pesquisadores descobriram que a amônia liberada pela urease produzida pelo *H. pylori* era tóxica para as células epiteliais gástricas cultivadas em laboratório. Portanto, a urease pode ser parcialmente responsável pelos danos no tecido gástrico que estão associados com as infecções causadas pelo *H. pylori*.

Figura 25.8 (**A**) *Campylobacter jejuni*, mostrando células na forma de vibriões. As células apresentam de 0,2 a 0,5 μm de largura por 0,5 a 5,0 μm de comprimento. Duas ou mais células ligadas podem sugerir a forma em espiral, asa de gaivota ou letra S. Coloração com cristal violeta. (**B**) Esquema do crescimento de *Helicobacter pylori* na superfície das células que recobrem o antro do estômago e na camada de muco. O muco protege as bactérias que são ácido-sensíveis. As células de *H. pylori* apresentam de 0,5 a 1,0 μm de largura por 2,5 a 5,0 μm de comprimento.

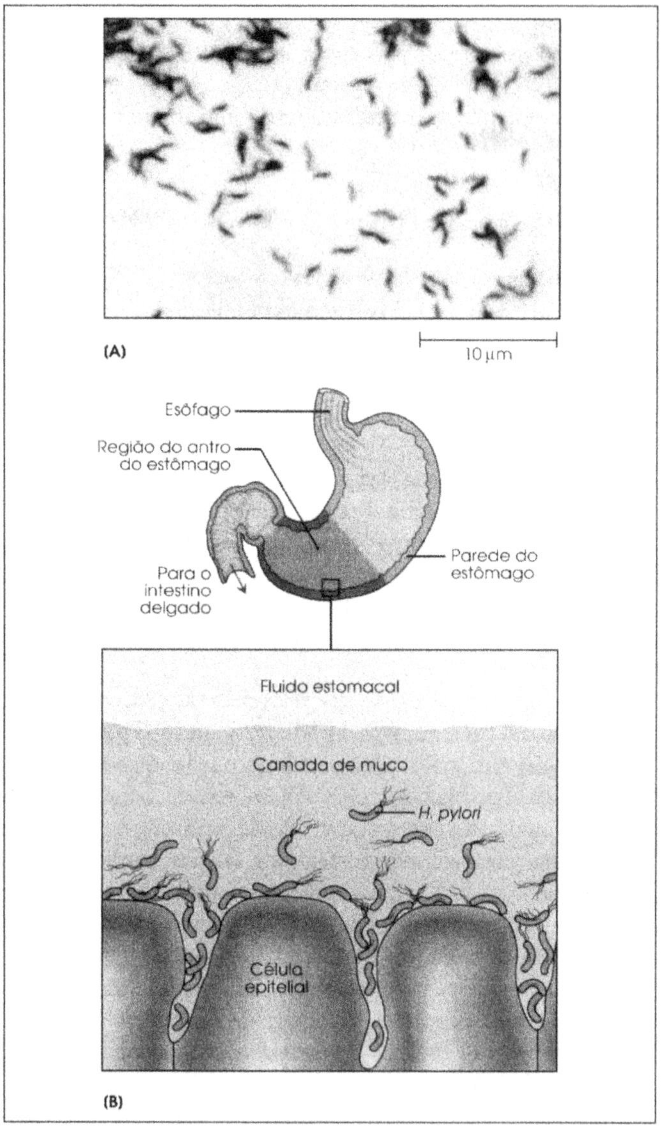

Diagnóstico Laboratorial das Infecções Causadas pelo *C. jejuni* e *H. pylori*. O diagnóstico laboratorial do *C. jejuni* consiste no isolamento da bactéria das fezes do paciente. Isto é feito utilizando-se meio solidificado seletivo contendo antibióticos, que inibe o crescimento da flora bacteriana intestinal normal, não afetando o crescimento do *C. jejuni*. As culturas são incubadas a 42°C em condições de microaerofilia.

(A maioria das espécies de *Campylobacter* cresce melhor entre 30 e 37°C; o *C. jejuni* é uma das exceções, crescendo melhor a 42°C.) A identificação da bactéria isolada está normalmente baseada nos testes bioquímicos, tais como a habilidade do *C. jejuni* de hidrolisar hipurato de sódio a benzoato de sódio e glicina.

O diagnóstico da gastrite por *H. pylori* pode ser feito pelo *teste de respiração da uréia*. O paciente ingere uma solução de uréia contendo isótopo radioativo ^{14}C (uréia (^{14}C)) em vez do ^{12}C normal. Após 100 min, a respiração do paciente é testada em relação à eliminação de dióxido de carbono ($^{14}CO_2$), proveniente da ação da urease do *H. pylori*. O CO_2 radioativo é absorvido do estômago para a corrente circulatória e mais tarde liberado pelos pulmões. (Uma modificação recente dos testes de respiração utiliza ^{13}C em vez de ^{14}C. Isso possibilita maior segurança, já que o ^{13}C não é radioativo: entretanto, sua detecção requer o uso de espectrômetro de massa, que é um equipamento muito caro.) O segundo método de diagnóstico envolve a introdução de um aparelho de fibra ótica por meio da boca e esôfago até o estômago. Esse aparelho pode ser utilizado para retirar um pequeno pedaço da parede do estômago. A amostra de tecido pode ser então examinada microscopicamente para verificar a presença da bactéria *H. pylori* ou pode ser testada bioquimicamente para ver se a amostra contém urease.

Tratamento e Prevenção das Infecções Causadas por *C. jejuni* e *H. pylori*. Casos graves de gastroenterite por *C. jejuni* são tratados com o antibiótico eritromicina. Reidratação pode ser realizada para prevenir desidratação.

As gastrites e úlceras causadas por *H. pylori* têm sido tratadas, com sucesso, com agentes antimicrobianos, tais como subsalicilato de bismuto, e com antibióticos, como a amoxicilina. Recidiva de *H. pylori* após um mês ou mais é comum, e os cientistas têm procurado tratamentos mais prolongados e eficazes.

Nenhuma vacina está disponível para a imunização contra o *C. jejuni* e o *H. pylori*. A prevenção da gastroenterite por *C. jejuni* é obtida por cozimento adequado e conservação dos alimentos, pela ingestão somente de leite pasteurizado e de água tratada. As maneiras de prevenção de infecções por *H. pylori* não são conhecidas, já que o modo de transmissão não foi até o momento determinado.

Outras Infecções Bacterianas Causadas pela Ingestão de Água e Alimentos Contaminados

Várias outras importantes infecções, transmitidas por alimentos e água contaminados, são causadas por bactérias. Algumas dessas infecções e seus agentes etiológicos são listados na Tabela 25.3, e fotomicrografias de alguns agentes estão mostradas na Figura 25.9 (caderno em cores).

Tabela 25.3 Algumas infecções bacterianas adicionais transmitidas por meio de água e alimentos.

Doença	Agente e transmissão	Patogenicidade	Ocorrência e prevenção
Cólera	*Vibrio cholerae* (bacilo encurvado Gram-negativo, facultativo, móvel devido à presença de flagelo polar). Transmitido principalmente por reservatórios de água contaminados por fezes humanas. Pode também ser transmitido por alimentos.	Após a infecção, os vibriões ligam-se à mucosa intestinal, multiplicam-se e secretam uma enterotoxina. Os vibrios não penetram na parede intestinal nem invadem os tecidos do corpo, mas a enterotoxina causa grave diarréia. O paciente pode perder de 10 a 12 litros de líquido por dia e apresentar desidratação grave. O tratamento envolve a reposição de fluidos e sais.	Um foco crônico da infecção ocorre na Índia (Bengala) e Nepal; nos últimos anos a doença tem prevalecido no sudeste da Ásia, na África e no Oriente Médio. Ocorre raramente nos Estados Unidos. Uma vacina está disponível para imunização de curta duração; consiste em células mortas. A melhor forma de prevenção é o tratamento da água de abastecimento.
Gastroenterite por *Vibrio parahaemolyticus*	*Vibrio parahaemolyticus* (bacilo encurvado Gram-negativo, facultativo, móvel devido à presença de um flagelo polar único). Bactéria marinha que necessita de NaCl no meio de cultura. Adquirido pelo consumo de frutos do mar (peixe e mariscos) cozidos inadequadamente	O mecanismo de patogenicidade é desconhecido, mas pode dever-se a uma hemolisina (hemolisina de Kanagawa). Pacientes apresentam uma diarréia aquosa "explosiva" e algumas vezes febre, calafrios e dor de cabeça. Os sintomas geralmente duram cerca de um dia. A maioria dos casos não requer tratamento.	Grandes surtos ocorrem ocasionalmente nos Estados Unidos. A porcentagem da doença pode chegar a 20% nos países menos desenvolvidos. A melhor prevenção é cozinhar adequadamente os frutos do mar com a finalidade de destruir os vibriões.
Gastroenterite por *Yersinia*	*Yersinia enterocolitica* e *Y. pseudotuberculosis* (bacilos Gram-negativos facultativos com flagelos peritríquios). Crescem lentamente a 37°C e rapidamente a 25°C. São principalmente patógenos de vários animais, que provavelmente servem como fonte inicial de infecção humana transmitida por alimentos e raramente por água.	A bactéria pode penetrar na parede intestinal e invadir os linfonodos. Pacientes apresentam diarréia, náusea, febre e dor abdominal que pode ser confundida com apendicite. O mecanismo de patogenicidade é desconhecido, mas a *Y. enterocolitica* produz uma enterotoxina termestável que contribui para o aparecimento de diarréia. Pacientes podem disseminar a doença para outros seres humanos, por meio das fezes.	As infecções por *Y. pseudotuberculosis* são raras e ocorrem principalmente na Europa e Escandinávia. As infecções por *Y. enterocolitica* são mais comuns e ocorrem em todo o mundo. Não há nenhuma medida preventiva específica .
Diarréia dos viajantes	Vários microrganismos podem causar esta doença, mas o mais importante é a *Escherichia coli* (bacilo Gram-negativo, facultativo, com flagelos peritríquios). *E. coli* é disseminada por água e alimento contaminado. Fonte: fezes humanas.	Embora a *E. coli* seja parte da flora normal intestinal dos seres humanos, algumas cepas podem causar a "diarréia dos viajantes". As fezes são aquosas e não contêm muco nem sangue. A bactéria produz uma enterotoxina termolábil, semelhante à toxina colérica, e também uma toxina termestável, semelhante à toxina produzida pela *Y. enterocolitica*. Outras cepas de *E. coli* não-toxigênicas podem causar diarréia semelhante à shigelose (ver a seguir), e outras podem causar um tipo de diarréia infantil.	A doença ocorre freqüententemente em americanos que viajam a outros países. Prevenção: beber água fervida ou tratada e evitar saladas e vegetais crus.
Shigelose (disenteria bacilar)	*Shigella dysenteriae, S. flexneri, S. boydii, S. sonnei* (bacilos Gram-negativos facultativos e imóveis). Apresentam antígenos O , mas não antígenos H. A infecção é transmitida por água e menos freqüentemente por alimentos. Fonte: fezes humanas.	Todas as cepas podem crescer no tecido da parede do intestino grosso, causando danos. Algumas cepas produzem enterotoxinas conhecidas como toxina *shiga*. Pacientes apresentam diarréia com muco e sangue nas fezes; febre também pode ocorrer. Em casos graves, a reposição de fluidos e sais pode ser necessária. Antibióticos (ampicilina ou tetraciclina) diminuem o tempo de doença.	Aproximadamente 17.000 casos de shigelose ocorrem anualmente nos Estados Unidos, sendo a *S. sonnei* e a *S. flexneri* as espécies principais. A maioria dos casos ocorre em bebês e crianças em idade pré-escolar. A prevenção é mais bem alcançada pelo tratamento de reservatórios de água.

Tabela 25.3 Algumas infecções bacterianas adicionais transmitidas por meio de água e alimentos. (*Continuação.*)

Doença	Agente e transmissão	Patogenicidade	Ocorrência e prevenção
Gastroenterite por *Clostridium perfringens*	*Clostridium perfringens* (bacilos Gram-positivos esporulados e anaeróbios). Causa gastroenterite transmitida por alimentos. Fonte: carnes bovina e de aves.	Carnes bovina e de aves cruas contêm freqüentemente esporos de *C. perfringens*, e estes podem sobreviver ao cozimento. Se a carne cozida é, posteriormente, incubada a 43-47°C por no mínimo 2 h, os esporos podem germinar e o *C. perfringens* multiplicar-se ativamente no alimento. Quando o alimento contaminado é ingerido, o clostrídio multiplica-se intensamente no trato gastrintestinal e forma esporos. Durante a esporulação, a bactéria produz uma enterotoxina que causa cólicas abdominais, diarréia, náusea e vômito. Os sintomas iniciam 8 a 24 h após a ingestão do alimento e duram cerca de 12 a 18 h.	Este é um dos tipos mais freqüentes de gastroenterite. Felizmente, a doença é relativamente branda. A prevenção é baseada em medidas que evitem a multiplicação do clostrídio durante o armazenamento após o cozimento. A carne deve ser recentemente preparada e ingerida quente, ou, se precisar ser armazenada, deve ser resfriada rapidamente e reaquecida imediatamente antes do consumo.
Listeriose	*Listeria monocytogenes* (bacilo Gram-positivo facultativo, curto e móvel (a 25°C mas não a 37°C), devido à presença de flagelos peritríquios). A bactéria é encontrada em água, lodo, esgoto, vegetação e fezes humanas e de animais. Alguns surtos têm sido associados com o consumo de leite e queijo contaminado.	No organismo, a bactéria vive principalmente dentro de macrófagos. Produz uma hemolisina similar à SLO. As infecções podem ser brandas ou graves, até mesmo fatais. Mulheres grávidas infectadas podem transmitir o microrganismo para o feto no útero e, se a criança nascer viva, pode desenvolver uma septicemia ou meningite grave e, freqüentemente, fatal. Em adultos, a forma mais grave da doença é a meningite.	A doença tende a se desenvolver, principalmente, em recém-nascidos e em adultos com o sistema imunológico comprometido, como no alcoolismo, ou devido à ingestão de drogas imunossupressoras, tais como aquelas utilizadas no tratamento do câncer. Não existe vacina disponível. A prevenção está baseada na eliminação de reservatórios de animais infectados, evitando-se animais e produtos de origem animal contaminados, e no diagnóstico precoce e tratamento da doença em mulheres grávidas.

Responda

1 Quais são as características biológicas das salmonelas? Quantos sorotipos existem e quais são os antígenos utilizados na definição de cada sorotipo? Onde as salmonelas ocorrem na natureza? O que são "portadores crônicos" (assintomáticos)?

2 Como a gastroenterite por *Salmonella* diferencia-se da febre tifóide? Qual a diferença entre os diagnósticos laboratoriais dessas doenças?

3 Como a gastroenterite por *Salmonella* pode ser prevenida? E a febre tifóide?

4 Quais são as características biológicas do *Campylobacter jejuni* e *Helicobacter pylori*? Onde essas espécies ocorrem na natureza? Quais as condições atmosféricas para o cultivo dessas bactérias?

5 Como o *H. pylori* pode crescer no estômago se é um microrganismo que não tolera ambientes ácidos?

6 Qual a diferença entre o diagnóstico laboratorial da gastroenterite por *C. jejuni* e da gastrite por *H. pylori*? Quais são os tratamentos disponíveis para essas doenças?

7 Quais são as outras infecções bacterianas humanas transmitidas por alimentos e água, e quais são os seus agentes etiológicos?

Viroses Transmitidas por Água e Alimentos

Diversos vírus causam infecções que são transmitidas por alimentos. Alguns, tais como rotavírus e vírus Norwalk, infectam somente o intestino, causando gastroenterite. Outros vírus, como é o caso do vírus da hepatite tipo A, podem passar do trato intestinal para a corrente sangüínea e são levados a outras áreas do organismo. O poliovírus inicialmente infecta o intestino. Posteriormente, pode invadir o sistema nervoso central e é um exemplo particularmente sério de infecção viral transmitida por água e alimentos que causa problemas extra-intestinais.

Poliomielite

A poliomielite é uma doença particulamente grave. A taxa de mortalidade pode chegar algumas vezes a 10%, porém, mesmo se o paciente sobrevive, este pode apresentar invalidez grave permanente. Um exemplo bem conhecido foi o presidente Franklin D. Roosevelt, que adquiriu a poliomielite quando adulto e podia caminhar somente com grande dificuldade durante o resto de sua vida.

Atualmente, há em torno de sete ou mais casos de poliomielite registrados anualmente nos Estados Unidos. Porém, até 1955, antes da primeira vacina ter sido liberada, de 15.000 a 20.000 casos ocorriam anualmente (Figura 25.10). Entretanto, a poliomielite está ainda longe da erradicação.

Embora seja uma doença rara em países com programas de imunização em massa, a doença constitui o maior problema em outras áreas do mundo. Há no mínimo 40 países em desenvolvimento, com uma população total de 400 milhões, nos quais a poliomielite não foi controlada. Nesses países, dezenas de milhares de casos são relatados a cada ano.

Biologia dos Poliovírus. Os vírus que causam a poliomielite apresentam um nucleocapsídeo icosaédrico (Figura 25.11) com um cerne de fita única de RNA. Os poliovírus são classificados em três sorotipos: 1, 2 e 3. Na vacinação contra a poliomielite, o indivíduo deve ser imunizado contra todos os três sorotipos, porque os anticorpos contra um tipo não previnem a infecção pelos outros dois.

Transmissão de Poliovírus. Os poliovírus são eliminados nas fezes de seres humanos infectados, e a sua principal via de transmissão é a contaminação fecal das mãos, alimentos ou reservatórios de água. Entretanto, os poliovírus podem ocorrer no nariz e na garganta dos pacientes e podem ser transmitidos por via aérea.

Patogenicidade dos Poliovírus. Os poliovírus multiplicam-se inicialmente na mucosa intestinal ou faríngea (dependendo da via de transmissão), passam a seguir para os linfonodos regionais e eventualmente alcançam a corrente sanguínea. Na maior parte das ocorrências, a doença ocorre sem sintomas, porém em 4 a 6% dos casos observa-se *a poliomielite não-paralítica*, na qual o paciente desenvolve febre e rigidez ou dor no pescoço e nos músculos das costas. Em cerca de 0,1% dos casos, ocorre a *poliomielite paralítica* – o vírus atinge o sistema nervoso central por meio da corrente sanguínea e infecta as células da matéria cinzenta da medula espinal. O dano destas células leva à paralisia dos vários músculos por elas controlados.

Freqüentemente a paralisia é precedida de dor muscular, normalmente do pescoço e das costas. O paciente geralmente tenta aliviar essa dor movimentando a área afetada. Entretanto, após um a três dias ocorre a paralisia flácida, e o paciente não pode mais movimentar vários músculos. Os músculos de um ou mais membros podem ser afetados e pode ocorrer paralisia tetraplégica (paralisia de todos os quatro membros). Curiosamente, o membro

Figura 25.10 Casos de poliomielite paralítica relatados por ano para cada 100.000 habitantes, Estados Unidos, 1951-1990. Observe que na ordenada a escala é logarítmica. (*Morbidity and Mortality Weekly Report, Summary of Notifiable Diseases*, Estados Unidos, 1990, publicado em 4 de outubro de 1991.)

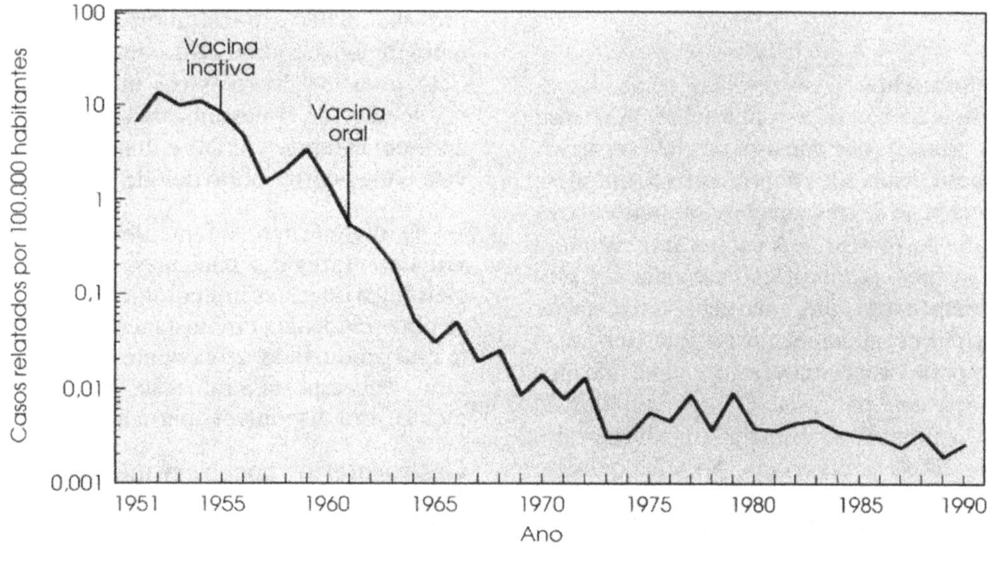

Figura 25.11 Micrografia eletrônica de poliovírus sorotipo 1 corados negativamente, mostrando a forma icosaédrica dos capsídeos. A colorante penetrou no interior de alguns vírions (seta).

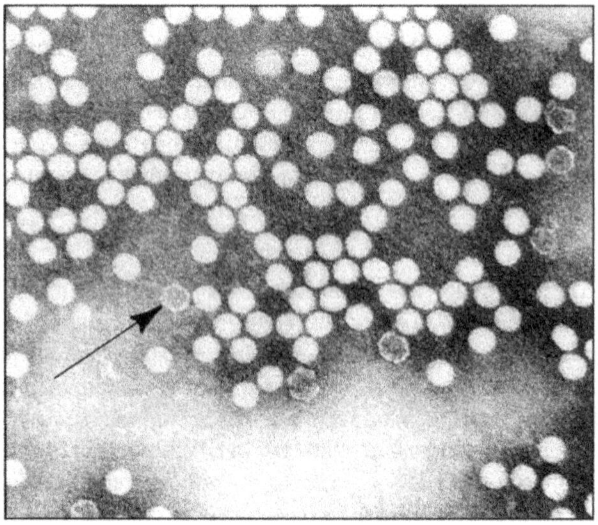

paralisado continua a apresentar sensibilidade. Outras áreas do corpo podem ser afetadas; por exemplo, alguns pacientes encontram dificuldade para falar, engolir ou respirar.

A paralisia em algumas partes do corpo pode desaparecer em poucos meses, principalmente se a paralisia não foi grave. A paralisia que permanece após nove meses em geral é permanente.

Diagnóstico Laboratorial da Poliomielite. O diagnóstico laboratorial envolve o isolamento e a identificação do poliovírus nas fezes do paciente. O vírus pode ser isolado em cultura de células humana ou de macaco. É necessário mostrar que o vírus isolado não é uma das cepas avirulentas empregadas no preparo da vacina (ver parágrafos seguintes) que podem ser encontradas nas fezes de várias pessoas.

Prevenção da Poliomielite. Duas vacinas estão disponíveis para a imunização contra a poliomielite. A ***vacina Salk*** é uma vacina "morta", que consiste nos três sorotipos do poliovírus virulento, inativados por tratamento químico. É administrada numa série de três injeções intramusculares e apresenta eficiência de 70 a 90%. A vacina Salk estimula a produção de anticorpos na circulação sanguínea. Esses anticorpos não podem evitar que uma cepa virulenta de poliovírus se multiplique inicialmente no intestino, mas podem evitar que o poliovírus, uma vez no sangue, alcançe a medula espinal e cause paralisia. O segundo tipo de vacina é a ***Sabin***, facilmente administrada por via oral e que apresenta quase 100% de eficiência. A vacina consiste em cepas atenuadas dos três tipos sorológicos. Estas cepas atenuadas infectam o trato intestinal, porém, ao contrário das cepas virulentas, não causam a doença paralítica. A vacina produz uma imunização mais prolongada por estimular a formação de anticorpos da classe IgA secretora no intestino e também de anticorpos no sangue. Os anticorpos IgA, produzidos no intestino, previnem a infecção intestinal primária, neutralizando a infectividade de cepas virulentas, se a pessoa entrar em contato com o vírus posteriormente.

A vacina atualmente utilizada nos Estados Unidos é a vacina Sabin. Seu uso não é inteiramente sem riscos. Ocasionalmente, um mutante da cepa do tipo 3 reverte à forma virulenta e pode resultar em poliomielite paralítica associada à vacinação. Entretanto, a incidência deste problema é extremamente baixa (0,03 casos por 100.000 vacinações) em comparação com as taxas de doença de 7 a 13 por 100.000 habitantes encontradas antes do advento dos programas de vacinação (ver Figura 25.10).

Outras Infecções Virais Transmitidas por Água e Alimentos

Os exemplos mais comuns de outras doenças virais transmitidas por água e alimentos incluem a diarréia causada por rotavírus e por vírus do grupo Norwalk e a infecção hepática, conhecida como *hepatite viral do tipo A*.

Diarréia por Rotavírus. O rotavírus tem sido considerado a maior causa de diarréia aguda em crianças em muitas partes do mundo. A Organização Mundial da Saúde (OMS) tem estimado que, considerando estatísticas de todo o mundo, o rotavírus é o responsável pela metade dos casos de diarréia infantil que requerem hospitalização.

O rotavírus recebeu este nome por seu formato peculiar de "roda", conferido pelos dois capsídeos concêntricos icosaédricos que circundam a dupla fita de RNA (Figura 25.12). O rotavírus ocorre nos seres humanos e animais e provavelmente é transmitido para indivíduos sadios por meio de água e alimentos contaminados. Após alcançar o trato intestinal, o rotavírus multiplica-se extensivamente no tecido do intestino delgado, podendo o paciente apresentar febre, vômito e diarréia aquosa. Em casos graves, pode ocorrer óbito devido à desidratação.

O diagnóstico é feito demonstrando a presença do vírus nas fezes dos pacientes, empregando a microscopia eletrônica ou testes imunológicos. Alternativamente, pode-se obter evidência circunstancial, mostrando que o paciente está produzindo, ativamente, anticorpos séricos contra o vírus, em resposta à infecção. Nenhuma vacina, até o momento, está disponível contra a diarréia por rotavírus.

Gastroenterite por Norwalk. Tem sido estimado que aproximadamente um terço de todos os surtos de gastroenterite pode ser atribuído ao grupo de vírus Norwalk. Este

Figura 25.12 Micrografia eletrônica de vírions de rotavírus corados negativamente com duplo capsídeo.

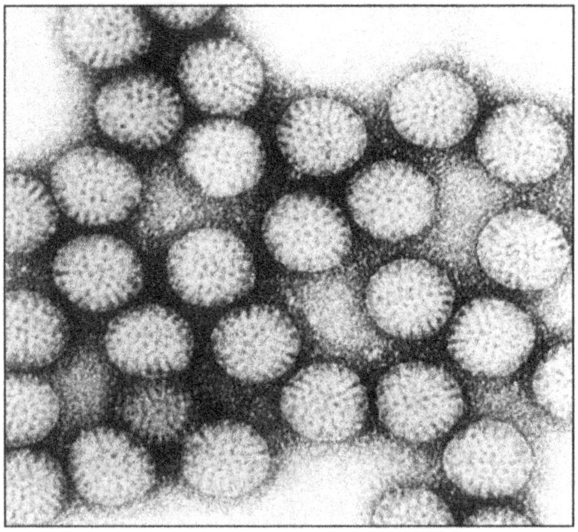

Figura 25.13 Micrografia eletrônica do agente Norwalk.

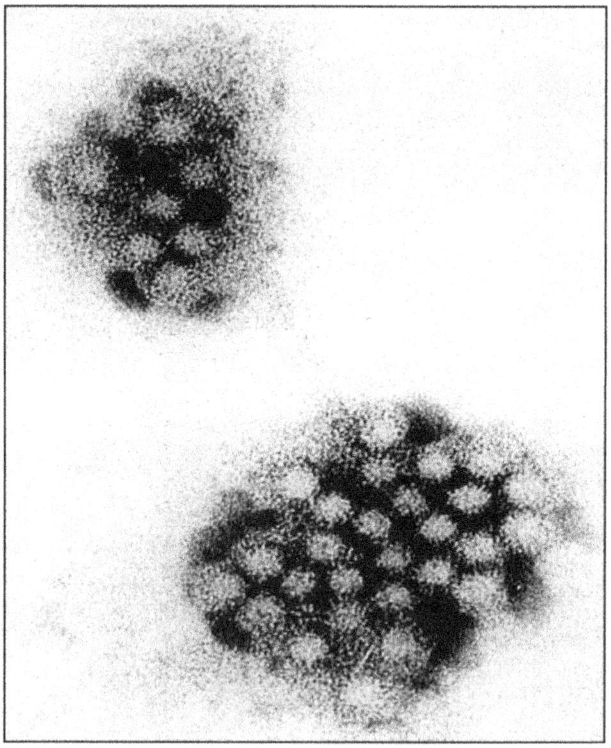

grupo consiste em vírus relacionados que têm sido observados, por microscopia eletrônica, em fezes de pacientes com gastroenterite epidêmica (Figura 25.13). Estes vírus são designados por nomes, tais como "agente Norwalk" (primeiramente descrito em um surto da doença em Norwalk, Ohio, em 1972), "agente da Montanha Nevada", "agente Havaí", "agente Ditchling", e assim por diante. Os virologistas não isolaram nem cultivaram nenhum desses vírus em laboratório. Entretanto, estudos com humanos voluntários, que ingeriram filtrados de fezes livres de bactéria contendo os vírus, demonstraram a capacidade desses agentes de causar a gastroenterite.

O agente Norwalk e outros vírus relacionados têm forma icosaédrica e contêm RNA de fita única. Eles são transmitidos por água e alimentos contaminados e a doença pode ocorrer em qualquer faixa etária e estação do ano. Os sintomas incluem náusea, vômito, cólicas e, freqüentemente, diarréia. O diagnóstico laboratorial é feito por microscopia eletrônica, demonstrando a presença do vírus nas fezes do paciente. Os testes imunológicos podem ser empregados para detectar a presença de antígenos virais nas fezes. Nenhuma vacina está ainda disponível para prevenir a gastroenterite pelo vírus Norwalk.

Hepatite Viral Tipo A. A hepatite viral tipo A é também conhecida como *hepatite epidêmica* e *hepatite infecciosa*. Cerca de 30.000 casos são relatados anualmente nos Estados Unidos. A doença tende a ocorrer em creches, instituições psiquiátricas e em todos os estabelecimentos ou associações onde existe o risco de contaminação fecal de água e alimentos.

O vírus da hepatite tipo A (HAV) apresenta nucleocapsídeo icosaédrico e RNA de fita única. É transmitido por água e alimentos contaminados com fezes humanas. Por exemplo, a infecção tem sido associada ao consumo de ostras e de diferentes moluscos e mexilhões crus ou inadequadamente cozidos, provenientes de água contaminada.

Após atingir o trato intestinal, o HAV infecta as células superficiais da parede intestinal e dissemina-se para as células adjacentes, invadindo a corrente sanguínea e posteriormente o fígado. Os sintomas iniciais são perda de apetite, fadiga, desconforto abdominal e febre. Mais tarde ocorre icterícia, o que indica dano do fígado. A icterícia leva o paciente a apresentar a pele e as mucosas amareladas. Na hepatite tipo A, a icterícia persiste por uma a três semanas. Felizmente, a hepatite tipo A raramente é fatal, e a recuperação ocorre gradualmente num período de duas a seis semanas.

O diagnóstico laboratorial baseia-se na detecção do vírus nas fezes do paciente, por meio de microscopia eletrônica, ou por emprego de testes imunológicos para detecção de antígenos virais ou de anticorpos contra o HAV no sangue do paciente. Nenhuma vacina está disponível atualmente.

Outros vírus podem causar hepatite (Tabela 25.4). Entretanto, somente o tipo E é transmitido da mesma maneira que o tipo A, ou seja, pela ingestão de água contaminada com fezes. Em 1956, o vírus tipo E causou uma epidemia que atingiu 29.300 pessoas na Índia e, desde então, tem causado surtos epidêmicos na Índia, no Nepal,

Tabela 25.4 Hepatite viral.

Nome	Modo de transmissão	Estrutura
Hepatite tipo A (vírus HAV)	Ingestão de água ou alimento contaminado por fezes	Vírions têm capsídeo icosaédrico e contêm RNA.
Hepatite tipo B (vírus HBV)	Transfusão de sangue ou seus derivados contaminados; seringas e agulhas hipodérmicas contaminadas; contato sexual; de mãe para filho (ver Capítulo 23)	Vírions têm envelope lipídico e contêm DNA.
Hepatite tipo C (vírus HCV), também chamada não-A, não-B (clássico NANB)	Similar ao tipo B	Vírions têm capsídeo icosaédrico e contêm RNA.
Hepatite tipo D (vírus HDV), também chamado de agente delta	Similar ao tipo B	Vírions têm envelope lipídico e contêm RNA. Para a replicação, eles requerem infecção simultânea pelo vírus da hepatite tipo B. Isso porque o envelope do tipo D consiste em HBsAg (o componente do envelope do vírus tipo B), porém o vírus tipo D não pode sintetizar este componente. Diferentemente do vírus tipo B, o ácido nucléico do tipo D é RNA.
Hepatite tipo E (vírus HEV); também chamado de epidêmico ou entericamente transmitido não-A, não-B (ET-NANB)	Similar ao tipo A	Vírions são icosaédricos e contêm RNA.

em Burma, no norte da África e México. Nenhuma epidemia pelo tipo E foi, até o momento, relatada nos Estados Unidos.

Responda

1 Por que a poliomielite paralítica é uma doença particularmente temível?
2 Quais são as características biológicas dos poliovírus? Quantos sorotipos ocorrem?
3 Como a infecção intestinal inicial pode levar a uma doença paralítica?
4 Quais são as vacinas disponíveis contra a poliomielite e como cada uma delas funciona?
5 Quais as diferenças existentes entre o rotavírus, o vírus Norwalk e o vírus da hepatite tipo A? Como as doenças causadas por estes vírus são diagnosticadas laboratorialmente?

Infecções Transmitidas por Água e Alimentos Causadas por Protozoários

Diversos protozoários causam doença intestinal. Um dos mais importantes é a *Entamoeba histolytica*, que causa amebíase ou disenteria amebiana. Outros exemplos incluem *Giardia lamblia*, que causa a giardíase, e *Balantidium coli*, agente etiológico da balantidíase.

Amebíase (Disenteria Amebiana)

Estima-se que mais de 10% da população mundial está infectada por *E. histolytica*. Embora relativamente poucas pessoas desenvolvam os sintomas clínicos, há aproximadamente 10 milhões de casos clínicos e 34.000 mortes por ano em todo o mundo. Nos Estados Unidos, aproximadamente 4% da população está infectada e 3.000 a 7.000 casos são relatados anualmente. Alguns segmentos da população têm maior incidência de amebíase que outros, tais como homossexuais masculinos, pacientes aidéticos e imigrantes de países onde a amebíase é comum.

Biologia, Transmissão e Patogenicidade da *Entamoeba histolytica*. A forma infectante da *E. hystolytica* é imóvel e conhecida como *cisto* (Figura 25.14A, caderno em cores). Os cistos são eliminados nas fezes de indivíduos infectados e podem ser transmitidos a pessoas não-infectadas por água e alimentos contaminados. Os cistos, que não são destruídos pelo suco digestivo do estômago, passam para o intestino delgado, onde cada cisto dá origem a uma ameba (*fase de desencistamento*), que sofre divisões para produzir quatro novas amebas (Figura 25.14B, caderno em cores). As amebas passam para o intestino grosso e multiplicam-se na parede intestinal, onde provocam destruição das células teciduais. Utilizando os nutrientes liberados pelas células do tecido destruído, as amebas crescem até um tamanho de cerca de 20 a 30μm de diâmetro. Estas amebas grandes e ativas são denominadas ***trofozoítos***, um termo usado para descrever o estágio ativo, móvel e de nutrição do protozoário. Um único trofozoíto de *E. histolytica* pode ingerir diversas células vermelhas do sangue (Figura 25.14A). A destruição tecidual causada pelos trofozoítos pode levar à diarréia grave com sangue e muco (e os trofozoítos) nas fezes. Os trofozoítos podem penetrar na parede intestinal e invadir outras partes do organismo, tais como fígado, pulmões ou cérebro. No intestino grosso, alguns trofozoítos são convertidos em cistos; estes são eliminados nas fezes do paciente, podendo ser transmitidos a outros indivíduos, começando novamente o ciclo.

Diagnóstico Laboratorial da Amebíase. O diagnóstico laboratorial depende da observação, ao microscópico, da presença de *E. histolytica* nas fezes. O exame deve ser realizado em fezes recém-emitidas, com a finalidade de pesquisar trofozoítos vivos e móveis. O diagnóstico requer a diferenciação das várias amebas não-patogênicas que podem ocorrer no trato intestinal humano.

Tratamento e Prevenção da Amebíase. A amebíase é tratada com uma combinação de metronidazol e diiodohidroxiquina. A prevenção da doença depende da identificação e do tratamento de pessoas infectadas cronicamente, que transmitem os cistos infecciosos, como também do tratamento adequado da água e do lixo. Viajantes não deveriam confiar na utilização de tabletes de cloro para matar os cistos na água destinada ao consumo; o único tratamento confiável é a fervura da água.

Outras Infecções Transmitidas por Alimentos e Água Causadas por Protozoários

Giardíase. A giardíase é causada pela *Giardia lamblia*, o único *protozoário flagelado* conhecido como responsável por doença intestinal humana. A doença tem distribuição mundial e ocorre freqüentemente em viajantes que consomem água não-tratada ou alimento não-cozido, lavado ou preparado com água contaminada. Nos Estados Unidos, pelo menos 4% da população está infectada e, embora muitos indivíduos infectados não apresentem nenhum sintoma, ocorrem anualmente no mínimo 15.000 a 26.000 casos clínicos de giardíase. Os cistos infecciosos do protozoário são normalmente transmitidos por água contaminada com fezes, porém a transmissão por alimentos já foi também relatada. A *G. lamblia* pode invadir e destruir as células superficiais do duodeno, a primeira porção do intestino delgado. Pacientes com a doença clínica apresentam diarréia e cólicas, distensão abdominal e flacidez, perda de peso, anemia e diminuição da absorção de

Figura 25.15 (*A*) Coloração do tricromo de uma amostra de fezes, mostrando o trofozoíto de *Giardia lamblia*. (*B*) Cisto de *G. lamblia*, coloração do tricromo.

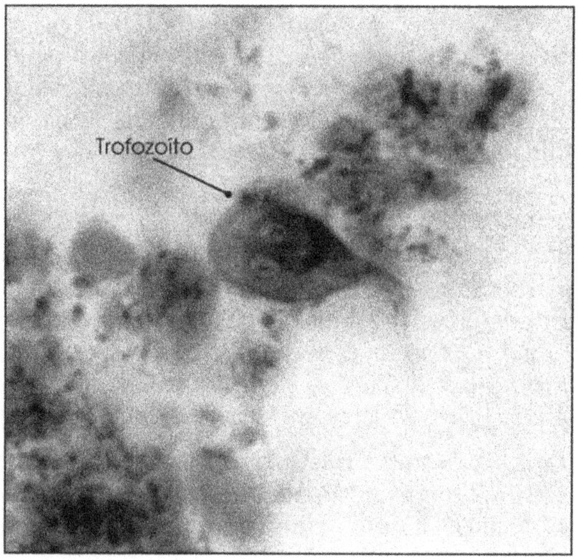

(A) 20 μm

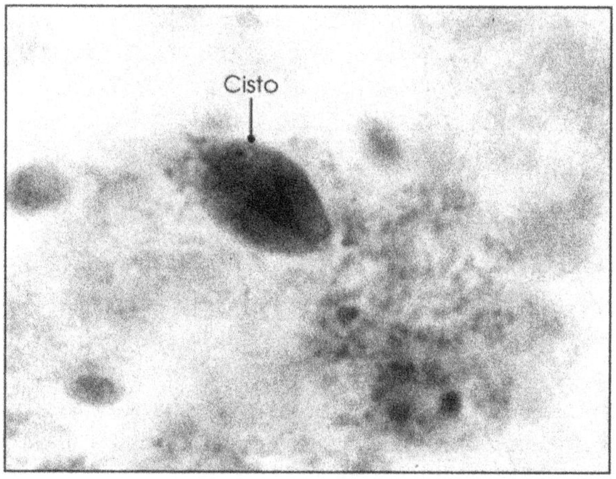

(B) 20 μm

nutrientes. Tanto o estágio de trofozoíto como o de cisto podem ser encontrados nas fezes dos pacientes (Figura 25.15).

A giardíase é tratada com hidrocloreto de quinacrina. A prevenção da doença está baseada na boa higiene pessoal e na eliminação dos cistos da água de abastecimento. A cloração pode destruir os cistos, mas não é sempre confiável porque vários fatores podem diminuir a sua eficiência. Por esta razão, a água de abastecimento deve também ser tratada para a remoção de matéria em suspensão.

Balantidíase A balantidíase é causada pelo *Balantidium coli*, o único *protozoário ciliado* conhecido como responsável por doença humana. O *B. coli* pode alcançar até 200 μm de comprimento e é o maior dos protozoários parasitas que podem ser encontrados no intestino humano. Está freqüentemente presente em suínos, e o homem é infectado mediante água e alimentos contaminados por cistos presentes em fezes de suínos. O *B. coli* reside primariamente no lúmen intestinal e obtém alimento ingerindo bactérias. A maioria das infecções não apresenta sintomas, porém pode ocasionalmente ocorrer diarréia sanguinolenta. A infecção é tratada com tetraciclina.

Responda

1 Qual é o agente etiológico da amebíase e como ocorre a sua transmissão? Como é o seu ciclo de vida? Como a amebíase é diagnosticada no laboratório? Qual é o tratamento disponível? Como a doença pode ser prevenida?

2 Qual é o único protozoário flagelado conhecido como responsável por doença intestinal humana? Como ocorre a sua transmissão? Como a doença é tratada? O que pode ser feito para prevenir a doença?

3 Qual o único protozoário ciliado conhecido como responsável por doença em humanos? Como essa doença é transmitida? Como os pacientes são tratados?

Infecções Transmitidas por Água e Alimentos Causadas por Helmintos

Algumas infecções transmitidas por água e alimentos são causadas por vermes parasitas, ou ***helmintos*** – animais parasitas multicelulares, que apresentam corpos alongados e moles. Os helmintos são classificados em dois grupos principais: (1) os ***platelmintos***, que são achatados em corte transversal, e (2) os ***nematóides***, que se apresentam arredondados em corte transversal.

Os platelmintos são divididos em duas categorias principais. Os ***cestóides***, ou tênias, apresentam formas adultas longas, estreitas, que se assemelham à fita métrica. Os exemplos são as tênias do boi e do porco, pertencentes ao gênero *Taenia*, que serão discutidas neste capítulo. Os ***trematódeos***, ou fascíolas, apresentam formas adultas semelhantes à folha. Exemplos são as fascíolas sanguíneas, que pertencem ao gênero *Schistosoma* e causam esquistossomose; são transmitidos por contato direto com água contendo os estágios infecciosos dos parasitas, e não por ingestão de alimentos ou água contaminados.

Outros exemplos de nematóides incluem oxiúro, *Trichuris trichiura* e *Trichinella spiralis*, que causa a triquinose.

Infecções por Tênias

As tênias são assim denominadas por parecerem uma fita longa e chata, dividida em segmentos denominados *proglotes*. A tênia adulta no intestino humano pode apresentar até 9 m de comprimento (Figura 25.16A). Alimenta-se por absorção de nutrientes solúveis ao longo de toda a sua superfície externa. A "cabeça" da tênia é o *escólex*, uma estrutura com ventosa utilizada para prender o verme à parede intestinal (Figura 25.16B). O verme cresce na região do "pescoço", logo após o escólex; neste local, as novas proglotes são formadas e empurram as proglotes mais velhas. Cada proglote madura da tênia contém um sistema reprodutivo sexual completo, com ambos os órgãos reprodutivos, feminino e masculino (Figura 25.16C). À medida que as proglotes movem-se mais para a parte posterior do verme, o útero em cada proglote torna-se cheio de ovos, cada um com cerca de 35 μm de diâmetro. Uma proglote pode fragmentar-se, liberando grande quantidade de ovos.

Duas espécies de tênia são importantes como causa de doença humana. A tênia do porco, *Taenia solium*, e a tênia do boi, *Taenia saginata*. Suínos e bovinos tornam-se infectados pela ingestão da água e de alimentos contaminados com fezes humanas, que contêm ovos de tênia. Os ovos eclodem no intestino do animal e desenvolvem larvas, que penetram na parede intestinal, infectando várias partes do animal. Nesses locais as larvas desenvolvem a "forma latente", denominada ***cisticerco*** – pequenos sacos repletos de líquido com cerca de 10 a 20 mm de diâmetro, cada um contendo o escólex. Se o homem consome carne suína ou bovina inadequadamente cozida contendo o cisticerco (Figura 25.16D), cada cisticerco pode desenvolver-se formando uma tênia adulta, que adere à parede intestinal da pessoa e cresce. A infecção pode ser assintomática ou resultar em desconforto intestinal e perda de apetite.

A *T. solium* (mas não a *T. saginata*) pode causar uma doença muito mais grave denominada *cisticercose*. Esta pode ocorrer se os ovos da *T. solium*, que são eliminados por pessoas infectadas, forem transmitidos por via oral-fecal para uma pessoa não-infectada. O paciente pode ser *reinfectado* por ovos de suas *próprias* fezes. Após a ingestão dos ovos, estes desenvolvem-se em larvas, que invadem o organismo do paciente e formam o cisticerco nos tecidos. Algumas vezes os cisticercos podem ser formados nos olhos do paciente e afetar a visão ou o cérebro, quando podem causar dores de cabeça, paralisia muscular e acessos.

O diagnóstico laboratorial das infecções por tênia é baseado na presença de ovos e proglotes nas fezes do paciente, empregando o microscópio ótico. As infecções por tênia são tratadas com o agente químico niclosamida.

Figura 25.16 (**A**) *Taenia saginata* adulta, verme achatado da carne bovina, encontrado no intestino humano. A régua colocada abaixo tem 11,5 cm de comprimento. (**B**) O escólex da *Taenia solium*, verme achatado da carne suína. O escólex tem cerca de 1 mm de diâmetro e possui ventosas e pequenos ganchos que prendem o verme na parede do intestino. O escólex da *T. saginata* não possui "ganchos". (**C**) Um segmento simples, ou proglote, da *T. solium*. A área escura é o útero altamente ramificado. A proglote madura contém órgãos reprodutivos tanto feminino quanto masculino e pode produzir muitos ovos fertilizados que eclodem em larvas. (**D**) O cisticerco da *T. solium* em amostra de carne de porco ("contendo cisticercos"). Os cisticercos são cistos repletos de líquido com cerca de 1 a 2 cm de diâmetro que contêm a larva do verme.

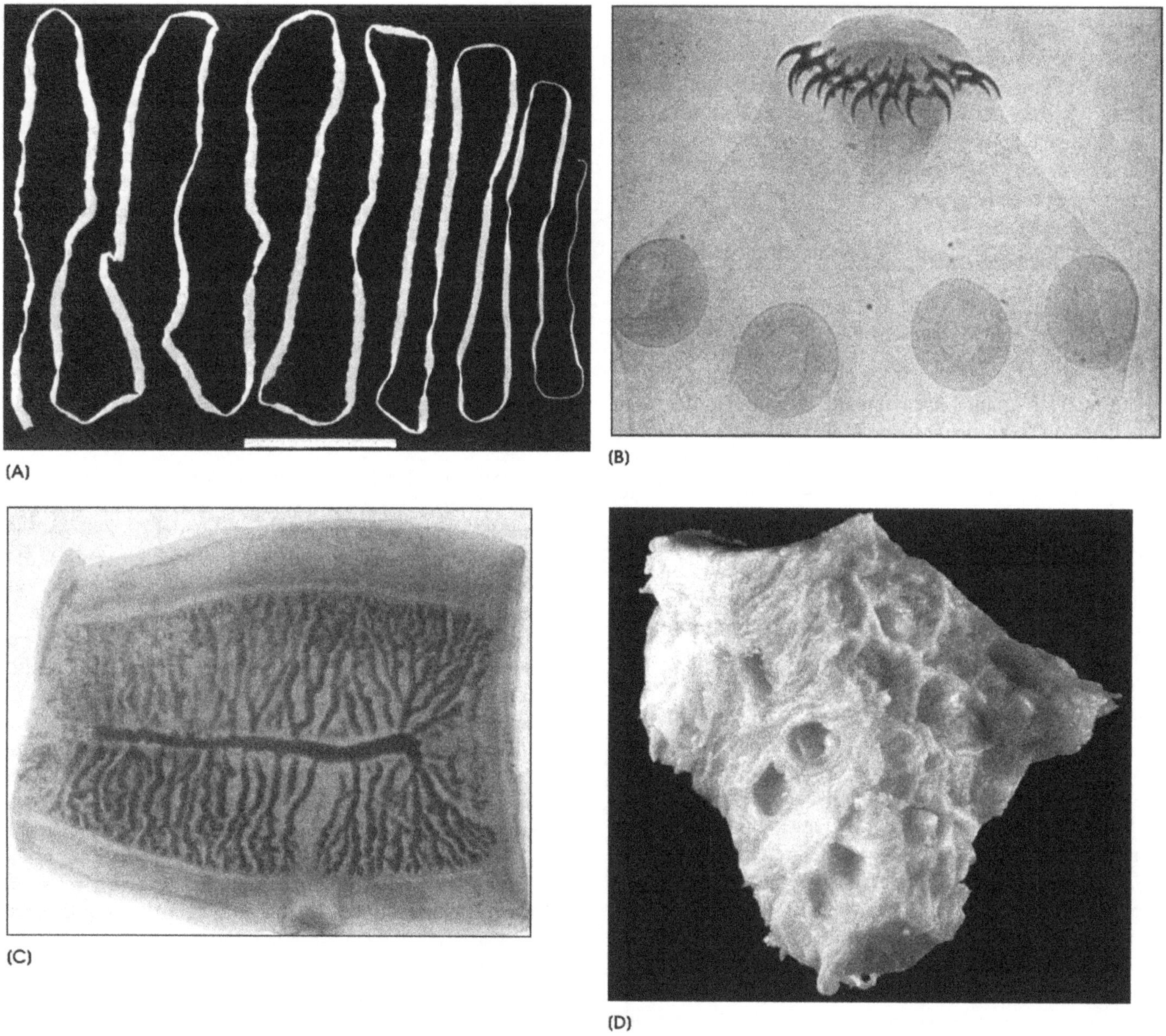

(A) (B) (C) (D)

Triquinose

Aproximadamente 60 a 130 casos de triquinose ocorrem anualmente nos Estados Unidos. Entretanto, estima-se que 4% da população está infectada pelo agente etiológico, *Trichinella spiralis*, sem apresentar os sintomas clínicos.

A *T. spiralis* é um nematóide que parasita o trato intestinal de uma variedade de animais, incluindo os suínos. Os animais infectam-se ingerindo carne de outros animais infectados; por exemplo, o porco pode consumir sobras contendo pedaços de carne infectada crua ou malcozida proveniente de animais infectados. A carne pode conter a larva da *T. spiralis*, que pode permanecer viva durante anos na forma de cisto (Figura 25.17).

Figura 25.17 Corte fino de carne de porco mostrando um cisto contendo um verme enrolado da espécie *Trichinella spiralis*, agente etiológico da triquinose.

Os seres humanos normalmente tornam-se infectados pela ingestão de carne de porco malcozida ou, com menos freqüência, carne de cavalo contendo os cistos (DESCOBERTA 25.3). Nas regiões árticas, a doença é causada freqüentemente pela ingestão de carnes de urso, de foca ou de morsa malcozidas. Se o paciente desenvolver a doença clínica, os sintomas poderão ser amenos ou graves, dependendo do número de cistos ingeridos. Após alcançar o intestino do paciente, as larvas são liberadas dos cistos pelo suco digestivo e estas aderem à parede intestinal, desenvolvendo-se vermes adultos feminino e masculino. Nessa ocasião, o paciente pode apresentar diarréia, náusea, vômito e febre. Mais tarde, os vermes masculinos e femininos acasalam-se e as fêmeas produzem centenas de pequenas larvas. A larva penetra no tecido muscular de todo o corpo, principalmente nos músculos da língua, laringe, do diafragma e olho. Se nesses locais o número de larvas é grande, elas podem causar extensivo dano tecidual. Os pacientes podem apresentar intensa dor muscular e inchaço do tecido, e a morte pode ocorrer se o tecido muscular do coração for gravemente lesado ou se o sistema nervoso central for invadido. A larva finalmente enrola-se e é envolvida pela parede do cisto, e a condição do paciente gradualmente melhora.

O diagnóstico laboratorial é feito detectando-se anticorpos específicos contra a *T. spiralis* no soro do paciente. Infelizmente, não há nenhum agente quimioterápico disponível atualmente para destruir a larva presente no tecido muscular. A melhor proteção contra a triquinose é cozinhar cuidadosamente todos os produtos derivados da carne, especialmente os de porco.

Outras Infecções Intestinais Causadas por Helmintos

Infecção por Oxiúro. As infecções por oxiúro em humanos são extremamente comuns em todo o mundo e normalmente ocorrem em crianças. Uma única espécie, o *Enterobius vermiculares*, é a responsável. Os ovos do verme são levados à boca pelos dedos contaminados quando os pacientes coçam o ânus, que apresenta intenso prurido quando os vermes estão presentes nessa região. Roupas e lençóis contaminados são também fontes de ovos. Após serem ingeridos, os ovos eclodem em larvas que migram para o intestino grosso, onde os vermes se tornam adultos com 2 a 13 mm de comprimento. Após o acasalamento, as fêmeas migram para a região anal durante a noite e depositam centenas de ovos que aderem à pele ou às roupas de cama. Os microbiologistas fazem o diagnóstico mediante a detecção de ovos aderidos a uma fita adesiva, que foi previamente pressionada na região anal. Em alguns casos, principalmente à noite, os vermes adultos podem ser observados no ânus. As infecções podem ser tratadas efetivamente com drogas, tais como mebendazol e pamoato de pirantel.

Infecções por *Trichuris trichiura*. Infecções causadas por *Trichuris trichiura* (cujo formato se assemelha a "chicote") ocorrem em todo o mundo, mas são mais comuns em regiões tropicais e subtropicais. Estima-se que mais de 500 milhões de pessoas estão infectadas. Os ovos são ingeridos com água e alimentos contaminados com fezes. No intestino delgado, eles eclodem em larvas, que mais tarde migram para o intestino grosso e transformam-se em vermes adultos, que podem ter um comprimento de 50 mm. Os vermes adultos aderem à superfície intestinal, onde podem danificar capilares sangüíneos e tecidos. Após o acasalamento, cada fêmea libera 6.000 ovos, que são eliminados nas fezes. Os ovos não são infecciosos, no princípio, mas dentro de condições propícias do solo tornam-se infecciosos em três a seis semanas. As infecções podem ser assintomáticas, ou podem aparecer sintomas leves a graves, tais como náusea, vômito e diarréia. O diagnóstico baseia-se na observação ao microscópio de ovos nas fezes do paciente. Os pacientes normalmente são tratados com mebendazol, embora este não seja sempre eficaz.

Infecções por *Ascaris*. Órgãos oficiais de saúde estimam que o grande nematóide *Ascaris lumbricoides* infecta perto de 1 bilhão de pessoas em todo o mundo, especialmente nas áreas tropicais e subtropicais. O seu ciclo de vida no hospedeiro inicia-se com ovos ingeridos via água e alimentos, particularmente vegetais crus, contaminados com fezes. Os ovos ingeridos desenvolvem-se em larvas que migram do intestino delgado para vários tecidos do organismo e finalmente retornam ao intestino delgado. Em cerca de 8 a 10 semanas, a larva transforma-se em verme

DESCOBERTA!

25.3 TRIQUINOSE NA FRANÇA ASSOCIADA À CARNE DE CAVALO IMPORTADA DE CONNECTICUT, ESTADOS UNIDOS.

Em agosto e outubro de 1985, dois surtos de triquinose associados ao consumo de carne de cavalo ocorreram na França. Um breve relato de um desses surtos será apresentado a seguir.

Durante o mês de agosto de 1985, casos de triquinose foram dignosticados em Melun, uma pequena cidade localizada a 48 km a sudeste de Paris. Pouco tempo depois, diversos outros casos foram diagnosticados ao sul do distrito de Paris. Uma investigação foi iniciada para determinar a extensão e a fonte do surto. Foram encontrados 325 indivíduos com triquinose. A investigação implicou a carne de cavalo como fonte do surto. Todos os 325 pacientes relataram ter consumido carne de cavalo antes do início da doença e 99% deles haviam consumido a carne crua ou malpassada. Os familiares dos pacientes que não comeram a carne de cavalo, mas consumiram outros alimentos, não se contaminaram com a *Trichinella*.

Embora vários açougues em Paris e Melun vendessem carne de cavalo, todos os pacientes haviam comprado a carne somente de dois açougues entre 22 de julho a 5 de agosto. Os açougueiros desses dois estabelecimentos e suas famílias também adquiriram a triquinose. Registros indicaram que cada estabelecimento recebeu metade de uma única carcaça de cavalo em 22 de julho. A carcaça tinha sido enviada como "carne fresca" para a França, por um frigorífico em Connecticut, que exporta de 8.000 a 9.000 cavalos para a Europa anualmente. O frigorífico é inspecionado pelo Departamento de Agricultura dos Estados Unidos, mas a inspeção não inclui o exame da carne para *Trichinella*. Como os cavalos comprados pelo frigorífico procedem de diferentes locais e não são identificados individualmente quanto à procedência, não se pode localizar a fazenda de origem do cavalo implicado. No momento da investigação do surto, não havia carne disponível para análise.

A carne de cavalo tem sido raramente implicada como fonte de triquinose. Os primeiros surtos relatados devido ao consumo deste tipo de carne ocorreram na Itália em 1975 e na França em 1976. Nas duas ocasiões, a carne de cavalo implicada havia sido importada do leste europeu. Como os cavalos se infectam ainda não é conhecido. Os cavalos comumente são herbívoros; entretanto, estudos experimentais baseados no surto da Itália sugerem que os cavalos podem ingerir carne colocada em suas rações e, assim, adquirem a triquinose quando ingerem a larva infecciosa. O grande número, não usual, de casos envolvidos no surto de 1985 está relacionado com o tamanho muito grande do animal envolvido (a carcaça do cavalo tinha 280 kg) e com a preferência dos franceses em consumir carne de cavalo crua ou levemente cozida, preparada na forma de filé, em sopas ou moída (*steak tartare*).

Pouco se conhece da infecção por *Trichinella* em cavalos nos Estados Unidos, mas sabe-se que é extremamente rara. Entre o final de outubro e 31 de dezembro de 1985, amostras de 20.000 cavalos abatidos nos Estados Unidos foram examinadas, com resultados negativos para *Trichinella*. A triquinose em cavalos nos Estados Unidos representa uma fonte improvável de prejuízo à saúde, porque poucos indivíduos consomem carne de cavalo ou a consomem cozida. Desde 1975, de 30 a 289 casos de triquinose foram relatados nos Estados Unidos anualmente, sendo 80% associados à ingestão de carne de porco.

Adaptado de *Morbidity and Mortality Weekly Report*, 9 de maio de 1986.

adulto com 15 a 35 cm de comprimento no intestino delgado. Após o acasalamento, cada fêmea libera 200.000 ovos, que eclodem em larvas, penetram na parede intestinal, entram na corrente circulatória e migram para os pulmões, onde causam danos nos alvéolos pulmonares, e os pacientes apresentam tosse seca típica, febre e dificuldade de respirar. Após duas semanas, as larvas ascendem dos pulmões até a boca, onde são engolidas. Elas alcançam assim o intestino delgado, onde amadurecem em vermes adultos. Os sintomas causados pelos vermes adultos ocorrem principalmente em crianças e incluem perda de apetite, perda de peso e desconforto intestinal. Ocasionalmente, os vermes adultos podem ser tão numerosos que formam uma massa que obstrui o intestino grosso. Os ovos de *Ascaris* eliminados nas fezes tornam-se infecciosos em duas a três semanas e podem permanecer infecciosos no solo por meses ou anos. O diagnóstico laboratorial baseia-se na observação ao microscópio de ovos nas fezes. O tratamento inclui drogas como pamoato de pirantel e mebendazol, que podem eliminar a forma adulta do intestino.

Responda

1 O que são helmintos e quais são os dois principais grupos?

2 Quais são as duas espécies de tênia que têm importância como agentes de doença humana? Como elas são transmitidas? Qual é a seqüência de eventos que ocorre no organismo humano durante essa infecção? O que faz da cisticercose uma doença grave?

3 Onde a *Trichinella spiralis* é encontrada na natureza? Como ocorre a infecção nos seres humanos? Que seqüência de eventos ocorre no organismo humano durante a infecção por triquinose? Como a doença pode ser prevenida?

4 Como o ser humano se infecta com oxiúro? E com *Trichuris trichiura*? E com *Ascaris lumbricoides*? Quais sintomas aparecem nas infecções causadas por estes helmintos?

Medidas Gerais de Controle para Prevenção de Doenças Transmitidas por Alimentos e Água

Fatores que contribuem para as infecções transmitidas por água e alimentos são bem conhecidos, e métodos efetivos para o controle dessas infecções estão muito bem estabelecidos. As medidas são simples e baratas, devendo ser praticadas por todas as pessoas responsáveis pelo preparo de alimentos e reservatórios de água.

Controle de Infecções Transmitidas por Alimentos

Os fatores que contribuem para as doenças transmitidas por alimentos são:

1. Alimento cozido inadequadamente.

2. Tempo e temperatura impróprios para a conservação do alimento (entre o preparo e a ingestão).

3. Equipamento contaminado.

4. Higiene pessoal inadequada.

5. Métodos de preservação inadequados.

O cozimento inadequado pode ser um problema especialmente quando da utilização de aves ou pedaços de carne muito grandes, já que neste caso existe a necessidade de aumentar o tempo de aquecimento para assegurar a penetração do calor. Sem o emprego de temperatura ou tempo de cozimento suficiente, os microrganismos (incluindo os parasitas) não são mortos, ou as toxinas termossensíveis, como a toxina botulínica, não são destruídas.

A manutenção de alimentos à temperatura imprópria por tempo prolongado pode levar à multiplicação de alguns microrganismos patogênicos. Este problema pode ser prevenido com o resfriamento e a refrigeração adequados. Estocagem de alimentos por tempo prolongado é mais bem realizada à temperatura de congelamento. Quando o alimento é conservado por curto período de tempo, deve ser observado o seguinte:

0 a 7°C: relativamente seguro para a conservação de alimentos.

10 a 50°C: faixa muito perigosa, porque beneficia o crescimento rápido de muitos microrganismos patogênicos.

60 a 100°C: outra faixa relativamente segura para a manutenção de alimentos, já que células vegetativas bacterianas são destruídas nessa faixa de temperatura.

A contaminação do alimento por microrganismos provenientes de equipamentos pode ser prevenida ou minimizada com práticas apropriadas de saneamento. O crescimento de microrganismos pode ser controlado com agentes químicos, tais como aqueles utilizados na lavagem de equipamentos (Capítulo 8, Volume I). Restos de alimentos devem ser removidos prontamente das superfícies de trabalho e de utensílios das áreas de preparo do alimento.

Boa higiene pessoal é de grande importância no controle de doenças transmitidas por alimentos, sendo especialmente significativa no controle de infecções transmitidas por alimentos que são causadas por microrganismos que apresentam a via oral-fecal de penetração no hospedeiro. É óbvio que manipuladores não devem ter infecções de feridas abertas, tais como furúnculos. Porém, alguns manipuladores podem ser portadores assintomáticos de microrganismos patogênicos. Esses indivíduos constituem um problema importante no controle não apenas da doença veiculada por alimentos, mas também daquelas transmitidas por meio de água e das doenças respiratórias. Os portadores geralmente tiveram a doença causada pelo microrganismo que eles albergam, porém muitas vezes a doença foi tão branda que passou despercebida. Os portadores sãos freqüentemente não sabem de sua condição até que um surto da doença seja investigado. O estado de portador felizmente pode ser determinado pelo emprego de testes laboratoriais adequados; portadores podem então ser tratados com agentes quimioterápicos para eliminar os organismos patogênicos.

Controle de Infecções Transmitidas pela Água

O controle das doenças transmitidas pela água baseia-se na interrupção do seguinte ciclo:

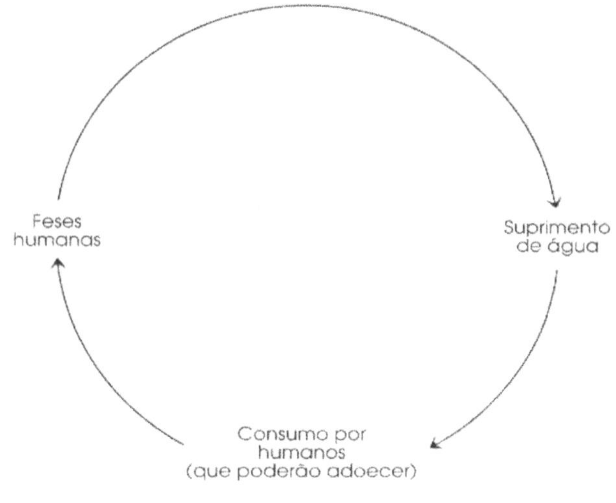

A melhor medida de controle é prevenir a contaminação de reservatórios de água. Isto pode ser alcançado por medidas sanitárias, tais como tratamento dos reservatórios de água potável e eliminação apropriada de excretas humanos (Capítulo 29). É principalmente por meio da melhoria do saneamento e do controle rígido dos reservatórios de água que a incidência de doenças transmitidas pela água diminuiu drasticamente nos Estados Unidos, no Canadá e em outros países desenvolvidos, durante as últimas décadas.

Responda

1 Quais são os cinco fatores gerais que podem levar às infecções transmitidas por alimentos e água?

2 Quais as medidas que podem ser utilizadas para prevenir as infecções veiculadas por alimentos?

3 Qual é o ciclo que precisa ser compreendido para evitar as infecções transmitidas pela água?

4 Quais as medidas que podem ser empregadas na prevenção das infecções transmitidas pela água?

Resumo

1. A gastroenterite é acompanhada freqüentemente por diarréia, que pode resultar em desidratação do organismo, aumento da acidez sanguínea e hemoconcentração. O tratamento de pacientes diarréicos pode requerer reposição dos fluidos perdidos. Nas infecções intestinais, a diarréia geralmente é causada por enterotoxinas microbianas, que estimulam a secreção de água e sais dentro do intestino.

2. Há duas grandes categorias de doenças microbianas transmitidas por alimentos: a intoxicação alimentar e a infecção transmitida por alimento. Nas intoxicações alimentares, o agente bacteriano produz uma toxina no alimento. Quando as pessoas consomem o alimento, elas ingerem a toxina, que é a responsável pelos sintomas da doença. Nas infecções transmitidas por alimentos, o patógeno é ingerido e se desenvolve no organismo do hospedeiro.

3. Na intoxicação alimentar estafilocócica, normalmente um portador nasal de amostra toxigênica de *S. aureus* inocula a bactéria no alimento. Na intoxicação alimentar botulínica, o solo é a fonte de esporos termestáveis de *C. botulinum*, que contaminam o alimento. O *C. botulinum* produz uma neurotoxina que se liga a fibras nervosas e causa paralisia muscular. Alimentos podem tornar-se seguros por meio da fervura, que destrói a toxina. (Botulismo infantil não é uma intoxicação alimentar, mas uma infecção na qual a neurotoxina é formada pelo *C. botulinum* crescendo no intestino da criança. Botulismo de ferida é uma infecção na qual o *C. botulinum* cresce no tecido danificado da ferida e produz a neurotoxina.)

4. As infecções bacterianas transmitidas por água e alimentos incluem gastroenterite por *Salmonella*, febre tifóide, gastroenterite por *Campylobacter* e uma série de outras doenças. O *Helicobacter pylori* é o agente provável da gastrite antral e da úlcera péptica, mas o seu modo de transmissão não é ainda conhecido.

5. As infecções virais transmitidas por água e alimentos incluem as seguintes: poliomielite paralítica causada por poliovírus, diarréia por rotavírus, gastroenterite por Norwalk e hepatite tipo A. Os poliovírus multiplicam-se, inicialmente, na parede intestinal, penetram na parede e invadem a corrente circulatória. Eles podem alcançar o sistema nervoso central e causar dano nervoso que resulta em paralisia. A imunização pode ser realizada com a vacina Salk (vírus morto) ou com a vacina Sabin (vírus vivo atenuado).

6. As infecções causadas por protozoários e transmitidas por água e alimentos incluem: amebíase (cistos de *Entamoeba coli* são transmitidos do homem para o homem por via fecal-oral); giardíase (*Giardia lamblia* é o único protozoário flagelado conhecido que causa doença intestinal no homem); e balantidíase (*Balantidium coli* é o único protozoário ciliado conhecido que causa doença humana).

7. Infecções causadas por helmintos e transmitidas por água e alimentos incluem infecções por *Taenia* e triquinose. *Taenia saginata* e *Taenia solium* são vermes anelados achatados em forma de fita, que podem atingir muitos metros de comprimento. Os cistos podem ser ingeridos por meio de carne bovina ou suína cozidas inadequadamente e desenvolvem-se para as formas adultas que aderem à parede intestinal, onde crescem. A ingestão de ovos de *T. solium* leva ao desenvolvimento da larva, que pode invadir o organismo e formar cistos, algumas vezes nos olhos e cérebro. A triquinose é normalmente adquirida por consumo de porco cozido inadequadamente, contendo larvas encistadas de *Trichinella spiralis*. Do intestino a larva pode invadir o tecido muscular de todo o organismo do hospedeiro. Outras infecções intestinais causadas por helmintos incluem infecções por oxiúro, por *Trichuris trichiura* e por *Ascaris*.

Palavras-Chave

Antígenos H
Antígenos O
Antitoxina botulínica polivalente
Cestóides
Cisticerco
Enterotoxina
Gastroenterite
Helmintos
Infecções transmitidas por água
Infecções transmitidas por alimentos
Intoxicação alimentar
Nematóides
Neurotoxina
Platelmintos
Portadores crônicos
Trematódeos
Trofozoítos
Vacina Sabin
Vacina Salk

Revisão

O TRATO GASTRINTESTINAL HUMANO

1. No intestino grosso, o material não-digerido torna-se mais concentrado, já que ____________________ é absorvida.

2. Associar os itens da esquerda com a descrição apropriada da direita:

___Diarréia	(**a**) Onde ocorre a fase final da digestão
___Gastroenterite	(**b**) Moléculas nutrientes passam do intestino para o sangue
___Absorção	(**c**) Caracterizada por fezes aquosas
___Intestino delgado	(**d**) Aumento da densidade do sangue devido à perda de líquido
___Hemoconcentração	(**e**) Inflamação aguda do trato gastrintestinal

3. Algumas enterotoxinas atuam estimulando a produção de uma enzima chamada ______________, que catalisa a formação de AMP cíclico a partir de ATP.

INTOXICAÇÕES ALIMENTARES

4. Somente aquelas cepas de *S. aureus* que produzem a __________________podem causar intoxicação alimentar estafilocócica.

5. Quais são as *duas* afirmações verdadeiras? (**a**) A maioria dos portadores de cepas enterotoxigênicas de *S. aureus* tem infecções evidentes nas mãos. (**b**) A enterotoxina estafilocócica é produzida dentro do organismo após a ingestão do alimento. (**c**) A intoxicação alimentar estafilocócica quase sempre não é fatal. (**d**) Os sintomas da intoxicação alimentar estafilocócica normalmente começam 24 h após o consumo do alimento. (**e**) A enterotoxina de *S. aureus* não é destruída por fervura durante 30 min.

6. A melhor medida de prevenção contra a intoxicação alimentar estafilocócica é a _______________ de todo o alimento perecível.

7. Dos três tipos de botulismo, o botulismo ________________é a forma mais comum.

8. Quais são as duas afirmações verdadeiras? (**a**) As fezes humanas são a principal fonte de endósporos de *C. botulinum.* (**b**) Os tipos A, B, E e F de *C. botulinum* causam botulismo em seres humanos. (**c**) A maioria dos casos de botulismo alimentar ocorre com alimentos enlatados comercialmente. (**d**) A toxina produzida por *C. botulinum* é uma neurotoxina. (**e**) A principal ação da toxina botulínica leva à diarréia.

9. O *C. botulinum* pode crescer no trato intestinal da criança se a sua _________________ não estiver ainda desenvolvida.

10. O botulismo infantil é uma infecção, não uma intoxicação alimentar, porque a toxina não é produzida no alimento, mas no ____________________.

11. O teste para determinar se a toxina botulínica está presente no soro do paciente ou na amostra de alimentos é: (**a**) teste de ELISA; (**b**) teste de neutralização da toxina; (**c**) teste de aglutinação em lâmina; (**d**) teste de imunodifusão; (**e**) teste *in vitro.*

12. Algumas cepas de *Bacillus* _______________ podem causar um tipo de intoxicação semelhante à intoxicação estafilocócica.

13. As micotoxinas são produzidas por: (**a**) micobactérias; (**b**) algas; (**c**) fungos; (**d**) micoplasmas; (**e**) alcalóides.

14. Assinalar qual micotoxina tem um componente que é utilizado no tratamento de dores de cabeça: (**a**) aflatoxina; (**b**) ergotina; (**c**) toxina da *Amanita virosa*; (**d**) toxina de *Aspergillus flavus*; (**e**) tetradotoxina.

INFECÇÕES TRANSMITIDAS POR ÁGUA E PELOS ALIMENTOS CAUSADAS POR BACTÉRIAS

15. Associar os itens da esquerda com a descrição apropriada da direita:

___Portador crônico	(**a**) Consiste em bacilos tifóides mortos
___Endotoxina	(**b**) Polissacarídeo termestável localizado na superfície da parede celular bacteriana
___Antígeno O	(**c**) Proteína flagelar
___Antígeno H	(**d**) Elimina microrganismos patogênicos durante meses, anos ou por toda a vida
___Vacina tifóide	(**e**) Responsável pela febre durante a febre tifóide

16. Embora alguns seres humanos possam transmitir salmonelas para outros seres humanos, a principal fonte de muitas salmonelas é ________________.

17. Quais são as *duas* afirmações falsas? (**a**) Grande número de salmonelas deve ser ingerido para que ocorra gastroenterite. (**b**) Se alimentos contaminados com salmonelas permanecerem por muitas horas a temperaturas altas, as salmonelas podem multiplicar-se e alcançar um número elevado. (**c**) A *S. typhi* infecta tanto seres humanos como os animais. (**d**) Na febre tifóide, as endotoxinas liberadas de células lisadas do bacilo tifóide no sangue são responsáveis pela febre.
(**e**) Durante a primeira semana da febre tifóide, a *S. typhi* pode ser isolada mais facilmente das fezes do que do sangue.

18. Nenhuma vacina está disponível contra a gastroenterite por *Salmonella* devido ao grande número de ___________________que necessitam ser incluídos.

19. Portadores crônicos do bacilo tifóide albergam permanentemente o bacilo na vesícula biliar ou algumas vezes na ________________.

20. A principal espécie bacteriana que causa gastroenterite é: (**a**) *C. coli*; (**b**) *C. fetus*; (**c**) *H. pylori*; (**d**) *C. jejuni*; (**e**) *C. upsaliensis*.

21. O provável agente etiológico da gastrite antral e da úlcera péptica é: (**a**) *C. jejuni*; (**b**) *C. coli*; (**c**) *H. pylori*; (**d**) *C. consisus*; (**e**) *C. hyointestinalis*.

22. A principal característica das campilobactérias, que deve ser considerada quando do seu isolamento, é que elas são: (**a**) anaeróbias; (**b**) aeróbias; (**c**) halofílicas; (**d**) microaerófilas; (**e**) psicrófilas.

23. A enzima sintetizada pelo *H. pylori* que protege essa bactéria da acidez estomacal é: (**a**) fosfatase alcalina; (**b**) urease; (**c**) β-galactosidase; (**d**) fosfatase ácida; (**e**) glicose-6-fosfato dehidrogenase.

24. A gastrite por *H. pylori* pode ser tratada com sais de bismuto ou com ___________.

25. A maior fonte de contaminação de alimentos ou da água por *C. jejuni* é: (**a**) fezes humanas; (**b**) carne de aves malcozida; (**c**) portadores humanos assintomáticos; (**d**) fezes de animais; (**e**) fluido estomacal.

26. Associar os itens da esquerda com a descrição apropriada da direita:

___*Vibrio parahaemolyticus*	(**a**) Diarréia dos viajantes
___*Escherichia coli*	(**b**) Produz uma enterotoxina quando esporula no intestino
___Espécies de *Shigella*	(**c**) O paciente pode chegar a perder de 10 a 12 litros de líquido por dia
___*Clostridium perfringens*	(**d**) Disenteria bacilar
___*Yersinia enterocolitica*	(**e**) Pacientes podem apresentar dor abdominal que simula apendicite
___*Vibrio cholerae*	(**f**) Pode estar presente em frutos do mar cozidos inadequadamente

VIROSES TRANSMITIDAS POR ÁGUA E ALIMENTOS

27. A poliomielite paralítica é rara atualmente nos Estados Unidos, principalmente devido ao estabelecimento do programa de ________________________.

28. Os poliovírus têm a forma _____________ e o seu material genético consiste em ____________________ de fita _____________.

29. Embora, inicialmente, os poliovírus se multipliquem no trato intestinal, eles podem eventualmente causar paralisia muscular devido à infecção da substância cinzenta: (**a**) do intestino grosso; (**b**) dos linfonodos; (**c**) da medula espinal; (**d**) do intestino delgado; (**e**) dos músculos.

30. Selecionar as duas respostas corretas: (**a**) A vacina Sabin consiste em cepas de poliovírus mortos. (**b**) A vacina Salk consiste em cepas de poliovírus vivas e atenuadas. (**c**) A vacina Salk estimula a produção de anticorpos séricos, mas não de anticorpos de secreção no intestino. (**d**) A vacina atualmente empregada nos Estados Unidos é a vacina Salk. (**e**) A vacina Sabin é administrada oralmente.

31. A Organização Mundial da Saúde estima que a metade de todos os casos de diarréia infantil que requerem hospitalização deve-se ao ________________________.

32. A forma semelhante a uma roda do rotavírus deve-se à presença de: (**a**) RNA de fita dupla; (**b**) dois capsídeos concêntricos icosaédricos; (**c**) DNA de fita dupla ; (**d**) 6 sorotipos; (**e**) tipo circular de RNA.

33. O "agente da Montanha Nevada", o "agente Havaí" e o "agente Ditchling" referem-se aos vírus do grupo ____________________.

34. Embora os vírus do grupo Norwalk possam ser visualizados nas fezes dos pacientes, mediante microscopia eletrônica, eles nunca foram __________________.

35. Na hepatite do tipo A, o HAV inicialmente multiplica-se na superfície da parede intestinal e dissemina-se para as células adjacentes. O vírus invade a corrente sangüínea, que o transporta para o ______________________.

INFECÇÕES TRANSMITIDAS POR ÁGUA E ALIMENTOS CAUSADAS POR PROTOZOÁRIOS

36. Associar os itens da esquerda com a descrição apresentada à direita:

___Amebíase	(**a**) Imóvel, forma latente do protozoário
___Giardíase	(**b**) Doença causada por um protozoário flagelado
___Balantidíase	(**c**) Doença causada por um protozoário ciliado
___Trofozoíto	(**d**) Ativo, móvel, estágio de nutrição do protozoário
___Cisto	(**e**) Disenteria amebiana

37. A infecção intestinal causada por protozoário, que é transmitida por ingestão de água e alimentos contaminados por cistos, que estão presentes em fezes de porco, é: (**a**) triquinose; (**b**) amebíase; (**c**) balantidíase; (**d**) giardíase; (**e**) cistite.

INFECÇÕES TRASMITIDAS POR ÁGUA E ALIMENTOS CAUSADAS POR HELMINTOS

38. Associar os itens da esquerda com a descrição da direita:

___Escólex	(**a**) Exemplo de verme redondo
___Proglote	(**b**) Segmento de um verme anelado
___Hermafrodita	(**c**) Saco cheio de fluido que contém o escólex
___Cisticerco	(**d**) Organismo que apresenta ambos os órgãos reprodutivos masculino e feminino
___*Trichinella spiralis*	(**e**) A "cabeça" de verme anelado

39. A ingestão do cisticerco de *T. saginata* ou *T. solium* pode levar ao desenvolvimento de um verme adulto longo e anelado no ______________________________ do pacientes .

40. Um paciente cujo intestino contém a *T. solium* adulta pode ser reinfectado por ovos do verme, e isto pode levar a uma doença grave chamada ___________________________.

41. A triquinose é normalmente adquirida devido à ingestão de carne de _____________________ inadequadamente cozida, que contém cistos da *T. spiralis*.

42. Em qual das seguintes infecções existe uma fase no ciclo de vida do helminto em que a larva alcança os pulmões, migra até a boca, é engolida e se transforma em forma adulta no intestino do paciente? (**a**) infecção por *Trichuris trichiura* ; (**b**) infecção por oxiúro; (**c**) triquinose; (**d**) infecção por *Ascaris*; (**e**) infecção por tênia.

43. Qual das seguintes infecções é caracterizada pela contaminação com ovos do helminto, por meio dos dedos, que se tornam contaminados quando o paciente responde a um intenso prurido na região anal? (**a**) infecção por *Trichuris trichiura* ; (**b**) oxiúro; (**c**) triquinose; (**d**) infecção por *Ascaris*; (**e**) infecção por tênia.

MEDIDAS GERAIS DE CONTROLE PARA A PREVENÇÃO DE INFECÇÃO POR ÁGUA E ALIMENTOS

44. Com a finalidade de destruir microrganismos patogênicos, o cozimento de aves e de pedaços grandes de carne deve ser feito criteriosamente, devido ao problema de penetração do________________________.

45. Estocagem de alimentos por longos períodos de tempo é mais bem realizada a: (**a**) 0 a 7°C; (**b**) 7 a 10°C; (**c**) 10 a 50°C; (**d**) 100°C; (**e**) temperaturas de congelamento.

46. Pessoas que são portadoras de microrganismos patogênicos freqüentemente não apresentam sintomas clínicos. Eles são detectados por meio de _________________________.

47. A melhor medida de controle de infecções transmitidas por água é prevenir a_______________.

Questões de Revisão

1. A intoxicação alimentar estafilocócica é uma infecção? O botulismo infantil é uma intoxicação alimentar? Explicar as respostas.

2. O termo *intoxicação alimentar* por *Salmonella* é utilizado algumas vezes, em vez de *gastroenterite por Salmonella*, nos jornais, quando reportam casos de surtos. Isso é correto? Explicar.

3. Quais são as condições especiais utilizadas no isolamento de *Campylobacter jejuni* a partir de fezes diarréicas?

4. O que é "teste de respiração da uréia" e para que é utilizado?

5. Quais são os agentes patogênicos, descritos neste capítulo, que são transmitidos de animais para o homem? Quais são transmitidos somente do homem para o homem?

6. De que maneira o vírus da hepatite A, descrito neste capítulo, difere do vírus da hepatite B, decrito no Capítulo 23?

7. Qual é a evidência que implica o *Helicobacter pylori* como agente etiológico da gastrite antral?

8. Explicar como os seres humanos tornam-se infectados por *Entamoeba histolytica*, *Giardia lamblia* e *Balantidium coli.*

9. Como você pode evitar o perigo de adquirir o botulismo pelo consumo de conservas caseiras? E de adquirir triquinose de carne de porco?

10. Por que não existe vacina contra a gastroenterite por *Salmonella*, se existe uma contra a febre tifóide?

Questões para Discussão

1. Imagine que você isolou um bacilo Gram-negativo com características bioquímicas típicas de *Salmonella typhi*. O que você pode fazer para provar que o microrganismo isolado é *S. typhi*, e não outra salmonela bioquimicamente similar à *S. typhi*?

2. Suponha que você isolou uma cepa de *C. botulinum* de fezes de uma criança com botulismo. Camundongos inoculados com a toxina produzida pela cultura morreram em três dias. Descrever o procedimento laboratorial no qual você poderia determinar o *tipo sorológico* da toxina.

3. Avaliar os benefícios e os riscos da vacina Sabin na imunização contra a poliomielite. A vacina deveria continuar a ser empregada nos Estados Unidos?

4. Diversas doenças transmitidas por água e alimentos e discutidas neste capítulo têm uma incidência relativamente baixa nos Estados Unidos e em outros países industrializados, mas são freqüentes em países em desenvolvimento ou do Terceiro Mundo. Quais são os fatores que explicam tal fato?

5. Suponha que você desejasse desenvolver uma vacina contra a gastrite e a úlcera causadas pelo *H. pylori*. Como a bactéria não invade tecidos ou a corrente circulatória, quais os problemas que você pode encontrar? A produção da vacina seria possível? (Observe que a bactéria da cólera (Tabela 25.3) também não invade o tecido nem o sangue, porém existe vacina contra a cólera.)

Capítulo 26

Doenças Transmitidas por Artrópodes

Objetivos

Após a leitura deste capítulo, você deve ser capaz de:

1. Explicar o significado de um "vetor biológico" e citar os principais tipos de artrópodes que funcionam como vetores.

2. Citar três doenças transmitidas por artrópodes que representam os maiores problemas de saúde mundial, no passado e no presente, e indicar como estas doenças podem ser controladas.

3. Citar os agentes etiológicos de seis infecções microbianas transmitidas por artrópodes e o vetor artrópode de cada agente.

4. Citar a seqüência dos eventos que levam a uma epidemia da peste.

5. Descrever a relação entre os carrapatos *Ixodes* e o espiroqueta que causa a doença de Lyme.

6. Distinguir entre o ciclo urbano e o ciclo silvestre da febre amarela.

7. Descrever o ciclo vital dos protozoários que causam a malária humana e explicar como esses protozoários são transmitidos de homem para homem.

8. Explicar como a infecção por filária pode levar a uma doença desfigurativa chamada *elefantíase*.

Introdução

Além do próprio homem, os *artrópodes* são as fontes mais importantes das doenças humanas. Artrópodes são animais invertebrados com membros articulados e um corpo segmentado, geralmente coberto por uma carapaça quitinosa. Exemplos incluem aranhas, centopéias, caranguejos, lagostas, percevejos, carrapatos e insetos. Os artrópodes constituem o maior grupamento de espécies no mundo zoológico. Mais de 900.000 espécies de artrópodes são conhecidas e milhares permanecem sem classificação.

Alguns artrópodes, particularmente vários carrapatos, piolhos, pulgas, ácaros, moscas e mosquitos, podem funcionar como agentes transmissores de microrganismos patogênicos ao homem. As infecções transmitidas por artrópodes têm uma ampla distribuição na face da Terra. Através dos séculos, doenças como a peste, a febre amarela e a malária têm produzido sofrimentos, perdas econômicas e morte na população humana.

Existe uma grande variedade de doenças humanas transmitidas por artrópodes, e cada uma delas apresenta características distintas e interessantes. Entretanto, este capítulo será restrito a poucas doenças, as quais exemplificam os princípios de transmissão pelos artrópodes, bem como as interações do patógeno, do artrópode e do hospedeiro humano.

Artrópodes como Vetores de Doenças

Os artrópodes podem atuar como vetores de microrganismos patogênicos. *Vetor* é um organismo, como por exemplo um inseto, que transporta um microrganismo patogênico. Alguns artrópodes são ***vetores mecânicos***, meramente transmitindo patógenos que aderem às suas partes bucais ou pernas. A tão comum mosca doméstica (*Musca domestica)* é um exemplo clássico: ela pode ser contaminada com patógenos de fezes e transmiti-los aos alimentos ou a outros objetos. Doenças transmitidas mecanicamente por moscas domésticas incluem gastroenterite, poliomielite, amebíase e outras doenças intestinais. Entretanto, em muitas doenças transmitidas por artrópodes, o artrópode funciona como um ***vetor biológico***, no qual os patógenos passam por um período de crescimento ou desenvolvimento no interior do artrópode, como ocorre no tifo epidêmico ou na malária. Em alguns casos o microrganismo patogênico pode ser transmitido para gerações subseqüentes do artrópode devido a sua incorporação nos ovos produzidos pelas fêmeas (***passagem transovariana***). Por exemplo, os carrapatos que são vetores biológicos da *Rickettsia rickettsii*, o agente etiológico da febre das Montanhas Rochosas, transmitem prontamente a riquétsia para sua prole.

Responda

1 Como um artrópode pode atuar como um vetor mecânico? Qual é o exemplo desse vetor?

2 Como um artrópode pode atuar como um vetor biológico? Qual é o exemplo desse vetor?

3 Como os carrapatos, que são os vetores biológicos da *Rickettsia rickettsii*, transmitem o microrganismo para suas gerações subseqüentes?

Infecções Transmitidas por Artrópodes Causadas por Bactérias

Muitas doenças causadas por bactérias transmitidas por artrópodes são graves e às vezes fatais. A doença de Lyme, descoberta somente em 1975, pode resultar em alterações do sistema nervoso e artrite debilitante. A febre das Montanhas Rochosas, encontrada somente na América do Norte e do Sul, tem um alto índice de mortalidade, a menos que seja prontamente tratada, porém é dificil de ser diagnosticada devido a muitas semelhanças com outras doenças. De todas as doenças transmitidas por artrópodes causadas por bactérias, a peste é a mais notável, porque tem causado os maiores sofrimentos e mortes, ocasionalmente sendo difundida por todo o globo terrestre. Embora tenha ocorrido um declínio na incidência da peste nos últimos anos, a história mostra que às vezes ela diminui para depois retornar com maior ferocidade. Assim, nós nunca podemos descuidar das medidas preventivas contra esta e outras doenças transmitidas por artrópodes.

Peste

A peste pandêmica devastou a Ásia e a Europa por séculos. A Grande Peste, que teve início em 542 d.C., foi responsável por mais de 100 milhões de mortes em 50 anos. A "morte negra", uma grande peste pandêmica do século XIV, foi considerada a pior catástrofe que atingiu a Europa, e talvez o mundo. Ela causou a morte de um número estimado em um terço da população mundial daquela época.

A história registra outras 45 pandemias de peste entre os anos de 1500 e 1720. A peste ocorreu principalmente em partes da Ásia nos séculos XVIII e XIX, mas em 1871 uma grande pandemia começou na Ásia central e espalhou-se para outras partes do mundo. Na Índia, somente durante os anos de 1898-1918, a peste foi responsável por 10 milhões de mortes. A peste diminuiu após 1920, mas ainda ocorre quando as medidas preventivas não são empregadas, como em tempos de guerra. Por exemplo, no Vietnã, durante os anos de 1960, a peste causou 10.000 mortes por ano.

Figura 26.1 Os organismos da *Yersinia pestis* apresentam aparência bipolar ou "aspecto de alfinetes" neste esfregaço de sangue de camundongo. As estruturas grandes e circulares são glóbulos vermelhos.

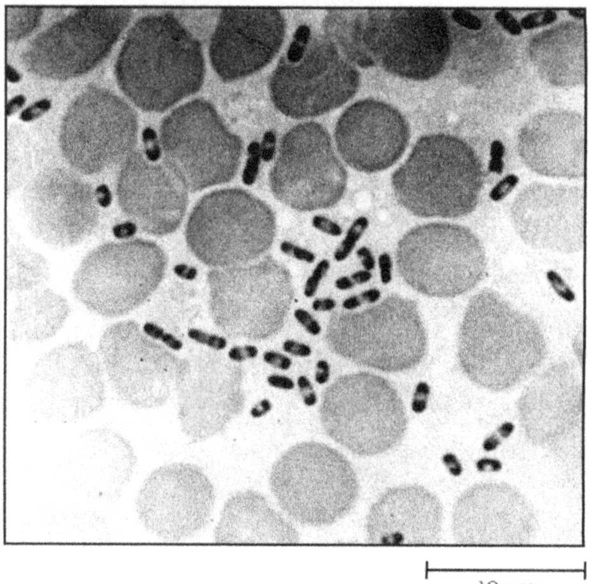

10 µm

DESCOBERTA!

26.1 HOMEM QUE TRAZ ESQUILO MORTO PARA A ESPOSA DESENVOLVE DOENÇA SEMELHANTE À PESTE.

Em 1981, enquanto caminhava perto de Taos, Novo México, um homem de Nova Iorque achou um esquilo morto, pegou-o e levou-o para sua esposa como adorno. Nove dias depois, após o casal ter retornado a sua casa em Manhattan, o homem desenvolveu uma febre alta e dores nas pernas e nos linfonodos inguinais. Suspeitou-se de peste bubônica, provavelmente carreada por uma pulga que estava presente no corpo do esquilo. Entretanto, os epidemiologistas do hospital subseqüentemente esclareceram que era extremamente improvável que o paciente tivesse peste bubônica e que não havia perigo de sua doença ser transmitida para outros. O paciente respondeu bem ao tratamento com antibióticos.

Embora este caso tenha sido um alarme falso, 4 a 40 casos de peste ocorrem a cada ano nas regiões sudoeste e oeste dos Estados Unidos, causados pelo contato humano com roedores silvestres, que são os reservatórios. Em 1988, por exemplo, 15 casos de peste foram relatados – um no Texas, quatro no Colorado, sete no Novo México, um no Arizona e dois na Califórnia.

Um dos casos da Califórnia ocorreu em um recruta do Exército de 19 anos de idade, que foi hospitalizado com febre, uma íngua na região da virilha e múltiplas picadas de insetos em ambas as pernas. Ele se recuperou após tratamento com tetraciclina e cloranfenicol. Sua exposição à *Yersinia pestis* provavelmente ocorreu durante o treinamento militar no município de Monterey. Uma investigação da área mostrou uma alta incidência de esquilos do local com pulgas infectadas. Em outro caso, um homem do Novo México, com 30 anos, contraiu peste enquanto tirava a pele de um coelho-de-rabo-felpudo no Colorado.

Se você está planejando umas férias em uma área silvestre no sudoeste e oeste dos Estados Unidos, deve checar com os departamentos de saúde local e estadual para ver se, por alguma razão, os parques estão fechados. Por uma questão de bom senso, existem também as precauções que você pode tomar quando visitar uma área silvestre. Evite qualquer contato com roedores, incluindo cachorros do mato e esquilos. Nunca toque em roedores ou em outros mamíferos doentes ou mortos. Se você encontrar algum animal nessas condições, relate às autoridades de saúde local, guardas-florestais ou supervisores de acampamento.

Adaptado do *New York Times*, 5 de março de 1981, p. 84; *Morbidity and Mortality Weekly Report*, 28 de outubro de 1988.

Hoje a peste ocorre de forma crônica em certas áreas da África, Ásia e América. Nenhuma epidemia humana ocorreu nos Estados Unidos, mas casos esporádicos – normalmente entre 4 e 40 – ocorrem a cada ano no oeste dos Estados Unidos devido ao contato humano ocasional com roedores silvestres infectados que habitam a região (DESCOBERTA 26.1).

A Biologia da *Yersinia pestis*. A peste é causada pela *Yersinia pestis*, um bacilo Gram-negativo, facultativo e imóvel. Quando as células são coradas por métodos especiais, como o método de Wayson, exibem uma ***coloração bipolar***. Estas técnicas coram fortemente as áreas localizadas nos pólos das células, conferindo-lhes uma aparência semelhante à de um alfinete (Figura 26.1). No laboratório, a

Figura 26.2 Seqüência dos eventos que levam à epidemia da peste bubônica e pneumônica.

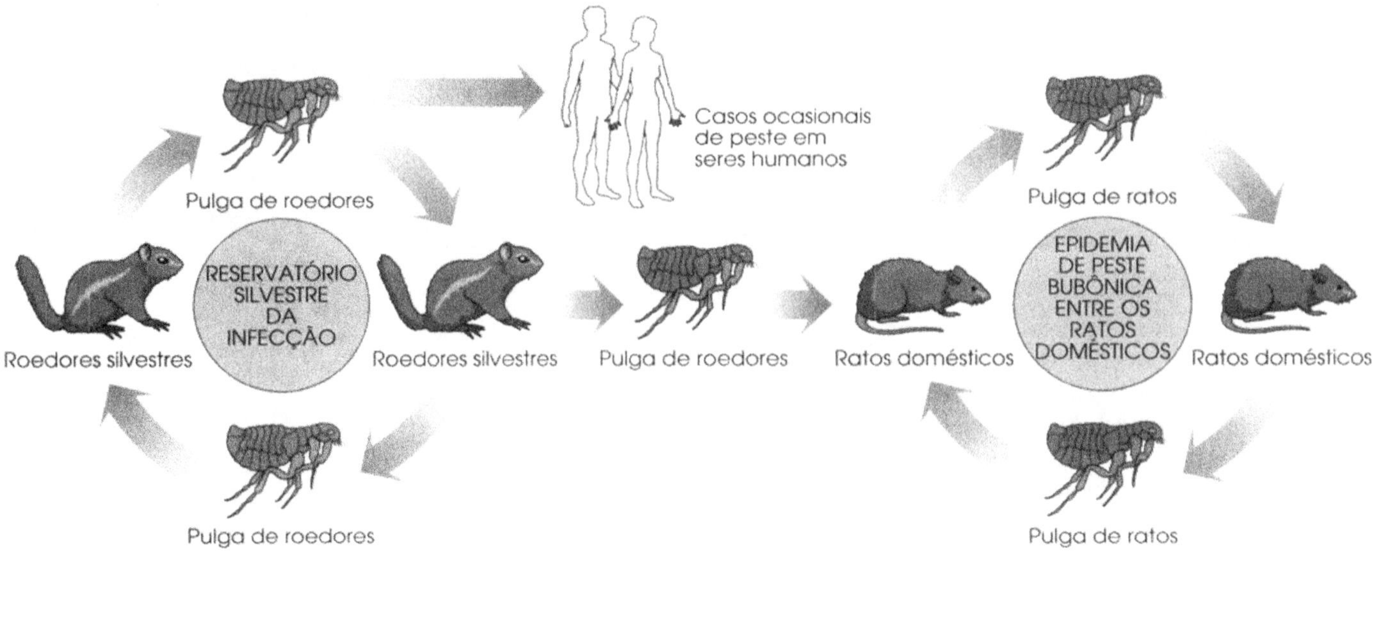

Y. pestis cresce melhor a 25°C, sendo diferente de muitas bactérias patogênicas que preferem 37°C. A *Y. pestis* produz muitas substâncias que podem contribuir para a patogenicidade: (1) uma cápsula, que inibe a fagocitose; (2) um complexo de duas proteínas da parede celular, as ***proteínas V*** e ***W***, que também inibem a fagocitose; (3) uma endotoxina; e (4) uma toxina protéica denominada ***toxina murina***, que causa danos na mitocôndria de células de ratos, camundongos e outros animais susceptíveis à peste. Entretanto, as propriedades específicas responsáveis pela alta virulência desses microrganismos não são conhecidas.

Transmissão e Patogenicidade da *Y. pestis*. A peste é principalmente uma doença de roedores silvestres, que representam o ***reservatório de infecção***. (Este termo é aplicado aos hospedeiros nos quais o patógeno vive naturalmente e que funcionam como uma fonte contínua do patógeno.) A peste é disseminada de roedor para roedor pelas pulgas que infestam estes animais. Nos Estados Unidos, a peste apareceu pela primeira vez em 1900 no porto marítimo de San Francisco, trazida pelos ratos dos navios. Os ratos domésticos foram rapidamente infectados e a doença espalhou-se para vários roedores silvestres como esquilos, cachorros-do-mato e ratos silvestres. Desta maneira, a peste disseminou-se da costa do Pacífico em direção ao leste e hoje está espalhada entre os vários roedores silvestres no sudoeste dos Estados Unidos. Infecções esporádicas ocorrem a cada ano em pessoas que são picadas por pulgas infectadas provenientes de roedores.

As grandes epidemias da peste humana no passado tiveram uma seqüência definida de eventos (Figura 26.2). Ratos domésticos, aqueles que vivem no ambiente humano, podem contrair a peste por meio das pulgas de roedores silvestres infectados. Uma epidemia de peste, então, ocorre entre os ratos domésticos, sendo o bacilo da peste transmitido de rato para rato pela pulga do rato, *Xenopsylla cheopis* (Figura 26.3). Quando a *X. cheopis* pica um rato infectado, ela ingere sangue que contém um grande número de bacilos da peste. Uma enzima produzida pelo bacilo causa a coagulação do sangue no trato digestivo da pulga. Este coágulo impede a passagem de alimento ao longo do trato digestivo e a pulga fica muito faminta. Quando o rato morre de peste, a pulga faminta deixa o cadáver e tenta atacar um hospedeiro humano. Entretanto, por causa do bloqueio do trato digestivo, o sangue humano que é ingerido não pode passar ao longo do trato digestivo da pulga. Assim, ele é misturado com alguns bacilos da peste e regurgitado de volta para a picada, contaminando deste modo o indivíduo.

Figura 26.3 A pulga do rato, *Xenopsylla cheopis* (fêmea adulta).

Figura 26.2 Seqüência dos eventos que levam à epidemia da peste bubônica e pneumônica. (*Continuação*.)

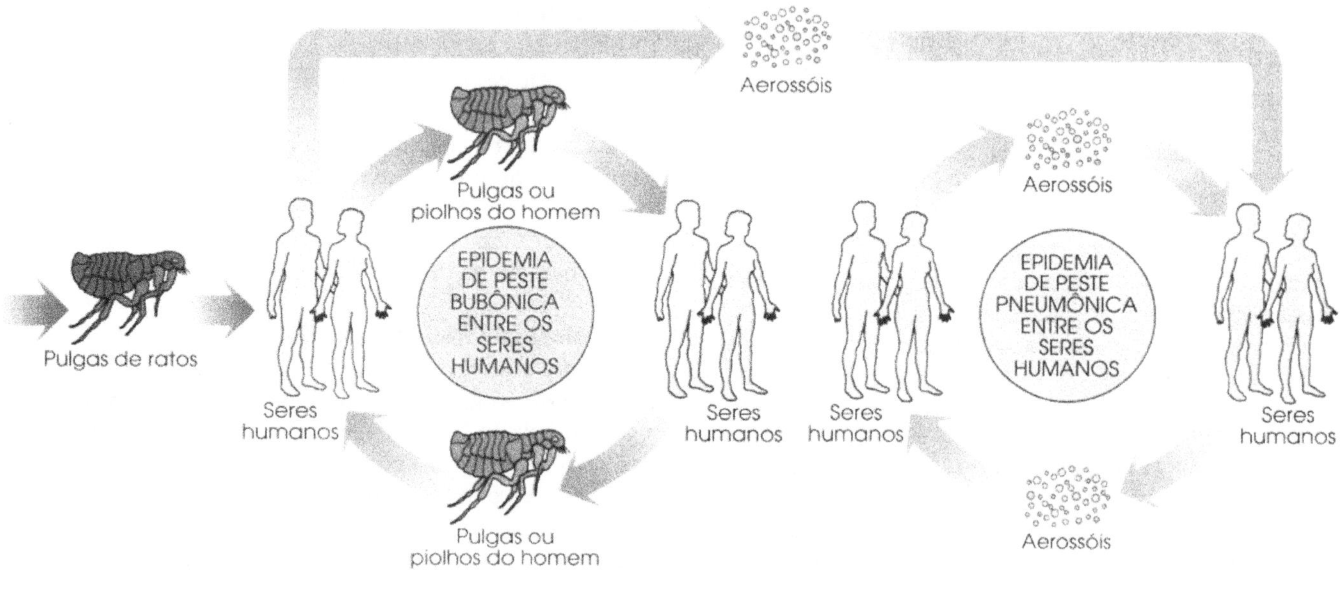

A forma mais comum da peste em humanos é a forma bubônica, que é caracterizada por calafrios, febre, náusea, vômito, fraqueza geral e inchaço dos linfonodos infectados – os sítios onde o bacilo da peste inicialmente se multiplica. (Um linfonodo aumentado é chamado de ***bubão***; daí o nome *peste bubônica*.) Em casos não-tratados de peste bubônica, a taxa de mortalidade é de aproximadamente 50% se a infecção permanece restrita aos linfonodos. Entretanto, a bactéria pode passar dos linfonodos infectados para a corrente sanguínea e causar uma ***septicemia***, uma condição grave caracterizada pela multiplicação ativa das bactérias no sangue. Em casos não-tratados de septicemia, a taxa de mortalidade é de 100%. Em aproximadamente 15% dos casos de peste, ocorre uma septicemia *primária*, que é uma septicemia sem a infecção preliminar dos linfonodos. Isto pode acontecer se o bacilo da peste entrar diretamente na corrente sanguínea da vítima e iniciar a multiplicação.

Após o desenvolvimento de um caso de peste bubônica, a doença pode ser transmitida de pessoa para pessoa pelas *pulgas* ou *piolhos do corpo humano*. Entretanto, esse tipo de transmissão requer populações altamente infestadas por piolhos ou pulgas, as quais são comuns em épocas de guerra e foram comuns nas regiões temperadas, tais como as da Europa antes do advento do saneamento.

Em aproximadamente 10 a 15% dos casos não-tratados de peste bubônica, a infecção difunde-se para os pulmões e o paciente desenvolve uma pneumonia grave. O escarro expelido pelo paciente durante a tosse é ralo, aquoso, apresenta traços de sangue e contém bacilos. Casos não-tratados de pneumonia apresentam uma taxa de mortalidade de 100%. A peste pneumônica é muito mais contagiosa do que a peste bubônica, porque o bacilo pode ser transmitido de pessoa para pessoa por meio do ar pelos aerossóis (Figura 26.4). Se você sabe como as infecções transmitidas pelo ar, como por exemplo a influenza, podem facilmente espalhar-se entre uma população, você pode entender como uma epidemia da peste pneumônica pode ser catastrófica.

Diagnóstico Laboratorial. Um diagnóstico laboratorial presuntivo da peste pode ser feito pela coloração dos espécimes clínicos (sangue, escarro ou fluido dos bubões) para demonstrar a presença de bacilos com coloração bipolar. A técnica de anticorpos fluorescentes também é usada para a detecção rápida de *Y. pestis*, especialmente em escarro de pacientes com peste pneumônica. O diagnóstico definitivo é feito pelo isolamento da *Y. pestis* e por identificação mediante testes bioquímicos e imunológicos.

Tratamento e Prevenção da Peste. A estreptomicina é eficaz no tratamento da peste. A prevenção desta doença depende primeiramente do controle e da eliminação de ratos domésticos e pulgas de ratos; é impraticável a eliminação dos roedores silvestres, reservatórios da infecção. Outras medidas preventivas incluem programas de imunização e eliminação de pulgas e piolhos do homem. As vacinas consistem em células de *Y. pestis* íntegras e mortas, ou células vivas e atenuadas. As vacinas estimulam o desenvolvimento de anticorpos contra a cápsula e os antígenos V e W e, assim, acentuam a fagocitose. A vacina é utilizada em pessoas que viajam para regiões onde a peste é predominante, que trabalham em contato com roedores silvestres ou que trabalham em laboratório, com culturas vivas do bacilo da peste.

Figura 26.4 Exemplar raro de um edital de 1921 do Departamento Médico e Sanitário de uma rede ferroviária chinesa. O documento foi distribuído durante uma epidemia de peste pneumônica na Manchúria, na qual morreram 9.000 pessoas. A parte superior está em russo; a inferior está em chinês. O documento explica que a peste pneumônica "é causada por um micróbio invisível a olho nu... que está no escarro de um indivíduo contaminado, que, por expectoração ou tosse, pode infectar pessoas que moram com ele, ou aquelas que entram em contato com ele". Também estão descritos os sintomas da doença e várias medidas de prevenção, tal como o uso de uma máscara facial de tecido.

Febre das Montanhas Rochosas

Apesar deste nome, a febre das Montanhas Rochosas (RMSF – *Rocky Mountain spotted fever*) ocorre por toda a zona temperada do hemisfério oeste e, nos Estados Unidos, prevalece no leste do que no oeste (Figura 26.5). A RMSF ocorre principalmente nos meses de verão e em indivíduos envolvidos em serviços externos, pois estas pessoas são mais facilmente picadas pelo carrapato vetor.

A Biologia da *Rickettsia rickettsii*. A *Rickettsia rickettsii* é o agente etiológico da RMSF. Este microrganismo é uma bactéria Gram-negativa em forma de bastão, parasita obrigatório que cresce no interior do núcleo e no citoplasma de células hospedeiras. No laboratório, geralmente é cultivado em ovos embrionados de galinha, onde cresce nas células da membrana do saco vitelino (Figura 26.6 A e B, caderno em cores). Esta bactéria também pode ser cultiva-

Figura 26.5 Febre das Montanhas Rochosas – casos relatados nos Estados Unidos, 1990. (*Morbidity and Mortality Weekly Report, Summary of Notifiable Diseases*, 1989, publicado em 4 de outubro de 1991.)

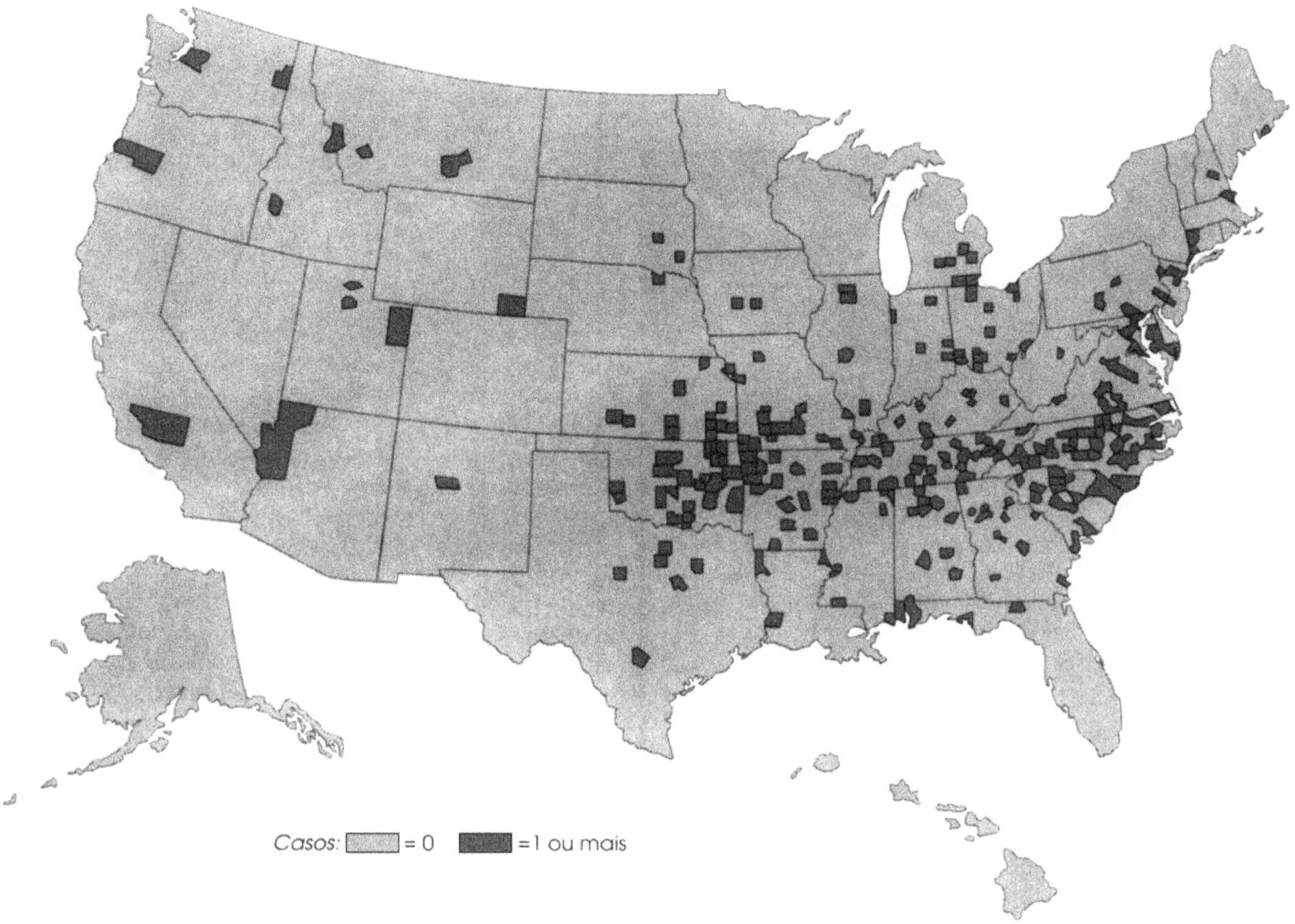

da em culturas de células ou em animais de laboratório. Trabalhos de laboratório com esta espécie podem ser extremamente perigosos, e cuidados extremos são empregados para segurança, pois um pequeno número de células pode causar a infecção.

Transmissão e Patogenicidade da *Rickettsia rickettsii*. No leste dos Estados Unidos, a *R. rickettsii* é transmitida principalmente pelo carrapato do cachorro americano, *Dermacentor variabilis* (Figura 26.7); no oeste é transmitida pelo carrapato silvestre, *Dermacentor andersoni*; e no Texas e na Louisiana é transmitida pelo carrapato *Amblyomma americanum.* Esses carrapatos servem não somente como vetores, mas também como reservatórios da infecção. A *R. rickettsii* não é patogênica para os carrapatos hospedeiros e é transmitida para outras gerações de carrapatos por meio da passagem transovariana. As riquétsias são amplamente distribuídas pelo corpo do carrapato, e a transmissão para seres humanos e animais ocorre pela introdução de saliva ou fezes infectadas no local da picada. Embora os carrapatos constituam o reservatório primário

Figura 26.7 *Dermacentor variabilis*, o carrapato do cachorro americano.

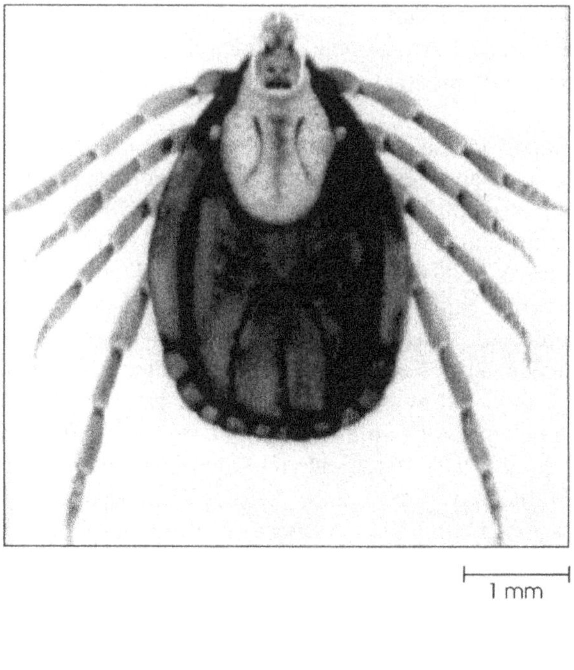

Figura 26.8 (**A**) Face de uma criança do sexo feminino com a febre das Montanhas Rochosas, mostrando uma erupção de nove dias. (**B**) Pulso e mão de uma criança com febre das Montanhas Rochosas.

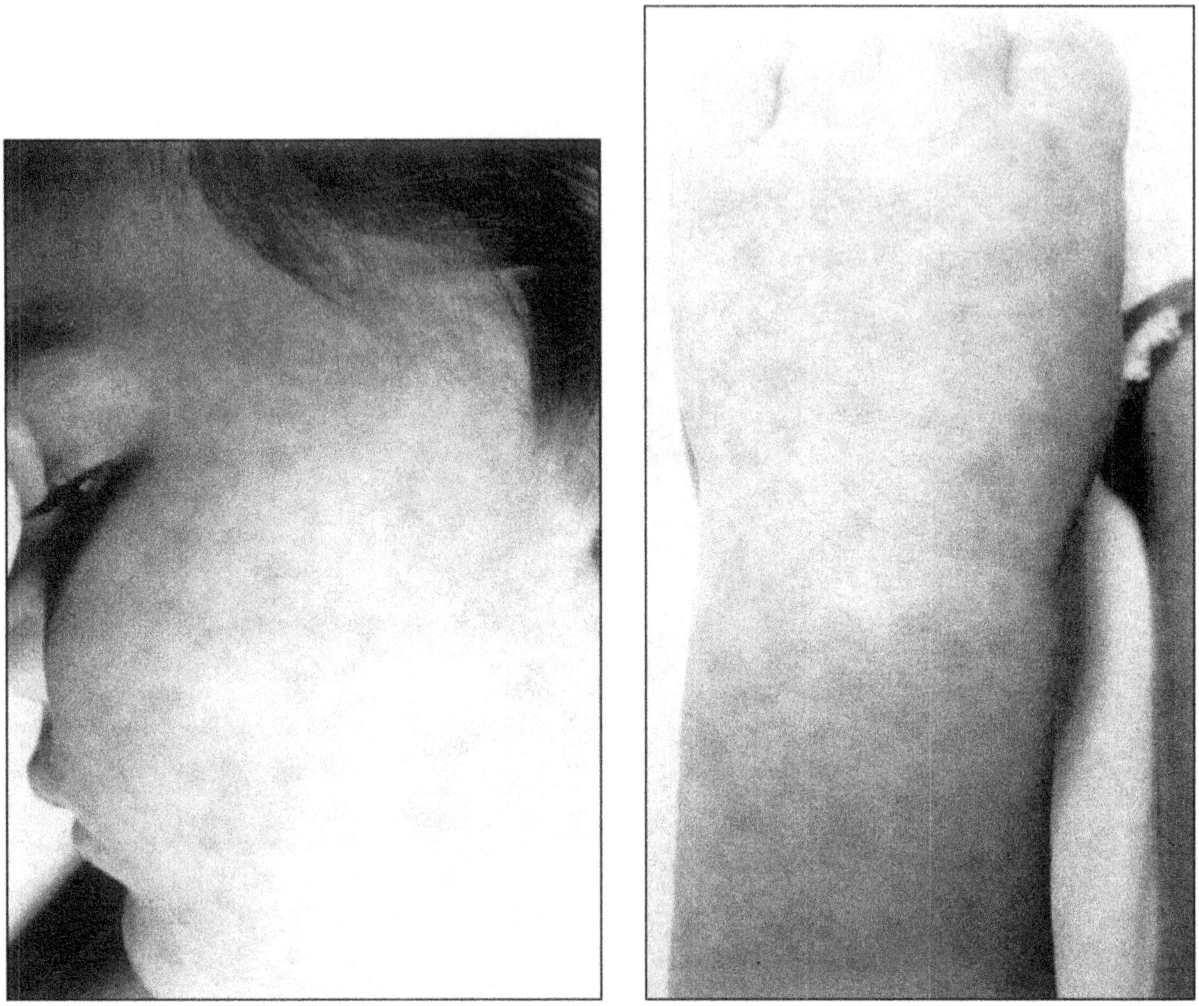

(A) (B)

da infecção, há também um reservatório animal (coelhos silvestres, cachorros, ovelhas e roedores), no qual a doença é perpetuada mediante a transmissão por carrapatos.

O período de incubação da RMSF é normalmente uma semana e, após este período, subitamente aparecem os sintomas: calafrios, febre alta, forte dor de cabeça frontal e dor muscular. A *R. rickettsii* multiplica-se preferencialmente nas células endoteliais – as células que formam a parede dos capilares sanguíneos. As riquétsias danificam as paredes dos vasos capilares e, assim, permitem o escoamento de fluidos e sangue total para os tecidos próximos do local. O extravasamento de sangue total (hemorragia) sob a pele provoca uma erupção que se desenvolve em um a cinco dias após o paciente ter sido picado por um carrapato infectado (Figura 26.8). A erupção consiste em numerosos pontos circulares, pequenos e vermelho-púrpura, que aparecem primeiramente nos tornozelos e pulsos e depois no resto do corpo. Mais sério do que a erupção é o dano que pode ocorrer nos órgãos internos, tais como cérebro, rins e coração; este dano é devido à multiplicação das riquétsias nos capilares sanguíneos desses órgãos.

Por causa da erupção cutânea, um diagnóstico inicial de sarampo, escarlatina ou outras doenças algumas vezes é feito antes de suspeitar-se de RMSF. Em casos não-tratados, os sintomas progridem de forma mais severa e o paciente pode tornar-se sonolento e entrar em coma. A morte normalmente resulta de choque e falência respiratória. Quando não-tratada, a taxa de mortalidade da RMSF é de aproximadamente 20%.

Diagnóstico Laboratorial, Tratamento e Prevenção da RMSF. Embora a *R. rickettsii* possa ser isolada do sangue, isso requer métodos laboratoriais específicos. Por esta razão, a confirmação laboratorial da RMSF é usualmente baseada na identificação das riquétsias em espécimes de pele, por meio do emprego de anticorpos fluorescentes ou da demonstração da produção de anticorpos séricos pelo paciente em resposta à infecção.

Um tratamento rápido com tetraciclina nos estágios iniciais da RMSF é essencial. Muitas mortes ocorrem devido à demora na administração do antibiótico apropriado. Indivíduos que podem ser expostos a carrapatos precisam inspecionar a si próprios regularmente quanto à presença de carrapatos ou picadas de carrapatos. Se um carrapato aderir à pele, o mesmo pode ser liberado pelo uso de gotas de gasolina, fluido de isqueiro, álcool ou por meio da aproximação (não fixar) de um objeto quente, como a extremidade de uma agulha aquecida. O carrapato pode então ser removido com uma pinça ou com os dedos previamente protegidos com papel ou tecido. Cuidado deve ser tomado para que o carrapato nunca seja esmagado. Até o momento não existe nenhuma vacina disponível comercialmente contra a RMSF.

Doença de Lyme

A doença de Lyme foi descoberta durante uma investigação de várias centenas de casos de uma misteriosa infecção na vila de Old Lyme, Connecticut, em 1975. Cerca de 4% da população contraiu a infecção. Apesar de a doença ter sido considerada inicialmente como uma forma de artrite reumatóide, atualmente sabe-se que é causada por um espiroqueta transmitido pelo carrapato. Desde 1982 – ano em que se iniciou a coleta de dados estatísticos sobre a doença de Lyme nos Estados Unidos – mais de 14.000 casos da doença foram relatados no país. O número de casos aumentou quase cinco vezes de 1982 a 1987, mas isso aconteceu provavelmente devido aos progressos no reconhecimento da infecção, e não a um aumento da incidência.

Nos Estados Unidos a doença de Lyme ocorre principalmente nos Estados do nordeste, de Massachusetts à Carolina do Norte, mas também tem ocorrido em alguns estados do centro-oeste e oeste. Casos têm sido relatados na Alemanha, Suíça, França e Austrália. A doença afeta todas as faixas etárias de ambos os sexos. A incidência é alta nos meses de verão, porque este é o período de maior exposição ao carrapato vetor.

A Biologia da *Borrelia burgdorferi*. A *Borrelia burgdorferi*, o agente etiológico da doença de Lyme, é um espiroqueta microaerófilo que apresenta um comprimento de 2 a 20 µm e somente 0,18 a 0,25 µm de largura. Esses microrganismos são difíceis de ser vistos ao microscópio de campo claro porque são muito finos; entretanto, um bom método para visualizá-los é mediante um tratamento com anticorpos fluorescentes específicos, os quais se ligam aos espiroquetas, tornando-os refringentes quando observados ao microscópio de fluorescência (Figura 26.9, caderno em cores). A *B. burgdorferi* pode ser cultivada no laboratório em meios de cultura complexos.

Transmissão da *B. burgdorferi*. A *B. burgdorferi* ocorre principalmente em camundongos-de-patas-brancas silvestres, em veados e em carrapatos do gênero *Ixodes*, como o *Ixodes dammini* (Figura 26.10). Os carrapatos transmitem o espiroqueta ao homem. O ciclo vital do *Ixodes dammini* abrange um período de dois anos (Figura 26.11, caderno em cores). Na primavera do primeiro ano, os ovos do carrapato desenvolvem-se para formas imaturas chamadas *larvas*. As larvas alimentam-se somente uma vez durante um período de dois dias e ingerem o sangue de vários mamíferos, especialmente do camundongo-de-pata-branca. No outono, as larvas entram no estágio de repouso, e assim permanecem até a primavera seguinte. Então, elas se desenvolvem para uma segunda forma imatura, ligeiramente maior, chamada *ninfa*. As ninfas alimentam-se somente uma vez a cada três ou quatro dias, novamente preferindo camundongos-de-patas-brancas. Com a chegada do outono, as ninfas desenvolvem-se para o *estágio adulto*, e os adultos alimentam-se de mamíferos grandes, especialmente o veado-de-rabo-branco. Enquanto aderidos a esse animal, os carrapatos adultos acasalam-se e as fêmeas mais tarde produzem ovos, completando assim o ciclo.

Figura 26.10 O carrapato *Ixodes dammini*, um vetor da doença de Lyme, mostrando os estágios de larva (menor), ninfa (tamanho intermediário) e adulto (maior).

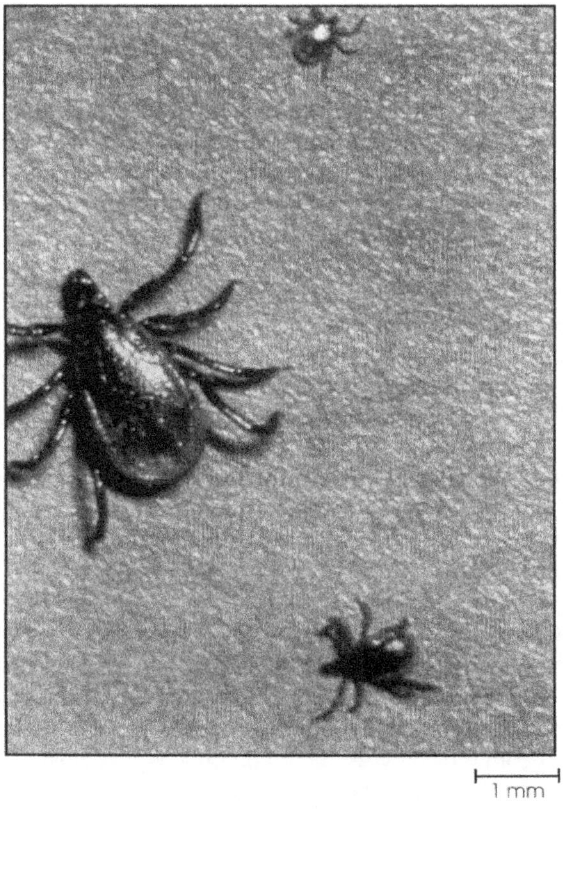

DESCOBERTA!

26.2 DOENÇA DE LYME NO MUNICÍPIO DE MONMOUTH, NOVA JERSEY.

Embora a doença de Lyme tenha sido reconhecida primeiramente em Old Lyme, Connecticut, extraordinariamente outras áreas têm apresentado altas taxas da infecção. Uma dessas áreas foi o município de Monmouth, Nova Jersey. De 117 casos da doença de Lyme em Nova Jersey, de 1978 a 1982, 57 ocorreram em Monmouth, em uma área cuja população total representa somente 1,1% da população total do Estado. Trinta casos ocorreram em pessoas que moravam ou trabalhavam numa instalação militar. Uma comparação dos pacientes da instalação militar que tinham trabalhado em serviço interno (em uma repartição, com deslocamento externo confinado a áreas pavimentadas ou gramadas) com aqueles que trabalhavam externamente (nas florestas, matas e nos pastos distantes de áreas pavimentadas e gramadas) mostrou que a incidência da doença de Lyme foi significativamente maior naqueles que tinham trabalhado em serviços externos.

Alguns fatores que podem ter contribuído para a alta incidência da doença de Lyme na área de instalação militar são: (1) a localização da instalação em área de mata; (2) a população relativamente elevada de mamíferos, especialmente o veado, dentro da área cercada da instalação; e (3) uma densidade elevada anormal dos carrapatos vetores *Ixodes dammini*, com mais de 70% dos carrapatos infectados com a *Borrelia burgdorferi*. Uma alta concentração de carrapatos e uma alta taxa de carrapatos infectados pode também ter contribuído para a alta incidência da doença de Lyme em outras áreas do município.

Adaptado de *Am. J. Epidemiol.*, 120: 387-394, 1984.

O homem pode ser picado pelos carrapatos em qualquer estágio do ciclo vital; entretanto, pode ser mais facilmente picado pelas formas de larva e ninfa. Essas formas são tão pequenas que são praticamente invisíveis a olho nu. A *Borrelia burgdorferi* é introduzida na pele do homem pela saliva infectada do carrapato, durante a picada, ou pelo material fecal infectado que é depositado sobre a pele e levado até o local da picada. Animais domésticos como cachorro, gato, cavalo e o gado podem também contrair a doença de Lyme. Além disso, esses animais podem aumentar o risco de infecção dos proprietários de animais de estimação, fazendeiros ou agricultores por carrear carrapatos *Ixodes* infectados (DESCOBERTA 26.2).

Alguns microbiologistas têm curiosidade em saber se a doença de Lyme é realmente uma doença "nova" ou meramente uma antiga doença reconhecida apenas recentemente. Em 1990, os pesquisadores descobriram dados interessantes quando examinaram 97 espécimes de carrapatos *Ixodes dammini* preservados em álcool, que tinham sido coletados no período de 1945 a 1951. Pela utilização da técnica de PCR (descrita no Capítulo 13, Volume I), os pesquisadores conseguiram detectar o DNA da *B. burgdorferi* em 13 carrapatos coletados no leste de Long Island, Nova Iorque. Em outras palavras, esses carrapatos carreavam o espiroqueta 25 a 35 anos antes da doença de Lyme ter sido reconhecida pela primeira vez como uma doença distinta, em 1975. Isso sugere que a doença de Lyme em humanos ocorreu nos Estados Unidos muito antes do que se pensava.

Patogenicidade da *B. burgdorferi*. Após a *B. burgdorferi* ganhar acesso aos tecidos da vítima humana, há um período de incubação de 3 a 32 dias antes de os sintomas da doença de Lyme aparecerem. A doença normalmente tem início com o desenvolvimento de uma pápula vermelha no local da picada do carrapato. Essa lesão expande-se para formar uma mancha vermelha característica, em forma de anel, sobre a pele, denominada ***eritema crônico migratório*** (**ECM** – *erythema chronicum migrans*) (Figura 26.12, caderno em cores). Em aproximadamente metade dos pacientes, muitos anéis vermelhos concêntricos podem desenvolver-se dentro de um anel externo, dando a aparência de um "olho de boi". Além da lesão primária, outras lesões do ECM podem aparecer e normalmente permanecem por várias semanas. O ECM é as vezes acompanhado por outros sintomas que podem desenvolver-se em vários graus e em diversas combinações. Os sintomas mais comuns incluem fadiga, febre, calafrio, dores de cabeça e nas costas, pescoço rígido, dores nos músculos e nas articulações.

Os espiroquetas eventualmente atingem o cérebro e, em algumas semanas ou meses, cerca de 15% dos pacientes desenvolvem meningites, que podem ser acompanhadas por terríveis dores de cabeça e pescoço. Anormalidades do sistema nervoso podem ocorrer e permanecer por anos, variando desde uma leve sensação de formigamento dos membros até uma encefalomielite (inflamação do sistema nervoso central), paralisia parcial ou deterioração mental. Dentro de várias semanas após o início da doença, cerca de 8% dos pacientes apresentam problema cardíaco, indicado por irregularidade do batimento cardíaco, desmaios ou deficiência respiratória; isso pode levar de três dias a seis semanas. Dentro de duas semanas a dois anos depois do início da doença, cerca de 80% dos pacientes desenvolvem artrites, e eventualmente as articulações do joelho ou outras grandes articulações podem tornar-se inchadas e dolorosas. A artrite pode durar semanas ou meses e desaparecer, e então reaparecer.

Muitos dos danos no organismo causados pela *B. burgdorferi* têm sido atribuídos a uma endotoxina da membrana externa do espiroqueta. A endotoxina estimula a produção, pelos macrófagos, de interleucina-1, um regulador da res-

Tabela 26.1 Doenças bacterianas de humanos representativas transmitidas por artrópodes como vetores biológicos.

Doença	Agente etiológico (distribuição geográfica)	Vetor biológico e reservatório animal	Interação de artrópode e patógeno humano
Febre recorrente epidêmica	*Borrelia recurrentis*, um espiroqueta (Ásia, África, América Latina)	Piolho do corpo humano (*Pediculus humanus*) Reservatório: nenhum.	O patógeno multiplica-se nos tecidos do piolho; a inoculação da bactéria em seres humanos ocorre quando o piolho é esmagado sobre a pele.
Febre recorrente endêmica	*Borrelia hermsii* e outras borrélias, espiroquetas (universal)	Carrapatos (*Ornithodoros* sp.) Reservatório: os próprios carrapatos e também roedores silvestres e outros pequenos animais.	O patógeno multiplica-se no corpo do carrapato; ocorre passagem transovariana; os seres humanos adquirem o patógeno por meio da saliva ou de fezes do carrapato.
Tifo epidêmico	*Rickettsia prowazekii*, uma riquétsia (África, América Central e do Sul, sudeste dos Estados Unidos)	Piolho do corpo humano (*Pediculus humanus*) Reservatório: normalmente nenhum; entretanto, a *R. prowazekii* tem sido encontrada em esquilos voadores no sudeste dos Estados Unidos.	O patógeno multiplica-se nos tecidos do piolho, que excreta as riquétsias nas fezes; a inoculação da bactéria em seres humanos ocorre quando as fezes do piolho são friccionadas no local da picada.
Tifo rural	*Rickettsia tsutsugamushi*, uma riquétsia (Ásia, Austrália, ilhas do Pacífico)	Ácaros vermelhos (*Trombicula* sp.) Reservatório: roedores silvestres.	O patógeno multiplica-se no intestino do ácaro; ocorre passagem transovariana;os seres humanos são infectados pela picada da larva do ácaro.
Tifo murino	*Rickettsia typhi*, uma riquétsia (universal)	Pulga de rato (*Xenopsylla cheopis*) Reservatório: ratos e camundongos.	O patógeno multiplica-se no intestino médio da pulga; os seres humanos são infectados por meio da picada.
Riquetsiose variceliforme	*Rickettsia akari*, uma riquétsia (Estados Unidos, Rússia, Coréia, África)	Ácaro de camundongo (*Allodermanyssus sanguineus*) Reservatório: camundongo.	O patógeno multiplica-se no intestino do ácaro; os seres humanos são infectados por meio da picada.
Febre das trincheiras	*Rochalimaea quintana*, uma bactéria semelhante à riquétsia, que pode ser cultivada em meio de ágar sangue (Europa, África, América do Norte)	Piolho do corpo humano (*Pediculus humanus*) Reservatório: nenhum.	O patógeno multiplica-se no intestino médio do piolho; a inoculação da bactéria em seres humanos ocorre por meio das fezes ou pelo esmagamento do piolho sobre a pele.

posta imune do organismo (ver Capítulo 13, Volume I). Uma produção em excesso deste regulador poderia ser responsável pela febre, erupção cutânea e artrite, que são características da doença de Lyme.

Diagnóstico Laboratorial, Tratamento e Prevenção da Doença de Lyme. Apesar de a *B. burgdorferi* poder ser isolada ocasionalmente de pacientes, o diagnóstico laboratorial da doença de Lyme é normalmente baseado nos anticorpos do paciente para a infecção (isto é, demonstração de que o paciente está produzindo níveis crescentes de anticorpos contra a *B. burgdorferi* por um período de dias ou semanas).

A tetraciclina é o antibiótico de escolha no tratamento de pacientes em estágios iniciais da doença. Para pacientes que apresentam envolvimento neurológico ou artrite, a administração de altas doses de penicilina é normalmente eficaz.

Nenhuma vacina comercial está disponível para a prevenção da doença de Lyme. Entretanto, em 1990 foi desenvolvida uma vacina experimental que protegeu camundongos de laboratório contra a infecção pela *B. burgdorferi*. Camundongos não-imunizados, quando inoculados com *B. burgdorferi*, desenvolvem uma doença em uma a duas semanas, semelhante à doença de Lyme em seres humanos. A vacina utilizada para imunizar camundongos consiste em uma proteína encontrada na membrana externa da *B. burgdorferi*. O gene para a proteína do espiroqueta foi clonado em *Escherichia coli*, o que possibilitou a produção de grandes quantidades da vacina. Ainda não se sabe se esta vacina pode ser usada para proteger o homem. No momento, a melhor forma de prevenção consiste em usar roupas protetoras quando caminhar ou passear em áreas silvestres conhecidas por ser infestadas por carrapatos. Repelentes de carrapatos usados sobre as roupas também podem auxiliar. Os indivíduos devem estar cientes dos primeiros sintomas típicos da doença, como a erupção cutânea característica.

Outras Infecções Transmitidas por Artrópodes Causadas por Bactérias

A Tabela 26.1 cita outras infecções transmitidas por artrópodes causadas por bactérias. Observe que essas infecções são causadas principalmente por riquétsias e borrélias.

Entre as doenças relacionadas na Tabela 26.1, o tifo epidêmico é considerado um dos maiores flagelos da raça humana. O tifo tem freqüentemente acompanhado desastres naturais, guerra e fome. Como relatado pelo microbiologista Hans Zinsser, em seu livro *Rats, Lice and History* (Nova Iorque, Atlantic Monthly Press, 1935), o tifo afetou o processo da civilização ocidental em várias ocasiões. No período de 1489-1490, quando as forças militares do rei Fernando e da rainha Isabel da Espanha foram combater com os mouros pela posse de Granada, o tifo causou a morte de 17.000 soldados espanhóis, enquanto apenas 3.000 soldados foram mortos em combate. O tifo também foi importante no norte da Itália durante o início do século XVI, quando Carlos V da Espanha e Francis I da França disputaram a liderança da Europa. O sucesso dessa disputa dependeu do controle da grande influência do Papa, em Roma. Por volta de 1527, a Espanha tinha conquistado muitas cidades italianas, saqueado Roma e aprisionado o Papa. Entretanto, o exército francês começou a recuperar as suas perdas pela reconquista de muitas cidades da Espanha. Isso alarmou o exército espanhol, que apressou o fortalecimento do próximo alvo francês – a cidade de Nápoles. Entretanto, a peste bubônica tinha reduzido o exército espanhol para pouco mais de 11.000 homens. Esses soldados logo foram cercados por uma tropa francesa de 28.000 homens. Depois de mais de um mês de cerco, o exército espanhol estava prestes a concordar com a rendição, o que teria afetado fortemente a história subseqüente da Europa. Porém, o tifo epidêmico apareceu repentinamente, matou mais da metade do exército francês e o seu general comandante. A maioria dos franceses restantes foi destruída pelas tropas espanholas. Isso conferiu à Espanha o controle sobre a Itália e o Papa e, como disse Hans Zinsser, em *Rats, Lice and History,* "em 1530 Carlos V foi coroado soberano do Império Romano na Bolonha sob o poder da febre do tifo".

O tifo epidêmico também teve efeito decisivo na guerra nos Bálcãs, no século XVI, na Guerra dos Trinta Anos e nas operações militares de Napoleão. O tifo foi também a maior causa de morte durante a fome irlandesa de 1845 a 1850 e a causa de muitas mortes na Primeira e na Segunda Guerra Mundial. No Japão e na Coréia, foram relatados 30.000 casos em 1946 e 1947. Atualmente, a doença é restrita principalmente a poucas áreas da África, América Central e América do Sul. Apesar de praticamente não ser encontrada nos Estados Unidos, esquilos voadores no sudeste do país podem abrigar a riquétsia do tifo, e os poucos casos de tifo humano nessas regiões devem ser atribuídos a esses esquilos e seus artrópodes parasitas.

Responda

1 Qual é o reservatório da infecção por *Yersinia pestis*? E por *Rickettsia rickettsii*? E por *Borrelia burgdorferi*?

2 Qual é a seqüência dos eventos que precedem uma epidemia de peste bubônica? Como ocorre uma epidemia de peste pneumônica?

3 Quais diferenças existem entre as propriedades biológicas dos agentes etiológicos da peste, da febre das Montanhas Rochosas e da doença de Lyme? Quais são os vetores biológicos dessas bactérias?

4 Qual é a causa responsável pela incidência sazonal da febre das Montanhas Rochosas e da doença de Lyme?

5 Qual é o ciclo de vida do *Ixodes dammini* e qual é a sua relação com a doença de Lyme?

6 Como a peste, a febre das Montanhas Rochosas e a doença de Lyme são diagnosticadas em laboratório? Quais tratamentos são utilizados para essas doenças?

7 Quais são os agentes etiológicos da febre recorrente epidêmica, febre recorrente endêmica, tifo epidêmico, tifo rural, tifo murino, riquetisiose variceliforme e febre das trincheiras?

Infecções Transmitidas por Artrópodes Causadas por Vírus

Um grande número de importantes infecções transmitidas por artrópodes são causadas por vírus. Destas, a febre amarela apresenta uma importância mundial e tem recebido maior atenção. No início do século XX, nada era conhecido sobre o agente etiológico dessa doença mortal, dificultando, assim, a sua prevenção. Como descrito nos parágrafos seguintes, estudos científicos cuidadosos e voluntários heróicos finalmente tornaram possível o controle dessa infecção viral.

Febre Amarela

Por mais de 200 anos após o primeiro surto conhecido na Península de Iucatã, em 1648, a febre amarela foi a doença que causou a maior catástrofe no mundo. Prevaleceu, especialmente na América Central e na América do Sul. Durante o século XIX, pelo menos meio milhão de casos ocorreram no leste dos Estados Unidos. Mais tarde, em 1905, Nova Orleans e outros portos americanos do sul tiveram uma epidemia de pelo menos 5.000 casos e muitas mortes. O último caso nativo dos Estados Unidos ocorreu em 1911; o último caso importado ocorreu em 1923. A doença ainda encontra-se espalhada por regiões tropicais da América do Sul e África.

Antes de os cientistas entenderem como a febre amarela era transmitida, muitas pessoas pensavam que o contato com vestimentas, roupas de cama e com vítimas da febre amarela era responsável pela transmissão da doença. Em 1900, Walter Reed, um cirurgião do Exército dos Estados Unidos, dirigiu uma comissão para investigar a causa da febre amarela. Trabalhando em Cuba, Reed e seus assistentes usaram voluntários e controlaram cuidadosamente seus experimentos para mostrar inequivocadamente que a exposição a objetos em contato com pacientes não causava doença em voluntários sadios. Igualmente, os voluntários que dormiram em roupas de cama e com pijamas sujos com sangue e vômito negro provenientes de vítimas da febre amarela não desenvolviam a doença.

Os cientistas descobriram que a doença ocorria somente nas pessoas picadas pelos mosquitos que tinham previamente se alimentado de pacientes com febre amarela. Muitos dos voluntários desses experimentos morreram. A comissão também mostrou que o sangue infectado dos pacientes podia transmitir o agente etiológico quando injetado em voluntários, mesmo que o sangue tivesse passado primeiramente por um filtro que retém bactérias. Assim, o agente desconhecido não era uma bactéria, mas um vírus. Programas subseqüentes de controle do mosquito eliminaram a epidemia da febre amarela em Cuba e em áreas da América do Sul e Central – tornando possível a conclusão do Canal do Panamá.

O Agente Etiológico da Febre Amarela. O vírus da febre amarela (Figura 26.13) pertence ao grupo flavivírus. Possui 38 nm de diâmetro e tem um capsídeo icosaédrico de 25 a 30 nm de diâmetro, que envolve um RNA de fita única e é circundado por um envelope lipídico compacto. O vírus tem a capacidade de multiplicar-se nos tecidos de vários mosquitos, como também nos tecidos de humanos e macacos.

Transmissão do Vírus da Febre Amarela. A febre amarela resulta basicamente de dois diferentes ciclos de transmissão do vírus, o ***ciclo urbano*** (epidêmico) e o ***ciclo silvestre*** (selvagem), como mostrado na Figura 26.14A.

Figura 26.13 Micrografia eletrônica do vírus da febre amarela com um diagrama estrutural.

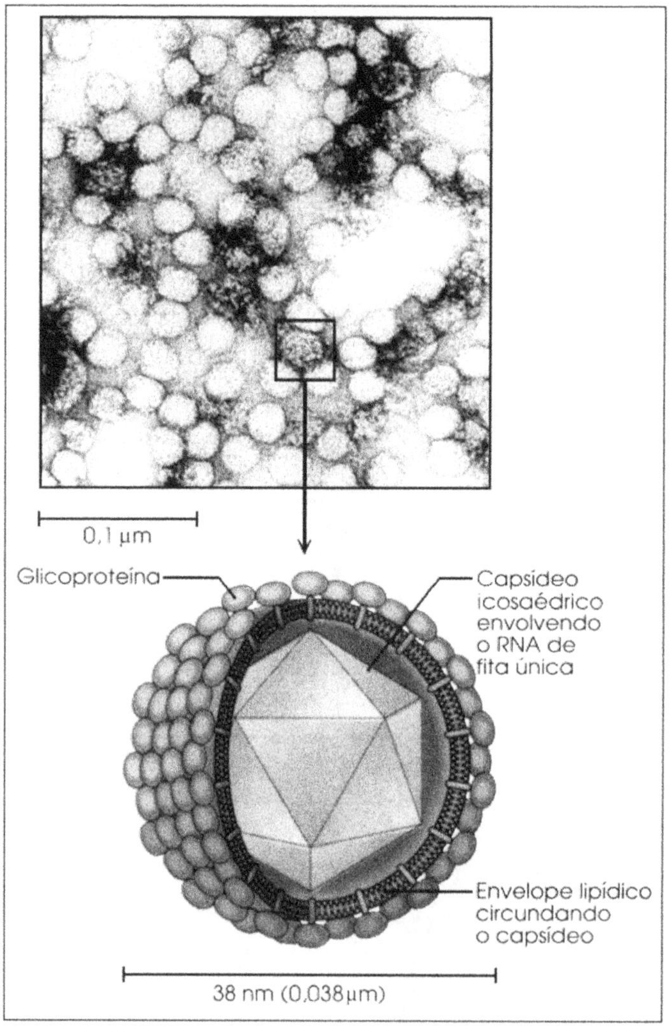

No ciclo urbano, o vírus é transmitido de pessoa para pessoa pelas picadas do mosquito *A. aegypti* (Figura 26.14B). O sangue obtido de um paciente com febre amarela contém o vírus, que se multiplica por 10 a 15 dias no tecido intestinal do mosquito. Então o vírus aparece nas glândulas salivares e o mosquito pode transmiti-lo para um indivíduo sadio. Uma vez infectado, o mosquito é capaz de transmitir o vírus pelo resto de sua vida.

A febre amarela silvestre é causada pelo mesmo vírus, mas ocorre em animais silvestres, principalmente macacos. O vírus é transmitido entre eles, e algumas vezes ao homem, por mosquitos diferentes do *A. aegypti*. Em florestas chuvosas da América Central e do Sul, os mosquitos dos topos das árvores, pertencentes aos gêneros *Haemagogus* e *Sabethes*, fazem a transmissão aos animais selvagens reservatórios. Quando o homem entra na selva, casos esporádicos ou surtos localizados de febre amarela podem ocorrer devido a picadas de mosquito. Na África, o ciclo mosquito-macaco é mantido pelo *Aedes africanus*, uma

Figura 26.14 (**A**) Relação entre os ciclos silvestre e urbano de transmissão da febre amarela. (**B**) O mosquito *Aedes aegypti*, que transmite o vírus da febre amarela de homem para homem. Comprimento, 3 a 6 mm.

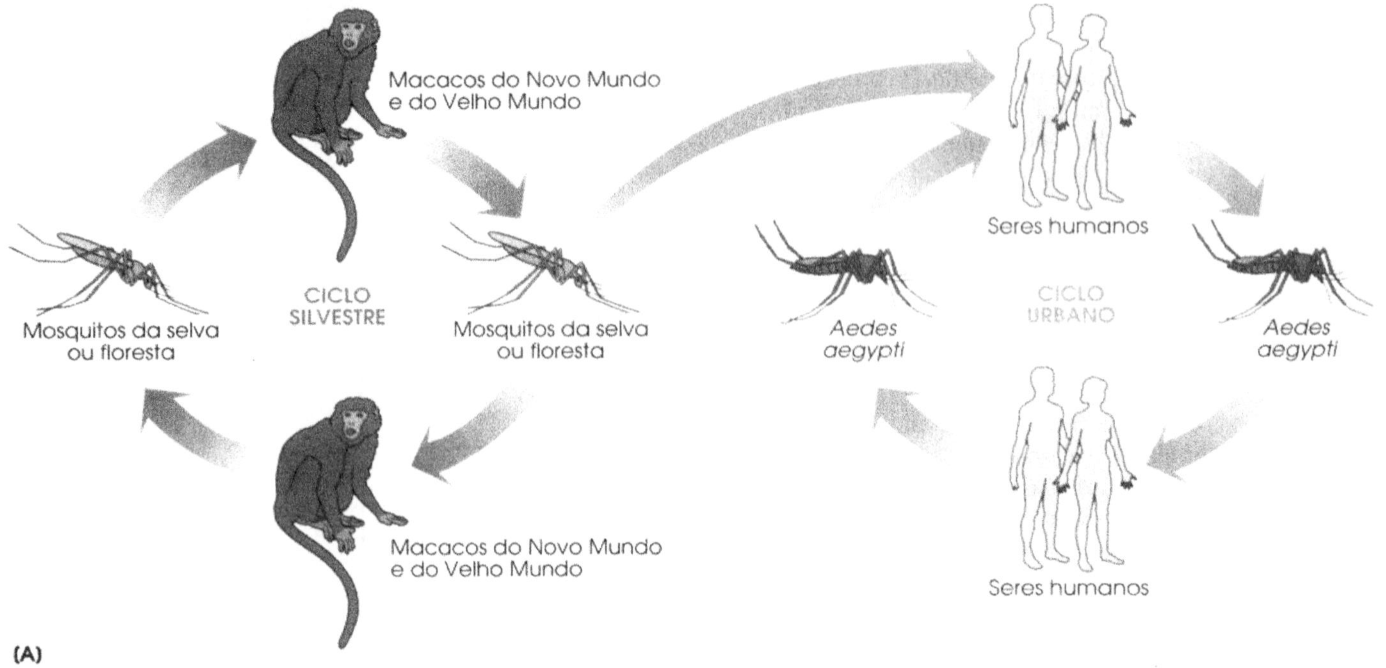

(A)

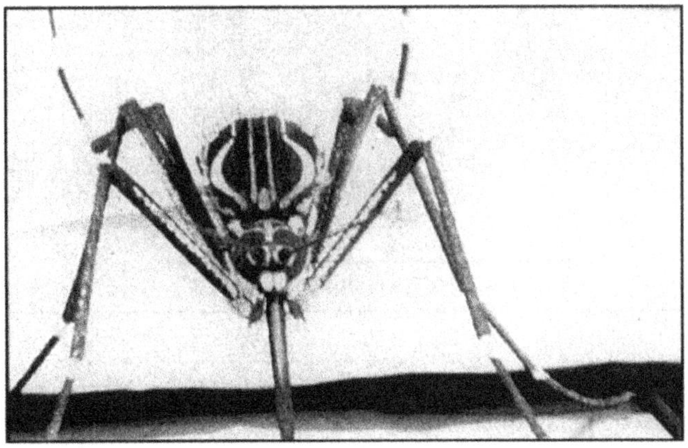

(B)

espécie que raramente se alimenta em seres humanos. Entretanto, uma outra espécie, a *Aedes simpsoni*, alimenta-se do sangue de macacos que invadem as aldeias e pode transmitir o vírus para os seres humanos. A ameaça da febre amarela sempre existe nas áreas urbanas das regiões tropicais e subtropicais, devido à existência do ciclo silvestre. Uma vez que a febre amarela tenha sido introduzida na área urbana, o ciclo urbano homem-mosquito-homem pode ser reiniciado e pode levar a uma epidemia. Embora a febre amarela esteja amplamente espalhada na América do Sul e na África, nunca invadiu a Ásia, apesar da ocorrência de seres humanos picados pelo mosquito *A. aegypti*. A razão deste fato é desconhecida.

Patogenicidade do Vírus da Febre Amarela. O vírus da febre amarela causa uma doença que afeta o fígado, o rim e outros órgãos internos. O período de incubação da febre amarela é normalmente de três a seis dias. O desenvolvimento completo da doença consiste em três períodos clínicos: (1) *infecção*, que coincide com a presença do vírus no sangue e é marcada por dores de cabeça, dores nas costas, dores musculares, febre, náusea e vômito; (2) *remissão,* durante o qual os sintomas diminuem; e (3) *intoxicação*, no qual a temperatura novamente aumenta, ocorre hemorragia estomacal (indicada pelo vômito negro), aparecimento de albumina na urina (evidência de lesão renal) e icterícia (evidência de lesão hepática). A taxa de mortalidade da febre amarela é de 25 a 50%.

Diagnóstico Laboratorial da Febre Amarela. O diagnóstico laboratorial é feito pela detecção do aumento de anticorpos específicos no soro do paciente ou pelo isolamento do vírus. O vírus pode ser isolado pela inoculação do soro do paciente no cérebro de camundongos recém-nascidos.

Tratamento e Prevenção da Febre Amarela. Não há uma terapia antiviral específica para a febre amarela e o tratamento consiste em minimizar os danos no organismo, como por exemplo por diálise renal, transfusão sanguínea e administração de oxigênio. A febre amarela urbana pode ser prevenida pela erradicação dos mosquitos *A. aegypti* ou pela supressão do número de mosquitos, de tal forma que não possam perpetuar a infecção. O controle da febre amarela silvestre é impráticavel, porque os ciclos silvestres mantêm o reservatório do vírus. Entretanto, humanos

Tabela 26.2 Doenças virais típicas de humanos transmitidas por artrópodes como vetores biológicos

Doença	Agente etiológico (distribuição geográfica)	Principal vetor e reservatório animal
Dengue	Um flavivírus (regiões tropicais e subtropicais do mundo)	Mosquitos (*Aedes aegypti, A. albopictus*) Reservatório: outras espécies de *Aedes* mantêm o ciclo silvestre em macacos, similar ao da febre amarela.
Encefalite eqüina do leste	Um alfavírus (leste da América do Norte)	Mosquitos (*Culex melanura e Aedes* sp.) Reservatório: pássaros silvestres.
Encefalite eqüina do oeste	Um alfavírus (oeste da América do Norte)	Mosquitos (*Culex tarsalis*) Reservatório: pássaros silvestres.
Encefalite de St. Louis	Um flavivírus (Estados Unidos)	Mosquitos (*Culex pipiens* e outros *Culex* sp.) Reservatório: pássaros silvestres.
Encefalite eqüina venezuelana	Um alfavírus (América Central e do Sul, sul dos Estados Unidos)	Vários tipos de mosquitos Reservatório: cavalos, roedores.
Febre do Colorado	Um orbivírus (oeste dos Estados Unidos)	Carrapatos (*Dermacentor andersoni*) Reservatório: pequenos mamíferos.
Encefalite transmitida pelo carrapato	Um flavivírus (Rússia e norte da Europa)	Carrapatos (*Ixodes ricinus* e outros) Reservatório: pequenos mamíferos silvestres e pássaros.
Febre hemorrágica da Criméia-Congo	Um buniavírus (Ásia central)	Carrapatos (*Hyalomma marginatum* e outros) Reservatório: muitos mamíferos.
Encefalite do Vale Murray	Um alfavírus (Austrália)	Mosquitos (*Culex annulirostris* e outros) Reservatório: pássaros.
Febre do oeste do Nilo	Um flavivírus (África, Europa, Oriente Médio)	Mosquitos (provavelmente *Culex* sp.) Reservatório: pássaros.

podem ser imunizados contra a doença. A vacina consiste em uma amostra de vírus atenuada. A vacinação é recomendada para pessoas com idade de 6 meses ou mais que estão viajando ou morando em áreas onde a infecção ainda ocorre.

Outras Infecções Transmitidas por Artrópodes Causadas por Vírus

Outros exemplos de doenças virais de humanos que são transmitidas por artrópodes estão relacionados na Tabela 26.2. Observe que muitas dessas infecções são tipos de encefalites, doenças caracterizadas pela inflamação do cérebro. As encefalites virais muitas vezes iniciam com dores de cabeça, febre e fraqueza; mais tarde, pode ocorrer o desenvolvimento de confusão mental, paralisia de um lado do corpo, deterioração da fala e memória e coma. Os vários tipos de encefalite viral são causados por diferentes vírus e têm diferentes distribuições geográficas. Também pode ser observado na Tabela 26.2 que os mosquitos e os carrapatos são os principais vetores envolvidos na transmissão das viroses veiculadas por artrópodes.

Responda

1 Quais foram as contribuições de Walter Reed para o nosso entendimento sobre a febre amarela?

2 Quais diferenças existem entre os ciclos urbano e silvestre da febre amarela? Quais espécies de mosquito estão envolvidas em cada ciclo?

3 Como a febre amarela pode ser prevenida? Que tipo de vacina está disponível?

4 Que outras doenças humanas são causadas por vírus transmitidos por artrópodes? Que tipos de artrópodes transmitem esses vírus?

Infecções Transmitidas por Artrópodes Causadas por Protozoários

Entre as várias infecções transmitidas por artrópodes causadas por protozoários, a malária é conhecida desde a

Figura 26.15 Incidência da malária (casos por 100.000 habitantes) nos Estados Unidos, 1930 a 1990. Observe que o eixo *y* é logarítmico. (*Morbidity and Mortality Weekly Report, Summary of Notifiable Diseases*, 1990, publicado em 4 de outubro de 1991.)

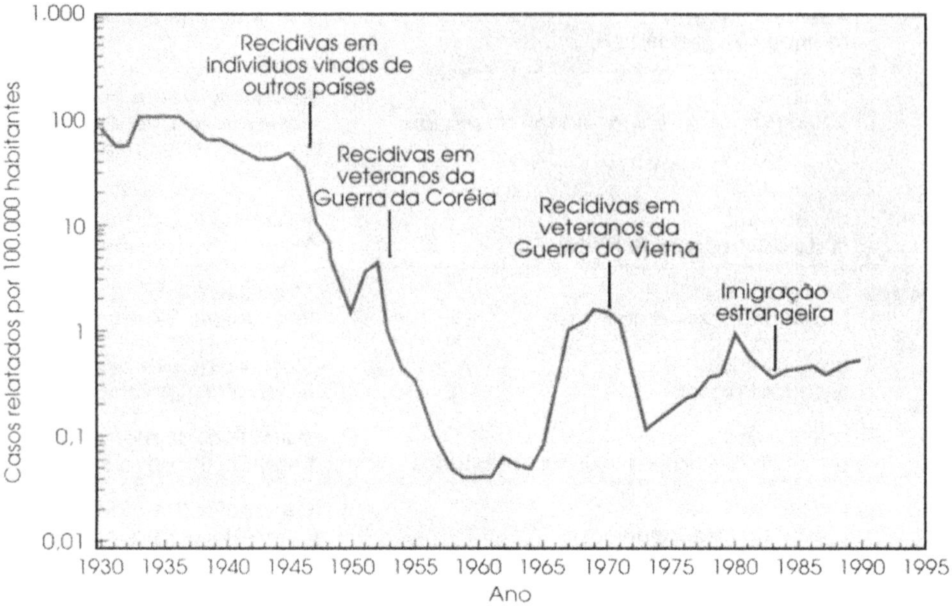

Antigüidade e tem sido a doença causadora do maior flagelo da raça humana. A malária exemplifica o fato de que você precisa conhecer o ciclo vital do protozoário patogênico para entender como o parasita causa a doença. Os conhecimentos do ciclo evolutivo podem também auxiliá-lo a encontrar os caminhos em potencial para prevenir a doença.

Malária

Em escala mundial, a malária é uma das infecções humanas mais comuns. A cada ano, mais de 150 milhões de indivíduos apresentam a doença e 3 milhões morrem. Até o momento a doença é amplamente distribuida na África, Ásia e América Latina.

Nos Estados Unidos, a malária tem sido associada principalmente ao retorno de militares de áreas onde a doença é prevalecente. Por exemplo, em 1966-1972, uma alta incidência de malária ocorreu entre os veteranos que retornaram da Guerra do Vietnã (Figura 26.15). Embora o número de casos tenha diminuído posteriormente, aumentou novamente após 1974. Este aumento tem sido associado principalmente com viajantes ou imigrantes de regiões onde a malária é prevalecente, particularmente Nigéria, México e outros países da América Central e Nova Guiné. A malária é raramente contraída nos Estados Unidos.

O Agente Etiológico da Malária. Os protozoários que causam a malária são esporozoários pertencentes ao gênero *Plasmodium*. A malária é causada por mais de 50 espécies de *Plasmodium*, mas somente quatro espécies causam malária em humanos; o restante ataca várias centenas de outros animais hospedeiros. As quatro espécies que causam a malária humana são *P. falciparum, P. vivax, P. malariae* e *P. ovale*. O *P. falciparum* causa a forma mais séria da doença.

O protozoário da malária humana pode ser cultivado no laboratório em uma fina camada de glóbulos vermelhos humanos, sobre a qual é adicionado cuidadosamente um meio contendo um complexo sérico. Os protozoários são microaerófilos e crescem melhor em uma atmosfera contendo 3% de oxigênio e 1% de dióxido de carbono. O nível de oxigênio de 17 a 21% inibe o crescimento.

Transmissão e Ciclo Evolutivo dos Protozoários da Malária. Os protozoários do gênero *Plasmodium* são transmitidos aos seres humanos pelos mosquitos do gênero *Anopheles* (Figura 26.16). A saliva de um *Anopheles* infectado contém ***esporozoítas***, que são formas infectantes do protozoário e assemelham-se a uma foice. Quando o mosquito pica o homem, os esporozoítas são injetados na corrente sanguínea da vítima e rapidamente alcançam o fígado (Figura 26.17A, caderno em cores). Assim, eles se dividem assexuadamente dentro das células hepáticas e dão origem a numerosas células arredondadas chamadas ***merozoítas***. Como as células infectadas do fígado desintegram-se, os merozoítas são lançados na corrente sanguínea, onde invadem os glóbulos vermelhos. Um merozoíta desenvolve-se no interior da hemácia para dar origem a um trofozoíta, o estágio ativo de alimentação. Os trofozoítas dividem-se assexuadamente para produzir mais merozoítas (Figura 26.17B, caderno em cores). Como os glóbulos vermelhos do hospedeiro desintegram-se, os merozoítas são liberados

Figura 26.16 Mosquito *Anopheles gambiae*, um vetor da malária.

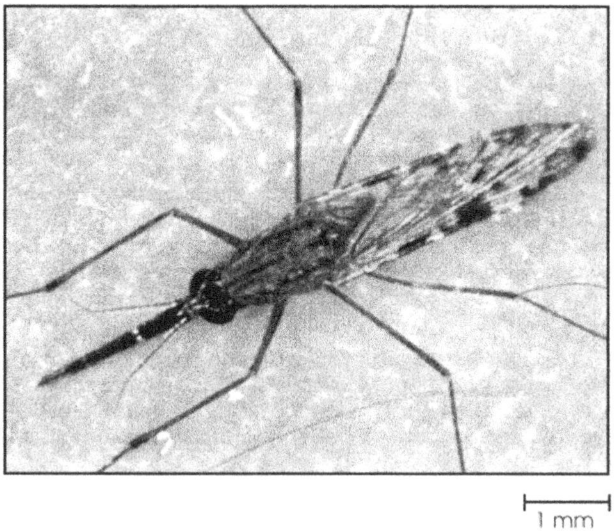

para atacar mais glóbulos, produzindo mais merozoítas que atacam mais glóbulos vermelhos, e assim por diante (o ***ciclo eritrocítico***, Figura 26.17A, caderno em cores.)

Alguns dos merozoítas que infectam os glóbulos vermelhos desenvolvem-se em células sexuais masculinas e femininas chamadas ***gametócitos***. Quando um *Anopheles* não-infectado pica uma pessoa com malária, ingere sangue contendo gametócitos. No estômago do mosquito, os gametócitos desenvolvem-se em gametas masculinos e femininos livres – *ovos* e células *espermáticas*. Após a célula espermática fertilizar o ovo, o zigoto passa para fora da parede do estômago, onde se desenvolve para uma forma de encistamento chamada ***oocisto*** (ver Figura 10.31, no Volume I). Os esporozoítas desenvolvem-se dentro do oocisto e, quando maduros, migram para as glândulas salivares do mosquito, das quais podem ser injetados na corrente circulatória de uma nova vítima, por meio da picada do mosquito, para iniciar o ciclo novamente.

Patogenicidade dos Protozoários da Malária. Os sintomas da malária ocorrem durante o ciclo eritrocítico assexuado e podem ser causados pela liberação de um ***pirogênio***, uma substância indutora de febre, originada das células lesadas. Os sintomas normalmente têm início 10 a 16 dias após a infecção pelos mosquitos. O paciente apresenta calafrios seguidos por febres recorrentes, transpiração, dores de cabeça e musculares. Os ciclos da febre variam de acordo com a espécie de *Plasmodium* que está causando a infecção. Os períodos sintomáticos normalmente duram menos de 6 h. O baço apresenta-se aumentado e sensível (Figura 26.18). Eventualmente o paciente apresenta-se fraco e exausto, e uma anemia se desenvolve devido à destruição dos glóbulos vermelhos pelos merozoítas do *Plasmodium*. Períodos sintomáticos da doença intercalados com períodos de bem-estar são padrão característico da malária benigna, causada pelo *P. vivax, P. ovale* e *P. malariae*. Se não for tratada, a malária benigna usualmente regride espontaneamente e ocasiona, mais tarde, uma recorrência.

Figura 26.18 Rapaz infectado com malária apresentando o baço aumentado (delineado na barriga).

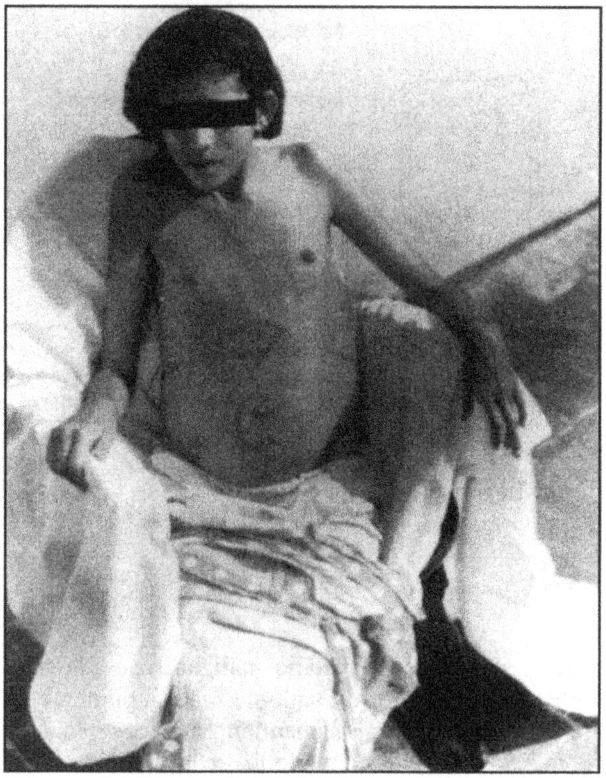

Figura 26.19 Técnica do serviço de malária coletando uma amostra de sangue de uma paciente, em Bombain, Índia. O sangue será examinado microscopicamente quanto à presença do protozoário da malária.

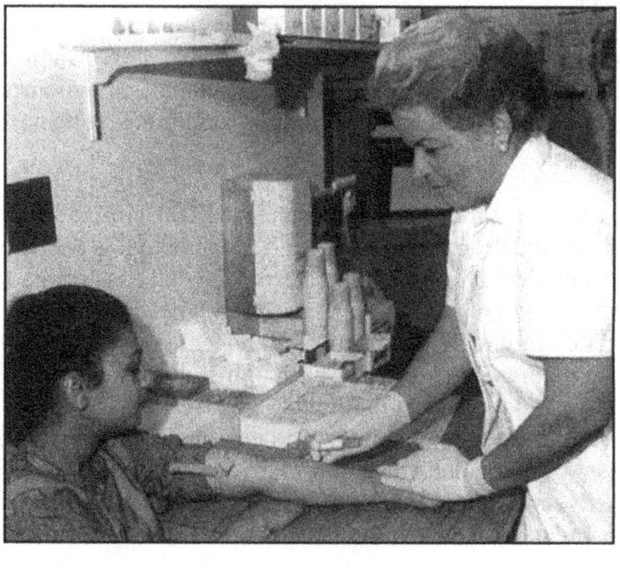

Tabela 26.3 Doenças humanas típicas causadas por protozoários transmitidas por artrópodes como vetores biológicos.

Doença	Agente etiológico (distribuição geográfica)	Vetor biológico e reservatório animal	Interação artrópode-patógeno-homem
Doença de Chagas	*Trypanosoma cruzi* (América Latina continental)	Insetos da família *Reduviidae* (*Triatoma* sp., *Panstrongylus* sp.) Reservatório: tatus, gambás, cachorros, gatos e outros animais	O patógeno multiplica-se no intestino posterior do inseto; seres humanos são infectados pela fricção das fezes do inseto no local da picada.
Tripanossomíase africana (doença do sono)	*Trypanosoma brucei* subespécie *gambiense* (oeste e centro da África) *T. brucei* subespécie *rhodesiense* (África do leste e central)	Moscas tsé-tsé (*Glossina* sp.) Reservatório: antílopes e outros animais selvagens na África.	O patógeno multiplica-se no intestino médio e passa para as glândulas salivares; seres humanos são infectados pela picada.
Calazar	*Leishmania donovani* (China, Índia, África, área do Mediterrâneo, América Latina continental)	Mosquito-pólvora (*Phlebotomus* sp.) Reservatório: roedores e outros animais silvestres; cachorros.	O patógeno multiplica-se no intestino médio e alcança as partes da boca do flebótomo; seres humanos são infectados pela picada.
Leishmaniose oriental	*Leishmania tropica* e *L. major* (área do Mediterrâneo ao oeste da Índia)	Igual ao item acima.	Igual ao item acima.
Espúndia	*Leishmania brasiliensis* (do México ao norte da Argentina)	Igual ao item acima.	Igual ao item acima.

Em pacientes com malária maligna (causada pelo *P. falciparum*), a febre e os sintomas são geralmente mais persistentes e também incluem inchaço dos tecidos do cérebro e dos pulmões e um bloqueio da atividade renal. A malária maligna tem um alto índice de mortalidade se não for prontamente tratada. Isso se deve em parte à alta taxa de reprodução das formas assexuadas dos protozoários nas células sanguíneas. As pequenas veias e os capilares do coração tornam-se obstruídos pelos glóbulos vermelhos parasitados, provocando a diminuição do fluxo sanguíneo coronariano e da função cardíaca.

Diagnóstico Laboratorial da Malária. Os sintomas típicos da malária imitam uma variedade de outras infecções humanas, e um diagnóstico definitivo depende da demonstração dos parasitas em esfregaços sanguíneos de pacientes (Figura 26.19). A detecção de anticorpos específicos no soro do paciente pode também ser realizada por meio da utilização de testes sorológicos; entretanto, os anticorpos normalmente são detectados após a segunda semana de infecção.

Tratamento da Malária. Por mais de 100 anos, a quinina foi a única droga utilizada para o tratamento dos pacientes com malária. Na Segunda Guerra Mundial essa droga foi substituída pela quinacrina, que mais tarde foi substituída pela cloroquina e primaquina, atualmente os agentes *anti-Plasmodium* de escolha. A primaquina destrói o protozoário quando ele se multiplica no fígado, enquanto a cloroquina destrói os merozoítas no sangue. A combinação desses dois agentes é muito efetiva contra amostras susceptíveis de protozoários da malária encontrados na África, Índia e América Central. Entretanto, desde o início de 1959, em alguns países têm surgido amostras de *P. falciparum* resistentes à cloroquina. A combinação de sulfato de quinina com pirimetamina é utilizada para o tratamento de malária provocada por amostras resistentes à cloroquina.

Prevenção da Malária. Uma forma de controle da malária está baseada na eliminação do inseto vetor que transmite o protozoário. A erradicação do mosquito requer a destruição de suas áreas de procriação e morte das formas adultas e das larvas. Essas tarefas não são fáceis, porque alguns mosquitos desenvolvem resistência aos inseticidas, outros apresentam padrões comportamentais que previnem o contato com os inseticidas e em certas áreas é impossível eliminar a procriação dos mosquitos.

Em nível individual de controle, podem ser usadas redes ao redor da área de dormir; as casas podem ser protegidas com telas; e armadilhas, inseticidas e repelentes para mosquitos podem ser utilizados. Esse tipo de controle, evidentemente, pode ser usado para a prevenção de todas as doenças transmitidas por artrópodes. A malária pode também ser prevenida pelas mesmas drogas que são empregadas para o tratamento de pacientes infectados. Por exemplo, indivíduos que viajam para áreas onde a malária susceptível à cloroquina é predominante são aconselhados a tomar o fosfato de cloroquina. Uma combinação de sulfonamidas e pirimetamina pode ser usada para prevenir a malária causada por amostras resistentes à cloroquina.

É provável que somente um programa de imunização em massa permita a erradicação da malária. Infelizmente, não há nenhuma vacina contra a malária disponível comercialmente, porém algumas estão em desenvolvimento.

DESCOBERTA!

26.3 TRABALHANDO PARA PRODUZIR UMA VACINA DA MALÁRIA.

Tem sido difícil controlar a malária pela erradicação do mosquito; além disso, alguns protozoários da malária têm-se mostrado resistentes aos agentes quimioterápicos usuais. Por esta razão, o desenvolvimento de uma vacina eficaz é urgentemente necessário para auxiliar no controle da propagação da malária. Muitas abordagens engenhosas para o desenvolvimento de uma vacina estão agora sob investigação. As propostas mencionadas a seguir estão baseadas nos conhecimentos do ciclo evolutivo do protozoário e nas técnicas modernas de engenharia genética.

(1) Um esporozoíta é coberto por uma camada espessa que consiste em uma proteína chamada *proteína CS*. Anticorpos contra a proteína CS são conhecidos por destruírem a infectividade dos esporozoítas. Após um mosquito injetar esporozoítas da malária no homem, estes ficam na corrente sanguínea por apenas poucos minutos antes de desaparecerem dentro das células hepáticas. É durante este breve período que os anticorpos poderiam atacar os esporozoítas. Por meio da engenharia genética, agora é possível obter quantidades ilimitadas de proteína CS. A proteína tem sido testada na população quanto à sua habilidade em induzir imunidade contra a malária, mas os resultados têm sido desanimadores. As possíveis razões são: (1) se um único esporozoíta escapar da destruição, a pessoa infectada ainda desenvolverá a malária; e (2) os esporozoítas têm a capacidade de variar o tipo da proteína CS, e, assim, uma vacina composta de um tipo de proteína CS não protegerá contra os esporozoítas que produziram uma proteína variante.

(2) Pode ser possível produzir uma vacina que estimule anticorpos contra o estágio merozoíta dos protozoários. Esses anticorpos podem ser hábeis em prevenir a ocorrência do ciclo eritrocítico no paciente, uma vez que os merozoítas liberados de um glóbulo vermelho estão livres no sangue por poucos minutos antes de invadir outro glóbulo vermelho. Entretanto, é difícil determinar qual dos muitos antígenos do merozoíta pode estimular a produção de anticorpos capazes de bloquear efetivamente a invasão dos glóbulos vermelhos.

(3) Outra proposta direcionada contra o ciclo eritrocítico é baseado no fato de que, após um *merozoíta* invadir o glóbulo vermelho e dar início ao desenvolvimento das formas de anel e trofozoíta, alguns antígenos do protozoário em crescimento *são inseridos na membrana citoplasmática das células hospedeiras infectadas*. Se uma vacina pudesse estimular a produção de anticorpos contra esses antígenos de membrana, os anticorpos destruiriam inteiramente a célula infectada antes do processo de maturação do protozoário.

(4) Ainda uma outra proposta é baseada no desenvolvimento de uma vacina que possa estimular a produção de anticorpos contra os *gametas* do protozoário. Esses anticorpos não protegeriam diretamente a população quanto à aquisição da malária, porque os gametas ocorrem somente nos mosquitos. Entretanto, *os anticorpos bloqueariam a transmissão da infecção pelos mosquitos aos indivíduos saudáveis*. Se um mosquito ingere sangue de um paciente com malária que foi imunizado para produzir anticorpos contra os gametas, os anticorpos que são levados no sangue ingerido pelo mosquito destruiriam os gametas que posteriormente seriam produzidos no estômago do mosquito. Isso representaria o aparecimento do mosquito não-infectante. A imunização ampla de uma população contra os gametas do protozoário poderia romper o ciclo de transmissão homem-mosquito-homem.

Figura 26.20 (**A**) Fotomicrografia do sangue de um paciente com tripanossomíase africana, mostrando a presença de numerosos tripanossomos entre os glóbulos vermelhos. (**B**) Esquema mostrando o sangue contendo *Trypanosoma cruzi*, o agente etiológico da doença de Chagas (ver Tabela 26.3).

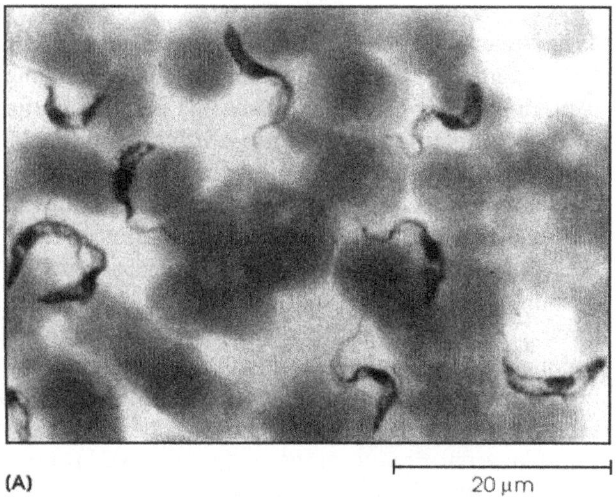

(A)

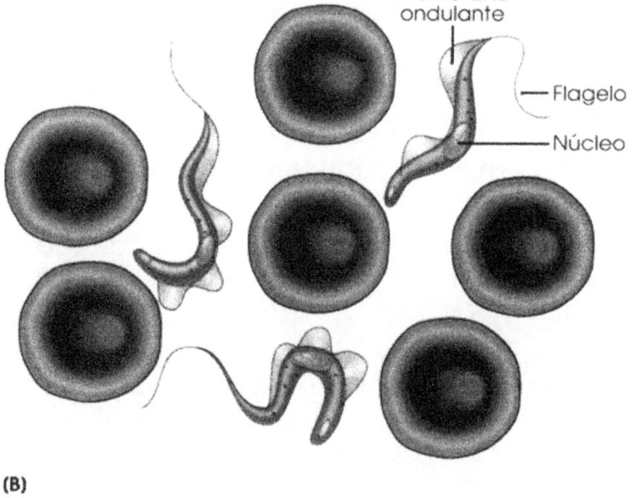

(B)

Tabela 26.4 Filarioses.

Doença	Agente da filariose (distribuição geográfica)	Artrópode vetor
Filariose de Bancroft	*Wuchereria bancrofti* (regiões tropicais e subtropicais do mundo)	Mosquitos (*Aedes* sp., *Culex* sp., *Anopheles* sp.)
Filariose brugiana	*Brugia malayi* (sudeste da Ásia) *B. timori* (Indonésia)	Mosquitos (*Anopheles* sp., *Mansonia* sp.) *Anopheles barbirostris*
Loaíase	*Loa loa* (África)	Moscas-dos-estábulos (*Chrysops* sp.)
Oncocercose	*Onchocerca volvulus* (África, América Central e do Sul)	Borrachudos (*Simulium* sp.)
Tetrapetalonemíase	*Tetrapetalonema perstans* (África, América do Sul) *T. streptocerca* (África)	Mosquitos (*Culicoides* sp.) Mosquitos (*Culicoides* sp.)
Filariose de Ozzard	*Mansonella ozzardi* (América Central e do Sul)	Mosquitos (*Culicoides* sp.)

Uma das dificuldades é que os protozoários que causam a malária normalmente não estão livres na corrente sanguínea; eles permanecem principalmente dentro das células do fígado ou dos glóbulos vermelhos, onde os anticorpos não podem alcançá-los. Todavia, muitas propostas para o desenvolvimento da vacina da malária estão atualmente sob intensa investigação (DESCOBERTA 26.3).

Outras Infecções Transmitidas por Artrópodes Causadas por Protozoários

A Tabela 26.3 relaciona muitas outras doenças humanas causadas por protozoários transmitidas por artrópodes na qualidade de vetores biológicos. A Figura 26.20 mostra os organismos de um gênero desses agentes.

Responda

1 Qual é o gênero e quais são as espécies de protozoário que causam a malária?

2 Qual etapa do ciclo evolutivo do protozoário da malária ocorre em mosquitos? Qual etapa ocorre no homem?

3 Como a malária pode ser tratada? Como pode ser prevenida?

4 Quais problemas existem com relação ao desenvolvimento de uma vacina contra malária?

5 Qual protozoário é o agente etiológico da doença de Chagas, tripanossomíase africana, calazar, leishmaniose oriental e espúndia? Quais são os artrópodes que transmitem esses agentes?

Infecções Transmitidas por Artrópodes Causadas por Helmintos

Filárias são nematódeos patogênicos (helmintos) que são transmitidos por picadas de artrópodes. A *filariose* é um termo geral utilizado para descrever as várias infecções causadas por filárias. As filarioses constituem um grande problema mundial de saúde, com milhões de pessoas infectadas nas regiões tropicais e subtropicais da Terra.

Filariose

A Tabela 26.4 relaciona várias doenças específicas causadas pelas filárias. Destas, a filariose de Bancroft, causada pela *Wuchereria bancrofti*, é a mais difundida, ocorrendo em aproximadamente 250 milhões de pessoas nas regiões tropicais e subtropicais do mundo.

Transmissão e Ciclo Evolutivo da *Wuchereria bancrofti*. Como algumas doenças mencionadas anteriormente neste capítulo, a *W. bancrofti* é transmitida ao homem por meio de mosquitos infectados. O mosquito transmite a larva da filária quando pica o homem. Após a penetração nos tecidos humanos, as larvas, em forma de salsichas, invadem os linfonodos e evoluem para vermes adultos machos e fêmeas, brancos e filiformes. Estes podem atingir um comprimento de 40 mm (verme macho) e 100 mm (verme fêmea). Os vermes adultos podem viver durante anos nos linfonodos do paciente. Após o acasalamento, a fêmea produz ***microfilárias***, pequenas, filiformes, com comprimento em torno de 0,25 mm, que são liberadas na corrente sanguínea em grande número (Figura 26.21). Por razões desconhecidas, isso ocorre normalmente durante a noite.

Figura 26.21 Microfilária da *Wuchereria bancrofti* vista em um esfregaço de sangue corado.

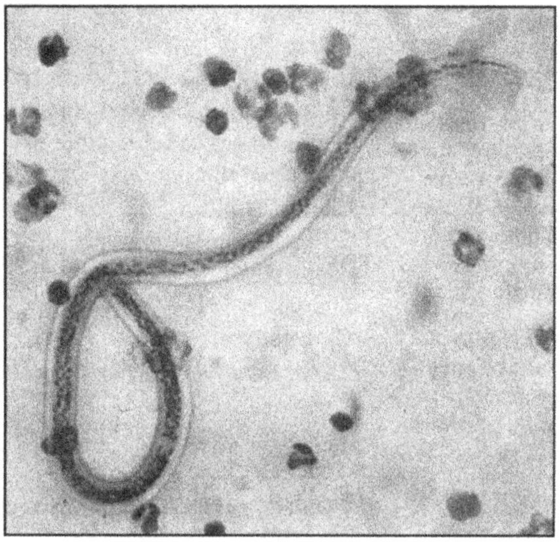

Se um mosquito não-infectado picar um homem infectado, ocorre a ingestão das microfilárias juntamente com o sangue. As microfilárias penetram no tecido muscular dos artrópodes e desenvolvem-se em larvas. As larvas finalmente alcançam as partes da boca do mosquito e então podem ser transmitidas pelo inseto para outro homem.

Patogenicidade da *W. bancrofti*. Alguns pacientes com microfilárias na corrente sanguínea podem não apresentar os sintomas da infecção. Quando os sintomas ocorrem, devem-se aos danos provocados no sistema linfático do paciente. O sistema linfático pode ser descrito da seguinte maneira: tecidos corporais são permeados por uma camada reticular de capilares sanguíneos, os quais suprem as células teciduais com oxigênio e nutrientes. Os capilares sanguíneos possuem paredes muito finas, e alguma porção fluida do sangue invariavelmente escoa para os tecidos. Este fluido, chamado ***linfa***, causaria o inchaço dos tecidos do organismo pelo excesso de fluido. O sistema linfático é um sistema de vasos tubulares com paredes finas que coletam a linfa e a fazem retornar para o sistema sanguíneo circulatório. Em pessoas com filariose, as microfilárias podem causar obstrução dos vasos linfáticos. Algumas partes do corpo tornam-se extremamente inchadas, particularmente os órgãos genitais e as pernas – uma condição denominada ***elefantíase*** (Figura 26.22).

Diagnóstico Laboratorial, Tratamento e Prevenção da Filariose de Bancroft. O diagnóstico laboratorial depende da observação microscópica das microfilárias em amostras

Figura 26.22 Elefantíase em uma paciente com filariose de Bancroft crônica.

sanguíneas do paciente colhidas durante a noite. Também testes sorológicos podem detectar anticorpos produzidos em resposta à infecção.

O tratamento envolve a administração oral de dietilcarbamazina. Esse produto químico diminui o número de microfilárias na corrente sanguínea do paciente; entretanto, não mata os vermes adultos. A prevenção é mais bem realizada pelo uso de telas, mosquiteiros e repelentes de insetos em áreas onde a filariose de Bancroft é predominante.

Responda

1 O que são filárias? Que tipos de artrópodes vetores podem transmiti-las ao homem?

2 Qual é o ciclo evolutivo da *Wuchereria bancrofti*? O que são microfilárias?

3 Como a elefantíase pode resultar da filariose de Bancroft?

Resumo

1. Artrópodes são animais invertebrados com membros articulados e corpos segmentados geralmente cobertos com uma camada de quitina. Alguns artrópodes podem servir de vetores mecânicos ou vetores biológicos de doenças. Podem transmitir bactérias, vírus, protozoários ou nematódeos (helmintos) patogênicos.

2. A peste é causada pela *Yersinia pestis*, um bacilo Gram-negativo que apresenta coloração bipolar. A peste é principalmente uma doença de roedores silvestres e, nos Estados Unidos, está distribuída entre os roedores silvestres nas regiões do sudoeste. As pulgas podem transmitir o bacilo da peste dos roedores silvestres para os ratos domésticos, e dos ratos domésticos para o homem. A transmissão de homem para homem pode ocorrer por meio do piolho ou das pulgas do corpo humano, mas na ocorrência da peste pneumônica o bacilo da peste pode ser disseminado pelo ar.

3. A febre das Montanhas Rochosas (RMSF) é causada pela bactéria *Rickettsia rickettsii*, que é transmitida aos humanos pelos carrapatos do cachorro ou carrapatos silvestres. Os carrapatos servem não somente como vetores mas também como os principais reservatórios da infecção. A RMSF é caracterizada por erupção cutânea, inicialmente nos tornozelos e pulsos.

4. A doença de Lyme é causada pelo espiroqueta *Borrelia burgdorferi*, que é transmitido pelos carrapatos *Ixodes*. Os carrapatos têm um ciclo vital de dois anos, envolvendo os estágios de larva e ninfa e o estágio adulto. Os hospedeiros preferenciais dos carrapatos são os camundongos-de-patas-brancas e os veados. Um sintoma inicial característico da doença de Lyme é o desenvolvimento de uma erupção cutânea chamada eritema crônico migratório.

5. Outras doenças transmitidas por artrópodes causadas por bactérias incluem febre recorrente epidêmica e endêmica, tifo epidêmico, tifo rural, riquetsiose variceliforme, tifo murino e febre das trincheiras.

6. As doenças transmitidas por artrópodes causadas por vírus incluem a febre amarela, causada por um flavivírus transmitido aos humanos pelo mosquito *Aedes aegypti*. Ocorrem dois diferentes ciclos de transmissão, um ciclo urbano e um ciclo silvestre.

7. Outras doenças transmitidas por artrópodes causadas por vírus incluem a dengue, a febre do Colorado, a febre hemorrágica da Criméia-Congo, a febre do oeste do Nilo, assim como vários tipos de encefalites virais, como a encefalite eqüina do leste e a encefalite eqüina venezuelana.

8. A malária é uma doença transmitida por artrópodes causada por quatro espécies de protozoários do gênero *Plasmodium;* a forma mais grave da malária é causada pelo *P. falciparum*. Os esporozoítas da malária são transmitidos ao homem pelos mosquitos *Anopheles*. Os esporozoítas invadem as células do fígado e desenvolvem-se em merozoítas, os quais fazem o ciclo eritrocítico. Quando os gametócitos de um protozoário são ingeridos pelo mosquito, ocorre o desenvolvimento dos gametas no estômago do mosquito. Após a fertilização do ovo pelo esperma, este evolui para um oocisto, no qual ocorre o desenvolvimento dos esporozoítas. O mosquito pode então transmitir os esporozoítas para uma outra vítima humana. Tem sido difícil realizar o controle da malária pela eliminação dos mosquitos vetores, e uma vacina contra a malária é necessária urgentemente. O desenvolvimento de uma vacina é complicado pelo fato de que o protozoário da malária vive principalmente dentro das células, onde os anticorpos não podem destruí-los.

9. Outras doenças causadas por protozoários que são transmitidas pelos artrópodes incluem doença de Chagas, tripanossomíase africana, calazar, leishmaniose oriental e espúndia.

10. Filárias são nematódeos patogênicos transmitidos pela picada de um artrópode. A filariose de Bancroft é causada pela *Wuchereria bancrofti*, cuja larva é transmitida ao homem pelos mosquitos. O corpo do verme adulto produz numerosas microfilárias. Quando as microfilárias são ingeridas pelo mosquito, desenvolvem-se em larvas e podem ser transmitidas para um outro homem. Um dos sintomas da filariose de Bancroft é a elefantíase, caracterizada pelo inchaço de algumas partes do corpo, particularmente os órgãos genitais e as pernas, devido a um bloqueio do sistema linfático do paciente.

Palavras-Chave

Artrópodes
Bubão
Ciclo eritrocítico da malária
Ciclo silvestre da febre amarela
Ciclo urbano da febre amarela
Coloração bipolar
Elefantíase
Eritema crônico migratório (ECM)
Esporozoítas
Filárias
Gametócitos
Linfa
Merozoítas
Microfilárias
Oocisto
Passagem transovariana
Pirogênio
Proteínas V e W
Reservatório da infecção
Septicemia
Toxina murina
Vetor biológico
Vetores mecânicos

Revisão

ARTRÓPODES COMO VETORES DE DOENÇAS

1. Um vetor que transmite um patógeno que está aderido em sua boca ou pernas é um vetor _______________, enquanto um vetor no qual o patógeno passa por um período de crescimento ou desenvolvimento é um vetor _______________.

2. A passagem transovariana refere-se à transmissão de um microrganismo patogênico para gerações subseqüentes de um artrópode por ser incorporado ao _______________ produzido pela fêmea.

INFECÇÕES TRANSMITIDAS POR ARTRÓPODES CAUSADAS POR BACTÉRIAS

3. Associar o item da esquerda com a descrição mais apropriada da direita:

___A "morte negra" (**a**) O reservatório da peste

___Coloração bipolar (**b**) Complexo que previne a fagocitose

___Proteínas V e W (**c**) Pandemia do século XIV

___*Xenopsylla cheopis* (**d**) Glândulas linfáticas aumentadas

___Bubão (**e**) Pulga do rato

___Roedores silvestres (**f**) A principal característica morfológica da *Y. pestis*

4. Organizar os itens seguintes em ordem correta de acordo com a ocorrência de uma epidemia de peste pneumônica:

(**a**) Paciente com peste bubônica desenvolve a peste pneumônica, que se dissemina de homem a homem por meio de aerossóis.

(**b**) Pulgas de rato transmitem o bacilo da peste dos ratos para o homem.

(**c**) Pulgas de roedores transmitem o bacilo da peste de roedores silvestres infectados para ratos domésticos.

(**d**) Pulgas de roedores transmitem o bacilo da peste entre os roedores silvestres.

(**e**) Pulgas de roedores transmitem o bacilo da peste entre os ratos domésticos.

5. A febre das Montanhas Rochosas é predominante na parte _______________ (leste, oeste) dos Estados Unidos e ocorre principalmente durante os meses de _______________ (inverno, verão).

6. Os reservatórios primários da febre das Montanhas Rochosas são: (**a**) roedores silvestres; (**b**) *Dermacentor andersoni, Dermacentor variabilis* e *Amblyomma americanum*; (**c**) *Rattus rattus* e *Rattus norvegicus;* (**d**) *Pediculus humanus* e *Pulex irritans;* (**e**) *Xenopsylla cheopis.*

7. Em pacientes com a febre das Montanhas Rochosas, a erupção cutânea normalmente aparece primeiro sobre: (**a**) o tórax; (**b**) o abdômen; (**c**) a face; (**d**) as costas; (**e**) pulsos e tornozelos.

8. A doença de Lyme é causada por um _______________ (coco, bacilo, vibrião, espiroqueta) chamado *Borrelia burgdorferi*, que é transmitido ao homem por meio de _______________ (piolhos, carrapatos, mosquitos, pulgas) do gênero *Ixodes.*

9. A doença de Lyme ocorre principalmente nos Estados Unidos no: (**a**) nordeste (**b**) centro-oeste; (**c**) noroeste; (**d**) sul; (**e**) sudoeste.

10. Nos estágios iniciais da doença de Lyme, pode ocorrer o eritema crônico migratório, que representa um tipo de: (**a**) meningite; (**b**) pneumonia; (**c**) erupção cutânea; (**d**) icterícia; (**e**) alterações sanguíneas.

11. Acredita-se que o lipopolissacarídeo da *B. burgdorferi* estimula a produção em excesso, pelos macrófagos, de um regulador imunológico denominado ______________________.

12. O tifo epidêmico tem sido uma das principais doenças causadoras de tragédia na raça humana. A doença é causada por uma bactéria chamada ______________________ (gênero, espécie) e é transmitida aos seres humanos pelos(as) _______________ (carrapatos, pulgas, piolhos, ácaros).

13. As borrélias que causam febre recorrente epidêmica são transmitidas ao homem por ________, enquanto aquelas que causam febre recorrente endêmica são transmitidas por ________________.

INFECÇÕES TRANSMITIDAS POR ARTRÓPODES CAUSADAS POR VÍRUS

14. A mais séria doença viral dos trópicos transmitida por artrópode é a _________________ (malária, febre amarela, raiva).

15. A relação entre *Aedes aegypti* e a epidemia da febre amarela foi primeiramente descoberta em 1900-1901 por ___________________ e seus colaboradores.

16. Correlacionar cada item seguinte com a febre amarela urbana ou silvestre colocando a(s) letra(s) correspondente(s). Febre amarela urbana:____________________________. Febre amarela silvestre:________________.

(**a**) A transmissão é homem-mosquito-homem.

(**b**) Macacos silvestres constituem um reservatório da infecção.

(**c**) A transmissão ao homem ocorre por meio de mosquitos diferentes do *Aedes aegypti*.

(**d**) O controle é mais difícil devido aos animais silvestres reservatórios que perpetuam a infecção.

(**e**) Pode ser controlada de forma relativamente fácil pela erradicação do *A. aegypti*.

17. Em pacientes com febre amarela, a ocorrência de albumina na urina é indicativa de danos no ____________, icterícia é indicativo de danos no _________________ e vômito negro é indicativo de _________________.

18. A vacina contra a febre amarela consiste em __________________.

19. Outras doenças causadas por vírus além da febre amarela são transmitidas por mosquitos e ________________.

INFECÇÕES TRANSMITIDAS POR ARTRÓPODES CAUSADAS POR PROTOZOÁRIOS

20. A malária humana é causada por quatro espécies de protozoários do gênero _________________ (*Trypanosoma, Leishmania, Plasmodium, Toxoplasma).*

21. Qual das seguintes espécies causa os sintomas mais graves? (**a**) *P. vivax*; (**b**) *P. falciparum*; (**c**) *P. malariae*; (**d**) *P. ovale*; (**e**) nenhuma das espécies anteriores; todas elas causam igualmente sintomas graves.

22. Com relação ao oxigênio, os protozoários da malária são: (**a**) aeróbios; (**b**) anaeróbios; (**c**) anaeróbios facultativos; (**d**) microaerófilos; (**e**) de aeróbios a anaeróbios.

23. Associar o item da esquerda com a descrição apropriada da direita:

____Esporozoítas	(**a**) Substância indutora da febre liberada pelas células lesadas do organismo
____Merozoítas	(**b**) Formas infectantes dos protozoários da malária que são injetadas no homem pelo mosquito
____Gametócitos	(**c**) Estrutura na qual os esporozoítas se desenvolvem na parede do estômago do mosquito
____Oocisto	(**d**) Células sexuais masculinas e femininas do protozoário da malária, formados no sangue de um paciente infectado

____Trofozoíta (**e**) O estágio de alimentação ativa, de um protozoário da malária, que se desenvolve no interior dos glóbulos vermelhos infectados

____Pirogênio (**f**) Formas arredondadas do protozoário da malária que invadem os glóbulos vermelhos

24. Os dois agentes químicos mais utilizados no tratamento da malária são: (**a**) penicilina e estreptomicina; (**b**) cloranfenicol e ampicilina; (**c**) cloroquina e primaquina; (**d**) tetraciclina e penicilina; (**e**) vancomicina e cefalotina.

25. A doença de Chagas e a tripanossomíase africana são causadas por espécies de protozoário do gênero ________________ (*Plasmodium, Trypanosoma, Leishmania*). Calazar, leishmaniose oriental e espúndia são causadas por protozoários do gênero ________________ (*Plasmodium, Trypanosoma, Leishmania*).

26. Associar a doença da esquerda com o artrópode vetor da direita:

___Doença de Chagas (**a**) Mosquitos

___Malária (**b**) Mosquito-pólvora

___Doença do sono (**c**) Insetos reduvídeos

___Calazar (**d**) Moscas tsé-tsé

INFECÇÕES TRANSMITIDAS POR ARTRÓPODES CAUSADAS POR HELMINTOS

27. A filariose ocorre principalmente em regiões ________________ (temperadas, tropicais e subtropicais) do mundo.

28. Qual das alternativas seguintes não é um vetor das filárias? (**a**) mosquitos; (**b**) moscas-dos-estábulos; (**c**) borrachudos; (**d**) culicídeos; (**e**) carrapatos.

29. A filariose de Bancroft é causada por uma filária pertencente ao gênero: (**a**) *Brugia*; (**b**) *Loa*; (**c**) *Wuchereria*; (**d**) *Mansonella*; (**e**) *Tetrapetalonema*.

30. Após o acasalamento ocorrido entre as formas adultas macho e fêmea da *W. bancrofti*, a fêmea produz numerosas ________________, que entram na corrente sanguínea.

31. Após serem ingeridas pelo mosquito, as microfilárias da *W. bancrofti* desenvolvem-se em ________________, as quais podem então ser transmitidas ao homem.

32. A função do sistema linfático no organismo humano é coletar um fluido chamado ____________ e retorná-lo ao sistema ________________.

33. As microfilárias podem causar obstrução dos vasos linfáticos, resultando em áreas do corpo intensamente inchadas – uma condição da doença denominada ______________.

Questões de Revisão

1. O que significa um vetor biológico? O que significa um reservatório da infecção?
2. Citar um exemplo de uma doença infecciosa na qual o agente etiológico é uma bactéria transmitida por: (**a**) pulgas de rato; (**b**) piolho do corpo humano; (**c**) ácaros; (**d**) carrapatos *Ixodes*; (**e**) carrapatos do cachorro americano.
3. Citar três exemplos de doenças infecciosas nas quais os agentes etiológicos são vírus que são transmitidos por mosquitos.
4. Citar um exemplo de uma doença infecciosa na qual o agente etiológico é um protozoário que é transmitido por: (**a**)moscas tsé-tsé; (**b**) mosquitos; (**c**) insetos reduvídeos.
5. A febre das Montanhas Rochosas e a doença de Lyme são transmitidas por artrópodes. Em que aspectos estes artrópodes diferem? Em que aspectos diferem os agentes etiológicos?
6. Qual é o reservatório da infecção para a *Yersinia pestis*? Descrever a seqüência dos eventos que ocorrem do reservatório da infecção à epidemia da peste humana.
7. Qual o significado de febre amarela urbana e febre amarela silvestre?
8. Como uma infecção por filárias pode levar à elefantíase?
9. Que tipo de lesão de pele é particularmente característico na doença de Lyme?

Questões para Discussão

1. Considerando a ocorrência de poucos casos de peste nos Estados Unidos a cada ano, você acredita que a peste poderia ser erradicada dos Estados Unidos? Justificar a sua resposta.
2. Uma epidemia de peste bubônica poderia ocorrer nos Estados Unidos? Se achar que sim, como e onde ela seria mais fácil de ocorrer? Uma epidemia de peste pneumônica poderia ocorrer nos Estados Unidos? Explicar sua resposta.
3. É sabido que a doença de Lyme existe, no mínimo, desde 1962, embora a doença tenha sido descrita pela primeira vez em 1975. Que tipo de evidências laboratoriais um microbiologista poderia obter para indicar que a doença existia antes de 1975?
4. Por que é importante conhecer o ciclo evolutivo dos artrópodes que transmitem microrganismos patogênicos? Citar exemplos para sustentar sua resposta.
5. Com relação ao desenvolvimento de uma vacina contra a malária, quais são as propostas mais promissoras, do seu ponto de vista? Por quê?
6. Com quais doenças um caso de febre das Montanhas Rochosas pode ser confundido, baseando-se nos sinais clínicos e sintomas? Por quê? Se você fosse o médico, por que seria importante examinar o paciente quanto a picadas de carrapatos, ou perguntar se o paciente foi picado recentemente por um carrapato?

Capítulo 27

Infecções de Pele e de Ferimentos Adquiridas por Contato Direto

Objetivos

Após a leitura deste capítulo, você deve ser capaz de:

1. Citar as fontes dos microrganismos que conseguem entrar no corpo por meio de ferimentos, incisões cirúrgicas ou outro tipo de lesão da pele.
2. Descrever duas infecções de ferimentos causadas por bactérias anaeróbias esporuladas.
3. Descrever o mecanismo de ação da exotoxina tetânica.
4. Explicar por que o *Staphylococcus aureus* é um agente freqüente de infecções pós-cirúrgicas.
5. Citar as diferenças entre o modo de transmissão do tétano, da infecção estafilocócica e da tularemia.
6. Explicar por que a raiva é uma doença temida.
7. Descrever a vacina contra a raiva e como é usada para prevenir a doença.
8. Citar o ciclo de vida e o modo de transmissão dos ancilostomídeos.
9. Explicar o significado de tinha (*sing worm*) e indicar se é ou não causada por vermes.
10. Diferenciar uma dermatomicose de uma micose subcutânea.

Introdução

Poucos microrganismos podem penetrar na pele íntegra. Entretanto, microrganismos patogênicos podem entrar no corpo facilmente por meio de cortes, ferimentos ou abrasões causados por acidentes de automóveis ou por armas de fogo, ferimento de luta e outros tipos de lesões. As incisões cirúrgicas são também ferimentos e podem ser contaminadas, ocasionando infecções pós-cirúrgicas.

Os ferimentos podem ser contaminados por micróbios que estão presentes na superfície da pele, no objeto que causou o ferimento ou em gotículas de aerossóis que se depositam sobre o ferimento. Os microrganismos que contaminam os ferimentos também podem vir do solo, de roupas e de fezes humanas ou de urina, fezes e carne de animais infectados.

As infecções de pele e de ferimentos podem ser causadas por várias bactérias, vírus, helmintos e fungos. Entretanto, não é possível em um texto introdutório descrever detalhadamente todas as doenças e os agentes etiológicos. Desse modo, este capítulo se concentrará em algumas doenças representativas que não somente demonstram os princípios da transmissão por contato direto, mas também revelam importantes mecanismos pelos quais os microrganismos patogênicos podem causar danos ao hospedeiro humano.

Transmissão dos Agentes Microbianos das Infecções de Pele e Ferimentos

Como mencionado nos Capítulos 17 e 18, a pele íntegra é uma eficiente barreira mecânica para os agentes infecciosos. Entretanto, se essa barreira for danificada de algum modo, os microrganismos podem alcançar o interior dos tecidos e podem causar sérias infecções. Isso pode acontecer após a pele ser cortada ou sofrer ferimento de qualquer outro modo, ou mesmo como resultado de minúsculas fissuras ou abrasões na sua superfície. Alguns microrganismos podem entrar no corpo por meio dos folículos capilares, das glândulas sebáceas ou das glândulas sudoríparas.

Uma lesão na pele pode ser contaminada por organismos, tais como os estafilococos, que já estão presentes na pele. Entretanto, existem muitas outras fontes de patógenos que podem invadir um ferimento. Microrganismos, como o *Streptococcus pyogenes*, podem ser conduzidos para um ferimento exposto, por meio de grandes gotículas de aerossóis expelidas durante o espirro ou a tosse. Organismos contaminantes podem também vir do solo, das fezes ou das mãos ou das roupas do próprio paciente. Por exemplo, o principal agente etiológico da gangrena gasosa, o *Clostridium perfringens,* é um habitante normal do trato intestinal de seres humanos e animais. Do mesmo modo, os esporos de *Clostridium tetani,* o agente etiológico do tétano, são comuns em fezes de animais ou no solo. Freqüentemente ocorre a contaminação de ferimentos a partir dessas fontes, quando existem lesões traumáticas, tais como acidentes de automóvel, ferimentos do tipo perfurantes e ferimentos em soldados no campo de batalha.

Incisões cirúrgicas também resultam em um rompimento da barreira da pele. É, portanto, importante prevenir que tais incisões venham a se contaminar durante ou após a operação. Por exemplo, os estafilococos podem entrar no corpo por meio de uma incisão. Ferimentos cirúrgicos também podem ser infectados por fontes ambientais, como aerossóis e poeira infecciosa na sala de operação ou em enfermarias dos hospitais, ou pelo contato com materiais, como panos e roupas de cama.

Alguns patógenos podem ser adquiridos por meio de cortes na pele a partir de tecidos, saliva, urina ou fezes de animais infectados. Doenças causadas por estes patógenos normalmente têm uma incidência ocupacional, sendo associadas principalmente a caçadores, veterinários, açougueiros e trabalhadores de matadouros. Os exemplos são a brucelose, a tularemia e o carbúnculo.

Responda

1 Qual poderia ser a fonte de estafilococos que contamina um ferimento?

2 Como os aerossóis podem contaminar um ferimento com microrganismos patogênicos? De onde se originam as bactérias que causam a gangrena gasosa? Onde ocorrem na natureza os esporos de *Clostridium perfringens?*

3 Como uma infecção de ferimentos pode ser adquirida em hospital?

4 Com quais ocupações estão normalmente associadas a brucelose, a tularemia e o carbúnculo?

Infecções Bacterianas Transmitidas por meio de Lesões na Pele

Muitos tipos diferentes de bactérias são capazes de causar uma infecção, após invadir os tecidos, por meio de soluções de continuidade na pele. Algumas dessas infecções, incluindo o tétano e a gangrena gasosa, são causadas por bactérias anaeróbias. Outras infecções podem ser causadas por bactérias aeróbias ou bactérias facultativas, tais como *Staphylococcus aureus* ou *Francisella tularensis.* Cada tipo de infecção tem características distintas.

Infecções Causadas por Bactérias Anaeróbias

Três fatores gerais, combinados ou separadamente, contribuem para o desenvolvimento das condições anaeróbias em um ferimento e, assim, para o crescimento da bactéria anaeróbia patogênica: (1) o esmagamento ou dano mecânico do tecido e o coágulo sanguíneo, que impedem a circulação sanguínea e rapidamente estabelecem condições anaeróbias; (2) presença de bactérias aeróbias e anaeróbias facultativas que contaminam o ferimento e consomem o oxigênio, criando condições anaeróbias; e (3) introdução de substâncias químicas tóxicas ou irritantes no ferimento por meio de sujeira ou do solo, que matam as células do tecido e desse modo tornam o ambiente anaeróbio. Alguns exemplos típicos de ferimentos que propiciam a ocorrência de infecções anaeróbias incluem ferimento de soldados por estilhaços de granada em campo de batalha, esmagamento ou dilaceração de membros em acidentes automobilísticos, ferimentos contaminados por instrumentos ou mãos sujas e ferimentos causados por mordidas de seres humanos ou animais.

Figura 27.2 Diagrama ilustrando como o sistema nervoso central normalmente controla a contração dos músculos opostos, tais como os músculos bíceps e tríceps que estão envolvidos no levantamento do braço. Em pessoas com tétano, a neurotoxina impede a secreção do inibidor químico em **B**; isso permite que ambos os músculos se contraiam ao mesmo tempo.

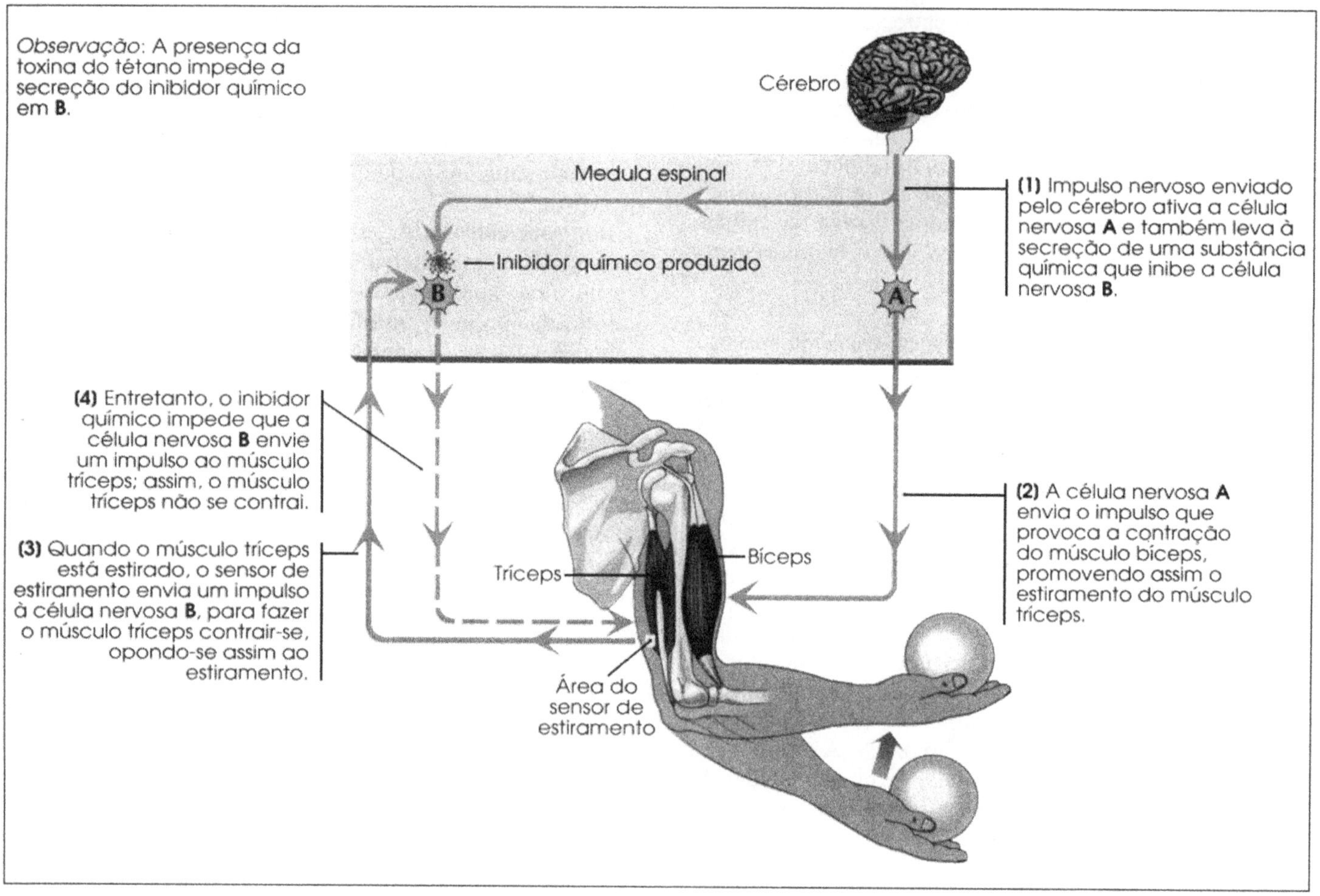

Das várias infecções causadas por bactérias anaeróbias, o tétano e a gangrena gasosa são particularmente interessantes porque exemplificam dois modos inteiramente diferentes pelos quais os patógenos causam doença. Em uma infecção tetânica, os microrganismos permanecem localizados em seus sítios de entrada no corpo, mas secretam uma toxina mortal que alcança o sistema nervoso central. Em contraste, as bactérias que causam a gangrena gasosa espalham-se rapidamente a partir do sítio inicial; à medida que se espalham, secretam toxinas que matam os tecidos adjacentes.

Tétano. O tétano é uma doença com alta taxa de mortalidade. Felizmente, a doença é relativamente rara nos Estados Unidos, ocorrendo apenas cerca de 50 a 90 casos por ano. Entretanto, prevalece em países que não possuem programas de imunização, e em alguns países tropicais subdesenvolvidos a doença é uma das 10 principais causas de morte. Em tais países, o tétano é particularmente importante por ser uma das principais causas de mortalidade em crianças nascidas de mães não-imunizadas; o tétano nestes recém-nascidos, chamado *tétano neonatal*, pode ocorrer se, durante o parto, o corte do cordão umbilical da criança for contaminado por sujeira ou matéria fecal.

O tétano é causado pelo *Clostridium tetani*, um bastonete Gram-positivo anaeróbio que forma um endósporo grande e arredondado em um dos pólos da célula. Este esporo confere ao microrganismo uma aparência característica de baqueta de tambor (Figura 27.1, caderno em cores). O *Clostridium tetani* ocorre no trato intestinal de animais herbívoros como o cavalo e o boi e encontra-se também amplamente distribuído no solo. O *Clostridium tetani* pode crescer em ferimentos que disponham de condições favoráveis de anaerobiose, mas ele não se espalha pelo tecido; ao contrário, permanece localizado e secreta uma *neurotoxina* (tóxica para os nervos). A toxina liga-se aos nervos do sistema motor e então desloca-se por meio destes para o sistema nervoso central. Essa toxina é extremamente potente: 1 g pode ser suficiente para matar aproximadamente 25 bilhões de camundongos de laboratório.

Para entender a ação da toxina tetânica, é preciso primeiro entender como ocorre o movimento muscular de várias partes do corpo. Um movimento muscular usualmente envolve uma ação conjunta entre dois músculos, um músculo opondo-se ao outro. Nenhum movimento seria possível se ambos os músculos se contraíssem ao mesmo tempo, porque um músculo poderia agir contra o outro (esta ação em sentido contrário é a base dos exercícios corporais isométricos). Entretanto, normalmente um músculo é impedido de contrair-se porque um inibidor químico secretado no sistema nervoso central inativa as células nervosas que controlam esse músculo. Este processo é ilustrado na Figura 27.2.

Se a neurotoxina do tétano alcança o sistema nervoso central, ela *impede a secreção do inibidor químico*. Isto significa que o conjunto de músculos opositores pode agora contrair-se simultaneamente e de forma incontrolável. Isto resulta em espasmos musculares rigorosos que podem ser fortes o suficiente para fraturar ossos e dilacerar tecidos. Os sintomas do tétano incluem violentas e dolorosas contrações dos músculos, normalmente os músculos do pescoço e queixo (restringindo a abertura da boca e dando origem ao termo ***lockjaw*** ou ***trismo***). A morte normalmente resulta de deficiências respiratórias devido à dificuldade do paciente de controlar o diafragma e os músculos do tórax envolvidos na respiração. A taxa de mortalidade do tétano é alta – 55 a 65%. O tratamento envolve a administração de relaxante muscular e antitoxina. A antitoxina é administrada para neutralizar toda a toxina que ainda não estiver fixada ao tecido nervoso (a toxina que já estiver fixada não pode ser neutralizada).

A imunização ativa contra o tétano é feita com a vacina obtida a partir da toxina inativada por formaldeído – o toxóide, que estimula o organismo a produzir a antitoxina. A imunização de reforço deve ser feita a cada 10 anos para manter um nível adequado de antitoxina. Se uma pessoa que jamais foi imunizada sofrer um ferimento que possa causar o tétano, esta deve ser vacinada com o toxóide. Ou ainda esta pessoa poderia receber a *antitoxina* tetânica contendo anticorpos, para promover proteção imediata.

Gangrena Gasosa. A gangrena gasosa é tipicamente uma doença de campo de batalha e, como o tétano, resulta de ferimentos contaminados. É relativamente rara na vida civilizada porque os ferimentos que poderiam dar origem à gangrena gasosa recebem pronto tratamento sob condições normais.

Embora várias espécies de *Clostridium* possam causar gangrena gasosa, o agente mais freqüente é o *C. perfringens* do tipo A (ver Figura 25.9E, caderno em cores). Como já foi visto (Capítulo 25), esse microrganismo é o agente produtor de uma enterotoxina responsável por infecções de origem alimentar. Entretanto, o *Clostridium perfringens* do tipo A produz várias outras toxinas, das quais a mais importante é a ***α-toxina***. Esta toxina pode atuar seja como uma citotoxina seja como uma hemolisina, causando danos à membrana citoplasmática das células teciduais e glóbulos vermelhos do sangue. Em termos bioquímicos, é uma ***lecitinase***, enzima que catalisa a quebra da ***lecitina***, um importante fosfolipídeo componente da membrana das células humanas.

Figura 27.3 Gangrena gasosa que desenvolveu em um coto da perna de um paciente após a amputação.

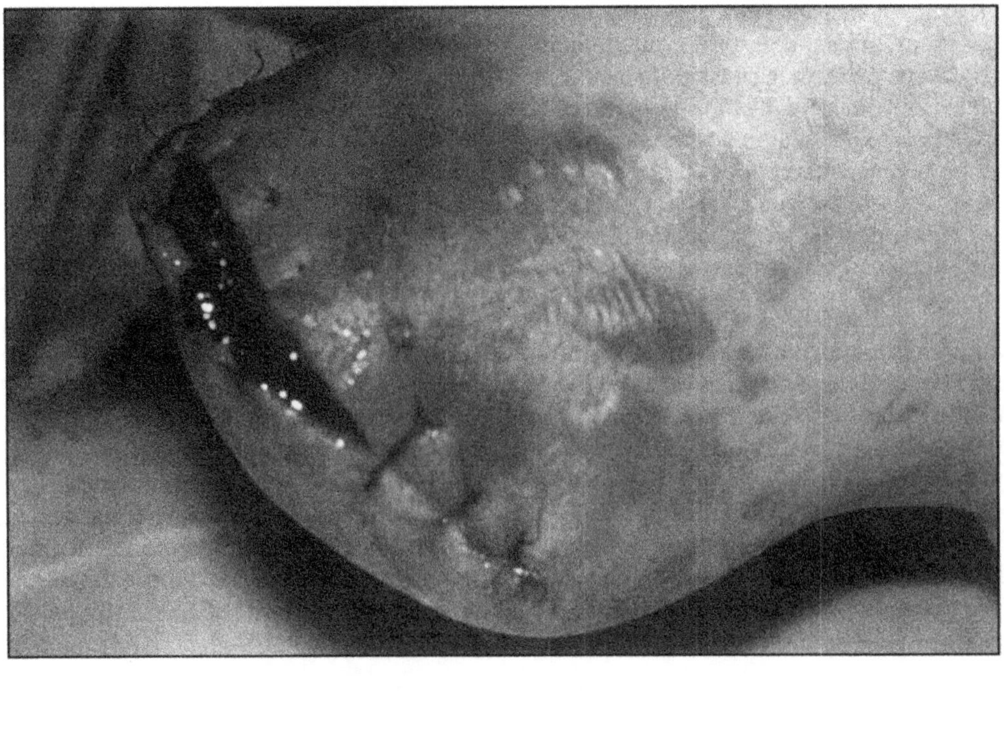

Figura 27.4 *Staphylococcus aureus* pode causar infecção se entrar no organismo por meio de lesões na pele. (**A**) Infecção estafilocócica nas costas de um paciente. (**B**) Infecção estafilocócica no pulso.

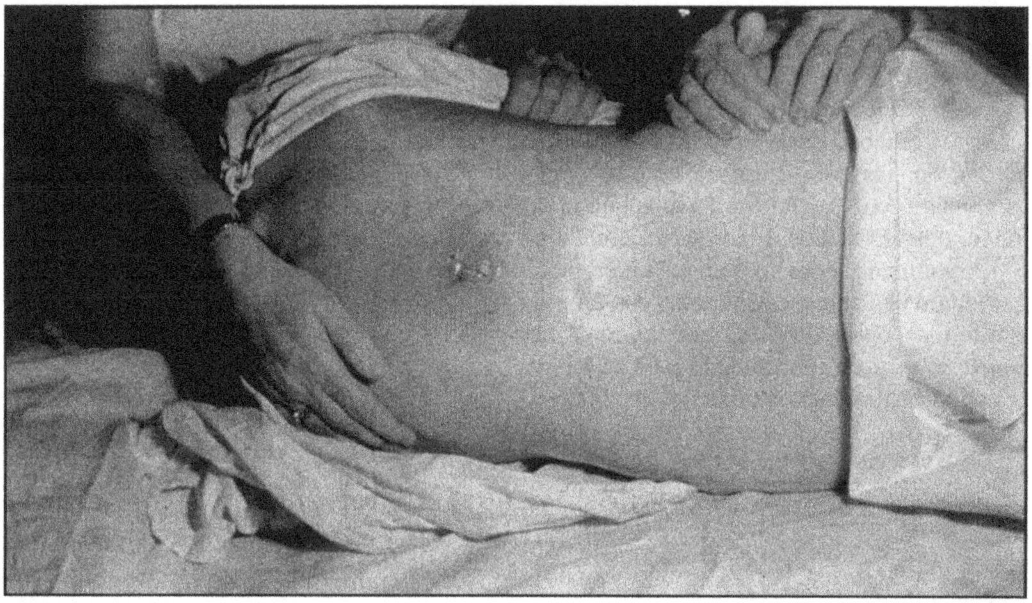

(A)

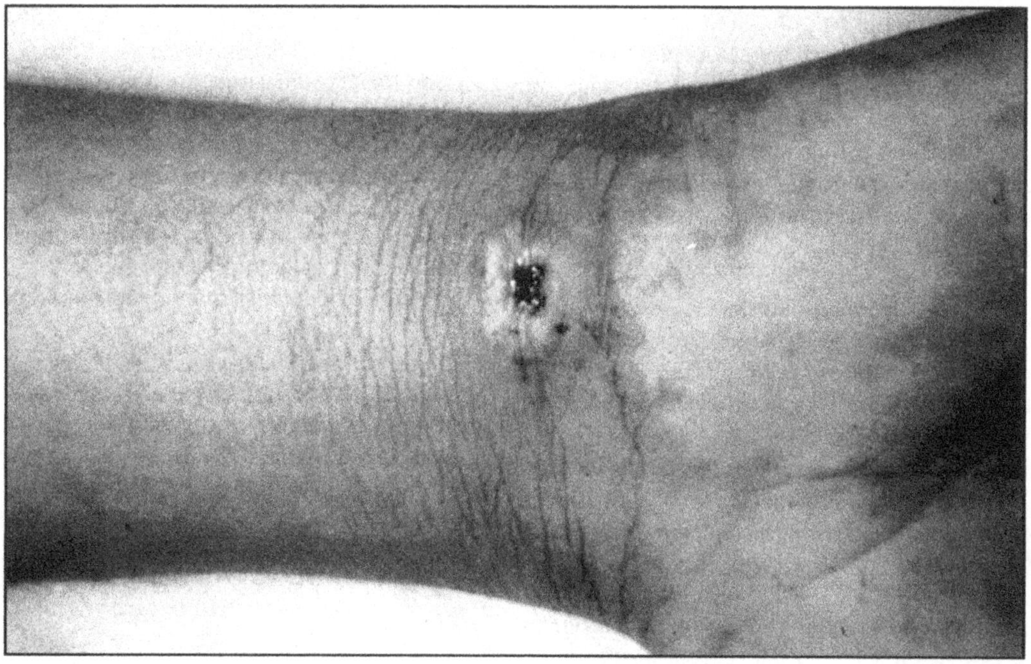

(B)

O *Clostridium perfringens* está normalmente presente em pequeno número no intestino humano, onde é inofensivo; entretanto, ferimentos podem ser contaminados por material fecal presente nas mãos ou roupas. Quando os clostrídios começam a crescer, suas toxinas matam os tecidos adjacentes saudáveis. A morte do tecido torna o ambiente anaeróbio e favorece o crescimento de mais clostrídios, que liberam mais toxinas que destroem mais tecidos, permitindo a disseminação dos microrganismos (Figura 27.3). Outro fator que contribui para a rápida disseminação de *C. perfringens* é a grande quantidade de *gás hidrogênio* produzido pela bactéria. A pressão desse gás faz com que a bainha se separe do músculo, e o espaço resultante dessa separação pode ser preenchido rapidamente por fluidos contendo os clostrídios. Desta forma, o *C. perfringens* pode invadir toda a extensão do músculo em um curto período de tempo.

A prevenção da gangrena gasosa depende de três medidas: (1) remoção cirúrgica do tecido morto e do coágulo sanguíneo do ferimento; (2) administração de antitoxina; e (3) administração de antibióticos para interromper o crescimento da bactéria. Para o tratamento de casos clínicos, a amputação de um membro afetado é algumas vezes o único modo de interromper a disseminação dos clostrídios altamente invasivos para o resto do corpo. Entretanto, um tratamento alternativo chamado ***oxigênio hiperbárico*** é algumas vezes eficaz. Neste tratamento, o paciente é colocado em uma câmara contendo oxigênio puro sob pressão, várias vezes ao dia, por períodos curtos. Este tratamento produz um alto nível de oxigenação dos tecidos que pode deter o crescimento dos clostrídios. Entretanto, nem a amputação nem o tratamento com oxigênio hiperbárico podem salvar a vida do paciente, se as toxinas dos clostrídios forem distribuídas por todo o corpo por meio da corrente sangüínea. A taxa de mortalidade para casos de gangrena gasosa não tratados está na faixa de 40 a 60%.

Infecções Causadas por Bactérias Aeróbias e Facultativas

Uma variedade de infecções são causadas por bactérias aeróbias ou facultativas que têm acesso ao corpo por meio de soluções de continuidade na pele. Dois exemplos bem conhecidos são as infecções por *Staphylococcus aureus* e a tularemia. Estas fornecem um interessante contraste em termos de transmissão de seus agentes etiológicos. Enquanto os seres humanos são usualmente as fontes das infecções por *S. aureus*, os animais silvestres ou domésticos são as fontes de *Francisella tularensis,* a bactéria que causa a tularemia.

Infecções por *Staphylococcus aureus*. *Staphylococcus aureus* são cocos Gram-positivos, facultativos, arranjados em forma de cachos irregulares (ver Figura 25.2, caderno em cores). No Capítulo 25 foi mostrado que o *S. aureus* produz enterotoxinas que causam os sintomas da intoxicação alimentar estafilocócica. Entretanto, o *S. aureus* produz várias toxinas e outras substâncias que contribuem para sua habilidade de causar infecções em ferimentos (Tabela 27.1)

O *Staphylococcus aureus* habita comumente a superfície da pele e a nasofaringe. Pode causar infecções se entrar no corpo por meio de soluções de continuidade na pele (Figura 27.4), e é uma causa comum de infecções pós-cirúrgicas. Por outro lado, os estafilococos podem entrar no organismo por meio dos folículos pilosos e formar um nódulo localizado e algumas vezes doloroso chamado *furúnculo* ou *tumor comum* na base do folículo. A infecção pode penetrar mais profundamente para formar um conjunto de tumores chamado *carbúnculo.* Os carbúnculos são normalmente restritos ao pescoço ou à parte superior das costas. Quer os estafilococos entrem no corpo por intermédio de lesões na pele quer entrem por meio de folículos pilosos, eles normalmente não se espalham prontamente a partir do sítio de entrada. Ao contrário, os estafilococos tendem a permanecer no local, onde se multiplicam, produzem várias toxinas e matam as células do tecido circundante. O termo geral para o tipo de lesão produzido pelos estafilococos é ***abscesso.*** (Abscessos podem também ser causados por várias outras bactérias além dos estafilococos: por exemplo, o bacilo Gram-negativo e anaeróbio *Bacteroides fragilis* comumente causa este tipo de lesão.)

Um abscesso é muito semelhante a uma fortaleza sem paredes; é uma cavidade no tecido que contém tecido morto, neutrófilos e bactérias em desenvolvimento. Uma proteína insolúvel, a ***fibrina***, que é formada durante a coagulação do sangue ou do plasma sanguíneo, é depositada na periferia do abscesso. A deposição de fibrina pode ser auxiliada pela *coagulase estafilocócica* (Tabela 27.1). Os neutrófilos estão presentes no abscesso porque podem migrar ativamente e passar pela barreira de fibrina. Os neutrófilos finalmente acumulam-se em um número tão grande que formam uma massa pastosa e branca chamada ***pus***. Embora os neutrófilos sejam freqüentemente eficazes na destruição dos estafilococos pela fagocitose (Figura 27.5), eles podem ser destruídos por várias *leucocidinas* produzidas pelos estafilococos (Tabela 27.1). A fagocitose funciona melhor quando anticorpos específicos contra a bactéria estão presentes; infelizmente, não há circulação sanguínea no interior de um abscesso e os anticorpos da corrente circulatória podem penetrar no abscesso somente por um lento processo de difusão. Nestas condições, os antibióticos têm dificuldade similar para alcançar as bactérias, e um paciente pode ter de ser tratado com antibióticos por um período prolongado para se restabelecer da infecção.

Embora o *S. aureus* não se dissemine por meio do tecido, a bactéria pode algumas vezes ser levada pela corrente circulatória, ou dentro de neutrófilos, para locais distantes do abscesso original. Tecidos e órgãos próximos podem servir como sítios de uma infecção secundária, levando a graves complicações como a osteomielite crônica, uma infecção óssea que é muito difícil de ser tratada por causa do baixo poder de penetração do antibiótico na área afetada. Outras complicações incluem pneumonia estafilocócica, meningite, endocardite e abscessos no cérebro, nos rins, no baço, no fígado, no pâncreas ou em outros órgãos.

A síndrome do choque tóxico (TSS – *toxic shock syndrome*) é uma doença que tem recebido muita atenção nos últimos anos. A doença foi descrita pela primeira vez em 1978, mas é provável que tenha ocorrido muito antes dessa data. A doença ocorre principalmente em mulheres jovens durante o período menstrual, mas os homens também podem ocasionalmente desenvolver TSS como uma complicação de uma infecção por *S. aureus.* Os sintomas são causados por uma exotoxina chamada ***toxina* TSS-1** (*toxic shock syndrome toxin-1)* e incluem febre, diarréia, vômitos, choque e erupção na pele semelhante à

Tabela 27.1. Algumas toxinas e outros fatores de virulência produzidos por *Staphylococcus aureus*.

Toxinas ou fatores	Modo de ação
Alfa-toxina	Hemolisina; citotoxina; leucocidina; danifica as membranas celulares, possivelmente por uma ação proteolítica.
Beta-toxina	Hemolisina; leucocidina; a toxina é uma enzima que destrói o fosfolipídeo esfingomielina, um componente de membranas das hemácias e outras células.
Gama-toxina	Hemolisina; leucocidina; mecanismo de ação desconhecido.
Delta-toxina	Hemolisina; leucocidina; destruição de membranas celulares por ação semelhante ao detergente.
Leucocidina Panton-Valentine	Leucocidina; forma poros nas membranas de leucócitos.
Toxina Esfoliativa A e B	Responsável pela "síndrome da pele escaldada", uma doença grave de pele, na qual grandes extensões da epiderme se destacam, deixando grandes áreas úmidas, avermelhadas e sem a pele.
Toxina TSS-1	Associada com a síndrome do choque tóxico.
Coagulase	Causa a coagulação do plasma sanguíneo, isto é, converte o fibrinogênio solúvel do sangue em uma rede de filamentos insolúveis de fibrina; cepas virulentas de *S. aureus* são usualmente coagulase-positivas, mas não está claro como a coagulase contribui para a virulência.
Lipase	Catalisa a quebra dos ácidos graxos e lipídeos na pele, em secreções de glândulas sebáceas e em plasma sanguíneo; cepas virulentas de *S. aureus* são usualmente lipase-positivas, mas não está claro como a lipase contribui para a virulência.
Enterotoxina	Responsável pelos sintomas de intoxicação alimentar por estafilococos (ver Capítulo 25).
ß-lactamase	Enzima que destrói a penicilina, surgindo assim as bactérias penicilina-resistentes; a habilidade em produzir ß-lactamase é uma das razões para que hoje praticamente todas as amostras hospitalares de *S. aureus* sejam resistentes à penicilina; o gene para a ß-lactamase está usualmente localizado em um plasmídio dentro dos estafilococos.

queimadura de sol. A taxa de morte está atualmente em torno de 3 a 4%. Na mulher, a TSS está associada ao uso de tampões vaginais altamente absorventes, que podem produzir um ambiente propício para o crescimento dos estafilococos e a formação da toxina. Por causa desta possibilidade, tampões vaginais menos absorventes estão sendo agora fabricados, e isto pode explicar por que a incidência de TSS tem diminuído consideravelmente desde 1982.

Figura 27.5 Microscopia de sangue humano corado pela coloração de Wright, mostrando dois neutrófilos (setas) que fagocitaram estafilococos, que foram adicionados à amostra de sangue. Os estafilococos aparecem como pontos púrpura-escuros no citoplasma dos neutrófilos; os núcleos dos neutrófilos estão corados de púrpura-claro. Numerosas células vermelhas do sangue estão também presentes no campo.

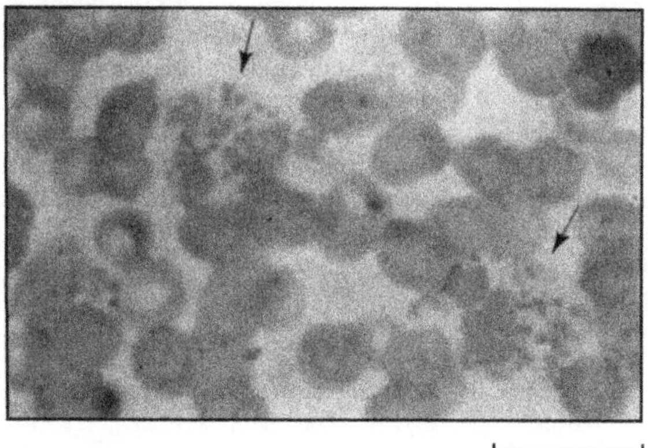

O tratamento das infecções por estafilococos é complicada não apenas pela baixa penetração do antibiótico dentro do abscesso, mas também pela resistência dos estafilococos contra vários antibióticos. Muitos *S. aureus* isolados de materiais clínicos são resistentes a vários antibióticos. Normalmente, os genes responsáveis por esta múltipla resistência aos antibióticos estão localizados em um ou mais plasmídios. Por exemplo, a maioria dos isolados clínicos de *S. aureus* é resistente à penicilina porque produzem uma ß-lactamase, ou penicilinase. Isto é desastroso porque a penicilina, ao contrário de muitos outros antibióticos, é bactericida e não bacteriostática. Certas penicilinas semi-sintéticas, tais como as meticilinas, não são destruídas pela ß-lactamase e podem ser eficazes no tratamento de infecções estafilocócicas resistentes à penicilina. Entretanto, por razões desconhecidas, algumas cepas de *S. aureus* são resistentes a *todos* os antibióticos ß-lactâmicos, incluindo a meticilina. A vancomicina, que não é um antibiótico ß-lactâmico, é geralmente eficaz contra estas cepas.

Tularemia. A tularemia é causada pela bactéria *Francisella tularensis* e é principalmente uma doença de animais silvestres. Esta doença é encontrada na maior parte dos países ao norte da linha do Equador. Cerca de 150 a 300 casos de tularemia humana ocorrem a cada ano nos Estados Unidos. Mais de 90% dos casos humanos são contraídos pelo contato direto com coelhos silvestres infectados. Entretanto, a *F. tularensis* tem sido isolada de muitos outros animais silvestres, tais como esquilos, ca-

Figura 27.6 Lesão primária de tularemia que se desenvolveu na mão de um caçador de ratos almiscarados em Vermont.

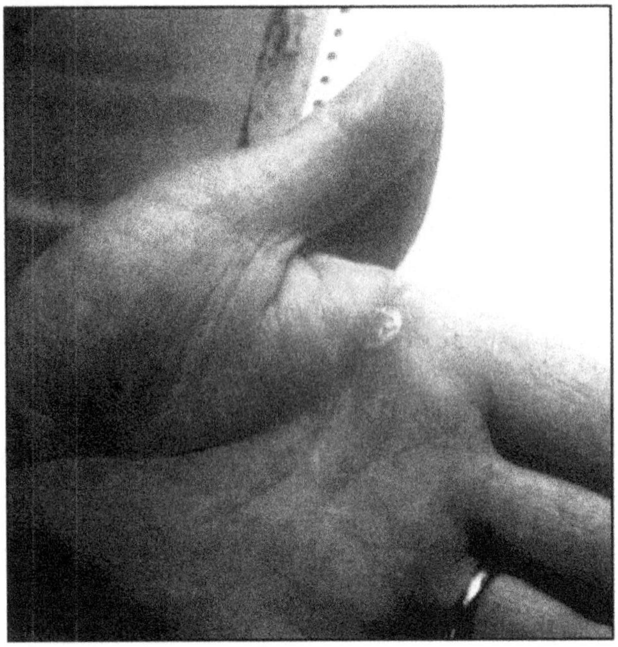

mundongos, ratos, ratos almiscarados, castores, raposas, cervos, pássaros e também de animais domésticos, tais como carneiros, bois, cavalos e gatos. A bactéria também ocorre em vários artrópodes, tais como carrapatos, moscas-dos-estábulos, ácaros, borrachudos e mosquitos, que podem servir como vetores para a transmissão da infecção dos animais para o homem. Em carrapatos, a *F. tularensis* pode ser transmitida de geração a geração por passagem transovariana.

A *Francisella tularensis* é um bacilo Gram-negativo aeróbio de 0,2 μm de largura por 0,2 a 0,7 μm de comprimento, que possui a habilidade de penetrar em pequenas abrasões na pele humana e pode ser transmitida para pessoas como caçadores, cujas mãos entram em contato com a carne do animal infectado (DESCOBERTA 27.1). A bactéria também pode ser transmitida para pessoas que trabalham em locais abertos e podem ser picadas por carrapato ou outros artrópodes.

Na forma mais comum de tularemia, uma pápula inicial aparece sobre a pele dos dedos ou das mãos dentro de três a cinco dias. Esta pápula, localizada no sítio de entrada de *F. tularensis* no corpo, eventualmente torna-se uma ferida aberta (Figura 27.6). Os pacientes desenvolvem um intumescimento das glândulas linfáticas, dores nas costas, dor de cabeça, calafrios, febre e fraqueza geral, e alguns podem desenvolver erupções na pele. A bactéria multiplica-se principalmente dentro de macrófagos, e granulomas são freqüentemente produzidos em órgãos internos. Como na tuberculose, a imunidade mediada por células é o único tipo de imunidade eficaz contra a bactéria. A taxa de morte da tularemia é relativamente baixa (menos de 1%), mas os pacientes podem levar de duas a quatro semanas ou mais para se recuperarem da doença.

A *Francisella tularensis* é muito difícil de ser isolada de material clínico, e o diagnóstico laboratorial da tularemia usualmente depende da demonstração da resposta imunológica do paciente à infecção, indicada pela produção de uma concentração crescente de anticorpos específicos durante um período de tempo.

DESCOBERTA!

27.1 TULAREMIA: O CASO DO "TALISMÃ DA SORTE".

Em 15 de novembro de 1977, um homem de 19 anos de idade foi caçar cervos com amigos e familiares no Estado de Washington. Em uma trilha, dois dias depois, ele encontrou um coelho morto já sem alguns membros. O caçador amputou as patas dianteiras do coelho para fazer talismãs da sorte e deu-os para outros caçadores, em uma festa.

O caçador manuseou o coelho com as mãos, sem proteção, as quais tinham sido machucadas e arranhadas durante o seu trabalho como mecânico de automóveis. Úlceras sobre suas mãos, pernas e joelhos foram notadas no dia 19 de novembro. Febre intensa apareceu um dia depois. Ele recebeu os cuidados em sua casa até o dia 11 de dezembro, quando o médico o internou no hospital local por causa da persistência da febre e de uma perda de peso de 4 kg. No dia 14 de dezembro a febre diminuiu e o paciente foi liberado.

Uma amostra do sangue coletada no dia 16 de dezembro foi encaminhada para o laboratório de saúde pública do Estado para a pesquisa de anticorpos específicos contra a tularemia, brucelose ou uma infecção por riquétsia. O soro mostrou um alto nível de anticorpos contra *Francisella tularensis*. Uma antibioticoterapia durante 10 dias foi iniciada em 21 de dezembro. O paciente permaneceu bem, sem evidência de recaída.

Apesar de repetidas tentativas para elucidar a história da exposição do paciente ao coelho silvestre, nada foi obtido até depois do Natal, quando o avô do paciente lembrou-se do incidente com a pata do coelho. Isto sugeriu que a porta de entrada de *F. tularensis* no corpo foi provavelmente pelas arranhaduras das mãos. Quem recebeu o talismã da sorte não ficou doente. Entretanto, ele tinha descartado as patas, e assim não foi possível isolar as bactérias a partir do coelho.

Adaptado de *Morbidity and Mortality Weekly Report*, 28 de março de 1978.

Tabela 27.2 Algumas infecções humanas causadas por bactérias transmitidas por intermédio de lesões na pele.

Doença	Agente etiológico	Modo de transmissão	Características da doença
Abscessos anaeróbios	*Bacteroides fragilis* e outros bacilos Gram-negativos anaeróbios não-esporulados	Estas bactérias são habitantes normais do intestino, da cavidade oral, nasofaringe, vagina e uretra. Quando as bactérias têm acesso ao tecido interno, por meio de ferimentos, cirurgia intestinal, mordidas de seres humanos ou animais, extração dentária, dano uterino, durante cirurgia de aborto ou processos similares, podem resultar em infecções graves.	Abscessos podem ser formados em qualquer parte do corpo, mas usualmente ficam próximos à superfície da pele e mucosa, que é a porta de entrada para os tecidos internos. Os quimioterápicos eficazes incluem a clindamicina, imipenem e metronidazol.
Brucelose	*Brucella abortus, B. melitensis* e *B. suis;* bacilos Gram-negativos aeróbios imóveis	Brucelas são principalmente patógenos do gado (*B. abortus*), carneiro e da cabra (*B. melitensis*) e suínos (*B. suis*). Podem ser transmitidas ao homem pelo consumo de leite não-pasteurizado, contato direto com a carne do animal infectado ou pela inalação de aerossóis, durante o processamento da carne contaminada. *B. suis* é a espécie mais prevalente hoje em dia; infecções podem ocorrer principalmente em veterinários, açougueiros e trabalhadores de abatedouros.	Dores generalizadas, dores musculares, de articulações, calafrios, suores noturnos e uma febre prolongada que se torna crônica. A bactéria cresce principalmente dentro de macrófagos, e a imunidade mediada por célula é o único tipo eficaz de imunidade. Brucelose é uma doença debilitante, mas usualmente não é fatal. Vacinas com organismos vivos atenuados estão disponíveis para a imunização de animais e seres humanos.
Carbúnculo	*Bacillus anthracis,* bacilos Gram-positivos facultativos e esporulados	O carbúnculo ocorre principalmente em bovinos e caprinos. O homem pode contrair a doença por meio de arranhaduras e abrasões durante a manipulação de animais infectados ou pele, lã e chifres infectados. A doença pulmonar é contraída pela inalação de poeira produzida durante o manuseio e classificação de lã contaminada com esporos do bacilo.	O carbúnculo cutâneo começa com uma pápula localizada que se desenvolve para uma ferida aberta sobre a pele; os microrganismos eventualmente invadem a corrente sanguínea, aumentam em número e produzem uma exotoxina que parece agir sobre o sistema nervoso central, causando dificuldade respiratória. A doença pulmonar começa com uma infecção localizada do pulmão e, como na doença cutânea, progride para uma infecção sistêmica. A taxa de mortalidade é alta nos casos não-tratados. Existe uma vacina com organismos vivos atenuados para a imunização de animais, mas não para seres humanos.
Leptospirose	*Leptospira interrogans,* um espiroqueta aeróbio	Ratos, camundongos, cachorros e outros animais são hospedeiros naturais e excretam os espiroquetas na urina. O homem é infectado pela manipulação de objetos contaminados com urina de animais infectados ou pelo banho em água contaminada com urina; os espiroquetas penetram por meio de abrasões na pele ou nas mucosas.	Os espiroquetas multiplicam-se inicialmente na corrente sanguínea e são carreados a todas as partes do corpo, causando sintomas semelhantes aos da gripe e icterícia. Os microrganismos eventualmente localizam-se nos rins e podem causar deficiência renal. Nos casos graves, a sobrevivência do paciente pode depender do uso de máquinas de diálise que fazem as funções dos rins. As vacinas preparadas com leptospiras mortas estão disponíveis para a imunização de animais, mas não de seres humanos.
Febre da mordida de ratos	*Spirillum minus*, um espirilo Gram-negativo com flagelo polar que é cultivado somente em camundongos e cobaias; *Streptobacillus moniliformis,* um bacilo Gram-negativo imóvel, facultativo, cuja forma é altamente variável	*S. minus* e *S. moniliformis,* comumente ocorrem na cavidade oral de ratos; penetram no corpo humano por meio da mordida destes roedores. A doença tem grande incidência em bairros de cidades com péssimas condições sanitárias e grande população de ratos.	Febre e calafrios; glândulas linfóides próximas ao sítio de entrada tornam-se inchadas e doloridas e a pele apresenta erupções. Uma grave artrite pode ocorrer nas infecções por *S. moniliformis*. A taxa de mortalidade nos casos não-tratados varia de 6 a 10%. Não existe vacina disponível.
Infecções por *Pseudomonas*	*Pseudomonas aeruginosa* é a espécie patogênica mais comum. Bacilo Gram-negativo com 1 a 3 flagelos polares. Em cultura produz um pigmento azul-esverdeado solúvel em água	*P. aeruginosa* é um patógeno oportunista que ocorre amplamente no ambiente: no solo, na água, no esgoto e nas plantas, por exemplo. Em ambientes hospitalares pode ocorrer em recipientes de água, vaso de flores, aparelhos de respiração, tubos de aquecimento, esponjas, pias, umidificadores, loções para o corpo, creme para as mãos, curativos contaminados, roupas de camas, urina contaminada e muitos outros itens.	*P. aeruginosa* causa principalmente infecções hospitalares, particularmente infecções de queimadura, feridas e infecções do trato urinário. Pacientes imunocomprometidos apresentam grande risco. Quase todas as partes do corpo podem ser infectadas. A infecção localizada inicial pode levar à invasão da corrente circulatória. Em paciente com fibrose cística, os microrganismos freqüentemente causam pneumonia grave e fatal. *P. aeruginosa* produz a exotoxina A, que inibe a síntese de proteínas do mesmo modo que a toxina diftérica; afeta principalmente o fígado. Várias outras toxinas são também produzidas. Os microrganismos são normalmente resistentes à maioria dos antibióticos, mas uma associação de tobramicina ou gentamicina com ticarcilina, carbenicilina, azlocilina, mezlocilina ou piperacilina pode ser eficaz. Não existe vacina disponível.

A tularemia pode ser tratada com estreptomicina. A doença pode ser prevenida evitando-se o contato com animais silvestres, particularmente com coelhos, especialmente se o animal aparentar estar doente. Luvas podem auxiliar os caçadores a evitar a infecção durante a retirada da pele ou o manuseio do animal. Uma vacina contendo cepa viva atenuada de *Francisella tularensis* encontra-se disponível para pessoas cuja ocupação seja considerada de alto risco.

Outras Infecções Bacterianas Transmitidas por meio de Lesões na Pele

Outras infecções causadas por bactérias patogênicas que entram no organismo por meio de ferimentos na pele estão relacionadas na Tabela 27.2, junto com os modos específicos de transmissão e os sintomas característicos da doença. Micrografias de algumas espécies bacterianas são mostradas na Figura 27.7, caderno em cores. A Figura 27.7D mostra uma grande lesão no pescoço de um paciente com carbúnculo.

Responda

1 Quais são os três fatores gerais que contribuem para o desenvolvimento das condições anaeróbias em um ferimento?

2 Como a toxina tetânica produz os espasmos musculares incontroláveis? Qual a constituição da vacina contra o tétano?

3 Qual é o mecanismo de ação da α-toxina do *Clostridium perfringens*? Se uma pessoa tem um ferimento que pode contribuir para o desenvolvimento de condições anaeróbias, como a gangrena gasosa pode ser prevenida?

4 Qual é a natureza das lesões características formadas em infecções por *Staphylococcus aureus*? Qual é a toxina responsável pela síndrome do choque tóxico? Por que a maioria das infecções por estafilococos é resistente ao tratamento com penicilina?

5 Onde a *Francisella tularensis* é encontrada na natureza? Como as pessoas são infectadas por este microrganismo?

6 Citar a bactéria que causa cada um dos seguintes processos: abscesso anaeróbio, brucelose, carbúnculo, leptospirose e febre da mordida de rato.

Infecções Virais Transmitidas por meio de uma Lesão na Pele

Muitas infecções virais podem ser transmitidas para o homem por meio de ferimentos ou soluções de continuidade na pele. Destas, provavelmente nenhuma causa tanto temor e horror como a raiva. A raiva desperta especial interesse porque é uma das poucas doenças infecciosas na qual um indivíduo pode ser imunizado *após* ter sido infectado pelo agente etiológico.

Raiva

A raiva humana é uma doença rara, mas é particularmente temida por causa do sofrimento horrível das vítimas e porque, depois que os sintomas começam, a doença é invariavelmente fatal. O grande microbiologista Louis Pasteur jamais esqueceu suas lembranças da infância de um lobo raivoso, que aterrorizou sua cidade, em 1831. Ele sempre recordava a visão de um ferimento em um homem, causado por uma mordida, sendo cauterizado com um ferro quente ao rubro na ferraria próxima à casa de seu pai. Tais recordações foram, sem dúvida, um fator que influenciou o direcionamento de suas pesquisas anos mais tarde, no estudo da raiva, que finalmente culminaram com a descoberta da primeira vacina eficaz contra a doença.

Biologia do Vírus da Raiva. Embora a raiva seja conhecida há vários séculos, a morfologia e as características químicas do vírus foram descritas pela primeira vez na década de 1960. O vírus pertence à família dos rabdovírus, é grande, envelopado e apresenta-se em forma de projétil que contém RNA de fita única (Figura 27.8, caderno em cores). Existe somente um tipo antigênico conhecido.

Transmissão do Vírus da Raiva. A raiva é primariamente uma doença de animais, e a transmissão do vírus para o homem ocorre por meio da mordida de um animal infectado ou pelo contato da saliva de um animal infectado com a pele lesada. Cães, gatos, morcegos e jaritatacas são as fontes mais freqüentes de infecção humana, mas muitos outros animais silvestres ou domésticos podem também ser infectados. A atenção pública para esta doença aumenta sempre que animais silvestres, tais como procionídeos e raposas, invadem comunidades suburbanas em grande número; alguns destes animais podem estar infectados com o vírus da raiva (DESCOBERTA 27.2).

Patogenicidade do Vírus da Raiva. Após uma pessoa ter sido infectada, os sintomas da raiva usualmente aparecem em três a oito semanas; entretanto, podem aparecer em menos de seis dias ou mais de um ano. O período de incubação prolongado reflete o tempo requerido, pelos vírus, para alcançar o sistema nervoso central, e depende

FIGURA 17.5 Os principais simbiontes microbianos encontrados sobre ou no interior da pele do homem.

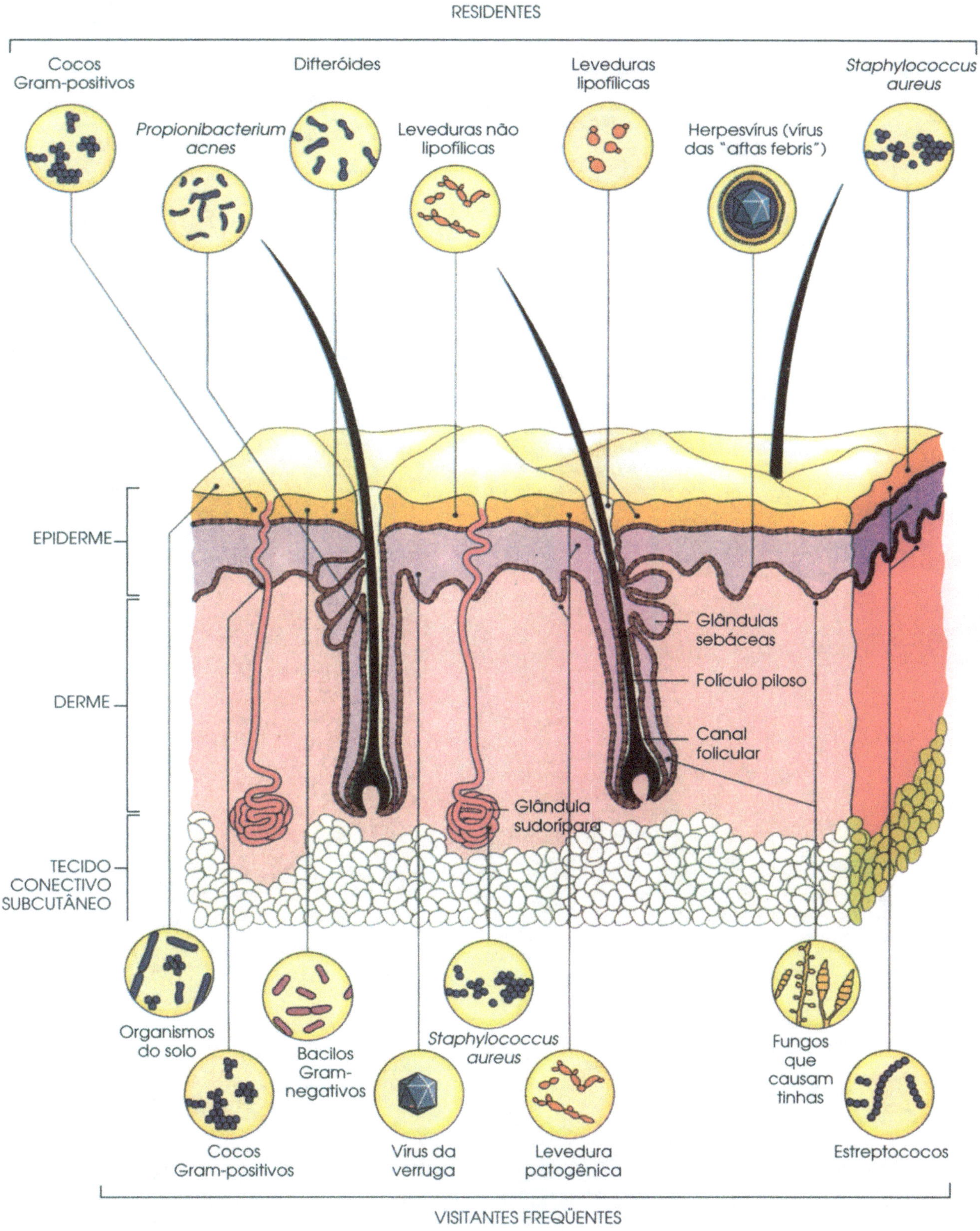

FIGURA 17.4 A morfologia e as principais características das espécies microbianas predominantes da flora normal do corpo humano.

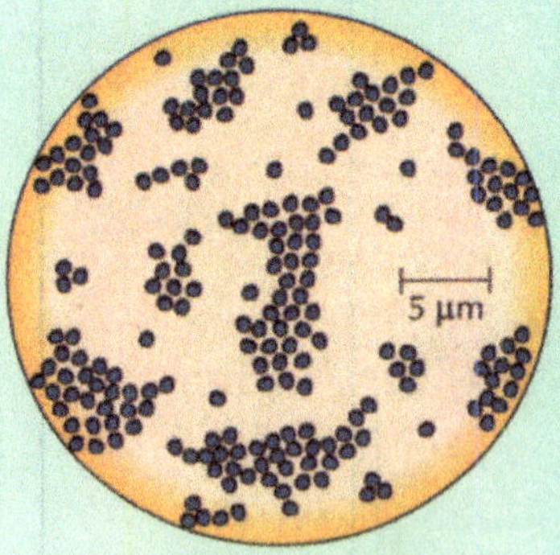

Staphylococcus aureus

Cocos Gram-positivos dispostos em arranjos de cachos de uva
Imóveis
Facultativos
Produzem coagulase
São encontrados na membrana nasal, pele e folículos pilosos

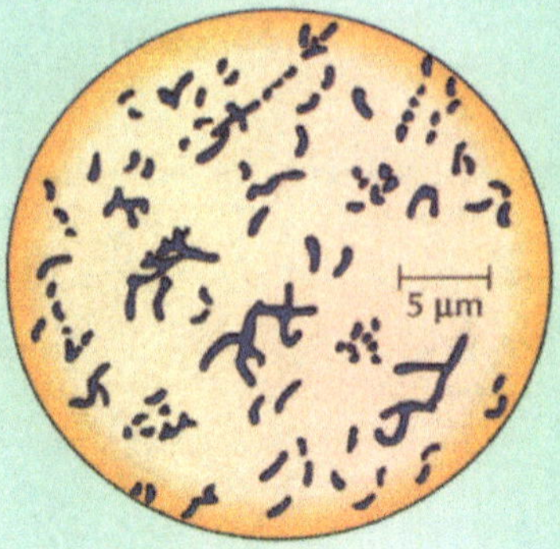

Propionibacterium acnes

Bacilos Gram-positivos pleomórficos dispostos em cadeias curtas ou agrupamentos em forma de V ou Y
Imóveis
Anaeróbios
Produzem ácido propiônico
São encontrados na pele

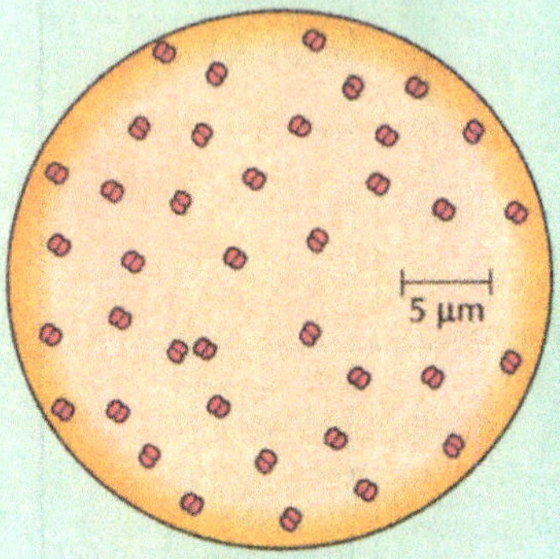

Branhamella catarrhalis

Cocos Gram-negativos dispostos aos pares, com os lados adjacentes achatados
Imóveis
Aeróbios
Teste da oxidase positivo
São encontrados nas mucosas

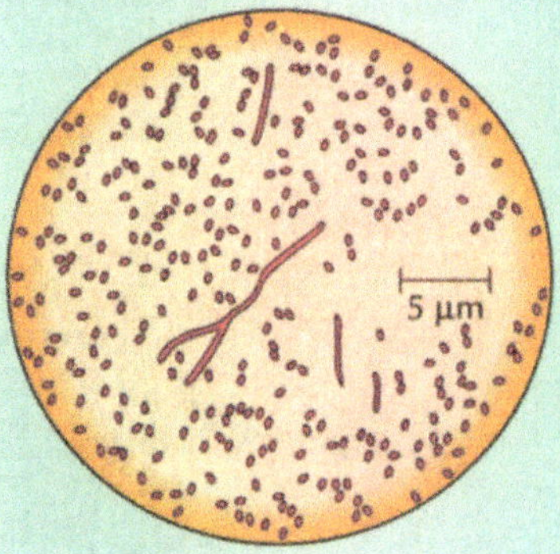

Haemophilus influenzae

Bacilos Gram-negativos exibindo filamentos e pleomorfismo
Imóveis
Aeróbios
Normalmente são encontrados na nasofaringe

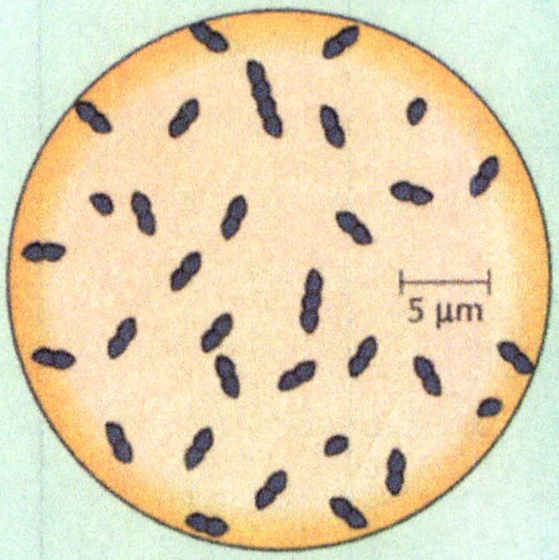

Streptococcus pneumoniae

Células ovais ou esféricas Gram-positivas; tipicamente dispostas aos pares ou em cadeias curtas; as células apresentam terminais distais afilados
Imóveis
Facultativos
Bile-solúveis
São encontrados no trato respiratório superior

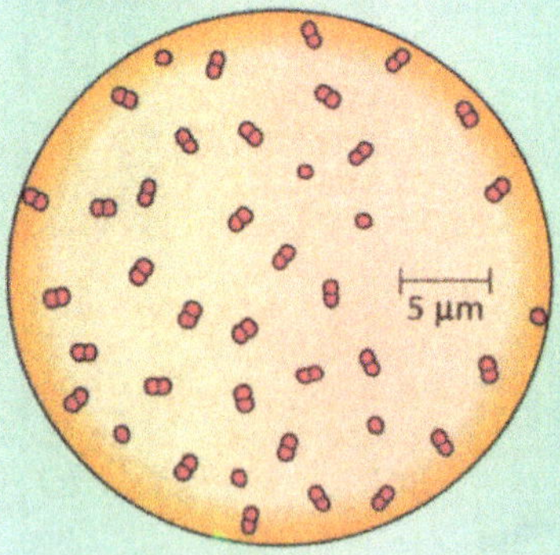

Neisseria meningitidis

Cocos Gram-negativos tipicamente dispostos aos pares com os lados adjacentes achatados
Imóveis
Aeróbios
Teste da oxidase positivo
São encontrados na nasofaringe

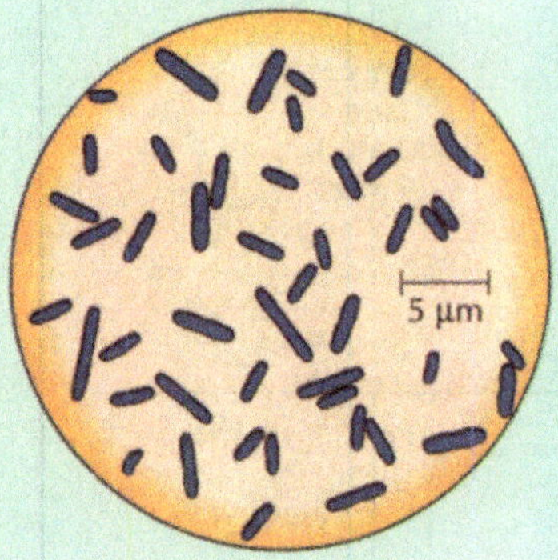

Lactobacillus sp.

Bacilos retos ou encurvados Gram-positivos
Imóveis
Facultativos ou anaeróbios
Requerimentos nutricionais complexos
São encontrados na boca, vagina e trato intestinal

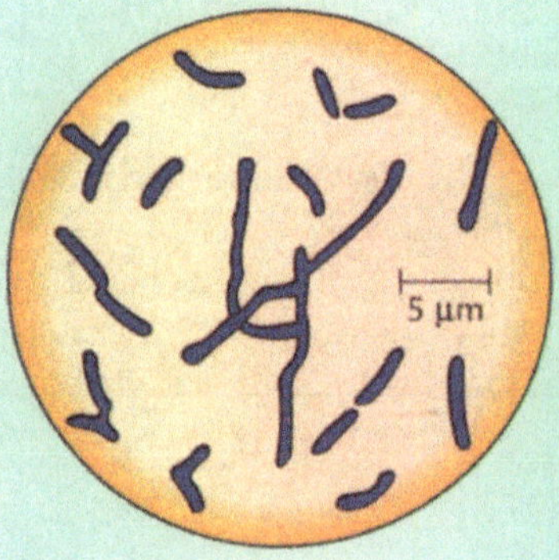

Actinomyces israelii

Bacilos Gram-positivos que podem formar ramificações verdadeiras
Imóveis
Anaeróbios
Normalmente são encontrados na cavidade oral

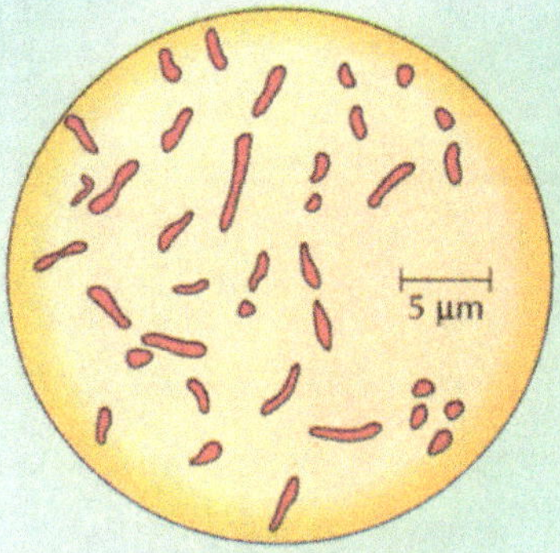

Bacteroides fragilis

Bacilos Gram-negativos uniformes ou pleomórficos
Imóveis
Anaeróbios
São encontrados no trato intestinal inferior e na boca

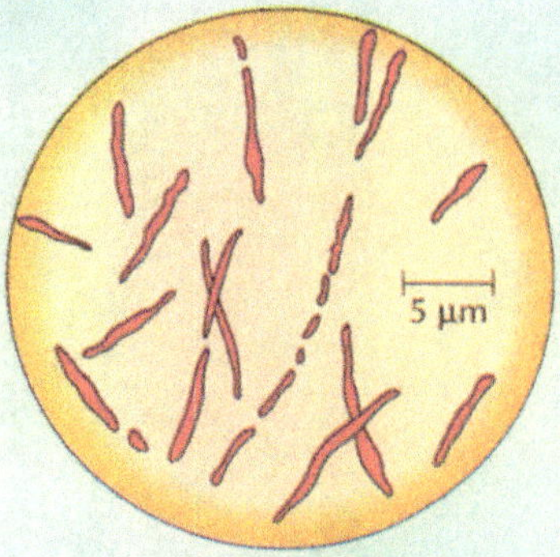

Fusobacterium nucleatum

Bacilos Gram-negativos com extremidades afiladas
Imóveis
Anaeróbios
São encontrados na boca

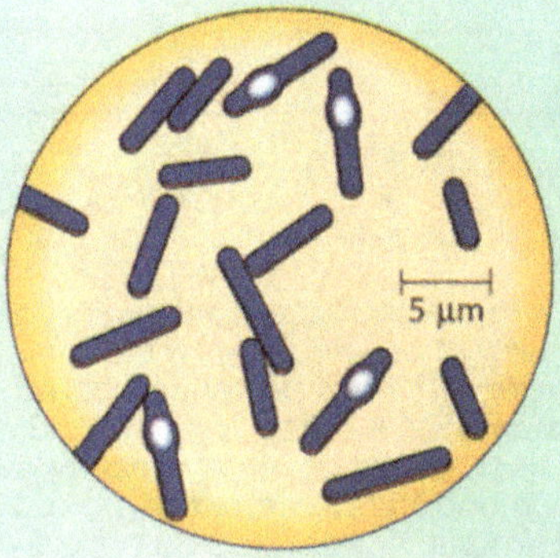

Clostridium perfringens

Bacilos Gram-positivos
Endósporos ovais subterminais
Imóveis
Anaeróbios
São encontrados nas fezes

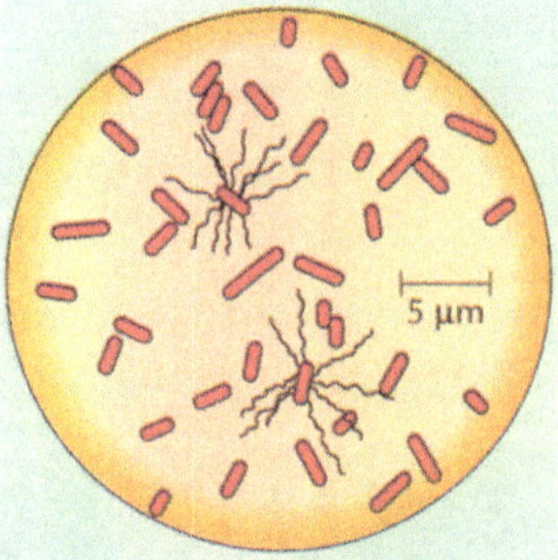

Escherichia coli

Bacilos Gram-negativos
Móveis
Facultativos
Produzem gás e ácido em caldo lactosado
São encontrados na parte inferior do intestino

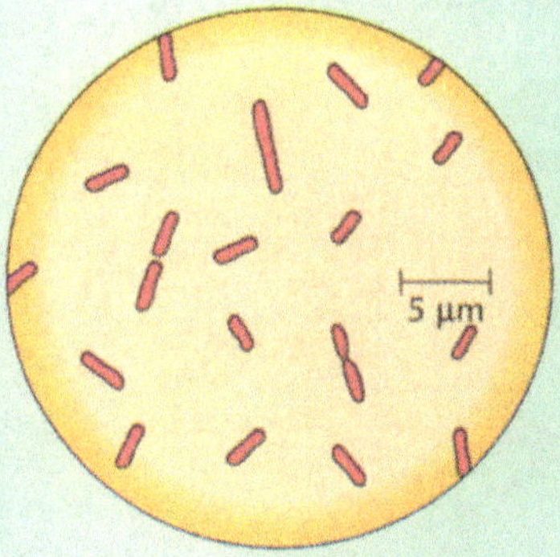

Klebsiella sp.

Bacilos Gram-negativos capsulados
Imóveis
Facultativos
São encontrados no intestino

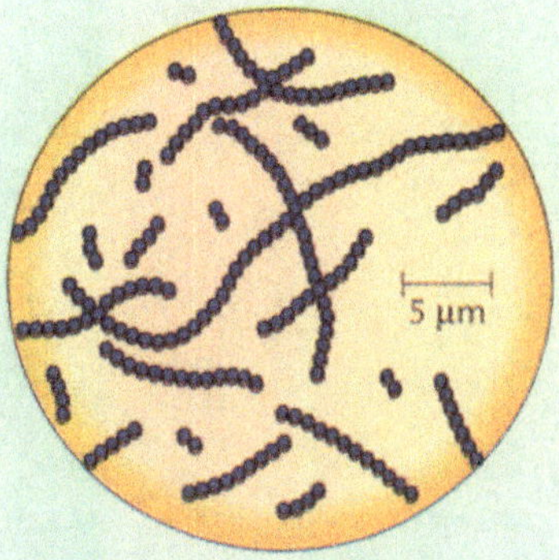

Peptostreptococcus sp.

Cocos Gram-positivos dispostos em cadeias
Imóveis
Anaeróbios
São encontrados no cólon e na vagina

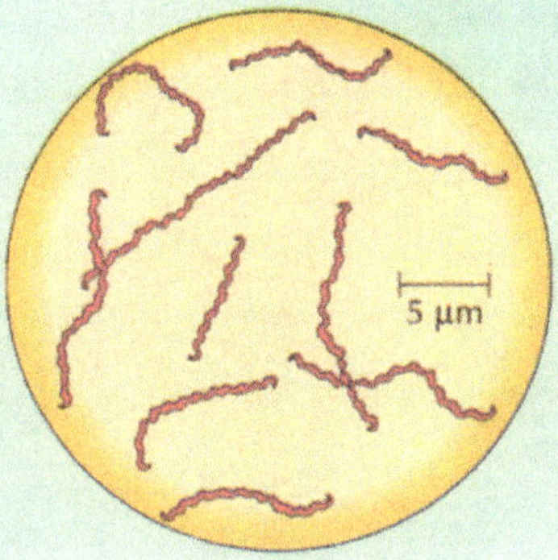

Treponema denticola

Células helicoidais delgadas Gram-negativas; as extremidades das células são afiladas e ligeiramente encurvadas
Móveis com movimento de arremesso
Anaeróbios
São encontrados na cavidade oral

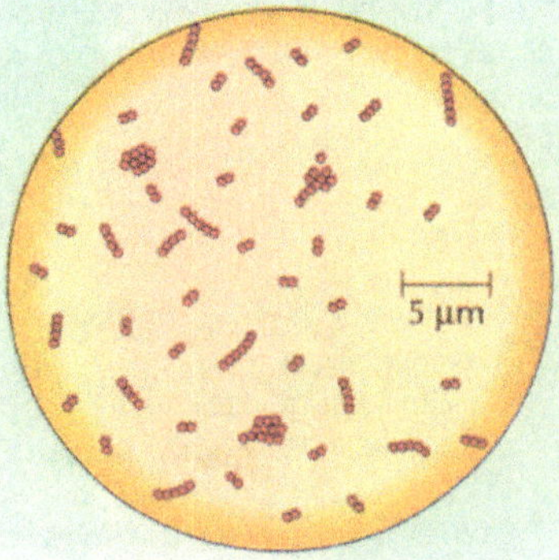

Veillonella alcalescens

Cocos Gram-negativos pequenos dispostos em pequenas massas, aos pares ou cadeias curtas
Imóveis
Anaeróbios
Requerimentos nutricionais complexos
São encontrados na boca e nos tratos intestinal e respiratório

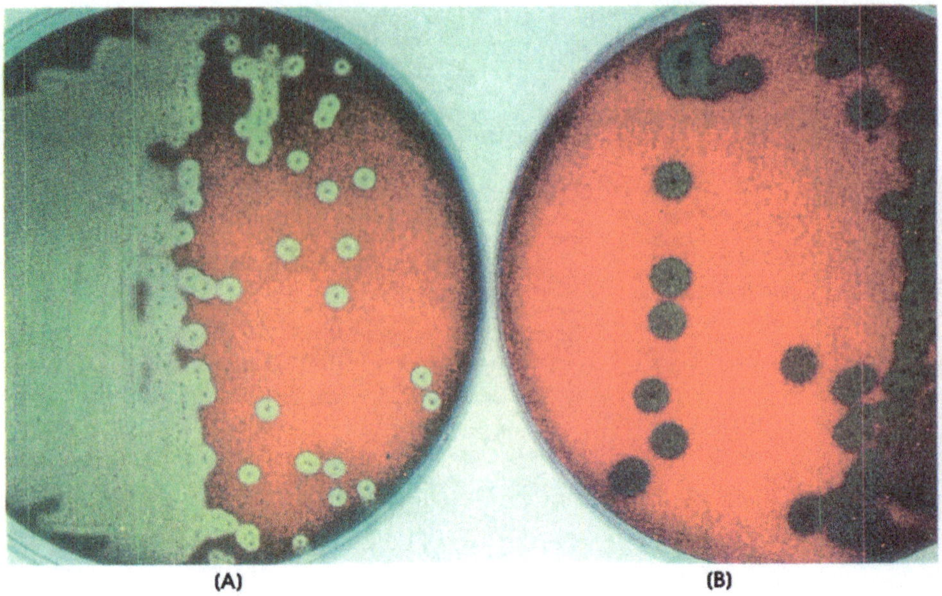

FIGURA 18.2 **(A)** α Hemólise. Enzimas produzidas por algumas bactérias que hemolisam parcialmente os eritrócitos de certas espécies de animais. As colônias sobre o ágar sangue são circundadas por uma zona esverdeada devido a redução da hemoglobina a meta-hemoglobina nos eritrócitos. **(B)** β Hemólise. Enzimas produzidas por outras bactérias que hemolisam completamente os eritrócitos de certas espécies de animais. As colônias sobre o ágar sangue são circundadas por uma zona clara e incolor.

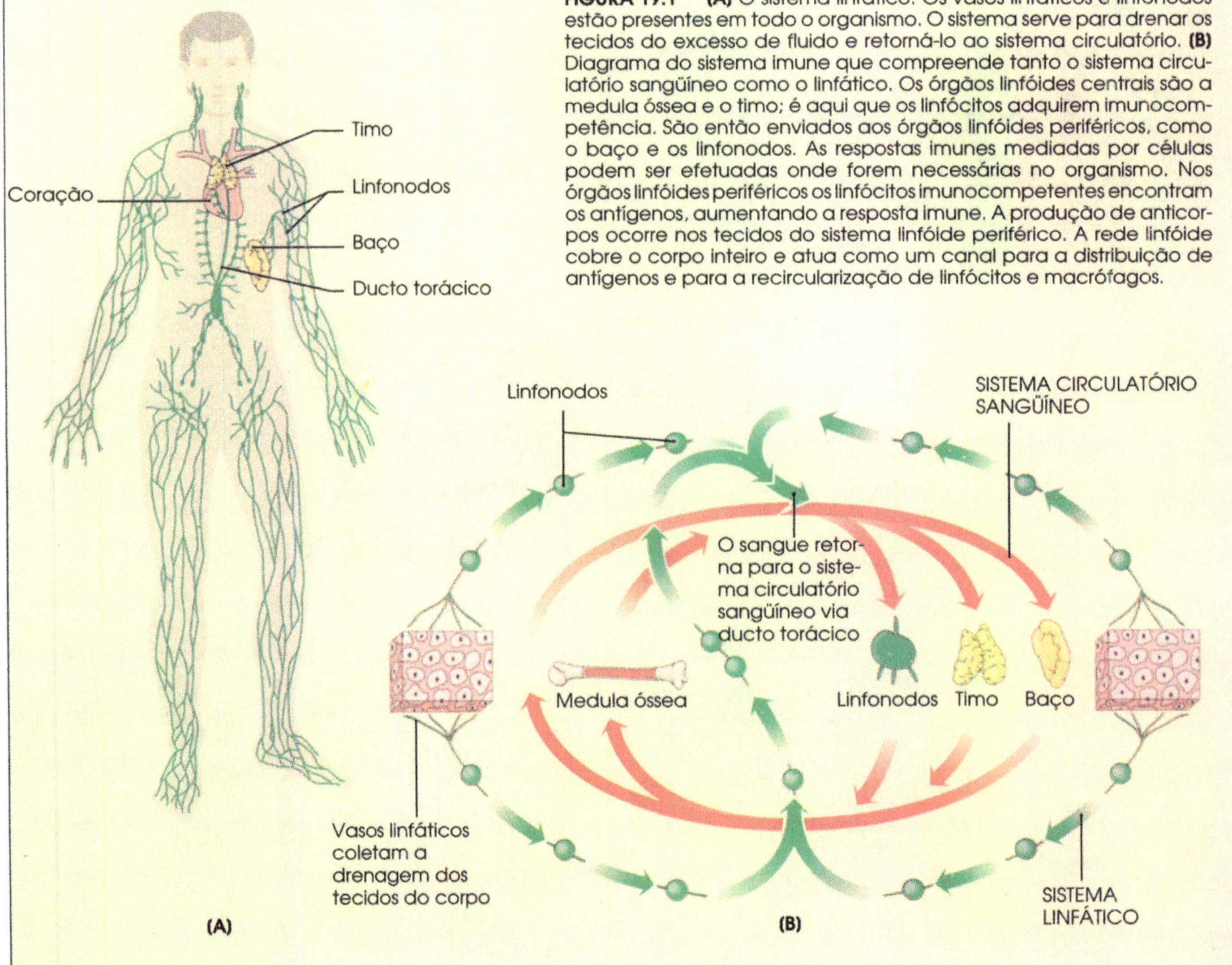

FIGURA 19.1 **(A)** O sistema linfático. Os vasos linfáticos e linfonodos estão presentes em todo o organismo. O sistema serve para drenar os tecidos do excesso de fluido e retorná-lo ao sistema circulatório. **(B)** Diagrama do sistema imune que compreende tanto o sistema circulatório sangüíneo como o linfático. Os órgãos linfóides centrais são a medula óssea e o timo; é aqui que os linfócitos adquirem imunocompetência. São então enviados aos órgãos linfóides periféricos, como o baço e os linfonodos. As respostas imunes mediadas por células podem ser efetuadas onde forem necessárias no organismo. Nos órgãos linfóides periféricos os linfócitos imunocompetentes encontram os antígenos, aumentando a resposta imune. A produção de anticorpos ocorre nos tecidos do sistema linfóide periférico. A rede linfóide cobre o corpo inteiro e atua como um canal para a distribuição de antígenos e para a recircularização de linfócitos e macrófagos.

FIGURA 18.13 Modelo da reunião dos componentes do complemento sobre a superfície de uma célula bacteriana, que ocorre durante a seqüência de eventos na cascata do complemento através da via *clássica*, que resulta em lise celular. C1 tem três subcomponentes: C1q, C1r e C1s. Os fragmentos dos componentes resultantes da clivagem por outros componentes com atividade enzimática são identificados com as letras minúsculas a, b, c, d ou e; por exemplo, C3a e C3b. A combinação antígeno-anticorpo forma um complexo, primeiro com C1q, C1r e C1s, resultando na formação de C1 ativado. C1q liga-se à molécula do anticorpo conduzindo a ativação de C1r que então cliva C1s, gerando assim um C1s ativado. C1s cliva peptídeos de baixo peso molecular de C4 e C2 e expõe suas formas ativas, C4b e C2a que então fundem-se. O complexo C4bC2a atua como uma enzima cujo substrato é C3. C3 é quebrado em dois fragmentos: C3a e C3b. C3b associa-se com o complexo C4bC2a para formar C4bC2aC3b, uma enzima que reage com o próximo componente: C5. Assim, este complexo enzimático é denominado C5 convertase. (C3a interage com leucócitos teciduais denominados mastócitos que liberam mediadores da resposta inflamatória.) O resultado é a clivagem de C5. C5a é o fator quimiotático que atrai os fagócitos. C5b é igualmente importante; ele inicia um outro estágio da função do complemento: a formação de um grande agrupamento de proteínas funcionais do complemento. O fragmento C5b, os componentes C6, C7 e C8 e dezesseis moléculas de C9 ligam-se seqüencialmente sobre a superfície de uma célula alvo para formar um complexo lítico. Na via *alternativa* (esquematizada na FIGURA 18.12), as substâncias microbianas induzem C3 a reagir com um componente sérico denominado fator B para produzir um complexo C3B, que reage com outra molécula de C3, uma reação que conduz a geração de C3b através da clivagem do segundo C3 em C3a e C3b. Em outras palavras, C3B atua como uma enzima no substrato C3. C3B pode também reagir com outro componente sérico, o fator D, resultando na formação do complexo C3bBb. O complexo C3bBb é instável a menos que reaja com a properdina, um outro fator sérico, para formar o complexo C3bPBb. Quando uma segunda molécula de C3b é adicionada ao complexo C3bPBb, ocorre uma alteração conformacional que o transforma em uma enzima (C5 convertase) que reage com C5 para formar C5b. Nesta etapa, as vias alternativa e clássica seguem um caminho comum para formar a unidade de ataque de membrana, que resulta na lise da célula alvo.

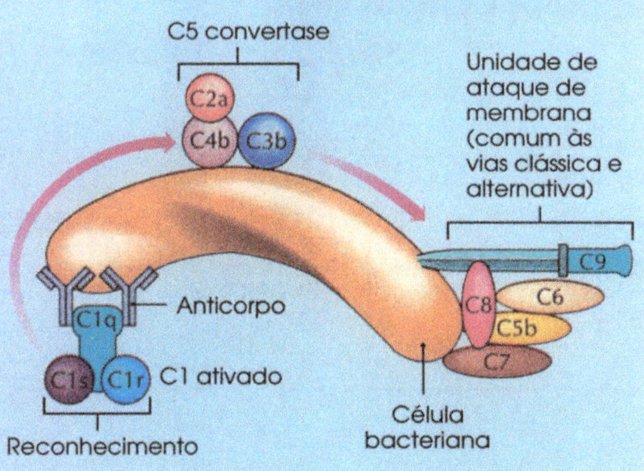

FIGURA 19.4 Perfil eletroforético do soro de coelho contendo anticorpos contra albumina do ovo antes da absorção (▬) e após a absorção (▬) com o mesmo antígeno (albumina do ovo), que remove os anticorpos específicos. Observe a diminuição do pico da globulina após a absorção, especialmente da gama globulina, demonstrando que os anticorpos anti-albumina do ovo eram proteínas globulinas.

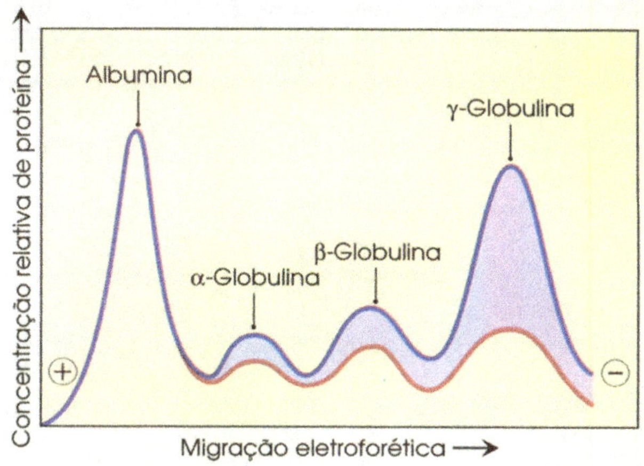

FIGURA 19.9 O efeito de um adjuvante específico na resposta humoral é claramente mostrado neste gráfico. O adjuvante completo de Freund contém óleo mineral, detergente e micobactérias mortas pelo calor. É um dos adjuvantes mais potentes e largamente utilizados.

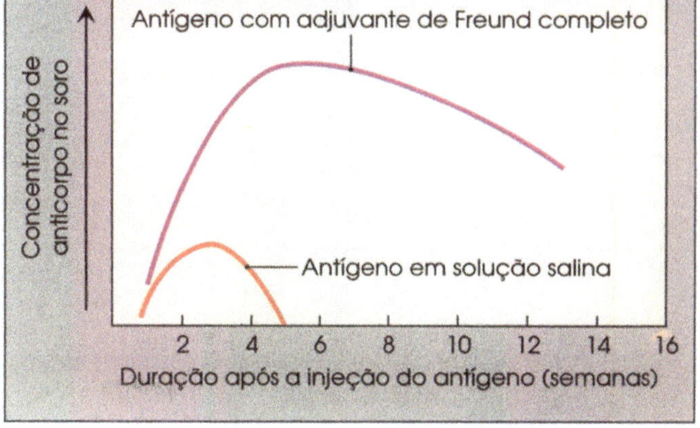

FIGURA 19.5 Modelo da estrutura da cadeia da molécula de IgG humano. **(A)** As duas cadeias leves são idênticas, assim como as cadeias pesadas. As cadeias são mantidas juntas através de pontes dissulfeto (que ligam resíduos de cisteína) assim como pela atração mútua de alguns aminoácidos hidrofóbicos. Tanto na cadeia leve quanto na pesada, a seqüência de aminoácidos nas regiões variáveis diferem substancialmente entre diferentes tipos de moléculas. As regiões constantes das cadeias mostram variabilidade de seqüência bem menor entre os diferentes tipos de moléculas. (CH_2O = carboidrato). **(B)** Dois fragmentos Fab e um fragmento Fc resultam do desdobramento da molécula de IgG pela enzima papaína.

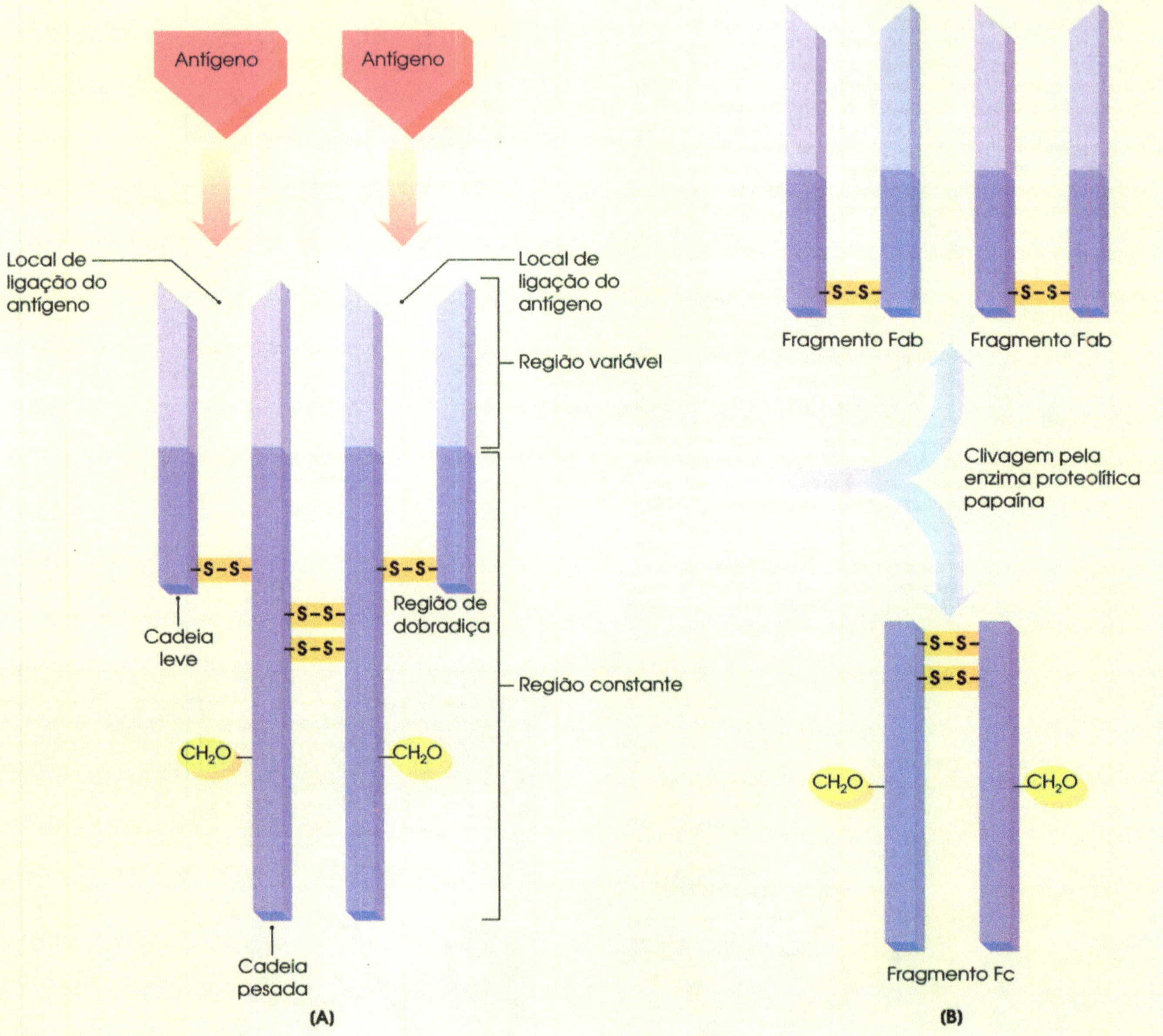

FIGURA 19.10 Esquema geral da hipersensibilidade do tipo I. Um alérgeno estimula as células B para produzir anticorpos específicos IgE com a ajuda das células T. As moléculas de IgE ligam-se aos receptores Fc dos mastócitos, sensibilizando estas células. Quanto mais alérgenos reagem subseqüentemente com a IgE ligada à superfície celular, a célula libera os grânulos que contêm mediadores que causam os sintomas clínicos da hipersensibilidade do tipo I.

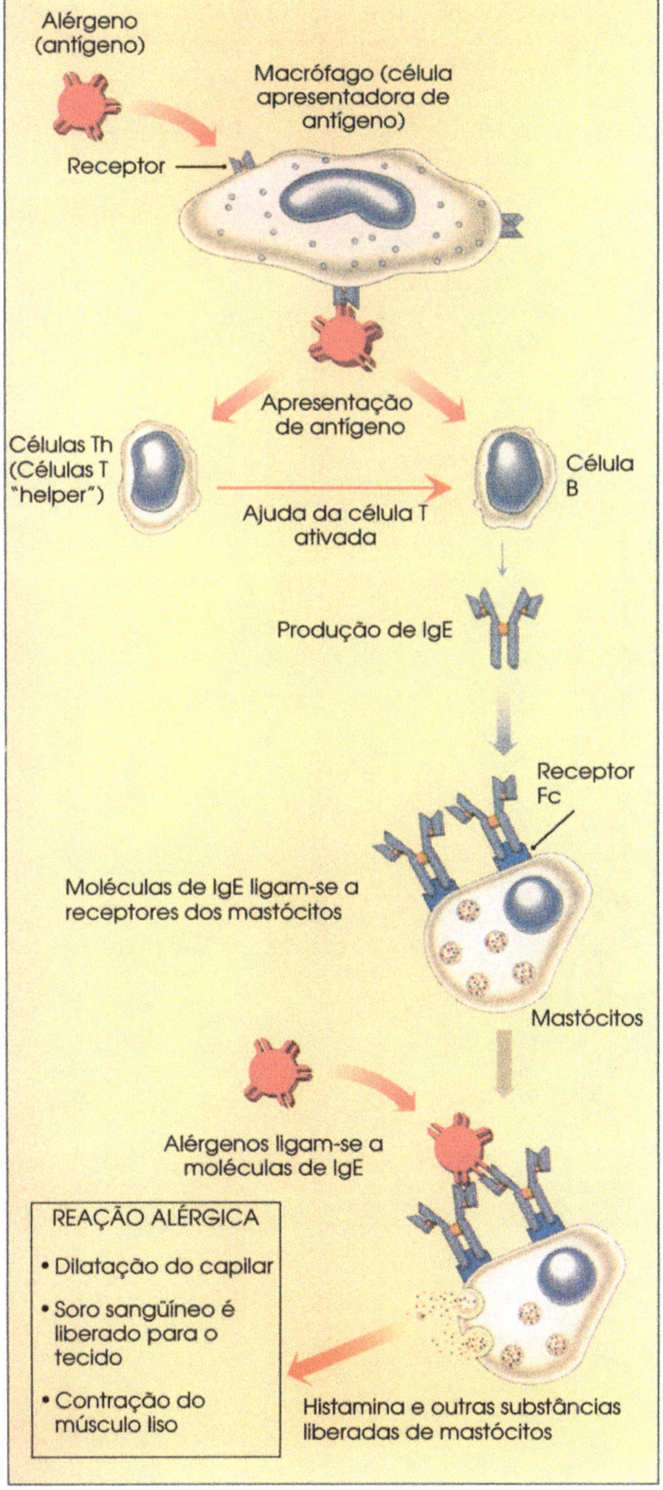

FIGURA 19.11 Esquema geral da hipersensibilidade do tipo IV (retardado). A ativação das células T leva à liberação de linfocinas e à ativação de macrófagos e células T citotóxicas. Observe que este tipo de hipersensibilidade resulta em uma resposta imune mediada por células que não envolvem anticorpos.

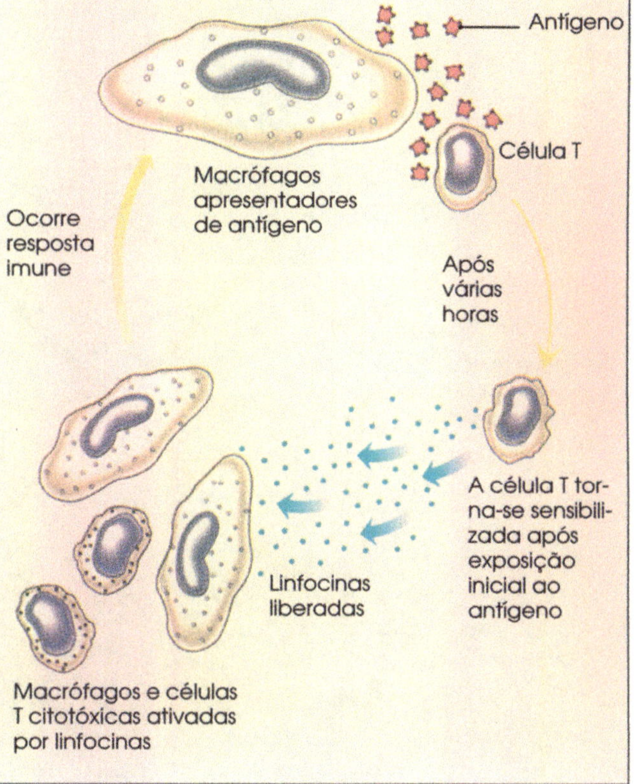

FIGURA 19.12 Tipos de transplantes entre indivíduos e espécies: base genética para rejeição ou aceitação de enxertos. Os únicos enxertos que são indefinidamente aceitos são os provenientes do próprio indivíduo, porque são geneticamente idênticos (singênicos) ou de doadores gêmeos, que são isogênicos (indivíduos geneticamente idênticos). Enxertos de tecido entre membros geneticamente diferentes da mesma espécie (alogênicos) são rejeitados. Enxertos de espécies diferentes são obviamente geneticamente diferentes (xenogênicos) e são também rapidamente rejeitados.

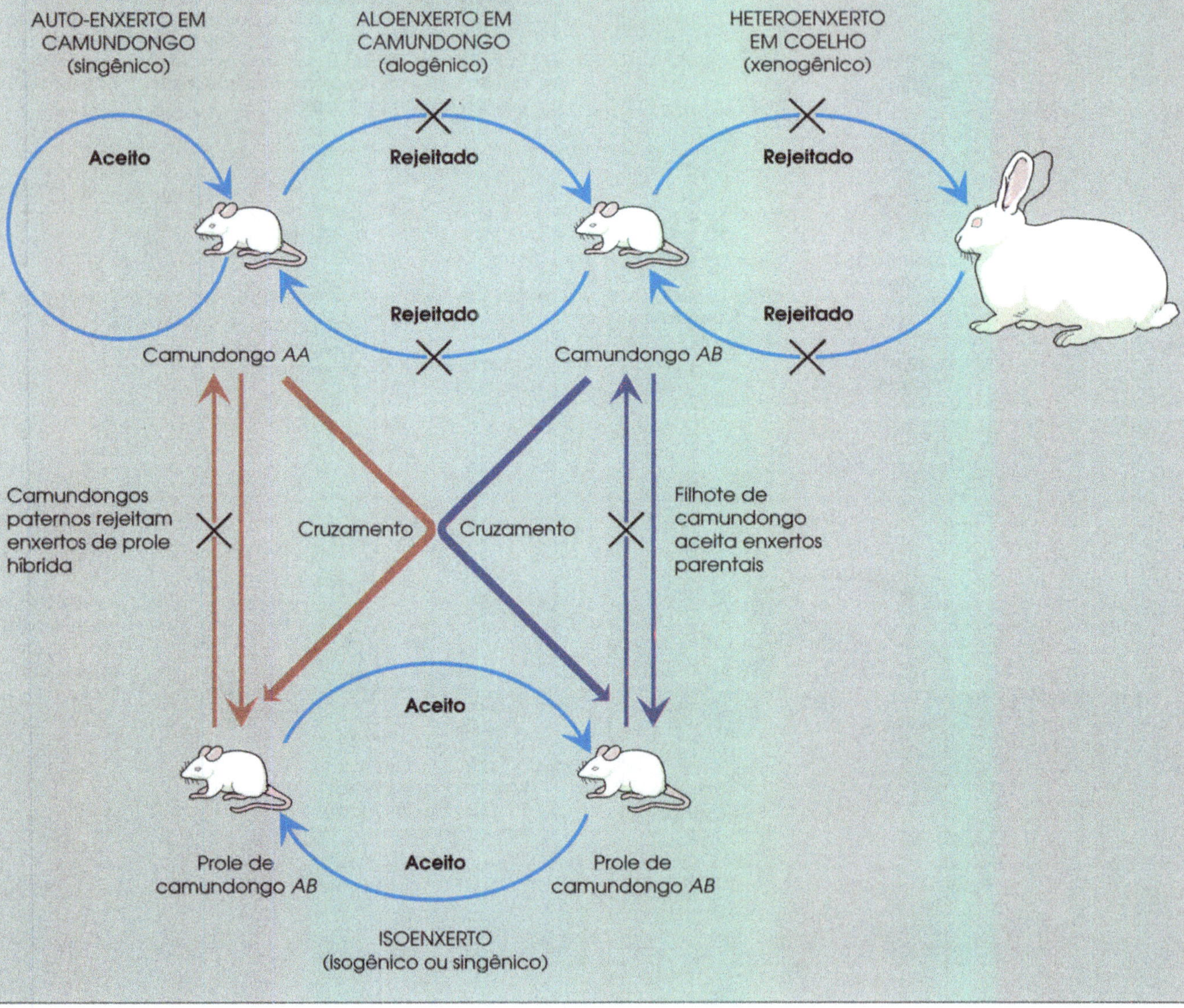

FIGURA 19.13 Origem dos componentes celulares dos sistemas hematopoiético (produção de sangue) e imune.

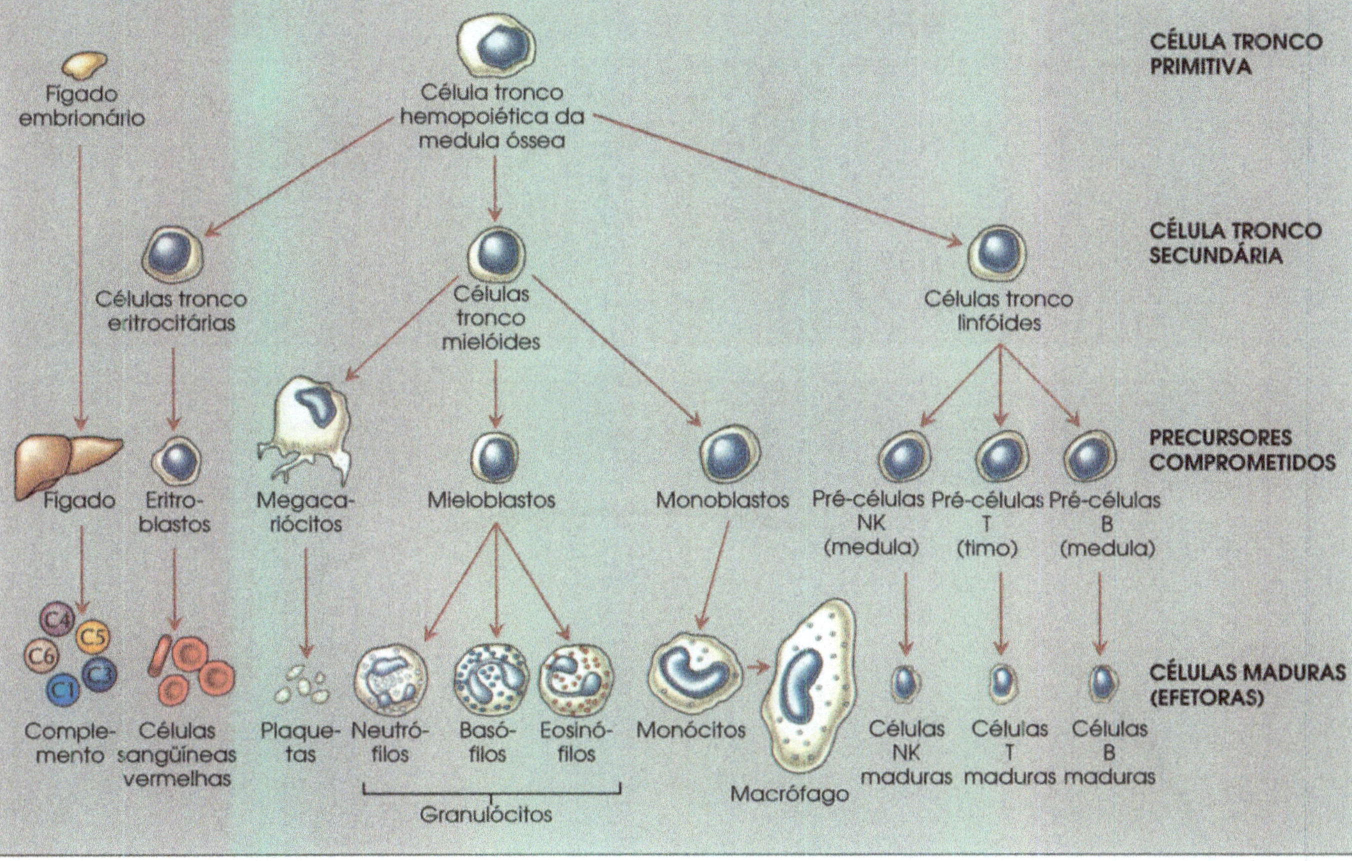

FIGURA 20.1 Curva de precipitação correspondente à variação na taxa de anticorpo para o antígeno. A precipitação máxima ocorre na zona de equivalência, onde há uma proporção ótima entre anticorpo e antígeno, o que permite a formação de "laticce" através da união dos sítios de ligação dos antígenos presentes no anticorpo e os epitopos antigênicos. Na zona de excesso de anticorpo, os epitopos antigênicos estão saturados mas não formam ligações cruzadas através dos sítios de ligação do anticorpo presentes no antígeno. Na zona de excesso de antígenos, os sítios de ligação do antígeno no anticorpo estão saturados mas não formam ligações cruzadas com os epitopos antigênicos.

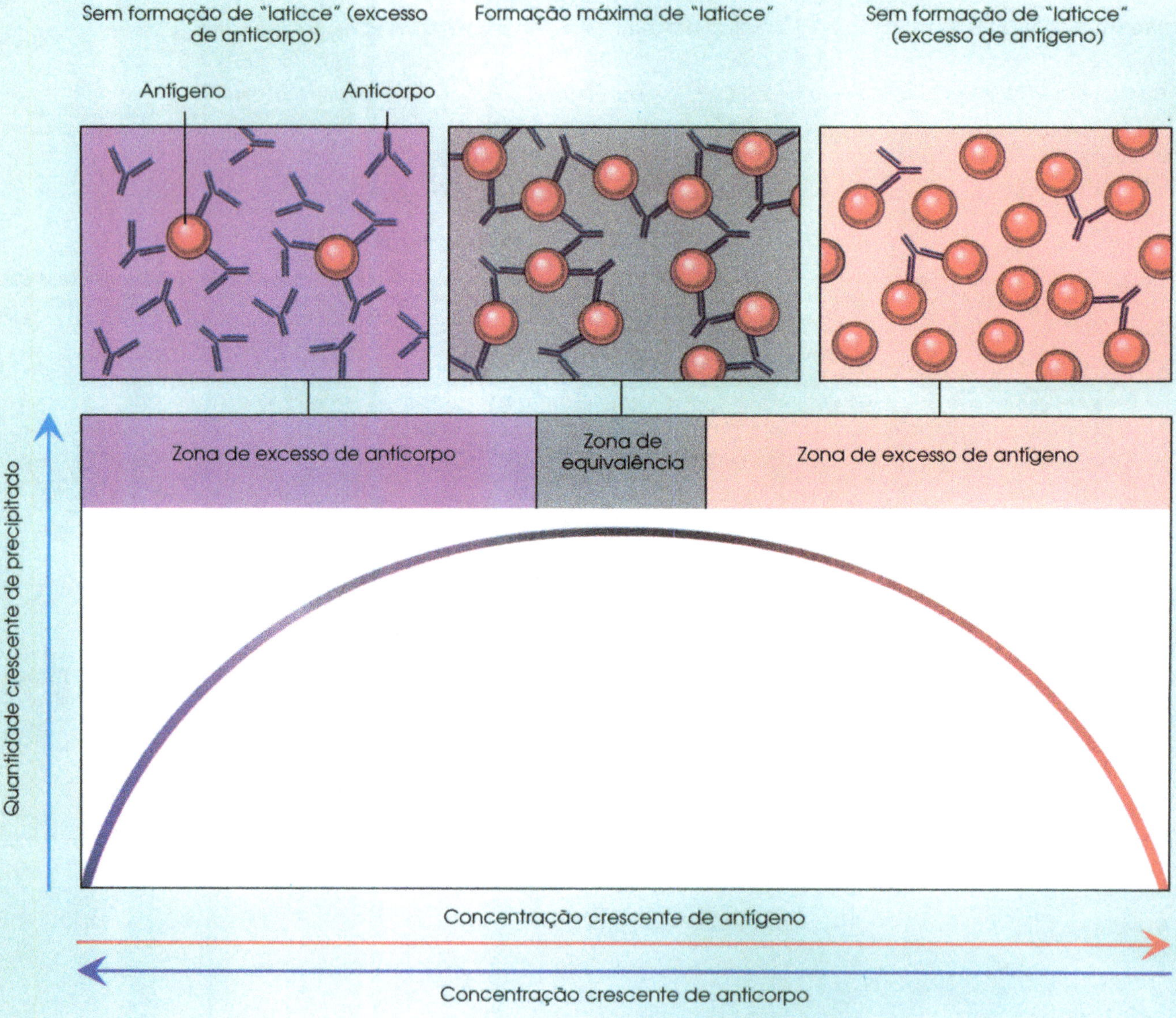

FIGURA 20.12 Procedimento para realizar diluições seriadas em tubos para o teste de aglutinação direta, na determinação do título de anticorpo. Neste teste, o título é 80, uma vez que o tubo 3 é o último a exibir aglutinação (nenhuma aglutinação é observada no tubo seguinte da diluição em série). A recíproca da maior diluição na qual a aglutinação é observada define o título do anti-soro testado.

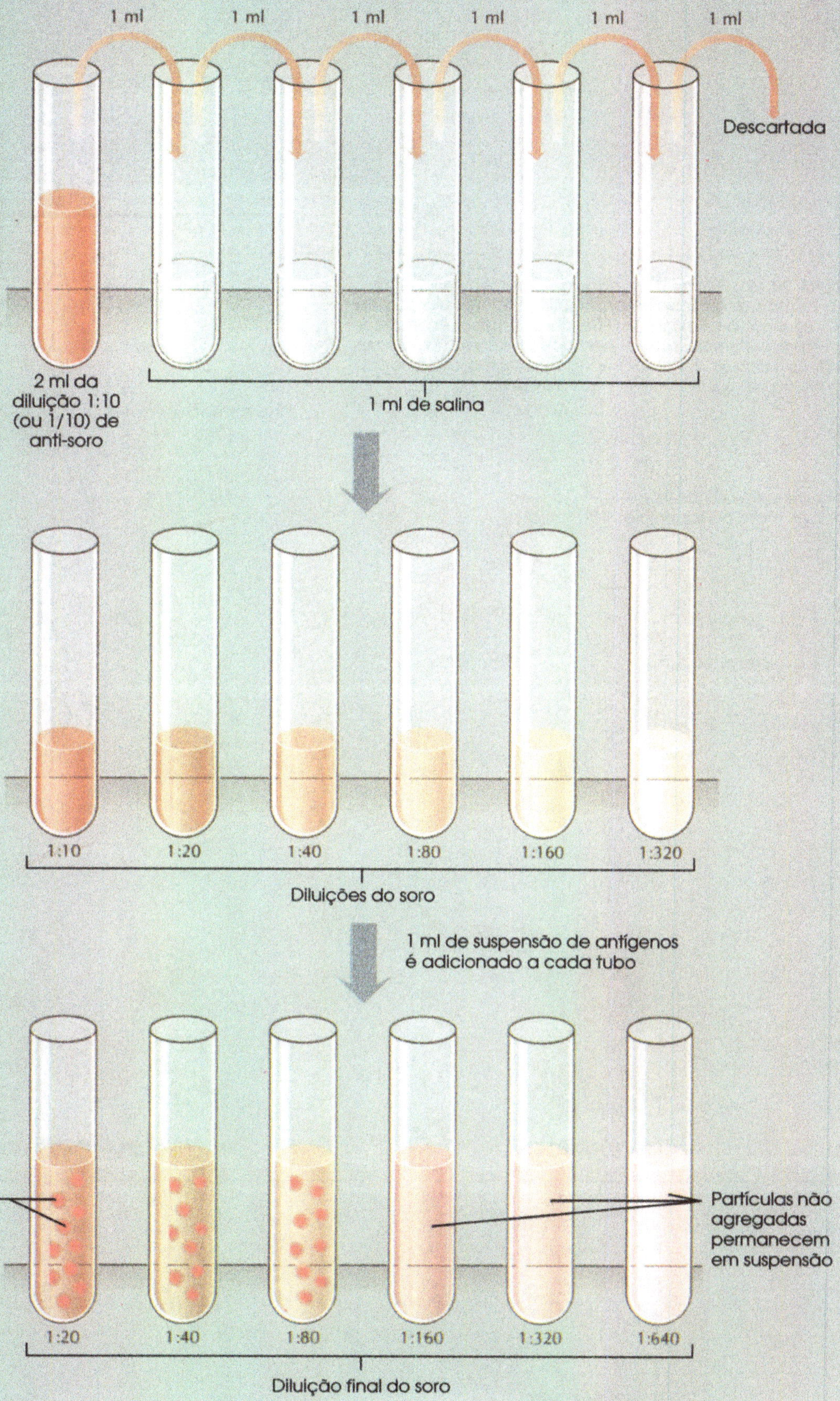

FIGURA 20.16 (A) Hemaglutinação viral. Certos vírus ligam-se a hemácias e causam hemaglutinação. (B) Inibição da hemaglutinação. Se o soro contendo anticorpos específicos ao vírus é misturado com as hemácias e os vírus, os últimos reagirão com os anticorpos e não causarão aglutinação das hemácias (os vírus estão *neutralizados*).

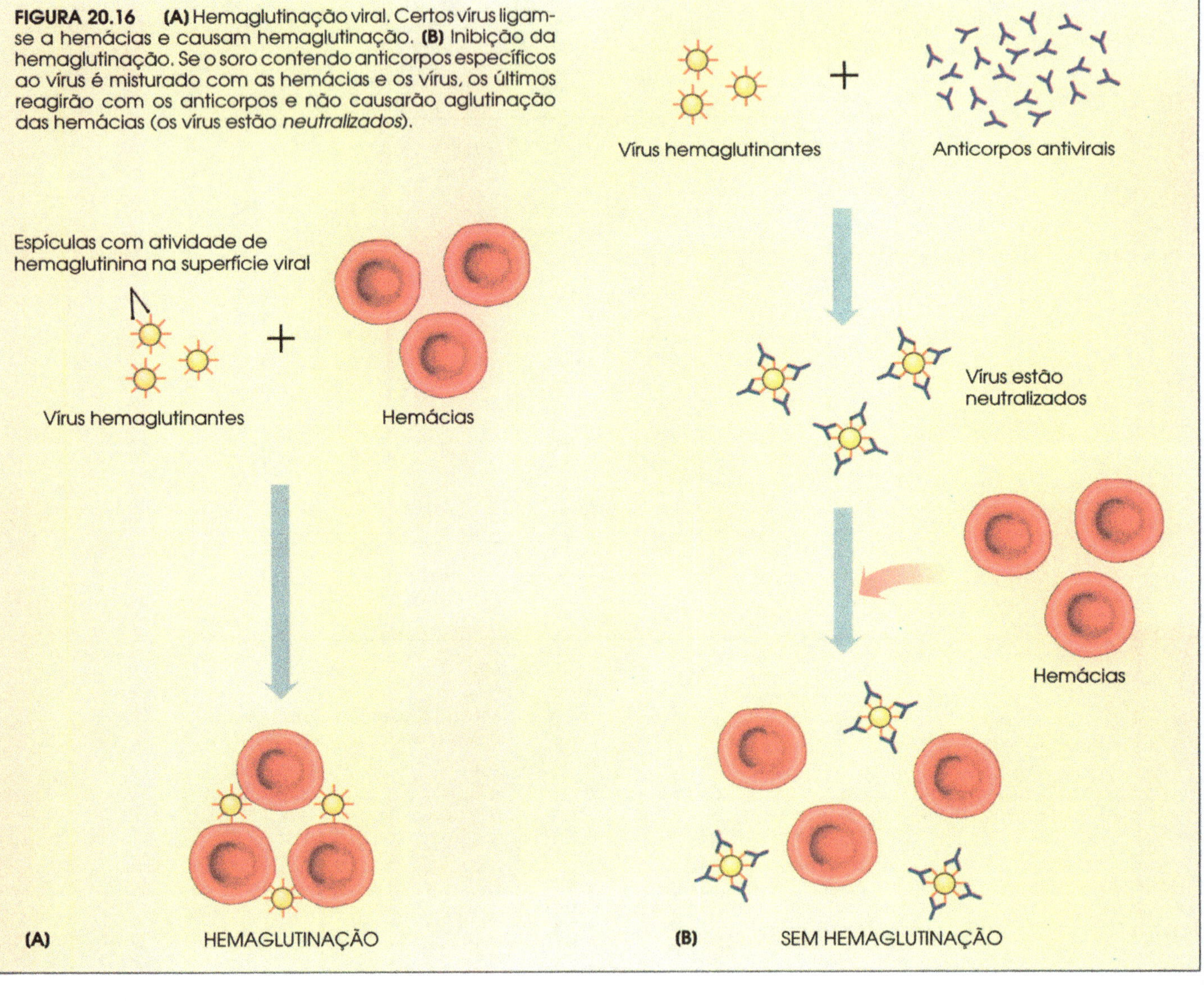

FIGURA 20.18 Princípio do teste de fixação de complemento. Se o complemento foi fixado pela reação antígeno-anticorpo no estágio 1, então não está disponível para hemolisar as hemácias de carneiro sensibilizadas que são adicionadas no estágio 2.

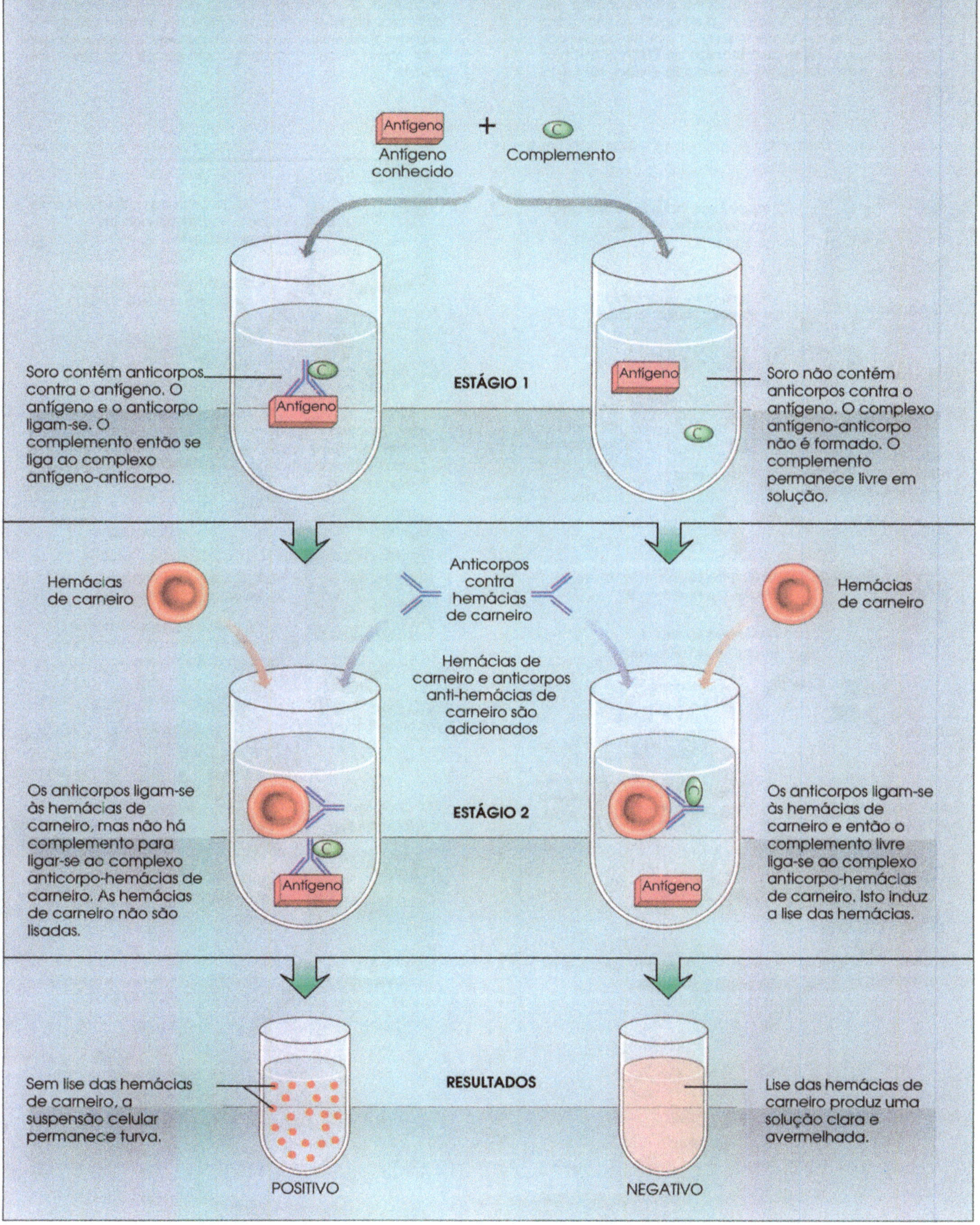

FIGURA 20.20 Técnica de ELISA: Técnica do sanduíche duplo de anticorpo para detecção e quantificação de antígeno. Ilustração de enterotoxina estafilocócica em extratos de alimentos. A presença de um título tão baixo quanto 0,4 ng de toxina por mililitro do extrato do alimento pode ser detectado pela técnica de ELISA. (Observar que a lavagem necessária após cada etapa não está mostrada.)

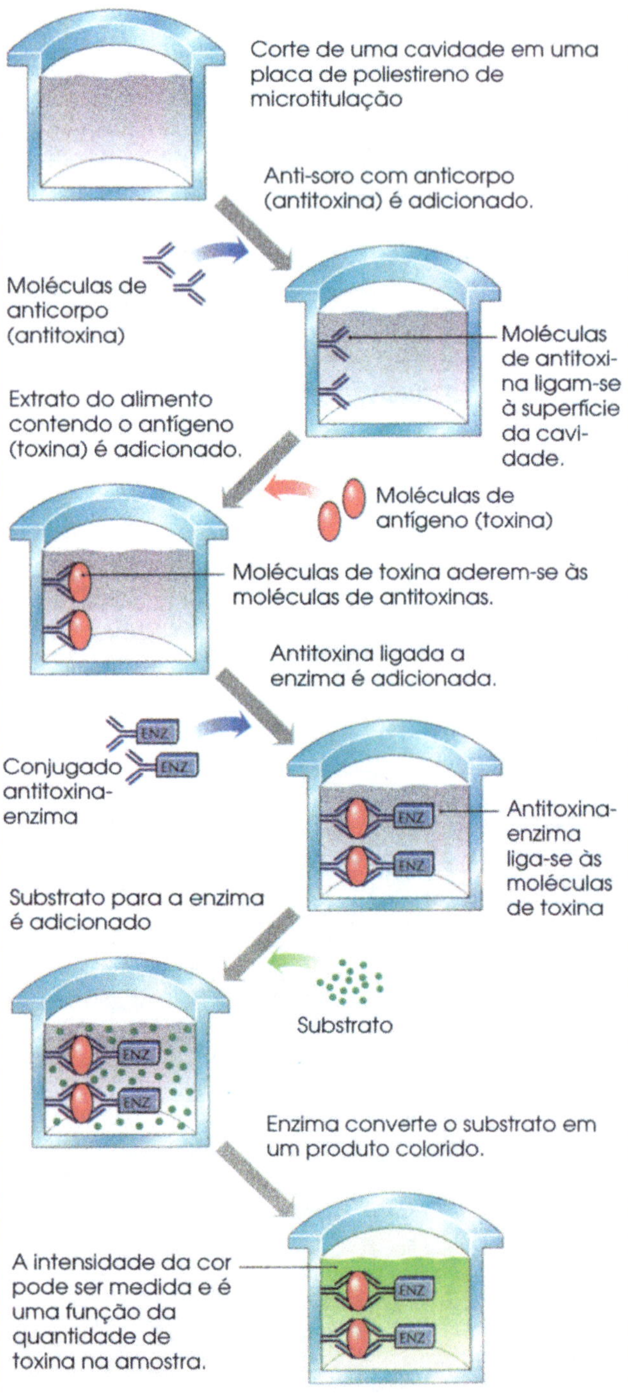

FIGURA 20.21 Técnica de ELISA: Técnica de imunoadsorção indireta para detecção e quantificação de anticorpo. O exemplo ilustrado aqui é a detecção de anticorpos contra o vírus da AIDS (vírus da imunodeficiência humana) em um soro de um paciente. (Observar que a lavagem necessária após cada etapa não está mostrada.)

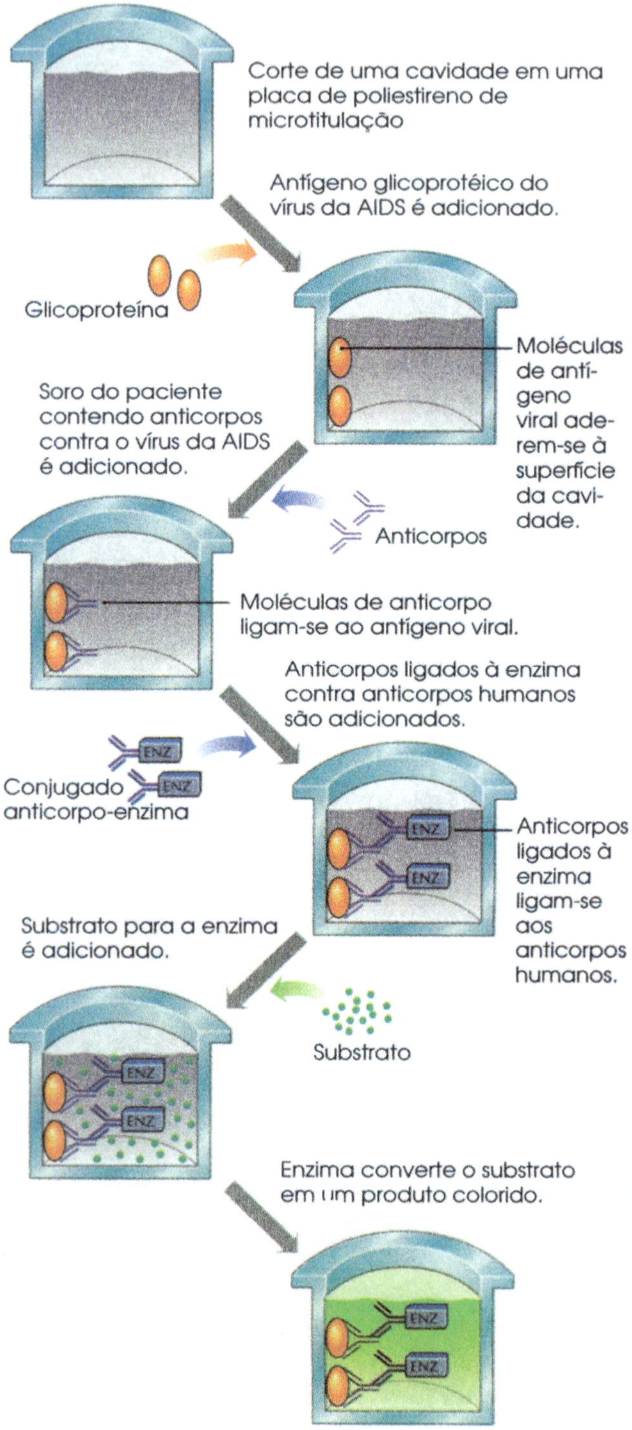

FIGURA 20.22 Técnica de anticorpo fluorescente - métodos direto **(A)** e indireto **(B)**. O método direto **(A)** é geralmente utilizado para identificar um tipo particular de microrganismo em uma amostra clínica, por exemplo, *Streptococcus pyogenes* em swab de garganta de um paciente. O método indireto **(B)** é utilizado para detectar a presença de anticorpos para um microrganismo específico em um fluido corporal de um paciente, por exemplo, a presença de anticorpos IgG contra espiroquetas da cavidade oral no soro ou saliva de pacientes com gengivites. O método indireto é mais sensível, uma vez que duas ou mais moléculas de antiglobulinas (somente uma está à mostra, neste exemplo) podem ligar-se a cada anticorpo ligado ao seu antígeno.

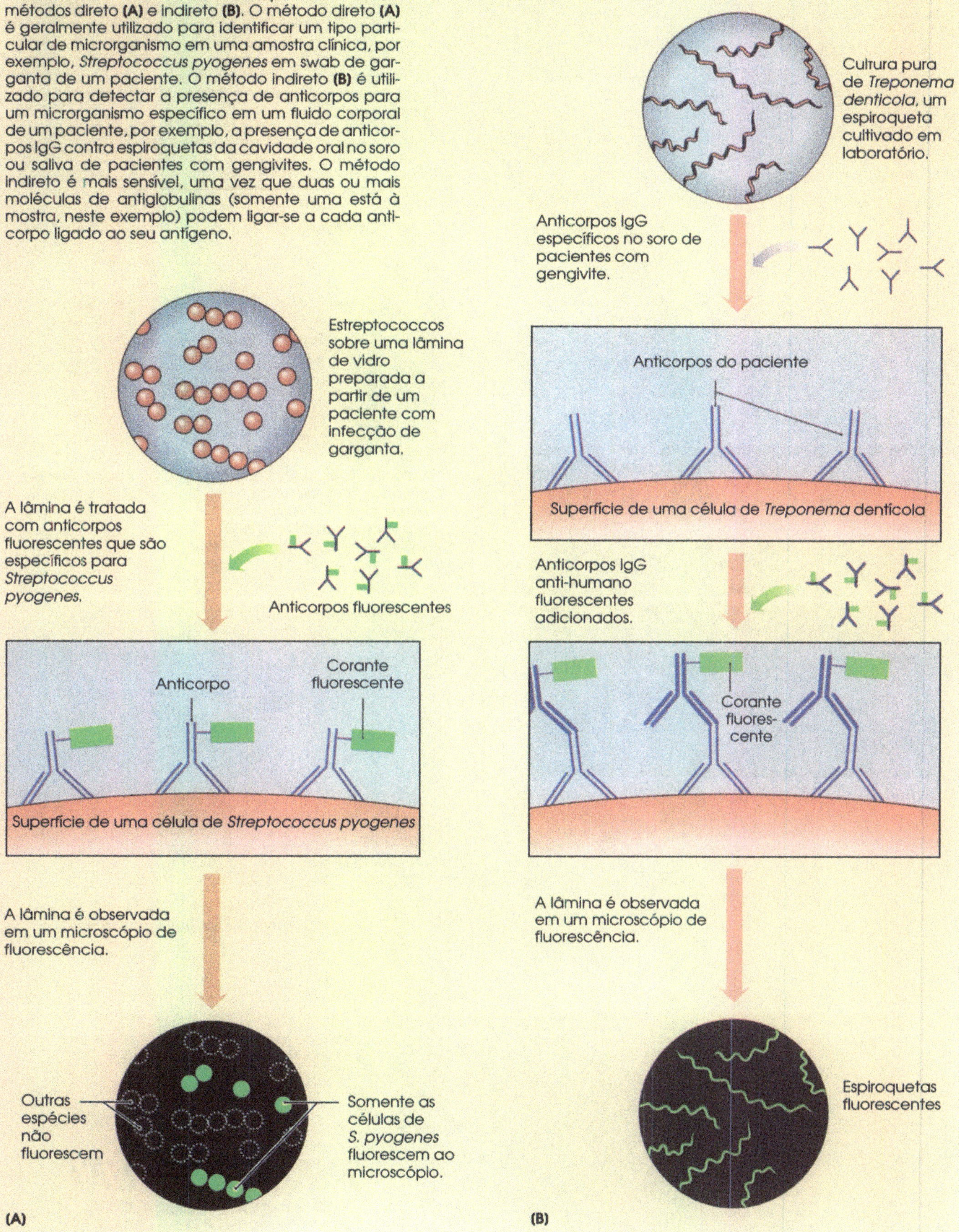

FIGURA 20.23 Espiroquetas coradas com anticorpos fluorescentes, como observado em um microscópio de fluorescência.

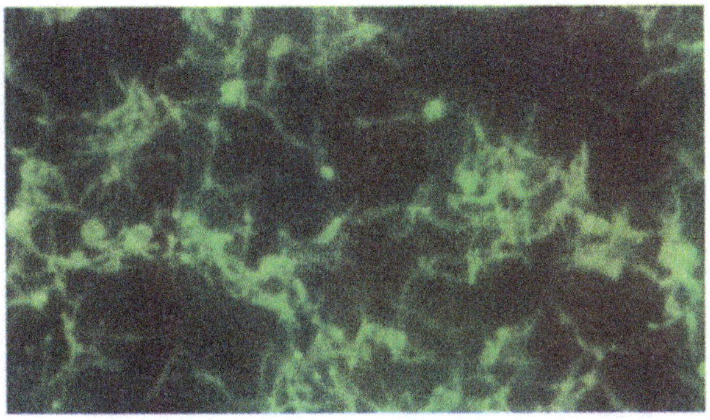

FIGURA 20.26 Cultura mista de linfócitos unilateral (CML). O ensaio é denominado "unilateral" porque as células estimuladoras de um indivíduo A foram irradiadas ou tratadas com mitomicina C (um antibiótico) para inibir a síntede de DNA, prevenindo, assim, a divisão mitótica. Contudo, elas continuam a estimular as células do indivíduo B, que continuam a proliferar, isto é, incorporam timidina radioativa.

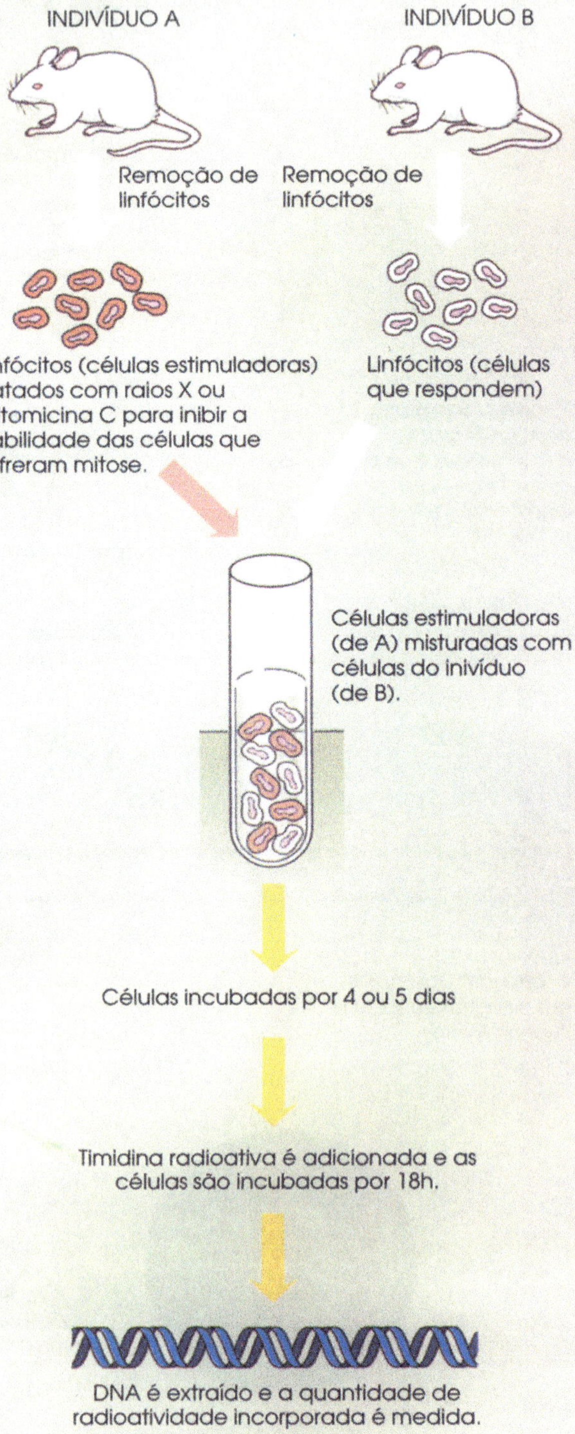

FIGURA 21.4 Ilustração esquemática de algumas etapas necessárias na pesquisa e na descoberta de novos antibióticos. **(A)** Isolamento de culturas puras. **(B)** Teste de atividade antimicrobiana. **(C)** Produção e concentração do antibiótico. **(D, E)** Testes posteriores e purificação do antibiótico. **(F)** Caracterização química e avaliação clínica do antibiótico.

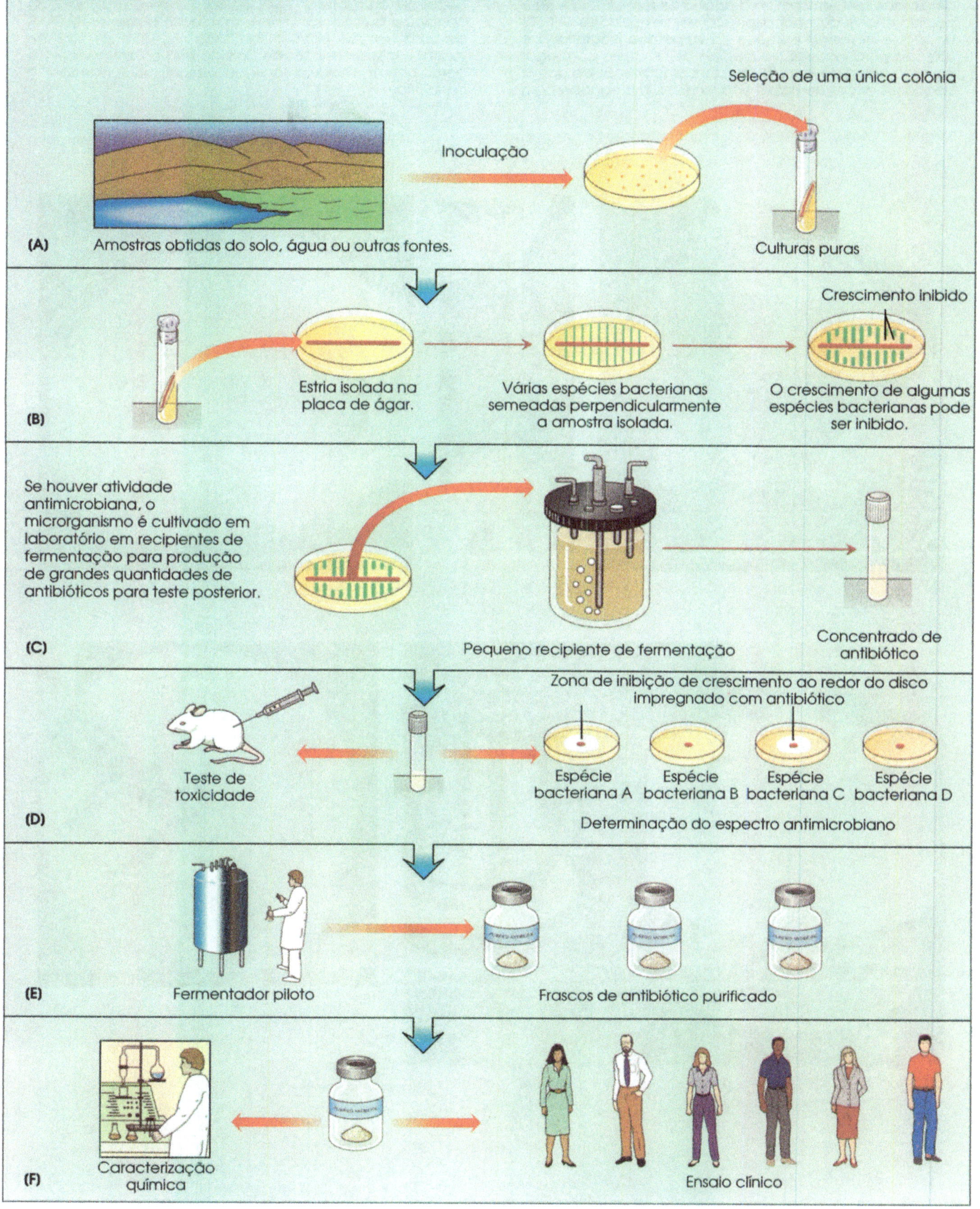

FIGURA 21.21 Etapas da técnica do disco em placa para determinação da susceptibilidade de uma bactéria aos antibióticos. **(A)** Uma colônia bacteriana é "pescada" de uma placa de Petri com uma agulha de semeadura e **(B)** a colônia é semeada por dispersão em um caldo estéril. **(C)** Um cotonete estéril é imerso na suspensão bacteriana e utilizado para inocular a superfície de um meio com ágar em uma placa de Petri. **(D)** Um dispositivo mecânico aplica pequenos discos de papel - cada disco impregnado com um antibiótico diferente - na superfície da placa semeada (Placa de Petri). **(E)** Após incubação, a cultura em placa é examinada para evidenciar zonas de inibição ao redor dos discos de antibióticos. Quando este teste é realizado sob condições cuidadosamente controladas, pode ser observada uma relação entre o tamanho da zona de inibição (clara) e a susceptibilidade da bactéria ao antibiótico. Em geral, quanto maior a zona de inibição mais efetivo é o antibiótico.

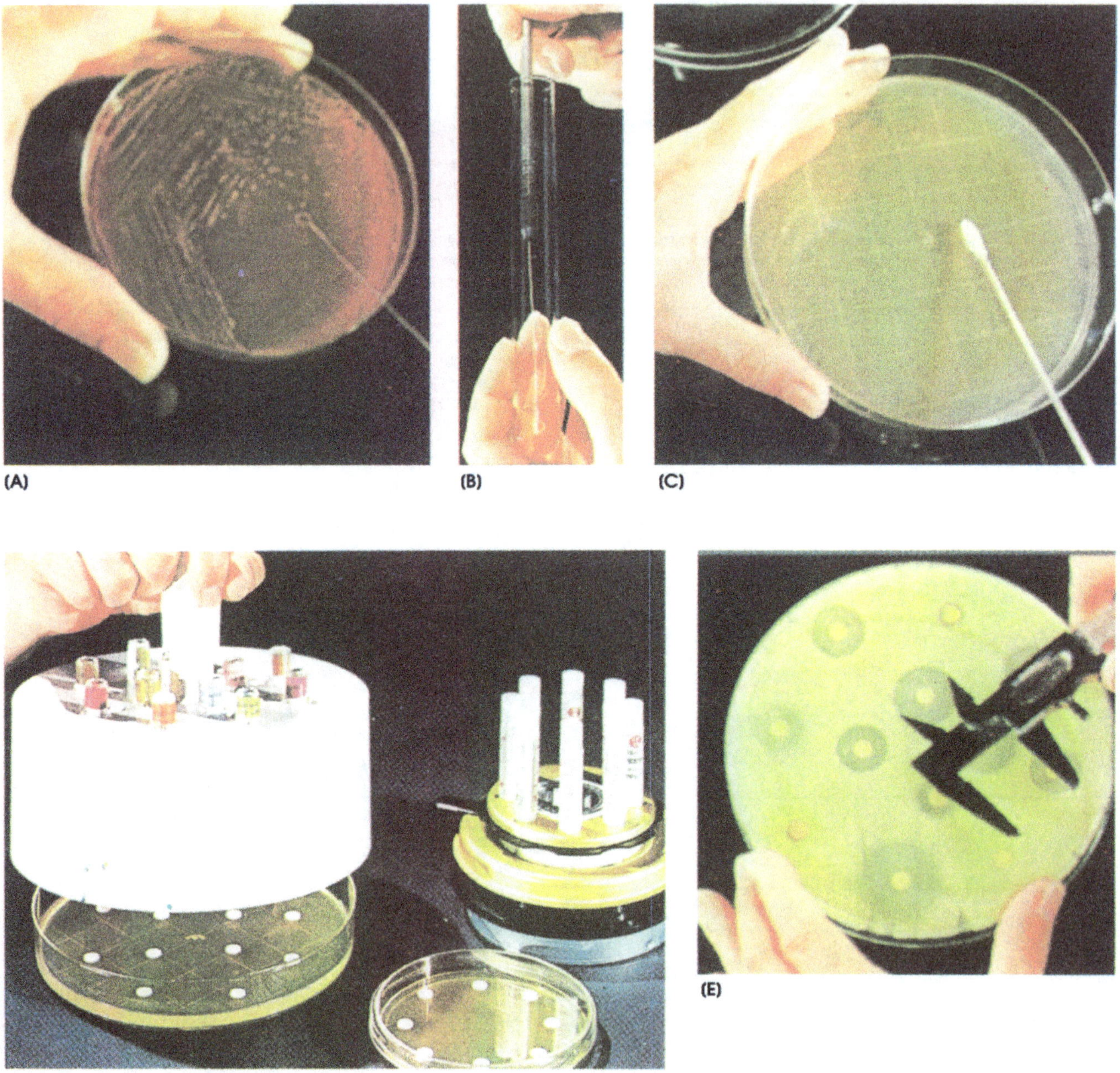

(A) (B) (C)

(D) (E)

FIGURA 22.1 **(A)** O médico húngaro Ignaz Philipp Semmelweis (1818-1865) insistiu que médicos e estudantes de medicina lavassem suas mãos em uma solução clorada antes de entrar em uma enfermaria obstétrica e novamente antes de examinar cada paciente. **(B)** Efeito da anti-sepsia das mãos introduzida por Semmelweis em maio de 1847 na mortalidade materna no *K.K.I. Obstretric University Clinic*, em Viena. Antes da introdução dos procedimentos de anti-sepsia (em vermelho), após a introdução (em azul). (De *M. I. Rotter, "Hygienic Hand Disinfection", Infection Control 5:18-22, 1984.)*

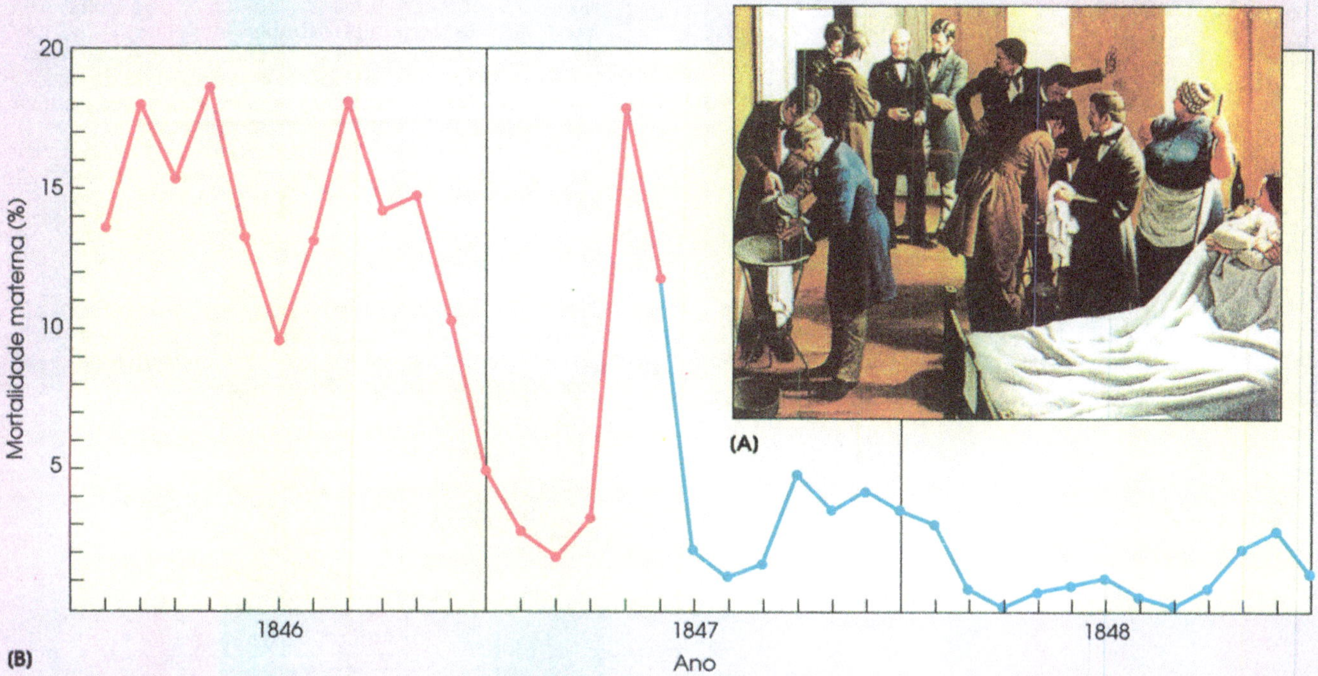

FIGURA 23.1 A *Neisseria gonorrhoeae* causa infecção do trato geniturinário humano. A coloração de Gram mostra a presença de *Neisseria gonorrhoeae* em uma secreção purulenta da uretra de um homem com gonorréia aguda. Os gonococos (seta) são vistos em característicos arranjos de diplococos no interior dos neutrófilos. As grandes estruturas vermelhas no campo são os núcleos multilobulados dos leucócitos.

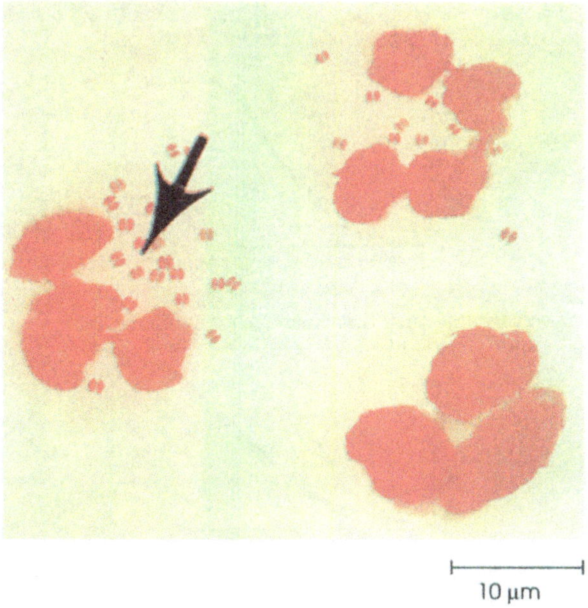

FIGURA 23.7 Esfregaço corado pelo Gram a partir de material cervical mostrando centenas de pequenos bacilos Gram negativos de *Gardnerella vaginalis*. As estruturas grandes no campo microscópico são leucócitos.

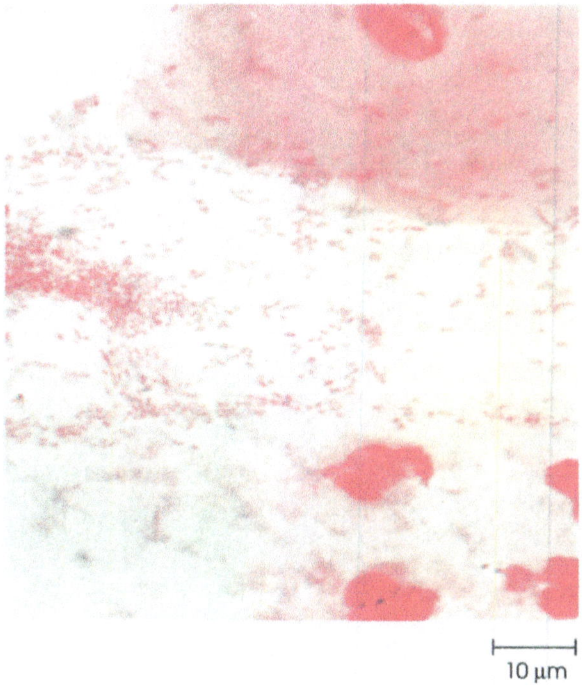

FIGURA 23.8 Casos relatados de AIDS e mortes verificados nos Estados Unidos, de 1981 a 1990. (*Morbidity and Mortality Weekly Report, Summary of Notifiable Diseases*,1990, emitido em 4 de outubro de 1991.)

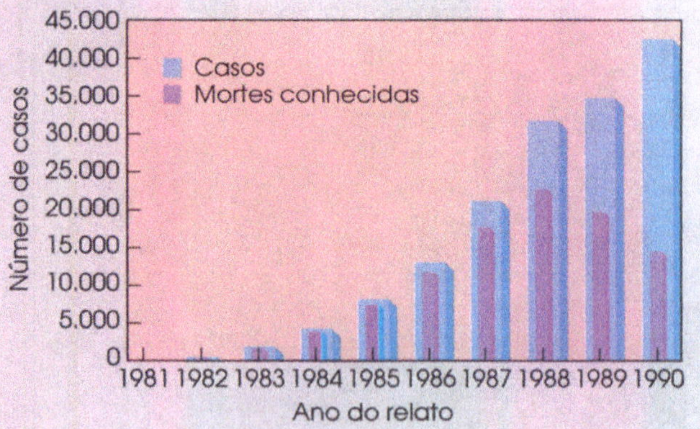

FIGURA 23.9 Casos de AIDS relatados por categorias de transmissão, Estados Unidos, 1990. (*Morbidity and Mortality Weekly Report*, 7 de junho de 1991.)

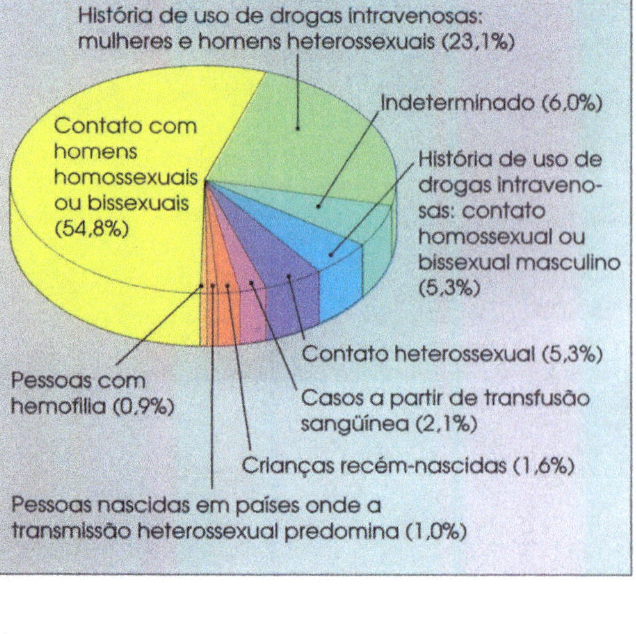

FIGURA 23.10 Casos de AIDS, por categoria de transmissão e ano de diagnóstico, Estados Unidos, 1981-1990, baseados nos casos relatados até março de 1991. Em 1990, o maior índice de aumento ocorreu em heterossexuais e em crianças nascidas de mães infectadas. Uma redução nos índices de aumento ocorreu entre homens homossexuais e bissexuais. Um número relativamente pequeno de casos de AIDS em indivíduos que receberam transfusão de sangue ou produtos derivados de sangue foi devido, principalmente a infecções que ocorreram antes da triagem de doadores de sangue ou do aquecimento dos fatores de coagulação dados aos hemofílicos. Estes casos aumentaram em número devido ao longo período entre a infecção com o vírus HIV e o início da AIDS. (*Morbidity and Mortality Weekly Report*, 7 de junho de 1991.)

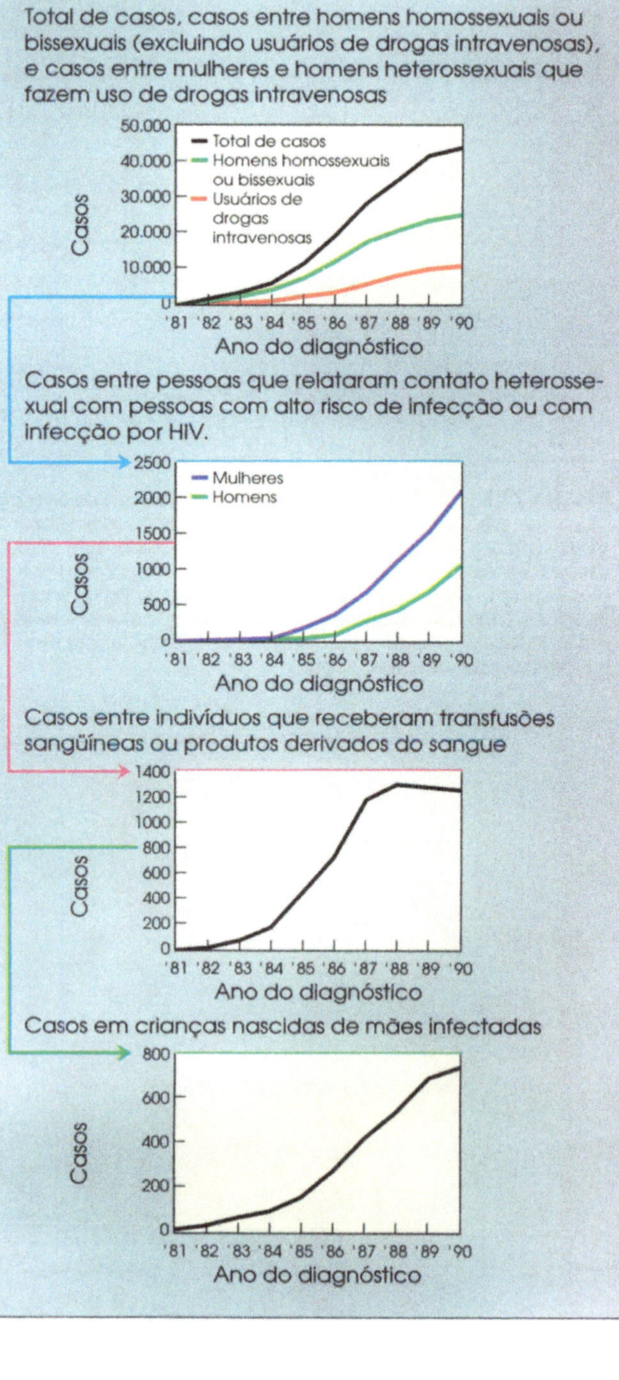

FIGURA 23.11 Desenho da estrutura do HIV, o vírus que causa a AIDS.

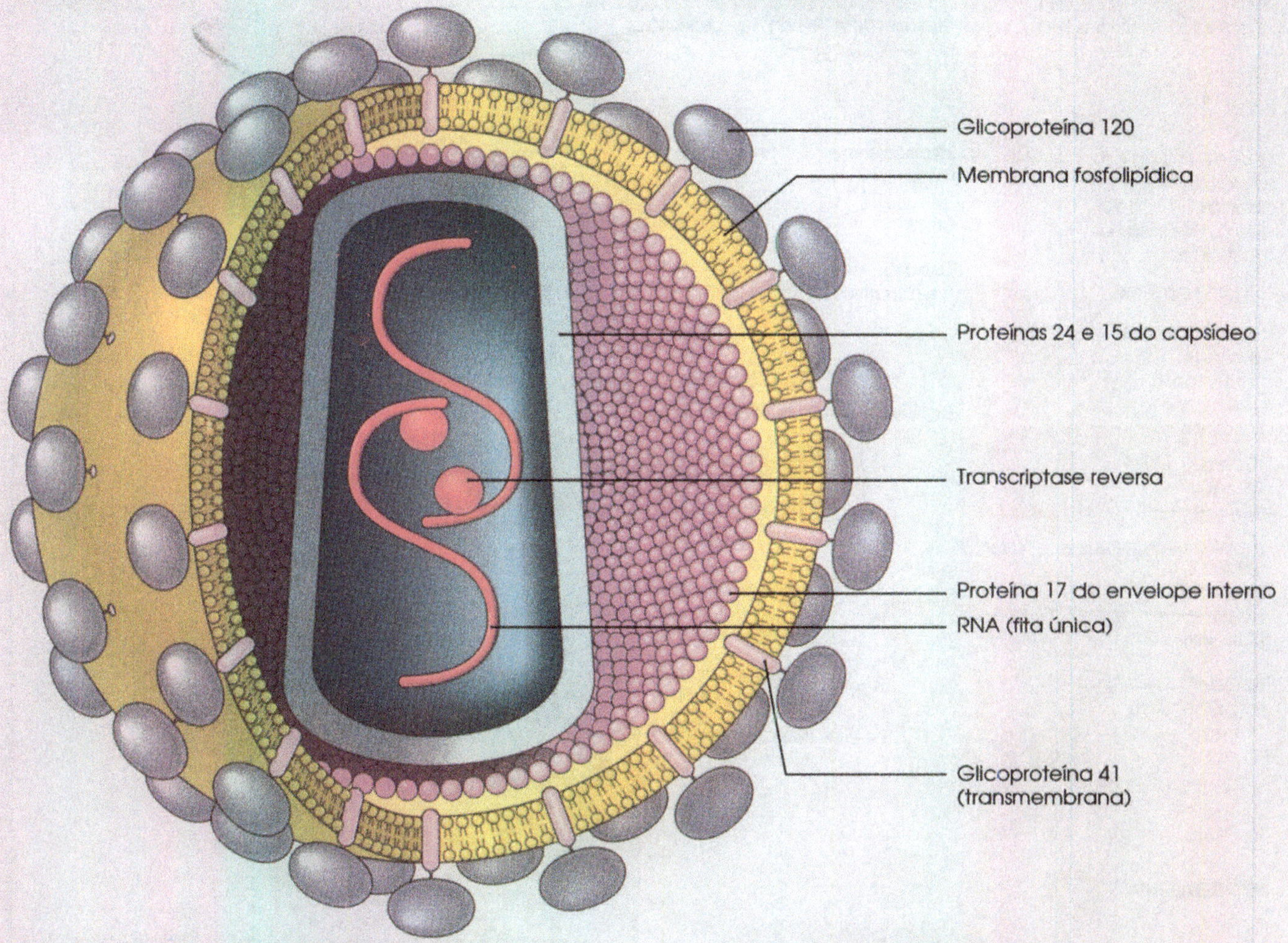

FIGURA 23.12 Replicação do HIV nos linfócitos T4. **(A)** Diagrama mostrando as principais etapas da replicação. A etapa chave é a síntese da fita de DNA complementar ao RNA viral, formando um híbrido RNA-DNA; esta etapa é realizada pela enzima transcriptase reversa. O híbrido RNA-DNA é então convertido em DNA com fita dupla, o qual é integrado no DNA das células hospedeiras. Mais tarde, após ativação, o DNA dirige a síntese do RNA viral e proteínas virais, que são reunidas para originar uma progênie viral. **(B)** Micrografia eletrônica mostrando a progênie do vírus HIV brotando da membrana de um linfócito T4 infectado. Os vírions têm aproximadamente 110 nm de diâmetro.

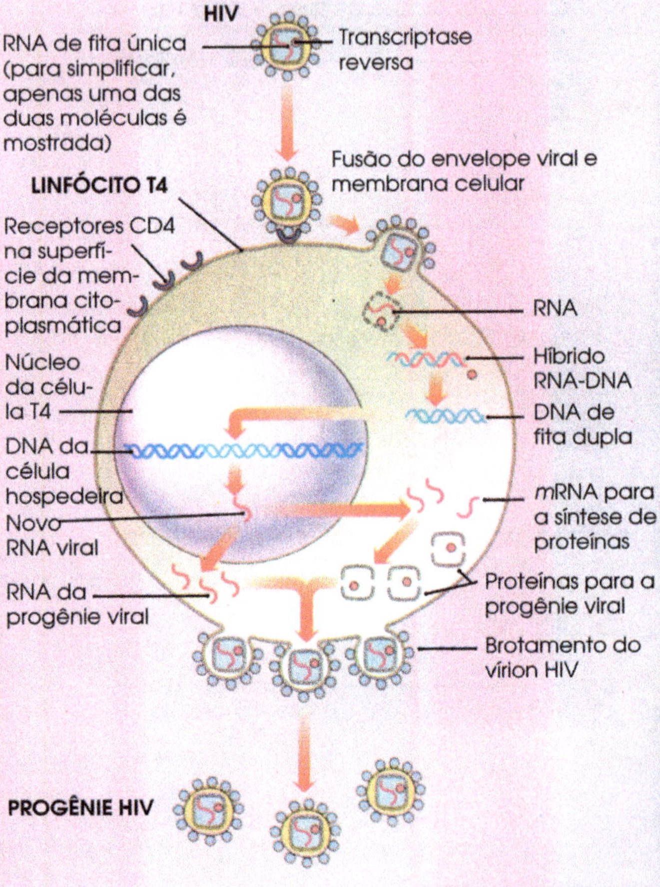

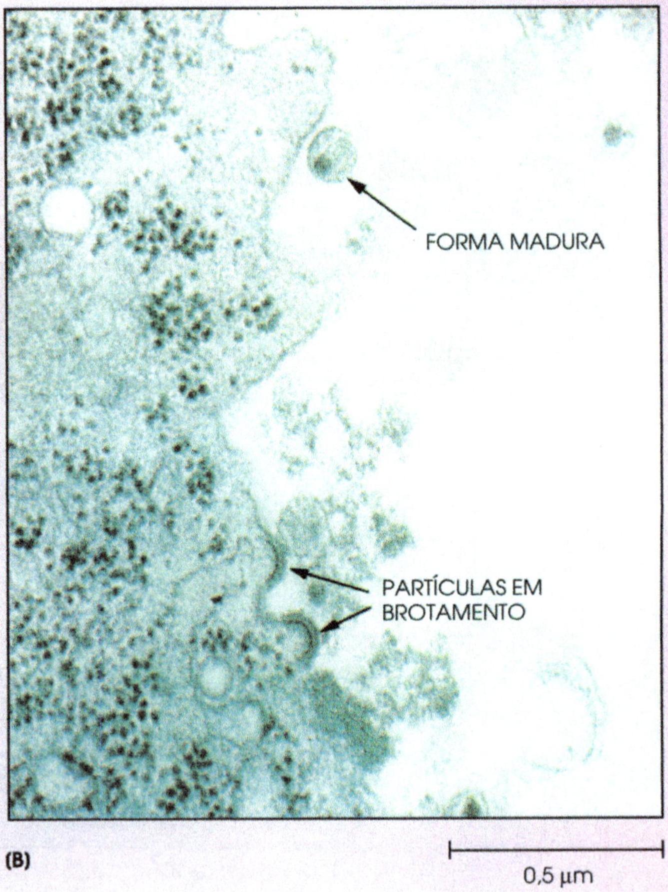

FIGURA 23.13 Interação do HIV e o sistema imune. Após a infecção inicial o nível de vírus no sangue é alto, mas diminui quando o paciente desenvolve uma resposta imune à infecção. Durante o período latente, que pode durar por vários anos, o HIV existe como DNA viral integrado ao genoma dos linfócitos T4. Eventual destruição das células T4 danifica o sistema imune ao ponto do mesmo não poder mais controlar a multiplicação dos vírus. Na ausência de um sistema imune funcional, podem ocorrer infecções secundárias graves.

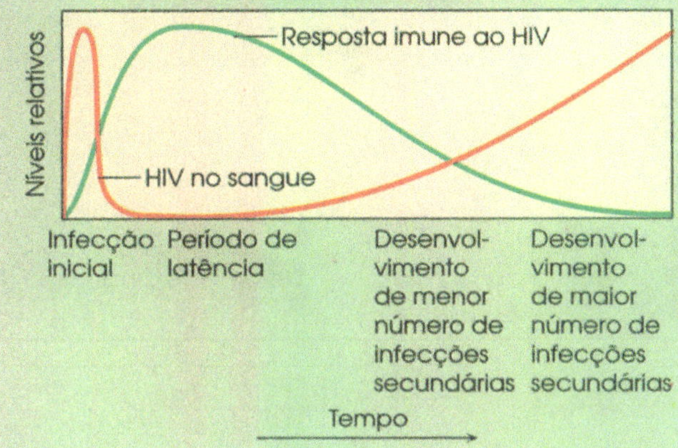

FIGURA 23.16 Cistos de *Pneumocystis carinii* em um esfregaço do pulmão corado com azul de toluidina. Observar as "dobras" da parede celular; esta característica é de valor diagnóstico. Trofozoítos não aparecem dentro dos cistos nesta coloração.

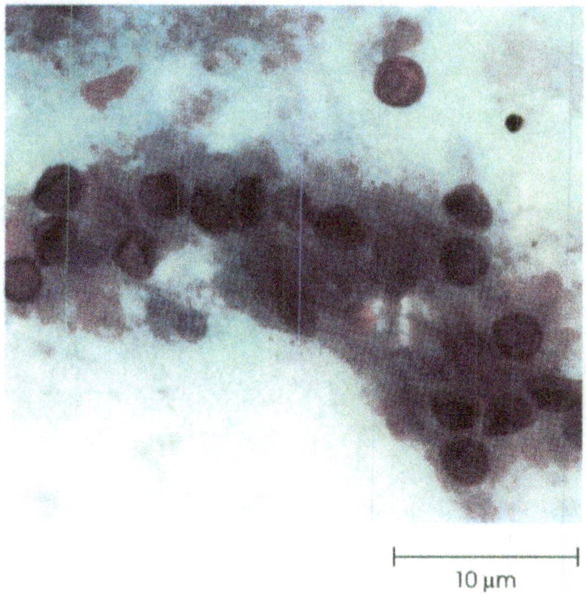

FIGURA 23.21 Coloração de Gram da secreção vaginal de uma paciente com candidíase, mostrando formas de leveduras da *Candida albicans* (ovais, escuras), algumas das quais são brotamentos. Também estão presentes os leucócitos e várias bactérias de forma bacilar.

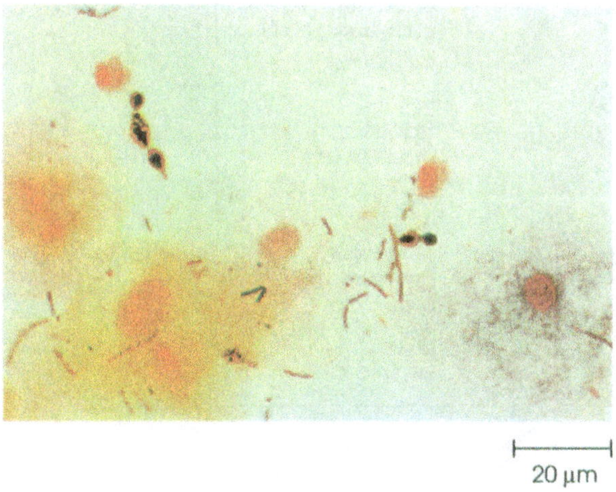

FIGURA 23.17 Levedura *Candida albicans*. O microrganismo apresenta uma tendência para formar pseudo-hifas, cadeias de células alongadas com brotamentos. **(A)** Em cultura, grupamentos de blastósporos e estruturas grandes circulares chamadas clamidósporos, são caracteristicamente formados. **(B)** Coloração de Gram de uma seção de tecido humano mostrando *C. albicans*. **(C)** Lesões de candidíase sobre a língua e lábios de um homem de 19 anos.

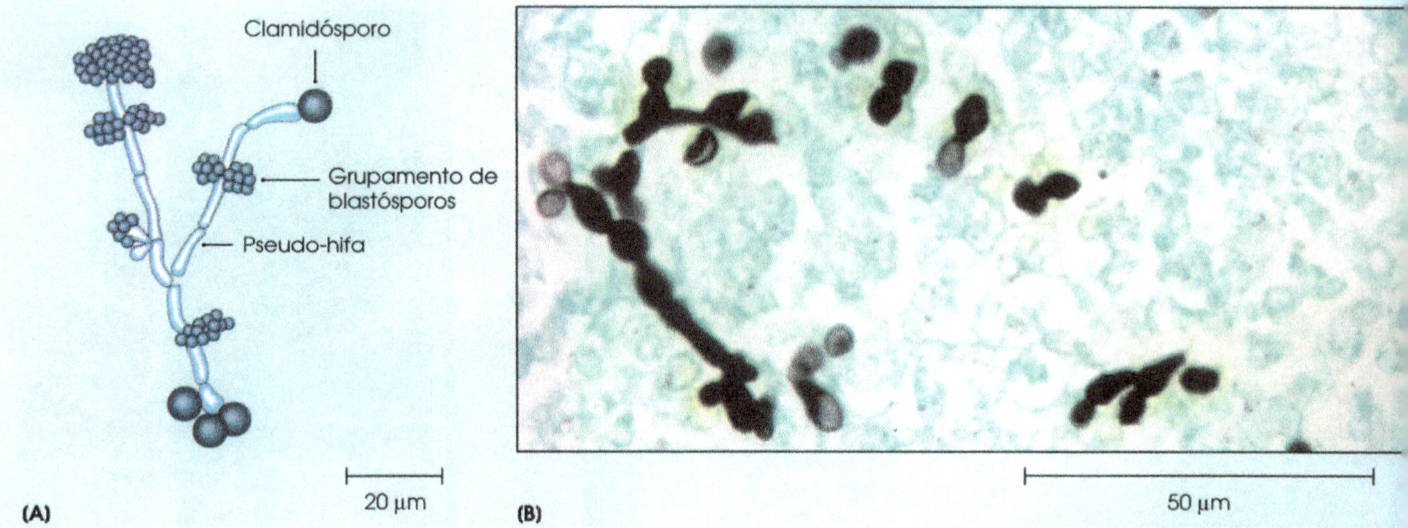

FIGURA 24.2 Organização do trato respiratório. **(A)** O ar que entra pelo nariz ou pela boca alcança os pulmões por intermédio da traquéia. Durante a deglutição, a epiglote cobre a laringe de modo que o alimento passe pelo esôfago e não pela traquéia. A traquéia termina em ramificações chamadas *brônquios*, os quais formam ramificações menores denominadas *bronquíolos*, que terminam nos alvéolos do pulmão. **(B)** Os alvéolos são circundados por uma rede de vasos sangüíneos, permitindo que as células do sangue troquem o oxigênio pelo dióxido de carbono, um produto inaproveitado do metabolismo. Para melhor elucidar, estes vasos são mostrados somente nos alvéolos da direita.

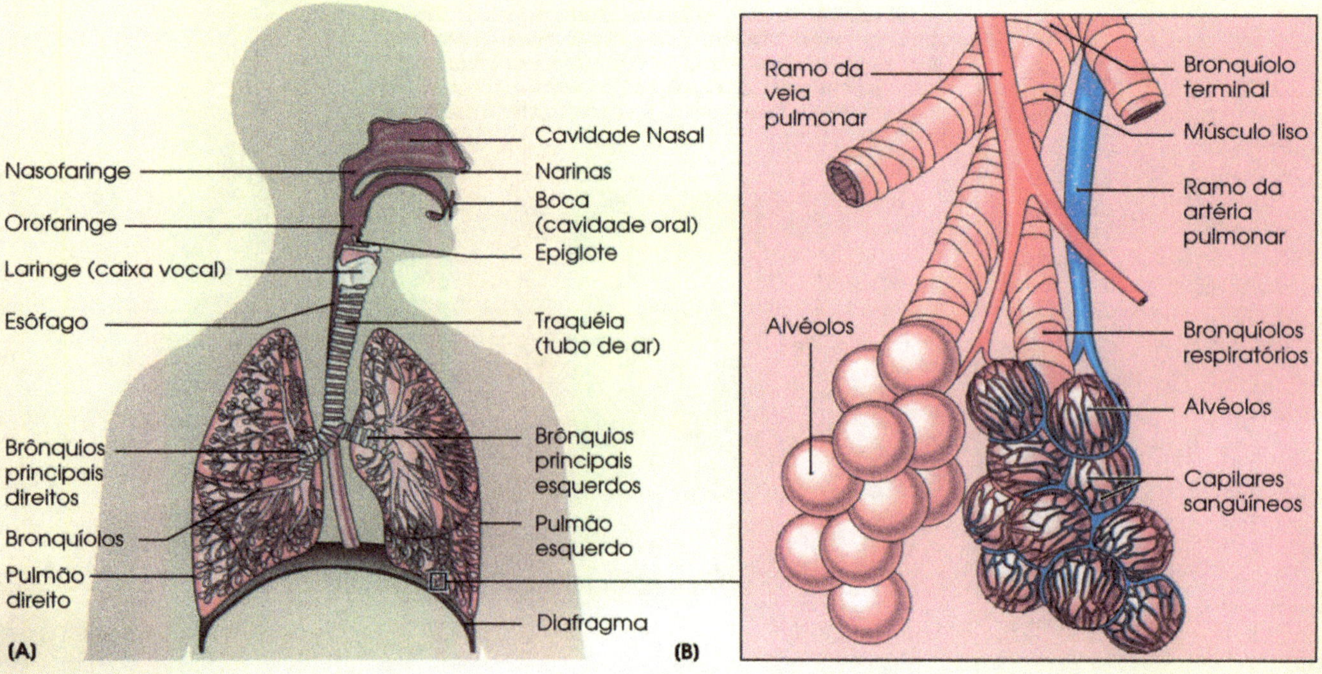

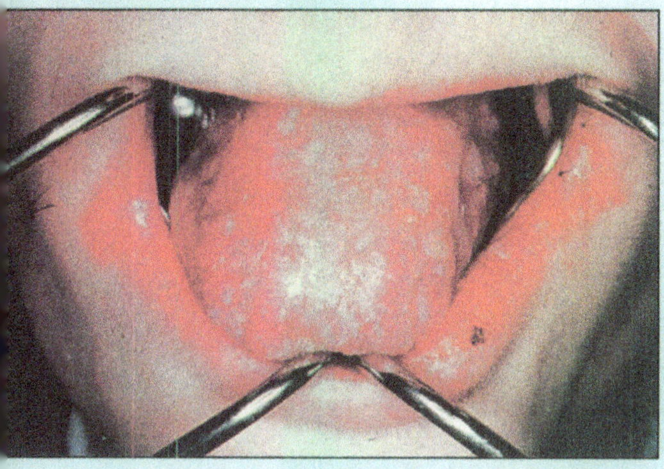

FIGURA 24.4 Células e colônias de *Streptococcus pyogenes.* **(A)** Fotomicrografia de uma coloração de Gram mostrando o arranjo de células em cadeia. **(B)** Fotografia, em detalhe, da superfície de colônias de *S. pyogenes* em ágar sangue, mostrando ß-hemólise.

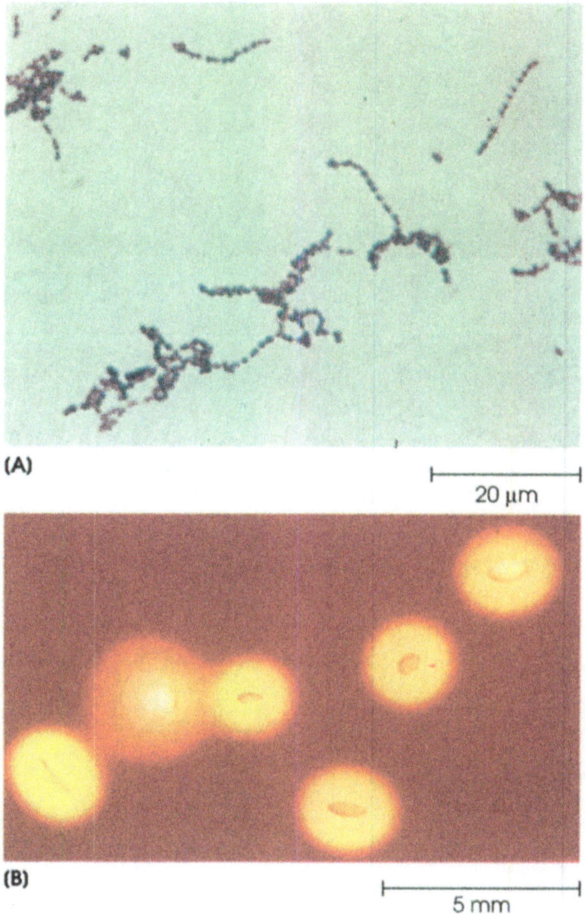

FIGURA 24.5 Diagrama de uma célula estreptocócica. O carboidrato antigênico, utilizado para identificar o grupo de Lancefield ao qual as cepas pertencem, ocorre na parede celular. A proteína M antigênica, utilizada para identificar a que sorotipo a cepa pertence, ocorre como "penugem" na face externa da parede celular.

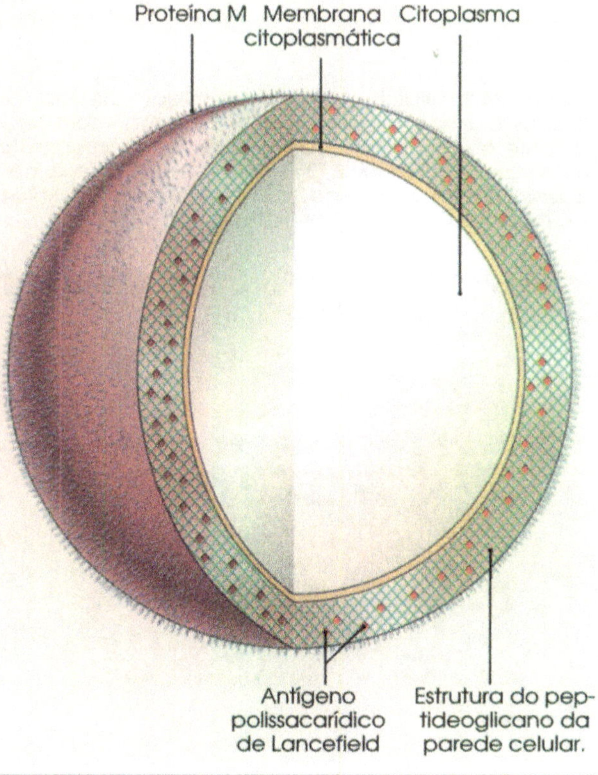

FIGURA 24.8 *Mycobacterium tuberculosis*, no escarro de um paciente com tuberculose, corados em vermelho, pela coloração de Ziehl-Neelsen.

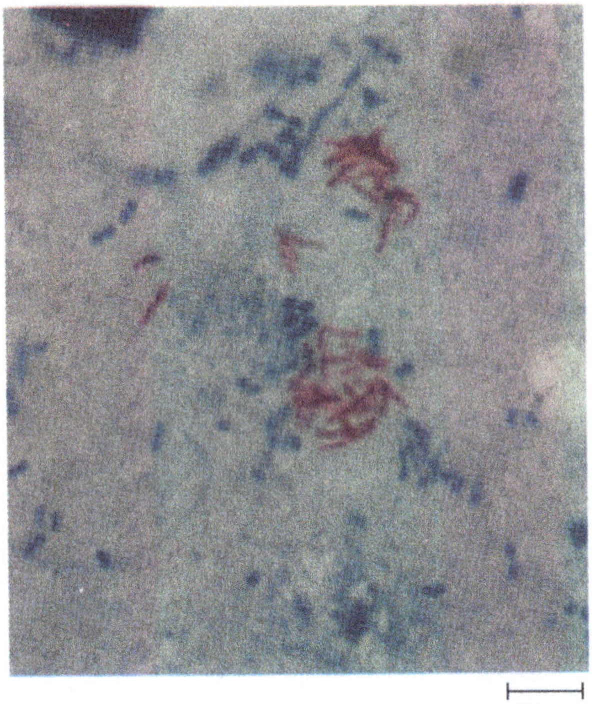

FIGURA 24.9 Fotomicrografia de cordas - arranjos de bacilos paralelos semelhantes a um cabo - formados durante o crescimento de *Mycobacterium smegmatis*, uma espécie inofensiva. O arranjo é semelhante às cordas produzidas pelas cepas virulentas de *Mycobacterium tuberculosis*. Coloração de álcool-ácido resistência.

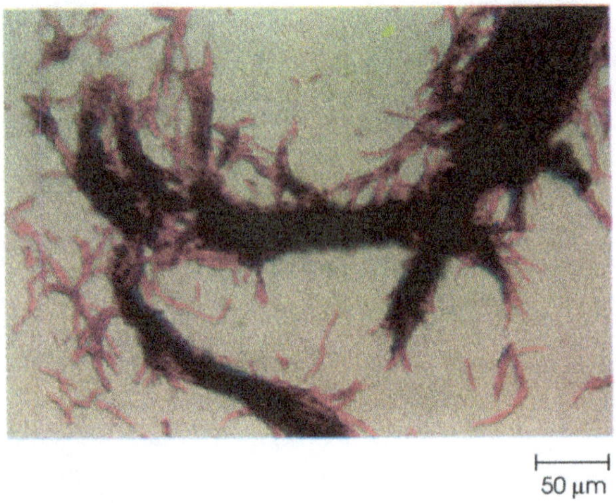

FIGURA 24.11 Alguns agentes bacterianos de infecções transmitidas pelo ar. **(A)** *Corynebacterium diphtheriae*, agente da difteria. As células estão coradas pela coloração de Albert para mostrar os grânulos metacromáticos escuros. **(B)** Fotomicrografia eletrônica de um corte ultrafino de uma microcolônia de *Chlamydia psittaci*, agente da psitacose, no citoplasma de uma célula de tecido. São mostrados os corpos elementares, os corpos de iniciação (agora denominados *corpos reticulados*), e formas que são intermediárias entre os dois. A membrana do vacúolo intracelular contendo as clamídias foi rompida. **(C)** *Streptococcus pneumoniae*, mostrando uma cápsula intumescida e distinta que se torna visível após a adição de anticorpos específicos contra o polissacarídeo capsular. **(D)** Coloração de Gram de *Haemophilus influenzae*.

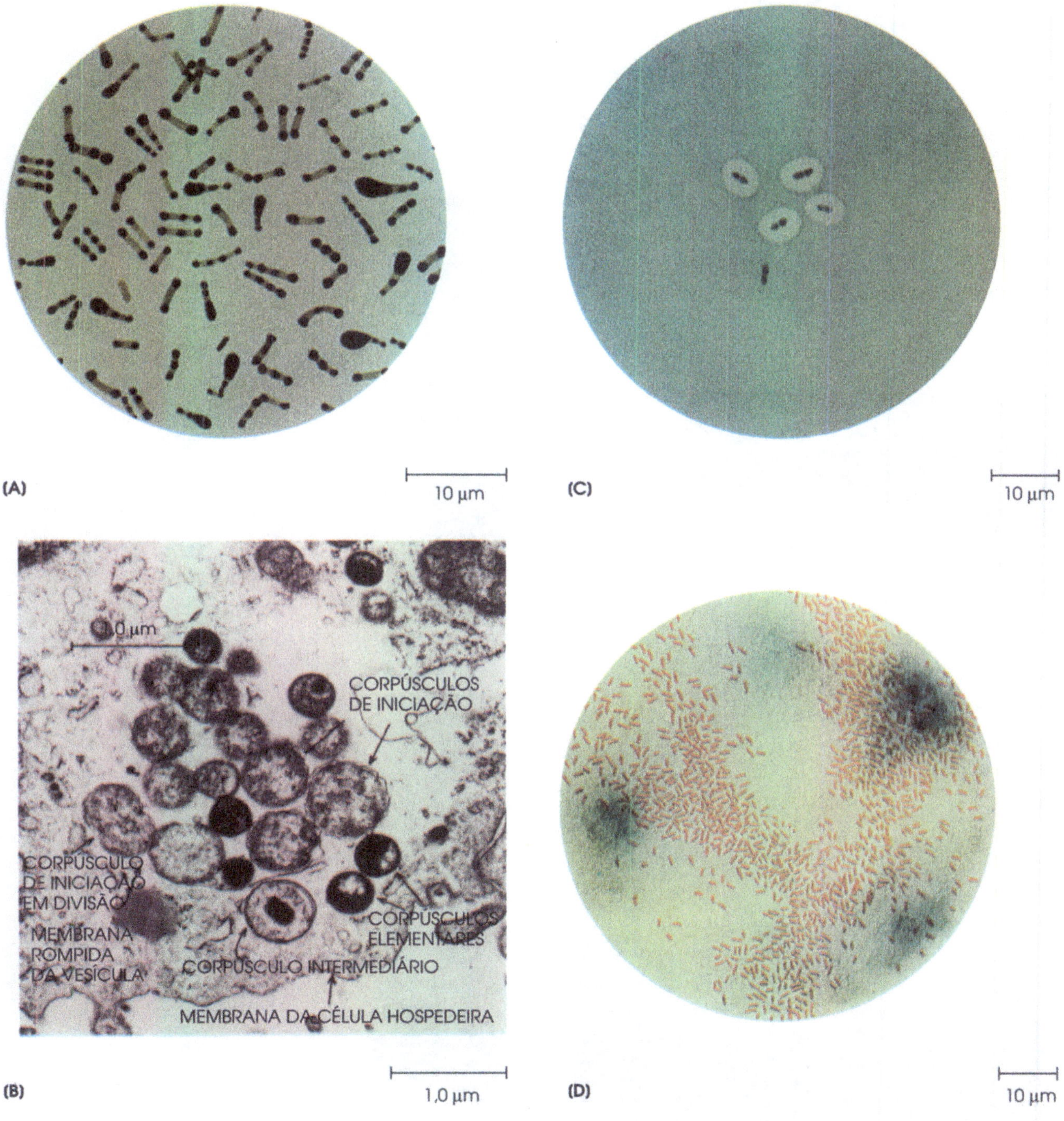

FIGURA 24.15 Manifestações clínicas de algumas infecções transmitidas pelo ar causadas por vírus. **(A)** Paciente com varíola, fotografado na África. **(B)** Lesões de varicela no tórax e no ombro. **(C)** Sarampo: lesões de pele no terceiro dia da doença. **(D)** Sarampo: na mucosa da bochecha de um paciente, mostrando pequenas manchas branca-azuladas (manchas de Koplik) no quinto dia da doença. **(E)** Rubéola (sarampo alemão) erupções nas costas de uma criança com 11 meses de idade. **(F)** Caxumba em uma criança, mostrando linfo-edema difuso na região anterior do pescoço ou infecção da tireóide pelo vírus da caxumba.

(A)

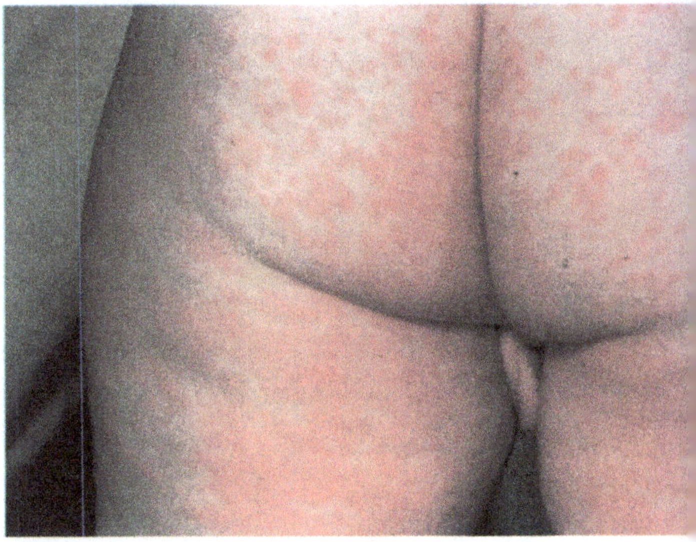

(C)

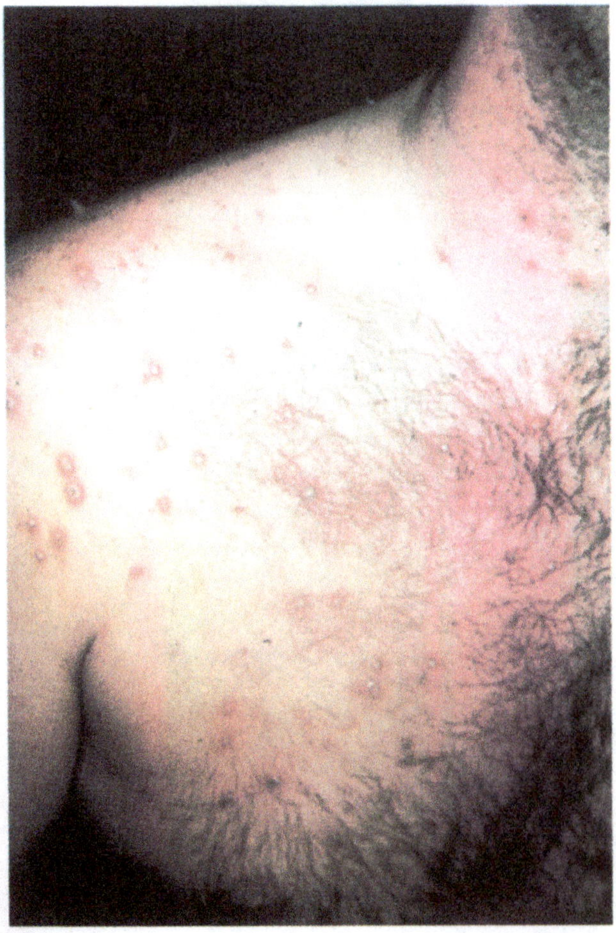

(B)

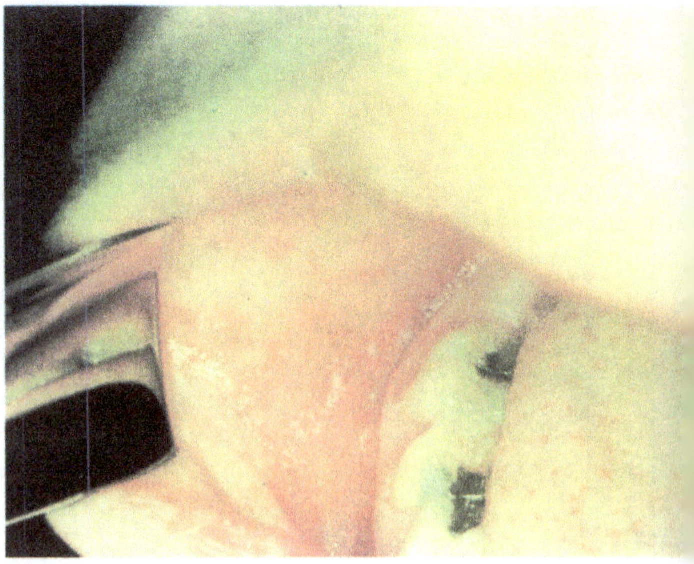

(D)

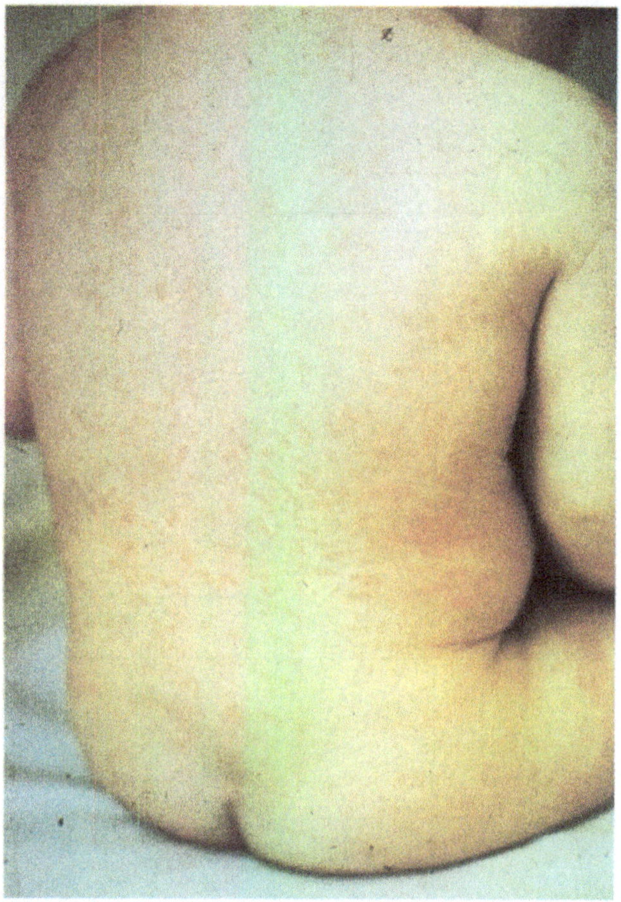

(E)

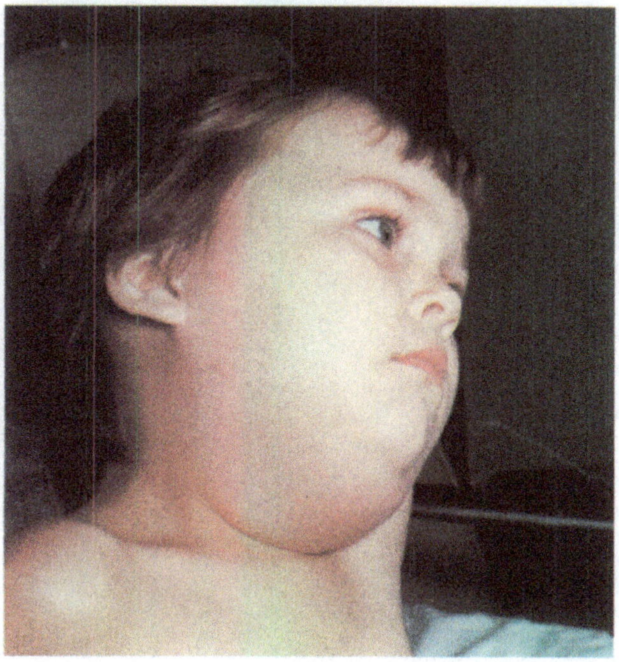

(F)

FIGURA 24.16 *Histoplasma capsulatum.* **(A)** Fotomicrografia de uma cultura na fase saprofítica, mostrando numerosos macroconídios tuberculados. **(B)** Fotomicrografia, em detalhe, de dois macroconídios tuberculados. **(C)** Esfregaço de tecido humano mostrando numerosas células ovais de *Histoplasma capsulatum* no citoplasma de um macrófago. O objeto grande escuro é o núcleo do macrófago. Coloração de Giemsa.

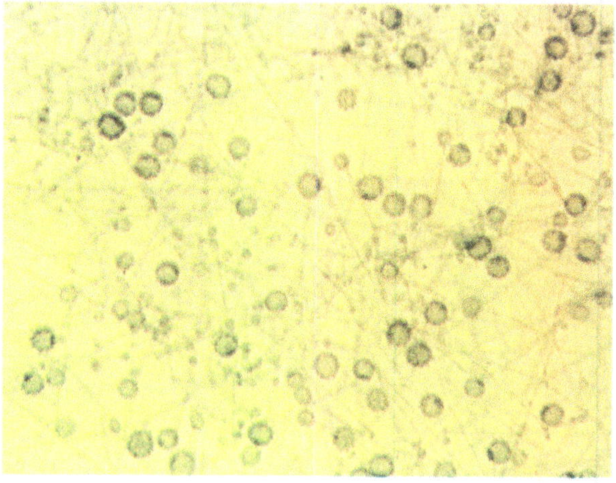

(A) 50 µm

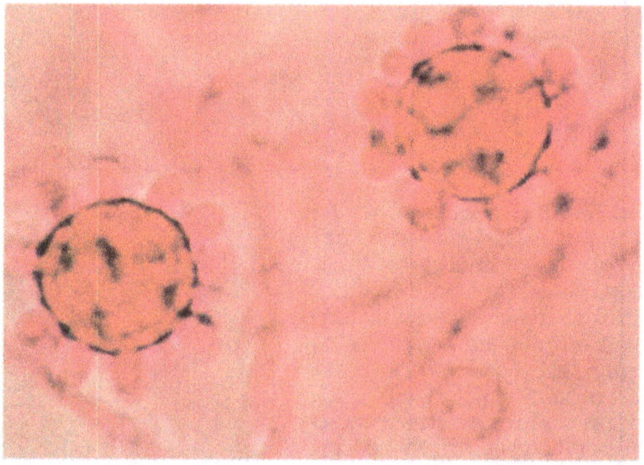

(B) 10 µm

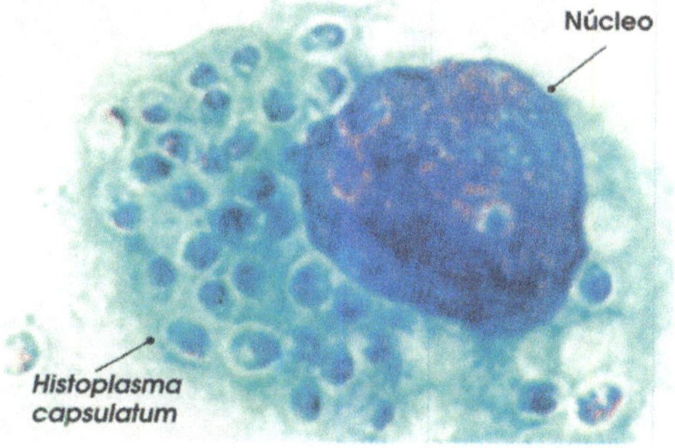

(C) 10 µm

FIGURA 25.2 *Staphylococcus aureus (coloração de Gram).* Observe que as células estão dispostas em agrupamentos irregulares.

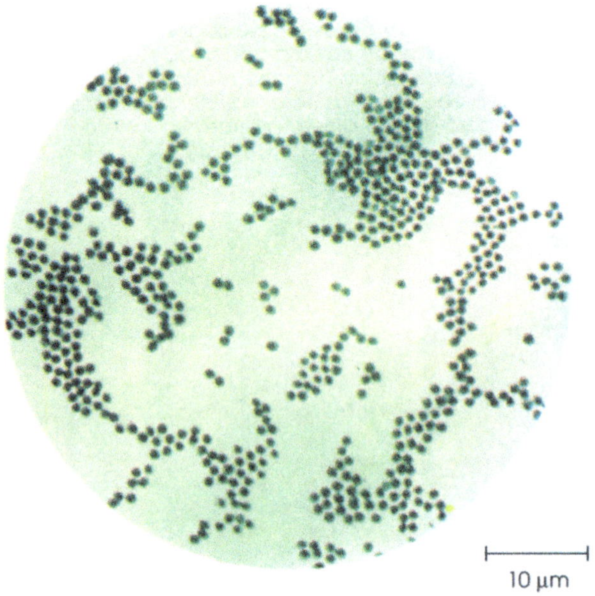

FIGURA 25.5 Células de *Salmonella typhi*, coradas para mostrar seus flagelos.

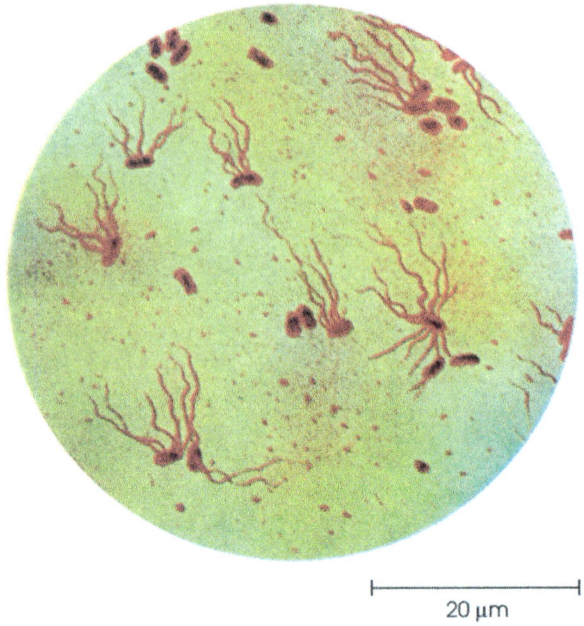

FIGURA 25.7 *Salmonella typhi murium* e *Escherichia coli* crescendo na superfície de uma placa de ágar desoxicolato. O meio é seletivo para bactérias Gram-negativas intestinais. É, também, um meio diferencial, no qual fermentadores da lactose (tal como a *E. coli*) formam colônias vermelhas e os não fermentadores da lactose (tais como as salmonelas) formam colônias transparentes.

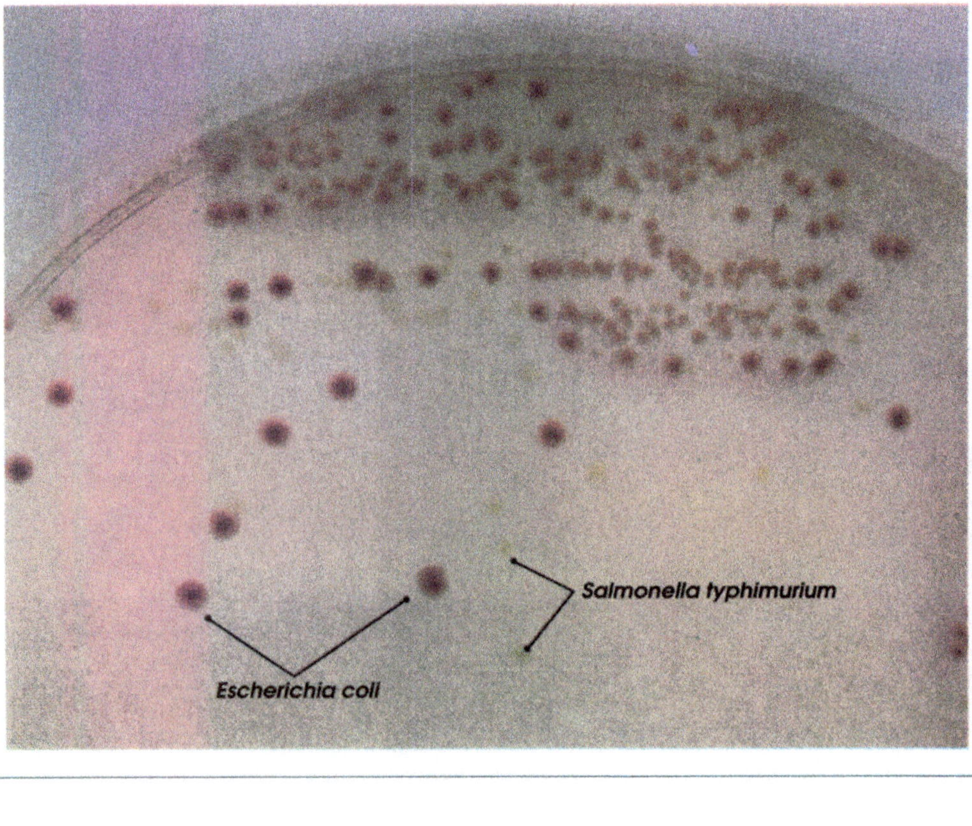

FIGURA 25.9 Agentes bacterianos de algumas infecções intestinais listadas na TABELA 25.3 **(A)** *Vibrio cholerae*, coloração de Gram. **(B)** *Yersinia enterocolitica*, coloração de Gram. **(C)** *Escherichia coli* aparece como bacilos brilhantes verdes corados com anticorpos fluorescentes em um corte do intestino de uma criança de 8 meses, com diarréia crônica. **(D)** Microscopia de uma amostra de fezes corada, de paciente com shigelose, mostrando leucócitos, hemácias e muitos bacilos com características morfológicas de *Shigella*. **(E)** *Clostridium perfringens*, células vegetativas, coloração de Gram.

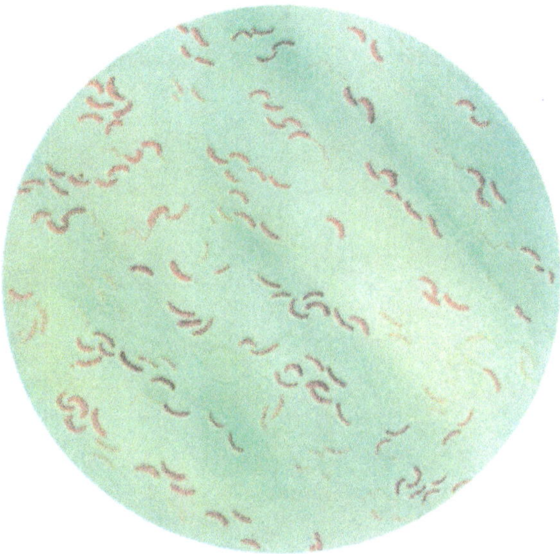

(A)

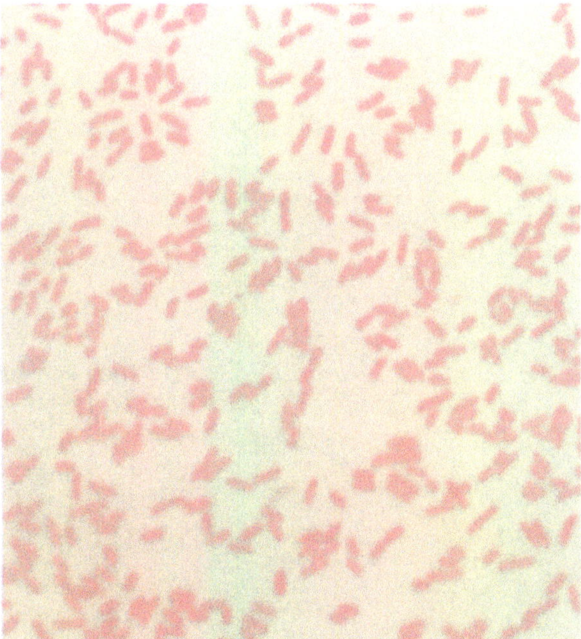

(B)

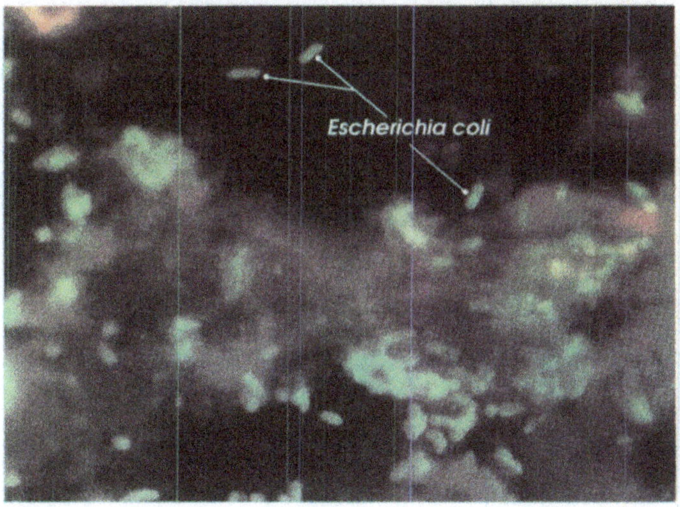

(C)

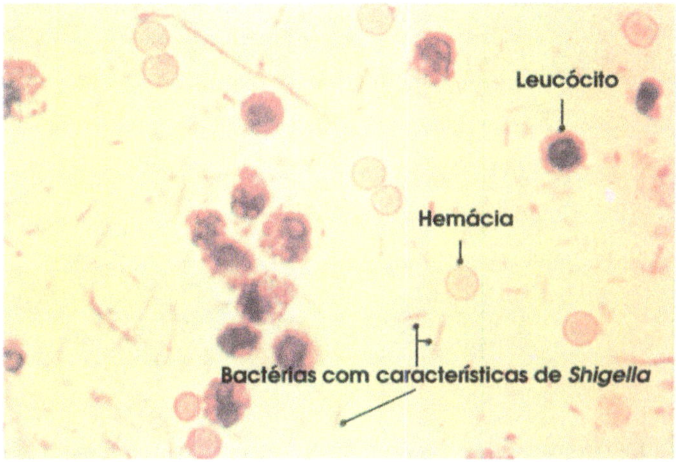

(D)

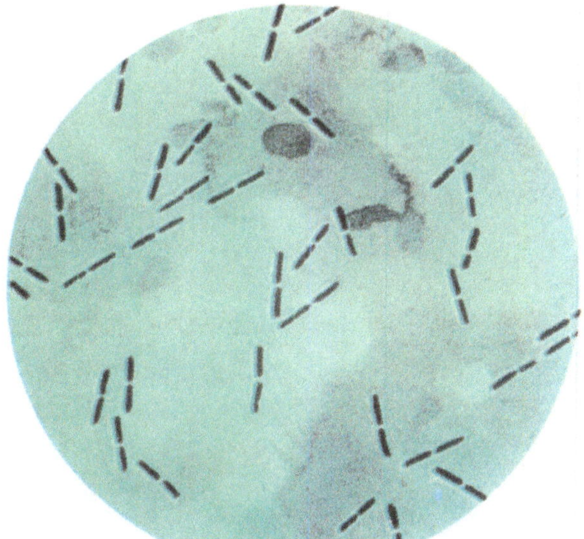

(E)

FIGURA 25.14 **(A)** *Entamoeba histolytica*, a ameba parasita que causa amebíase em seres humanos. As células grandes são trofozoítos ativos corados pela coloração de Giemsa. Algumas hemácias podem ser vistas dentro de seu citoplasma. A célula pequena é um cisto, corado com iodo. Quatro núcleos podem ser vistos dentro do cisto. **(B)** Ciclo de vida da *E. histolytica*. A pessoa pode ingerir água ou alimento contaminado com cistos maduros infecciosos. O desencistamento ocorre dentro do intestino do hospedeiro, liberando amebas, que se tornam ativas (trofozoítos). Os trofozoítos podem penetrar na parede intestinal e invadir a corrente circulatória, resultando em infecção do fígado e outros órgãos. A multiplicação dos organismos na parede intestinal é acompanhada por destruição tecidual e o aparecimento de fezes diarréicas, freqüentemente com sangue. Cistos são eliminados pelas fezes e podem subseqüentemente infectar outros seres humanos.

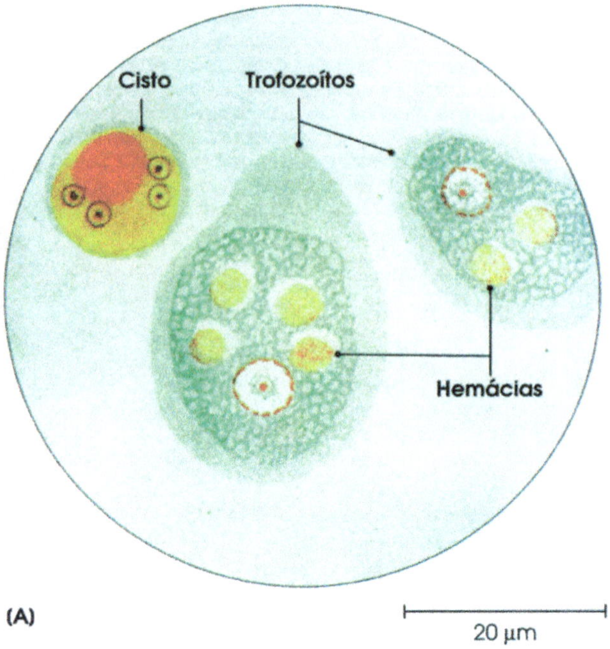

(A)

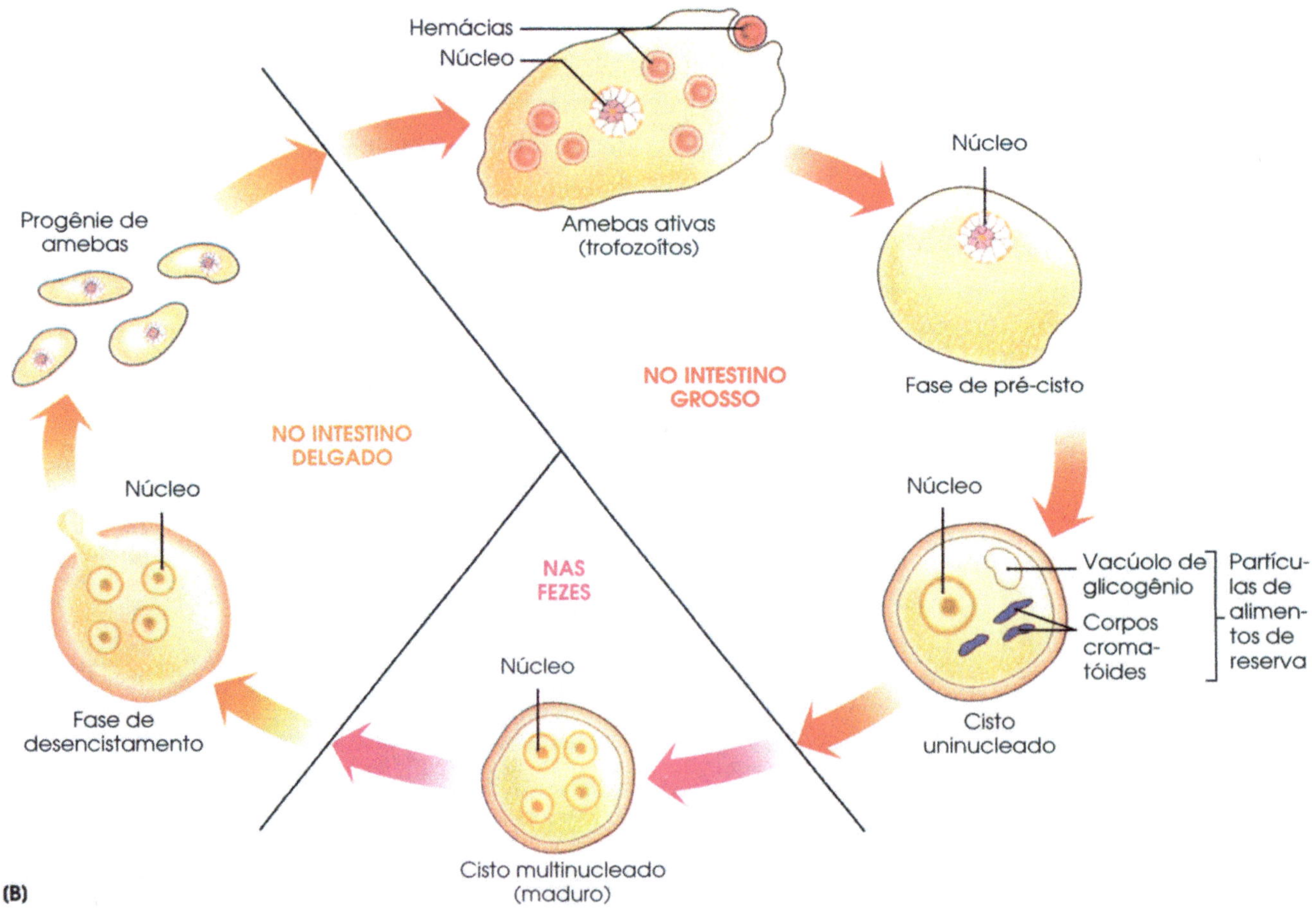

(B)

FIGURA 26.6 **(A)** Método de cultivo das riquétsias em ovo de galinha embrionado. **(B)** Fotomicrografia da *Rickettsia rickettsii* (numerosos bacilos delgados e vermelhos) no esfregaço da membrana do saco vitelino de um ovo de galinha inoculado. Coloração de Gimenez.

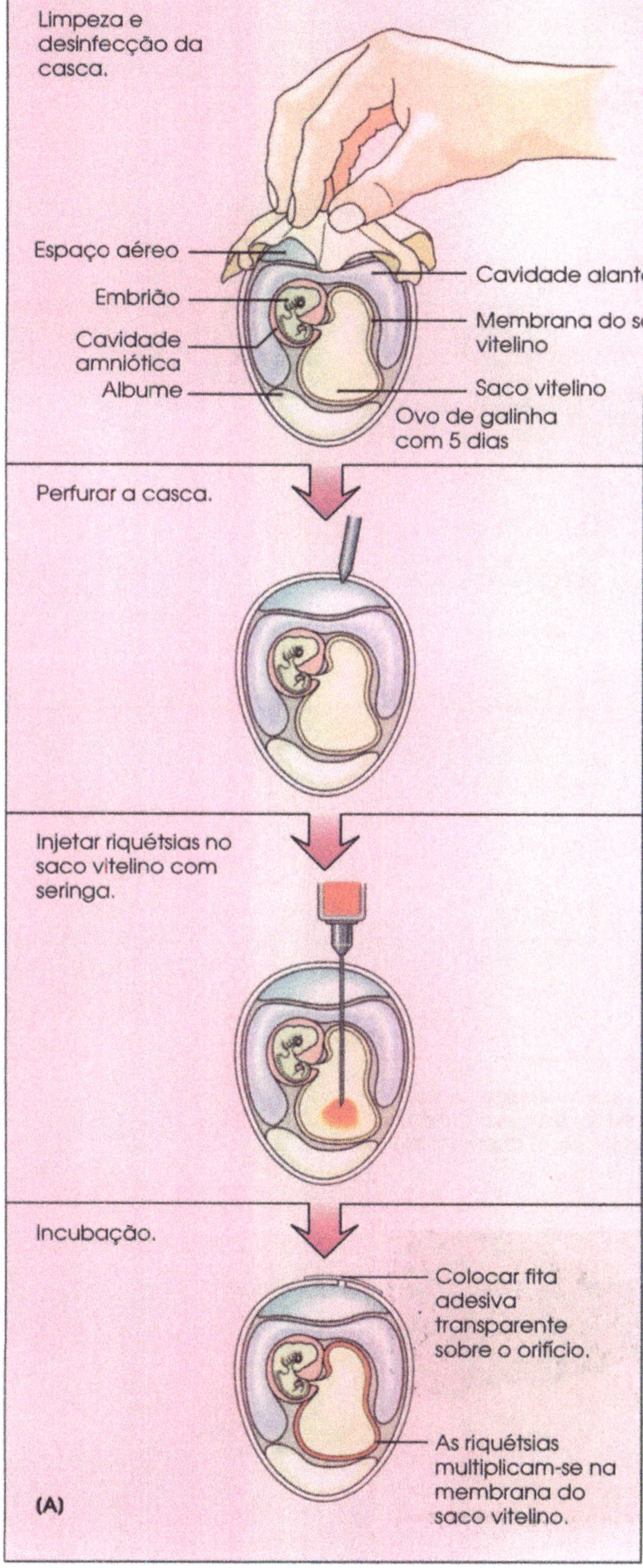

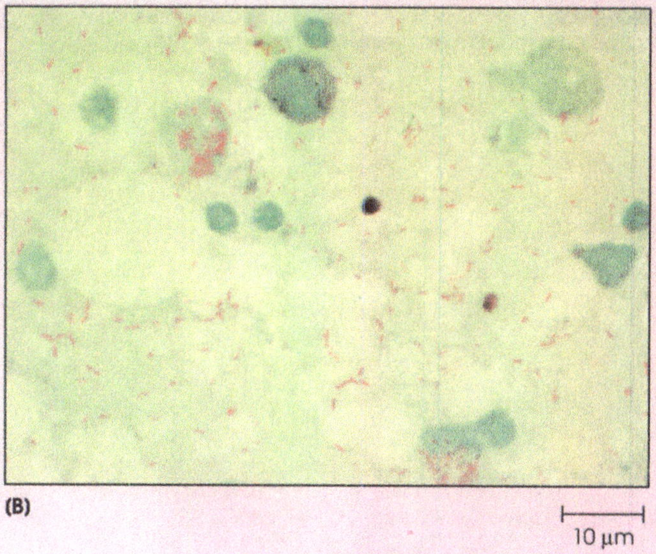

FIGURA 26.9 *Borrelia burgdorferi*, o agente etiológico da doença de Lyme. Os espiroquetas são corados com anticorpos fluorescentes.

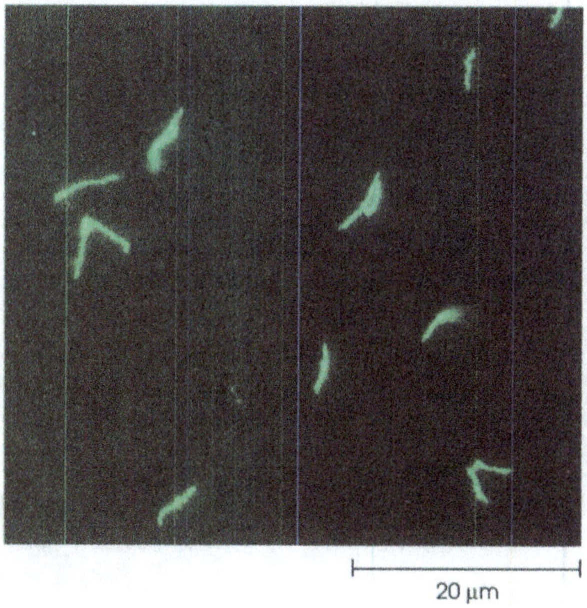

FIGURA 26.11 O ciclo vital de 2 anos do *Ixodes dammini*. Cada ano é representado com uma cor diferente. O homem é picado, na maioria das vezes, por larvas e ninfas.

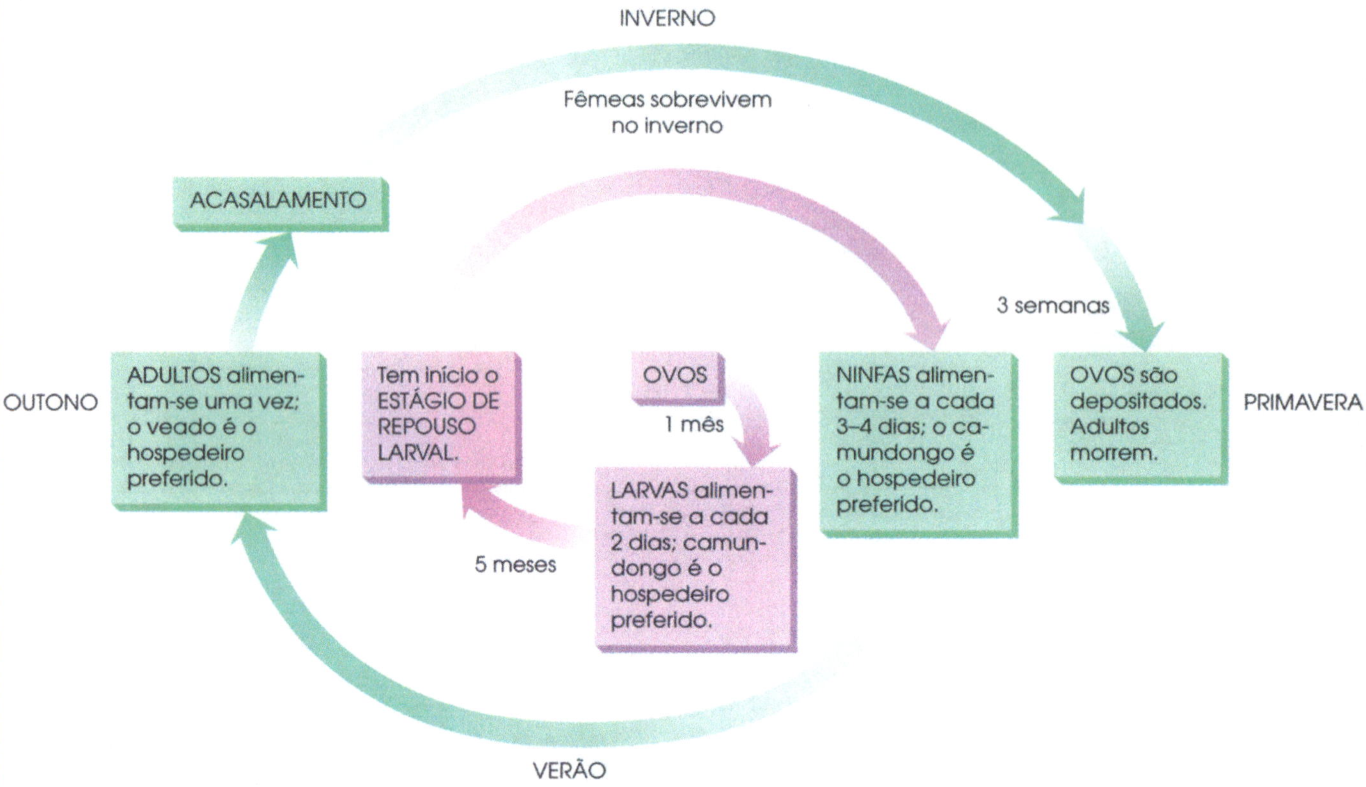

FIGURA 26.12 Um exemplo do anel vermelho característico em lesões de pele chamada *eritema crônico migratório*, que ocorre em pessoas com doença de Lyme.

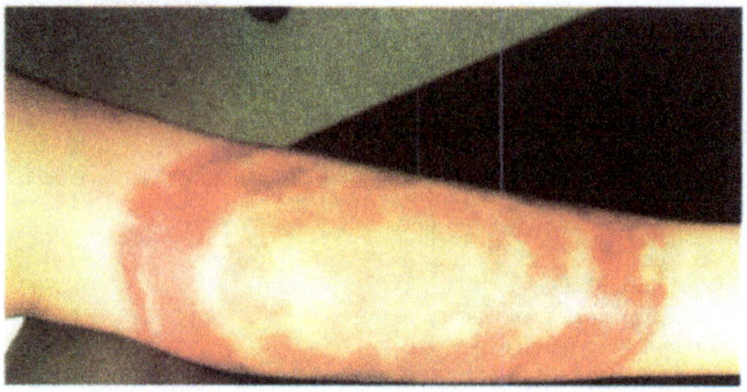

FIGURA 26.17 **(A)** O ciclo evolutivo do protozoário da malária. **(B)** Coloração de Wright de um esfregaço sangüíneo mostrando um glóbulo vermelho com merozoítas do *Plasmodium vivax* antes do rompimento da célula.

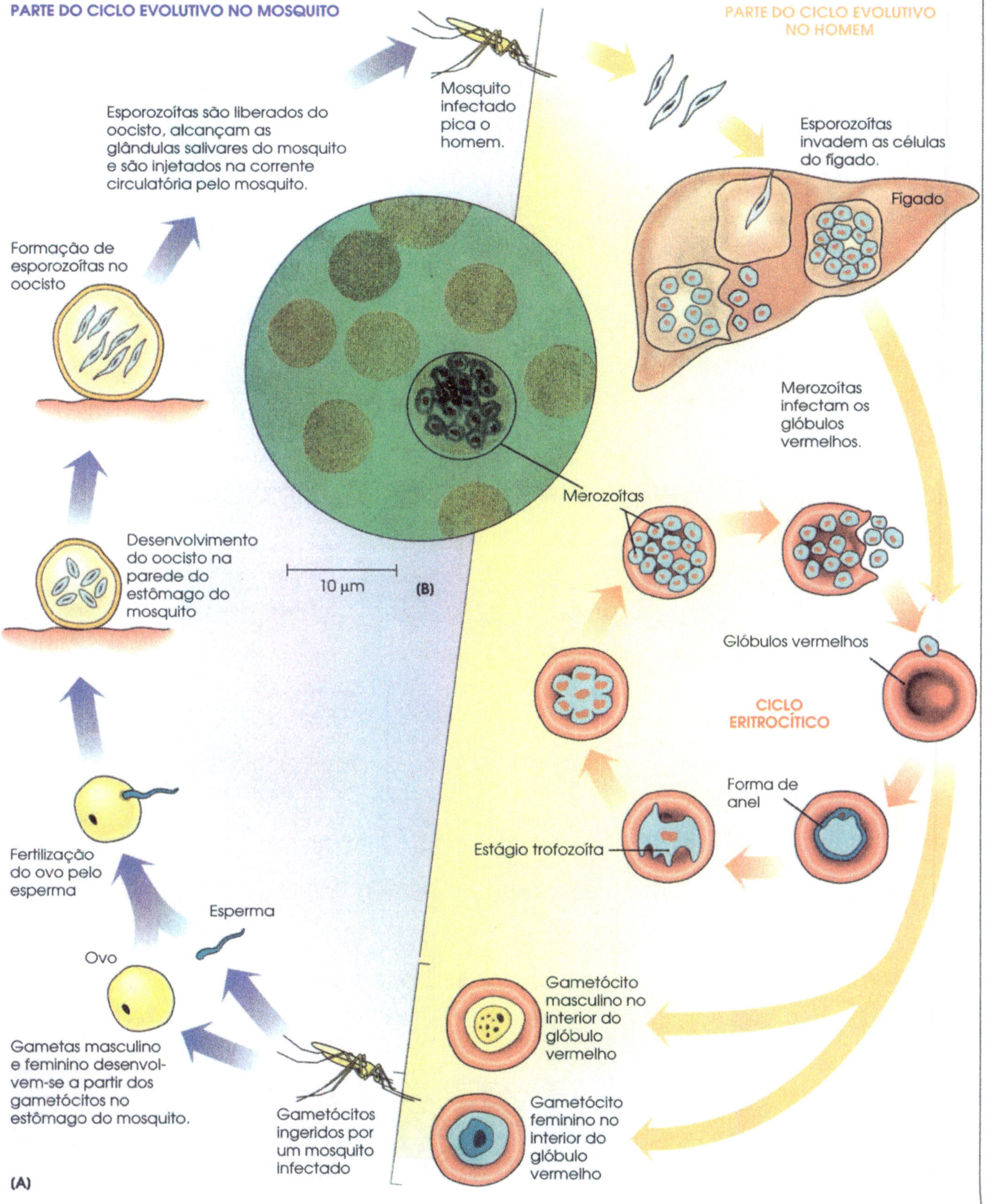

FIGURA 27.1 *Clostridium tetani corado com fucsina-azul de metileno.* O forma típica de baqueta de tambor da bactéria é devido a formação de endósporos esféricos na extremidade da célula. Muitos endósporos livres são também visíveis no campo como objetos isolados e arredondados.

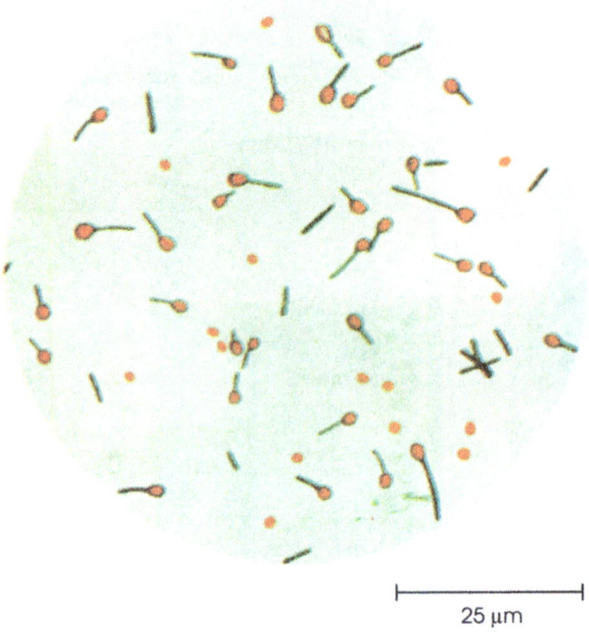

FIGURA 27.8 **(A)** Diagrama mostrando a ultra-estrutura do vírus da raiva. **(B)** Microscopia eletrônica do vírus da raiva.

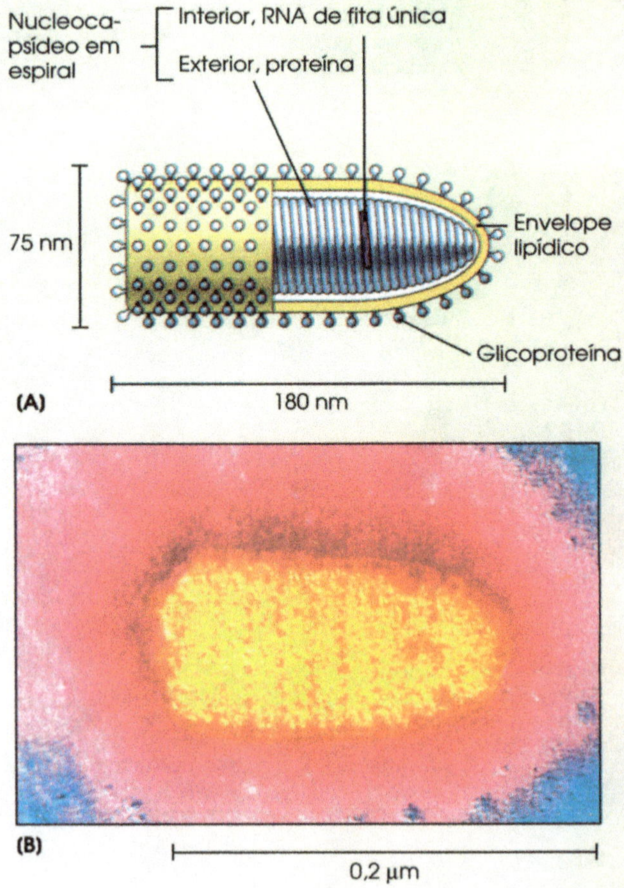

FIGURA 27.7 Micrografia de algumas bactérias patogênicas relacionadas na TABELA 27.2. **(A)** *Bacteroides fragilis*, coloração de Gram. **(B)** *Brucella melitensis*, coloração de Gram. **(C)** Amostra de sangue retirada de um carneiro que morreu de carbúnculo mostrando células capsuladas de *Bacillus anthracis* (bacilos circundados por uma área clara). Os objetos grandes arredondados no campo são células sangüíneas. **(D)** Carbúnculo cutâneo que se desenvolveu no pescoço do paciente. **(E)** *Leptospira interrogans*, corados pela impregnação pela prata. As células têm espiras helicoidais extremamente finas que podem ser fracamente visualizadas com um microscópio luminoso. A extremidade da célula freqüentemente tem uma configuração característica recurvada. **(F)** Microscopia eletrônica de células de *L. interrogans* mostrando as espiras helicoidais.

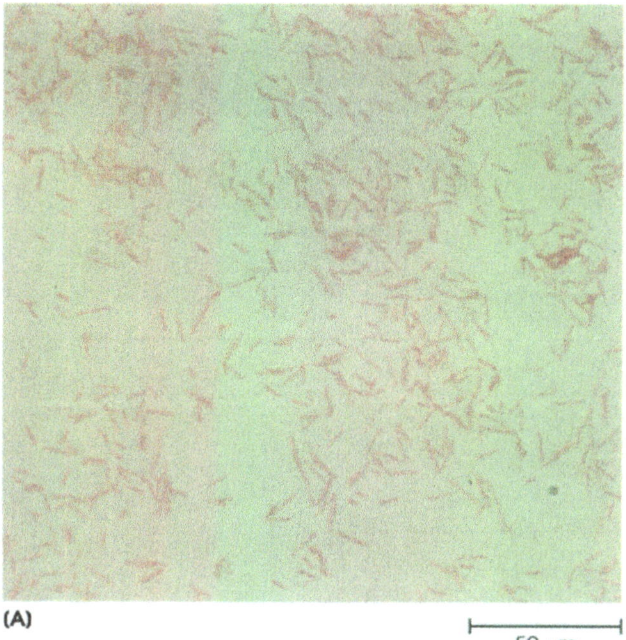

(A)

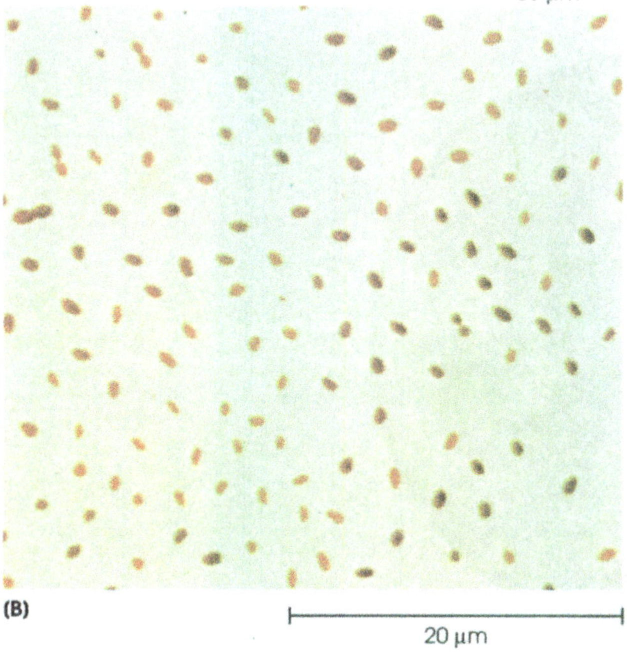

(B)

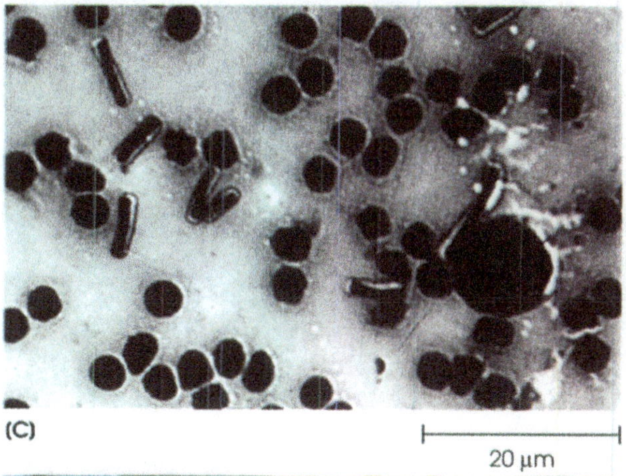

(C)

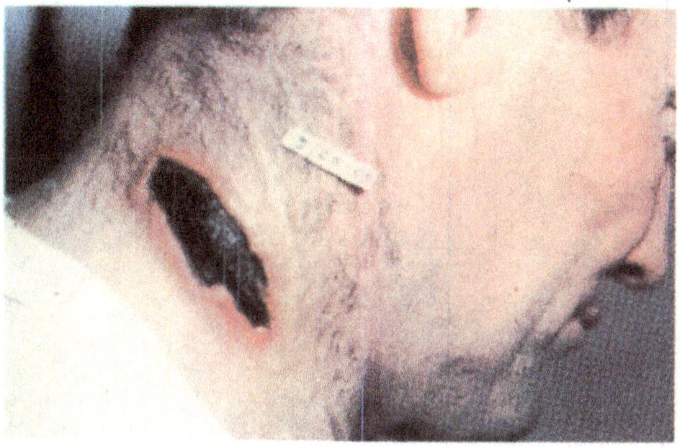

(D)

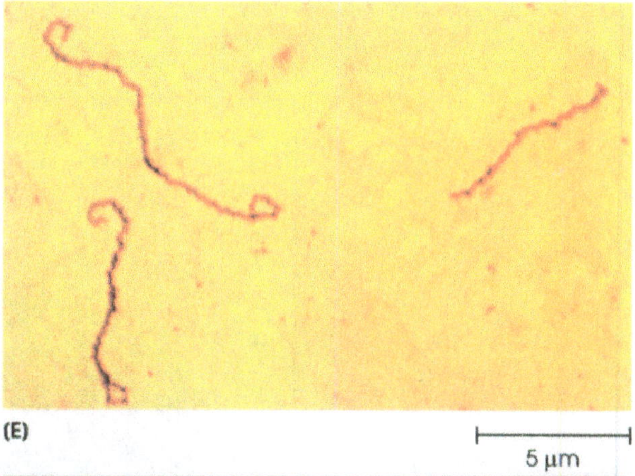

(E)

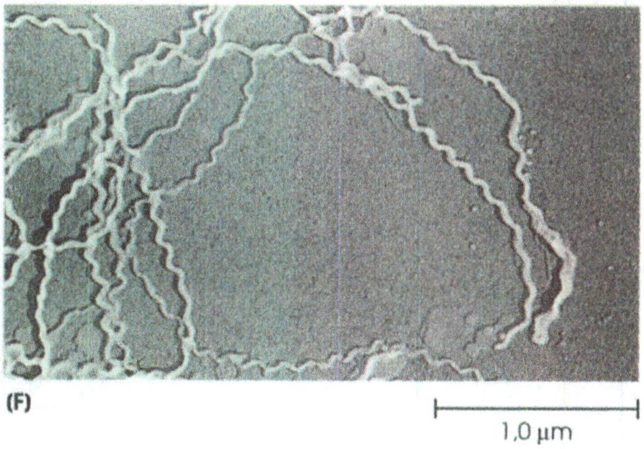

(F)

FIGURA 27.12 Ciclo de vida dos esquistossomos.

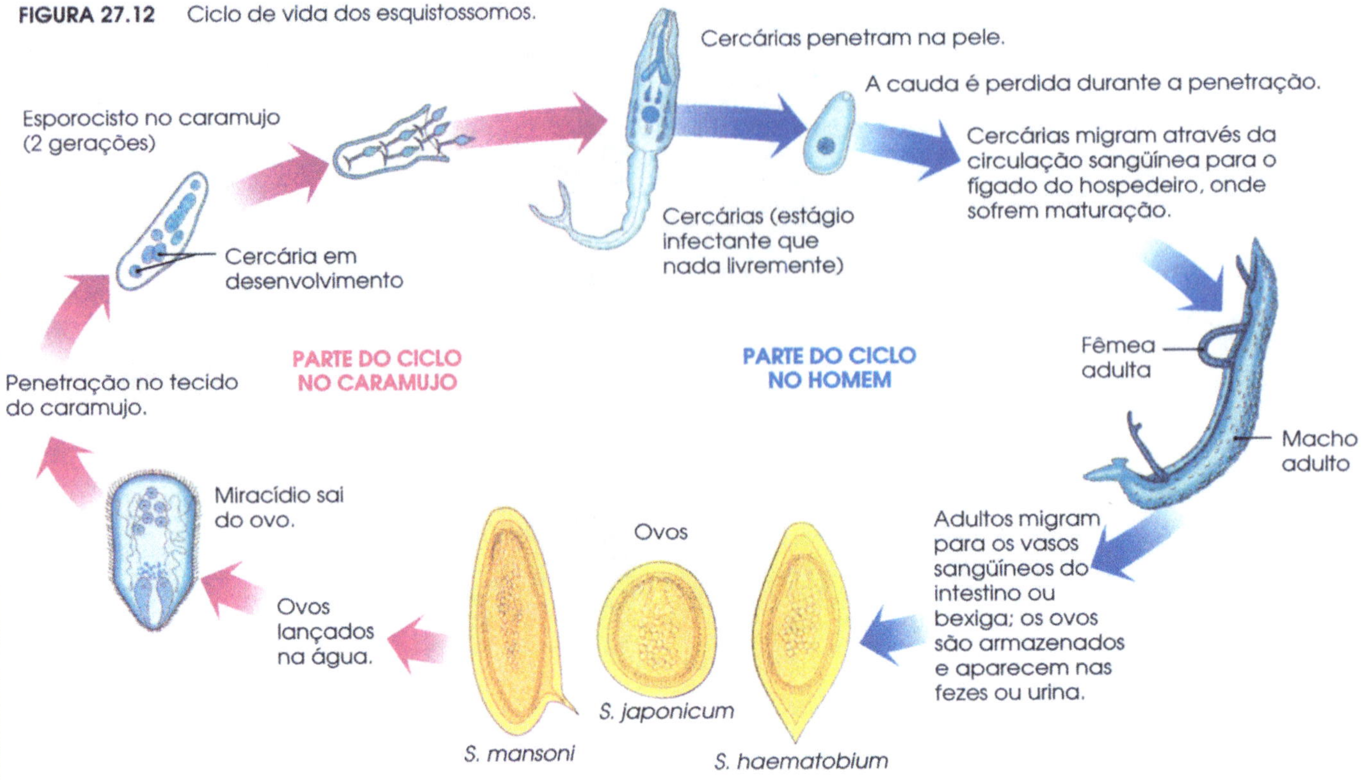

FIGURA 28.3 Colônias de microrganismos que se desenvolveram em um meio solidificado inoculado com uma amostra de solo e incubado à temperatura ambiente.

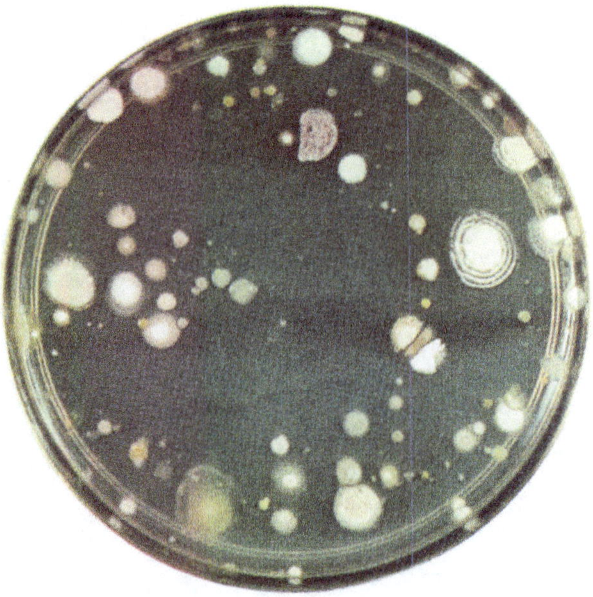

FIGURA 28.5 A relação entre o número de microrganismos na rizosfera (R) e o número correspondente de micróbios no solo (S) longe do sistema radicular (relação R/S). A relação R/S aqui representada mostra o aumento e a diminuição das populações bacterianas e de protozoários na rizosfera, durante o desenvolvimento de *Sinapsis alba* (mostarda). Observe que no início e no final do crescimento da planta, a relação R/S é muito baixa, indicando que as populações de microrganismos no solo e na rizosfera estão próximos de uma mesma magnitude. Entretanto, durante a fase de crescimento ativo, a população microbiana é consideravelmente maior na região da rizosfera.

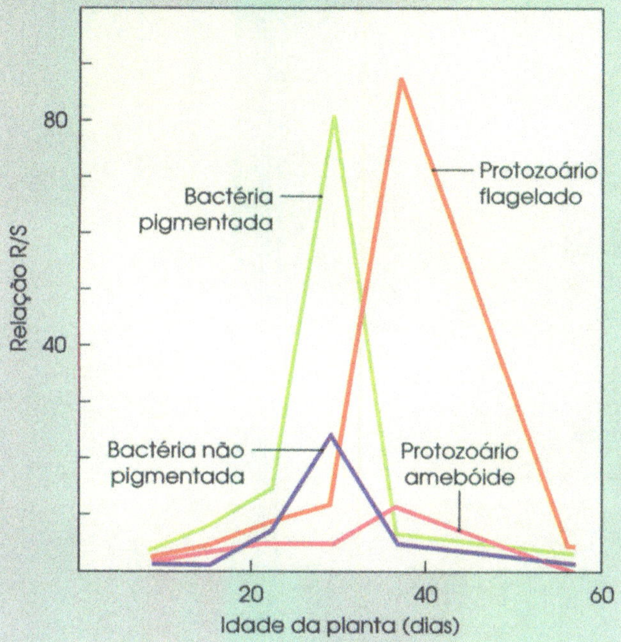

FIGURA 28.7 **(A)** Um líquen vermelho, *Caloplaca elegans*, crescendo sobre uma rocha. **(B)** Dois diferentes tipos de líquens, *Pseudoparmelia caperata* (verde) e *Umbilicaria pustulata* (marrom), crescendo sobre a rocha.

(A)

(B)

FIGURA 28.16 A decomposição de substratos componentes do "litter" de folhas de carvalho.

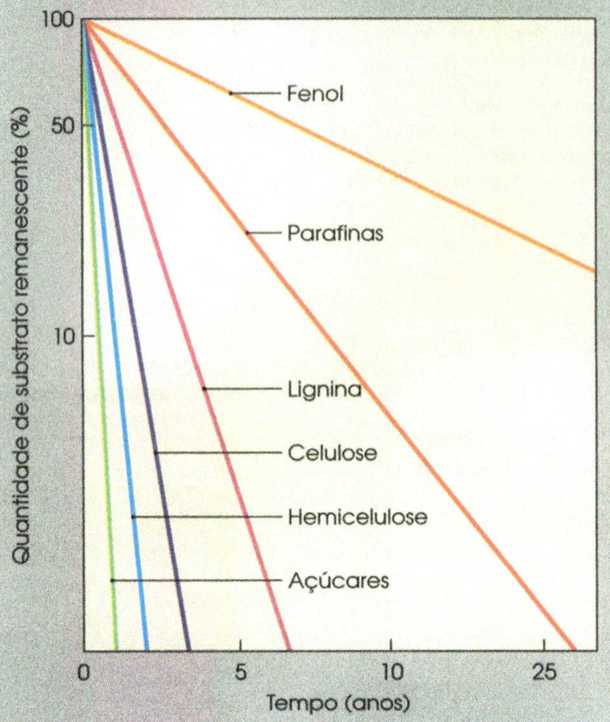

FIGURA 28.18 A degradação do composto químico 2,4 D por uma bactéria modificada por engenharia genética (*Pseudomonas putida*) comparada com a atividade da amostra selvagem.

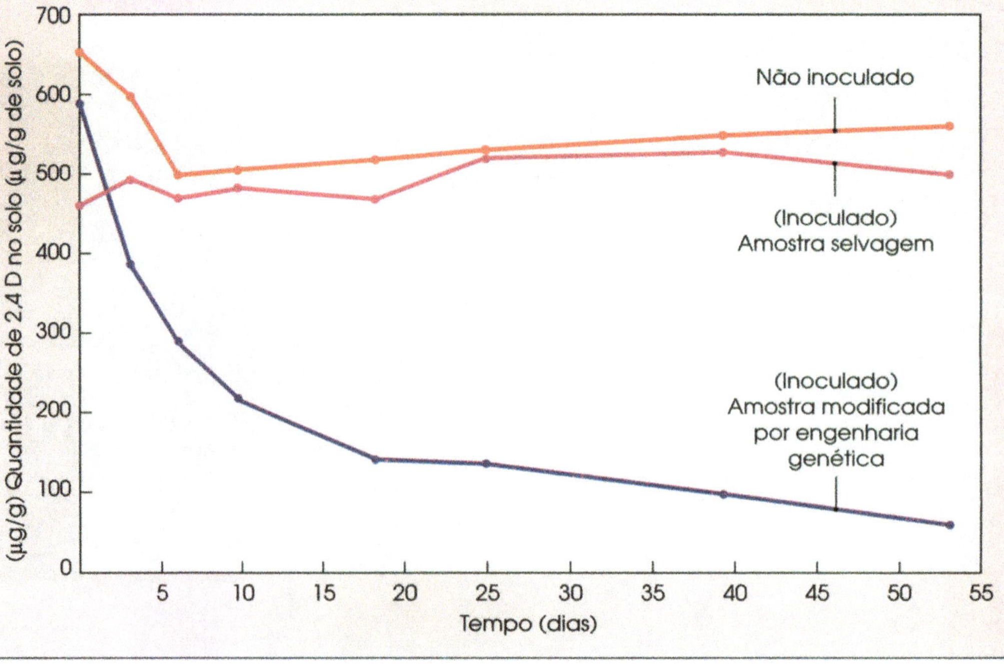

FIGURA 28.20 Diferentes tipos de microrganismos encontrados em amostra de ar urbano.

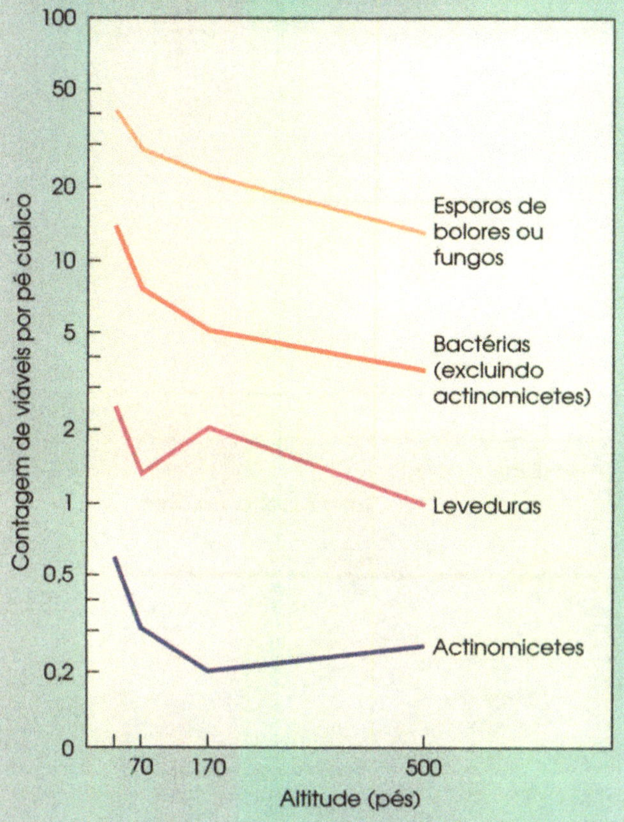

FIGURA 29.7 Ocorrência de "florescências" ou "pulsos" do fitoplâncton em lagos temperados do norte, na primavera e no outono. A combinação das condições - concentração de nutrientes, luz e temperatura - explicam este fenômeno. (Cortesia de E.P. Odum, *Fundamentals of Ecology, 3 ed., Saunders, Filadélfia, 1971.*)

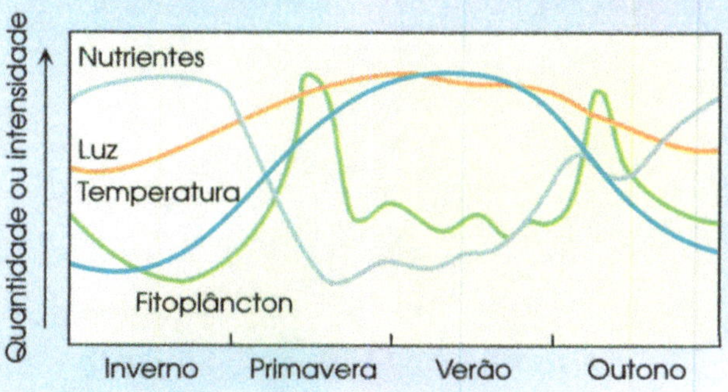

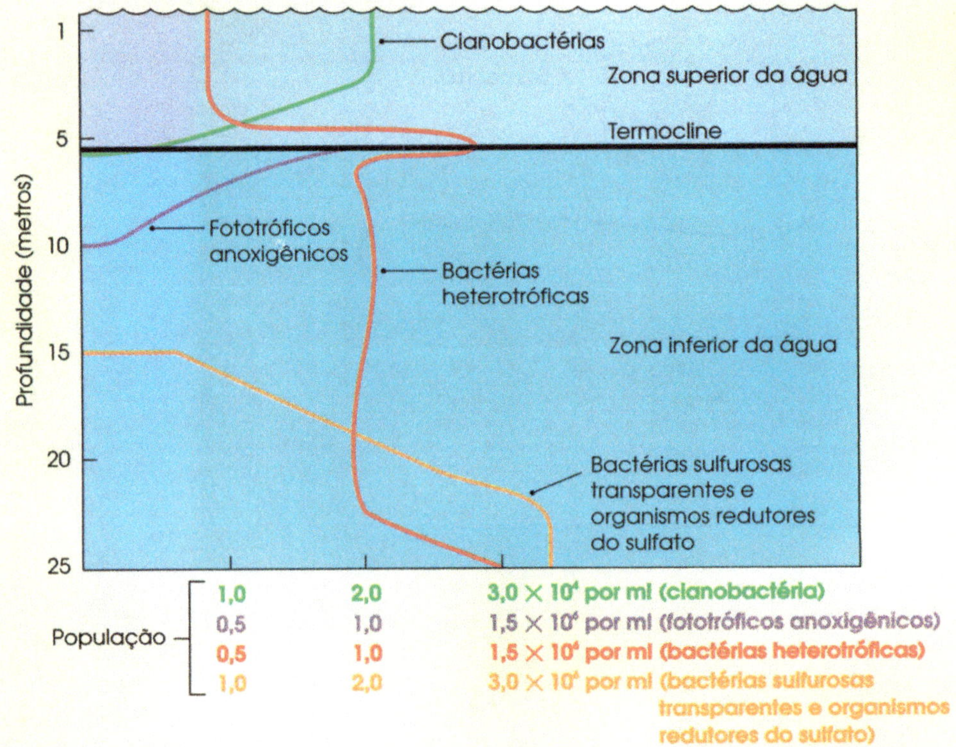

FIGURA 29.8 Perfil vertical da população bacteriana de um lago. As cianobactérias são abundantes na zona superior da água. As bactérias que reduzem o sulfato são abundantes, próximo ao fundo da zona inferior da água. A população máxima de bactérias heterotróficas ocorre justamente abaixo da zona de produção fotossintética máxima e na interface água-sedimento.

FIGURA 29.10 Florescência das algas e coloração da água. **(A)** Florescência de algas douradas após despejo de esgoto em Oahu, Havaí. **(B)** Florescência de algas azul-esverdeadas (*Trichodesmium sp*) no mar aberto a 80 km ao norte de Oahu, Havaí. **(C)** "Maré vermelha" causada por *Noctiluca scintillans* na Baía de Tampa, Flórida.

(A)

(B)

(C)

FIGURA 29.14 Exemplos do uso de compostos fluorescentes coloridos para classificar tipos de células de amostras de plânctons naturais. **(A)** Bactérias. **(B)** Cianobactérias fotossintéticas (*Synechococcus*). **(C)** Flagelados heterotróficos. **(D)** Ciliados heterotróficos. A cor fluorescente é produzida pelos corantes fluorescentes (DAPI em **(A)** e proflavina em **(C)** e **(D)**) ou pigmentos de plantas autofluorescentes em **(B)**. Os pontos (manchas) azul/púrpura em **(C)** e **(D)** são esferas de látex de 0,5 μm que foram adicionadas para a observação do comportamento alimentar. Algumas foram ingeridas e outras **(C)** estão livres na água.

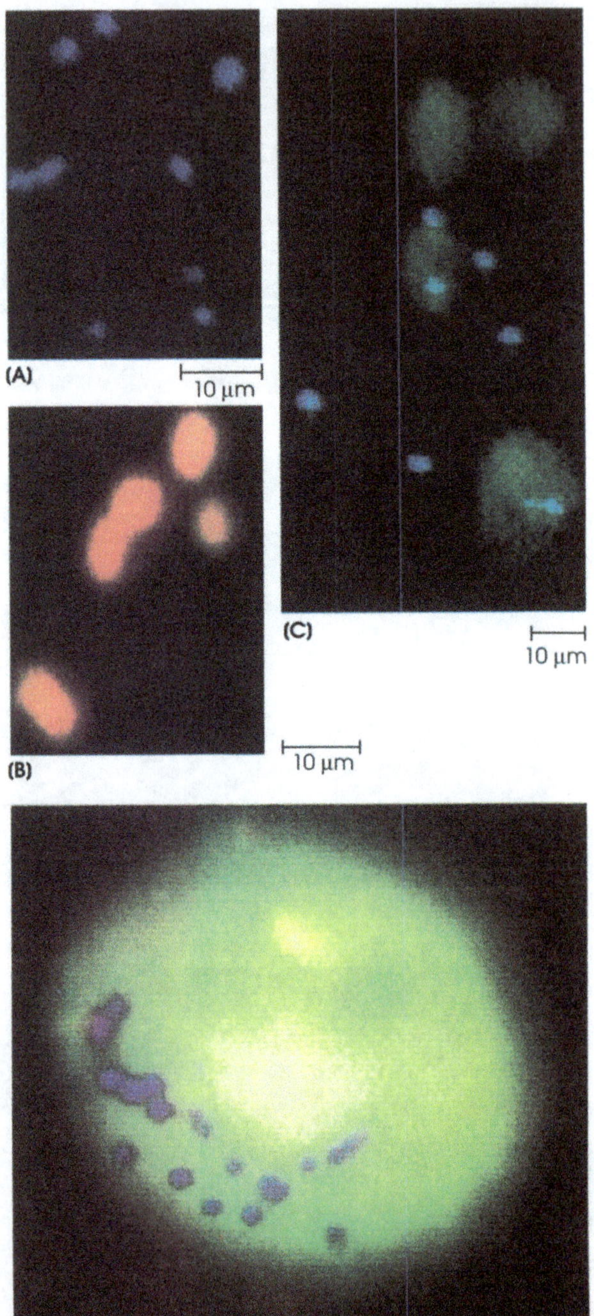

FIGURA 30.3 Curva de tempo-temperatura de morte do *Mycobacterium tuberculosis* comparada com o tempo e a temperatura requeridos para a inativação da enzima fosfatase. As duas curvas referentes à fosfatase foram traçadas empregando-se dados experimentais diferentes. (*Cortesia de MacGraw-Hill Encyclopedia of Science and Technology, vol.8, p.502. Copyright 1971 by McGraw-Hill Book Company.*)

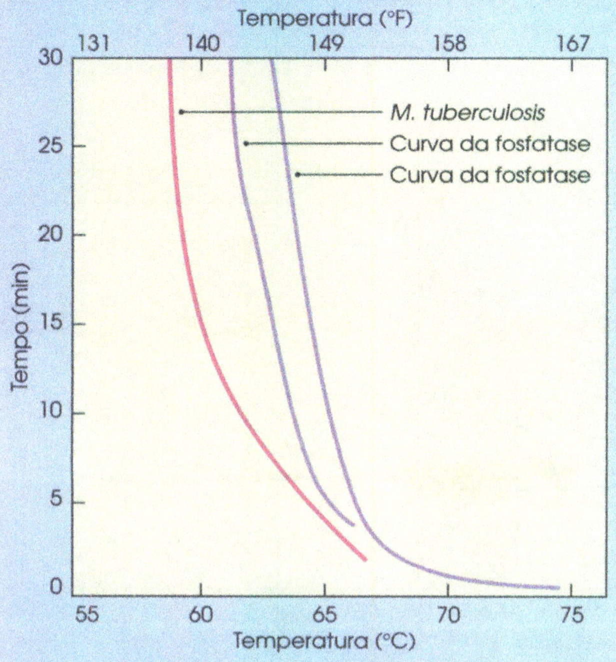

FIGURA 30.4 A radiação gama destrói esporos de *Clostridium botulinum* em alimentos congelados. As curvas mostram o efeito sobre esporos em carne de porco, ervilhas e tampão fosfato. (*Cortesia de C.B. Denny; C.W. Bohrer; W.E. Perkins; C.T. Townsend, "Destruction of Clostridium botulinum by Ionizing Radiation", Food Res. 24:44-50, 1959.*)

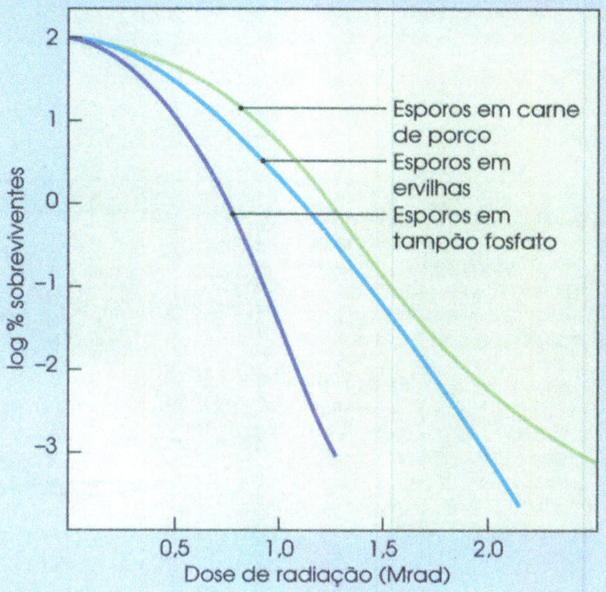

(A) (B)

FIGURA 30.5 Irradiação de morangos frescos. **(A)** Caixas cheias de morangos colocadas em uma esteira na entrada de um irradiador para exposição à radiação gama. **(B)** Morangos irradiados (0,2 Mrad), armazenados por 15 dias a 38°F (4°C), comparados com morangos não irradiados armazenados durante o mesmo tempo e sob as mesmas condições. Observe que os morangos não irradiados apresentam crescimento fúngico.

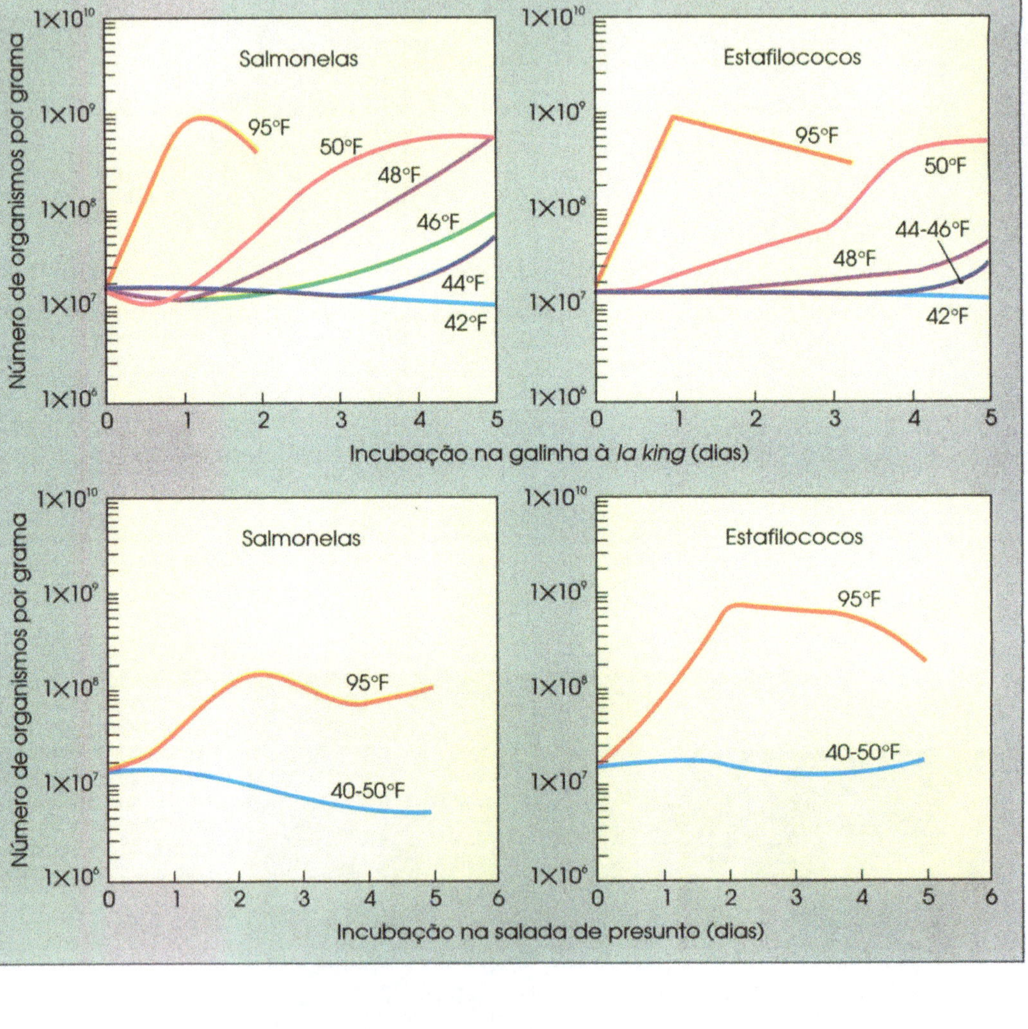

FIGURA 30.8 As salmonelas e os estafilococos se multiplicam rapidamente em galinha à *la king* e em salada de presunto, incubadas à temperatura ambiente. As curvas mostram, também, o crescimento em outras temperaturas. (*Cortesia de R. Angelotti, M.J. Foter e K.H. Lewis. "Time-Temperature Effects on Salmonellae and Staphylococci in Foods", Am. J. Public Health, 51:76-88, 1961.*)

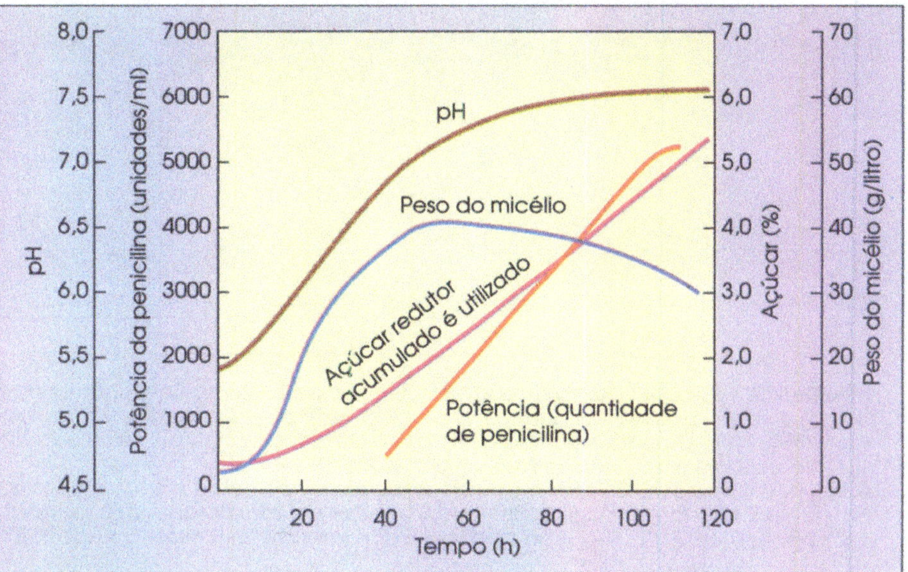

FIGURA 31.5 Reações bioquímicas que ocorrem em um fermentador durante a produção de penicilina pelo *Penicillium chrysogenum*. (Cortesia de R. Donovick, *Appl. Microbiol.* 8: 117, 1960.)

FIGURA 31.10 Uma vista aérea do despejo de lixiviação utilizado para recuperação de cobre a partir de minério de baixa qualidade e de resíduo da mineração. Pequenos lagos são visíveis sobre a superfície do despejo no qual a oxidação de íons ferroso está ocorrendo. A coloração verde é a solução de lixiviação aplicada mais recentemente e a coloração vermelha é, também, uma solução com ferro oxidado ou a superfície do despejo após a solução ter percolado no despejo. A superfície do despejo contém (e mantém) uma grande população de *Thiobacillus ferrooxidans*. Bactérias semelhantes a *Leptospirillum* e bactérias moderadamente termofílicas que oxidam o ferro também ocorrem em despejos de lixiviação de cobre.

FIGURA 31.8 O cobre é extraído com uma solução de lixiviação ácida que contém água, *Thiobacillus ferrooxidans*, Fe^{3+} (íons férrico) e SO_4^{2-} (íons sulfato, que formam ácido sulfúrico e água). A solução é borrifada em minérios de baixa qualidade consistindo de compostos de cobre como o CuS (sulfeto de cobre). *T. ferrooxidans* catalisa duas reações químicas, produzindo Cu^{2+} (íons cúprico), Fe^{2+} (íons ferroso) e SO_4^{2-} (sulfato).
A seguir, um processo solvente em uma fábrica remove o cobre e a solução remanescente dirige-se a um pequeno tanque aberto. Na presença do oxigênio atmosférico, *T. ferrooxidans* catalisa uma reação na qual um elétron é removido de íons Fe^{2+} para produzir íons Fe^{3+}. A solução com íons Fe^{3+} e sulfato é finalmente bombeada de volta a uma pilha de minério.

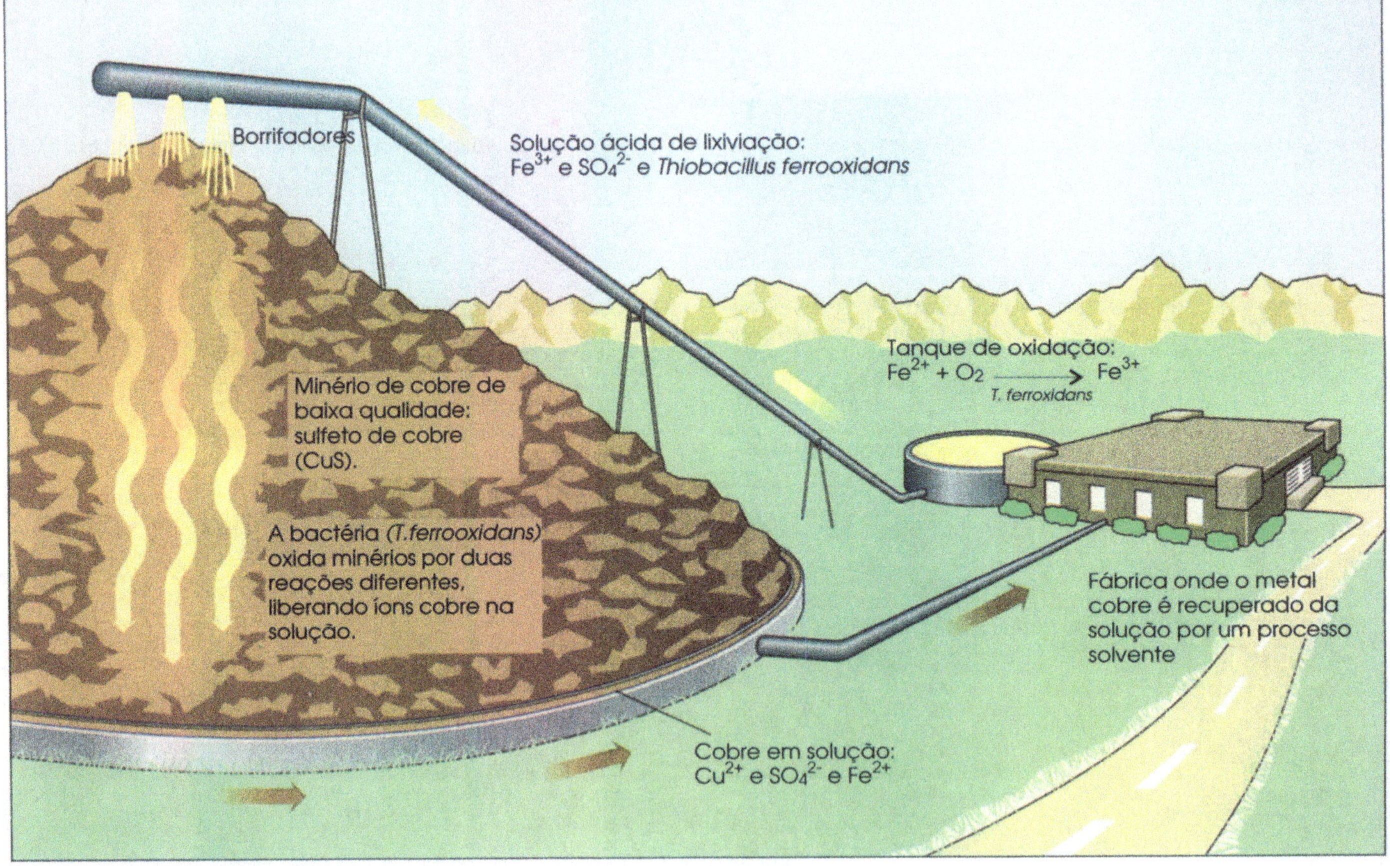

DESCOBERTA!

27.2. EXPOSIÇÃO DA RAIVA EM UMA ENFERMARIA – ONTÁRIO, CANADÁ.

Em 15 de agosto de 1986, uma mulher relatou a um veterinário particular que uma raposa havia tido um contato direto com sua cachorra e seus quatro filhotes em frente ao alpendre de sua fazenda. O veterinário recomendou que ela eliminasse os cães ou os colocasse em quarentena sob sua supervisão, mas não fez a notificação do contato com um animal potencialmente raivoso ao serviço de veterinária federal, como é legalmente requerido. Em 20 de agosto os proprietários transferiram os quatro filhotes para um abrigo de animais local. A proprietária não mencionou o contato dos filhotes com a raposa para os responsáveis pela proteção dos cães. Naquela tarde, dois filhotes foram levados para uma enfermaria e mostrados para a maioria dos residentes, dos auxiliares e dos vários visitantes.

Em 24 h todos os quatro filhotes foram adotados, por quatro diferentes famílias. Em 24 de agosto, um dos filhotes teve diarréia e vômitos, foi levado a uma clínica veterinária e morreu em 29 de agosto. O segundo filhote ficou doente em 28 de agosto e morreu em 31 de agosto. O cérebro de cada um foi submetido ao teste para raiva. Nos dias 4 e 5 de setembro, a Unidade de Saúde foi notificada que ambos os exames realizados com os filhotes tinham sido positivos para raiva. Além disso, havia forte evidência de que um dos filhotes raivosos era um dos dois levados para a enfermaria. Os dois filhotes remanescentes foram descobertos e eliminados. Exames subseqüentes mostraram que ambos não tinham a raiva. Os donos dos cães foram colocados sob observação federal por um período de seis meses, mas não desenvolveram os sintomas.

Com a assistência da equipe da Unidade de Saúde Regional, a enfermaria, imediatamente, preparou a lista daqueles indivíduos que seguramente tiveram contato com o filhote raivoso, aqueles que definitivamente não tiveram contato e aqueles cujos contatos eram duvidosos. Além disso, dois boletins foram emitidos pela Unidade de Saúde por causa do grande número de pessoas que tiveram contato com os filhotes raivosos. As pessoas foram instruídas a questionar seus filhos para determinar se eles entraram em contato com os filhotes e, em caso positivo, consultar o médico da família. Os boletins foram distribuídos para todas as residências próximas às casas que haviam adotado os dois animais raivosos. Foi descoberto que um dos filhotes raivosos tinha sido colocado em um carrinho com dois recém-nascidos.

No total, 134 canadenses receberam tratamento pós-exposição com vacina anti-rábica e imunoglobulinas. Isto incluiu 60 contatos na enfermaria, 62 contatos com vizinhos (a maioria crianças), seis membros da clínica veterinária e seis pessoas responsáveis pela proteção dos animais. Também um garoto visitante da Inglaterra e quatro pessoas de Massachusetts em férias foram expostos; todos foram vacinados.

O custo médio da aplicação da vacina e da imunoglobulina foi de 400 a 700 dólares por pessoa, dependendo do peso corporal. O custo total do tratamento preventivo feito pelo Ministério da Saúde de Ontário foi estimado em 65.000 dólares.

Este incidente enfatiza o problema que pode resultar da omissão de notificação dos riscos da raiva em animais e a necessidade de imunizar animais de estimação contra raiva antes que entrem em contato com um grande número de pessoas. Se o contato com a raposa tivesse sido notificado prontamente, o grande número de tratamentos, o custo e a ansiedade resultantes poderiam ter sido evitados.

Adaptado de *Morbidity and Mortality Weekly Report Supplement, Rabies Surveillance 1986*, publicado em 28 de agosto de 1987.

muito da gravidade e da localização da mordida. As estimativas mostram que somente 5 a 15% de todas as pessoas mordidas por um animal raivoso atualmente contraem a doença. O vírus ataca o sistema nervoso central, e os sintomas iniciais da doença no homem incluem dor de cabeça intensa, febre alta, seguidos por hiperatividade, desorientação, alucinações e estágios alternados de excitação e depressão. O paciente apresenta períodos curtos de hiperatividade alternados com períodos de calma, caracterizados por agitação, auto-agressão, sarcasmo e outros comportamentos não-usuais. O paciente tem dificuldade de engolir, e o estímulo luminoso bem como a visão da água podem estimular espasmos musculares dolorosos na garganta e no peito, resultando em sufocamento e temor. (O termo ***hidrofobia***, "medo da água", é usado algumas vezes para descrever a raiva.) A morte devido à falência respiratória ou deficiência cardíaca ocorre três a vinte dias após o início dos sintomas e é usualmente precedida por paralisia ou convulsões.

Tratamento e Prevenção da Raiva. Após o desenvolvimento dos sintomas, nenhum tratamento eficaz para a doença é conhecido, embora cuidados intensivos possam adiar o desfecho fatal. Entretanto, uma pessoa que tenha

Figura 27.9 Célula nervosa contendo vários corpúsculos de Negri (estruturas ovais escuras), que auxiliam no diagnóstico da raiva. Os corpúsculos são componentes de ribonucleoproteínas do vírus da raiva.

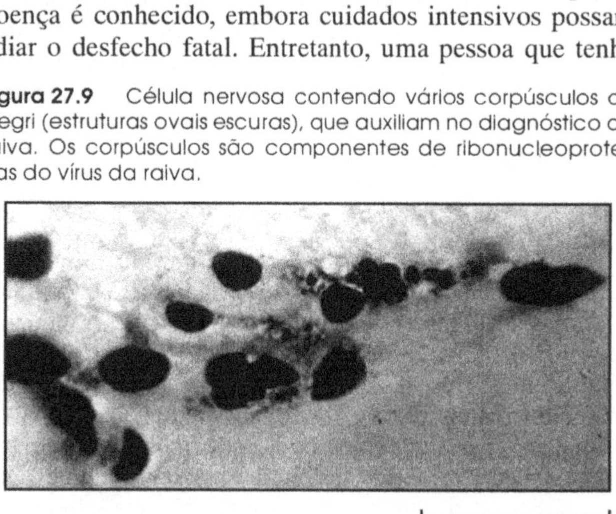

20 μm

Tabela 27.3 Algumas infecções virais humanas que podem ser transmitidas por contato direto por intermédio de lesões na pele.

Doença	Agente etiológico	Doença característica em seres humanos
Orf	Um poxvírus que causa uma infecção em carneiros e cabra	Desenvolvimento de vesículas em lesões das mãos ou da face; eventualmente pode ocorrer a formação de nódulos e intumescimento das glândulas linfáticas.
Molusco contagioso	Um poxvírus	Crianças podem desenvolver pequenas pápulas na pele da face, no tronco ou nos membros. O vírus também pode ser transmitido sexualmente.
Nódulos dos ordenhadores	Vírus do nódulo dos ordenhadores, um poxvírus que produz vesículas no úbere da vaca	Formação de pequenos nódulos úmidos e indolores sobre a pele.
Eczema herpético; paroníquia herpética; herpes dos gladiadores	Vírus herpes simplex tipo 1 (HSV-1)	Vesículas formadas sobre a pele; eczema herpético pode ser potencialmente fatal em crianças; paroníquia herpética é uma infecção primária dos dedos e pode ocorrer em dentistas; herpes dos gladiadores pode ser adquirida por lutadores por meio de abrasões na pele.
Verruga comum	Vários papilomavírus humanos	Lesões da pele são pápulas de coloração marrom, com 2 a 10 mm de diâmetro, com uma superfície escavada ou manchada; podem coalescer para formar uma grande lesão. O vírus é adquirido por meio de pequenas abrasões na pele.
Coriomeningite linfocitária	Um arenavírus que causa uma infecção em camundongos	Uma meningite não-fatal; acredita-se que a transmissão viral possa ocorrer por contato direto ou por mordida de camundongos infectados.
Febre de Lassa	Um arenavírus que causa uma infecção de *Mastomys natalensis*, um roedor da África	Uma doença particularmente fatal que ocorre no oeste da África. Acredita-se que a infecção viral ocorra por contato direto com urina ou excremento de roedores infectados.
Kuru	Um *prion* ou vírus não-convencional (ver Capítulo 16, Volume I); ocorre entre os povos primitivos da Nova Guiné	Uma doença do sistema nervoso central de desenvolvimento lento. Está associada com a prática do canibalismo. A transmissão viral ocorre provavelmente por meio de danos na pele durante a manipulação de tecido infectado.

sido mordida recentemente por um animal raivoso e que ainda não tenha desenvolvido os sintomas pode ser tratada *para prevenir que os vírus alcancem o sistema nervoso central.* Se o paciente for imunizado dois dias após a mordida, a doença pode quase sempre ser prevenida. Este tratamento preventivo é possível somente por causa do longo período de incubação da raiva. O tratamento preventivo inclui: (1) administração de *imunoglobulina humana ou de cavalo* para o fornecimento imediato de anticorpos contra o vírus (embora a imunidade persista por somente 14 dias aproximadamente) e (2) administração de *vacina contra a raiva* para estimular a produção ativa de anticorpos de longa duração pelo paciente.

Caso a pessoa tenha sido mordida por um animal suspeito de estar infectado com o vírus da raiva, é importante a confirmação, para que a vítima possa receber tratamento preventivo. Animais silvestres suspeitos de estar com a raiva são testados de acordo com vários métodos: (1) decteção microscópica do vírus da raiva no tecido cerebral do animal por meio de anticorpos específicos fluorescentes; (2) isolamento do vírus da saliva, urina, do líquido espinal ou de tecidos do animal pela inoculação em cérebro de camundongo; e (3) demonstração de grânulos arredondados característicos chamados ***corpúsculos de Negri***, componentes de ribonucleoproteínas virais encontrados no citoplasma de células nervosas do cérebro animal (Figura 27.9). Se um cão ou gato doméstico é suspeito de estar com raiva, o animal pode ser testado por estes procedimentos laboratoriais ou, alternativamente, o animal deve ser mantido sob controle pelo menos por 10 dias para observar se ocorre o desenvolvimento dos sintomas clínicos.

A vacina anti-rábica usada atualmente é chamada *vacina de célula diplóide humana (*HDCV – *human diploid cell vaccine*). A vacina é preparada com vírus da raiva propagado em culturas de células de tecido humano e consiste em vírus íntegro inativado ou fragmentos do vírus inativado.

Outras Infecções de Ferimentos e da Pele Causadas por Vírus

Outras infecções virais que podem ser adquiridas por meio de abrasões na pele são relacionadas na Tabela 27.3, junto com os agentes etiológicos e a descrição das doenças. As pessoas que trabalham em laboratórios devem ter cuidado especial com muitos outros vírus, incluindo o vírus da AIDS, que pode ser adquirido por contato direto com materiais clínicos como o sangue de pacientes infectados, e precauções de segurança apropriadas devem ser tomadas nos procedimentos com tais materiais.

Responda

1 Qual é a forma e a composição química do vírus da raiva?

2 Como as pessoas são infectadas pelo vírus da raiva? A que se deve o período relativamente longo de incubação? Quais são os sintomas apresentados pelos pacientes com raiva?

3 Qual é o tratamento dado a pessoas que tenham sido mordidas há pouco tempo por um animal raivoso? O que possibilita a imunização dessas pessoas contra a raiva? Em que consiste a vacina atual contra a raiva?

4 Quais são as outras infecções virais humanas em que os agentes etiológicos são transmitidos por meio de abrasões na pele?

Infecções por Helmintos Transmitidas por meio do Contato com a Pele

Embora a maioria dos helmintos seja transmitida por ingestão ou picada de artrópodes, os ancilostomídeos podem ser transmitidos pelo contato direto com a pele. É interessante que estes nematódeos (vermes arredondados) aparentemente podem penetrar na pele humana *íntegra*, especialmente através da pele delicada entre os dedos. Certos trematódeos (vermes de superfície plana) chamados fascíolas sanguíneas, ou ***esquistossomos***, podem também penetrar na pele humana íntegra.

Infecções por Ancilostomídeos

Segundo estimativas, cerca de um quarto da população do mundo está infectada por ancilostomídeos, principalmente nas regiões tropicais e subtropicais. Nos Estados Unidos, as doenças por ancilostomídeos eram comuns nas áreas rurais dos Estados do sudeste, mas tornaram-se relativamente raras nos últimos anos. Contudo, mais de 10% da população, em alguns desses Estados, podem estar infectadas (embora não doentes). As duas espécies de ancilostomídeos de maior importância são os parasitas humanos *Ancylostoma duodenale* e *Necator americanus.*

Ciclo de Vida dos Ancilostomídeos. Os ancilostomídeos são adquiridos durante o contato direto com o solo contaminado com larvas (Figura 27.10A). Contato por um período de pelo menos 5 a 10 min é requerido para as larvas penetrarem na pele. As larvas são carreadas pela corrente sanguínea para o pulmão e dirigem-se para a traquéia, chegando até a boca, onde são engolidas. Após alcançar o intestino delgado, as larvas ancoram na parede do intestino e nutrem-se de sangue por meio dos capilares sanguíneos. As larvas finalmente transformam-se em adultos sexualmente ativos e, após o acasalamento, a fêmea produz um grande número de ovos, cerca de 7.000 diariamente (Figura 27.10B). Os ovos são excretados nas fezes do paciente e podem ir para o solo, onde se transformam em larvas, se as condições do solo forem favoráveis. As larvas podem então penetrar na pele de outra vítima.

Patogenicidade dos Ancilostomídeos. Um paciente com infecção por ancilostomídeos pode inicialmente apresentar intenso prurido e ardência no sítio de penetração na pele e desenvolvimento de pápulas que mais tarde se transformam em vesículas (Figura 27.11). Os sintomas causados pelo verme adulto no intestino delgado incluem dores abdominais, diarréia e perda de peso. Além disso, o paciente perde sangue quando os vermes o sugam por meio dos capilares sanguíneos. Mais tarde, quando os vermes atacam outros sítios no intestino, o sangue continua a escoar do ferimento anterior na parede intestinal. A quantidade de sangue perdido pelo paciente depende do número de vermes presentes. Se a taxa de reposição do sangue do paciente for menor do que a taxa de sangue perdido, então ele desenvolve uma *anemia*, que consiste na diminuição das células sanguíneas e dos pigmentos de hemoglobina contendo oxigênio. Uma anemia grave pode resultar no enfraquecimento geral ou mesmo em insuficiência cardíaca congestiva.

Diagnóstico Laboratorial, Tratamento e Prevenção das Infecções por Ancilostomídeos. Infecções graves por ancilostomídeos são evidenciadas pela contagem de mais de 1.200 ovos por mililitro, no exame microscópio das fezes do paciente.

A ancilostomíase pode ser tratada eficazmente com o agente químico mebendazol e pamoato de pirantel. A prevenção da doença é feita pelo depósito das fezes humanas em locais adequados e evitando o contato dos pés descalços com o solo.

Esquistossomose

A esquistossomose é uma das principais doenças que aflige os trópicos, superada somente pela malária. Mais de 200 milhões de pessoas têm a doença, principalmente na Ásia, América do Sul e África. Embora haja uma estimativa de

Figura 27.10 (**A**) Larva de ancilostomídeo. (**B**) Ovo de ancilostomídeo.

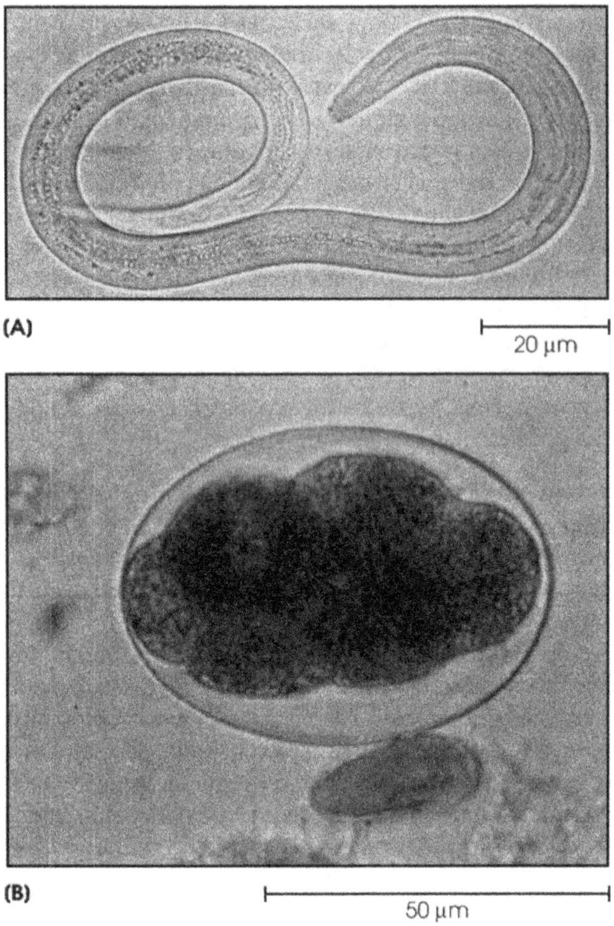

que pelo menos 400.000 pessoas estejam infectadas nos Estados Unidos, a doença não é transmissível nesse país e ocorre somente em pessoas que anteriormente viveram ou viajaram para outras regiões do mundo.

Ciclo de Vida do Esquistossomo. A esquistossomose é causada por trematódeos do gênero *Schistosoma.* As três principais espécies são o *S. mansoni, S. japonicum* e *S. haematobium,* cada uma tendo uma distribuição geográfica específica. Uma parte do ciclo de vida dos esquistossomos ocorre em alguns caramujos de água doce (Figura 27.12, caderno em cores). Cada espécie de *Schistosoma* depende de um determinado tipo de caramujo. (A esquistossomose não é transmitida nos Estados Unidos porque estes tipos de caramujos não ocorrem no país.) Os seres humanos são infectados por contato com águas contendo a ***cercária*** – a forma infectante dos esquistossomos. Centenas destas formas móveis com cauda bifurcada, que emergem de um caramujo infectado, podem penetrar na pele de uma pessoa por meio de enzimas que rompem a pele. As cercárias perdem suas caudas durante a penetração, passam para os tecidos subjacentes e são carreadas pela corrente circulatória para os vasos sanguíneos do fígado, onde sofrem a maturação em quatro a doze semanas (o tempo depende da espécie) e se transformam em vermes adultos, com 1 a 2 cm de comprimento. Os vermes adultos ocorrem aos pares, com as fêmeas vivendo em um sulco no macho (Figura 27.13). Os vermes adultos acasalam-se e então migram para os pequenos vasos sanguíneos na parede externa do intestino (no caso do *S. mansoni* e *S. japonicum)* ou da bexiga (no caso do *S. haematobium).* As fêmeas

Figura 27.11 Nádegas de uma criança infectada por ancilostomídeos.

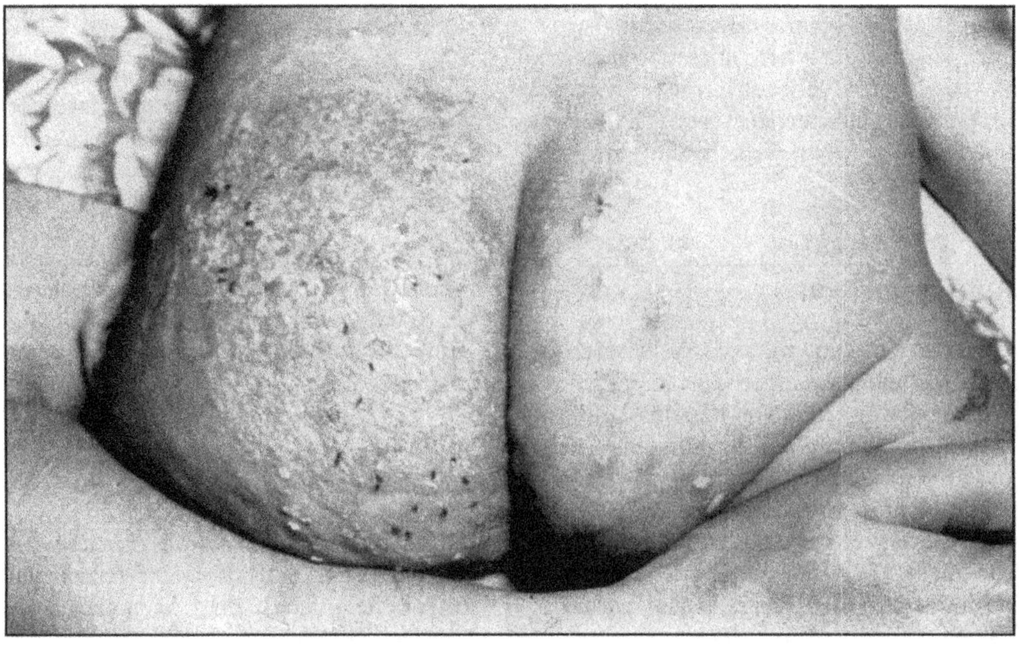

Figura 27.13 Estágio adulto do *Schistosoma mansoni*.

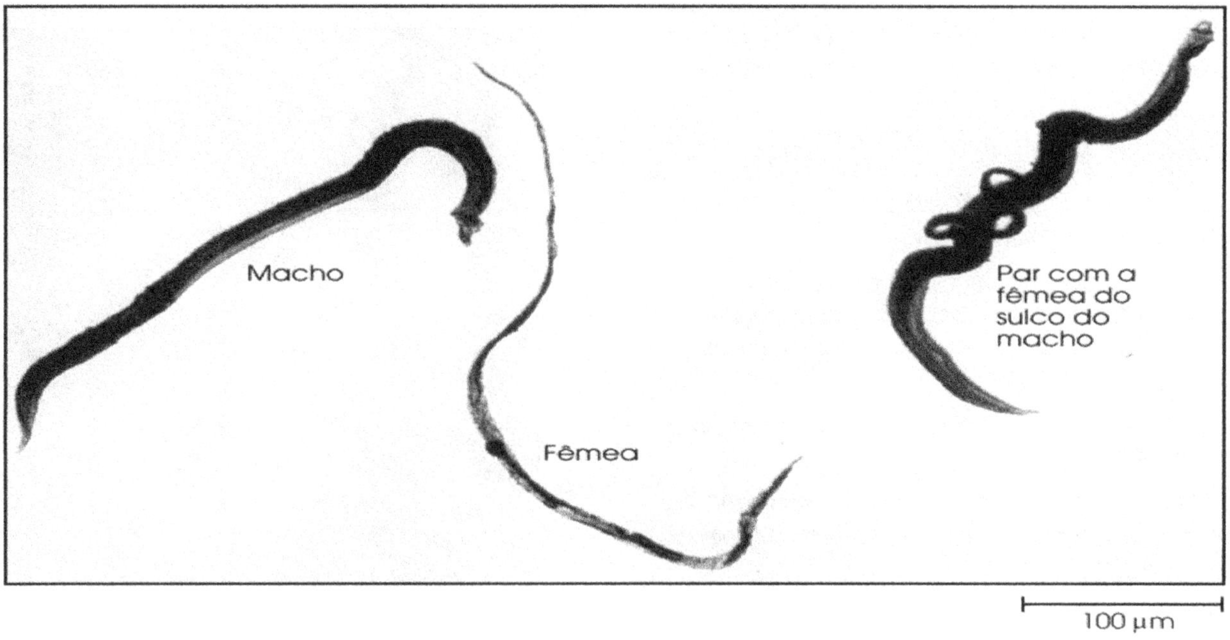

põem numerosos ovos, cujas dimensões são de 40 a 70 por 100 a 175 µm (Figura 27.14). Após os ovos passarem por meio da parede do intestino ou da bexiga, são excretados nas fezes ou na urina do paciente. Quando as fezes ou a urina alcançam a água, os ovos maturam e eclodem para produzir os ***miracídios,*** que se movimentam por meio de cílios e podem penetrar no caramujo. Esporocistos então desenvolvem-se dentro do tecido do caramujo e, em quatro a seis semanas, as cercárias móveis emergem dos caramujos, recomeçando o ciclo.

Patogenicidade dos Esquistossomos. Pacientes com esquistossomose apresentam diarréia, febre, perda de apetite, perda de peso, fortes dores abdominais e anemia. Graves lesões podem ocorrer no fígado, na parede intestinal, na parede da bexiga e, freqüentemente, no pulmão, coração e cérebro. O principal dano ocorre durante a deposição e a expulsão dos ovos do organismo do paciente. Quando alguns ovos são aprisionados nos tecidos, o organismo do paciente tenta atacar a parede desses ovos. Ocorre uma resposta imune mediada por células com a formação de granulomas semelhantes aos da tuberculose (Capítulo 24). Os granulomas e as cicatrizes formados em resposta à infecção podem eventualmente tornar-se grandes o suficiente para obstruir o fluxo de sangue, por meio dos vasos sanguíneos, ou da urina, através da bexiga.

Diagnóstico Laboratorial, Tratamento e Prevenção da Esquistossomose. O diagnóstico definitivo da esquistossomose depende da demonstração da presença de ovos de esquistossomos pelo exame microscópico de fezes ou urina do paciente. No caso de material fecal, um procedimento especial, a técnica de Kato, é utilizado para clarificar a preparação em lâmina, de modo que os ovos de esquistossomos possam ser mais bem visualizados. O tratamento eficaz da esquistossomose é obtido por administração oral de praziquantel, uma droga anti-helmíntica recentemente desenvolvida.

Atualmente, não há vacina disponível contra a esquistossomose. Pesquisas em andamento para prevenir esta

Figura 27.14 Ovo de *Schistosoma mansoni*. Ovos desta espécie têm uma "espícula" em projeção.

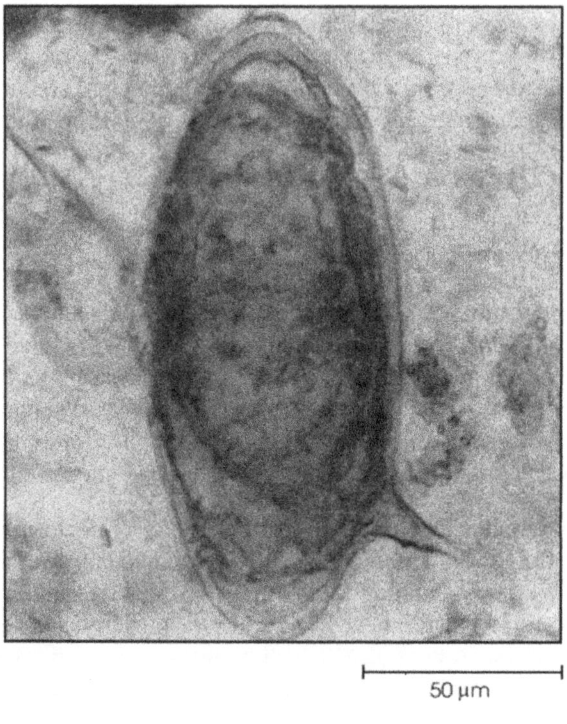

doença incluem o desenvolvimento de vacinas em potencial, tratamento do paciente para interromper a excreção dos ovos de esquistossomo, controle da população de caramujos e o estabelecimento de várias medidas sanitárias.

Responda

1 Quais são as duas espécies de ancilostomídeos de maior importância?

2 Qual é o ciclo de vida dos ancilostomídeos? Como estes vermes podem causar anemia grave? Como pode ser feito o tratamento do paciente?

3 Quais são as três espécies mais importantes de esquistossomos?

4 Qual é o ciclo de vida dos esquistossomos? Por que a esquistossomose não é uma doença transmitida nos Estados Unidos?

5 Qual é o tratamento disponível para pacientes com esquistossomose?

Infecções de Ferimento e Pele Causadas por Fungos

Alguns fungos patogênicos têm a habilidade de infectar o cabelo, as unhas ou a camada superficial da pele. Essas infecções são denominadas ***dermatomicoses*** e os fungos que as causam são chamados ***dermatófitos***. Outros fungos patogênicos podem invadir os ***tecidos subcutâneos*** (tecidos subjacentes à pele), causando infecções chamadas ***micoses subcutâneas***. As micoses subcutâneas são muito mais graves que as dermatomicoses e podem resultar em extensa destruição de tecidos.

Dermatomicoses

As dermatomicoses são freqüentemente chamadas ***tinhas*** (ou ***ringworm,*** com base em uma noção inicial equivocada de que vermes ou piolhos seriam a causa da infecção da pele e também porque as lesões da pele apresentam-se mais ou menos circulares, com uma borda inflamada que dá uma aparência semelhante a um anel) (Figura 27.15).

Biologia dos Dermatófitos. Muitas espécies de dermatófitos (fungos que infectam a pele) são conhecidas; os dermatófitos mais comuns e as infecções que causam estão relacionados na Tabela 27.4. A diferenciação destas espécies baseia-se em várias características morfológicas, tais como o tamanho e a forma dos esporos assexuados, pigmentação do micélio e ocorrência de estruturas e arranjos especiais das hifas. As características morfológicas de dois dermatófitos comuns são mostradas na Figura 27.16.

Figura 27.15 Lesões micóticas nas costas de um paciente. Esta infecção foi causada por *Trichophyton verrucosum*.

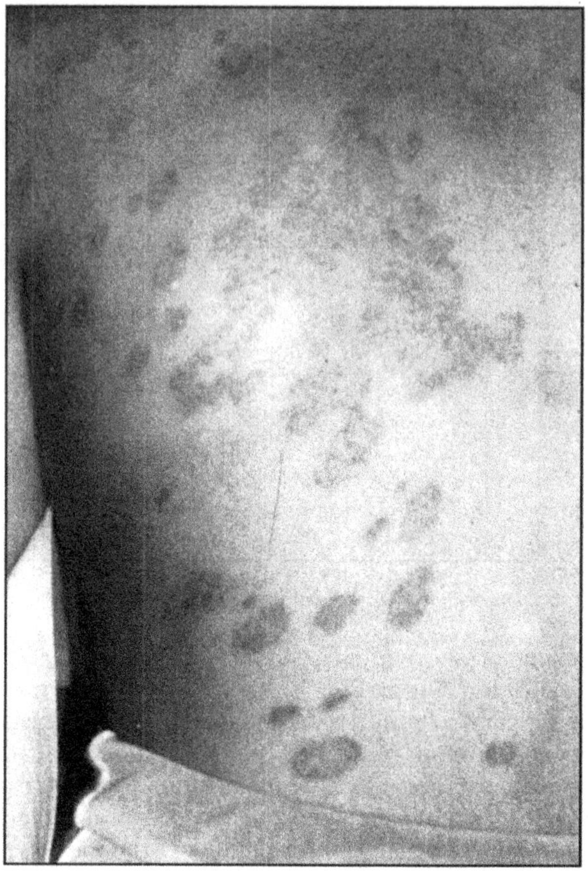

A correlação entre uma espécie de um determinado dermatófito e uma doença característica é difícil porque uma única espécie pode causar uma variedade de sintomas clínicos. Além disso, a mesma doença pode ser causada por diferentes espécies de dermatófitos. Por estas razões, dermatologistas freqüentemente descrevem uma infecção com uma terminologia baseada na parte do corpo envolvida. A primeira palavra usada nesta terminologia é ***tinea***, que significa "pequena larva de inseto", e é originada da noção errada de que estas infecções eram causadas por insetos. Por exemplo, *tinea capitis* é uma micose do couro cabeludo (Figura 27.17); *tinea unguium* ou *onicomicose* é uma micose das unhas (Figura 27.18); e a *tinea pedis* é uma micose dos pés (Figura 27.19). O tipo de *tinea pedis* no qual ocorre a descamação da pele entre os dedos é freqüentemente denominada de *pé-de-atleta*.

Transmissão dos Dermatófitos. Os dermatófitos são comumente transmitidos por contado direto com animais ou pessoas infectadas ou com objetos inanimados contamina-

Figura 27.16 Alguns casos de micoses do couro cabeludo (*tinea capitis*) são causados por várias espécies do gênero *Microsporum*, tais como (**A**) *M. canis* e (**B**) *M. gypseum*. Macroconídios (esporos) fusiformes ou elípticos ligados à hifa são característicos destas espécies. Tais macroconídios são formados durante o crescimento em meios de cultura de laboratório e são utilizados para a diferenciação entre os gêneros de dermatófitos.

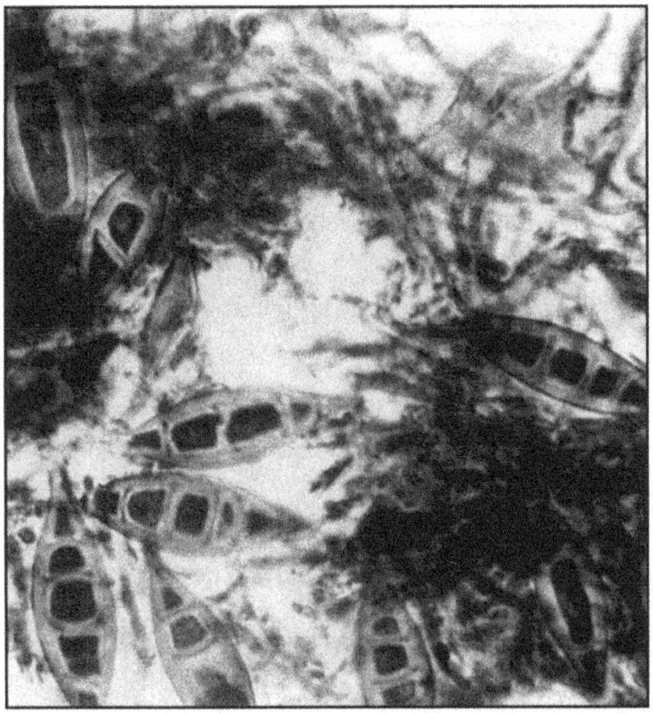

(A) 25 µm

(B) 25 µm

Figura 27.17 (**A**) Um caso de micose do couro cabeludo (*tinea capitis*) causado por *Trichophyton mentagrophytes*. (**B**) Fotomicrografia de *T. mentagrophytes* mostrando formações, semelhantes a cacho de uva, de microconídios arredondados e vários macroconídios em forma de bastão.

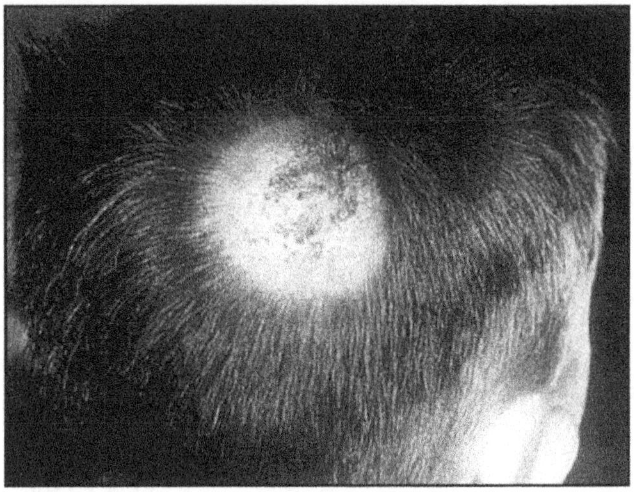

(A)

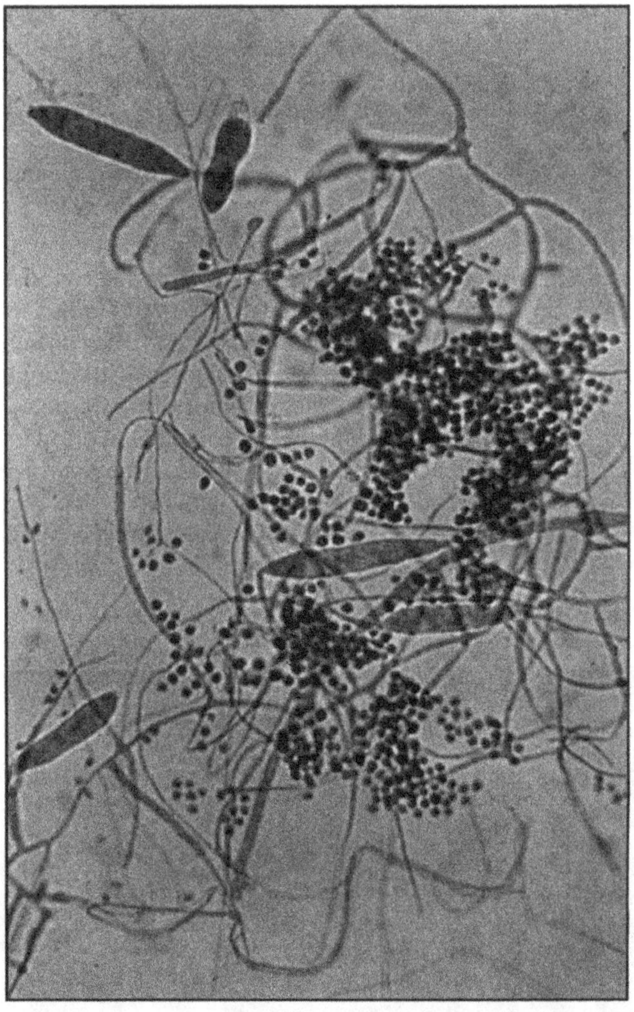

(B) 25 µm

Tabela 27.4 Alguns fungos comuns que atacam a pele, as unhas ou os cabelos.

Grupos de Fungos	Espécies	Ocorrência e doenças
Epidermophyton	*E. floccosum*	Causa infecção na pele, nas unhas das mãos e dos pés.
Microsporum	*M. audouinii*	Causa tinha epidêmica no couro cabeludo de crianças.
	M. canis	Causa comum de infecção da pele e pêlos de gatos, cães e outros animais; causa *tinea capitis* em crianças.
	M. gypseum	Ocorre como um saprófita do solo e como parasita de animais inferiores; ocasionalmente, pode ocorrer no couro cabeludo de crianças.
Trichophyton	subgrupo Gypseum	
	T. mentagrophytes	Primariamente um parasita do cabelo.
	T. rubrum	Causa tinhas em muitas partes do corpo; infecta o cabelo e o couro cabeludo.
	T. tonsurans	Infecta o cabelo e o couro cabeludo.
	subgrupo Faviforme *T. schoenleinii* *T. violaceum* *T. ferrugineum* *T. concentricum* *T. verrucosum*	Estes fungos causam tinhas na pele, no couro cabeludo e pele glabra em seres humanos; *T. verrucosum* também causa tinha no gado.
	Subgrupo Rosaceum	
	T. megnini	Causa a tinha do couro cabeludo humano.
	T. gallinae	Causa infecção em galinhas.
Miscelânea	*Piedraia hortae*	Causa uma infecção no cabelo e no couro cabeludo caracterizada por nódulos duros e negros; *piedra* negra.
	Trichosporon beigelii	Causa infecção similar à anterior, exceto que os nódulos são brancos; *piedra* branca.
	Malassezia furfur	Causa *tinea versicolor*, uma infecção fúngica generalizada da pele que cobre o tronco e, algumas vezes, outras áreas do corpo.
	Candida albicans	Causa candidíase na pele, na mucosa e nas unhas.

dos com fungos. A pele íntegra é uma barreira nitidamente eficaz contra as infecções, mas abrasões na pele podem ajudar os dermatófitos a iniciar a infecção. Entretanto, mesmo a pele íntegra pode ser infectada por dermatófitos. Os fatores que contribuem são a quantidade de fungos envolvida durante a exposição, a temperatura da pele, a composição química dos fluidos das glândulas sudoríparas e glândulas sebáceas, fatores genéticos que tornam algumas pessoas mais propensas a infecção e – o mais importante de todos – a umidade. Uma pele úmida é muito mais vulnerável à infecção do que uma pele seca, e é por isso que os pés úmidos de atletas são mais susceptíveis a infecções por dermatófitos.

Patogenicidade dos Dermatófitos. Após ter acesso à pele, os dermatófitos espalham-se radialmente na camada externa da epiderme por meio de ramificações da hifa e artrósporos ocasionais. A camada externa da epiderme consiste em células mortas de superfície que são continuamente substituídas pelas células localizadas abaixo. O principal

Figura 27.18 Este caso de micose de unhas (*tinea unguium* ou onicomicose) foi causado pelo *Trichophyton rubrum.*

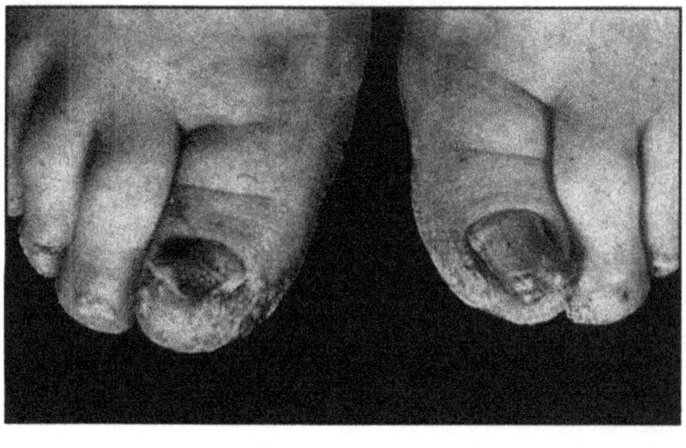

Figura 27.19 Este caso de *tinea pedis* foi causado pelo *Trichophyton rubrum.*

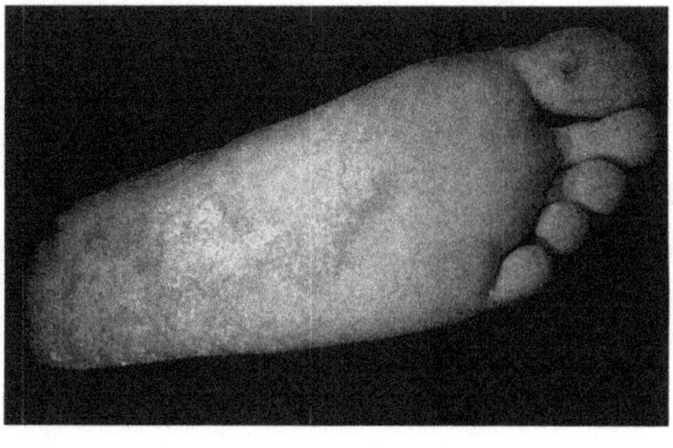

constituinte químico desta camada externa é uma proteína chamada ***queratina***. Os dermatófitos têm a capacidade de digerir essa proteína, o que auxilia na disseminação do fungo pela pele. As lesões da pele causadas por produtos metabólicos dos fungos são caracterizadas por irritação, formação de escamas, vermelhidão local, inchaço e inflamação da borda circular que se propaga. Cabelos e unhas também contêm queratina e alguns dermatófitos podem infectar essas áreas (Figura 27.20). Entretanto, os dermatófitos são incapazes de invadir os tecidos vivos abaixo da camada queratinizada externa, e as infecções por dermatófitos, embora muito desagradáveis, são relativamente brandas e não apresentam risco de vida.

Diagnóstico Laboratorial das Dermatomicoses. Preparações a fresco de raspados de pele, unha ou cabelo em lâminas com solução de hidróxido de potássio (KOH) são utilizadas para a pesquisa do fungo ao microscópio. O KOH clarifica a amostra e aumenta a visibilidade das hifas e esporos fúngicos. Estas amostras podem também ser inoculadas em meios de cultura contendo antibióticos para inibir as bactérias e os fungos saprófitas, que podem se desenvolver rapidamente e dificultar o isolamento dos dermatófitos, cujo crescimento é lento.

Tratamento e Prevenção das Dermatomicoses. As dermatomicoses crônicas podem ser tratadas pela administração oral do antibiótico griseofulvina, que se concentra nos tecidos queratinizados do corpo. Outros agentes quimioterápicos utilizados na aplicação tópica incluem tolnaftato, haloprogina e miconazol. A prevenção das dermatomicoses é muito difícil por causa da ampla distribuição dos fungos causadores. Cabinas de banho em piscinas públicas e áreas de chuveiros comuns podem ser fontes de infecção.

Figura 27.20 *Piedra* negra é uma infecção do cabelo causada pelo fungo *Piedraia hortae*. Caracteriza-se por nódulos marrom-escuros ou negros no fio de cabelo, como mostrado nesta fotomicrografia.

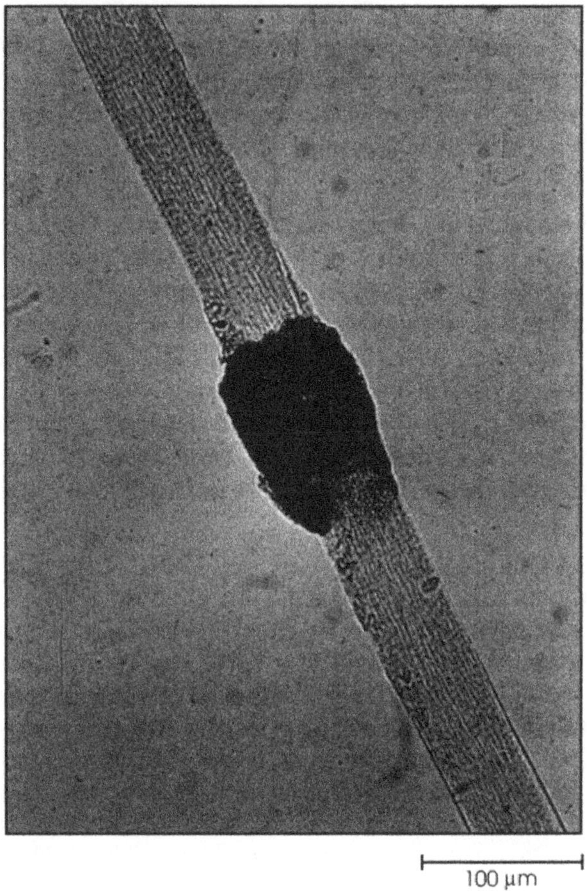

Figura 27.21 Um caso de micetoma causado pelo *Streptomyces somaliensis*.

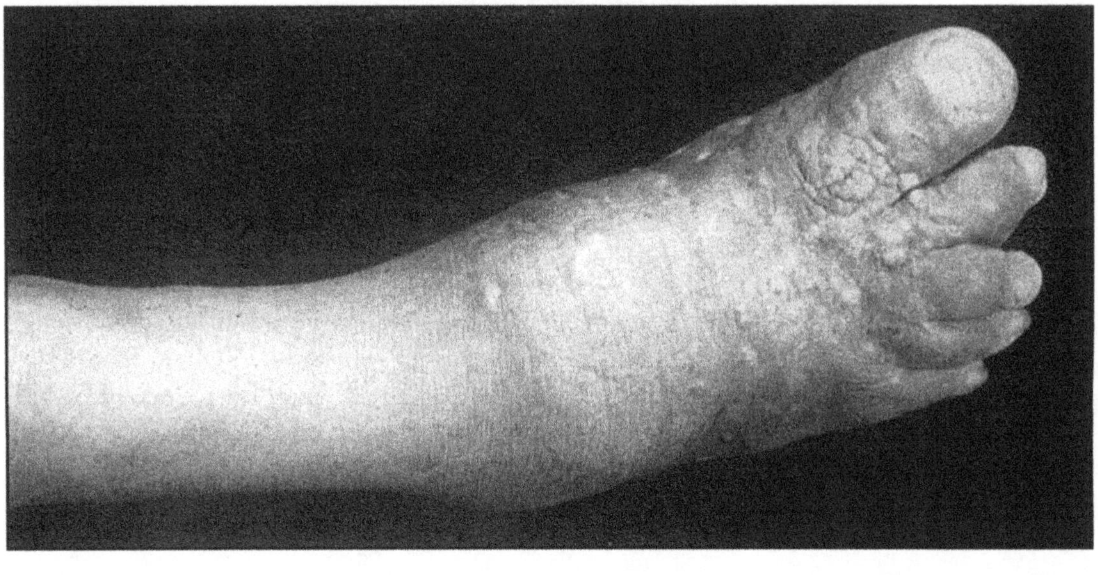

Micoses Subcutâneas

As micoses subcutâneas são mais graves que as dermatomicoses porque os microrganismos causadores podem atacar os tecidos vivos abaixo da pele. Um exemplo de uma micose subcutânea é o micetoma, uma doença grave que destrói pele, tecidos subcutâneos, tecidos conectivos, músculos e pode também destruir os ossos.

Micetoma. O micetoma ocorre principalmente nas regiões tropicais e subtropicais, mas não é limitado a essas áreas. Os agentes etiológicos são vários fungos ou bactérias do solo que têm acesso aos tecidos subcutâneos por meio de um ferimento. As espécies de fungos incluem *Madurella grisea, Madurella mycetomatis, Pseudallescheria boydii* e outros. As espécies bacterianas são actinomicetes aeróbios, tais como a *Nocardia asteroides, N. brasiliensis, Actinomadura madurae, A. pelletieri* e *Streptomyces somaliensis.*

A infecção usualmente ocorre em um dos pés e começa com uma pápula pequena e indolor. Quando os microrganismos espalham-se pelo tecido, desenvolvem-se múltiplos abcessos e cavidades, a partir dos quais o pus é drenado para a superfície da pele. Este pus contém minúsculos grânulos de 0,2 a 3,0 mm de diâmetro, compostos de hifas de fungos ou filamentos bacterianos. Conseqüentemente, o pé apresenta-se inchado, com uma massa deformada de tecido destruído e sujeito a infecção secundária por vários patógenos bacterianos (Figura 27.21). Nos casos avançados de micetoma, o pé tem de ser amputado.

Uma identificação presumível do agente etiológico é baseada na cor dos grânulos de pus – vermelho, róseo, branco, preto ou amarelo. Entretanto, a identificação precisa depende do cultivo do agente. Isto é importante para determinar precocemente se o microrganismo é um fungo ou uma bactéria. Micetomas bacterianos podem ser tratados com agentes quimioterápicos, tais como a penicilina ou sulfonamidas, enquanto os micetomas fúngicos são mais difíceis de ser tratados, mesmo com agentes químicos eficazes contra outros tipos de infecções por fungos.

Responda

1 Como as dermatomicoses diferem das micoses subcutâneas? Qual das duas categorias é a mais séria?

2 Qual é a terminologia usada para dermatomicoses? O termo *ringworm* é correto?

3 Qual é a relação entre dermatófitos e queratina? Quais agentes quimioterápicos podem ser usados no tratamento das dermatomicoses?

4 Que tipos de microrganismos causam o micetoma? São todos eucarióticos? Por que é importante determinar o tipo do agente etiológico em cada caso? Como pode ser feita a identificação laboratorial?

5 O que pode acontecer ao pé de um paciente portador de micetoma em estágio avançado?

Resumo

1. Uma lesão na pele pode ser contaminada por organismos provenientes de várias fontes, incluindo a própria pele, gotículas de aerossóis, poeira infecciosa, solo, fezes humana, urina e fezes de animais ou por contato direto com animais infectados.

2. Infecções causadas por bactérias anaeróbias são favorecidas pelo esmagamento do tecido e pelos coágulos sanguíneos, por bactérias aeróbias ou facultativas contaminantes e por substâncias químicas irritantes ou tóxicas. As infecções anaeróbias incluem: o tétano, causado pelo *Clostridium tetani;* e a gangrena gasosa, causada por várias espécies de *Clostridium*, especialmente o *C. perfringens.* A neurotoxina tetânica impede a secreção do inibidor químico, o qual normalmente previne que dois músculos opostos se contraiam ao mesmo tempo. O *C. perfringens* dissemina-se rapidamente pelos tecidos e produz uma toxina, que é uma lecitinase.

3. As infecções causadas por bactérias aeróbias e facultativas incluem as infecções por *Staphylococcus aureus.* O *S. aureus* é o habitante mais comum da pele e da nasofaringe e pode facilmente ter acesso a ferimentos e incisões cirúrgicas. O microrganismo produz uma variedade de toxinas, e a infecção é caracterizada tipicamente por abscessos. A síndrome do choque tóxico ocorre principalmente em mulheres jovens durante o período menstrual. O tratamento das infecções produzidas pelo *S. aureus* é complicado pela múltipla resistência a antibióticos de muitas cepas.

4. Tularemia é causada pela bactéria *Francisella tularensis.* É principalmente uma doença de animais silvestres e é adquirida por contato direto, como durante a retirada da pele do animal por caçadores. Outras infecções bacterianas, cujos agentes são transmitidos por meio de ferimentos ou danos na pele, incluem infecções por *Bacteroides fragilis,* brucelose, carbúnculo, leptospirose e febre de mordida de rato.

5. A raiva é uma infecção viral transmitida pela mordida de animal infectado. Após um longo período de incubação o vírus alcança o sistema nervoso central; durante o período de incubação, a vítima pode ser imunizada com imunoglobulina e uma vacina contendo vírus vivo atenuado.

6. Outras infecções virais humanas que podem ser transmitidas por meio de lesões na pele incluem o *Orf*, o molusco contagioso, os nódulos dos ordenhadores, as infecções herpéticas, a verruga comum, a coriomeningite linfocitária, a febre de Lassa e o kuru.

7. Os ancilostomídeos são nematódeos cujas larvas, presentes no solo contaminado com fezes, podem penetrar na pele humana. As larvas passam pelos pulmões, traquéia e boca, onde são engolidas, e alcançam o intestino delgado. As larvas transformam-se em vermes adultos e produzem muitos ovos que são excretados nas fezes. Os vermes adultos têm a habilidade de sugar o sangue, e o paciente pode desenvolver uma grave anemia por deficiência de ferro. Certos trematódeos (vermes de superfície plana) chamados *fascíolas sanguíneas* ou esquistossomos podem também penetrar na pele humana íntegra.

8. As dermatomicoses ou tinhas são infecções fúngicas superficiais de unhas, cabelos ou da camada externa queratinizada da pele. A habilidade de digerir queratina ajuda os dermatófitos a disseminar-se pela pele, pelo cabelo ou pelas unhas. Micoses subcutâneas são mais graves que as dermatomicoses e podem ser causadas por fungos ou bactérias (actinomicetes). Um exemplo é o micetoma, que é caracterizado por extensiva destruição de tecidos e ossos do pé.

Palavras-chave

Toxina de *C. perfringens*
Abscesso
Cercária
Corpúsculos de Negri
Dermatófitos
Dermatomicoses
Esquistossomos
Fibrina
Hidrofobia
Lecitina
Lecitinase
Micose subcutânea
Miracídio
Oxigênio hiperbárico
Pus
Queratina
Tecido subcutâneo
Tinea
Tinha
Toxina TSS-1 de *S. aureus*
Trismo

Revisão

TRANSMISSÃO DOS AGENTES MICROBIANOS DAS INFECÇÕES DE PELE E FERIMENTOS

1. Um corte ou um ferimento pode ser facilmente contaminado por estafilococos porque estes organismos estão comumente presentes na ______________________.

2. O agente etiológico da gangrena gasosa é um habitante normal da seguinte região do corpo humano: (**a**) nasofaringe; (**b**) intestino grosso; (**c**) pele; (**d**) boca; (**e**) estômago.

3. Ferimentos podem ser contaminados por *Streptococcus pyogenes* presentes nas ____________________, que são expelidos durante a tosse ou o espirro.

4. Qual das seguintes afirmações mais bem se aplica às infecções adquiridas por contato com tecido, urina ou fezes de animal infectado? (**a**) Têm menor taxa de mortalidade. (**b**) São caracterizadas por transmissão pessoa a pessoa. (**c**) Têm uma incidência ocupacional. (**d**) Têm uma alta taxa de mortalidade. (**e**) São usualmente infecções pós-operatórias.

5. Quais são as *três* condições que favorecem o desenvolvimento de ambiente anaeróbio em um ferimento? (**a**) presença de coágulo sanguíneo e tecido lesado; (**b**) remoção mecânica de tecido danificado; (**c**) presença de bactérias aeróbias e anaeróbias facultativas; (**d**) ausência de circulação sanguínea na área lesada; (**e**) ausência de sujeira ou terra.

6. A forma de baqueta de tambor do *Clostridium tetani* é devido à ocorrência de um(a)____________________ na extremidade da célula.

7. A neurotoxina tetânica evita a secreção de um(a)____________________, que pode impedir que os músculos opostos se contraiam ao mesmo tempo.

8. A vacina contra o tétano consiste em : (**a**) antitoxina; (**b**) células mortas de *C. tetani*; (**c**) toxóide; (d) anticorpos pré-formados; (**e**) uma cepa viva atenuada de *C. tetani.*

9. Associar os itens à esquerda com a descrição mais apropriada à direita:

____ Toxina tetânica	(**a**) Lecitinase
____ Toxina de *C. perfringens*	(**b**) Usado(a) no tratamento de casos de gangrena gasosa
____ Gás hidrogênio	(**c**) Atua sobre o sistema nervoso central
____ Oxigênio hiperbárico	(**d**) Pode separar a bainha do músculo e permite a disseminação do *C. perfringens*
____ Trismo	(**e**) Outro nome do tétano

10. Qual das seguintes afirmativas não se aplica à gangrena gasosa? (**a**) O agente espalha-se rapidamente pelos tecidos. (**b**) Amputação de um membro pode ser requerida para salvar o paciente. (**c**) Gangrena gasosa é uma doença mais freqüente em campos de batalha. (**d**) A infecção normalmente permanece localizada no sítio do ferimento. (**e**) A toxina de *C . perfringens* é uma hemolisina e uma citotoxina.

11. Associar os itens à esquerda com a descrição mais apropriada à direita:

_____ Alfa, beta, gama e delta-toxinas de *S. aureus*	(**a**) Síndrome do choque tóxico
_____ Coagulase de *S. aureus.*	(**b**) Conversão do fibrinogênio solúvel em fibrina insolúvel
_____ß-lactamase de *S. aureus*	(**c**) Degradação da penicilina
_____ Toxinas esfoliativas A e B de *S. aureus*	(**d**) Hemolisina e leucocidina

_____ Toxina TSS-1 de *S. aureus* (**e**) Síndrome da pele escaldada

12. A lesão típica causada por *S. aureus* é uma "fortaleza" chamada ________________

13. Anticorpos e antibióticos têm dificuldade para atingir a bactéria dentro de um abcesso porque não existe ________________ dentro de um abscesso.

14. Na mulher, a síndrome do choque tóxico tem sido associada com o uso de________________ altamente absorventes.

15. A *Francisella tularensis* pode ser transmitida ao homem por contato direto com animais infectados e também por mordida de ________________ infectados.

16. Das categorias a seguir, qual é mais sujeita a adquirir tularemia? (**a**) escriturários; (**b**) trabalhadores em esgoto; (**c**) caçadores de pele; (**d**) pessoas com mais de 65 anos de idade; (**e**) crianças menores de 5 anos.

17. Associar os organismos à esquerda com a descrição apropriada à direita:

_____ *Bacteroides fragilis*	(**a**) Febre da mordida de rato
_____ *Brucella suis*	(**b**) Abcesso anaeróbio
_____ *Bacillus anthracis*	(**c**) Adquirida pelo banho em água contaminada com urina de animal
_____ *Leptospira interrogans*	(**d**) Bactéria esporulada que pode causar infecções na pele e nos pulmões e que progride para uma infecção sanguínea fatal
_____ *Streptobacillus moniliformis* e *Spirillum minus*	(**e**) Bacilo Gram-negativo que é transmitido para o homem por contato direto com suínos infectados

INFECÇÕES VIRAIS TRANSMITIDAS POR MEIO DE LESÃO NA PELE

18. Quem desenvolveu a primeira vacina contra a raiva foi ________________.

19. O vírus da raiva é: (**a**) icosaédrico e contém DNA de fita única; (**b**) tem um envelope lipídico e contém DNA de fita dupla; (**c**) tem a forma de um projétil e contém RNA de fita única; (**d**) é icosaédrico e contém DNA de fita única; (**e**) é icosaédrico e contém RNA de fita dupla.

20. A raiva humana usualmente tem um período de incubação de três a oito semanas antes que o vírus alcance o sistema ________________.

21. Uma pessoa que tenha sido mordida por um animal raivoso é tratada com: (**a**) antibióticos; (**b**) corpúsculo de Negri; (**c**) anticorpos fluorescentes; (**d**) vacina anti-rábica e imunoglobulinas; (**e**) interleucina-2.

22. Associar a doença à esquerda com a descrição apropriada à direita:

______ Kuru	(**a**) Causado(a) por papilomavírus
______ Verruga comum	(**b**) Adquirido(a) por contato direto com ratos ou mordida de rato
______ Febre de Lassa	(**c**) Associado(**a**) com canibalismo na Nova Guiné
______ Nódulos de ordenhador	(**d**) Causado(**a**) por poxvírus que infecta o úbere da vaca
______ Coriomeningite linfocitária	(**e**) Causado(**a**) por um arenavírus que infecta roedores no oeste da África

INFECÇÕES POR HELMINTOS TRANSMITIDAS POR MEIO DO CONTATO COM A PELE

23. *Ancylostoma duodenale* e *Necator americanus* são as duas espécies de ________________ ________________________ mais importantes nas infecções humanas.

24. Para que ocorra uma infecção por ancilostomídeos, o contato da pele com o solo contendo as larvas deve ser por um período de pelo menos: (**a**) 0 a 5 s; (**b**) 5 a 10 s; (**c**) 5 a 10 min; (**d**) 30 min.

25. Por causa da habilidade dos ancilostomídeos em sugar o sangue dos capilares da parede intestinal, o paciente pode desenvolver uma grave ________________________.

26. Os esquistossomos são (selecionar três alternativas): (**a**) nematódeos; (**b**) vermes achatados; (**c**) trematódeos; (**d**) fascíolas sanguíneas; (**e**) vermes arredondados.

27. As três espécies mais importantes de *Schistosoma* são:

*S.*____________________, *S.*_________________ e *S.*__________________.

28. As formas infectantes de esquistossomos (selecionar três alternativas): (**a**) são cercárias que nadam livremente; (**b**) são miracídios; (**c**) emergem de caramujos infectados; (**d**) são os ovos; (**e**) são vermes adultos.

29. A razão pela qual a esquistossomose não é *transmitida* nos Estados Unidos deve-se principalmente: (**a**) ao alto nível de saneamento; (**b**) a programas de imunização em massa contra esquistossomose; (**c**) à ausência dos tipos apropriados de caramujo; (**d**) à alta resistência da população contra a doença; (**e**) nenhuma das alternativas acima: a doença *é* transmissível nos Estados Unidos.

INFECÇÕES DE FERIMENTO E PELE CAUSADAS POR FUNGOS

30. Fungos que causam infecções superficiais da pele são chamados: (**a**) dermatomicoses; (**b**) micoses subcutâneas; (**c**) tinhas; (**d**) dermatófitos; (**e**) *tinea*.

31. *Tinea unguium* é: (**a**) micose do pé; (**b**) micose do couro cabeludo; (**c**) micose do cabelo; (**d**) pé-de-atleta; (**e**) micose da unha.

32. O fator mais importante que favorece a infecção por um dermatófito é a________________ ___________________.

33. Os dermatófitos têm a habilidade de digerir uma proteína resistente chamada______________ _________________________.

34. Micetoma é uma micose subcutânea grave que usualmente ocorre: (**a**) na mão; (**b**) no pé; (**c**) na face; (**d**) no tronco; (**e**) no couro cabeludo.

35. O micetoma pode ser causado não somente por fungos mas também por bactérias aeróbias chamadas ____.

Questões de Revisão

1. Listar todos os meios pelos quais um ferimento pode tornar-se contaminado por microrganismos infecciosos.

2. Que condições favorecem o desenvolvimento de uma infecção anaeróbia, tal como o tétano ou a gangrena gasosa?

3. Comparar o modo de ação da principal toxina do *C. tetani* com a do *C. perfringens.*

4. Explicar a base para o uso do oxigênio hiperbárico para o tratamento de um caso de gangrena gasosa.

5. O que é um abscesso? Por que é difícil o tratamento de doenças caracterizadas pela formação de abscessos, mesmo quando o antibiótico correto é utilizado?

6. Quais das infecções descritas neste capítulo são adquiridas por contato com tecido, saliva, urina ou fezes de animais?

7. Se uma pessoa foi mordida por um animal suspeito de estar infectado com o vírus da raiva, é importante confirmar que o animal está raivoso para que a vítima possa receber o tratamento preventivo. Como isto pode ser feito?

8. Qual é a forma infectante de um esquistossomo? Onde isto ocorre na natureza?

Questões para Discussão

1. Se uma pessoa tem um ferimento que possa levar ao desenvolvimento de condições anaeróbias, por que a remoção cirúrgica do tecido morto ou do coágulo sanguíneo é a *mais importante* das três medidas que são utilizadas para prevenir a gangrena gasosa?

2. Uma resposta imune contra uma infecção usualmente beneficia o paciente. De que forma a resposta imunológica de uma pessoa contra a esquistossomose pode causar extensos danos ao organismo?

3. Por que a identificação laboratorial do agente etiológico é essencial para o estabelecimento do tratamento apropriado de um caso de micetoma?

4. As primeiras vacinas contra a raiva, incluindo a vacina original de Pasteur, continham não somente o vírus inativado mas também tecido nervoso do animal utilizado para propagar o vírus. Por qual motivo alguns indivíduos que receberam esta vacina, embora não tenham desenvolvido a raiva, desenvolveram uma encefalomielite (inflamação do cérebro e medula espinal) grave e freqüentemente fatal? (*Observação*: A atual vacina de célula diplóide humana não contém tecidos nervosos e não induz a encefalomielite.)

5. Do ponto de vista prático, por que é importante conhecer o ciclo de vida de parasitas, tais como os esquistossomos e os ancilostomídeos?

6. Como alguns microrganismos patogênicos, que tendem a se estabelecer no local e não se disseminam pelo corpo, são capazes de causar doenças graves como a síndrome do choque tóxico e o tétano?

Parte X

Ecologia Microbiana

Capítulo 28

Microbiologia do Solo e do Ar

Objetivos

Após a leitura deste capítulo, você deve ser capaz de:

1. Explicar como o solo do ambiente mantém o crescimento de microrganismos.
2. Descrever os métodos laboratoriais utilizados para quantificar os microrganismos presentes no solo e compreender as limitações de cada método.
3. Caracterizar os vários grupos de microrganismos que habitam o solo.
4. Comparar os microrganismos do solo com aqueles que estão presentes na rizosfera.
5. Identificar os tipos de interações dos microrganismos do solo.
6. Descrever os papéis dos microrganismos nos ciclos do nitrogênio, carbono e enxofre.
7. Explicar a importância dos microrganismos para a degradação de herbicidas e pesticidas.
8. Descrever os microrganismos presentes na atmosfera e suas origens, disseminação e sobrevivência.
9. Discutir a importância dos microrganimos na atmosfera.

Introdução

O solo é constituído por um grande número de seres vivos microscópicos. Uma colher de chá do solo fértil de um jardim pode conter bilhões de microrganismos – bactérias, fungos, algas, protozoários e vírus. Duas palavras caracterizam a flora microbiana do solo – abundância e diversidade. Um pesquisador estimou que o peso da microflora que vive em uma camada de solo de 15 cm de profundidade em um hectare (2,47 acres) está entre 0,5 e aproximadamente 4 toneladas. Formas macroscópicas de vida também existem em abundância, como minhocas terrestres, nematódeos, acarídeos e insetos e o sistema radicular das plantas. Desta forma, o solo é um ambiente de seres vivos muito complexo.

Direta ou indiretamente, os dejetos e corpos de animais mortos e tecidos de plantas finalmente penetram no solo. Com o tempo todos eles desaparecem, transformando-se em substâncias que enriquecem o solo. Os microrganismos são responsáveis por essas transformações, convertendo plantas mortas e matéria animal em substâncias inorgânicas simples que nutrem as plantas. As plantas então servem como alimentos para os animais. Funcionando como um elo de ligação entre animais e plantas, os microrganismos desempenham um papel importante na manutenção da vida na Terra.

Neste capítulo você aprenderá sobre os tipos de microrganimos que habitam o solo e como eles realizam importantes mudanças bioquímicas. Eles são essenciais para vários processos bioquímicos que reciclam importantes elementos como o enxofre, o nitrogênio e o carbono. Você também aprenderá sobre os microrganismos do ar, porque muitos deles são provenientes do solo. O solo pode abrigar microrganismos patogênicos, dependendo da natureza do animal, dos tecidos das plantas e das excretas presentes no ambiente; esses microrganismos podem causar infecções, como você aprendeu no Capítulo 27.

O Ambiente do Solo

O solo é a região da crosta terrestre onde a geologia e a biologia se encontram, a superfície da terra que fornece um lar para as plantas, animais e vidas microbianas.

Se compararmos as características físicas e químicas dos solos de desertos, florestas, pântanos, pastagens de animais e fazendas, observaremos que existem diferenças marcantes entre eles. Os solos são caracterizados pelos ***horízons***, camadas paralelas de várias espessuras e estruturas (Figura 28.1). Cada camada difere das outras, abaixo ou acima, em propriedades como conteúdo orgânico e mineral, cor, textura, estrutura, porosidade e pH. Estas propriedades são influenciadas por umidade, conteúdo de gases e conteúdo biológico do horízon. Por exemplo, um horízon que é rico em matéria orgânica tem grande atividade biológica e é bastante diferente de um que é constituído por rocha, tem pouca matéria orgânica e baixa atividade biológica.

Figura 28.1 Camadas do solo. Um exame de um perfil do solo mostra que ele é constituído de várias camadas diferentes.

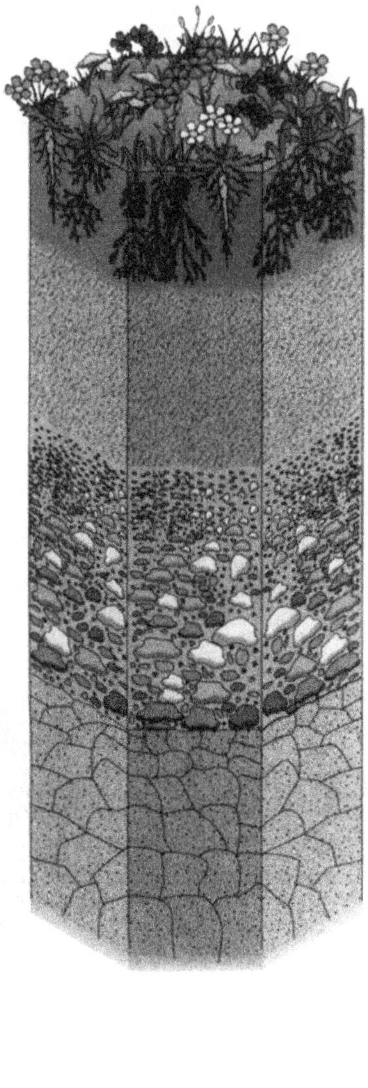

A matéria orgânica entra no solo a partir de várias fontes. Por exemplo, celulose, lignina e glicanas como a pectina são provenientes de restos de plantas mortas. As proteínas vêm de animais mortos, a quitina, do exoesqueleto de insetos, e polissacarídeos complexos, da parede celular de fungos e outros microrganismos. A urina e as fezes de animais também contribuem com material orgânico. A matéria orgânica do solo pode ser classificada em três grupos: *insolúvel, solúvel* e *microbiana*. Por exemplo, uma substância amorfa, macia, acastanhada, denominada ***húmus***, é classificada como matéria orgânica insolúvel.

O húmus é formado durante a decomposição microbiana de resíduos de plantas e animais; inclui a massa de microrganimos envolvidos na decomposição desses substratos. O húmus é benéfico para o solo porque melhora a estrutura do solo, promove uma lenta liberação de nutrientes, aumenta a capacidade de tamponamento do solo e a capacidade de retenção da água.

Os compostos orgânicos solúveis no solo incluem os produtos de degradação de polímeros complexos dos tecidos de plantas e animais e células microbianas, como açúcares da celulose, compostos fenólicos da lignina e aminoácidos das proteínas.

Responda	
1	Como são caracterizados os solos?
2	Quais as diferenças existentes nas propriedades das várias camadas do solo?
3	Qual a origem do húmus e como ele beneficia o solo?

Contagem e Isolamento de Microrganismos do Solo

Sendo os microrganismos cruciais para a manutenção da produtividade do solo, é imperativo que os microbiologistas compreendam a magnitude e a diversidade dessa população microbiana (Figura 28.2). Uma única técnica laboratorial não pode revelar a população microbiana total de uma amostra de solo. Isso se deve à grande

Figura 28.2 Tamanho de vários organismos do solo e suas respectivas localizações na estrutura do solo. Muitos organismos vivem exclusivamente em poros, que, individualmente, constituem uma fração da microestrutura fina do solo.

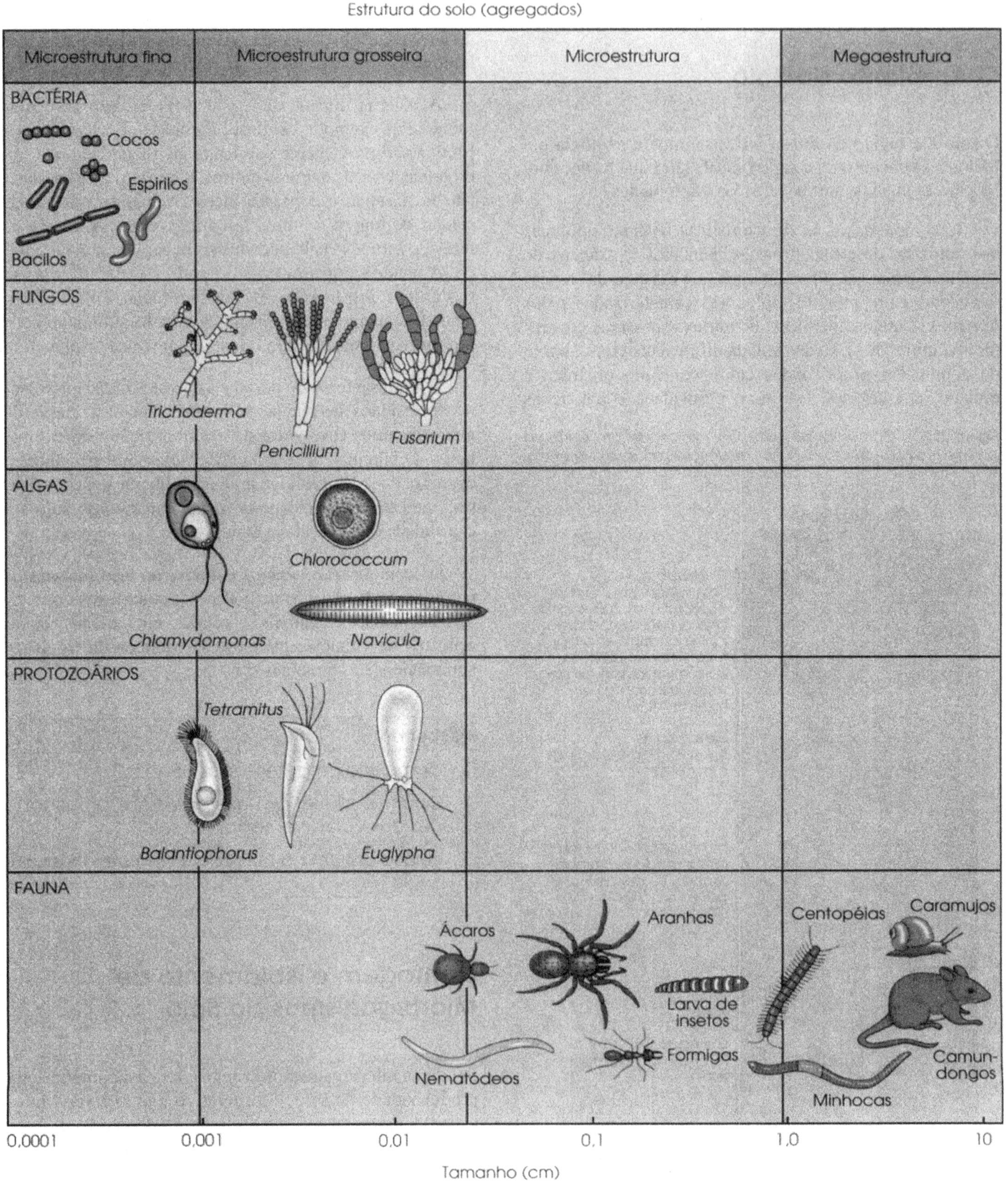

diversidade de microrganismos que habitam esse ambiente. Algumas das técnicas utilizadas para estimar o número e os tipos de microrganismos do solo incluem a *técnica de cultura em placa, exame microscópico direto* e *técnica de enriquecimento.*

Técnica de Cultura em Placa

Na técnica de cultura em placa, diluições da amostra do solo são adicionadas a tubos contendo meio liquefeito e resfriado, e posteriormente o conteúdo desses tubos é distribuído em placas de Petri. Alternativamente, as diluições podem ser semeadas na superfície do meio solidificado em placa para permitir o desenvolvimento de colônias (Figura 28.3, caderno em cores). A partir do número de colônias desenvolvidas na placa, podemos calcular o número de organismos vivos por grama de solo. Entretanto, somente uma parte da população microbiana total será capaz de crescer sob qualquer condição específica de cultivo. Por exemplo, ao utilizar ágar nutriente e ao incubar as placas a 25°C em aerobiose no escuro, durante 48 h, não será possível detectar os seguintes tipos de microrganismos:

Anaeróbios e microaerófilos, porque são intoxicados pelo ar atmosférico.

Termófilos e psicrófilos estritos, porque não crescem a 25°C.

Fotoautotróficos, porque requerem luz como fonte de energia.

Quimioautotróficos, porque preferem nutrientes inorgânicos.

Muitos heterotróficos nutricionalmente fastidiosos, porque podem requerer nutrientes especiais que não estão presentes no ágar nutriente.

Organismos de crescimento lento, porque podem levar uma semana ou mais para crescer e formar colônias visíveis.

Ainda que se utilizem diferentes meios e condições culturais, será difícil estimar a população microbiana total. Isto porque pode ocorrer uma sobreposição entre grupos fisiológicos. Por exemplo, organismos facultativos podem crescer aerobicamente e anaerobicamente, alguns autotróficos podem utilizar fontes orgânicas de nitrogênio, alguns fototróficos podem crescer heterotroficamente no escuro e alguns termófilos podem crescer em temperaturas mesófilas.

Exame Microscópico Direto

Para o exame microscópico direto, uma diluição da amostra do solo é espalhada em camada fina sobre uma lâmina de vidro. Após fixação e coloração do esfregaço, os microrganismos podem ser contados pelo exame microscópico. Embora este método possa ser utilizado para estimar a população microbiana total, técnicas de colorações especiais são necessárias para distinguir microrganismos vivos de mortos. Além do mais, muitas vezes é difícil diferenciar partículas microscópicas do solo de células microbianas.

A microscopia eletrônica de varredura tem sido utilizada para pesquisa dos microrganismos do solo. Este tipo de observação direta pode fornecer informações interessantes sobre os microrganismos e seu hábitat natural.

Técnica de Enriquecimento

A técnica de enriquecimento não fornece informações quantitativas sobre a flora microbiana presente em dada amostra. Em vez disso, auxilia no isolamento de microrganismos que são capazes de metabolizar um determinado substrato e que podem estar presentes em pequena quantidade na amostra original. Por exemplo, suponha que você deseje isolar microrganismos do solo que podem degradar um composto fenólico como o ácido *p*-hidroxibenzóico (Figura 28.4). Primeiramente seria preparado um meio no qual o ácido *p*-hidroxibenzóico fosse a única fonte de carbono (a fonte de energia). Uma amostra do solo seria então inoculada no primeiro de uma série de frascos e, então, colocada em um incubador. Após vários dias de incubação, uma alíquota do primeiro frasco é transferida para o segundo frasco. Este processo é repetido várias vezes. Após incubação do último frasco inoculado desta série, o material é transferido para um meio solidificado contendo ácido *p*-hidroxibenzóico como única fonte de carbono. Após incubação, as colônias que se desenvolverão no ágar podem ser constituídas por microrganismos que utilizam ácido *p*-hidroxibenzóico. Para confirmar, uma pequena quantidade de cada colônia a ser testada é inoculada em meios de culturas líquidos contendo ou não o substrato ácido *p*-hidroxibenzóico. Após incubação, o crescimento ocorrerá somente no meio que contém o substrato, se o processo de enriquecimento realmente selecionou e promoveu o crescimento de micróbios que utilizam o ácido *p*-hidroxibenzóico.

As técnicas de enriquecimento de cultura não são seguras. Por exemplo, o fracasso no isolamento de um tipo metabólico de microrganismo desejado pode ser atribuído à falta de uma vitamina requerida; por outro lado, a degradação de um substrato complexo pode ser resultante da ação de mais de uma espécie de microrganismo.

Figura 28.4 Técnica de enriquecimento. Esta metodologia tem a finalidade de aumentar o crescimento de determinado tipo de microrganismo – neste exemplo, o microrganismo metaboliza o ácido P-hidroxibenzóico –, assim irá superar o crescimento de outros tipos de microrganismos presentes no inóculo inicial.

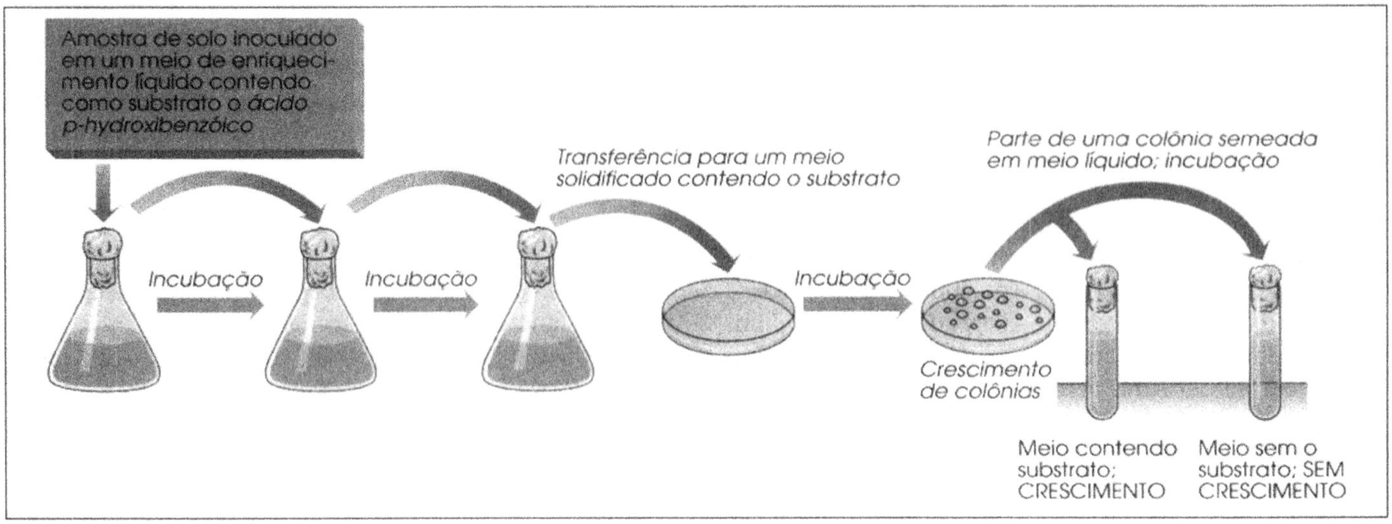

Responda

1 Por que e como podemos quantificar os microrganismos que habitam o solo?

2 Quais técnicas são utilizadas para estimar o número e os tipos de microrganismos do solo?

3 Quais são os tipos de bactérias de uma amostra de solo que não poderiam ser isolados pela inoculação em uma placa com ágar nutriente que é incubada a 30°C?

Microrganismos do Solo

A quantidade e os tipos de microrganismos presentes no solo dependem de muitos fatores ambientais:

1. Quantidade e tipo de nutrientes disponíveis.

2. Umidade disponível.

3. Grau de aeração.

4. Temperatura.

5. pH.

6. Práticas e eventos que podem introduzir grande número de microrganismos no solo, como a aplicação de adubos (estercos) ou dejetos de esgoto e a ocorrência de enchentes, ou aqueles que podem remover os microrganismos, como as tempestades de poeira.

A presença de raízes e a extensão do sistema radicular no solo também podem afetar o número e os tipos de microrganismos presentes, como será discutido posteriormente neste capítulo. Isso é denominado *efeito rizosfera* (do grego *rhiza,* "raiz").

Interações de espécies microbianas também têm um importante efeito na população microbiana no solo. Por exemplo, protozoários predatórios e actinomicetes produtores de antibióticos podem eliminar certas espécies de microrganismos. Por outro lado, bactérias que decompõem celulose e proteínas podem fornecer nutrientes para espécies bioquimicamente menos versáteis, pela quebra dessas moléculas complexas em outras menores, mais facilmente metabolizáveis.

Bactérias

As bactérias representam a maior parte da população microbiana do solo, tanto em quantidade quanto em variedade (Tabela 28.1). Pela contagem microscópica direta, vários bilhões de bactérias por grama de solo têm sido registrados, mas a contagem por meio da cultura em placa de uma mesma amostra fornece somente uma fração desse número (milhões). A razão desta discrepância, como exposto anteriormente, é que (1) o método microscópico direto não distingue células vivas de mortas e (2) existe uma grande variedade de tipos nutricionais e fisiológicos de bactérias no solo que em uma única condição de cultivo não favorecem o crescimento de todas as células viáveis. Realmente, existem sem dúvida muitas espécies de bactérias do solo que ainda não foram isoladas e identificadas.

A maioria das bactérias do solo é heterotrófica, e os bacilos esporulados são comuns. Espécies de *Bacillus, Clostridium, Arthrobacter, Pseudomonas, Rhizobium, Azotobacter* e *Nitrobacter* geralmente estão presentes. Bactérias actinomicetes, incluindo espécies de *Nocardia, Streptomyces* e *Micromonospora* – em milhões por grama – estão presentes nos solos secos e quentes. Esses organismos são responsáveis pelo odor característico de mofo e de terra de um campo recentemente arado. Os actinomicetes podem degradar muitas substâncias complexas e, desta forma, são importantes no melhoramento da fertilidade do solo. Os actinomicetes são conhecidos pela capacidade de produzir antibióticos em laboratório, mas quantidades detectáveis de antibióticos são raramente encontradas no solo. É possível que os antibióticos possam estar presentes e ativos somente em áreas localizadas imediatamente junto às das células dos actinomicetes.

As cianobactérias, bactérias fotossintéticas produtoras de oxigênio, desempenham um papel-chave na transformação das rochas para o solo. Elas podem crescer na superfície de rochas recentemente expostas e suas células acumulam-se como depósitos orgânicos. Isso estabelece uma base de nutrientes que suporta o crescimento de outras espécies de bactérias, o que por sua vez prepara o terreno para o crescimento de outras bactérias e fungos. Enquanto isso, a produção de ácidos durante o metabolismo microbiano dissolve os constituintes minerais da rocha. O acúmulo gradual de matéria orgânica e a dissolução dos minerais continuam até que as condições estejam adequadas para o crescimento de liquens, em seguida musgo e, então, plantas superiores. As cianobactérias, como você verá mais tarde, também auxiliam no fornecimento de nitrogênio para certas plantações.

Tabela 28.1 Número aproximado de organismos comumente encontrados nos solos*.

Organismo**	Número estimado/grama
Bactérias (exceto actinomicetes)	3.000.000 a 500.000.000
Actinomicetes	1.000.000 a 20.000.000
Fungos (exceto leveduras)	5.000 a 900.000
Leveduras	1.000 a 100.000
Algas	1.000 a 500.000
Protozoários	1.000 a 500.000
Nematódeos	50 a 200

* Os valores para bactérias, actinomicetes, fungos e leveduras são baseados nas contagens em placas e referem-se a células viáveis, esporos ou fragmentos de micélios capazes de crescer em meios em placa.
** Além destes, há um grande número de fungos filamentosos (mixomicetes), vírus ou bacteriófagos, plantas, insetos e outros artrópodes, minhocas terrestres, micoplasmas e outros organismos.
Fonte: J. P. Martin e D. D. Focht, "Biological Properties of Soils", *in* L. F. Elliott e F. J. Stevenson, eds., *Soils for Management of Organic Wastes and Waste Waters*, Madison, Wis., American Society of Agronomy, 1977.

Fungos

Centenas de diferentes espécies de fungos habitam o solo. Há uma maior quantidade próxima da superfície do solo, onde prevalecem as condições de aerobiose. Algumas das espécies de fungos mais comuns no solo são *Penicillium, Mucor, Rhizopus, Fusarium, Cladosporium, Aspergillus* e *Trichoderma*. As condições físicas e químicas (nutrientes) no solo determinam as espécies predominantes. Um exemplo é o pH do solo, como mostrado na Tabela 28.2.

Tabela 28.2 Número de bactérias e fungos em um pedaço de solo fértil de Riverside, Califórnia, em relação ao pH.

pH do solo	Bactéria (milhões/g)	Fungos (milhares/g)
7,5	95	180
7,2	58	190
6,9	57	235
4,7	41	966
3,7	3	280
3,4	1	200

Fonte: J. P. Martin e D. D. Focht, "Biological Properties of Soils", *in* L. F. Elliott e F. J. Stevenson, eds., *Soils for Management of Organic Wastes and Waste Waters*, Madison, Wis., American Society of Agronomy, 1977.

A contagem de fungos no solo tem revelado a existência de milhares a centenas de milhares destes microrganismos por grama de solo. Os fungos são muito ativos na decomposição de constituintes orgânicos complexos de tecidos de plantas como celulose, lignina e pectina. Além do mais, o acúmulo de micélios fúngicos melhora a estrutura física do solo pelo aumento da *estrutura desintegrada*. Isto se refere à ligação conjunta de partículas finas do solo para formar agregados maiores estáveis em água. O micélio penetra no solo, formando uma rede que envolve as pequenas partículas.

As leveduras são encontradas com freqüência no solo de vinhedo, de pomares e de apiários, uma vez que são abundantes em folhas, troncos e frutas que caem no solo.

Algas

A população de algas do solo é geralmente menor do que a população de bactérias ou de fungos. As principais espécies de algas presentes são as algas verdes *Chlorophyta* e as diatomáceas *Chrysophyta*. Por serem fotoautotróficas, as algas estão predominantemente próximas da superfície do solo. Em um solo fértil e rico, as atividades bioquímicas das algas são muito menos importantes do que as das bactérias e dos fungos. Em algumas situações, entretanto, as algas podem executar importantes alterações benéficas. Por exemplo, em terras improdutivas e com erosões, elas podem iniciar o acúmulo de matéria orgânica devido às suas atividades fotossintéticas. As algas, quando associadas com fungos, podem auxiliar na transformação de material rochoso no solo.

Protozoários e Vírus

O número de protozoários em solos ricos e úmidos varia de poucas centenas a várias centenas de milhares por grama. Muitos protozoários do solo alimentam-se de bactérias e outros materiais orgânicos.

Algumas bactérias do solo contêm vírus bacterianos (bacteriófagos). Vírus de plantas e de animais também ocorrem esporadicamente no solo, em tecidos de plantas e animais mortos e em excretas de animais.

Responda

1 Quais são os fatores que afetam a quantidade e os tipos de microrganismos no solo?
2 Qual o papel das cianobactérias? Explicar.
3 Comparar os seguintes microrganismos quanto à quantidade e como eles podem afetar o solo: bactérias, fungos, algas, protozoários e vírus.

A Rizosfera

A ***rizosfera*** é a região onde o solo e as raízes das plantas entram em contato. O número de microrganismos na raiz e à sua volta é muito maior do que no solo livre; os tipos de microrganismos na rizosfera também diferem do solo livre de raiz (Figura 28.5, caderno em cores). Técnicas de microscopia eletrônica permitem que os microbiologistas observem os microrganismos diretamente na superfície das raízes (Figura 28.6). Na rizosfera as bactérias são os microrganismos predominantes. O crescimento bacteriano é estimulado por nutrientes como aminoácidos e vitaminas liberados do tecido radicular. As bactérias que requerem aminoácidos para o crescimento ocorrem em maior número na rizosfera do que em solo livre de raiz. Os produtos do metabolismo microbiano que são liberados na rizosfera estimulam o crescimento das plantas. Desta forma, uma troca de nutrientes ocorre entre o sistema radicular da planta e os microrganismos. A rizosfera é um sistema biológico extremamente complexo e há uma grande parte ainda para ser aprendida sobre as interações plantas-microrganismos (DESCOBERTA 28.1).

Responda

1 O que é rizosfera?
2 Quais são as características da população microbiana na região da rizosfera comparadas com as daquela fora da rizosfera?

Interações dos Microrganismos e do Solo

Simbiose é uma condição em que os indivíduos de uma espécie vivem em associação íntima com indivíduos de outra espécie. No solo, as relações simbióticas são comuns devido ao enorme número de microrganismos que estão compartilhando o mesmo ambiente. Os organismos que vivem simbioticamente podem interagir de várias maneiras. Em alguns modelos, as interações são benéficas para uma ou mais espécies envolvidas; em outros, as interações podem ser inibitórias. Por exemplo, uma espécie pode inibir outra, competindo pelos nutrientes disponíveis ou formando produtos metabólicos tóxicos. Por outro lado, os produtos metabólicos finais de uma espécie podem servir como nutrientes para o crescimento de outras espécies. As interações em uma relação simbiótica muitas vezes não podem ser deduzidas dos estudos com culturas puras, e muitas têm sido descobertas somente por experimentos em que duas ou mais espécies de microrganismos estão sendo deliberadamente cultivadas juntas. Infelizmente, relativamente poucos estudos deste tipo têm sido feitos, comparados com estudos em cultura pura.

As diferentes maneiras como os organismos simbióticos interagem têm sido descritas com denominações específicas: *mutualismo, comensalismo, antagonismo, competição, parasitismo* e *predação.*

Mutualismo

O ***mutualismo*** é a forma de simbiose na qual cada organismo recebe benefícios da associação. O modo pelo qual se manifesta este benefício depende da interação particular, como mostrado nos seguintes exemplos.

Os ***liquens*** são compostos de microrganismos – eles consistem em uma alga ou uma cianobactéria crescendo em associação íntima com um fungo. Os liquens ocorrem nos rochedos (Figura 28.7, caderno em cores), nas cascas de árvore e em muitos outros substratos que podem ser inadequados para o crescimento de outros organismos. Muitos liquens podem crescer em baixas temperaturas encontradas em altitudes elevadas ou nas regiões polares. Por exemplo, "musgos de rena" são liquens que servem como alimentos para animais herbívoros na região do pólo Ártico, e eles podem cobrir muitos quilômetros de terra com crescimento rasteiro. Os liquens podem apresentar várias cores: branco, preto, vermelho, laranja, amarelo e verde.

Um líquen simples é feito de uma camada superior de micélio fúngico firmemente entrelaçado, uma camada inferior de alga ou cianobactéria e uma camada de fundo de micélio (Figura 28.8). A camada do fundo pode ligar-se

Figura 28.6 Flora microbiana da rizosfera observada em fotomicrografia eletrônica de varredura de células epidérmicas de raízes. Neste estudo, as plantas foram retiradas de uma floresta preservada, sendo observados cuidados especiais na obtenção dos sistemas de raízes, com o mínimo de dano aos tecidos. Os sistemas radiculares foram dissecados das plantas, e amostras representativas foram selecionadas para microscopia eletrônica. (**A** e **B**) Hifas de fungos e bactérias em células epidérmicas de *Ammophilia arenaria* (grama de praia). (**C**) Bactérias sobre a epiderme da raiz de cevada. (**D**) Pêlo radicular, célula epidérmica e bactérias.

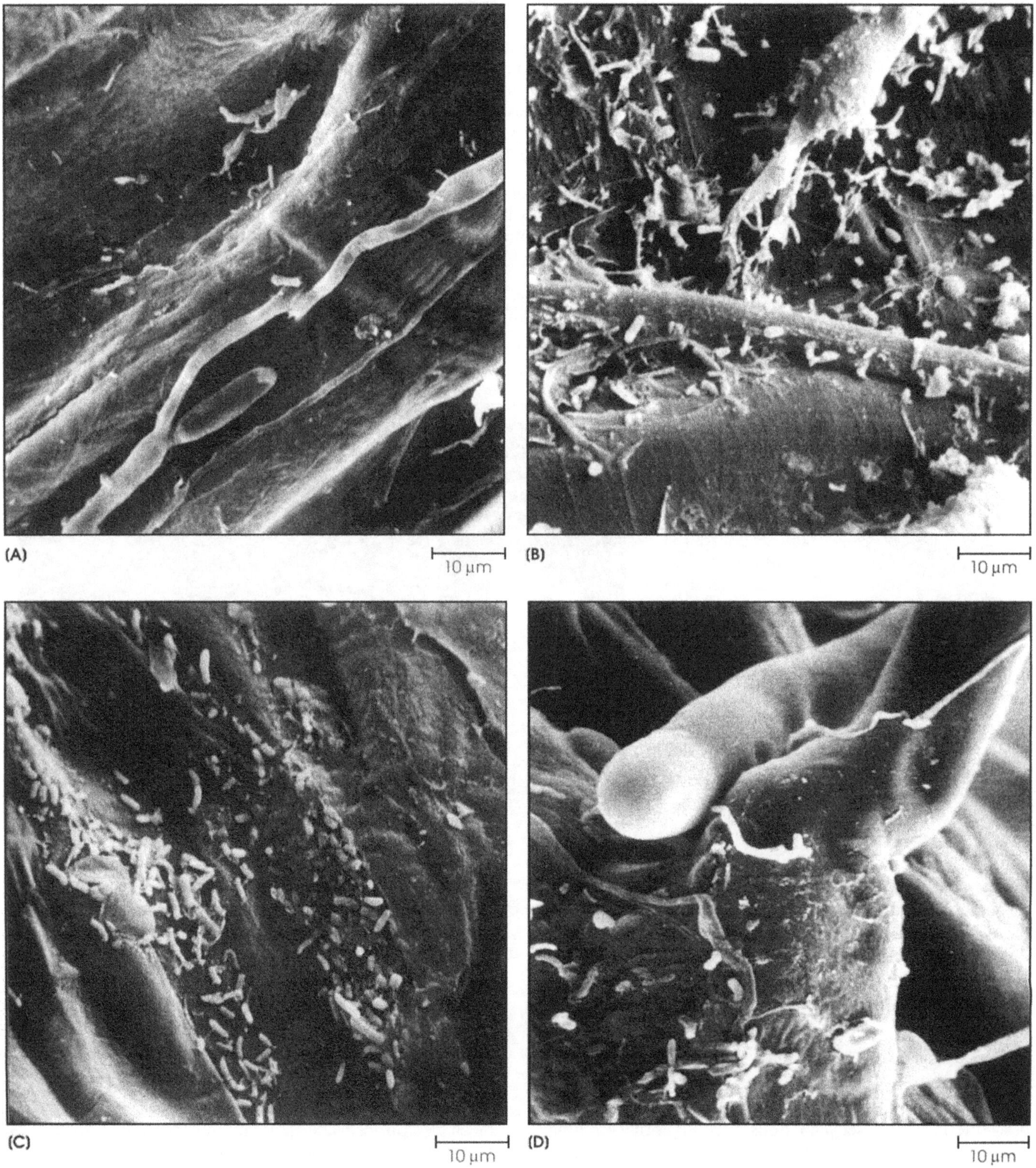

DESCOBERTA!

28.1 UMA TÉCNICA EXPERIMENTAL PARA OBSERVAR INTERAÇÕES NA RIZOSFERA.

A área de estudos das interações microrganismo-raiz apresenta problemas quando se deseja avaliar o efeito de populações microbianas específicas. Por exemplo, não é exeqüível distribuir um inóculo de microrganismos igualmente por toda parte do sistema planta-raiz de uma planta crescendo convencionalmente no solo.

Recentemente, Peter G. Hartel e seus colaboradores da Universidade de Georgia descreveram o sistema *Styrofoam cup-membrane assembly* destinado especialmente ao estudo das interações microrganismo-raiz. Nesta técnica, as membranas de porosidades apropriadas são utilizadas para separar fisicamente o sistema radicular do solo enquanto permitem a passagem de água e nutrientes.

Um corte transversal do sistema é mostrado na ilustração (**A**), que consiste em três copos de 450 ml encaixados uns nos outros. O copo superior é cortado longitudinalmente ao meio; a metade superior desse copo é coberta verticalmente com uma membrana com poros de 10 µm de diâmetro. O copo intermediário (sem o fundo) mantém as duas metades do copo superior juntas – o solo é adicionado em cada metade do copo superior. As mudas são plantadas entre as superfícies da membrana e incubadas, como mostra a foto (**B**).

Após incubação apropriada, o copo superior é removido e é aberto na superfície da membrana. Os pêlos das raízes ligam-se nos poros de 10 µm de diâmetro da membrana, como mostrado na foto (**C**). Nos experimentos para o estudo das interações microrganismo-raiz, o inóculo de microrganismo é disperso igualmente no solo das duas partes do copo e essas duas metades são reunidas como no conjunto original. As plantas são incubadas, para que se observe a resposta de crescimento e se determinem as alterações microbiológicas no solo.

Adaptado de Peter G. Hartel *et al.* e da American Society for Microbiology, *Applied and Environmental Microbiology*, maio de 1989, pp. 1.291-1.294.

(**A**) Corte transversal dos três copos reunidos do sistema. (**B**) O copo com um pé de tomate de 14 dias de idade. (**C**) O copo aberto na interface da membrana.

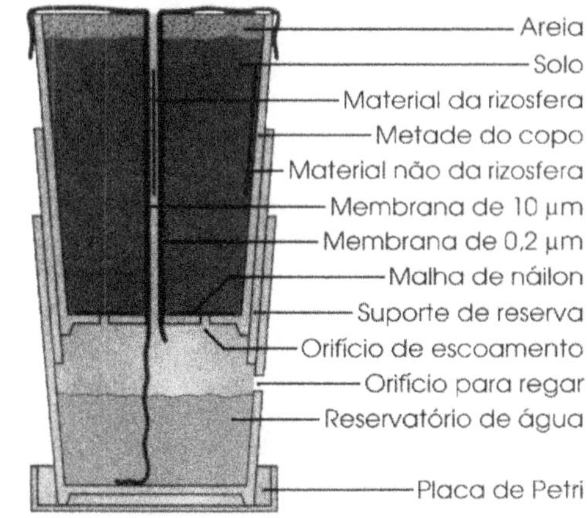

(A) (B) (C)

diretamente ao substrato ou por meio de fitas curtas e enroladas de hifas que servem como âncoras. Alguns liquens têm uma estrutura mais complexa. Por exemplo, alguns podem ter uma camada intermediária de fungo diretamente abaixo da camada de alga; esta camada do meio pode atuar como um reservatório de alimentos.

Nesta associação, as atividades fotossintéticas da alga ou cianobactéria fornecem compostos orgânicos necessários ao fungo. O fungo, por sua vez, protege o parceiro fotossintético da dessecação. Seus micélios fornecem uma base firme para o crescimento e evitam a remoção da alga ou da cianobactéria pelo vento e pela chuva.

Os microrganismos também podem formar uma relação mutualística com plantas; talvez o exemplo mais comum seja o crescimento de bactérias fixadoras de nitrogênio nas raízes dos legumes (descrito mais tarde neste capítulo). Outro exemplo de mutualismo é a associação do fungo com raiz, denominada ***micorriza***, que ocorre em muitas plantas. As micorrizas são de dois tipos: *ectotrófico*, ou crescimento na superfície externa das raízes; e *endotrófico*, ou crescimento dentro das raízes das plantas.

As ectomicorrizas são caracterizadas por um crescimento fúngico sob a forma de micélios, que formam uma bainha ao redor das raízes que alimentam a planta

Figura 28.8 Estrutura de um líquen. (**A**) Representação esquemática das relações físicas da alga e do fungo em um líquen foliáceo. (**B**) Uma parte de um corte longitudinal por meio do talo do líquen foliáceo, *Physica* sp.

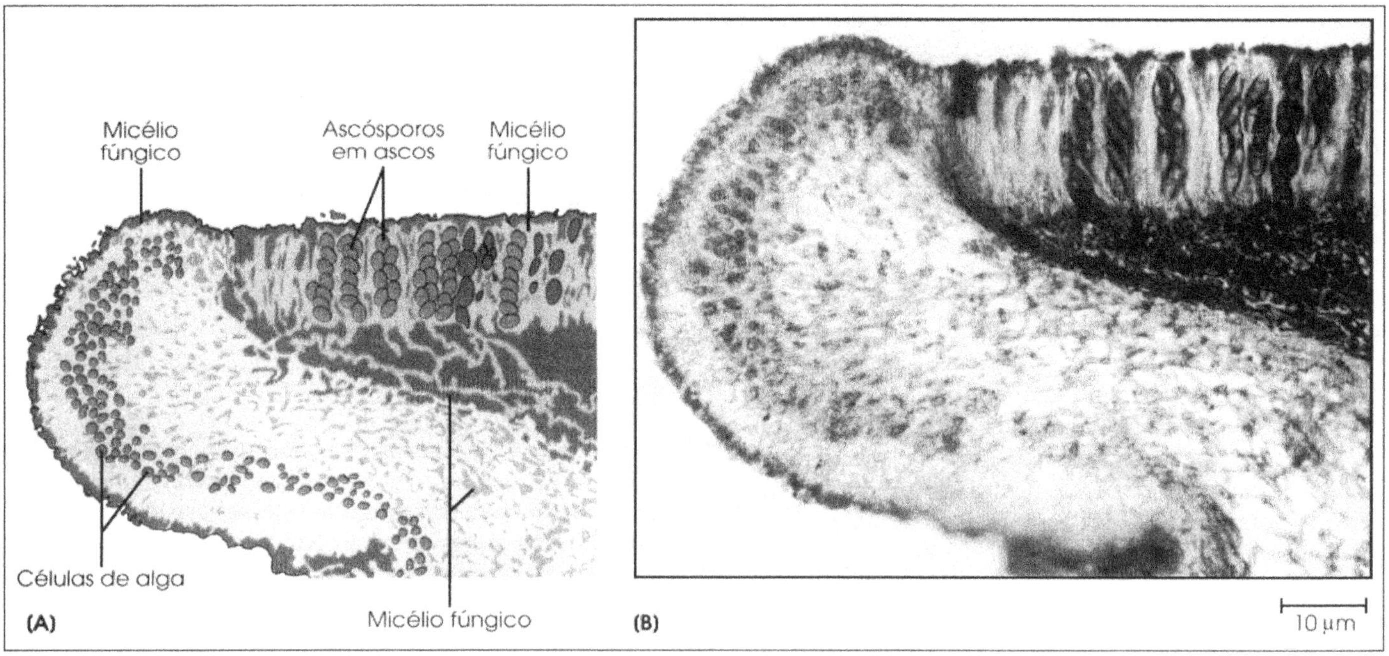

Figura 28.9 Micorriza: uma associação de um fungo com raiz de planta. (**A**) Ectomicorriza. O fungo desenvolve uma camada de micélio (áreas brancas) nas extremidades das raízes alimentadoras do pinheiro de folhas curtas. (**B**) Endomicorriza. As hifas dos fungos desenvolvem-se e penetram nas células epidérmica e cortical das raízes de alimentação das plantas e formam estruturas altamente ramificadas, denominadas arbúsculos, que são claramente vistas nos cortes transversais das raízes. As plantas utilizam os arbúsculos como fonte de nutrientes, e o fungo, por sua vez, retira os nutrientes das plantas.

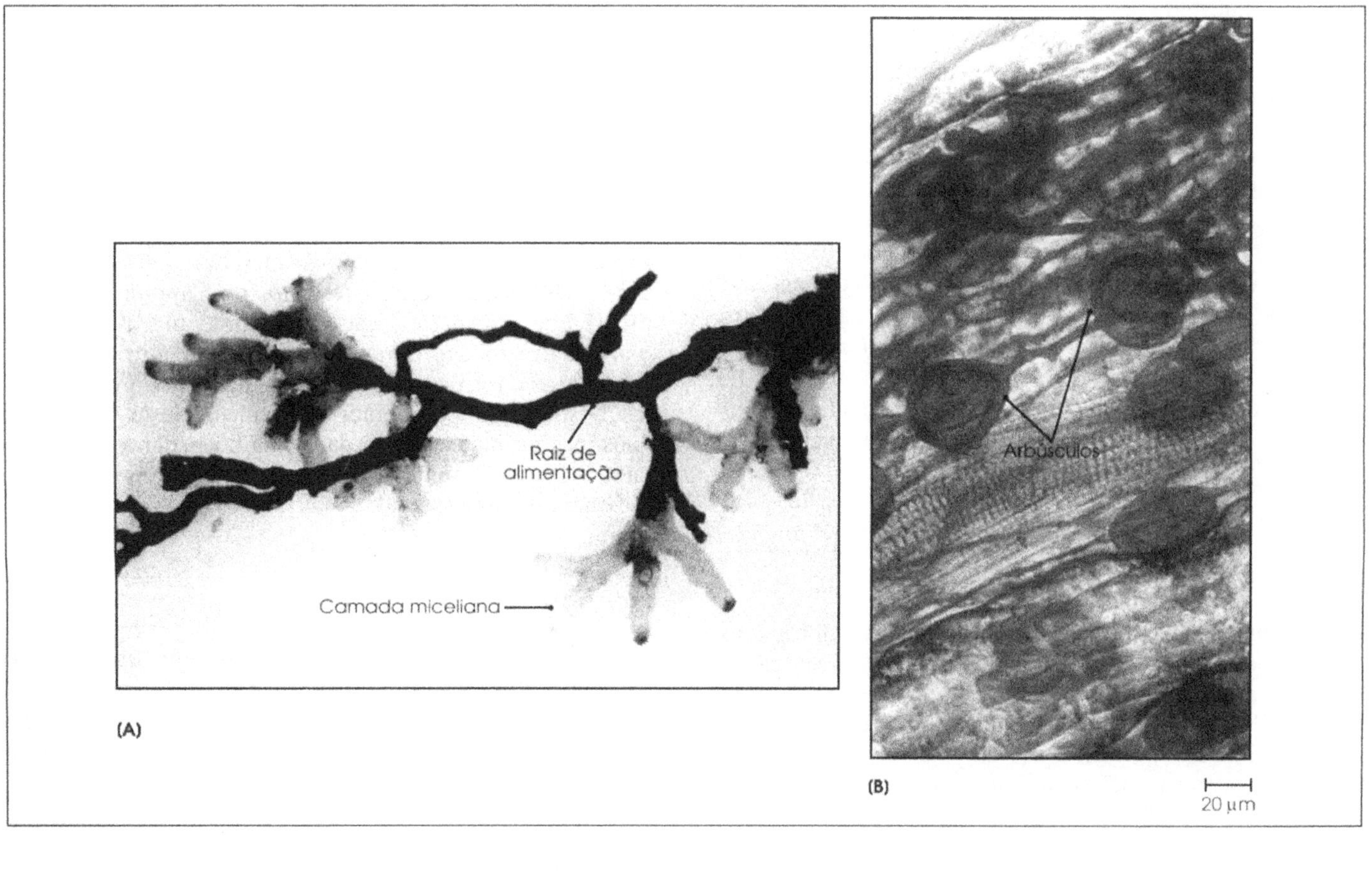

(Figura 28.9). O fungo envolvido pertence ao grupo dos basidiomicetes – aqueles que formam cogumelos. A hifa penetra nas células da superfície mais externa da raiz; uma única hifa prolonga-se externamente da raiz para o solo. O fungo obtém nutrientes da planta, e a planta recebe nutrientes (especialmente minerais) e água por meio do fungo. Esta associação é particularmente significativa em solos deficientes em minerais e ocorre primariamente nas raízes de coníferas, como pinheiros e árvores abetos.

O segundo tipo, a endomicorriza, ocorre em numerosas plantas, como milho, trigo e legumes, e em árvores como ácer, cítrico, azevinho e cornizo. A hifa do fungo penetra nas células superficiais das raízes alimentadoras e forma estruturas altamente ramificadas denominadas *arbúsculos* no tecido radicular (Figura 28.9B). Os arbúsculos são digeridos liberando nutrientes para a planta. O fungo, por sua vez, obtém nutrientes a partir do tecido da planta. Os basidiomicetes são os tipos mais comuns de fungos envolvidos nesta associação.

Comensalismo

O ***comensalismo*** é uma associação em que um dos organismos recebe benefícios e o outro não é afetado. Por exemplo, muitos fungos podem degradar a celulose em glicose, e as bactérias – muitas das quais não degradam a celulose – podem utilizar esta glicose. O fato de muitas bactérias nutricionalmente fastidiosas ocorrerem no solo sugere que seu crescimento e sua sobrevivência podem depender da síntese e excreção de vitaminas e aminoácidos por espécies menos fastidiosas.

Outro exemplo de comensalismo é a capacidade de uma combinação de espécies de atacar um substrato particular quando espécies individuais não o conseguem. Por exemplo, a lignina, o principal constituinte químico da madeira, é geralmente resistente à degradação por culturas puras de microrganismos sob condições laboratoriais. Entretanto, a lignina no solo florestal é prontamente degradada por uma população microbiana mista presente no solo, particularmente por fungos. A capacidade de uma combinação de microrganismos degradar uma substância pode ter importantes aplicações práticas.

Antagonismo

O ***antagonismo*** é a inibição de uma espécie de microganismo por outra. A produção de antibiótico por microrganismos é um exemplo clássico de antagonismo microbiano (Figura 28.10A). Entretanto, existem muitas outras formas de antagonismo. Por exemplo, alguns fungos produzem cianeto em concentrações que são tóxicas para outros microrganismos, e algumas algas produzem ácidos graxos antibacterianos. O metano, o sulfeto e compostos voláteis, que contêm enxofre produzidos por alguns microrganismos do solo, podem inibir outras espécies.

As mixobactérias e os estreptomicetes são conhecidos pela capacidade de secretar poderosas *enzimas líticas*, as quais degradam a parede celular ou outras camadas protetoras de superfície de outras bactérias (Figura 28.10B). O material celular degradado, bem como as substâncias internas liberadas pela lise do organismo podem servir como nutrientes para as mixobactérias, os estreptomicetes e outros microrganismos.

Competição

O fato de o solo ser habitado por diferentes espécies de microrganismos sugere que existe, provavelmente, uma ***competição*** ativa entre algumas dessas espécies pelos nutrientes disponíveis. Quando o fornecimento de nutrientes diminui, as espécies que crescem rapidamente privam de alimentos aqueles que crescem mais lentamente. Esse fenômeno pode resultar em uma flutuação maior na composição da população microbiana.

Parasitismo

O ***parasitismo*** é uma interação em que um organismo vive sobre ou dentro de um outro organismo. O parasita é dependente do hospedeiro e vive em contato físico íntimo e em associação metabólica com o hospedeiro. O parasita alimenta-se de células, tecidos ou fluidos do hospedeiro e este é geralmente prejudicado no processo (embora não necessariamente morto). Todos os principais grupos de plantas, animais e microrganismos são susceptíveis ao ataque de parasitas microbianos. Exemplos de parasitismo de microrganismos incluem bacteriófagos, que replicam somente no interior de células bacterianas, e fungos quitrídios ("Quitridiomicetes", descritos no Capítulo 10, Volume I) que parasitam algas bem como outros fungos e plantas. Um zoósporo móvel de um fungo quitrídio liga-se a uma alga e forma protuberâncias que penetram nas células hospedeiras para obter nutrientes. Neste ínterim, o zoósporo no lado externo da célula hospedeira cresce em tamanho e, finalmente, torna-se um zoosporângio que produz mais zoósporos.

Predação

A ***predação*** é uma associação em que um organismo, o predador, alimenta-se e digere outro organismo, a presa. Por exemplo, alguns protozoários alimentam-se de bactérias e algumas algas, em um processo chamado *pastagem*. Existem também alguns fungos que atacam e destroem os nematódeos.

Figura 28.10 (**A**) Atividade antibiótica de microrganismos do solo. Cada cultura em placa de Petri mostra uma bactéria isolada que foi semeada na parte superior do ágar nutriente e, na região inferior, foi inoculado o fungo *Rhizoctonia solani*, um patógeno de planta. Observe que cada uma das bactérias isoladas previne o crescimento do fungo (região central clara). (**B**) Lise de uma cianobactéria por uma mixobactéria. É mostrada nestas séries uma seqüência de lise de um filamento de *Nostoc* pela mixobactéria.

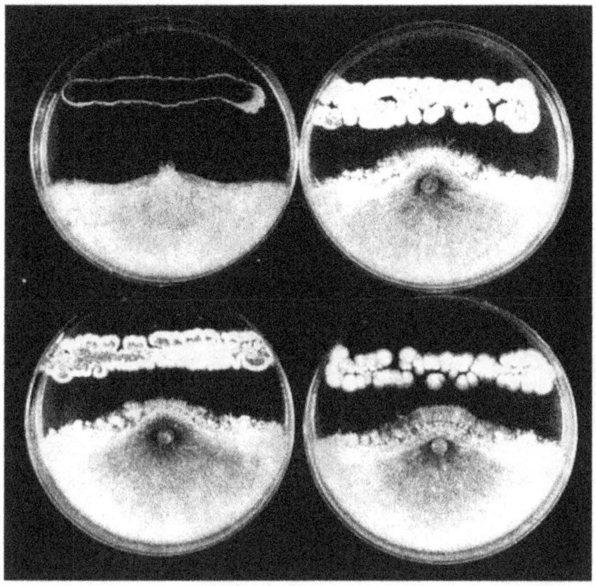

(A)

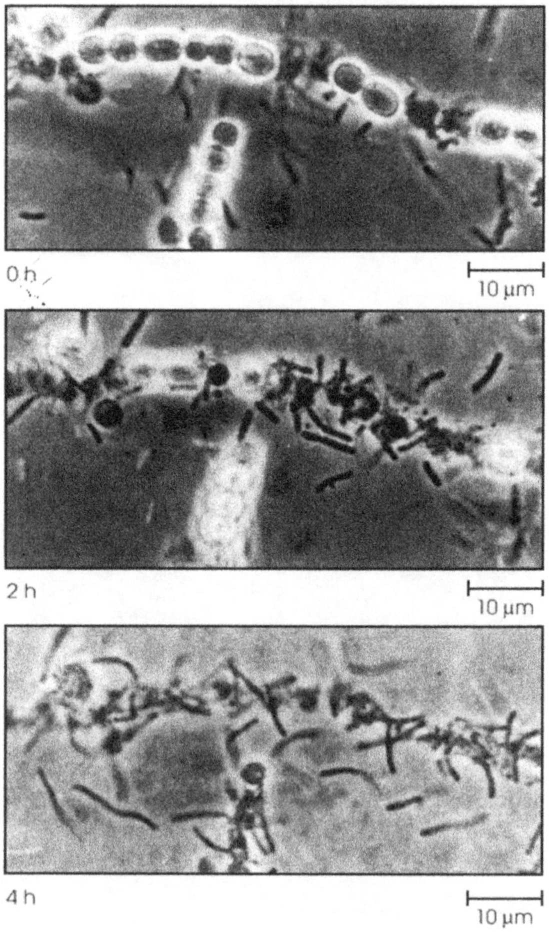

(B)

Por muitos anos os microbiologistas não acreditaram que algumas bactérias alimentavam-se de outras bactérias, e a descoberta da bactéria *Bdellovibrio,* por Heinz Stolp e Mortimer Starr, em 1963, causou grande surpresa. Como você aprendeu no Capítulo 6, Volume I, um bdelovíbrio pode penetrar e crescer dentro do espaço periplásmico de uma bactéria hospedeira. No processo, a bactéria hospedeira é destruída. Os bdelovíbrios são difundidos no solo e nas águas de esgoto e podem afetar outras bactérias nesses ambientes.

Responda

Quais os tipos de interações simbióticas que ocorrem entre os microrganismos do solo? E entre plantas e microrganismos do solo?

O Papel dos Microrganismos na Reciclagem

O planeta Terra funciona como um sistema fechado, com toda a quantidade de matéria permanecendo constante. Entretanto, alterações no estado químico da matéria ocorrem, produzindo continuamente formas desde elementos químicos simples a compostos complexos construídos a partir desses elementos. Algumas formas de vida, especialmente plantas e muitos microrganismos, utilizam compostos inorgânicos simples como nutrientes. Por outro lado, os animais requerem compostos orgânicos mais complexos para sua nutrição. A vida na Terra depende da reciclagem de compostos químicos do seu estado elementar para compostos inorgânicos, e então para compostos orgânicos, com o retorno ao seu estado elementar. As reações bioquímicas pelas quais os compostos orgânicos são quebrados em compostos inorgânicos ou seus elementos constituintes é denominado ***mineralização***. Os microrganismos são essenciais para essas transformações químicas. As seções a seguir ilustram este fenômeno com nitrogênio, carbono e enxofre.

Responda

1 Por que é necessário reciclar a matéria na Terra?

2 O que ocorre durante o processo da mineralização?

Figura 28.11 O ciclo do nitrogênio. Observe o papel dos diferentes microrganismos envolvidos no processo de reciclagem do nitrogênio em nosso ambiente.

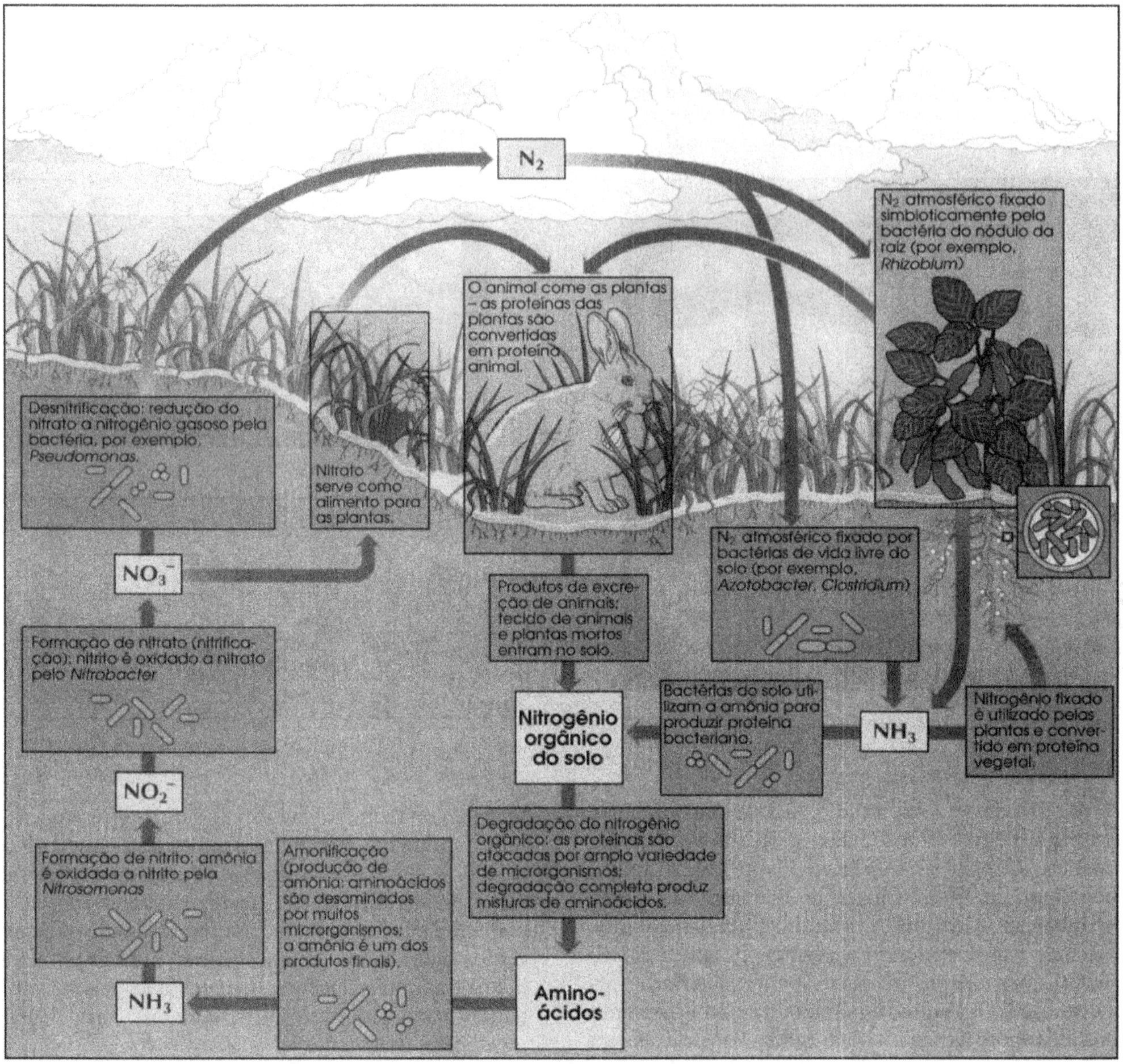

Transformações Bioquímicas de Nitrogênio e Compostos Nitrogenados

Todas as transformações do nitrogênio e de compostos nitrogenados podem ser resumidas em uma série seqüencial de reações denominada *ciclo do nitrogênio* (Figura 28.11). Neste ciclo, o nitrogênio atmosférico é convertido em amônia e então em aminoácidos, que são utilizados para a biossíntese de compostos orgânicos complexos contendo nitrogênio, como as proteínas. As proteínas são depois degradadas em compostos orgânicos mais simples, denominados peptídeos e aminoácidos, que são a seguir convertidos em compostos nitrogenados inorgânicos, como em amônia, nitritos e nitratos. Os nitratos são convertidos em nitrogênio atmosférico, completando assim o ciclo. Os microrganismos realizam um papel-chave em várias etapas do ciclo do nitrogênio, iniciando com a conversão do nitrogênio atmosférico em amônia.

Fixação do Nitrogênio

A ***fixação do nitrogênio*** é a conversão do nitrogênio atmosférico (N_2) em amônia – uma substância requerida para a síntese de aminoácidos. Embora a amônia possa ser produzida industrialmente por síntese química, o processo é dispendioso, limitado aos países industrializados, e é responsável por apenas um terço do total de nitrogênio fixado anualmente na Terra. Os outros dois terços são fixados por organismos vivos. De todos os organismos vivos, somente certas espécies de bactérias podem fixar o nitrogênio.

O Complexo Nitrogenase. A bactéria que fixa o nitrogênio possui ***nitrogenase***, um complexo de duas enzimas – uma proteína contendo ferro e outra contendo molibdênio. Juntas, essas duas enzimas catalisam a seguinte reação:

$$\underset{\text{Nitrogênio atmosférico}}{N_2} + 6H^+ + 6e^+ + 12ATP \xrightarrow{\text{enzima (nitrogenase)}} \underset{\text{Amônia}}{2NH_3} + 12ADP + \underset{\text{Fosfato}}{12P_i}$$

A amônia geralmente é produzida na forma de íon amônio, NH_4^+, que é formado quando a amônia se dissolve na água:

$$NH_3 + H_2O \rightarrow NH_4^+ + OH^-$$

A reação catalisada pela nitrogenase requer não somente uma fonte de elétrons para reduzir N_2 em NH_3 como também grande quantidade de energia na forma de ATP. Além do mais, a nitrogenase é facilmente inativada pelo oxigênio. Algumas bactérias fixadoras de nitrogênio são anaeróbias e normalmente vivem em ambientes livres de oxigênio. Entretanto, outras são aeróbias e utilizam vários meios para manter o oxigênio distante da nitrogenase no interior de suas células. Por exemplo, um *Azotobacter* respira tão rápido (reduz o oxigênio à água rapidamente) na superfície celular que o interior da célula permanece livre de oxigênio. Por outro lado, a *Derxia gummosa*, que fixa o nitrogênio aerobicamente, tem um índice normal de respiração, mas produz uma espessa cápsula que envolve a célula. Esta cápsula permite a lenta difusão do oxigênio do ar para as células.

Por muitos anos os microbiologistas encontraram dificuldades e custos altos para medir a atividade da nitrogenase das bactérias. Entretanto, na década de 1960 os pesquisadores encontraram uma técnica rápida, relativamente barata, denominada ***teste de redução do acetileno***, para medir a atividade da nitrogenase. Este teste simples é baseado na observação de que a nitrogenase interage com compostos que têm ligações triplas, covalentes, como o gás acetileno, como segue:

$$\underset{\text{acetileno}}{HC \equiv CH} + 2H \xrightarrow{\text{enzima (nitrogenase)}} \underset{\text{Etileno}}{H_2C = CH_2}$$

A reação comparável com nitrogênio é:

$$N \equiv N + 6H \xrightarrow{\text{enzima (nitrogenase)}} 2NH_3$$

O teste é realizado adicionando-se a bactéria a ser ensaiada, para a atividade nitrogenase, em um recipiente fechado contendo gás acetileno. Após um período de incubação de 30 min em vários dias, uma amostra do gás é retirada e analisada pela *cromatografia gasosa* para ver se o etileno foi formado. A quantidade de etileno produzido é uma medida da atividade da nitrogenase da bactéria.

Fixação Não-Simbiótica do Nitrogênio. As bactérias fixadoras de nitrogênio podem ser classificadas como fixadoras de nitrogênio *não-simbióticas*, que vivem livre e independentemente no solo, ou fixadoras de nitrogênio *simbióticas*, que fixam o nitrogênio somente quando estão associadas a certas plantas.

Estima-se que a quantidade de nitrogênio fixado pelas bactérias fixadoras de nitrogênio não-simbióticas seja em torno de 20 a 50 lb/acre anualmente. Este processo é de grande importância nos campos alagados de arroz, no solo improdutivo ou em superfícies rochosas novas, ou em solos áridos cultivados ou virgens. As bactérias não-simbióticas que podem realizar a fixação de nitrogênio estão relacionadas na Tabela 28.3. Entre as mais importantes estão as espécies de *Azotobacter* e as cianobactérias, que são aeróbias, e *Clostridium pasteurianum*, que é um anaeróbio formador de esporos; esses organismos estão largamente distribuídos no solo.

Fixação Simbiótica do Nitrogênio. A fixação simbiótica do nitrogênio é de particular importância para a agricultura. Em muitos casos, as plantas obtêm grandes benefícios das bactérias fixadoras de nitrogênio que vivem em associação com elas, como nos sistemas *Rhizobium*-leguminosa, *Anabaena-Azolla*, *Frankia*-amieiro (árvore ornamental) e outros sistemas.

Tabela 28.3 Alguns exemplos de bactérias não-simbióticas fixadoras de nitrogênio.

Bactéria gênero/espécie	Características fisiológicas	
Azotobacter chroococcum *Beijerinckia indica* *Derxia gummosa*	Heterotrófico	Aeróbios
Cianobactérias	Fotossintético	Aeróbios
Clostridium sp. *Desulfovibrio* sp.	Heterotrófico	Anaeróbios
Chromatium vinosum *Chlorobium thiosulfatophilum* *Rhodospririllum rubrum* *Rhodomicrobium vannielii*	Fotossintético	Anaeróbios

Figura 28.12 Diferentes amostras de rizóbios têm efeitos diferentes sobre o crescimento do trevo. Os testes são feitos com o trevo Crimson da seguinte maneira: as sementes são plantadas em areia estéril, contida em uma jarra. A areia é então inoculada com as bactérias. Cada jarra contém uma solução de nutrientes – com exceção do nitrogênio –, os quais difundem-se pela areia. Assim sendo, a extensão do crescimento indica a quantidade de nitrogênio que está sendo fornecida pelas bactérias. (**A**) Jarra não-inoculada. (**B**), (**C**) e (**D**) Jarras inoculadas com diferentes amostras de rizóbios. Observe a diferença no crescimento das plantas.

O sistema de fixação de nitrogênio simbiótico mais eficiente e mais estudado é aquele do *Rhizobium* crescendo em nódulos ligados nas raízes de leguminosas (plantas que carregam sementes em vagens) como a soja, a ervilha e o trevo. Para alcançar uma fixação do nitrogênio efetiva no sistema *Rhizobium*-leguminosa, é necessário selecionar uma amostra apropriada de *Rhizobium* (Figura 28.12). Estima-se que a quantidade de nitrogênio fixado por uma produção de leguminosa varia entre 50 e 500 lb/acre.

Os rizóbios são capazes de invadir as células do tecido radicular das plantas hospedeiras e estabelecer uma relação mutualística (Figura 28.13). Inicialmente a bactéria causa uma "trama infecciosa" que se desenvolve nas células radiculares. A trama infecciosa permite à bactéria penetrar profundamente no tecido radicular e infectar as células, causando um aumento celular e um ritmo de divisão acelerado, o que leva à formação de grandes massas de células denominadas *nódulos radiculares*. Nestes nódulos, os rizóbios fixam o N_2 formando NH_3, que pode ser utilizado pelas plantas para produzir aminoácidos. Por outro lado, a planta não somente fornece nutrientes para as bactérias como também protege suas nitrogenases do oxigênio. Isso é feito envolvendo a bactéria com um pigmento vermelho ligado ao oxigênio, denominado *leg-hemoglobina*. Este pigmento assemelha-se à hemoglobina do sangue animal em muitos aspectos e limita a quantidade de oxigênio que alcança as bactérias.

O sistema *Anabaena-Azolla* envolve uma associação entre a samambaia da água *Azolla* e a cianobactéria *Anabaena* (Figura 28.14). A associação é de grande importância no cultivo de arroz, onde o nitrogênio é freqüentemente um nutriente limitante. A samambaia cresce na área de cultivo de arroz, e a cianobactéria fixadora de nitrogênio fornece amônia que a samambaia utiliza para produzir aminoácidos e proteínas. Quando a samambaia morre, a decomposição microbiana das proteínas fornece o nitrogênio inorgânico necessário para o crescimento das plantações de arroz.

No sistema *Frankia*-amieiro, o actinomicete do gênero *Frankia* cresce dentro dos nódulos radiculares do amieiro e de certos arbustos. Embora esses nódulos radiculares tenham sido observados há mais de um século, somente em 1978 a bactéria *Frankia* foi isolada em cultura pura e ficou demonstrado que o organismo fixa o nitrogênio. As árvores do amieiro são capazes de crescer em solo empobrecido; é provável que a associação com espécies de *Frankia* forneça o nitrogênio que torna isso possível.

A descoberta mais recente do sistema simbiótico de fixação de nitrogênio é a associação de ervas, trigo, milho e outras plantas com espécies de *Azospirillum*. Os azospirilos invadem o tecido radicular, fixam o nitrogênio que alimenta a planta e, por outro lado, obtêm alimento do tecido vegetal. Nódulos não são formados como no sistema *Rhizobium*-leguminosa. Esta descoberta sugere a possibilidade de estender a prática da fixação simbiótica do nitrogênio para um grande número de plantas.

Fixação do Nitrogênio e Engenharia Genética. Os microbiologistas, utilizando técnicas de biologia molecular, têm caracterizado os genes responsáveis pela fixação do nitrogênio. Esses genes incluem não somente aqueles para o complexo nitrogenase, mas também vários outros que são necessários para regulação da atividade da nitrogenase. Avanços na engenharia genética têm sugerido alguns caminhos interessantes pelos quais a capacidade de fixação de nitrogênio pode ser aumentada ou inserida em outros tipos de plantas. O conjunto completo de genes para a fixação do nitrogênio tem sido clonado de *Klebsiella pneumoniae* e transferido para *Escherichia coli*. Além disso, pesquisas posteriores nesta linha provavelmente aumentarão o uso da fixação do nitrogênio, por meio do desenvolvimento de bactérias que possam viver em outras plantas e fixar nitrogênio. O desenvolvimento de um sistema simbiótico de fixação de nitrogênio para produção de cereais, semelhante ao sistema *Rhizobium*-leguminosa, poderia aumentar consideravelmente a produção da safra.

Figura 28.13 Os estágios de infecção de um pêlo radicular de leguminosas com rizóbio, resultando na formação dos nódulos radiculares.

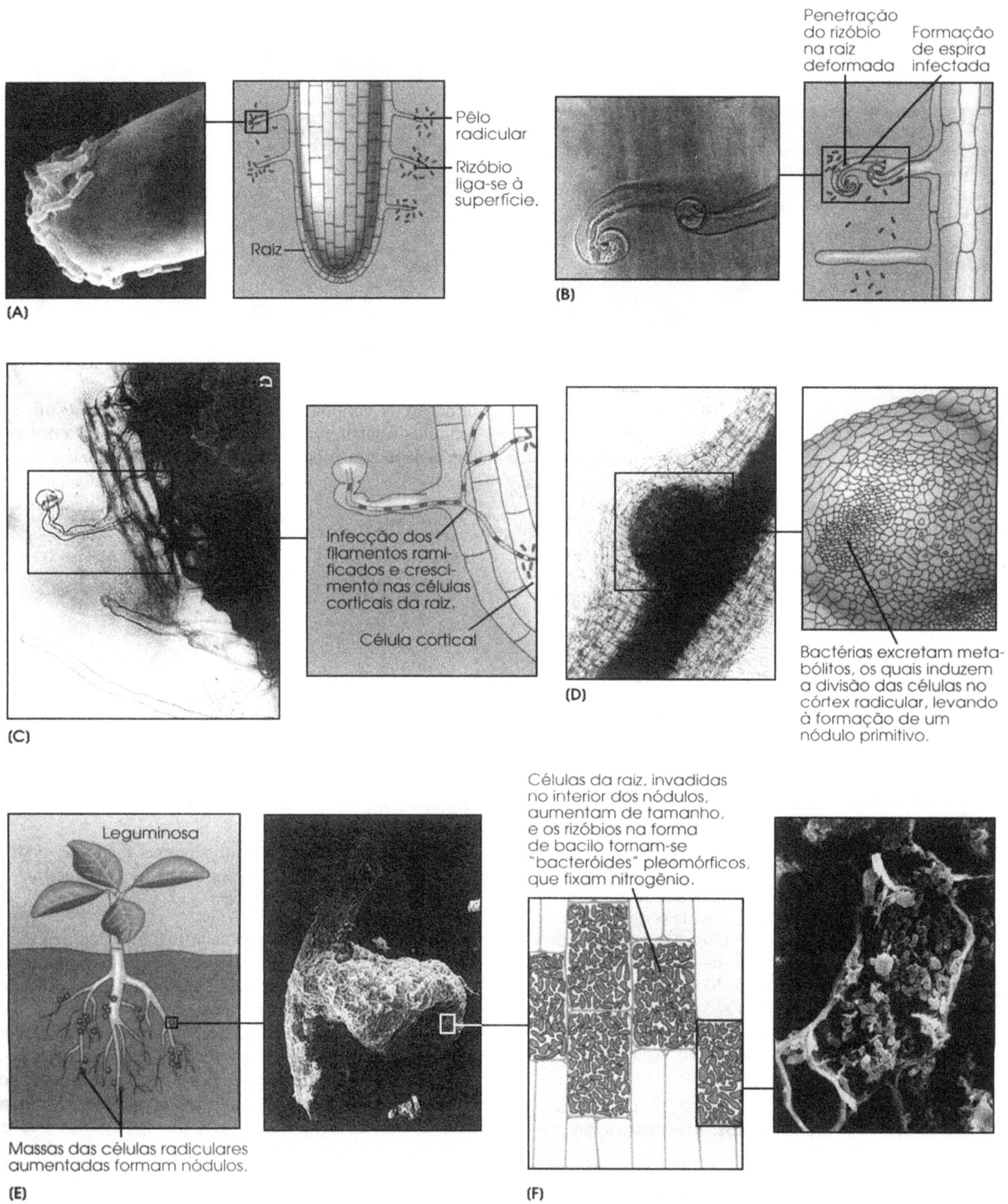

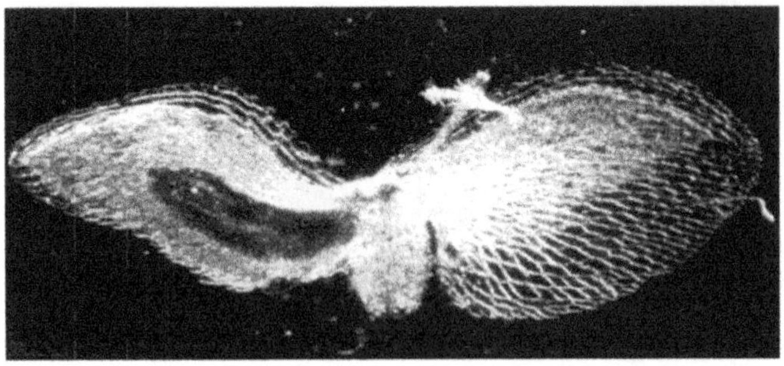

(A)

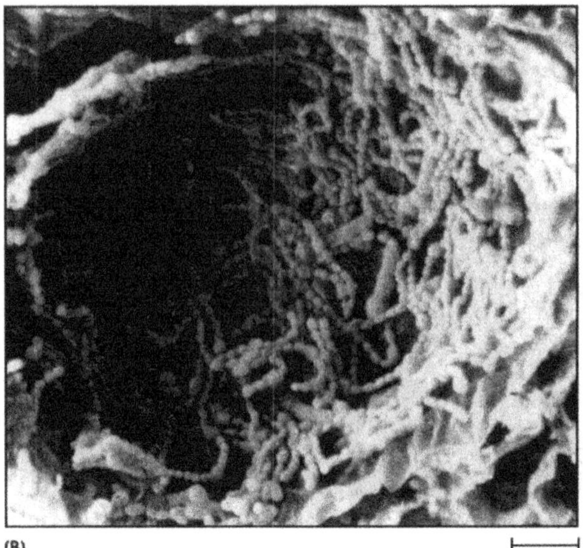

(B) 100 µm

Figura 28.14 A relação entre a samambaia aquática *Azolla* sp. e a cianobactéria *Anabaena azollae* na fixação do nitrogênio. (**A**) Uma folha achatada da samambaia mostra os dois lóbulos da folha. O lóbulo dorsal menor contém uma cavidade de cor negra onde a *Anabaena azollae* reside simbioticamente. (**B**) Micrografia eletrônica de varredura de filamentos de *Anabaena* (cadeia de células) na cavidade escura.

Proteólise

As plantas utilizam a amônia produzida pela fixação não-simbiótica e simbiótica de nitrogênio para produzir seus aminoácidos e, eventualmente, proteínas vegetais. Os animais alimentam-se das plantas e convertem a proteína vegetal em proteína animal. As plantas e os animais morrem; durante sua decomposição no solo, o nitrogênio contido em suas proteínas é liberado. A primeira etapa desta liberação é a ***proteólise***, uma degradação enzimática das proteínas.

A proteólise é tarefa dos microrganismos que secretam *proteinases,* enzimas que quebram as proteínas em unidades menores. Cada unidade é denominada *peptídeo* e consiste em dois ou mais aminoácidos. Os peptídeos são, por sua vez, atacados pelas *peptidases*, que liberam os aminoácidos individualmente. A reação total pode ser resumida como segue:

$$\text{Proteínas} \xrightarrow{\text{proteinases}} \text{peptídeos} \xrightarrow{\text{peptidases}} \text{aminoácidos}$$

Poderosas proteinases são produzidas por muitos fungos e algumas bactérias, particularmente certas espécies de *Clostridium, Pseudomonas* e *Bacillus*. As peptidases ocorrem mais freqüentemente entre os microrganismos. As peptonas, proteínas parcialmente hidrolisadas da carne, e as caseínas ou proteínas da soja são constituintes comuns de meios de cultura; elas fornecem uma fonte prontamente disponível de nitrogênio para microrganismos heterotróficos.

Degradação de Aminoácidos: Amonificação

Os aminoácidos liberados durante a proteólise passam por uma ***desaminação***, que é a remoção do grupo amino $-H_2$ contendo nitrogênio. Os microrganismos realizam a desaminação de aminoácidos por várias reações, mas um dos produtos finais é sempre amônia. Por exemplo, a desaminação da alanina pode ocorrer da seguinte maneira:

$$\underset{\text{Alanina}}{CH_3-\overset{\overset{\large NH_2}{|}}{CH}-COOH} + \frac{1}{2}O_2 \xrightarrow[\text{(alanina desaminase)}]{\text{enzima}} \underset{\text{Ácido pirúvico}}{CH_3-\overset{\overset{\large O}{\|}}{C}-COOH} + \underset{\text{Amônia}}{NH_3}$$

A produção de amônia é denominada ***amonificação***; desta forma, a desaminação resulta em amonificação.

Nitrificação

Após ocorrer a amonificação, algumas bactérias podem converter amônia em nitrato por um processo denominado ***nitrificação***.

Durante as guerras napoleônicas no século XIX, a França não conseguiu importar salitre (nitratos minerais) para a fabricação de pólvora. Para resolver esta dificuldade, a França preparou compostos-bases consistindo em solo misturado com dejetos animais, material vegetal, cinzas e outros materiais. Eles aeravam esta mistura pela transferência, de tempo em tempo, do material acumulado. Então, após um longo período de incubação, extraíram salitre bruto da mistura com água quente. Agora nós sabemos que esta produção de nitrato ocorre devido à atividade de bactérias nitrificantes, mas na época o papel dos microrganismos no processo não era conhecido. Somente mais tarde, em 1877, a nitrificação foi identificada como um processo biológico. Culturas puras de bactérias nitrificantes foram primeiramente isoladas em 1890 pelo microbiologista russo Sergei Winogradsky.

A nitrificação ocorre em duas etapas: cada etapa é realizada por um grupo diferente de bactérias.

Etapa 1: Oxidação da amônia para nitrito por bactérias *amônia-oxidante*:

$$\underset{\text{Amônia}}{2NH_3} + 3O_2 \longrightarrow \underset{\text{Ácido nitroso}}{2HNO_2} + 2H_2O$$

$$\downarrow \text{ionização}$$

$$H^+ + \underset{\text{Íon nitrito}}{NO2^-}$$

Etapa 2: Oxidação do nitrito para nitrato por bactérias *nitrito-oxidante*:

$$\underset{\text{Íon nitrito}}{NO_2^-} + \frac{1}{2}O_2 \longrightarrow \underset{\text{Íon nitrato}}{NO_3^-}$$

As bactérias nitrificantes (bactérias que oxidam amônia ou nitrito) são aeróbias, Gram-negativas e autotróficas. Obtêm o carbono do CO_2 e retiram a energia necessária para fixar o dióxido de carbono pela oxidação do NH_3 ou NO_2^-.

As bactérias nitrificantes geralmente habitam o solo, o esgoto e ambientes aquáticos, porém não podem ser facilmente isoladas em laboratório. Isso se deve ao fato de apresentarem crescimento lento e em pequeno número no solo e em outros ambientes. Conseqüentemente, os microbiologistas utilizam uma técnica de enriquecimento para aumentar o número de microrganismos, em uma população mista, antes de tentar o isolamento em cultura pura. Um exemplo de um meio de enriquecimento para bactérias nitrificantes é mostrado na Tabela 28.4. Este meio é completamente inorgânico e fornece amônia ou nitrito como única fonte de nitrogênio para o crescimento.

Tabela 28.4 Composição do meio de cultura para o isolamento de bactérias nitrificantes utilizando a técnica de enriquecimento.

Composição	g/litro
$(NH_4)_2SO_4$	2,0
K_2HPO_4	1,0
$MgSO_4$	0,5
$FeSO_4$	0,4
NaCl	0,4
$CaCO_3$	1,0
$MgCO_3$	1,0

As bactérias que oxidam amônia apresentam várias formas (bacilos, cocos, espirais ou lobulares). Por meio da microscopia eletrônica, geralmente é visualizado um amplo sistema de membranas intracelulares. Algumas espécies de bactérias que oxidam a amônia são *Nitrosomonas europaea, Nitrosovibrio tenuis* e *Nitrosococcus nitrosus* (observe que todas as denominações dos gêneros apresentam o prefixo *Nitroso-*).

As bactérias que oxidam nitrito apresentam formas celulares semelhantes àquelas que oxidam amônia. Somente poucas espécies têm sido isoladas: entre elas estão *Nitrobacter winogradskyi* e *Nitrospina gracilis* (observe que todas as denominações do gênero apresentam o prefixo *Nitro-*).

Redução Assimilativa do Nitrato: Nitrato à Amônia

Após a formação do nitrato por meio da nitrificação, muitas bactérias heterotróficas são capazes de convertê-lo em amônia pela ***redução assimilativa de nitrato***. Este processo ocorre tipicamente sob condições aeróbias e tem a função de suprir as células com amônia para a biossíntese de aminoácidos. A redução assimilativa do nitrato envolve várias reações, mas a principal é a seguinte:

$$\underset{\text{Nitrato}}{NO_3^-} + 8e^- + 9H^+ \rightarrow \underset{\text{Amônia}}{NH^3} + 3H_2O$$

Desnitrificação: Nitrato a Nitrogênio Gasoso

Algumas bactérias são capazes de reduzir nitrato a nitrogênio gasoso por um processo denominado ***desnitrificação***. A desnitrificação ocorre somente em condições de anaerobiose, como ocorre em solo pantanoso. O nitrato serve como aceptor final de elétrons no sistema de transporte de elétrons, e a energia liberada pela cadeia respiratória é utilizada na síntese de ATP. Na desnitrificação, a redução do nitrato a nitrogênio gasoso ocorre por uma seqüência de reações em que vários compostos intermediários são formados:

$$\underset{\text{Nitrato}}{2NO_3} \rightarrow \underset{\text{Nitrito}}{2NO_2} \rightarrow \underset{\substack{\text{Óxido nítrico}\\\text{(intermediário}\\\text{questionável)}}}{2NO} \rightarrow \underset{\text{Óxido nitroso}}{N_2O} \rightarrow \underset{\substack{\text{Nitrogênio}\\\text{gasoso}}}{N_2}$$

Muitas bactérias podem realizar a desnitrificação; alguns exemplos são espécies de *Agrobacterium, Alcaligenes, Bacillus, Thiobacillus* e *Pseudomonas*. A desnitrificação pode ser útil para essas bactérias produzirem energia; porém, do ponto de vista agrícola, a desnitrificação é indesejável; ela resulta na perda de nitrogênio do solo e conseqüentemente em uma diminuição de nutrientes para o crescimento das plantas.

As condições ambientais têm um efeito significativo no processo de desnitrificação. Por exemplo, o processo é elevado em solo que tem grande quantidade de matéria orgânica, altas temperaturas (25 a 60°C) e um pH neutro ou alcalino.

Responda

1 Quais são as reações que estão envolvidas no ciclo do nitrogênio?

2 O que é fixação do nitrogênio e qual reação a nitrogenase catalisa?

3 Qual é a diferença entre fixação do nitrogênio não-simbiótica e simbiótica?

4 Citar três exemplos de fixação simbiótica do nitrogênio.

5 Explicar os seguintes processos: proteólise, desaminação, amonificação, nitrificação, redução assimilativa do nitrato e desnitrificação.

Transformações Bioquímicas do Dióxido de Carbono e de Outros Compostos Carbonados

Como no ciclo do nitrogênio, as transformações bioquímicas do dióxido de carbono e de outros compostos carbonados podem ser vistas como uma seqüência cíclica de reações (Figura 28.15). O dióxido de carbono da atmosfera é fixado em compostos orgânicos simples durante a fotossíntese, a partir da qual compostos mais complexos como a celulose são sintetizados. Finalmente, esses compostos complexos são degradados em moléculas menores, que são então oxidadas para formar dióxido de carbono, completando o ciclo. Tem sido estimado pelo Departamento Americano de Agricultura que a atmosfera acima da superfície, de um acre de solo, contém 18 toneladas de dióxido de carbono e que os organismos vivos na mesma área devolvem 18 toneladas para a atmosfera a cada ano.

Fixação do Dióxido de Carbono

A ***fixação do dióxido de carbono*** é a conversão do dióxido de carbono (CO_2) em compostos orgânicos. A reação geral é:

$$CO_2 + 4H \xrightarrow{\text{enzimas}} \underset{\text{Carboidrato}}{(CH_2O)_x} + H_2O$$

As plantas verdes são os principais agentes da fixação do dióxido de carbono, mas algas, cianobactérias, bactérias fototróficas verdes e púrpuras e bactérias quimioautotróficas podem também fixar o dióxido de carbono. Esses organismos são autotróficos e a maioria deles utiliza o ciclo de Calvin para a fixação do CO_2 (Capítulo 12, Volume I). Muitas bactérias heterotróficas também são capazes de fixar o CO_2 até um certo ponto, embora não possam utilizá-lo como sua principal fonte de carbono. A seguir, um exemplo de como alguns heterotróficos fixam o CO_2:

$$\underset{\text{Ácido pirúvico}}{CD_3COCOOH} + CO_2 \xrightarrow{\text{enzimas}} \underset{\text{Ácido oxalacético}}{HOOCCH_2COCOOH}$$

Degradação da Celulose

As plantas utilizam alguns dos carboidratos que são formados pela fixação do CO_2 para sintetizar compostos orgânicos como a celulose, um polímero de glicose de cadeia longa insolúvel em água. A madeira normalmente contém 40 a 50% de celulose; outros constituintes principais são lignina (20 a 30%) e hemicelulose (10 a 30%). Quando as plantas morrem, essas substâncias complexas são degradadas pelos microrganimos do solo. Sob o solo, em muitos sistemas naturais de vegetação, como a terra das florestas, a quantidade de material orgânico permanece aproximadamente a mesma de ano para ano. Isto se deve ao equilíbrio estabelecido entre a quantidade de material de planta morta depositada no solo e a capacidade dos microrganismos do solo degradar esse material (Figura 28.16, caderno em cores).

A celulose é o material orgânico mais abundante nas plantas, e é prontamente atacada por muitas espécies de bactérias e fungos do solo. Esses microrganismos inicialmente utilizam a enzima celulase para quebrar a celulose em moléculas de celubiose, um dissacarídeo que contém duas unidades de glicose.

$$\text{Celulose} \xrightarrow{\text{enzima (celulase)}} \text{muitas moléculas de celulose}$$

Então, outra enzima, β-glicosidase, quebra a celubiose em glicose.

$$\text{Celulose} \xrightarrow{\text{enzima } \beta\text{-glicosidase}} 2 \text{ glicose}$$

A glicose pode ser metabolizada por muitos tipos de microrganismos. A oxidação completa da glicose produz CO_2 e H_2O:

$$\text{Glicose} + 60_2 \xrightarrow{\text{enzimas}} 6CO_2 + 6H_2O$$

Vias de degradação semelhantes ocorrem para outras substâncias importantes de origem vegetal, como a hemicelulose e a lignina. O dióxido de carbono produzido não é proveniente somente da quebra de carboidratos, mas também da degradação de aminoácidos produzidos pela proteólise e de ácidos graxos produzidos pela degradação de lipídeos.

Figura 28.15 O ciclo do carbono, mostrando o papel dos microrganismos.

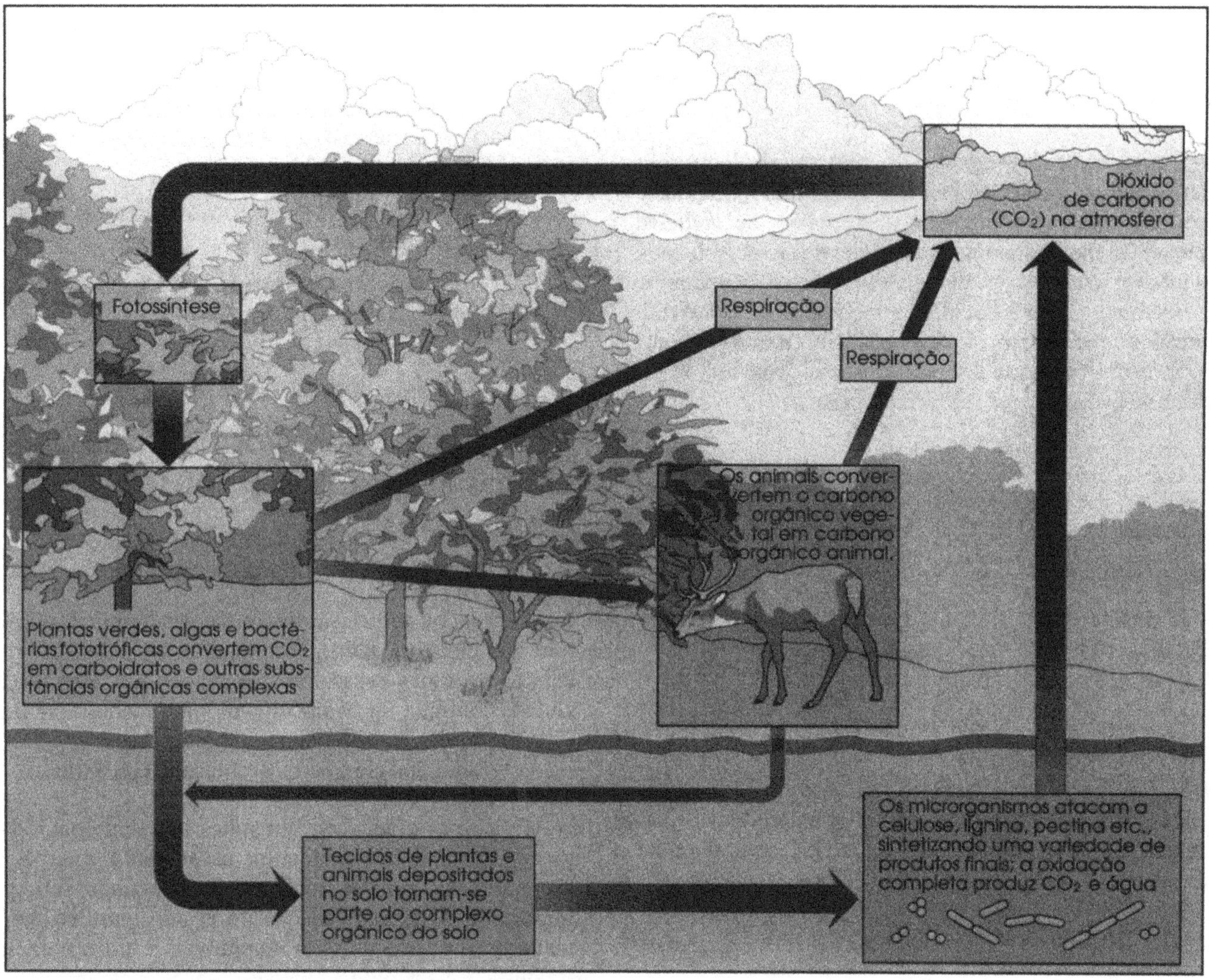

Responda

1 Quais são as etapas ou seqüência de reações no ciclo do carbono?

2 Como o CO_2 é convertido em um composto orgânico?

3 Quais são os produtos formados no processo de degradação da celulose pelos microrganismos?

Transformações Bioquímicas do Enxofre e de Compostos Sulfurados

Como o nitrogênio e o carbono, o enxofre passa por um ciclo de transformação mediada por microrganismos (Figura 28.17). Alguns microrganismos oxidam vários compostos sulfurados; outros os reduzem. Algumas das alterações bioquímicas no ciclo de enxofre podem ser resumidas como segue:

1. O enxofre, na sua forma elementar, não pode ser utilizado por plantas ou animais. Entretanto, algumas bactérias podem oxidá-lo a sulfato (SO_4^{2-}), uma forma prontamente utilizada por todas as formas de vida. Um exemplo de tal organismo é a bactéria autotrófica *Thiobacillus thiooxidans*, que realiza a seguinte reação:

$$\underset{\text{Enxofre elementar}}{2S} + 2H_2O + 3O_2 \longrightarrow \underset{\text{Ácido sulfúrico}}{2H_2SO_4}$$

$$\downarrow \text{ionização}$$

$$2H^+ + \underset{\text{Íon sulfato}}{SO_4^{2-}}$$

Este é um processo quimioautotrófico aeróbio no qual é produzido ácido, reduzindo assim o pH alcalino do solo. Este processo é importante no controle de fungão e apodrecimento da batata, causado pelo *Streptomyces,* bactéria que é inibida pelo baixo pH.

2. As plantas utilizam o enxofre dos sulfatos para a síntese de aminoácidos que contêm enxofre (cistina, cisteína e metionina), que são componentes essenciais de algumas proteínas. Quando as plantas morrem, os microrganismos do solo degradam as proteínas vegetais que alcançam o solo, liberando os aminoácidos. Estes são posteriormente degradados por enzimas denominadas ***dessulfurases***, como mostra o esquema a seguir; observe que o enxofre é liberado na forma de gás sulfídrico (H_2S).

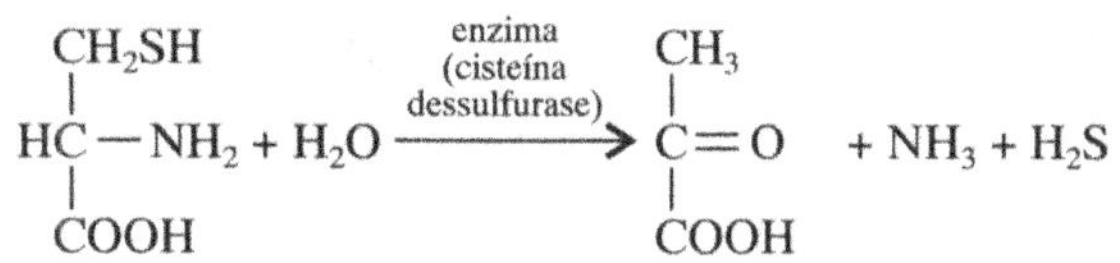

Cisteína Ácido pirúvico Gás sulfídrico

3. O sulfato pode ser reduzido a sulfeto de hidrogênio por vários microrganismos do solo. Por exemplo, a bactéria anaeróbia *Desulfotomaculum* pode realizar a seguinte reação:

$$8H + \underset{\text{Sulfato de cálcio}}{CaSO_4} \xrightarrow{\text{enzimas}} H_2S + \underset{\text{Hidróxido de cálcio}}{Ca(OH)_2} + 2H_2O$$

4. Algumas espécies de bactérias fototróficas verdes e púrpuras podem oxidar o sulfeto de hidrogênio que é produzido por redução de sulfato e decomposição de aminoácido. Este processo de oxidação resulta na formação do enxofre elementar:

$$CO_2 + 2H_2S \xrightarrow{\text{enzimas; luz}} \underset{\text{Carboidrato}}{(CH_2O)} + H_2O + 2S$$

Responda

1 Quais são as etapas na seqüência de reações no ciclo do enxofre?

2 Como a forma elementar do enxofre é alterada para ser utilizada pelas plantas e pelos animais?

3 Como o sulfeto de hidrogênio pode ser originado a partir de plantas ou proteínas animais?

4 Como o enxofre elementar é formado a partir do sulfeto de hidrogênio?

Transformações Bioquímicas de Outros Elementos e Seus Compostos

Você aprendeu sobre as transformações químicas que ocorrem nos ciclos do nitrogênio, carbono e enxofre. O tema central de todas essas transformações é a degradação e síntese contínua de compostos de uma maneira cíclica. O estado químico de cada elemento altera-se, mas o fornecimento global dos elementos permanece constante.

Processos cíclicos semelhantes ocorrem com o fósforo, o ferro e outros elementos essenciais à vida. A todo momento, os microrganismos desempenham um papel importante na transformação do estado químico dos elementos, tornando-a assim disponíveis e utilizáveis pelos organismos na próxima etapa do processo cíclico.

Responda

1 Quais os outros elementos que apresentam processo cíclico semelhante aos ciclos do nitrogênio, carbono e enxofre?

2 Por que os microrganismos são importantes nesses ciclos?

Biodegradação de Herbicidas e Pesticidas

Os *herbicidas* são substâncias químicas que matam plantas, particularmente ervas silvestres. Os *pesticidas,* como o nome denota, são substâncias químicas que matam pragas. No contexto do solo, definimos pragas como insetos, fungos e nematódeos que causam prejuízos na produção rural.

Figura 28.17 O ciclo do enxofre, mostrando o papel dos microrganismos.

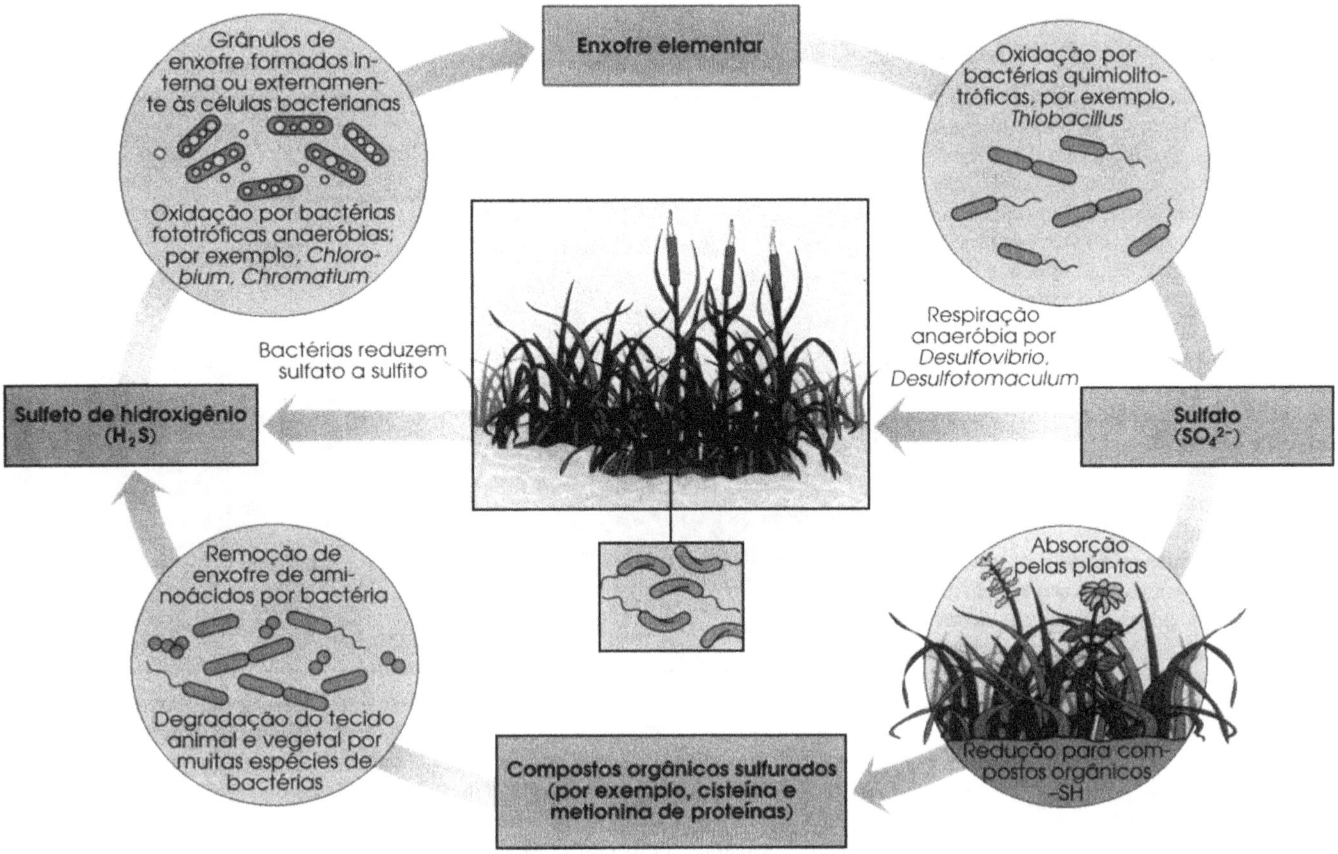

Desta forma, podemos chamar mais especificamente substâncias classificadas como pesticidas de *inseticidas, fungicidas* e *nematocidas.*

Embora a aplicação em larga escala de herbicidas e pesticidas na agricultura possa melhorar a produção agrícola, são levantadas questões sobre os efeitos a curto e a longo prazo dessas substâncias no ambiente e na saúde do homem. Os pesticidas são degradados pelos microrganismos do solo? Qual a rapidez dessa degradação? Podem apresentar um efeito temporário ou permanente sobre os microrganismos do solo? Constituem uma fonte de poluição de ribeirões e de rios, afetando a vida dos peixes e das plantas aquáticas? Podem representar um risco de saúde para o homem? Essas são algumas das questões que preocupam os cientistas do solo, os biologistas, os ambientalistas e o público em geral.

Um pesticida ideal deveria ser uma droga capaz de destruir rapidamente a praga, sendo em seguida degradado em substâncias atóxicas. O solo é o "poço" que recebe os pesticidas, portanto dependemos dos microrganismos do solo para a degradação dessas substâncias. Alguns estudos recentes têm sugerido que a utilização de cepas geneticamente construídas de bactérias normais do solo pode apressar a degradação dos pesticidas (Figura 28.18, caderno em cores). Uma alternativa atraente para o uso de pesticidas químicos é o uso de microrganismos que atacam e destroem os insetos (DESCOBERTA 28.2). Estes são discutidos no Capítulo 31.

Responda

1 Que condições ambientais adversas podem resultar da aplicação de herbicidas e pesticidas na agricultura?

2 Quais são as características de um pesticida ideal?

Microbiologia do Ar

A população microbiana do ar é transitória e variável. O ar não é um meio no qual possam crescer os microrganismos, mas é um portador de poeiras e gotículas que podem estar carregadas de microrganismos. Os microrganismos podem ser carregados nas partículas de pó, em grandes gotas que

DESCOBERTA!

28.2 OS BIOCIDAS: CONTROLE BIOLÓGICO DE INSETOS.

A introdução do DDT em 1939 para o controle de insetos iniciou o desenvolvimento e a produção de vários compostos químicos novos para esse propósito. Várias anos se passaram antes que o efeito lesivo do DDT no ambiente fosse reconhecido e ressaltado, em 1962, no livro de Rachel Carson, *Silent Spring*. Em 1972, restrições federais foram implementadas para o uso de DDT e outros compostos orgânicos clorados, em função de seus efeitos sobre os animais e o ambiente em geral.

A crescente compreensão de práticas que afetam o ambiente tem aumentado a sensibilidade pública para o risco em potencial associado com o amplo uso de inseticidas químicos na agricultura moderna. A contaminação de lençóis d'água, a poluição de ribeirões, resultando em dano na vegetação aquática, e o desenvolvimento de insetos resistentes a esses agentes químicos, que provoca a necessidade de aumentar as dosagens, são alguns dos problemas associados com o uso disseminado de inseticidas químicos.

Um método alternativo atraente para o controle de insetos que danificam as plantas é a aplicação de microrganismos que infectam e matam especificamente os insetos, sem lesar as plantas. O *Bacillus thuringiensis* (comumente referido como *Bt*) tem sido utilizado comercialmente há vários anos para o controle de insetos lepidópteros (inseto de asas em forma de escama como mariposas, borboletas e herpéria). A fotografia mostra a proteção de repolhos tratados com *Bt*. O *Bacillus thuringiensis* é também utilizado para o controle da mariposa cigana, que destrói árvores; a mariposa cigana tem sido responsável pela destruição de grandes florestas. O *Bacillus popillae* e o *B. lentimorbus* são utilizados para o controle do besouro japonês. Algumas novas variedades de grama de pasto são protegidas de insetos famintos pela aplicação de fungos do gênero *Acremonium*. Em recentes experimentos na Universidade de Wisconsin, uma bactéria isolada do solo foi efetiva no controle de "apodrecimento de plantas" e "apodrecimento de raiz" – doenças de alfafa e soja que são causadas por fungos.

se sedimentam rapidamente e em núcleos de gotas que resultam da evaporação de pequenas gotas líquidas. Os organismos introduzidos no ar podem ser transportados ao longo de poucos centímetros ou muitos quilômetros. Alguns microrganismos transmitidos pelo ar morrem em questão de segundos; outros sobrevivem por semanas, meses ou até anos. O destino final dos microrganismos transportados pelo ar é governado por um conjunto complexo de circunstâncias que inclui a umidade, a temperatura, a quantidade de luz solar e o tamanho das partículas portadoras de microrganismos. A natureza dos microrganismos também é importante. Por exemplo, os organismos que formam esporos ou cistos provavelmente sobrevivem no ar por um longo período de tempo.

Técnicas para a Análise Microbiológica do Ar

Uma técnica para análise microbiológica do ar é a simples exposição de uma placa de Petri contendo um meio nutritivo solidificado ao ar por um determinado período de tempo. Quando a placa é incubada, os microrganismos que se sedimentaram na superfície do meio crescem, formando colônias. Entretanto, este método é relativamente grosseiro, pois fornece um número aproximado e permitindo somente o desenvolvimento de alguns tipos de organismos veiculados pelo ar. Dois tipos de aparelhos de laboratório podem fornecer dados mais quantitativos: o aparelho de impacto sólido e o aparelho de impacto líquido (Figura 28.19).

O aparelho de impacto sólido puxa uma corrente de ar rapidamente por meio de fendas ou orifícios estreitos em uma placa de metal. Como os microrganismos presentes no ar passam em alta velocidade pelas fendas ou orifícios, eles colidem e aderem à superfície do ágar nutritivo localizado logo abaixo da placa de metal. Quando o meio de cultura é incubado, os organismos multiplicam-se e formam colônias, que podem ser então contadas. O aparelho de impacto líquido puxa o ar por meio de um meio de cultura em caldo ou outro líquido em que os organismos são retidos. Parte do líquido é então plaqueada ou cultivada para determinar o conteúdo microbiano.

Figura 28.19 Aparelhos coletores de ar. (**A**) Aparelho de impacto sólido (coletor de crivo). O ar é dirigido pelos pequenos orifícios da placa de metal; as partículas que se chocam com a superfície do ágar aderem ao meio de cultura. (**B**) Aparelho de impacto líquido. O ar é dirigido por meio de um líquido adequado, que capta as partículas. Alíquotas do líquido são então cultivadas, determinando-se o conteúdo microbiano.

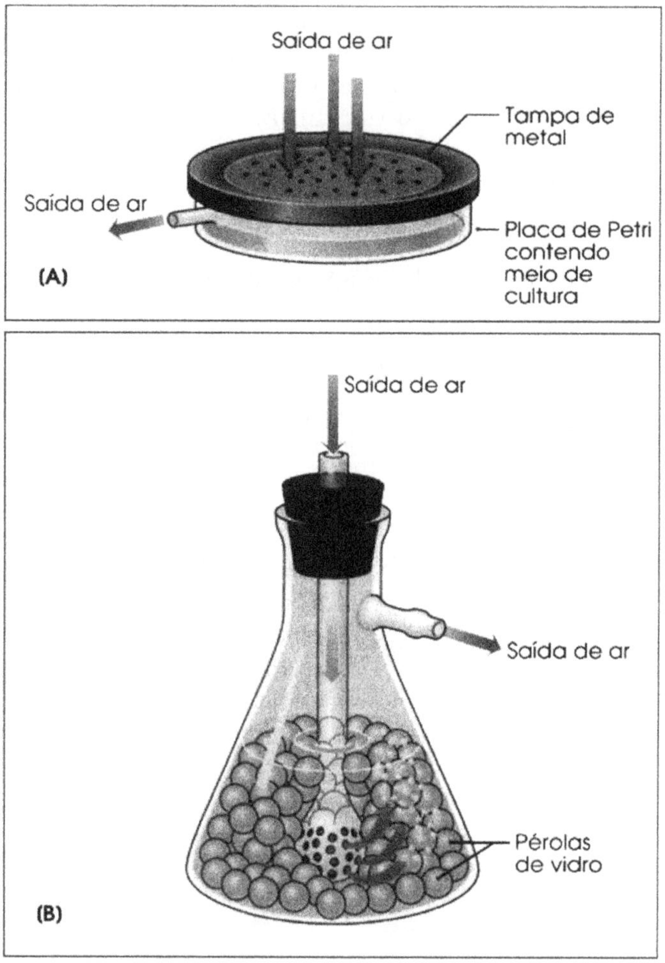

Origem dos Microrganismos do Ar

A superfície da terra – solo e água – representa a fonte de microrganismos encontrados na atmosfera. Os ventos levantam a poeira do solo e as partículas de pó carregam os microrganismos para o ar. Além disso, gotas de água contendo microrganismos podem ser originadas da superfície de oceanos, baías e outras coleções naturais de água, e entram assim na atmosfera. Muitas dessas gotículas de água são produzidas pela ruptura de bolhas de ar na superfície aquática. A camada superficial da água (0,1 mm de profundidade) é denominada *microcamada* e contém muito mais microrganismos do que as camadas mais profundas. Gotículas que emergem da microcamada podem contribuir significativamente para a formação da população microbiana na atmosfera acima da água. A distribuição dos microrganismos no ar, acima do mar e em diferentes distâncias da terra é mostrada pelos dados constantes na Tabela 28.5.

Além desta origem global dos microrganismos encontrados na atmosfera, há vários processos industriais, agrícolas e municipais que podem produzir aerossóis carregados de microrganismos. Alguns exemplos são: (1) irrigação de lavouras e de florestas com efluentes de esgotos, mediante uso de borrifadores; (2) grandes operações de debulhamento; (3) filtros gotejadores em instalações de despejo de esgotos; (4) abatedouro (matadouro) de animais.

Tabela 28.5 Número de bactérias e bolores que se desenvolvem em meios em placas com água salgada e doce, expostas durante 1 h, em diferentes distâncias da terra.

Distância da terra em milhas náuticas	MEIO COM ÁGUA DO MAR		MEIO COM ÁGUA DOCE		RELAÇÃO AM/AD	
	Bactérias	Bolores	Bactérias	Bolores	Bactérias	Bolores
0-10	45	115	20	200	2,25	0,57
10-150	48	79	13	69	3,69	1,14
150-400	71	20	39	36	1,82	0,56

Fonte: Dados de C. E. Zobell, "Microorganisms in Marine Air", *Aerobiology, AAAS Publ. 17*, 1942.

Tipos de Microrganismos Presentes no Ar

Nas proximidades da superfície da terra, foram isolados do ar algas, protozoários, leveduras, bolores e bactérias. Um exemplo dos microrganismos encontrados na atmosfera urbana é mostrado na Figura 28.20, caderno em cores. As amostras foram coletadas de uma área industrial durante um período de vários meses. Os esporos dos bolores constituem a maior parte dos microrganismos, particularmente os esporos do gênero *Cladosporium*. Entre as bactérias estão as esporuladas, não esporuladas, bacilos Gram-positivos, cocos Gram-positivos e bacilos Gram-negativos.

As bactérias e os esporos de bolores foram encontrados em altitudes elevadas acima da superfície da terra. A turbulência do ar dissemina os microrganismos, que são levados a grandes distâncias pelas correntes de ar. Os dados na Tabela 28.6 fornecem evidências da dispersão dos microrganismos em elevadas altitudes. Relativamente poucas pesquisas têm sido realizadas com os microrganismos do ar, porém em um estudo os pesquisadores determinaram a concentração de microrganismos na massa do ar entre Montreal (Canadá) e Londres (Inglaterra). Eles obtiveram amostras a altitudes de 2.700 a 3.000 m acima do solo e do oceano. Os resultados indicaram que bactérias e fungos viáveis estavam presentes nessas altitudes por toda a extensão do Atlântico Norte. As bactérias isoladas eram cocos Gram-positivos, bacilos Gram-negativos, bacilos pleomórficos Gram-positivos e aeróbios esporulados. Os fungos foram identificados como espécies dos gêneros *Cladosporium, Alternaria, Pullularia, Penicillium, Botrytis* e *Stemphylium*. As espécies do gênero *Cladosporium* foram as mais abundantes, tanto acima do solo como do mar.

Tabela 28.6 Tipos de bactérias e bolores isolados do ar em altitudes elevadas

Altitude (m)	Bactérias (Gênero)	Bolores (Gênero)
450-1.350	*Alcaligenes* *Bacillus*	*Aspergillus* *Macrosporium* *Penicillium*
1.350-2.250	*Bacillus*	*Aspergillus* *Cladosporium*
2.250-3.150	*Sarcina* *Bacillus*	*Aspergillus* *Hormodendrum*
3.150-4.050	*Bacillus* *Kurthia*	*Aspergillus* *Hormodandrum*
4.050-4.950	*Micrococcus* *Bacillus*	*Penicillium*

Fonte: Dados de B. E. Proctor e B. W. Parker, *J. Bacteriol.* 36:180, 1938.

Responda

1 Como os microrganismos são transportados no ar?

2 Quais são as circunstâncias que influenciam o transporte de microrganismos pela via aérea?

3 Como pode ser determinado o número de microrganismos em uma amostra de ar?

4 Qual é a fonte de microrganismos no ar e quais são os tipos encontrados?

Resumo

1. Características físicas e químicas dos diferentes solos variam amplamente, e essas variações têm uma influência direta no número e nos tipos de microrganismos do solo.

2. Todas as formas de vida microbiana ocorrem no solo.

3. A técnica de cultivo em placa, a técnica da microscopia direta e a técnica de enriquecimento são utilizadas para quantificar e isolar microrganismos do solo. Em função da grande diversidade dos tipos fisiológicos de microrganismos no solo, uma única técnica não será capaz de revelar a população microbiana total.

4. As bactérias são os microrganismos predominantes do solo; um rico solo de jardim pode conter milhões a alguns bilhões de bactérias por grama. O número de fungos, algas e protozoários presentes no solo chega de dezena de milhares a centenas de milhares por grama.

5. Os microrganismos no solo existem como uma comunidade, e várias interações podem ocorrer entre essas comunidades. Essas interações incluem mutualismo, comensalismo, antagonismo, competição, parasitismo e predação.

6. A manutenção da vida na Terra é completamente dependente da reutilização contínua de compostos e elementos químicos. Esta reciclagem depende das reações químicas fundamentais realizadas por microrganismos. Os microrganismos desempenham um importante papel na mineralização, a conversão de compostos orgânicos em compostos inorgânicos.

7. O ciclo do nitrogênio envolve a fixação do nitrogênio, que é realizada por bactérias que contêm o complexo nitrogenase. Existem bactérias fixadoras de nitrogênio não-simbióticas, como o *Azotobacter*, e simbióticas, como o *Rhizobium*. Outras etapas no ciclo do nitrogênio incluem a proteólise, a amonificação, a nitrificação, a redução assimilativa do nitrato e a desnitrificação.

8. Processos bioquímicos cíclicos similares ocorrem com o carbono, enxofre, fósforo, ferro, cálcio e outros elementos essenciais à vida. Em cada ocasião, os microrganismos desempenham um papel importante na transformação do estado químico do elemento, tornando-o disponível e utilizável na próxima etapa do processo cíclico.

9. O uso em larga escala de herbicidas e pesticidas na agricultura e jardinagem tem resultado na poluição do solo e da água. Alguns microrganismos do solo podem decompor essas substâncias. Inseticidas biológicos ou microrganismos que atacam os insetos podem, como alternativa, substituir os herbicidas e pesticidas químicos.

10. Os microrganismos podem entrar na atmosfera a partir do solo ou da microcamada superficial de oceanos e outros corpos de água. Na atmosfera eles podem ser transportados a distâncias muito longas e a elevadas altitudes. Os microrganismos transportados por via aérea podem ser quantificados por vários métodos, incluindo os aparelhos de impacto sólido e líquido. As espécies predominantes presentes na atmosfera são as bactérias e os fungos formadores de esporos.

Palavras-Chave

Amonificação
Antagonismo
Camadas do solo
Comensalismo
Competição
Desaminação
Desnitrificação
Desulfurases
Fixação do dióxido de carbono
Fixação do nitrogênio
Húmus
Liquens
Micorriza
Mineralização
Mutualismo
Nitrificação
Nitrogenase
Parasitismo
Predação
Proteólise
Redução assimilativa de nitrato
Rizosfera
Simbiose
Teste de redução do acetileno

Revisão

O AMBIENTE DO SOLO

1. O solo pode ser definido como a região da crosta terrestre onde a ____________ e a ______________ se encontram.

2. Os diferentes perfis horizontais que constituem o solo são referidos como _______________.

3. A presença de húmus melhora o solo pelo aumento da retenção de ________, aumentando a _____________ e mantendo uma reserva de __________ para os microrganismos e plantas.

CONTAGEM E ISOLAMENTO DE MICRORGANISMOS DO SOLO

4. As três principais técnicas de laboratório utilizadas para determinar a flora microbiana do solo são: (**a**) ________________; (**b**) _____________; (**c**) ___________________.

5. Com relação à metodologia para a quantificação de microrganismos do solo, quais das seguintes afirmativas são verdadeiras?

(**a**) Todos os tipos fisiológicos de microrganismos podem ser isolados por um único método de cultivo em placa. (**b**) O exame microscópico de uma amostra de solo não diferencia as células microbianas vivas das mortas. (**c**) O método de escolha para o isolamento de uma espécie bacteriana com uma única característica bioquímica, a partir do solo, é a técnica de enriquecimento.
(**d**) Todas as espécies de microrganismos do solo podem ser isoladas e quantificadas pela técnica de enriquecimento. (**e**) As culturas em placa realizadas a partir de amostras de solo revelam somente uma parte da flora microbiana total.

MICRORGANISMOS DO SOLO

6. Os microrganismos mais abundantes do solo são: (**a**) vírus; (**b**) bactérias; (**c**) fungos; (**d**) algas; (**e**) protozoários.

7. Associar a descrição mais apropriada da direita com cada termo da esquerda:

___ Estreptomicetes	(**a**) Transformam rocha em solo
___ Fungos	(**b**) Decompositores ativos da celulose
___ Leveduras	(**c**) Nutrem-se de bactérias
___ Protozoários	(**d**) Prevalentes em parreiral
___ Cianobactérias	(**e**) Actinomicetes do solo

8. Algas e cianobactérias podem melhorar a fertilidade do solo improdutivo porque são fotossintéticas; além disso, muitas cianobactérias podem também fixar ___________________________.

9. Algas e cianobactérias estão localizadas perto da superfície do solo devido às suas necessidades de _______________.

A RIZOSFERA

10. A rizosfera é a região onde o solo e as _______________________ entram em contato.

11. As bactérias que requerem aminoácidos ocorrem em _________ (maior, menor) número na rizosfera do que no solo livre de raízes.

INTERAÇÕES DOS MICRORGANISMOS DO SOLO

12. A condição em que os indivíduos de uma espécie vivem em associação íntima com outros indivíduos de outra espécie é denominada ____.

13. Associar o termo ou a descrição mais apropriada da direita com cada termo à esquerda:

____ Mutualismo	(**a**) Degradação de celulose por fungos; utilização de glicose por bactérias
____ Antagonismo	(**b**) Protozoários nutrem-se de bactérias
____ Comensalismo	(**c**) Liquens

____ Predação (**d**) Bacteriófagos

____ Parasitismo (**e**) Enzimas líticas de mixobactérias

14. Qual das seguintes associações microbianas envolve o fungo como um parceiro dessa associação?

(**a**) micorriza (**b**) liquens (**c**) legumes/rizóbia
(**d**) musgos (**e**) predação por *Bdellovibrio* sp.

15. No tipo de simbiose denominado ____________, uma espécie se beneficia e a outra não é afetada.

16. No tipo de simbiose denominado ____________, uma espécie inibe a outra espécie.

17. Os actinomicetes podem inibir outras bactérias devido à produção de ____________________.

18. As mixobactérias secretam enzimas que podem __________ outras bactérias.

19. O tipo de simbiose em que um organismo vive em ou sobre um outro organismo e à custa deste é denominado _______________.

20. Membros de bactérias do gênero ______________ são capazes de aderir e lisar outras bactérias Gram-negativas.

21. Em termos de simbiose, todos os vírus são ______________ intracelulares obrigatórios.

O PAPEL DOS MICRORGANISMOS NA RECICLAGEM

22. O planeta Terra não é suprido de qualquer quantidade necessária dos elementos ou compostos químicos de fontes externas; portanto, é considerado um sistema __________, e a manutenção da vida na Terra é dependente da ____________________ dos compostos e elementos químicos.

23. A conversão de compostos orgânicos em inorgânicos ou em seus elementos constituintes é denominada ____.

TRANSFORMAÇÕES BIOQUÍMICAS DO NITROGÊNIO E DE COMPOSTOS NITROGENADOS

24. As proteínas são degradadas em peptídeos por enzimas denominadas _____________, e os peptídeos são degradados em aminoácidos por enzimas denominadas ___________.

25. A enzima alanina desaminase catalisa a reação entre alanina e oxigênio para formar os produtos ________________ e __________________________.

26. _________________ é o processo pelo qual a amônia é oxidada em nitrato.

27. A nitrificação ocorre em dois estágios: (**1**) na oxidação da amônia em ________ e (**2**) na oxidação do __________ em nitrato.

28. O gênero da bactéria que oxida a amônia em nitrito tem o prefixo _____________, enquanto o gênero que oxida o nitrito a nitrato tem o prefixo ____________.

29. Durante as Guerras Napoleônicas, a França preparava compostos básicos da pólvora a partir de solo misturado com matéria orgânica de dejetos; inicialmente ocorria proteólise e amonificação, seguidas de ____________, o que resultava na formação de _________, necessário na produção da pólvora.

30. A conversão de nitratos a nitrogênio gasoso é denominada _________________________.

31. A desnitrificação é indesejável na agricultura porque resulta em ____________________.

32. A desnitrificação é favorecida sob condições em que o oxigênio está _________________.

33. A redução do nitrogênio gasoso à amônia é denominada _________________________.

34. O complexo enzimático responsável pela fixação simbiótica do nitrogênio é denominado ____.

35. O gás _________ inativa a enzima responsável pela fixação simbiótica do nitrogênio.

36. Dois elementos, o molibdênio e o ferro, são componentes da enzima no complexo _________.

37. Entre as bactérias fixadoras de nitrogênio estão as bactérias fototróficas oxigênicas, que são comumente denominadas ___________, e as bactérias fototróficas anoxigênicas, que são comumente denominadas bactérias ________________ e ________________.

38. A bactéria quimiotrófica do solo, que é anaeróbia, esporulada e que tem sido extensivamente estudada quanto à capacidade de fixar nitrogênio, é a espécie ____________.

39. Um exemplo de um gênero de microrganismo fixador de nitrogênio aeróbico não-simbiótico é ___________________________________.

40. Membros do gênero ___________ fixam o nitrogênio simbioticamente em associação com as raízes das leguminosas.

41. Rizóbio liga-se aos ___________ das raízes de plantas, invade as células hospedeiras e induz o aumento de tamanho e a multiplicação dessas células; o resultado é o crescimento anormal das raízes, denominado ___________.

42. O tipo de simbiose que ocorre entre rizóbio e legumes é denominado ___________.

43. A associação *Anabaena-Azolla* contribui para a fertilidade do ______________.

44. Espécies do gênero bacteriano _________, em associação com o amieiro, podem fixar nitrogênio simbioticamente.

45. Quais dos seguintes gêneros não contêm espécies que fixam nitrogênio simbioticamente?

(**a**) *Rhizobium* (**c**) *Nitrobacter* (**e**) *Anabaena*

(**b**) *Clostridium* (**d**) *Frankia*

46. Associar cada descrição à direita com o termo correto à esquerda:

____ Proteólise	(**a**) Converte o nitrogênio gasoso em amônia
____ Desaminase	(**b**) Converte o substrato em peptídeos
____ Peptidase	(**c**) Converte o substrato em amônia e ácido orgânico
____ Nitrificação	(**d**) A conversão de amônia em nitrato
____ Nitrogenase	(**e**) Converte o substrato em aminoácidos.

TRANSFORMAÇÕES BIOQUÍMICAS DO DIÓXIDO DE CARBONO E DE OUTROS COMPOSTOS CARBONADOS

47. As algas, cianobactérias e bactérias fototróficas __________ são capazes de fixar o dióxido de carbono.

48. A reação geral para a fixação do dióxido de carbono é: CO_2 + 4H (______________)$_x$ + H_2O

49. Um exemplo de uma reação pelo qual os organismos heterotróficos podem fixar o dióxido de carbono é:

CO_2 + ácido pirúvico → ________________.

50. A degradação de compostos orgânicos (para dióxido de carbono) é conduzida principalmente por dois grupos gerais de microrganismos, __________ e ________________.

51. O material orgânico mais abundante das plantas é a ___________.

52. A celulose é hidrolisada para celubiose pela enzima __________, e a celubiose, por sua vez, é hidrolisada a _____________ pela enzima β-glicosidase.

53. Os principais constituintes das plantas florestais são _________, _________ e __________.

54. Qual dos seguintes compostos ou grupos de compostos é menos provável que seja proveniente da degradação microbiana da celulose? (**a**) glicose; (**b**) celubiose; (**c**) dióxido de carbono; (**d**) hexoses; (**e**) aminoácidos.

55. Os produtos finais da oxidação completa da glicose são ________ e _________.

TRANSFORMAÇÕES BIOQUÍMICAS DO ENXOFRE E DE COMPOSTOS SULFURADOS

56. A oxidação do enxofre elementar é conduzida por bactérias como o *Thiobacillus thiooxidans*, que realiza a seguinte reação:

$2S + 2H_2O + 3O_2 \rightarrow 2$___________

57. O sulfato é assimilado pelas plantas na forma de aminoácidos contendo enxofre como ______ ____.

58. Os membros do gênero *Desulfotomaculum* podem respirar anaerobicamente com o sulfato como o aceptor final de elétrons; o produto final desta respiração anaeróbia é o composto _______.

59. Bactérias sulfuradas púrpuras e verdes utilizam _________ como um doador de elétrons para a fotossíntese, formando assim o enxofre elementar.

60. Quais das seguintes afirmações são verdadeiras?

(**a**) Um produto de degradação de aminoácidos contendo enxofre é H_2S.

(**b**) Os tiobacilos são bactérias sulfuradas púrpuras ou verdes.

(**c**) O enxofre elementar é assimilado em aminoácidos pelas plantas.

(**d**) *Thiobacillus thiooxidans* é um autotrófico.

(**e**) *Rhodospirillum* é uma bactéria púrpura não-sulfurada.

TRANSFORMAÇÕES BIOQUÍMICAS DE OUTROS ELEMENTOS E SEUS COMPOSTOS

61. No ciclo de transformações do fósforo, ferro, cálcio e outros elementos essenciais à vida, os ____ desempenham um papel importante, transformando o estado químico do elemento, tornando-o disponível na etapa seguinte do processo cíclico.

BIODEGRADAÇÃO DE HERBICIDAS E PESTICIDAS

62. Uma característica desejável de um herbicida efetivo é a rápida _________ pelos microrganismos do solo.

63. O termo *"Bt"* refere-se ao __________________.

64. Duas espécies do gênero *Bacillus* utilizadas para o controle do besouro japonês são ____________________________ e ____________________________.

MICROBIOLOGIA DO AR

65. Qual das seguintes técnicas de análise do ar proporciona menos informação em termos de resultados quantitativos? (**a**) ágar nutriente em placa de Petri; (**b**) dispositivo em peneira; (**c**) dispositivo em fenda; (**d**) membrana filtrante; (**e**) aparelho de impacto líquido.

66. Entre os bolores isolados do ar, predominam as espécies do gênero _____________.

67. As duas principais fontes de microrganismos transportados por via aérea são _____________ e _____________.

68. Qual dos seguintes gêneros de microrganismos tem menor probabilidade de ser encontrado em altitudes de vários milhares de metros? (**a**) *Cladosporium*; (**b**) *Bacillus*; (**c**) *Neisseria*; (**d**) *Aspergillus*; (**e**) *Penicillium*.

Questões de Revisão

1. Esquematizar três métodos para a determinação da flora microbiana de uma amostra do solo. Compare-os quanto à questão da flora total que podem determinar.

2. Que generalizações você poderia fazer com respeito ao número total e os diferentes tipos de microrganismos que ocorrem no solo? Comentar a influência que as características físicas e químicas do solo exercem sobre a flora microbiana.

3. Caracterizar as seguintes interações microbianas e citar um exemplo específico de cada uma: simbiose, comensalismo, mutualismo, antagonismo, parasitismo e predação.

4. Comparar a flora microbiana do solo na região da rizosfera com a região fora dela.

5. O que é *mineralização*? Citar um exemplo.

6. Suponha que algum material protéico esteja enterrado no solo. Traçar as alterações que podem ocorrer como resultado do ataque microbiano. Identificar as bactérias capazes de conduzir cada alteração.

7. Distinguir fixação de nitrogênio simbiótico de não-simbiótico. Citar os vários gêneros de bactérias fixadoras de nitrogênio não-simbióticas; citar três gêneros de microrganismos fixadores de nitrogênio simbióticos.

8. Todas as espécies e cepas de bactérias rizóbias fixam o nitrogênio igualmente bem em todas as plantas leguminosas? Explicar.

Questões para Discussão

1. O falecido Dr. Charles Thom, um dos grandes micologistas e microbiologistas do solo da América, no discurso intitulado "A Microbiologist Digs in the Soil", comentou: "A demonstração de que o solo, em vez de estar completamente morto, abriga milhões de organismos, permite que a imaginação retrate o solo como um tipo de zoológico liliputiano em que alguma mão mágica... tenha libertado cada tipo de monstro pequeno, porém voraz, que, rugindo, corre atrás de seres menores como sua legítima presa". Citar vários exemplos que fornecem evidências que comprovam estas generalizações.

2. Por que é difícil obter uma estimativa razoável da totalidade da população microbiana viável em uma amostra do solo?

3. Qual é a relação entre a prática crescente de "reciclagem" do solo improdutivo de todas as cidades dos Estados Unidos e o processo de reciclagem microbiológico que ocorre na natureza?

4. Suponha que os cientistas, num futuro próximo, desenvolvam cepas de espécies bacterianas que fixem o nitrogênio em associação com a safra de grãos, como o milho e o trigo. Como isto beneficiaria o ambiente? E a economia?

5. A lignina é o principal constituinte do tecido vegetal, particularmente tecido lenhoso. A lignina, depositada no ou sobre o solo, é decomposta. Entretanto, quando a lignina é extraída do tecido lenhoso, inoculada com microrganismos e incubada sob condições laboratoriais, é relativamente resistente à degradação microbiana. O que explicaria a diferença entre o que ocorre sob condições naturais e sob condições laboratoriais?

6. Qual é o destino dos herbicidas e pesticidas aplicados na produção agrícola?

7. Que condições influenciam a ocorrência e a distribuição de microrganismos no ar?

Capítulo 29

Microbiologia das Águas Naturais, Potáveis e dos Esgotos

Objetivos

Após a leitura deste capítulo, você deve ser capaz de:

1. Descrever o ciclo hidrológico.
2. Identificar as variações físicas que podem ocorrer nos lagos e açudes, estuários e oceanos e explicar como estas variações afetam os microrganismos que habitam essas águas.
3. Caracterizar os microrganismos planctônicos.
4. Diferenciar os microrganismos presentes na zona fótica de um lago com aqueles da zona bêntica.
5. Explicar o papel dos microrganismos aquáticos no processo da mineralização.
6. Descrever o papel-chave dos microrganismos aquáticos na cadeia alimentar aquática.
7. Explicar como a água natural é tratada para o município assegurar que a água fornecida seja potável.
8. Citar as razões por que a *Escherichia coli* é utilizada como indicador de contaminação de água.
9. Esquematizar o procedimento para a análise microbiológica de água potável.
10. Citar os microrganismos considerados um incômodo em águas fornecidas e explicar por que eles são indesejáveis.
11. Descrever o papel dos microrganismos em cada etapa de uma estação moderna de tratamento de água de esgoto.

Introdução

A umidade em nosso planeta passa por uma circulação contínua, fornecendo a água necessária a todos os seres vivos. A água entra na atmosfera terrestre pela evaporação de lagos, rios e oceanos e pela transpiração das folhas das plantas. Em seguida, precipita-se e retorna à terra na forma de neve, granizo ou chuva. Embora uma gota de água possa parecer simples, ela é realmente muito complexa, pois muitas vezes contém compostos químicos e microrganismos de muitas espécies. Esses microrganismos podem alterar as substâncias químicas encontradas na água; eles também fornecem nutrientes para outros organismos aquáticos.

A água utilizada pelo homem vem de fontes naturais de água doce, tais como poços, lagos e rios. Por segurança, essa água (exceto aquela de poços que fornecem água de boa qualidade) deve ser tratada para eliminar microrganismos potencialmente patogênicos. As estações de purificação de água são construídas com esse propósito.

Águas de esgoto ou residuais são águas já utilizadas pelo homem para fins domésticos ou industriais; elas devem ser tratadas antes de estar disponíveis. Os microrganismos realizam o principal papel no tratamento do esgoto pela degradação de grande parte do material orgânico presente e pela decomposição de outras substâncias químicas indesejáveis.

Águas Naturais

A umidade na terra circula para a atmosfera e vice-versa, em um processo denominado ***ciclo hidrológico***. Este termo refere-se à passagem de água para a atmosfera pela evaporação de oceanos e outras águas de superfície e pela transpiração (evaporação das superfícies das folhas) de plantas e subseqüente precipitação da umidade na atmosfera na forma de chuva, neve ou granizo, que caem de volta à terra (Figura 29.1; DESCOBERTA 29.1). Neste ciclo, as águas naturais podem ser classificadas em três principais categorias, baseados nas suas localizações:

1. Água atmosférica: água presente nas nuvens e precipitada como chuva, neve ou granizo.

2. Água superficial: porções de água como lagos, rios, ribeirões e oceanos.

3. Água de lençol freático: água subterrânea onde todos os poros do solo, bem como os espaços internos e entre os materiais rochosos estão saturados.

As águas naturais podem servir como hábitat para muitos microrganismos. Elas podem ser *hábitat de água doce*, como lagos, açudes, nascentes, pântanos e rios; *hábitat marinho* (os oceanos); ou *hábitat de estuários*, a região entre as fontes de água doce e de oceanos. Um *estuário* é uma extensão das águas costeiras, semifechada, que apresenta uma conexão livre com o mar aberto. O ambiente marinho é, assim, o maior dos hábitats aquáticos.

O estudo dos microrganismos de água doce, do mar e de estuários é denominado *microbiologia aquática*. Os microbiologistas que se especializam nesta área de pesquisa levam em conta as várias características físicas e químicas desses ambientes aquáticos.

Figura 29.1 Diagrama esquemático do ciclo hidrológico.

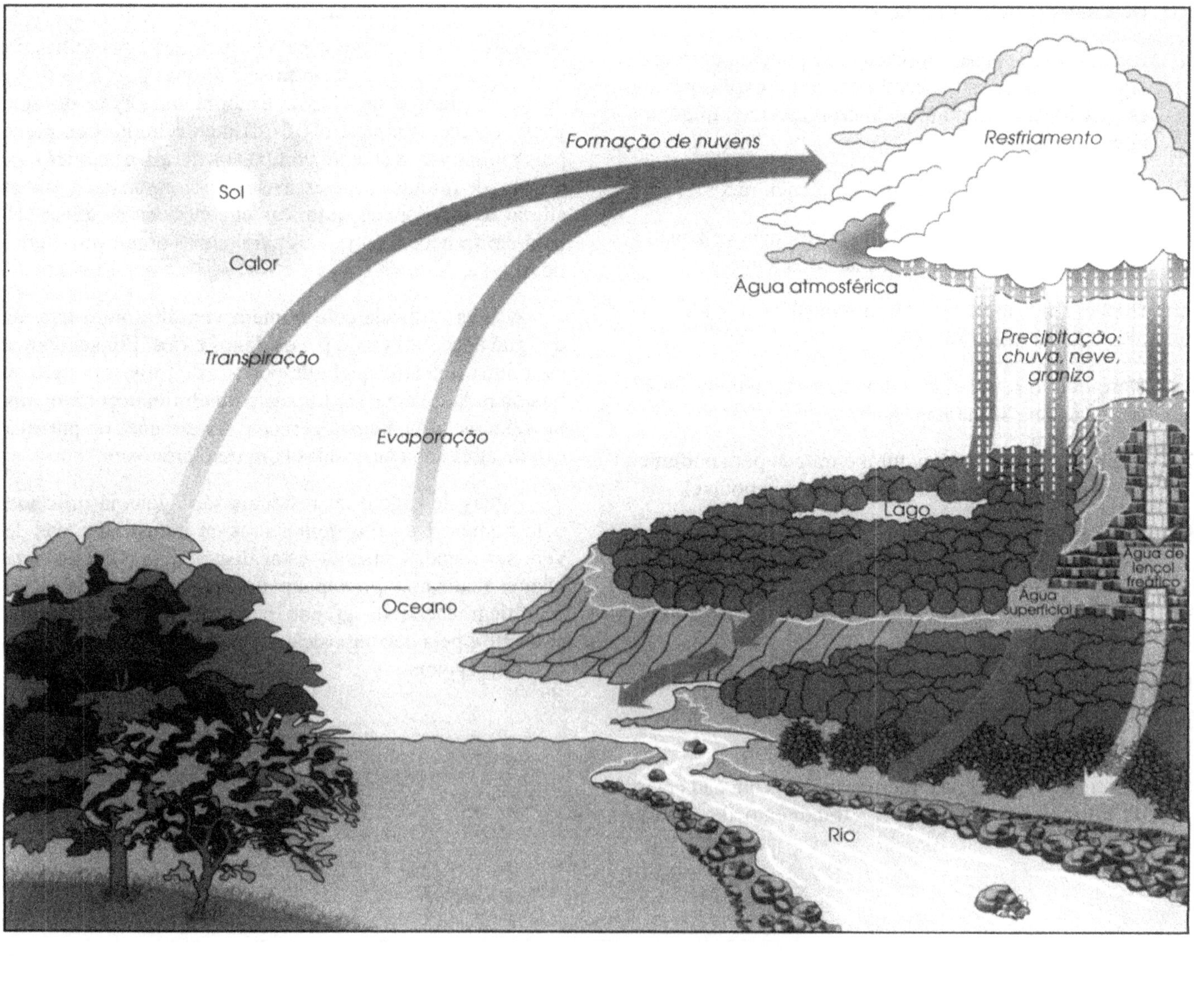

DESCOBERTA!

29.1 O PERCURSO DE UMA GOTA DE ÁGUA.

As características de reciclagem da umidade da terra são captadas neste ensaio intitulado "O Percurso de uma Gota d'Água", escrito por um estudante do sexto ano da Escola Pública em 1963, na cidade de Nova Iorque.

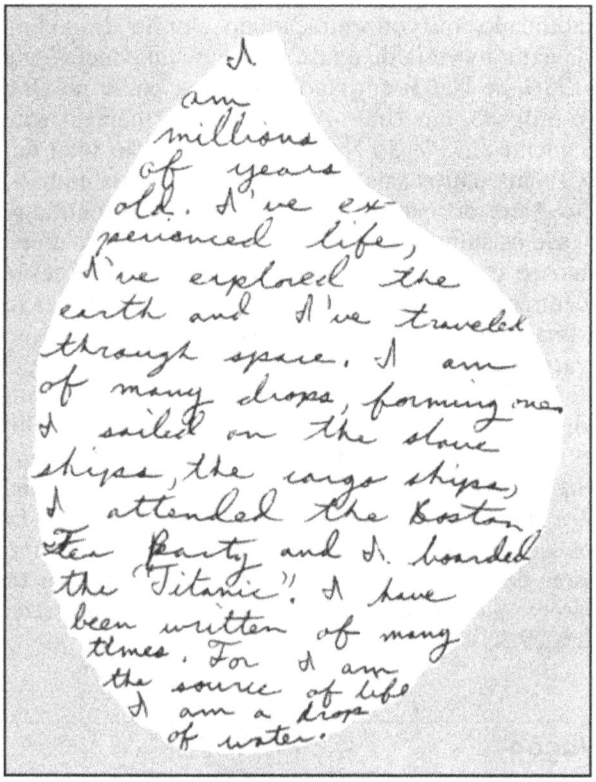
I am millions of years old. I've experienced life, I've explored the earth and I've traveled through space. I am of many drops, forming one. I sailed on the slave ships, the cargo ships, I attended the Boston Tea Party and I boarded the 'Titanic'! I have been written of many times. For I am the source of life I am a drop of water.

"Eu tenho milhões de anos. Eu experimentei a vida, eu explorei a terra e viajei através do espaço. Eu sou uma das muitas gotas, formando uma. Eu naveguei nos navios de escravos, nos navios cargueiros, eu participei do Boston Tea Party, e estive a bordo do Titanic. Eu fui escrita muitas vezes, eu sou uma gota d'água".

De Bruce M. Kantrowitz, *The Second Wave and Other Tales: Getting the Most from Our Coastal Resources*, New York Sea Grant Institute Annual Report 1976-1977. Albany, Nova Iorque: New York Sea Grant Institute, 1977, p. 6.

Responda

1 O que é ciclo hidrológico?

2 Quais são as três categorias de águas naturais?

O Ambiente Aquático

Os tipos de microrganismos encontrados em um ambiente aquático são, de forma ampla, determinados pelas condições físicas e químicas que prevalecem naquele ambiente. Essas condições ambientais variam de um extremo a outro em relação a fatores como temperatura, luminosidade, pH e nutrientes.

Temperatura

As temperaturas das águas superficiais variam de 0°C nas regiões polares a 40°C nas regiões equatoriais. Sob a superfície, mais de 90% do ambiente marinho está abaixo de 5°C, uma condição favorável para o crescimento de microrganismos psicrófilos.

Algumas bactérias termófilas foram isoladas de sedimentos anaeróbios próximos a fendas no fundo do oceano. Por exemplo, a arqueobactéria *Pyrodictium occultum* foi isolada de um campo submarino próximo à ilha de Vulcano, Itália, onde a água, que atinge até 103°C, estava fluindo das fendas no fundo do mar. Estudos de laboratório têm mostrado que *P. occultum* tem uma temperatura de crescimento ótimo de 105°C (5°C acima do ponto de ebulição da água) e que não cresce abaixo de 82°C. O *P. occultum* é uma bactéria autotrófica anaeróbia que cresce formando sulfeto de hidrogênio (H_2S) a partir do gás hidrogênio (H_2) e do enxofre elementar (S). *Pyrobaculum organotrophum* é um representante de um novo grupo de arqueobactéria hipertermofílica isolado do mar, em diferentes partes do mundo (Figura 29.2). As espécies desse gênero apresentam crescimento ótimo a 100°C; são bacilos Gram-negativos,

Figura 29.2 *Pyrobaculum organotrophum* pertence a um novo grupo de arqueobactérias hipertermofílicas isoladas de águas ferventes solfatáricas neutras a alcalinas nos Açores, na Islândia e Itália. As bactérias deste grupo crescem otimamente a 100°C.

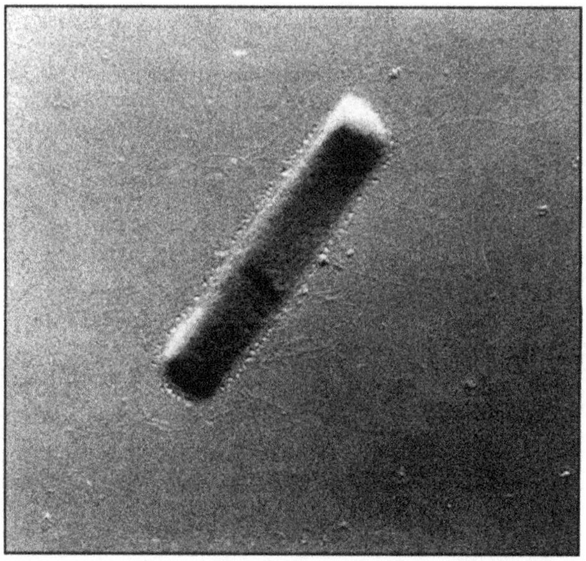

1,0 µm

anaeróbios estritos, com movimento flagelar. Os microbiologistas estão ainda descobrindo novos tipos de microrganismos capazes de viver nessas temperaturas muito altas.

Pressão Hidrostática

A *pressão hidrostática* é a pressão do fundo de uma coluna vertical de água. Essa pressão aumenta com a profundidade da água a uma proporção de 1 atmosfera (14,7 lb/pol^2) a cada 10 m. Em grandes profundezas, como junto ao fundo do mar, a pressão hidrostática é enorme e pode causar muitas alterações que afetam os sistemas biológicos, como mudanças nas velocidades de reações químicas, na solubilidade de nutrientes e no ponto de ebulição da água.

Organismos barófilos são organismos que não podem crescer na pressão atmosférica normal e requerem alta pressão hidrostática. Algumas bactérias barófilas foram isoladas do oceano Pacífico em valas de profundidades de 1.000 a 10.000 m. Para o isolamento dessas bactérias, é requerido equipamento especial de amostragem que mantém a alta pressão na amostra, desde a coleta até o período de cultivo. Em geral, as bactérias barófilas crescem melhor em pressões ligeiramente menores do que a pressão do local do qual foram isoladas, e quase todas podem ser incubadas a temperaturas psicrófilas (cerca de 2°C).

Luz

Muitas formas de vida aquática dependem, direta ou indiretamente, dos produtos metabólicos de organismos fotossintéticos. Os principais organismos fotossintéticos na maioria dos hábitats aquáticos são as algas e as cianobactérias; o crescimento desses microrganismos é restrito às camadas superiores de águas através das quais a luz pode penetrar. A região da camada de água na qual ocorre a fotossíntese é chamada de ***zona fótica***. O tamanho dessa zona varia, dependendo das condições do local, como posição do sol, estação do ano e especialmente turbidez da água. Geralmente a atividade fotossintética está restrita à faixa de 50 a 125 m de profundidade, dependendo da claridade.

Salinidade

A salinidade, ou concentração do cloreto de sódio, de águas naturais varia de quase zero em água doce à saturação (32% de NaCl) em lagos salgados, como no Grande Lago Salgado, em Utah. A água do mar contém aproximadamente 2,75% de NaCl; a concentração total de sal (NaCl mais outros sais) na água do mar varia entre 3,3 e 3,7%. Além do NaCl, os principais sais encontrados na água são os sulfatos e os carbonatos de sódio e os cloretos, sulfatos e carbonatos de potássio, cálcio e magnésio. A concentração de sais é usualmente menor em praias rasas próximas à foz dos rios. Nos estuários, a concentração de sal varia da superfície ao fundo, entre as porções superior e inferior da foz e de estação para estação, criando sempre condições alteradas para as formas de vida que habitam esses corpos de água. Muitos microrganismos marinhos são halofílicos; eles crescem bem em concentrações de 2,5 a 4,0% de NaCl. Por outro lado, microrganismos de lagos e rios são geralmente inibidos pelo NaCl em concentrações maiores do que 1%. O crescimento de três tipos bacterianos frente a diferentes níveis de salinidade é mostrado na Figura 29.3.

Turvação

Há nítidas variações na limpidez das águas de superfície. O mar Adriático é cintilantemente claro a grandes profundidades, enquanto o rio Mississipi é muito turvo. O material em suspensão, responsável pela turvação da água, inclui:

Figura 29.3 Curvas de crescimento em soluções salinas de (**A**) uma bactéria halotolerante de água doce, (**B**) uma bactéria halofílica obrigatória de água salgada e (**C**) uma bactéria halofílica obrigatória marinha, todas isoladas do mar Báltico. (Cortesia de G. Rheinheimer, *Aquatic Microbiology*, Wiley, Nova Iorque, 1985.)

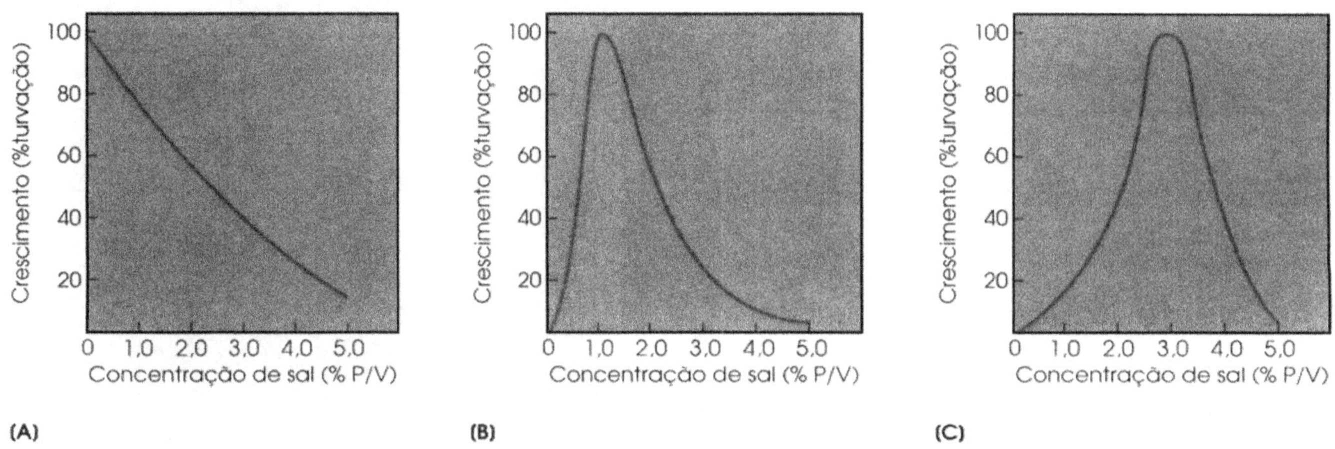

Figura 29.4 Bactérias marinhas aderidas a materiais particulados são referidas como epibactérias. Aqui é mostrada a bactéria marinha aderida a (**A**) partículas de ágar e (**B**) partículas de quitina.

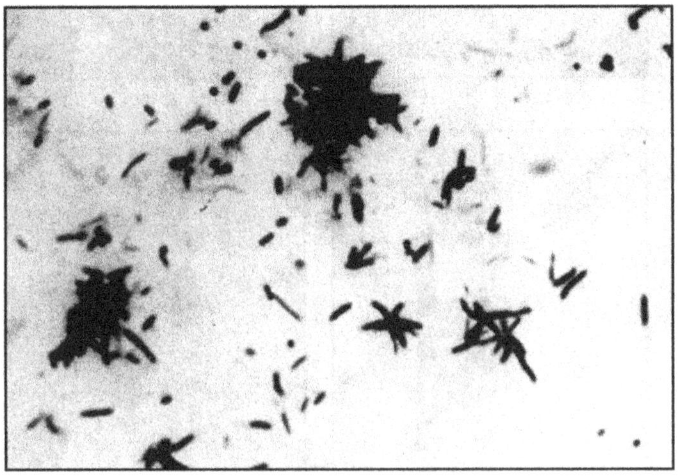

(A) 10 µm

(B) 10 µm

(1) partículas de materiais minerais provenientes da erosão da costa terrestre; (2) ***detritos***, formados por matéria orgânica particulada, como fragmentos de celulose, hemicelulose e quitina, provenientes da decomposição de material vegetal e animal; e (3) microrganismos suspensos. Quanto maior a turvação da água, menor é a penetração de luz e menor será a profundidade da zona fótica. Material particulado também serve como superfície à qual os microrganismos aderem. Muitas espécies de bactérias ligam-se a uma superfície sólida para colonizar (Figura 29.4); tais bactérias são chamadas ***epibactérias***. Este fenômeno de aderência foi descrito no Capítulo 17. O material particulado também serve de substrato que pode ser metabolizado por microrganismos.

Concentração Hidrogeniônica (pH)

Os microrganismos aquáticos geralmente crescem bem em uma faixa de pH de 6,5 a 8,5. O pH da água do mar é de 7,5 a 8,5, e muitos microrganismos marinhos crescem bem em um meio de cultura com o pH ajustado entre 7,2 e 7,6. Os lagos e rios podem mostrar uma variação mais ampla de pH, dependendo das condições ambientais do local. Por exemplo, arqueobactérias foram isoladas de lagos salgados da África, cujo pH é de 11,5; outras espécies de arqueobactérias crescem em pH 1 ou menos.

Nutrientes

A quantidade e os tipos de materiais orgânicos e inorgânicos (nutrientes) presentes no ambiente aquático influenciam significativamente o crescimento microbiano. Os nitratos e os fosfatos são constituintes inorgânicos comuns, promovendo o crescimento de algas. Quantidades excessivas de nitratos e/ou fosfatos podem causar um supercrescimento de algas na água para níveis onde o crescimento maciço esgota o fornecimento de oxigênio da água, sufocando todas as outras vidas aquáticas. A quantidade de nutrientes na água é referida como a *carga de nutriente* de um ambiente. Águas próximas às praias, que recebem esgoto doméstico contendo compostos orgânicos e inorgânicos, estão sujeitas a intermitentes variações em sua carga de alimentos, enquanto em alto-mar as águas têm uma carga de nutrientes que é comparativamente baixa e estável. Os esgotos industriais podem também contribuir com substâncias antimicrobianas quando lançados às águas de estuários e costeiras. O mercúrio e outros metais pesados de esgoto industrial podem inibir o crescimento de alguns microrganismos, enquanto simultaneamente permitem o crescimento de formas resistentes. Por exemplo, muitas pseudomonas podem sobreviver em ambientes contendo mercúrio. Elas convertem o mercúrio em mercúrio metilado, uma substância volátil que escapa para a atmosfera, removendo desta forma o mercúrio do ambiente aquático.

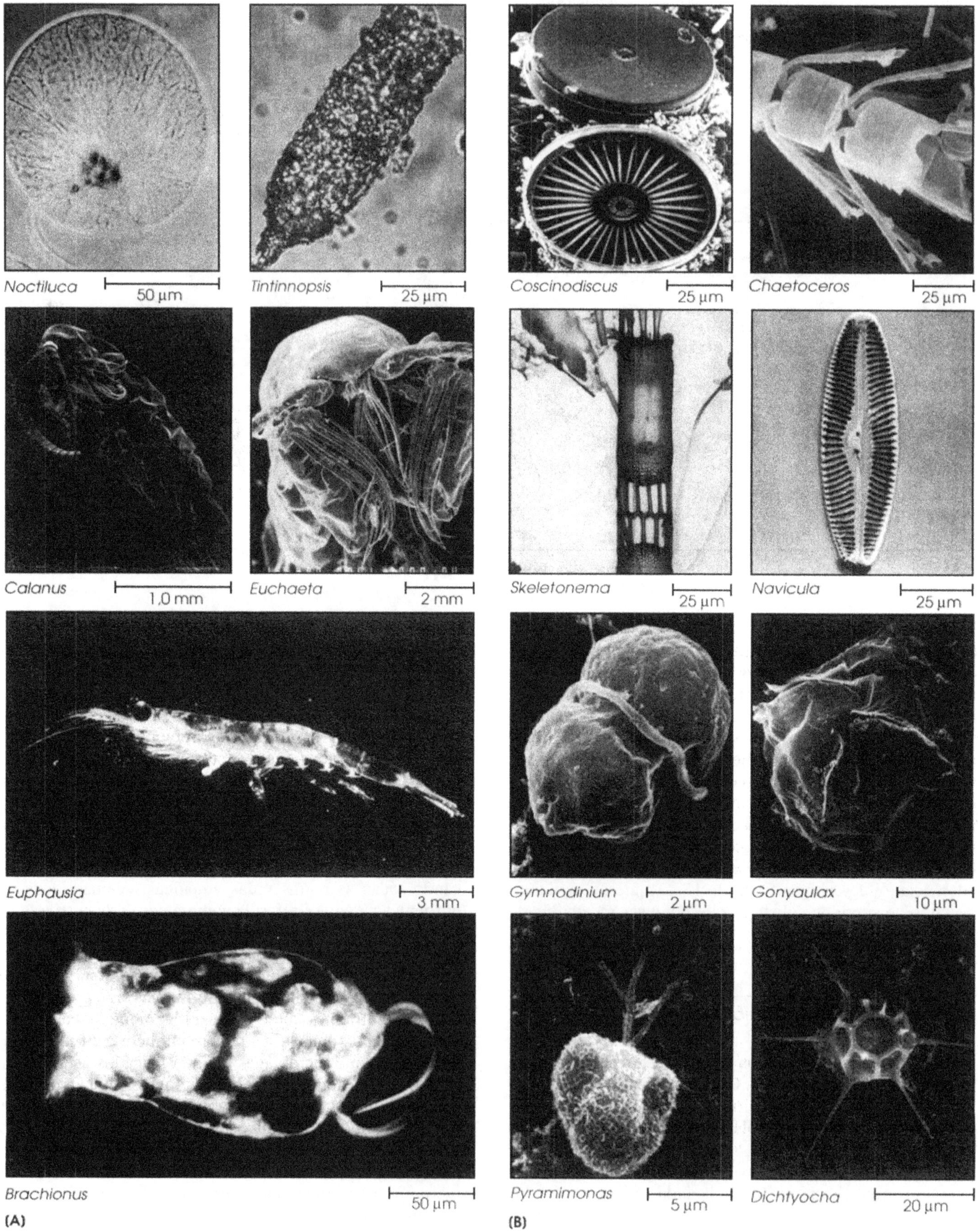
Noctiluca
50 µm
Tintinnopsis
25 µm
Coscinodiscus
25 µm
Chaetoceros
25 µm
Calanus
1,0 mm
Euchaeta
2 mm
Skeletonema
25 µm
Navicula
25 µm
Euphausia
3 mm
Gymnodinium
2 µm
Gonyaulax
10 µm
Brachionus
50 µm
Pyramimonas
5 µm
Dichtyocha
20 µm
(A)
(B)

Figura 29.5 Zooplâncton, fitoplâncton e bactérias marinhas. (**A**) Zooplâncton compreende uma população animal extremamente diversificada, variando de organismos unicelulares microscópicos (são mostrados o dinoflagelado *Noticula* e o ciliado *Tintinnopsis*) a metazoários multicelulares (são mostrados os copépodes *Calanus* e *Euchaeta*, o *krill Euphasia* e o rotífero *Brachionus*). Todas as espécies mostradas são encontradas em Puget Sound, na costa do Pacífico. (**B**) Os fitoplânctons são constituídos de algas, as quais estão adaptadas unicamente ao ambiente marinho. São mostradas as diatomáceas *Coscinodiscus, Skeletonema* e *Chaetoceros*, bem como a diatomácea *Navicula*, em forma de pena. O *Gymnodinium* é um exemplo de um dinoflagelado sem armadura, enquanto o *Gonyaulax* é uma espécie com armadura. Também representados no grupo do fitoplâncton estão os flagelados. Aqui são mostrados um flagelado verde (provavelmente *Pyramimonas*) e o esqueleto de um silicoflagelado marrom-dourado, *Dichtyocha*. Todas as amostras são de Puget Sound. (**C**) Bactérias com vacúolos de gás (predominantemente bacilos Gram-negativos) têm sido isoladas do gelo do mar Antártico bem como de sob uma coluna de água. Em cima: contraste de fase a fresco. Embaixo: microscopia eletrônica de transmissão. As áreas claras (em branco) são vacúolos de gás.

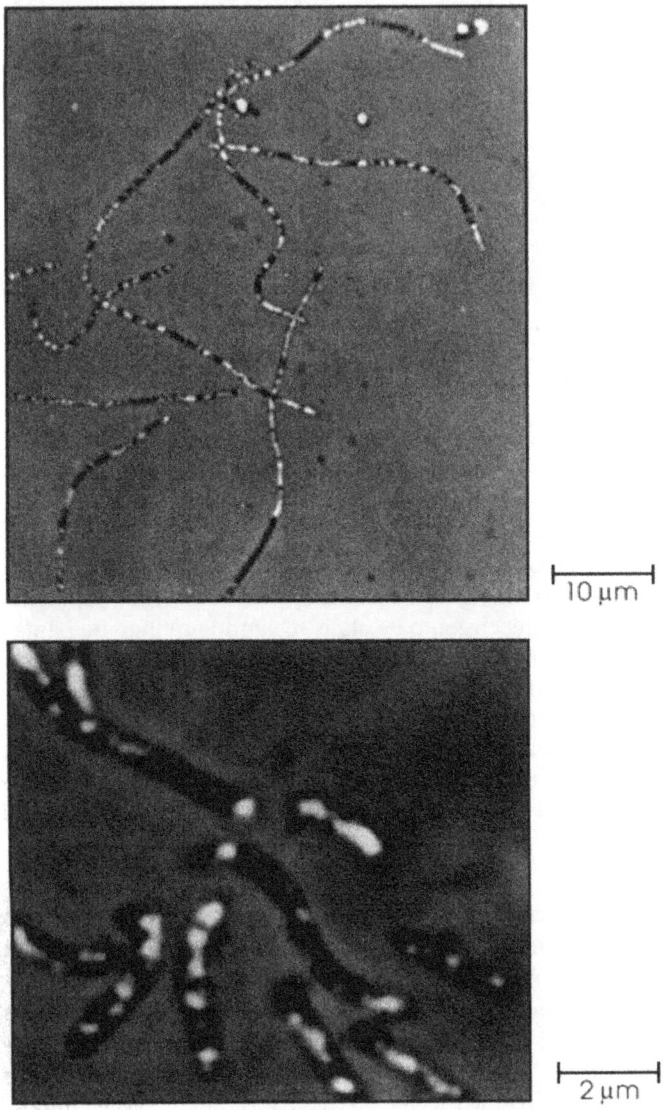

(C)

Responda
1 Quais são as principais condições ambientais que influenciam a flora microbiana de ambientes aquáticos?
2 Qual é o aspecto característico dos microrganismos barófilos?
3 Qual é o aspecto metabólico comum entre cianobactérias e algas?
4 O que significa *carga de nutriente* em microbiologia aquática?

Distribuição dos Microrganismos no Ambiente Aquático

Os microrganismos no ambiente aquático podem ocorrer em todas as profundidades, variando da superfície ao fundo das valetas dos oceanos. A camada superior – especialmente a película da superfície – e o sedimento do fundo contêm um grande número de microrganismos, particularmente em águas profundas.

A coleção de vida microbiana que flutua e se movimenta na região superficial dos pântanos, lagos e oceanos é denominada ***plâncton***. A população de plâncton pode ser primariamente alga e cianobactéria (***fitoplâncton***) ou pode consistir predominantemente em protozoários e outros seres vivos microscópicos (***zooplâncton***). Os microrganismos fototróficos são considerados como o plâncton mais importante porque são ***produtores primários*** de matéria orgânica por meio da fotossíntese. Muitos organismos do fitoplâncton podem permanecer na zona fotossintética por serem móveis. Outros possuem um aspecto estrutural não-usual ou contêm vacúolos com gotículas de óleo ou de gás, permitindo que flutuem (Figura 29.5). Uma variedade de condições, como luz solar, ventos, maré, correnteza, nutrientes e ingestão pelas formas superiores, pode afetar o número e os tipos de organismos na população do plâncton.

Os microrganismos que habitam o fundo de um corpo de água são chamados *organismos bênticos* e são referidos coletivamente como ***bentos***. A *zona bêntica* é a região mais rica de um sistema aquático em termos de número e tipos de microrganismos. Além disso, muitos microrganismos aquáticos habitam o intestino de animais marinhos como baleias e peixes.

Ambientes de Água Doce

A microbiologia dos ambientes de água doce é uma parte da ciência da ***limnologia***, que é o estudo da vida de todos os organismos que vivem nos lagos, pântanos e ribeirões.

Lagos e Pântanos. Os lagos e pântanos têm zonas ou camadas características (Figura 29.6). Essas zonas podem ser descritas como segue:

1. A *zona litorânea* é a zona ao longo da costa, onde a luz penetra até o fundo. Existe uma grande quantidade de vegetação enraizada.

2. A *zona limnética* é a região superior, em áreas abertas, longe da costa. Sua profundidade é determinada pela profundidade de penetração efetiva da luz (chamada *nível de compensação*).

3. A *zona profunda* refere-se a regiões profundas de águas abertas. A atividade fotossintética diminui progressivamente nessa zona.

4. A *zona bêntica* é a lama ou o lodo mole do fundo.

A zona profunda e a zona bêntica são largamente povoadas por organismos heterotróficos. Quando a zona bêntica é composta primariamente de material orgânico, a maioria dos organismos que decompõe este material será anaeróbia. Por outro lado, as zonas limnética e litorânea contêm maior variedade de tipos de microrganismos. Além do mais, em termos de síntese de compostos orgânicos a partir de substâncias inorgânicas, as regiões limnética e litorânea são as regiões mais *produtivas*. A produtividade é afetada pelas características químicas de lagos e pântanos e pela natureza dos materiais oriundos de córregos e rios.

Os lagos e pântanos em climas temperados apresentam alterações sazonais significativas em sua população microbiana devido à estratificação e à falta de mistura da água. No verão, a camada superior tende a ser mais quente e menos densa do que as regiões inferiores. No inverno, a situação é inversa, porque o gelo, que é menos denso que a água, fica na superfície. A estratificação atua como uma barreira de nutrientes e troca de oxigênio, especialmente em águas paradas. Entretanto, na primavera e no outono, ocorre a mistura das camadas superior e inferior, resultando em um crescimento maciço de algas denominado *florescência* (*bloom*) (Figura 29.7, caderno em cores).

Algumas algas aquáticas produzem toxinas letais para peixes e outros animais. Essas toxinas são extracelulares ou são liberadas das células álgicas pela decomposição bacteriana das algas em florescência. Certas algas marinhas (dinoflagelados pertencentes ao gênero *Gymnodinium* e *Gonyaulax*) causam a morte de animais aquáticos pela produção de uma *neurotoxina*. Essas neurotoxinas estão entre as toxinas mais potentes já conhecidas. Certas toxinas de algumas florescências estão concentradas entre as glândulas digestivas ou sifões de moluscos bivalves que filtram os alimentos (mariscos, mexilhões, escalopes, ostras e outros) e causam intoxicação paralítica quando os

Figura 29.6 Diagrama esquemático de um lago, ilustrando as várias regiões.

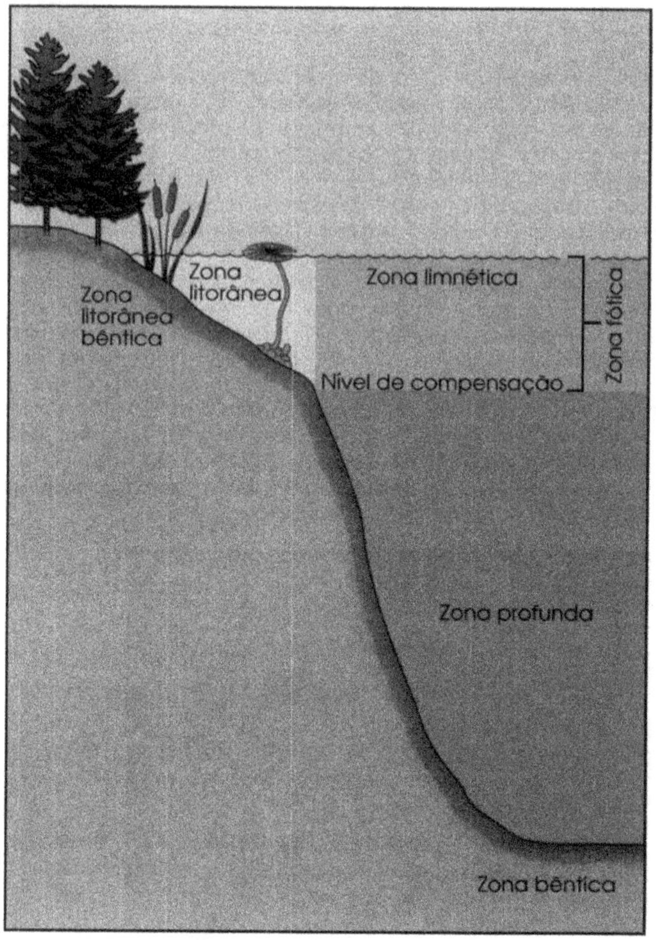

moluscos são ingeridos pelo homem. Houve casos também de morte de animais domésticos por beberem água contendo florescência de alga.

Os lagos e pântanos que são ricos em nutrientes, particularmente nitrogênio e fósforo, provavelmente suportam excessivo crescimento de algas. Quando um lago ou pântano é enriquecido com nutrientes em um determinado ponto onde ocorre um crescimento microbiano maciço, ele é denominado ***eutrófico***. Por outro lado, quando há baixo nível de nutrientes juntamente com condições pobres para o crescimento microbiano, o local é descrito como ***oligotrófico***. A Figura 29.8, caderno em cores, ilustra um perfil da população bacteriana em um lago.

Rios e Córregos. Muitos dos nutrientes de córregos e rios vêm do sistema terrestre circundante. De um modo geral, a população microbiana aquática reflete as condições terrestres, incluindo os efeitos das práticas domésticas, agrícolas e industriais. As mudanças ambientais drásticas em córregos e rios, criadas pela expansão rápida da urbanização e pelas mudanças no manejo do solo para cultivo, tornam impossível descrever uma população microbiana específica.

Estuários

Comparados com as águas dos oceanos, os estuários sofrem variações constantes porque recebem água e materiais de diversas fontes. Temperatura, salinidade, turvação, carga de nutrientes e outras condições variam largamente ao longo do tempo. Algumas características da Baía de Chesapeake (Figura 29.9), um dos maiores sistemas de estuário do mundo, servem para ilustrar as variações em um estuário:

1. A Baía de Chesapeake serve como uma bacia que recebe os nove principais rios, drenando grande quantidade do sul dos Estados de Nova Iorque, Pensilvânia, Maryland e Virgínia.

2. Apresenta uma linha litorânea de 4.600 milhas (7.300 km), que inclui áreas altamente industrializadas, áreas residenciais, marinhas, rurais e pântanos inabitados.

3. A salinidade varia de menos de 1% no rio afluente a 3,5% na foz da baía. Estima-se que um sistema estuário é preenchido aproximadamente de metade de água do mar e metade de água do rio. Desta forma, os estuários estão sujeitos às marés bem como a mudanças sazonais, e ambas afetam a salinidade de vários locais.

4. Direta ou indiretamente, a baía é afetada pela atividade de milhões de pessoas que residem na região. Práticas associadas com agricultura, comércio, indústria, transporte (escapamento do veículo motorizado) e recreações influenciam as condições da baía.

A partir dessas observações, torna-se evidente que a população microbiana do estuário está sujeita a considerável flutuação.

Algumas espécies microbianas são nativas em áreas ecológicas específicas do estuário, enquanto outras são transitórias, provenientes de fontes doméstica, industrial, agrícola ou atmosférica. Em áreas que recebem esgoto doméstico rico em nutrientes orgânicos, as bactérias predominantes incluem os coliformes (bacilos intestinais Gram-negativos, como a *Escherichia coli*); estreptococos fecais (como o *Streptococcus faecalis*); e espécies de *Aeromonas, Bacillus, Proteus, Clostridium, Sphaerotilus, Beggiatoa, Thiothrix, Thiobacillus* e muitos outros. São também encontrados vírus intestinais, como aqueles que causam a hepatite do tipo A ou poliomielite. Nas regiões em que o estuário é nutritivamente pobre, são encontradas bactérias gemulantes ou apendiculadas, como as espécies de *Hyphomicrobium, Caulobacter* e *Gallionella*. Bactérias do solo, como as do gênero *Azotobacter, Nitrosomonas* e *Nitrobacter*, também podem estar presentes. Numerosos fungos (*Ascomycetes, Phycomycetes* e *Deuteromycetes*) ocorrem em várias regiões dos estuários.

Oceanos

Os microrganismos habitam todas as profundidades e todas as latitudes das águas do mar. Eles são parte do plâncton e estão no sedimento do fundo dos oceanos. O grande volume do mar aberto proporciona um ambiente com condições mais uniformes do que aquele encontrado em outras águas naturais. Em função do tamanho e das profundezas dos oceanos, a obtenção das amostras para o estudo, incluindo sedimentos do fundo, apresenta significantes problemas técnicos. Esquemas e técnicas de amostragem especializados têm sido desenvolvidos para este propósito.

Plâncton Marinho. A população do fitoplâncton consiste em numerosas espécies de cianobactérias, bem como algas (diatomáceas, dinoflagelados, cocolitóforos e clamidomônadas). Este grupo de microrganismos é sobretudo respon-

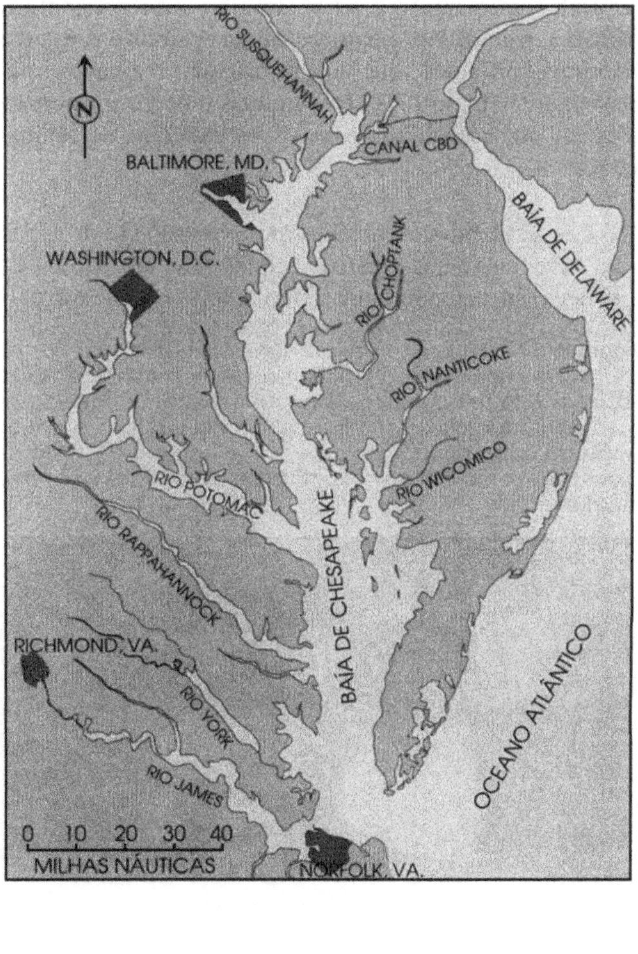

Figura 29.9 Bacia hidrográfica da Baía de Chesapeake. Drenando partes de seis estados de Nova Iorque a Virgínia, a bacia de Chesapeake compreende um emaranhado de rios afluentes. Cada córrego e rio afunila as águas da chuva para o estuário das Montanhas Appalachian, o Piedmont e a planície costeira. As águas residuais domésticas e industriais, que são incorporadas em cada um desses córregos e rios, são carregadas para a baía. Além disso, grande quantidade de descarga de automóveis e caminhões adiciona poluições na

sável pela conversão da energia radiante em energia química, a energia armazenada em compostos químicos que se acumulam no mar. A magnitude deste processo é enorme: para suportar o crescimento da captura de peixes no mundo (aproximadamente 50 milhões de toneladas), é necessária uma população de fitoplâncton equivalente a 50 bilhões de metros cúbicos.

As bactérias e algas planctônicas, sob certas condições ambientais, podem crescer em enormes populações nas áreas costeiras, o que resulta numa alteração da cor das águas. A cor característica do mar Vermelho está associada à densa florescência da cianobactéria *Oscillatoria erythraea*, que contém o pigmento vermelho ficoeritrina. As "marés vermelhas" também são conseqüência do desenvolvimento explosivo de certas espécies planctônicas que podem produzir toxinas mortais para o homem e os peixes. Colorações parda, âmbar ou amarelo-esverdeada em extensas áreas de água ocorrem como resultado da florescência de outros microrganismos (Figura 29.10, caderno em cores).

A população bacteriana ao longo da zona fótica está estreitamente relacionada com a distribuição de alga fitoplanctônica. A alga fornece compostos orgânicos utilizados pelas bactérias. Ela fornece também superfície sólida para agregação e aderência bacteriana. Muitas bactérias marinhas são moderadamente halofílicas. A temperatura do ambiente marinho é adequada para o crescimento de bactérias psicrófilas, e entre as formas psicrófilas estão as bactérias luminosas, que podem produzir luz na presença de oxigênio (Figura 29.11). Algumas bactérias luminosas existem em associação com certas espécies de animais marinhos.

Em geral, muitas bactérias marinhas são Gram-negativas. Acredita-se que a parede celular de células Gram-negativas, com sua membrana externa, fornece uma estrutura mais bem adaptada em ambientes aquáticos nutricionalmente diluídos do que a parede de células Gram-positivas, que não têm a membrana externa. Por exemplo, enzimas hidrolíticas importantes são retidas no espaço periplasmático de bactérias Gram-negativas, em vez de serem excretadas e perdidas no ambiente aquático, que seria o caso das bactérias Gram-positivas. Além disso, o lipopolissacarídeo (LPS) da membrana externa de bactérias Gram-negativas protege contra certas moléculas tóxicas, como ácidos graxos e antibióticos, e pode servir para ligar importantes nutrientes provenientes da água. As bactérias comuns das águas marinhas incluem espécies de *Vibrio, Acinetobacter, Pseudomonas, Flavobacterium* e *Alteromonas*. Na região superficial do ambiente marinho, as bactérias são freqüentemente pigmentadas, uma característica que proporciona proteção contra as radiações letais do sol.

Figura 29.11 Bioluminescência, emissão química de luz por microrganismos, é uma característica de muitas formas de vida marinha. Esta fotografia foi tirada com a luz da bactéria luminosa *Photobacterium phosphoreum*. Esta bactéria é encontrada na água do mar, na superfície e no trato alimentar de alguns peixes marinhos e nos órgãos luminosos de alguns peixes e cefalópodes.

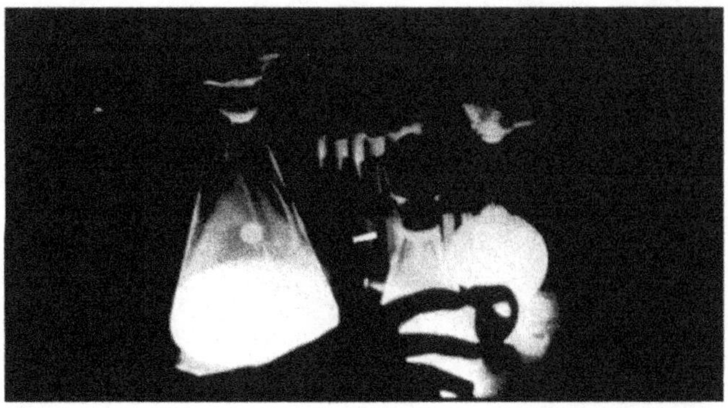

Fungos e Protozoários Marinhos. Além das bactérias e algas marinhas, alguns fungos e protozoários são encontrados no oceano. Esporos de bolores e fragmentos de micélios estão presentes na água do mar em toda a zona fótica. Fungos (deuteromicetes, ficomicetes e mixomicetes) têm sido isolados de ambientes marinhos. Os protozoários marinhos incluem espécies de *Foraminifera* e *Radiolaria*, bem como muitas espécies flageladas e ciliadas. Eles existem em grande número na região habitada pelo fitoplâncton. Estes animais zooplanctônicos alimentam-se de organismos fitoplanctônicos, de várias bactérias ou de detritos. Durante o dia o zooplâncton migra verticalmente e vive abaixo da região da atividade fótica, evitando a luz. À noite, eles migram e alimentam-se do fitoplâncton na superfície da água. A população bacteriana é distribuída de maneira mais ou menos uniforme ao longo de todas essas camadas, alimentando-se de material orgânico e de outros nutrientes.

A área situada entre essas regiões superiores e a zona imediatamente acima do fundo do mar é relativamente infrutífera, uma vasta região oceânica microbiologicamente deserta. Entretanto, o fundo do mar, a região bêntica, é habitado por uma grande variedade de microrganismos.

A População Bêntica. Os sedimentos longe das terras são habitados por bactérias e protozoários. Um grande número está presente na interface lama-água; a população bacteriana pode variar desde algumas centenas até milhões de indivíduos por mililitro de água. As contagens feitas nos sedimentos podem ser tão elevadas quanto centenas de milhões de bactérias por grama. Vários tipos fisiológicos destas bactérias são mostrados na Tabela 29.1.

Sedimentos Microbianos. Muitas algas e protozoários que habitam a região superficial da zona fótica apresentam cálcio ou sílica nas paredes celulares. Quando esses microrganimos morrem e gradualmente se depositam no fundo do oceano, seus esqueletos insolúveis são acumulados em quantidades enormes. As diatomáceas, as radiolárias e os silicoflagelados produzem um esqueleto silicoso (contendo sílica), enquanto os foraminíferos e os cocolitóforos produzem esqueletos calcáreos (contendo cálcio). Vastos leitos desses materiais, alguns com milhares de pés de espessura, ocorrem em várias regiões do mar. Por exemplo, os leitos de giz da Inglaterra e da França são principalmente remanescentes de foraminíferos, enquanto uma grande parte dos depósitos de Lompoc, Califórnia, consiste em remanescentes de diatomáceas. As bactérias, particularmente cianobactérias, estão também envolvidas na precipitação do carbonato de cálcio e subseqüente formação de calcário.

Tabela 29.1 Bactérias isoladas do sedimento do oceano pacífico, agrupados de acordo com os tipos fisiológicos.

Bactérias por grama de sedimento (peso úmido)	Amostra 8160 a 32°51,2' N, 117°28,3' O, e profundidade de 780 m
Total de aeróbios (contagem em placa)	930.000
Total de anaeróbios (contagem em tubos ovais)	190.000
Amonificação:	
Peptona → NH_4	100.000
Nutrose → NH_4	10.000
Fermentação da uréia, uréia → NH_4	100
Proteólise:	
liquefação da gelatina	100.000
Peptona → H_2S	10.000
Desnitrificação, NO_3 → N_2	100
Redução de nitrato, NO_3 → NO_2	100.000
Fixação de nitrogênio	0
Nitrificação, NH_4 → NO_2	0
Redução de sulfato, SO_4 → H_2S	1.000
Fermentação da glicose	10.000
Fermentação da xilose	10.000
Hidrólise do amido	10.000
Decomposição da celulose	1.000
Hidrólise de gordura (lipoclástica)	1.000
Digestão da quitina	100

Fonte: C. E. Zobell, *J. Sediment Petrol. 8*:10, 1938

A deposição e a transformação do ferro e do manganês em sedimentos e depósitos de enxofre, como os encontrados nas áreas da Costa do Golfo, do Texas e Lousiana, estão intimamente relacionadas com a atividade microbiana. Os microrganismos também realizam o principal papel na formação dos depósitos de petróleo a partir de materiais orgânicos acumulados e enterrados.

Responda

1 O que é flora microbiana do plâncton?
2 Caracterizar as zonas de um corpo de água doce.
3 O que é um estuário? Comparar a flora microbiana de um corpo de água doce com o de um estuário.
4 Qual é a causa das "marés vermelhas"? Quais condições favorecem a ocorrência dessas marés?
5 Qual é o significado prático da existência de grandes quantidades de cálcio e sílica na parede celular de certas algas e protozoários?

O Papel dos Microrganismos Aquáticos

A vida aquática inclui interações dos próprios microrganismos e de microrganismos e formas de vida superiores, tanto animais como vegetais. Numerosas espécies de microrganismos realizam diversas alterações bioquímicas que reciclam os elementos e nutrientes na água da mesma maneira descrita para o solo. Esses microrganismos desempenham um papel preponderante na manutenção do fluxo de nutrientes para a vida marinha e, desta forma, ocupam uma posição-chave na cadeia alimentar do ambiente aquático.

Cadeia Alimentar e Rede Alimentar em Ambientes Aquáticos

Uma ***cadeia alimentar*** é um sistema inter-relacionado de organismos que produzem alimentos, organismos que consomem alimentos e organismos que decompõem tecidos vegetal e animal em nutrientes para a síntese de mais alimentos. Os microrganismos desempenham um papel essencial em cada aspecto desse sistema. Os principais eventos na cadeia alimentar aquática são:

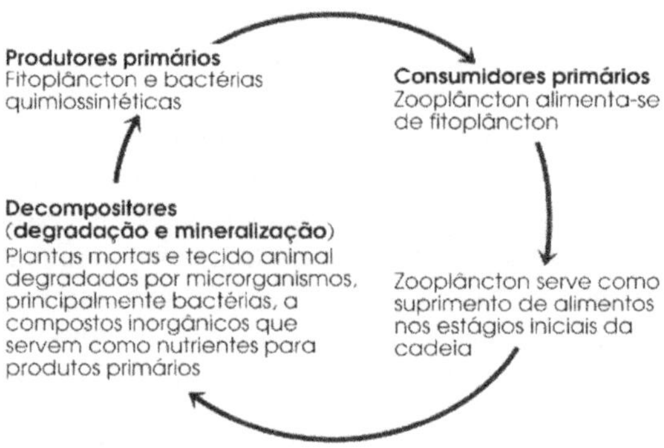

Figura 29.12 Uma rede alimentar simplificada da Baía de Chesapeake mostra as várias vias ao longo das quais os nutrientes e a energia são transferidos entre os níveis tróficos. O viveiro da baía é beneficiado pela cadeia alimentar por meio de duas vias: uma via direta, em que as plantas vivas são consumidas, e uma via indireta (detritos), em que a matéria orgânica morta, proveniente de terrenos montanhosos, pântanos, algas e vegetação aquática submersa, é decomposta e em seguida reutilizada. Uma cadeia direta típica pode consistir em cinco etapas: diatomáceas, copépode, anchovas, peixe-rocha, águia pescadora. Comparando, uma via indireta pode ser complexa: detritos de pântanos, bactérias, protozoários, mariscos (*filtro alimentador*) ou vermes poliquetas (*depósito alimentador*), caranguejo-azul, tambor-preto (peixe bêntico), homem. Alternativamente, uma via indireta simples pode ser: detritos, ostra, homem. A cadeia de detritos é a via mais importante no pântano, na vegetação aquática submersa e em comunidades bênticas, enquanto a via direta freqüentemente predomina na coluna de água.

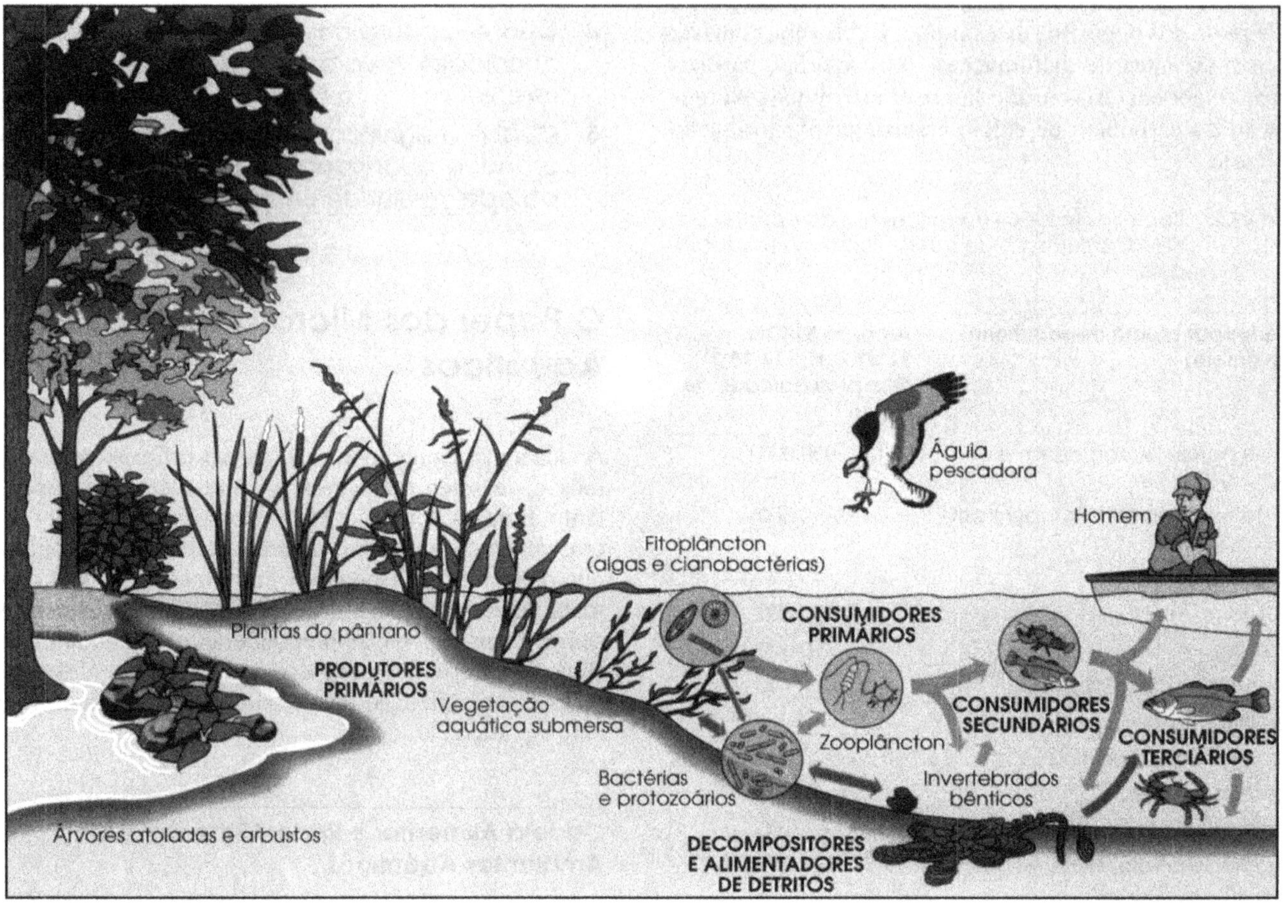

Entretanto, em muitos ambientes o relacionamento alimentar é, de fato, uma complexa interconexão, assemelhando-se a uma rede entrelaçada e é denominada *rede alimentar*. O papel dos microrganismos na rede alimentar de um estuário raso (Figura 29.12) difere daquele de uma cadeia alimentar em águas oceânicas. Nos estuários, significativas quantidades de nutrientes orgânicos são fornecidas pela vegetação e pelos detritos, que são decompostos por microrganismos. Desta forma, os nutrientes são convertidos em proteínas microbianas, que servem como alimentos para os protozoários. Muitos animais superiores em estuários são também consumidores diretos da vegetação e dos detritos: estes incluem crustáceos, moluscos, larvas de insetos, nematódeos, poliquetas e alguns peixes. O fitoplâncton e algas bênticas apresentam somente uma pequena contribuição no fornecimento de alimentos em estuários, ao contrário das suas contribuições em ambientes marinhos.

Em águas oceânicas, a produção primária na cadeia alimentar ocorre predominantemente por meio da fotossíntese realizada pelo plâncton e em menor extensão pelas bactérias quimiossintéticas.

Um exemplo fascinante de como os microrganismos fornecem alimentos para os animais superiores aquáticos é encontrado próximo das fontes de águas quentes no fundo do oceano. Como descrito no Capítulo 2, Volume I, foi descoberto em 1977 que uma alta densidade da vida microbiana e animal está presente em áreas imediatamente ao redor das fontes quentes do fundo do mar, ou ***fendas hidrotérmicas***, que ocorrem em montanhas vulcânicas a 2.600 m abaixo da superfície oceânica. Estas fendas lançam para fora águas superaquecidas que contêm sulfeto de hidrogênio (H_2S). Águas com temperaturas tão altas quanto 350°C têm sido registradas em algumas fendas, entretanto as águas em regiões ao redor das fendas apresentam uma temperatura média de 10 a 20°C. Muitas bactérias habitam essa região, não pela presença de água aquecida, mas devido à presença de H_2S na água. Essas bactérias são autotróficas e obtêm energia pela oxidação do H_2S. Grande parte dessa energia é utilizada pela bactéria para a fixação do CO_2 e produção de compostos orgânicos.

A vida animal também existe em abundância na região próxima à fenda térmica, mas essa vida animal é completamente dependente de substâncias orgânicas produzidas pelas bactérias que oxidam o sulfeto. Muitas dessas espécies animais são raras, tais como os vermes tubulares gigantes, que apresentam mais de 1 m de comprimento e grampos gigantes com mais de 30 cm de comprimento.

A Fertilidade do Oceano

O termo *fertilidade do oceano* é utilizado para expressar a capacidade de um oceano na produção de matéria orgânica, também denominada *produtividade* do oceano. A fertilidade depende primariamente, acima de tudo, da população planctônica. O plâncton marinho é referido como a *pastagem do mar*, porque os peixes, as baleias e as lulas alimentam-se diretamente do plâncton ou de outros animais maiores que se nutrem do plâncton. O ambiente terrestre produz de 1 a 10 g de matéria orgânica seca por metro quadrado por dia, comparado com 0,5 g para as áreas oceânicas profundas. Entretanto, em função de a área oceânica ser muito maior do que a área terrestre produtiva, o total de produtividade do oceano excede em muito à da terra.

O oceano Antártico é mais rico em formas de vida do que qualquer outra área oceânica. O grande suprimento de nutrientes nessa região é causado pela mistura de águas dos oceanos Atlântico, Pacífico e Índico. Essa mistura é carregada pelo movimento das correntes profundas de água fria que correm da plataforma continental da Antártica. A abundância de nutrientes nas camadas superiores resulta numa grande quantidade de fitoplâncton. O crustáceo vermelho, semelhante ao camarão, *Euphausia superba* (comumente denominado *krill*), nutre-se à custa do fitoplâncton. Por sua vez, o *krill* serve de alimento para peixes, pingüins, pássaros marinhos, focas e baleias. Neste ambiente, o *krill* é o organismo-chave na cadeia alimentar – a ligação entre a vida planctônica fotossintética e as formas de vida superiores. A seqüência dos organismos na cadeia alimentar é mostrada na Figura 29.13. A análise das populações planctônicas tem sido ampliada com a utilização de nova tecnologia. Avanços nas técnicas microscópicas fluorescentes combinados com o *software* de computadores e acessórios têm resultado no desenvolvimento de sistemas de análises de imagem de amostras coradas com substâncias fluorescentes (Figura 29.14, caderno em cores). Equipamento automatizado com capacidade para analisar imagens coloridas a partir de microscopia de fluorescência está contribuindo significativamente para a melhor compreensão da ecologia do plâncton.

Figura 29.13 Pirâmide ecológica mostrando vários níveis tróficos. Quanto mais alto é o degrau da pirâmide, menor o número de indivíduos e maior o seu tamanho. Em alguns ambientes, os animais maiores tiram vantagem de alguns dos níveis da cadeia alimentar. Por exemplo, o homem aproveita-se de todos os níveis abaixo dele, incluindo os produtores.

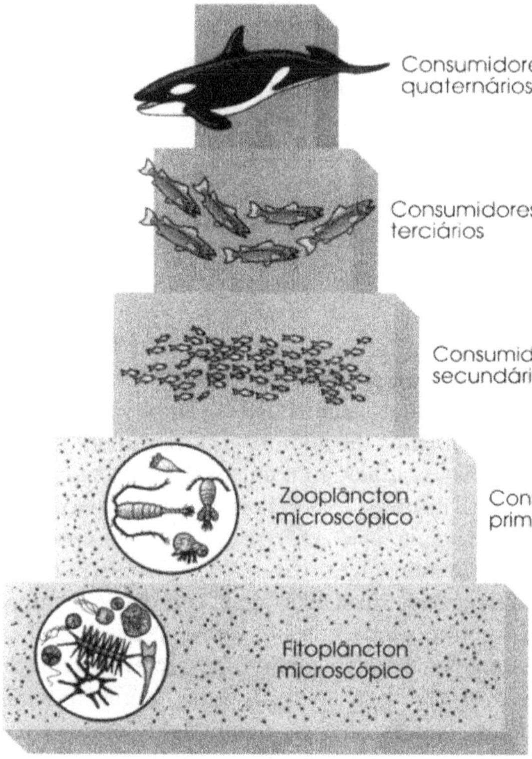

Embora as regiões costeiras e de estuário proporcionem um ambiente físico menos estável do que os oceanos, a fertilidade dessas regiões excede a do mar aberto em virtude da maior riqueza de nutrientes disponíveis, provenientes das áreas terrestres circundantes.

Fenômeno da Ressurgência. As populações microbianas nos oceanos são também afetadas pelo movimento dos nutrientes causado pelas correntezas. Um fenômeno chamado *ressurgência* ocorre no oceano quando a água sobe de regiões mais profundas para zonas mais rasas, geralmente como resultado da divergência de correntes afastadas ou de ventos. Neste processo a água do fundo carrega rico suprimento de nutrientes para a região superficial. A ressurgência ocorre nas costas da Califórnia e Peru e é responsável pela alta produtividade dessas regiões.

Turbilhões são grandes correntes superficiais espiraladas no oceano que tendem a coletar e reter nutrientes, dejetos e microrganismos. Os turbilhões têm sido avaliados somente nos últimos anos como resultado de observações que foram possíveis por meio de imagens de satélites.

Responda

1 Qual é o papel dos produtores primários e dos decompositores em uma cadeia alimentar aquática?

2 O que contribui para a fertilidade do oceano?

Água Potável

A água potável da maioria das comunidades e municípios é proveniente de fontes superficiais – rios, ribeirões e lagos. Esses suprimentos de água natural, particularmente ribeirões e rios, são poluídos com dejetos domésticos, agrícolas e industriais. Muitos habitantes de cidades não estão cientes de que a água que vem para suas torneiras foi utilizada anteriormente, talvez várias vezes. Como parte do ciclo hidrológico, a reutilização de água é tradicionalmente um processo natural, mas pressões crescentes em nosso suprimento de água estão forçando o desenvolvimento de novas técnicas para a reciclagem da água. O crescimento da população, a necessidade de quantidades maiores de água pela indústria e a expansão da irrigação agrícola exigem novas demandas de reservas de águas disponíveis.

Esses fatores têm contribuído para uma nova dimensão na reutilização da água, fazendo-se necessário "acelerar" o processo natural de reciclagem da água e assegurar um suprimento seguro. Por exemplo, recentemente, no sul da Califórnia, foi implantado o racionamento de água. Conseqüentemente, há um interesse crescente no desenvolvimento de métodos aceitáveis para transformar a água "utilizada" em água segura e adequada para reutilização de forma mais rápida. Uma legislação federal abrangente tem sido desenvolvida para impor regulamentos severos destinados a reduzir a poluição e melhorar a qualidade da água.

Poluição

A água pode ser perfeitamente límpida, inodora e insípida e ainda constituir-se em água imprópria para o consumo. Os contaminantes que poluem a água são classificados em três categorias: químico, físico e biológico. Nossa discussão focalizará os poluentes biológicos, denominados microrganismos.

A água pode colocar em perigo a saúde e a vida se apresentar microrganismos patogênicos (Capítulo 25). Os patógenos mais freqüentemente transmitidos pela água são aqueles que causam infecções do trato intestinal. Como exemplos, podem ser citados os agentes etiológicos de febre tifóide e paratifóide, shigelose, cólera, campilobacteriose, enterites virais e amebíase. Esses microrganismos estão presentes nas fezes ou na urina de uma pessoa infectada e, quando descartados, podem entrar em um corpo de água que pode servir como fonte de água potável.

A prevenção da transmissão desses patógenos pode ser feita mediante (1) métodos de purificação de água que fornecem água potável segura, (2) tratamento da água de

Figura 29.15 Esquema mostrando a localização apropriada da sede da fazenda para evitar contaminação. As setas indicam a direção que a água do solo percorre.

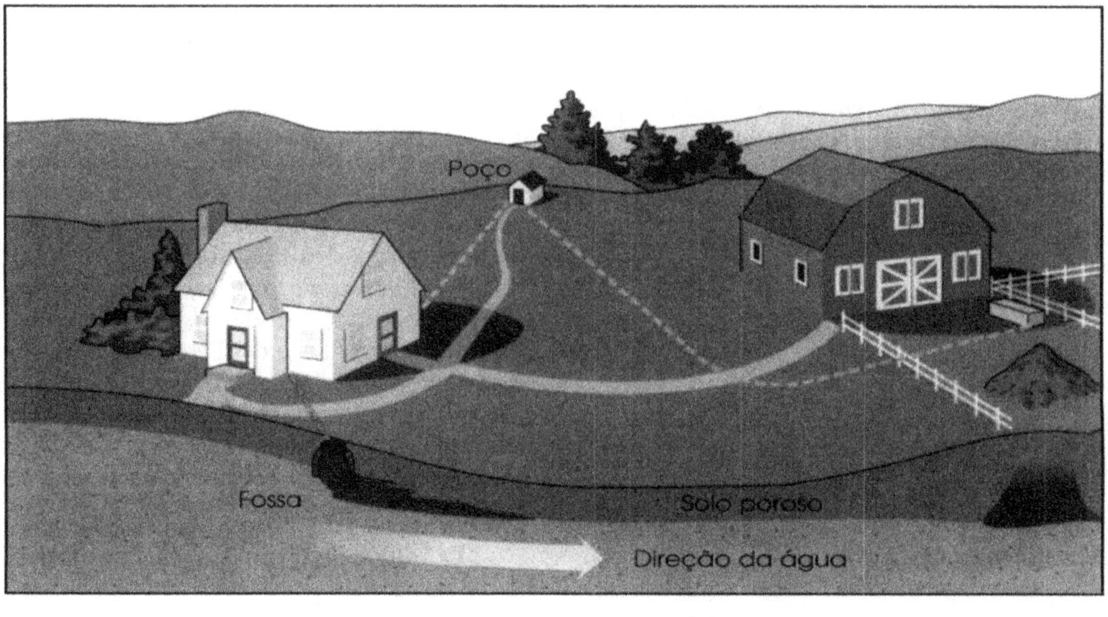

esgoto antes do descarte ou reutilização e (3) procedimentos por meio dos quais a água pode ser examinada para determinar a sua qualidade microbiológica.

Purificação da Água

A água segura para o consumo está livre de microrganismos patogênicos e substâncias químicas prejudiciais à saúde e é denominada água ***potável***. A água não-potável, por outro lado, deve ser purificada antes do seu uso para o consumo humano. Os métodos de purificação variam, dependendo da fonte de água e da quantidade de água necessária.

Abastecimento Residencial de Água. Fontes subterrâneas – poços e fontes – fornecem a maior parte da água para residências individuais de áreas rurais. As águas de superfície não devem ser utilizadas para ingestão, a menos que sejam primeiramente tratadas (ou fervidas) para destruir qualquer microrganismo patogênico, já que há o perigo constante de estarem poluídas. A água de poços e fontes é filtrada quando penetra pelas camadas do solo; este processo remove partículas suspensas, incluindo microrganismos. É de suma importância que, ao escolher um local para perfurar um poço, este esteja localizado a uma distância suficientemente segura de eventuais fontes de contaminação, como privadas, fossas, tanques sépticos e estábulos (Figura 29.15). As águas fornecidas nas casas devem ser submetidas à análise laboratorial periodicamente para assegurar sua potabilidade.

Abastecimento Municipal de Água. Os principais métodos empregados numa estação municipal de tratamento de água para produzir água potável são a *sedimentação,* a *filtração* e a *cloração* (Figura 29.16). A sedimentação ocorre em grandes reservatórios, onde a água permanece por um certo período; a matéria, sob a forma de grandes partículas, precipita-se em direção ao fundo. A sedimentação é melhorada pela adição de alúmen (sulfato de alumínio), o qual produz um precipitado flocoso aderente. Muitos microrganismos, assim como os materiais particulados finamente suspensos, são removidos à medida que esses precipitados descem pela água nas bacias de sedimentação, um processo que remove 99% dos microrganismos. A água passa então por grandes leitos de filtro de areia para completar a remoção de matéria particulada. Em seguida, a água é clorada para destruir qualquer microrganismo remanescente e assegurar sua potabilidade. A dosagem de cloro deve ser suficiente para deixar um resíduo de 0,2 a 1,0 mg de cloro livre por litro de água.

O processo de purificação pode incluir métodos adicionais, como remoção de minerais que causam a dureza da

Figura 29.16 Esquema geral dos procedimentos usuais utilizados em uma estação municipal de tratamento de água.

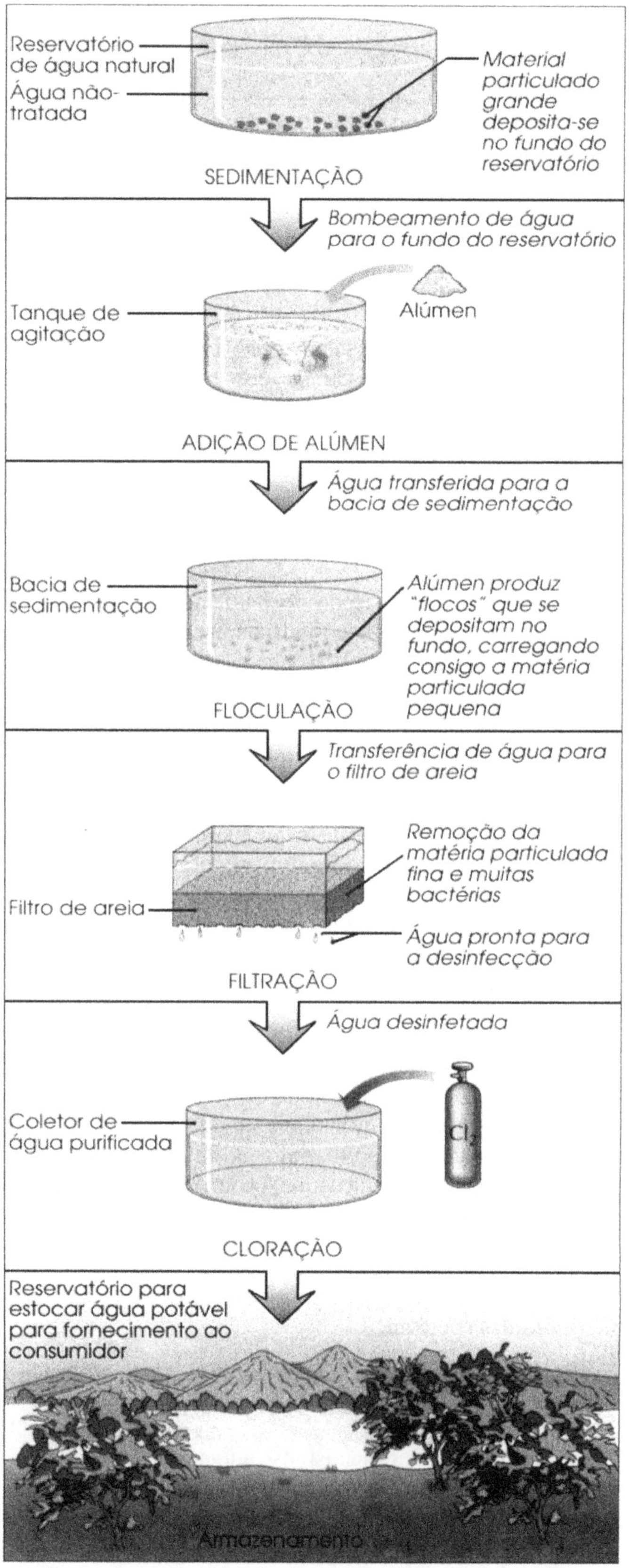

água, ajuste do pH, caso a água esteja muito ácida ou alcalina, e eliminação de sabores e colorações indesejáveis, além da adição do flúor para a prevenção da cárie dental.

Microrganismos como Indicadores da Qualidade da Água

A análise microbiológica da água de rotina, para determinar a sua potabilidade, não é e não deve ser baseada no isolamento e identificação de microrganismos patogênicos, pelas seguintes razões:

1. Os agentes patogênicos têm acesso esporádico ao ambiente hídrico e não demonstram sobrevivência durante um longo período de tempo; portanto, poderiam ser perdidos em uma amostra submetida à análise laboratorial.

2. Estando em pequeno número, os microrganismos patogênicos podem não ser detectados pelos procedimentos laboratoriais.

3. É necessário um período de pelo menos 24 h para a obtenção de resultados laboratoriais para microrganismos patogênicos. Detectada a presença desses microrganismos durante esse período, muitas pessoas teriam consumido a água e estariam expostas a esses microrganismos patogênicos, antes de uma ação correta para a situação.

Por estas razões, os microbiologistas têm desenvolvido métodos para analisar a água que não dependem de isolamento e identificação dos microrganismos patogênicos. Em vez disso, os testes são baseados na detecção de microrganismos cuja presença na água indica a possibilidade da presença de microrganismos patogênicos. Os organismos indicadores servem como um sistema de "alarme".

Microrganismos Indicadores. O termo ***microrganismos indicadores*** refere-se a um tipo de microrganismo cuja presença na água é evidência de que ela está poluída com material fecal de origem humana ou de outros animais de sangue quente. Este tipo de poluição indica que qualquer microrganismo patogênico que ocorre no trato intestinal desses animais pode também estar presente. Algumas das características importantes de um organismo indicador são:

1. Está presente em águas poluídas e ausentes em águas não-poluídas (potável).

2. Está presente na água quando os microrganismos patogênicos estão presentes.

3. O número de microrganismos indicadores está correlacionado com o índice de poluição.

4. Sobrevive melhor e por mais tempo na água do que os microrganismos patogênicos.

5. Apresenta propriedades uniformes e estáveis.

6. Geralmente é inofensivo ao homem e a outros animais.

7. Está presente em maior número do que os patogênicos (sendo facilmente evidenciado).

8. É facilmente evidenciado por técnicas laboratoriais padronizadas.

Escherichia coli é o organismo utilizado nos Estados Unidos, pois satisfaz as exigências de um indicador ideal de poluição. Outras bactérias têm sido sugeridas e algumas vezes utilizadas como indicadores de poluição. Estas incluem *Streptococcus faecalis* e *Clostridium perfringens*; ambas são habitantes normais do intestino grosso do homem e de outros animais. Existe também considerável interesse no desenvolvimento de uma metodologia de rotina para a evidenciação de um vírus como um indicador de poluição.

Como as bactérias coliformes, os vírus entéricos podem ser carreados juntamente com os dejetos humanos para a água. A análise de uma amostra de água para a presença de vírus requer métodos mais elaborados do que aqueles utilizados para o isolamento de bactérias. Embora existam pesquisas em andamento nesta área, nenhum "método-padrão" para detecção de vírus na água tem sido adotado.

***Escherichia coli* e Outros Coliformes.** As bactérias do grupo coliforme são caracterizadas como bacilos Gram-negativos não-esporulados, facultativos, que fermentam a lactose com produção de ácido e gás em um período de 48 h a 35°C. A *E. coli* é um habitante normal do trato intestinal de humanos e outros animais de sangue quente e, assim, é considerada um *tipo fecal* de coliforme. Outros membros do grupo coliforme, por exemplo, *Enterobacter aerogenes*, encontram-se amplamente distribuídos na natureza, são encontrados no solo, na água, nos cereais e também no trato intestinal humano e de outros animais e são considerados coliformes *não-fecais*. Estas espécies carregam entre si características culturais e morfológicas muito parecidas. Conseqüentemente, é necessário o uso de testes bioquímicos para diferenciar essas espécies, como os seguintes:

1. Capacidade de produzir indol a partir do triptofano. *E. coli* tem essa capacidade, enquanto *E. aerogenes* não tem.

2. Quantidade de ácidos produzidos num caldo glicosado especial e detectado pela presença do indicador de pH vermelho de metila. Os dois microrganismos produzem ácidos a partir da glicose. Entretanto, *E. coli* produz um pH mais baixo, que muda a cor do meio para vermelha, enquanto *E. aerogenes* não produz uma grande quantidade de ácido e, desta forma, não provoca a alteração de cor do meio, na presença do indicador.

3. Capacidade de produzir o composto acetilmetilcarbinol em meio com glicose e peptona. Este composto químico é identificado pelo teste de Voges-Proskauer. A *E. coli* não produz o acetilmetilcarbinol, mas o *E. aerogenes* produz.

4. Utilização do citrato de sódio. *E. aerogenes* é capaz de utilizar o citrato de sódio como única fonte de carbono, ou seja, poderá crescer em um meio quimicamente definido em que o citrato de sódio é a única fonte de carbono. *E. coli* não cresce sob as mesmas circunstâncias.

Por conveniência, esses testes são coletivamente designados como *reações IMViC* (I = indol; M = vermelho de metila; Vi = reação de Voges-Proskauer e C = citrato). As reações para uma amostra típica de cada espécie são:

Organismo	TESTE			
	Indol	Vermelho de metila	Voges-Proskauer	Citrato
Escherichia coli	+	+	–	–
Enterobacter aerogenes	–	–	+	+

Os coliformes têm várias características em comum com espécies do gênero *Salmonella* e *Shigella*, das quais todas são patogênicas. Entretanto, a principal diferença bioquímica característica é que os coliformes fermentam a lactose com a produção de ácido e gás; *Salmonella* e *Shigella* não fermentam a lactose. Portanto, a fermentação da lactose é a reação-chave no procedimento laboratorial para determinar a potabilidade da água (Figura 29.17).

Análise Bacteriológica da Água para Potabilidade

Os métodos de exame bacteriológico da água são apresentados no livro *Standard Methods for the Examination of Water and Wastewater* (preparado e publicado conjuntamente pelas associações American Public Health Association, American Water Works Association e Federation of Sewage and Industrial Wastes Associations) e também nas publicações da U. S. Environmental Protection Agency. Os métodos são "padronizados" e os detalhes técnicos devem ser seguidos rigorosamente, a fim de haver significado oficial nos resultados obtidos. Torna-se indispensável seguir com atenção os seguintes detalhes, quando as amostras de água forem submetidas à análise bacteriológica:

1. A amostra deve ser coletada em frasco estéril.

2. A amostra deve ser representativa do universo do qual foi colhida.

3. A contaminação da amostra deve ser evitada durante e após a coleta.

4. A amostra deve ser analisada logo após a sua obtenção.

5. Havendo a necessidade de uma demora na realização da análise, a amostra deve ser guardada a uma temperatura entre 0 e 10°C.

Os processos bacteriológicos de rotina consistem em (1) uma contagem em placa para determinação do número de bactérias presentes na amostra e (2) testes que revelem a existência de bactérias do grupo coliforme.

Contagem Padrão em Placa. Geralmente, quantidades de 1,0 e 0,1 ml de amostra de água são plaqueadas em um meio com ágar e incubadas por 24 h, após o que as colônias são contadas. Quando se utiliza a contagem padrão em placa para a análise da água, não há um número particular de bactérias que seja oficialmente aceitável. Isto porque a água com poucas bactérias patogênicas obviamente é mais perigosa do que a água que contém muitas bactérias saprófitas. Todavia, as águas de boa qualidade fornecem uma contagem baixa de colônias, menos do que 100 por mililitro. As contagens em placa são úteis na determinação da eficiência das operações destinadas à remoção ou à destruição de organismos (sedimentação, filtração e cloração). A contagem pode ser feita antes e após um tratamento específico para medir a redução da população microbiana.

Técnica da Membrana Filtrante. A técnica de membrana filtrante para a análise bacteriológica da água (Figura 29.18) consiste nas seguintes etapas:

1. Um disco filtrante estéril é colocado na unidade de filtração.

2. Um volume determinado de água passa por esse disco filtrante; as bactérias são retidas na superfície da membrana filtrante.

3. A membrana é retirada e colocada sobre uma almofada absorvente, previamente saturada com um meio de cultura apropriado. Placas de Petri especiais são utilizadas, com tamanho suficiente para acomodar a almofada absorvente e o disco de filtração, e incubadas.

4. Durante o período de incubação, as colônias desenvolvem-se na membrana nos locais em que as bactérias ficaram retidas pelo processo de filtração.

Esta técnica apresenta diversos aspectos desejáveis. Um grande volume de amostra de água pode ser examinado; teoricamente, quase todo volume de água pode ser filtrado por meio da membrana. Todos os microrganismos da amostra são retidos na membrana. Resultados podem ser obtidos mais rapidamente do que a inoculação em uma série de tubos contendo caldo lactosado. Utilizando meios seletivo e diferencial, certos tipos de bactérias como os coliformes podem ser identificados.

Figura 29.17 Esquema geral dos testes laboratoriais utilizados para a identificação de bactérias coliformes na água.

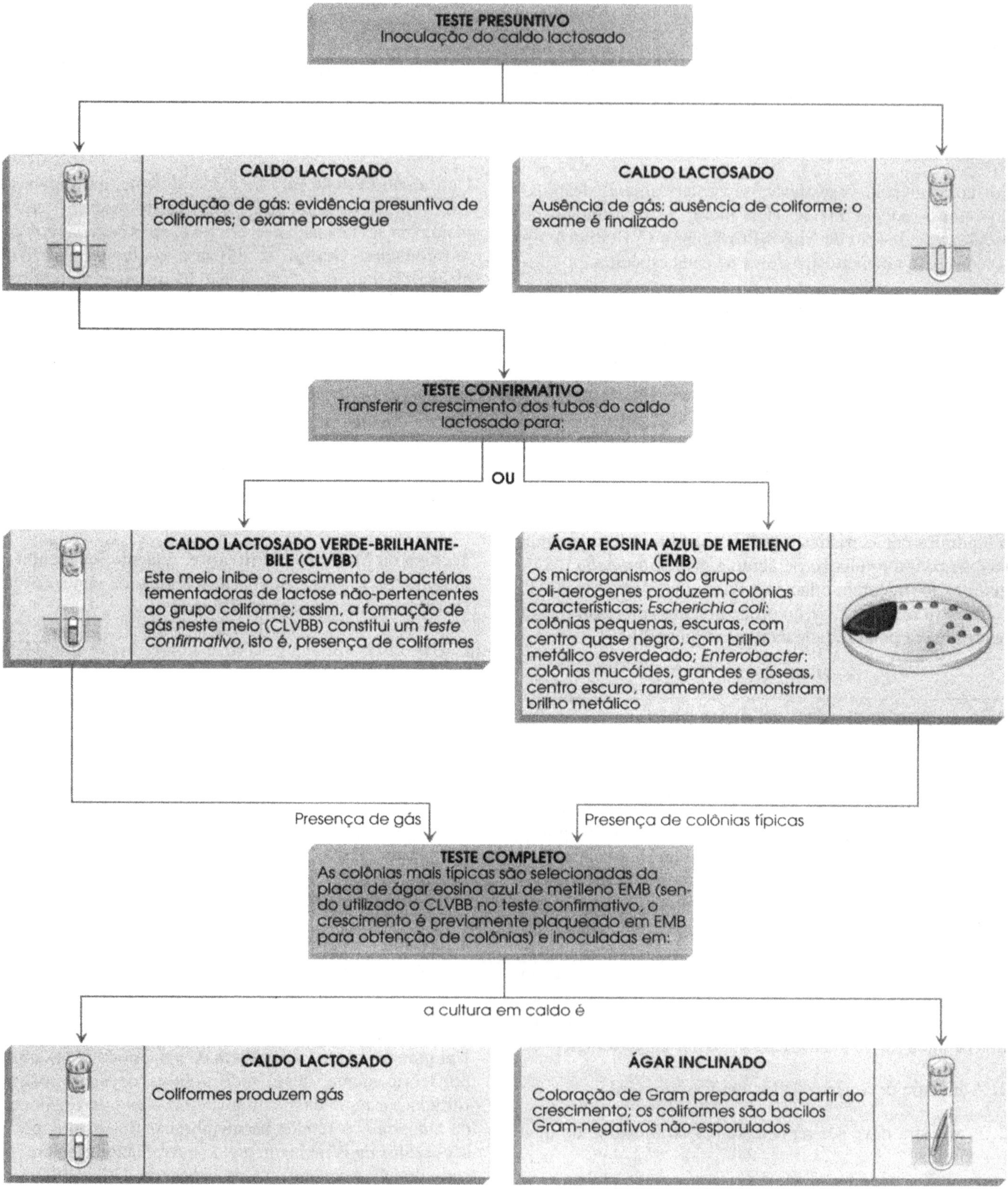

Bactérias Nocivas nos Sistemas de Água

Certas bactérias são consideradas *bactérias nocivas* nos sistemas de abastecimento de água, porque elas causam alterações no odor, na cor e no gosto. Algumas podem formar precipitados de compostos insolúveis dentro dos encanamentos, o que reduz o fluxo de água. As algas também podem ser responsáveis pelo desenvolvimento de odores, colorações e outras características indesejáveis. Em seguida, são citados exemplos de microrganismos nocivos e as condições indesejáveis que eles causam:

Bactérias mucilaginosas. Produzem materiais gomosos ou lamascentos.

Bactérias do ferro. Transformam os compostos solúveis de ferro em compostos insolúveis. A deposição dos compostos de ferro insolúveis reduz o fluxo de água pelos encanamentos.

Bactérias do enxofre. Produzem ácido sulfúrico e sulfeto de hidrogênio, tornando a água muito ácida e conferindo um péssimo odor. O ácido sulfúrico formado pode comprometer a qualidade estrutural dos canos de esgoto (Figura 29.19).

Algas. Produzem turvação, coloração, odor e gosto desagradáveis.

Responda

1 Quais são as principais etapas de purificação de água em um município?

2 Por que, em vez de um patógeno entérico, a *Escherichia coli* é utilizada como um indicador de poluição?

3 Quais são as vantagens da técnica da membrana filtrante sobre a técnica da contagem padrão em placa e da inoculação em caldo lactosado para analisar a qualidade bacteriológica da água?

Águas de Piscinas

As águas de piscinas, especialmente das piscinas públicas, podem representar um risco para a saúde. As piscinas e as áreas vizinhas podem estar envolvidas na transmissão de infecções dos olhos, do nariz, da garganta e do trato intestinal; elas podem também disseminar o pé-de-atleta, o impetigo e outras infecções de pele. Desta forma, a qualidade sanitária da água deve ser rigorosamente observada. Deve haver vigilância no processo de desinfecção para assegurar que o nível apropriado do desinfetante seja mantido. O cloro é largamente utilizado como desinfetante de água de piscina.

Responda

1 Quais são os riscos em potencial, para a saúde, das águas de piscinas?

2 Que medidas são empregadas para minimizar a possibilidade de infecção por meio de água de piscina?

Águas de Esgotos

A ***água de esgoto***, ou água residual, é definida como a água usada de uma comunidade e consiste em:

1. Despejos domésticos veiculados pela água, incluindo excrementos humanos e água de lavagem (tudo o que é levado pelos encanamentos de uma residência e de uma cidade para o seu sistema de tratamento).

2. Detritos industriais tais como ácidos, óleos, graxas e materiais animais e vegetais descarregados pelas fábricas.

3. Águas de lençol freático, da superfície e da atmosfera que entram no sistema de esgoto.

A água de esgoto de uma cidade é coletada pelo sistema que carrega a água usada para locais de tratamento e despejo. Há três tipos de sistemas de esgoto: (1) *esgotos sanitários*, que eliminam os dejetos domésticos e industriais; (2) *esgotos pluviais*, destinados a carregar as águas de superfície e das chuvas; e (3) *esgotos combinados*, que despejam todo o tipo de esgoto em uma única rede.

Características das Águas Residuais

As águas residuais exibem uma grande diversidade nas características físicas, químicas e microbiológicas. É importante compreender esses fatores em planejamentos de uma estação de tratamento de águas de esgotos.

Características Físicas e Químicas das Águas Residuais. As águas residuais consistem em aproximadamente 99,9% de água. A quantidade de sólidos suspensos nas águas residuais é tão pequena que é expressa em partes por milhão (ppm); o conteúdo sólido vai de poucos ppm a 100 ppm. Esta quantidade de sólido parece pequena; entretanto, o grande volume de material processado diariamente em uma estação municipal representa várias centenas de

Figura 29.18 Técnica da membrana filtrante. (**A**) Uma almofada estéril é assepticamente saturada com meio de cultura apropriado em uma placa de Petri antes de coletar as bactérias da amostra de água. (**B**) A membrana filtrante é colocada na unidade de filtração, (**C**) um recipiente para a amostra é fixado na unidade de filtração e (**D**) determinado volume de água é passado pelo filtro e coletado no recipiente. (**E**) A membrana filtrante, que retém as bactérias da amostra de água, é colocada sobre a almofada saturada. (**F**) As placas são incubadas. (**G**) Colônias de *Escherichia coli* crescem sobre a membrana filtrante que está na almofada saturada com meio de EMB.

(A)

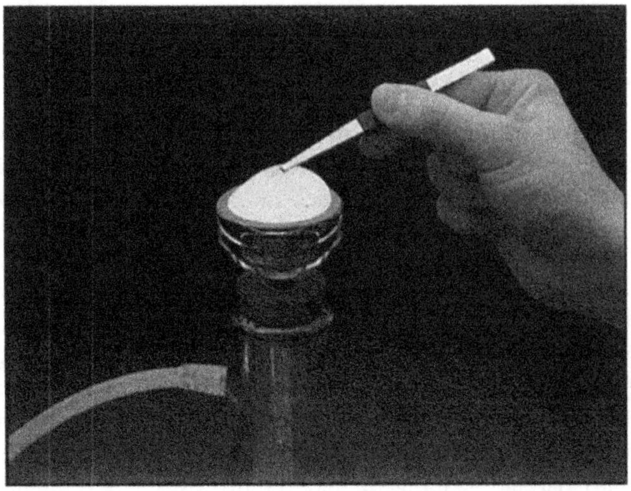

(B)

(C)

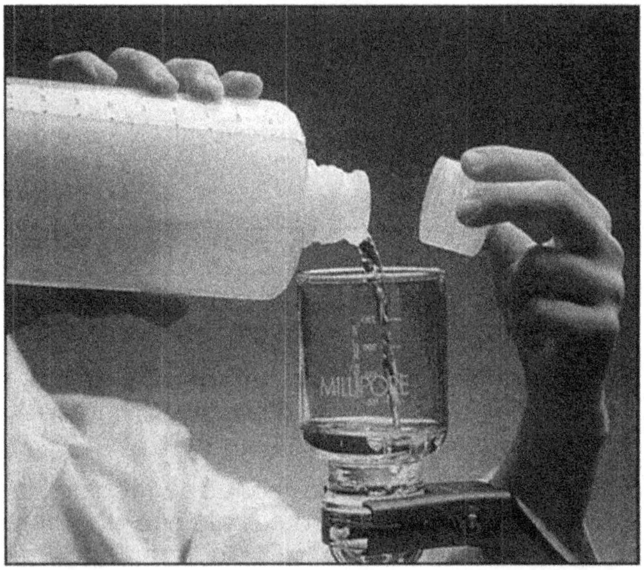

(D)

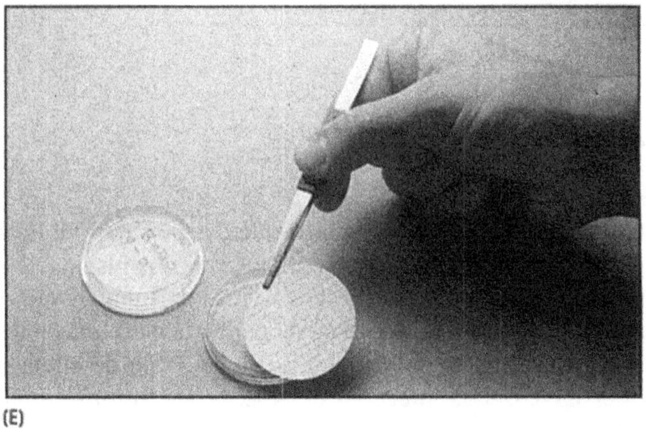

(E)

(F)

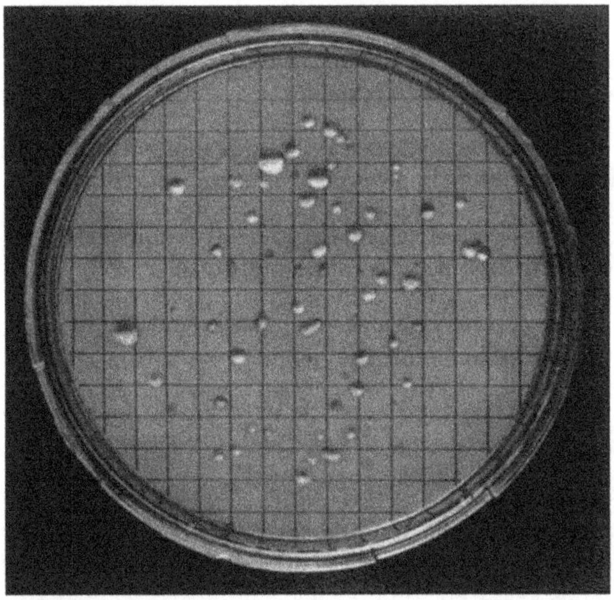

(G)

milhões de galões e contém toneladas de sólidos. Os constituintes químicos, embora presentes em baixas concentrações, são extremamente importantes e sofrem variações no tipo e na quantidade entre as comunidades, bem como dentro da mesma comunidade, de hora em hora. Compostos químicos inorgânicos inicialmente presentes nas águas de abastecimentos estarão presentes na água de esgoto. Compostos orgânicos são adicionados pelo excremento humano e outros despejos domésticos. Tanto os compostos orgânicos como os inorgânicos são adicionados pelos detritos industriais. Por exemplo, os matadouros, as usinas de açúcar, as fábricas de papel e de laticínios acrescentam

Figura 29.19 Corrosão de um encanamento de concreto de esgoto. Os microrganismos quimioheterotróficos anaeróbios produzem H_2S, que é absorvido e condensado nas paredes acima do nível da água. Os microrganismos quimiolitotróficos oxidam o enxofre reduzido para SO_4^{2-}, formando H_2SO_4, que ataca o concreto e causa erosão, freqüentemente nos pontos de falha estrutural.

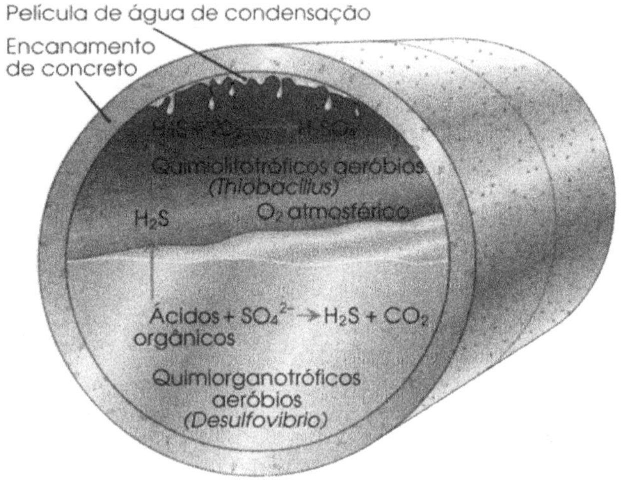

substâncias orgânicas; as indústrias químicas e de metais contribuem com ácidos e sais de metais e outros detritos químicos inorgânicos.

A tecnologia moderna tem produzido significantes alterações nas características dos esgotos. O uso de unidades de remoção de lixo doméstico aumentou a carga orgânica total no esgoto. Detergentes sintéticos, que têm substituído os sabões, por outro lado, podem afetar a população microbiana necessária para o tratamento efetivo das águas de esgoto.

Características Microbiológicas. Fungos, protozoários, algas, bactérias e vírus estão presentes nas águas residuais. O esgoto não-tratado pode conter milhões de bactérias por mililitro, incluindo os coliformes, os estreptococos, os bacilos anaeróbios esporulados, o grupo *Proteus* e outros tipos originados do trato intestinal humano. Microrganismos adicionais são provenientes de águas subterrâneas, de superfícies, da atmosfera ou de dejetos industriais.

Além disso, a eficiência do processo de tratamento depende das alterações bioquímicas conduzidas pelos microrganismos (Tabela 29.2). Os tipos fisiológicos de bactérias predominantes envolvidas podem mudar durante os vários estágios de tratamento do esgoto. A condição pode variar de altamente aeróbia a estritamente anaeróbia.

Demanda Bioquímica de Oxigênio. A ***demanda bioquímica de oxigênio (BOD – biochemical oxigen demand)*** é a quantidade de oxigênio dissolvido requerida pelos mi-

Tabela 29.2 Esquema generalizado da degradação microbiana de constituintes orgânicos no esgoto.

	PRODUTOS FINAIS REPRESENTATIVOS	
Substrato + Enzimas de microrganismos →	**Condições anaeróbias**	**Condições aeróbias**
Proteínas e outros compostos orgânicos nitrogenados	Aminoácidos Amônia Nitrogênio Sulfeto de hidrogênio Metano Dióxido de carbono Hidrogênio Álcoois Ácidos orgânicos Indol	Aminoácidos Amônia → nitritos → nitratos Sulfeto de hidrogênio → ácido sulfúrico Álcoois, Ácidos orgânicos } → CO2 + H2O
Carboidratos	Dióxido de carbono Hidrogênio Álcoois Ácidos graxos Compostos neutros	Álcoois, Ácidos graxos } → CO2 + H2O
Lipídeos e substâncias relacionadas	Ácidos graxos + glicerol Dióxido de carbono Hidrogênio Álcoois Ácidos graxos de cadeia curta	Álcoois, Ácidos graxos menores } → CO2 + H2O

crorganismos para a degradação aeróbia da matéria orgânica presente no esgoto. Uma das principais razões pelas quais as águas residuais devem ser tratadas antes de seu retorno à fonte de abastecimento (córrego ou lago) é para reduzir a remoção do oxigênio dissolvido na coleção hídrica receptora. A grandeza da demanda bioquímica de oxigênio é uma indicação da quantidade de material orgânico no esgoto; quanto mais material orgânico oxidável estiver presente, maior será a demanda bioquímica de oxigênio. A "força" das águas residuais é expressa em termos de nível da demanda bioquímica de oxigênio. Altos valores significam que um alto nível de material orgânico está presente, enquanto baixos valores indicam que pouco material oxidável está presente.

A vida de todo o corpo de água depende de uma ampla oferta na habilidade de manter uma certa quantidade de oxigênio dissolvido, que é necessária para a manutenção da vida aquática. Por exemplo, sem oxigênio dissolvido, os peixes são sufocados e os organismos aquáticos normais são destruídos.

Processos de Tratamento do Esgoto

A água de esgoto despejada sem tratamento poderá levar a conseqüências sérias e desagradáveis. O despejo de esgoto tratado inadequadamente pode produzir uma ou mais das seguintes situações indesejáveis:

1. Maior possibilidade para a disseminação de microrganismos patogênicos.

2. Maior perigo na utilização das extensões naturais de água como suprimento potável.

3. A contaminação de ostras e outros moluscos pela poluição, tornando-os impróprios para o consumo humano.

4. Grandes perdas na população de aves aquáticas, devido à contaminação de suas fontes nutritivas.

5. Maior perigo em nadar nas águas poluídas e diminuição de seu valor para outros propósitos recreativos.

6. Depleção do suprimento de oxigênio da água pela presença de matéria orgânica instável no esgoto, matando os seres vivos aquáticos.

7. Criação de uma série de condições desagradáveis, tais como odores agressivos e acúmulo de detritos, com redução dos valores de propriedade e utilidades recreativos.

Os processos de tratamento de águas residuais são muitos e variados, mas eles podem ser assim divididos: aqueles aplicáveis em unidades residenciais ou estruturas unitárias ou aqueles utilizados por uma comunidade ou município.

Unidades Residenciais ou Estruturas Unitárias. O tratamento e o despejo das águas residuais de unidades residenciais ou de outras unidades estruturais, como motéis ou centros comerciais, podem ser conseguidos pela digestão anaeróbia ou por tanque de digestão aeróbia. A ***fossa séptica*** é um tanque de digestão anaeróbia comumente empregado para o tratamento de quantidade limitada de esgoto (Figura 29.20). Uma fossa séptica tem como objetivos: sedimentação de materiais sólidos e degradação biológica

Figura 29.20 Instalação de uma fossa séptica para depuração do esgoto de uma residência particular. (**A**) Instalação total, incluindo campo de absorção. (**B**) Vista do corte transversal da fossa séptica. A digestão anaeróbia do lodo converte os sólidos em líquidos e gases.

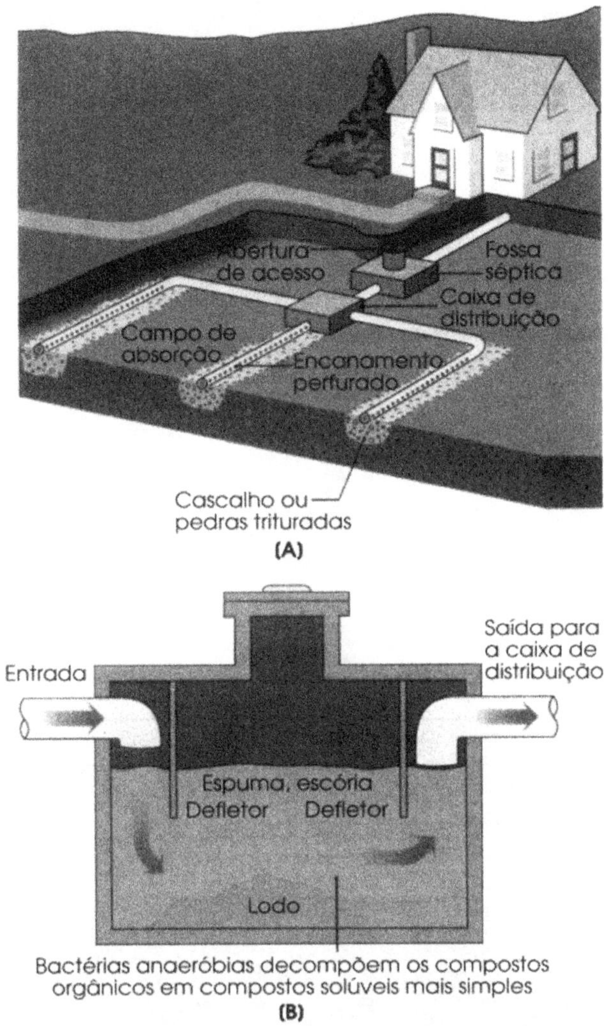

desses sólidos. O material que se acumula no fundo da fossa é denominado ***lodo***. À medida que o esgoto entra nesse tipo de fossa, ocorre a sedimentação na porção inferior, permitindo a descarga de um líquido com poucas partículas sólidas suspensas. Os sólidos sedimentados são continuamente degradados por bactérias anaeróbias; os produtos finais são compostos orgânicos, têm elevada demanda bioquímica de oxigênio e mau-cheiro. O efluente da fossa séptica é distribuído sob a superfície do solo ao longo de um campo de descarga, como mostrado na Figura 29.20. Além disso, a degradação microbiana – representada em grande parte pela oxidação aeróbia do material orgânico – ocorre no efluente líquido, escorrendo pelo campo de drenagem. Este tipo de tratamento não pode garantir a eliminação de todos os microrganismos patogênicos. Conseqüentemente, torna-se imperativo que a drenagem da fossa seja impedida de infiltrar-se no sistema de abastecimento de água potável.

Os sistemas de tratamento aeróbio de esgoto estão também disponíveis comercialmente para situações de unidades pequenas. Estas fossas são planejadas com compartimentos e equipamentos para reduzir o rendimento dos sólidos a pequenas partículas, uma câmara de aeração e uma câmara que acomoda o efluente. O oxigênio é bombeado para a câmara de aeração para permitir uma oxidação contínua e a decomposição aeróbia dos despejos sólidos. Estas unidades são especialmente úteis em locais onde a percolação por meio do solo é pobre, como em terras úmidas ou solo com muitas pedras e rochas.

Processos Municipais de Tratamento. As estações de tratamento de esgoto municipal desempenham uma série de processos (Figura 29.21; DESCOBERTA 29.2). As condições para cada nível de tratamento, como especificado no Clean Water Act, são as seguintes (resumo na Tabela 29.3):

1. Tratamento primário – remoção física de sólidos grosseiros.

   (**a**) *Triagem* remove os sólidos maiores como caixas, pneus, garrafas e latas. O material pode ser incinerado, enterrado ou utilizado para preencher buracos.

   (**b**) *Câmaras com areia* removem sólidos menores como os seixos.

   (**c**) *Sedimentação* (tratamento primário) remove materiais particulados menores como matéria fecal e papel. Este material particulado (lodo ou ***biossólidos***) é muitas vezes tratado biologicamente por meio da degradação anaeróbia em um digestor de lodo.

2. Tratamento secundário (biológico) – decomposição da matéria orgânica e redução da demanda bioquímica de oxigênio. Um ou mais dos seguintes métodos são utilizados:

   (**a**) *Filtros de gotejamento* borrifam a água residual (desta forma promovem a aeração) sobre a superfície de um leito de pedras. Cada pedra é coberta por uma massa limosa de bactérias denominada ***zoogléia,*** que decompõe os constituintes de águas residuais que gotejam sobre as pedras (Figuras 29.22 e 29.23).

   (**b**) *O processo do lodo ativado* cria a vigorosa aeração do esgoto, resultando na formação de abundantes partículas com decompositores microbianos aeróbios. Isto é realizado em tanques de aeração, seguido de sedimentação para a remoção de biossólidos.

   (**c**) *Tanques de oxidação* (lagoas) são lagoas rasas (62 a 122 cm de profundidade), onde algas, como as espécies de *Chlorella*, consomem os nutrientes de esgotos e produzem o oxigênio para a decomposição aeróbia.

Figura 29.21 Diagrama esquemático de operação dos aparelhos no tratamento avançado de água residual municipal. *Tratamento primário* para remoção de sólidos grosseiros e sólidos sedimentáveis é principalmente um processo físico. O *tratamento secundário* e o *tratamento final* são, em grande parte, biológicos, dependentes da atividade microbiana. Os sólidos suspensos, principalmente materiais orgânicos (biossólidos), são vigorosamente aerados e recirculados para facilitar a sua degradação pela população microbiana. Finalmente, os sólidos residuais (sedimento improdutivo) é compostado ou incinerado.

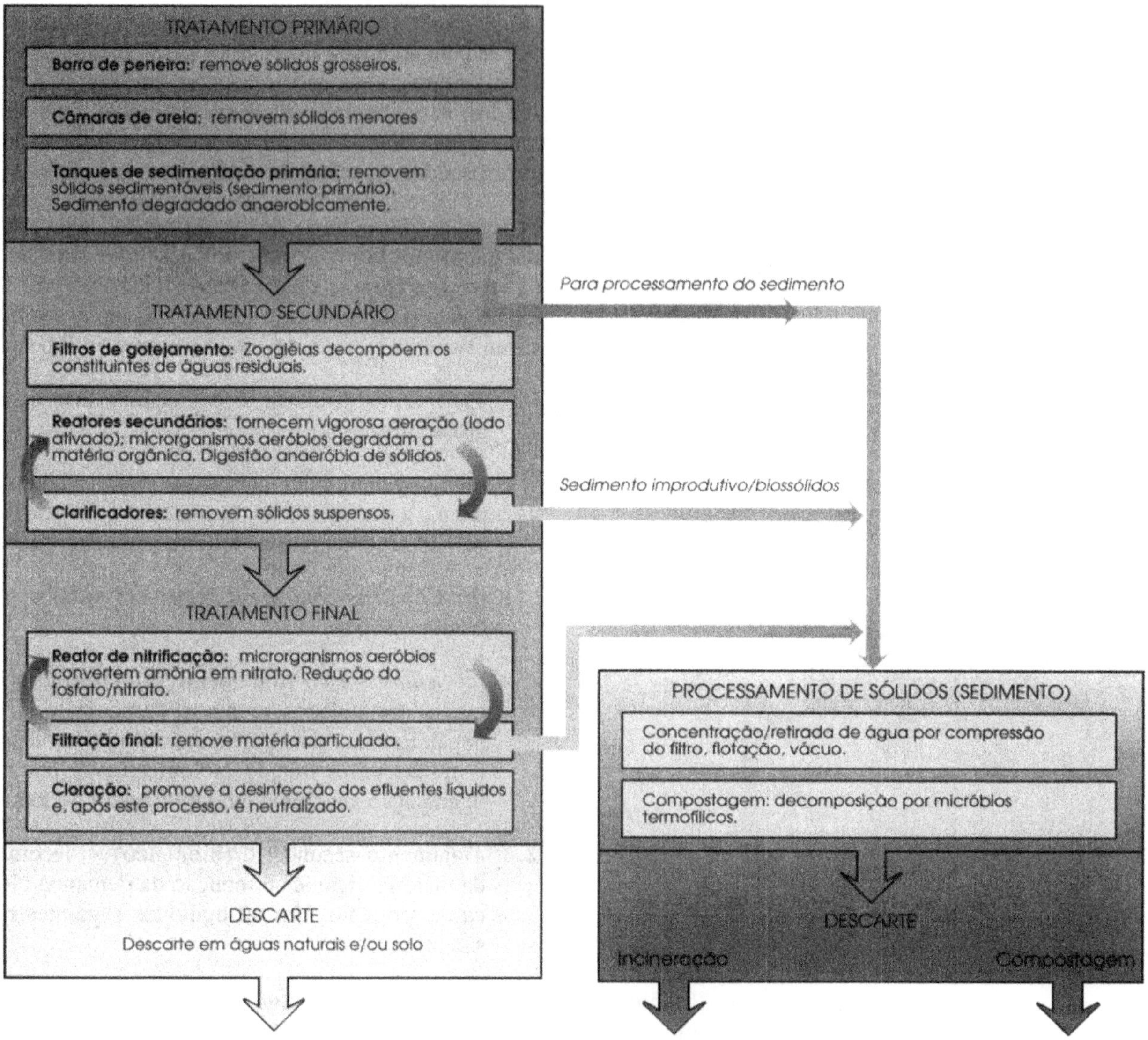

(**d**) *Digestão do lodo* é a decomposição dos sólidos acumulados durante o tratamento primário e algumas vezes após o tratamento secundário. A digestão do sedimento anaeróbio, em tanques fundos, produz metano (que pode ser utilizado como combustível de aquecimento), dióxido de carbono e pequenas quantidades de nitrogênio e hidrogênio. A degradação anaeróbia de esgoto é um processo lento.

3. Tratamento terciário (final) do esgoto, remove os poluentes adicionais que permaneceram após o tratamento secundário. Um esgoto de alta qualidade pode ser produzido, o que é apropriado para muitas reutilizações. O tratamento final pode consistir em um ou mais dos seguintes itens:

(**a**) *Floculação química* remove grande quantidade da matéria particulada remanescente.

(**b**) *Filtração final* remove os sólidos que posteriormente são secos e incinerados, ou utilizados como fertilizantes ou em aterros.

(**c**) *Remoção* ou *Redução* dos fosfatos e nitratos.

(**d**) *Cloração* do efluente líquido para matar os microrganismos, alguns dos quais podem ser patogênicos. O efluente final deve ser desclorado antes do seu descarte no corpo de água, porque o cloro é prejudicial à vida aquática.

DESCOBERTA!

29.2 UTILIZANDO ÁGUA RESIDUAL MUNICIPAL TRATADA PARA IRRIGAÇÃO.

A aplicação de águas residuais municipais no solo é uma prática bem estabelecida em muitas regiões áridas e semi-áridas do mundo. Em algumas regiões, 70 a 85% da água é utilizada para irrigação agrícola e paisagística. Como a demanda de água aumenta nos Estados Unidos, a irrigação com água residual municipal tratada tem-se tornado um componente importante e lógico do planejamento e desenvolvimento de recursos de água total.

Na Califórnia, cerca de 220.000 acre-pés de água residual municipal de 240 cidades e de grandes centros urbanos são utilizados a cada ano, principalmente para a irrigação agrícola e paisagística. Além disso, cerca de 610.000 acre-pés de água residual tratada por ano são casualmente reutilizados após ser descartados e misturados com águas de superfície ou do solo. Mais da metade da água residual municipal tratada intencionalmente (57%) é utilizada para irrigar forragem, e produção de grãos, um uso que não requer alto grau de tratamento. Cerca de 7% são utilizados para irrigar pomares, vinhas e outros cultivos. A irrigação de campos de golfe e áreas paisagísticas utiliza cerca de 14% de água residual tratada a cada ano, e este uso está aumentando.

Existem várias razões para o aumento do uso de água residual municipal tratada, incluindo: (1) a falta de água fresca a preço competitivo; (2) o uso eficaz de nutrientes das plantas na recuperação de água residual municipal; (3) a disponibilidade de efluentes de alta qualidade; (4) necessidade de estabelecer o planejamento de recursos relacionados ao uso da água, incluindo a sua conservação e reutilização; e (5) evitar métodos dispendiosos e obter maior rigor no controle da poluição da água, incluindo a exigência de instalações avançadas de tratamento de água residual para os municípios.

Embora a irrigação com água residual municipal seja por si só uma forma efetiva de tratamento da água residual, algum tratamento adicional deve ser feito antes de a água poder ser utilizada na irrigação agrícola ou paisagística. O grau do tratamento é um fator importante no planejamento, na realização do projeto e no gerenciamento dos sistemas de irrigação de água residual. O tratamento antes da utilização é necessário para proteger a saúde pública, para evitar condições nocivas durante o uso e estocagem e para prevenir prejuízos das safras, dos solos e das águas do lençol freático.

De *California Agriculture*, março-abril de 1987, Division of Agriculture and Natural Resources, Oakland, Calif.

Tabela 29.3 Definições dos níveis de tratamento municipal.

Nível de tratamento	Condições de tratamento*
Primário	Remoção aproximada de 30% da BOD e 60% de TSS.
Secundário	Remoção de BOD e TSS a níveis de 25-30 mg/l, mas não menos do que uma remoção de 85%; pH entre 6 e 9.
Terciário (final)	Remoção de BOD e TSS a níveis menores do que 9 mg/l, ou remoção de pelo menos 95% de BOD e TSS; exigências adicionais para remoção de nutrientes (por exemplo, nitratos, fosfatos) com bases sítio-específicas.

Abreviações: BOD = demanda bioquímica de oxigênio (*biological oxygen demand*).
*TSS = sólidos suspensos totais (*total suspended solids*).
Níveis de tratamento exigidos pela lei Clean Water Act.

Tratamento Econômico do Esgoto

O custo médio do tratamento do esgoto nos Estados Unidos é medido em *cents* por milhares de galões. Entretanto, quando são empregados processos de tratamento de esgoto mais avançados, o custo aumenta drasticamente. Com o uso de tecnologia mais moderna e sofisticada no tratamento de esgoto, é possível produzir efluentes que sejam potáveis. O custo deste processo é muito alto, mas alguns países não têm alternativa devido à escassez de água natural. Na determinação do custo-benefício, é necessário fazer um julgamento baseado no nível de qualidade da água reutilizada desejável e na disponibilidade de fontes alternativas de água. O aumento na demanda de água juntamente com a necessidade da limpeza do ambiente determinam um aumento no custo deste bem, uma comodidade que foi anteriormente considerada gratuita e de quantidade ilimitada.

Figura 29.22 Distribuição do líquido de esgoto de um distribuidor rotativo sobre as pedras de um filtro de gotejamento. As pedras são cobertas com crescimento microbiano. Como o efluente líquido passa por essa unidade, os microrganismos crescem na superfície das pedras, metabolizando (oxidando) muitos dos compostos orgânicos presentes no efluente. O efluente líquido é coletado no fundo do leito do filtro e passado por um encanamento para o próximo processo de tratamento.

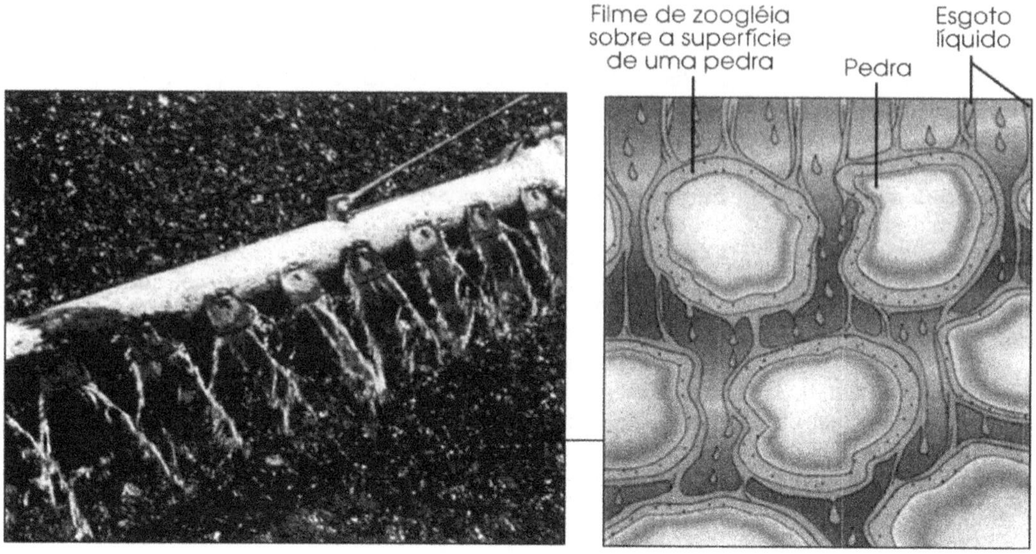

Figura 29.23 Zoogléias amorfas ramificadas coletadas da superfície dos filtros de gotejamento que recebem primariamente águas residuais domésticas. (**A**) Zoogléia ramificada natural, de filtro de gotejamento. (**B**) Parte do espécime mostrado em (**A**), ilustrando a semelhança morfológica das células bacterianas e sua concentração em pontos anteriores das ramificações da zoogléia. (**C**) Zoogléia amorfa, natural, de um filtro de gotejamento. (**D**) Parte do espécime mostrado, (**C**) ilustrando a presença de bactérias morfologicamente diferentes. (Todos os espécimes foram tratados com leite desnatado a 10% para acentuar a matriz das zoogléias. Microscopia de contraste de fase.)

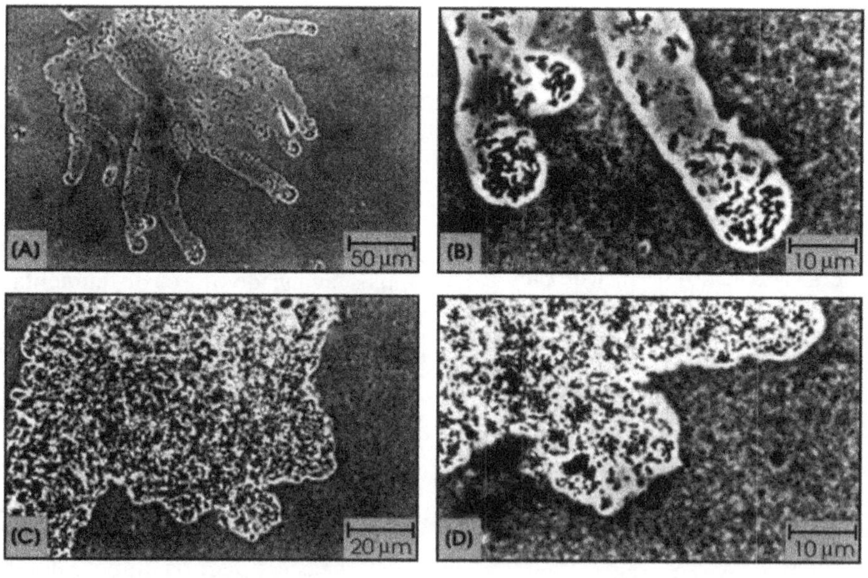

Responda

1 Quais são os prováveis componentes do esgoto?

2 Delinear as etapas de tratamento de esgoto utilizadas numa estação moderna e descrever o papel executado pelos microrganismos em cada etapa do processo.

3 O que é BOD em termos de tratamento de esgoto? Qual é o significado da existência de um alto valor de BOD em efluentes de uma estação de tratamento de esgoto?

Resumo

1. O fornecimento de água na terra sofre reciclagem contínua; os vários estágios constituem o ciclo hidrológico.

2. Corpos naturais de águas superficiais podem ser classificados como água doce, de estuário e oceânica. Eles variam consideravelmente nas características físicas, o que afeta os microrganismos presentes. Os microrganismos em água doce são muito mais influenciados por práticas agrícolas, atividades industriais e desenvolvimento urbano. As condições ambientais em estuários variam de água doce à oceânica na conexão com o mar. Desta forma, a flora microbiana é extremamente diversa. A região superficial das águas oceânicas bem como as águas de todas as profundidades também apresentam um arranjo característico de micróbios.

3. Os microrganismos em águas naturais estão distribuídos em uma larga "zona" ou camadas – da região superficial à zona bêntica. Aqueles encontrados na região superficial são principalmente cianobactérias, algas e protozoários; em conjunto, são denominados *plâncton*. As populações de cianobactérias e algas são denominadas *fitoplâncton*; as constituídas de protozoários são denominadas *zooplâncton*. O sedimento bêntico contém um grande número de bactérias, muitas das quais são facultativas ou anaeróbias.

4. Os microrganismos promovem uma conexão vital na rede alimentar aquática. Por exemplo, o zooplâncton alimenta-se do fitoplâncton. Os plânctons fotossintéticos são os produtores primários de alimentos para a cadeia alimentar no oceano. Eles convertem a energia radiante do sol em energia química (compostos químicos), via fotossíntese. Outros microrganimos (quimiossintéticos) também atuam como produtores primários, pela transformação de compostos químicos inorgânicos em compostos orgânicos, por meio da quimiossíntese.

5. A água potável, para as comunidades, é obtida a partir de fontes superficiais como rios e lagos. Esta "água natural" provavelmente é poluída. Para fornecer uma água natural (potável) segura para uma comunidade, é preciso que primeiro ela seja tratada. As principais etapas de purificação de água em uma estação municipal são sedimentação, filtração e cloração.

6. A técnica laboratorial padrão utilizada para avaliar a potabilidade da água consiste em determinar a presença ou ausência da *Escherichia coli*. A *Escherichia coli* é utilizada como indicador de poluição porque é um habitante normal do trato intestinal humano. Se estiver presente na água, indica que esta está contaminada com material fecal e, portanto, poluída e imprópria para o consumo.

7. Outros microrganismos podem estar presentes na água e necessitam ser diferenciados da *E. coli*. Eles incluem outras bactérias coliformes estreitamente relacionadas com a *E. coli*; a diferenciação é feita baseada em testes bioquímicos. Os vírus também estão presentes na água natural oriunda da poluição fecal. Os métodos laboratoriais para o isolamento e a identificação de vírus são muito mais complexos do que aqueles utilizados para bactérias.

8. As águas de piscinas necessitam de desinfecção e monitoramento, para prevenir a transmissão de numerosas doenças.

9. A água residual ou esgoto é a água usada por uma comunidade. Contém dejetos domésticos, detritos industriais e escoamento de ruas, gramados e outras superfícies. O esgoto é constituído de aproximadamente 99,9% de água.

10. O tratamento de esgoto visa atingir dois objetivos: (1) eliminar microrganismos patogênicos e (2) reduzir a quantidade de sólidos e material oxidável no efluente final. Todo o tratamento de esgoto depende da atividade bioquímica dos microrganismos, particularmente bactérias que degradam substâncias orgânicas complexas.

11. Uma estação municipal moderna de tratamento de esgoto executa os tratamentos primário, secundário e terciário (final). O efluente líquido é previamente clorado antes da descarga final no corpo de água ou sobre a terra.

Palavras-Chave

Água residual
Bentos
Biossólidos
Cadeia alimentar
Ciclo hidrológico
Demanda bioquímica de oxigênio (BDO)
Detritos
Epibactérias
Esgoto
Eutrófico
Fendas hidrotérmicas
Fenômeno da ressurgência
Fitoplâncton
Fossa séptica
Limnologia
Microrganismos indicadores
Oligotrófico
Organismos barófilos
Plâncton
Potável
Produtor primário
Sedimento
Turbilhão
Zona bêntica
Zona Fótica
Zona limnética
Zona litorânea
Zona profunda
Zoogléia
Zooplâncton

Revisão

ÁGUAS NATURAIS

1. A umidade da terra, em termos de localização no ciclo hidrológico, pode ser classificada como água ______________, água ______________ ou ______________.

2. Qual das seguintes águas naturais é um estuário? (**a**) açude; (**b**) lago; (**c**) baía; (**d**) oceano; (**e**) mar.

3. O estudo da microbiologia das águas naturais é denominada microbiologia ______________.

4. As águas subterrâneas geralmente têm um conteúdo insignificante de microrganismos. Isto é devido ao processo de ______________________.

O AMBIENTE AQUÁTICO

5. A temperatura das águas naturais mostra considerável variação. Associar cada temperatura mostrada à esquerda com a água natural correspondente à direita:

___ 0°C (**a**) Água de superfície, regiões polares

___ 80°C ou acima (**b**) Aberturas geotérmicas

___ 5°C (**c**) Água superficial, equatorial

___ 0-75°C (**d**) Lago (costa leste)

___ 30-40°C (**e**) Maioria do ambiente marinho

6. Os microrganismos que são isolados de fosso oceânico e que requerem elevada pressão atmosférica para o crescimento são descritos como ____________________.

7. A região de uma água natural em que ocorre a fotossíntese é denominada de zona ___________.

8. Em termos de salinidade, a variação na concentração de sais dissolvidos em um estuário está entre _________% e _________%.

9. Bactérias que aderem a superfícies sólidas e crescem em ambiente marinho são denominadas ________________________.

10. O pH do ambiente marinho varia entre pH ________________ e ________________.

DISTRIBUIÇÃO DOS MICRORGANISMOS NO AMBIENTE AQUÁTICO

11. Associar cada termo da esquerda com a descrição mais apropriada da direita:

___ Organismos bênticos (**a**) Habitam a região no fundo de um sistema aquático

___ Florescências (**b**) Crescimento explosivo de algas

___ Fitoplâncton (**c**) A região ao longo da linha litorânea de um lago

___ Zooplâncton (**d**) A massa de algas que flutua e se movimenta na superfície de uma água natural

___ Zona litoral (**e**) Protozoário e outros microrganismos, semelhantes a animais, que aparecem na região superficial da água

12. Lagos ou pântanos enriquecidos com fosfatos e nitratos resultam em um crescimento excessivo de algas. Isto é denominado ____________________________.

13. Uma análise microbiológica é realizada em duas amostras aquáticas, sendo uma da zona limnética e outra da zona bêntica. Qual amostra apresenta maior número de espécies de microrganismos anaeróbios?

14. Um corpo de água costeira semifechado que tem uma conexão livre com o mar aberto é denominado ___________________.

15. A salinidade da Baía de Chesapeake varia de menos do que 1% a __________% de NaCl.

16. Bactérias do gênero *Hyphomicrobium* e *Caulobacter* seriam encontradas em regiões de um estuário que têm níveis _____________ de nutrientes orgânicos.

17. Grandes populações de cianobactérias ou algas que podem produzir toxinas letais para animais aquáticos são referidas como ______________.

18. O fitoplâncton fornece não somente nutrientes orgânicos que podem ser utilizados por bactérias fotossintéticas mas também ____________ para o crescimento de muitas dessas bactérias.

19. Algumas bactérias marinhas luminescentes vivem em simbiose com ________________.

20. Muitas bactérias marinhas são Gram-______________________.

21. O espaço periplasmático de bactérias Gram-negativas retém importantes enzimas _________, que, sem a parede celular, seriam perdidas no ambiente aquático.

22. As bactérias marinhas presentes na região superficial do mar são freqüentemente _________, característica que pode auxiliar na proteção contra a parte letal da radiação solar.

23. Muitos organismos do zooplâncton alimentam-se de fitoplâncton à noite, mas afundam abaixo da zona fótica durante o dia para _______________________.

24. A região entre a camada superior e o fundo do mar tem um número relativamente ________ de microrganismos.

25. O sedimento marinho pode apresentar uma população microbiana tão alta quanto _________ por grama.

26. Os microrganismos que ocorrem na lama e no limo no fundo de um lago residem em qual zona? (**a**) profunda; (**b**) bêntica; (**c**) litorânea; (**d**) limnética; (**e**) fótica.

27. O crescimento maciço de algas está associado com: (**a**) eutroficação; (**b**) detritos; (**c**) uma abertura geotérmica; (**d**) uma condição oligotrófica; (**e**) os bentos.

28. O leito de giz da Inglaterra foi formado pelo acúmulo de esqueleto remanescente de ________.

O PAPEL DOS MICRORGANISMOS AQUÁTICOS

29. ____________ e ___________ realizam um papel-chave na cadeia alimentar porque elas são os produtores primários.

30. Em um estuário raso, ________ e _______ convertem a vegetação orgânica em proteína microbiana e os protozoários, por sua vez, alimentam-se desse material.

31. Crustáceos, moluscos, larvas de insetos, nematódeos, poliquetas e poucos peixes podem derivar sua energia a partir de fragmentos de material vegetal vascular na água; estes organismos são denominados consumidores de ______________.

32. Em termos de matéria orgânica produzida por metro quadrado, a produtividade terrestre é maior do que a dos oceanos; entretanto, esta diferença é incoerente devido à ___________.

33. A degradação microbiana de materiais orgânicos a dióxido de carbono, água e vários sais inorgânicos é um processo denominado _________________.

34. O oceano Antártico é mais populoso do que outras áreas oceânicas por causa da ___________.

35. O crustáceo pequeno, vermelho, semelhante ao camarão, que pertence à espécie *Euphausia superba*, é referido pelo nome comum de ________________.

36. Na cadeia alimentar no oceano, o ___________ presente nas camadas superiores é consumido pelo *krill*, que por sua vez, é consumido pelos peixes, pingüins, pássaros marinhos, focas e baleias.

37. Qual dos seguintes itens é referido como "pastagem do mar"? (**a**) alga marinhas; (**b**) *krill*; (**c**) peixe e outros alimentos do mar; (**d**) plâncton; (**e**) um estuário.

38. Em um oceano, as correntes superficiais espiraladas que concentram nutrientes, material inútil e microrganismos são denominadas: (**a**) aberturas geotérmicas; (**b**) turbilhões; (**c**) foraminífera; (**d**) marés vermelhas; (**e**) zonas fóticas.

39. Entre os principais fatores limitantes do crescimento planctônico no mar estão nitrogênio, fósforo, elementos-traços e _________________.

40. Os microrganismos denominados "decompositores" na cadeia alimentar realizam __________ e _______________ de compostos orgânicos.

41. Qual é o composto mais complexo no ciclo do carbono? ______________. E o mais simples? ________________

42. Bactérias em fendas hidrotérmicas do oceano produzem nutrientes para outros microrganismos por meio das reações de ______________________.

43. A produção primária de nutrientes na cadeia alimentar ocorre por meio da _____________ e da ______________________.

44. *Krill* é um(a): (**a**) diatomácea; (**b**) flagelado; (**c**) fungo; (**d**) bactéria; (**e**) pequeno crustáceo.

ÁGUA POTÁVEL

45. A água que é segura para ser ingerida é denominada água _________________.

46. A água potável deve ser livre não somente de microrganismos patogênicos mas também de _______________ prejudiciais à saúde.

47. A água de poços e fontes é denominada água _______________, enquanto a água de lagos e rios é denominada água ____________.

48. A água sofre _______________ quando penetra no solo, desse modo torna-se parcialmente livre de microrganimos.

49. Água subterrânea para ser ingerida deve estar localizada a uma distância segura de possíveis fontes de contaminação como quintais, privadas, fossas sanitárias e fossas _________.

50. As principais operações utilizadas nas estações de tratamento de água municipal para purificar a água potável são (**1**) sedimentação, (**2**) __________________ e (**3**) _________________.

51. Durante o processo de sedimentação de fontes de águas potáveis, um composto químico denominado _______________ auxilia na produção de um precipitado flocoso e pegajoso.

52. A desinfecção de fontes de águas utilizadas para beber é geralmente realizada por meio de _____________________.

53. O flúor é freqüentemente adicionado à água de abastecimento municipal para auxiliar no controle das _____________________.

54. Com relação à análise microbiológica da água, o termo *microrganismo indicador* refere-se a um tipo de microrganismo cuja presença na água é evidência de que ela está poluída com _________________________ humano e de outros animais de sangue quente.

55. Para a evidência bacteriológica de poluição, os patógenos intestinais como *Salmonella* sp. geralmente não são pesquisados, em parte porque: (**1**) são de ocorrência ________________ e freqüentemente não sobrevivem durante muito tempo na água; e (**2**) eles geralmente estão presentes em ____________________________ número.

56. Se os coliformes estão presentes na água, então ______________________ podem também estar presentes, e a água é potencialmente perigosa para consumo.

57. A diferenciação de *E. coli* de *E. aerogenes* é conseguida por quatro testes bioquímicos; estes testes são denominados de testes ______________________.

58. Nos testes IMViC, a *E. coli* ____________ indol a partir do triptofano e ____________ acetilmetilcarbinol a partir da glicose.

59. Quais dos seguintes gêneros pertencem ao grupo coliforme? (**a**) *Klebsiella*; (**b**) *Shigella*; (**c**) *Salmonella*; (**d**) *Escherichia*; (**e**) *Enterobacter*.

60. Qual característica pode ser utilizada para diferenciar coliformes fecais de *Salmonella*? (**a**) coloração de Gram; (**b**) fermentação da glicose; (**c**) esporulação; (**d**) fermentação da lactose; (**e**) temperatura requerida para o crescimento.

61. Uma baixa contagem padrão em placa de uma amostra de água é esperada se esta apresentar boa qualidade; entretanto, ela não necessariamente indica que a água é ______________.

62. No teste presuntivo para coliformes na água, ______________ é inoculado com uma amostra de água e, após incubação, um teste positivo é indicado pela produção de ___________.

63. No teste confirmativo, amostras dos tubos positivos são transferidas do teste presuntivo para caldo ________________ ou ágar ______________.

64. Em ágar EMB, as colônias de *E. coli* são pequenas, com o centro escuro, quase preto, e têm um brilho ______________.

65. Uma das vantagens do método da ______________ para análise bacteriológica da água é que grandes volumes da amostra podem ser testados.

66. Encanamentos podem ser corroídos pelo ácido _____________ produzido pelo gênero *Thiobacillus* a partir da oxidação do _____________.

67. Os vírus mais comumente encontrados no esgoto são os vírus ________________, como o poliovírus, o coxsakievírus e o echovírus.

ÁGUAS DE PISCINAS

68. Uma infecção de pele provavelmente transmitida em áreas de piscinas, particularmente se as mesmas não são desinfetadas adequadamente, é o ______________.

69. O composto químico comumente utilizado para desinfetar águas de piscina é o __________.

ÁGUA RESIDUAL

70. A água residual consiste em despejos ______________, despejos ___________ e águas do lençol freático, da superfície e da chuva que entram no sistema de esgoto.

71. O esgoto sanitário carrega água residual ____________, enquanto o esgoto pluvial não carrega a ___________.

72. A quantidade de sólidos no esgoto é de aproximadamente _________ %.

73. A quantidade de oxigênio utilizada na respiração microbiana para a oxidação de substâncias orgânicas presentes no esgoto é denominada ____________.

74. Quanto maior for a quantidade de matéria orgânica no esgoto, _______ será o valor da BOD.

75. O efluente de uma estação de esgoto teria um valor de BOD ______________.

76. Na parte mais baixa de uma fossa séptica, os sólidos sofrem degradação e solubilização pelas bactérias ______________.

77. O efluente de uma fossa séptica é descartado no _______________; este deve ser impedido de se infiltrar em uma fonte de água potável, porque o efluente _______________.

78. No processo de tratamento municipal, o esgoto é submetido aos processos de triagem, trituração e remoção dos grãos de areia; depois disso, é então submetido a _________________ para depositar (sedimentar) partículas sólidas.

79. No tratamento secundário do esgoto, as substâncias orgânicas solúveis na sua parte líquida são oxidadas por microrganismos _________________ para diminuir a _______________.

80. As rochas de um filtro de gotejamento são cobertas com uma massa de microrganismos aeróbios denominados _________________.

81. No método do _______________ de tratamento secundário de esgoto, este é vigorosamente aerado, havendo a produção de *flocos*, que consistem em agregados de matéria suspensa e coloidal composta de esgoto mais microrganismos aeróbios.

82. Tanques de oxidação são tanques ________________ destinados a permitir o crescimento de _______________ no efluente do tratamento primário do esgoto.

83. No tratamento final de um efluente com baixa BOD, antes de ser enviado para um ribeirão, o efluente é desinfetado, geralmente pela adição de _________________.

84. Digestores anaeróbios podem produzir ________, que pode ser utilizado como combustível.

85. Qual dos seguintes processos é um tratamento aeróbio de esgoto? (**a**) filtro de gotejamento; (**b**) digestores de lodo; (**c**) fossa séptica; (**d**) uma lagoa; (**e**) compostagem.

86. Quanto maior for a demanda bioquímica de oxigênio de um efluente de uma estação de esgoto: (**a**) maior será a concentração de oxigênio no efluente; (**b**) menor será a concentração de matéria orgânica no efluente; (**c**) mais elevada será a qualidade do efluente; (**d**) é mais provável que o efluente destrua a vida aquática no leito da água receptora; (**e**) menor será o efeito do oxigênio residual.

87. "Se o ar é forçado em um sistema, partículas de matéria suspensa irão flocular em pequenas massas gelatinosas, deslizando com vidas microscópicas aeróbias e capazes de oxidar prontamente a matéria orgânica." Esta é uma descrição de: (**a**) um filtro de gotejamento; (**b**) um filtro de areia intermitente; (**c**) um digestor anaeróbio; (**d**) compostagem; (**e**) lodo ativado.

88. O principal objetivo do tratamento primário do esgoto é: (**a**) reduzir a demanda bioquímica de oxigênio; (**b**) remover a maioria das partículas que estão suspensas e flutuando; (**c**) remover os microrganismos patogênicos; (**d**) elevar a demanda bioquímica de oxigênio; (**e**) oxidar os constituintes orgânicos.

89. Esgotos combinados recebem: (**a**) esgotos domésticos e industriais: (**b**) excrementos humanos e dejetos industriais; (**c**) esgotos sanitários e pluviais; (**d**) água superficial e água de lençol freático; (**e**) unidades individuais residenciais e municipais.

90. O que ocorre durante o tratamento final do efluente de uma estação de tratamento de esgoto? (**a**) digestão anaeróbia; (**b**) osmose reversa; (**c**) remoção de grãos de areia; (**d**) secagem e incineração; (**e**) cloração.

91. As rochas de um filtro de gotejamento são cobertas com: (**a**) *E. coli*; (**b**) lodo sedimentado; (**c**) um agente volumoso; (**d**) um filme de zoogléia; (**e**) *Methanobacterium* sp.

Questões de Revisão

1. O que é plâncton? Fitoplâncton? Zooplâncton? Citar alguns microrganismos que pertencem a cada uma dessas categorias.

2. O que significa o termo *ressurgência*? Qual o efeito que a ressurgência tem na produtividade de uma área oceânica? O que é um turbilhão?

3. Descrever vários tipos de alterações bioquímicas conduzidas por microrganismos em ambientes marinhos. O que ocorre durante o processo da mineralização?

4. O que contribui para a fertilidade do oceano? A que se refere o termo *pastagem do mar*?

5. A que se refere o termo *produtores primários*? Descrever uma rede alimentar.

6. Comparar e diferenciar a fertilidade dos oceanos e dos lagos interioranos e dos rios.

7. Por que a *Escherichia coli* é considerada um indicador de poluição? O que são coliformes?

8. Por que a análise bacteriológica de água de rotina não é direcionada para o isolamento e a identificação de patógenos específicos?

9. Esquematizar o processo pelo qual um município produz água potável. Como a população microbiana da água natural é afetada em cada etapa?

10. Descrever como o meio seletivo e diferencial facilita a análise bacteriológica de amostras de água.

11. Qual vantagem a técnica da membrana filtrante oferece para a análise bacteriológica de água?

12. Onde a fossa séptica é utilizada? Descrever as atividades microbiológicas que ocorrem em uma fossa séptica.

13. Esquematizar o processo de tratamento de água residual que é realizado na maioria das grandes cidades. Descrever as transformações bioquímicas conduzidas pelas bactérias.

Questões para Discussão

1. Comparar ambiente aquático de lagos, estuários e oceanos em termos de variações que podem ocorrer na flora microbiana.

2. Por que a epibactéria está particularmente adaptada para crescer em ambientes aquáticos?

3. Diferenciar uma rede alimentar de uma cadeia alimentar, ilustrando cada uma delas.

4. Supondo que uma instalação industrial adicione grandes quantidades de um ácido no sistema de esgoto do município, que efeitos podem ocorrer nos processos microbiológicos dos vários estágios de tratamento do esgoto?

5. Comparar as vantagens e desvantagens do despejo de lodo (sedimento) em terras cultiváveis.

6. Considerando as características do solo, quais são algumas das condições que poderiam afetar adversamente o sucesso de uma operação de um sistema de fossa séptica para uma residência individual?

7. Especular sobre as possibilidades de interações microbianas que podem ocorrer em uma película de zoogléia de um filtro de gotejamento de esgoto.

8. Quais são as características de um microrganismo "ideal", que pode ser utilizado como um indicador de poluição?

Parte XI

Microbiologia Industrial

Capítulo 30

Microbiologia de Alimentos

Objetivos

Após a leitura deste capítulo, você deve ser capaz de:

1. Explicar a importância dos microrganismos em alimentos.
2. Descrever os procedimentos empregados para quantificar e identificar os microrganismos encontrados nos alimentos.
3. Caracterizar os microrganismos normalmente presentes nos diferentes tipos de alimentos frescos.
4. Delinear os princípios que servem como base para a preservação de alimentos.
5. Discutir os tipos de deterioração que podem ocorrer em alimentos frescos e enlatados e identificar os microrganismos responsáveis.
6. Descrever o papel dos microrganismos na produção de vegetais, leite fermentado e queijos.
7. Avaliar a significância da microbiologia relatada na indústria alimentícia.
8. Descrever "proteína de célula única" (*single-cell protein*) e avaliar seu potencial como fonte de alimento.

Introdução

Os microrganismos estão intimamente associados com a disponibilidade, a abundância e a qualidade do alimento para consumo humano. Alimentos são facilmente contaminados com microrganismos na natureza, durante manipulação e processamento. Após ter sido contaminado, o alimento serve como meio para o crescimento de microrganismos. Se esses microrganismos tiverem condições de crescer, podem mudar as características físicas e químicas do alimento e podem causar deterioração. Os microrganismos no alimento podem também ser responsáveis por intoxicações e infecções transmitidas por alimentos, como foi explicado no Capítulo 25. Conseqüentemente, mais atenção tem sido direcionada para o desenvolvimento de métodos para a preservação de alimentos.

Outros microrganismos são utilizados para preparar certos produtos alimentícios. Muitos alimentos, tais como queijo, iogurte e picles, são produtos de fermentação microbiana. Além disso, grande quantidade de células microbianas produzidas comercialmente são utilizadas como alimento ou suplemento alimentar em alguns países.

A deterioração de alimentos por microrganismos, a prevenção dessa deterioração e o papel dos microrganismos no preparo de vários tipos de alimentos serão abordados neste capítulo.

A Importância dos Microrganismos em Alimentos

Os microrganismos habitam quase todos os nichos da Terra, e nosso suprimento alimentar não é uma exceção. A quantidade e a qualidade do alimento que ingerimos são afetadas por microrganismos de muitas espécies. Alguns decompõem alimentos, causando deterioração; outros são empregados na produção de certos alimentos, tais como queijos e shoyo. Economicamente, os microrganismos têm uma influência significativa tanto nas indústrias de produção como na conservação de alimentos. Seus efeitos, tanto os benéficos quanto os prejudiciais, podem ser resumidos como segue:

1. Os números e tipos de microrganismos presentes no alimento refletem a qualidade e a segurança do alimento.

2. Alguns podem causar deterioração do alimento.

3. Alguns podem ser impedidos, removidos, inibidos ou mortos para prevenir a deterioração do alimento.

4. Alguns podem causar intoxicação alimentar ou infecções transmitidas por alimentos, como descrito no Capítulo 25.

5. Alguns podem produzir certos alimentos por fermentação.

6. Alguns podem ser produzidos em grande quantidade como alimento ou suplemento alimentar.

7. Os microrganismos contaminantes criam problemas especiais para a indústria alimentícia à medida que mais produtos "prontos para consumo" e *fast-food* tornam-se disponíveis.

Responda

1 Qual é a relação entre microrganismos e a qualidade do produto alimentício?

2 Citar exemplos das atividades microbianas que são indesejáveis para a indústria de alimentos.

3 Citar exemplos das atividades microbianas que são úteis para a indústria de alimentos.

Alimento como Meio de Cultura de Microrganismos

A contaminação do alimento por microrganismos apresenta um problema que é diferente da contaminação microbiana de outros tipos de materiais. O alimento por si só serve de meio de cultura para os microrganismos. A contaminação do alimento é comparável com a inoculação em um meio de cultura, tal como um ágar ou caldo nutriente. Numerosas espécies de bactérias, leveduras e fungos filamentosos podem contaminar o alimento, mas a extensão do crescimento microbiano é influenciada pelas propriedades químicas e físicas do alimento, as condições ambientais em que o alimento é armazenado e as características dos contaminantes.

As condições que favorecem o crescimento microbiano são as mesmas descritas, para o cultivo de microrganismos, na Parte II deste livro. Algumas variedades de alimentos, como por exemplo o leite, são excelentes meios de cultura. O leite desnatado inclusive é largamente empregado para o cultivo de muitos microrganismos, particularmente bactérias. Outras variedades de alimentos, tais como farinha, açúcar e cereais, são meios pobres para o desenvolvimento de micróbios, essencialmente devido ao baixo conteúdo de umidade.

Responda

Comparar os prováveis eventos que se seguem à contaminação microbiana de alimento com os que se seguem à contaminação da água.

Análise Microbiológica de Alimentos

Padrões e regulamentos têm sido desenvolvidos para assegurar que o alimento recebido pelo consumidor seja saudável, seguro e apresente a qualidade especificada na embalagem. Uma variedade de agências tem cooperado para definir estes padrões e regulamentações. Algumas dessas agências trabalham em nível internacional – por exemplo, agências das Nações Unidas, tais como Food and Agricultural Organization (FAO), Organização Mundial da Saúde (OMS) e Fundo das Nações Unidas para a Infância (Unicef). Nos Estados Unidos, diversas agências federais têm autoridade sobre o transporte interestadual de alimentos, sua produção, ou o transporte para outros territórios. O Food and Drug Administration (FDA) do Departamento de Serviços Humanos e da Saúde tem desenvolvido critérios microbiológicos específicos para os alimentos. A vigilância do alimento em nível de Estado é feita pelos departamentos de saúde, de agricultura e engenharia sanitária. Devido ao grande número de agências e regulamentações envolvidas, é necessária, para o laboratório, a padronização das análises de alimentos. Para assegurar essa uniformidade, as agências e associações profissionais publicaram um livro intitulado *Compendium of Methods for Microbiological Examination of Foods*. Esse volume descreve em detalhes como o exame microbiológico dos alimentos deve ser realizado. Uma publicação similar está disponível para a análise do leite e derivados intitulada *Standard Methods for the Examination of Dairy Products*.

Os resultados das análises microbiológicas fornecem informações sobre a qualidade da matéria-prima empregada, a limpeza das condições de preparo do alimento e a eficiência do método de preservação. No caso de alimentos deteriorados, é possível identificar o microrganismo responsável pela deterioração e sua fonte, como também as condições que permitiram que a deterioração ocorresse. Assim, medidas corretivas podem ser instituídas para prevenir a deterioração futura.

A análise microbiológica de alimentos utiliza as técnicas microscópicas especiais e os procedimentos de cultura. O procedimento a ser empregado é determinado pelo tipo de alimento que está sendo analisado e pelo propósito específico da análise. A escolha pode também depender dos tipos de microrganismos que poderão estar presentes, como é o caso dos diferentes microrganismos a ser pesquisados em um alimento suspeito de ter causado uma doença (transmitida por alimento) (Tabela 30.1). A Figura 30.1 ilustra o esquema geral utilizado para investigar a contaminação microbiológica de alimentos.

Técnicas Microscópicas

A não ser que a amostra esteja densamente contaminada, esfregaços corados do material geralmente não fornecem informações úteis. Entretanto, técnicas microscópicas padrões são utilizadas para a análise de alguns produtos alimentícios. As técnicas de coloração de Gram ou com azul de metileno são normalmente empregadas para corar esfregaços fixados, mas outros procedimentos estão disponíveis. Por exemplo, um procedimento conhecido como ***esfregaço de Breed*** é empregado para a contagem microscópica direta de microrganismos no leite. Neste procedimento, uma quantidade padronizada de leite é espalhada sobre uma área demarcada de uma lâmina de vidro. A fina camada de leite é corada com azul de metileno, e os microrganismos ou os seus agrupamentos, observados em diversos "campos" por meio do microscópico, são quantificados. O número total de microrganismos por mililitro de leite pode ser calculado.

Outra técnica emprega a ***contagem de Howard para fungos***, que utiliza uma câmara na qual se deposita uma quantidade conhecida de amostra. Como o nome sugere, essa técnica é empregada para enumerar fragmentos de fungos em produtos alimentícios, tais como frutas, sucos e vegetais. Quando a contagem de fungos realizada por esta técnica excede certos limites, o produto é de baixa qualidade ou foi processado empregando-se condições sanitárias insatisfatórias.

Figura 30.1 Esquema generalizado de uma análise microbiológica de alimentos.

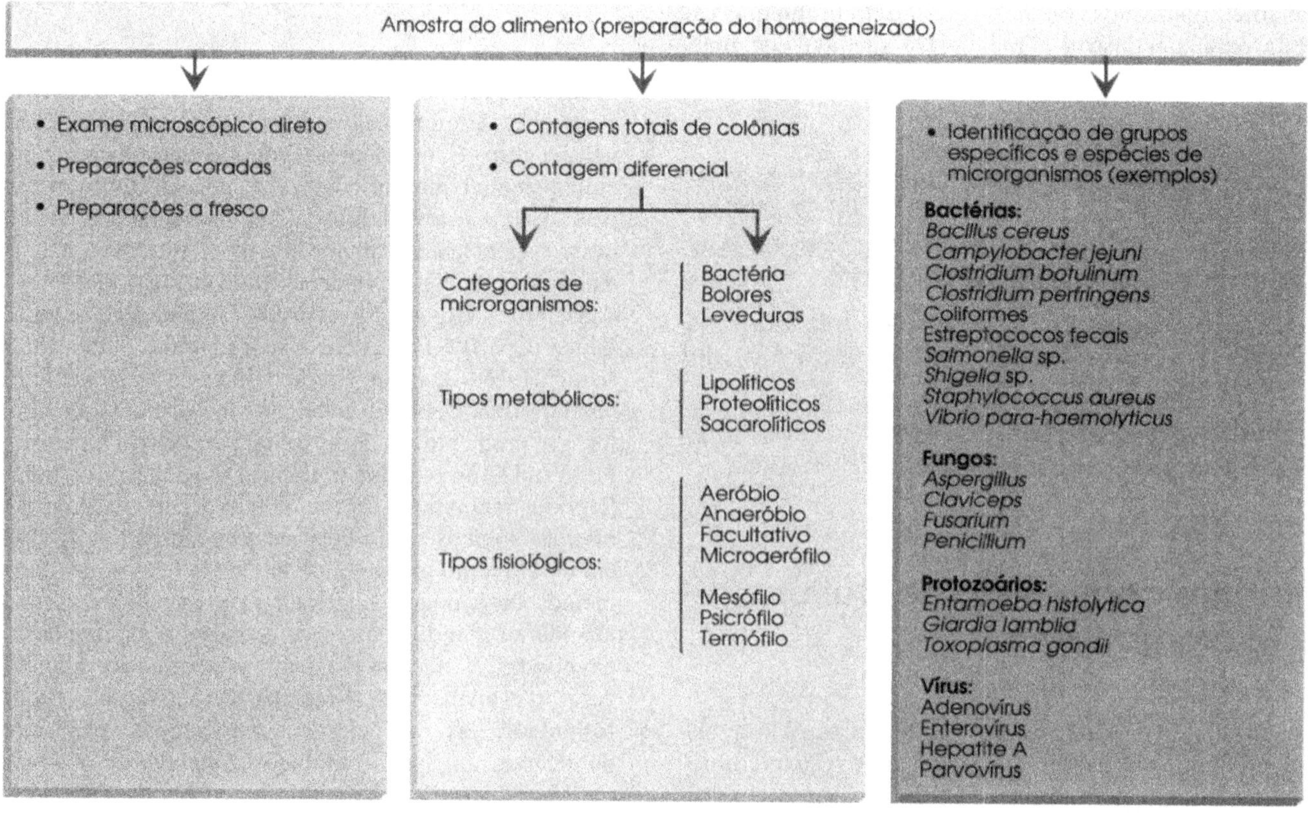

Tabela 30.1 Guia de testes empregados na análise de alimentos indicados, suspeitos ou epidemiologicamente incriminados como veículos de doenças transmitidas por alimentos.

Alimentos	Microrganismo ou toxina
Alimentos enlatados	*Clostridium botulinum* e sua neurotoxina
Cereais, arroz, alimentos contendo maisena	*Bacillus cereus*, micotoxinas
Recheios cremosos de bolos	*Staphylococcus aureus* e sua enterotoxina *Salmonella*
Produtos de confeitaria	*Salmonella*
Ovos e derivados	*Salmonella*
Frutos do mar	*Vibrio parahaemolyticus* Toxina de molusco (saxitoxina) *Vibrio cholerae* Vírus da hepatite A (somente implicação epidemiológica)
Frutas e vegetais frescos	Protozoários parasitas *Shigella*
Vegetais diversos, carne, aves, peixe, saladas	*Staphylococcus aureus* e sua enterotoxina *Salmonella* Estreptococos β-hemolíticos *Shigella* *Escherichia coli* enteropatogênica
Carne e aves, e alimentos diversos contendo carne	*Salmonella* *Clostridium perfringens* *Staphylococcus aureus* e sua enterotoxina
Presunto	*Staphylococcus aureus* e sua enterotoxina
Carnes fermentadas	*Staphylococcus aureus* e sua enterotoxina
Peixe	*Vibrio parahaemolyticus* Histamina (*Proteus* sp.) Venenos de peixes
Crustáceos	*Vibrio parahaemolyticus* Venenos de peixes
Queijo	*Staphylococcus aureus* e suas enterotoxinas *Brucella* sp. *Escherichia coli* enteropatogênica
Leite em pó	*Salmonella* *Staphylococcus aureus* e sua enterotoxina

Fonte: M. L. Speck, ed., *Compendium of Methods for the Microbiological Examination of Foods*, 2ª ed., Washington, D.C., American Public Health Association, 1984.

Os protozoários podem ser também identificados e quantificados utilizando-se o exame microscópico direto. Como os protozoários geralmente estão presentes em número relativamente pequeno, freqüentemente é necessário usar procedimentos como a centrifugação ou a filtração, que concentrarão esses organismos na amostra de alimento antes do exame microscópico.

Técnicas de Cultura

As técnicas de cultivo descritas nos capítulos anteriores deste livro podem ser utilizadas, algumas vezes com modificações, para examinar os alimentos. Por exemplo, técnicas de cultivo em placa são empregadas para determinar a população microbiana total de um produto ou dar a contagem de um grupo particular de microrganismos. O termo *total* necessita de qualificação; os microrganismos enumerados por qualquer técnica de cultura são simplesmente aquela porção da população total que crescerá como colônias visíveis sob condições específicas. Estas condições incluem a qualidade nutricional do meio, a temperatura e o tempo de incubação e o tipo de atmosfera.

Outra técnica de cultura usada é a contagem padrão em placa (SPC – *standard plate count*) para a contagem de bactérias no leite. Os detalhes deste procedimento estão descritos no *Standard Methods for the Examination of Dairy Products*. É essencial que o procedimento seja executado exatamente como o especificado nessa publicação. Outros procedimentos, incluindo o uso de meios seletivos e diferenciais, estão disponíveis para o isolamento e a contagem de determinados tipos fisiológicos ou bioquímicos de microrganismos.

O cultivo de vírus de produtos alimentícios requer o uso de técnicas de cultura de tecido (Capítulo 16, Volume I). Pode ser necessária a concentração prévia do vírus suspeito no espécime alimentar.

As técnicas tradicionais de microscopia e cultura têm sido substituídas por métodos mais rápidos e específicos, baseados nos mais novos conceitos de biologia molecular e imunologia, tais como sondas genéticas e anticorpos monoclonais. Esses e outros testes foram descritos anteriormente.

Responda

1 Quais são os órgãos que definem os padrões e regulamentos para o controle microbiológico de alimentos?

2 Descrever os principais procedimentos laboratoriais utilizados para a análise microbiológica de alimentos.

Microrganismos em Alimentos Frescos

Os tecidos internos de plantas e animais sadios estão isentos de microrganismos e, portanto, são estéreis. Entretanto, superfícies de vegetais e carnes cruas estão, normalmente, contaminadas com microrganismos. A intensidade dessa contaminação está relacionada com uma ou mais destas seguintes condições: a população microbiana do ambiente onde o alimento foi obtido, a qualidade do produto fresco, o método de manipulação, o tempo e as condições de armazenamento. Os alimentos *in natura* apresentarão um número baixo de microrganismos, se manipulados e preparados adequadamente. Vários alimentos frescos – tais como carnes, aves e ovos – apresentam condições diferentes para o crescimento de microrganismos e, assim, diferem em suas populações microbianas.

Carnes

A carcaça de animais sadios abatidos para o consumo humano e mantida em ambiente refrigerado apresenta um baixo nível de contaminação microbiana (os tecidos internos são estéreis). Contagens microbianas, variando de 100 a 100.000 por grama, têm sido relatadas nas superfícies de carcaças de boi. Carne fresca cortada de carcaça refrigerada será contaminada em sua superfície por microrganismos do ambiente e de serras e facas empregadas para cortar a carne. Cada novo corte expõe uma nova superfície, com o potencial de acréscimo de mais microrganismos no tecido exposto. Picar ou moer a carne para hambúrguer propicia a exposição de um grande número de novas superfícies e permite um alto potencial de contaminação. A contagem microbiana em hambúrguer pode chegar de 5.000.000 a 10.000.000 por grama de amostra.

Os tipos mais comuns de bactérias encontradas em carnes frescas são as pseudomonas, os estafilococos, os micrococos, os enterococos e os coliformes. As temperaturas baixas, nas quais as carnes frescas são armazenadas, favorecem o crescimento de microrganismos psicrófilos. As espécies de microrganismos freqüentemente isoladas de carnes e derivados são mostradas na Tabela 30.2.

Para aumentar a qualidade microbiológica das carnes, especialmente peças fatiadas, frios e salsichas, muitos Estados propuseram padrões microbiológicos para esses produtos no momento de sua comercialização.

Aves

Aves frescas depenadas têm uma flora bacteriana superficial que se origina de bactérias normalmente presentes nas aves vivas e de organismos introduzidos durante o abate, a retirada das penas e a evisceração. Sob condições sanitárias adequadas, a contagem bacteriana está entre 100 e 1.000 bactérias por centímetro quadrado de superfície de pele, enquanto, com condições sanitárias menos adequadas, a contagem pode aumentar 100 vezes ou mais. Bactérias, leveduras e fungos têm sido isolados da superfície de aves processadas. Entre estes microrganismos estão os gêneros bacterianos *Pseudomonas, Acinetobacter, Escherichia, Flavobacterium* e *Salmonella*; as leveduras *Trichosporon, Torulopsis, Candida e Rhodotorula*; e os fungos filamentosos *Penicillium, Alternaria* e *Aspergillus*. Do ponto de vista de saúde pública, a contaminação por *Salmonella*, como foi discutido no Capítulo 25, é de importância considerável.

Ovos

O interior de um ovo recentemente posto está normalmente isento de microrganismos. A casca e a membrana protéica,

Tabela 30.2 Microrganismos freqüentemente isolados de carnes.

Produto	Microrganismos isolados
Carne fresca e refrigerada	Bactérias *Acinetobacter, Moraxella, Pseudomonas, Aeromonas, Alcaligenes* e *Micrococcus* Fungos filamentosos *Cladosporium, Geotrichum, Sporotrichum, Mucor* e *Thamnidium* Leveduras *Candida, Torulopsis, Debaryomyces* e *Rhodotorula*
Carnes processadas e curadas	Bactérias *Lactobacillus* e outras bactérias do acido láctico, *Acinetobacter, Bacillus, Micrococcus, Serratia* e *Staphylococcus* Fungos filamentosos *Aspergillus, Penicillium, Rhizopus* e *Thamnidium* Leveduras *Debaryomyces, Torula, Torulopsis, Trichosporon* e *Candida*

Fonte: W. C. Frazier & D. C. Westhoff, *Food Microbiology*, 4ª ed., Nova Iorque, McGraw-Hill, 1988.

logo abaixo da casca, retardam a penetração de microrganismos no interior do ovo. Além disso, a clara contém substâncias, tal como a proteína lisozima, que são antibacterianas. Rachaduras na casca, entretanto, resultarão na contaminação e deterioração.

Alguns exemplos de deterioração bacteriana de ovos são:

Podridão verde:	Causada por espécies de *Pseudomonas* produtoras de pigmento verde, que crescem a 0°C.
Podridão incolor:	Causada por espécies de *Pseudomonas, Acinetobacter, Alcaligenes* e coliformes. Vários tipos de odores podem ser produzidos.
Podridão preta:	Causada por espécies de *Proteus*, que tornam os ovos pretos. Normalmente é indicativo de estocagem a temperaturas acima do nível recomendado.

As espécies do gênero *Salmonella* têm sido periodicamente o problema principal, causando intoxicação alimentar devido ao consumo de produtos de ovos contaminados (Capítulo 25). As salmonelas podem ser provenientes de fontes variadas: ovos contaminados, pedaços de carne e peixe na ração das aves, população de aves contaminadas, pássaros selvagens, solo ou água. Medidas de controle desenvolvidas pela indústria, novas regulamentações federal e local e identificação de fontes de contaminação têm contribuído para melhorar o controle dessa bactéria.

Frutas e Vegetais

A invasão do tecido de uma planta por bactérias, fungos e vírus pode ocorrer durante os vários estágios do desenvolvimento da fruta e do vegetal. Quanto mais o tecido é invadido, maior a probabilidade de ocorrer a deterioração. Um segundo fator que contribui para a contaminação microbiana de frutas e vegetais é o tipo de manuseio empregado pós-colheita. O manuseio mecânico produz, provavelmente, quebras no tecido, permitindo a entrada de microrganismos. O pH das frutas é relativamente baixo, variando de 2,3 no limão a 5 na banana. Esta acidez restringe o crescimento bacteriano, mas não retarda o desenvolvimento dos fungos. A faixa de pH dos vegetais é levemente superior (pH 5 a 7), tornando os vegetais mais susceptíveis que as frutas ao ataque das bactérias.

Moluscos e Peixes

Os microrganismos encontrados em moluscos e peixes frescos refletem a qualidade microbiana da água em que estes foram capturados. Se a água é poluida por esgoto, o fruto do mar é potencialmente capaz de transmitir microrganismos patogênicos. A bactéria marinha *Vibrio parahaemolyticus* tem sido responsável, nos Estados Unidos, por um grande número de gastroenterites epidêmicas devido ao consumo de frutos do mar crus ou inadequadamente cozidos. A bactéria ocorre largamente nas águas do oceano Atlântico, do Pacífico e da Costa do Golfo; tem sido isolada de amostras de frutos do mar, incluindo peixes, moluscos e crustáceos. Os moluscos que crescem em água contaminada podem também concentrar vírus em seus tecidos e podem ser fontes de hepatite infecciosa. Por exemplo, ostras e mariscos de águas poluídas causaram numerosas epidemias de hepatite em várias partes do mundo.

O aumento da popularidade dos frutos do mar na dieta americana tem despertado a atenção sobre a questão da qualidade microbiológica desses produtos. Isto é verdadeiro principalmente para os moluscos (mexilhões, escalopes, mariscos e ostras), que podem ser ingeridos crus ou parcialmente cozidos. Devido a esta preocupação, o Food and Drug Administration (FDA) aumentou a vigilância sobre os frutos do mar, estabelecendo a Secretaria de Frutos do Mar dentro do Center for Food Safety and Applied Nutrition. Esta nova unidade do FDA estabelecerá regulamentos e conduzirá pesquisas sobre a qualidade dos frutos do mar.

Um novo tipo de produto de frutos do mar (surimi), consumido extensivamente por séculos no Japão, está atualmente disponível nos Estados Unidos. Devido à maneira como o surimi é preparado, há grande probabilidade de contaminação microbiana. O peixe fresco é desossado mecanicamente e a seguir lavado com água até que fique incolor e inodoro. Após a adição de ingredientes selecionados, o peixe fresco é moldado em formas que se assemelham a frutos do mar, tais como pernas de caranguejo, caudas de lagosta, escalope ou camarão. A intensa manipulação envolvida na preparação do surimi e derivados requer a utilização de boas práticas sanitárias.

Leite

Quando o leite é retirado do úbere de uma vaca saudável, pode contaminar-se por microrganismos externos, que penetraram na teta da vaca. O número de microrganismos presente no leite fresco, recentemente colhido, varia de centenas a milhares por mililitro. Essas contagens variam entre as vacas e são maiores nos estágios iniciais da ordenha. Desde a saída do leite do úbere da vaca até a sua dispensação em recipientes de venda ao consumidor, tudo que entra em contato com o produto é uma fonte em potencial de contaminação. Isso inclui o equipamento de ordenha, o pessoal e o ar do ambiente. A negligência nas práticas sanitárias resulta na contaminação elevada do leite, que se deteriora rapidamente. Entretanto, a ordenha realizada sob condições sanitárias com estrita atenção às práticas sanitárias produzirá um leite com baixa contagem bacteriana e de boa qualidade.

O leite tem sido descrito como o alimento humano "mais próximo da perfeição". Sua microbiologia foi estudada mais sistemática e meticulosamente que qualquer outro alimento. A explicação para isso é o consumo mundial do leite, sua grande susceptibilidade à deterioração microbiana, seu potencial como carreador de microrganismos patogênicos e o fato de ser um excelente meio de crescimento de microrganismos.

Responda

1 Qual é a provável flora microbiana dos tecidos internos de plantas e animais sadios?

2 Qual é a fonte de microrganismos no leite? E nos moluscos? E nos ovos?

Princípios Gerais de Preservação dos Alimentos

Como os alimentos *in natura* podem conter microrganismos, a preservação de alimentos requer o conhecimento de como controlar o crescimento microbiano em vários produtos alimentícios. Métodos utilizados para preservar os alimentos são baseados em um ou mais dos seguintes princípios: (1) prevenção ou remoção da contaminação, (2) inibição do crescimento e do metabolismo microbiano (ação microbiostática) e (3) destruição de microrganismos (ação microbicida). O uso de métodos físicos e agentes químicos que podem controlar o crescimento microbiano foi discutido nos Capítulos 7 e 8, Volume I.

Os seres humanos têm enfrentado o problema de preservação de alimentos por séculos. Os egípcios e romanos da Antigüidade sabiam dos efeitos preservativos da salga, desidratação e defumação. O primeiro exemplo de preservação pelo sal pode ter sido realizado enterrando-se o alimento na praia, onde o sal da água do mar realizava a cura. Os índios americanos colocavam fatias de bisão e veado no alto de uma tenda ou sobre uma fogueira, sendo a carne preservada por dessecação e defumação. Bacalhau seco e salgado era um alimento comum entre os colonos americanos. Alimentos perecíveis eram freqüentemente armazenados em cavernas e fontes, onde a baixa temperatura ajudava a inibir a deterioração.

Os métodos modernos de preservação são um aprimoramento desses métodos primitivos. Atualmente associamos a preservação de alimentos à refrigeração, a congelamento, à desidratação e a enlatamento. Equipamentos e processos altamente eficientes têm sido desenvolvidos durante as últimas décadas. As várias práticas empregadas na preservação de alimentos incluem:

1. Processamento e manipulação asséptica
2. Calor

   (**a**) Fervura
   (**b**) Vapor sob pressão
   (**c**) Pasteurização
   (**d**) Esterilização

3. Baixas temperaturas

   (**a**) Refrigeração
   (**b**) Congelamento

4. Desidratação
5. Pressão osmótica

   (**a**) Em açúcar concentrado
   (**b**) Em salmoura

6. Agentes químicos

   (**a**) Ácidos orgânicos
   (**b**) Substâncias desenvolvidas durante o processo defumação)
   (**c**) Substâncias produzidas durante a fermentação microbiana (ácidos)

7. Radiação

   (**a**) Raios ultravioletas
   (**b**) Radiações ionizantes

Processamento e Manipulação Asséptica

Muitos alimentos são manipulados extensivamente antes de ser processados por algum método de preservação. Cada passo na preparação do alimento para preservação é fonte em potencial de contaminação. A quantidade de contaminação dependerá da qualidade microbiológica inicial do produto e do nível das precauções assépticas utilizadas durante a manipulação. O uso de técnicas assépticas é de particular importância no preparo de alimentos altamente perecíveis, tais como peixe, ostras e carne de caranguejo, que requerem considerável manipulação por pessoas.

Figura 30.2 Representação esquemática de um processo hipotético asséptico de embalagem de alimentos. Neste exemplo particular, dois componentes são esterilizados separadamente e então misturados em uma câmara estéril. O produto resultante é distribuído em recipientes estéreis e fechado, no mesmo ambiente estéril, antes de ser embalado para o transporte final.

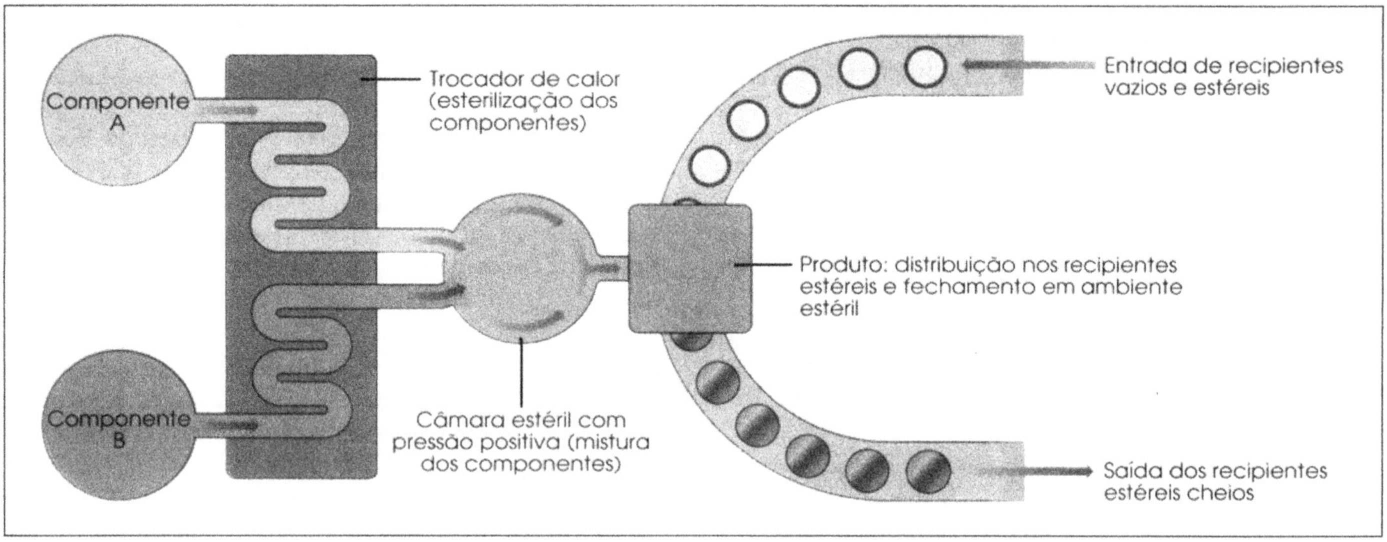

O ***processamento asséptico*** é relativamente novo na indústria alimentícia. O alimento é primeiramente esterilizado e então colocado em recipientes previamente esterilizados, sendo fechado sob condições assépticas (Figura 30.2). Esse processamento emprega recipientes de plástico, de papel ou de metal, e o alimento embalado oferece tanto economia como vantagens ao usuário. O produto, por ser estéril, pode ser armazenado à temperatura ambiente, eliminando a necessidade de espaço para refrigeração. Alimentos preservados desta maneira estão se tornando cada vez mais comuns.

Preservação pelo Calor

A temperatura alta é um dos métodos mais seguros e confiáveis de preservação de alimentos. O calor é freqüentemente utilizado para destruir os microrganismos dos alimentos já embalados em latas, frascos ou outros tipos de recipientes que previnem a entrada de microrganismos adicionais. Embora o calor seco possa prevenir o crescimento microbiano, o vapor sob pressão é realmente mais efetivo. O vapor sob pressão empregado em panelas de pressão e autoclaves destrói esporos e células vegetativas. O conhecimento da resistência ao calor de diferentes espécies de microrganismos, particularmente as formas esporuladas, é essencialmente importante na preservação de alimentos empregando altas temperaturas. Um equipamento especial de laboratório tem sido planejado para determinar a resistência térmica desses microrganismos. Além disso, deve-se considerar a taxa de penetração do calor em alimentos de consistências diferentes, como por exemplo compota e suco de maçã, assim como o tamanho e o formato dos recipientes nos quais os alimentos estão acondicionados. A destruição dos microrganismos pelo calor envolve a relação entre tempo e temperatura (discutida no Capítulo 7, Volume I), e muitas pesquisas têm sido realizadas para determinar os tempos de morte térmica de bactérias responsáveis pela deterioração de alimentos. Essa informação torna possível estabelecer condições satisfatórias de processamentos pelo calor. Ela também é responsável pelo grande sucesso alcançado pela indústria de enlatamento de alimentos.

Enlatamento. O enlatamento tem sido o método básico de preservação de alimentos por mais de 180 anos. Nicolas Appert (1750–1841) é reconhecido como o pai do enlatamento. Inspirado pela oferta do governo francês em conceder um prêmio em dinheiro para quem desenvolvesse um método de conservação de alimentos para transporte, Appert começou uma longa série de experimentos. Ele colocou alimentos dentro de recipientes de vidro, que foram fechados com cortiça, reforçados com arame e selados com cera. Então, colocou os recipientes em água fervente durante vários períodos de tempo. Os resultados de Appert, que ganhou um prêmio de 12.000 francos, foram publicados em 1811 sob o título de: "A Arte de Preservar Todos os Tipos de Alimentos de Origem Animal e Vegetal por Vários Anos". No mesmo ano, Peter Durand obteve uma patente inglesa pelo uso de latas na preservação de alimentos.

As temperaturas empregadas no enlatamento de alimentos variam de 100°C para alimentos com alta acidez a 121°C para alimentos com baixa acidez. O processo de enlatamento não garante a esterilidade do produto, porque esporos de algumas bactérias podem sobreviver a essas temperaturas. O organismo mais importante a ser eliminado em alimentos enlatados é o anaeróbio esporulado *Clostridium botulinum*, que é capaz de produzir uma toxina letal muito potente (Capítulo 25).

Pasteurização do Leite. O Milk Ordinance and Code do Serviço de Saúde Pública dos Estados Unidos define pasteurização da seguinte forma: "Os termos pasteurização, pasteurizado e similares significam o processo de aquecimento de cada partícula do leite e seus derivados até no mínimo 145°F (62,8°C), mantendo-os continuamente nesta ou acima desta temperatura pelo menos por 30 min, ou até no mínimo 161°F (71,7°C), mantendo-os nesta ou acima desta temperatua por no mínimo 15 s, empregando um equipamento adequadamente operado e aprovado pela autoridade sanitária".

As relações entre tempo e temperatura de pasteurização foram originalmente determinadas para o *Mycobacterium tuberculosis*, por ser considerado, entre os patógenos em potencial encontrados no leite, o mais resistente ao calor (Figura 30.3, caderno em cores). Esse microrganismo é destruído quando exposto à temperatura de 140°F (60°C) por 10 min. Por segurança, a temperatura de pasteurização foi padronizada em 143°F (61,6°C) por 30 min. Posteriormente, os microbiologistas descobriram que a *Coxiella burnetti*, o agente etiológico da febre Q, transmitida pelo leite, pode sobreviver no leite aquecido a 143°F (61,6°C) por 30 min. Esta observação resultou na determinação do atual tempo e da temperatura de pasteurização empregados.

Comercialmente, são utilizados dois métodos de pasteurização: (1) método de manutenção a baixa temperatura (LTH – *low-temperature holding*)) ou pasteurização em tanque, que expõe o leite a 145°F (62,8°C) por 30 minutos; ou (2) método de alta temperatura em curto tempo (HTST – *high-temperature short-time*), que mantém o leite à temperatura de 161°F (71,7°C) por 15 s. Em qualquer dos métodos, é essencial que o equipamento seja planejado e operado de tal maneira que todo o leite seja aquecido à temperatura exigida e durante o tempo estabelecido. Precauções devem ser tomadas para prevenir a recontaminação após a pasteurização. O produto final deve ser armazenado a baixas temperaturas para retardar o crescimento dos microrganismos que sobreviveram à pasteurização.

Podemos saber se um determinado lote de leite foi pasteurizado realizando o ***teste da fosfatase***. A fosfatase é uma enzima que está presente no leite *in natura* e nos tecidos corporais e que é destruída durante uma pasteurização adequada (Figura 30.3, caderno em cores). Portanto, pode-se determinar se a pasteurização foi bem realizada testando a ausência desta enzima. O leite é adicionado a um substrato com o qual a enzima vai reagir. O princípio do teste é ilustrado pela seguinte reação:

$$\underset{\text{Substrato}}{\text{Fenil–fosfato–dissódio}} \xrightarrow[\text{(enzima no leite cru)}]{\text{fosfatase}} \underset{\text{(Produtos finais)}}{\text{fenol + fosfato}}$$

A quantidade de fenol liberada pode ser convenientemente estimada pela adição de um reagente que se torna azul na presença de fenol. Padrões são utilizados para interpretar os resultados desse teste, que, embora muito simples, é capaz de fornecer informações valiosas sobre o tratamento térmico recebido pelo leite.

Pasteurização de Outros Alimentos. A pasteurização é também utilizada na preservação dos produtos do ovo, tais como ovos inteiros e claras, para eliminar *Salmonella* e reduzir a população total de microrganismos.

A relação apropriada entre tempo e temperatura é crítica, porque a temperatura requerida para matar a *Salmonella* é muito próxima àquela que desnatura a albumina. Essa situação torna a pasteurização do ovo um processo muito complicado. Por exemplo, em um processamento, as claras do ovo são acidificadas com ácido láctico a pH 6,8 a 7,3, e o sulfato de amônio é adicionado para prevenir o dano da albumina provocado pelo calor. As claras tratadas são pasteurizadas a 140°F (60°C) por 3,5 min.

A carne de caranguejo é outro alimento que pode ser encontrado cru ou pasteurizado. Várias pesquisas foram necessárias para o desenvolvimento apropriado das relações entre tempo e temperatura que reduzissem a população microbiana a um nível adequado, mantendo a qualidade da carne do caranguejo. O sucesso na pasteurização tem aumentado em muito a disponibilidade e a distribuição de alimento marinho altamente perecível.

Esterilização. As técnicas comerciais de esterilização do leite foram desenvolvidas com a exposição desse produto a altas temperaturas por um curto período de tempo – 300°F (148,9°C) por 1 a 2 s. Este processo de esterilização elimina a possibilidade do desenvolvimento no leite de traços de sabor de cozido. O produto final é comparável em sabor e qualidade nutricional ao leite pasteurizado. Entretanto, o leite estéril não requer refrigeração e pode ser estocado indefinidamente. Este produto está-se tornando muito popular em mercearias.

Fornos de Microondas. O cozimento ou processamento de alimentos utilizando microondas depende da quantidade de calor gerada pelas radiações de microondas. Microondas não afetam ou matam diretamente os microrganismos (DESCOBERTA 30.1).

DESCOBERTA!

30.1 FORNOS DE MICROONDAS.

Os fornos de microondas são amplamente empregados em cozinhas e restaurantes. Como eles funcionam no preparo dos alimentos? Qual é a sua eficiência antimicrobiana?

Microondas são ondas eletromagnéticas de alta freqüência, semelhantes às ondas de rádio, porém consideravelmente mais curtas. Quando um alimento é colocado no forno de microondas e a corrente é ligada, o alimento absorve a energia das radiações, fazendo com que as moléculas dos componentes do alimento vibrem. A fricção entre as moléculas vibrando produz calor igual ao produzido pela fricção de dois metais. A quantidade de calor produzida, que determina a temperatura, depende da potência com a qual o forno é operado. O calor produzido no alimento é o responsável pela atividade antimicrobiana, e não as radiações de microondas em si. Os microrganismos serão destruídos se a temperatura do alimento alcançar um nível suficientemente elevado. Alguns fornos são equipados com sondas de temperatura que monitoram a temperatura interna do alimento. Altas temperaturas e, ou tempos longos de exposição podem levar a um efeito microbicida do processo.

Microondas não penetram em metais, portanto recipientes de metal não são adequados para uso. O vidro, a cerâmica e o plástico são permeáveis às microondas, assim, recipientes feitos com esses materiais são comumente utilizados.

Temperaturas Baixas

As temperaturas próximas ou abaixo de 0°C retardam o crescimento e a atividade metabólica dos microrganismos. Equipamentos modernos de refrigeração e congelamento têm tornado possível o transporte de alimentos perecíveis e o seu armazenamento por longos períodos de tempo. Os caminhões e vagões frigoríficos, as câmaras frias dos navios, assim como o refrigerador e o freezer domésticos, aumentaram a qualidade da dieta humana bem como a variedade de alimentos disponíveis ao consumidor. A produção de alimentos congelados nos Estados Unidos quase triplicou, de 11 bilhões de libras esterlinas, em 1965, para 29 bilhões em 1990, e continua crescendo. Grande parte desse crescimento deve-se ao preparo de comida congelada (alimentos prontos para consumo após aquecimento). A Associação Nacional de Alimentos Congelados relatou vendas aproximadas de 7 bilhões de libras esterlinas de alimentos congelados em 1990. O crescimento e a importância desta parte da indústria alimentícia levam à necessidade de uma ênfase maior no estudo sobre a sobrevivência e o crescimento dos microrganismos a baixas temperaturas.

Antes do congelamento, o alimento fresco é submetido ao vapor d'água (branqueamento) para a inativação de enzimas que possam alterar a qualidade do produto mesmo a baixas temperaturas. Os métodos de congelamento rápido (utilizando temperaturas de –32°C ou inferiores) são considerados mais satisfatórios; são formados cristais de gelo menores e as estruturas celulares do alimento não se rompem. Deve ser enfatizado que o congelamento de alimentos, independentemente da temperatura, não leva à destruição de todos os microrganismos. Os números e tipos viáveis e não-viáveis de microrganismos presentes nos alimentos refletem o grau de contaminação da matéria-prima e das condições sanitárias utilizadas no processo, e a velocidade e o cuidado com que o produto foi processado. A contagem microbiana da maioria dos alimentos congelados diminui durante a estocagem (Tabela 30.3), porém muitos microrganismos, incluindo alguns patógenos, sobrevivem por longos períodos de tempo a –9 e –17°C.

Desidratação

Os alimentos secos foram usados durante séculos e são mais comuns, em todo o mundo, que os alimentos congelados. A remoção de água por secagem ao sol ou aplicação de calor causa desidratação. A preservação pela desidratação ocorre principalmente devido à inibição do crescimento microbiano; os microrganismos não são necessariamente mortos (Capítulo 7, Volume I). O crescimento dos microrganismos pode ser prevenido devido à redução do conteúdo de umidade do ambiente abaixo do nível crítico. Esse nível crítico é determinado por características particulares do microrganismo e pela capacidade do alimento de se ligar à água, o que reduz a umidade livre. Como já foi citado no Capítulo 7, Volume I, culturas liofilizadas de microrganismos sobrevivem por anos.

Aumento da Pressão Osmótica

A água é retirada de células bacterianas quando estas são colocadas em soluções contendo grande quantidade de substâncias dissolvidas, tais como açúcar ou sal (Capítulo 7, Volume I). O metabolismo microbiano é paralisado como resultado desta perda de água. Os efeitos antimicrobianos são similares ao princípio de inibição metabólica que ocorre na desidratação. O aumento da pressão osmótica, como na desidratação, pode inibir o crescimento microbiano, mas não causa a morte dos microrganismos. As leveduras e os bolores são relativamente resistentes à elevada pressão osmótica. Por exemplo, as gelatinas e geléias raramente são afetadas pela ação bacteriana, devido aos seus altos teores de açúcar, porém é comum encontrar crescimento de bolor na superfície, quando expostas ao ar. O leite condensado é preservado, em parte, pela concentração elevada de lactose (açúcar do leite) e pela suplementação de sacarose (açúcar da cana-de-açúcar), que também retiram água das células microbianas. Resultados similares são obtidos na preservação de carnes e outros alimentos em salmouras.

Tabela 30.3 Contagens bacterianas em alimentos congelados após 12 meses de congelamento e após 24 h de descongelamento a 70°F (20°C).

Produto	BACTÉRIAS POR GRAMA	
	Congelado	Após descongelamento
Ensopado de carne	390	1.400.000
Bife	390	1.400.000
Cenouras escaldadas	3.000	5.800.000
Ovos (enlatados)	190.000	70.000.000
Feijões verdes escaldados	1.000	40.000.000
Haddock	38.000	770.000
Ostras	22.000	320.000.000
Pêssegos, com açúcar 3:1	60	700
Ervilhas escaldadas	1.000	24.000.000
Costeletas de porco	1.300	8.700.000
Framboesas, com açúcar 3:1	3.000	8.000
Cerejas, com açúcar 3:1	0	20
Morangos, com açúcar 2:1	200	2.000
Milho verde escaldado	1.500	60.000.000

Fonte: G. J. Mountney & W. A. Gould, *Practical Food Microbiology and Technology*, 3ª ed., Nova Iorque, Van Nostrand Reinhold, 1988.

Aditivos Químicos

A adição de substâncias químicas na preservação de alimentos é controlada nos Estados Unidos por determinações contidas na lei United States Food, Drug and Cosmetic Act. Em 1906, o Congresso americano aprovou a U.S. Pure Food and Drug Act; a nova lei Food, Drug and Cosmetic Act foi oficializada em 1939, e várias emendas têm sido introduzidas desde essa data. De acordo com a legislação, o alimento está alterado se algum veneno ou substância nociva foram adicionados, tornando-o prejudicial à saúde. Somente algumas substâncias químicas são legalmente aceitas para a preservação de alimentos. Entre as mais efetivas estão os ácidos orgânicos benzóico, sórbico, acético, láctico e propiônico. Os ácidos sórbico e propiônico são utilizados, por exemplo, para inibir o crescimento de bolores no pão. Outros aditivos químicos comuns são os nitratos e nitritos adicionados a carnes para preservar a cor; eles também inibem algumas bactérias anaeróbias. O uso de nitratos e nitritos é controverso devido ao possível papel carcinogênico e mutagênico dessas substâncias.

Algumas vezes as substâncias químicas preservativas não são adicionadas aos alimentos, mas produzidas *durante* o processo de preservação. Alimentos fermentados, tais como chucrute, picles e silagem para animais são preservados principalmente pelos ácidos acético, láctico e propiônico produzidos pelos microrganismos fermentadores. A defumação gera cresóis e outros compostos antibacterianos que penetram na carne e a preservam.

DESCOBERTA!

30.2 PRESERVAÇÃO DE ALIMENTOS POR IRRADIAÇÃO IONIZANTE.

O uso da irradiação para preservar alimentos é um método eficaz e aconselhável, de acordo com várias evidências científicas. Grupos internacionais de cientistas estudaram este processo extensivamente e concluíram que a irradiação com doses recomendadas não é prejudicial. Nenhum resíduo de radioatividade permanece no alimento processado, como também nenhum efeito adverso é observado na qualidade nutricional. Existem também vantagens de usar a irradiação para destruir microrganismos patogênicos e não-patogênicos presentes nos alimentos. Os alimentos podem ser expostos à irradiação *após* o empacotamento, e alimentos tais como vegetais e frutas, quando irradiados, mantêm o seu frescor por longos períodos de tempo. Em termos de custo, a irradiação é comparável aos métodos convencionais de preservação e freqüentemente prolonga a "vida de prateleira" além do alcançado por outros métodos.

Muitos países utilizam o método de maneira limitada, enquanto outros (30 ou mais países) aprovaram o processo de irradiação para diversos alimentos. Este método de preservação não é utilizado em maior escala, em parte devido à suposição de que o consumidor reluta em comprar um produto irradiado. Esta atitude das pessoas tem sido reforçada por aqueles que se opõem ao uso de substâncias radioativas.

Entretanto, grande número de testes de mercado nos últimos anos indicaram que o consumidor certamente passará a comprar alimentos irradiados. Alguns exemplos de alimentos irradiados vendidos durante estes testes bem-sucedidos são: mamão havaiano (Califórnia, 1987), maçãs (Missouri, 1988), batatas e cebolas (Polônia, 1987-1988), morangos (França, 1987), lingüiça (Tailândia, 1989), aves (Israel, 1989) e peixe (Bangladesh, 1988). Existe um consenso geral entre cientistas, oficiais do governo e produtores de alimentos de que o consumidor é muito mal-informado sobre as vantagens que podem ser obtidas com alimentos preservados por irradiação. A falta de conhecimento significa que uma campanha educacional intensiva será necessária para convencer os consumidores da segurança da irradiação na preservação de alimentos.

Tabela 30.4 Aplicações da irradiação de alimentos.

Tipo de alimento	Radiação dose em quiloGrays*	Efeito do tratamento
Carne, aves, peixe, moluscos, alguns vegetais, produtos de panificação, alimentos preparados	20-70	Esterilização. O produto tratado pode ser armazenado à temperatura ambiente sem deterioração. O produto tratado é inócuo para pacientes hospitalizados que necessitam de dieta estéril.
Temperos e outros condimentos	8-30	Reduz o número dos microrganismos e insetos.
Carne, aves, peixe	1-10	Retarda a deterioração por reduzir o número de microrganismos no produto fresco e refrigerado. Destrói alguns tipos de bactérias que causam intoxicação alimentar.
Morangos e outras frutas	1-4	Estende a "vida de prateleira" por retardar o crescimento de bolores.
Cereais, frutas, vegetais e outros alimentos sujeitos a infestação por insetos	0,1-1	Mata insetos ou previne a sua reprodução. Pode substituir parcialmente os fumigantes utilizados com esta finalidade.
Bananas, abacates, mangas, mamões, goiabas e outros frutos não-cítricos	0,25-0,35	Retarda o amadurecimento.
Batatas, cebolas e alho	0,05-0,15	Inibe a germinação.
Carne de porco	0,08-0,15	Inativa a *Trichinella spiralis*.
Cereais, vegetais desidratados, outros alimentos	Várias doses	Mudanças físicas e químicas desejáveis.

* Gray é o termo utilizado para expressar a dosagem de radiações ionizantes; 1 Gray equivale a 100 rads.
Fonte: *Irradiated Foods*, Summit, N. J., American Council on Science and Health, 1985.

Radiação

O uso da radiação na preservação de alimentos é relativamente recente quando comparado com outros métodos (DESCOBERTA 30.2). Existem vários tipos de radiação; as radiações ionizantes e não-ionizantes têm sido empregadas no controle microbiológico de alimentos.

A luz ultravioleta – que é um tipo de radiação não-ionizante – é microbicida se for utilizada com intensidade e tempo de exposição suficientes, porém a luz ultravioleta tem pouco poder de penetração. Assim, a irradiação com ultravioleta é limitada ao controle microbiano de superfícies. A luz ultravioleta é utilizada na indústria alimentícia como saneador de equipamentos utilizados no processamento de carne e no controle do crescimento microbiano de produtos de panificação.

As radiações ionizantes são também letais para os microrganismos. Devido ao poder microbicida à temperatura ambiente e ao grande poder de penetração das radiações ionizantes, elas são atrativas para a destruição de microrganismos em alimentos. Os feixes eletrônicos (raios beta e catódicos) e os raios gama estão sendo estudados extensivamente quanto ao seu uso na indústria alimentícia. Os alimentos embalados e enlatados podem ser esterilizados por uma dosagem apropriada de radiação. Esta "esterilização fria" produz uma pequena elevação da temperatura do produto, evitando a deterioração da qualidade, que pode ser causada pela esterilização pelo calor. A ***pasteurização por radiação*** é um termo utilizado para descrever a morte de cerca de 98% (não 100%) dos microrganismos por doses de radiação, as quais são menores que as doses requeridas para a esterilização.

A resistência dos microrganismos às radiações ionizantes não corresponde à sua resistência térmica. O *Clostridium botulinum* parece ser o microrganismo mais resistente às radiações entre os que têm importância na indústria de alimentos. A Figura 30.4 (caderno em cores) mostra o efeito letal da radiação gama sobre os esporos do *C. botulinum*. Observe que a sobrevivência dos esporos é influenciada pelo material no qual estão suspensos. A dose ou a intensidade da irradiação é que são importantes, e não o tempo de exposição. Portanto, a *dose* de radiação letal, em lugar do tempo de radiação letal, é determinada antes da utilização da radiação na preservação de um alimento.

A esterilização pelas radiações ionizantes fornece a possibilidade de um enfoque inteiramente novo sobre a preservação dos alimentos, podendo ocorrer uma mudança radical nos métodos industriais de processamento dos alimentos. Entretanto, apesar de intensa pesquisa e documentação sobre a segurança e a eficácia da radiação ionizante, este método tem tido aceitação limitada nos Estados Unidos. Isto ocorre devido a fatores econômicos e às incertezas sobre o efeito da radiação no alimento. Além disso, os Estados Unidos já apresentam sistemas de preservação de alimentos bem desenvolvidos, o que não é o caso de muitos outros países. A Organização Mundial da Saúde aprovou a irradiação de aves em um nível especificado, como o utilizado pelo Canadá para o controle de salmonelas. Em julho de 1983, o FDA dos Estados Unidos aprovou o uso de radiação ionizante para a esterilização de certos temperos e condimentos vegetais. Aplicações adicionais estão sendo consideradas para aprovação. A Tabela 30.4 apresenta diversas aplicações da irradiação de alimentos. O efeito da irradiação de morangos é mostrada na Figura 30.5 (caderno em cores).

Responda

1 Quais são os principais métodos empregados na preservação de alimentos, e que tipo de alimento pode ser preservado com cada um dos métodos?

2 Quais são alguns dos fatores que precisam ser considerados na seleção do método de preservação para cada alimento produzido comercialmente?

Deterioração Microbiana de Alimentos

Considerando a variedade de alimentos e os métodos pelos quais cada um é manipulado durante o seu processamento, é claro que praticamente todas as espécies de microrganismos são contaminantes em potencial. O tipo de alimento e o método de processamento e de estocagem podem favorecer a contaminação por certos grupos de microrganismos em detrimento de outros. Além disso, muitos gêneros alimentícios são excelentes meios de cultivo para diferentes microrganismos. Se tiverem condições de crescer, os microrganismos produzirão mudanças no aspecto, sabor, odor e em outras características do alimento. Esses processos de degradação podem ser descritos utilizando-se as seguintes reações:

Putrefação:

Alimentos protéicos + microrganismos proteolíticos → aminoácidos + aminas + amônia + sulfeto de hidrogênio

Fermentação:

Alimentos carboidratados + microrganismos sacarolíticos → ácidos + álcoois + gases

Rancidez:

Alimentos gordurosos + microrganismos lipolíticos → ácidos graxos + glicerol

As alterações que os microrganismos causam nos alimentos não se limitam aos resultados da degradação; elas também podem ser provocadas por produtos de síntese microbiana. Por exemplo, alguns microrganismos alteram

Tabela 30.5 Tipos de deterioração de alimentos (exceto os enlatados) com alguns exemplos dos agentes etiológicos.

Alimento	Tipo de deterioração	Alguns microrganismos envolvidos
Pão	Mofado	*Rhizopus nigricans* *Penicillium* *Aspergillus niger*
	Viscoso	*Bacillus subtilis*
Seiva e xarope de bordo	Viscoso Levedurifome	*Enterobacter aerogenes* *Saccharomyces* *Zygosacchromyces*
	Róseo Mofado	*Micrococcus roseus* *Aspergillus* *Penicillium*
Frutas e vegetais frescos	Podridão mole	*Rhizopus* *Erwinia*
	Podridão cinza com mofo	*Botrytis*
	Podridão negra com mofo	*A. niger*
Picles e chucrute	Camada de leveduras, leveduras róseas	*Rhodotorula*
Carne fresca	Putrefação	*Alcaligenes* *Clostridium* *Proteus vulgaris* *Pseudomonas fluorescens*
Carne curada	Mofado	*Aspergillus* *Rhizopus* *Penicillium*
	Azedume Mucilaginosa esverdeada	*Pseudomonas* *Micrococcus* *Lactobacillus* *Leuconostoc*
Peixe	Descoloração Putrefação	*Pseudomonas* *Alcaligenes* *Flavobacterium*
Ovos	Podridão verde Podridão incolor	*P. fluorescens* *Pseudomonas* *Alcaligenes*
	Podridão negra	*Proteus*
Suco de laranja concentrado	Perda de sabor	*Lactobacillus* *Leuconostoc* *Acetobacter*
Aves	Mucilaginosa com odor	*Pseudomonas* *Alcaligenes*

a cor dos alimentos devido à produção de pigmentos e outros formam substâncias mucilaginosas pela síntese de polissacarídeos.

A deterioração pode ocorrer em alimentos frescos (Tabela 30.5) e em alimentos enlatados (Figura 30.6). Como foi mencionado previamente, o leite é um excelente meio de crescimento para as bactérias; a Tabela 30.6 resume os tipos de microrganismos que causam problemas no leite.

Responda

1 Descrever os diversos tipos de deterioração de alimentos e identificar os microrganismos responsáveis por cada um deles.

2 Descrever os tipos de deterioração microbiana do leite em relação aos diferentes "substratos" presentes no leite.

Figura 30.6 Características de alimento enlatado deteriorado.

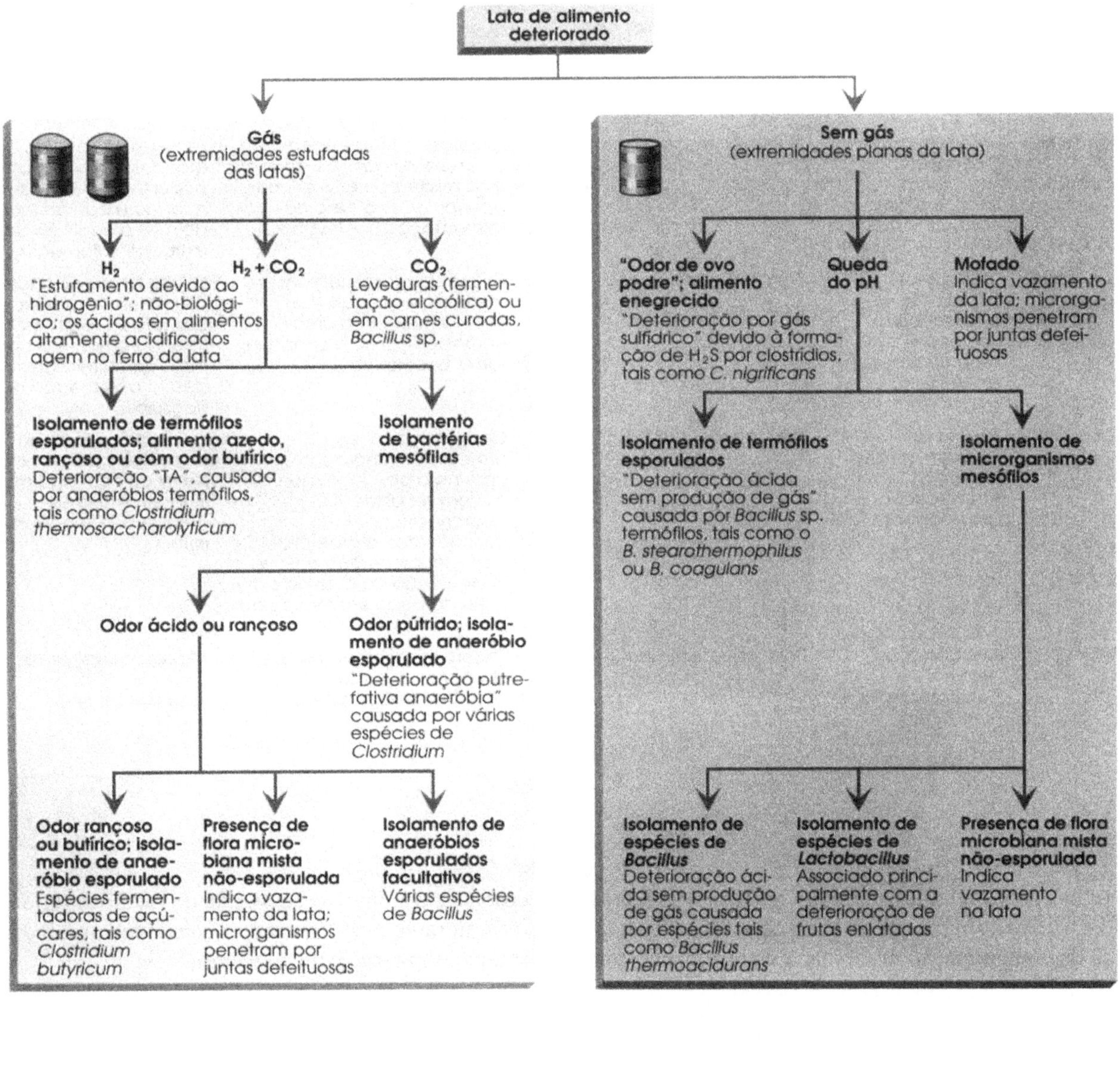

A Indústria Alimentícia

As mudanças no estilo de vida das pessoas dos países desenvolvidos resultaram em uma alteração drástica dos hábitos alimentares. Uma porcentagem crescente da população procura por alimentos prontos para consumo, os quais são pré-cozidos, congelados, aquecidos em forno de microondas e prontos para ser colocados sobre a mesa do jantar! Muitos desses produtos refrigerados são comercializados com tempo de validade de diversas semanas. Isso pode resultar em problemas sérios, já que alguns microrganismos patogênicos são capazes de crescer, embora lentamente, em temperaturas de refrigeração. Muitas instituições, tais como escolas, hospitais e companhias de aviação empregam a indústria de serviços alimentícios para o fornecimento de refeições. Esse tipo de indústria trabalha com grande quantidade de ingredientes alimentares e armazena alimentos (tanto em baixas quanto em altas

Tabela 30.6 Tipos bioquímicos dos microrganismos que podem ocorrer no leite, suas fontes e as alterações que eles produzem.

Tipos bioquímicos	Microrganismos representativos	Fontes de microrganismos	Substrato e produtos finais	Observações adicionais
Produtores de ácidos	Estreptococos	Utensílios de laticínios, forragem, instalações	A lactose é fermentada a ácido láctico ou a ácido láctico e outros produtos, tais como ácido acético, álcool etílico e dióxido de carbono.	Os microrganismos que produzem somente ácido láctico são denominados homofermentativos; os que produzem uma variedade de produtos são chamados heterofermentativos.
	Lactobacilos	Rações, forragem, estrume	A lactose é fermentada a ácido láctico e outros produtos. Algumas espécies de lactobacilos são homofermentativas e outras são heterofermentativas.	
	Microbactérias	Estrume, utensílios e produtos de laticínios	A lactose é fermentada a ácido láctico e outros produtos; não produzem tanto ácido láctico como os estreptococos e os lactobacilos.	Algumas dessas bactérias podem resistir à exposição a temperaturas muito elevadas, como 80-85°C, durante 10 min.
	Coliformes	Estrume, águas poluídas, solo e instalações	A lactose é fermentada a uma mistura de produtos finais, como ácidos, gases e produtos neutros.	O número de bactérias coliformes presente no leite é um indicador de sua qualidade sanitária.
	Micrococos	Ductos das glândulas mamárias, utensílios de laticínios	São produzidas pequenas quantidades de ácido a partir da lactose (fermentação fraca); os micrococos são, também, fracamente proteolíticos.	Moderadamente resistentes ao calor; algumas bactérias podem sobreviver a 63°C durante 30 min.
Produtores de gás	Coliformes *Clostridium butyricum* *Torula cremoris*	Solo, estrume, águas, rações	A lactose é fermentada com acúmulo de gás que pode ser uma mistura de CO_2 e H ou apenas CO_2 no caso da fermentação por levedura.	Às vezes, as tampas dos grandes reservatórios de leite podem ser levantadas, quando a contaminação por germes produtores de gás é extraordinariamente alta.
Fermentação pegajosa ou viscosa	*Alcaligenes viscolactis* *Enterobacter aerogenes* *Streptococcus cremoris*	Solo, água, instalações, rações	Os organismos sintetizam um material polissacarídico viscoso que forma uma camada de limo ou cápsula sobre as células.	O leite favorece a formação do material capsular; o leite desnatado estéril é freqüentemente usado como meio de cultura quando se deseja a formação de cápsulas.
Proteolíticos	*Bacillus* sp. *Pseudomonas* sp. *Proteus* sp. *Streptococcus liquefaciens*	Solo, água, utensílios	Os microrganismos proteolíticos degradam a caseína a peptídeos que podem ser ainda decompostos em aminoácidos; a proteólise pode ser precedida pela coagulação da caseína por meio da ação enzimática da renina.	Os produtos finais da proteólise podem conferir sabor ou odor anormais ao leite; espécies de *Pseudomonas* podem corar o leite.
Lipolíticos	*Pseudomonas fluorescens* *Achromobacter lipolyticum* *Candida lipolytica* *Penicillium* sp.	Solo, água, utensílios	Os microrganismos lipolíticos hidrolisam a gordura do leite a glicerol e ácidos graxos.	Alguns ácidos graxos conferem odor e gosto rançosos ao leite.

temperaturas) por diferentes períodos de tempo (Figuras 30.7 e 30.8 – esta última se encontra no caderno em cores). A ameaça de contaminação microbiana e crescimento microbiano conduz à necessidade de medidas rígidas de controle durante a preparação, a conservação e a entrega das refeições prontas para consumo.

Figura 30.7 Fluxograma esquemático do Sistema de Serviço Alimentar. O tempo e a temperatura entre cada etapa deste sistema – da preparação do alimento até a entrega ao consumidor – afetarão significativamente a qualidade microbiológica do alimento.

Responda

Que problemas microbiológicos estão associados ao aumento da disponibilidade comercial de alimentos pré-cozidos e prontos para consumo?

Alimentos Produzidos por Microrganismos

A fermentação microbiana de vegetais, frutas e leite é empregada para preservar os alimentos e fornecer sabor e/ou características físicas desejáveis. O uso da fermentação é anterior aos registros da história. Atualmente, a produção de alimentos fermentados ainda permanece como o método de preservação mais comum em todo mundo, criando alguns dos alimentos mais apreciados na dieta humana.

Em alguns casos, a fermentação é realizada pelo aproveitamento da flora microbiana normal presente no alimento. Em outros casos, particularmente na produção de queijos e leites fermentados, culturas específicas de microrganismos (***cultura iniciadora***) são adicionadas propositalmente nos alimentos no início da fermentação.

Vegetais Fermentados

A fermentação de vegetais, tais como pepinos, repolhos e azeitonas, ocorre em uma série de etapas:

1. Etapa inicial. Primeiramente, muitos microrganismos aeróbios, facultativos e anaeróbios, presentes nos vegetais, começam a multiplicar-se. A produção de ácido láctico pelos estreptococos e lactobacilos diminui o pH e inibe o crescimento indesejável de bactérias Gram-negativas e es-

Figura 30.9 (**A**) Pátio típico com tanques de madeira (capacidade aproximada de 22.000 a 36.000) para fermentação e armazenamento de pepinos conservados em salmoura. Observe o tanque alto e branco ao fundo, que armazena o nitrogênio líquido. O nitrogênio gasoso é bombeado para cada tanque de salmoura para depurar o CO_2 dissolvido, proveniente da salmoura fermentada, para prevenir o dano do pepino devido ao inchaço. (**B**) Superfície de um tanque com pepino conservado em salmoura sendo depurada com nitrogênio. O nitrogênio gasoso depura o CO_2 dissolvido e também serve para misturar a salmoura. A espuma branca é causada pela ação de depuração.

(A) (B)

poruladas. É muito importante que o ácido láctico seja produzido rapidamente, para interromper o crescimento bacteriano indesejável.

2. Etapa primária de fermentação. As bactérias produtoras de ácido láctico e as leveduras fermentativas predominam durante esta etapa. A fermentação continua até que todo o carboidrato fermentável seja utilizado ou até que o pH se torne suficientemente baixo para inibir o crescimento bacteriano.

3. Fermentação secundária. As leveduras fermentativas, as quais são ácido-tolerantes, utilizam todo o carboidrato fermentável residual.

4. Etapa pós-fermentação. O crescimento microbiano, particularmente de bolores e leveduras oxidativas, pode ocorrer na superfície do produto fermentado.

Para fins comerciais, grandes indústrias utilizam estas etapas de fermentação para produzir alimentos, tal como picles condimentados (Figura 30.9). Alguns exemplos de produtos vegetais fermentados e os microrganismos envolvidos são mostrados na Tabela 30.7.

Tabela 30.7 Alguns exemplos de produtos alimentícios fermentados

Alimento fermentado	Matéria-prima	Microrganismos envolvidos
Chucrute	Repolho picado	Etapa inicial: *Enterobacter cloacae* *Erwinia herbicola* Etapa intermediária: *Leuconostoc mesenteroides* Etapa final: *Lactobacillus plantarum*
Picles	Pepinos	Fermentação inicial: *L. mesenteroides* *Streptococcus faecalis* *Pediococcus cerevisiae* Fermentação tardia: *Lactobacillus brevis* *L. plantarum*
Azeitonas verdes	Azeitonas	Etapa inicial: *L. mesenteroides* Etapa intermediária: *L. plantarum* *L. brevis* Etapa final: *L. plantarum*

Derivados Fermentados do Leite

A indústria de laticínios produz uma grande variedade de leites e queijos fermentados. Os microrganismos têm um papel fundamental na obtenção de um produto com sabor, aroma e aspecto físico desejáveis.

Leites Fermentados. Alimentos fermentados à base de leite, tais como coalhada e iogurte, são importantes na dieta humana (Tabela 30.8). As bactérias do ácido láctico são as mais comumente utilizadas como culturas iniciadoras na preparação desses alimentos (Figura 30.10). O processo de produção inicia-se com a adição de uma cultura iniciadora ativa no leite pasteurizado, seguida por incubação à temperatura adequada para o crescimento dos microrganismos da cultura iniciadora. O principal produto da fermentação é o ácido láctico, juntamente com quantidades menores de substâncias aromatizantes, tal como o composto diacetil, aromatizante presente na manteiga.

Produção de Queijo. Embora sejam fabricadas centenas de variedades de queijos, com raras exceções a maioria deles utiliza leite de vaca, sendo alguns poucos produzidos com leite de cabra. As bactérias convertem o *coalho* (a caseína do leite) no queijo desejado. Para a produção de alguns queijos, é necessário inocular o coalho com tipos específicos de microrganismos, com a finalidade de causar mudanças apropriadas no coalho (Tabela 30.9). Em outros exemplos, as condições de incubação – particularmente temperatura e adição de sal – favorecem o desenvolvimento dos microrganismos desejados.

A produção de queijo inclui as seguintes etapas:

1. O coalho é separado do *soro* (a porção líquida do leite coalhado). A precipitação da caseína é realizada pela adição no leite da enzima *renina* ou pela produção de ácido láctico quando o leite sofre fermentação ácido-láctica.

2. Ajustes são feitos no coalho, tais como adição de sal, remoção de uma quantidade específica de umidade, inoculação de determinado microrganismo, quando necessário, e molde do coalho no tamanho e forma desejados.

3. O coalho é incubado nas condições que favoreçam o crescimento dos microrganismos desejados.

Centenas de diferentes queijos podem ser classificados de diversas maneiras. Os ***queijos não-maturados*** consistem no coalho que não foi fermentado por microrganismos, tais como o queijo *cottage* e o requeijão. Os ***queijos maturados*** resultam do crescimento de bactérias e bolores no ou sobre o coalho durante um período de tempo determinado. Os queijos maturados são classificados como *duros*, *semi-duros* ou *moles*, refletindo a extensão em que a caseína sólida foi metabolizada pelos microrganismos da maturação. Alguns exemplos de queijos não-maturados e maturados estão apresentados na Tabela 30.9.

Tabela 30.8 Algumas características dos leites fermentados.

Produto fermentado	Principais microrganismos responsáveis pela fermentação	Observações gerais
Leitelho cultivado	Uma mistura de estreptococos lácticos (*Streptococcus lactis* ou *Streptococcus cremoris*) com bactérias responsáveis pelo aroma (*Leuconostoc citrovorum* ou *L. dextranicum*)	A função dos estreptococos é produzir ácido láctico, que dá o sabor ácido, e coagular o leite; a função dos leuconostocs é produzir substâncias voláteis e neutras que conferem o odor característico desejável; a cultura iniciadora deve conter intenso crescimento bacteriano; a incubação é a 21°C.
Nata azeda cultivada	Os mesmos utilizados para o leitelho cultivado, isto é, estreptococos e leuconostocs	Não se trata de um leite fermentado no sentido estrito, mas de um produto que se assemelha ao leitelho cultivado. A nata é inoculada e incubada até que se atinja a acidez desejada. A cultura iniciadora também contribui para o aroma e sabor.
Leite búlgaro	*Lactobacillus bulgaricus*	Incubação do leite inoculado a 37°C, sendo o restante similar ao leitelho cultivado; o produto difere do leitelho comercial por apresentar maior acidez e não ter aroma.
Leite acidófilo	*Lactobacillus acidophilus*	O leite para a propagação do *L. acidophilus* assim como o volume de leite a ser fermentado são esterilizados, uma vez que este microrganismo é facilmente sobrepujado por bactérias contaminantes. Incubação a 37°C; a acidez deve atingir 0,6 a 0,7%.
Iogurte	*Streptococcus thermophilus* *Lactobacillus bulgaricus*	Fabricação a partir do leite no qual os sólidos são concentrados por evaporação da água e adição de sólidos de leite desnatado; o produto tem uma consistência cremosa.
Kefir	*S. lactis* *L. bulgaricus* Leveduras fermentadoras de lactose	Uma fermentação láctica e alcoólica mista; as bactérias produzem ácido (0,6 a 1% de ácido láctico) e as leveduras produzem álcool (0,5 a 1% de etanol); os microrganismos aglomeram-se para formar pequenos grânulos chamados *grãos de kefir*; os grânulos são usados como cultura iniciadora. Nos Balcãs, a fermentação se faz em bolsas de couro de cabras; o processo de fermentação pode ser contínuo pela adição de leite fresco, à medida que o produto fermentado é removido. O *kefir* é preparado com leite de vaca, de cabra ou de ovelha.
Kumiss	Similares aos encontrados nos grãos de *kefir*	Produto de fermentação mista (ácido-alcoólica) fabricado com leite de égua em certas regiões da Rússia.

Tabela 30.9 Exemplos de variedades de queijos com as culturas iniciadoras, os microrganismos associados e suas funções.

Tipo do queijo	Nome do queijo	Maturado ou não-maturado	Espécies iniciadoras	Função da culturas iniciadora	Flora microbiana associada	Função da microflora associada
Mole, alta umidade (80%)	Cottage Requeijão Neufchatel	Não-maturado	*Streptococcus lactis* *S. cremoris* Leuconostoc *cremoris*	Produção de ácido e sabor	*S. lactis* subspécie *diacetylactis* no queijo cottage	Produção de sabor Aumento da "vida de prateleira"
Semiduro, 50% de umidade	Limburger	Maturado no interior e na superfície	*S. lactis* *S. cremoris*	Produção de ácido e algum sabor	*Brevibacterium linens* *Micrococcus* sp. Leveduras	Ampla cura na superfície Produção de sabor
Duro, 39% de umidade	Variedades de queijos suíços	Maturado somente no interior	*S. lactis* *S. cremoris* *S. thermophilus* *Lactobacillus helveticus* *L. bulgaricus*	Produção de ácido e algum sabor	*Propionibacterium freudenreichii* e *P. freudenreichii,* subspécie *shermanii*	Formação de "olhos" e sabor característico

Figura 30.10 Algumas espécies importantes de bactérias para a indústria de laticínios. (**A**) *Streptococcus lactis*, espécie produtora de ácido láctico comum em muitas fermentações. (**B**) *Streptococcus cremoris*, uma das espécies em cultura de manteiga. (**C**) *Lactobacillus bulgaricus* é importante em diversos produtos de leite fermentado. (O resíduo que pode ser observado no centro é proteína coagulada do leite.) (**D**) Fotomicrografia de iogurte ilustrando a flora microbiana, *Streptococcus thermophilus* e *Lactobacillus bulgaricus*.

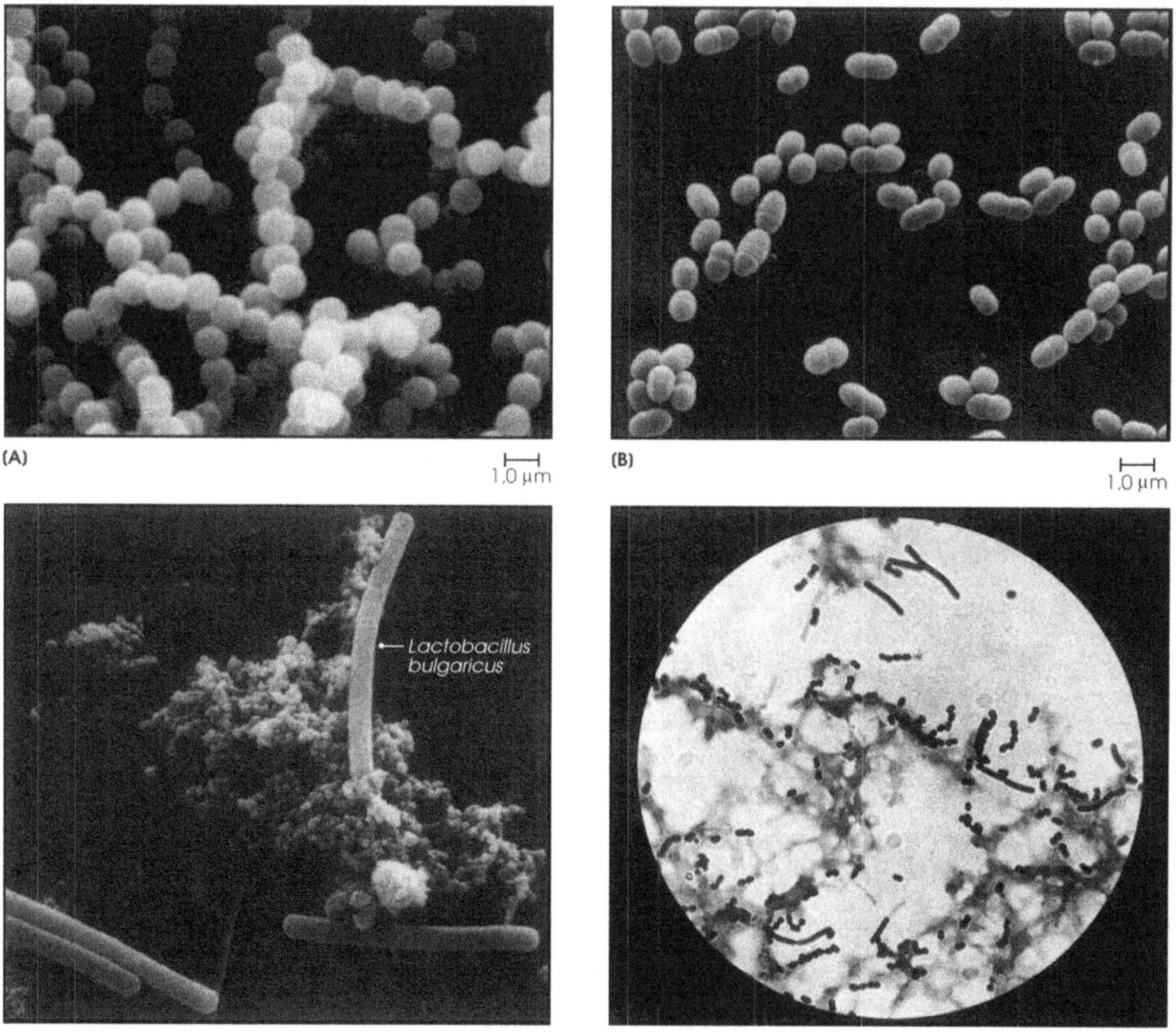

Microrganismos como Alimentos – Proteína de Célula Única (SCP – *Single-Cell Protein*)

As bactérias, leveduras e algas, produzidas em grandes quantidades, podem ser utilizadas para alimentação animal e humana.

Estes microrganismos são fontes atrativas de alimento, porque podem ser cultivados em despejos ou subprodutos industriais, com produção de grandes quantidades de célula rica em proteína (denominada ***proteína de célula única – single-cell protein)***. Algumas das vantagens de utilizar a proteína de célula única como suplemento ou substituto alimentar são:

1. Os microrganismos crescem muito rapidamente e são produzidos em grande quantidade. Um boi de 450 kg ganha 0,45 kg de proteína por dia; em contraste, 450 kg de leveduras produziriam diversas toneladas de proteína em apenas um dia! Algas cultivadas em pequenos lagos podem produzir 20 toneladas (peso seco) de proteína por acre por ano – produção 10 a 15 vezes maior que aquela obtida a partir de soja e 25 a 50 vezes maior que a de trigo.

2. O conteúdo de proteína das células microbianas é muito alto. Células desidratadas de *Pseudomonas* sp., cultivadas em produtos de petróleo, contêm 69% de proteína; a percentagem nas células leveduriformes varia de 40 a 50%; no caso das algas, a faixa fica entre 20 e 40%. Para efeito de comparação, podemos citar a carne, que tem aproximadamente 20% de proteína, e a soja, com 35%.

3. As proteínas de microrganismos selecionados contêm todos os aminoácidos essenciais.

4. Alguns microrganismos, particularmente as leveduras, têm alto conteúdo de vitamina.

5. O meio de cultivo dos microrganismos (SCP) pode conter dejetos ou subprodutos industriais, tais como hidrocarbonetos de refinarias de óleo, líquidos com enxofre eliminados pela indústria de polpa e papel, melaço de beterraba e hidrolisados de madeira. As células bacterianas cultivadas em hidrocarbonetos residuais da indústria do petróleo são empregadas como fonte de proteína na França, no Japão, na Tailândia e na Índia. As células leveduriformes obtidas a partir dos tonéis empregados na produção de bebidas alcoólicas têm sido utilizadas como suplemento alimentar durante gerações.

Apesar das características interessantes da proteína de célula única como nutriente para a dieta humana, existem problemas que limitam o seu uso em uma escala global. Por exemplo, os gostos e costumes individuais tornam os microrganismos pouco atrativos como alimento para muitas pessoas. Além disso, o alto conteúdo de ácidos nucléicos em algumas células microbianas pode produzir distúrbios intestinais em seres humanos. Também é necessário assegurar que a proteína microbiana contenha todos os aminoácidos essenciais. Caso contrário, suplementos serão necessários.

Responda

1 Descrever o processo de fermentação de vegetais como o chucrute, relatando principalmente as etapas microbiológicas.

2 Qual é o papel dos microrganismos na fabricação dos queijos maturados?

3 Qual é a diferença entre queijo duro e mole em relação às alterações no substrato devido à ação dos microrganismos?

4 Quais são as características da proteína de célula única como alimento e suplemento alimentar?

Resumo

1. Os microrganismos estão intimamente associados à qualidade e à segurança de um alimento. A quantidade e os tipos de microrganismos presentes em um alimento refletem as condições sanitárias empregadas para a sua produção, como também as condições atuais. Alguns microrganismos podem causar doenças que são transmitidas por alimentos, outros são empregados no preparo de alimentos, particularmente os fermentados.

2. O alimento é particularmente susceptível à contaminação microbiana e pode servir como meio de crescimento para os microrganismos contaminantes.

3. Agências internacionais, federais, estaduais e municipais inspecionam e regulamentam rotineiramente a produção de alimentos. Procedimentos padrões foram desenvolvidos para a análise microscópica e de cultivo de alimentos.

4. Em seus estados naturais, os alimentos variam consideravelmente no conteúdo microbiano. Por exemplo, a carne de um animal sadio está livre de microrganismos. A superfície de vegetais frescos apresenta microrganismos que refletem o ambiente no qual estes cresceram e as condições nas quais estes foram colhidos.

5. Uma variedade de métodos pode ser utilizada para reduzir ou eliminar os microrganismos dos alimentos. O cuidado na manipulação asséptica durante a colheita e a comercialização reduz o nível inicial de contaminação. As temperaturas altas e baixas, a desidratação, os aditivos químicos e a radiação são as principais medidas de preservação de alimentos. O método de escolha depende da natureza do alimento, como também o nível prático de preservação que está sendo desejado.

6. Todos os alimentos são susceptíveis à deterioração por microrganismos, porém alguns mais que outros. A natureza da deterioração depende do principal componente químico do alimento (carboidrato, gordura, proteína) e das características dos microrganismos contaminantes.

7. Os microrganismos são utilizados para produzir uma grande variedade de alimentos, particularmente produtos fermentados, tais como picles, leites fermentados e queijos.

8. A expansão da indústria alimentícia, incluindo os serviços de alimentos prontos para consumo, cria problemas microbiológicos especiais para a indústria e a população.

9. Grande quantidade de células microbianas (proteína de célula única – *single-cell protein*) é produzida para ração animal e para suplemento de alimentação humana, mas elas não têm sido aceitas em todo o mundo como um alimento alternativo.

Palavras-Chave

Contagem em lâmina de Howard para bolores
Cultura iniciadora
Esfregaço de Breed
Pasteurização por irradiação
Processo asséptico
Proteína de célula única (SCP – *single-cell protein*)
Queijo maturado
Queijo não-maturado
Teste da fosfatase

Revisão

IMPORTÂNCIA DOS MICRORGANISMOS EM ALIMENTOS

1. Os microrganismos são importantes nos alimentos porque: (**a**) eles causam deterioração de alimentos; (**b**) eles podem causar intoxicação alimentar; (**c**) eles podem causar infecções alimentares; (**d**) eles são utilizados na fabricação de produtos alimentares; (**e**) todas as afirmações anteriores.

2. Grande quantidade de células microbianas pode ser utilizada como ____________________.

3. O número total de microrganismos e os diferentes tipos presentes no alimento refletem a ____________________ do produto alimentar.

ALIMENTO COMO MEIO DE CRESCIMENTO PARA OS MICRORGANISMOS

4. O alimento pode servir como ____________________ para o crescimento de microrganismos.

5. Os principais grupos de microrganismos que podem contaminar e causar a deterioração dos alimentos são ______________ e ______________ .

6. O leite é um excelente ____________________ para o cultivo de microrganismos.

7. Em termos de crescimento microbiano, a contaminação de alimentos é comparável à ____________________ de um meio microbiológico.

ANÁLISE MICROBIOLÓGICA DE ALIMENTOS

8. Três agências das Nações Unidas que estão envolvidas com a vigilância de alimentos são ______________, ______________ e ______________.

9. Nos Estados Unidos, a análise microbiológica de alimentos que são transportados de um Estado para o outro está sob a vigilância da ____________________.

10. O método do *esfregaço de Breed* é uma técnica microscópica de contagem bacteriana de ____________________.

11. Qual das seguintes abreviações se refere à técnica de determinação de microrganismos em alimentos? (**a**) FDA; (**b**) SPC; (**c**) FAO; (**d**) WHO; (**e**) IMC.

Nas questões 12 e 13, indicar se a afirmação é verdadeira (V) ou falsa (F). Explicar.

12. A técnica de contagem em placa indicará o total de microrganismos viáveis de uma amostra de alimentos.________

____

____

13. A quantificação de vírus na amostra de alimentos pode ser realizada da mesma maneira como é feita para as bactérias. ________

____

____

14. Qual(is) dos seguintes grupos ou gêneros de bactérias é(são) improvável(eis) de ser(em) pesquisado(s) na análise microbiológica de alimentos? (**a**) *Clostridium* sp.; (**b**) estreptococos fecais; (**c**) *Nitrobacter* sp.; (**d**) coliformes; (**e**) *Salmonella* sp.

MICRORGANISMOS EM ALIMENTOS FRESCOS

15. Do ponto de vista microbiológico, a carne adequada para o consumo é essencialmente ____________________ de microrganismos.

16. É mais provável que o hambúrguer apresente uma população bacteriana maior que aquela encontrada no bife porque ____________________.

17. A superfície de aves recentemente depenadas e evisceradas com boas condições sanitárias apresenta uma contagem de ____________________ a ____________________ bactérias por centímetro quadrado.

18. O interior de ovos frescos geralmente ____________________ contém microrganismos.

19. Os microrganismos podem penetrar na casca do ovo se a fina ______________________, que recobre o interior da casca, se deteriora.

20. O pH baixo das frutas inibe o crescimento de ____________________, mas não de ________________________.

21. A contaminação de moluscos por microrganismos patogênicos provavelmente ocorre em águas ____.

22. O *Vibrio parahaemolyticus* causa um tipo de gastroenterite que pode ser adquirida pelo consumo de ______________________________ crus ou inadequadamente cozidos.

23. Em leite, o *Streptococcus lactis* é homofermentativo; o único ou o principal produto da fermentação de açúcar é ______________________________.

24. No leite, um grande número de coliformes indica ____________________________.

OS PRINCÍPIOS GERAIS DA PRESERVAÇÃO DE ALIMENTOS

25. O enlatamento é uma técnica de preservação de alimentos inventada por______________, em 1810.

26. O microrganismo mais importante a ser eliminado de alimentos enlatados é ____________.

27. Os alimentos de baixa acidez requerem, durante o enlatamento, uma temperatura _________ __________________________________ que os alimentos de alta acidez.

28. No método de pasteurização ________________________________, todas as partículas do leite devem ser aquecidas a 62,8°C por 30 min, enquanto no método _________________, o leite é aquecido a 71,7°C por 15 s.

29. A temperatura de pasteurização do método LTH foi aumentada de 2°F (1,2°C), de 143°F (61,6°C) para 145°F (62,8°C), com a finalidade de matar o agente etiológico da ____________.

30. A pasteurização causa a desinfecção do leite, portanto não ocorre a _________________ e, assim, o leite pasteurizado deve ser armazenado sob refrigeração.

31. A fosfatase está presente no leite ________________________________, mas não no leite ____ .

32. O leite exposto a temperaturas elevadas, por 1 a 2 s, e embalado em recipientes estéreis não requer subseqüente ______________________________ durante a armazenagem.

33. Antes do congelamento, o produto fresco é _________________ para inativar as enzimas.

34. O congelamento é um processo bactericida? ____________________________________.

35. Qual dos seguintes métodos de preservação de alimentos tem ação microbicida? **(a)** desidratação para produzir leite "em pó"; **(b)** congelamento; **(c)** procedimentos de técnicas assépticas; **(d)** irradiação com raios gama; **(e)** desidratação de frutas.

36. Qual dos seguintes métodos de preservação de alimentos tem maior probabilidade de ter ação microbiostática? **(a)** pasteurização; **(b)** enlatamento; **(c)** congelamento; **(d)** radiação gama; **(e)** tratamento com luz ultravioleta.

37. Qual dos seguintes gêneros microbianos tem maior possibilidade de sobreviver a altas temperaturas? **(a)** *Clostridium;* **(b)** *Pseudomonas*; **(c)** *Penicillium*; **(d)** *Torula*; **(e)** *Coxiella*.

38. O processo de pasteurização do leite: **(a)** destrói esporos de *Clostridium botulinum*; **(b)** foi inventado por Koch; **(c)** mata a *Coxiella burnetti*; **(d)** resulta na destruição de todos os microrganismos; **(e)** destrói esporos de *Bacillus subtilis*.

DETERIORAÇÃO MICROBIANA DE ALIMENTOS

39. A putrefação é o resultado da degradação de ______________________, a fermentação é o resultado da degradação de ______________________ e a rancidez é o resultado da degradação de ______________________.

40. A deterioração microbiana do pão, particularmente quando ele fica velho, é causada por ______________________.

41. A deterioração do leite pode incluir qualquer das seguintes alterações indesejáveis: acidez, gás, aspecto fibroso ou viscoso, ______________________ ou ______________________.

42. A deterioração de alimentos enlatados ocorre principalmente devido a bactérias__________ ______________, já que estas bactérias podem sobreviver ao tratamento utilizado no processo de enlatamento.

43. Nos alimentos enlatados com pH de 4,6, o *Bacillus stearothermophilus* causa um tipo de deterioração conhecida como ______________________, enquanto o *Clostridium thermosaccharolyticum* causa um tipo de deterioração denominada ______________________.

44. A deterioração "TA" (causada por anaeróbicos a ponulados termoófélicos ou termófilos) de produtos enlatados é caracterizada pelo desenvolvimento de sabor azedo, aspecto caseoso ou odor butírico e ______________________.

45. A lata de milho rompe-se devido à produção de gás, e o milho apresenta odor pútrido e apresenta digestão parcial. Este tipo de deterioração é conhecida como ______________________.

46. Uma lata de suco de frutas rompe-se devido à produção de gás e o suco apresenta odor rançoso. Este tipo de deterioração é denominado ______________________.

47. Associar cada microrganismo da esquerda com o fenômeno que melhor corresponda à direita. (Os itens de ambas as colunas referem-se à microbiologia de deterioração de produtos enlatados.)

___ *Bacillus thermoacidurans*	(**a**) Deterioração do milho, ácida, sem produção de gás
___ *Clostridium sporogenes*	(**b**) Deterioração por gás sulfídrico
___ *Bacillus stearothermophilus*	(**c**) Deterioração de suco de tomate, ácida, sem produção de gás
___ *Penicillium* sp.	(**d**) Deterioração anaeróbia putrefativa
___ *Clostridium nigrificans*	(**e**) Crescimento superficial e odor de mofo

A INDÚSTRIA ALIMENTÍCIA

48. O crescimento que pode ocorrer em refeições embaladas e prontas para consumo, do ponto de vista microbiológico, requer medidas rígidas de controle tanto na ______________ quanto na ______________ das refeições.

ALIMENTOS PRODUZIDOS POR MICRORGANISMOS

49. Na fabricação de produtos laticínios fermentados, o leite é inoculado com cultura ______________ para produzir o tipo desejado de fermentação.

50. Nas culturas iniciadoras utilizadas para a produção de leitelho cultivado, a função do *Streptococcus lactis* é produzir ______________________, que dá o sabor ácido e coagula o leite, enquanto a função do *Leuconostoc dextranicum* é criar ______________________, que fornecem um ______________________ desejável.

51. A cultura iniciadora utilizada na fabricação do iogurte contém duas espécies de bactérias: ______________________ e ______________________.

52. A cultura iniciadora empregada na produção do *kefir* e *kumiss* contém______________ ______________ fermentadoras de lactose, que produzem álcool etílico.

53. Na produção de queijo, tanto a cultura iniciadora como a enzima ______________ são utilizadas para coagular o leite.

54. Na fabricação de queijos, o fluido aquoso que se desprende durante a drenagem do coalho é chamado de ______________________.

55. A bactéria utilizada para fazer o leite acidófilo é ____________________.

56. A matéria-prima inicial utilizada na fabricação do chucrute é ______________ e a empregada na produção de picles é ____________________.

57. Os microrganismos que predominam nas primeiras etapas da fermentação de azeitonas são ______________________ e ______________________.

58. Nas etapas iniciais da fermentação de vegetais como o repolho, muitos microrganismos contaminantes da matéria-prima começam a crescer, mas logo são inibidos pelo ________________ produzido por ________________ e ______________________.

59. Algumas das vantagens de utilizar microrganismos como fonte alimentar são as seguintes: (**1**) as proteínas microbianas contêm todos os __________ essenciais; (**2**) alguns microrganismos, particularmente as __________, têm elevado conteúdo de vitaminas; (**3**) ______________ podem ser utilizados como meio de cultura.

60. Bactérias, leveduras e ______________________ têm sido indicadas como fonte de proteínas de célula única.

Questões de Revisão

1. Indicar as maneiras pelas quais os microrganismos são importantes em alimentos.

2. Resumir a técnica que você utilizaria para determinar a contaminação por bolores de tomates frescos a ser enlatados em uma indústria. O que significa uma alta contagem de bolores em relação à qualidade do produto?

3. Resumir a técnica de isolamento de coliformes a partir de hambúrguer e de anaeróbios termófilos de feijão enlatado deteriorado.

4. Quais são as alterações no conteúdo microbiano dos alimentos relacionados a seguir, desde a sua fonte natural até chegar ao consumidor: (**a**) hambúrguer; (**b**) ostras; (**c**) leite; (**d**) ervilhas enlatadas?

5. Comparar a ação antimicrobiana dos seguintes métodos de preservação de alimentos: enlatamento, refrigeração, desidratação e aumento da pressão osmótica.

6. Comparar os tipos de microrganismos que podem estar envolvidos na deterioração de alimentos refrigerados com aqueles que causam deterioração de alimentos enlatados.

7. Quais são as características atrativas da preservação de alimentos por radiação, tal como a irradiação com raios gama?

8. O que é "cultura iniciadora" e como ela é utilizada?

9. Descrever o papel dos microrganismos na produção de picles condimentados.

10. Descrever o uso de microrganismos na produção da proteína de célula única e as características agradáveis e desagradáveis do produto.

Questões para Discussão

1. Uma amostra de leite cru apresentou contagem alta de bactérias. Descrever as várias condições responsáveis por esse fato.

2. Em relação ao mecanismo de inibição de microrganismos, qual é a similaridade entre preservação por desidratação e preservação por alta pressão osmótica utilizando sais ou açúcares?

3. Por que o leite é considerado o alimento mais próximo da perfeição? Por que ele é um excelente meio de cultura?

4. O tecido de um bife está, provavelmente, isento de microrganismos. A carne moída preparada da mesma porção desta carne pode conter uma elevada contagem bacteriana. Como isto pode ser explicado?

5. Quais são os cuidados especiais, em termos de contaminação microbiológica, com os frutos do mar, como as ostras frescas e a carne de caranguejo?

6. Muitos supermercados possuem um local onde vendem alimentos prontos para o consumo, tais como saladas e sopas. Quais são os cuidados especiais que devem ser tomados para manter satisfatoriamente o controle dos microrganismos?

7. Alguns pesquisadores sugeriram que a contaminação de aves por *Salmonella* poderia ser controlada por irradiação gama do produto. Quais os problemas associados com essa afirmação? Esses problemas são reais ou malcompreendidos?

8. Em relação à atividade microbiana na fabricação do queijo, explicar as diferenças essenciais entre o queijo maturado duro e o mole.

Capítulo 31

Biotecnologia: A Aplicação Industrial da Microbiologia

Objetivos

Após a leitura deste capítulo, você deve ser capaz de:

1. Compreender por que os microrganismos têm muitas aplicações industriais.
2. Diferenciar a "biotecnologia" atual da microbiologia industrial tradicional.
3. Identificar as principais categorias de produtos e processos industriais.
4. Descrever a produção industrial de pelo menos três substâncias resultantes das reações de degradação microbiana.
5. Descrever a produção industrial de pelo menos três substâncias resultantes da síntese microbiana.
6. Identificar pelo menos três produtos farmacêuticos produzidos por meio da engenharia genética.
7. Citar dois exemplos de microrganismos utilizados como bioinseticidas e discutir a vantagem destes sobre os inseticidas químicos.
8. Descrever como os microrganismos podem aumentar a recuperação de metais a partir de minerais de baixa qualidade.
9. Descrever a função dos microrganismos na indústria do petróleo.
10. Discutir os diferentes tipos de deterioração microbiana de materiais e os métodos disponíveis para prevenir esses processos.

Introdução

Por meio deste livro você aprendeu que a microbiologia estuda as várias características dos microrganismos – incluindo o crescimento, o metabolismo, a importância nas doenças e nas respostas imunológicas e o seu papel na reciclagem da matéria em escala global. Os microrganismos também são elementos-chave nos processos comerciais descritos anteriormente, tais como produção de alimentos e pesquisas em engenharia genética. Este capítulo focaliza as aplicações industriais dos microrganismos – microrganismos que ocorrem naturalmente e microrganismos geneticamente construídos (descritos no Capítulo 14, Volume I). A aplicação industrial dos microrganismos é um aspecto da *biotecnologia*.

Em definição mais simples, a biotecnologia é a aplicação da tecnologia em sistemas vivos. Qualquer técnica que utilize um organismo vivo para sintetizar um produto útil ou uma reação química desejável é um exemplo de biotecnologia. Contudo, atualmente a biotecnologia tem sido amplamente expandida por meio da exploração da tecnologia do DNA recombinante, para "construir" microrganismos que sintetizam novos produtos valiosos.

Os microrganismos, alterados geneticamente ou não, são utilizados comercialmente porque são capazes de transformar materiais em substâncias novas e mais valiosas, ou porque podem transformar resíduos poluentes em substâncias inofensivas e, algumas vezes, úteis. Por exemplo, a quebra ou a degradação microbiana de um nutriente pode resultar em um produto útil, tal como o álcool produzido a partir da fermentação do açúcar ou os antibióticos sintetizados pelos microrganismos. Como você aprendeu nos capítulos sobre microrganismos e doenças, as células microbianas ou os seus produtos são utilizados para a produção de vacinas. Alguns microrganismos também são utilizados como inseticidas biológicos. As bactérias são capazes de aumentar a recuperação de metais a partir de minérios de baixa qualidade; o bombeamento de óleo a partir de reservatórios subterrâneos torna-se mais fácil quando certas bactérias são inoculadas no cano de perfuração.

Os microrganismos também podem causar alterações indesejáveis que danificam produtos industriais e domésticos. Por exemplo, matérias têxteis, superfícies pintadas e o papel podem deteriorar-se por causa do crescimento e das atividades metabólicas de vários microrganismos. Processos comerciais têm sido desenvolvidos para minimizar ou prevenir a perda econômica devido a tal deterioração.

Produtos e Processos da Microbiologia Industrial

Existem milhares de produtos comercialmente importantes sintetizados pela manipulação de microrganismos, desde os alimentos básicos descritos no Capítulo 30 até a vacina, ainda em fase experimental, contra a AIDS e agentes terapêuticos anticâncer. Esses produtos comerciais podem ser colocados em vários grupos: (1) as células microbianas, que podem ser utilizadas como suplemento alimentar ou como agente imunizante para prevenir doença; (2) macromoléculas, tais como enzimas que são sintetizadas pelos microrganismos; (3) produtos metabólicos primários, tais como vitaminas, elaborados pelos microrganismos e que são essenciais para o crescimento celular; e (4) produtos metabólicos secundários, tais como os antibióticos, que não são necessários para o crescimento celular.

Os vários processos industriais utilizados para a síntese desses produtos microbianos podem ser divididos nas seguintes categorias, com base nas aplicações futuras dos produtos finais:

1. *Produção de substâncias químicas farmacêuticas.* Os antibióticos e as drogas esteróides são os representantes mais proeminentes deste grupo. Outros produtos farmacêuticos úteis, tais como a insulina e o interferon, agora estão sendo produzidos por bactérias geneticamente construídas, e muitos outros produtos novos estão-se tornando disponíveis por meio da engenharia genética.

2. *Produção de substâncias químicas de valor comercial.* Esta categoria inclui solventes e enzimas, bem como vários compostos utilizados como matéria-prima para a síntese industrial de outras substâncias.

3. *Produção de suplementos alimentares.* A produção em massa de leveduras, bactérias e algas, a partir de meios de baixo custo que contêm sais de nitrogênio inorgânicos e outros nutrientes prontamente disponíveis, pode fornecer uma ótima fonte de proteína e outras substâncias que são úteis como suplemento alimentar para o homem e para os animais. (Alguns desses suplementos estão descritos no Capítulo 30.)

4. *Produção de bebidas alcoólicas.* Fermentação da cerveja, produção de vinho e outras bebidas alcoólicas constituem alguns dos processos mais antigos da biotecnologia de larga escala.

5. *Produção de vacinas (agentes imunizantes).* As células microbianas íntegras, suas partes ou seus produtos são obtidos em grande quantidade e utilizados para a produção de vacinas.

6. *Produção de microrganismos para ser utilizados como inseticidas (biocidas).* O controle da destruição de plantas pelos insetos pode, em alguns casos, ser realizado mediante a aplicação de microrganismos conhecidos para atuar como inseticidas. Isto é especialmente verdadeiro para certas espécies do gênero *Bacillus* (*B. larvae, B. popilliae* e *B. thuringiensis*). Estas espécies produzem uma proteína cristalina que é letal para larvas de lepdópteros (mariposas, borboletas, hespérias), tais como larva do repolho, mariposa européia e lagarta.

7. *Aplicações na mineração e na indústria do petróleo.* Vários procedimentos microbiológicos são utilizados para aumentar a recuperação de metais de minérios de baixa qualidade e melhorar a recuperação de óleo a partir dos mananciais.

A Figura 31.1 ilustra os componentes essenciais de um processo microbiano industrial.

Figura 31.1 As características essenciais de um processo microbiológico industrial.

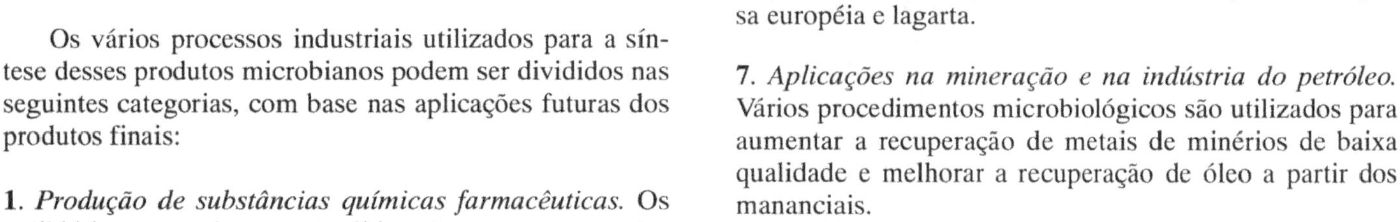

Um outro aspecto da microbiologia industrial relaciona-se à habilidade dos microrganismos em decompor ou deteriorar os materiais e à necessidade de prevenir essa deterioração durante o processo de armazenamento. Couro, produtos têxteis, madeira, papel, metais e mesmo placas de circuitos eletrônicos e equipamentos óticos estão sujeitos aos danos causados pelo crescimento e metabolismo dos microrganismos. Existem indústrias especializadas que desenvolvem substâncias químicas e processos de tratamento para minimizar ou prevenir os efeitos microbianos prejudiciais sobre os materiais. Um aspecto positivo da deterioração microbiana é a degradação de poluentes que podem acumular-se no ambiente. Processos comerciais, denominados *biorremediação*, têm sido desenvolvidos e utilizam um número elevado de microrganismos conhecidos para decompor poluentes, tal como PCBs.

Processos microbiológicos industriais podem ser melhorados ou mesmo criados por meio da utilização de microrganismos alterados geneticamente, feitos "sob medida" para optimizar a produção de uma substância desejada ou para degradar compostos tóxicos. Como você aprendeu no Capítulo 14, Volume I, as técnicas de biologia molecular têm tornado possível a transferência de genes específicos de uma célula para outra. Este aspecto da biotecnologia tem revolucionado a microbiologia industrial. Não somente é possível transferir genes de um microrganismo para outro como também é possível transferir genes de células de plantas ou de animais para uma bactéria ou uma levedura. Estas técnicas têm gerado potencial quase ilimitado para a produção microbiana de compostos úteis. A promessa comercial da engenharia genética tem gerado centenas de companhias *biotech*, as quais já estão produzindo várias substâncias farmacêuticas importantes, tais como a insulina. Um grande número de produtos encontra-se em vários estágios de desenvolvimento. Os últimos anos do século XX provavelmente observarão avanços consideráveis na medicina e em outras áreas devido à biotecnologia.

Os efeitos da biotecnologia avançada eventualmente serão sentidos por todo o mundo. Produtos agrícolas e alimentícios, monitoramento de produtos de excreção e qualidade ambiental, matérias-primas para a indústria química, novos produtos farmacêuticos e controle de doenças infecciosas são as áreas nas quais poderão ocorrer novas descobertas.

Responda

1 Citar as principais categorias de produtos microbiológicos industriais.

2 Descrever os componentes essenciais de um processo microbiológico industrial.

Produtos da Degradação Microbiana

Alguns produtos comercialmente valiosos resultam a partir da quebra de substratos pelos microrganismos. Entretanto, tais processos de degradação devem ocorrer em produção de larga escala para ser úteis; esta "escala máxima" depende das características do microrganismo, do substrato, do meio de cultura e do produto da degradação.

O microrganismo utilizado em processos de degradação industrial deve ser capaz de converter uma grande proporção do substrato para o produto desejado. Além disso, deve ter características estáveis, deve crescer rápida e vigorosamente e não deve ser patogênico.

O meio de cultura, incluindo o substrato a partir do qual o organismo sintetiza o produto, deve ser barato e estar disponível em grande quantidade. Algumas vezes, é possível utilizar dejetos contendo nutrientes como meio de cultura, tais como o soro da indústria de laticínios ou dejetos líquidos produzidos durante o cozimento da madeira para manufaturação de papel.

Deve também existir algum método eficiente para recuperar e purificar, em grande escala, o produto final formado pelas atividades metabólicas dos microrganismos. Este produto está presente em uma mistura complexa de células microbianas, componentes não-utilizados do meio de cultura e outros produtos diferentes. Além disso, o produto pode estar contido em um grande volume de cultura, porque as fermentações industriais são realizadas em tanques grandes; geralmente são utilizados tanques com capacidade para 189.500 litros.

Alguns exemplos de produtos industriais obtidos a partir da degradação microbiana de um substrato são vinagre, ácido láctico, álcool e bebidas alcoólicas.

Álcool e Bebidas Alcoólicas

Etanol (álcool etílico) é um solvente comum e uma matéria-prima utilizada no laboratório e na indústria química. É produzido por leveduras que utilizam qualquer carboidrato fermentável como substrato. Se os polissacarídeos, como o amido de milho, são utilizados como matéria-prima, inicialmente eles devem ser hidrolisados a açúcares fermentáveis simples. A hidrólise pode ser realizada com enzimas do malte da cevada ou de bolores, ou pelo aquecimento do material na presença de um ácido. Milho, melaços, beterraba, batatas e uva são algumas das matérias-primas comuns utilizadas para a fermentação alcoólica.

Cepas selecionadas da levedura *Saccharomyces cerevisiae* são usualmente utilizadas para a produção de etanol, embora outras espécies de leveduras sejam também empre-

Tabela 31.1 A função das leveduras na produção de bebidas alcoólicas.

Produto	**Microrganismo**	**Método de preparação**	**Fatores que influenciam a reação**	**Função da levedura**
Cerveja	*Saccharomyces cerevisiae* ou *S. carlsbergensis*	Malte da cevada e amido misturados com água morna; após a conversão enzimática do amido, o mosto é filtrado e então fervido com o lúpulo e, finalmente, fermentado com a levedura.	Processo anaeróbio nos estágios iniciais; entretanto rapidamente torna-se anaeróbio; temperatura: 8-12°C; pH inicial 5,0-5,4 e final 4,0-4,8; a fermentação primária dura 5-9 dias.	Converte açúcar em álcool e dióxido de carbono; produz alterações em proteínas e outros constituintes secundários que modificam o sabor.
Rum	*S. cerevisiae* ou outras leveduras	Melaço contendo 12-14% de açúcar fermentável; sulfato de amônia e ocasionalmente fosfatos podem ser adicionados como nutrientes; destilado após a fermentação.	pH ótimo 4,0-4,7; temperatura inicial 21°C, aumentando até a temperatura final de 35,5°C; a fermentação dura 3-7 dias.	O açúcar é convertido em álcool que é então removido por destilação.
Uísque escocês	*S. cerevisiae* (geralmente uma levedura especial)	Pasta de cereal cozida, sacarificada com turfa de malte e fermentada; destilado em lotes e destilado e envelhecido em barril de carvalho por pelo menos 3 anos; a seguir misturado com cereal de uísque.	pH ótimo 4,0-5,0; temperatura inicial 26°C; fermentação completa em 72 h.	Produz álcool e substâncias congêneres (ácidos, ésteres, vários álcoois) que reagem com o malte para dar o sabor escocês característico.
Uísque *bourbon*	*S. cerevisiae*	Pasta de malte consistindo em milho (pelo menos 51%) geralmente com centeio; cozido e sacarificada com malte e fermentada; destilado com teor alcoólico entre 110 e 130, envelhecido em barris de carvalho carbonizados.	Idem ao uísque escocês.	O mesmo que para o uísque escocês, entretanto o sabor *bourbon* é característico.
Vinho	S. ellipsoideus, várias amostras	Mosto de uva com concentração de açúcar superior a 22%; a massa é sulfitada para reduzir a taxa de fermentação; pode ser fermentado com uma amostra especial de levedura ou com leveduras naturalmente presentes na uva; a fermentação primária é sucedida por um período de armazenamento para o envelhecimento.	Processo aeróbio nas etapas iniciais, mas, depois, predominantemente anaeróbio; temperatura abaixo de 29,4°C, variando com as condições locais, a amostra de levedura e o tipo de vinho; a fermentação dura de 7 a 11 dias.	Converte açúcar em álcool e também produz alterações nos constituintes secundários que modificam o aroma e o bouquet; a quantidade de álcool varia de acordo com o tipo de vinho.

Fonte: W. S. Spector, ed., *Handbook of Biological Data*, Filadélfia, Saunders, 1956.

gadas. A cepa selecionada deve crescer bem, produzir grande quantidade de etanol e apresentar uma alta tolerância ao produto sintetizado. Os microbiologistas têm consumido grande parte do tempo para selecionar e melhorar cepas de leveduras com estas características. A levedura participa da seguinte reação bioquímica que ocorre em nível de substrato:

$$\underset{\substack{\text{Glicose}\\\text{(carboidrato fermentável)}}}{C_6H_{12}O_6} \xrightarrow{\text{(enzimas da levedura)}} \underset{\text{Etanol}}{2CH_3CH_2OH} + \underset{\text{(Dióxido carbono)}}{2CO_2}$$

O etanol é um componente de bebidas alcoólicas, e os microrganismos são necessários para elaborar produtos como o vinho e a cerveja. Dependendo da bebida desejada, a matéria-prima inicial e as espécies de leveduras podem variar, pois são os fatores que influenciam a reação bioquímica. A Tabela 31.1 resume algumas características dos processos de fermentação que produzem cerveja, rum, uísque e vinho.

Vinagre

A palavra *vinagre* é derivada da palavra francesa *vinaigre*, que significa "vinho ácido". Esta denominação é apropriada, pois o vinagre é preparado pela conversão do etanol para um "vinho" e deste para o ácido acético.

A fermentação de um carboidrato para produzir etanol é a primeira etapa na produção do vinagre. As diferenças entre os vários tipos de vinagre estão associadas principalmente ao tipo de material, contendo carboidrato, utilizado (por exemplo, um suco de fruta, um xarope contendo açúcar ou uma substância amilácea hidrolisada). Uma fermentação pela levedura é inicialmente utilizada para a produção de álcool a partir do substrato. A concentração do álcool na solução é então ajustada entre 10 e 13%, e as bactérias produtoras de ácido acético (gênero *Acetobacter*) são adicionadas.

Muitos tipos de equipamentos têm sido projetados para a produção industrial de vinagre. As características essenciais de um processo, o método de Frings, são mostradas na Figura 31.2. Neste processo, a solução alcoólica é acidificada pela adição de ácido acético (porque as acetobactérias preferem condições de acidez), bem como de nutrientes especiais para o crescimento das acetobactérias. A solução alcoólica é colocada dentro de uma canalícula presente na parte superior de uma câmara, o que permite o seu gotejamento sobre uma faia de madeiras lascadas previamente inoculada com as bactérias. Quando o álcool passa pelas lascas, as acetobactérias oxidam certa quantidade de álcool em ácido acético:

$$\underset{\text{Etanol}}{2CH_3CH_2OH} + 2O_2 \longrightarrow \underset{\text{Ácido acético}}{2CH_3CO\,OOH} + 2H_2O$$

Figura 31.2 Gerador de Frings para produção de vinagre. Uma solução diluída de álcool percola por lascas de madeira, que estão cobertas com uma cultura de acetobactérias. As bactérias oxidam o álcool a ácido acético.

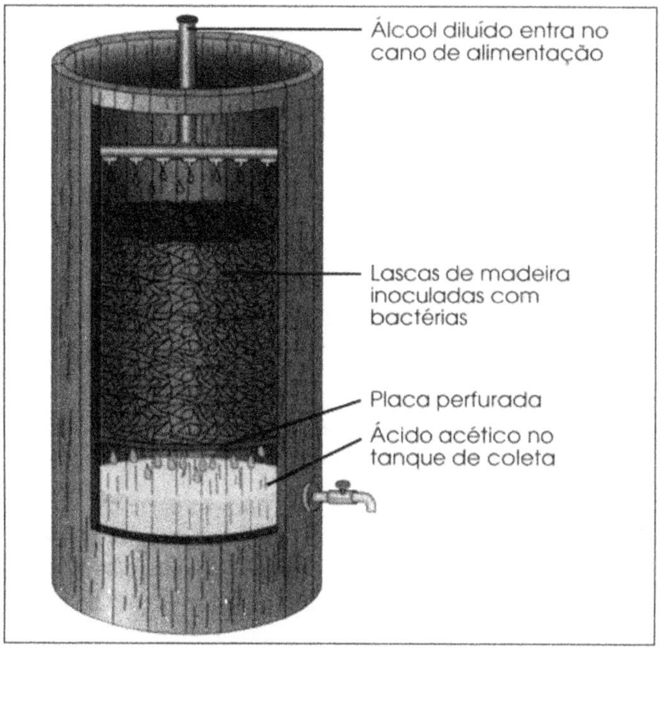

A solução é coletada no fundo da unidade e pode ser recirculada sobre as lascas para permitir mais oxidação de álcool até ser produzido o vinagre de característica desejada.

Observe que este processo é aeróbio – é importante um fornecimento abundante de ar por toda a câmara. Além disso, a temperatura deve ser mantida entre 15 e 34°C, a faixa ótima para o crescimento e metabolismo do *Acetobacter*. O gerador de vinagre Frings é equipado com vários acessórios que permitem o controle desses fatores. Temperaturas abaixo ou acima da faixa de 15 a 34°C não somente são desfavoráveis para as acetobactérias como também permitem o crescimento de outros microrganismos que produzem substâncias indesejáveis.

Ácido Láctico

O ácido láctico é um produto industrial valioso porque seus derivados têm várias aplicações. Por exemplo, o lactato de cálcio é utilizado no tratamento de deficiência de cálcio, e o lactato de ferro é utilizado no tratamento da anemia. O butil lactato é um solvente de verniz, e o lactato de sódio é utilizado como plastificante e umectante.

Várias substâncias carboidratadas, tais como amido de milho e de batata, melaços e soro de laticínios, podem ser utilizadas para a produção de ácido láctico. Qualquer amido utilizado deve ser inicialmente hidrolisado a glicose por meio do tratamento com ácidos ou enzimas. A escolha da fonte de carboidrato depende da sua disponibilidade, do tratamento prévio requerido para a fermentação e do custo.

Um produto residual, o soro, obtido a partir de laticínios manufaturados (queijo e manteiga), é comumente utilizado para produzir ácido láctico porque é um meio barato e eficiente para o crescimento de várias bactérias. Este meio é uma solução aquosa contendo o açúcar do leite (lactose), substâncias nitrogenadas, como vitaminas, e vários sais. Como o despejo de soro não-tratado pode ser uma causa de poluição, a sua utilização na produção de ácido láctico tem o benefício adicional de reduzir as fontes de poluição. Os microrganismos utilizados para produzir ácido láctico a partir do soro do leite devem crescer bem em meio contendo esta substância e fermentar a maioria ou toda a lactose em ácido láctico:

$$\underset{\text{Lactase}}{C_{12}H_{22}O_{11}} + H_2O \xrightarrow[\text{(lactase)}]{\text{enzima}}$$

$$\underset{\text{Glicose + lactose}}{2C_6H_{12}O_6} \xrightarrow{\text{sistema de enzima}} \underset{\text{Ácido láctico}}{4CH_3CHOHCOOH}$$

Os lactobacilos são adequados para esta finalidade, especialmente o *Lactobacillus bulgaricus*.

Figura 31.3 Produção de ácido láctico a partir do soro do leite por *Lactobacillus bulgaricus*.

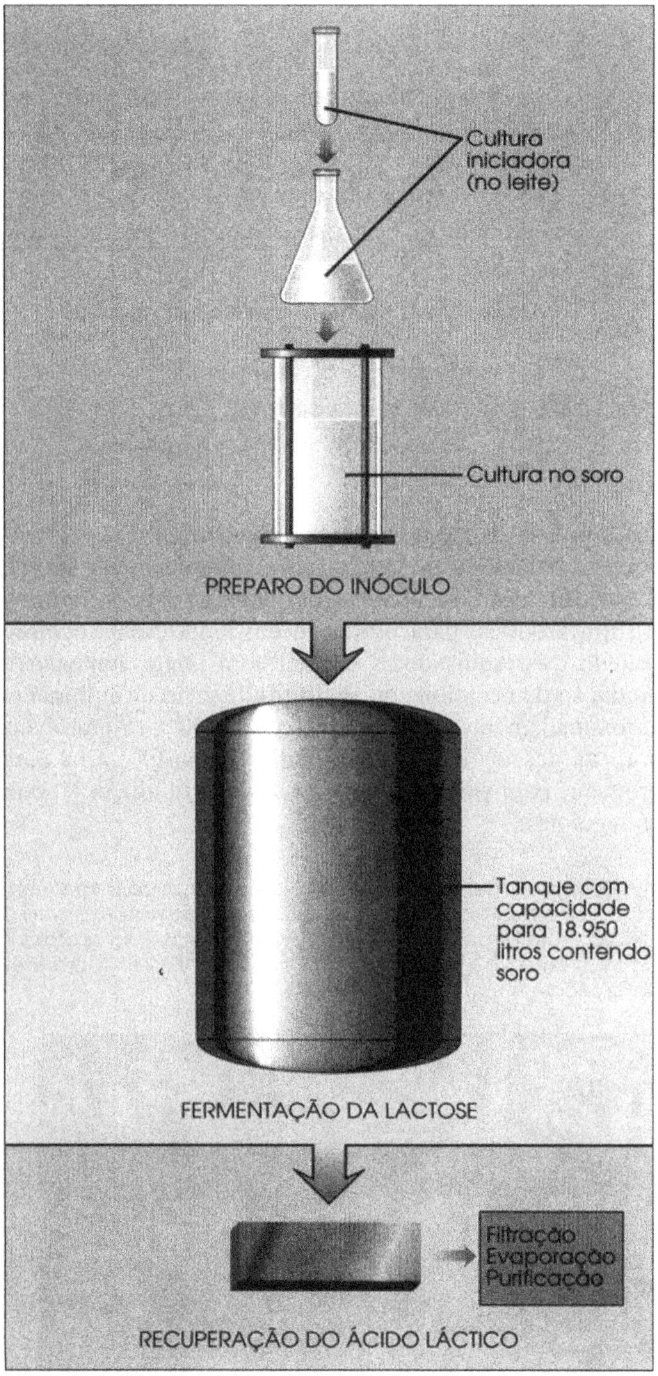

Quando é utilizado como inóculo para um tanque de fermentação, o *L. bulgaricus* é cultivado sucessivamente em volumes crescentes de leite desnatado estéril, leite desnatado pasteurizado e, finalmente, no soro do leite. (O leite é inicialmente utilizado para obter um grande inóculo porque é um meio de cultura melhor do que o seu soro.) A cultura em soro é adicionada ao tanque de fermentação em um volume equivalente de 5 a 10% do volume total a ser fermentado. A temperatura de incubação é 43°C, alta o suficiente para inibir o crescimento de muitos microrganismos estranhos sem inibir o *L. bulgaricus*. Durante a fermentação, uma pasta de cal, $Ca(OH)_2$, é adicionada periodicamente para neutralizar a acidez e formar o lactato de cálcio. De outro modo, o acúmulo de ácido láctico retardaria a fermentação. A fermentação é completada após aproximadamente dois dias, e o material no tanque é fervido para coagular as proteínas microbianas. A proteína é recuperada em um filtro e processada para ser utilizada como suplemento alimentar de animal. O filtrado, que contém o lactato de cálcio solúvel, é concentrado por meio de vácuo para a remoção da água; tratamentos adicionais purificam o composto. O processo é mostrado na Figura 31.3.

Outros Produtos da Degradação Microbiana

Muitos outros produtos industriais são obtidos por meio da degradação microbiana e são utilizados para várias finalidades. Alguns desses produtos e os microrganismos utilizados para sintetizá-los estão listados na Tabela 31.2.

Responda

1 Escrever as equações gerais que identificam os substratos e os produtos finais da degradação microbiana.

2 Citar vários microrganismos que sintetizam produtos industriais a partir da degradação do substrato. Identificar o produto em cada exemplo.

3 Traçar um esquema geral ilustrando a seqüência de eventos na síntese de produtos de degradação microbiana.

Produtos de Síntese Microbiana

Muitos produtos industriais são elaborados por meio da atividade biossintética dos microrganismos. Exemplos de tais produtos incluem antibióticos, enzimas, peptídeos e aminoácidos.

Penicilina

Em 1941 não havia indústria de antibióticos, mas 10 anos mais tarde a venda líquida de antibióticos no mundo todo era de 344 milhões de dólares por ano, e os antibióticos tinham revolucionado a prática da medicina. A Comissão Internacional de Comércio dos Estados Unidos recentemente relatou que a produção de antibióticos nos Estados Unidos, em 1990, foi avaliada em aproximadamente meio

Tabela 31.2 Alguns produtos industriais obtidos por degradação microbiana.

Produto	Microrganismo	Aplicação
	BACTÉRIAS	
Acetona e butanol	*Clostridium acetobutylicum* e outros clostrídios	Solventes; produção de substâncias químicas.
2,3-butanediol	*Bacillus polymyxa; Enterobacter aerogenes*	Solvente; umectante; intermediário químico.
Ácido 2-cetoglucônico	*Pseudomonas* sp.	Intermediário para a produção de ácido isoascórbico (isovitamina C).
Sorbose	*Gluconobacter oxydans*	Produção de ácido ascórbico (vitamina C).
	FUNGOS	
Ácido cítrico	*Aspergillus niger*	Alimentos e bebidas; cosméticos; produtos de couro.
Ácido glucônico	*Aspergillus niger*	Alimentos; compostos de limpeza.
Ácido itacônico	*Aspergillus terreus*	Produção de resinas acrílicas.
Ácido fumárico	*Rhizopus nigricans*	Produção de resinas alquídicas e agentes umectantes.

bilhão de dólares. Como esta indústria desenvolveu-se tão rapidamente em tão pouco tempo? A resposta começa com a história da penicilina (ver DESCOBERTA 21.1).

Embora tenha sido descoberta pelo inglês Alexander Fleming em 1927, a penicilina não foi totalmente reconhecida como substância útil naquela época. Entretanto, quando a Segunda Guerra Mundial criou a necessidade urgente de grande quantidade de uma droga que pudesse ser utilizada para tratar e/ou prevenir infecções em soldados feridos, os pesquisadores trabalharam para desenvolver a penicilina em uma droga economicamente viável. A transformação das observações laboratoriais de Fleming em um processo para produção em larga escala ocorreu quando os pesquisadores descobriram como aumentar a produção de penicilina por mililitro de meio de cultura em aproximadamente 1.000 vezes. Os fatores responsáveis por esta descoberta, os quais sedimentaram a forma para produzir, com sucesso, muitos outros antibióticos, foram os seguintes:

Figura 31.4 Produção de penicilina. Anteriormente, o fungo era cultivado em recipientes pequenos e chatos que continham um pequeno volume de meio. Este procedimento permitia a exposição máxima da superfície, o que fornecia aeração máxima para o crescimento do fungo. (**A**) Na Escola de Patologia *Sir* Willian Dunn, em Oxford, Inglaterra, a penicilina para os primeiros ensaios clínicos era produzida em recipientes de cerâmica retangulares, com um braço lateral para inoculação. (**B**) Partes superiores de grandes tanques de fermentação utilizados atualmente para a produção de antibióticos.

(A) (B)

1. Melhoramento na composição do meio de cultura.

2. Isolamento de uma espécie melhor, produtora de penicilina, *Penicillium chrysogenum*.

3. Desenvolvimento da ***técnica de cultura submersa***. Inicialmente, a penicilina era produzida pelo crescimento do fungo na camada superficial do meio, em recipientes pequenos. Isto era necessário para fornecer grande quantidade de oxigênio, exigido para o crescimento do fungo (Figura 31.4A). Na técnica de cultura submersa, o ar estéril era forçado por meio do meio e isto permitia o crescimento abundante do fungo em grandes volumes (milhares de litros) de meio (Figura 31.4B).

4. Seleção de cepas mutantes de *P. chrysogenum*. A freqüência normal de mutação do fungo foi aumentada pelo uso de raios X e luz ultravioleta. Entre os vários mutantes, estavam alguns que tinham habilidade acentuada para sintetizar a penicilina.

5. Adição ao meio de unidades químicas constitutivas para a síntese de penicilina. Estes precursores poderiam ser utilizados diretamente pelo fungo para a síntese de penicilina, resultando em produtos de alta qualidade.

6. Refinamento dos métodos utilizados para recuperar a penicilina a partir da mistura de fermentação.

A Figura 31.5 (caderno em cores) mostra as reações bioquímicas que ocorrem durante o processo de fermentação. Observe as variações de pH, do crescimento fúngico e da quantidade de penicilina produzida quando o tempo de incubação é aumentado. As principais etapas na produção comercial moderna de penicilina são mostradas na Figura 31.6.

A produção da maioria dos outros antibióticos segue um esquema similar. As principais diferenças relacionamse ao organismo utilizado, à composição do meio e ao método de extração do antibiótico a partir da mistura de fermentação. Algumas indústrias empregam o mesmo equipamento de fermentação para a produção de mais de um antibiótico. Alguns antibióticos são produzidos industrialmente por síntese química, quando o processo químico torna-se mais econômico e mais eficiente que o processo biológico.

Figura 31.6 Produção de penicilina mostrada esquematicamente. (**A**) Um meio contendo extrato de milho, lactose, sais e outros ingredientes é misturado, esterilizado, resfriado e bombeado para dentro de um fermentador. (**B**) *Penicillium chrysogenum* é transferido de uma cultura em ágar inclinado para o farelo, e as suspensões de esporos do farelo são transferidas para um recipiente estéril com meio, que, por sua vez, é utilizado para inocular o tanque de sementeira. (**C**) O fermentador é inoculado a partir do tanque de sementeira; o ar estéril é forçado por meio do fermentador durante a incubação. (**D**) Após a produção máxima de penicilina, o micélio fúngico é removido por filtração, e a penicilina é recuperada na forma pura por uma série de manipulações que incluem precipitação, redissolução e filtração.

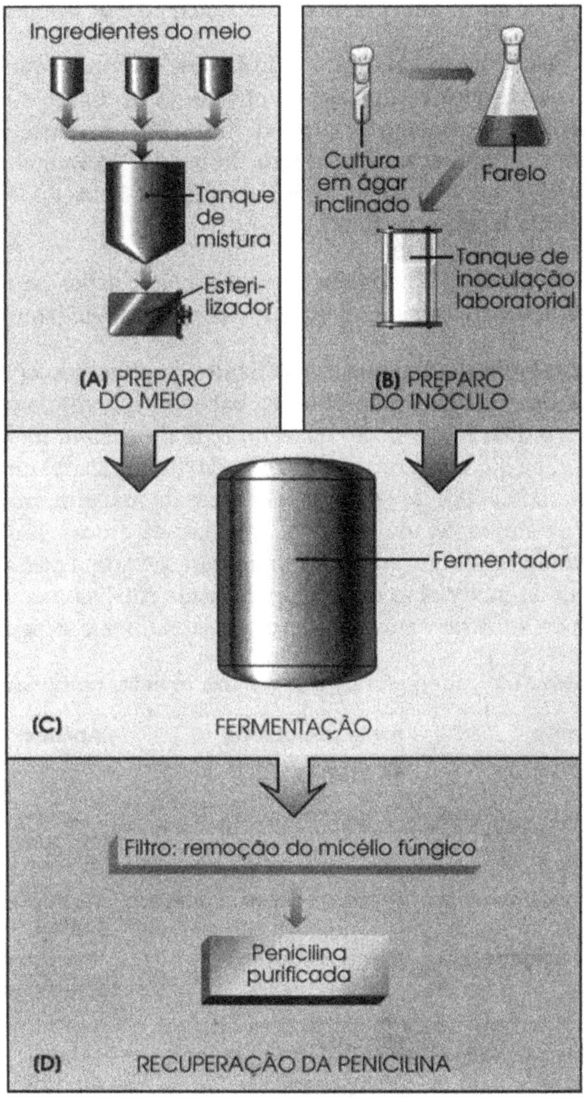

Enzimas

Muitos fungos e bactérias sintetizam e secretam enzimas industrialmente úteis no meio circundante. Por exemplo, fungos como *Aspergillus, Penicillium, Mucor* e *Rhizopus* secretam enzimas que são úteis no processamento de uma variedade de materiais. Estas enzimas incluem *amilase, invertase, protease* e *pectinase*.

A amilase catalisa a hidrólise do amido para dextrina e açúcares. É utilizada no preparo de adesivos e colas (substâncias que conferem características como peso ou brilho para tecidos e papéis), no clareamento de sucos de frutas, na produção de substâncias farmacêuticas e para outras finalidades. A invertase catalisa a hidrólise do dissacarídeo sacarose aos monossacarídeos glicose e frutose. É amplamente utilizada no preparo de doces recheados com creme e na produção de xaropes que não cristalizam.

O termo *protease* refere-se a uma mistura de enzimas que degrada proteínas. Uma aplicação da protease é o curtimento do couro, um tratamento que confere textura e matiz mais refinados. Durante séculos – antes da compreensão da função das enzimas – o couro fora mergulhado em suspensões de excretas de cão ou de galinha. A excreção animal continha as bactérias que produziam as enzimas proteolíticas. Atualmente, soluções de protease padronizadas têm substituído a mistura de esterco. A protease também é utilizada na produção de cola líquida, no tratamento de sedas, no clareamento da proteína que turva a cerveja e como um componente de detergente de lavanderia.

A pectinase catalisa a hidrólise de pectinas, que são polissacarídeos complexos de plantas. A pectinase é utilizada no clareamento de sucos de frutas e na maceração da fibra do linho para a produção do tecido. (A *maceração* refere-se ao processo de afrouxamento das fibras do tecido do caule lenhoso do linho.)

A Tabela 31.3 contém exemplos e aplicações de enzimas produzidas comercialmente pelos microrganismos.

Tecnologia da Enzima Imobilizada. A aplicação comercial das enzimas microbianas expandiu-se amplamente após o desenvolvimento da ***tecnologia da enzima imobilizada***, na qual uma enzima está ligada (imobilizada) em um material sólido, tal como papel, lascas de madeira, pérolas de cerâmica ou de vidro ou resinas de trocas iônicas. Quando uma solução do substrato para a enzima passa por meio do material, a enzima imobilizada catalisa a conversão do substrato a um produto comercialmente desejável.

Figura 31.7 Tecnologia da enzima imobilizada. A enzima liga-se a algum material inerte. A enzima permanece fixa e o substrato é transformado quando passa por esse material.

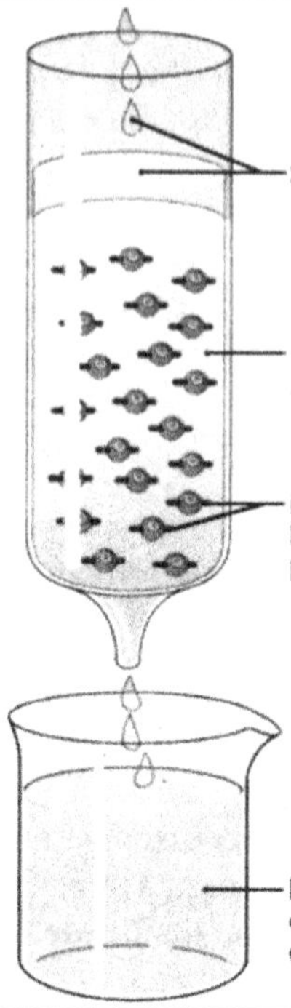

As vantagens desta tecnologia são: (1) a enzima pode ser continuamente reutilizada, uma vez que permanece sobre o material sólido; e (2) o produto final da reação química pode ser mais convenientemente recuperado e purificado porque não contém a enzima (Figura 31.7).

Tabela 31.3 Exemplos de enzimas microbianas produzidas industrialmente e suas aplicações.

Enzima	Fonte microbiana	Aplicações	Reações
	BACTÉRIAS		
Estreptoquinase	*Streptococcus* sp.	Tratamento de pacientes que sofreram ataques cardíacos.	Ativa o plasminogênio sanguíneo a plasmina, uma enzima que dissolve a fibrina de coágulos sanguíneos.
Glicose isomerase	*Streptomyces* sp.; *Bacillus* sp.	Produção de xaropes com alto teor de frutose.	Converte glicose em frutose.
DNA polimerase	*Thermus aquaticus*	Reação de polimerização em cadeia (PCR).	Mediadora na formação de pares de base entre os nucleotídeos livres e os nucleotídeos de DNA ligados.
	FUNGOS		
Lipase	*Rhizopus* sp.	Aromatizante utilizado no processamento de alimentos; melhoramento da ação clarificante dos detergentes.	Hidrolisa lipídeos a glicerol e ácidos graxos.
Celulase	*Trichoderma reesii*	Digestivo.	Hidrolisa celulose a celobiose.
Glicose oxidase	*Aspergillus* sp; *Penicillium* sp.	Remove glicose dos ovos antes do ressecamento; remove o oxigênio de alimentos enlatados, refrigerantes e cerveja; também é utilizado para a produção de fitas-teste para o controle de diabetes.	Oxida glicose a ácido glucônico.

A técnica pode ser adaptada, de forma que as células bacterianas íntegras fiquem imobilizadas em uma matriz. Os microbiologistas têm modificado este procedimento para degradar compostos tóxicos presentes no solo e na água.

Aminoácidos

Muitos microrganismos podem sintetizar aminoácidos a partir de compostos nitrogenados inorgânicos tais como o sulfato de amônia. Em alguns casos a quantidade do aminoácido pode exceder a necessidade celular para aquele aminoácido. O excesso de aminoácido pode ser excretado no meio de cultura. Por exemplo, ácido glutâmico, lisina e triptofano são produzidos industrialmente por microrganismos que sintetizam um excesso desses aminoácidos. Uma vantagem deste processo sobre a síntese química é que os microrganismos produzem somente as formas biologicamente ativas dos aminoácidos (o isômero L; ver Capítulo 1, Volume I).

Produção de Ácido L-Glutâmico. O ácido glutâmico é utilizado como um condimento e agente que acentua o sabor, na forma de glutamato monossódico (GMS). Cerca de 300.000 toneladas de GMS são produzidas anualmente. O *Corynebacterium glutamicum* é utilizado para a produção industrial de ácido glutâmico. O meio de cultura geralmente consiste em um carboidrato, peptona, sais inorgânicos e uma vitamina (a biotina). Se a biotina é fornecida em níveis menores que a concentração ótima para o crescimento, a síntese da membrana celular é prejudicada, promovendo o "esburacamento" da célula e aumentando a excreção de ácido glutâmico. Inicialmente, as bactérias sintetizam ácido α-cetoglutárico, um intermediário do ciclo do ácido cítrico (Capítulo 11, Volume I), e então convertem este composto em ácido L-glutâmico por meio da enzima ácido glutâmico desidrogenase:

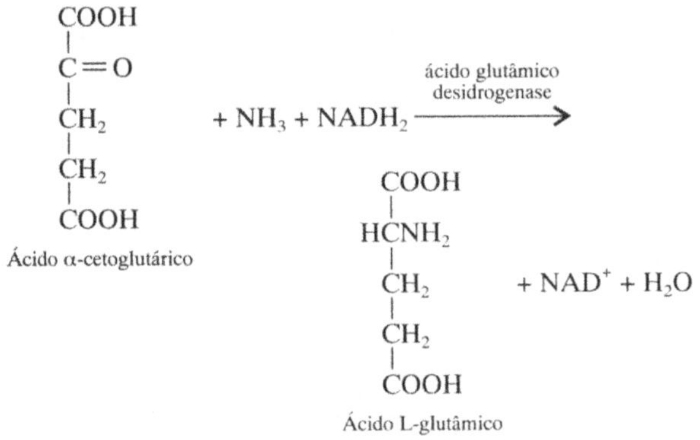

O processo normalmente utiliza uma cepa mutante de *C. glutamicum* que contém um alto nível da enzima ácido glutâmico desidrogenase. Isto assegura a produção em larga escala de ácido glutâmico.

Produção de L-Lisina. A L-lisina é valiosa como suplemento de proteínas vegetais utilizadas como alimento, uma vez que as proteínas vegetais são deficientes neste aminoácido. Uma cepa mutante de *C. glutamicum* também é utilizada na produção comercial deste aminoácido. A via biossintética do mutante está alterada, o que favorece a produção de grande quantidade de lisina. A reação final na seqüência é a descarboxilação do ácido diaminopimélico:

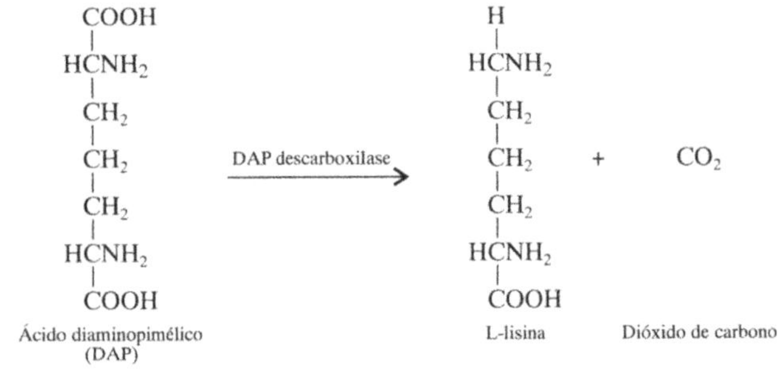

Outros Produtos de Síntese Microbiana

Um outro produto de síntese microbiana é a celulose bacteriana. Uma técnica tem sido recentemente desenvolvida, por meio da qual as bactérias do gênero *Acetobacter* têm sido adaptadas para a produção comercial de um novo tipo de celulose (DESCOBERTA 31.1).

A Tabela 31.4 cita exemplos de outros compostos, tais como vitaminas e estabilizantes de alimentos, que são produzidos industrialmente por meio da biossíntese microbiana.

Responda

1 A penicilina, quando originalmente descoberta, foi produzida em quantidade extremamente pequena em um meio de cultura. Posteriormente a produção de penicilina pelo *Penicillium* sp. foi amplamente aumentada. Explicar como isto aconteceu.

2 Descrever o processo da tecnologia da enzima imobilizada. Quais as vantagens desta técnica?

3 Descrever as características essenciais da produção de glutamato monossódico: o substrato, os microrganismos e a reação química geral.

Tabela 31.4 Alguns produtos industriais de síntese microbiana além dos antibióticos e das enzimas.

Produto	Microrganismo	Aplicação
	BACTÉRIAS	
Dextrana	*Leuconostoc mesenteroides*	Estabilizante de produtos alimentícios; substituto do plasma sanguíneo.
Resina de xantana	*Xanthomonas campestris*	Agente estabilizante e emulsificante em alimentos.
β-caroteno	*Blakeslea trispora*	Pigmento amarelo para os alimentos.
Vitamina B_{12}	*Streptomyces olivaceus; Propionibacterium freudenreichii*	Tratamento de anemia perniciosa; suplemento alimentar de animal e de outros alimentos.
Ácido 5'-inosínico e ácido 5'-guanílico	*Corynebacterium glutamicum*	Os sais destes compostos são utilizados para intensificar o aroma de alimentos.
	FUNGOS	
Riboflavina	*Eremothecium ashbyi*	Suplemento vitamínico.
Ácido giberélico	*Fusarium moniliforme*	Promove o crescimento de plantas, especialmente de brotos de semente.

Produtos Farmacêuticos Obtidos a partir da Engenharia Genética

Uma das aplicações mais emergentes da biotecnologia industrial é na indústria farmacêutica – produção de drogas terapêuticas para o tratamento de doenças. No Capítulo 14, Volume I, você aprendeu como o material genético de um microrganismo pode ser alterado para fornecer novas habilidades bioquímicas ao organismo, incluindo a produção de novas substâncias. Por exemplo, agora é possível produzir insulina humana mediante o uso de cepas de *Escherichia coli* geneticamente construídas. A insulina humana foi o primeiro produto terapêutico a ser sintetizado comercialmente por uma bactéria geneticamente construída (Capítulo 14); esta insulina foi aprovada para o tratamento de diabetes em 1982.

O *hormônio do crescimento humano* é outro produto farmacêutico sintetizado eficientemente por uma bactéria geneticamente construída. Anteriormente, o hormônio podia ser obtido somente em quantidade extremamente pequena por extração a partir das glândulas pituitárias de animais. O produto geneticamente construído tornou-se disponível em 1985 e está sendo utilizado para tratar crianças com nanismo e outras condições relacionadas à deficiência do hormônio de crescimento.

A produção de *interferons* também tem sido intensificada pela biotecnologia. Os interferons, uma classe de proteínas, são produzidos por células animais infectadas com vírus (Capítulo 18). Suas atividades incluem a proteção de outras células contra a infecção pelo mesmo vírus ou outros vírus, a inibição da divisão celular, a modulação do sistema imunológico e a ativação de macrófagos. Até o advento da engenharia genética, os interferons humanos não podiam ser avaliados quanto ao valor clínico potencial, porque estavam disponíveis somente em quantidades extremamente diminutas extraídas de culturas de células humanas. Entretanto, atualmente muitos genes para a síntese de interferons humanos têm sido clonados em bactérias, leveduras ou células de mamíferos. Testes com α-interferon indicam que esta substância reduz a duração da infecção viral, diminui a incidência de ataque de esclerose múltipla e possivelmente pode apresentar atividade antitumoral.

O ativador tecidual de plasminogênio (TPA – *tissue plasminogen activator*) é produto de células de mamífero geneticamente construídas e tem recentemente sido aprovado para o tratamento de ataques cardíacos. Esta enzima pode dissolver coágulos sanguíneos no sítio de sua formação. Uma enzima produzida por estreptococos denominada *estreptoquinase* também é utilizada para dissolver coágulos sanguíneos.

Outros produtos farmacêuticos obtidos a partir de células geneticamente construídas agora estão sendo avaliados quanto à eficácia terapêutica. Um destes produtos é a *interleucina-2*, que promove a ativação e a multiplicação de leucócitos e aumenta a habilidade do hospedeiro para resistir à infecção (Capítulo 18). Um outro produto é a renina humana, uma enzima produzida nos rins que facilita a produção de angiotensina II. A angiotensina II tem uma marcante habilidade para elevar a pressão sanguínea e o batimento cardíaco. Atualmente, quantidades adequadas de renina pura estão disponíveis, sendo possível conduzir pesquisas mais conclusivas sobre o mecanismo de ação da renina, para um tratamento mais efetivo da hipertensão.

Maior compreensão dos processos das doenças em nível molecular tem resultado no desenvolvimento de agentes terapêuticos mais precisos por meio desta nova

Tabela 31.5 Drogas/vacinas biotecnológicas aprovadas.

Nome do produto	Indicação (aplicações)	Data de aprovação nos Estados Unidos
Epogen (tm) – Alfa Epoetina	Anemia provocada por diálise	Junho de 1989
Neupogen: fator estimulante de colônias de granulócitos	Efeitos quimioterápicos	Fevereiro de 1991
Humatrope (R) – Somatotropina	Deficiência do hormônio de crescimento em crianças	Março de 1987
Humulin (R): insulina humana	Diabetes	Outubro de 1982
Actimmune: interferon gama 1-b	Infecção/doença granulomatosa crônica	Dezembro 1990
Activase (R) – Alteplase	Infarto agudo do miocárdio	Novembro 1987
Protropin (R) – Somatrem injetável	Deficiência do hormônio de crescimento em crianças	Outubro 1985
Roferon (R) – A: interferon alfa 2-a	Leucemia *hairy-cell* Sarcoma de Kaposi relacionado à AIDS	Junho 1986 Novembro 1988
Leukine: fator estimulante de colônia de macrófago	Infecção relacionada ao transplante de medula óssea	Março 1991
Recombivax HB (R): vacina contra hepatite B	Prevenção de hepatite B	Julho 1986
Orthoclone OKT(R)3 – Muromonab CD3	Rejeição de transplante renal	Junho 1986
Procrit – Eritropoetina	Anemia relacionada à AIDS	Dezembro 1990
Hlb Titer (tm): vacina conjugada de hemófilos	*Haemophilus influenzae* tipo B	Dezembro 1988
Intron (R) A: Interferon alfa 2b	Leucemia *hairy-cell* Verrugas genitais Sarcoma de Kaposi relacionado à AIDS Hepatite C	Junho 1986 Junho 1988 Novembro 1988 Fevereiro 1991
Energix-B: vacina contra hepatite B	Hepatite B	Setembro 1989

Fonte: Office of Technology Assessment, 1991; adaptado da Associação de Produtores Farmacêuticos – Biotecnologia Médica em Desenvolvimento, Avaliação Anual 1990.

tecnologia – e há um bom motivo para acreditar que isto está apenas começando. Durante a década de 1980, vários produtos biofarmacêuticos novos tornaram-se disponíveis para consumo. Além daqueles já mencionados, a biotecnologia elaborou produtos tais como o anticorpo monoclonal, que previne a rejeição de transplante renal, e a eritropoetina, um hormônio que estimula a produção de eritrócitos e hemoglobina.

Embora somente um número limitado destes produtos biofarmacêuticos tenha sido aprovado pelo Food and Drug Administration (FDA) dos Estados Unidos para a terapia humana, os que têm sido aprovados têm produzido resultados extraordinários nos pacientes (Tabela 31.5). Vários outros produtos estão "na sala de espera", prontos para ser aprovados. Aproximadamente 15.000 patentes de aplicações da biotecnologia estavam pendentes em 1989. O processo desde a descoberta de um novo agente terapêutico até a aprovação final pelo FDA para uso humano é longo e oneroso. A trajetória de uma única droga ao longo deste processo pode levar vários anos e custar milhões de dólares.

Responda

1 Descrever o procedimento geral para uma bactéria sintetizar um novo produto por meio da engenharia genética (consultar o Capítulo 14, Volume I).

2 Um microrganismo geneticamente construído tem um grande potencial na produção de substâncias terapêuticas novas e recentes. Por quê?

Células Microbianas e Produtos para Imunização

O controle de doenças infecciosas por meio de imunização ativa necessita da produção, em escala comercial, de uma variedade de antígenos microbianos para o uso como vacinas. A Tabela 31.6 fornece exemplos de vários tipos de

Tabela 31.6 Alguns exemplos de produtos microbianos sintetizados para comércio e utilizados em vacinas para imunização ativa.

Doença	Natureza do agente imunizante
Tuberculose	Células vivas e atenuadas de *Mycobacterium bovis*
Rubéola	Vírus da rubéola "vivo" e atenuado
Poliomielite	Amostras de poliovírus "vivas" e atenuadas
Raiva	Vírus da raiva "morto"
Coqueluche (pertussis)	Células mortas de *Bordetella pertussis*
Febre tifóide	Células mortas de *Salmonella typhi*
Difteria	Toxóide preparado a partir da exotoxina de *Corynebacterium diphtheriae*
Tétano	Toxóide preparado a partir da exotoxina de *Clostridium tetani*
Meningite meningocócica	Polissacarídeos capsulares de *Neisseria meningitidis*
Pneumonia penumocócica	Polissacarídeos capsulares de *Streptococcus pneumoniae*

Tabela 31.7 Resumo da fiscalização de produtos biológicos de janeiro a dezembro de 1989.

Descrição do produto	Número líquido de doses comercializadas ou distribuídas neste período
Vacina influenza, trivalente	23.589.391
Toxóides diftérico e tetânico (pediátrico)	1.261.385
Toxóides diftérico e tetânico com a vacina pertussis	21.944.643
Toxóide diftérico e tetânico (adulto)	10.024.973
Toxóide diftérico	190
Toxóide tetânico	4.946.154
Vacina pertussis	6.690
Vacina com o vírus da poliomielite, inativada	292.410
Vacina com o vírus da poliomielite "vivo", oral, trivalente	18.795.970
Vacina contra o vírus do sarampo "vivo", atenuada	347.175
Vacina contra o vírus da rubéola "vivo"	168.327
Vacina contra o vírus da caxumba "vivo"	17.070
Vacina contra os vírus da caxumba/rubéola "vivo"	16.488
Vacina contra os vírus do sarampo/caxumba/rubéola "vivo"	6.594.516
Vacina contra os vírus do sarampo/rubéola "vivo"	955.759
Haemophilus B	3.168.261
Vacina pneumocócica	1.105.285
Imunoglobulina sérica, humana	67.700
Imunoglobulina tetânica, humana	360.220
Hepatite B	1.729.804

Fonte: Centers for Disease Control, U.S. Department of Health and Human Services, Public Health Services.

agentes imunogênicos utilizados como vacinas. Novas vacinas estão emergindo a partir das técnicas de engenharia genética; dois exemplos recentes são as vacinas desenvolvidas contra a hepatite humana tipo B e a febre aftosa do gado (Capítulo 14, Volume I). O desenvolvimento de agentes imunogênicos efetivos juntamente com os testes rigorosos necessários para assegurar sua utilização segura constituem os principais programas de diversas companhias farmacêuticas grandes.

Várias preparações de anticorpos utilizadas para imunização passiva também são produzidas comercialmente, tais como antitoxinas contra as toxinas tetânica e botulínica e imunoglobulinas contra a raiva. Muitos anticorpos são produzidos por animais imunizados com antígenos apropriados; entretanto, os anticorpos monoclonais são produzidos por células de hibridomas propagadas em culturas de tecidos ou em animais (Capítulo 20).

As doses totais de vários agentes imunizantes utilizados e distribuídos nos Estados Unidos durante o período de janeiro a dezembro de 1989 estão listadas na Tabela 31.7.

Responda

1 Descrever as características do antígeno para diferentes tipos de vacinas.

2 Qual a natureza do material utilizado para a imunização passiva?

3 Como a engenharia genética tem alterado o processo de desenvolvimento de antígenos – por exemplo, o antígeno para a imunização contra a febre aftosa? (Consultar o Capítulo 14, Volume I.)

Microrganismos para o Controle de Insetos

Existe uma preocupação pública e científica sobre a utilização disseminada de substâncias químicas sintéticas para o controle de insetos. A quantidade de inseticidas químicos utilizados nos Estados Unidos anualmente tem atingido

DESCOBERTA!

31.1 PRODUÇÃO BACTERIANA DE CELULOSE.

Pesquisas colaborativas entre cientistas de uma importante companhia de madeira e uma destacada companhia de biotecnologia têm resultado na produção comercial de celulose por bactérias. Esta celulose bacteriana é sintetizada por cepas selecionadas do gênero *Acetobacter*. Novas cepas são capazes de crescer em grandes fermentadores (tanques com capacidade de 189.500 litros) com aeração e agitação. Isto foi uma realização importante, uma vez que o crescimento de *Acetobacter* e a produção de celulose são normalmente suprimidos por agitação durante a incubação.

A celulose bacteriana tem várias características físicas que diferem da celulose de plantas. Por exemplo, a celulose bacteriana (denominada *Cellulon*) tem fibras mais estreitas (0,1 μm de largura) que as polpas de coníferas, que apresentam cerca de 30 μm de largura. As fibras produzidas por bactérias formam uma rede intrincada. Estas características tornam a celulose bacteriana particularmente atrativa para processos de ligamento, espessamento e revestimento utilizados na produção de grande variedade de substâncias, incluindo papel, alimentos e cosméticos. Esta fonte de celulose é muito atrativa quando comparada com as fontes vegetais usuais.

centenas de milhões de quilos. Estas substâncias químicas podem acumular-se no solo e contaminar lençóis d'água, onde podem ter efeitos adversos sobre o ambiente. Uma alternativa atrativa é o uso de ***bioinseticidas***, que são inseticidas químicos sintetizados pelos microrganismos ou são microrganismos que infectam e matam os insetos. Alguns microrganismos, por exemplo, secretam proteínas que matam os insetos, quando ingeridas. Várias bactérias, fungos e vírus causam doenças que erradicam populações de insetos. Este grupo de microrganismos, denominado ***entomopatógenos***, tem várias vantagens: (1) é patogênico para insetos e inofensivos às plantas e aos animais; e (2) o perigo em potencial de resíduos químicos é eliminado. Exemplos de microrganismos que agora estão sendo utilizados para destruir insetos são *Bacillus thuringiensis, B. popilliae* e *B. lentimorbus*.

Bacillus thuringiensis é um bacilo esporulado, patogênico para muitas larvas de insetos, tais como a mariposa européia, a larva do repolho e a lagarta. O bacilo produz uma proteína cristalina, denominada *corpo parasporal,* dentro da célula. Esta proteína é tóxica para larvas de inseto e, quando ingerida, dissolve-se e causa destruição da superfície do tecido intestinal, causando a morte do inseto. A toxina é inofensiva a animais e seres humanos. O produto comercial sintetizado a partir de *B. thuringiensis* consiste em uma mistura da toxina protéica e de endósporos bacterianos. É aplicado por meio da pulverização ou *spray* na produção de safras, árvores, plantas ornamentais e hortas de quintal (ver DESCOBERTA 9.2).

Bacillus popilliae e *B. lentimorbus* são amplamente utilizados para matar larvas do besouro japonês. As bactérias causam uma infecção denominada *doença leitosa*, assim denominada porque o sangue da larva infectada contém bactérias e endósporos e tem uma aparência leitosa. O produto comercial é uma mistura de endósporos e larvas e é aplicado em valas rasas do solo. Quando a larva infectada morre, são liberados mais esporos no solo; os esporos podem sobreviver durante anos e perpetuar a infecção. O uso de *B. popilliae* e *B. lentimorbus* tem resultado na eliminação virtual de besouros japoneses de áreas infectadas.

Os inseticidas microbianos continuam a ser melhorados pela engenharia genética. Por exemplo, os pesquisadores têm tido sucesso na transferência do gene da toxina do *B. thuringiensis* para outras espécies de bactérias que habitam o solo. Isto pode conduzir a um processo de controle de insetos, no qual as sementes são pulverizadas com bactérias geneticamente construídas antes do plantio. O gene para a síntese da toxina de *B. thuringiensis* tem sido transferido para algumas plantas.

Responda

1 Como os entomopatógenos são aplicados no controle de insetos?

2 Em termos do ambiente, quais as vantagens do uso de entomopatógenos sobre os inseticidas químicos sintéticos?

Microrganismos e a Recuperação de Matéria-Prima

Apesar do fato de produtos de minério e do petróleo parecerem nichos improváveis para os microganismos, os microbiologistas têm aprendido que eles podem ter grande valor nas indústrias de mineração e de petróleo. A pesquisa nestas áreas é emergente, estimulada pela difícil tarefa crescente da extração de minérios da terra e da descoberta de novos reservatórios de petróleo.

Microbiologia e Mineração

A extração de vários metais a partir de minérios tem-se tornado um problema para a indústria de mineração, porque depósitos mais ricos em minerais estão-se tornando cada vez mais raros. Este fato tem tornado necessário processar minerais de qualidade inferior e encontrar técnicas mais eficientes para a extração de metais em minérios. Um outro problema é a questão ambiental. A fundição, método tradicional de processamento de minérios, é a principal fonte de poluição do ar e está sob mira da Agência de Proteção Ambiental dos Estados Unidos e do público em geral.

Os microrganismos são capazes de melhorar estas situações. Por exemplo, as bactérias autotróficas *Thiobacillus thiooxidans* e *T. ferrooxidans,* quando cultivadas em presença de metais de minérios, tais como ferro, cobre e zinco, produzem ácidos e causam oxidação do minério com subseqüente precipitação do metal. Este processo, denominado ***lixiviação***, melhora a recuperação de metal a partir do minério e não causa poluição da atmosfera.

Exemplos de processos de lixiviação bacteriana, aplicados a minérios de baixa qualidade, estão mostrados nas Figuras 31.8, 31.9 e 31.10 (as Figuras 31.8 e 31.10 encontram-se no caderno em cores).

O principal problema e o maior constrangimento do uso elevado do carvão vegetal é a emissão sulfurosa resultante da sua combustão. Estas emissões são provenientes do enxofre encontrado no carvão e estão ligadas ao fenômeno da chuva ácida. Infelizmente, há uma quantidade insuficiente de carvão contendo baixa ou nenhuma concentração de enxofre para satisfazer as necessidades energéticas de grandes operações industriais, tais como equipamentos que geram energia por meio da combustão do carvão vegetal para produzir eletricidade. Como o carvão contendo enxofre pode ser "dessulfurizado" de uma maneira econômica? Os microrganismos oferecem uma possível solução. Existem espécies de bactérias que podem degradar compostos sulfurados do carvão para compostos hidratados (DESCOBERTA 31.2).

Microbiologia do Petróleo

Os microrganismos estão associados com o petróleo na sua formação, recuperação de poços de perfuração, decomposição e utilização. Somente nas últimas décadas é que tem sido direcionada atenção significativa à pesquisa neste campo. A microbiologia do petróleo requer cooperação interdisciplinar; o microbiologista precisa trabalhar juntamente com os químicos, os engenheiros, os físicos e os representantes de outras áreas de estudo. A relação dos microrganismos do petróleo pode ser resumida como segue.

Formação de Petróleo. Muito dos materiais sedimentados em ambientes marinhos consiste em células microbianas mortas. As transformações bioquímicas neste depósito sedimentar são realizadas por uma variedade de microrganismos, e estas reações estão associadas com a formação do petróleo.

Exploração do Petróleo. O solo em uma região de reserva petrolífera pode conter vapores de compostos hidrocarbonados, tais como metano e etano. Estes compostos podem ser detectados por meio de microrganismos que utilizam hidrocarbonetos como fonte de carbono para o crescimento. As culturas são incorporadas em um sistema-teste que contém todos os nutrientes para o crescimento, com

Figura 31.9 *Thiobacillus ferrooxidans* crescendo sobre uma pirita de ferro (FeS_2), como observado por meio de microscopia de epifluorescência e de contraste de fase. *T. ferrooxidans* é utilizado para a lixiviação de metais a partir de minérios de baixa qualidade e para a lixiviação de pirita de ferro a partir do carvão. Esta figura mostra uma aderência elevada, durante a lixiviação, em um frasco de cultura sob agitação. (**A**) Partículas de pirita de ferro após inoculação. (**B**) Aderência celular em uma fase intermediária da incubação. (**C**) Aderência celular após incubação posterior e elevada lixiviação.

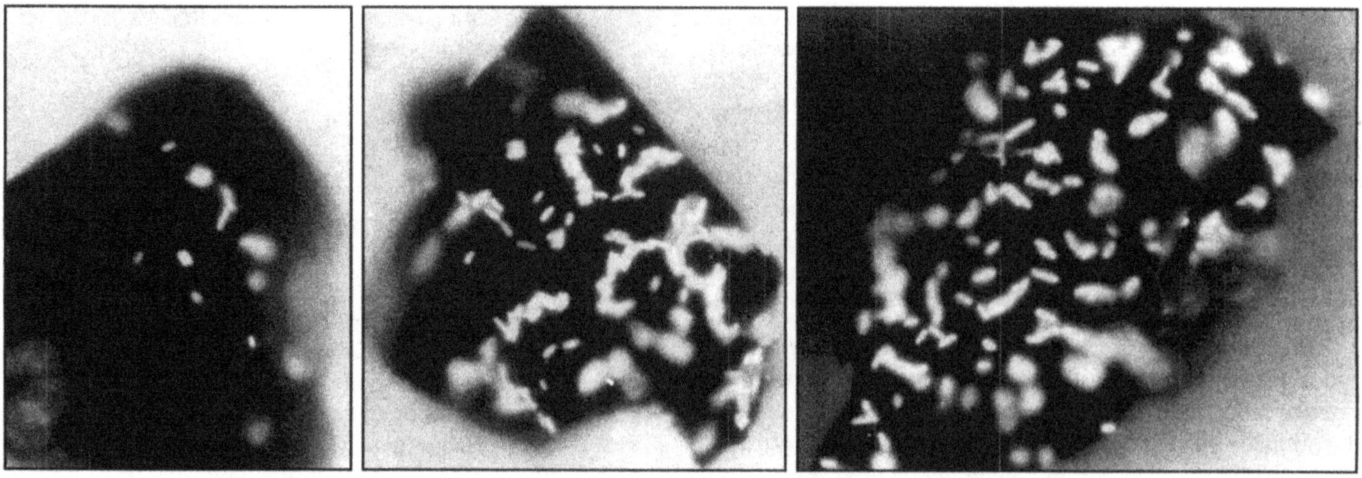

(A) (B) (C)

DESCOBERTA!

31.2 A SOLUÇÃO MICROBIANA PARA O DILEMA DA CHUVA ÁCIDA.

A chuva ácida é um dos principais problemas ambientais das regiões industrializadas do mundo. Óxidos de enxofre e nitrogênio são as principais fontes de ácido na atmosfera; equipamentos e fábricas, movidos pela energia resultante da queima do carvão, emitem dióxido de enxofre, enquanto caminhões, automóveis e fábricas, que necessitam da energia do combustível fóssil, são as principais fontes de óxido de nitrogênio. A quantidade liberada é chocante – milhões de toneladas por ano! Estes óxidos são amplamente distribuídos pela circulação do ar e, assim, os efeitos nocivos podem ser encontrados a grandes distâncias a partir da fonte de poluição.

No Canadá, nos Estados Unidos e norte da Europa, grandes áreas florestais têm sido danificadas pela chuva ácida. A vida aquática de milhares de lagos e ribeirões também tem sido afetada. Muitos lagos já estão "mortos", com suas faunas e floras exterminadas pela poluição.

A remoção de enxofre a partir do carvão vegetal, antes de sua combustão, ajudaria a resolver o problema do dióxido de enxofre na atmosfera. A tecnologia da engenharia genética não tem sido capaz de viabilizar este processo. Entretanto, os microrganismos podem ser utilizados para produzir carvão livre de enxofre. O enxofre do carvão vegetal ocorre nas formas inorgânica e orgânica. As bactérias, tais como *Thiobacillus ferrooxidans, T. thiooxidans* e *Sulfolobus acidocaldarius* podem oxidar sulfetos (enxofre inorgânico) a sulfatos, que podem ser removidos do carvão. Recentemente, cientistas do Institute of Gas Technology isolaram e desenvolveram cepas de bactérias que podem remover enxofre de compostos orgânicos. Esta pesquisa pode conduzir a um método de "custo-eficiência" para retirar o enxofre do carvão. Se isto for realizado, poderá ajudar a resolver o dilema da chuva ácida, bem como tornar o carvão uma fonte mais atrativa de energia.

exceção de uma fonte de carbono. O crescimento do micróbio indica que os vapores de hidrocarboneto estão provavelmente no solo. Alternativamente, se um grande número de microrganismos que oxidam hidrocarbonetos são isolados do solo, isto sugere que a sua presença deve-se à liberação contínua de vapores de hidrocarboneto a partir do depósito de petróleo.

Recuperação de petróleo. Quando um poço de petróleo é perfurado, a recuperação inicial do óleo é possível pela pressão no interior da formação rochosa. Posteriormente, quando a pressão e o fluxo de óleo diminuem, poços adicionais são perfurados e a água ou o vapor são injetados para forçar o óleo em direção à superfície. A atividade microbiana tem sido sugerida como um meio em potencial para aumentar a recuperação do óleo armazenado nas rochas. Por exemplo, as bactérias inoculadas no depósito de óleo podem produzir ácidos que dissolvem a formação rochosa; este processo liberaria o óleo e aumentaria a pressão. Os microrganismos também podem diminuir a viscosidade do óleo, o que melhoraria a velocidade do fluxo para a superfície.

Por outro lado, as bactérias podem causar sérios contratempos na recuperação do óleo. A corrosão de canos de ferro pelas bactérias do gênero *Desulfovibrio* é o principal problema na indústria do óleo (Figura 31.11). Também a contaminação de fluidos da perfuração por várias espécies bacterianas pode ter resultados dispendiosos, porque elas alteram as características físicas dos fluidos.

Derramamentos de Óleo. O transporte internacional de óleos em supertanques ocasionalmente resulta em acidentes que criam gigantescos derramamentos de óleo. Esses derramamentos são uma das principais ameaças ao ambiente. Uma tentativa para limpar o óleo proveniente de um derramamento é inocular, na área atingida, um microrganismo que pode degradar o óleo. Por exemplo, uma amostra de *Pseudomonas putida* com a capacidade de metabolizar os quatro hidrocarbonetos do petróleo bruto, cânfora, octano, xileno e naftaleno, tem sido desenvolvida pela engenheria genética. Esta cepa bacteriana é o primeiro microrganismo geneticamente construído a ser patenteado (ver DESCOBERTA 13.2, Capítulo 13, Volume I).

Responda

1 Descrever a função dos microrganismos na lixiviação de um minério.

2 Descrever vários processos relacionados à indústria do petróleo nos quais os microrganismos realizam funções significativas.

Deterioração Microbiana de Materiais

Papel, tecidos, madeira, borracha e metais são deteriorados com o tempo. A deterioração de tais materiais, considerando-se todas as causas, representa uma perda para a indústria de vários bilhões de dólares anualmente. Os microrganismos são responsáveis por uma quantidade significativa dessa destruição, e realmente nenhum material é totalmente resistente à deterioração microbiana. Por exemplo, o equipamento de metal utilizado em ambientes marinhos e o metal das paredes de tanques de armazenamento de combustível, sobre o solo seco, são susceptíveis à corrosão microbiana. Mesmo as lentes de vidro de equipamentos óticos podem ser manchadas, em suas superfícies,

Figura 31.11 (**A**) Canos de ferro oxidados pela maré do pântano. A corrosão deve-se, primariamente, à atividade de bactérias redutoras de sulfato. (**B**) *Desulfovibrio* sp. crescendo sobre um meio contendo ágar e sais de ferro. As colônias apresentam-se negras devido à formação de sulfeto de ferro. *Desulfovibrio* sp. ocorre amplamente em águas doce, poluída, marinha e salobre.

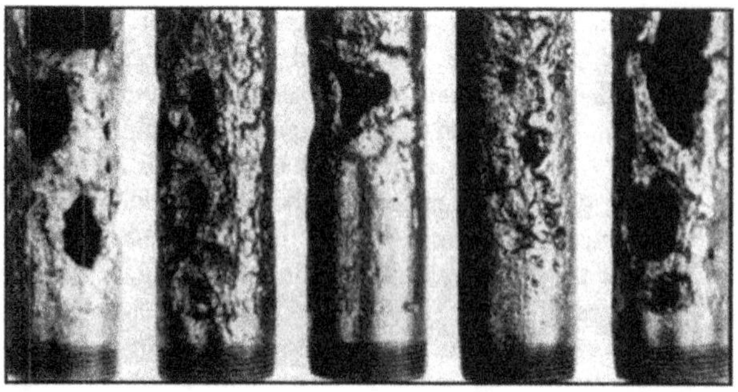

(A)

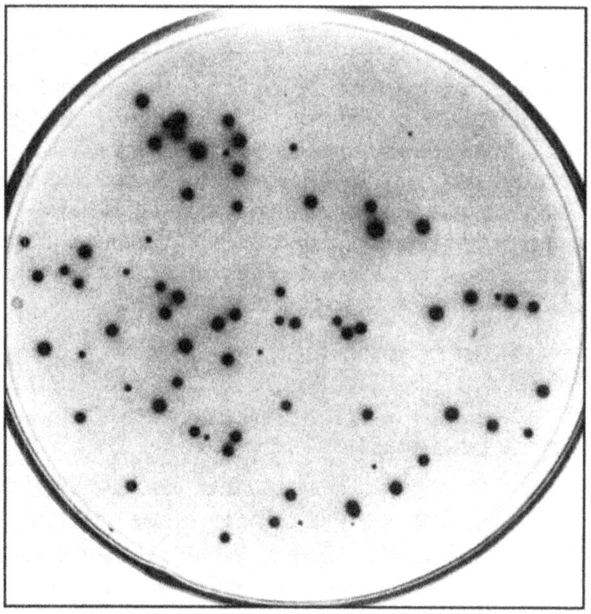

(B)

por produtos do crescimento microbiano. A deterioração de produtos de papel, tecidos, cordas e superfícies pintadas é de suma importância, especialmente em ambientes tropicais favoráveis ao crescimento de microrganismos, particularmente os fungos.

Produtos de Papel

A produção de papel envolve duas operações principais: (1) o tratamento físico ou químico de material contendo celulose, como madeira, algodão ou tecidos de linho, para separar e purificar as fibras de celulose; e (2) após o refinamento, o processamento da massa fibrosa para redepositar as fibras na forma de uma folha de papel. Os microrganismos podem causar problemas por formar limo sobre a massa de papel, o que resulta em manchas desagradáveis sobre as folhas de papel acabadas. Bactérias, leveduras, fungos filamentosos, algas e protozoários têm sido isolados da massa de limo, contudo as bactérias são as mais importantes.

O papel acabado é também objeto do ataque microbiano, porque a celulose, o principal constituinte do papel, é susceptível à degradação por muitas espécies de fungos e de bactérias. Estes microrganismos podem enfraquecer as fibras, causando a perfuração e mesmo a destruição completa do papel. Outros componentes do papel, tais como a cola ou a caseína, também podem servir de substrato para os microrganismos, e o papel pode ser corado ou descorado pelos produtos do metabolismo microbiano.

Tecidos e Cordas

Muitos tecidos são feitos a partir de fibras naturais como algodão, lã, linho e seda, que podem ser atacados pelos microrganismos. O mesmo é verdadeiro para as cordas. A perda anual, devido ao ataque microbiano, em tecido e corda nos Estados Unidos gira em torno de milhões de dólares. A degradação microbiana de tecidos causa enormes problemas para as tropas que servem em climas tropicais.

Os fungos filamentosos são os principais organismos responsáveis por esses danos. Muitos fungos degradadores de celulose habitam o solo e podem prontamente contaminar os tecidos. O fungo *Myrothecium verrucaria* é especialmente notável por essa habilidade, e os pesquisadores freqüentemente utilizam tal microrganismo para estudo da decomposição de celulose. O crescimento fúngico é favorecido por alta umidade, temperaturas moderadas e baixa intensidade de luz e, quando esta combinação de condições predomina, a deterioração é acentuada. Por exemplo, uma lona leve, quando exposta ao fungo e em condições ideais para o crescimento do mesmo, pode perder resistência significativa após algumas semanas. A Figura 31.12 ilustra a deterioração microbiana de tecido pelos microrganismos.

Superfícies Pintadas

Manchas emboloradas ou mofo podem aparecer sobre as superfícies pintadas, a menos que a tinta contenha um fungicida eficiente. Estes descoramentos são causados por produtos metabólicos de fungos que crescem sobre os constituintes orgânicos da tinta. Muitas espécies de fungos filamentosos têm sido isoladas a partir de superfícies pintadas "mofadas" ou emboloradas, incluindo espécies de *Aspergillus, Penicillium, Cladosporium, Pullularia* e *Alternaria*. Espécies de *Pullularia* parecem ser a causa mais comum da tinta mofada. A eficácia de incorporar um agente antifúngico em tinta está mostrada na Figura 31.13.

Figura 31.12 Deterioração de tecido por fungos. Tecido tratado com fungicidas – sem deterioração (esquerda). Tecido não-tratado (direita). Observar o descoramento devido ao crescimento do fungo. As fibras tornam-se enfraquecidas e se quebram.

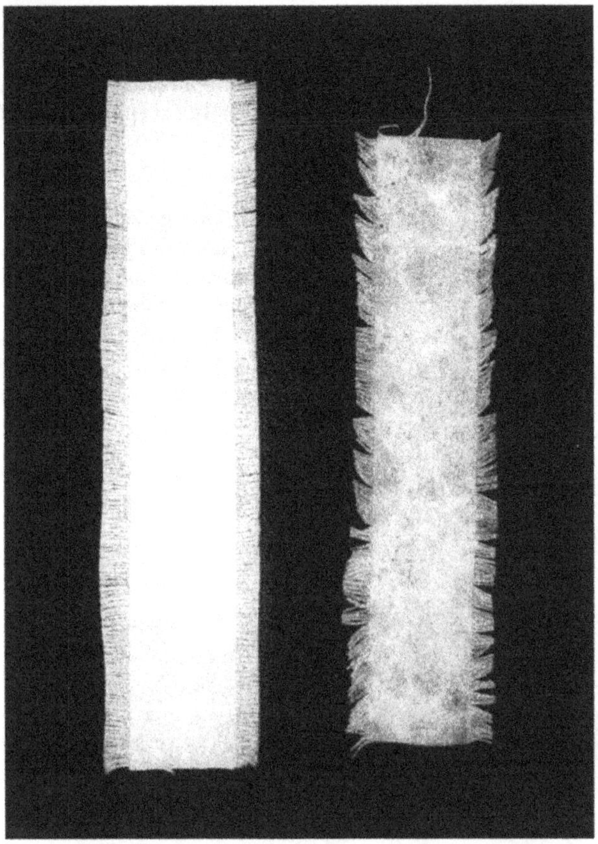

Métodos mais eficientes de preservação estão continuamente sendo desenvolvidos para minimizar a deterioração microbiana de materiais. Algumas medidas de controle incluem incorporação de agentes microbicidas no material, utilização de embalagem que protege o material da contaminação e armazenamento sob condições que inibam o crescimento microbiano.

Responda
Descrever um tipo de deterioração microbiana de materiais como papel, tecidos, combustível e metais. Caracterizar os microrganismos responsáveis em cada exemplo.

Biorremediação

A ***biorremediação*** é a tecnologia que utiliza agentes biológicos, particularmente os microrganismos, para remover poluentes tóxicos do ambiente, principalmente do solo e da água. Os poluentes são decompostos em substâncias atóxicas por meio do metabolismo microbiano.

Tanto os microrganismos indígenas do ambiente quanto culturas "feitas sob medida" (algumas com espécies geneticamente construídas) são utilizados na biorremediação. Por exemplo, para a remoção do óleo bruto após o derramamento de óleo do Valdez no Alasca, foram aplicados fertilizantes de microrganismos a 79 milhas do litoral para promover o crescimento e a atividade metabólica de bactérias degradadoras de hidrocarbonetos já presentes. Em outros casos, os microrganismos estão sendo geneticamente construídos para decompor poluentes tóxicos específicos. Um exemplo específico de biorremediação é discutido na DESCOBERTA 31.3.

Figura 31.13 Teste do ágar em placa mostra a eficácia de um agente antifúngico incorporado a uma tinta. Na placa da esquerda a tinta contém um agente antifúngico. A placa da direita contém tinta não-tratada apresentando crescimento do fungo-teste.

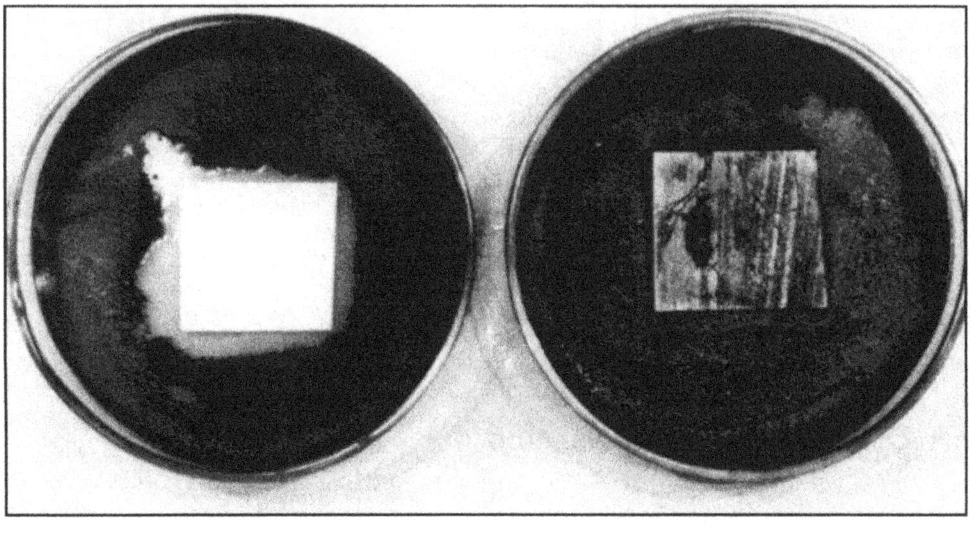

DESCOBERTA!

31.3 BIORREMEDIAÇÃO: A BIODEGRADAÇÃO DE POLUENTES.

Os pesquisadores estão persistindo vigorosamente no isolamento e na identificação de bactérias que têm a habilidade de degradar substâncias químicas tóxicas para "equipar" esses microrganismos de uma maneira que possam "limpar" os poluentes que encontrarem pelo caminho, no solo e em ambientes aquáticos.

Investigadores da Companhia Monsanto têm pesquisado o Roundup™ (glifosato ou N-fosfonometil-glicina) – o herbicida mais amplamente utilizado no mundo. Embora a biodegradação do glifosato na natureza já fosse conhecida, apenas recentemente os pesquisadores da Monsanto isolaram e caracterizaram as bactérias *Agrobacterium radiobacter*, *Achromobacter* sp. e *Flavobacterium* sp., que degradam esta substância química.

Com tal conhecimento, os pesquisadores utilizaram esses organismos para remover o glifosato de esgotos industriais mediante a utilização da tecnologia de bactérias imobilizadas. Nesta técnica, um grande número de bactérias é misturado com terra de diatomáceas; as células bacterianas são distribuídas por todas as partículas da terra de diatomáceas, que servem como um sistema de suporte inerte para formar um sistema reator com leito fixo, como mostrado. Os reatores são aerados, mantidos em pH 7-8 a 25°C, e são suplementados com uma fonte de nitrogênio (NH_4NO_3). Então, o esgoto líquido contendo glifosato é passado pelo reator, como mostrado esquematicamente. A degradação de glifosato a intermediários atóxicos foi maior do que 96% após 21 dias de operação.

Testes de campo pilotos têm produzido resultados que sugerem a tecnologia das bactérias imobilizadas como uma alternativa custo-eficácia para a remoção de baixos níveis de glifosato de esgotos industriais de grande volume.

A Monsanto está investigando o uso de reatores com leito fluidizado (as bactérias são imobilizadas em pérolas de vidro para prevenir a "obstrução") para processar a matéria-prima industrial de água de esgoto para a remoção de poluentes.

Cortesia de L. E. Hallas, Monsanto Agricultural Co.

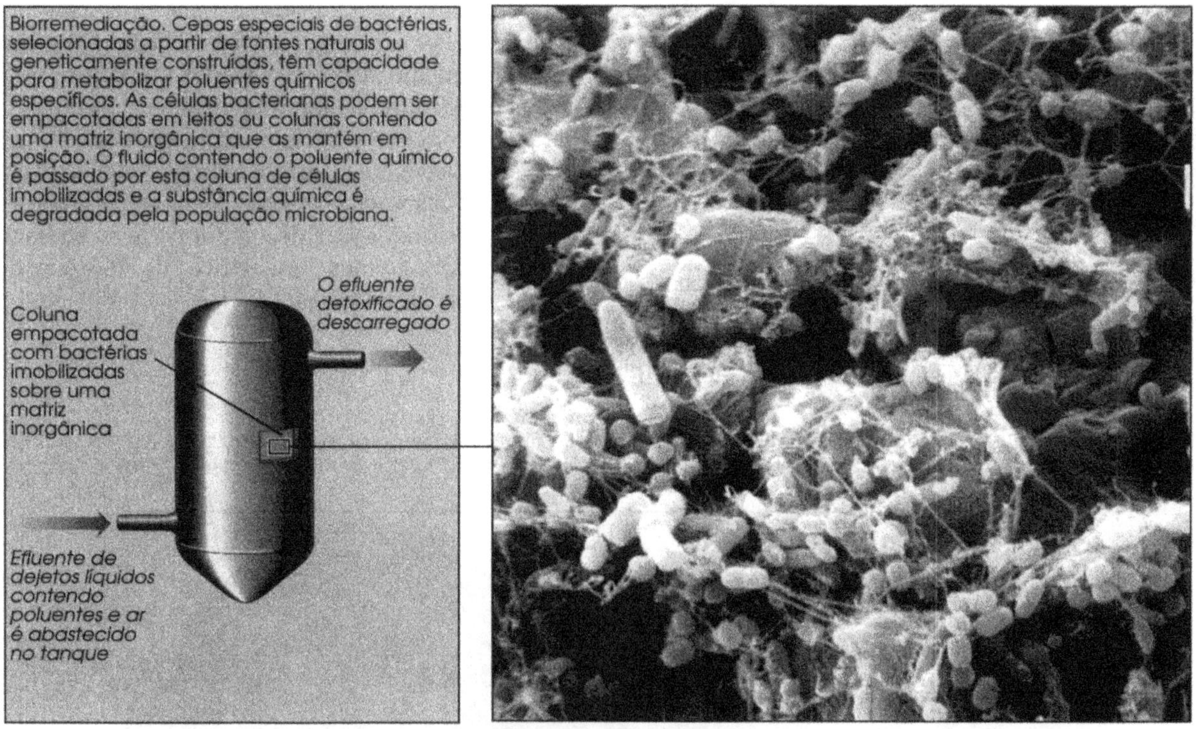

Micrografia eletrônica de bactérias imobilizadas.

Responda

1 Definir *biorremediação*. Quais são as características atrativas deste processo do ponto de vista ambiental?

2 Descrever um processo de biorremediação específico.

Resumo

1. Os microrganismos são capazes de produzir uma grande variedade de substâncias que apresentam valor comercial. Muitos processos industriais são baseados nos microrganismos como fonte de algumas substâncias ou reações bioquímicas desejáveis. Todos os principais grupos de microrganismos – bactérias, fungos, vírus, algas e protozoários – têm aplicações industriais.

2. A biotecnologia é a aplicação da tecnologia em sistemas vivos. A biotecnologia moderna inclui manipulações de microrganismos e outras células em nível genético para convertê-los em agentes que são úteis para aplicações industriais.

3. Produtos de degradação microbiana de um substrato incluem o álcool obtido a partir da fermentação de glicose pelas leveduras, o vinagre da oxidação do álcool pelas acetobactérias e o ácido láctico da fermentação do açúcar do leite pelos lactobacilos.

4. Produtos resultantes da capacidade de síntese dos microrganismos incluem a penicilina e outros antibióticos, aminoácidos, proteínas e celulose.

5. Microrganismos, células vegetais e células animais geneticamente construídos são uma grande promessa para a produção de drogas terapêuticas. A biotecnologia atual enfatiza a transferência de um gene para um microrganismo ou outros organismos, assim o organismo receptor adquire a capacidade para sintetizar um produto novo importante, como a insulina, o interferon ou o ativador tecidual de plasminogênio.

6. Grandes quantidades de células microbianas, suas estruturas ou seus produtos são elaborados comercialmente para a produção de vacinas.

7. Os entomopatógenos, microrganismos patogênicos para os insetos, têm sido utilizados como inseticida microbiano. Eles têm vantagens sobre os inseticidas químicos porque são geralmente inofensivos às plantas, aos animais e ao homem e não deixam resíduos tóxicos. *Bacillus thuringiensis, B. popilliae* e *B. lentimorbus* são exemplos de entomopatógenos utilizados em inseticidas comerciais.

8. Alguns microrganismos são úteis para a recuperação de recursos naturais. Na recuperação do ferro e do cobre a partir de minérios de baixa qualidade, o minério é exposto a certas espécies de bactérias que produzem ácidos; estes ácidos solubilizam o metal, permitindo a sua concentração de forma mais conveniente. Os microrganismos também são utilizados para a exploração de reservas de petróleo e aumentam a recuperação de óleo a partir dos poços perfurados.

9. Os microrganismos causam deterioração de materiais como madeira, tecidos, couro, pinturas e tanques de metal. As indústrias estão continuamente engajadas no desenvolvimento de novos processos de tratamento e de agentes antimicrobianos para minimizar tais deteriorações.

Palavras-Chave

Bioinseticidas
Biorremediação
Biotecnologia
Entomopatógenos
Lixiviação
Técnica da cultura submersa
Tecnologia da enzima imobilizada

Revisão

PRODUTOS E PROCESSOS DA MICROBIOLOGIA INDUSTRIAL

1. Uma equação geral que ilustra os componentes da microbiologia industrial pode ser escrita como:

Microrganismo + ____________ → produto + resíduo ou material de excreção

2. Produtos metabólicos secundários são definidos como: (**a**) compostos, como as vitaminas, que são essenciais para o crescimento celular; (**b**) células microbianas que são utilizadas em vacinas; (**c**) compostos, como os antibióticos, que não são requeridos para o crescimento celular; (**d**) produtos de menor importância industrial; (**e**) suplementos alimentares consistindo em leveduras, bactérias ou algas.

3. O termo *biotecnologia*, quando utilizado na microbiologia industrial, refere-se à construção ____________ de microrganismos ou outras células.

PRODUTOS DA DEGRADAÇÃO MICROBIANA

4. Nos processos microbiológicos práticos da indústria, o microrganismo deve ser estável, crescer rápida e vigorosamente, não ser patogênico e: (**a**) crescer aerobicamente; (**b**) produzir grande quantidade do produto; (**c**) sofrer mutação rapidamente; (**d**) ser biodegradável; (**e**) ser autodestrutivo.

5. Nos processos microbiológicos práticos da indústria, o meio deve estar prontamente disponível em grande quantidade e também deve ser ____________.

6. Nos processos microbiológicos práticos da indústria, deve existir um método eficiente e econômico de larga escala disponível para ____________ e ____________ do produto final.

7. As leveduras que são utilizadas para a produção de álcool pertencem ao gênero ________________________.

8. Se a matéria-prima para a produção de álcool é o amido, este deve ser inicialmente hidrolisado a ______________________.

9. A cepa de levedura utilizada para a produção de álcool deve não somente produzir grande quantidade de álcool, mas também deve ter: (**a**) a capacidade para oxidar o álcool; (**b**) a capacidade para converter o álcool em amido; (**c**) a capacidade para matar os microrganismos contaminantes; (**d**) uma alta tolerância ao álcool; (**e**) a capacidade para hidrolisar o amido.

10. A produção de vinagre envolve duas das seguintes reações bioquímicas gerais: (**a**) fermentação de glicose a etanol pelas leveduras; (**b**) oxidação de etanol a ácido acético pelas acetobactérias; (**c**) fermentação de um carboidrato a etanol pelas acetobactérias; (**d**) quebra de proteínas a aminoácidos pelas leveduras; (**e**) oxidação de ácido acético a etanol pelas acetobactérias.

11. O método para a produção de vinagre no qual a solução de álcool percola por lascas de madeira, que estão cobertas com bactérias do ácido acético, é denominado método de ____________________________.

12. Quais as duas condições satisfatórias para a produção ótima de vinagre? (**a**) condições aeróbias; (**b**) fornecimento restrito de ar; (**c**) alta temperatura, acima de 35°C; (**d**) condições anaeróbias; (**e**) uma concentração alcoólica entre 10 e 13%.

13. O soro é um produto de excreção durante a produção de certos laticínios, tais como o ________________________.

14. Na produção comercial do ácido láctico, as bactérias pertencentes ao gênero ____________________ fermentam a lactose que está presente no soro do leite.

15. A primeira etapa na fermentação da lactose é a clivagem do dissacarídeo a dois monossacarídeos denominados: (**a**) glicose e galactose; (**b**) frutose e sacarose; (**c**) maltose e glicose; (**d**) galactose e maltose; (**e**) glicose e amido.

16. Na produção do ácido láctico, a cal é adicionada periodicamente ao tanque de fermentação para: (**a**) matar os lactobacilos; (**b**) converter lactato de cálcio em ácido láctico; (**c**) aumentar o pH; (**d**) absorver o soro do leite; (**e**) coagular a proteína.

17. Na produção do ácido láctico, o material do tanque final é aquecido para _________ e posteriormente é utilizado como um suplemento alimentar de animais.

18. Lactato de ferro é utilizado: (**a**) como plastificante e umectante; (**b**) como solvente de verniz; (**c**) como antibiótico; (**d**) para tratar anemia; (**e**) para prevenir o enferrujamento de tanques.

PRODUTOS DE SÍNTESE MICROBIANA

19. O primeiro antibiótico a ser produzido industrialmente foi a ______________________.

20. Embora Fleming observasse que o *Penicillium notatum* produzia penicilina, a espécie subseqüentemente utilizada para a produção deste antibiótico foi *Penicillium* _________, porque produzia maior quantidade de penicilina.

21. Um fator que conduziu à produção elevada de penicilina foi a utilização de cepas ____________________ do fungo filamentoso; estas cepas produziam maior quantidade de penicilina do que a cepa selvagem.

22. Na técnica da cultura submersa para a produção de penicilina: (**a**) o fungo é cultivado em recipientes rasos; (**b**) o fungo é cultivado no fundo do tanque; (**c**) o fungo está imobilizado sobre um material sólido, como pérolas de cerâmica, que afundam dentro do tanque; (**d**) o ar estéril é forçado por meio da cultura; (**e**) predominam organismos anaeróbios.

23. No processamento do couro, os couros de animais são tratados com enzimas denominadas ______________________ para fornecer textura e matiz mais refinados.

24. A amilase hidrolisa ___________________ a dextrinas e açúcares, enquanto a invertase hidrolisa ___________________ a glicose e frutose.

25. Uma enzima denominada _____________________ é utilizada para hidrolisar pectinas de fibras vegetais de linho em putrefação para a produção do linho.

26. A conversão de um substrato em um produto por meio da passagem contínua de uma solução de substrato pela matéria particulada, na qual uma enzima foi ligada, é denominada tecnologia da enzima _________________________.

27. Na produção de aminoácidos pelos microrganismos, que forma do aminoácido é sintetizada? (**a**) estéreo-isômero M; (**b**) estéreo-isômero D; (**c**) estéreo-isômero L; (**d**) uma mistura das formas L e D; (**e**) uma mistura das formas M e T.

28. A lisina é sintetizada pela remoção do CO_2 de um aminoácido de sete carbonos produzido pela *E. coli*. Este aminoácido é denominado: (**a**) guanina; (**b**) prolina; (**c**) ácido diaminopimélico; (**d**) ácido glutâmico; (**e**) ácido α-cetoglutárico.

29. O ácido glutâmico é sintetizado por uma reação na qual os substratos são NH_3, $NADH_2$ e ______________________________.

30. A produção industrial de ácido glutâmico utiliza espécies de qual gênero? (**a**) *Corynebacterium*; (**b**) *Pseudomonas*; (**c**) *Escherichia*; (**d**) *Acetobacter*; (**e**) *Clostridium*.

31. A enzima DAP descarboxilase converte ácido diaminopimélico em: (**a**) etanol; (**b**) ácido acético; (**c**) ácido glutâmico; (**d**) ácido láctico; (**e**) lisina.

32. O ácido glutâmico é exigido como um: (**a**) suplemento vitamínico; (**b**) suplemento para produtos feitos com grãos de cereais; (**c**) agente que acentua o sabor; (**d**) intermediário para a produção de ácido tartárico; (**e**) estabilizante de produtos alimentícios.

PRODUTOS FARMACÊUTICOS DE CÉLULAS GENETICAMENTE CONSTRUÍDAS

33. A insulina humana pode ser produzida comercialmente pela bactéria geneticamente construída (gênero e espécie) ________________________________.

34. As proteínas que protegem as células do hospedeiro contra algumas infecções virais e que agora são produzidas por bactérias geneticamente construídas são denominadas________________.

35. Ativador ________________________________ é uma enzima que pode dissolver coágulos sanguíneos no sítio de sua formação.

36. Vários produtos farmacêuticos novos, agora disponíveis por meio da engenharia genética, eram produzidos somente a partir de células de mamíferos em _________ quantidades.

CÉLULAS MICROBIANAS E PRODUTOS PARA IMUNIZAÇÃO

37. Quais as duas vacinas que são produtos da engenharia genética? (**a**) vacina contra difteria; (**b**) vacina contra hepatite B; (**c**) vacina contra febre aftosa; (**d**) vacina contra influenza; (**e**) vacina contra tétano.

38. Anticorpos monoclonais não são produzidos por animais imunizados; ao contrário, são produzidos por ________________, que são propagados em culturas de tecido ou em animais.

MICRORGANISMOS PARA O CONTROLE DE INSETOS

39. Quais os dois microrganismos que são utilizados como bioinseticidas? (**a**) *Bacillus thuringiensis*; (**b**) *Myrothecium verrucaria*; (**c**) *Saccharomyces cerevisiae*; (**d**) *Penicillium chrysogenum*; (**e**) *Bacillus popilliae*.

40. A proteína cristalina parasporal produzida por (gênero e espécie) ______________________ é tóxica para as larvas de insetos.

41. *Bacillus popilliae* e *Bacillus lentimorbus* causam a doença ______________________ em larvas de besouros ________________________.

42. Qual das seguintes afirmações diz respeito aos bioinseticidas? (**a**) Produzem menos danos ao ambiente. (**b**) São inócuos para plantas, animais e seres humanos. (**c**) Não deixam resíduos químicos tóxicos de longa duração para plantas, animais e seres humanos. (**d**) Uma vez aplicados, os esporos bacterianos, como aqueles que causam a doença leitosa, podem persistir no solo por um longo período de tempo. (**e**) Todas as afirmativas anteriores.

MICRORGANISMOS E A RECUPERAÇÃO DE MATÉRIA-PRIMA

43. O solo sobre depósitos de petróleo pode conter vapores de hidrocarbonetos que podem ser utilizados como fontes de carbono por certos microrganismos. Estes compostos são: (**a**) amônia e nitrogênio; (**b**) ácido acético e ácido láctico; (**c**) metano e etano; (**d**) glicose e frutose; (**e**) etanol e butanol.

44. A ocorrência de depósitos de petróleo em uma área particular seria sugerida pelo achado de grande número de bactérias que oxidam ________________________ no solo.

45. As bactérias inoculadas em um depósito de óleo podem produzir ___________________, que dissolvem a formação rochosa, liberando desta forma o óleo.

46. Uma cepa de bactérias tem sido geneticamente construída para ser capaz de utilizar os quatro hidrocarbonetos presentes no petróleo bruto. Esta é a primeira cepa obtida pela engenharia genética a receber uma patente. A cepa pertence à espécie: (**a**) *Escherichia coli*; (**b**) *Pseudomonas putida*; (**c**) *Bacillus subtilis*; (**d**) *Nitrosomonas europaea*; (**e**) *Agrobacterium tumefaciens*.

47. O processo que utiliza *Thiobacillus* sp. para produzir ácido que solubiliza o conteúdo metálico de minérios de cobre de baixa qualidade é denominado: (**a**) acidificação; (**b**) produção de tiol; (**c**) calcificação; (**d**) tecnologia das bactérias imobilizadas; (**e**) lixiviação.

DETERIORAÇÃO MICROBIANA DE MATERIAIS

48. Na produção de papel, as bactérias produtoras de ________________________ pertencem ao grupo mais importante de bactérias que causa efeitos indesejáveis na massa de papel.

49. O crescimento de bactérias decompositoras de ________________________ pode causar enfraquecimento das fibras, perfurações e mesmo a destruição completa do papel.

50. A deterioração de tecidos contendo celulose, tal como a lona leve, pode ser causada por vários microrganismos, mas um fungo é especialmente notável devido à sua capacidade de degradar a celulose. Este fungo é: (**a**) *Penicillium notatum*; (**b**) *Thiobacillus thiooxidans*; (**c**) *Myrothecium verrucaria*; (**d**) *Saprolegnia parasitica*; (**e**) *Alternaria tenuis*.

51. Na deterioração de tecidos e de cordas contendo celulose, o crescimento fúngico é favorecido por duas das seguintes condições: (**a**) alta umidade; (**b**) intensa iluminação; (**c**) baixas temperaturas; (**d**) temperaturas moderadas; (**e**) temperaturas elevadas.

52. Camadas de tinta devem conter um ______________________ efetivo para prevenir a deterioração devido ao crescimento fúngico.

BIORREMEDIAÇÃO

53. Assinalar **V** para verdadeiro e **F** para falso: A biorremediação é realizada somente com bactérias geneticamente construídas. _____ Justificar a sua resposta.

____

____

54. Um dos procedimentos utilizados para limpar o litoral contaminado com o derramamento de óleo de Valdez, no Alasca, foi a aplicação de ______________________________ ao longo da costa litorânea.

Questões de Revisão

1. Quais são as principais categorias de produtos manufaturados por processos microbiológicos industriais, isto é, por biotecnologia?
2. Quais são alguns dos pré-requisitos que devem ser observados antes do desenvolvimento de um processo microbiológico comercial?
3. Descrever os princípios básicos envolvidos: **(1)** no método de Frings para a produção de vinagre; **(2)** na tecnologia da enzima imobilizada; **(3)** na técnica da cultura submersa; **(4)** na produção de insulina humana pela *Escherichia coli*.
4. Como a tecnologia da enzima imobilizada pode ser aplicada para a produção de L-lisina? Que vantagem esta técnica apresenta sobre a mistura do substrato com a enzima para elaborar o produto final?
5. O método de Frings, utilizado na produção de vinagre, é um exemplo da aplicação da tecnologia das bactérias imobilizadas? Explicar.
6. Quais desenvolvimentos contribuíram para o aumento na produção de penicilina em relação àquela obtida originalmente?
7. O que são bioinseticidas? Citar exemplos.
8. Descrever as várias maneiras nas quais os microrganismos estão envolvidos na indústria do petróleo.
9. Na produção do papel, como os microrganismos podem causar defeitos na qualidade do produto?
10. Por que a deterioração de tecidos é preocupante em climas tropicais?
11. Qual a função dos microrganismos na biorremediação?

Questões para Discussão

1. Um microrganismo que produz uma substância química valiosa é descoberto, entretanto somente pequena quantidade dessa substância é produzida. Descrever alguns procedimentos experimentais que podem ser utilizados para aumentar a produção dessa substância química.
2. Como o conhecimento e as técnicas modernas da genética bacteriana têm alterado a biotecnologia?
3. Na técnica da cultura submersa, o produto do metabolismo desejado, por exemplo, uma vitamina, deve ser recuperado (extraído) do meio. Admitindo que poderia ser desenvolvido um sistema de célula imobilizada para produzir a mesma vitamina, que vantagens este processo teria em termos de recuperação desse produto?
4. Descrever várias situações em que a deterioração de materiais pelos microrganismos têm significado industrial. Como este tipo de deterioração pode ser controlado?
5. Comparar as vantagens e as desvantagens do controle de insetos por substâncias químicas e por microrganismos.
6. Descrever a função dos microrganismos no processo de reciclagem que ocorre em solos ricos em petróleo.
7. Esquematizar um experimento (incluindo o uso da técnica de enriquecimento de cultura) destinado a isolar um microrganismo que pode decompor um herbicida químico, que denominaremos composto X.

Apêndices

Leitura Complementar

PARTE VIII
MICRORGANISMOS E DOENÇA: RESISTÊNCIA A INFECÇÕES

Benjamini, E. & S. Leskowitz: *Immunology: A Short Course,* 2ª ed., Wiley-Liss, Nova Iorque, 1991. *Um texto que apresenta a essência da imunologia de uma forma que é facilmente assimilada pelo estudante.*

Conte, J. E., Jr., & S. L. Barriere: *Manual of Antibiotics and Infectious Diseases,* 7ª ed., Lea & Febiger, Baltimore, 1992. *Informações atualizadas sobre antibióticos: terapia e susceptibilidade, antibióticos profiláticos, agentes imunobiológicos e drogas antiparasitárias.*

Golub, E. S.: *Immunology: A Synthesis,* 2ª ed., Sinauer Associates, Inc., Sunderland, Mass., 1991. *Neste texto o autor transmite com sucesso a lógica e a ordem do sistema imune aos não-imunologistas. O texto é bem organizado, bem ilustrado e repleto de dados adequados para que o estudante compreenda o raciocínio após a conclusão. Recomendado como uma introdução à ciência da imunologia.*

Kimball, J. W.: *Introduction to Immunology, 3ª ed., Macmillan, Nova Iorque, 1990. Um livro-texto escrito para o estudante familiarizado com terminologias e conceitos adquiridos em um curso de biologia básica. A resposta mediada por células é enfatizada tanto quanto a imunidade humoral.*

Kuby, J.,: *Immunology,* Freeman, Nova Iorque, 1992. *Uma introdução à imunologia abrangente e ricamente ilustrada, em nível molecular e celular.*

Mims, C. E.: *The Pathogenesis of Infectious Disease,* 3ª ed., Academic, Nova Iorque, 1987. *Um volume sobre os princípios das infecções microbianas e da patogenicidade. É um livro que traz muitos aspectos da interação hospedeiro-microrganismos.*

Paul, W. E.: *Immunology: Recognition and Response,* Freeman, Nova Iorque, 1991. *Esta é uma coleção de publicações (12) de* Scientific American *que descreve e ilustra os principais aspectos de defesa humana contra os agentes infecciosos.*

Pratt, W. B. & R. Fekety: *The antimicrobial drugs.* Oxford University Press, Nova Iorque, 1986. *Uma excelente referência para informações detalhadas sobre antibióticos específicos.*

Rose, N. R., ed.: *Manual of Clinical Laboratory Immunology,* 4ª ed., American Society for Microbiology, Washington, D.C., 1992. *O melhor guia de métodos imunológicos e suas aplicações disponível no momento. Contém informações sobre os melhores métodos disponíveis para a realização de testes imunológicos específicos e as técnicas utilizadas em laboratórios de diagnóstico clínico e na pesquisa em imunologia. Mais de 240 autores contribuíram neste livro.*

Sherris, J. C., ed.: *Medical Microbiology,* 2ª ed., Elsevier Science Publishing, Nova Iorque, 1990. *O Capítulo 9, intitulado "Normal Microbial Flora", e o Capítulo 13, "Antimicrobics and Chemotherapy of Bacterial and Viral Infections", são particularmente apropriados para a Parte VIII deste livro.*

Vander, A. J., J. H. Sherman & D. S. Luciano: *Human Physiology: The Mecanisms of Body Function,* 5ª ed.,

Mc Graw-Hill, Nova Iorque, 1990. *Um texto escrito com clareza e bem ilustrado sobre os princípios e fatos da fisiologia humana. Um capítulo relevante e recomendado para leitura complementar é o Capítulo 19, "Defense Mechanisms of the Body".*

PARTE IX
MICRORGANISMOS E DOENÇA: DOENÇAS MICROBIANAS

American Academy of Arts and Sciences: *Living with AIDS: Part II,* Daedalus, 1989 (publicado como o volume 118, nº 3 do "Proceedings of the Academy"). *Este fascículo fornece um tratamento abrangente sobre os aspectos global, social, político, legal, psicológico, educacional e de saúde pública da AIDS. Os tópicos são apresentados por um painel de diferentes autoridades, de forma clara, em uma linguagem compreensível. Uma cópia pode ser obtida por 6 dólares de "Daedalus Business Office", P.O. Box 515, Canton,* MA 02021.

Baron, E. J. & S. M. Finegold: *Bailey and Scotts Diagnostic Microbiology,* 8ª ed., Mosby, St. Louis, 1990. *Repleto de ilustrações coloridas, este excelente livro de referência é destinado para o laboratório de microbiologia clínica e descreve as características para identificação e diagnósticos laboratoriais de bactérias, fungos, protozoários e helmintos de importância médica.*

Cherfas, J.: "Malarial Vaccines: The Failed Promisse", *Science* 247:402-403, 1990. *Uma breve discussão dos vários aspectos para o desenvolvimento de uma vacina efetiva contra a malária e as dificuldades que foram encontradas.*

Coppel, R. L.: "Prospects for a Malaria Vaccine", *Microbiol. Sci.* 3:292-295, 1986. *Um resumo sucinto dos avanços feitos no desenvolvimento de uma vacina contra a malária utilizando a tecnologia do DNA recombinante.*

Gallo, R. C. & L. Montagnier: "AIDS em 1988", *Scientific American,* outubro de 1988. *Neste artigo, os dois pesquisadores que descobriram o HIV relatam a descoberta e oferecem prospectos para uma vacina, terapia e controle da epidemia. Nove outros artigos na mesma publicação abordam origem e biologia molecular do HIV, epidemiologia, terapia, vacinas, dimensões sociais da AIDS e tópicos relacionados.*

Garner, J. S. & M. S. Favero: "Guidelines for Handwashing and Hospital Environment Control"; U. S. Departament of Health and Human Services, Centers for Disease Control, Atlanta, 1985. *Esta é uma das séries de regras incluídas no manual intitulado* Guidelines for Prevention and Control of Nosocomial Infections. *As séries consolidam várias recomendações feitas pelo CDC e são especificamente úteis para os profissionais da saúde e aqueles responsáveis pelo controle e vigilância de infecções.*

Habicht, G. S., G. Beck & J. L. Benach: "Lyme Disease", *Scientific American,* Julho de 1987. *Um relato fascinante sobre a descoberta do agente etiológico da doença de Lyme e o seu vetor (carrapato).*

Joklik, W. K., H. P. Willet, D. B. Amos & C. M. Wilfert: *Zinsser Microbiology,* 20ª ed., Appleton & Lange, East Norwalk, Conn., 1992. *Este livro bem organizado de microbiologia médica fornece uma excelente abordagem sobre bactérias, fungos e vírus mais importantes responsáveis por doenças humanas.*

Koop, C. E.: *Surgeon General Report on Acquired Immune Deficiency Syndrome,* U. S. Departament of Health and Human Services, U. S. Public Health Service, Washington D.C., 1987. *Possivelmente o documento mais importante publicado nesta década para a educação pública sobre AIDS, este panfleto de 36 páginas foi preparado por um cirurgião dos Estados Unidos para fornecer informações claras e concisas sobre a atual epidemia de AIDS e as medidas que devem ser tomadas para tentar conter a disseminação. Uma cópia grátis pode ser adquirida escrevendo para o National Institutes of Health, National Institute of Allergy and Infectious Diseases, Building 31, Room 7A32, 9000 Rockville Pike, Bethesda, MD 20892.*

Mandell, G. L., R. G. Douglas, Jr., & J. E. Bennett, eds.: *Principles and Pratices of Infectious Diseases,* 3ª ed., Wiley, Nova Iorque, 1990. *Uma referência abrangente que descreve a patogênese, os sinais clínicos e os sintomas, o tratamento e a prevenção de doenças causadas por microrganismos.*

Virginia Polytechnic Institute and State University: *AIDS: The Modern Plague,* Proc. 2d Ann. President's Symp., Virginia Polytechnic Institute and State University, Blacksburg, 1991. *Esta publicação contém documentos apresentados, em março de 1991, por pesquisadores eminentes e autoridades em saúde pública. Entre os títulos incluídos estão "The First Years of Human Retroviruses", "The Worldwide AIDS epidemic: A Crisis in Public Health", "AIDS and Public Health Policy", "Public Policy and Public Health" e "AIDS in the Future: Some Epidemiological and Evolutionary Consequences". Cópias desta publicação estão disponíveis por 10 dólares no Publications Departament, Virginia Polytechnic Institute and State University, Blacksburg, VA 24061.*

Wenzel, R. P., ed.: *Prevention and Control of Nosocomial Infections,* Williams & Wilkins, Baltimore, 1987. *Escrito por especialistas práticos, este livro fornece informações sobre a causa, a prevenção e as implicações das infecções nosocomiais.*

White, D. O. & F. Fenner: *Medical Virology,* 3ª ed., Academic, Nova Iorque, 1986. *A Parte II desse livro-texto fornece discussões detalhadas de transmissão, características clínicas, diagnóstico e controle das infecções virais.*

PARTE X
ECOLOGIA MICROBIANA

Atlas, R. M. & R. Bartha: *Microbial Ecology: Fundamentals and Applications,* 2ª ed., Benjamin-Cummings, Menlo Park, Calif., 1987. *Faz uma abordagem geral dos microrganismos na natureza, incluindo o solo e as transformações bioquímicas que podem produzir.*

Campbell, R.: *Microbial Ecology,* 2ª ed., Blackwell Scientific Publications, Oxford, Inglaterra, 1983. *Uma abordagem concisa dos microrganismos do solo, da água e do ar e os seus papéis nas transformações bioquímicas.*

Clesceri, L. S., A. E. Greenberg & R. R. Trussell: *Standard Methods for the Examination of Water and Wastewater,* 17ª ed., American Public Health Association, American Water Works Association e Water Pollution Control Federation, Washington, D.C., 1989. *Um compêndio amplo sobre os "métodos padrões" para a análise de água e do esgoto. Os procedimentos laboratoriais são apresentados com detalhes consideráveis.*

Leadbetter, E. R. & J. S. Poindexter, eds: *Bacteria in Nature,* vol. I: *Bacterial Activities in Perspective,* Plenum, Nova Iorque, 1985. *Este volume contém capítulos sobre as atividades bioquímicas dos microrganismos no ambiente, incluindo o seu papel no solo.*

Levin, M. A., R. J. Seidler & M. Rogul, eds.: *Microbial Ecology: Principles, Methods and Applications,* McGraw-Hill, Nova Iorque, 1992. *Uma compilação abrangente de conceitos e procedimentos utilizados no estudo da ecologia microbiana.*

Mitchell, R., ed.: *Environmental Microbiology,* Wiley-Liss, Nova Iorque, 1992. *Uma análise profunda do papel dos microrganismos na água, no solo e na atmosfera e os métodos para o controle de poluição.*

Paul, E. A. & F. E. Clark: *Soil Microbiology and Biochemistry,* Academic, San Diego, 1989. *O tema deste livro fornece ao estudante uma visão geral sobre o papel dos microrganismos no processo bioquímico, como a reciclagem de nutrientes, que ocorre no solo.*

Rheinheimer, G.: *Aquatic Microbiology,* 4ª ed., Wiley, Nova Iorque, 1991. *Um bom livro introdutório em microbiologia aquática; uma visão geral sobre as bactérias e os fungos aquáticos e seu papel na vida dos lagos, rios e mares.*

Stolp, H.: *Microbial Ecology: Organisms, Habitats, Activities,* Cambridge University Press, Cambridge, 1988. *Um livro (300 páginas) que caracteriza os microrganismos assim como suas atividades no ambiente. Cada capítulo inclui uma ampla lista de referências.*

Strickland, R. M.: *The Fertile Fjord: Plankton in Puget Sound,* Puget Sound Books, University of Washington Press, Seattle, 1983. *Uma excelente discussão introdutória sobre plâncton que fornece descrições dos organismos planctônicos, suas formas e funções. Muito bem ilustrado.*

Tunnicliffe, V.: "Hydrothermal-Vent Communities of the Deep Sea", *American Scientist* 80:336, julho-agosto, 1992. *Um artigo que aborda como as energias químicas e nucleares em fendas térmicas, ao longo de cordilheiras no meio do aceano, possibilitaram o desenvolvimento de ecossistemas exóticos quase totalmente isolados.*

Water Pollution Control Federation: *Literature Review Issue, J. Water Pollution Control Fed.,* Washington, D.C., junho de 1992. *Anualmente, a publicação do mês de junho do* Journal of the Water Pollution Control Federation *é destinada à revisão da literatura atualizada sobre tópicos tais como tratamento de águas de esgoto, dejetos industriais e poluição das águas.*

PARTE XI
MICROBIOLOGIA INDUSTRIAL

Crueger, W. & A. Crueger: *Biotechnology: A Textbook of Industrial Microbiology,* 2ª ed., Sinauer Associates, Inc., Sunderland, Mass., 1990. *Este texto fornece os princípios-chave e principais processos da microbiologia industrial. É destinado para estudantes de pós-graduação e graduação.*

Demain, A. L. & N. A. Solomon, eds.: *Manual of Industrial Microbiology and Biotechnology,* American Society for Microbiology, Washington, D. C., 1986. *Este volume apresenta metodologias de engenharia e biologia necessárias ao desenvolvimento do processo industrial, para a obtenção do produto.*

Frazier, W. C. & D. C. Westhoff: *Food Microbiology,* 4ª ed., McGraw-Hill, Nova Iorque, 1988. *Um dos livros-textos sobre microbiologia de alimentos padrão, que fornece uma ampla visão sobre o assunto.*

U. S. Congress, Office of Technology Assessment: "Biotechnology in a Global Economy", OTA-BA-494, Government Printing Office, Washington, D. C., 1991. *Este relato* *analisa o impacto do desenvolvimento da biotecnologia em várias indústrias, incluindo a farmacêutica, a química, a agrícola e a de manejo de dejetos.*

Vanderzant, C. & D. Splittstoesser: *Compendium of Methods for the Microbiological Examination of Foods,* American Public Health Association, Washington., D.C., 1992. *Métodos detalhados sobre a análise microbiológica dos alimentos compilados por um comitê de intersociedade e interagência; é muito abrangente. Esses métodos representam o que deve ser considerado como padrão para a indústria de alimentos.*

Respostas das Revisões

CAPÍTULO 17

1 c;**2** c; **3** patógeno oportunista; **4** residente; transitória; **5** b e c; **6** c, d, b, e, a, f; **7** receptores; **8** K; **9** positiva; negativos; **10** doença; **11** echovírus; doença; **12** a, c, d; **13** umidade; **14** d; **15** c, d, b, e, a; **16** muco; **17** ação limpante da saliva; **18** dente; sacarose; **19** b; **20** **10**; **21** íleo; **22** b; **23** c; **24** *Entamoeba histolytica*; **25** d; **26** *Candida albicans*.

CAPÍTULO 18

1 c, d, a, b; **2** endotoxina; **3** exotoxina; **4** antitoxinas; **5** termoestáveis, toxóide, menos; **6** amebócitos; **7** b; **8** a, b; **9** temperatura do corpo; **10** e; **11** d, c, a, b; **12** folículo; sudoríparas; sebáceas; **13** destruir; remover; limitar; **14** a, d; **15** granulócitos; agranulócitos; **16** neutrófilos; macrófagos; **17** d, e; **18** (a) V; (b) F; (c) V; **19** menos; **20** b, c, d; **21** (a) V; (b) F; As etapas iniciais da cascata do complemento estimulam a resposta inflamatória; **22** C3a; C3b; **23** clássica; **24** c; **25** Todas são verdadeiras; **26** c, d, e.

CAPÍTULO 19

1 anticorpos; **2** imunidade celular; **3** discriminação, especificidade; **4** linfócitos; **5** F; Os linfócitos T e B podem ser distinguidos pela presença de glicoproteínas distintas em suas membranas; **6** órgãos; tecidos; **7** timo; **8** anticorpos humorais; **9** d, b, a, c; **10** ativa; ativa; passiva; passiva; **11** artificial; natural; artificial; natural; **12** quatro; **13** bivalente; **14** Fc; **15** IgM; **16** IgG; **17** IgA; **18** IgE; **19** imunogenicidade; **20** epítopo; **21** imunogenicidade; **22** toxóide; **23** não; **24** V; **25** a, c, d; **26** citolítica; **27** III; **28** T; **29** citolíticos; **39** histocompatibilidade; **31** c, d; **32** ABO; Rh; **33** antígenos virais; **34** fetal; neonatal; **35** imunoterapia; **36** monoclonais; **37** células T; mediada por célula; **38** células B; **39** NK; **40** célula T.

CAPÍTULO 20

1 sorologia; **2** soro; **3** equivalência; **4** *lattices*; **5** fluida; **6** c; **7** eletroforese; **8** imunoeletroforese; **9** solúveis; particulados; **10** *Proteus*; **11** neutralizantes; **12** hemólise; **13** competição; **14** *enzime-linked immunosorbent assay*; **15** c; **16** b, d; **17** hibridomas; **18** mieloma; **19** c, d; **20** V; **21** e; b; f; a; d; c; **22** mediada por células; **23** macrófagos; **24** linfoblastos; DNA; **25** timidina; **26** lisar (destruir); **27** cromo.

CAPÍTULO 21

1 e; **2** b; **3** penicilina; **4** fungo filamentoso; **5** microrganismos; **6** de amplo espectro; **7** e; **8** b, e; **9** e; **10** antimicrobiana; **11** tóxico; **12** *Streptomyces;* **13** a, b, e; **14** c; **15** b; **16** 6-aminopenicilâmico; **17** semi-sintéticas; **18** β-lactamases; meticilina; **19** d; **20** aminoglicosídeos; **21** c, d, a, b, b, d; nistatina e anfotericina B; **22** b; **23** parede celular; **24** d; **25** b; **26** e, a, b, d, c, f; **27** b; **28** c; **29** *Escherichia coli;* **30** e; **31** tetraidrofólico; **32** ácido *para*-aminobenzóico ou PABA; **33** fólico; **34** nitro ou –NO2; **35** piridoxina (vitamina B6); nicotinamida; **36** tuberculose; **37** DNA girase; **38** DNA; RNA; **39** timidina; AIDS; **40** influenza tipo A; herpes genital; **41** a, b;**42** menos; ativas; inativas; **43** padrão; **44** concentração mínima inibitória (MIC); **45** A; **46** MIC; **47** d; **48** para estimular ou aumentar o crescimento; **49** resistentes; **50** estreptomicina, eritromicina e nistatina.

CAPÍTULO 22

1 d; **2** d; **3** b, d, e; **4** c; **5** b; **6** ocorrência; distribuição; **7** uma fonte de microrganismos patogênicos; uma via de transmissão; um hospedeiro susceptível; **8** c; **9** c; **10** e; **11** e; **12** c; **13** mãos; paciente; **14** c; **15** d; **16** e; **17** vigilância; **18** oficial de controle de infecção; **19** d; **20** controle de infecção; **21** microbiologia; **22** d; **23** ICO ou oficial de controle de infecção; **24** e.

CAPÍTULO 23

1 venéreas; **2** b, c, e; **3** e; **4** d; **5** c; **6** conjuntivite; **7** c; **8** uretra; cérvice; **9** b; **10** gravidez ectópica; **11** antibióticos; **12** penicilina; **13** menos; **14** c; **15** c, d, a, b; **16** campo escuro; **17** b; **18** a, c; **19** milhões; **20** a, d; **21** conjuntivite; pneumonia; **22** b; **23** b, c, a; **24** a; **25** vírus da imunodeficiência humana; **26** c, g; **27** T4; **28** RNA; **29** DNA da célula hospedeira; **30** c, d; **31** d, e, a, g, c, f, b; **32** c; **33** c; **34** e; **35** DNA; transcriptase reversa; **36** HSV-2; HSV-1; **37** c, d; **38** nervos; recorrente; **39** c, e; **40** b; **41** antígeno superficial;**42** b;**43** b; **44** c; **45** fora de; **46** educação pública; **47** a.

CAPÍTULO 24

1 d; **2** a, d; **3** poeira infecciosa; **4** g, b, f, c, h, d, a, e, i; **5** positivos; b ; A; **6** d, e; **7** b; **8** b, c; **9** infecção; não são; **10** b, e; **11** c; **12** anticorpos; **13** d; **14** ingestão de leite *in natura* contaminado; **15** *Mycobacterium leprae*; **16** c, b, d, e, a, f; **17** mediada por células; **18** reativada; **19** negativo; cisteína; **20** d; **21** d, b, c, g, e, f, a; **22** rinovírus; coronavírus; **23** c; **24** d; **25** b; **26** A; **27** c; **28** hemaglutinina; neuraminidase; **29** a; **30** amantadina; **31** f, b, e, c, d, a; **32** b; **33** mediado por células; **34** levedura; fungo filamentoso; **35** tuberculose; tubérculo; **36** disseminada; imune; **37** b; **38** anfotericina B; **39** a, c, d, b.

CAPÍTULO 25

1 a água; **2** c, e, b, a, d; **3** adenilato ciclase; **4** enterotoxina; **5** c, e; **6** refrigeração; **7** infantil; **8** b, d; **9** flora intestinal normal; **10** corpo, ou mais especificamente no trato intestinal; **11** b; **12** *cereus*; **13** c; **14** b; **15** d, e, b, c, a; **16** o animal; **17** c, e; **18** sorotipos; **19** bexiga; **20** d; **21** c; **22** d; **23** b; **24** antibióticos; **25** d; **26** f, a, d, b, e, c; **27** imunização em massa; **28** icosaédrica; RNA; única; **29** c; **30** c, e; **31** rotavírus; **32** b; **33** Norwalk; **34** isolados; **35** fígado; **36** e, b, c, d, a; **37** c; **38** e, b, d, c, a ; **39** intestino; **40** cisticercose; **41** porco; **42** d; **43** b; **44** calor; **45** e; **46** teste laboratorial; **47** contaminação do suprimento de água.

CAPÍTULO 26

1 mecânico; biológico; **2** ovo; **3** c, f, b, e, d, a; **4** d, c, e, b, a; **5** leste; verão; **6** b; **7** e; **8** espiroqueta, carrapatos; **9** a; **10** c; **11** interleucina-1; **12** *Rickettsia prowazekii*; piolhos; **13** piolho; carrapato; **14** febre amarela; **15** Walter Reed; **16** ciclo urbano: a, e; ciclo silvestre: b, c, d; **17** rim; fígado; hemorragia do estômago; **18** vírus atenuado "vivo"; **19** carrapatos; **20** *Plasmodium*; **21** b; **22** d; **23** b, f, d, c, e, a; **24** c; **25** *Trypanosoma; Leishmania*; **26** c, a, d, b; **27** tropicais e subtropicais; **28** e; **29** c; **30** microfilárias; **31** larvas; **32** linfa; sanguíneo; **33** elefantíase.

CAPÍTULO 27

1 pele; **2** b; **3** grandes gotas de aerossóis; **4** c; **5** a, c, d; **6** endósporo; **7** substância química inibitória; **8** c; **9** c, a, d, b, e; **10** d; **11** d, b, c, e, a; **12** abcesso; **13** circulação sanguínea; **14** tampões; **15** artrópodes; **16** c; **17** b, e, d, c, a; **18** Louis Pasteur; **19** c; **20** nervoso central; **21** d; **22** c, a, e, d, b, **23** ancilostomídeos; **24** c; **25** anemia; **26** b, c, d; **27** *mansoni; japonicum; haematobium*; **28** a, c; **29** c; **30** d; **31** e; **32** umidade; **33** queratina; **34** b; **35** actinomicetes.

CAPÍTULO 28

1 biologia; geologia; **2** horízons; **3** umidade; textura; nutrientes; **4** (a) exame microscópico; (b) cultura em placa; (c) cultura de enriquecimento; **5** b, c, e; **6** b; **7** e, b, d, c, a; **8** nitrogênio; **9** luz; **10** raízes das plantas; **11** maior; **12** simbiose; **13** c, e, a, b, d; **14** a, b, d; **15** comensalismo; **16** antagonismo; **17** antibióticos; **18** destruir, dissolver ou lisar; **19** parasitismo; **20** *Bdellovibrio*; **21** parasitas; **22** fechado; reciclagem; **23** mineralização; **24** proteinases; peptidases; **25** ácido pirúvico; amônia; **26** nitrificação; **27** nitrito; nitrito; **28** *Nitroso-; Nitro-*; **29** nitrificação; nitrato; **30** desnitrificação; **31** perda de nitrogênio do solo; **32** deficiente ou ausente; **33** fixação de nitrogênio; **34** nitrogenase; **35** oxigênio; **36** nitrogenase; **37** cianobactérias; verdes; púrpuras; **38** *Clostridium pasteurianum*; **39** *Azotobacter,* ou *Beijerinckia,* ou *Derxia;* **40** Rhizobium; **41** nódulos; nódulo radicular; **42** mutualismo; **43** cultivo de arroz; **44** *Frankia*; **45** b, c; **46** b, c, e, d, a; **47** anoxigênicas (verde-púrpura); **48** CH_2O; **49** ácido oxalacético; **50** bactérias; fungos; **51** celulose; **52** celulase; glicose; **53** celulose, lignina e hemicelulose; **54** e; **55** CO_2; H_2O; **56** H_2SO_4; **57** cisteína ou cistina ou metionina; **58** gás sulfídrico; **59** gás sulfídrico; **60** a, d, e; **61** microrganismos; **62** degradação ou detoxificação; **63** *Bacillus thuringiensis*; **64** B. *popillae*; *B. lentimorbus*; **65** a; **66** *Cladosporium*; **67** solo; água; **68** c.

CAPÍTULO 29

1 atmosférica; superficial; de lençol freático; **2** c; **3** aquática; **4** filtração; **5** a, b, e; d, c; **6** barófilos; **7** fótica; **8** 0; 3,5; **9** epibactérias; **10** 7,5; 8,5; **11** a, b, d, e, c; **12** eutroficação; **13** zona bêntica; **14** estuário; **15** 3,5; **16** baixos; **17** florescências; **18** superfícies; **19** animais marinhos ou peixes; **20** negativas; **21** hidrolíticas; **22** pigmentadas; **23** evitar a luz; **24** baixo; **25** centenas de milhões; **26** b; **27** a; **28** foraminíferas; **29** algas; cianobactérias; **30** bactérias; fungos; **31** detritos; **32** maior área do oceano; **33** mineralização; **34** mistura das águas de outros oceanos; **35** *krill*; **36** fitoplâncton; **37** d; **38** b; **39** energia radiante; **40** dissimilação; desmineralização; **41** celulose; dióxido de carbono; **42** quimiossíntese; **43** fotossíntese; quimiossíntese; **44** e; **45** potável; **46** substâncias químicas; **47** subterrânea; superficial; **48** filtração; **49** sépticas; **50** filtração; cloração; **51** alúmen; **52** cloração; **53** cáries dentárias; **54** material fecal; **55** esporádica; pequeno; **56** microrganismos patogênicos; **57** IMViC; **58** produz; não produz; **59** a; d; e; **60** d; **61** potável; **62** caldo lactosado; gás; **63** lactosado verde-brilhante-bile; eosina azul de metileno; **64** verde-metálico; **65** membrana filtrante; **66** sulfúrico; enxofre; **67** entéricos ou intestinais; **68** pé-de-atleta; **69** cloro; **70** domésticos; industriais; **71** doméstica e industrial; água superficial e água da chuva; **72** 0,1; **73** demanda bioquímica de oxigênio (BOD); **74** maior; **75** baixo; **76** anaeróbias; **77** campo de descarga; pode conter microrganismos patogênicos; **78** sedimentação; **79** aeróbios; BOD; **80** zoogléias; **81** lodo ativado; **82** rasos; algas; **83** cloro; **84** metano; **85** a; **86** d; **87** e; **88** b; **89** c; **90** e; **91** d.

CAPÍTULO 30

1 e; **2** ração ou alimentos; **3** qualidade; **4** meio; **5** bactérias; fungos; **6** meio; **7** inoculação; **8** Food and Agriculture Organization (FAO); Organização Mundial da Saúde (OMS); Fundo das Nações Unidas para a Infância (UNICEF); **9** Food and Drug Administration (FDA); **10** leite; **11** b; **12** F (Cresceräo somente aqueles microrganismos cujas exigências nutricionais e condições físicas para crescimento forem atendidas.); **13** F (Os vírus requerem técnicas de cultura de tecidos.); **14** c; **15** livre; **16** triturar um pedaço de carne para a preparação do hambúrguer aumenta as superfícies sujeitas a contaminação; **17** 100; 1.000; **18** não ; **19** capa de proteína; **20** bactérias; fungos; **21** poluídas; **22** alimentos do mar; **23** ácido láctico; **24** baixa qualidade sanitária ou contaminação fecal; **25** Appert; **26** *Clostridium botulinum;* **27** mais alta; **28** LTH; HTST; **29** febre Q; **30** esterilização; **31** cru; pasteurizado; **32** refrigeração; **33** pré-cozido; **34** Não; **35** d; **36** c; **37** a, **38** c; **39** proteínas; carboidratos; lipídeos; **40** fungos filamentosos; **41** putrefação (proteólise); rancidez (lipólise); **42** esporuladas; **43** ácida, sem produção de gás; TA ou aeróbia termofílica; **44** dilatação ou rompimento da lata; **45** putrefação; **46** anaeróbio butírico; **47** c, d, a, e, b; **48** preparação; conservação ou armazenamento; **49** iniciadora; **50** ácido láctico; produtos voláteis e neutros; aroma; **51** *Streptococcus thermophilus; Lactobacillus bulgaricus*; **52** leveduras; **53** renina; **54** soro de leite; **55** *Lactobacillus acidophillus*; **56** repolho em pedaços; pepinos; **57** bactérias do ácido láctico; leveduras fermentadoras; **58** ácido láctico; estreptococos; lactobacilos; **59** aminoácidos; leveduras; dejetos industriais ou subprodutos; **60** algas.

CAPÍTULO 31

1 substrato; **2** c; **3** genética; **4** b; **5** de baixo custo; **6** recuperação; purificação; **7** *Saccharomyces*; **8** açúcar simples ou glicose; **9** d; **10** a, b, **11** Frings; **12** a, e; **13** queijo; **14** *Lactobacillus*; **15** a; **16** c; **17** coagular as proteínas; **18** d; **19** penicilina; **20** *chrysogenum*; **21** mutantes; **22** d; **23** proteases; **24** amido; sacarose; **25** pectinase; **26** imobilizada; **27** c; **28** c; **29** ácido α-cetoglutárico; **30** a; **31** e; **32** c; **33** *Escherichia coli*; **34** interferons; **35** plasminogênio tecidual; **36** pequenas; **37** b, c; **38** hibridomas; **39** a, e; **40** *Bacillus thuringiensis*; **41** leitosa; japoneses; **42** e; **43** c; **44** hidrocarbonos; **45** ácidos; **46** b; **47** e; **48** limo; **49** celulose; **50** c; **51** a; e; **52** fungicida; **53** F; tanto os microrganismos que ocorrem naturalmente como os geneticamente construídos podem ser utilizados; **54** fertilizante para aumentar o crescimento microbiano.

Testes Bioquímicos para a Diferenciação de Espécies Bacterianas

TESTES BIOQUÍMICOS PARA A DIFERENCIAÇÃO DE ESPÉCIES BACTERIANAS														
						Enterobacter			*Serratia*		*Proteus*			
	Escherichia coli	*Salmonella típica*	*Salmonella typhi*	*Citrobacter freundii*	*Klebsiella pneumoniae*	*cloacae*	*aerogenes*	*Hafnia alvei*	*marcescens*	*liquefaciens*	*vulgaris*	*mirabilis*	*Providencia alcalifaciens*	*Yersinia enterocolitica*
Indol	+	–	–	–	–	–	–	–	–	–	+	–	+	V
Vermelho de metila	+	+	+	+	V	–	–	V	V	V	+	+	+	+
Voges–Proskauer	–	–	–	–	+	+	+	V	+	V	–	V	–	V
Citrato de Simmons	–	V	–	+	+	+	+	V	+	+	V	(V)	+	–
Gás sulfídrico (TSI)	–	+	$+^{W}$	+	–	–	–	–	–	–	+	+	–	–
Uréia	–	–	–	V^{W}	+	V^{W}	–	–	Vw	V^{W}	+	V	–	+
KCN	–	–	–	+	+	+	+	+	+	+	+	+	+	–
Motilidade	V	+	+	+	–	+	+	+	+	+	+	+	+	–37°C +22°C
Gelatina (22°C)	–	–	–	–	–	V	V	–	(V)	+	+	+	–	–
Lisina descarboxilase	V	+	+	–	+	–	+	+	+	(V)	–	–	–	–
Arginina di–hidrolase	V	(V)	–	V	–	+	–	V	–	–	–	–	–	–
Ornitina descarboxilase	V	+	–	V	–	+	+	+	+	+	–	+	–	+
Fenilalanina desaminase	–	–	–	–	–	–	–	–	–	–	+	+	+	–
Malonato	–	–	–	V	+	V	V	V	–	–	–	–	–	–
Gás a partir de D–glicose	+	+	–	+	+	+	+	+	V	V	V	+	V	–
Lactose	+	–	–	(V)	+	(V)	+	V	–	V	–	–	–	–
Sacarose	V	–	–	V	+	+	+	V	+	+	+	V	V	+
D–manitol	+	+	+	+	+	+	+	+	+	+	–	–	–	+
Dulcitol	V	V*	–	V	V	V	–	–	–	–	–	–	–	–
Salicina	V	–	–	V	+	(V)	+	V	+	+	V	V	–	V
Adonitol	–	–	–	–	V	V	+	–	V	V	–	–	+	–

TESTES BIOQUÍMICOS PARA A DIFERENCIAÇÃO DE ESPÉCIES BACTERIANAS (Continuação.)

						Enterobacter			*Serratia*		*Proteus*			
	Escherichia coli	*Salmonella típica*	*Salmonella typhi*	*Citrobacter freundii*	*Klebsiella pneumoniae*	*cloacae*	*aerogenes*	*Hafnia alvei*	*marcescens*	*liquefaciens*	*vulgaris*	*mirabilis*	*Providencia alcalifaciens*	*Yersinia enterocolitica*
Meso–inositol	–	V	–	–	+	V	+	–	V	(V)	–	–	–	(V)
D–sorbitol	V	+	+	+	+	+	+	–	+	+	–	–	–	+
L–arabinose	+	+*	–	+	+	+	+	+	–	+	–	–	–	+
Rafinose	V	–	–	V	+	(+)	+	–	–	+	–	–	–	–
L–ramnose	V	+	–	+	+	+	+	+	–	V	–	–	–	–

+ = 90% ou mais de positividade em 48 h
– = menos de 10% de positividade em 48 h

V = 10 a 89,9% de positividade em 48 h (+) = 90% ou mais de positividade entre 3 a 7 dias
(V) = mais de 50% de positividade em 48 h e mais de 90% de positividade em 3 a 7 dias
W = reação fraca

* Alguns sorotipos, incluindo a *S. choleraesuis*, *S. paratyphi* A, *S. pullorum*, não fermentam o dulcitol em 48 h. A *S. choleraesuis* não fermenta a arabinose.

Obs: Esta tabela tem a finalidade de servir como um guia resumido das reações das espécies de *Enterobacteriaceae* de maior importância clínica. Somente 25 dos 60 ou mais testes utilizados para fazer a distinção entre as espécies encontram-se relacionados. Biotipos específicos (*E. coli* H_2S^+ e *Y. enterocolitica* lactose$^+$ e rafinose$^+$ etc.), cepas fastidiosas e cepas atípicas não são tratadas aqui. Para provas mais sofisticadas para estas ou outras espécies de *Enterobacteriaceae*, o leitor deve consultar publicações específicas que fornecem informações adicionais e porcentagens.

Fonte: Modificado de *Enteric Section and Bacteriology* – Training Branch, Centers for Disease Control, Atlanta.

Uso da Notação Exponencial e de Logaritmos em Microbiologia

Os microbiologistas freqüentemente utilizam notações científicas para expressar números. Um elemento importante de notação científica é a notação exponencial. Por exemplo, uma notação científica pode ser utilizada para indicar o grande número de células em uma população (cultura) de microrganismos. Em vez de dizer que há 10 milhões ou 10.000.000 de células em uma cultura, podemos dizer que há 1×10^7 ou simplesmente 10^7 células. O número 1 é o coeficiente, o número 7 é um *expoente*, e o número de células é expresso em *notação exponencial*, que é como uma potência do número 10, ou especificamente como 10^7, onde 7 é a potência ou expoente da base 10. Quando um número é multiplicado por ele mesmo uma ou mais vezes, este é elevado à potência (expoente). Se é multiplicado por ele mesmo uma vez, este é elevado ao quadrado ou à segunda potência. Se é multiplicado por ele mesmo duas vezes, é elevado ao cubo ou à terceira potência. Se é multiplicado por ele mesmo três vezes, é elevado à quarta potência, e assim por diante. Assim, 10^7 significa a multiplicação por ele mesmo seis vezes. A potência de um número é escrita no canto superior direito do número; neste caso, 10 é elevado à potência 7. É importante lembrar que qualquer outro número pode ser multiplicado por ele mesmo; por exemplo, $2 \times 2 \times 2 \times 2 = 2^4$ ou 16. Mas somente o número 10 serve como base para a notação científica, que combina notação exponencial com coeficiente numérico não-inteiro em um sistema que permite expressar um número muito grande ou muito pequeno de forma relativamente simples.

Os números não precisam ser arredondados como 10.000.000, citado no primeiro exemplo. Se considerarmos o número 5.450.000.000, este pode ser expresso em notação científica como $5{,}45 \times 10^9$. Neste caso, 5,45 vem a ser o coeficiente, uma quantidade ou número, que é multiplicado por outra quantidade que é expressa em notação exponencial com a base de 10 (isto é, 10^9). O coeficiente é determinado colocando-se uma vírgula no número, de forma que um dígito diferente de zero fique à sua esquerda; o expoente é determinado pela contagem do número de lugares (números) no número original à direita do dígito diferente de zero, que está antes da vírgula. Esta é a razão pela qual $5{,}45 \times 10^9$ é obtido de 5.450.000.000.

Os microbiologistas algumas vezes também trabalham com números pequenos. Por exemplo, ao trabalhar com taxas de mutação, deve-se observar que uma mutação ocorre uma vez a cada 1 milhão de divisões celulares. A taxa de mutação pode ser descrita como 1/1.000.000, ou 0,000001 vezes o número de divisões. O coeficiente é novamente obtido colocando-se uma vírgula no número, de forma que haja somente um dígito diferente de zero à sua esquerda. A seguir, a contagem dos números, a partir da vírgula, que foram movidos para a direita dará origem ao expoente, que vem a ser o valor negativo. Assim, o número 0,000001 é expresso como 1×10^{-6}. (Multiplicar 1×10^{-6}, que significa multiplicar 10^{-1} por ele mesmo cinco vezes, para obter $1/10^6$, ou 1/1.000.000 ou 0,000001.)

Para multiplicar os números escritos em notação científica, os expoentes são simplesmente *somados*. Por exemplo, a taxa pela qual as mutações ocorrem em dois genes separados é o produto da taxa para os genes individuais. Se o gene A sofre mutação em uma taxa de 10^{-5} e o gene B sofre mutação em uma taxa de 10^{-6}, a taxa de formação de um mutante contendo mutações em ambos os genes é de $10^{-5} \times 10^{-6} = 10^{-11}$. Os coeficientes, se presentes, são simplesmente *multiplicados*; por exemplo, $(2 \times 10^6) \times (3 \times 10^{-3}) = (2 \times 3) \times 10^{+6-3} = 6 \times 103$.

Para dividir os números em notação científica, você simplesmente *divide* os coeficientes e *subtrai* os expoentes. Por exemplo, dividir (8×10^4) por (2×10^3). Isto é solucionado da seguinte forma: $(8/2) \times 10^{4-3} = 4 \times 10^1 = 4 \times 10$.

Um logaritmo (log) é a potência à qual uma base é elevada para produzir determinado número. Estamos mais familiarizados com logaritmos na base 10, indicados como *log 10*. Os microbiologistas freqüentemente trabalham com $\log_{10}$ porque o número de células, em uma cultura microbiana, é expresso como múltiplos da potência de 10, por exemplo, em milhares ou milhões de células. O primeiro passo para determinar o log_{10} de qualquer número é escrevê-lo em notação exponencial. Se o coeficiente é exatamente 1, $\log_{10}$ é simplesmente igual ao expoente. No exemplo de 1×10^7, $\log_{10}$ é escrito como 7. Se o coeficiente não for 1, uma calculadora (ou uma tabela logarítmica) pode ser empregada para determinar o logaritmo. Por exemplo, para determinar o logaritmo para a base 10 ($\log_{10}$) de $3{,}2 \times 10^7$, utilize uma calculadora para determinar $\log_{10}$ de 3,2. O valor é 0,5051. Portanto, $\log_{10}$ de $3{,}2 \times 10^7$ é igual a 7,5051. Valores como este sobre o período de incubação de uma cultura podem ser plotados nas ordenadas (eixo y), e o tempo em minutos ou horas, na abcissa (eixo x). Isto é denominado um gráfico semilogaritmo, pois somente os valores nas ordenadas estão em valores log. Tal gráfico, utilizando logaritmos do número de células para qualquer base (por exemplo, $\log_{10}$) contra o tempo, sempre dá origem a uma linha reta *quando o crescimento é exponencial*, e por esta razão o crescimento exponencial é também denominado *crescimento logarítmico*.

Embora o número de células seja geralmente plotado em $\log_{10}$, a utilização do $\log_2$ apresenta a vantagem de que cada unidade da ordenada corresponde ao dobro (aumento duplicado) ou a uma geração (desde que a bactéria se divida por fissão binária). Tal marcação facilita a leitura do número de gerações em um intervalo de tempo ou tempo de geração diretamente a partir do gráfico. Valores de $\log_2$ podem ser obtidos da relação $\log_2 X = 3{,}3219 \log_{10} X$. Assim, se X = 3.000, $\log_2 3.000 = 3{,}3219 \times 3{,}48 = 11{,}56$.

Endonucleases de Restrição

As endonucleases de restrição são instrumentos importantes para a engenharia genética (ver Capítulo 14, Volume I) e mais de 200 endonucleases de restrição diferentes têm sido isoladas. Algumas cortam o DNA de maneira assimétrica (produzindo terminais coesivos) e são mais utilizadas que as que produzem terminais cegos. Os terminais cegos de uma molécula de DNA são freqüentemente reunidos pela DNA ligase para formar um DNA circular não-recombinante de pouca aplicação em engenharia genética. Entretanto, esse problema pode ser resolvido por meio de várias técnicas de manipulação, tais como utilizar uma alta concentração de um fragmento de DNA em uma mistura de vários fragmentos, adicionar um "ligante" (*linker* – segmento de DNA curto contendo um sítio de restrição) aos terminais cegos da molécula e então utilizar uma endonuclease para cortar o ligante de maneira assimétrica, ou pela adição de caudas *homopoliméricas* artificiais (tal como, -A-A-A-A- e -T-T-T-T-) nos terminais cegos da molécula.

O nome de cada endonuclease de restrição é escrito da seguinte maneira: as três primeiras letras, em itálico, indicam o nome da bactéria a partir da qual a enzima foi isolada (por exemplo, *Alu* refere-se ao *Arthrobacter luteus*; *Bal* refere-se ao *Brevibacterium albidum*). A letra ou número subseqüente, quando presente, indica a cepa particular da espécie bacteriana (por exemplo, *Sau*^{96} refere-se à cepa número 96 do *Staphylococcus aureus*; *Eco*R refere-se à cepa R de *Escherichia coli*). Finalmente, o número romano indica o tipo particular de endonuclease de vários tipos presentes em determinadas espécies ou cepas bacterianas (por exemplo, *Sst* I e *Sst* II referem-se a duas endonucleases de restrição diferentes, isoladas do *Streptomyces stanford*).

A tabela seguinte fornece alguns exemplos de endonucleases de restrição, os sítios de clivagem e as fontes das mesmas.

Endonuclease de restrição	Sítio de clivagem do DNA	Tipo de corte	Bactéria–fonte
ENZIMAS QUE RECONHECEM SEQÜÊNCIAS COM 4 PARES DE BASES			
Alu I	5′ -A-G ↓ C-T- 3′ 3′ -T-C ↑ G-A- 5′	cego	*Arthrobacter luteus*
Dpn I	5′ -G-m^{6}A ↓ T-C- 3′ 3′ -C-T ↑ m^{6}A-G- 5′	cego	*Streptococcus pneumoniae*
Hha I	5′ -G-C-G ↓ C- 3′ 3′ -C ↑ G-C-G- 5′	coesivo (extremidade 3′)	*Haemophilus haemolyticus*
Mbo I	5′ ↓ G-A-T-C- 3′ 3′ -C-T-A-G$_i$ 5′	coesivo (extremidade 5′)	*Moraxella bovis*
*Bsaj*I	5′ -C ↓ C-N-N-G-G- 3′ 3′ -G-G-N-N-C ↑ C- 5′	coesivo (extremidade 5′)	*Bacillus stearothermophilus*
Sau96 I	5′ -G ↓ G-N-C-C- 3′ 3′ -C-C-N-G ↑ G- 5′	coesivo (extremidade 5′)	*Staphylococcus aureus*

Endonuclease de restrição	Sítio de clivagem do DNA	Tipo de corte	Bactéria–fonte
ENZIMAS QUE RECONHECEM SEQÜÊNCIAS COM 5 PARES DE BASES			+
Ava II	5′ -G ↓ G-W-C-C- 3′ 3′ -C-C-W-G ↑ G- 5′	coesivo (extremidade 5′)	*Anabaena variabilis*
BstN I	5′ -C-C ↓ W-G-G- 3′ 3′ -G-G-W ↑ C-C- 5′	coesivo (extremidade 5′)	*Bacillus stearothermophilus*
Alw I	5′ -G-G-A-T-C-N-N-N -N ↓ N-N- 3′ 3′ -C-C-T-A-G-N-N-N-N -N ↑ N- 5′	coesivo (extremidade 5′)	*Acinetobacter iwoffii*
ENZIMAS QUE RECONHECEM SEQÜÊNCIAS COM 6 PARES DE BASES			
Bal I	5′ -T-G-G ↓ C-C-A- 3′ 3′ -A-C-C ↑ G-G-T- 5′	cego	*Brevibacterium albidum*
EcoR I	5′ -G ↓ A-A-T-T-C- 3′ 3′ -C-T-T-A-A-↑ G- 5′	coesivo (extremidade 5′)	*Escherichia coli*
Kpn I	5′ -G-G-T-A-C ↓ C- 3′ 3′ -C ↑ C-A-T-G-G- 5′	coesivo (extremidade 3′	*Klebsiella pneumoniae*
Sst I	5′ -G-A-G-C-T ↓ C- 3′ 3′ -C ↑ T-C-G-A-G- 5′	coesivo (extremidade 3′)	*Streptomyces stanford*
Sst II	5′ -C-C-G-C ↓ G-G- 3′ 3′ -G-G ↑ C-G-C-C- 5′	coesivo (extremidade 3′)	*Streptomyces stanford*
Sty I	5′ -C ↓ C-W-W-G-G- 3′ 3′ -G-G-W-W-C ↑ C- 5′	coesivo (extremidade 5′)	*Salmonella typhi*
BstE II	5′ -G ↓ G-T-N-A-C-C- 3′ 3′ -C-C-A-N-T-G ↑ G- 5′	coesivo (extremidade 5′)	*Bacillus stearothermophilus*
Bgl I	5′ -G-C-C-N-N-N-N- ↓ N-G-G-C- 3′ 3′ -C-G-G-N- ↑ N-N-N-N-C-C-G- 5′	coesivo (extremidade 3′)	*Bacillus globigii*
ENZIMAS QUE RECONHECEM SEQÜÊNCIAS COM 7 PARES DE BASES			
PpuM I	5′ -R-G ↓ G-W-C-C-Y- 3′ 3′ -Y-C-C-W-G ↑ G-R- 5′	coesivo (extremidade 5′)	*Pseudomonas putida*
Rsr II	5′ -C-G ↓ G-W-C-C-G- 3′ 3′ -G-C-C-W-G ↑ G-C- 5′	coesivo (extremidade 5′)	*Rhodopseudomonas sphaeroides*
ENZIMAS QUE RECONHECEM SEQÜÊNCIAS COM 8 PARES DE BASES			
Not I	5′ -G-C↓ G-G-C-C-G-C- 3′ 3′ -C-G-C-C-G-G↑ C-G- 5′	coesivo (extremidade 5′)	*Nocardia otitidis-caviarum*
Pac I	5′ -T-T-A-A-T↓ T-A-A- 3′ 3′ -A-A-T↑ T-A-A-T-T- 5′	coesivo (extremidade 3′)	*Pseudomonas alcaligenes*
SgrA I	5′ -C-R↓ C-C-G-G-Y-G- 3′ 3′ -G-Y-G-G-C-C↑ R-C- 5′	coesivo (extremidade 5′)	*Streptomyces griseus*
Sfi I	5′ -G-G-C-C-N-N-N-N ↓ N-G-G-C-C- 3′ 3′ -C-C-G-G-N ↑ N-N-N-N-C-C-G-G- 5′	coesivo (extremidade 3′)	*Streptomyces fimbriatus*

Símbolos: A, adenina; T, timina; C, citosina; G, guanina; R, guanina ou adenina; Y, citosina ou timina; W, adenina ou timina; N, qualquer base (adenina, citosina, guanina ou timina); m^{6}A, 6-metil-adenina.

Fontes: New England Biolabs Inc. 1990 to 1991 catalog, Beverly, Mass.; Boehringer Mannheim Biochemicals, 1990 catalog, Indianápolis, Ind.; J. Sambrook, E. F. Fritsch, e T. Maniatis, *Molecular Cloning: A Laboratory Manual*, Cold Spring Harbor Laboratory Press, Cold Spring Harbor, N.Y., 1989.

Créditos

Somos muito gratos a muitas pessoas e organizações que gentilmente forneceram numerosas fotografias e desenhos que engrandeceram a qualidade de *Microbiologia: Conceitos e Aplicações.*

PRÓLOGO **P.1**: Parke-Davis Division of Warner-Lambert Company. **P.2: [A]** Da coleção do Instituto de Patologia das Forças Armadas, Washington, D.C.; **[B]** C. E. Dobell, Anthony van Leeuwenhoek and His "Little Animals", Russel & Russel, Nova Iorque, 1932. **P.3**: Wellcome Institute of the History of Medicine. Cortesia de Wellcome Trustees. P5: Parke-Davis Division of Warner-Lambert Company. **P.6:** Instituto Pasteur, Paris. P8: C. W. Hesseltine, Northern Regional Research Center, USDA. **P.9:** American Society for Microbiology Archives. **P.10:** The Bettmann Archive. P.11: American Society for Microbiology Archives. **P.12:** American Society for Microbiology Archives. **P.13** Parke-Davis Division of Warner-Lambert Company. **P.14:** National Library of Medicine. **P.16:** Parke-Davis Division of Warner-Lambert Company. **P.17:** Dr. Robert I. Krasner, Professor de Biologia, *Providence College.* **P.18:** René Dubos. **P.19: [A,B]** Waksman Institute of Microbiology, Rutgers University. **P.20:** American Society for Microbiology Archives. **P. 21: [A]** George Beadle; **[B]** Edward L. Tatum; **[C]** Joshua Lederberg.

CAPÍTULO 17 **17.1:** David Schaus, Victoria Hospital, Londres, Ontário, Canadá. **17.2: [B]** Visuals Unlimited. **17.3: [A, B]** Dr. W. Bowen. **17.5:** Adaptado de B. C. Block & J. Ducas, *Man, Microbes, and Matter,* McGraw-Hill, Nova Iorque, 1975. **17.7:** Stanley Flegler/Visuals Unlimited. **17.8:** Anna Campana & E. C. S. Chan, McGill University. **17.9:** David M. Phillips/Visuals Unlimited. **17.10:** Manfred Kage/Peter Arnold.

CAPÍTULO 18 **18.1:** Jack Bostrack/Visuals Unlimited. **18.2:** Liliane Therrien & E. C. S. Chan, McGill University. **18.6: [A, B]** Dorothea Zucker-Franklin, New York University Medical Center. **18.9:** Jacob Bastacky & Thomas L. Hayes, University of California, em Berkeley. **18.11 [B]** David M., Suíça Phillips/Visuals Unlimited. **18.14: [A, B]** Jill A. Jenkins & D. D. Ourth, Memphis State University.

CAPÍTULO 19 **19.1:** De acordo com o desenho original por Malcolm Baines, McGill University. **19.2:** De acordo com o desenho original por Malcolm Baines, McGill University. **19.14: [A, B]** American Type Culture Collection.

CAPÍTULO 20 **20.17:** Liliane Therrien, Russell Siboo & E. C. S. Chan, McGill University. **20.23:** E. C. S. Chan. **DESCOBERTA 20.1:** Dr. A. Liepins/Science Photo Library/Photo Researchers.

CAPÍTULO 21 **21.1:** Park-Davis Division of Warner-Lambert Company. **21.2: [A]** The Bettmann Archive; **[B]** Robert Cruickshank. **21.3:** National Library of Medicine. **21.5: [A, B]** William Fenical, Scripps Institute of Oceanography. **21.10:** Roger D. Reid. **21.12:** The Research Corporation. **21.13: [A, B]** Departamento de Quimioterapia, Hoffmann-La Roche; **[C, D]** Departamento de Quimioterapia, Glaxo Group Research, Ltd. **21.21: [A-E]** Lilly Research Laboratories, Division of Eli Lilly and Company.

CAPÍTULO 22 **22.1: [A]** Park-Davis Division of Lambert Company. **22.2: [A, B]** National Library of Medicine. **22.6: [A, B]** University of Maryland's Institute for Emergency Medical Services Systems. **22.8:** National Cancer Institute. 22.9: Environmental Service Institute. National Institutes of Health, and Public Health Service.

CAPÍTULO 23 **23.4:** A. M. Siegelman/Visuals Unlimited. **23.16:** Liliane Therrien & E. C. S. Chan, McGill University. **23.1; 23.3 [B]; 23.5 [A-F];**

23.7; 23.12 [B]; 23.15; 23.17 [B, C]; 23.20 [A-C]; 23.22 [B]: Centers for Disease Control, Atlanta, Ga.

CAPÍTULO 24 **24.1: [A]** Kent Wood/Photo Researchers; **[B]** Michael P. Gadomski/Photo Researchers. **24.8:** Liliane Therrien & E. C. S. Chan, McGill University. **24.9:** N. R. Krieg. **24.10:** Dr. E. H. Cook/Photo Researchers. **24.11: [A, C, D]** Centers for Diseases Control. Atlanta, Ga. **[B]** Randall C. Cultlip, *Infect. Immun.* 1:500, 1970. **24.12:** Frances Doane, Universidade de Toronto. **24.4 [A, B]; 24.6; 24.7; 24.13; 24.14[B]; 24.15 [A-F]; 24.16 [A-C]:** Centers for Diseases Control. Atlanta, Ga.

CAPÍTULO 25 **25.4:** Orson K. Miller, Departamento de Biologia do Instituto Politécnico de Virgínia. **25.6:** Adaptado de um desenho de H. E. Marthedal em *Proc. Int. Symp. in Salmonella and Prospects for Control,* 1977. **25.7:** N. R. Krieg. **25.8: [A]** N. R. Krieg; **25.14: [A]** N. R. Krieg. **[B]** De acordo com o desenho original de N. R. Krieg. **25.2; 25.3 [A, B]; 25.5; 25.9 [A-E]; 25.11; 25.12; 25.13; 25.15 [A, B]; 25.16 [A-D]; 25. 17:** Centers for Diseases Control, Atlanta, Ga.

CAPÍTULO 26 **26.1:** U. S. Naval Biological Laboratory. **26.7:** E. C. Turner. Departamento de Entomologia. Universidade Estadual e Instituto Politécnico de Virgínia, Blacksburg. **26.9:** Penelope J. Padgett, Departamento de Biologia, *Shippensburg University.* **26. 10:** Dr. Andrew Spielman, Departament of Tropical Public Health, Harvard School of Medicine, Harvard University, Boston e Centers for Disease Control, Atlanta, Ga. **26.19:** Fran Heyl Associates. **26.21:** Rhodes B. Holliman, Departamento de Biologia, Universidade Estadual e Instituto Politécnico de Virgínia, Blacksburg. **26.22:** Rhodes B. Holliman, Departamento de Biologia, Universidade Estadual e Instituto Politécnico de Virgínia, Blacksburg. **26.3; 26.6 [B]; 26.8 [A, B]; 26.12; 26.13; 26.14[B]; 26.16; 26.17; 26.18; 26.20 [A]:** *Centers for Diseases Control,.* Atlanta, Ga.

CAPÍTULO 27 **27.5:** N. R. Krieg. **27.7: [A, B, D]** Centers for Diseases Control,. Atlanta, Ga. **[C]** USDA, Bureau of animal Industry; **[E]** Fred Marsik/Visuals Unlimited; **[F]** N. R. Krieg. **27.8: [B]** Tektoff-RM/Science Photo/Photo Researchers. **27.9:** J. Nowak, *Documenta Microbiologica,* Parte 2, "Pilze und Protozoen", Gustav Fisher Verlag, Jena, Alemanha, 1930. **27.12:** Adaptado de um esquema fornecido como cortesia do Centers for Diseases Control,. Atlanta, Ga. **27.1; 27.3; 27.4 [A, B]; 27.6; 27.10 [A, B]; 27.11; 27.13; 27.14; 27.15; 27.16 [A, B]; 27.17 [A, B]; 27. 18; 27.19; 27.20; 27.21:** Centers for Diseases Control,. Atlanta, Ga.

CAPÍTULO 28 **28.2:** Redesenhado de T. Hattori, em R. W. Fairbridge & C. W. Finkl, Jr., eds., *The Encyclopedia of Soil Science,* Parte 1, *Physics, Chemistry, Biology, Fertility and Technology,* Dowden, Hutchinson & Ross, Inc., Stroudsburg, Pa. **28.3:** H. Boyd Wooddruff. **28.5:** Redesenhado de R. Campbell, 1983, baseado em dados de J. F. Derbyshire & M. R. Graves, *Can. J. Microb.* 13:1.057, 1967, cortesia de National Research Council, Canadá. **28.6: [A, D]** K. M. Old e *New Phytol.* 74:51, 1975. **28.7: [A, B]** Orson K. Miller, Departamento de Biologia, Universidade Estadual e Instituto Politécnico de Virgínia, Blacksburg. **DESCOBERTA 28.1: [B, C]** Peter G. Hartel, *Appl. Environ. Microbiol.* 55:1291, maio de 1989. **28.8:[B]** General Biological Supply House. **28.9: [A, B]** Dennis D. Focht, Departamento de Ciências do Solo e do Ambiente, University of California, Riverside. **28.10: [A]** O'Driscoll/USDA; **[B]** Mirian Shilo, *J. Bacteriol.* 104:453, 1970. **28.12:** L. W. Erdman, USDA. **28.13:** Fotomicrografias, cortesia de Frank B. Dazzo, Departamento de Microbiologia, Michigan State University, East Lansing. **28.14: [A, B]** T. A. Lumpkim & Marcel Dekker, Inc., N. Y. **DESCOBERTA 28.2: [A]** G. L. Leibee, Universidade da Flórida.

CAPÍTULO 29 **29.2:** K. O. Stetter. **29.4: [A, B]** W. A. Corpe, L. Matsuuchi, B. Armbruster e *Proc. 3d Int. Biodegradation Symp.,* 1976. **29.5: [A]** (*Noctiluca, Tintinnopsis*) Alexander J. Chester; (*Calanus, Euchaeta*) Charles H. Greene; (*Euphausia*) Mark D. Ohman; (*Brachionus*) Richard Kaiser; **[B]** (Coscinodiscus) National Marine Fisheries Service. NOAA, Micrografia por Michael Eng; (*Chaetoceros*) Beatrice C. Booth; (*Skeletonema*) B. Dumbauld; (*Navicula*) Escola de Oceanografia, Universidade de Washington; (*Gymnodinium, Gonyaulax*) Susan B. Santon; (*Pyramimonas, Dichtocha*) Beatrice C. Booth; **[C]** R. L. Irgens. **29.8:** Redesenhado de acordo com G. Rheinheimer, *Aquatic Microbiology,* 3ª ed., Wiley, Nova York, 1985. Autorizado pelo Dr. G. Rheinheimer, Institute für Meereskunde, Kiel. **29. 10: [A]** E. H. Chave, HURL. Universidade do Havaí; **[B]** Dale Hebel, Departamento de Oceanografia, Universidade do Havaí; **[C]** Instituto de Pesquisa Marinha da Flórida, Departamento de Recursos Naturais. **29.11: [C]** F. H. Johnson, Princeton University. **29.12:** Redesenhado a partir do esquema de Karen Teramura em C. P. White, *Chesapeake Bay, Nature of the Estuary: A Field Guide,* Tidewater Publishers, Centreville. Md., 1989. **29.13:** Adaptado de *Patterns and Perspectives in Environmental Sciences,* National Science Board, 1972. **29.14:** M. E. Sieracki & L. K. Webb, Bigelow Laboratory for Ocean Sciences, West Boothbay Harbour, Maine. **29.15:** Redesenhado de acordo com "Safe Water for the Farm", Farmers' Bulletin, nº 1.978, U.S. Departament of Agriculture, 1948. **29.18: [A-G]** Millipore Corporation. **29.19:** Redesenhado de acordo com G. Tchobanoglous, *Wastewater Engineering: Collection and Pumping of Wastewater,* McGraw-Hill, Nova Iorque, 1981. **29.20: [A]** Redesenhado de Public Health Rep. **29.22:** R. E. MsKinney,

Microbiology for Sanitary Engineers, McGraw-Hill, Nova Iorque, 1962. Utilizado com permissão. **29.23: [A-D]** R. F. Unz & N. C. Dondero, *Water Res.* 4:575, 1970.

CAPÍTULO 30 **30.5:[A]** NORDIAN International, Inc.; **[B]** Departamento do Exército. **30.6:** De acordo com W. C. Frazier & D. C. Westhoff, *Food Microbiology*, 4ª ed.. McGraw-Hill, Nova Iorque, 1988. **30.9: [A, B]** H. P. Fleming, USDA. **30.10:[A-C]** E. A. Zottola, Universidade de Minnesota. **[D]** K. J. Demeter, *Bakteriologische Untersuchungsmethoden der Milchwirtschaft*, Eugen Ulmer, Stuttgart, 1967.

CAPÍTULO 31 **31.4: [A]** *Sir* Edward Abraham. Universidade de Oxford; **[B]** Merck and Company, Inc. **31.8:** Redesenhado de K. H. Debus, *Mining With Microbes*, Technology Review, 1990. **31.9:** G. J. Olsen & R. M. Kelly, *Biotech. Prog.* 2:16, 1986, fotomicrografia por T. Y. Yeh. **31.10:** James A. Brierley, Newmont Metallurgical Services, Division of Newmont Exploration, Ltd. **31.11: [A, B]** W. P. Iverson e o National Bureau of Standards, U. S. Departament of Commerce. **31.12:** Departamento do Exército. **31.13:** Nuodex Products Company, Inc. **DESCOBERTA 31.3:** L. E. Hallas, Monsanto Agricultural Company.

Glossário

Abertura. A magnitude de um ângulo formado entre o eixo ótico e os raios mais externos captados pela objetiva.

Abiogênese. *Ver* ***Geração espontânea***. (*Abio*, sem vida; *genesis*, origem.)

Abiótico. Refere-se à ausência de organismos vivos.

Abscesso. Uma coleção localizada de pus em uma cavidade formada pela degeneração dos tecidos.

Ação oligodinâmica. Efeito letal exercido por pequena quantidade de determinados metais em bactérias.

Acérvulo. Um corpo de frutificação assexuado ou estrutura reprodutiva em um fungo.

Ácido desoxirribonucléico. Portador da informação genética; um tipo de ácido nucléico que ocorre nas células, contendo ácido fosfórico, D-2-desoxirribose, adenina, guanina, citosina e timina. Abreviação: DNA.

Ácido diaminopimélico. Um ácido diamino de sete carbonos que ocorre como um dos componentes do peptideoglicano da parede celular de várias bactérias.

Ácido nucléico. Uma classe de moléculas constituída por nucleotídeos complexos; os tipos são ácido desoxirribonucléico (DNA) e ácido ribonucléico (RNA).

Ácido para-aminobenzóico (PABA). Composto bioquímico natural, cuja estrutura central é semelhante à da sulfonamida.

Ácido ribonucléico. Ácido nucléico que existe no citoplasma e no nucléolo contendo ácido fosfórico, D-ribose, adenina, guanina, citosina e uracila. Abreviação: RNA.

Ácido teicóico. Polímero de ribitol fosfato ou glicerol fosfato que ocorre na parede celular de certas bactérias Gram-positivas.

Ácido tetraidrofólico. Co-enzima sensível ao oxigênio, composta por tetraidropteridina, ácido p-aminobenzóico e ácido glutâmico; atua como um transportador intermediário na transferência de grupos de 1 carbono (C1).

Ácido. Substância que ioniza na água e libera um íon hidrogênio.

Acinetos. Uma única célula de parede espessa de esporo de repouso assexuado não-móvel formado pelo espessamento da parede celular da célula parental; formados por algumas cianobactérias.

Actinomicetes. Bactérias Gram-positivas que são caracterizadas pela formação de filamentos ramificados.

Adenina. Uma purina componente de nucleosídeos, nucleotídeos e ácidos nucléicos.

Adenosina difosfato (ADP). Um composto constituído de adenosina e dois grupos fosfatos.

Adenosina trifosfatase (ATPase). Uma enzima que catalisa a quebra ou a síntese de adenosina trifosfato (ATP).

Adenosina trifosfato (ATP). Um composto constituído de adenosina e três grupos fosfatos.

Adenosina. Mononucleosídeo constituído de adenina e D-ribose, produzido pela hidrólise de adenosina monofosfato.

Adenovírus. Um grupo de vírus DNA de fita dupla icosaédrico.

Adjuvante. Uma substância que, quando administrada juntamente com antígenos, aumenta a produção de anticorpos.

Aeróbio. Organismo que pode utilizar o oxigênio como aceptor final de elétrons na cadeia respiratória, pode crescer em um nível de O_2 equivalente ou maior que o presente no ar atmosférico (21%) e tem um metabolismo estritamente respiratório. *Comparar com* **Anaeróbio, Microaerófilo, Anaeróbio facultativo**.

Aerossol. Partículas atomizadas ou gotículas suspensas no ar.

Aflatoxina. Toxina produzida por algumas amostras do fungo *Aspergillus flavus*; apresenta propriedades carcinogênicas.

Ágar. Um polissacarídeo seco extraído de algas vermelhas (*Rhodophyceae*), utilizado como agente solidificante em meios de cultura microbiológicos.

Agente antimicrobiano. Agente químico ou biológico que destrói ou inibe o crescimento de microrganismos.

Agente quelante. Composto orgânico no qual os átomos formam mais do que uma ligação coordenada com metais, mantendo-os em solução.

Agente quimioterapêutico sintético. Composto produzido por meio de síntese em laboratório para fins terapêuticos.

Agentes biogeoquímicos. Microrganismos que mediam transformações de elementos em um ciclo global.

Agentes desacopladores. Substâncias químicas que envenenam a célula por transportar prótons livremente por meio da membrana, destruindo o gradiente de próton necessário para a síntese de ATP.

Agentes quimioterápicos. Substâncias químicas utilizadas no tratamento de doenças.

Aglutinação. Aglomerado de células ou de partículas.

Água de esgoto. Água utilizada e descartada por uma comunidade.

Álcool-ácido resistência (coloração). Propriedade que certas bactérias apresentam de reter um corante; uma vez coradas, dificilmente são descoradas quando tratadas com uma mistura de álcool e ácido.

Alelos. Dois genes que ocupam alternadamente o mesmo loco cromossômico em um par de cromossomos homólogos.

Alergia. Um tipo de reação antígeno-anticorpo caracterizada por uma exagerada resposta fisiológica a uma substância, em indivíduos sensíveis.

Alga. Membro de um grupo heterogêneo de organismos eucarióticos, fotossintéticos, unicelulares ou multicelulares.

Aloenxerto. Enxerto (tecido) de membros geneticamente diferentes de uma mesma espécie.

Alvéolo. Saco de ar do pulmão.

Amilase. Enzima que hidrolisa o amido.

Aminação redutiva. Reação em que o ácido glutâmico é produzido a partir da amônia e do ácido α-cetoglutárico.

Aminoácido. Um composto orgânico que contém um grupo amino ($-NH_2$) e um grupo carboxila (–COOH).

Amonificação. Decomposição de compostos orgânicos nitrogenados, tais como proteínas, por microrganismos, com liberação de amônia.

Anabolismo. Processo de síntese de constituintes celulares a partir de moléculas mais simples, geralmente requer energia. *Comparar com* **catabolismo.**

Anaeróbio estrito. Microrganismo que não tolera o oxigênio.

Anaeróbio. Organismo que não utiliza O_2 para obter energia; não pode crescer na presença do ar atmosférico porque o O_2 é tóxico. *Comparar com* **aeróbio**.

Anaeróbios facultativos. Organismos que não requerem O_2 para crescer (mas podem usá-lo se estiver disponível) e que crescem bem em condições de aerobiose ou de anaerobiose; o oxigênio não é tóxico.

Anafilatoxina. C5a, um peptídeo derivado do sistema complemento, que causa a liberação de histamina a partir dos mastócitos.

Anafilaxia. Hipersensibilidade de um animal após injeção parenteral de um antígeno.

Anaplasia. Anormalidade estrutural em uma célula ou células.

Anel beta (β)-lactâmico. Estrutura cíclica constituída de três átomos de carbono e um átomo de nitrogênio (um anel de quatro membros) presentes em alguns antibióticos.

Anfipática. Característica de compostos que contêm um grupo polar ou ionizado em uma das extremidades da molécula e uma região apolar na outra extremidade.

Anfitríquios. Organismos que têm um flagelo em cada pólo da célula.

Animalia. Reino que inclui os animais que se alimentam por ingestão.

Ânion. Íon com uma carga negativa.

Anoxigênico. Que não produz oxigênio na conversão da energia luminosa em energia química.

Antagonismo. Morte, dano ou inibição do crescimento de uma espécie de microrganismo provocados por outro microrganismo quando este modifica o ambiente de modo adverso.

Anterídio. Gametângio masculino.

Antibacteriano. Definição de agentes que matam ou previnem o crescimento de bactérias.

Antibiose. Associação antagônica entre dois organismos, na qual um deles é afetado de maneira adversa.

Antibiótico. Substância de origem microbiana que, em pequenas quantidades, tem atividade antimicrobiana.

Antibióticos aminoglicosídeos. Uma classe de antibióticos que impede a síntese de proteínas.

Antibióticos de amplo espectro. Agentes antimicrobianos produzidos por microrganismos que são efetivos contra muitas espécies de microrganismos.

Antibióticos poliênicos. Uma classe de antibióticos que apresentam em sua estrutura química um grande anel e aumentam a permeablidade celular.

Anticódon. Uma seqüência de três nucleotídeos (em um aminoácido *t*RNA) complementar ao *triplet* codificado no *m*RNA.

Anticorpo heterófilo. Um anticorpo que reage com microrganismos ou células que não estão relacionados com o antígeno que estimulou a sua produção. A aglutinação de *Proteus* com soros de pacientes com febre tifóide é um exemplo.

Anticorpo monoclonal. Anticorpo produzido por um clone de células geneticamente idênticas derivadas de uma única célula produtora de anticorpos denominada *hibridoma*. O anticorpo é homogêneo e específico para um único epitopo.

Anticorpo. Classe de substâncias (proteínas) produzida por um animal em resposta à introdução de um antígeno.

Anticorpos imunes. Imunoglobulinas produzidas pelo sistema imune, induzidas por um antígeno.

Antifúngico. Agente que mata ou previne o crescimento de fungos.

Antigenicidade. Propriedade de uma substância que pode induzir uma resposta imune.

Antígeno H. Antígeno protéico termolábil encontrado no flagelo de certas bactérias.

Antígeno heterófilo. Um antígeno que reage com anticorpos estimulados por espécies não relacionadas.

Antígeno. Substância que, quando introduzida num organismo animal, estimula a produção de substâncias específicas (anticorpos), que reagem ou se ligam ao antígeno.

Antígenos de Forssman. Antígeno heterófilo largamente distribuído na natureza.

Antígenos O. Cadeia polissacarídica longa de lipopolissacarídeo que se estende da membrana externa de bactérias Gram-negativas para o meio ambiente.

Antiprotozoário. Agente que mata ou previne o crescimento de protozoário.

Anti-sepsia. Prevenção de infecção pela inibição ou destruição dos agentes causadores de doenças.

Anti-séptico. Ação contrária ou oposta à sepsia, putrefação ou deterioração, pela prevenção ou pelo impedimento do crescimento de microrganismos.

Anti-soro. Soro sanguíneo que contém anticorpos.

Antitoxina. Anticorpo capaz de se unir a e neutralizar uma determinada toxina.

Antiviral. Agente que mata ou previne o crescimento de vírus.

Antramicina. Um antibiótico antitumor.

Aplanósporo. Um esporo imóvel; um zoósporo abortivo.

Apoenzima. Porção protéica de uma enzima.

Apófise. Base do esporângio.

Apotécio. Corpo de frutificação sexuado em fungos.

Arqueobactéria. Grupo principal de bactérias que inclui as bactérias metanogênicas, halofílicas extremas e termoacidófilas, e que diverge de outros grupos de bactérias nos estágios evolucionários iniciais. Também chamada *archaebacteria*.

Arranjo em paliçada. Células dispostas lado a lado, como no gênero *Corynebacterium*.

Artrópode. Invertebrado com patas articuladas, tal como um inseto ou um crustáceo.

Artrósporo. Um esporo assexuado formado pela fragmentação do micélio.

Ascocarpo. Corpo de frutificação sexuado no qual são produzidos os esporos.

Ascomicetes. Classe de fungos que se distinguem pelos ascos.

Ascos. Estruturas semelhantes a um saco, típicas dos fungos que produzem ascósporos.

Ascósporo. Esporo sexuado característico dos ascomicetes, produzido em uma estrutura semelhante a um saco conhecida como "asco", após a união de dois núcleos.

Assepsia cirúrgica. Procedimentos e condições que previnem a entrada de microrganismos nos ferimentos e tecidos durante a cirurgia.

Assepsia médica. Prática para conseguir que pessoas, pacientes e ambientes fiquem livres de microrganismos infecciosos.

Assepsia. Uma condição em que microrganismos prejudiciais estão ausentes. Adjetivo: **asséptico**.

Asseptado. Não é dividido por parede celular; relacionado com hifas de fungos.

Assimilação. Conversão de material nutritivo dentro do protoplasma.

Assintomáticas (doenças). Sem sintomas.

Atenuação. Diminuição ou redução da virulência.

Ativador tissular de plasminogênio. Protease que catalisa a conversão de plasminogênio sanguíneo a plasmina, uma enzima que dissolve a fibrina do coágulo sanguíneo. Um produto obtido por meio de engenharia genética que é utilizado para o tratamento de pacientes com doenças cardíacas.

Átomo. Estrutura individual que constitui a unidade básica de todo elemento químico.

ATP. *Ver* **Adenosina trifosfato.**

Autoclave. Aparelho que utiliza o vapor d'água sob pressão para realizar a esterilização.

Autólise. Desintegração de uma célula pela ação de suas próprias enzimas.

Autolisinas. Enzimas presentes nas células que catalisam a quebra das estruturas celulares.

Autotróficos. Microrganismos que utilizam matérias inorgânicas como fontes nutritivas; o dióxido de carbono é a única fonte de carbono. *Comparar com* **heterotrófico.**

Avirulento. Organismo que perdeu a capacidade de causar doença.

Bacilos. Bactérias em forma de bastão.

Bacteremia. Condição na qual as bactérias se encontram na corrente sanguínea.

Bactéria lisogênica. Bactéria portadora de profago.

Bactéria metanogênica. Arqueobactéria anaeróbia que produz metano.

Bactéria. Grupo diverso e ubiqüitário de microrganismos procarióticos unicelulares.

Bactérias de nódulos de raízes. Bactérias pertencentes ao gênero *Rhizobium*, família *Rhizobiaceae*, que vivem simbioticamente nos nódulos de raízes de plantas leguminosas e fixam o nitrogênio atmosférico.

Bactericida. Agente que destrói as bactérias.

Bacteriocina. *Ver* **Fator bacteriocinogênico.**

Bacterioclorofila. Um pigmento semelhante à clorofila presente nas bactérias fotossintéticas anoxigênicas.

Bacteriófago. Vírus que infecta as bactérias, podendo causar sua destruição.

Bacteriófago temperado. Bacteriófago capaz de se integrar no DNA do genoma do hospedeiro, sendo desta forma transmitido por meio da divisão celular sem causar lise do hospedeiro.

Bacteriolisina. Substância que causa a desintegração das bactérias.

Bacteriorrodopsina. Um pigmento púrpura que ocorre na membrana citoplasmática de um grupo de arqueobactérias chamadas halofílicas extremas; semelhante à rodopsina que ocorre no bastão retinal dos vertebrados superiores.

Bacteriostase. Inibição do crescimento e da reprodução de bactérias sem matá-las.

Bacteriostático. Agente ou substância capaz de inibir o crescimento de bactérias.

Bacteróides. Aspecto morfológico de células de *Rhizobium* nos nódulos de raízes de legumes.

Bainha. Uma estrutura tubular oca que envolve uma cadeia de células ou filamento; também refere-se ao revestimento que envolve o flagelo de certas bactérias Gram-negativas.

Barófilo. Organismo que se desenvolve sob condições de alta pressão hidrostática.

Base. Uma substância que, quando ionizada, libera um íon de carga negativa que recebe um íon hidrogênio.

Basídio. Uma estrutura especial semelhante a uma clava, onde se originam os basidiósporos exógenos; presente nos basidiomicetos.

Basidiocarpo. Corpo de frutificação que carrega basídios, os quais produzem os basidiósporos.

Basidiomicetes. Classe de fungos que formam basidiósporos.

Basidiósporo. Esporo sexuado produzido após a união de dois núcleos numa estrutura especial, semelhante a uma clava, conhecida como basídio.

BCG, vacina. Bacilo de Calmette-Guérin; amostra atenuada de *Mycobacterium bovis* utilizada na imunização contra a tuberculose.

Bentos. Termo coletivo para os microrganismos que vivem no fundo de oceanos e de lagos.

Bergey's Manual of Sistematic Bacteriology. Um trabalho de referência internacional que classifica e descreve as bactérias.

Beta (β)-Hemólise. Zona de hemólise bem definida, incolor e transparente, que circunda certas colônias bacterianas desenvolvidas em ágar sangue.

Beta (β)-lactamases. Enzimas que destroem o anel β-lactâmico na estrutura central dos antibióticos como as penicilinas.

Biodegradável. Capaz de ser degradado por microrganismos.

Biogênese. Origem de organismos vivos somente a partir de outros organismos vivos. *Comparar com* **geração espontânea**.

Bioinseticidas. Substâncias químicas produzidas por microrganismos (ou os próprios microrganismos) utilizadas na destruição de insetos.

Bioluminescência. Emissão de luz por organismos vivos.

Biomassa. Massa de matéria viva, presente em uma área específica.

Bioquímica. Um ramo da química que se preocupa especificamente com a química em relação aos processos da vida.

Biorremediação. Uso de agentes biológicos (microrganismos) naturais ou construídos geneticamente para remover poluentes tóxicos do meio ambiente.

Biosfera. Zona do globo que compreende a camada inferior da atmosfera e as camadas superiores do solo e das águas.

Biossólidos. Partículas orgânicas sólidas em água de esgoto, também chamadas *borra*.

Biotecnologia. A combinação de princípios científicos e de engenharia que utilizam agentes biológicos para transformar materiais em produtos de valor comercial.

Biovar. Uma subdivisão de uma espécie baseada em características fisiológicas. Também denominado *biotipo*.

Blastósporos. Esporos produzidos por um processo de brotamento ao longo da hifa ou por uma célula isolada.

Bloom. Uma área colorida na superfície do leito da água causada por um crescimento pesado de plâncton. Também conhecido como *maré vermelha* ou *florescência*.

BOD. *Ver* **Demanda bioquímica de oxigênio.**

Bolor. Fungo caracterizado pela estrutura filamentosa.

Brônquios. Ramificações da traquéia.

Brotamento. Uma forma de reprodução assexuada típica de leveduras, em que uma nova célula é formada a partir de um crescimento para fora de uma célula-mãe.

Bubão. Inchaço do linfonodo infectado.

Burst size. Número de bacteriófagos produzidos durante a lise de uma célula bacteriana.

Cadeia respiratória. *Ver* **Sistema transportador de elétrons.**

Calo. Massa desorganizada de uma célula de planta quando crescida em ágar.

Caloria. Unidade de calor; a quantidade de calor necessária para elevar de 1°C a temperatura de um grama de água.

Camada limosa. Uma capa gelatinosa desorganizada aderida à parede celular.

Capsídeo. Envoltório protéico de um vírus.

Capsômero. Uma subunidade morfológica de um capsídeo quando observado por microscopia eletrônica.

Cápsula. Um envelope ou camada limosa que circunda a parede circular de alguns microrganismos.

Carcinomas. Tumores sólidos que crescem a partir de tecidos epiteliais.

Cardiolipina. Componente lipídico da membrana citoplasmática de células humanas e outros mamíferos.

Carioplasma. Material interno à membrana nuclear.

Cariótipo. A aparência diplóide de um conjunto de cromossomos.

Carotenóide. Pigmento insolúvel em água, geralmente amarelo, laranja ou vermelho, que consiste em uma longa cadeia poliênica alifática constituída de unidades de isopreno.

Catabolismo. Desassimilação ou degradação de moléculas orgânicas complexas; parte de um processo metabólico total. *Comparar com* **anabolismo.**

Catalase. Enzima que transforma o peróxido de hidrogênio em água e oxigênio.

Catalisador. Substância que acelera uma reação química, mas permanece inalterada em forma e em quantidade.

Cátion. Íon com carga total positiva.

Cavitação. O uso de ondas sonoras de alta freqüência em líquidos para produzir pequenas bolhas que colapsam violentamente, desintegrando as células microbianas.

Ceco. Bolsa intestinal distendida na qual abre-se o íleo, o cólon e o apêndice.

Célula. Unidade microscópica, estrutural e funcional básica de todos os organismos vivos.

Célula *natural killer* (NK). Linfócitos que matam células indesejáveis como células tumorais e células infectadas com vírus.

Célula *null*. Linfócitos que perdem os marcadores superficiais que caracterizam os linfócitos B e T, como os linfócitos *natural killer* e linfócitos *killer* dependentes de anticorpos.

Células HeLa. Linhagem pura de células cancerosas humanas, utilizada para cultivo de vírus.

Células imunes. Células produzidas pelo sistema imune, induzidas pelo antígeno.

Células *swarm*. Células haplóides com dois flagelos formadas no ciclo de crescimento celular dos fungos.

Células transformadas. Células que têm uma nova propriedade hereditária devido à aquisição de um fragmento do DNA do meio.

Células tronco. Células da medula óssea que dão origem a células especializadas, como os linfócitos.

Celulase. Enzima extracelular que libera celobiose pela hidrólise da celulose.

Celulose. Polissacarídeo complexo, constituído de várias moléculas de glicose; é um material estrutural característico das paredes celulares dos vegetais.

Cenocítico. Termo aplicado a uma célula ou uma hifa não-septada contendo vários núcleos.

Centrífuga. Aparelho usado para separar ou remover material particulado suspenso em um líquido por meio da força centrífuga.

Centrifugação por gradiente de densidade. Técnica na qual uma mistura de proteínas ou ácidos nucléicos é centrifugada em um líquido cuja densidade aumenta gradativamente em direção ao fundo do tubo. Cada substância na mistura localiza-se em um determinado nível de densidade.

Centríolos. Cilindros de microtúbulos protéicos encontrados em células eucarióticas que migram para lados opostos da célula durante a mitose.

Centrômero. Anel de proteína que une cromossomos duplicados no processo de mitose.

Cepa padrão. Cepa que é uma amostra de referência permanente de uma espécie; é a amostra à qual todas as outras amostras podem ser comparadas para serem incluídas na espécie.

Cepa. Todos os descendentes de uma cultura pura; geralmente uma sucessão de culturas derivadas de uma colônia inicial.

Cercária. Forma infectante de esquistossoma.

Cestódeos. Solitária (tênias).

Chytridiomycetes. Uma classe de fungos que produzem zoósporos e possuem um único flagelo chicoteante posterior.

Cianobactérias. Fototróficos oxigênicos, vulgarmente denominados algas azul-esverdeadas.

Ciclo do ácido cítrico. Uma seqüência cíclica de reações bioquímicas por meio da qual o ácido pirúvico é oxidado a dióxido de carbono e água com a redução concomitante de NAD para $NADH_2$ e FAD para $FADH_2$.

Ciclo do ácido tricarboxílico. *Ver* **Ciclo do ácido cítrico.**

Ciclo do glioxilato. Uma seqüência de reações bioquímicas em que o acetato é convertido a ácido succínico (uma via secundária do ciclo de Krebs).

Ciclo eritrocítico (na malária). Ciclo da invasão das células sangüíneas vermelhas na malária. Quando um merozoíta de *Plasmodium* infecta uma célula vermelha humana, transforma-se em um trofozoíta, que se divide para produzir mais merozoítas. Como ocorre a destruição das células sangüíneas, os merozoítas são liberados e atacam outras células vermelhas.

Ciclo hidrológico. Ciclo completo no qual a água passa do oceano por meio da atmosfera para a terra e volta para o oceano.

Ciclo lítico. Processo de replicação de bacteriófagos virulentos (lítico), com o rompimento da célula hospedeira e liberação de novos fagos que podem infectar outras células hospedeiras.

Cílio. Certas células eucarióticas apresentam apêndices relativamente curtos, semelhantes a pêlos, que são capazes de realizar movimentos chicoteantes vibratórios.

Cisticerco. Forma encistada latente de solitária (tênias).

Cisto. Forma latente de um organismo, com parede espessa, resistente à dessecação; por exemplo, os cistos formados por certas bactérias como o *Azotobacter* ou por vários protozoários.

Cistóstomo. Abertura por meio da qual o alimento é ingerido nos ciliados.

Cístrons. Unidade genética portadora de informação para a síntese de uma enzima ou molécula protéica; determinada pelo teste de complementação cis-trans.

Citocinese. Divisão do citoplasma após a divisão nuclear.

Citocromo. Um dos grupos de porfirinas férricas que servem como transportadores reversíveis de oxirredução no processo respiratório.

Citoesqueleto. Rede de fibrilas que ajuda a manter a forma da célula.

Citofaringe. Região por meio da qual os nutrientes devem passar para serem inseridos em um vacúolo alimentar.

Citólise. Destruição ou desintegração de uma célula.

Citoplasma. Material vivo de uma célula, localizado entre a membrana celular e o núcleo.

Citotoxicidade mediada por células (CMC). Reação citolítica, específica com linfócitos sensibilizados, citotóxicos somente para células-alvo que possuem os mesmos epitopos das células estimuladoras.

Clamidósporo. Esporo resistente, de paredes espessas, formado pela diferenciação direta do micélio.

Classificação. O arranjo sistemático de unidades (por exemplo organismos) em grupos e freqüentemente arranjados posteriormente em grupos maiores.

Clonagem de caça. Tratamento do DNA celular total com endonuclease, resultando em muitos fragmentos aleatórios, alguns contendo os genes desejados.

Clone. População de células descendentes de uma única célula.

Cloraminas. Compostos orgânicos contendo cloro utilizados como desinfetantes.

Clorofila. Pigmento verde que utiliza essencialmente a luz como um doador de elétron na fotossíntese e serve como um doador de elétrons na síntese de ATP.

Cloroplasto. Plastídeo celular (organela especializada) em plantas e algas que possuem clorofila e atuam na fotossíntese.

Coagulase. Enzima produzida pelos estafilococos patogênicos, capaz de coagular o plasma sanguíneo.

Coalho ácido. Proteína do leite coagulado pelo ácido.

Coalho de Rennet. Resultado da coagulação do leite pela ação da enzima renina. Referido como *coalho doce*.

Coalho. Caseína de leite coagulado.

Coco. Bactéria de forma esférica.

Código genético. Informação genética carregada pelo RNA mensageiro que foi transcrita do DNA. A informação é dada em termos de códons, (*triplet* de nucleotídeos) que designam um determinado aminoácido a ser adicionado na cadeia protéica em crescimento.

Códon. Seqüência de três nucleotídeos (em *m*RNA) que codifica um aminoácido, o início ou o término de uma cadeia polipeptídica.

Coeficiente fenólico. Relação entre a maior diluição de um germicida em prova, capaz de matar um organismo teste em 10 min, mas não em 5 min, e a maior diluição do fenol que tem o mesmo efeito.

Co-enzima. Porção não-protéica de uma enzima.

Co-fator. Íon metálico que funciona em combinação com a proteína enzimática e é considerado como coenzima.

Coleção de cultura tipo. Depósito de microrganismos e células mantidos para uso como referência.

Colifago. Vírus que infecta a *Escherichia coli*.

Colônia. Crescimento de microrganismos, macroscopicamente visíveis num meio de cultura sólido ou solidificado.

Coloração bipolar. Processo no qual as células se coram profundamente em ambas as extremidades.

Coloração de Gram. Uma coloração diferencial em que as bactérias são classificadas em Gram-positivas e Gram-negativas, dependendo da capacidade de reter ou não o corante principal (cristal violeta), quando submetido a um tratamento com um agente descorante.

Coloração diferencial. Uma técnica que utiliza uma série de soluções corantes ou reagentes para expor diferenças das células microbianas.

Coloração simples. Coloração de bactérias ou outros organismos pela aplicação de uma única solução corante em um esfregaço.

Colostro. Primeiro leite secretado pela mãe após o parto.

Columela. Ápice resistente em forma de cúpula do esporangióforo presente em alguns ficomicetes.

Comensalismo. Relacionamento entre membros de diferentes espécies que vivem próximas (no mesmo ambiente nutritivo), no qual um dos participantes se beneficia da associação, enquanto o outro não é afetado.

Competição. Forma de simbiose na qual as espécies competem por nutrientes disponíveis.

Complemento. Proteína termolábil normal encontrada no soro sanguíneo que participa na reação antígeno-anticorpo.

Complexo de Golgi. Uma organela membranosa no retículo endoplasmático de células eucarióticas.

Compostos apolares. Compostos que não ionizam e não têm grupo polar; pouco solúveis em água.

Compostos inorgânicos. Substâncias que não contêm carbono. O dióxido de carbono (CO_2) é considerado inorgânico e, portanto, é uma exceção.

Compostos orgânicos. Substâncias que contêm carbono (exceto o dióxido de carbono, que é considerado um composto inorgânico).

Compostos quaternários de amônio. Detergentes catiônicos, amplamente empregados, cuja estrutura básica está relacionada com a do cloreto de amônio.

Compostos. Substâncias constituídas de uma única espécie de molécula.

Concentração mínima inibitória (MIC). A menor concentração de um agente capaz de impedir o crescimento de um microrganismo.

Conídio tuberculado. Conídio de *Histoplasma capsulatum* que apresenta projeções.

Conidióforo. Hifa que produz conidiósporos.

Conídios. Esporos assexuados que podem ter uma ou várias células de formas e tamanhos diversos. Também denominados *conidiósporos*.

Conidiósporos. Qualquer esporo assexuado formado na extremidade de uma hifa que não está contido em um saco (diferentemente dos esporangiósporos). Também denominado *conídio*.

Conjugação. Processo de acasalamento caracterizado pela fusão temporária dos parceiros e transferência de genes; ocorre particularmente em organismos unicelulares.

Conjuntiva. Membrana que recobre o globo ocular e é revestida pela pálpebra.

Contagioso. Pertinente a uma doença cujo agente etiológico é prontamente transmitido de um indivíduo a outro.

Contaminação. Entrada de organismos indesejáveis em algum material ou objeto.

Contra-imunoeletroforese. Técnica utilizada para detectar antígenos e anticorpos induzindo-os a reagirem em um campo elétrico.

Corante ácido. Corante constituído por um grupamento de átomos orgânicos ácidos (ânions), que forma a parte ativa do corante, combinado com um metal; tem afinidade pelo citoplasma.

Corante básico. Corante constituído por um grupamento de átomos orgânicos básicos (cátions), que formam a porção ativa do corante, combinado com um ácido, em geral inorgânico; tem afinidade pelos ácidos nucléicos.

Corpo basal. Extremidade inferior de um flagelo ou cílio que os ancora na célula.

Corpo cromatínico. Material nuclear bacteriano.

Corpo de frutificação. Um órgão especializado produtor de esporos.

Corpo reticulado. Ciclo de desenvolvimento das clamídias, uma forma intracelular não-infecciosa que se desenvolve a partir de um corpo elementar e tem um arranjo menos denso de material nuclear. Também denominado *corpo inicial*.

Corpúsculos de Guarnieri. Corpúsculos de inclusões citoplasmáticas encontrados em células epidérmicas de pacientes com varíola.

Corpúsculos de inclusão. Agregados discretos de vírions e/ou componentes virais que se desenvolvem no interior de uma célula infectada por vírus.

Crescimento em diauxia. Crescimento em duas fases separadas devido à utilização preferencial de uma fonte de carbono em relação a outra; ocorre uma fase lag temporária.

Crescimento sincrônico. Crescimento de uma população de células pelo qual todas as células se dividem ao mesmo tempo.

Crista. Invaginação da membrana interna da mitocôndria que aumenta a área superficial para a atividade respiratória.

Cromatina. Filamento de DNA combinado a proteínas.

Cromatóforo. Corpúsculo portador de pigmento; especialmente aplicável aos grânulos de clorofila das bactérias.

Cromatografia gasosa. Um aparelho que permite a separação e a identificação de vários compostos químicos voláteis em uma mistura gasosa por meio de adsorção seletiva.

Cromogênese. Produção de pigmentos pelos microrganismos.

Cromossomo. Estrutura filamentosa, contendo os genes e presente no núcleo celular; o número de cromossomos por célula é constante para cada espécie.

Crustose. Uma superfície, com crescimento de liquens semelhantes a crosta.

Cultura. População de microrganismos cultivados em um meio.

Cultura axênica. População de uma única espécie (por exemplo bactérias, fungos, algas ou protozoários) que cresce em um meio livre de outros organismos vivos.

Cultura contínua. Cultura cujo crescimento contínuo é assegurado pela adição de meio fresco estéril na mesma proporção em que o meio utilizado pelas células é removido. Também conhecido como *sistema aberto*.

Cultura de tecido. Crescimento de tecido celular em meio laboratorial.

Cultura iniciadora. Cultura conhecida de microrganismos utilizada para inocular leite, picles e outros alimentos para produzir uma fermentação desejável.

Cultura mista. Cultura em que mais de uma espécie de organismos está em crescimento.

Cultura pura. Cultura que contém somente uma espécie de organismo.

Culturas padrões. Espécies conhecidas de microrganismos mantidas em laboratório para diversos fins (testes, estudos etc.).

Curva de crescimento. Representação gráfica do crescimento bacteriano em um meio de cultura.

Curva de crescimento sincrônico. Procedimento empregado no estudo quantitativo do ciclo lítico dos bacteriófagos.

Demanda bioquímica de oxigênio. Medida da quantidade de oxigênio consumido em processos biológicos que degradam a matéria orgânica em água; medida da carga de poluente orgânico. Abreviação: BOD.

Dermatófitos. Fungos patogênicos.

Dermatomicoses. Infecções de cabelos, unhas e pele pelos fungos patogênicos.

Dermatotrópicos. Possuem afinidade seletiva pela pele.

Derme. Camada de tecido conectivo sob a epiderme.

Desaminação. Remoção de um grupo amino, especialmente de um aminoácido.

Desaminase. Enzima envolvida na remoção de um grupo amino de uma molécula; a amônia é liberada.

Desassimilação. Reações químicas que liberam energia pela degradação de nutrientes ou subtâncias químicas.

Descamação. Liberação de células epiteliais da superfície do corpo.

Descarboxilação. Remoção de um grupo carboxila (–COOH).

Descarboxilase. Enzima que libera dióxido de carbono do grupo carboxila de uma molécula; por exemplo, um aminoácido.

Desidratação. Remoção de água.

Desidrogenase. Enzima que oxida um substrato pela remoção de um átomo de hidrogênio.

Desinfecção. Processo em que se utiliza uma substância química para destruir microrganismos patogênicos.

Desinfetante. Agente que elimina as células vegetativas de microrganismos, dotados de potencial patogênico, de materiais ou ambientes inanimados.

Desmide. Qualquer tipo de alga de água doce.

Desmineralização. Processo em que o ácido produzido pelas bactérias dissolve o cálcio do esmalte dos dentes.

Desnaturação. Modificação, por ação física ou química, da estrutura de uma substância orgânica, especialmente uma proteína.

Desnitrificação. Redução de nitrato a nitrogênio molecular.

Desoxirribonucleotídeos. Nucleotídeos que possuem o açúcar desoxirribose, como a pentose; são utilizados para a biossíntese de DNA.

Desoxirribose. Açúcar de cinco carbonos que possui um átomo de oxigênio a menos do que a ribose; um componente do DNA.

Dessulfurase. Uma enzima que remove enxofre de um composto.

Detergente. Agente sintético de limpeza, contendo substâncias tensioativas que não precipitam em águas salobras.

Detergentes aniônicos. Detergentes nos quais a propriedade umectante está na porção da molécula carregada negativamente.

Detergentes catiônicos. Substâncias que possuem propriedades detergentes na porção carregada positivamente.

Detergentes não-iônicos. Detergentes que não ionizam quando dissolvidos em água.

Determinante antigênico. Parte de uma molécula antigênica que, como o complemento estrutural de certos grupamentos químicos de certas moléculas de anticorpo, determina a especificidade de uma reação antígeno-anticorpo.

Detrito. Matéria orgânica particulada suspensa em água.

***Deuteromycetes*.** Grupo de fungos em que não se conhece o estágio sexuado no ciclo de vida.

Dextrana. Polissacarídeo (polímero de glicose) produzido por vários tipos de microrganismos, algumas vezes em grande quantidade.

Dialisar. Passar por meio de uma membrana semipermeável.

Diálise. Separação de substâncias solúveis de colóides pela difusão por meio de uma membrana semipermeável.

Diatomáceas. Agregado de algas unicelulares com parede celular composta de sílica; um componente do fitoplâncton.

Diatomite. Carapaça contendo sílica (parede celular), resultado do crescimento de diatomáceas durante séculos.

Diferença de histocompatibilidade. Propriedade de enxertos que são antigenicamente muito diferentes dos tecidos do receptor e geralmente são rejeitados.

Difusão facilitada. Uma categoria de transporte por meio da membrana celular, mediada por carreadores.

Difusão simples. Movimento de solutos por meio de uma membrana semipermiável.

Diluição seriada. Diluição sucessiva de uma amostra; por exemplo, uma diluição 1:10 é igual a 1 ml da amostra mais 9 ml de diluente; uma diluição 1:100 é igual a 1 ml da diluição 1:10 mais 9 ml do diluente.

Dimorfismo. Que apresenta duas formas.

Dinoflagelados. Algas unicelulares com dois flagelos, que produzem um movimento rotatório.

Diplobacilos. Bacilos que se dispõem aos pares.

Diplococos. Cocos que se dispõem aos pares.

Diplóide. Que tem cromossomos pares; os membros dos pares são homólogos, de modo que está presente duas vezes o número haplóide.

Dissacarídeo. Açúcar constituído de dois monossacarídeos.

DNA complementar (cDNA). DNA artificialmente produzido pela DNA polimerase diretamente do RNA.

DNA ligase. Enzima que pode conectar ou ligar o "esqueleto" açúcar-fosfato no DNA.

DNA. *Ver* **Ácido desoxirribonucléico**.

Doença autoimune. Uma condição em que o organismo desenvolve uma reação imunológica contra seu próprio tecido.

Ecologia. Estudo da relação que existe entre os seres vivos e o meio ambiente.

Ecossistema. Sistema funcional que inclui os organismos de uma comunidade natural juntamente com o seu ambiente.

Ectotrófico. Uma associação dos fungos com as raízes, na qual os fungos parasitas crescem na superfície externa da raiz, retirando nutrientes da planta.

Edema. Acúmulo excessivo de líquido nos tecidos corporais.

Efeito citopático (ECP). Destruição de células de uma cultura de tecido causada por um vírus.

Efluente. Dejetos líquidos do esgoto e processos industriais.

Elefantíase. Condição em que partes do corpo estão inchadas.

Elemento genético extracromossômico. Elemento genético, chamado *plasmídio*, que é capaz de se autoreplicar no citoplasma de uma célula bacteriana.

Elemento. Substância que consiste em um tipo de átomo, definido pelo número atômico.

Eletroforese. Processo eletroquímico no qual partículas suspensas com uma carga elétrica migram em uma solução sob a influência de uma corrente elétrica.

Eletroimunoensaio. Técnica que combina ensaio de imunoeletroforese e imunodifusão radial.

Elétron. Partícula elementar (isto é, um componente de um átomo) que tem uma unidade de carga elétrica negativa, e é cerca de 1.840 vezes mais leve do que o próton ou nêutron.

ELISA (enzyme-linked immunosorbent assay). Técnica de diagnóstico sorológico que utiliza um anticorpo ligado quimicamente a uma enzima. Também denominado de *EIE (enzima imunoensaio).*

Endêmico. Refere-se a uma doença que tem baixa incidência, mas está constantemente presente em uma determinada região geográfica.

Endergônica. Pertinente a uma reação química que requer energia livre para sua realização.

Endocardite. Inflamação da membrana que recobre o coração e as suas válvulas.

Endoenzima. Enzima formada dentro da célula que não é excretada para o meio. Também denominada *enzima intracelular*.

Endofítico. Pertinente a algas que não têm vida livre, mas que vivem em outros seres.

Endoflagelo. *Ver* **Flagelo periplásmico**.

Endógeno. Produzido ou originado no interior.

Endolisina. Enzima que lisa uma célula bacteriana infectada com fago e libera fagos maduros.

Endonuclease de restrição. Endonuclease (uma enzima) cuja função é destruir DNA estranho que pode entrar na célula; reconhece certos sítios estranhos no DNA de dupla fita e quebra a ligação desoxirribose-fosfato da cadeia principal do DNA. Endonuclease de restrição é utilizada extensivamente como ferramenta na engenharia genética.

Endonuclease. Enzima que hidrolisa ligações localizadas no meio de uma molécula de ácido nucléico (ao contrário das *exonucleases*, que hidrolisam ligações presentes nas extremidades das moléculas de ácido nucléico).

Endósporo. Esporo de parede espessa formado pelas células bacterianas. Muito resistente a agentes químicos e físicos.

Endossimbionte. Organismo que vive no interior do corpo hospedeiro sem produzir efeitos deletérios sobre o mesmo.

Endotérmico. Reação química em que a energia é totalmente consumida.

Endotoxina. Toxina termo-estável que consiste na porção do "lipídeo A" do lipopolissacarídeo; localiza-se na membrana externa das bactérias Gram-negativas e é liberada somente com a desintegração da célula produtora.

Endotrófico. Associação dos fungos com as raízes, em que os fungos parasitas crescem dentro das células da raiz, retirando nutrientes da planta.

Energia química. Energia contida em ligações químicas de um composto.

Engenharia genética. Alteração deliberada do mapa genético de células vivas pela transferência de fragmentos de DNA de células de um organismo para as células de organismos diferentes, que posteriormente podem produzir novas substâncias. Também denominada *tecnologia do DNA recombinante*.

Ensaio. Determinação qualitativa ou quantitativa de um componente em um material, como uma droga.

Entérico. Referente ao intestino.

Enterobacteriaceae. Família que inclui os bacilos Gram-negativos geneticamente inter-relacionados; estão presentes no trato gastrintestinal.

Enterotoxina. Toxina protéica excretada de células microbianas que causa diarréia quando ingerida.

Entomopatógenos. Grupo de microrganismos que causam doenças em insetos.

Enzima. Catalisador orgânico produzido por um ser vivo. *Ver também* **Enzima adaptativa; Endoenzima; Exoenzima;** e **Enzima constitutiva**.

Enzima adaptativa. Enzima produzida por um organismo em resposta à presença de seu substrato ou análogo; também chamada de *enzima indutiva*.

Enzima constitutiva. Enzima cuja formação não depende da presença de um substrato específico.

Enzima destruidora de receptores (RDE). Enzima que destrói receptores específicos por meio dos quais um vírus pode ligar-se a uma célula susceptível.

Enzima indutiva. *Ver* **Enzima adaptativa.**

Enzima indutora. *Ver* **enzima adaptativa.**

Enzima intracelular. *Ver* **endoenzima**.

Enzima lipolítica. Enzima que hidrolisa lipídeos.

Enzimas alostéricas. Enzimas reguladoras, que possuem um sítio de ligação (ou catalítico) para o substrato e um sítio diferente (*o sítio alostérico*), onde atua um modulador.

Epibactérias. Bactérias que aderem a superfícies sólidas.

Epicelular. Superfície da célula hospedeira.

Epidemia. Refere-se a um aumento súbito na incidência de uma doença em uma determinada região geográfica.

Epidemiologia. Estudo da ocorrência e distribuição das doenças.

Epiderme. Superfície externa da pele.

Epítopos. Sítio específico da superfície do antígeno com o qual o anticorpo reage.

Ergotina. Toxina resultante da infecção de grãos que, quando ingerida, causa aborto ou morte em seres humanos e outros animais.

Escarro. Muco obtido por meio da tosse de um paciente.

Esferoplasto. Célula bacteriana Gram-negativa sem o peptideoglicano, o que a deixa sem rigidez.

Esfregaço de Breed. Um método microscópico de contagem de bactérias em uma película de leite seca e corada.

Esfregaço. Camada fina de material; por exemplo, cultura bacteriana distribuída em uma lâmina de vidro para exame microscópico. Também denominado *película*.

Espaço periplásmico. Espaço entre a membrana citoplasmática e a membrana mais externa de bactérias Gram-negativas.

Espécie. Grupo taxonômico básico; em bacteriologia, uma espécie consiste em um tipo de amostra com todas as outras amostras consideradas suficientemente semelhantes ao tipo de amostra que justifique a inclusão na espécie.

Espécies padrões. Espécies que servem como exemplar referencial permanente de um gênero.

Espectrofotômetro. Instrumento que mede a transmissão da luz, permitindo o exame detalhado da cor, ou comparação precisa da intensidade luminosa de duas fontes de comprimentos de onda específicos.

Espermátide. Estrutura masculina especial no fungo.

Espirilo. Bactéria helicoidal rígida. Um gênero de bactéria helicoidal é o *Aquaspirillum*.

Espiroqueta. Bactéria helicoidal que é flexível e possui flagelo periplásmico.

Esporângio. A célula-mãe, uma estrutura semelhante a um saco no interior da qual são produzidos esporos assexuados; sacos contendo mixósporos; ocorre em corpos de frutificação formados por certas mixobactérias. Também denominados *cistos*.

Esporangióforo. Ramificação miceliana especializada que contém um esporângio.

Esporangiósporos. Esporos assexuados que se desenvolvem no interior do esporângio.

Esporicida. Agente que mata esporos.

Esporo. Organela de resistência formada por certos microrganismos.

Esporóforo. Ramificação miceliana especializada em que são produzidos os esporos.

Esporogênese. (1) Reprodução por meio de esporos. (2) Formação de esporos.

Esporozoítos. Estágio infeccioso, móvel, de certos esporozoários, resultante da reprodução sexuada e capaz de originar um ciclo assexuado no novo hospedeiro.

Esporulação. Processo de formação de esporos.

Esquistossomo. Verme sangüíneo (platelmintos) do gênero *Schistosoma*.

Esquizogonia. Reprodução assexuada por múltipla fissão de um trofozoíta (protozoário vegetativo).

Esquizonte. Estágio do ciclo de vida assexuado dos parasitas da malária.

Estafilococos. Bactérias esféricas (coco) que ocorrem em grupamentos irregulares em forma de cacho de uva.

Esterase. Enzima que catalisa a hidrólise de ésteres.

Estéril. Livre de organismos vivos.

Esterilização. Processo de esterilizar; morte de toda e qualquer forma de vida.

Esterilização fracionada. Esterilização de materiais pelo aquecimento a 100°C em três dias sucessivos com um período de incubação entre os aquecimentos.

Esteróide. Substância química complexa contendo o sistema de anel de carbono tetracíclico dos esteróis; é utilizado muitas vezes como agente terapêutico.

Esterol. Todo produto natural derivado do núcleo esteróide.

Estreptobacilos. Bacilos em cadeia.

Estreptococos. Cocos que se dividem de tal modo que formam arranjos em cadeia.

Estreptolisina O. Hemolisina e leucocidina estreptocócica que é inativada pelo oxigênio.

Estreptolisina S. Hemolisina e leucocidina estreptocócica estável na presença do oxigênio.

Estreptoquinase. *Ver* **Fibrinolisina**.

Estuário. Extensão de águas costeiras, semifechada, que apresenta uma ligação livre com o mar aberto.

Etiologia. O estudo da causa de uma doença.

Eubactéria. Um dos dois principais grupos de bactérias (o outro é a arqueobactéria). As eubactérias possuem características fundamentais que são consideradas típicas da maioria das bactérias.

Eucarioto. Uma célula que possui um núcleo definitivo ou verdadeiro. *Comparar com* **procarioto.**

Euglenóides. Algas com clorofila a e b que pertencem à divisão *Euglenophyta*.

Eutróficos. Descrição de um lago ou açude enriquecido com nutrientes resultantes de um crescimento microbiano maciço e que causa depleção de oxigênio.

Evapotranspiração. Evaporação de superfícies do solo, lagos e rios e pela transpiração de plantas para a atmosfera.

Exergônica. Liberação de energia a partir de uma reação química.

Exoenzima. Enzima secretada por um microrganismo no meio ambiente. Também denominada *enzima extracelular*.

Exógeno. Produzido ou originado externamente.

Exons. Regiões que codificam as proteínas nos genes eucarióticos.

Exonuclease. Enzima que hidrolisa um ácido nucléico, a partir de uma extremidade.

Exósporos. Esporos resistentes ao calor e à dessecação formados externamente à célula vegetativa por brotamento; por exemplo, os exósporos do gênero *Methylosinus*.

Exotérmica. Descreve uma reação química que libera energia.

Exotoxina. Toxina protéica excretada por um microrganismo no meio ambiente.

Explants. Pequeno fragmento de tecido animal ou vegetal imerso em uma solução balanceada de sais, estéril, para o crescimento *in vitro*.

Exsudato. Um material mais ou menos fluido encontrado em lesões ou tecido inflamado.

Extremidade coesiva do DNA. DNA de dupla fita que foi cortado de maneira assimétrica por uma endonuclease, fornecendo extremidades de fita única complementar que podem unir-se por pontes de hidrogênio.

Fab. Parte do anticorpo que se liga ao antígeno, resultante da ação da papaína em uma imunoglobulina monomérica. Os fragmentos Fab do anticorpo contêm os sítios de ligação específicos ao antígeno.

Fagócito. Célula capaz de ingerir microrganismos ou outras partículas estranhas.

Fago lítico. Vírus bacteriano virulento.

Fago. *Ver* **Bacteriófago**.

Fagolisossomos. Vacúolo digestivo formado pela fusão do lisossomo e do fagossomo nos fagócitos.

Fagossomo. Fusão do pseudópode que está envolvendo um micróbio, durante a ingestão fagocítica, para formar um vacúolo.

Fase de crescimento exponencial. O período de crescimento de uma cultura em que as células se dividem constantemente. Também denominada *fase logarítmica* (comumente, *fase log*).

Fase de morte. Declínio da população viável até a morte total das células microbianas em um sistema fechado de cultivo microbiano. Também denominada *fase de declínio*.

Fase estacionária. Intervalo que ocorre imediatamente após a fase de crescimento, quando o número de bactérias viáveis permanece constante.

Fase lag. Período de crescimento lento e regular, observado após a inoculação de um meio de cultura estéril.

Fase logarítmica. Comumente denominada *fase log*. *Ver* **Fase de crescimento exponencial.**

Fase trófica. Fase vegetativa de protozoários de vida livre.

Fase vegetativa. Fase de crescimento ativo, que se opõe às fases de dormência ou de esporulação.

Fator bacteriocinogênico. Um plasmídio presente em algumas bactérias; determina a produção de bacteriocinas, que são proteínas que matam a mesma espécie de bactérias ou espécies intimamente relacionadas.

Fator corda. Derivado tóxico do ácido micólico, trealose dimicolato, que ocorre nas paredes celulares de corinebactérias e micobactérias.

Fator de inibição da migração (MIF). Uma linfocina liberada por linfócitos T sensibilizados após entrar em contato com o antígeno sensibilizante. Previne que os macrófagos migrem para longe do local onde estão os antígenos. Também denominado *fator de inibição da migração dos macrófagos*.

Fator V. Nicotinamida adenina dinucleotídeo; requerido para o crescimento de certos *Haemophilus* sp.

Fator X. Heme; requerido para o crescimento de certos *Haemophilus* sp.

Fc. Fragmento cristalizável resultante da ação da papaína em imunoglobulinas monoméricas. É idêntico em todos os anticorpos de uma mesma classe e determina muitas propriedades de uma molécula de anticorpo.

Fenótipo. Parte do potencial genético de um organismo que está sendo expresso.

Fermentação. Processo de produção de energia que não envolve a cadeia respiratória e um aceptor final de elétrons exógeno, mas auxilia na fosforilação em nível de substrato e gera um aceptor de elétrons (por exemplo, piruvato da glicólise, que pode ser reduzido para lactato). Diferenciar de **respiração.**

Fibrina. Proteína insolúvel formada durante a coagulação do sangue.

Fibrinolisina. Substância produzida por estreptococos hemolíticos, capaz de liquefazer coágulos de fibrina; também conhecida como *estreptoquinase*.

Ficobilinas. Pigmentos solúveis em água, como a ficocianina e ficoeritrina, que podem transmitir a energia da luz absorvida para a clorofila.

Ficobilissomos. Grânulos na superfície dos tilacóides que contêm pigmentos de ficobilinas.

Ficologia. Estudo das algas.

Filamentoso. Caracterizado pela presença de estruturas filiformes.

Filárias. Um grupo de nematódeos patogênicos.

Filo. Uma taxa constituída por um grupo de classes relacionadas.

Filogenia. A história ancestral ou evolucionária dos organismos.

Filtro bacteriano. Um tipo especial de filtro, através do qual as bactérias não passam.

Filtro de gotejamento. Processo de tratamento secundário no qual as águas de esgoto gotejam sobre um leito de pedras de modo que as bactérias possam degradar resíduos orgânicos.

Filtros bacteriológicos. Um tipo especial de filtro por meio do qual as bactérias não podem passar.

Fímbria. Apêndice de superfície de certas bactérias Gram-negativas, constituída de subunidades protéicas. É mais fina e curta que o flagelo. Também denominada *pêlo*.

Fisiologia. Estudo dos processos vitais dos seres vivos.

Fissão. Um processo assexuado em que alguns microrganismos se reproduzem; divisão transversal das células em bactérias.

Fissão binária. Uma única divisão nuclear seguida pela divisão do citoplasma para formar duas células-filhas de igual tamanho.

Fissão binária transversa. Processo reprodutivo assexuado em que uma única célula se divide transversalmente, dando origem a duas células.

Fitanóis. Álcoois ramificados de cadeias longas presentes nos fosfolipídeos das arqueobactérias.

Fitoflagelado. Flagelado semelhante a plantas. *Comparar com* **zooflagelado**.

Fitoplâncton. Um termo coletivo para plantas e organismos semelhantes a plantas presentes no plâncton. *Comparar com* **zooplâncton**.

Fixação de dióxido de carbono (CO_2). Redução de dióxido de carbono (CO_2) a carboidrato (CH_2O) por uma célula.

Fixação de nitrogênio. Formação de amônia a partir de nitrogênio atmosférico livre.

Fixação do complemento. Ligação do complemento a um complexo antígeno-anticorpo de modo que o complemento fique indisponível para uma reação subseqüente.

Flagelados. Membros de um dos subfilos do filo *Protozoa*.

Flagelina. Moléculas de proteínas que constituem a extremidade distal do flagelo.

Flagelo periplásmico. Tipo de flagelos presentes em espiroquetas; estão localizados entre o cilindro periplásmico e a bainha mais externa. Também denominados *fibrila axial* ou *endoflagelo*.

Flagelo. Apêndice celular flexível, fino, semelhante a um chicote, utilizado como órgão de locomoção.

Floco. Um agregado de material coloidal e finamente suspenso em água de esgoto.

Flóculo. Um agregado aderente de microrganismos ou de outro material capaz de flutuar em um líquido.

Flora. Em microbiologia, os microrganismos presentes em um dado ambiente, por exemplo, flora intestinal, flora normal do solo.

Flora normal. Microrganismos que normalmente habitam o corpo humano sadio ou outros ambientes naturais.

Fluido ascítico. Fluido sérico que se acumula na cavidade peritoneal.

Fluido lacrimal. Lágrima.

Fluorescência. Emissão de luz de um determinado comprimento de onda para uma substância que absorve luz de comprimento de onda mais curto (por exemplo, a emissão de luz verde pelas moléculas de fluoresceína que tenha absorvido luz azul).

Fluxo laminar. Circulação de corrente de ar em que os fluxos não se misturam; o ar move-se paralelo ao longo das linhas do fluxo.

Folioso. Semelhante à folha.

Fômites. Objetos inanimados que carregam organismos patogênicos viáveis.

Força protomotiva. Força que resulta de um gradiente eletroquímico de prótons por meio da membrana e pode ser utilizada para a síntese de ATP e outros processos que requerem energia em uma célula viva.

Formalina. Solução aquosa de formaldeído a 37–40 %.

Fosfatase, teste da. Teste para determinar a eficiência da pasteurização do leite. O teste é baseado na termolabilidade da enzima fosfatase.

Fosfatase. Enzima que libera o fosfato de uma molécula orgânica.

Fosfolipídeo. Composto anfipático constituído por uma molécula de glicerol em que estão ligados dois ácidos graxos de cadeia longa (ou, no caso das arqueobactérias, dois álcoois ramificados de cadeia longa) e um grupo fosfato. É o principal tipo de lipídeo da membrana celular.

Fosforilação em nível de substrato. Processo em que um grupo fosfato é removido de um composto químico e é então adicionado a um ADP.

Fosforilação oxidativa. Utilização de energia liberada pela reação de oxidação na cadeia respiratória para produzir ATP a partir do ADP.

Fosforilação. Adição de grupo fosfato em um composto.

Fotoautotrófico. Organismo que obtém energia da luz e utiliza dióxido de carbono como única fonte de carbono.

Fotofosforilação. Utilização da energia luminosa para conduzir a síntese de ATP.

Fotoheterotrófico. Organismo que utiliza a luz como fonte de energia e compostos orgânicos como principal fonte de carbono.

Fotólise. Quebra da molécula de água pela luz.

Fotolitotrófico. Organismo que obtém energia da luz e utiliza compostos inorgânicos como uma fonte de elétrons.

Fotorganotrófico. Organismo que obtém energia da luz e utiliza compostos orgânicos como uma fonte de elétrons.

Fotorreativação. Restauração completa da viabilidade, pela exposição imediata à luz visível, de células lesadas pela exposição à dose letal de luz ultravioleta.

Fotossíntese. Processo em que a clorofila e a energia da luz são utilizados pelas plantas e alguns microrganismos para sintetizar carboidratos a partir do dióxido de carbono.

Fototaxia. Movimento de organismo em resposta a mudanças na intensidade de luz.

Fototrófico. Bactéria capaz de utilizar energia luminosa para o seu metabolismo.

Frei, teste de. Teste intradérmico para determinar a sensibilidade ao agente que causa o linfogranuloma venéreo.

Frústula. Parede celular de diatomáceas.

Fruticose. Semelhante a suco de fruta com álcool.

FTA-ABS, teste de. Teste de fluorescência indireta específica para diagnóstico da sífilis.

Fungicida. Um agente que mata ou destrói os fungos.

Fungistático. Um agente que inibe o crescimento dos fungos.

Fungo limoso acelular. Plasmódio verdadeiro – acelular, é uma massa de protoplasma contendo vários núcleos.

Fungos imperfeitos. Fungos que não possuem um ciclo sexuado.

Fungos limosos celulares. Grupo de fungos semelhantes a protozoários.

Fungos perfeitos. Fungos que apresentam ciclo de vida sexuado e assexuado.

Fungos. Organismos eucarióticos com parede celular, sem clorofila e que absorvem seus alimentos. Bolores e leveduras.

Fusiforme. Em forma de fuso; extremidades afiladas.

Fuso mitótico. Estrutura de um sistema de microtúbulos presentes durante a metáfase da mitose, ligados aos centrômeros à medida que centríolos se separam.

Gamaglobulina. Uma fração da globulina sérica rica em anticorpos.

Gameta. Célula reprodutora que se funde com outra para formar um zigoto, o qual, então, se transforma em um novo indivíduo; célula sexual.

Gametângio. Organela sexual dos fungos.

Gametófito. Um organismo no estágio haplóide, produzindo gameta.

Gastroenterite. Inflamação da mucosa do estômago ou intestino.

Gelatina. Proteína obtida da pele, dos cabelos, dos ossos, dos tendões e tecidos similares; utilizada em meios de cultura para determinação da atividade proteolítica específica de microrganismos ou para a preparação de peptona.

Gelatinase. Uma exoenzima que degrada gelatina.

Gene estrutural. Gene que codifica seqüência de aminoácidos de uma cadeia polipeptídica.

Gene regulador. Gene que codifica uma proteína repressora que controla a transcrição de um gene.

Genes. Um segmento de DNA que contém seqüência de nucleotídeos para sintetizar uma determinada proteína.

Gênero. Um grupo de espécies intimamente relacionadas.

Gengiva. Membrana mucosa e tecido mole que estão ao redor dos dentes.

Genoma. Material genético completo; isto é, um conjunto de genes encontrado em um organismo ou vírus.

Genótipo. Conjunto particular de genes presentes em células de um organismo; constituição genética de um organismo. *Comparar com* **Fenótipo**.

Geração espontânea. Origem da vida a partir de material não-vivo. Também denominada *abiogênese. Comparar com* **biogênese.**

Germe. Um micróbio, geralmente patogênico.

Germicida. Um agente capaz de matar germes, geralmente microrganismos patogênicos.

Glicana. Um polímero de glicose.

Glicocálice. Camada de material viscoso que envolve algumas bactérias (cápsula ou camada limosa).

Glicogênio. Carboidrato do grupo dos polissacarídeos armazenado pelos animais; quando hidrolisado, libera glicose.

Glicólise. Degradação anaeróbia da glicose a ácido pirúvico por uma seqüência de reações catalisadas por enzimas. Também denominada *Via de Embden-Meyerhoff.*

Glicose. Carboidrato classificado como monossacarídeo (hexose), utilizado como fonte de energia por muitos microrganismos; também denominado *dextrose* ou *açúcar da uva*.

Globulina. Uma proteína solúvel em soluções diluídas de sais neutros, mas insolúvel em água. Anticorpos são globulinas.

Gnotobióticos. Pertinente a organismos superiores que vivem na ausência de todos os microrganismos viáveis e demonstráveis, além daqueles conhecidamente introduzidos.

Gomas. Lesões semelhantes a tumores que se desenvolvem em pacientes com sífilis terciária.

Gonídia. Célula de reprodução assexuada que se origina em um órgão especial dos eucariotos.

Gonococo. Nome comum para a bactéria que causa a gonorréia.

Grana. Uma pilha de tilacóides contendo clorofila e pigmentos carotenóides que tem função na fotossíntese nos cloroplastos.

Granulócitos. Um grupo de leucócitos que possuem numerosos grânulos em seu citoplasma. Incluem os neutrófilos, basófilos e eosinófilos.

Grânulos metacromáticos. Grânulos intracelulares de polifosfato encontrados em certos microrganismos; tais grânulos coram-se em vermelho púrpura quando as células são coradas com azul de metileno diluído.

Guanina. Base purínica; ocorre naturalmente como um componente fundamental dos ácidos nucléicos.

Hábitat. Ambiente natural de um organismo.

Halobactéria. Arqueobactéria aeróbia Gram-negativa, pigmentada, que requer 17 a 32% de sal para um bom crescimento.

Halófilo. Um microrganismo cujo crescimento é acelerado ou depende de altas concentrações de sal.

Haplóide. Que tem uma única série de cromossomos ímpares em cada núcleo; tem número característico de cromossomos de um gameta maduro de uma dada espécie. *Comparar com* **Diplóide**.

Hapteno. Substância simples que reage como antígeno *in vitro*, combinando-se com o anticorpo, mas não induz a formação desses anticorpos.

Hélice. Espiral cilíndrica.

Helicoidal. Forma semelhante a um saca-rolha, com uma ou mais espiras.

Helmintos. Vermes parasitas.

Hemaglutinação viral. Capacidade de alguns vírus, como aqueles que causam caxumba, sarampo e influenza, de aglutinar células vermelhas do sangue de certas espécies de animais (hemácias de galinha, cobaio ou humanas do tipo O).

Hemaglutinação. Aglutinação das células vermelhas do sangue.

Hematopoiético. Descrição das células tronco na medula óssea que originam os eritrócitos e leucócitos, incluindo os linfócitos.

Hemoglobina. Constituinte das células vermelhas do sangue que lhe confere a cor e transporta o oxigênio.

Hemólise, alfa (α). Destruição parcial de células vermelhas em um meio de ágar sangue, resultando em uma zona esverdeada ao redor da colônia bacteriana.

Hemólise. Processo de dissolução das células vermelhas do sangue. Ver **alfa (α)-hemólise; beta (β)-hemólise.**

Hemolisina. Substância produzida pelos microganismos que lisa as hemácias, liberando a hemoglobina. Também pode referir-se a um tipo de anticorpo que atua juntamente com o complemento, ocasionando a lise das hemácias.

Hemorrágico. Que apresenta sinais de hemorragia (sangramento). O tecido torna-se avermelhado pelo acúmulo de sangue que escapa dos capilares.

Hetero-. Prefixo que significa diferente.

Heterocistos. Células de paredes espessas formadas por certas cianobactérias. Os heterocistos carecem do fotossistema II, mas podem fixar o nitrogênio molecular.

Heterogamia. Conjugação de gametas diferentes.

Heterólogo. Diferente com respeito a tipos ou espécies.

Heterotálico. Descrição de organismos em que um indivíduo produz gametas masculinos e o outro produz o óvulo.

Heterotrófico. Microrganismo que é incapaz de utilizar o dióxido de carbono como sua única fonte de carbono, exigindo um ou mais compostos orgânicos. *Comparar com* **Autotrófico.**

Hialuronidase. Enzima que catalisa o desdobramento do ácido hialurônico. Também denominado *fator de difusão*.

Hibridização. Processo de produção de híbridos, isto é, produto de cepas geneticamente diferentes.

Hibridoma. Célula híbrida resultante da fusão de uma célula de mieloma com linfócito B produtor de anticorpo.

Hidrofobia. Um termo que significa "medo de água", usado para descrever a raiva.

Hidrólise. Quebra de ligações químicas entre moléculas por meio da intervenção de uma molécula de água.

Hifa. Um filamento de um micélio.

Hiperplasia. Proliferação descontrolada de células.

Hipersensibilidade. Sensibilidade extrema a antígenos estranhos, por exemplo, alérgenos.

Hipertrofia. Aumento anormal de células, órgãos ou partes; por exemplo, crescimento de fungos no interior de plantas.

Hipocloritos. Compostos contendo cloro utilizados como desinfetantes e agentes sanificantes.

Holoenzima. Uma enzima completa ativa, contendo uma apoenzima e uma coenzima.

Homoenxerto. Enxerto de tecido de uma espécie animal em um receptor da mesma espécie.

Homólogo. Igual, com respeito a tipo ou espécie.

Homotálico. Descrição de plantas que produzem tanto células sexuais masculinas quanto femininas, podendo realizar a auto-fertilização.

Hormônio de crescimento humano. Secreção da pituitária essencial para o crescimento e metabolismo normal. Disponível como um produto farmacêutico, produzido por meio de engenharia genética de bactérias.

Hospedeiro. Organismo que abriga um outro ser como um parasita (ou como um agente infeccioso).

Hospedeiro comprometido. Um indivíduo enfraquecido por uma doença, má nutrição ou qualquer outra causa.

Húmus. Porção orgânica do solo que aparece após a decomposição microbiana; não é facilmente degradado pelos microrganismos.

***Hyphochytridiomycetes*.** Grupo de fungos que se movem por meio de um único flagelo anterior.

Icosaedro. Estrutura formada de 20 faces triangulares e 12 vértices; forma geométrica de muitos vírions.

IDU. Agente antiviral. 5-iodo-2'-desoxiuridina.

Imunessoro. Soro sanguíneo que contém um ou mais tipos de anticorpos específicos.

Imunidade. Resistência natural ou adquirida contra uma doença específica.

Imunidade ativa. Resistência específica adquirida pelos indivíduos a certas doenças, como resultado das reações orgânicas contra microrganismos patogênicos ou seus produtos.

Imunidade humoral. Imunidade originada pela formação de anticorpos específicos que circulam na corrente sangüínea em resposta à introdução de um antígeno.

Imunidade passiva. Proteção adquirida por meio da injeção de sangue total ou de soro que contém anticorpos.

Imunização. Qualquer processo que desenvolve resistência (imunidade) contra uma doença específica em um hospedeiro.

Imunoeletroforese em foguete. Uma técnica sorológica em que o antígeno migra pela eletroforese de uma cavidade em gel de ágar contendo anti-soro específico, cujo precipitado antígeno-anticorpo apresenta uma configuração semelhante a um foguete.

Imunoeletroforese. Técnica que emprega uma combinação de imunodifusão e eletroforese para identificar vários antígenos.

Imunogenicidade. Capacidade para estimular a formação de anticorpos específicos.

Imunoglobulina (Ig). Qualquer proteína sérica, como a gamablobulina, com atividade de anticorpo.

Imunologia. Estudo da resistência natural e do sistema imunológico.

IMViC. Grupo de testes utilizado para diferenciar *Escherichia coli* de *Enterobacter aerogenes.*

***In situ*.** No local de origem.

***In vitro*.** Refere-se às experiências biológicas realizadas em tubos de ensaio ou qualquer outro frasco de vidro em laboratório.

***In vivo*.** Em organismos vivos; refere-se aos testes biológicos realizados em organismos vivos. *Comparar com **In vitro**.*

Inativar. Destruir a atividade de uma substância; por exemplo, aquecer o soro sanguíneo a 56°C durante 30 min para destruir o complemento.

Incineração. Destruição de microrganismos pela combustão, transformando em cinzas.

Incubação. Em microbiologia, significa manutenção de culturas de microrganismos em condições (especialmente temperatura) favoráveis para o seu crescimento.

Indicador. Substância que muda de cor de acordo com as alterações das condições do ambiente; por exemplo, os indicadores de pH refletem a acidez ou alcalinidade de uma substância ou meio.

Índice de crescimento. Número de divisão celular por unidade de tempo.

Indução. Estímulo do aumento na taxa de síntese de uma enzima, geralmente pelo aumento do substrato da enzima ou de um composto intimamente relacionado.

Infecção. Condição patológica devido ao crescimento de microrganismos em um hospedeiro.

Infecção congênita. Uma doença adquirida pelo feto no útero materno.

Infecção fulminante. Uma doença infecciosa inesperada, muito progressiva e severa.

Infecção hospitalar. Pertinente a doenças adquiridas no hospital. Também conhecido como *doença nosocomial.*

Infecção terminal. Infecção com microrganismos patogênicos que termina com a morte do hospedeiro.

Infecção transmitida pela água. Doença adquirida pela contaminação da água potável com microrganismos patogênicos.

Infeccioso. Capaz de produzir doença em hospedeiro susceptível.

Inflamação. Reação tissular, resultante de irritação por um corpo estranho, causando a migração de leucócitos e um aumento de fluxo sanguíneo na região, produzindo inchaço, rubor, calor e dor.

Ingestão. Introdução de alimento.

Inibição competitiva. Inibição da ação de uma enzima por uma molécula que ocupa o local na enzima que deveria ser ocupado pelo substrato.

Inibição não-competitiva. Inibição de uma enzima que não seja por competição com o substrato por um sítio "ativo" na enzima.

Inibição por *feedback*. Mecanismo de controle celular, por meio do qual o produto final de uma série de reações metabólicas inibe a atividade da enzima anterior na seqüência. Conhecido como *inibição por retroalimentação.*

Inibição. Em microbiologia, a prevenção de crescimento ou multiplicação de microrganismos.

Inoculação. Introdução artificial de microrganismos ou substâncias no organismo ou meio de cultura.

Inóculo. Material contendo microrganismos que é utilizado para inoculação.

Intercelular. Entre células.

Interferon. Substância antiviral produzida pelo tecido animal.

Interleucina-1 (IL-1). Interleucina produzida pelo macrófago que induz os linfócitos T estimulados imunologicamente a produzirem interleucina-2. Também conhecido como *fator de ativação dos linfócitos* (*FAL*).

Interleucina-2 (IL-2). Interleucina produzida por linfócitos T em resposta à interleucina-1. Estimula imunogenicamente o linfócito T a multiplicar-se e também a produzir *interferon gama* (INF-γ). Também denominado de *Fator de crescimento de células T (FCCT).*

Interleucina. Uma linfocina, isto é, uma proteína solúvel mediadora da resposta imune, que é produzida pelos linfócitos T ou macrófagos em resposta a estímulos imunogênicos.

Intoxicação alimentar. Distúrbio estomacal ou intestinal devido à ingestão de alimentos contaminados com certas toxinas microbianas.

Intracelular. Dentro da célula.

Íntrons. Região que não codifica proteínas em genes eucarióticos.

Invertase. Uma enzima que hidrolisa sacarose em glicose e frutose.

Iodóforos. Compostos orgânicos de iodados utilizados como anti-sépticos.

Íon. Um átomo ou grupo de átomos que ganham ou perdem elétrons e adquirem uma carga elétrica líquida.

Isoanticorpo. Anticorpo encontrado somente em alguns membros de uma espécie, que atua em células ou componentes celulares de outros membros de uma mesma espécie.

Isoantígeno. Um antígeno tecidual específico presente em um indivíduo de uma espécie, mas não em outro. Também denominado *aloantígeno.*

Isoenzimas. Enzimas de diferentes formas estruturais que possuem propriedades catalíticas idênticas (ou muito parecidas). Também denominadas *isozimas.*

Isômeros óticos. Duas formas de um composto, em que a imagem de um é a imagem refletida do outro.

Isotônica. Pertinente a uma solução que tem a mesma pressão osmótica que o interior de uma célula em suspensão na solução.

Isótopos. Átomos com o mesmo número de prótons em seus núcleos, mas com diferentes números de nêutrons.

Koch, postulados de. Regral geral para provar que uma doença é causada por um microrganismo específicio.

Krebs, ciclo de. Sistema enzimático que converte ácido pirúvico em dióxido de carbono na presença do oxigênio, com liberação concomitante de energia, captada sob a forma de moléculas de ATP. Também conhecido como *ciclo do ácido cítrico* ou *ciclo dos ácidos tricarboxílicos (TCA).*

Krill. Um nome aplicado a crustáceos planctônicos.

Lactose. Um carboidrato (dissacarídeo) que, durante a hidrólise, é quebrado em glicose e galactose. Também denominado *açúcar do leite.* Abreviação: *lac.*

Lancefield, grupos de. Grupos de estreptococos classificados de acordo com vários tipos de polissacarídeos da parede celular.

Lecitina. Componente fosfolipídico da membrana celular (fosfatidilcolina).

Lecitinase. Enzima que catalisa a degradação da lecitina.

Leg-hemoglobina. Pigmento vermelho, semelhante à hemoglobina, que se liga ao oxigênio nos nódulos das raízes dos legumes para proteger o complexo de enzimas nitrogenases de serem destruídas pelo excesso de oxigênio.

Lençol d'água. Toda água do subsolo especialmente aquela que ocorre na zona de saturação.

Leucemia. Condição em que um número anormal de células brancas (leucócitos) é produzido pela medula óssea.

Leucocidina. Substância que destrói fagócitos do hospedeiro.

Leucócito. Tipo de célula branca do sangue que é caracterizado por ser polimorfonucleado.

Leucocitose. Um aumento no número de leucócitos que é causado pela resposta do organismo hospedeiro diante de lesões ou infecções.

Leucopenia. Diminuição do número de leucócitos.

Levedura. Um tipo de fungo unicelular que não tem micélio típico.

Ligação covalente. Ligação que compartilha um par de elétrons representado por um traço que une dois elementos em uma fórmula; por exemplo, H-O-H.

Ligação fosfato de alta energia. Ligação entre um grupo fosfato e outro composto químico, quando grande quantidade de energia é requerida para estabelecer a ligação. (Exemplo: a ligação que é formada quando um grupo fosfato é ligado ao ADP para formar ATP.)

Ligações iônicas. Uma ligação química forte baseada na atração elétrica entre um átomo que ganha elétrons e outro que perde elétrons.

Ligante. Molécula que se liga a uma proteína; por exemplo, uma que se liga a uma enzima e controla diretamente a atividade enzimática.

Limnologia. Estudo dos aspectos físicos, químicos, geológicos e biológicos de lagos e rios.

Linfa. Um fluido contendo células brancas do sangue semelhante ao plasma sanguíneo, que é transferido por meio dos vasos linfáticos para a corrente sanguínea.

Linfocinas. Proteínas solúveis produzidas e secretadas por linfócitos T sensibilizados (um tipo de leucócito).

Linfócitos de hipersensibilidade tardia (DHL). Linfócitos T sensibilizados que produzem linfocinas.

Linfócitos derivados da medula óssea (Células B). Uma espécie de célula capaz de responder a um antígeno pela produção de anticorpos.

Linfócitos derivados do timo (Células T ou linfócitos T). Linfócitos que se diferenciam no timo e são responsáveis principalmente pela imunidade mediada por células. Possuem características antigênicas de superfície.

Linfocitose. Uma quantidade elevada de linfócitos no sangue.

Linfomas. Condição na qual um número anormal de linfócitos é produzido pelo baço e pelos linfonados.

Linfonodos. Estruturas ovóides do sistema linfático que apresentam um tamanho de 1 mm a vários milímetros e são largamente distribuídas no organismo. Também denominados *glândulas linfáticas.*

Linhagem de células contínuas. Cultura de células transformadas que podem ser mantidas indefinidamente.

Linhagem de células primárias. Cultura de células animais derivadas de um *explant;* geralmente morrem após poucas gerações.

Liofilização. Preservação de material biológico por congelamento e desidratação rápida em alto vácuo.

Lipase. Enzima que catalisa a hidrólise de lipídeos em glicerol e ácidos graxos.

Lipídeos. Compostos orgânicos solúveis em solventes apolares mas não em água. Exemplos: fosfolipídeos, esteróis, triglicerídeos.

Lipídeo carreador. Uma grande molécula isoprenóide de lipídeo fosfato com capacidade de transportar unidades estruturais de peptideoglicano por meio da membrana citoplasmática para a parede celular.

Lipopolissacarídeos. Uma estrutura molecular complexa composta de açúcares e ácidos graxos; encontrados na membrana externa de bactérias Gram-negativas. Abreviação: LPS.

Lipoproteína. Molécula composta de proteína e lipídeo.

Lipoproteína de Braun. Uma lipoproteína de parede celular que ancora a membrana mais externa de bacilos entéricos Gram-negativos na camada do peptideoglicano.

Liquefação. Transformação de uma substância de um estado gasoso ou sólido para um estado líquido.

Líquen. Associação simbiótica ou mutualista de uma alga com um fungo.

Lise. Destruição de células como as bactérias e eritrócitos, pela ação conjunta de anticorpos específicos e do complemento.

Lisina. Uma enzima, um anticorpo ou outra substância capaz de destruir uma célula (lise).

Lisogenia. Estado de uma bactéria portadora de um bacteriófago (às vezes como profago) para o qual não se mostra susceptível.

Lisossomos. Grânulos envolvidos por membranas que ocorrem no citoplasma de células animais e contêm enzimas hidrolíticas.

Lisozima. Enzima que catalisa a hidrólise de peptideoglicano da parede celular bacteriana.

Litmus. Um extrato de liquens utilizado como indicador de pH e de óxido-redução.

Litotrófico. Um organismo que utiliza compostos inorgânicos reduzidos como doadores de elétrons.

Litro. Unidade métrica de volume contendo 1.000 ml ou 1.000 cm^3.

Lixiviação. Processo que utiliza microrganismos para recuperar metal de um minério.

Loco. Em genética, o local no cromossomo ocupado por um gene, um operon, uma mutação ou um alelo; em alguns casos, identificável pela referência a um marcador.

Lodo. Parte semi-sólida da água de esgoto sedimentada pela ação das bactérias.

Lofotríquios. Bactérias que apresentam um tufo de flagelos polares.

Lúmen. Uma cavidade da hifa preenchida pelo protoplasma; um canal dentro de um órgão tubular, como o lúmen do intestino.

Macrófagos. Células fagocíticas mononucleares grandes que são encontradas nos tecidos e se desenvolvem a partir dos monócitos sanguíneos.

Macroscópico. Visível sem o auxílio de um microscópio.

Magnetossomos. Inclusões intracelulares de magnetita que permitem a orientação das células como um dipolo magnético.

Magnetotaxia. Movimento de um organismo em resposta a um campo magnético.

Maltase. Enzima que catalisa a hidrólise da maltose, produzindo glicose.

Maltose. Carboidrato (dissacarídeo) produzido por hidrólise enzimática do amido pela diastase.

Marinho. Do mar ou relacionado com ambientes oceânicos e estuários.

Matéria. Substância da qual todo objeto físico é constituído.

Meio de enriquecimento. Meio utilizado para o cultivo de espécies de microrganismos exigentes nutricionalmente que ocorrem em pequeno número na amostra.

Meio diferencial. Meio de cultura utilizado para diferenciar espécies de microrganismos pela diferença do aspecto colonial ou pelas diferentes alterações do meio.

Meio quimicamente definido. Meio cuja composição química exata é conhecida.

Meio seletivo. Meio utilizado para proporcionar o crescimento de uma espécie particular de microrganismo e/ou impedir o crescimento de outras espécies.

Meio sintético. Meios constituídos por compostos químicos puros.

Meios de cultura. Substâncias utilizadas para fornecer nutrientes para o crescimento e multiplicação de microrganismos.

Meiose. Processo que ocorre durante a divisão celular em diferentes pontos dos ciclos vitais de diversos organismos, no qual o número de cromossomos fica reduzido à metade; este resultado é compensado pelo efeito de duplicação cromossômica na fertilização. *Comparar com* **Mitose.**

Membrana citoplasmática. Camada fina localizada sob a parede celular, constituída principalmente de fosfolipídeos e proteínas; é responsável pelas propriedades de permeabilidade seletiva da célula. Também denominada *membrana plasmática.*

Membrana filtrante. Filtro fabricado com polímeros, tais como celulose, polietileno ou tetrafluoroetileno, com poros de diâmetros conhecidos e uniformes.

Membrana nuclear. Uma membrana dupla que envolve o núcleo de células eucarióticas.

Membrana plasmática. *Ver* **Membrana citoplasmática**.

Meninges. Membranas que recobrem o cérebro e a coluna vertebral.

Merozoítas. Células-filhas de esporozoítas que se reproduzem dentro das células do fígado, como ocorre com a malária.

Mesófilo. Bactéria que cresce melhor em uma faixa moderada de temperatura (entre 25 a 40°C).

Mesossomo. Invaginação da membrana citoplasmática na forma de vesículas e túbulos enrolados.

Metabolismo. Conjunto de transformações químicas, por meio das quais são mantidas as atividades nutricionais e funcionais de um organismo.

Metabólito. Toda substância química que participa no metabolismo; um nutriente.

Metáfase. Um estágio da mitose ou meiose em que os cromossomos estão arranjados num plano equatorial da célula antes da separação em células-filhas.

Metástase. Processo em que células malignas de um tumor se destacam e estabelecem um novo tumor em um outro local do hospedeiro.

Metazoa. Animais cujos corpos consistem em muitas células.

Método de *pour-plate*. Procedimento para obter colônias isoladas pela mistura do inóculo com ágar liquefeito resfriado e distribuição da mistura em uma placa de Petri estéril.

Método de semeadura em superfície. Procedimento para separar células e obter colônias isoladas pela dispersão do inóculo em uma superfície de ágar estéril com um bastão de vidro inclinado.

Método de semeadura por esgotamento. Um procedimento para separar as células em uma superfície de um ágar estéril para permitir o crescimento individual das células, formando colônias isoladas.

Micélio. Massa de filamentos, ramificados ou enovelados, que constitui a estrutura vegetativa de um fungo.

Micofago. Vírus que infecta fungos.

Micologia. Estudo dos fungos.

Micoplasma. Membro de um grupo de eubactérias caracterizado pela ausência de uma parede celular.

Micorriza. Associação simbiótica de um fungo com as raízes de plantas superiores.

Micose. Doença causada por fungos.

Micoses subcutâneas. Infecções causadas por fungos em tecidos sob a pele.

Micotoxina. Qualquer substância tóxica produzida por fungos.

Microaerófilo. Um microrganismo que requer baixos níveis de oxigênio para crescer, mas que não pode tolerar níveis de oxigênio (21%) presentes no ar atmosférico.

Microbicida. Descrição dos agentes que matam microrganismos.

Microbiologia. Estudo de organismos de tamanho microscópico (microrganismos) incluindo cultivo, importância econômica e patogenicidade.

Microbiologia básica. Estuda a natureza fundamental e as propriedades dos microrganismos.

Micróbios. Todo organismo microscópico; um microrganismo. Adjetivo: *microbiano*.

Microbiostático. Descritivo dos agentes que inibem os microrganismos.

Microfilárias. Formas semelhantes a filamentos de filárias produzidas pelo verme fêmea e liberadas na corrente sanguínea.

Micromanipulador. Um dispositivo para a manipulação de amostras microscópicas ao microscópio.

Micrômetro da ocular. Disco de vidro gravado com linhas eqüidistantes que se ajusta à ocular de um microscópio.

Micrômetro. Uma unidade de medida; um milionésimo de um metro (10^{-6} m). Abreviação: μm.

Microrganismo indicador. Tipo de microrganismo que, quando presente na água, é evidência de poluição da água com material fecal.

Microrganismo oportunista. Microrganismo que normalmente não é patogênico, mas pode causar doença se os mecanismos de defesa do hospedeiro estiverem deprimidos, como uma lesão na pele ou mucosa, por algumas doenças debilitantes ou por terapia com agentes imunossupressores. Também denominado *patógeno oportunista*.

Microrganismo. Qualquer organismo de dimensões microscópicas.

Microscopia. Uso de microscópio por meio de várias técnicas.

Microscopia eletrônica. Instrumento que utiliza um feixe de elétrons controlado por um sistema de campo magnético para produzir ampliação.

Microscopia de campo claro. O uso de fonte de luz clara que ilumina todo o campo microscópico.

Microscopia de campo escuro. Tipo de exame microscópico em que o campo é escuro e qualquer objeto, como os organismos, aparece intensamente iluminado.

Microscopia de contraste de fase. Uso de microscópico luminoso apropriado com condensador e objetivas especiais para mostrar o contraste entre substâncias de diferentes espessuras e densidades.

Microscopia de fluorescência. Microscopia em que as células ou seus componentes são corados com um corante fluorescente e, desta forma, aparecem como objetos fluorescentes em um fundo escuro.

Microscopia eletrônica de transmissão (MET). Técnica em que os elétrons penetram em uma amostra e produzem uma imagem em uma tela fluorescente.

Microscopia eletrônica de varredura (MEV). Técnica que promove uma visão tridimensional da superfície de células.

Microscópio luminoso. Instrumento que amplia um objeto pelo uso de lentes que orientam os raios luminosos entre o objeto e o olho.

Micrótomo. Um instrumento usado para obtenção de cortes finos de tecidos ou de células.

Microtúbulos. Bastonetes muito finos presentes em todos os tipos de células microbianas eucarióticas.

Mieloma. Câncer devido à proliferação de uma célula produtora de anticorpo.

Mineralização. Degradação de compostos orgânicos em compostos inorgânicos e seus elementos constituintes.

Minicélula. Célula-filha pequena que se origina a partir da formação de um septo assimétrico durante a fissão binária, a qual carece de DNA.

Miracídio. Larva ciliada.

Mitocôndria. Uma organela citoplasmática de células eucarióticas; sítio dos processos de respiração celular.

Mitógeno. Substância que induz as células a entrar em mitose.

Mitose. Forma de divisão nuclear caracterizada pelos movimentos complexos do cromossomo e por sua exata duplicação. *Comparar com* **Meiose.**

Mixameba. Uma célula amebóide não flagelada que ocorre no ciclo de vida de bolores acelulares.

Mixósporo. Célula de repouso de mixobactéria resistente à dessecação. Também denominado *microcisto.*

Mixotróficos. Quimiolitotróficos heterotróficos que obtêm energia pela utilização de doadores de elétrons inorgânicos contudo obtêm a maioria de seus carbonos a partir de compostos orgânicos.

Modificação. Uma variação ou mudança temporária das características de um organismo.

Modulador. Metabólito regulador que se liga ao sítio alostérico de uma enzima e altera a sua velocidade máxima. Também conhecido como *efetuador, modificador*.

Mol. O peso de um composto em gramas igual ao valor numérico do seu peso molecular.

Molécula. Combinação de átomos que estão ligados para formar a menor unidade de uma substância química específica.

Moléculas polares. Moléculas com áreas carregadas positivamente e negativamente; geralmente solúveis em água.

Monera. Nome do reino que inclui os procariotos no sistema de classificação dos cinco reinos de Whittaker.

Mononucleotídeo. Unidades estruturais básicas de ácidos nucléicos; consiste em uma base de purina ou pirimidina, ribose ou desoxirribose e fosfato.

Monossacarídeo. Açúcar simples com cinco ou seis carbonos.

Monotríquio. Flagelo polar único.

Mordente. Substância que fixa o corante.

Morfogênese. Processo pelo qual as células são organizadas em estruturas teciduais.

Morfologia. Ramo da biologia que estuda a estrutura e forma dos organismos vivos.

Morte exponencial. Padrão de morte dos microrganismos – índice de morte constante em um período de tempo.

Movimento browniano. Movimento peculiar, apresentado por partículas muito pequenas (inclusive bactérias) em suspensão; deve-se ao bombardeamento das moléculas do líquido.

Movimento deslizante. Um tipo de movimento por meio da superfície que é realizado por algumas bactérias (por exemplo, mixobactérias que não possuem flagelos).

***m*RNA.** *Ver* **RNA mensageiro.**

Mureína. *Ver* **peptideoglicano.**

Mutação. Alteração estável de um gene que é transmitida à progênie celular.

Mutagênico. Agente físico ou substância química que causa mutação.

Mutante. Célula ou organismo que carrega um gene mutado.

Mutante auxotrófico. Organismo que exige nutrientes especiais para seu crescimento, não necessariamente os da amostra que lhe deu origem.

Mutualismo. Simbiose na qual dois ou mais organismos vivem em associação, beneficiando um ao outro.

Nanômetro. Uma unidade de comprimento igual a um bilionésimo de um metro ou 10^{-9} m. Abreviação: nm.

Nasofaringe. Região do trato respiratório acima do palato mole.

Negri, corpúsculos de. Pequenas estruturas patológicas (corpúsculos de inclusão) encontradas em certas células de cérebros infectadas com o vírus da raiva.

Nematódeos. Vermes cilíndricos, muitos dos quais são patogênicos, inclusive para os vegetais.

Neoplasma. Crescimento aberrante de células ou tecidos anormais: um tumor.

Neuraminidase. Enzima que catalisa a hidrólise de polissacarídeos contendo ácido siálico (ácido neuramínico encontrado no muco) e desta forma degrada a camada protetora de muco da membrana mucosa.

Neurotoxina. Toda toxina que afeta o sistema nervoso, como aquela produzida por certas algas marinhas.

Neutralismo. Interação natural entre duas espécies em que não há efeito evidente em nenhuma delas.

Neutralização viral. Inibição da aglutinação viral por anticorpos ligados ao vírus.

Nêutron. Uma partícula elementar sem carga elétrica com aproximadamente o mesmo peso de um próton.

Nicotinamida adenina dinucleotídeo (NAD). Uma co-enzima que funciona nos sistemas enzimáticos relacionados com reações de óxido-redução.

Nicotinamida adenina dinucleotídeo fosfato (NADP). Co-enzima semelhante ao NAD, mas contendo um grupo fosfato adicional.

Nitrificação. Transformação do nitrogênio da amônia em nitrato.

Nitrofuranos. Agentes antimicrobianos sintéticos derivados do furfural.

Nitrogenase. Sistema de enzimas que converte nitrogênio atmosférico em amônia, durante a fixação do nitrogênio.

Nomenclatura. Sistema de nomes científicos como aquele empregado na classificação biológica.

Nomenclatura binomial. Método científico para denominação de vegetais, animais e microrganismos, assim denominados porque os nomes são binomiais, isto é, consistem em dois termos.

Núcleo. Organela das células eucarióticas envolvida por uma membrana onde o DNA está localizado; por isso é a organela que controla a função celular e a hereditariedade. Contrasta com o **nucleóide** de uma célula procariótica, que não está envolvido por uma membrana.

Nucleocapsídeo. O ácido nucléico e capsídeo em um vírion.

Nucleóide. Uma área não-diferenciada dentro da célula bacteriana onde está localizado o DNA. Também denominado *corpo cromatínico, cromossomo bacteriano* ou *equivalente ao núcleo.*

Nucléolo. Pequena estrutura existente no núcleo celular constituída de RNA e proteína; local da síntese de RNA ribossômico.

Nucleoproteína. Uma molécula complexa constituída de ácido nucléico e proteína.

Nucleosídeo. Um açúcar pentose ligado a uma base purínica ou pirimidínica.

Nucleotídeo. Unidade estrutural básica dos ácidos nucléicos (DNA e RNA); constituído por base purínica ou pirimidínica, ribose ou desorribose e fosfato.

Número atômico. O número de prótons do núcleo de um determinado átomo.

Objetiva. Sistema de lentes do microscópio, localizado próximo ao objeto em observação.

Oficial de controle de infecção (ICO). Indivíduo em um hospital responsável pela vigilância e investigação de infecções e que supervisiona as atividades de controle das infecções.

Oídio. Esporo formado pela fragmentação de uma hifa.

Oligotrófico. Condição em que o nível de nutrientes é baixo e o crescimento microbiano é pequeno.

Oncogenes. Genes, presentes ou introduzidos na célula, que podem induzir o desenvolvimento de câncer.

Oncologia. Estudo de causas, desenvolvimento e tratamento de tumores.

Ondas ultra-sônicas. Ondas sonoras de alta intensidade acima do nível de audição utilizadas para a destruição de microrganismos ou limpeza de materiais.

Ondulação. Movimento semelhante a ondas.

Oocinete. Zigoto móvel e alongado de certos protozoários como o parasita da malária.

Oocisto. Forma encistada de um ovo fertilizado, um zigoto, que se desenvolve fora do estômago do mosquito.

Oogamia. União de um óvulo e um espermatozóide.

Oogônia. Órgão sexual feminino encontrado em certas algas e fungos, que contêm um ou mais ovos.

Oomicetes. Grupo de fungos filamentosos que possuem hifas cenocíticas.

Oósporos. Esporos formados após a fertilização dos ovos, dentro da oogônia.

Operador. Região da molécula de DNA, à qual uma proteína repressora específica pode ligar-se para inibir a transcrição de um gene adjacente ou conjunto de genes.

Operon. Unidade genética funcional constituída de uma região promotora, uma região operadora e um ou mais genes estruturais adjacentes. Exemplo: operon *lac* de *Escherichia coli.*

Opsoninas. Anticorpos que tornam os microrganismos susceptíveis a ingestão pelos fagócitos.

Ordem. Um grupo de famílias, na classificação sistemática da biologia.

Organela. Estrutura ou corpúsculo celular que executa uma função específica.

Organismo fastidioso. Um organismo difícil de se isolar ou cultivar em meios de culturas comuns porque necessita de fatores nutricionais específicos.

Organotrófico. Organismo que utiliza compostos orgânicos como fonte de elétrons.

Osmose. Passagem de líquidos (geralmente água), de uma solução para outra com uma concentração de soluto maior, através de uma membrana semipermeável que separa as duas soluções.

Ovo. Um óvulo.

Oxidação. Processo de combinação com oxigênio ou a perda de elétrons ou átomos de hidrogênio.

Oxidase. Enzima que realiza uma oxidação.

Oxigênio hiperbárico. Uso de oxigênio puro sob pressão para o tratamento de pacientes com gangrena gasosa.

Palmelóide. Estágio de algumas algas em que grande número das células-filhas sem os flagelos se desenvolvem.

Pandemia. Epidemia generalizada (em todo o mundo).

Papaína. Enzima proteolítica encontrada no suco e nas folhas do mamão.

Paramécio. Um protozoário ciliado apresentando cílios em toda superfície celular.

Parasita. Organismo que vive em ou sobre outro organismo, obtendo sua alimentação.

Parasitismo. Interação em que um microrganismo vive em outro organismo.

Parede celular. Envoltório rígido externo à membrana citoplasmática.

Parenteral. Via de administração no organismo que não seja por meio do trato digestivo.

Pares de bases complementares. A-T ou G-C. Em DNA de fita dupla, adenina (A) em uma das fitas se liga por pontes de hidrogênio à timina (T) na outra fita ou a guanina (G) se liga à citosina (C).

Passagem transovariana. Transmissão de um patógeno por artrópodes por meio dos ovos à prole.

Pasteurização. Processo que consiste no aquecimento, a temperaturas controladas, de alimentos líquidos ou bebidas, a fim de garantir sua qualidade e destruir microrganismos nocivos.

Pasteurização por radiação. Procedimento para matar microrganismos por meio de radiações ionizantes.

Patogênico. Organismo capaz de produzir doença.

Pedúnculo. Apêndice tubular semelhante a uma fita, não-viva, excretada por uma célula bacteriana. *Distinguir de* **Prosteca.**

Película. Um composto que recobre a membrana dos protozoários; filme que se forma sobre a superfície de um meio de cultura líquido, devido ao crescimento de microrganismo.

Pêlos. Apêndices filamentosos, diferentes dos flagelos, encontrados em certas bactérias Gram-negativas.

Penicilina. Nome genérico para um grande grupo de substâncias antibióticas derivadas de várias espécies do fungo *Penicillium*.

Penicilinas naturais. Penicilinas produzidas por microrganismos e quimicamente não-modificadas.

Penicilinas semi-sintéticas. São formas de penicilinas não encontradas na natureza, obtidas pela adição de cadeias laterais (radicais) ao anel da penicilina (ácido 6-aminopenicilâmico).

Penicilinase. Enzima que pode destruir as penicilinas.

Pentose. Açúcar com cinco átomos de carbono; por exemplo, ribose.

Pepsina. Enzima proteolítica dos tecidos gástricos.

Peptidase. Enzima que catalisa a liberação de aminoácidos de um peptídeo.

Peptídeo. Composto constituído por dois ou vários aminoácidos.

Peptideoglicano. Polímero grande que compõe a estrutura rígida da parede celular das eubactérias, formado por três unidades estruturais: (1) acetilglicosamina, (2) ácido acetilmurâmico e (3) um peptídeo constituído por quatro aminoácidos.

Peptona. Proteína parcialmente hidrolisada.

Peptonização. Conversão de proteínas em peptonas; solubilização de caseína do coalho pelas enzimas proteolíticas.

Perífitos. Microrganismos que aderem às superfícies, onde crescem e formam microcolônias, desenvolvendo um filme ao qual se unem outros microrganismos em crescimento.

Período de incubação. Período de tempo que decorre entre a exposição a um agente infeccioso e o aparecimento dos sintomas da doença, ou o período de tempo durante o qual crescem os microrganismos inoculados num determinado meio de cultura.

Periplasto. Membrana superficial ou película de certas algas e bactérias.

Peristaltismo. Contração rítmica e progressiva do intestino.

Peritécio. Ascocarpo esférico, cilíndrico ou oval que, em geral, abre-se em uma fenda ou poro em sua porção superior.

Peritríquios. Apresentam flagelos ao redor de toda superfície celular.

Permeabilidade. Propriedade pela qual moléculas de vários tipos podem passar por meio das membranas celulares.

Permease. Um grupo de proteínas semelhantes a enzimas que está localizado na membrana citoplasmástica e intermedia a passagem de nutrientes por meio da membrana.

Peroxidase. Enzima que catalisa a reação do peróxido de hidrogênio com um substrato reduzido, resultando na formação de água e de um substrato oxidado.

Peso atômico. É a soma do peso de nêutrons e prótons em um núcleo de um determinado átomo.

Peso molecular. A soma do peso atômico de todos os átomos na molécula de um composto.

pH. Símbolo do grau de acidez ou alcalinidade de uma solução; pH = log $(1/[H^+])$, onde $[H^+]$ representa a concentração hidrogeniônica.

Picnídio. Corpo de frutificação assexuado em fungo.

Pinocitose. Absorção de fluidos e nutrientes solúveis por meio de pequenas invaginações na membrana celular que formam vesículas intracelulares.

Piogênico. Capaz de formar pus.

Pirenóide. Em cloroplastos, região densa na qual são formados os grânulos de amido.

Pirogênio. Substância química que afeta o hipotálamo, que regula a temperatura corporal.

Placa dental. Agregação de bactérias e material orgânico na superfície dos dentes.

Placas. Zonas claras produzidas pela lise das bactérias pelos fagos em um tapete de bactérias.

Plâncton. Termo coletivo que designa a flora e a fauna existentes, de forma passiva, na superfície ou na profundidade das águas; formado principalmente por microrganismos.

Plantae. Reino no qual são encontrados os eucariotos fotossintéticos. Plantas verdes e algas.

Plaqueamento em réplica. Inoculação de um padrão de colônias de uma placa para outra; um disco de material estéril (veludo) é pressionado na superfície da primeira placa, e as bactérias aderidas são impressas na segunda placa.

Plasma sanguíneo. A porção liquída do sangue. Também denominado *plasma*.

Plasma. *Ver* **Plasma sanguíneo**.

Plasmalema. Membrana de dupla camada que envolve o protoplasma de uma hifa.

Plasmídio F. Fragmento de DNA de fita dupla de fertilidade (não é parte do cromossomo bacteriano), que replica independentemente; geralmente chamado *fator F*.

Plasmídio recombinante. Plasmídio contendo dois diferentes tipos de DNA unidos, geralmente por meio artificial, para formar uma única molécula de DNA circular.

Plasmídios. Moléculas de DNA de fita dupla, auto-replicativas e menores que os cromossomos.

Plasmina. Enzima que dissolve a fibrina do coágulo sanguíneo.

Plasmódio. Massa multinucleada do protoplasma envolvida por uma membrana citoplasmática que geralmente é móvel; variável no tamanho e na forma.

Plasmodiophoromycetes. Um grupo de fungos heterotróficos que são parasitas obrigatórios.

Plasmogamia. União de duas células e a fusão de seus protoplastos no processo de reprodução sexuada.

Plasmólise. Desidratação do conteúdo celular, como resultado da retirada da água por osmose.

Plastídio. Corpúsculo de inclusão pigmentado, encontrado em algas.

Pleomorfismo. Existência de formas diferentes na mesma espécie ou amostra de microrganismo. Também denominado *polimorfismo*.

Polar. Localizado em uma ou em ambas as extremidades.

Poli-β-hidroxibutirato. Polímero de ácido β-hidroxibutírico solúvel em clorofórmio; ocorre na forma de grânulos intracelulares em certas bactérias e pode ser corado por corantes lipídicos solúveis. Abreviação: PHB.

Polimorfismo. Diversas formas em diferentes estágios no ciclo de vida de um organismo.

Polipeptídeo. Molécula formada pela união de muitos aminoácidos.

Polissacarídeo. Carboidrato formado pela combinação de várias moléculas de monossacarídeos; exemplos: amido, celulose e glicogênio.

Polissomo. Complexo de ribossomos ligados por uma única molécula de *m*RNA. Também denominado *polirribossomo*.

Pontes de hidrogênio. Ligações químicas relativamente fracas baseadas na ligação de um átomo de hidrogênio polar com outro átomo polar que é eletronegativo.

Porinas. Proteínas contendo canais que atravessam a membrana mais externa das bactérias Gram-negativas.

Portador. Indivíduo, aparentemente sadio, que alberga um microrganismo patogênico.

Portadores crônicos. Pessoas convalescentes da febre tifóide ou outras doenças que continuam a excretar o patógeno.

Potável. Adequada para ser bebida.

Precipitina. Anticorpo que causa a precipitação de antígenos homólogos solúveis.

Predação. Interação em que um organismo, o predador, alimenta-se e digere outro organismo, a presa.

Preparação entre lâmina e lamínula. Técnica para observar organismos vivos colocando uma gota da amostra em uma lâmina de vidro e cobrindo-a com uma lamínula.

Pressão hidrostática. Pressão exercida sobre as células pelo peso da água.

Pressão osmótica. Pressão equivalente, necessária para prevenir que um solvente passe através de uma membrana semipermeável durante a osmose.

Prions. Agentes infecciosos sem ácidos nucléicos; a proteína é o único componente detectável.

Procarioto. Tipo de célula em que a substância nuclear não é envolvida por uma membrana; por exemplo, bactéria ou cianobactéria. *Comparar com* **Eucarioto.**

Processamento asséptico. Processo de esterilização de alimentos e distribuição em recipientes esterilizados sob condições assépticas.

Processo de lodo ativado. O uso da ativação biológica de esgotos para acelerar a quebra de matéria orgânica em esgoto bruto, durante o tratamento secundário.

Processos biossintéticos. Produção de compostos químicos por células a partir de compostos inorgânicos simples.

Produtor primário. Microrganismo fototrófico que produz matéria orgânica por via fotossintética.

Profago. DNA viral de um fago temperado incorporado ao DNA do hospedeiro.

Prófase. Na mitose, o estágio durante o qual o cromossomo condensado, estrutura semelhante a um filamento, é visível, os centríolos migram para lados opostos das células, o fuso mitótico começa a se formar e a membrana nuclear é desintegrada. Na meiose há dois estágios de prófase; prófase I tem cinco subestágios e ocorre na primeira divisão meiótica e a prófase II ocorre durante a segunda divisão meiótica. *Crossing over* entre cromossomos pode ocorrer durante a prófase I.

Profilaxia. Tratamento preventivo para proteger contra certas doenças.

Promotor. Sítio de ligação da RNA polimerase, próximo ao operador.

Prosteca. Um pequeno apêndice semi-rígido da célula bacteriana. *Comparar com* **Caule.**

Proteína. Classe de compostos nitrogenados orgânicos e complexos formados por um número muito grande de aminoácidos, unidos por meio de ligações peptídicas.

Proteína M. Antígeno protéico antifagocitário localizado na superfície da parede celular de estreptococos.

Proteína de célula única. Proteína obtidas de microrganismos cultivados em detritos industriais ou em subprodutos, usadas como suplemento alimentar.

Proteínas V e W. Um complexo de duas proteínas da parede celular em *Yersinia pestis* que inibem a fagocitose.

Proteinase. Enzima que hidrolisa proteínas em polipeptídeos.

Proteólise. Quebra enzimática das proteínas.

Protista. Nome de um terceiro reino que inclui microrganismos que apresentam características dos animais e dos vegetais; nome utilizado para microrganismos unicelulares do reino *Protista*.

Protômeros. Proteínas virais no capsídeo viral.

Próton. Partícula elementar que tem uma unidade de carga elétrica positiva (+) e é 1.840 vezes mais pesado que um elétron.

Protoplasma. Sinônimo de matéria viva ou substância viva de uma célula; geralmente refere-se à substância circundada pela membrana citoplasmática.

Protoplasto. Célula esférica resultante da degradação completa da parede celular de bactérias Gram-positivas; o limite mais externo é a membrana citoplasmática.

Prototrófico. Organismo que é nutricionalmente independente e capaz de sintetizar todos os fatores de crescimento necessários a partir de substâncias mais simples.

Protozoários. Microrganismos eucarióticos com características animais, como a ingestão de alimento.

Pseudópode. Projeção temporária do protoplasto de uma célula amebóide, ocupada pelo citoplasma durante a extensão e a retração.

Psicrófilos. Organismos que crescem melhor a temperaturas de 15 a 20°C.

Pus. Uma massa esbranquiçada, descorada, composta principalmente de neutrófilos e fluido diluído; formado em resposta à infecção por certos microrganismos patogênicos, como os estafilococos.

Putrefação. Decomposição de proteínas por microrganismos, produzindo odor desagradável.

Quellung, reação de. Aumento na visibilidade da cápsula bacteriana que resulta da reação entre o antígeno capsular e o soro anticapsular específico.

Queratina. Uma proteína resistente constituinte do cabelo, da unha e da camada mais externa da epiderme.

Química. Ciência que estuda a composição, estrutura e as propriedades das substâncias e suas transformações.

Quimioautotrófico. Organismo que obtém energia pela oxidação de compostos inorgânicos. O dióxido de carbono é a única fonte de carbono.

Quimioheterotrófico. Organismo que utiliza substâncias químicas (orgânicas) como fonte de energia e compostos orgânicos como fonte de carbono.

Quimiolitotrófico. Organismo que utiliza compostos inorgânicos como doadores de elétrons e necessita de compostos químicos para obtenção de energia.

Quimioprofilaxia. Uso de compostos químicos tais como antibióticos para prevenir doenças.

Quimiorreceptores. Proteínas localizadas na membrana citoplasmática que apresentam um gradiente sensorial e são específicas para várias substâncias atraentes e repelentes.

Quimiostato. Um dispositivo para a manutenção de organismos em cultura contínua; regula a taxa de crescimento dos organismos mediante a regulação da concentração de um nutriente essencial.

Quimiotaxia. Movimento de organismos em resposta a um estímulo químico.

Quimioterapia. Tratamento de uma doença pelo uso de substâncias químicas.

Quimiotrófico. Organismo que utiliza compostos químicos para obtenção de energia. *Comparar com* **fototrófico.**

Quitina. Polímero de *N*-acetilglicosamina presente na camada que reveste os artrópodes e nas paredes celulares de muitos fungos.

Radiação eletromagnética. Energia na forma de ondas transmitida por meio do espaço ou por meio de um material.

Radicais hidroxila (OH). Radicais produzidos a partir de radicais superóxidos que podem destruir os componentes vitais da célula.

Radical superóxido. Radical livre (um ânion) resultante da adição de um elétron no oxigênio molecular. $O_2 + e^- O_2^-$.

Radioimunoensaio. Técnica sorológica extremamente sensível que emprega antígenos marcados com material radioativo; ensaios utilizando componentes radioativos.

Radioisótopo. Isótopo que apresenta radioatividade.

Raios ultravioleta. Radiações eletromagnéticas que têm um comprimento de onda de cerca de 3.900 a 2.000 Å.

Reação de linfócitos mistos (Cultura Mista de Linfócitos – RLM). Interação mútua que ocorre quando os linfócitos de dois indivíduos são misturados e cultivados.

Reação de polimerização em cadeia (PCR). Uma técnica da biologia molecular em que um grande número de cópias de um ou mais genes pode ser produzido a partir de uma quantidade muito pequena de DNA.

Reação química. Interação de moléculas, átomos ou íons resultando na formação de uma ou mais substâncias novas.

Reagina. Anticorpos contra cardiolipina, como ocorre em pacientes sifilíticos. Também denominados *anticorpos de Wassermann*. O termo algumas vezes é utilizado em referência aos anticorpos IgE que estão envolvidos na hipersensibilidade imediata.

Recombinação. Processo que resulta em uma nova combinação de genes no DNA. Pode ocorrer naturalmente por meio da troca de material genético entre dois cromossomos homólogos, ou pode ocorrer por meio artificial mediante a engenharia genética.

Recombinante. Uma célula ou clone de células resultante da recombinação.

Redução. Processo químico que envolve a remoção do oxigênio, a adição de átomos de hidrogênio ou o ganho de elétrons.

Redução assimilativa de nitrato. Um processo em que bactérias heterotróficas convertem nitrato em amônia.

Redução de nitrato. Redução de nitratos a nitritos e amônia.

Renina. Enzima que transforma a caseína solúvel do leite em paracaseína insolúvel. A enzima é obtida do suco gástrico bovino.

Replicação semiconservativa. Replicação de uma molécula de DNA completa, resultando em duas moléculas de fita dupla, cada uma contendo uma fita original e uma fita nova.

Repressão pelo produto final. Tipo de regulação de uma via biossintética na qual o produto final da via ativa um repressor que inibe a transcrição do gene.

Reprodução assexuada. Produção de novos indivíduos por um organismo ou por uma célula parental.

Reprodução sexuada. Fusão de duas células (gametas) originando uma célula fertilizada.

Reservatórios de infecção. Organismos vivos que abrigam patógenos e substâncias ou objetos que carregam microrganismos patogênicos.

Resolução. No microscópio, a menor distância em que dois objetos podem ser distinguidos.

Respiração. Processo de produção de energia em que os elétrons de um substrato oxidável são transferidos via uma série de reações de óxido-redução para um receptor de elétrons exógeno.

Respiração aeróbia. Respiração na qual o oxigênio é o aceptor final de elétrons no sistema de transporte de elétrons. *Diferenciar de* **Respiração anaeróbia.**

Respiração anaeróbia. Respiração em que um composto diferente do oxigênio é o aceptor final de elétrons na cadeia respiratória. O aceptor final de elétrons pode ser um composto inorgânico como o fumarato ou óxido de trimetilamina. *Diferenciar de* **Respiração aeróbia.**

Resposta anamnéstica. Reação imunológica a uma segunda exposição a um antígeno.

Ressurgência. Fenômeno em que a água do oceano sobe de regiões mais profundas para zonas mais rasas; a água do fundo carrega nutrientes para a região superficial.

Retículo endoplasmático. Extensos arranjos de membranas internas, presentes nas células eucarióticas.

Ribonucleotídeos. Nucleotídeos que contêm como pentose o açúcar ribose e são utilizados para a síntese de RNA.

Ribossomo. Unidade estrutural citoplasmática constituída por RNA e proteínas; é o local da síntese de proteínas.

Riquétsias. Parasitas intracelulares obrigatórios de artrópodes; muitas são patogênicas para o homem e para outros mamíferos.

Rizinas. Pequenas hélices enroladas de hifas que servem de ancoramento ao conjunto alga-fungo, semelhantes a liquens.

Rizóide. Estrutura unicelular ou multicelular semelhante a um pêlo que tem a aparência de uma raiz.

Rizomicélio. Sistema de hifa ramificada que emerge da extremidade posterior do talo para ancorar o substrato.

Rizosfera. Região do solo submetida à influência das raízes dos vegetais e caracterizada por ser uma zona de intensa atividade microbiana.

RNA mensageiro. Uma substância intermediária que passa informações do DNA da região nuclear para os ribossomos no citoplasma. Abreviação *m*RNA.

RNA polimerase DNA dependente. Enzima que catalisa a síntese de RNA utilizando o DNA como um molde.

RNA polimerase. Enzima que sintetiza *m*RNA a partir do DNA.

RNA ribossômico. O RNA dos ribossomos, que constitui cerca de 90% do RNA celular total. Abreviação: *r*RNA.

RNA transportador. RNA específico para cada aminoácido que se torna esterificado para a adenosina terminal. Cada um dos 60 ou mais *t*RNAs possui uma seqüência de trinucleotídios que interage com uma seqüência de *m*RNA complementar. Abreviação: *t*RNA. Também é conhecido como *RNA solúvel* (*s*RNA).

RNA. *Ver* **ácido ribonucléico.**

***r*RNA.** *Ver* **RNA ribossômico.**

Rúmen. Primeira câmara do estômago de ruminantes.

Sacarolítico (micróbios). Capaz de desdobrar compostos açucarados.

Saco vitelino. Membrana que cobre a gema de um ovo.

Salmonelose. Infecção por *Salmonella* sp. que afeta o trato gastrointestinal.

Salvarsan. Primeiro composto químico sintetizado em laboratório que podia curar uma doença sem prejudicar o paciente.

Sanificante. Agente que reduz a níveis consideráveis, garantidos pelas autoridades de saúde pública, a flora microbiana presente em materiais ou artigos como utensílios de restaurantes.

Saprófitas. Organismos que vivem em matéria orgânica morta.

Sarcina. Grupo de oito células esféricas bacterianas em forma de um cubo.

Sarcoma. Tumor sólido que cresce a partir do tecido conectivo, da cartilagem, do osso, do músculo e das gorduras.

Schick, teste de. Teste intradérmico utilizado para determinar a susceptibilidade humana à difteria.

Sepsis. Envenenamento pelos produtos da putrefação; um estado tóxico severo resultante de uma infecção com microrganismos piogênicos.

Septado. Que possui paredes transversais.

Septicemia. Doença sistêmica causada pela invasão e multiplicação de microrganismos patogênicos na corrente sangüínea.

Septo. Parede transversal.

Shunt. Uma via alternativa, uma passagem secundária.

Simbiose. Vida conjunta de dois ou mais seres; associação microbiana.

Sinergismo. Capacidade de dois ou mais organismos realizarem modificações, geralmente químicas, que nenhum deles pode efetuar separadamente.

Sintrofismo. Tipo de mutualismo envolvendo troca de nutrientes entre duas espécies.

Sistema de canalização de esgoto. Sistema que coleta e transporta a água de esgoto da fonte para um ponto de tratamento e distribuição.

Sistemas de óxido-redução (O/R). Pares de substâncias, onde um está na forma oxidada e o outro na forma reduzida.

Sistema de transporte de elétrons. Série integrada de reações de oxidação seqüenciais nas quais ocorre liberação de energia. Também *denominado cadeia respiratória.*

Sistema linfóide periférico. Sistema de um corpo humano incluindo linfonodos, baço, adenóides, amígdala e placas de Peyer.

Sistema reticuloendotelial. Sistema de células em vários órgãos ou tecidos como baço, fígado e medula óssea que são importantes na resistência e imunidade.

Sistemática. Ciência da classificação animal, vegetal e microbiana.

Sistêmico. Relativo a todo organismo, em vez de a uma só parte.

Sobrenadante. Líquido presente sobre um precipitado ou um sedimento; a porção líquida que permanece após a remoção do material suspenso.

Solitária. Helmintos que são achatados no corte transversal.

Solução hipertônica. Solução contendo maior concentração de solutos do que o interior das células suspensas na mesma.

Solução hipotônica. Solução cuja concentração molar dos solutos é menor do que no interior das células suspensas nesta solução.

Solutos. Substâncias dissolvidas em um solvente.

Solvente. Um líquido, como a água, que tem a capacidade de dissolver uma grande variedade de substâncias.

Sonda de DNA. Um pedaço de DNA de fita dupla marcado de alguma forma (por exemplo, por meio de um radioisótopo), que é utilizado para detectar a presença de uma seqüência de DNA complementar, que se liga especificamente ao mesmo.

Soro sanguíneo. Porção líquida do sangue obtida após a coagulação do sangue ou do plasma.

Soro. *Ver* **Soro sanguíneo.**

Sorologia. Estudo *in vitro* da interação envolvendo um ou mais de um dos constituintes do soro.

Sorotipo. *Ver* **Sorovar.**

Sorovar. Subdivisão de uma espécie baseada na sua composição antigênica. Também denominado *sorotipo*.

Subclínico. Pertinente a uma pequena infecção em que não há sinais clínicos detectáveis ou sintomas.

Subcutâneo. Abaixo da pele.

Subterminal. Situado próximo da extremidade, mas não na extremidade de uma célula.

Sulfonamida. Agente quimioterápico sintético caracterizado pelo grupamento químico $-SO_2N<$.

Superóxido dismutase. Enzima que catalisa a dismutação do radical peróxido para formar O_2 e H_2O_2.

Supuração. Formação de pus.

Surfactante. Composto solúvel que reduz a tensão superficial de um líquido ou reduz a tensão interfacial entre dois líquidos ou um líquido e um sólido.

Talo. Corpo vegetal ou microbiano, sem qualquer sistema de tecidos ou órgãos, que pode variar desde uma única célula até uma estrutura multicelular ramificada.

Talo de fixação comum. Uma base aderente que fixa o talo de certos microrganismos a uma superfície.

Talófita. Vegetal que não tem caule verdadeiro, raízes ou folhas; o grupo inclui as algas e os fungos.

Talósporo. Esporo que se desenvolve por brotamento de hifas ou de células vegetativas.

Tampão. Mistura química que possibilita a uma solução resistir a alterações de pH.

Tanque séptico. Unidade que utiliza um sistema de anaerobiose para o tratamento de um volume limitado de água de esgoto.

Tapete (bacteriano). Uma turva camada de bactérias em uma cultura em placa; bacteriófagos produzem placas (zonas claras) no tapete.

Taxa. Grupo taxonâmico, como a espécie, gênero ou família em que os membros participam com características em comum.

Taxia. Movimento em direção a ou contra uma substância química ou uma condição física.

Taxonomia. Classificação (arranjo), nomenclatura (denominação) e identificação de organismos.

Taxonomia numérica. Método utilizado em taxonomia para determinar e expressar numericamente o grau de similaridade entre as cepas de um determinado grupo.

Tecido. Conjunto de células formando uma estrutura.

Técnica asséptica. Medidas de precaução para prevenir uma contaminação.

Técnica da gota pendente. Uma técnica de observação microscópica de germes suspensos em uma gota de um líquido.

Técnica de difusão em placa. Procedimento que determina se um microrganismo é resistente ou susceptível a vários antibióticos.

Tecnologia do DNA recombinante. Técnica de transferência de um fragmento de DNA de um organismo para outro; também denominada *engenharia genética*.

Temperatura cardinal. Temperatura de crescimento mínimo, ótimo e máximo de uma espécie microbiana.

Temperatura ótima de crescimento. Temperatura em que uma espécie de microrganismo cresce mais rapidamente.

Tempo de geração. Intervalo de tempo necessário para a célula se dividir.

Tempo de morte térmica (TMT). Tempo necessário para matar os microrganismos em uma dada temperatura.

Tempo de redução decimal (valor D). Intervalo de tempo, a uma determinada temperatura, suficiente para reduzir a população microbiana viável em 90%.

Tensão superficial. Força que atua na superfície de um líquido na tentativa de reduzir a área superficial.

Teoria da seleção clonal de imunidade. Teoria de formação de anticorpos. Linfócitos selecionados cujos receptores interagem com um antígeno específico, sofrem mitose e produzem um clone de células que expressam os mesmos receptores específicos e secretam o mesmo tipo de anticorpo.

Teoria microbiana das doenças. Pressupõe que os micróbios causam algumas doenças.

Teoria quimiosmótica. Teoria que estabelece que a energia liberada pelas reações de óxido-redução de uma cadeia respiratória pode ser conservada na forma de um gradiente eletroquímico de prótons por meio da membrana; esse gradiente então é usado para sintetizar ATP.

Terapêutica. Pertinente ao tratamento ou cura de uma doença.

Termodúrico. Capaz de sobreviver à exposição a uma alta temperatura.

Termoestável. Relativamente resistente ao aquecimento; resistente a temperaturas de 100°C.

Termófilo. Organismo que cresce melhor a temperaturas acima de 45°C.

Termolábil. Sensível a destruição por temperaturas inferiores a 100°C.

Teste da oxidase. Teste para determinar a presença do citocromo c; bactérias que respiram com o oxigênio; colônias tornam-se púrpuras quando tratadas com tetrametil-p-fenilenodiamino.

Teste de histoplasmina. Teste intradérmico que detecta indivíduos infectados com *Histoplasma capsulatum*.

Teste de inibição da hemaglutinação. Técnica de diagnóstico, baseada na inibição de aglutinação de células vermelhas do sangue.

Teste de redução do acetileno. Uma técnica para avaliar a atividade da nitrogenase.

Teste rápido de reagina em plasma (RPR). Teste de aglutinação macroscópica para detecção de reagina (anticorpos contra cardiolipina); utilizado como teste preliminar de triagem no diagnóstico laboratorial da sífilis.

Tetraciclinas. Uma classe de antibióticos de largo espectro que inibe a síntese de proteínas.

Tétrade. Grupo de quatro microrganismos cocóides na forma de um quadrado.

Tilacóides. Sacos membranosos achatados que contêm pigmentos fotossintéticos das células. Em cianobactérias, ocorrem no citoplasma; em eucariotos fotossintéticos, estão dentro dos cloroplastos.

Timina. Um tipo de pirimidina, um componente do DNA, mas não do RNA.

Tindalização. Processo de esterilização fracionada com vapor contínuo.

Tinea. Dematomicose que dá uma aparência em forma de círculo; infecção causada por fungos. Também conhecida como *tinha*.

Tinha. *Ver* **Tinea.**

Tintura. Solução alcoólica de uma substância medicinal.

Toxemia. Presença de toxinas no sangue.

Toxigenicidade. Habilidade de produzir toxina.

Toxina. Substância tóxica, como a toxina bacteriana, elaborada por organismos.

Toxina 1 TSS. Toxina associada com a síndrome do choque tóxico. Produzida por certas cepas de *Staphylococcus aureus*.

Toxina eritrogênica. Toxina produzida por algumas cepas de *Streptococcus pyogenes* que causa o exantema da escarlatina.

Toxina murina. Substância protéica produzida pela *Yersinia pestis* que contribui para a sua patogenicidade.

Toxina-antitoxina. Mistura de toxina e antitoxina contendo mais toxina do que antitoxina. Antigamente era utilizada para produzir imunidade ativa.

Toxóide. Toxina tratada para destruir a sua propriedade tóxica sem afetar a sua propriedade antigênica.

Tradução. Processo em que a informação genética do *m*RNA orienta a seqüência dos aminoácidos específicos durante a síntese de proteínas pelos ribossomos.

Transaminação. Reação bioquímica em que o grupo amino (-NH2) do aminoácido é trocado por um grupo ceto (-C=O) de um α-ceto ácido para formar um novo aminoácido e um novo α-ceto ácido.

Transcrição. Processo no qual um *m*RNA de fita única complementar é sintetizado a partir de uma das cadeias de DNA de um gene.

Transcriptase reversa. Enzima envolvida na síntese de DNA utilizando RNA como molde.

Transdução. Transferência de material genético de uma bactéria a outra por intermédio de um vírus.

Transformação. (1) Um tipo de transferência na qual uma célula receptora adquire um fragmento de DNA que está presente em forma livre no meio circundante. (2) Mudança de uma célula animal ou vegetal normal para uma que apresenta propriedade de uma célula tumoral ou cancerígena, como a perda da inibição por contato.

Transformação pelo cloreto de cálcio (CaCl2). Um método para inserir DNA ou plasmídio em uma bactéria receptora.

Transpeptidase. Enzima que quebra a ligação entre o quarto e o quinto aminoácido, convertendo o pentapeptídeo a tetrapeptídeo na biossíntese da parede celular bacteriana.

Transporte ativo. Fluxo de íons ou de solutos por meio de uma membrana celular, de uma concentração mais baixa a uma mais alta, com a utilização de energia.

Transposons. Pequenos pedaços de DNA contendo informação genética que permite a sua inserção em vários locais no próprio cromossomo, causando, desse modo, mutações.

Tratamento primário. Primeira etapa do tratamento das águas de esgoto, em que os sobrenadantes sólidos ou sedimentos são removidos mecanicamente por meio da filtração e sedimentação.

Trematódeos. Vermes achatados denominados *fascíolas.*

Tribo. Grupo taxonômico contendo um número de gêneros relacionados em uma família.

Tricoma. Uma fila única de células distintas em que há uma grande área de contato entre as células adjacentes (ao contrário das células em cadeia).

Tripsina. Enzima proteolítica do suco pancreático.

Trismo. Um sintoma do tétano que consiste na contração violenta dos músculos da maxila, dificultando a abertura da boca.

***t*RNA**. *Ver* **RNA transportador.**

Trofozoíta. Forma vegetativa de um protozoário.

Tuberculina. Extrato do bacilo da tuberculose capaz de provocar uma reação inflamatória no organismo animal previamente sensibilizado pela presença de bacilos vivos ou mortos. Utilizado no teste intradérmico para o diagnóstico da tuberculose.

Tubérculo. Nódulo, lesão específica da tuberculose.

Tumor benigno. Tumor não-cancerígeno.

Tumores malignos. Crescimento canceroso.

Turbidimetria. Método para estimar o crescimento ou a população bacteriana pela medida do grau de opacidade (turbidez) de uma suspensão.

Ultracentrífuga. Uma centrífuga de alta velocidade utilizada para a determinação de partículas do tamanho de vírus e proteínas.

Ultrafiltração. Método para remoção de todas as menores partículas, por exemplo, vírus, de um meio fluido.

Unicelular. Possui uma única célula.

Unidade de ataque de membrana. Uma unidade formada pelas vias clássica e alternativa do complemento que gera o complexo lítico, formando um canal por meio da membrana citoplasmática de uma célula.

Unidade formadora de colônia (UFC). Célula ou agregado de células que dão origem a uma única colônia na técnica de cultivo em placa.

Urease. Enzima que catalisa a hidrólise da uréia.

Uréia. Composto nitrogenado solúvel, $H_2N\text{-}CO\text{-}NH_2$, encontrado na urina do homem e outros mamíferos.

Vacina. Preparação de microrganismos atenuados ou mortos, ou de seus componentes, ou de seus produtos, que é utilizada para induzir imunidade ativa contra uma doença.

Vacina autógena. Vacina preparada de bactérias isoladas do próprio paciente.

Vacina Sabin. Vacina contra a pólio, contendo amostras de três sorotipos de poliovírus vivos atenuados.

Vacina Salk. Vacina contra a poliomielite contendo três sorotipos de poliovírus mortos.

Vacinação. Inoculação com uma preparação biológica (uma vacina) para produzir imunidade.

Vacúolo. Um espaço claro no citoplasma de uma célula.

Variante. Organismo que apresenta alguma variação da cultura parental.

Vascular. Vasos especializados para a condução de fluidos. Sangue e linfa em animais, seiva e água em plantas.

VDRL, teste de. Teste de "Veneral Disease Research Laboratory"; teste de aglutinação microscópica para a detecção da reagina (anticorpos contra a cardiolipina) no soro dos pacientes sifilíticos.

Venérea. Sexualmente transmitida.

Vetor. Agente, como um inseto, capaz de transferir biologicamente ou mecanicamente um patógeno de um organismo para outro.

Vetor de clonagem. Um plasmídio no qual um fragmento de DNA estranho foi inserido e que serve como um veículo para introduzir o fragmento de DNA em uma célula receptora.

Vetor mecânico. Um artrópode que meramente transmite patógenos que aderem em suas patas ou em partes da sua boca.

Vetores biológicos. Artrópodes que transmitem doenças nos quais os patógenos crescem e se desenvolvem.

Via alternativa. Uma via do sistema complemento que não depende do anticorpo para ser ativada. *Comparar com* **Via clássica.**

Via clássica. Via do sistema de complemento que é ativada por anticorpos.

Via metabólica. Uma série de etapas na transformação química de moléculas orgânicas.

Viável. Capaz de viver, crescer e desenvolver-se; com vida.

Vibrio. Bactéria encurvada, mas que não possui uma espiral completa (ao contrário da bactéria helicoidal). *Vibrio* é um gênero de bactéria Gram-negativa.

Viremia. Presença de vírus na corrente sanguínea.

Viricida. Agente que mata os vírus.

Vírion. Partícula viral completa.

Vírion nu. Vírus não-envelopado.

Virologia. Estudo dos vírus.

Viropexia. Englobamento de vírions pelas células no processo fagocitário.

Virulência. Grau de patogenicidade exibido por cepas de microrganismos.

Vírus. Agentes infecciosos acelulares que passam por meio de filtros que retêm as bactérias; parasitas intracelulares obrigatórios.

Voges-Proskauer, reação de. Teste para determinar a presença de acetil metilcarbinol para auxiliar na diferenciação entre espécies do grupo coliforme. Abreviação: Teste VP.

Volutina. *Ver* **Grânulos metacromáticos.**

Wassermann, teste de. Teste de fixação de complemento para sífilis.

Weil-Felix, teste de. Teste de aglutinação para o diagnóstico do tifo utilizando *Proteus* sp. como antígeno.

Western blot. Detecção de proteínas imobilizadas em um filtro pela reação complementar com articorpos específicos.

Widal, teste de. Teste de aglutinação em lâmina para a febre tifóide ou paratifóide.

Zigósporo. Um tipo de esporo sexuado resultante da fusão de gametas similares, em alguns fungos.

Zigoto. Organismo produzido pela união de dois gametas.

Zona de equivalência. Zona de concentração ótima de antígeno e anticorpo, para que ocorra a precipitação completa.

Zona fótica. Camada no leito da água em que ocorre a fotossíntese.

Zona limnética. Região superficial de um conjunto de águas distante do litoral.

Zona litorânea. Área ao longo da costa onde a luz penetra até o fundo da água.

Zoneamento. Distribuição dos organismos em zonas; especificamente, a estratificação de certos tipos de algas a certas profundidades e localizações no oceano.

Zooflagelado. Flagelado semelhante ao animal. *Comparar com* **Fitoflagelado.**

Zoogléia. Massa composta de microrganismos que estão embebidos em uma matriz comum de limo.

Zoonose. Doença animal transmissível ao homem.

Zooplâncton. Termo geral para organismos não-fotossintéticos presentes no plâncton. *Comparar com* **Fitoplâncton.**

Zoósporo. Esporo flagelado móvel.

Zygomycetes. Um dos quatro grupos de fungos terrestres. Paredes transversais estão ausentes nas hifas deste grupo.

Índice Onomástico

Números de páginas em **negrito** indicam ilustrações ou tabelas.

Índice de Organismos

Nomes genéricos ou específicos. Categorias superiores estão no Índice Geral. Número de páginas em **negrito** indicam ilustrações ou tabelas.

Índice Analítico

Números de páginas em **negrito** indicam ilustrações ou tabelas.

S